U0262837

国家科学技术学术著作出版基金资助出版

半导体光谱和光学性质

（第三版）

Spectra and Optical Properties of Semiconductors
(Third Edition)

沈学础　著

科学出版社

北京

内 容 简 介

本书系统论述了半导体及其超晶格、量子阱、量子线以及量子点结构等的光谱和光学性质. 从宏观光学常数和量子理论出发,分别论述了它们的反射和吸收光谱、发光光谱与辐射复合、光电导和光电子效应、磁光效应、拉曼散射以及量子阱、量子线、量子点的光谱和光学性质. 本书第二版总结了过去 30 年来国内外这一领域的主要研究成果,并将这些研究成果和基本理论融会贯通起来,从光谱和光学性质研究半导体及其微结构中的微观状态和过程. 现在第三版又添加近年来的一些新结果、新发展,例如,单个 ZnO 纳米(微米)线中的一维激子极化激元、半导体中杂质态的量子混沌、低维和拓扑材料的光谱研究等. 本书重视物理图像,并力求用通俗语言简述基本理论和基本研究方法.

本书可作为光电子物理、凝聚态光谱、半导体光电子物理和技术、信息科学等领域的研究生教材及相关研究领域的科技人员的参考读物.

图书在版编目(CIP)数据

半导体光谱和光学性质/沈学础著. —3 版. —北京:科学出版社,2020.9
ISBN 978-7-03-065612-4

Ⅰ.①半… Ⅱ.①沈… Ⅲ.①半导体-光谱②半导体-光学性质
Ⅳ.O472

中国版本图书馆 CIP 数据核字(2020)第 111764 号

责任编辑:钱 俊 陈艳峰 / 责任校对:杨 然
责任印制:吴兆东 / 封面设计:无极书装

科 学 出 版 社 出版
北京东黄城根北街 16 号
邮政编码:100717
http://www.sciencep.com

北京建宏印刷有限公司 印刷
科学出版社发行 各地新华书店经销
*
1992 年 6 月第 一 版 开本:720×1000 B5
2002 年 7 月第 二 版 印张:50 1/4 插页:4
2020 年 9 月第 三 版 字数:993 000
2020 年 9 月第六次印刷
定价:298.00 元
如有印装质量问题,我社负责调换

第三版前言

《半导体光谱和光学性质》第三版是在 1992 年版《半导体光学性质》和 2002 年版《半导体光谱和光学性质》第二版基础上增补、删繁改写而成的. 该书第二版出版 18 年来, 承蒙学界同仁和广大读者的厚爱, 已重印五次, 仍不能满足相关学术界的需求.

众所周知, 半导体光谱和光学性质是一个创新不断、进展十分迅速的领域, 比如说, 低维结构中出现了石墨烯和拓扑绝缘体等新材料新结构; 又比如, 半导体单量子点的光谱研究 18 年前还是一个很困难的课题, 但如今即使在我们自己实验室, 也几乎是常规的光谱结果了, 我们甚至可以研究微腔中的单个量子点及其和微腔光学模的各种量子互作用, 为此十分有必要增补最新科研成果和进展, 成就新一版著作的问世. 除上面提到的外, 新版著作中还增补了光学常数第一性原理计算、多元混晶声子模的远红外光谱太赫兹光谱、固体环境中电子混沌运动、纳米结构中的激子极化激元理论和实验、表面增强拉曼散射、单量子线中激子极化激元的色散传输、激射乃至类玻色-爱因斯坦凝聚等内容.

本书新版是在我很多同事合作参与下完成的, 他们有徐红星院士, 陆卫、刘冉、丛春晓、沈文忠、邵军、李志锋、李宁、周伟航、鹿建、孙聊新等在国内工作的教授、博士们, 也有在国外工作的胡灿明(加拿大曼尼托巴大学)和傅英(瑞典皇家理工学院)教授等. 其中孙聊新还协助校对全书书稿, 他们应是本书的共同作者. 著者衷心感谢他们的贡献和辛劳, 没有他们的合作参与和贡献, 本书第三版是不可能完成的.

作 者

2020 年 6 月

第二版前言

本书第一版《半导体光学性质》于 1992 年 6 月出版. 第二版更名为《半导体光谱和光学性质》. 正如第一版前言所指出的, 半导体光学性质是一个发展极其迅速的领域. 近 10 年来, 新的、重要的研究成果不断涌现, 以致原书的某些内容已显陈旧. 这些年间, 作者收到大量读者、同行来信, 共同切磋这一领域的进展和前景, 以及本书第一版的长处和不足. 在此基础上, 作者对第一版作了大量的修改和删减, 着重增补了这一领域的一些最新成就, 并力图完善第一版的不足之处.

主要增补内容有: 半导体光学常数的实验测量, 这些测量方法也适用于一般凝聚态固体(第一章); 二维电子体系的回旋共振及相关效应, 磁场下浅杂质电子态及束缚电子-电子、电子-声子互作用(第七章); 共振条件下拉曼选择定则, 弛豫及相关散射过程(第八章); 单量子阱和量子阱同一能带内不同子带间的光跃迁过程和光谱(第九章). 对第五章半导体发射光谱和辐射复合也作了较大改动和增补. 新增了第十章, 用来讨论半导体量子线和量子点的电子态与光跃迁过程.

第二版书稿撰写过程中, 常勇博士协助作图, 郑国珍教授协助校对, 中国科学院科学出版基金提供资助, 在此一并感谢.

作 者

2001 年 11 月于上海

第一版前言

半导体光学性质是半导体物理性质最重要的方面之一,它研究辐射场与半导体的相互作用过程.这种研究,一方面提供了辐射在半导体中产生、传播、湮没、散射及其在界面处出射行为的规律,另一方面又提供了有关半导体电子能带结构、声子结构、束缚和自由载流子行为等最基本物理性质、物理参数的信息.这些研究是如此有效,以致近 20 年来,光学方法已经成为检测和标定半导体材料物理性质最基本、最重要的手段而被广泛应用.同时正是这些研究及其成果开拓了半导体应用的新领域,例如,半导体辐射探测、激光、发光、太阳能光电转换等各种光电转换、电光转换和其他转换过程的器件,以及目前正迅速发展的各种非线性光学、光电信息、光子信息应用.

半导体光学性质是一个十分广泛而又发展极其迅速的领域,因此显然不可能在一本书中把所有有关内容都论述清楚,并赶上其迅速发展的步伐而不致内容很快变得陈旧过时.同时,也不是任何单个作者所能完成的.本书选择半导体光学性质最基本的,并且是作者本人比较熟悉或从事过研究工作的部分领域,以光辐射与半导体相互作用的不同类型的过程和物理现象为基础,试图从论述基本原理、微观过程和概括最新成果相结合的角度阐述和讨论半导体光学性质的若干方面.这样,有关半导体光学性质的某些重要的,甚至是最重要的一些方面,如半导体中的激光过程、非线性光学性质以及半导体界面光学性质等,本书完全没有或几乎没有涉及,它们应当是另外的专门著作的内容.

本书内容安排如下:第一章讨论半导体光学性质的宏观理论,即从麦克斯韦方程出发,用介电响应函数描述半导体的宏观光学性质和行为;第二章讨论半导体带间跃迁过程的量子力学理论,包括光吸收和光发射过程,这些理论方法也是处理以后各章中涉及的许多其他跃迁过程的基础;第三章和第四章讨论半导体的吸收光谱和反射光谱,包括调制光谱和采用同步辐射源的光谱研究,其中第三章讨论基本吸收区及其附近的跃迁过程,而第四章则处理基本吸收区长波限以下的跃迁过程,并包括与晶格振动跃迁有关的吸收和反射现象;第五章讨论半导体的辐射复合发光光谱;第六章讨论半导体的光电导和有关现象;第七章讨论磁场中半导体电子态的朗道量子化、塞曼分裂和有关磁光效应;第八章讨论半导体的拉曼散射;最后一章讨论与半导体超晶格及量子阱有关的光学现象.

本书是作者在给固体物理、半导体物理及光电子专业硕士和博士研究生讲授有关课程的讲义和学术论文的基础上整理修改而成的.在本书的编写过程中得到了本领域国内外许多前辈、同仁的帮助和支持,卡多纳(Cardona)教授提供了部分重要参考资料,根策尔(Genzel)教授和作者详细讨论过本书大纲,王启明、张光寅两位教授对本书提出了重要的修改意见,谢希德、汤定元和方俊鑫教授等给予很多鼓励和支持.江德生、汪兆平、夏建白同志仔细审阅了全书,并提出了宝贵的修改意见.作者的许多同事和学生,既是本书的第一批读者,同时也给本书提供了许多宝贵的意见,并协助绘图、抄写和打印参考文献等,他们有朱浩荣、姚喜德、黄叶肖、朱景兵、褚君浩、陆卫、俞志毅、李齐光等等.没有这些鼓励、支持和具体的帮助,作者很难完成本书,对于他们,作者表示深深的谢意.

作　者

目　　录

第一章　半导体的光学常数

1.1　半导体的光学常数及其相互关系

我们首先讨论不涉及半导体的微观结构及其和光电磁波微观相互作用机制的情况下,利用经典电磁理论研究光在半导体中的传播规律及由此得到的有关材料的光学性质[1~4].顺便指出,本章讨论的理论和实验方法,以及它们的主要结果,也适用于其他凝聚态固体.

设所涉及的是从红外到紫外波段的光电磁波,光子能量从几毫电子伏到几十电子伏,不包括 X 射线那样的超短波,在光波长量级范围内包括成千上万个原子,因而宏观和微观麦克斯韦(Maxwell)方程有相同的形式,半导体材料可以看作是连续介质.这时像其他固体一样,如果所研究的半导体是光学各向同性的和均匀的,并且在线性响应范围内,其宏观光学性质可以用折射率 n 和消光系数 K 这两个量来概括. n 和 K 是频率的函数,并且可以看作是复折射率的实部和虚部,即

$$\tilde{n}(\omega) = n(\omega) + iK(\omega) \tag{1.1}①$$

一束角频率为 ω 的单色平面电磁波,沿固体中某一方向,如 x 方向传播时,其电场强度一般按如下形式传播和变化:

$$\boldsymbol{E} = \boldsymbol{E}_0 \exp[-i(\omega t - \boldsymbol{k} \cdot \boldsymbol{x})] = \boldsymbol{E}_0 \exp[-i\omega(t - \tilde{n}x/c)] \tag{1.2}$$

式中 E_0 是 $x=0$ 处的电矢量振幅,而

$$\frac{\tilde{k}}{\omega} = \frac{\tilde{n}(\omega)}{c} = \frac{n(\omega)}{c} + i\frac{K(\omega)}{c}$$

或

$$\tilde{k} = \frac{\omega n(\omega)}{c} + i\frac{\omega K(\omega)}{c} \tag{1.3}$$

式(1.3)表明,一般来说,耗散介质中单色平面电磁波的波矢是一个复矢量,可记为 $\boldsymbol{k} = \boldsymbol{k}' + \boldsymbol{k}''$,其中 $\boldsymbol{k}'$ 表征波的传播方向,并且其值等于介质中波长的倒数,$\boldsymbol{k}''$ 表征电磁波能量的耗散或衰减.

上面已经假定光电磁波沿 x 方向传播,即波矢平行 x 方向,这样暂且可忽略 $\boldsymbol{k}$ 的矢量特性,由式(1.2)和式(1.3)得

---

① 公式(1.1)也可写成 $\tilde{n}(\omega) = n(\omega) - iK(\omega)$,这时用 $\boldsymbol{E} = \boldsymbol{E}_0 \exp[i(\omega t - \boldsymbol{k} \cdot \boldsymbol{x})]$ 代表平面电磁波.

$$E = E_0 \exp(-\omega K x/c) \exp[-i\omega(t - nx/c)] \tag{1.4}$$

式(1.4)中,第二个指数因子为无衰减平面波项,第一个指数因子为衰减项,它表明,在消光系数不为零的固体中,光电磁波振幅随传播距离按指数规律衰减,衰减速率决定于$\dfrac{\omega K(\omega)}{c}$. 实验上,如果频率不是很高,人们测量的常是光强随传播距离的衰减,并由下式定义吸收系数$\alpha(\omega)$:

$$I(x) = \sigma E(x) E^*(x) = I_0(x) \exp[-\alpha(\omega)x] \tag{1.5}$$

式中$\sigma = \sigma(\omega)$是与频率有关的光频电导率. 比较式(1.4)和(1.5),可以获得吸收系数和消光系数的关系为

$$\alpha(\omega) = \frac{2\omega K(\omega)}{c} = \frac{4\pi K(\omega)}{\lambda_0} \tag{1.6}$$

式中λ_0为光电磁波在真空中的波长.

对电介质和半导体来说,在讨论辐射场(光电磁波场)和极化介质的相互作用时,复介电响应函数$\tilde{\varepsilon}(\omega)$在某种意义上比宏观光学常数$n$和$K$更能表征材料的物理特性,并且更易于和物理过程的微观模型及固体的微观电子结构联系起来,它们是固体光学常数的另一种表述. 下面从电磁场的基本方程出发来引入介电常数$\varepsilon(\omega)$和复介电响应函数$\tilde{\varepsilon}(\omega)$,并导出它们和$n$、$K$的关系.

电磁场可用麦克斯韦方程来描述,在SI单位制中写为

$$\nabla \cdot \boldsymbol{D} = \rho \tag{1.7a}$$

$$\nabla \cdot \boldsymbol{B} = 0 \tag{1.7b}$$

$$\nabla \times \boldsymbol{E} = -\frac{\partial \boldsymbol{B}}{\partial t} \tag{1.7c}$$

$$\nabla \times \boldsymbol{H} = \boldsymbol{j} + \frac{\partial \boldsymbol{D}}{\partial t} \tag{1.7d}$$

式(1.7)中,式(1.7a)实际上是高斯(Gauss)确定的实验事实,称为高斯定律;式(1.7c)是法拉第(Faraday)实验确定的感应定律;式(1.7d)是扩展了的安培(Ampere)定律,麦克斯韦把电场E随时间的变化作为位移电流加到总电流上.

研究光电磁波在电导率$\sigma(\omega)$可以忽略,并且不存在外电荷源($\rho_{ext}=0$)的光学各向同性和均匀电介质或半导体中的传播,这样式(1.7a)就变为$\nabla \cdot \boldsymbol{D} = 0$;式(1.7d)右边第一项可以忽略. 考虑介质的极化,外电场中介质的极化强度(以i分量为例)可写为

$$P_i = \varepsilon_0 \sum_j \chi_{ij} E_j + \varepsilon_0 \sum_{jk} \chi_{ijk} E_j E_k + \cdots \tag{1.8}$$

χ_{ij},χ_{ijk} 为极化率张量. 随着激光的发展, 现在已经不难观察到介质的高阶极化效应, 即非线性极化效应, 但在此暂且忽略这种非线性效应, 集中研究式(1.8)中的第一项, 即线性极化行为, 或者说仅考虑线性响应. 这样, 对于光学各向同性均匀介质, 式(1.8)简化为

$$P = \varepsilon_0 \chi(\omega) E \tag{1.9}$$

于是介质中的电位移矢量

$$D = \varepsilon_0 E + P = \varepsilon_0 \varepsilon_r E = \varepsilon E \tag{1.10}$$

式中

$$\varepsilon_r(\omega) = \chi(\omega) + 1$$
$$\varepsilon(\omega) = \varepsilon_0 \varepsilon_r(\omega) \tag{1.11}$$

$\varepsilon(\omega)$ 通常称为介电常量或介电函数, ε_0 和 $\varepsilon_r(\omega)$ 分别为真空介电常量和介质的相对介电函数. 类似地, 介质中的磁感应强度 B 也可表示为

$$B = \mu_0 \mu_r H = \mu H \tag{1.12}$$

式中 μ_0 与 μ_r 为真空导磁系数和介质的相对导磁系数. 类似于式(1.11), μ_r 也可写为 $\mu_r = 1 + K$, K 为磁化率. 考虑到材料的这些性质, 介质中的电磁场可以用麦克斯韦方程描述如下:

$$\nabla \cdot E = 0 \tag{1.13a}$$

$$\nabla \cdot H = 0 \tag{1.13b}$$

$$\nabla \times E = -\mu \frac{\partial H}{\partial t} = -\mu_0 \mu_r \frac{\partial H}{\partial t} \tag{1.13c}$$

$$\nabla \times H = \varepsilon \frac{\partial E}{\partial t} = \varepsilon_0 \varepsilon_r \frac{\partial E}{\partial t} \tag{1.13d}$$

式(1.10)~式(1.13)中, 介电函数 ε 和导磁系数 μ 都是实数, 这符合光电磁波频率较低以致介质极化(包括电和磁的极化)跟得上电磁场随时间和空间变化的情况. 如果光电磁波频率较高, 即随时间变化较快, 以致和介质中建立电(或磁)极化(如电子极化或与晶格振动有关的极化过程)的特征时间可相比拟, 就必须考虑介质极化滞后效应和介电函数及导磁系数的色散. 随时间变化的电磁波场也必定是随空间变化的. 人们可以更进一步设想, 如果光电磁波场随空间变化的周期(波长 λ)和原子尺度 a 可相比拟, 则宏观形式的麦克斯韦方程(或电磁场的宏观描述)将不再适用于描述这种情况下介质中的电磁场或电磁波. 若如本章开始所述那样, 我们不

考虑这一极端情况,则宏观麦克斯韦方程仍然适用,但必须考虑介质色散和极化滞后条件下介质中光电磁波的传播.这一条件是有实际意义的,例如通常可以认为,介质中最快的微观极化过程是电子极化过程,其弛豫时间为原子时间 a/v 的量级,这里 a 为原子尺寸,v 为原子中电子运动速度.因为 $v \ll c$,因而和这一弛豫时间对应的光电磁波波长 $\lambda(\sim ac/v)$ 远大于原子尺寸 a,或者说一个波长范围内包含了很多个原子.

在极化滞后和介质色散效应不可忽略的情况下,某一时刻介质中某一位置的极化就不再简单地决定于所研究时刻、位置的电场强度和磁场强度,而一般决定于所有时刻、位置的电场强度和磁场强度.因而介质中电位移矢量 $\boldsymbol{D}(\boldsymbol{r},t)$ 和磁感应强度 $\boldsymbol{B}(\boldsymbol{r},t)$ 也就不再简单地决定于所研究时刻、位置的 $\boldsymbol{E}(\boldsymbol{r},t)$ 和 $\boldsymbol{H}(\boldsymbol{r},t)$,而是一般决定于所有时刻、位置的 $\boldsymbol{E}(\boldsymbol{r},t)$ 和 $\boldsymbol{H}(\boldsymbol{r},t)$.这一表述反映了介质极化不能跟上光电磁波场变化,因而出现明显滞后和色散现象的事实.对于不同物质,电极化滞后和磁极化滞后起重要影响的光电磁波频率可以颇不相同,相应地介电函数色散和导磁系数色散出现的频率也可以颇不相同.这样,以电位移矢量为例,一般说来,在线性响应范围内,它和 $\boldsymbol{E}(\boldsymbol{r},t)$ 的关系可写为

$$\boldsymbol{D}(\boldsymbol{r},t) = \varepsilon_0 \boldsymbol{E}(\boldsymbol{r},t) + \varepsilon_0 \int f(\boldsymbol{r},\boldsymbol{r}',t,t') \boldsymbol{E}(\boldsymbol{r}',t') \mathrm{d}\boldsymbol{r}' \mathrm{d}t' \tag{1.14}$$

式(1.14)表明,时刻 t 介质中 $\boldsymbol{r}$ 处的电位移矢量 $\boldsymbol{D}(\boldsymbol{r},t)$ 是不同时刻、不同地点 $\boldsymbol{E}(\boldsymbol{r}',t')$ 矢量的复杂响应.如果假定时间和空间是均匀的,则上式中

$$f(\boldsymbol{r},\boldsymbol{r}',t,t') = f(\boldsymbol{r}-\boldsymbol{r}';t-t') \tag{1.15}$$

运用傅里叶(Fourier)变换和卷积定理,可以将式(1.14)写成频率和波矢的函数,即

$$\boldsymbol{D}(\omega,\boldsymbol{k}) = \overset{\leftrightarrow}{\boldsymbol{\varepsilon}}(\omega,\boldsymbol{k}) \boldsymbol{E}(\omega,\boldsymbol{k})$$

$$= \varepsilon_0 \overset{\leftrightarrow}{\boldsymbol{\varepsilon}}_{\mathrm{r}}(\omega,\boldsymbol{k}) \boldsymbol{E}(\omega,\boldsymbol{k}) \tag{1.16a}$$

或写成分量形式

$$D_i(\omega,\boldsymbol{k}) = \sum_j \varepsilon_{ij}(\omega,\boldsymbol{k}) E_j(\omega,\boldsymbol{k})$$

$$= \varepsilon_0 \sum_j \{\delta_{ij} + \chi_{ij}(\omega,\boldsymbol{k})\} E_j(\omega,\boldsymbol{k}) \tag{1.16b}$$

式(1.16a)中

$$\boldsymbol{D}(\omega,\boldsymbol{k}) = \int_{-\infty}^{\infty} \boldsymbol{D}(\boldsymbol{r},t) \exp[-\mathrm{i}(\boldsymbol{k}\cdot\boldsymbol{r}-\omega t)]\mathrm{d}\boldsymbol{r}\mathrm{d}t$$

$$\boldsymbol{E}(\omega,\boldsymbol{k}) = \int_{-\infty}^{\infty} \boldsymbol{E}(\boldsymbol{r},t) \exp[-\mathrm{i}(\boldsymbol{k}\cdot\boldsymbol{r}-\omega t)]\mathrm{d}\boldsymbol{r}\mathrm{d}t \tag{1.17}$$

式(1.16)中 $\overleftrightarrow{\boldsymbol{\varepsilon}}(\omega,\boldsymbol{k})$ 为介电响应函数(或简称介电函数).综合式(1.14)~(1.17)可见,$\overleftrightarrow{\boldsymbol{\varepsilon}}(\omega,\boldsymbol{k})$ 定义为

$$\overleftrightarrow{\boldsymbol{\varepsilon}}(\omega,\boldsymbol{k}) = \varepsilon_0 \left\{ 1 + \int_{-\infty}^{\infty} f(\boldsymbol{r}-\boldsymbol{r}';t-t') \right.$$

$$\left. \cdot \exp[-\mathrm{i}(\boldsymbol{k}\cdot(\boldsymbol{r}-\boldsymbol{r}')-\omega(t-t'))]\mathrm{d}\boldsymbol{r}'\mathrm{d}t' \right\} \tag{1.18}$$

如果就均匀电介质或半导体介质中任一确定点进行测量,或者空间色散可以忽略的话,则式(1.14)~(1.18)中各物理量与位矢无关,仅是时间的函数,经傅里叶变换后的各量也与波矢 $\boldsymbol{k}$ 无关,仅是 ω 的函数,因而式(1.14)简化为

$$\boldsymbol{D}(t) = \varepsilon_0 \boldsymbol{E}(t) + \varepsilon_0 \int_0^{\infty} f(t') \boldsymbol{E}(t-t')\mathrm{d}t' \tag{1.19}$$

式(1.19)符合因果律,即时刻 t 的电位移矢量 $\boldsymbol{D}(t)$ 是所有先前时刻 $\boldsymbol{E}(t)$ 的函数,这样式(1.16a)就简化为

$$\boldsymbol{D}(\omega) = \overleftrightarrow{\boldsymbol{\varepsilon}}(\omega)\boldsymbol{E}(\omega) \tag{1.20}$$

傅里叶变换式(1.17)简化为

$$\boldsymbol{D}(\omega) = \int_{-\infty}^{\infty} \boldsymbol{D}(t) \exp(\mathrm{i}\omega t)\mathrm{d}t$$

$$\boldsymbol{E}(\omega) = \int_{-\infty}^{\infty} \boldsymbol{E}(t) \exp(\mathrm{i}\omega t)\mathrm{d}t \tag{1.21}$$

$\boldsymbol{D}(\omega)$ 的逆变换为

$$\boldsymbol{D}(t) = \int_{-\infty}^{\infty} \boldsymbol{D}(\omega) \exp(-\mathrm{i}\omega t)\mathrm{d}\omega$$

$$= \varepsilon_0 \boldsymbol{E}(t) + \varepsilon_0 \int_{-\infty}^{\infty} \overleftrightarrow{\boldsymbol{\varepsilon}}_r(\omega)\boldsymbol{E}(\omega)\exp(-\mathrm{i}\omega t)\mathrm{d}\omega \tag{1.22}$$

$\overleftrightarrow{\boldsymbol{\varepsilon}}(\omega)$ 的定义简化为

$$\overleftrightarrow{\boldsymbol{\varepsilon}}(\omega) = \varepsilon_0 \overleftrightarrow{\boldsymbol{\varepsilon}}_r(\omega)$$

$$= \varepsilon_0 \left\{ 1 + \int_0^{\infty} f(\tau) \exp(\mathrm{i}\omega\tau)\mathrm{d}\tau \right\} \tag{1.23}$$

式(1.18)和(1.23)即为考虑介质极化滞后和色散情况下半导体介质介电函数的定义. 可以看出,介电响应函数 $\tilde{\varepsilon}(\omega)$ 是电磁波频率和介质性质的函数,它和频率的依赖关系即称介质介电函数的色散关系. 从定义[式(1.18)和(1.23)]直接可以看出,一般说来 $\tilde{\varepsilon}(\omega)$ 是一个复张量,如果对均匀各向同性介质,忽略其张量特性,简写为 $\varepsilon(\omega)$,则可记为

$$\varepsilon(\omega) = \varepsilon'(\omega) + i\varepsilon''(\omega)$$

或

$$\varepsilon(\omega) = \varepsilon_0 \varepsilon_r(\omega) = \varepsilon_0 \varepsilon_r'(\omega) + i\varepsilon_0 \varepsilon_r''(\omega) \tag{1.24}$$

式(1.20)和式(1.21)中,$\boldsymbol{D}(\omega)$ 和 $\boldsymbol{E}(\omega)$ 都是复矢量,并扩展到负频域. 它们的傅里叶逆变换一般也应是复量,但物理上 $\boldsymbol{D}(t)$ 和 $\boldsymbol{E}(t)$ 必须是实量,为此必须有

$$\boldsymbol{D}(-\omega) = \boldsymbol{D}^*(\omega)$$
$$\boldsymbol{E}(-\omega) = \boldsymbol{E}^*(\omega) \tag{1.25}$$

与此相应,从式(1.23)可见

$$\varepsilon(-\omega) = \varepsilon^*(\omega)$$
$$\varepsilon_r(-\omega) = \varepsilon_r^*(\omega) \tag{1.26}$$

将其虚部和实部分开来写,有

$$\varepsilon'(-\omega) = \varepsilon'(\omega)$$
$$\varepsilon''(-\omega) = -\varepsilon''(\omega) \tag{1.27a}$$

或

$$\varepsilon_r'(-\omega) = \varepsilon_r'(\omega)$$
$$\varepsilon_r''(-\omega) = -\varepsilon_r''(\omega) \tag{1.27b}$$

即介电响应函数的实部 $\varepsilon'(\omega)$ 和虚部 $\varepsilon''(\omega)$ 分别为频率 ω 的偶函数和奇函数.

　　如果光电磁波频率 ω 与介质强烈色散开始的频率相比还比较小,则可以将 $\varepsilon(\omega)$ 展开为 ω 的幂函数. 这样,偶函数 $\varepsilon'(\omega)$ 的展开式中仅包含 ω 的偶次方项,而奇函数 $\varepsilon''(\omega)$ 展开式中仅包含 ω 的奇次方项. 在 $\omega \to 0$ 的极限条件下,$\varepsilon(\omega)$ 自然趋于有实数值的静态介电常量 $\varepsilon(0) = \varepsilon_0 \varepsilon_r(0)$,因而对电介质来说,$\varepsilon'(\omega)$ 的展开式以常量项 $\varepsilon(0)$ 开始,$\varepsilon''(\omega)$ 的展开式常以 ω 的一次方项开始.

　　上述讨论是对电导率 σ 可以忽略的电介质和半导体而言的,而对于在金属或者必须计及传导电流贡献的半导体中传播的光电磁波或交变电磁场,如式(1.7d)

所描述, $\nabla\times\boldsymbol{H}$ 中还包括了 $\boldsymbol{j}=\sigma\boldsymbol{E}$ 的贡献, 并且和 $\dfrac{\partial\boldsymbol{D}}{\partial t}$ 项相比, 这一项贡献的相对大小决定于 $\dfrac{\sigma}{\omega\varepsilon}$. 若这一比值远大于1, 则所研究的介质行为便可视为电导率为 σ 的寻常导体. 反之, 若 $\dfrac{\sigma}{\omega\varepsilon}\ll1$, 或者说 $\omega\gg\dfrac{\sigma}{\varepsilon}$, 则被研究物体的行为就基本上是介电函数为 $\varepsilon(\omega)$ 的电介质. 居间情况下, 必须同时考虑式(1.7d)右边的两项. 如果形式上我们仍将式(1.7d)写为忽略 $\sigma\boldsymbol{E}$ 项贡献的电介质的麦克斯韦方程(1.13d), 即 $\nabla\times\boldsymbol{H}=\dfrac{\partial\boldsymbol{D}}{\partial t}=\tilde{\varepsilon}\dfrac{\partial\boldsymbol{E}}{\partial t}$, 则可将介电函数 $\tilde{\varepsilon}(\omega)$ 写为

$$\tilde{\varepsilon}(\omega)=\frac{\mathrm{i}\sigma(\omega)}{\omega}+\varepsilon(\omega) \tag{1.28a}$$

或

$$\tilde{\varepsilon}_{\mathrm{r}}(\omega)=\frac{\mathrm{i}\sigma(\omega)}{\varepsilon_0\omega}+\varepsilon_{\mathrm{r}}(\omega) \tag{1.28b}$$

式中我们已将考虑电导项贡献的介电函数写为 $\tilde{\varepsilon}(\omega)$, 以便与式(1.24)给出的忽略 $\sigma(\omega)$ 情况下介质的介电函数 $\varepsilon(\omega)$ 或 $\varepsilon_{\mathrm{r}}(\omega)$ 相区别. 于是式(1.28)表明, 在导体和 $\sigma(\omega)$ 不可忽略的半导体情况下, 介电函数展开式以 ω 的负一次方项的虚部项开始, 第二项为实常数项 $\varepsilon(0)=\varepsilon_0\varepsilon_{\mathrm{r}}(0)$. 式(1.28)还表明, 一般情况下介电函数的虚部可以有两个起源: 其一是前面讨论的介质极化滞后效应; 另一个是式(1.28)表达的电导 $\sigma(\omega)$ 引起的等效项. 这两种不同起源起重要作用(或不可忽略)的频率范围可以是十分不同的. 通常说来, 极化(尤其是电子极化)滞后效应在更高的频率下起重要贡献, 而 $\sigma(\omega)$ 引起的等效项可以在较低频率下有重要贡献. 本书第四章及其他有关章节讨论半导体中自由载流子吸收、回旋共振及等离子振荡等经典理论时, 涉及的介电函数虚部常常是指 $\sigma(\omega)$ 引起的项 $\dfrac{\mathrm{i}\sigma(\omega)}{\omega}$, 并且在写出介电函数符号时常忽略其上标复数符号"$\sim$", 但需注意它与式(1.28)右边符号 $\varepsilon(\omega)$ 的区别.

现在讨论宏观光学常数及有关光电磁波传播参量的相互关系, 由式(1.13c)和(1.13d)可得

$$\begin{aligned}
\nabla\times\nabla\times\boldsymbol{E} &= \nabla\times\left(-\mu\frac{\partial\boldsymbol{H}}{\partial t}\right)=-\mu\frac{\partial}{\partial t}(\nabla\times\boldsymbol{H}) \\
&= -\mu\frac{\partial}{\partial t}\left(\varepsilon\frac{\partial\boldsymbol{E}}{\partial t}\right) \\
&= -\mu\varepsilon\frac{\partial^2\boldsymbol{E}}{\partial t^2}
\end{aligned} \tag{1.29}$$

另一方面,由矢量运算有

$$\nabla \times \nabla \times \boldsymbol{E} = \nabla(\nabla \cdot \boldsymbol{E}) - \nabla^2 \boldsymbol{E} = -\nabla^2 \boldsymbol{E}$$

于是得

$$\nabla^2 \boldsymbol{E} - \mu\varepsilon \frac{\partial^2 \boldsymbol{E}}{\partial t^2} = 0 \tag{1.30a}$$

同理有

$$\nabla^2 \boldsymbol{H} - \mu\varepsilon \frac{\partial^2 \boldsymbol{H}}{\partial t^2} = 0 \tag{1.30b}$$

式(1.30)是一组关于介质中电磁波传播的二阶微分方程. 如本章开始指出那样,我们考虑无限均匀介质中传播的单色平面光电磁波,如式(1.2)所描述,式中 $\boldsymbol{k} = \boldsymbol{k}' + \mathrm{i}\boldsymbol{k}''$. 一般说来,耗散介质中,$\boldsymbol{k}'$ 并不总与 $\boldsymbol{k}''$ 相互平行,即电磁波的同相位面与同振幅面可以不一致,因而等场强面实质上不是一个平面,这样的电磁波有时被叫做非均匀平面电磁波,以区别于这里讨论的通常说来是均匀的平面光电磁波. 均匀平面光电磁波情况下,$\boldsymbol{k}''$ 与 $\boldsymbol{k}'$ 平行,等场强面确实是垂直于传播方向 $\boldsymbol{k}$ 的平面,这时从式(1.30)和(1.2)有

$$\boldsymbol{k}^2 = k'^2 - k''^2 + 2\mathrm{i}\boldsymbol{k}' \cdot \boldsymbol{k}'' = k'^2 - k''^2 + 2\mathrm{i}k'k'' = \varepsilon\mu\omega^2 \tag{1.31①}$$

或

$$\frac{\boldsymbol{k}^2}{\omega^2} = \varepsilon\mu = \frac{\varepsilon_\mathrm{r}\mu_\mathrm{r}}{c^2} \tag{1.32}$$

引用式(1.3),有

$$\tilde{n}^2(\omega) = n^2 - K^2 + 2\mathrm{i}nK = \varepsilon_\mathrm{r}\mu_\mathrm{r} \tag{1.33}$$

引用式(1.24)并考虑到所研究的对象是半导体,那么除近来才研究较多的半磁半导体或称稀释磁半导体外,常可假定 $\mu_\mathrm{r}=1$,式(1.33)变为

$$n^2 - K^2 + 2\mathrm{i}nK = \varepsilon_\mathrm{r}' + \mathrm{i}\varepsilon_\mathrm{r}'' \tag{1.34}$$

于是得

$$\varepsilon_\mathrm{r}' = n^2 - K^2$$

$$\varepsilon_\mathrm{r}'' = 2nK \tag{1.35}$$

或

---

① 式中 $\boldsymbol{k}$、$\boldsymbol{k}'$ 和 $\boldsymbol{k}''$ 都为矢量,排印成黑体;当仅取数值(模)时,排印成白斜体. 其他矢量运算与此相同,不另作说明.

$$n = \frac{1}{\sqrt{2}}\{(\varepsilon_r'^2 + \varepsilon_r''^2)^{1/2} + \varepsilon_r'\}^{1/2}$$

$$K = \frac{1}{\sqrt{2}}\{(\varepsilon_r'^2 + \varepsilon_r''^2)^{1/2} - \varepsilon_r'\}^{1/2} \tag{1.36}$$

如果介电函数虚部起源于光吸收过程,则吸收系数可写为

$$\alpha(\omega) = \frac{2\omega K(\omega)}{c} = \frac{\omega \varepsilon_r''(\omega)}{nc} \tag{1.37}$$

作为一个特例,如果所研究的半导体介质和光电磁波频率的具体情况使得介电函数虚部主要起因于电导 $\sigma(\omega)$ 的贡献,如给出式(1.28a)时所讨论的情况,这时式(1.30)可改写为

$$\nabla^2 \boldsymbol{E} - \mu\sigma \frac{\partial \boldsymbol{E}}{\partial t} - \mu\varepsilon \frac{\partial^2 \boldsymbol{E}}{\partial t^2} = 0 \tag{1.38a}$$

$$\nabla^2 \boldsymbol{H} - \mu\sigma \frac{\partial \boldsymbol{H}}{\partial t} - \mu\varepsilon \frac{\partial^2 \boldsymbol{H}}{\partial t^2} = 0 \tag{1.38b}$$

式中 ε 为实数,并等于介电函数实部, $\varepsilon' = \varepsilon_0 \varepsilon_r'(\omega)$;介电函数虚部如式(1.28b)第一项给出,并通过下式与宏观光学常数 n 、 K 相联系:

$$\varepsilon_r''(\omega) = 2nK = \frac{\sigma}{\omega\varepsilon_0} \tag{1.39}$$

或者更进一步假定,不仅对 ε_r'' 的贡献主要来自电导,并且其值远大于介电函数实部 ε_r' ,以致和 ε_r'' 相比, ε_r' 可以忽略,这时从式(1.36)和(1.39)可见,近似有

$$n = K = (\sigma/2\omega\varepsilon_0)^{1/2} \tag{1.40}$$

这就是良导体和光电磁波频率较低情况下某些高载流子浓度半导体的宏观光学常数行为.

式(1.34)～(1.37)以及(1.39)代表了人们分析半导体介质中光电磁波传播,所获得的表征半导体宏观光学性质的所有宏观量及其相互关系.如前所述,这些宏观量常被称为介质的光学常数,它们和光频率或光子能量的函数关系则被称为光学色散关系.这些公式还表明 $\varepsilon'(\omega)$ 与 $\varepsilon''(\omega)$,因而 $\varepsilon_r'(\omega)$ 与 $\varepsilon_r''(\omega)$ 并非是互相独立的物理量.随后将会看到, $\varepsilon_r'(\omega)$ 与 $\varepsilon_r''(\omega)$ 之间,以及 n 与 K 之间可以通过克拉默斯-克勒尼希(Kramers-Kronig 或简写为 K-K)色散关系,或微观物理过程分析有机地联系起来.此外,还要再次指出,讨论是对各向同性均匀光学介质而言的.对于各向异性介质,介电函数 $\varepsilon(\omega)$ 一般说来是复张量,描述光电磁波与介质相互作用的方程(1.30)或(1.38)也应写为张量方程的形式.

1.2　一定厚度片状样品透射比和反射比的表达式

寻求材料透射比和反射比表达式是固体(包括半导体)宏观光学性质的一个基本问题,也是从实验测量结果求得固体光学常数的基本公式.本节讨论两个问题,即光电磁波从真空或空气入射到固体表面的反射和透射,以及片状样品的透射比与反射比表达式[2~4].

1.2.1　光电磁波从真空或空气入射到固体表面的反射和透射

光电磁波经过 A、B 两种介质界面时的反射和透射决定于边界条件,在无界面电荷及界面电流的假定下,入射光强、反射光强和折射光强的相互联系以及它们与材料光学常数的关系可写为

$$\boldsymbol{n} \cdot [\varepsilon_A \boldsymbol{E}_A - \varepsilon_B \boldsymbol{E}_B] = 0 \qquad (1.41a)$$

$$\boldsymbol{n} \times [\boldsymbol{E}_A - \boldsymbol{E}_B] = 0 \qquad (1.41b)$$

$$\boldsymbol{n} \cdot [\mu_A \boldsymbol{H}_A - \mu_B \boldsymbol{H}_B] = 0 \qquad (1.41c)$$

$$\boldsymbol{n} \times [\boldsymbol{H}_A - \boldsymbol{H}_B] = 0 \qquad (1.41d)$$

这里我们用电场强度和磁场强度来代表光强,式中 $\boldsymbol{n}$ 是界面法线方向的单位矢量.式(1.41b)和(1.41c)分别表示光电磁波通过界面时其电场的切向分量和磁场的法向分量的连续性条件,式(1.41a)和(1.41d)是由于已经假定不存在外来的界面或表面电荷和电流.光电磁波从真空或空气入射到半导体表面,其入射、反射和透射电矢量可分别写为

$$\left.\begin{array}{l} \boldsymbol{E}_0 = \mathrm{Re}\,\widetilde{\boldsymbol{E}}_0 \exp[-\mathrm{i}(\omega t - \boldsymbol{k}_0 \cdot \boldsymbol{r})] \\ \boldsymbol{E}_1 = \mathrm{Re}\,\widetilde{\boldsymbol{E}}_1 \exp[-\mathrm{i}(\omega t - \boldsymbol{k}_1 \cdot \boldsymbol{r})] \\ \boldsymbol{E}_2 = \mathrm{Re}\,\widetilde{\boldsymbol{E}}_2 \exp[-\mathrm{i}(\omega t - \boldsymbol{k}_2 \cdot \boldsymbol{r})] \end{array}\right\}$$

$$(1.42)$$

对于磁矢量也有类似表达式. $\boldsymbol{k}_0$、$\boldsymbol{k}_1$ 和 $\boldsymbol{k}_2$ 分别为入射、反射和透射波矢,并且既然界面是完全平整均匀的,它们和从半导体指向真空的表面法向单位矢量 $\boldsymbol{n}$ 共平面,并称之为入射面,如图 1.1 所示.同时,按假设条件 $\boldsymbol{k}_0$ 和 $\boldsymbol{k}_1$ 为实矢量,而 $\boldsymbol{k}_2$ 可以是复矢量,但仍如给出式(1.31)时

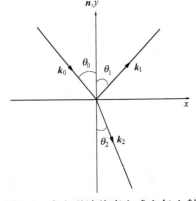

图 1.1　光电磁波从真空或空气入射到固体表面时的反射和透射,$\boldsymbol{k}_0$、$\boldsymbol{k}_1$ 和 $\boldsymbol{k}_2$ 分别为入射、反射和透射波矢,θ_0、θ_1 和 θ_2 分别为入射角、反射角和折射角,它们都在 xy 平面内

所假定，k_2' 和 k_2'' 相互平行. 从边界条件可以导出入射、反射和透射光电磁波的电矢量有相似的时间依赖关系，并且这三个波沿界面上任意方向的波矢分量都相等. 既然入射、反射和透射电磁波矢在同一平面内（在图 1.1 中取为 xy 平面），于是有

$$\boldsymbol{k}_{0x} = \boldsymbol{k}_{1x} = \boldsymbol{k}_{2x} \tag{1.43}$$

从式 (1.2) 和 (1.4) 可以看出，对真空或空气来说，因为 $n(\omega)=1$，$K(\omega)=0$，所以有

$$\boldsymbol{k}_0 \cdot \boldsymbol{k}_0 = \boldsymbol{k}_1 \cdot \boldsymbol{k}_1 = \frac{\omega^2}{c^2} = k_{0x}^2 + k_{0y}^2 = k_{1x}^2 + k_{1y}^2 \tag{1.44}$$

$$\boldsymbol{k}_2 \cdot \boldsymbol{k}_2 = (n + \mathrm{i}K)^2 \frac{\omega^2}{c^2} = k_{2x}^2 + k_{2y}^2$$

n 和 K 是被研究半导体介质的折射率和消光系数，由式 (1.43)、(1.44) 及图 1.1 可知

$$k_{1y} = -k_{0y} = -\left(\frac{\omega}{c}\right)\cos\theta_0 \tag{1.45a}$$

$$k_{2y} = \left\{\frac{\omega^2}{c^2}(n + \mathrm{i}K)^2 - k_{0x}^2\right\}^{1/2}$$

$$= \frac{\omega}{c}(\varepsilon_r - \sin^2\theta_0)^{1/2} \tag{1.45b}$$

现在研究反射波和透射波的分量，对于空气-半导体界面，边界条件式 (1.41) 可写为

$$\boldsymbol{n} \cdot \{\boldsymbol{E}_0 + \boldsymbol{E}_1 - \varepsilon_r(\omega)\boldsymbol{E}_2\} = 0 \tag{1.46a}$$

$$\boldsymbol{n} \times \{\boldsymbol{E}_0 + \boldsymbol{E}_1 - \boldsymbol{E}_2\} = 0 \tag{1.46b}$$

$$\boldsymbol{n} \cdot \{\boldsymbol{H}_0 + \boldsymbol{H}_1 - \boldsymbol{H}_2\} = 0 \tag{1.46c}$$

$$\boldsymbol{n} \times \{\boldsymbol{H}_0 + \boldsymbol{H}_1 - \boldsymbol{H}_2\} = 0 \tag{1.46d}$$

这里已经令真空或空气介电函数为 ε_0，导磁系数为 μ_0，半导体介质 $\mu_r = 1$，复介电响应函数 $\varepsilon(\omega) = \varepsilon_0\varepsilon_r(\omega)$.

为研究反射波和透射波的振幅或强度，需分别考虑平行和垂直于入射面偏振的电矢量，用脚标 s 和 p 分别代表垂直偏振和平行偏振的电矢量分量，并且假定沿 $+z$ 方向的 s 分量为正，这样，式 (1.46b) 给出

$$\boldsymbol{E}_{0s} + \boldsymbol{E}_{1s} = \boldsymbol{E}_{2s} \tag{1.47}$$

对平面波，麦克斯韦方程给出

$$\boldsymbol{k} \times \boldsymbol{E} = \omega\mu\boldsymbol{H}$$

式(1.46d)可改写为

$$\boldsymbol{n} \times \{\boldsymbol{k}_0 \times \boldsymbol{E}_{0s} + \boldsymbol{k}_1 \times \boldsymbol{E}_{1s} - \boldsymbol{k}_2 \times \boldsymbol{E}_{2s}\} = 0$$

展开矢积,并考虑到 $\boldsymbol{E}_s \perp \boldsymbol{n}$,因而 $\boldsymbol{n} \cdot \boldsymbol{E}_{0s} = \boldsymbol{n} \cdot \boldsymbol{E}_{1s} = \boldsymbol{n} \cdot \boldsymbol{E}_{2s} = 0$,于是有

$$\boldsymbol{k}_{0y} \cdot (\boldsymbol{E}_{0s} - \boldsymbol{E}_{1s}) = k_{2y} \cdot \boldsymbol{E}_{2s} \tag{1.48}$$

垂直于入射面偏振的电矢量分量的振幅反射系数 r_s 和振幅透射系数 t_s 分别由下式定义:

$$E_{1s} = r_s E_{0s}$$
$$E_{2s} = t_s E_{0s} \tag{1.49}$$

从式(1.47)和(1.48)可得

$$r_s = \frac{k_{0y} - k_{2y}}{k_{0y} + k_{2y}} \tag{1.50a}$$

$$t_s = \frac{2k_{0y}}{k_{0y} + k_{2y}} = 1 + r_s \tag{1.50b}$$

对于平行于入射面偏振的电矢量分量,可以用类似的运算求得其振幅反射系数 r_p 和振幅透射系数 t_p. 但是,也可以通过垂直于入射面偏振的各磁矢量分量 H_{0s}、H_{1s} 和 H_{2s} 间的关系更方便地求得 r_p 与 t_p,于是得

$$r_p = \frac{k_{0y} - k_{2y}/\varepsilon_r(\omega)}{k_{0y} + k_{2y}/\varepsilon_r(\omega)} \tag{1.51a}$$

$$t_p = \frac{2k_{0y}}{k_{0y} + k_{2y}/\varepsilon_r(\omega)} = 1 + r_p \tag{1.51b}$$

振幅反射系数 r_s、r_p 和振幅透射系数 t_s、t_p 一般都是复数. 为获得用半导体材料的光学常数 n 和 K 表示的反射率表达式,可参看图 1.1,并援引折射定律,由图 1.1 给出

$$k_{0y} = |\,\boldsymbol{k}_0\,|\cos\theta_0 = \frac{\omega}{c}\cos\theta_0$$
$$k_{0x} = (\omega/c)\sin\theta_0 \tag{1.52}$$

已经指出,光电磁波从无损耗的介质空气或真空入射到半导体表面,图 1.1 中入射传播矢量为实矢量,即

$$|\,\boldsymbol{k}_0''\,| = 0 \tag{1.53}$$

从式(1.45)又有

$$k_{2y} = \frac{\omega}{c}\{(n+\mathrm{i}K)^2 - \sin^2\theta_0\}^{1/2} \tag{1.54}$$

综合式(1.50)~(1.53)可得

$$r_s = \frac{\cos\theta_0 - [(n+\mathrm{i}K)^2 - \sin^2\theta_0]^{1/2}}{\cos\theta_0 + [(n+\mathrm{i}K)^2 - \sin^2\theta_0]^{1/2}} \tag{1.55a}$$

$$t_s = \frac{2\cos\theta_0}{\cos\theta_0 + [(n+\mathrm{i}K)^2 - \sin^2\theta_0]^{1/2}} \tag{1.55b}$$

$$r_p = \frac{(n+\mathrm{i}K)^2\cos\theta_0 - [(n+\mathrm{i}K)^2 - \sin^2\theta_0]^{1/2}}{(n+\mathrm{i}K)^2\cos\theta_0 + [(n+\mathrm{i}K)^2 - \sin^2\theta_0]^{1/2}} \tag{1.56a}$$

$$t_p = \frac{2(n+\mathrm{i}K)^2\cos\theta_0}{(n+\mathrm{i}K)^2\cos\theta_0 + [(n+\mathrm{i}K)^2 - \sin^2\theta_0]^{1/2}} \tag{1.56b}$$

下面讨论反射的情况,并暂且假定,在所研究的波段内半导体材料是透明的,即 $K=0$. 这时折射定律简单地写为 $\sin\theta_0 = n\sin\theta_2$,$\theta_0$ 与 θ_2 分别如图 1.1 所示为入射角和折射角,这样从式(1.55)和(1.56)求得

$$R_s = r_s \cdot r_s^* = \frac{\sin^2(\theta_0 - \theta_2)}{\sin^2(\theta_0 + \theta_2)} \tag{1.57}$$

$$R_p = r_p \cdot r_p^* = \frac{\tan^2(\theta_0 - \theta_2)}{\tan^2(\theta_0 + \theta_2)} \tag{1.58}$$

以 $n=3.4$ 的半导体为例,R_s、R_p 和 θ_0 的关系如图 1.2 所示. 从图 1.2 及式 (1.58)可见,当 $\theta_0 + \theta_2 = \pi/2$ 时,$R_p = 0$. 众所周知,满足这一条件的入射角 θ_B 就称为布儒斯特(Brewster)角,其值决定于 $\tan\theta_B = n/n_0$,n 和 n_0 分别为半导体及空气介质的折射率,这时反射光全偏振.

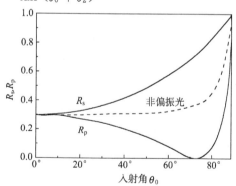

图 1.2　垂直和平行于入射面偏振的电矢量的功率反射比 R_s、R_p 与入射角 θ_0 的关系,假定半导体的 $n=3.4$,$K=0$(接近硅透明波段的情况)

由图 1.2 和式(1.55)、式(1.56)还可看出,正入射情况下,即 $\theta_0 = 0$ 时,有如下的功率反射比表达式:

$$R = R_s = R_p = r_s r_s^* = r_p r_p^* = \frac{(n-1)^2 + K^2}{(n+1)^2 + K^2} \tag{1.59}$$

上式还可改写为

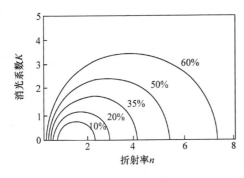

图 1.3　正入射反射比与光学常数的关系

$$K^2 + \left(n - \frac{1+R}{1-R}\right)^2 = \frac{4R}{(1+R)^2}$$

$$(1.60)$$

式 (1.60) 可以看作是以 $n = \dfrac{1+R}{1-R}$ 为圆心、以 $\dfrac{2\sqrt{R}}{(1+R)}$ 为半径的一系列圆, 如图 1.3 所示, 它形象地给出了材料反射比与其光学常数 n、K 的关系.

1.2.2　一定厚度片状样品透射比和反射比的表达式

现在研究具有一定厚度的片状样品的透射比和反射比. 如图 1.4 所示, 假定振幅为 1 的平面光电磁波垂直入射到厚度为 d、折射率和消光系数分别为 n 和 K 的半导体样品上. 由前述讨论可知, 这种情况下垂直偏振分量和平行偏振分量有同样的反射系数. 令样品表面的振幅反射系数为 r, 内反射系数为 r', 这里 $r' = -r$. 可将振幅反射系数 r 写为

$$r = r_0 \exp(+i\Psi) = r_0 \cos\Psi + i r_0 \sin\Psi \tag{1.61}$$

r_0 为振幅反射系数的模量, 有

$$r_0^2 = rr^* = R \tag{1.62}$$

Ψ 为振幅反射系数的相位, 即反射引起的相位改变, 且一般情况下它并不等于 π. 光电磁波通过样品一次引起的吸收和相位改变, 也可以用一个量 a 来表示:

$$a = \exp(-\omega K d/c)\exp(i\omega n d/c)$$

$$= \exp(-\alpha d/2)\exp(i\delta) \tag{1.63}$$

一般说来, 只要样品不太厚, 吸收不太大, 总存在多次反射和透射. 将图 1.4 所示的所有透射项相加, 即获得总的透射振幅. 既然前面已经假定入射振幅为 1, 那么总的透射振幅即等于总的振幅透射比, 记为

$$A_t = (1-r)a(1-r')$$
$$\cdot [1 + a^2(r')^2 + a^4(r')^4 + \cdots]$$

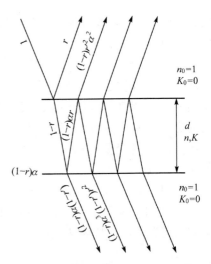

图 1.4　振幅为 1 的平面电磁波通过厚为 d 的片状样品时的多次反射和透射

考虑到 $r'=-r$，上式可写为

$$A_t = (1-r^2)a[1+(ar)^2+(ar)^4+\cdots] = \frac{(1-r^2)a}{(1-a^2r^2)}$$

同理，可得总的反射振幅为

$$A_r = r - \frac{r(1-r^2)a^2}{(1-a^2r^2)} = r\left\{1 - \frac{(1-r^2)a^2}{(1-a^2r^2)}\right\}$$

总的透射能量或透射光强可写为

$$I_t = T = A_t A_t^* = \left[\frac{(1-r^2)a}{1-a^2r^2}\right] \cdot \left[\frac{(1-r^2)a}{(1-a^2r^2)}\right]^* \tag{1.64}$$

将式(1.61)、(1.62)、(1.63)代入上式，得

$$I_t = \frac{\{A\exp(\mathrm{i}\delta) - RA\exp[\mathrm{i}(2\Psi+\delta)]\}}{\{1-R\exp(-\alpha d)\exp[2\mathrm{i}(\delta+\Psi)]\}}$$

$$\times \frac{\{A\exp(-\mathrm{i}\delta) - RB\exp[-\mathrm{i}(2\Psi+\delta)]\}}{\{1-R\exp(-\alpha d)\exp[-2\mathrm{i}(\delta+\Psi)]\}}$$

其中 $A=\exp[-(\alpha d/2)]$，$B=\exp[\alpha d/2]$. 上式分母可化简为

$$1+R^2\exp(-2\alpha d) - 2R\exp(-\alpha d)\cos2(\delta+\Psi)$$

$$= 1+R^2\exp(-2\alpha d) - 2R\exp(-\alpha d) + 4R\exp(-\alpha d)\sin^2(\delta+\Psi)$$

$$= \exp(-\alpha d)\{[\exp(\alpha d/2) - R\exp(-\alpha d/2)]^2 + 4R\sin^2(\delta+\Psi)\}$$

它的分子可化简为

$$\exp(-\alpha d) + R^2\exp(-\alpha d) - R\exp(-\alpha d)[\exp(\mathrm{i}2\Psi) + \exp(-\mathrm{i}2\Psi)]$$

$$= \exp(-\alpha d)[1+R^2 - 2R\cos2\Psi]$$

$$= \exp(-\alpha d)[(1-R)^2 + 4R\sin2\Psi]$$

考虑到振幅反射系数的虚部，有

$$r_0\sin\Psi = \frac{-2K}{(n+1)^2+K^2}$$

所以

$$r_0^2\sin^2\Psi = R\sin^2\Psi = \frac{4K^2}{[(n+1)^2+K^2]^2}$$

以此代入上式，并经化简整理，可得总透射光强表达式的分子项为

$$\exp(-\alpha d)\left\{(1-R^2)^2 - \frac{16K^2}{[(n+1)^2+K^2]^2}\right\}$$

$$= (1-R)^2(K^2/n^2+1)\exp(-\alpha d)$$

于是得

$$I_t = \frac{(1-R)^2 + 4R\sin^2\Psi}{[\exp(\alpha d/2) - R\exp(-\alpha d/2)]^2 + 4R\sin^2(\delta+\Psi)} \tag{1.65a}$$

或

$$I_t = \frac{(1-R)^2(K^2/n^2+1)}{[\exp(\alpha d/2) - R\exp(-\alpha d/2)]^2 + 4R\sin^2(\delta+\Psi)} \tag{1.65b}$$

同理可得总的反射能量或反射光强为

$$I_r = \frac{R\{[\exp(\alpha d/2) - \exp(-\alpha d/2)]^2 + 4\sin^2\delta\}}{[\exp(\alpha d/2) - R\exp(-\alpha d/2)]^2 + 4R\sin^2(\delta+\Psi)} \tag{1.66}$$

下面讨论式(1.65)和(1.66),并导出某些情况下适用的简化表达式. 首先,对绝大多数半导体来说,在两个频段(即剩余射线吸收区域和本征跃迁电子吸收区域)的消光系数 $K(\omega)$ 较大. 以 GaAs 等化合物半导体为例,前者吸收系数最高可达 $10^3 \sim 10^4 \text{ cm}^{-1}$ 的量级,后者最高可达 $10^3 \sim 10^5 \text{ cm}^{-1}$ 量级. 前者所在波数位置为 $200 \sim 600 \text{ cm}^{-1}$,后者所在波数位置为 $2\,000 \sim 40\,000 \text{ cm}^{-1}$. 因而,在剩余射线吸收区域,消光系数最高可达 $K = \frac{1}{4\pi}\alpha(\omega)\lambda_0 \approx 10^{-1} \sim 10^1$ 的量级,在本征电子吸收区域最高可达 $K \approx 10^{-2} \sim 10^{-1}$ 的量级. 鉴于半导体的折射率 $n \approx 2 \sim 5$,因而在这两个区域的某些频段,半导体的折射率与消光系数可以有相同的量级. 此外,大多数情况下,可以有

$$K^2/n^2 \ll 1$$

这时式(1.65a)可化简为

$$I_t = \frac{(1-R)^2}{[\exp(\alpha d/2) - R\exp(-\alpha d/2)]^2 + 4R\sin^2(\delta+\Psi)} \tag{1.67}$$

其次讨论厚样品情况. 所谓厚样品是指其厚度较之所研究频段的辐射电磁波波长大很多倍的情况,即

$$d \gg \lambda_0$$

这时辐射单次通过样品所引起的相位差 $\delta = \omega nd/c = 2\pi nd/\lambda_0 \gg 2\pi$. 这种情况下,除非采用单色相干激光光源,式(1.65)、(1.66)包含的干涉条纹一般显示不出来. 实验测得的是各种相位因子的总透射光强的平均值,从 A_t 的表达式出发,可得

$$I_t = \frac{(1-R)^2}{\exp(ad) - R^2\exp(-ad)} = \frac{(1-R)^2\exp(-\alpha d)}{1 - R^2\exp(-2\alpha d)} \tag{1.68}$$

对于大多数研究吸收带行为的半导体光吸收实验,尤其是在吸收带区域,常有

$$R^2\exp(-2\alpha d) \ll 1$$

即

$$\exp(2\alpha d) \gg R^2$$

在满足这一条件的情况下,式(1.65)又可进一步近似为

$$I_t = T = (1-R)^2\exp(-\alpha d) \tag{1.69}$$

式中已将 I_t 写为功率透射比 T,这相当于仅考虑图 1.4 所示的多次透射中的第一次透射光束,并且假定反射引起的相位改变 $\Psi \approx \pi$ 的情况. 由图 1.4 可见,若仅考虑第一透射束,忽略多次反射引起的其他高次透射束,则

$$A_t = (1-r^2)a = [1 - R\exp(2i\Psi)]\exp(-\alpha d/2)\exp(in\omega d/c)$$

于是

$$I_t = T = A_t A_t^* = \exp(-\alpha d)[1 + R^2 - 2R\cos2\Psi]$$

若考虑到 $\Psi \approx \pi$,即得式(1.69).

式(1.68)和(1.69)是从透射光谱测量结果计算宏观光学常数之一的消光系数 K(通过吸收系数 α)最常用的表达式. 实验上为了能较准确地利用式(1.69),并避免多次反射引起的干涉条纹,常常将样品加工成劈形,从而实现较为准确的、仅存在第一透射束的光谱测量.

最后讨论样品很薄、吸收很弱的情况,这意味着

$$d \leqslant \lambda_0$$

$$\exp(-\alpha d) \leqslant 1$$

这时

$$I_t = \frac{[1 + R^2 - 2R\cos(2\Psi)]}{1 + R^2\exp(-2\alpha d) - 2R\exp(-\alpha d)\cos2(\delta + \Psi)} \tag{1.70a}$$

若忽略 Ψ 与 π 的区别,则式(1.70a)化简为

$$I_t = \frac{(1-R)^2}{1 + R^2\exp(-2\alpha d) - 2R\exp(-\alpha d)\cos2\delta} \tag{1.70b}$$

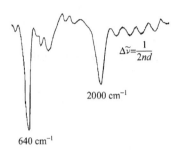

图 1.5　沉积在单晶硅上的厚度约
为 10 μm 的非晶态硅的红外透射
光谱,在非吸收带区域呈现周期
为 $\Delta\tilde{\nu}=1/2nd$ 的干涉条纹

式中 $\delta=\omega nd/c$. 式(1.70b)表明,在薄样品和弱吸收情况下,总透射光强 I_t(这里亦即总透射比)随入射光电磁波频率(波数)周期性变化. 图 1.5 是薄样品、弱吸收情况下透射光谱的一个实例,它给出了沉积在单晶硅上的厚度约为 10 μm 左右的非晶态硅在红外波段的总透射曲线. 在所研究的波段,单晶硅是透明的,因而图中给出的完全是非晶硅薄层的透射光谱特性. 由图可见,在非吸收带区域,亦即 α 很小的频率区域,透射光谱清楚地显示出多次透射(在空气-非晶硅界面和单晶-非晶硅界面透射光电磁波多次反射)导致的干涉条纹,这些干涉条纹的周期为

$$\Delta\tilde{\nu}=1/2nd \tag{1.71}$$

$\tilde{\nu}$ 为波数. 式(1.71)的来源是显而易见的,辐射通过非晶层往返一次附加的光程差为 $2\delta=2\omega nd/c=2\times2\pi\tilde{\nu}\times nd$,当其值为 2π 的整数倍时出现干涉极大,从而得 $\tilde{\nu}_2-\tilde{\nu}_1=\Delta\tilde{\nu}=1/2nd$,即式(1.71). 这一事实可用来在已知样品厚度 d 情况下求另一宏观光学常数——折射率 n,或在已知折射率情况下估计样品厚度 d.

　　反射测量也有类似干涉条件,图 1.6 所示为在与空气接触的折射率为 1.5 的透明介质上涂上不同折射率 n_1 的涂层后样品反射比 R 和涂层光学厚度 nd 的关系. 这一事实被人们广泛用来制备高反射材料的抗反射膜或各种薄膜光学器件,也和近来广泛研究的光子晶体特性相关连.

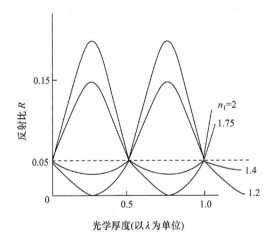

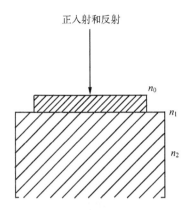

图 1.6 在折射率为 1.5 的基体上涂上折射率为 n_1 的膜层后反射比随其光学厚度的变化. 假定光正入射, 并且基体和膜层的消光系数均可忽略不计

1.3 色散关系,克拉默斯-克勒尼希(K-K)变换

本节讨论的色散关系是指将色散过程和吸收过程联系起来的积分公式. 色散的一个最简单的例子是材料折射率 n 随光子能量 $\hbar\omega$ 的变化, 它是白光通过三棱镜时角色散和介质中光速随频率改变的起源. 本节是从物理实验事实的因果律出发, 导出固体光学常数的实部和虚部间的色散关系.

1.3.1 K-K 色散关系的引入

每一对宏观光学常数(如 n 与 K, $\varepsilon'(\omega)$ 与 $\varepsilon''(\omega)$, 以及 r_0 与 Ψ)之间都存在某种内在的联系, 基于某种微观物理模型, 解出上述这些量的表达式, 可以找到它们之间的内在联系. 但是, 不依赖于具体的物理模型, 从这些物理量的基本性质及基本物理条件出发, 运用数学方法也可以推导出它们之间的函数关系和内在联系, 这就是所谓 K-K 色散关系. 本节简要地导出 K-K 色散关系, 并具体说明它的若干应用.

以介电响应函数 $\varepsilon(\omega)=\varepsilon_0\varepsilon_r(\omega)$ 为例引入 K-K 关系, 然后推广到其他情况. 通过复介电函数, 我们已仿效 $\nabla\times\boldsymbol{E}$ 与 $\partial\boldsymbol{H}/\partial t$ 的关系, 将介质中麦克斯韦方程第四式写为 $\nabla\times\boldsymbol{H}=\varepsilon\dfrac{\partial\boldsymbol{E}}{\partial t}=\varepsilon_0\varepsilon_r\dfrac{\partial\boldsymbol{E}}{\partial t}=\dfrac{\partial\boldsymbol{D}}{\partial t}$, 式(1.13d)已给出这种关系.

介质对外电场的响应用极化强度 $\boldsymbol{P}(t)$ 来描述, 对于各向同性的均匀介质, 由式(1.10)有

$$\boldsymbol{P}(t) = \boldsymbol{D}(t) - \varepsilon_0\boldsymbol{E}(t)$$

由式(1.22)给出的逆变换得

$$\boldsymbol{P}(t) = \int_{-\infty}^{\infty} \varepsilon_0 [\varepsilon_r(\omega) - 1] \boldsymbol{E}(\omega) \exp(-i\omega t) d\omega \tag{1.72}$$

$\boldsymbol{E}(t)$ 是平方可积函数,对应于具有一定能量的一个波列,因而可以将式(1.21)的第二式给出的傅里叶变换表达式代入(1.72),并考虑到极化矢量的可能滞后,将式(1.72)写为

$$\boldsymbol{P}(t) = \int_{-\infty}^{\infty} \varepsilon_0 [\varepsilon_r(\omega) - 1] d\omega \int_{-\infty}^{\infty} \boldsymbol{E}(t') \exp[i\omega(t'-t)] \frac{dt'}{2\pi}$$

$$= \int_{-\infty}^{\infty} \boldsymbol{E}(t') dt' \int_{-\infty}^{\infty} \varepsilon_0 [\varepsilon_r(\omega) - 1] \exp[-i\omega(t-t')] \frac{d\omega}{2\pi}$$

$$= \int_{-\infty}^{\infty} G(t-t') \boldsymbol{E}(t') dt' \tag{1.73}$$

式中

$$G(t-t') = \int_{-\infty}^{\infty} \varepsilon_0 [\varepsilon_r(\omega) - 1] \exp[-i\omega(t-t')] \frac{d\omega}{2\pi} \tag{1.74}$$

式(1.73)表明,$G(t-t')$ 是一个响应函数,它给出时刻 t' 单位 δ 函数的电场脉冲引起的极化响应在时刻 t 的值,它是 $\varepsilon_r(\omega)-1$ 的傅里叶积分变换. 如果定义 G 函数的傅里叶积分式(1.74)可以逆运算,则可写出

$$\varepsilon_r(\omega) - 1 = \frac{1}{\varepsilon_0} \int_{-\infty}^{\infty} G(T) \exp(i\omega t) dT \tag{1.75}$$

下面讨论这一逆运算可行的条件. 首先,因果律要求在施加电场之前无响应,即要求 $T<0$ 时 $G(T)=0$,因而式(1.75)就定义了一个函数,它对于虚部 ω_2 为正的复 ω 是解析的. 为了证明这一点,可以指出,式(1.75)对 ω 的微商与它在复平面上所沿的路径无关,并且由于收敛因子 $\exp(-\omega_2 T)$ 的缘故,它在上半平面内收敛. 这样可以得出 $\varepsilon_r(\omega)-1$,因而 $\varepsilon(\omega)$ 本身在复平面 ω 的上半平面内是解析函数的结论. 值得指出的是,所考虑的函数随时间的改变由 $\exp(-i\omega t)$ 给出. 如果在式(1.14)、(1.19)中用的是 $\exp(i\omega t)$,则上下两半平面的作用互相调换一下.

为从 $\varepsilon_r(\omega)-1$ 的解析性导出色散关系,利用解析函数沿不包含奇异点的等值线积分为零这一数学结果. 这样,当积分沿如图 1.7 所示等

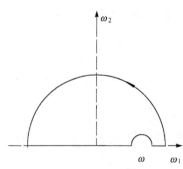

图 1.7　ω 复平面上被积函数的等值线

值线进行时,可以写出

$$\oint \frac{\varepsilon_r(\omega') - 1}{\omega' - \omega} d\omega' = 0 \tag{1.76}$$

图 1.7 中实轴 ω_1 上在频率 ω 处有一个奇异点,可以用一个半径为 δ 的半圆把它排除在积分之外.

我们分析式(1.76),沿实轴从 $-\infty$ 到 $\omega-\delta$ 和从 $\omega+\delta$ 到 ∞ 的积分,在 $\delta \to 0$ 的极限情况下,按定义其值为沿实轴的柯西积分主值.沿包围等值线的大圆对积分的贡献为零,因为对任何真实介质,可以假定 $\omega \to \infty$ 时极化响应 $\boldsymbol{P}(\omega \to \infty) \to 0$,所以 $\chi(\omega \to \infty) = [\varepsilon_r(\omega \to \infty) - 1] \to 0$. 最后沿奇异点周围的小半圆的积分,其值为 $-i\pi[\varepsilon_r(\omega) - 1]$,这样可以得到

$$\varepsilon_r(\omega) - 1 = \frac{1}{i\pi} P \int_{-\infty}^{\infty} \frac{\varepsilon_r(\omega') - 1}{\omega' - \omega} d\omega' \tag{1.77}$$

字母 P 表示上式积分为柯西主值积分. 若将式(1.77)按实部、虚部分别写出,则得

$$\varepsilon_r'(\omega) - 1 = \frac{1}{\pi} P \int_{-\infty}^{\infty} \frac{\varepsilon_r''(\omega')}{\omega' - \omega} d\omega'$$

$$\varepsilon_r''(\omega) = \frac{1}{\pi} P \int_{-\infty}^{\infty} \frac{\varepsilon_r'(\omega') - 1}{\omega - \omega'} d\omega' \tag{1.78}$$

为物理上有意义,将积分方程变换到正频域上,为此让我们记起函数 $\varepsilon_r(\omega)$ 实部和虚部的偶、奇性,并注意到

$$P \int_{-\infty}^{\infty} \frac{f(x)}{x-a} dx = P \int_0^{\infty} \frac{x[f(x) - f(-x)] + a[f(x) + f(-x)]}{x^2 - a^2} dx \tag{1.79}$$

将上式代入式(1.78),并利用式(1.27),可得相对介电响应函数 $\varepsilon_r(\omega)$ 的实部和虚部之间有如下形式的色散关系:

$$\varepsilon_r'(\omega) - 1 = \frac{2}{\pi} P \int_0^{\infty} \frac{\omega' \varepsilon_r''(\omega')}{\omega'^2 - \omega^2} d\omega' \tag{1.80a}$$

$$\varepsilon_r''(\omega) = \frac{2\omega}{\pi} P \int_0^{\infty} \frac{\varepsilon_r'(\omega')}{\omega^2 - \omega'^2} d\omega' \tag{1.80b}$$

在写出式(1.80b)时,已经从被积函数的分子项中略去了常数因子. 容易证明,只要 $\omega \neq 0$,则积分

$$P \int_0^{\infty} \frac{1}{\omega'^2 - \omega^2} d\omega' = 0 \tag{1.81}$$

在推导式(1.80)时,没有提到明确的限制条件. 应该假定 $\varepsilon_r(\omega)$ 是有界的,这导

致了式(1.80a)中与常数 ε_0 有关的因子 1 的存在,已经知道,它就是在很高频率情况下 $\varepsilon_r(\omega)$ 的极限值. 还可以指出,在有限频率上存在奇异点或在无穷频率时的发散也是可以处理的,只需修正色散关系式,使之包含一任意常数项. 作为一个例子,考虑直流电导为 σ_0 的导体或半导体. 式(1.28a)和(1.28b)给出 $\varepsilon_r(\omega)$ 的虚部 $\varepsilon_r''(\omega)$ $=\sigma_0/(\omega\varepsilon_0)$,这表明 $\omega\to0$ 时 $\varepsilon_r''(\omega)$ 并不趋近于零或有限值,亦即 $\omega\to0$ 时,$\varepsilon_r(\omega)$ 并非有界(有限). 这一困难是容易解决的,只需在整个色散关系的推导中,凡涉及 $\varepsilon_r''(\omega)$ 的都减去 $\sigma_0/(\omega\varepsilon_0)$. 既然这一附加项对积分的贡献为零,因而式(1.80a)不必作任何改变,而在式(1.80b)左边减去 $\sigma_0/(\omega\varepsilon_0)$,于是得

$$\varepsilon_r'(\omega) - 1 = \frac{2}{\pi}P\int_0^\infty \frac{\varepsilon_r''(\omega')\omega'}{(\omega'^2 - \omega^2)}\mathrm{d}\omega' \tag{1.82a}$$

$$\varepsilon_r''(\omega) - \sigma_0/(\varepsilon_0\omega) = \frac{2\omega}{\pi}P\int_0^\infty \frac{\varepsilon_r'(\omega')}{(\omega^2 - \omega'^2)}\mathrm{d}\omega' \tag{1.82b}$$

和前面一样,式(1.80)和(1.82)是无量纲的表达式,这很便于运算.

这样,式(1.82)的推导只包括三个最一般的假定,即被积函数有界、线性响应关系和因果律. 因而这些色散关系也适用于许多其他表达输入信息和输出信息线性关系的物理量,它对物理学的许多其他分支领域及电气工程都是十分重要的. 这里我们感兴趣的是半导体的光学性质. 下面具体讨论半导体光学常数间的变换关系式. 式(1.80)、(1.82)常称克拉默斯-克勒尼希色散关系或简称 K-K 关系,因为是他们两人首先给出介电函数及复折射率的实部与虚部间的这种色散关系,并成功地用于研究 X 射线的色散[5,6].

1.3.2　介电函数实部与虚部间的关系

式(1.80)、(1.82)已经给出了介电函数的色散关系,为便于讨论其物理意义和应用,引用分部积分公式

$$\int F'f\mathrm{d}x = Ff - \int Ff'\mathrm{d}x$$

将式(1.80)改写为

$$\varepsilon_r'(\omega) - 1 = \frac{1}{\pi}\int_0^\infty \frac{\mathrm{d}\varepsilon_r''(\omega')}{\mathrm{d}\omega'}\ln\mid \omega'^2 - \omega^2 \mid^{-1}\mathrm{d}\omega'$$

$$\varepsilon_r''(\omega) = -\frac{1}{\pi}\int_0^\infty \frac{\mathrm{d}\varepsilon_r'(\omega')}{\mathrm{d}\omega'}\ln\frac{\omega' + \omega}{\mid \omega' - \omega\mid}\mathrm{d}\omega' \tag{1.83}$$

为简洁起见,在式(1.83)的第二式中,再次略去了直流电导项,这意味着所讨论的是绝缘体或直流电导可忽略不计的半导体. 式(1.83)中采用微商和对数函数有如

下好处：在 $\omega'=\omega$ 附近，对数项有一个很高的峰值，这样式(1.83)表明 $\omega'=\omega$ 附近的被积函数值对积分有最大贡献. 在 $\varepsilon_r''(\omega)$ 微商大而正的频率处，$\varepsilon_r'(\omega)$ 有一峰值；而在 $\varepsilon_r''(\omega)$ 微商大而负的频率处，$\varepsilon_r'(\omega)$ 有一极小值. $\varepsilon_r''(\omega)$ 随 $\varepsilon_r'(\omega)$ 微商变化的行为正好相反，在 $\varepsilon_r'(\omega)$ 变化斜率大而负，即 $\varepsilon_r'(\omega)$ 随 ω 很快下降的频率处发生 $\varepsilon_r''(\omega)$ 的极大值. 图 1.8 所示的离子晶体剩余射线吸收带附近介电响应函数的行为就是如此，在 ω_{TO} 频率附近，$\varepsilon_r'(\omega)$ 随频率很快下降，它对应的 $\varepsilon_r''(\omega_{TO})$ 的峰值约为 $100\sim200$，在吸收光谱图上，它对应于以 ω_{TO} 为中心的一个强吸收带.

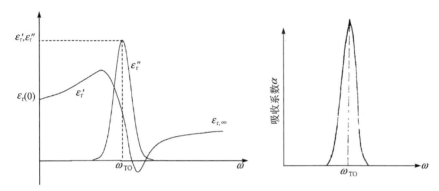

图 1.8 离子晶体剩余射线吸收带附近介电响应函数随 ω 变化的一般趋势

式(1.83)的另一个重要应用是研究电子跃迁过程对介电函数的贡献. 电子跃迁导致的介电函数虚部

$$\varepsilon_r''(\omega) \propto \omega^{-2} \mid M_{if} \mid^2 J_{if}(\hbar\omega) \tag{1.84}$$

式中 $J_{if}(\hbar\omega)$ 是与跃迁能量 $\hbar\omega$ 附近初态满态数和终态空态数有关的联合态密度，M_{if} 为跃迁矩阵元. 现在主要感兴趣的是联合态密度 $J_{if}(\hbar\omega)$，对原胞周期排列的单晶体，初态和终态间的能量差 $\hbar\omega_{if}$ 可表为倒格子空间中的周期函数. 因而势必存在某些$\nabla_k\hbar\omega_{if}\to 0$ 的临界点，在这些临界点，三维晶体的态密度仍保持有限和连续，但其微商有平方根奇异性. 这样 $\varepsilon_r'(\omega)$、$\varepsilon_r''(\omega)$ 的极大和极小可与初态、终态间能量差的临界点联系起来，这些联合态密度的临界点不必位于和倒格子空间中初态临界点或终态临界点相同的位置(尽管事实上它们常常与其中之一或二一致). 对砷化镓等导带底和价带顶都在布里渊(Brillouin)区原点的直接禁带半导体，在 E_g 附近，带间允许直接跃迁的联合态密度与频率的关系可简单地写为

$$J_{if}(\omega) \propto (\hbar\omega - E_g)^{1/2} \tag{1.85}$$

若 $\omega^{-2}\mid M_{if}\mid^2$ 是 ω 的缓变函数，则对 $\hbar\omega>E_g$ 的频率，$\mathrm{d}\varepsilon_r''(\omega)/\mathrm{d}\omega\propto(\hbar\omega-E_g)^{-1/2}$. 这样，式(1.83)的第一式表明，这种奇异性将导致介电函数实部在 E_g 附近有一峰值，因而折射率 n 在该处也有一峰值，并且鉴于吸收边附近的吸收系数 α(因而消

光系数 K)尚未达到很大数值,反射比 R 如式(1.59)所示,仍主要决定于折射率 n,这样介电函数理论就预言半导体的反射比在 E_g 附近有峰值. 然而,实验表明,对如 Ge,Ⅲ-Ⅴ族化合物之类的半导体,直接带宽 E_0 附近联合态密度仍然很小,因而上述效应不易直接观察到,即反射光谱图上 E_0 或 E_g 附近近乎观察不到任何峰值行为. 为此,人们常常采用调制反射光谱技术. 以后将会看到,在调制光谱图上,直接带宽 E_0 附近显示明显的光谱结构. 就寻常的反射光谱实验本身而论,第一个明显的反射比的峰出现在布里渊区中较高能量的其他临界点(如 E_1 能隙)的光电子跃迁对应的频率附近.

1.3.3　折射率与消光系数的关系

折射率与消光系数(或吸收系数)之间 K-K 关系的导出不如介电函数实部与虚部间关系那么直接,因为它们不是响应函数,在此仅指出它们之间可以存在 K-K 关系并讨论其应用. 前面已经指出,极化矢量 $\boldsymbol{P}$ 可以写为

$$\boldsymbol{P} = \varepsilon_0 \chi \boldsymbol{E} = \varepsilon_0 [\varepsilon_r(\omega) - 1] \boldsymbol{E}$$

式中

$$\varepsilon_r(\omega) = \tilde{n}^2(\omega) = (n + iK)^2$$

因而可以有

$$\chi(\omega) = (n + iK)^2 - 1 \tag{1.86}$$

既然极化过程与外电场间可能存在相位滞后,将极化矢量 $\boldsymbol{P}$ 与外电场 $\boldsymbol{E}$ 联系起来的极化率 $\chi(\omega)$ 是个复量,可以写为

$$\chi(\omega) = \chi_0(\omega) \exp[i\varphi(\omega)] \tag{1.87}$$

或

$$\ln\chi(\omega) = \ln\chi_0(\omega) + i\varphi(\omega) \tag{1.88}$$

下一小节还要讨论电矢量振幅反射系数,它可表为

$$r(\omega) = (n + iK - 1)/(n + iK + 1) = r_0(\omega) \exp[i\Psi(\omega)] \tag{1.89}$$

于是有

$$\sqrt{r(\omega)\chi(\omega)} = (n-1) + iK = \sqrt{r_0 \chi_0} \exp[i(\varphi + \Psi)/2] \tag{1.90}$$

因而对复量 $(n-1) + iK$ 来说,$(n-1)$ 是偶函数,K 是奇函数,式(1.90)表明,$\sqrt{r_0 \chi_0}$ 与 $(\varphi + \Psi)/2$ 之间存在 K-K 关系,由此推得,$(n-1)$ 与 K 之间也可以有 K-K 关系,它们写为

$$n(\omega) - 1 = \frac{2}{\pi} P \int_0^\infty \frac{K(\omega')\omega'}{\omega'^2 - \omega^2} d\omega' \qquad (1.91a)$$

或

$$n(\omega) - 1 = \frac{2}{\pi} P \int_0^\infty \frac{K(\omega')\omega' - K(\omega)\omega}{\omega'^2 - \omega^2} d\omega' \qquad (1.91b)$$

$$K(\omega) = -\frac{2\omega}{\pi} P \int_0^\infty \frac{n(\omega') d\omega'}{\omega'^2 - \omega^2} \qquad (1.91c)$$

既然式(1.91b)中分子为常数项时的积分为零,所以它与式(1.91a)是完全等价的. 式(1.91)是一个很有用的色散关系,因为实验上人们容易对薄片样品或其他形状的样品测得吸收系数 $\alpha(\omega)$,并按式(1.6)获得消光系数 $K(\omega)$,从而用式(1.91)研究材料的折射率.

将式(1.6)代入式(1.91a),并将自变量代换为波长 λ,式(1.91a)可改写为

$$n(\lambda) - 1 = \frac{1}{2\pi^2} \int_0^\infty \frac{\alpha(\lambda') d\lambda'}{1 - \lambda'^2/\lambda^2} \qquad (1.92)$$

当 $\omega \to 0$(因而 $\lambda \to \infty$)时,即直流情况下,式(1.92)变为

$$n_0 - 1 = \frac{1}{2\pi^2} \int_0^\infty \alpha(\lambda) d\lambda \qquad (1.93)$$

该式表明,长波折射率由吸收系数与波长关系曲线覆盖的积分总面积给出,而与吸收带的位置无关. 这是一个很有用的结论,例如对 PbTe,吉布森(Gibson)等人用薄层样品和薄晶片测量了很宽波长范围内的吸收曲线,并将实验数据积分,得[4]

$$\int_0^\infty \alpha(\lambda) d\lambda = 72$$

求得 $n_0(\text{PbTe}) \approx 4.7$,艾弗里(Avery)类似的实验结果则给出[4]

$$\int_0^\infty \alpha(\lambda) d\lambda = 93$$

给出 $n_0(\text{PbTe}) \approx 5.8$. 直接测量表明,PbTe 的长波折射率为 5.35,考虑到方法的简洁和实验的粗糙性,这些数据间的符合还是令人满意的.

除长波折射率外,式(1.91)和(1.93)还可用来研究吸收带对折射率的贡献,主要是研究从高频向低频变化过程中通过某一吸收带时折射率的变化(增量). 如岩盐晶体,其剩余射线吸收带在波长 60 μm 附近,这一吸收带已被精确研究和测量过,有

$$\int_{\text{NaCl}}^{(\text{剩余射线带})} \alpha(\lambda) d\lambda = 14.3$$

因而通过这一吸收带时,折射率的增量应为 $14.3/2\pi^2 = 0.72$. 直接实验测量表明,光频与射频波段间 NaCl 晶体折射率的差为 0.70,与上述数据吻合.

式(1.91)还可以改写为

$$n(\omega) - 1 = -\frac{2}{\pi}\int_0^\infty K(\omega')\omega' \mathrm{d}\left(\lg\frac{\omega'+\omega}{\omega'-\omega}\right)$$

令

$$K(\omega')\omega' = \frac{\lambda'\alpha(\omega')}{4\pi}\frac{2\pi c}{\lambda'} = \frac{c}{2}\alpha(\omega')$$

经分部积分后得

$$n(\omega) - 1 = \left[-\frac{c\alpha(\omega')}{\pi}\lg\frac{\omega'+\omega}{\omega'-\omega}\right]_0^\infty + \frac{c}{\pi}\int_0^\infty \lg\left(\frac{\omega'+\omega}{\omega'-\omega}\right)\frac{\mathrm{d}\alpha(\omega')}{\mathrm{d}\omega'}\mathrm{d}\omega'$$

既然 $\omega' \to \infty$ 时 $\alpha(\omega')$ 为有限值(趋近于零),上式积分第一项为零,于是得

$$n(\omega) - 1 = \frac{c}{\pi}\int_0^\infty \frac{\mathrm{d}\alpha(\omega')}{\mathrm{d}\omega'}\lg\left(\frac{\omega'+\omega}{\omega'-\omega}\right)\mathrm{d}\omega' \tag{1.94}$$

式中 $\lg\{(\omega'+\omega)/(\omega'-\omega)\}$ 起着权重函数的作用,当 $\omega' \to \omega$ 时对数值变得很大,而 ω' 远离所研究频率 ω 时对数值迅速减小,因而使得 ω 附近吸收系数的变化 $\mathrm{d}\alpha/\mathrm{d}\omega'$ 对积分有最大的贡献. 如前所述,半导体带间跃迁吸收边附近吸收系数随频率变化很快,式(1.94)中该处的积分有极大贡献,亦即 $n(\omega)$ 在该频率处有一极大值. 尽管对于 Ge、Si、GaAs 等半导体实验上并未观察到吸收边附近 $n(\omega)$ 的明显峰值,但调制光谱在该处确实观察到了明显结构;此外,图 1.9 给出的 CdS 的折射率与波长

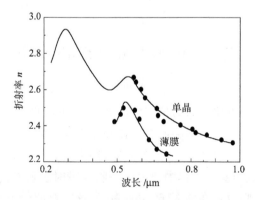

图 1.9　用 K-K 关系从吸收光谱计算获得的 CdS 的折射率和波长的关系,横坐标为对数坐标. 图中曲线为用 K-K 关系从消光系数计算的结果,圆点为直接测量实验结果,参看[3,7,8]

的关系显示极大值结构. 图中波长 $0.51~\mu m$ 处的折射率极大值即对应于其吸收边，更短波长处的另一个折射率峰对应于能量更高的导带极值和联合态密度临界点的效应.

1.3.4 振幅反射系数的模与相位之间的色散关系

K-K 关系的一个最重要应用是用于分析反射光谱实验结果. 第 1.2 节中，已经推导了在入射面内偏振和垂直入射面偏振的电矢量的反射系数，它们是反射电矢量与入射电矢量之比. 有时候这一反射系数也称为振幅反射系数，以有别于一般实验直接测量到的能量反射率（或称功率反射比）R，后者定义为反射光强与入射光强之比. 研究正入射或近乎正入射情况时，$R_s = R_p = R$，$r_s = r_p = r(\omega)$. 振幅反射系数 $r(\omega)$ 可表为

$$r(\omega) = r_0(\omega) \exp[\mathrm{i}\Psi(\omega)] \tag{1.95a}$$

或

$$\ln r(\omega) = \ln r_0(\omega) + \mathrm{i}\Psi(\omega) \tag{1.95b}$$

式中 $r_0(\omega)$ 为振幅反射系数的模量，$\Psi(\omega)$ 为振幅反射系数的相位. 振幅反射系数与能量反射比 R 之间有如下关系：

$$R(\omega) = r(\omega) \cdot r^*(\omega) = r_0^2(\omega) \tag{1.96}$$

已经指出，在正入射情况下，$r(\omega)$ 可以通过较简单的关系与材料的基本光学常数，如折射率和消光系数联系起来，即

$$r(\omega) = \frac{n + \mathrm{i}K - 1}{n + \mathrm{i}K + 1}$$

如果用实验方法求得了振幅反射系数的模量和相位，便很容易从上式和(1.95)求得材料的光学常数如下：

$$\left.\begin{array}{l} n(\omega) = \dfrac{1 - r_0^2(\omega)}{1 + r_0^2(\omega) - 2r_0(\omega)\cos\Psi(\omega)} \\[4mm] K(\omega) = \dfrac{2r_0(\omega)\sin\Psi(\omega)}{1 + r_0^2(\omega) - 2r_0(\omega)\cos\Psi(\omega)} \end{array}\right\} \tag{1.97}$$

振幅反射系数的模量 $r_0(\omega)$ 不难直接从正入射情况下反射实验测得的功率反射比 R 按式(1.96)求得，而相位函数 $\Psi(\omega)$ 则可援引 K-K 关系从反射比实验结果求得. 反射系数模量和相位函数间的这一对 K-K 关系可表示如下：

$$\ln \frac{r_0(\omega)}{r_0(\omega_1)} = \frac{2}{\pi} P \int_0^\infty \omega' \Psi(\omega') \left\{ \frac{1}{\omega'^2 - \omega^2} - \frac{1}{\omega'^2 - \omega_1^2} \right\} \mathrm{d}\omega' \tag{1.98}$$

$$\Psi(\omega) = \frac{2\omega}{\pi}P\int_0^\infty \frac{\ln r_0(\omega') - \ln r_0(\omega)}{\omega^2 - \omega'^2}d\omega'$$

$$= \frac{\omega}{\pi}P\int_0^\infty \frac{\ln R(\omega') - \ln R(\omega)}{\omega^2 - \omega'^2}d\omega' \tag{1.99}$$

式(1.98)表明 $\ln r(\omega)$ 的色散关系的形式与 $\varepsilon(\omega)$ 的色散关系不同,与 $\bar{n}(\omega)$ 的色散关系也不同. 其原因在于 $\omega \to \infty$ 时,$\lim_{\omega\to\infty} r_0(\omega) \to 0$,对数 $\ln r_0(\omega)$ 发散,因而写成 $[r_0(\omega)/r_0(\omega_1)]$ 的对数的形式. 这进而又表明,从相位函数不能唯一地确定反射比. 为了唯一地确定反射比,人们还必须知道某一频率 ω_1 处的振幅反射系数 $r_0(\omega_1)$. 用分部积分公式,可将式(1.99)写为

$$\Psi(\omega) = \frac{1}{2\pi}P\int_0^\infty \ln\left(\frac{\omega'-\omega}{\omega'+\omega}\right)\frac{d}{d\omega'}R(\omega')d\omega' \tag{1.100}$$

式(1.100)表明,对于所有波长,导数为零的常数反射比项对 $\Psi(\omega)$ 并无贡献,因而对吸收也无贡献. 这样利用这一公式分析反射光谱实验数据时,就不必如式(1.99)形式上所要求的那样,完成从 $0 \to \infty$ 的所有频率上的测量和分析,而只需重点研究 $R(\omega)$ 随频率有变化的频段. 例如,分析一个反射实验测得的以反射比变化为代表的吸收带(比如图 1.10 所示的 $Cd_x Hg_{1-x}Te$ 混晶的剩余射线吸收带)时[9],只需在这一带的两侧测量到反射比实际上已不再变化的频率为止. 在这些频率以外,被积函数已趋于零,而权重函数 $\ln\left(\frac{\omega'-\omega}{\omega'+\omega}\right)$ 更使离开被研究区域很远的频域上被积函数的贡献可以忽略不计.

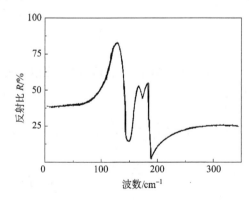

图 1.10　30 K 时 $x=0.45$ 的 $Cd_x Hg_{1-x}Te$ 混晶的远红外反射光谱,
由图可见,剩余射线吸收带两侧,R 趋于恒定,参看文献[8]

　　鉴于反射光谱在半导体光学性质研究中的重要性和这种情况下 K-K 关系应用的代表性,下面再详细讨论相位函数的实际计算问题. 已经指出,用反射光谱方

法研究半导体光学性质时，总是测量其反射比有变化的某一频段的反射光谱 $R(\omega)$，在测量区域的两端，$R(\omega)$ 常趋于一恒定值，研究离子晶体和化合物半导体晶格振动反射带的情况就是如此. 在频率 $\omega_1 \leqslant \omega \leqslant \omega_2$ 范围内，典型地，在 50 cm^{-1} $\leqslant \omega \leqslant$ 1000 cm^{-1} 范围，测量 $R(\omega)$；测量范围两端 $R(\omega)$ 趋于恒定值，并且恒有 $R(\omega_1) > R(\omega_2)$. 对于窄禁带半导体或其他载流子浓度比较高的半导体，由于自由载流子吸收和等离子激元吸收对反射比贡献的重要性，远红外反射比的测量有时必须进行到 $\omega \to 0$ 的频段，即测量范围中的 ω_1 可取为零. 不论如何，总可把求取相位函数的 K-K 关系(1.99)写为

$$\Psi(\omega) = \Psi_1(\omega) + \Psi_2(\omega) + \Psi_3(\omega)$$

$$= \frac{\omega}{\pi} P \int_0^{\omega_1} \frac{\ln R(\omega') - \ln R(\omega)}{\omega^2 - \omega'^2} \mathrm{d}\omega'$$

$$+ \frac{\omega}{\pi} P \int_{\omega_1}^{\omega_2} \frac{\ln R(\omega') - \ln R(\omega)}{\omega^2 - \omega'^2} \mathrm{d}\omega'$$

$$+ \frac{\omega}{\pi} P \int_{\omega_2}^{\infty} \frac{\ln R(\omega') - \ln R(\omega)}{\omega^2 - \omega'^2} \mathrm{d}\omega' \tag{1.101}$$

式中

$$\Psi_1(\omega) = \frac{\omega}{\pi} \int_0^{\omega_1} \frac{\ln R(\omega') - \ln R(\omega)}{\omega^2 - \omega'^2} \mathrm{d}\omega'$$

$$= \frac{1}{2\pi} \ln\left[\frac{R_1}{R(\omega)}\right] \ln\left|\frac{\omega_1 + \omega}{\omega_1 - \omega}\right| \tag{1.102a}$$

$$\Psi_2(\omega) = \frac{\omega}{\pi} \int_{\omega_1}^{\omega_2} \frac{\ln R(\omega') - \ln R(\omega)}{\omega^2 - \omega'^2} \mathrm{d}\omega' \tag{1.102b}$$

$$\Psi_3(\omega) = \frac{1}{2\pi} \ln\left[\frac{R_2}{R(\omega)}\right] \ln\left|\frac{\omega_2 - \omega}{\omega_2 + \omega}\right| \tag{1.102c}$$

这里 R_1 为 $\omega' \leqslant \omega_1$ 处反射比趋近的恒定值，R_2 为 $\omega' \geqslant \omega_2$ 处反射比趋近的恒定值. 如式(1.102a)所示，若 $\omega \to \omega_1$，则 $\Psi_1(\omega)$ 值无定义，但我们可在 $\omega = \omega_1$ 处展开 $R_1/R(\omega)$，并发现必须取 $\Psi_1(\omega_1) = 0$. 类似地可得 $\Psi_3(\omega_2) = 0$. 还可指出，式(1.102)的诸表达式中 ω 的量纲并不影响 $\Psi(\omega)$ 的计算结果，因而可用任意单位来表达 ω，如波数、电子伏特等.

式(1.102b)容易进行数值积分，仅有的特殊情况发生在 $\omega' = \omega$ 处. 可以用 ω 前一点和后一点的被积函数的平均值来代替 $\omega' = \omega$ 处的被积函数. 这样，为正确估计这种特殊点的被积函数值，必须规定在积分区间的两端各多取一个被积函数的数据点.

$\Psi_2(\omega)$计算的主要误差来自反射比极小值附近,尤其是如果反射比极小很尖锐并且其值很小的情况.因为这种情况下,反射极小对积分的贡献很大.然而,低的反射率又意味着消光系数 $K(\omega)$ 也是小的,从而可以通过透射实验求得 $\alpha(\omega)$ 和 $K(\omega)$,并通过上一节讨论的、将 n 和 K 联系起来的 K-K 关系求得反射极小值附近的折射率 $n(\omega)$.应该指出,即使折射率 $n(\omega)$ 不能计算或测量,获得消光系数 $K(\omega)$ 也是有价值的,因为反射比极小 $R_{\min}=\dfrac{K^2(\omega)}{4}$,所以可以从 $K(\omega)$ 计算反射比极小值.这一技巧已成功地用于 $\mathrm{LiF_2}$ 剩余射线反射带的研究,其反射比极小值为 3×10^{-3},这是用传统光谱方法很难直接测量的.

$\Psi_1(\omega)$ 和 $\Psi_3(\omega)$ 的计算是容易的,尤其是当 $\omega_1=0$ 时,可设 $\Psi_1(\omega)=0$,因而为计算相位函数,仅需计算 $\Psi_2(\omega)$ 和 $\Psi_3(\omega)$.

当 $\omega\to 0$ 时,式(1.101)给出的相位函数 $\Psi(\omega)$ 应趋近于零;当 $\omega\to\infty$ 时,$\Psi(\omega)$ 也应趋于零.应强调指出的是,既然已经假定频率 ω_1 以下和 ω_2 以上的反射比为常数,式(1.101)给出的相位函数是和某一吸收带相联系的,这一吸收带在频域上和其他吸收带充分地分开,从而可以忽略被测区域外其他吸收带对 $\Psi(\omega)$ 的贡献.

实际计算表明,上述步骤对许多离子晶体、半导体晶体和石英等剩余射线反射带的研究是有效的.但在其他一些情况下,例如研究半导体电子跃迁基本吸收区反射带时,在测量的截止频率处,通常是高频端,$R(\omega)$ 并不趋于常数,因而上述步骤也不再有效.对此,通常可采用某些外推方法,即用一公式来模拟被测区域外的反射比或介电函数.最合理的外推步骤之一是假定频率足够高时可以忽略晶体的周期势,将所有的电子,首先是价电子当作自由电子处理,这样可以定义所谓价电子等离子频率

$$\omega_{\mathrm{p,v}} = \frac{N_{\mathrm{v}} e^2}{m_0 \varepsilon_0} \tag{1.103}$$

在价电子等离子频率以上,相对介电函数 $\varepsilon_{\mathrm{r}}(\omega)$ 由德鲁德(Drude)公式给出,即

$$\varepsilon_{\mathrm{r}}(\omega) = 1 - \omega_{\mathrm{p,v}}^2/\omega^2 \tag{1.104}$$

可见在高频极限时,$\varepsilon_{\mathrm{r}}(\omega)=\varepsilon_{\mathrm{r}}'(\omega)\to 1$,并且 $\varepsilon_{\mathrm{r}}''(\omega)$ 和 $K(\omega)$ 趋于零,于是有

$$n(\omega) = \varepsilon_{\mathrm{r}}(\omega)^{1/2} \approx 1 - \frac{1}{2}\omega_{\mathrm{p,v}}^2/\omega^2 \tag{1.105}$$

$$R(\omega) = \frac{(n-1)^2}{(n+1)^2} = \frac{1}{16}\left(\frac{\omega_{\mathrm{p,v}}}{\omega}\right)^4 \tag{1.106}$$

如果反射光谱实验测量的频率上限 ω_2 大于 $\omega_{\mathrm{p,v}}$,人们可以合于逻辑地假定,在这一测量频率上限 ω_2 以上,反射比为

$$R(\omega) = R_2 (\omega_2/\omega)^4 \tag{1.107}$$

式中 R_2 为实验测量频率上限 ω_2 处测得的反射比. 这样式(1.102c)给出的 $\Psi_3(\omega)$ 的表达式变为

$$\Psi_3(\omega) = \frac{1}{2\pi} \ln\left[\frac{R(\omega)}{R_2}\right] \ln\left|\frac{\omega_2 + \omega}{\omega_2 - \omega}\right|$$

$$+ \frac{4}{\pi} \sum_{m=0}^{\infty} \frac{1}{(2m+1)^2} \left(\frac{\omega}{\omega_2}\right)^{2m+1} [1 + (2m+1)\ln\omega_2] \tag{1.108}$$

高频端 ω_2 以上另一种常用的外推公式为

$$R(\omega) = R_2 \left(\frac{\omega_2}{\omega}\right)^a \tag{1.109}$$

式中指数 a 为经验参数,可根据实验测量高频端 ω_2 以内 $R(\omega)$ 随 ω 变化的规律来选取,这时式(1.102c)变为

$$\Psi_3(\omega) = \frac{1}{2\pi} \ln\left[\frac{R(\omega)}{R_2}\right] \ln\left|\frac{\omega_2 + \omega}{\omega_2 - \omega}\right|$$

$$+ \frac{a}{\pi} \sum_{m} (2m+1)^{-2} \left(\frac{\omega}{\omega_2}\right)^{2m+1} [1 + (2m+1)\ln\omega_2] \tag{1.110}$$

1.3.5 求和规则

和色散关系相联系的另一个对分析、研究固体(包括半导体)宏观光学性质十分有用的关系式是所谓求和规则. 它们是高能物理超收敛关系的光学类比,过去 20 多年中各种新求和规则的提出和发现大大加深了人们对其物理意义及应用范围的认识[9~15]. 研究很高频率时的介电响应函数,不难设想,在高于体系所有特征吸收频率时,体系的极化率决定于激发频率. 很高频率光电磁波场中的电子运动方程可写为

$$m \frac{\mathrm{d}\boldsymbol{v}'}{\mathrm{d}t} = e\boldsymbol{E} = e\boldsymbol{E}_0 \exp(-\mathrm{i}\omega t)$$

式中 $\boldsymbol{v}'$ 为电子从电磁波场获得的附加速度. 由上式可得

$$\boldsymbol{v}' = \mathrm{i}e\boldsymbol{E}/m\omega$$

电磁波场引起的电子位移为 $\boldsymbol{r} = -e\boldsymbol{E}/m\omega^2$. 积分单位体积中所有电子的极化偶极矩,得

$$\boldsymbol{P} = \sum e\boldsymbol{r} = \frac{-e^2 N \boldsymbol{E}}{m\omega^2} \tag{1.111}$$

式中 N 为单位体积中的全电子数. 从式(1.11)可直接得到

$$\varepsilon_r(\omega) = 1 - \frac{Ne^2}{m\omega^2} = 1 - \frac{\omega_{p,\text{全电子}}^2}{\omega^2} \tag{1.112}$$

这就是上节给出的公式(1.104)的起源,可见较高频率下 $\varepsilon_r(\omega)$ 可普适地展开为如下渐近表达式:

$$\lim_{\omega \to \infty} \varepsilon_r(\omega) = 1 - \frac{\omega_p^2}{\omega^2} + \cdots \tag{1.113}$$

式中 ω_p 是决定于系统全电子密度的等离子激元频率,即 $\omega_p^2 = Ne^2/m\varepsilon_0$. 当频率很高时,式(1.113)右边从第三项起可以忽略,从而回到式(1.104). 注意式(1.113)表达的两个事实,即展开式的 ω^{-1} 项和 ω^{-2} 项仅与电子密度(经由 ω_p^2)有关,而与系统内的相互作用无关. 其物理原因在于,在远离系统所有特征吸收频率的情况下,既非恢复力,又非耗散力,而是惯性效应决定系统动力学,恢复力和耗散力效应发生在更高次项中. 例如,在洛伦兹(Lorentz)振子近似情况下, $\varepsilon_r(\omega)$ 展开式的第三项为 $i\omega_p^2\Gamma/\omega^3$,这里衰减常数 Γ 体现了恢复力和耗散力的效应.

将式(1.113)按其实部和虚部分别写为

$$\lim_{\omega \to \infty} \varepsilon_r'(\omega) = 1 - \omega_p^2/\omega^2$$

$$\lim_{\omega \to \infty} \varepsilon_r''(\omega) \text{ 随频率下降快于 } \omega^{-2} \tag{1.114}$$

并和高频限情况下的 K-K 关系(1.82)的 ω^{-2} 项及 ω^{-1} 项相比较,可得

$$\int_0^\infty \omega\, \varepsilon_r''(\omega)\, d\omega = 2\int_0^\infty \omega n(\omega)K(\omega)\, d\omega = \frac{\pi}{2}\omega_p^2 \tag{1.115a}$$

$$\int_0^\infty \left[\varepsilon_r'(\omega) - 1\right] d\omega + \frac{\pi\sigma_0}{2\varepsilon_0} = 0 \tag{1.115b}$$

或者考虑到对绝缘体或半导体, σ_0 可以忽略不计,可将式(1.115b)写为

$$\int_0^\infty \left[\varepsilon_r'(\omega) - 1\right] d\omega = 0 \tag{1.115c}$$

式(1.115a～c)即求和规则,其中式(1.115a)也称为 f 求和规则,而式(1.115b 及 c)则又称为惯性求和规则,以便和上述关于高于特征吸收频率时系统动力学决定于惯性效应的论述一致.

求和规则还可以用其他光学常数的积分方程或光学常数幂函数的积分方程的形式写出,例如,关于折射率和消光系数的求和规则为

$$\int_0^\infty \omega K(\omega)\mathrm{d}\omega = \frac{\pi}{4}\omega_\mathrm{p}^2$$

$$\int_0^\infty [n(\omega)-1]\mathrm{d}\omega = 0$$

(1.116)

$$\int_0^\infty \omega\mathrm{Im}\{[\tilde{n}(\omega)-1]^m\}\mathrm{d}\omega = \begin{cases} \dfrac{\pi}{4}\omega_\mathrm{p}^2, & m=1 \\[2mm] 0, & m>1 \end{cases}$$

$$\int_0^\infty \mathrm{Re}\{[\tilde{n}(\omega)-1]^m\}\mathrm{d}\omega = 0$$

(1.117)

求和规则(1.116)可以从比较高频限情况下的 K-K 关系式(1.91)和渐近表达式 (1.113)获得. 式(1.115)~(1.117)表明,全频域上的吸收系数或消光系数与频率 乘积的求和,决定于全电子密度(经由 ω_p^2),而任何固体全频域上介电函数实部或 折射率的平均必定为 1.

求和规则还可以用权重的光学常数的积分方程的形式存在,其中一个有用的 结果是

$$\int_0^{\omega_0} \frac{[n(\omega)-1]\mathrm{d}\omega}{(\omega_0^2-\omega^2)^{1/2}} = \int_{\omega_0}^\infty \frac{K(\omega)\mathrm{d}\omega}{(\omega^2-\omega_0^2)^{1/2}}$$

(1.118)

即把$(0\sim\omega_0)$频域上的折射率谱和其余频域上的消光系数谱联系起来. 考虑到对于 半导体和绝缘体,在高于 E_g 频域上,消光系数 $K(\omega)$ 不易精确测定,在低于禁带宽 度 E_g 频域上 $n(\omega)$ 常可精确测定,因而式(1.118)是有实际意义的. 联合此式及 f 求 和规则有助于估计大于 E_g 频域上 $K(\omega)$ 的可能取值范围.

许多情况下,如果各个特征吸收带互不交叠并充分分开,式(1.115)~(1.117) 给出的求和规则的积分上限可以放宽,可以用高于所有特征吸收带的某一频率值 来代替∞作为积分上限,甚至可以用高于某一特定的特征吸收带(例如价电子跃迁 吸收带)的频率值 ω_u 来代替∞. 考虑到色散关系式(1.82a)中的被积函数分母中 ω'^2 和被研究频率 ω^2 相比可以忽略,则式(1.82a)可简化为

$$\varepsilon_\mathrm{r}'(\omega) = 1 + \frac{2}{\pi\omega^2}\int_0^{\omega_\mathrm{u}} \omega'\varepsilon_\mathrm{r}''(\omega')\mathrm{d}\omega'$$

(1.119)

德鲁德公式在这一频段显然是适用的,因而将式(1.112)代入式(1.119),得

$$\int_0^{\omega_\mathrm{u}} \omega'\varepsilon_\mathrm{r}''(\omega')\mathrm{d}\omega' = \frac{\pi}{2}\omega_\mathrm{p,v}^2 = \frac{\pi N_\mathrm{v} e^2}{2m_0\varepsilon}$$

(1.120)

式中 m_0 是自由电子质量, N_v 是价电子密度,即单位体积中的价电子数. 式 (1.120)即为有限频域上(或者说有限能量范围内)的求和规则,它提供了一个明确

的判据,即可判明某一频率 ω_u 以上是否还存在另外的吸收带.

还可以把式(1.110)再改写一下,令积分上限为任意频率 ω_0,则有

$$\int_0^{\omega_0} \omega' \varepsilon_r''(\omega') \mathrm{d}\omega' = \frac{\pi}{2} \omega_{\mathrm{p,eff}}^2 = \frac{\pi e^2}{2m_0 \varepsilon} N_{\mathrm{eff}} = \frac{\pi e^2 N_{\mathrm{at}}}{2m_0 \varepsilon} n_{\mathrm{eff}} \tag{1.121a}$$

式中 N_{eff} 为等效价电子密度, N_{at} 为原子密度,即单位体积的原子数,于是 n_{eff} 即为每一个原子对 0 到 ω_0 频段的光学常数有贡献的价电子数. 类似地有

$$\int_0^{\omega_0} \omega' K(\omega') \mathrm{d}\omega' = \frac{\pi}{4} \frac{\omega_{\mathrm{p,eff}}^2}{\varepsilon_b^{1/2}} \tag{1.121b}$$

$$\int_0^{\omega_0} \omega' \mathrm{Im}[\varepsilon_r^{-1}(\omega')] \mathrm{d}\omega' = -\frac{\pi}{2} \frac{\omega_{\mathrm{p,eff}}^2}{\varepsilon_b^2} \tag{1.121c}$$

这里 $\varepsilon_b = \varepsilon_0 \cdot \varepsilon_{rb}$ 可称为背景介电函数,它体现了被研究体系的所有其他的电子跃迁过程(虚过程)对所研究电子跃迁过程(孤立特征吸收带)实验观测结果的影响. 式(1.121)表明,背景介电函数进入 $\omega K(\omega)$ 和 $\omega \mathrm{Im}[\varepsilon_r^{-1}(\omega)]$ 的,而不进入 $\omega \varepsilon_r''(\omega)$ 的求和规则. 这意味着后者[式(1.121a)]可直接给出被研究孤立特征吸收带的 $\omega_{\mathrm{p,eff}}$,而积分式(1.121b)和(1.121c)则不能. 公式(1.121b)和(1.121c)右侧分母中出现 $\varepsilon_b^{1/2}$ 和 ε_{rb}^2 可理解为系统其余电子过程、电荷状态对被研究孤立特征吸收带的介电屏蔽,因而对固定 $\omega_{\mathrm{p,eff}}$,即固定振子强度的被研究特征吸收带,背景介电函数愈大,它的经由 $K(\omega)$ 或 $\mathrm{Im}[\varepsilon_r^{-1}(\omega)]$ 测量的表观强度愈弱.

事实上,公式(1.121)的三个积分公式具有相关联而又有区别的物理含义,如果将式(1.121b,c)也写成与(1.121a)相类似的等效价电子数的表达式,则这三个不同的等效价电子数分别和电磁波的能量耗散、波振幅的衰减以及荷电粒子能量损耗相联系.

求和规则的另一个有趣的特例是所研究频率 ω 趋近于零的情况,这时式(1.82a)可以简化为

$$\varepsilon_r(0) = \varepsilon_r'(0) = 1 + \frac{2}{\pi} \int_0^\infty \frac{\varepsilon_r''(\omega')}{\omega'} \mathrm{d}\omega' \tag{1.122}$$

这一关系式表明,静态相对介电常量 $\varepsilon_r(0)$ 决定于整个频域上的 $\varepsilon_r''(\omega)$,由于被积函数分母为 ω',因而如果在低频段有高的 $\varepsilon_r''(\omega)$ 值,那么静态相对介电常量 $\varepsilon_r(0)$ 可以很大. 如果仅限于讨论带间跃迁,则半导体材料的禁带宽度愈窄,在禁带宽度能量处的带间跃迁愈强(跃迁概率愈大),那么材料的静态相对介电常量也愈大,这就是 InSb, $\mathrm{Cd}_x \mathrm{Hg}_{1-x} \mathrm{Te}$, PbTe 等窄禁带半导体 $\varepsilon_r(0)$ 特别大的物理原因. 类似于式(1.121),还可定义等效静态相对介电常量

$$\varepsilon_{r,\mathrm{eff}}(0) = \varepsilon_{r,\mathrm{eff}}'(0) = 1 + \frac{2}{\pi} \int_0^{\omega_0} \frac{\varepsilon_r''(\omega')}{\omega} \mathrm{d}\omega' \tag{1.123}$$

式中 ω_0 为所研究的频率. 求和规则还可以对 $\mathrm{Im}\left(-\dfrac{1}{\varepsilon_r(\omega)}\right)$ 写出,它等效于式
(1.120),即

$$\int_0^{\omega_u} \omega' \mathrm{Im}\left(-\frac{1}{\varepsilon_r}\right)\mathrm{d}\omega' = \frac{\pi N_v e^2}{2m\varepsilon} \tag{1.124}$$

式中

$$\mathrm{Im}\left(-\frac{1}{\varepsilon_r(\omega)}\right) = \frac{\varepsilon_r''}{\varepsilon_r'^2 + \varepsilon_r''^2}$$

它们在讨论荷电粒子与物质相互作用时是十分重要的.

　　求和规则在分析光学测量数据,如很宽波段上的色散关系和构造或寻求宽波段上的光学常数时是十分有用的. 众所周知,任何光谱测量总只能在一定波段内完成,例如反射光谱、椭圆偏振光谱适用于材料非透明和较强吸收波段的光学数据测量,而吸收光谱和折射率则在其近透明波段给出准确的光学数据,因而任何单一的光谱测量都不能给出材料全波段的某一个光学常数,而这正是利用 K-K 变换求得全波段上所有光学常数所必须的. 任何光学数据测量都有实验误差,尤其是在光谱仪测量的低频与高频限附近. 为获得宽波段上甚至只是狭窄的被测波段上完整的光学常数谱,如前面讨论振幅与相位间色散关系和 K-K 变换时所述,在从反射比(振幅)测量结果求得相位函数时,在被测波段以外常采用某种光滑曲线外推关系模拟反射比的真实行为,如在很长波长处假定 R 为常数或在短波端假定 R 与 ω 有幂函数关系,此外也常额外需要一二个频率(波长)处的相位数据点. 这些情况下就可以利用求和规则估价组合数据外推值和 K-K 变换结果的合理性. 例如,如果通过实际测量已获得某一频段的消光系数 $K(\omega)$,并在测量频域两端作出某种外推,便可利用求和规则式(1.116)的第二式估价 $K(\omega)$ 外推和 K-K 变换结果的准确度和合理性. 这里我们可进一步定义参数

$$\xi = \int_0^\infty [n(\omega)-1]\mathrm{d}\omega \bigg/ \int_0^\infty |n(\omega)-1|\mathrm{d}\omega$$

来描述变换谱满足求和规则的程度. 希尔斯(Shiles)等人[16]发现,对采用数值计算获得的自洽解,ξ 可为 10^{-3} 量级的微小量,如果某一光学常数谱的 ξ 值较大(如大于 10^{-1}),则就预示着相应的外推和变换运算需要重新仔细推敲了.

1.4　半导体光学常数的实验测量

　　光学常数谱对半导体材料的实际应用,不论是作为微电子和光电子材料的应用,或是作为光学零部件以及近代半导体工艺技术中衬底材料的应用都有重要意

义. 因而在半导体光学性质的研究和应用过程中, 已经发展了多种半导体以及其他固体光学常数谱的实验测量方法和理论计算方法, 以及理论计算和实验测量相结合的专用方法等[15].

　　测量半导体光学常数及其谱最常用的、实验上最简便的方法是吸收光谱和反射光谱方法. 这两类光谱方法在上一节讨论中已经涉及, 并且在第三、第四章讨论半导体中微观电子、声子跃迁过程的光谱时还将较详细地论述, 这里只讨论它们在光学常数谱测定中的应用. 作为一种测量固体光学常数谱的方法, 吸收光谱适用于被测材料大致是透明的或者吸收系数较小($\alpha < 10^2 \sim 10^3$ cm^{-1})的波段, 并直接测量与某一微观特征吸收过程相联系的消光系数谱 $K(\omega)$; 反射光谱则适用于材料不透明, 亦即吸收系数较大($\alpha > 10^2 \sim 10^3$ cm^{-1})的波段. 由于受到材料中真实微观物理机制、适用光谱仪和光学零部件等的制约, 它们通常适用于从近紫外到可见光和一般红外光波段的光学常数谱测量. 又如上一节所论述, 为获得这些波段内完整的光学常数谱, 需要引用 K-K 变换. 当只需求得较狭窄波段内的光学常数谱时, 可以对 K-K 变换被积函数和积分区间作某种近似、外推和限制以简化数学运算而又不失变换结果的准确性. 然而, 一般说来, 既然 K-K 变换原则上需要已知全波段上($0 \sim \infty$的积分区间)某一个光学常数的谱, 才能求得被研究材料的全波段的完整的光学常数谱, 这就要求适当组合不同波段上的吸收光谱和反射光谱数据, 并在光谱测量范围两端, 尤其是远红外端和远紫外端对已有光谱测量数据作合理外推, 这时求和规则可以用来检测和论证这种外推以及 K-K 变换结果的合理性.

　　测量半导体以及其他固体光学常数谱的第二种常用方法是椭圆偏振光谱方法. 通过反射光束或透射光束振幅衰减和相位改变的同时测量, 它可以经由光谱测量, 而不必借助 K-K 变换直接求得被测样品的折射率 $n(\omega)$ 和消光系数 $K(\omega)$, 从而获得被研究固体的全部光学常数. 过去几十年中这种方法获得了较大的发展[17~19].

　　以反射光谱为例, 用椭圆偏振光谱方法测量和直接获取光学常数的原理可简述如下: 如第 1.2.1 节图 1.2 所示, 只要不是在正入射情况下测量反射光谱, 垂直于入射面偏振的电矢量 E_{1s} 和在入射面内偏振的电矢量 E_{1p} 有不同的振幅反射系数, 它们已分别如公式(1.50a)、(1.51a)或式(1.55a)和(1.56a)所描述. 因而, 一束原来线偏振或椭圆偏振的非正入射光束, 经由半导体表面反射后, 其电矢量振幅和偏振状态(相位)都会改变. 以椭圆偏振入射光束为例, 可以将反射光束的 r_p/r_s 比值写为

$$r_p/r_s = \tan\mathit{\Psi} e^{i\Delta} \tag{1.125}$$

这里 $\tan\mathit{\Psi}$(注意这里 $\mathit{\Psi}$ 的定义和前面公式(1.61)等定义的以及下面公式(1.132)再次引用的振幅反射系数相位的不同)给出 E_p 矢量反射波和 E_s 矢量反射波的相

对振幅衰减,Δ 给出反射引起的两个电矢量间的相位移之差.从公式(1.55a)和(1.56a)出发,结合式(1.125),经过冗长的推导运算,可以求得

$$n^2(\omega)=K^2(\omega)+\sin^2\theta\left\{1+\tan^2\theta\,\frac{\cos^2 2\Psi-\sin^2 2\Psi\sin^2 2\Delta}{(1+\sin 2\Psi\cos\Delta)^2}\right\} \qquad (1.126)$$

$$K(\omega)=\frac{\sin^2\theta\tan^2\theta\sin 4\Psi\sin\Delta}{2n(\omega)(1+\sin 2\Psi\cos\Delta)^2} \qquad (1.127)$$

公式(1.126)和(1.127)表明,如果实验上测量了某一入射光频率处的 Ψ、Δ 和入射角 θ,就可经由以上两式求得该频率处材料的 n 和 K,而不必引用K-K变换.和前面的讨论一样,n、K、Ψ 和 Δ 都是波长的函数,测量不同波长下的 Ψ 和 Δ,即可求得相应波段被测样品的光学常数谱,于是光学常数谱的测量就归结为椭圆偏振参数 Ψ 和 Δ 的测量.

实验上,椭圆偏振光谱测量框图如图1.11所示意.在入射光路中置入起偏器、或者在仅需测量某单一波长处 n,K 的情况下置入起偏器和1/4波片,使入射自然光变成线偏振光或椭圆主轴平行于1/4波片快轴的椭圆偏振光,转动起偏器可改变入射偏振光的偏振方向或偏振的椭圆率.

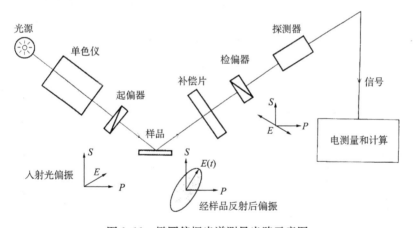

图1.11　椭圆偏振光谱测量光路示意图

椭圆偏振光入射的情况下,转动起偏器和检偏器,总可以找到一个消光位置,这时它们的方位角 P 和 A 可直接而简单地和公式(1.125)描述的椭圆偏振参数 Ψ 与 Δ 联系起来,即

$$\Psi=A(\text{检偏器方位角})$$

$$\Delta=270°-2P,\text{当}\,0°\leqslant P\leqslant 135°$$

$$=630°-2P,\text{当}\,P\geqslant 135°$$

这里已经规定 A 的读数范围为 $0°\sim90°$；P 的读数范围为 $0°\sim180°$. 在线偏振光入射的情况下,经半导体表面反射后,反射光一般变为椭圆偏振光. 固定起偏器的方位角(通常为 $45°$),旋转检偏器,可以测得光电探测器接收到的信号大小 I 和检偏器方位角 φ 的关系 $I(\varphi)$. 它包含了反射光偏振椭圆的椭圆率 χ 与椭圆长轴方位角 α 的信息:

$$I(\varphi) = I_0[1 + \cos2\chi\cos2(\varphi - \alpha)] \tag{1.128}$$

χ 与 α 又经由下列关系式与椭偏参数联系起来:

$$\tan\Delta = \pm\frac{\tan2\chi}{\sin2\alpha} \tag{1.129}$$

$$\cos2\Psi = -\cos2\chi\cos2\alpha$$

实验求得 Ψ 和 Δ 后,即可通过关系式(1.126)与(1.127)求得被测样品的 $n(\omega)$、$K(\omega)$ 以及其他光学常数谱. 除不必引用 K-K 变换外,椭圆偏振光谱方法的另一个优点是,它还能方便地测量固体表面的异质薄膜或多层膜的光学常数谱.

　　在红外波段,尤其是远红外和亚毫米波段,还常用非对称傅里叶变换光谱方法,或称色散傅里叶变换光谱方法测量半导体和其他固体的光学常数[20~28]. 它们也是一类直接测量的方法,而不必引用 K-K 变换.

　　我们知道,在通常的傅里叶变换光谱仪中,实验样品或者放在光源和干涉仪之间,或者放在干涉仪和探测器之间. 这时,在理想情况下,干涉图是对称的,并可称为对称的傅里叶变换光谱方法,光谱仪测得的是被测样品的功率透射比 T 或反射比 R. 然而,样品也可以放在干涉仪的一臂中,这种情况下,如果在所研究波段范围内样品折射率 n 与入射光波长无关并且消光系数 $K(\omega)$ 为零,则干涉图只是相对于未放置样品情况的干涉图有一位移,位移量为 $2d(n-1)$,这里 d 为样品厚度,图 1.12 中间所示在干涉仪一臂中插入在远红外波段内透明的硅薄片后的干涉图就属于这种情况. 如果在所研究波段内样品存在色散,即 $K(\omega)\neq0$,并且折射率 $n(\omega)$ 也是波长的函数,那么不同波长的光电磁波,其干涉的零相位点将有不同的漂移 $2d[n(\omega)-1]$. 这意味着不同波长的电磁波的干涉极大将落在不同的光程差位置上,并有不同程度的衰减,因而干涉图畸变为不对称的了,如图 1.12 中下图曲线所示意.

　　在干涉仪一臂中插入样品导致的傅里叶积分变换的主要变化是必须使用干涉图的复傅里叶逆变换. 这一复傅里叶逆变换等于振幅反射比或透射比(一般为复数)的复共轭乘上源光谱强度谱 $B(\omega)$ 的负值,即等于 $-r^*(\omega)B(\omega)$ 或 $-t^*(\omega)B(\omega)$. 以反射工作模式为例,即

$$-B(\omega)r^*(\omega) = \int_{-\infty}^{\infty} I_D(x)A(x)\mathrm{e}^{-\mathrm{i}\omega x}\mathrm{d}x \tag{1.130}$$

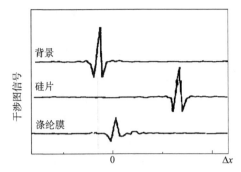

图 1.12 干涉仪一臂中插入透明样品时干涉图中心部分的变化
上图:背景干涉图的中心部分;中图:干涉仪一臂插入远红外透明的硅片
后的干涉图;下图:干涉仪一臂插入涤纶膜后的干涉图

这里振幅反射比 $r(\omega)$ 定义为反射光电磁波电场强度与入射光电磁波电场强度之比. 从傅里叶变换获得这些振幅反射比的模量(大小)和相位,就可以直接求得被研究样品的光学常数 n 和 K,即复折射率谱的实部和虚部 $\bar{n}(\omega)=n(\omega)+iK(\omega)$,而不必借用任何物理模型或引用 K-K 变换关系式,这是傅里叶变换光谱学用于固体光学常数测量的一个独特贡献. 令

$$\int_{-\infty}^{\infty} I_D(x)A(x)\mathrm{e}^{-\mathrm{i}\omega x}\mathrm{d}x = P(\omega) - \mathrm{i}Q(\omega) \tag{1.131}$$

则从式(1.130)可以有

$$B(\omega)r_0(\omega)\cos[\Psi_\mathrm{r}(\omega)-\pi] = P(\omega)$$
$$B(\omega)r_0(\omega)\sin[\Psi_\mathrm{r}(\omega)-\pi] = Q(\omega) \tag{1.132}$$

式中 $r_0(\omega)$ 和 $\Psi_\mathrm{r}(\omega)$ 分别为振幅反射系数的模量和相位,$P(\omega)$ 和 $Q(\omega)$ 为公式(1.131)给出的干涉图的余弦和正弦傅里叶积分变换. 由式(1.131)和(1.132)可得

$$\Psi_\mathrm{r}(\omega) = \pi + \arctan\left\{\frac{Q(\omega)}{P(\omega)}\right\} \tag{1.133}$$

$$r_0(\omega) = \left\{\frac{P^2(\omega)+Q^2(\omega)}{P_\mathrm{M}^2(\omega)+Q_\mathrm{M}^2(\omega)}\right\}^{1/2} \tag{1.134}$$

这里 $P_\mathrm{M}(\omega)$ 和 $Q_\mathrm{M}(\omega)$ 为以固定镜代替样品时背景干涉图的余弦和正弦傅里叶积分变换,并且我们已经假定背景干涉图是理想对称的,因而背景谱的相位项为零. 有了 $r_0(\omega)$ 和 $\Psi_\mathrm{r}(\omega)$,即可由下式求得 n 和 K:

$$n(\omega) = \frac{1-r_0^2(\omega)}{1+2r_0(\omega)\cos\{\Psi_\mathrm{r}(\omega)\}+r_0^2(\omega)} \tag{1.135}$$

$$K(\omega) = \frac{-2r_0(\omega)\sin[\Psi_r(\omega)]}{1 + 2r_0(\omega)\cos\{\Psi_r(\omega)\} + r_0^2(\omega)}\qquad(1.136)$$

所有上述计算都可以在光谱仪附属计算机上轻易地完成,色散傅里叶变换光谱方法的真正困难是实验方法和技巧,用样品代替固定镜而又不影响原有的光学准直性并非轻而易举的事,有时需要采用颇为巧妙的实验布局.贝尔(Bell)等人[21]和张伯伦(Chamberlain)等人[22]首先实现了色散傅里叶变换光谱仪,前者适用于固体样品研究,后者也可用于液体光学常数的测量.在反射模式工作时,贝尔将样品放置在固定镜位置上,为有可能采用小尺寸样品,光束并非准直地通过干涉仪,而是聚焦在固定镜和动镜上.辐射信号的斩波在动镜臂中实现,斩波器叶片的背面用来反射一个补偿信号,以使光程差很大时干涉信号 $I(\infty)$ 趋于零.图 1.13 给出了帕克(Parker)等人用这种方法测得的 100 K 时 GaAs 的远红外介电函数谱 $\varepsilon'(\omega)$ 和 $\varepsilon''(\omega)$[23].这是不引用任何物理模型或 K-K 关系式而获得的结果,确实不失为傅里叶变换光谱学的一个独特贡献.

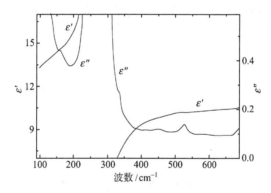

图 1.13　用色散傅里叶变换光谱学方法测得的
100 K 时 GaAs 的介电函数谱

近年来,波切(Birch)和帕克等人[23,24]、根策尔(Genzel)等人[25,26]以及张伯伦等[27,28]发展了多种形式的色散傅里叶变换光谱学方法.对于样品透明波段,多采用透射工作模式;对于不透明或强吸收物体或波段,则采用反射模式.用这些方法可以实现准确度高达 10^{-4} 的反射系数模量及相位的绝对测量,目前人们已经在4.2 K 到 500 K 的温度范围内测量研究了红外和远红外波段多种半导体的光学常数谱与复介电函数谱[29~31].如果在干涉仪系统中插入相应波段的起偏器和检偏器,还可以实现偏振光情况下半导体光学常数谱的测量.

在真空紫外波段($\lambda \leqslant 200$ nm),至今仍无法应用偏振光谱方法和傅里叶变换光谱方法来测定材料(包括半导体材料)的光学常数.其主要原因之一是迄今仍缺乏适用于这一波段光谱测量所必须的核心元件.因而,反射光谱方法几乎无例外地用来获得这一波段的光学常数谱. 这里, 除正入射外, 更多的是涉及斜入射情况下反射光谱的测量和光学常数谱的计算.

正入射反射光谱适用于经由关系式 $n=(1+\sqrt{R})/(1-\sqrt{R})$ 测定透明介质的折射率, 在真空紫外波段, 对绝大多数半导体, 其值通常在 1.3 到 2.0 之间. 从斜入射的反射光谱可以同时求得 $n(\omega)$ 和 $K(\omega)$, 从而获得真空紫外波段材料的光学常数谱. 汉弗莱斯-欧文(Humphreys-Owen)[32] 曾列出了斜入射情况下可以同时获得 $n(\omega)$ 和 $K(\omega)$ 信息的九种反射比测量组合, 它们可以归结为两类: 第一类涉及同一入射角情况下两次反射比测量, 或者在两个不同入射角情况下分别进行一次反射比测量; 第二类涉及任意入射角情况下的一次反射比测量加上另一次某特定入射角情况下的反射比测量. 这一特定入射角为布儒斯特角或赝布儒斯特角. 这里赝布儒斯特角是吸收介质情况下 R_p 极小值对应的入射角, 记为 θ_{pB}, 它通常略大于布儒斯特角 θ_B. 这样, 测量了 θ_{pB} 以及这一入射角下的 R_s 或 R_p 或 R_p/R_s; 或者任一其他入射角情况下的 R_s, R_p 或其比值, 就可以通过第 1.2.1 节中的公式求取 $n(\omega)$ 和 $K(\omega)$. 这里尽管原则上只需要二次测量就可以求得 $n(\omega)$ 和 $K(\omega)$, 但多次组合测量可以同时判定并减小实验测量误差. 顺便指出, 自同步辐射光源出现以来, 它常被用作这种真空紫外波段的反射光谱和光学常数谱测量的光源.

在微波和无线电波波段, 则有谐振腔、平衡电桥和马赫-曾德尔(Mach-Zehnder)干涉仪等方法, 这里不再赘述.

经过多年研究, 人们对许多半导体的微观能带结构、电子状态已有了十分清晰的认识和物理图像, 因而除实验直接测量外, 也不难从理论上估计和计算这些半导体的光学常数, 尤其是带间跃迁及其邻近能量区域的光学常数谱. 例如, 第三章第 3.3.1 节将讨论布鲁斯特等人[33] 用赝势法计算 Ge 能带结构, 并仅用三个参数就给出了与光谱测量结果可比拟的带间跃迁能量区域 Ge 介电函数谱的理论结果. 此外, 福罗赫(Forouhi)等人[34,35] 将模型计算、理论计算和反射光谱实验结合起来, 研制成实验室以及工业应用的主要适用于半导体薄膜材料的专用 $n(\omega)$、$K(\omega)$ 分析仪. 以非晶半导体 Si 薄膜为例, 从下一章将讨论的半导体带间跃迁光吸收的基本方程式(2.130)~(2.132)出发, 可以用三个参数 A、B 及 C 将非晶膜赝带间跃迁区域的消光系数 $K(\omega)$ 写为

$$K(\omega) = \frac{A(\hbar\omega - E_g)^2}{(\hbar\omega)^2 - B\hbar\omega + C} \tag{1.137}$$

这里

$$\left.\begin{aligned}
A &= \text{Const}\, \frac{2\pi}{3}\, \frac{e^2\hbar^2}{m_e^2\omega^2\tau}\, |\langle b\,|\,\boldsymbol{P}\,|\,a\rangle|^2 \\
B &= 2(E_u - E_l) \\
C &= (E_u - E_l)^2 + \hbar^2/4\tau^2
\end{aligned}\right\} \tag{1.138}$$

式中$\langle b|\boldsymbol{P}|a\rangle$为赝导带$|b\rangle$（激发态）和赝价带$|a\rangle$间跃迁的动量矩阵元，$\tau$为激发态寿命，$E_u$、$E_l$为它们对应的能量. 引用 K-K 变换并作一些简化假定，又可以将被研究非晶硅的折射率$n(\omega)$写为

$$n(\omega) = n(\infty) + \frac{B_0\hbar\omega + C_0}{(\hbar\omega)^2 - B\hbar\omega + C} \tag{1.139}$$

$$\left.\begin{array}{l} B_0 = \dfrac{A}{Q}\left[-\dfrac{B^2}{2} + E_{\mathrm{g}}B - E_{\mathrm{g}}^2 + C\right] \\[3mm] C_0 = \dfrac{A}{Q}\left[(E_{\mathrm{g}}^2 + C)\dfrac{B}{2} - 2E_{\mathrm{g}}C\right] \end{array}\right\} \tag{1.140}$$

式中

$$Q = \frac{1}{2}(4C - B^2)^{1/2} \tag{1.141}$$

公式(1.137)~(1.140)表明，仅用 6 个参数 E_{g}、A、B、C、B_0 和 C_0 以及$n(\infty)$就可以描述赝带间跃迁能量区域非晶硅的光学常数谱. 这 6 个参数中只有 4 个是独立的，意味着只要测定了这 4 个独立参数 E_{g}、A、B 和 C 以及某一能量处的折射率$n(\omega)$，就可由公式(1.137)和(1.139)获得整个赝带间跃迁及邻近能量区域非晶硅的光学常数谱.

　　实验上，人们可以首先对$K(\omega)$微分，并测定其极值 $K_{\min}$ 和 $K_{\max}$ 及对应的能量 $E_{\min}$ 与 $E_{\max}$，这里按基本公式(1.137)，

$$K_{\min} = 0$$

$$E_{\min} = E_{\mathrm{g}}$$

$$K_{\max} = \frac{4A(E_{\mathrm{g}}^2 - BE_{\mathrm{g}} + C)}{4C - B^2}$$

$$E_{\max} = \frac{BE_{\mathrm{g}} - 2C}{2E_{\mathrm{g}} - B}$$

此外尚需另一任意能量 $E_{\mathrm{fit}} = \hbar\omega_{\mathrm{fit}}$ 处的 K_{fit}：

$$K_{\mathrm{fit}} = \frac{A(E_{\mathrm{fit}} - B_{\mathrm{g}})^2}{E_{\mathrm{fit}}^2 - BE_{\mathrm{fit}} + C}$$

以及 $E'_{\mathrm{fit}} = \hbar\omega'_{\mathrm{fit}}$ 处的 n_{fit}，即可求得赝带间跃迁能量区域非晶硅的完整光学常数谱. 实际测量与计算表明，这样获得的非晶硅的光学常数谱和多种其他更直接实验测量的结果符合良好. 图 1.14(a)和(b)给出了以上简单反射测量加模型计算获得的结果和更直接实验测量结果[36]的比较，可见以上描述的方法给出0.5~3.0 eV能量范

围与更直接实验测量数据符合良好的拟合计算结果.

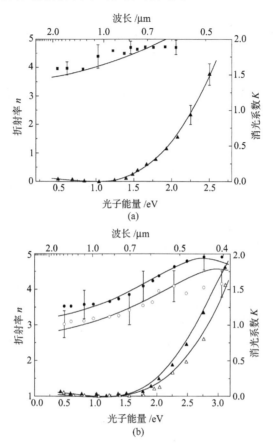

图 1.14　(a) 用公式(1.137)和(1.139)计算的用溅射方法生长的 α-Si 的光学常数 n、K 及其
与 McKenzie 等直接测量结果的比较. 图中方点和三角为直接测量结果;
(b)计算结果和 α-Si:H 的光学常数 n、K 的直接测量结果的比较. 图中圆点和
三角为实验结果,不同曲线是对不同氢含量的 α-Si:H 而言[36]

　　更多的研究[37～39]表明,上述模型和参数拟合计算对其他非晶半导体以及许
多电介质薄膜同样适用;对结晶半导体也是适用的,只是必须在参数拟合计算中
恰当处置带间跃迁引起的 $K(\omega)$ 峰的影响. 正是在这样的模型和参数拟合基础上,
人们已经发展了专用的、主要适用于带间跃迁及其邻近能量区域的半导体光学常
数谱分析测量仪. 这种方法的一个缺点是,为获得和直接实验测量完全一致的拟合
计算结果,必须假定 $n(\omega\to\infty)$ 有大于 1 的值,这显然和上节讨论的基本物理推断
$n(\omega\to\infty)=1$ 不相符合,其物理起因尚不完全清楚.

参 考 文 献

[1] Landau L D,Lifshitz E M and Pitaevskii L P. Electrodynamics of Continuous Media, 2nd edition. Pergamon Press, 1984,257

[2] Pankove J I. Optical Processes in Semiconductors. Princeton University Press,1973,87

[3] Stern F. Elementary Theory of the Optical Properties of Solids, In: Solid State Physics, ed by Seitz F and Turnbull D. 15. 1963,299

[4] Moss T S. Optical Properties of Semiconductors Butterworths, London, 1961

[5] Kramers H A. Atti del Congresso Internazionale dei Fisici, 1927; Como－Pavia－Roma, 1928,**2**:545

[6] Kronig R de L. J Opt Soc Am, 1926,**12**:547; Ned Tijdschr Natuurk, 1942,**9**: 402

[7] Hall J F. J Opt Soc Am, 1956,**46**: 1013; Phys Rev,1955, **97**: 1471

[8] Gottesman J and Ferguson W F C. J Opt Soc Am,1954, **44**:368

[9] 沈学础,褚君浩. 物理学报,1985,**34**:56

[10] Saslow W M. Phys Lett,1970, **33A**: 157

[11] Altarelli M and Smith D Y. Phys Rev,1974, **B9**: 1290;1975, **B12**: 3511

[12] Furuya K, Villami A and Zimerman A H. J Phys, 1977,**C10**:3189

[13] Smith D Y and Shiles E. Phys Rev,1987,**B17**:4689

[14] Mukhtarov C K. Sov Phys Dokl,1979,**24**: 991

[15] Palik E D (ed). Handbook of Optical Constants of Solids, and Reference Therein. Academic Press, 1985; Handbook of Optical Constants of Solids II. Academic Press, 1991

[16] Shiles E, Sasaki T, Inokuti M and Smith D Y. Phys Rev, 1980,**B22**: 1612

[17] Aspnes D E. In:Handbook of Optical Constants of Solids, Chapter 5. ed by Palik E D. Academic Press, Inc, 1985,89~112

[18] 莫党. 固体光学,第 10 章.北京:高等教育出版社,1994

[19] Boccara A C,Pickering C and Rivory J(eds). Proc. lst Intern Conf on Spectro Ellipsometry (Paris), Elsevier, 1993

[20] 沈学础. 近代傅里叶变换红外光谱技术及应用. 北京:科学技术文献出版社,1994, 43

[21] Bell E E. Infrared Phys,1966, **6**: 57; J Phys Collog,1967,**28**: C2－18

[22] Chamberlain J E, Gibbs J E and Gebbie H A. Nature,1963,**198**: 894

[23] Abdullah A K W and Parker T J. 6th Intern Conference on FTS, Vienna, 1987,**3**:361

[24] Birch J R and Parker T J. Infrared Phys, 1979,**19**: 201; Memon A I, Parker T J and Birch J R. Intern Conf on FTS, South Carolina,1981; Parker T J,et al. Infrared Phys,1976, **16**: 293,349

[25] Gast J and Genzel L. Opt Commun, 1973,**8**: 26 ; Zwick U, Irslinger C, Genzel L. Infrared Phys,1976, **16**:263

[26] Mead D G and Genzel L. Infrared Phys, 1979,**19**: 27

[27] Asfar M N, Hasted J B and Chamberlain J. Infrared Phys,1976,**16**:301

[28] Asfar M N and Chamberlain J, et al. , Proc IEEE, 1977,**124**: 575

[29] Asfar M N, Honijk D D,Passchier W F and Guolon J. IEEE Micro Theor Tech MTT— 1977,**25**:505

[30] Memon A, Parker T J and Birch J R. Proc SPIE,1981, **289**:20

[31] Jamshidi H and Parker T J. 7th Intern Conf on Infrared & MM Weves, Marseilles,1983

[32] Humphreys-Owen S P F. Proc Phys Soc, London,1961,949

[33] Brust D,Phillips J C and Bassani G F. Phys Rev Lett,1962,**9**:94; Brust D,Cohen M L and Phillips J C. Phys Rev Lett, 1962,**9**:389

[34] Forouhi A R and Bloomer I. Phys Rev,1986, **B34**: 7018; In: Handbook of Optical Constants of Solids Ⅱ, Chapter 7. 1991

[35] Forouhi A R and Bloomer I. U S. Patent,No 4 905 107,1990

[36] Mckenzie D R, Savvides N, Mcphedran P C, Botton L C and Netterfield R P. J Phys,1983, **C16**: 4933

[37] Forouhi A R and Bloomer I. Phys Rev,1988, **B38**: 1865

[38] Lian S,Forouhi A R, Li G G and Bloomer I. Semicond Intern, July,1998

[39] Curro G, et al. Phys Rev,1994,**B49**: 8411; Bencher C,et al. Solid State Technology, March. 1997,109

第二章 半导体带间光跃迁的基本理论

在研究半导体能带结构、声子结构或其他能量结构的各种实验方法中,吸收光谱、发光光谱及拉曼散射光谱有重要意义[1~4]. 光吸收过程中,具有一定能量的光子,将晶体从一低能态激发到一高能态,或者简单地在单粒子近似情况下,将一个电子(或将某一晶格振动模式)从低能态激发到高能态. 光发射过程沿相反途径进行. 既然这里我们指的光发射是电子激发态或其他激发态回到基态并发射光子的过程,这一过程也被称为辐射复合跃迁. 与跃迁过程相应,在半导体的透射光谱和发光光谱图上留下特征性的谱线或谱带,研究这些谱线和谱带就可以研究半导体中相应的能量状态及其间的跃迁过程. 这些跃迁过程有带-带跃迁、激子跃迁、子带间跃迁、和杂质中心有关的跃迁、自由载流子的带内跃迁、晶格振动态之间的跃迁和共振,等等. 本章主要讨论半导体带间光吸收过程及其基本理论,以及带间跃迁光发射的基本理论,因为它和光吸收跃迁的基本理论有着密切的关系. 以后几章讨论其他跃迁过程和半导体吸收及反射光谱的实验结果.

在紫外和可见光波段,有时包括红外波段(对窄禁带半导体),是一个电子从价带跃迁到导带引起的强而宽的吸收区域,称为基本吸收区. 这是半导体光吸收过程中最为重要的一部分,其吸收系数可高达 $10^4 \sim 10^5\,\text{cm}^{-1}$. 跃迁过程伴随着非平衡载流子的产生和光电现象的出现,从而为半导体的应用开辟了新的途径. 在这一吸收区的低能端,吸收系数很陡峭地下降,可以在 $10^1 \sim 10^2\,\text{meV}$ 的能量范围内下降 3~4 个数量级之多. 基本吸收区低能端的这种陡峭界限,是半导体和绝缘体吸收光谱中最突出的一个特征,称之为吸收边或吸收限. 事实上,吸收边大致对应于将电子从价带顶激发到最低导带底的最小光子能量. 对于理想的纯的半导体和绝缘体,价带顶和导带底之间没有能量状态存在,这一与吸收边对应的跃迁截止能量应该是很尖锐的. 对吸收边,人们已做过很多详细的研究. 图 2.1(a)和(b)分别给出了吸收边附近 GaAs 和 Ge 吸收系数与入射光子能量的关系. 从图中可以看出两种不同类型的吸收边线形,它们对应于两种不同类型的带间跃迁,即直接跃迁和间接跃迁. 已经知道,半导体按其禁带宽度附近能带状态在 k 空间的相对位置,可以分为直接禁带半导体和间接禁带半导体. 前者导带的最低能量状态和价带的最高能量状态位于波矢空间同一位置,通常是在 k 空间原点 Γ 附近($k=0$ 附近),这一类半导体有 InSb、GaAs、HgTe、CdTe、$Cd_x Hg_{1-x} Te$ 和 PbS 等. 对这类材料,吸收边附近吸收光子诱发的电子从价带到导带的跃迁过程,可以在没有其他准粒子参与的情况下完成,称之为直接跃迁. 后一类半导体,导带的最低能量状态和价带最高

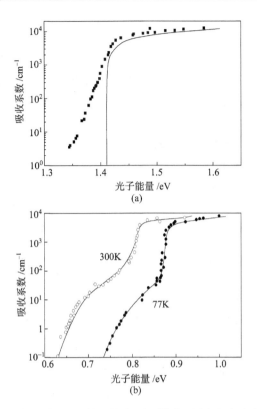

图 2.1　(a)室温时 GaAs 的吸收边(参看[5]),图中方点为实验结果,
曲线为按公式 $\alpha = A(\hbar\omega - E_g)^{1/2}$ 计算的结果;(b)锗的光吸收边,吸收系
数 $10^2\,\mathrm{cm}^{-1}$ 处的拐折表示从间接跃迁过程到直接跃迁过程的转变

能量状态位于波矢空间中不同位置,如 Ge、Si 和 GaP 等,它们的价带最高能量状
态在 k 空间原点,而导带的最低能量状态则在第一布里渊区〈111〉方向或〈100〉方
向的边界或边界附近.对这类半导体,吸收边附近吸收光子导致的电子从价带到导
带的跃迁过程,因动量守恒的要求,需要其他准粒子的协助才能完成,称为间接跃
迁,其跃迁概率也较小.由于这种各不相同的、复杂的能带结构状况,加之晶体的对
称性因素,导致了各种不同的带间跃迁过程.它们决定了吸收边附近和基本吸收区
其他频段的不同类型的吸收曲线,而吸收系数 $\alpha(\hbar\omega)$ 则正比于初态到终态的跃迁
概率和初态、终态可资利用的态密度 n_i 与 n_f',即已被电子占据的初态的态密度和
空出的终态的态密度.这一过程必须对所有可能给出能量为 $\hbar\omega$ 的跃迁求和,即

$$\alpha(\hbar\omega) = A \sum W_{if}^{ab} n_i n_f' \tag{2.1}$$

类似地,辐射复合跃迁光发射的速率可表为

$$R(\hbar\omega) = B\sum W_{if}^{em} n_i n_f'$$　　　　(2.2)

式(2.2)中 n_i 与 n_f' 和式(2.1)一样,仍为跃迁初态被电子占据的态密度和空出的终态态密度,但与光吸收过程不同,这里初态是能量较高的激发态,终态是能量较低的基态或其他电子态,$W_{if}^{ab,em}$ 分别为吸收和发射跃迁概率.光吸收可以描述为晶体中辐射场光子密度衰减的平均自由程,而光发射则可描述为单位体积中光子的产生速率或辐射场中光子密度的增加速率.

　　本章首先介绍半导体中各种可能的带间跃迁过程,然后讨论直接带间跃迁和间接带间跃迁的量子力学理论.

2.1　半导体的带间跃迁过程

　　本节以吸收过程为例讨论半导体中的带间跃迁过程,光发射过程原则上可逆向而行.

2.1.1　导带底和价带顶位于波矢空间同一位置时的允许带间直接跃迁

　　直接禁带半导体基本吸收所涉及的跃迁过程最简单,我们首先讨论这种直接跃迁过程.假定有图2.2所示的最简单的能带结构,即导带最低能量状态和价带最高能量状态都在 k 空间原点 $\Gamma(k_{c,min} = k_{v,max} = 0)$,并且是非简并的.吸收过程中,除能量守恒外,晶体动量必须守恒.光子动量 h/λ_0(λ_0 为真空中光波波长)总远小于晶格动量 $p = h/a$(a 为晶格常数),动量守恒定律可写为

$$p_f - p_i = (h/\lambda_0)n_0 \approx 0$$

即

$$p_f \approx p_i$$

或

$$k_f \approx k_i$$　　　　(2.3)

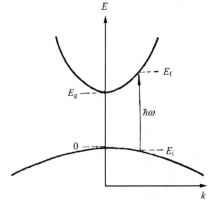

图2.2　$k_{c,min} = k_{v,max} = 0$ 的允许带间直接跃迁过程示意图

式中 n_0 为光子入射方向的单位矢量,p_i 和 p_f 分别为吸收前和吸收后的晶体动量,它们和电子占据的能量状态有关.k_i 和 k_f 为相应的晶体波矢.单电子近似情况下,它们分别简化为跃迁前后电子的动量和波矢.

　　式(2.2)表示的晶体动量守恒定律是量子力学的结果.假定初态和终态分别为

价带和导带,微扰势 F 作用下电子从价带跃迁到导带的跃迁概率正比于矩阵元平方 $|M_{cv}|^2$,这里

$$M_{cv} = \int \Psi_v F \Psi_c^* \, \mathrm{d}r \qquad (2.4)$$

式中 Ψ_v 和 Ψ_c 分别为价带和导带的布洛赫(Bloch)波函数,即

$$\Psi_v(\boldsymbol{r}) = U_{vk}(\boldsymbol{r}) \exp[\mathrm{i}\boldsymbol{k}_v \cdot \boldsymbol{r}]$$
$$\Psi_c(\boldsymbol{r}) = U_{ck}(\boldsymbol{r}) \exp[\mathrm{i}\boldsymbol{k}_c \cdot \boldsymbol{r}] \qquad (2.5)$$

微扰势函数为

$$F = F_0 \exp[2\pi\mathrm{i}(\boldsymbol{r} \cdot \boldsymbol{n}_0)/\lambda_0] \qquad (2.6)$$

可见矩阵元积分表达式(2.4)中包括有变化很快的周期性因子

$$\exp\{\mathrm{i}[(\boldsymbol{k}_v - \boldsymbol{k}_c + 2\pi\boldsymbol{n}_0/\lambda_0) \cdot \boldsymbol{r}]\}$$

这样,除非 $\boldsymbol{k}_v - \boldsymbol{k}_c + 2\pi\boldsymbol{n}_0/\lambda_0 = 0$,否则式(2.4)所表达的矩阵元的值就可以忽略不计. 考虑到光子波矢和晶体波矢 $\boldsymbol{k}_v$、$\boldsymbol{k}_c$ 相比可以忽略不计,这一条件就是式(2.3)所表达的动量守恒定律或波矢守恒定律. 由于这类跃迁涉及的晶体波矢改变 $\Delta\boldsymbol{k} \approx 0$,在图 2.2 所示的能带图上,跃迁表示为价带中波矢为 $\boldsymbol{k}$ 的电子竖直地跃迁到导带中相同 $\boldsymbol{k}$ 的能量状态,因而这种跃迁也称为竖直跃迁. 又因为这种跃迁过程是各种选择定则允许的过程,所以称为允许带间直接跃迁.

从图 2.2 还可看到,竖直跃迁导致的光吸收的最小光电磁波频率(或称阈值频率)ω_g 应由

$$\hbar\omega_g = E_g \qquad (2.7)$$

决定,并从这一频率开始迅速上升. 如果没有同一频段内的其他重要的跃迁过程竞争,实验应该观察到如图 2.1(a)所示的陡峭上升. 对于能量大于直接带宽的竖直吸收跃迁,入射光子能量必须满足关系

$$\hbar\omega = E_c(\boldsymbol{k}) - E_v(\boldsymbol{k}) \qquad (2.8)$$

引用式(2.1),可以估计吸收边能量以上的竖直跃迁吸收系数. 如果假定仅讨论导带底以上价带顶以下较小能量范围内的光吸收过程,可以认为跃迁概率 W_{vc}^{ab} 与波矢 $\boldsymbol{k}_{c,v}$ 无关. 这样,对于导带与价带都是抛物线的并且非简并的情况,有

$$\alpha_d(\hbar\omega) = \begin{cases} A(\hbar\omega - E_g)^{1/2}, & \hbar\omega \geqslant E_g \\ 0, & \hbar\omega < E_g \end{cases} \qquad (2.9)$$

式中

$$A \approx \frac{(2m_r^*)^{3/2} e^2}{\eta c m_e^* \hbar^2 \varepsilon_0} \tag{2.10}$$

$m_r^* = \dfrac{m_h^* m_e^*}{m_h^* + m_e^*}$ 为折合质量. 为避免和载流子浓度的符号混淆,本章及以后各章用 η 代表折射率. 若令半导体的折射率 $\eta = 4$, $m_e^* = m_h^* = m_0$(自由电子质量),则 A 约等于 $2 \times 10^4 \, \mathrm{cm}^{-1}$. 这样式(2.9)可直接写为

$$\alpha_d(\hbar\omega) = \begin{cases} \approx 2 \times 10^4 (\hbar\omega - E_g)^{1/2}, & \hbar\omega \geqslant E_g \\ = 0, & \hbar\omega < E_g \end{cases} \tag{2.11}$$

式中 $\hbar\omega$ 和 E_g 均为 eV 为单位. 可见竖直吸收跃迁情况下,吸收边以上不远能量范围内吸收系数与光子能量的平方根成正比. 顺便指出,不少人推导过这一简单情况下带间直接跃迁的吸收系数表达式,他们的结果实质上都相同,只是前面的常数系数略有不同,如巴丁(Bardeen)等人求得的 A 表达式与(2.10)相差一个因子 π[6].

　　图 2.1(a)所示 GaAs 的吸收谱就是允许带间直接跃迁的一个典型例子. 图中曲线是用和上述简单讨论相似的理论计算的结果,方点是室温时的实验测量结果,可见基本吸收边附近及以上频率,理论和实验的符合是良好的. 但图 2.1(a)同时也表明,低能方向吸收系数并不如图中理论曲线预期的那么陡峭地下降到零,而是按指数规律下降,这就是乌尔巴赫(Urbach)吸收带尾,以后将讨论其可能的起源.

2.1.2　禁戒的带间直接跃迁

　　上一小节讨论了导带最低能量状态和价带最高能量状态都在波矢空间原点 ($k = 0$) 的情况,但对某些半导体跃迁过程来说,量子力学选择定则规定 $k = 0$ 的直接跃迁是禁戒的. 可以从键-轨道模型的角度来说明这一禁戒的物理原因[7]. 从键-轨道模型看来,晶体中的能带是由组成晶体的原子的轨道耦合扩展而成的. 假如半导体的价带是由 p 态的原子轨道耦合扩展而成,而导带由 s 态原子轨道耦合扩展而成;或者相反,价带由 s 态原子轨道耦合扩展而成,而导带由 p 态原子轨道耦合扩展而成,那么就有允许的直接跃迁. 但是,如果价带由 d 态原子轨道演变而来,而导带由 s 态原子轨道耦合扩展而成(或者相反的情况),那么类比于原子跃迁的情况,$k = 0$ 时 $W_{if} = 0$,即 $k = 0$ 处的直接跃迁是禁戒的. 然而,可以证明[8],如果考虑到微扰哈密顿中的二次项,则尽管 $k = 0$ 处跃迁概率为零,但 k 不为零时的跃迁概率并不等于零,并且

$$W_{if} \propto k^2 \tag{2.12}$$

或者

$$W_{if} = 常数 \times (\hbar\omega - E_g) \tag{2.13}$$

若用 $\alpha_d'(\hbar\omega)$ 表示这种禁戒的直接跃迁的吸收系数,则

$$\alpha_d'(\hbar\omega) = C(\hbar\omega - E_g)^{3/2} \tag{2.14}$$

式中 C 为常数,它和前面指出的允许直接跃迁吸收系数表达式中的常数因子 A [式(2.10)]的关系为

$$C = \frac{2}{3} A (2m_r^* / m^*) (f_{if}' / \hbar\omega f_{if}) \tag{2.15}$$

式中 m_r^* 仍为折合质量,m^* 为电子或空穴有效质量,f_{if} 为允许直接跃迁的无量纲的振子强度,f_{if}' 为禁戒直接跃迁的无量纲的振子强度. 如果假定 $m_e^* = m_h^* = m_0$,并且 $f_{if} = f_{if}' = 1$,那么

$$\alpha_d'(\hbar\omega) \approx 1.3 \times 10^4 \frac{(\hbar\omega - E_g)^{3/2}}{\hbar\omega} \text{ cm}^{-1} \tag{2.16}$$

即 $\alpha_d'(\hbar\omega)$ 和能量 $(\hbar\omega - E_g)$ 有 3/2 次方关系. 可以指出,鉴于 $\hbar\omega$ 在分母项中,它对 $\alpha_d'(\hbar\omega)$ 与光子能量 $(\hbar\omega)$ 关系的影响比分子项要小得多. 现举一个简单例子,以比较 E_g 附近允许的和禁戒的直接跃迁吸收系数的大小,设 $\hbar\omega = 1$ eV,$\hbar\omega - E_g = 0.01$ eV,则可得 $\alpha_d(\hbar\omega = 1 \text{ eV}) = 2 \times 10^3$ cm^{-1},而 $\alpha_d'(\hbar\omega = 1 \text{ eV}) = 13$ cm^{-1}.

可以作图比较允许的和禁戒的直接跃迁情况下吸收系数与入射光子能量的关系,图 2.3 给出了某些真实实验结果的示意图. 图(a)给出了吸收系数与 $\hbar\omega$ 的关系,可见两种不同的直接跃迁吸收系数和 $\hbar\omega$ 的关系是很不相同. 图(b)给出吸收系数平方与 $\hbar\omega$ 的关系. 由图可见,允许直接跃迁的吸收系数平方 $\alpha_d^2(\hbar\omega)$ 与 $\hbar\omega$ 的关系为一直线,将此直线外推到 $\alpha_d = 0$ 处,可获得禁带宽度 E_g. 这种外推对禁戒的直接跃迁自然是不允许的.

图 2.3 所示的两种类型的吸收系数与 $\hbar\omega$ 的关系在实验上都已经观察到,从而说明这两种类型的直接跃迁都是存在的. 从图 2.3 这一具体结果还可看出,允许直接跃迁情况下,$\hbar\omega = E_g$ 附近吸收系数并不陡降为零,而是趋于一定值并有复杂的结构. 这一事实必须考虑到跃迁产生的电子与空穴间的互作用才能解释,对此将在下章进行讨论.

2.1.3 导带底和价带顶位于波矢空间不同位置时的带间直接跃迁

如果导带的最低能量状态和价带的最高能量状态不在 k 空间同一位置,直接跃迁仍可发生,这是半导体中常见的能带结构和跃迁情况之一. 以 Ge 为例,图 2.4 给出了 k 空间中能带边附近它的能带结构示意图,图中价带最高能量状态在 k 空

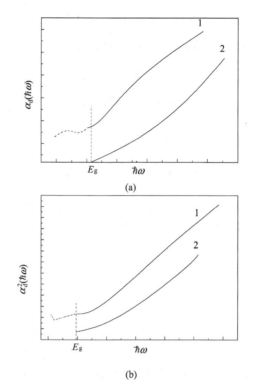

图 2.3　允许的和禁戒的直接跃迁情况下吸收系数与光子能量 $\hbar\omega$ 的关系.

(a)曲线 1 和 2 分别为 $\alpha_d(\hbar\omega)$ 和 $\alpha'_d(\hbar\omega)$ 与 $\hbar\omega$ 的关系；

(b)曲线 1 和 2 分别为 $\alpha_d^2(\hbar\omega)$ 和 $\alpha_d'^2(\hbar\omega)$ 与 $\hbar\omega$ 的关系

间原点 $\Gamma(k_{v,\,\max}=0)$，导带最低能量状态在布里渊区〈111〉方向边界上点 $L(k_{c,\min}=2\pi/a)$. 如果取价带顶为能量原点，则导带底的能量为 $+E_g$，而布里渊区原点 Γ 处最低导带谷的能量为 $E_0=E_g+\Delta E_0$. 当入射光子能量 $E_0\geqslant\hbar\omega\geqslant E_g$ 时，发生如箭头 B 标记的间接跃迁，而当 $\hbar\omega\geqslant E_0$ 时，则可发生如箭头 A 标记的允许直接跃迁. 其跃迁概率由第 2.1.1 节讨论的规律支配，当然比间接跃迁要大得多，从而引起吸收系数陡峭上升. 图 2.1(b)所示 Ge 吸收光谱中光子能量 $\hbar\omega=0.80$ eV 附近的情况正是如此. 和图 2.3 情况相似，低温下 $\hbar\omega=E_0$ 附近吸收曲线可以是富有结构的，必须考虑光跃迁引起的电子和空穴之间的库仑互作用才能对它作完满的解释.

　　上述有关直接跃迁的讨论，都是在最高价带能量状态和最低导带能量状态间跃迁的情况下进行的. 可以指出，这些讨论对其他各支价带和导带间的跃迁过程也是适用的，在下一章第 3.3 节，我们将会面临众多的这样的带间直接跃迁过程.

2.1.4　间接能带间的跃迁——带间间接跃迁

　　已经指出，对于如图 2.4 所示的那种能带结构，如果没有其他准粒子的参与，

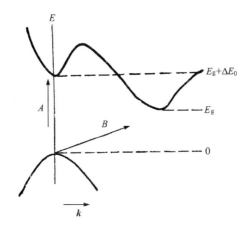

图 2.4 $\boldsymbol{k}_{\mathrm{v,max}} \neq \boldsymbol{k}_{\mathrm{c,min}}$ 情况下的直接跃迁和
间接跃迁示意图

单是能量 $\hbar\omega \geqslant E_{\mathrm{g}}$ 的光子,由于动量很小,还不足以使价带顶(位于波矢空间原点附近,$\boldsymbol{k}_{\mathrm{v,max}}=0$)的电子跃迁到波矢空间中 $\boldsymbol{k}_{\mathrm{c,min}}$ 附近能量为 E_{g} 的最低导带状态,尽管它已经满足能量守恒定律. 假定跃迁前后晶体或电子动量分别为 $\boldsymbol{p}_{\mathrm{i}}$ 和 $\boldsymbol{p}_{\mathrm{f}}$,忽略吸收光子动量 h/λ_0,跃迁前后的动量差为 $\boldsymbol{p}_{\mathrm{f}} - \boldsymbol{p}_{\mathrm{i}} = \hbar\boldsymbol{k}_{\mathrm{c,min}}$. 显然,只有在其他准粒子参与以满足动量守恒的情况下跃迁过程才能完成. 考虑声子参与跃迁的情况,这一过程可以在吸收一个动量为 $\hbar\boldsymbol{q} = \hbar\boldsymbol{k}_{\mathrm{c,min}}$ 或发射一个动量为 $\hbar\boldsymbol{q} = -\hbar\boldsymbol{k}_{\mathrm{c,min}}$ 的声子的情况下完成. 这里已忽略吸收或发射两个及两个以上声子的情况,因为这种高级次过程比单声子过程的概率要小得多. 此外还可指出,尽管晶格振动存在较宽的声子谱,但只有那些动量变化满足跃迁要求的声子才可资利用,这通常是第一布里渊区边界附近纵的或横的声学声子或光学声子. 间接跃迁过程是一种电子与光子及声子同时互作用的两步过程,在物理图像上及理论讨论中,人们可以假定如图 2.5 所示的那样,电子先竖直地跃迁到某一中间态,然后通过发射或吸收声子的过程再跃迁到波矢为 $\boldsymbol{k}_{\mathrm{c,min}}$ 的导带最低能量状态附

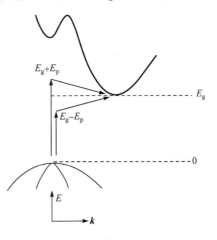

图 2.5 吸收或发射声子的
间接跃迁的两步过程

近,因而对发射声子过程来说,其能量守恒定律可写为

$$\hbar\omega_{\mathrm{e}} = E_{\mathrm{c}}(\boldsymbol{k}_{\mathrm{c}}) - E_{\mathrm{v}}(\boldsymbol{k}_{\mathrm{v}}) + E_{\mathrm{p}} \tag{2.17}$$

对吸收声子过程来说,它可写为

$$\hbar\omega_a = E_c(\boldsymbol{k}_c) - E_v(\boldsymbol{k}_v) - E_p \tag{2.18}$$

式中 $E_v(\boldsymbol{k}_v)$ 和 $E_c(\boldsymbol{k}_c)$ 分别为跃迁电子的初态和终态能量,E_p 为波矢 $\boldsymbol{q}=\pm\boldsymbol{k}_{c,\min}$ 的声子的能量.式(2.17)和(2.18)表明这两种不同的间接跃迁过程有不同的吸收阈值.在发射声子情况下,

$$\hbar\omega \leqslant E_g + E_p \text{ 时 } \alpha_e(\hbar\omega) = 0 \tag{2.19}$$

在吸收声子情况下,

$$\hbar\omega \leqslant E_g - E_p \text{ 时 } \alpha_a(\hbar\omega) = 0 \tag{2.20}$$

下面简要讨论间接跃迁情况下的吸收系数.吸收系数与入射光子能量的关系以及吸收曲线的线形都和跃迁概率有关,跃迁概率是波矢 $\boldsymbol{k}$ 的缓变函数.如果跃迁是从 $\boldsymbol{k}=0$ 附近带顶的一个很小波矢范围 $\Delta\boldsymbol{k}$ 内到导带底 $\boldsymbol{k}_{c,\min}\pm\Delta\boldsymbol{k}'$ 范围内发生 $(\Delta\boldsymbol{k}、\Delta\boldsymbol{k}'\ll\boldsymbol{k}_{c,\min})$,那么可假定跃迁概率变化不大,或者作为一级近似等于常数.这样吸收系数就正比于跃迁初态和终态态密度的乘积沿能量间隔为 $\hbar\omega\pm E_p$ 的所有可能的组合的累加(积分);同时也正比于和声子互作用的概率,而这种互作用的概率则是能量为 E_p 的声子数的函数.声子数 n_0 可由玻色-爱因斯坦(Bose-Einstein)统计给出:

$$n_0 = \frac{1}{\exp(E_p/k_B T) - 1} \tag{2.21}$$

既然跃迁发生在布里渊区原点附近 $\Delta\boldsymbol{k}$ 范围内的价带顶到 $\boldsymbol{k}_{c,\min}$ 附近 $\Delta\boldsymbol{k}'$ 范围内的导带底之间,在式(2.17)和(2.18)中可令

$$E_v(\boldsymbol{k}_v) = E_{v,\max} - \Delta E_v$$

$$E_c(\boldsymbol{k}_c) = E_{c,\min} + \Delta E_c$$

于是跃迁的能量守恒定律[式(2.17)和(2.18)]可写为

$$\hbar\omega = E_g \pm E_p + \Delta E_v + \Delta E_c \tag{2.22}$$

我们首先固定 ΔE_v 的数值,讨论导带底态密度的贡献.仍采用抛物能带近似,那么和入射光子频率范围 $\omega\rightarrow\omega+d\omega$ 对应的能量范围 $E\rightarrow E+dE(=\hbar\omega+\hbar d\omega)$ 内的导带状态数为

$$N_c(E)dE \propto E^{1/2}dE$$

$$\propto (\hbar\omega - E_g \mp E_p - \Delta E_v)^{1/2}dE \tag{2.23}$$

式中负号和正号分别对应于发射声子过程和吸收声子过程. 为了求得能量范围 $E \to E + dE$ 内跃迁能够发生的价带—导带组合态的数目,还必须沿满足式(2.22) 的那部分价带能量状态对式(2.23)求积分. 式(2.22)表明,满足这一条件的最大 $\Delta E_v(\bm{k}_v)$ 值为

$$\Delta E_{v,max} = \hbar\omega - E_g \mp E_p \tag{2.24}$$

这一能量范围内的价带态密度为

$$N_v(E)dE \propto (\Delta E_v)^{1/2}dE \tag{2.25}$$

这样在频率 ω 到 $\omega + d\omega$ 之间可以发生跃迁的价带—导带组合态的总数为

$$N(\omega)d\omega = D\hbar\,d\omega \int_0^{\Delta E_{v,max}} (\Delta E_{v,max} - \Delta E_v)^{1/2} (\Delta E_v)^{1/2} dE$$

$$= D(\Delta E_{v,max})^2 d\omega$$

$$= D(\hbar\omega - E_g \mp E_p)^2 d\omega \tag{2.26}$$

式中 D 为常数. 考虑到一级近似情况下跃迁概率 W_{if} 为常数及式(2.21)给出的声子数表达式,可以导出吸收声子情况下吸收系数为

$$\alpha_a(\hbar\omega) = \begin{cases} \dfrac{B(\hbar\omega - E_g + E_p)^2}{\exp(E_p/k_BT) - 1}, & \hbar\omega > (E_g - E_p) \\ 0, & \hbar\omega \leqslant (E_g - E_p) \end{cases} \tag{2.27}$$

发射声子情况下吸收系数为

$$\alpha_e(\hbar\omega) = \begin{cases} \dfrac{B(\hbar\omega - E_g - E_p)^2}{1 - \exp(-E_p/k_BT)}, & \hbar\omega > (E_g + E_p) \\ 0, & \hbar\omega \leqslant (E_g + E_p) \end{cases} \tag{2.28}$$

式中 B 是决定于态密度、跃迁概率等的系数,一级近似情况下它与能量无关. 间接跃迁总的吸收系数是发射声子和吸收声子两种过程的吸收系数之和,于是得

$$\alpha_i(\hbar\omega) = \begin{cases} B\left[\dfrac{(\hbar\omega - E_g - E_p)^2}{1 - \exp(-E_p/k_B T)} + \dfrac{(\hbar\omega - E_g + E_p)^2}{\exp(E_p/k_B T) - 1}\right], & \hbar\omega > (E_g + E_p) \\[3mm] B\,\dfrac{(\hbar\omega - E_g + E_p)^2}{\exp(E_p/k_B T) - 1}, & E_g - E_p \leqslant \hbar\omega \leqslant E_g + E_p \\[3mm] 0, & \hbar\omega \leqslant (E_g - E_p) \end{cases}$$

$$(2.29)$$

式(2.27)~(2.29)表明,能带电子间接跃迁吸收系数与入射光子能量有二次方关系. 如果将 $\alpha_i^{1/2}(\hbar\omega)$ 相对于 $\hbar\omega$ 作图,应该获得如图 2.6 所示曲线. 图中下部斜率较小的那部分直线及其延长虚线为吸收声子的间接跃迁过程的吸收系数,由式 (2.27)或(2.29)的第二式给出. 它和 $\hbar\omega$ 轴的交点给出 $E_g - E_p$,它的斜率则为 $B^{1/2}$ $[\exp(E_p/k_B T) - 1]^{-1/2}$. 随着温度的降低,$\exp(E_p/k_B T)$ 增大,晶体中激发的声子数减少,因而与吸收声子的间接跃迁过程对应的吸收系数减小,图 2.6 中代表这一过程的吸收系数与 $\hbar\omega$ 关系的曲线的斜率也减小. 当温度 $T \to 0$ 时,来自吸收声子过程的贡献趋近于零,这一段曲线的斜率也趋于零.

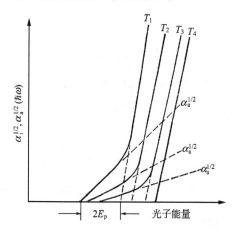

图 2.6　间接跃迁情况下吸收系数和入射光
子能量 $\hbar\omega$ 及温度 T 的关系. 实线——$\alpha_i^{1/2}(\hbar\omega)$;
虚线——$\alpha_a^{1/2}(\hbar\omega)$,$T_1 > T_2 > T_3 > T_4$

图中斜率较大的(或者说较陡的)那部分直线,给出 $\hbar\omega > E_g + E_p$ 时间接跃迁的吸收系数 $\alpha_i(\hbar\omega)$,如式(2.29)第一式所给出. 它的延长线和 $\hbar\omega$ 轴相交于 $E_g +$ E_p. 这样,由这两段斜率不同的直线或曲线与 $\hbar\omega$ 轴的交点,可以求得禁带宽度 E_g 和参与跃迁的声子的能量 E_p. 由图可见,随着温度的降低,这些较陡的直线的斜率也有所下降,这是因为吸收系数 $\alpha_i(\hbar\omega)$ 中吸收声子部分的贡献不断下降的缘故. 极限情况下,即 $T \rightarrow 0$ 时,直线的斜率仅决定于发射声子过程,并且其值即为式(2.29) 中常数项的平方根($\sqrt{B}$). 这是很明显的,因为当 $T \rightarrow 0$ 时, $\exp(-E_p/k_BT) \rightarrow 0$, $B^{1/2}[1-\exp(-E_p/k_BT)]^{-1/2} \rightarrow B^{1/2}$. 从图 2.6 还可看到,不同温度下吸收曲线和 $\hbar\omega$ 轴有不同的交点,这表征了禁带宽度 E_g 随温度 T 的变化,下一章将仔细讨论 这一问题.

迄今为止,仅考虑了一种振动模式的声子参与间接跃迁过程的情况. 然而,正 如这一章开始就指出的那样,纵的和横的声学模声子,以及光学模声子都可以对间 接跃迁光吸收过程有贡献. 这种情况下,可以将间接跃迁吸收系数表示为

$$\alpha_i(\hbar\omega) = \alpha_{et} + \alpha_{at} + \alpha_{el} + \alpha_{al} + \alpha_{eo} + \alpha_{ao} \tag{2.30}$$

式中 α_{et}、α_{at} 为发射或吸收横声学声子(TA 声子)对间接跃迁光吸收系数的贡献; α_{el}、α_{al} 为发射和吸收纵声学声子(LA 声子)对间接跃迁光吸收系数的贡献; α_{eo}、α_{ao} 为发射和吸收光学声子(TO 或 LO 声子)对间接跃迁光吸收系数的贡献. 这使得 间接跃迁吸收曲线的低能端变得颇为复杂. 图 2.7 和图 2.8 分别给出了吸收边附 近高纯 Ge 和 Si 的高分辨率、高精度吸收光谱[9,10],可见每一吸收曲线的低能端都 存在斜率不同的若干段. 仔细研究这些不同斜率的线段和 $\hbar\omega$ 轴的交点后发现,对 Ge 来说,参与间接跃迁的声子的能量分别为 8 meV 和 27 meV. 可以认为,前者对 应于 Ge 声子谱中 L 临界点的 TA 声子,后者和布里渊边界附近 LA 声子能量一 致. 这些结果和近来的理论计算[11]、中子散射实验[12]及远红外光谱研究的结果[13]

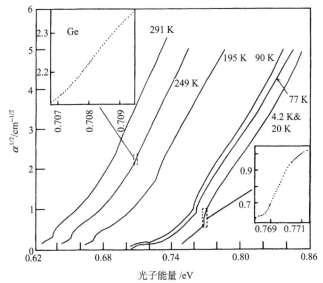

图 2.7 间接跃迁吸收边附近 Ge 的高分辨吸收光谱

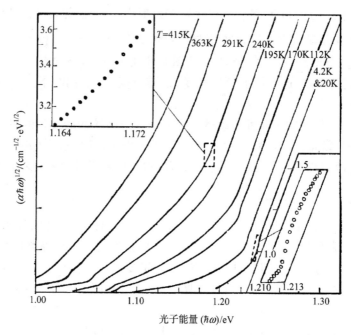

图 2.8　Si 的高分辨率吸收光谱（间接跃迁吸收边附近）

都是一致的. 这一分析表明, 在半导体 Ge 的带间间接跃迁光吸收过程中, 参与跃迁过程的是 TA 声子和 LA 声子, 由于选择定则的关系, 在 Ge 带间间接跃迁光吸收过程中光学声子不大可能起重要作用. 对 Si 来说, 发现参与带间间接跃迁的声子能量分别为 18.5 meV, 57.5 meV, 91 meV 和 120 meV. 其中第一个值对应于 Si 声子谱 X 临界点的 TA 声子, 第二个值和布里渊区边界附近 Si 的光学声子能量一致, 而第三、第四个值则对应于 TA+O 和 O+O 双声子组合的能量. 这些值也和近来的理论与实验研究结果吻合[11,14]. 这表明, 在 Si 的带间间接跃迁光吸收过程中, 参与跃迁过程的是 TA 声子和光学声子, 并且双声子过程也有可观的概率, 然而 LA 声子的参与似乎未被观察到. 图 2.7 和图 2.8 的吸收光谱还表明, 在吸收曲线的某些部分, 如两种声子作用的曲线段中间, 有颇为陡峭的上升, 这种陡峭上升和激子的形成有关.

2.1.5　直接能带情况下的带间间接跃迁

直接能带情况下, 也可能发生间接跃迁, 其物理图像如图 2.9 所示, 动量守恒定则由声子、杂质中心或其他准粒子的参与来完成. 图 2.9 中假定 $k_{v,\max}=k_{c,\min}=0$, 即导带底和价带顶都在布里渊区原点. 因而, 可能参与这种带间间接跃迁的声子为 $k=0$ 附近的声学声子或光学声子, 前者能量很小可以忽略不计, 后者具有足够的能量影响间接跃迁过程. 这种情况下吸收系数的表达式仍由式 (2.27)～(2.29)

给出,和入射光子能量有两次方关系.对发射声子过程,吸收发生在直接跃迁吸收边的短波侧,因而被更强的直接跃迁过程所掩盖;对吸收声子过程,带间间接跃迁吸收可以发生在直接跃迁吸收边的长波侧,从而使实验上观察到的直接跃迁吸收边不能在 $\hbar\omega = E_g$ 处陡峭地下降到零,这或许是某些情况下若干半导体材料吸收带尾的起因之一[15].

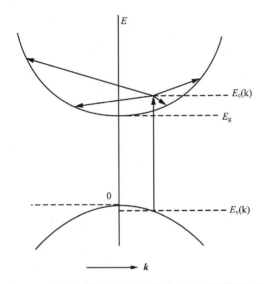

图 2.9 直接能带间的几种可能的带间间接跃迁过程

2.1.6 能带带尾之间的跃迁

已经指出,直接能带情况下声子参与带间间接跃迁过程,是某些直接禁带半导体吸收边附近吸收带尾的可能起因之一. 如果是这样的话,那么低温下,随着声子激发的减弱,这种起因导致的吸收带尾应趋于减弱和消失. 然而实验表明,即使很低温度下,许多半导体仍存在吸收带尾. 现在再深入一点讨论这一问题,并讨论它的第二个可能的物理起源——能带带尾之间的跃迁.

如果作吸收系数与入射光子能量关系的半对数图,那么允许直接跃迁情况下,按式(2.11),$\hbar\omega > E_g$ 时,$\alpha(\hbar\omega)$ 随光子能量的平方根而增加;$\hbar\omega \leqslant E_g$ 时,应该无吸收. 然而,从经验上人们发现,$\hbar\omega < E_g$ 时仍有吸收,它随着 $\hbar\omega$ 的减小而指数下降,即人们观察到的是指数式下降的吸收边,用公式来表示为

$$\frac{\mathrm{d}(\ln\alpha)}{\mathrm{d}(\hbar\omega)} = \frac{1}{k_\mathrm{B}T} \tag{2.31}$$

这就是乌尔巴赫规则,因而上述吸收带尾也称乌尔巴赫带尾.

对 GaAs 等半导体,这种指数式下降或上升的吸收边似可用带尾模型来解释,

而这种带尾可由掺杂来控制. 众所周知,掺杂浓度增大导致的杂质-杂质、杂质-电子以及电子-电子互作用和掺杂原子随机分布等物理过程首先使杂质能级增宽,同时高的自由载流子浓度可以屏蔽杂质的库仑势. 当掺杂高于一定浓度时,原来位于禁带中的分立的施主能级和受主能级可以扩展成杂质带,并随着掺杂浓度的进一步增大而与导带或价带交叠,如图 2.10 所示. 注意,高掺杂情况下,充填的杂质能带和导带电子态之间不再有能隙,从而使杂质的原本是束缚的电子(受主情况下为空穴)变成自由电子(自由空穴),这就是莫特(Mott)相变(半导体-金属相变)的一个例子. 令 a^* 为施主的玻尔(Bohr)半径,施主杂质原子间的平均间距写为 $r \approx (1/N_I)^{1/3}$. 可以预期,当 $r = 2a^*$ 时,不同位置的施主电子的波函数将发生交叠,因而电子可以在施主原子间自由运动(金属化!). 这里我们必须注意的是,由于载流子有效质量与杂质束缚能的不同,n 型与 p 型掺杂情况下发生莫特相变的掺杂浓度是很不一样的,它们导致的能带的其他修正效应也是很不一样的. 以 GaAs 为例,其施主玻尔半径 $a^* \approx 100$ Å,莫特相变发生的掺杂浓度经由公式 $N_I^{1/3} \cdot a^* = 0.25$ 估算. 这样,可以估计当 $N_I \geqslant 1.5 \times 10^{16}$ cm^{-3} 时施主电子波函数发生交叠,从而形成杂质能带,发生半导体-金属相变和形成明显的带尾. 这一掺杂浓度,也就称为 GaAs 中施主的莫特浓度. GaAs 受主能级较深,玻尔半径较小,估计当 $N_A \geqslant 3 \times 10^{18}$ cm^{-3} 时,受主波函数明显交叠,形成受主杂质能带和价带带尾,同时发生半导体-金属相变. 除杂质能带外,我们还应注意到重掺杂情况下电子-电子关联,以及杂质与主晶格原子芯势的不同及其无规分布将扰动能带边缘. 考虑所有这些因素的量子力学估计给出能带边缘的移动为

$$\Delta E = -2b(a^*/r)E_i$$

式中 $b = (\pi^2/18)^{1/3}$,a^* 如前所述为等效玻尔半径,$r = (3/4\pi N_I)^{1/3}$ 为杂质原子间平均距离,在它们全电离情况下也即为传导电子间的平均距离,E_i 为杂质电离能,以 GaAs 中施主为例,$E_i \approx 6$ meV. 当 $N_D = 2.5 \times 10^{17}$ cm^{-3} 时,$r \approx a^*$,由上式求得 $\Delta E_c \approx 10$ meV. 重掺杂情况下能带边缘及带尾的态密度也是可以计算的,在此不赘述,

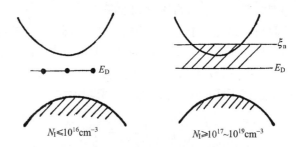

图 2.10　以施主为例,说明高掺杂质情况下杂质能级扩
展成杂质带,并与导带发生交叠的图示

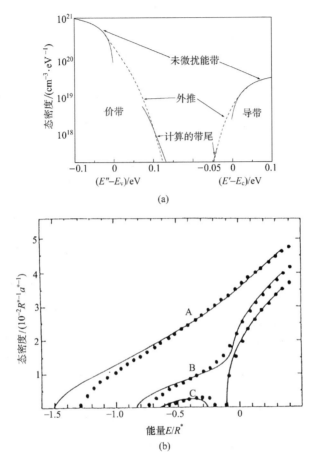

(a)

(b)

图 2.11　（a）高掺杂、补偿 GaAs（$N_A = 1.1 \times 10^{19}$ cm^{-3}，$N_D = 9 \times 10^{18}$ cm^{-3}）的能带带尾[16]. 上实线——未微扰能带；下实线——霍尔珀林和莱克斯理论计算的高掺杂 GaAs 带尾；虚线——外推结果.（b）不同掺杂浓度下导带底附近能带态态密度函数与能量的关系. 曲线 A、B、C 对应的施主浓度分别为 $N_D = 2, 0.2$ 和 $0.02, N_D$ 以 $\left(\dfrac{\pi}{3}\right)(4a_0^*)^{-3}$ 为单位.　曲线与圆点为不同理论模型的计算结果

只在图 2.11 给出重掺杂、补偿 GaAs 带尾及态密度的理论计算结果[16]. 其中图（a）中实线为未微扰能带的态密度函数，以及霍尔珀林（Halperin）和莱克斯（Lax）的理论计算结果；虚线是按凯恩（Kane）模型外推的结果. 图 2.11（b）中不同曲线给出了理论预期的不同施主掺杂浓度时导带底形状及态密度函数的变迁[17]. 可见较低掺杂浓度时，即以 $\dfrac{\pi}{3}(4a^*)^{-3}$ 为单位的 $N_D \approx 0.02$ 时，开始形成分离的杂质带，而导带底仍保持原来的抛物线型（曲线 C）；随着掺杂浓度增大，当 $N_D \approx 0.2$ 时，杂质带开

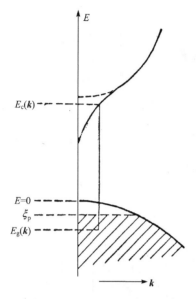

图 2.12　p-GaAs 能带结构的示意图，图中导带有一指数带尾，价带也存在一个带尾，但因为是空着的，对跃迁过程无贡献

始与导带底相连和交叠，形成连续的能带态（莫特相变）；更高掺杂浓度下，如 $N_D \approx 2$ 时，则演变成显著的带尾结构，并有均匀缓变的态密度函数. 顺便指出，对于多元合金半导体，如 $Ga_x Al_{1-x} As$，Ⅲ族元素的随机分布也会引起带尾以及能带边微扰的显著增大. 图 2.11 清楚地显示出重掺杂对能带边缘的强烈微扰和带尾态的形成，并大致指明了带尾态态密度的可能范围. 现在考虑这种杂质带尾对吸收边的影响，以简并 p 型材料为例，其费米能级 ξ_p 深入价带，价带微扰部分处在 ξ_p 之上，它们对光跃迁无贡献. 如图 2.12 所示，以原抛物形的价带顶为能量原点，则参与跃迁的初态态密度 $N_i(E)$ 正比于 $|E_v(\mathbf{k})|^{1/2}$. $\hbar\omega < E_g$ 时跃迁的终态为导带的指数带尾，其态密度可表示为

$$N_f(E) = N_0 \exp[E/E_0] \qquad (2.32)$$

式中 E_0 为一个决定带尾分布的有能量量纲的经验参数. 如果仍假定这一允许直接跃迁矩阵元和光子能量无关，那么吸收系数正比于初态和终态态密度的乘积对所有可能给出光子能量 $\hbar\omega$ 的跃迁的积分，即

$$\alpha(\hbar\omega) = C \int_{-\xi_p}^{\hbar\omega - \xi_p} |E_v(\mathbf{k})|^{1/2} \exp[E/E_0] \mathrm{d}E \qquad (2.33)$$

式中 C 为常数. 考虑到 $E_v(\mathbf{k}) = \hbar\omega - E$，进行变量变换

$$x = \frac{\hbar\omega - E}{E_0}$$

则积分（2.33）可写为

$$\alpha(\hbar\omega) = -C \exp[\hbar\omega/E_0](E_0)^{3/2} \int_{(\hbar\omega+\xi_p)/E_0}^{\xi_p/E_0} x^{1/2} \mathrm{e}^{-x} \mathrm{d}x$$

由于 $\hbar\omega \gg E_0$，上式积分下限可近似地认为趋于 ∞，因而这一积分值就与 $\hbar\omega$ 无关，并可进一步改写为

$$\alpha(\hbar\omega) = C E_0^{3/2} \exp[\hbar\omega/E_0] \left[\frac{\pi^{1/2}}{2} - \int_0^{\xi_p/E_0} x^{1/2} \mathrm{e}^{-x} \mathrm{d}x \right] \qquad (2.34)$$

这样，如果将 $\ln(\alpha)$ 相对于 $\hbar\omega$ 作半对数图，其斜率就给出

$$[\mathrm{d}(\ln\alpha)/\mathrm{d}(\hbar\omega)]^{-1}=E_0 \qquad (2.35)$$

式(2.34)和(2.35)说明了实验观察到的指数式吸收带尾的一种可能的物理起源——与杂质态引起的能带带尾有关的跃迁过程;同时也提供了实验测量这种能带带尾分布参数 E_0 的方法.

在上述模型中已经假定,掺杂同时微扰导带和价带,并且费米能级进入相应带的抛物部分,光跃迁过程发生在这一带的抛物部分和相对带的带尾之间,因而对 p 型材料,人们研究和测量的是导带带尾,而对 n 型材料,研究和测量的则是价带带尾.大量实验测量结果表明[17],分布参数 E_0 与掺杂浓度有关,图 2.13 给出了 GaAs 能带带尾分布参数 E_0 与掺杂浓度关系的实验结果.

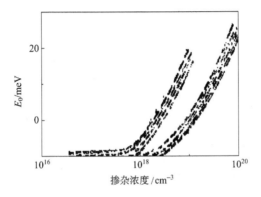

图 2.13　GaAs 能带带尾分布参数 E_0 与掺杂浓度的关系. 图中数据分散是因为综合了许多人的实验测量结果的缘故,两组曲线是分别对施主与受主而言

能带带尾模型是指数式吸收边的可能解释之一,隧道谱实验结果也证实了这种模型的可行之处[18].乌尔巴赫吸收带尾的另一种重要的可能解释是弗朗兹-凯尔迪什(Franz-Keldysh)效应.不难设想[19],荷电杂质对能带边缘的微扰可以产生颇大的局域电场,而弗朗兹-凯尔迪什效应认为,这种大的局域电场可以模糊掉能带边缘,如果考虑到材料中这种局域电场的不均匀性和起伏,指数形吸收边也是可以解释的.我们将在第三章讨论强电场对吸收边影响时,再详细研究这种效应导致指数吸收带尾的理论和实验分析.除这种电子-杂质互作用外,电子-空穴、电子-声子互作用都可能导致吸收带尾的出现.

以上主要讨论了吸收边附近的光吸收跃迁过程.半导体中其他的光吸收跃迁过程,或者光发射对应的相反的跃迁过程,以及拉曼跃迁过程将在以后有关章节中讨论.

2.2　带间跃迁的量子力学理论

辐射场对晶体电子态的效应可以用标准的量子力学微扰方法来研究. 从量子力学观点看来,带间跃迁光吸收过程是电子(用波函数描述)在辐射电磁场微扰作用下从低能态跃迁到高能态的过程,而光发射过程则是电子自发地或在电磁场微扰作用下从高能态跃迁到低能态的过程,它们的物理图像分别如图 2.14(a)、(b)所示.下面讨论这种电子跃迁过程的量子力学处理.应该顺便指出,这里采用的方法在某种程度上仍是半经典的,即用量子力学方法描述电子态,但在许多场合仍用经典电动力学方法描述电磁场及其对电子波函数的微扰.

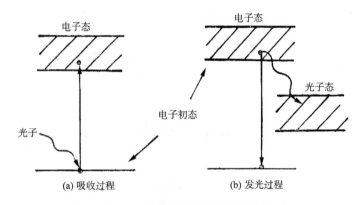

图 2.14　辐射跃迁过程示意图

2.2.1　跃迁概率

一般说来,辐射电磁场和有 N 个电子的半导体电子系统间的互作用哈密顿,或者说微扰哈密顿可写为

$$H_{eR} = \sum_{j=1}^{N} -\frac{e}{m}\boldsymbol{A}_j \cdot \boldsymbol{P} + \frac{e^2}{2m}\boldsymbol{A}_j^2 \tag{2.36}$$

或者在偶极近似下也可写为

$$H_{eR} = \sum_{j=1}^{N} (-e\boldsymbol{E}_j \cdot \boldsymbol{r}_j) \tag{2.37}$$

而描述电磁场作用下电子运动的薛定谔(Schrödinger)方程则为

$$(H_0 + H_{eR})\boldsymbol{\Psi} = \mathrm{i}\hbar\frac{\partial \boldsymbol{\Psi}}{\partial t}$$

这里 $\boldsymbol{H}_0$ 为体系的未微扰哈密顿.式(2.36)和(2.37)中,$\boldsymbol{A}_j$ 为电磁场矢势,$\boldsymbol{E}_j$ 为电

场强度,P 为晶体动量,求和是对半导体系统的所有电子进行. 上两式中,第二种形式的微扰哈密顿 H_{eR} 常用于处理量子电子学问题,如双光子吸收、高次谐波等,它可以避免采用第一种表达式计算高级次过程时必然引入 A_j^2 项的复杂性. 但在研究固体线性光学性质时,通常采用第一种形式的互作用哈密顿表达式.

如半导体物理的其他许多问题的讨论一样,假定绝热、单电子近似成立,并且认为弱光强时可以忽略微扰哈密顿中的 A_j^2 项,这样微扰哈密顿 H_{eR} 简化为

$$H_{eR} = \sum_\lambda \left(-\frac{e}{m} A_\lambda \cdot P \right) \tag{2.38a}$$

或

$$H_{eR} = \sum_\lambda \left(-\frac{ie\hbar}{m} A_\lambda \cdot \nabla \right) \tag{2.38b}$$

式中电磁场的矢势 A_λ 为

$$A_\lambda = A_{0,\lambda} a \{ \exp[i(\omega t - q \cdot r)] + \exp[-i(\omega t - q \cdot r)] \} \tag{2.39}$$

这里 a 为矢势 A_λ 方向的单位矢量. 脚标 λ 是考虑到对同一频率可能有多个辐射模式,如果只考虑单个辐射模式,则脚标 λ 及关于 λ 的求和可以略去. 此外,我们已略去了电磁场的标势,这不失讨论的一般性,因为通过规范变换,总能设法使标势为零. 电场强度则为

$$\vec{\mathcal{E}}_\lambda = -\frac{\partial A_\lambda}{\partial t}$$

$$= i\omega A_{0,\lambda} a \{ -\exp[i(\omega t - q \cdot r)] + \exp[-i(\omega t - q \cdot r)] \} \tag{2.40}$$

上式中不同于第一章的讨论,用了 q 代表电磁波波矢,以免和上一节已提到的布洛赫波函数的波矢相混,并且从此以后用 $\vec{\mathcal{E}}$ 代表电场强度,以免和能量符号相混. 这样可以将微扰哈密顿写为

$$H_{eR} = \sum_\lambda \left\{ -\frac{e}{m} A_{0,\lambda} \exp[i(\omega t - q \cdot r)] a \cdot P \right\}$$

$$+ \sum_\lambda \left\{ -\frac{e}{m} A_{0,\lambda} \exp[-i(\omega t - q \cdot r)] a \cdot P \right\}$$

$$= H_{eR}^+ \exp[i\omega t] + H_{eR}^- \exp[-i\omega t] \tag{2.41}$$

式中

$$H_{eR}^+ = -\sum_\lambda \frac{e}{m} A_{0,\lambda} \exp[-iq \cdot r] a \cdot P$$

$$\tag{2.42}$$

$$H_{eR}^- = -\sum_\lambda \frac{e}{m} A_{0,\lambda} \exp[iq \cdot r] a \cdot P$$

从与时间有关的微扰理论可知,包含因子 $\exp[\mathrm{i}\omega t]$ 的微扰哈密顿导致发射光子的能量守恒跃迁,而包含因子 $\exp[-\mathrm{i}\omega t]$ 的项则对应于吸收光子的能量守恒跃迁. 微扰哈密顿 $H_{\mathrm{eR}}^{\pm}$ 作用下,单位时间内一个电子从波矢为 $\boldsymbol{k}$ 的初态 $|i\rangle$ 跃迁到波矢为 $\boldsymbol{k}'$ 的终态 $|f\rangle$ 的概率由所谓黄金法则给出. 若仅考虑一级微扰理论,则

$$w(\omega,\ t,\ \boldsymbol{k},\ \boldsymbol{k}') = |\ a_k{'}(t)\ |^2$$

$$= \left|\ \sum_{\lambda}\int_0^t \mathrm{d}t' \int_r \Psi_f(\boldsymbol{k}',\ \boldsymbol{r}) H_{\mathrm{eR}} \Psi_i^*(\boldsymbol{k},\ \boldsymbol{r})\mathrm{d}\boldsymbol{r}\ \right|^2 \quad (2.43)$$

式中 $a'_k(t)$ 为微扰波函数 Ψ 按 H_0 与时间有关的本征函数系展开的表达式的系数. 令 Ψ_i 和 Ψ_f 均为晶体的布洛赫函数,即

$$\Psi_i(\boldsymbol{k},\ \boldsymbol{r}) = \exp\left[-\mathrm{i}\frac{E_i}{\hbar}t\right]\exp[\mathrm{i}\boldsymbol{k}\cdot\boldsymbol{r}]u_i(\boldsymbol{k},\ \boldsymbol{r})$$

$$\Psi_f(\boldsymbol{k}',\ \boldsymbol{r}) = \exp\left[-\mathrm{i}\frac{E_f}{\hbar}t\right]\exp[\mathrm{i}\boldsymbol{k}'\cdot\boldsymbol{r}]u_f(\boldsymbol{k}',\ \boldsymbol{r})$$

$$(2.44)$$

则

$$w(\omega,\ t,\ \boldsymbol{k},\ \boldsymbol{k}')$$

$$= \left|\ \int_0^t \mathrm{d}t' \exp\left[-\mathrm{i}\frac{E_f - E_i \pm \hbar\omega}{\hbar}t'\right]\int_r \Psi_f H_{\mathrm{eR}}^{\pm} \Psi_i^*\ \mathrm{d}\boldsymbol{r}\ \right|^2 \quad (2.45)$$

式中 Ψ_f、Ψ_i 为波函数式(2.44)中不包含时间因子的部分. 式(2.45)表明,除非 $E_f - E_i \pm \hbar\omega = 0$,否则积分总近乎为零,于是得到单位时间内微扰 $H_{\mathrm{eR}}^{\pm}$ 作用下电子从初态 $|i\rangle$ 跃迁到终态 $|f\rangle$ 的跃迁概率为

$$w = \frac{2\pi}{\hbar}\ |\ \langle f\ |\ H_{\mathrm{eR}}^{\pm}\ |\ i\rangle\ |^2 \delta(E_f - E_i \pm \hbar\omega) \quad (2.46)$$

式中 δ 函数表达式中取"$-$"号对应于吸收光子跃迁,取"$+$"号对应于发射光子跃迁. $\langle f | H_{\mathrm{eR}}^{\pm} | i\rangle$ 为跃迁矩阵元,若不考虑系数的不同,有时也可称为光学矩阵元或动量矩阵元.

上面仅考虑了一级微扰过程,若必须计及二级微扰效应,则二级微扰跃迁概率表达式为

$$w(\omega,\ t,\ k,\ k')$$

$$= \frac{2\pi}{\hbar}\left|\ \sum_{\beta}\frac{\langle f\ |\ H_{\mathrm{eR}}^{\pm}\ |\ \beta\rangle\langle\beta\ |\ H_{\mathrm{eR}}^{\pm}\ |\ i\rangle}{E_\beta - E_i \mp \hbar\omega}\ \right|^2 \delta(E_f - E_i \mp \hbar\omega \mp \hbar\omega) \quad (2.47)$$

式中求和是对所有可能的跃迁中间态进行的. 与一级微扰情况相似,δ 函数表达式中取"$-$"号对应于吸收光子跃迁过程,取"$+$"号对应于发射光子跃迁过程.

弱光强情况下,研究半导体吸收光谱和发射光谱时,人们仅需计及一级微扰效应. 为考虑单位体积的跃迁概率,还必须对所有能给出跃迁 $\pm\hbar\omega$ 的初态和终态求和,或者说考虑跃迁初态 $|i\rangle$ 和终态 $|f\rangle$ 的所有的简并度. 于是跃迁概率 W 可写为[2,20,21]

$$\begin{aligned} W(\hbar\omega) &= \sum_{if} w(\hbar\omega) \\ &= \frac{2\pi}{\hbar} \sum_{if} |\langle f | H_{\mathrm{eR}}^{\pm} | i \rangle|^2 \delta(E_f - E_i \pm \hbar\omega) \end{aligned} \tag{2.48}$$

或者对光吸收过程和光发射过程分别写为

$$W_{\mathrm{ab}}(\hbar\omega) = \frac{2\pi}{\hbar} \sum_{u,l} |\langle u | H_{\mathrm{eR}}^{-} | l \rangle|^2 \delta(E_u - E_l - \hbar\omega) \tag{2.49}$$

$$W_{\mathrm{em}}(\hbar\omega) = \frac{2\pi}{\hbar} \sum_{u,l} |\langle l | H_{\mathrm{eR}}^{+} | u \rangle|^2 \delta(E_l - E_u + \hbar\omega)$$

式中 $|u\rangle$ 和 $|l\rangle$ 分别为跃迁过程中能量较高和较低的状态,也就是说,光吸收过程是从状态 $|l\rangle$ 跃迁到状态 $|u\rangle$,而光发射过程则是从状态 $|u\rangle$ 跃迁到状态 $|l\rangle$. E_u、E_l 是相应两个状态的能量. 式中求和表明对上态和下态的所有简并分量求和.

式(2.48)和(2.49)是考虑辐射场与半导体电子系统互作用哈密顿情况下的光吸收跃迁概率和光发射跃迁概率的表达式. 已经知道,吸收跃迁只有在辐射场微扰哈密顿 H_{eR}^{-} 作用下才能发生,而光发射跃迁则除互作用哈密顿 H_{eR}^{+} 引起的称之为受激发光发射的跃迁过程外,还可以存在自发辐射跃迁,即不存在外辐射场情况下的辐射跃迁贡献. 半导体电子态的总光发射跃迁概率是上述两项贡献之和. 为说明这一问题,并给出总发射跃迁概率表达式,首先考虑用辐射场的光子密度 N 和 N_λ(它们是 $\hbar\omega$ 的函数)来表示矢势 $\boldsymbol{A}_{0,\lambda}$,它们之间的关系可由下述考虑获得,频率为 ω 的 λ 模式的辐射能密度为

$$\overline{U}_\lambda = N_\lambda \hbar\omega_\lambda \tag{2.50}$$

另一方面,从电磁场理论,有

$$\begin{aligned} \overline{U}_\lambda &= \varepsilon \langle | \mathrm{Re}\vec{\mathscr{E}}_\lambda |^2 \rangle \\ &\approx \varepsilon\omega_\lambda^2 \langle | \mathrm{Re}\boldsymbol{A}_\lambda |^2 \rangle \\ &= \frac{1}{2}\varepsilon\omega_\lambda^2 |\boldsymbol{A}_{0,\lambda}|^2 \end{aligned} \tag{2.51}$$

式中 $\vec{\mathscr{E}}_\lambda = -\dfrac{\partial \boldsymbol{A}_\lambda}{\partial t} = \mathrm{i}\omega_\lambda \boldsymbol{A}_\lambda$,于是得

$$| \boldsymbol{A}_{0,\lambda} |^2 = \frac{2}{\varepsilon \omega_\lambda^2} \overline{U}_\lambda = \frac{2 N_\lambda \hbar}{\varepsilon \omega_\lambda} \tag{2.52}$$

式(2.49)和(2.52)表明,当 $|\boldsymbol{A}_{0,\lambda}|^2$ 或辐射场光子数 N_λ 趋近于零时,光发射跃迁概率和吸收过程一样趋于零,这正是由于未计及自发辐射的缘故. 按照量子电动力学的结果,为计入自发辐射跃迁的贡献,只需在辐射跃迁概率表达式中用

$$| \boldsymbol{A}_{0,\lambda}^{em} |^2 = \frac{2\hbar}{\varepsilon \omega_\lambda} (N_\lambda + 1) \tag{2.53}$$

来代替式(2.52). 它表明,当 $N_\lambda \to 0$ 时,即无外加辐射场时,同辐射复合跃迁对应的矢势仍然存在,它可以理解为辐射场量子化导致的零点起伏. 这样,考虑到微扰哈密顿和矢势的表达式(2.39)、(2.42)和(2.53),光吸收和发射跃迁概率的表达式变为

$$W_{ab}(\hbar\omega) = \frac{2\pi}{\hbar} \frac{e^2}{m^2} \sum_\lambda \frac{2\hbar}{\varepsilon \omega_\lambda} N_\lambda \sum_{u,l} | \langle u | \exp[i\boldsymbol{q}_\lambda \cdot \boldsymbol{r}] \boldsymbol{a}_\lambda \cdot \boldsymbol{P} | l \rangle |^2$$
$$\times \delta(E_u - E_l - \hbar\omega_\lambda) \tag{2.54}$$

$$W_{em}(\hbar\omega) = -\frac{2\pi}{\hbar} \frac{e^2}{m^2} \sum_\lambda \frac{2\hbar}{\varepsilon \omega_\lambda} (N_\lambda + 1)$$
$$\times \sum_{u,l} | \langle l | \exp[-i\boldsymbol{q}_\lambda \cdot \boldsymbol{r}] \boldsymbol{a}_\lambda \cdot \boldsymbol{P} | u \rangle |^2 \delta(E_l - E_u + \hbar\omega_\lambda) \tag{2.55}$$

或者缩写为

$$W_{ab}(\hbar\omega) = \frac{2\pi}{\hbar} \sum_\lambda \sum_{u,l} | \mathcal{H}_{ul}^{ab} |^2 N_\lambda \delta(E_u - E_l - \hbar\omega_\lambda) \tag{2.56a}$$

$$W_{em}(\hbar\omega) = -\frac{2\pi}{\hbar} \sum_\lambda \sum_{u,l} | \mathcal{H}_{ul}^{em} |^2 (N_\lambda + 1) \delta(E_l - E_u + \hbar\omega_\lambda) \tag{2.56b}$$

式中

$$| \mathcal{H}_{ul}^{ab} |^2 = \frac{2\hbar e^2}{\varepsilon m^2 \omega_\lambda} | \langle u | \exp[i\boldsymbol{q}_\lambda \cdot \boldsymbol{r}] \boldsymbol{a}_\lambda \cdot \boldsymbol{P} | l \rangle |^2 \tag{2.57a}$$

$$| \mathcal{H}_{ul}^{em} |^2 = \frac{2\hbar e^2}{\varepsilon m^2 \omega_\lambda} | \langle l | \exp[-i\boldsymbol{q}_\lambda \cdot \boldsymbol{r}] \boldsymbol{a}_\lambda \cdot \boldsymbol{P} | u \rangle |^2 \tag{2.57b}$$

能量在 $\hbar\omega$ 和 $\hbar\omega + d(\hbar\omega)$ 之间,波矢在波矢立体角 $d\Omega_q$ 范围的辐射场模式数目及由此导出的模式密度 $G_\Omega(\hbar\omega)$ 可由下列关系给出:

$$模式数目 = \frac{V}{(2\pi)^3} q^2 d\Omega_q dq$$

$$= \frac{(\eta\hbar\omega)^2}{(2\pi\hbar)^3 c^2 v_g} \mathrm{d}\Omega_q \mathrm{d}(\hbar\omega)$$

$$= G_\Omega(\hbar\omega)\mathrm{d}\Omega_q \mathrm{d}(\hbar\omega) \tag{2.58}$$

式中已引用关系式 $q = \eta\omega/c$，$v_g = \mathrm{d}\omega/\mathrm{d}q$ 为群速度，并用 $\hbar\omega$ 和 $\mathrm{d}(\hbar\omega)$ 代替 $\hbar q$ 和 $\mathrm{d}(\hbar q)$. 对所有方向求和，并计及两个偏振态，则可得辐射场总的模式密度为

$$G(\hbar\omega) = 2\int_\Omega G_\Omega(\hbar\omega)\mathrm{d}\Omega_q = \frac{(\eta\hbar\omega)^2}{(\pi c)^2 \hbar^3 v_g} \tag{2.59}$$

辐射场模式密度 $G(\hbar\omega)$ 和 $G_\Omega(\hbar\omega)$ 具有通常将求和表示成积分关系式的效果和意义. 这样，式(2.56b)给出的光发射跃迁概率表达式中关于因子 $(N_\lambda + 1)$ 的求和可分别写成

$$\sum_\lambda N_\lambda = 2\int G(\boldsymbol{q},\ \hbar\omega)N_\lambda \mathrm{d}\Omega_q \mathrm{d}(\hbar\omega)$$

$$= \overline{N}_\lambda G(\hbar\omega)\mathrm{d}(\hbar\omega)$$

$$= N(\hbar\omega)\mathrm{d}(\hbar\omega) \tag{2.60}$$

$$\sum_\lambda 1_\lambda = 2\int G(\boldsymbol{q},\ \hbar\omega)\mathrm{d}\Omega_q \mathrm{d}(\hbar\omega)$$

$$= G(\hbar\omega)\mathrm{d}(\hbar\omega)$$

式中为对称起见，在 1 下面加了脚标 λ. 于是式(2.56)变为

$$W_{ab} = \frac{2\pi}{\hbar}\sum_{u,l}\left|\mathcal{H}_{ul}^{ab}\right|^2 \overline{N}_\lambda G(\hbar\omega)\delta(E_u - E_l - \hbar\omega) \tag{2.61a}$$

$$W_{em} = -\frac{2\pi}{\hbar}\sum_{u,l}\left|\mathcal{H}_{ul}^{em}\right|^2 (\overline{N}_\lambda + 1)G(\hbar\omega)\delta(E_l - E_u + \hbar\omega) \tag{2.61b}$$

或者考虑到 W_{em} 中包含了受激发辐射跃迁和自发光发射跃迁的贡献而把它们分别写为

$$W_{em}^{st} = -\frac{2\pi}{\hbar}\sum_{u,l}\left|\mathcal{H}_{ul}^{em}\right|^2 \overline{N}_\lambda G(\hbar\omega)\delta(E_l - E_u + \hbar\omega) \tag{2.62a}$$

$$W_{em}^{sp} = -\frac{2\pi}{\hbar}\sum_{u,l}\left|\mathcal{H}_{ul}^{em}\right|^2 G(\hbar\omega)\delta(E_l - E_u + \hbar\omega) \tag{2.62b}$$

式(2.56)和(2.61)是我们讨论有关辐射场和物质互作用问题的基本出发点，也是研究半导体光吸收和光发射过程的基本出发点.

2.2.2　吸收和发射的关系(冯·鲁斯勃吕克-肖克莱关系)

式(2.61)和(2.62)表明,固体的光吸收跃迁过程和光发射跃迁过程有相关性,物理上也不难推测这种相关性.以光照激发和光致发光为例,平衡和准平衡情况下,样品中光生电子-空穴对的产生速率应等于它们的辐射复合速率,这就是冯·鲁斯勃吕克-肖克莱(Von Roosbrück-Shockley)关系[22],它是研究固体光吸收和光发射间相互关系的基本出发点.由此可以求得不同激发条件下状态的占据函数,并可从吸收跃迁过程推知光发射跃迁过程的基本特征,反之亦然.

冯·鲁斯勃吕克-肖克莱关系可以从统计物理的细致平衡原理推得,但也可以从本节前几段讨论更直观地获得.由式(2.62)的第二式给出的自发光辐射跃迁概率,计及跃迁初态(在此为上态)的占据概率 n_u 和终态(下态)的空出概率 n'_l,可得样品单位体积内自发辐射复合光发射跃迁速率表达式为

$$R_{\rm sp}(\hbar\omega) = W_{\rm em}^{\rm sp}(\hbar\omega)n_u n'_l$$

$$= -\frac{2\pi}{\hbar}\sum_{u,l}\langle\,|\,\mathscr{H}_{ul}^{\rm em}\,|^2\,\rangle_{\rm av}G(\hbar\omega)n_u n'_l\delta(E_l - E_u + \hbar\omega) \tag{2.63}$$

另一方面,由式(2.61),可以求得吸收系数

$$\alpha(\hbar\omega) = \frac{\text{单位体积内被吸收的光子数}}{\text{光子密度}}$$

$$= \frac{2\pi}{\hbar}\sum_{u,l}\langle\,|\,\mathscr{H}_{ul}\,|^2\,\rangle_{\rm av}\frac{n_l n'_u - n_u n'_l}{v_{\rm en}}\delta(E_u - E_l - \hbar\omega) \tag{2.64}$$

吸收系数表达式中,已计及了辐射场微扰作用下从低能态到高能态的光吸收跃迁($\propto n_l n'_u$)和从高能态到低能态的受激发光发射跃迁($\propto n_u n'_l$),因而是净吸收系数.式中 $v_{\rm en}$ 为能量传播速度,此外还忽略了吸收跃迁和受激发光发射跃迁矩阵元的区别,简单地把它们写为$\langle\,|\,\mathscr{H}_{ul}\,|^2\,\rangle_{\rm av}$.

将吸收系数的表达式(2.64)代入式(2.63),并考虑到对能量的求和可以消去不计,则得

$$R_{\rm sp}(\hbar\omega) = v_{\rm en}G(\hbar\omega)\alpha(\hbar\omega)\frac{n_u n'_l}{n_l n'_u - n_u n'_l} \tag{2.65}$$

式(2.65)即冯·鲁斯勃吕克-肖克莱关系.作为一个例子,考虑简单的抛物型导带和价带间直接带间跃迁情况,这时导带中能量为 E_c 的状态的占据数目(即能量为 E_c 的电子数)等于态密度和费米(Fermi)分布函数的乘积,即

$$n_u = n(E_c) = \rho(E_c)f(E_c)$$

未被电子占据的能量为 E_c 的状态数为

$$n'_u = n'(E_c) = \rho(E_c)\{1 - f(E_c)\}$$

式中

$$f(E_c) = \cfrac{1}{\exp\left[\cfrac{E_c - \xi_n}{k_B T}\right] - 1}$$

ξ_n 为导带电子的准费米能级. 价带中能量 E_v 处的空态数(即空穴数目)由价带态密度和空穴分布函数

$$f'(E_v) = \cfrac{1}{\exp\left[\cfrac{\xi_p - E_v}{k_B T}\right] + 1}$$

决定,并可写为

$$n'_l = n'(E_v) = \rho(E_v) f'(E_v)$$

而能量为 E_v 的价带状态的占据数(即电子数)则为

$$n_l = n(E_v) = \rho(E_v)\{1 - f'(E_v)\}$$

分布函数必须满足归一化条件,即

$$f'(E) + f(E) = 1$$

于是式(2.65)中,因子

$$
\begin{aligned}
\frac{n_u n'_l}{n_l n'_u - n_u n'_l} &= \frac{f(E_c) f'(E_v)}{\{1 - f'(E_v)\}\{1 - f(E_c)\} - f(E_c) f'(E_v)} \\
&= \frac{f(E_c)\{1 - f'(E_v)\}}{f(E_v) - f(E_c)} \\
&= \cfrac{1}{\exp\left[\cfrac{\hbar\omega - \Delta\xi}{k_B T}\right] - 1}
\end{aligned}
\tag{2.66}
$$

可以证明,式(2.66)不仅对带间跃迁适用,在一定条件下对其他形式的跃迁过程,如能带和分立能级间的跃迁也是适用的,因而具有普遍性. 为使不同跃迁情况下的自发光发射辐射复合速率 $R_{sp}(\hbar\omega)$ 有形式上一致的表达式,式(2.66)已令 $E_c - E_v = \hbar\omega$;$\Delta\xi = \xi_n - \xi_p$ 为电子和空穴准费米能级之差. 热平衡情况下 $\Delta\xi = 0$. 但在半导体发光光谱研究中,如光致发光或电致发光情况下,辐照或电注入总伴随着非平衡载流子的产生. 相对于平衡状态而言,这种非平衡载流子是过剩的,因而也称过剩载流子. 这种非平衡的过剩的电子或空穴常常可以通过声子过程或其他过程很快达到(弛豫到)带内平衡分布,而耗尽这种非平衡过剩载流子(激发载流子)的辐射或无辐射跃迁的复合过程则要缓慢得多. 这样,当这种带内平衡弛豫过程远快于复合过程时,可以用导带电子的准费米能级 ξ_n 和价带空穴的准费米能级 ξ_p 及其与热平衡费米能级的偏离来表征系统的激发程度和状态占据情况,这是发光光谱理论讨论中通常采用的基本假定之一. 于是 ξ_n 的升高导致导带电子数的增加,而 ξ_p 的降低则导致价带空穴数的增加.

将式(2.66)代入(2.65),可将冯·鲁斯勃吕克-肖克莱关系的一般表达式改写为

$$R_{sp}(\hbar\omega) = v_{en} G(\hbar\omega) \alpha(\hbar\omega) \frac{1}{\exp\left[\dfrac{\hbar\omega - \Delta\xi}{k_B T}\right] - 1} \tag{2.67}$$

多数情况下,分母项中指数项远大于1,这一条件下式(2.67)简化为

$$R_{sp}(\hbar\omega) = v_{en} G(\hbar\omega) \alpha(\hbar\omega) \exp\left(-\frac{\hbar\omega}{k_B T}\right) \exp(\Delta\xi / k_B T) \tag{2.68}$$

代入辐射场的模式密度表达式(2.59),并注意到介质中能量传播速度 $v_{en} = v_g$,则有

$$R_{sp}(\hbar\omega) = \frac{(\eta\hbar\omega)^2 \exp\left(\dfrac{\Delta\xi}{k_B T}\right)}{(\pi c)^2 \hbar^3} \alpha(\hbar\omega) \exp\left(-\frac{\hbar\omega}{k_B T}\right) \tag{2.69}$$

式(2.67)和(2.69)表明,利用冯·鲁斯勃吕克-肖克莱关系式,人们可以从实验测得的吸收光谱预言或推测辐射复合速率和发光光谱线形. 这在分析那些迄今尚无合适理论解释的发光光谱实验结果时尤为重要,如 GaAs 体材料中经常观察到的那些线宽颇宽的发光谱带. 在直接遵从理论预言的较简单的情况下(如讨论 InSb 的带-带发光光谱和外延 GaAs 的带-受主跃迁发光光谱时),$R_{sp}(\hbar\omega)$ 和 $\alpha(\hbar\omega)$ 间关系式(2.67)到(2.69)可以直接引用.

2.3　半导体带间直接跃迁光吸收过程

2.3.1　吸收系数

现在利用上节讨论的跃迁概率表达式(2.56)和(2.61)研究半导体带间跃迁光吸收过程,计算这种过程的吸收系数. 为简单明了起见,本节仅讨论最简单的直接跃迁过程,并假定上态和下态分别为式(2.44a,b)给出的布洛赫导带态和价带态. 这样,单位时间、单位体积内的跃迁概率表达式(2.61)可改写为

$$W_{ab}^{cv}(\hbar\omega) = \frac{2\pi}{\hbar}\sum_{c,v}\left|\mathscr{H}_{cv}^{ab}\right|^2 \overline{N}_\lambda G(\hbar\omega)\delta[E_c(\boldsymbol{k}) - E_v(\boldsymbol{k}) - \hbar\omega] \qquad (2.70)$$

式中

$$\left|\mathscr{H}_{cv}^{ab}\right|^2 = \frac{2\hbar e^2}{\varepsilon m_0^2\omega_\lambda}\left|\langle c\mid \mathrm{e}^{iq_\lambda\cdot r}\boldsymbol{a}_\lambda\cdot\boldsymbol{P}\mid v\rangle\right|^2$$

$$= \frac{2\hbar e^2}{\varepsilon m_0^2\omega_\lambda}\left\{\boldsymbol{a}_\lambda\cdot\int_V \exp[-\mathrm{i}(\boldsymbol{k}'-\boldsymbol{q}_\lambda)\cdot\boldsymbol{r}]\cdot u_c^*(\boldsymbol{k}',\boldsymbol{r})(\boldsymbol{P})\right.$$

$$\left.\times\exp[\mathrm{i}\boldsymbol{k}\cdot\boldsymbol{r}]u_v(\boldsymbol{k},\boldsymbol{r})\mathrm{d}\boldsymbol{r}\right\}^2$$

$$= \frac{2\hbar e^2}{\varepsilon m_0^2\omega_\lambda}\mid\boldsymbol{a}_\lambda\cdot\boldsymbol{M}_{cv}(\boldsymbol{k})\mid^2 \qquad (2.71)$$

式中

$$M_{cv}(\boldsymbol{k}) = \int_V \exp[-i(\boldsymbol{k}'-\boldsymbol{q}_\lambda)\cdot\boldsymbol{r}]u_c^*(\boldsymbol{k}',\boldsymbol{r})(\boldsymbol{P})\exp[\mathrm{i}\boldsymbol{k}\cdot\boldsymbol{r}]u_v(\boldsymbol{k},\boldsymbol{r})\mathrm{d}\boldsymbol{r}$$

$$(2.71\mathrm{a})$$

为动量矩阵元,这里积分是对晶体体积 V 积分. 已经指出, $\sum\limits_{u,l}$ (因而 $\sum\limits_{c,v}$)是对上态和下态所有的简并度求和,为给出单位时间、单位体积内的跃迁概率,这里还必须对单位体积中所有能满足 δ 函数因而给出吸收光子 $\hbar\omega$ 跃迁的所有状态求和,这意味着必须对第一布里渊区中所有可能的波矢 $\boldsymbol{k}$ 求和. 由于第一布里渊区中允许的波矢 $\boldsymbol{k}$ 以密度 $V/(2\pi)^3$ 均匀分布,因此可以用对第一布里渊区中 $\boldsymbol{k}$ 的积分和对导带、价带简并度的求和来代替上述求和 $\sum\limits_{c,v}$,于是得

$$W_{ab}^{cv}(\hbar\omega) = \frac{2\pi}{\hbar}\sum_{D_c,D_v}\int\frac{2\mathrm{d}\boldsymbol{k}}{(2\pi)^3}\left|\mathscr{H}_{cv}^{ab}\right|^2 N_\lambda G(\hbar\omega)\delta[E_c(\boldsymbol{k}) - E_v(\boldsymbol{k}) - \hbar\omega]$$

$$= \frac{4\pi e^2 N(\hbar\omega)}{\varepsilon m_0^2\omega}\sum_{D_c,D_v}\int_{BZ}\mid\boldsymbol{a}\cdot\boldsymbol{M}_{cv}(\boldsymbol{k})\mid^2$$

$$\times\delta[E_c(\boldsymbol{k}) - E_v(\boldsymbol{k}) - \hbar\omega]\frac{2\mathrm{d}\boldsymbol{k}}{(2\pi)^3} \qquad (2.72\mathrm{a})$$

在忽略导带、价带简并度情况下,可写为

$$W_{ab}^{cv}(\hbar\omega) = \frac{4\pi e^2 N(\hbar\omega)}{\varepsilon m_0^2\omega}\int_{BZ}\mid\boldsymbol{a}\cdot\boldsymbol{M}_{cv}(\boldsymbol{k})\mid^2$$

$$\times\delta[E_c(\boldsymbol{k}) - E_v(\boldsymbol{k}) - \hbar\omega]\frac{2\mathrm{d}\boldsymbol{k}}{(2\pi)^3} \qquad (2.72\mathrm{b})$$

这里积分对整个第一布里渊区(BZ)进行, $\mathrm{d}\boldsymbol{k}$ 前的因子 2 是考虑到两种可能的自旋

态. 式中已用光子密度 $N(\hbar\omega)$ 代替 $\overline{N}_\lambda G(\hbar\omega)$, 并略去了脚标 λ. 式 (2.72a) 和 (2.72b) 中, δ 函数代表基于能量守恒定律的跃迁的第一个选择定则, 只有在 $E_c(\boldsymbol{k}) - E_v(\boldsymbol{k}) = \hbar\omega$ 时, 即只有导带空态 $E_c(\boldsymbol{k})$ 和价带占据态 $E_v(\boldsymbol{k})$ 之间能量差等于入射光子能量时, 才可发生吸收跃迁. 跃迁的第二个选择定则是动量守恒定律, 它包含在式 (2.71) 中. 式 (2.71) 表明, 除非 $\boldsymbol{k}' - \boldsymbol{q} = \boldsymbol{k}$, 即除非

$$\boldsymbol{k}' = \boldsymbol{q} + \boldsymbol{k} \tag{2.73}$$

跃迁矩阵元 $|\mathscr{H}_{cv}^{ab}|^2$ 或 $M_{cv}(\boldsymbol{k})$ 将变为零, 这是 $u_c(\boldsymbol{k}', \boldsymbol{r})$ 和 $u_v(\boldsymbol{k}, \boldsymbol{r})$ 平移对称性的必然结果. 用 $(\boldsymbol{r} + \boldsymbol{R})$ ($\boldsymbol{R}$ 为晶格矢量) 代替 $\boldsymbol{r}$, 对式 (2.71) 进行运算容易证明这一点, 这就是跃迁过程必须满足的晶体动量守恒定律. 鉴于光子波矢 $\boldsymbol{q}$ 和布里渊区大小相比总可忽略不计, 可以将动量守恒定律选择定则简化为

$$\boldsymbol{k}' = \boldsymbol{k} \tag{2.74}$$

这一条件也常称为偶极矩近似. 式 (2.74) 表明, 偶极矩近似情况下只有竖直跃迁才是允许的, 这和第一节中简单讨论的结论一致.

为方便以下讨论, 再将跃迁概率表达式 (2.72b) 改写一下. 考虑到对偶极矩近似情况下的直接跃迁来说, $|M_{cv}(\boldsymbol{k})|^2$ 是 $\boldsymbol{k}$ 的渐变函数, 和 δ 函数相比, 它随 $\boldsymbol{k}$ 的变化可忽略, 因而近似地可提到积分号外面. 此外, 对非偏振光, 有

$$\langle |\boldsymbol{a} \cdot M_{cv}(\boldsymbol{k})|^2 \rangle_{av} = \frac{1}{3} |M_{cv}(\boldsymbol{k})|^2 \tag{2.75}$$

可以将动量矩阵元 $|M_{cv}(\boldsymbol{k})|^2$ 和半导体能带结构参数 (如有效质量等) 联系起来, 按照凯恩等人发展的 $\boldsymbol{k} \cdot \boldsymbol{P}$ 微扰理论, $\boldsymbol{k} = 0$ 处的导带有效质量为[25]

$$\frac{1}{m_e^*} = \frac{1}{m_0} + \frac{2}{m_0^2} \sum_{v=h,l,s} \frac{|M_{cv}(0)|^2}{E_c(0) - E_v(0)} \tag{2.76}$$

式中 m_0 为自由电子质量, $|M_{cv}(0)|^2$ 为式 (2.75) 给出的 $\boldsymbol{k} = 0$ 处的平均矩阵元. 假定只有最低导带和价带间的 $\boldsymbol{k} \cdot \boldsymbol{P}$ 相互作用才不为零, 写出式 (2.76) 中对不同价带支的求和, 可以得

$$\frac{m_0}{m_e^*} - 1 = \frac{2}{m_0} |M_{cv}(0)|^2 \left\{ \frac{1}{E_g} + \frac{1}{E_g} + \frac{1}{E_g + \Delta} \right\}$$

$$= \frac{2}{m_0} |M_{cv}(0)|^2 \frac{3}{E_g} \left\{ \frac{E_g + \frac{2}{3}\Delta}{E_g + \Delta} \right\} \tag{2.77}$$

因而有

$$|M_{cv}(0)|^2 = \left(\frac{m_0}{m_e^*} - 1 \right) \frac{m_0 E_g}{6} \left\{ \frac{E_g + \Delta}{E_g + \frac{2}{3}\Delta} \right\} \tag{2.78}$$

由下式定义能带参数 $\overline{m}_e$:

$$\frac{m_0}{\overline{m}_e} = \frac{m_0}{m_e^*} - 1 \quad \text{或} \quad \frac{1}{m_e^*} = \frac{1}{\overline{m}_e} + \frac{1}{m_0} \tag{2.79}$$

可将 $|M_{cv}(0)|^2$ 写为

$$|M_{cv}(0)|^2 = \left(\frac{E_g m_0^2}{6\overline{m}_e}\right)\frac{E_g + \Delta}{E_g + \frac{2}{3}\Delta} \tag{2.80a}$$

若 $E_g \gg \Delta$,则上式简化为

$$|M_{cv}(0)|^2 = \frac{E_g m_0^2}{6\overline{m}_e} \tag{2.80b}$$

在实际估计吸收系数值或发光光谱时,式(2.80a)和(2.80b)常常是有用的. 在某些文献中,还经常令

$$\frac{2|M_{cv}(\boldsymbol{k})|^2}{m_0\hbar\omega} = f_{vc}(\hbar\omega) \tag{2.81}$$

$f_{vc}(\hbar\omega)$ 是一个无量纲的表征跃迁强弱的量,称为振子强度. 众所周知,谐振子从 $n=0$ 态跃迁到 $n=1$ 态的矩阵元为 $\langle 1|\boldsymbol{P}|0\rangle = \frac{1}{2}m_0\hbar\omega$,所以式(2.81)定义的振子强度实际上是一般的光跃迁矩阵元和谐振子跃迁矩阵元之比. 这样,式(2.72)积分号中余下来的项为

$$J_{vc}(\hbar\omega) = \frac{1}{4\pi^3}\int_{BZ}\delta(E_c - E_v - \hbar\omega)\mathrm{d}\boldsymbol{k} \tag{2.82}$$

即对 $\boldsymbol{k}$ 空间中所有满足跃迁能量守恒定律的状态的累加,这是一个和导带态密度与价带态密度都有关的量,称为联合态密度. 这样可以把跃迁概率写为

$$W_{ab}^{cv}(\hbar\omega) = \frac{4}{3}\frac{\pi e^2\hbar N(\hbar\omega)}{\varepsilon m_0}f_{vc}(\hbar\omega)J_{vc}(\hbar\omega) \tag{2.83}$$

单位体积内因吸收跃迁导致的光量子能量为 $\hbar\omega$ 的平面电磁波的能量损失为 $W_{ab}^{cv}(\hbar\omega)\hbar\omega$. 另一方面,按电动力学,它应该等于 $\frac{1}{2}\sigma\vec{\mathscr{E}}_0^2$,这里 $\vec{\mathscr{E}}_0$ 为电场强度. 于是由式(1.24),可得上述带间跃迁导致的相对介电函数的虚部为

$$\varepsilon''_r(\omega) = \frac{\sigma}{\omega\varepsilon_0} = \frac{2\hbar W_{ab}^{cv}}{\varepsilon_0\vec{\mathscr{E}}_0^2} = \frac{2\hbar W_{ab}^{cv}}{\varepsilon_0\omega^2 A_0^2}$$

$$= \frac{4\pi\hbar e^2}{3m_0\varepsilon_0\omega}f_{vc}(\hbar\omega)J_{vc}(\hbar\omega) \tag{2.84}$$

吸收系数可表示为

$$\alpha(\hbar\omega) = \frac{\omega\,\varepsilon_{\mathrm{r}}''(\omega)}{\eta\,c} = \frac{4\pi\hbar e^2}{3m_0\varepsilon_0\eta\,c} f_{\mathrm{vc}}(\hbar\omega) J_{\mathrm{vc}}(\hbar\omega) \tag{2.85}$$

式(2.84)和(2.85)是两个很重要的关系式,它们表明,在给定频率 ω 处的相对介电函数的虚部和吸收系数由能量差为 $\hbar\omega$、振子强度为 $f_{\mathrm{vc}}(\hbar\omega)$ 的所有初态、终态间竖直跃迁之和给出. 如果所有这些电子本征态及其波函数已知的话,则可以从式(2.84)和(2.85)计算相对介电函数的虚部与吸收系数,然后通过第一章中讨论的各种关系式获得半导体的所有相关光学性质和光学常数,这正是第 1.4 节提到的半导体介电函数微观理论计算的实际途径.

2.3.2　联合态密度

在实际计算和讨论半导体光吸收时,如果 k 的变化范围不很大,常常可以假定 M_{vc}(因而振子强度 f_{vc})为 k 的缓变函数或常数. 这样,决定吸收系数大小和吸收曲线线形特征的主要因子就是联合态密度. 它是有关半导体光吸收跃迁过程的一个重要物理量,有必要较仔细地予以讨论.

先估计一下联合态密度的大小. 讨论球形等能面这一最简单情况下 $k=0$ 附近的联合态密度,这里跃迁的能量守恒定律可写为

$$\hbar\omega = E_{\mathrm{g}} + \frac{\hbar^2 k^2}{2m_{\mathrm{e}}^*} + \frac{\hbar^2 k^2}{2m_{\mathrm{h}}^*}$$
$$= E_{\mathrm{g}} + \hbar^2 k^2 / 2m_{\mathrm{r}}^* \tag{2.86}$$

式中 $m_{\mathrm{r}}^* = \left(\dfrac{1}{m_{\mathrm{e}}^*} + \dfrac{1}{m_{\mathrm{h}}^*}\right)^{-1}$ 为折合质量,将式(2.86)代入式(2.82)可得

$$J_{\mathrm{vc}}(\hbar\omega) = \frac{1}{4\pi^3}\frac{\mathrm{d}}{\mathrm{d}(\hbar\omega)}\left(\frac{4\pi}{3}k^3\right)$$
$$= \frac{1}{2\pi^2}\left(\frac{2m_{\mathrm{r}}^*}{\hbar^2}\right)^{3/2}(\hbar\omega - E_{\mathrm{g}})^{1/2} \tag{2.87}$$

于是吸收系数为

$$\alpha(\hbar\omega) = \frac{4\pi\hbar e^2}{3m_{\mathrm{e}}^*\varepsilon_0\eta\,c}\frac{1}{2\pi^2}\left(\frac{2m_{\mathrm{r}}^*}{\hbar^2}\right)^{3/2}f_{\mathrm{vc}}(\hbar\omega)(\hbar\omega - E_{\mathrm{g}})^{1/2}$$
$$= \frac{2}{3\pi}\frac{(2m_{\mathrm{r}}^*)^{3/2}e^2}{\eta\,c\hbar^2\varepsilon_0 m_{\mathrm{e}}^*}f_{\mathrm{vc}}(\hbar\omega)(\hbar\omega - E_{\mathrm{g}})^{1/2} \tag{2.88}$$

式(2.88)中我们已将分母项中的电子质量写为有效质量 m_{e}^*,如果假定 $f_{\mathrm{vc}}=1$,则

除相差常数因子 $2/3\pi$ 外,式(2.88)中能量项 $(\hbar\omega - E_g)^{1/2}$ 前的系数和第 2.1 节中式(2.10)一致. 前面已经指出,由此计算得到的基本吸收边附近的吸收系数和实验测量结果同数量级.

现在讨论较一般情况下联合态密度的外形和特征. 利用 δ 函数的如下性质:

$$\int_a^b g(x)\delta[f(x)]\mathrm{d}x = \sum_{x_0} g(x)\left|\frac{\partial f}{\partial x}\right|_{x=x_0}$$

或者考虑到

$$\mathrm{d}\boldsymbol{k} = \mathrm{d}^3 k = \mathrm{d}s_k \mathrm{d}k_\perp = \mathrm{d}s_k \frac{\mathrm{d}k_\perp}{\mathrm{d}E}\mathrm{d}E$$

以及

$$\frac{\mathrm{d}E(\boldsymbol{k})}{\mathrm{d}k_\perp} = \nabla_k |E(\boldsymbol{k})|$$

可以将联合态密度改写为

$$J_{\mathrm{vc}}(\hbar\omega) = \frac{1}{4\pi^3}\int_s \frac{\mathrm{d}s}{\nabla_k(E_c - E_v)_{E_c - E_v = \hbar\omega}}$$
$$= \frac{1}{4\pi^3}\int_s \frac{\mathrm{d}s}{\nabla_k(E_c - E_v - \hbar\omega)} \tag{2.89}$$

这里 $\mathrm{d}s_k$、$\mathrm{d}k_\perp$ 分别为 $\boldsymbol{k}$ 空间中 $E_c(\boldsymbol{k}) - E_v(\boldsymbol{k}) = \hbar\omega$ 等能面上(或者说等 k 面上)的面元和垂直这一面元的微分厚度. 式(2.89)中已略去面元 $\mathrm{d}s$ 的脚标 k. 式(2.89)表明,如果 $\nabla_k(E_c - E_v) = 0$,那么积分号中的分母项为零,因而 $\boldsymbol{k}$ 空间中这样的点对联合态密度的贡献特别大,它们被称为临界点. 由于晶体的对称性,倒格子空间中可以有多个点满足上述条件,所以波矢空间中有若干这样的临界点. 无论对电子态间的跃迁或是对声子态间的跃迁,这种临界点都有重要的意义. 范霍夫(Van Hove)和菲利普斯(Phillips)首先讨论了声子态密度临界点的行为及其重要影响[23, 24],为此这种临界点也常称为范霍夫临界点或奇点. 他们的讨论对电子态同样适用. 这里有必要区分两种类型的临界点. 为满足 $\nabla_k(E_c - E_v) = 0$,可以有两种可能性,即

$$\nabla_k E_c(\boldsymbol{k}) = \nabla_k E_v(\boldsymbol{k}) = 0 \tag{2.90a}$$

和

$$\nabla_k E_c(\boldsymbol{k}) = \nabla_k E_v(\boldsymbol{k}) \neq 0 \tag{2.90b}$$

满足式(2.90a)的临界点称为第一类临界点,一般说来它们是一些极值点,仅发生在布里渊区中的高对称位置,它们的存在可以从对称性考虑来预言. 满足式(2.90b)的临界点称为第二类临界点或鞍点,它们可以发生在布里渊区中对称性较低的位置上,因而不是仅考虑对称性就可以预期的.

下面先讨论二维 $\boldsymbol{k}$ 空间临界点的情况. 假定等能面为

$$E_c(\boldsymbol{k}) - E_v(\boldsymbol{k}) = E_g + A[(1 - \cos k_x a) + (1 - \cos k_y a)] \qquad (2.91)$$

式中 a 为常数,并且 $a > 0$,E_g 为 $k = 0$ 处的能隙. 按式(2.90)和(2.91),范霍夫奇点为方程

$$\partial(E_c - E_v)/\partial k_x = Aa \sin(k_x a) = 0$$
$$\partial(E_c - E_v)/\partial k_y = Aa \sin(k_y a) = 0 \qquad (2.92)$$

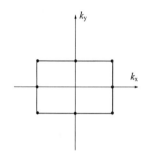

的解,在第一布里渊区中为

$$\boldsymbol{k} = (0,\ 0);\ (0,\ \pm\pi/a);\ (\pm\pi/a,\ 0);$$
$$(\pm\pi/a,\ \pm\pi/a) \qquad (2.93)$$

的各点. 若第一布里渊区为正方形或矩形,则范霍夫临界点位置分别如图2.15中圆点所示.

在这些临界点附近按 $\cos x = 1 - x^2/2$ 将能带展开,则得能量和波矢的关系如下:

图 2.15　二维格子的第一
布里渊区和范霍夫临界点位置

在 $k(0,0)$ 处的极小值附近,

$$E - E_g = \frac{1}{2} Aa^2 (\Delta k_x^2 + \Delta k_y^2) \qquad (2.94a)$$

在 $k\left(\dfrac{\pi}{a},\ \dfrac{\pi}{a}\right)$ 处的极大值附近,

$$E - E_g = 4A - \frac{1}{2} Aa^2 (\Delta k_x^2 + \Delta k_y^2) \qquad (2.94b)$$

在 $k\left(0,\ \pm\dfrac{\pi}{a}\right)$ 和 $\left(\pm\dfrac{\pi}{a},\ 0\right)$ 处的鞍点附近,

$$E - E_g = 2A + \frac{1}{2} Aa^2 (\Delta k_x^2 - \Delta k_y^2) \qquad (2.94c)$$

将这些表达式代入式(2.89),可得诸奇点处联合态密度为

$$J_{vc}(\hbar\omega) = \frac{1}{2\pi^2} \left| \frac{\mathrm{d}}{\mathrm{d}\hbar\omega} [\pi(\Delta k)^2] \right|$$

$$= \begin{cases} 1/\pi Aa^2, & \text{在 } k(0,0) \text{ 点}, \quad \text{当 } E > E_g \\ 1/\pi Aa^2, & \text{在 } k\left(\dfrac{\pi}{a},\ \dfrac{\pi}{a}\right) \text{ 点}, \quad \text{当 } E < E_g + 4A \end{cases} \qquad (2.95)$$

$E > E_g + 4A$ 和 $E < E_g$ 时, $J_{vc}(\hbar\omega) = 0$.

对鞍点 $k(0, \pi/a)$ 和 $\left(\dfrac{\pi}{a},\ 0\right)$ 来说,

$$J_{vc}(\hbar\omega) = \frac{1}{2\pi^2} \int_L \frac{\mathrm{d}s}{|\nabla_k E|} = \frac{2}{\pi^2} \int_{\Delta k_{x,\min}}^{\Delta k_{x,\max}} \frac{\mathrm{d}(\Delta k_x)}{|\partial E/\partial(\Delta k_y)|}$$

$$= \frac{2}{\pi^2 Aa^2} \int_{\Delta k_{x,\,\mathrm{min}}}^{\Delta k_{x,\,\mathrm{max}}} \frac{\mathrm{d}(\Delta k_x)}{\Delta k_y} \qquad (2.96)$$

式中 $\mathrm{d}s$ 是二维等能面 $E(k_x, k_y)$ 上的面元,L 是该等能面上完整的等能线,$\Delta k_{x,\,\mathrm{min}}$ 和 $\Delta k_{x,\,\mathrm{max}}$ 分别是该线上 Δk_x 的极小值和极大值. 从式(2.94c)解得

$$\Delta k_y = \sqrt{\Delta k_x^2 - 2(E - E_\mathrm{g} - 2A)/Aa^2} \qquad (2.97)$$

代入式(2.96)求积分,得

$$J_{\mathrm{vc}}(\hbar\omega) = \frac{2}{\pi^2 Aa^2} \Big[\ln\big(\Delta k_{x,\,\mathrm{max}} + \sqrt{\Delta k_{x,\,\mathrm{max}}^2 - 2(E - E_\mathrm{g} - 2A)/Aa^2}\,\big)$$

$$- \ln\sqrt{2(E - E_\mathrm{g} - 2A)/Aa^2}\,\Big] \qquad (2.98)$$

这里,已经考虑到式(2.97)中若 $\Delta k_y = 0$,则得

$$\Delta k_x = \Delta k_{x,\,\mathrm{min}} = \sqrt{2(E - E_\mathrm{g} - 2A)/Aa^2}$$

并且 $\Delta k_{x,\,\mathrm{max}} \approx \pi/a$. 式(2.98)表明,在 $E = E_\mathrm{g} + 2A$ 处,$J_{\mathrm{vc}}(\hbar\omega)$ 有对数奇异性,该点附近 $J_{\mathrm{vc}}(\hbar\omega)$ 与 $\hbar\omega$ 的关系如图 2.16 所示. 图 2.16 还表明,在区间 E_g 至 $E_\mathrm{g} + 4A$ 以外,联合态密度陡降为零.

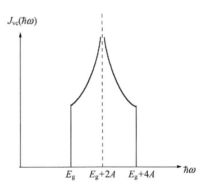

图 2.16 一种二维晶体的联合态密度

下面讨论三维情况,着重研究临界点附近的现象. 为了了解临界点附近 $J_{\mathrm{vc}}(\hbar\omega)$ 的解析行为,可以在临界点附近将能量差 $E_\mathrm{c}(\boldsymbol{k}) - E_\mathrm{v}(\boldsymbol{k})$(它是波矢差 $\boldsymbol{k} - \boldsymbol{k}_0$ 的函数)按泰勒(Taylor)级数展开,并仅取首项,即将 $E_\mathrm{c} - E_\mathrm{v}$ 写为

$$E_\mathrm{c}(\boldsymbol{k}) - E_\mathrm{v}(\boldsymbol{k}) = E_0 + \sum_{i=1}^{3} A_i(k_i - k_{0i})^2$$

$$= E_0 + \sum_{i=1}^{3} A_i(\Delta k_i)^2 \qquad (2.99)$$

按展开式中系数 A_i 正负号的组合情况,可以将临界点分为四类,分别记为 M_0、M_1、M_2 和 M_3,并如表 2.1 所示. 将式(2.99)代入(2.89)求积分,可以获得临界点附近的联合态密度,对不同类型临界点,它们有不同的行为. M_0 和 M_3 类型的临界点是满足式(2.90a)的临界点,也即第一类临界点或极值型临界点,这种临界点附近联合态密度和能量之间有人们熟知的平方根依赖关系,如表 2.1 第四栏所示. M_1 和 M_2 类型的临界点是满足式(2.90b)的鞍点型临界点. 实验表明,它们是带间跃迁过程中起主要作用的临界点. 这些临界点附近联合态密度表达式也如表 2.1 第四栏所示. 这四种类型临界点附近联合态密度的行为定性地如图 2.17 所示. 这些不同特征的联合态密度的线形给我们提供了一个判断真实半导体中观察到的带间跃迁类型的方法. 图 2.17 中 $J_{vc}(\hbar\omega)$ 行为的另一个重要的启示是,单个临界点本身并不直接对应联合态密度函数的峰,因而也不和介电函数虚部或吸收曲线上的谱峰直接对应,而仅是这些峰的一个边缘. 为真正获得纯粹起源于临界点处带间跃迁的谱峰,必须正巧有两个或多个临界点具有近乎相同的临界点能量 E_0,或者说发生临界点能量简并的情况,这在实际半导体中是可以发生的.

表 2.1　不同类型临界点的记号及其附近联合态密度的表达式

临界点 类型	记号	泰勒展开式 系数符号			$J_{vc}(\hbar\omega)$	
		A_1	A_2	A_3	$E < E_0$	$E > E_0$
极小值	M_0	$+$	$+$	$+$	B_0(常数)	$C_0(E-E_0)^{1/2}$
鞍　点	M_1	$+$	$+$	$-$	$C_1 - C'_1(E_0-E)^{1/2}$	C_1
鞍　点	M_2	$+$	$-$	$-$	C_2	$C_2 - C'_2(E-E_0)^{1/2}$
极大值	M_3	$-$	$-$	$-$	$C_3(E_0-E)^{1/2}$	B_3

注:对 M_1 型临界点,A_1、A_2 和 A_3 中任意两个为正;

对 M_2 型临界点,A_1、A_2 和 A_3 中任意一个为正.

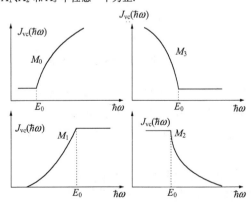

图 2.17　三维晶体中不同类型临界点附近联合态
密度与能量的关系

如果泰勒展开式(2.99)中,有一个系数 A_i 为零,则我们回到二维晶体.二维晶体情况下,倒格子空间中的波矢 $\boldsymbol{k}$ 仅有两个分量,因而泰勒展开式也仅有两个系数 A_1 和 A_2,这时仍有极大和极小类型的极值型临界点,但只有一种类型的鞍点,即 A_1 与 A_2 有相反符号的情况.已如前述,二维联合态密度的行为与图 2.17 所示的三维联合态密度的行为是颇不相同的.一般说来,对极值型临界点,二维联合态密度 $J_{\text{vc}}(\hbar\omega)$ 在 E_0 附近为阶梯函数;对鞍点型临界点,一般情况下其 $J_{\text{vc}}(\hbar\omega)$ 为

$$J_{\text{vc}}(\hbar\omega) = C_1\left\{\ln\left[C_2 + \sqrt{\mid E_0 - \hbar\omega\mid + C_2^2}\right] - \frac{1}{2}\ln\mid \hbar\omega - E_0\mid\right\} \quad (2.100)$$

在 $\hbar\omega = E_0$ 点,上式给出一个对数奇异点.理论预期的二维临界点附近 $J_{\text{vc}}(\hbar\omega)$ 的行为如图 2.18 所示.二维模型的联合态密度可用于描述层状半导体、半导体表面及界面、半导体量子阱及超晶格的电子态.

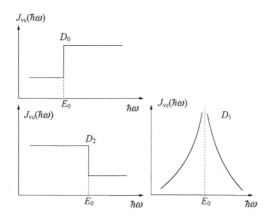

图 2.18 二维晶体临界点 D_0、D_1、D_2 附近联合态
密度与能量关系

讨论一下晶体对称性对临界点附近联合态密度行为的影响是有意思的[26,27].采用紧束缚近似,可以把跃迁的能量关系写为

$$\begin{aligned}
\hbar\omega = E(\boldsymbol{k}) &= E_{\text{c}}(\boldsymbol{k}) - E_{\text{v}}(\boldsymbol{k}) \\
&= E_0 - E_1(p\cos k_x + q\cos k_y + r\cos k_z)
\end{aligned} \quad (2.101)$$

式中 $p=q=r$ 对应于简单的立方结构,$p=q\gg r$ 对应于层状结构,$p\gg q=r$ 对应于链状结构.而 $r=0$ 则又回到二维结构,$q=r=0$ 则对应于一维结构.利用式(2.82)可获得临界点附近的联合态密度为

$$J_{\text{vc}}(\hbar\omega) = \frac{1}{4\pi^3}\int_{-p}^{p}\int_{-q}^{q}\int_{-r}^{r}\frac{\delta(E+x+y+z)\mathrm{d}x\mathrm{d}y\mathrm{d}z}{\left[(p^2-x^2)(q^2-y^2)(r^2-z^2)\right]^{1/2}} \quad (2.102)$$

式中 $x=p\cos k_x, y=q\cos k_y, z=r\cos k_z$,用椭圆积分或贝塞尔(Bessel)函数可以计算表达式(2.102).这里我们只是图像地说明晶体对称性参数 p、q、r 的变化如何影

响联合态密度函数的行为. 不同参数组合的情况下联合态密度的示意图如图 2.19 所示. 图中最左边给出立方结构($q=r=p=1$)的联合态密度的示意图, 它各有一个非简并的 M_0 奇点和 M_3 奇点, 一个三度简并的 M_1 奇点和一个三度简并的 M_2 奇点. 中间的图表明, 对称性的降低, 消除或部分消除了临界点的简并度. 右下图还给出了 $q=r=0$(即一维)时联合态密度的示意图. 一维系统有两个临界点, 分别称为 P_0 与 P_1, 它们的联合态密度与能量的一般关系示于图 2.20. 为更形象地描述改变对称性参数对联合态密度函数的影响, 图 2.21 给出从二维系统过渡到三维系统过程中临界点附近联合态密度函数的变化.

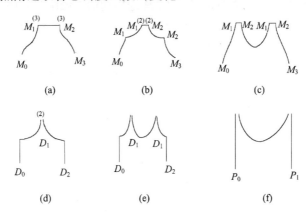

图 2.19　对称性参数改变时联合态密度函数行为变化的示意图, 图中括号中的数字表明奇异性的简并度. (a) $p=q=r=1$; (b) $p=q=1>r$; (c) $p=1>2r, q=r<1$; (d) $p=q=1, r=0$; (e) $p=1>q, r=0$; (f) $p=1, q=r=0$

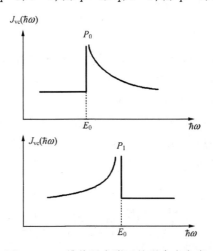

图 2.20　一维临界点附近的联合态密度

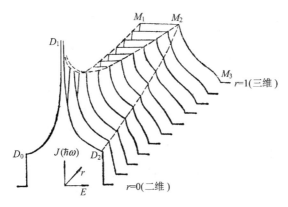

图 2.21 从二维过渡到三维过程中临界点附近联合态
密度函数变化示意图

2.3.3 电子态的分类和群论选择定则

上一小节已讨论了相对介电函数虚部 $\epsilon_r''(\omega)$[吸收系数 $\alpha(\hbar\omega)$]与联合态密度 J_{vc} 及跃迁矩阵元 M_{cv} 的关系. 为最终求得它们的值, 并与实验结果比较, 还必须知道带间跃迁所涉及的所有导带态和价带态的 $E(\boldsymbol{k})$ 关系, 以及和这些态相联系的波函数. 众所周知, 晶体电子的能带结构和波函数很大程度上取决于电子在其中运动的周期性晶体势的对称性, 亦即晶体的对称性, 因而讨论实际晶体电子态的分类必须从分析晶体的对称性出发.

晶体的对称性可用它所有的对称操作组成的空间群来表示, 这些对称操作包括平移、旋转、镜面反映和它们的组合. 基矢平移构成这一空间群的一个阿贝尔(Abel)子群, 并且它们的一维不可约表示可用电子波矢 $\boldsymbol{k}$ 来表征. 其余的对称操作(除螺旋位移和滑移反映外), 则构成晶体的点群. 周期性晶体势场中电子的哈密顿量在点群的所有操作下都保持不变. 这样, 对称性转换为哈密顿量的不变性, 因而一个点群的不可约表示就表征了算符的本征值, 并给出它们的简并度和有关波函数的对称性.

晶格周期性可用一组矢量

$$\boldsymbol{R}_i = n_i^{(1)}\boldsymbol{a}_1 + n_i^{(2)}\boldsymbol{a}_2 + n_i^{(3)}\boldsymbol{a}_3 \tag{2.103}$$

来描述, 它使得

$$V(\boldsymbol{r}+\boldsymbol{R}_i) = V(\boldsymbol{r})$$

式中 $\boldsymbol{a}_1$、$\boldsymbol{a}_2$、$\boldsymbol{a}_3$ 是三个互相独立的平移基矢. 定义一组矢量 $\boldsymbol{K}_j$, 它满足

$$\boldsymbol{K}_j \cdot \boldsymbol{R}_i = 2\pi n_{ij} \tag{2.104}$$

式中 n_{ij} 为整数. 这样, 所有满足式 (2.104) 的矢量 $\boldsymbol{K}_j$ 就描述了平移基矢为 $\boldsymbol{b}_1$、$\boldsymbol{b}_2$ 和 $\boldsymbol{b}_3$ 的倒格子, 即

$$\boldsymbol{K}_j = m_j^{(1)}\boldsymbol{b}_1 + m_j^{(2)}\boldsymbol{b}_2 + m_j^{(3)}\boldsymbol{b}_3 \tag{2.105}$$

倒格子的原胞称为布里渊区, 它由平分倒格子空间中从原点到近邻倒格点的矢量并与这些矢量垂直的平面包围而成. 容易证明, 在和对应的真实晶体相同的点群操作下, 倒格子保持不变. 倒格子空间中的波矢群由保持波矢 $\boldsymbol{k}$ 不变或波矢改变等于倒格矢 $\boldsymbol{K}_j$ 的所有对称操作组成.

群的元素可以分成若干不同的类, 群的不同约表示的数目即等于群元素的类数. 这些表示的各组的迹, 则构成点群的特征标表, 它包含了所有有关状态对称性的信息. 科斯特 (Koster) 等[23] 已经给出所有 32 种点群的特征标表, 作为一个例子, 表 2.2 给出了立方对称晶体的点群 O_h 的特征标表. 它是所有具有镜对称的立方结构材料 (包括金刚石结构半导体) 的波矢 $\boldsymbol{k}=0$ 的点群, 可以有 10 种不可约表示, 对应于 10 种可能的态的类型. 表中第一行和第一列为波卡尔特-斯莫鲁乔斯基-维格纳 (Bouckert, Smoluchowski 和 Wigner) 记号[28]. 简称为 BSW 记号. 它们已考虑到和从点 Γ 出发的其他对称方向上的状态一致 (见图 2.22), 如 Γ_{25} 和 Δ_2 及 Δ_5. 第二行和第二列是科斯特等人的记号[29]. 第三行起是特征标, 即幺正变换矩阵的迹, 它给出状态的简并度. 属于一给定表示的那一组特征标, 则给出有关本征函数的对称性. 坐标 x、y、z 按 Γ_{15} 变换, 而 p 态波函数正比于 x、y、z, 所以它属于表示 Γ_{15}. 应该指出, 虽然这也是金刚石结构的 $\boldsymbol{k}=0$ 的点群, 但由于原胞中第二个同种原子的存在, 导致空间群中包括有滑移反映面的对称操作, 因而变换性质改变了, 这导致金刚石结构中三度简并的 p 态是 Γ'_{25} 或 Γ'_{15}. s 态波函数则属于表示 Γ_1 和 Γ'_2. 在原子中五度简并的 d 态波函数在立方晶体场作用下分裂成类 d 态的 Γ'_{25} 和 Γ_{12}.

表 2.2　点群 O_h 的特征标表, 表中采用 BSW 记号和科斯特等人的记号

BSW 记号	K 记号	E	$3C_4^2$	$6C_4$	$6C_2$	$8C_3$	J	$3JC_4^2$	$6JC_4$	$6JC_2$	$8JC_3$
		E	$3C_2$	$6C_4$	$6C'_2$	$8C_3$	I	$3\sigma_n$	$6S_4$	$6\sigma_d$	$8S_6$
Γ_1	Γ_1^+	1	1	1	1	1	1	1	1	1	1
Γ_2	Γ_2^+	1	1	-1	-1	1	1	1	-1	-1	1
Γ_{12}	Γ_3^+	2	2	0	0	-1	2	2	0	0	-1
Γ'_{15}	Γ_4^+	3	-1	1	-1	0	3	-1	1	-1	0
Γ'_{25}	Γ_5^+	3	-1	-1	1	0	3	-1	-1	1	0
Γ'_1	Γ_1^-	1	1	1	1	1	-1	-1	-1	-1	-1
Γ'_2	Γ_2^-	1	1	-1	-1	1	-1	-1	1	1	-1
Γ'_{12}	Γ_3^-	2	2	0	0	-1	-2	-2	0	0	1
Γ_{15}	Γ_4^-	3	-1	1	-1	0	-3	1	-1	1	0
Γ_{25}	Γ_5^-	3	-1	-1	1	0	-3	1	1	-1	0

用上述方法也可按不同波矢 k 的群的特征标表将那些波矢位置的状态进行分类,一般说来,这些群是点 Γ 的群的子群或同型群.对面心立方晶格布里渊区六边形〈111〉边界面的中点(点 L)和〈111〉轴上的点(如点 Λ)进行分析,可以发现,在点 L 和 Λ 不存在简并度高于 2 的状态.这表明,三度简并的 Γ'_{25} 态沿 Λ 轴分裂成不同的态;并且,沿这样的轴的态,可以加入高对称点的态.金刚石结构空间群中存在滑移反映面的重要后果是使得空间群仅存在二维表示,即仅有

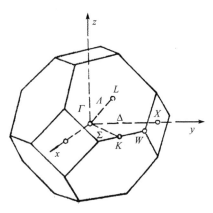

图 2.22　面心立方晶格的布里渊区及其主要对称方向和对称点

二度简并态(与点 X 处波矢的群相联系).这种行为是含有滑移反映面或螺旋位移的空间群的特征,它要求每个原胞至少包含两个相同原子.

从对称分析,可以获得布里渊区每一点的状态列表.这样,尽管还不能确定能带的具体排列,但已能确定在哪些点满足第一类临界点的存在条件 $\nabla_k E_c(k) = \nabla_k E_v(k) = 0$.对面心立方晶格,这样的点是 Γ、X、L 和 W.

闪锌矿结构和金刚石结构相似,只是原胞中两个原子为异种原子.这意味着镜像对称不存在了,点群降为 T_d,它的特征标表如表 2.2 的上半部所列,在此仅考虑 E、$8C_3$、$3C_2$、$6C_4$ 和 $6\sigma_d$ 类元素.闪锌矿结构中三度简并的 p 态是 Γ'_{15},等价于金刚石结构中的 Γ'_{25}.类似地,金刚石结构中的 Γ'_2 态变为闪锌矿结构中的 Γ_1.因为原胞中是两个不同原子,空间群不包括滑移反映面,因而由滑移反映导致的金刚石结构那样的点 X 处能带的粘合也不会发生,于是闪锌矿结构中点 X 处的二度简并也大都被消除了.

前面已经指出,带间直接跃迁对光吸收的贡献决定于联合态密度 J_{vc} 和动量矩阵元 M_{cv},并由此导出了跃迁的能量守恒选择定则和动量守恒选择定则.这里要指出,对称性分析还要对跃迁过程施加一定的群论选择定则.赛兹(Seitz)证明[30],动量矩阵元表达式(2.71a)可改写为

$$M_{cv} = -\frac{m}{\hbar^2}(E_c - E_v)\int_v \psi_c^* \, \boldsymbol{a} \cdot \boldsymbol{r} \psi_v \mathrm{d}\boldsymbol{r} \qquad (2.106)$$

这样,$\boldsymbol{a} \cdot \boldsymbol{r}$ 就是入射光电矢量方向上的坐标分量,若电矢量沿 x、y 或 z 方向偏振,则 $\boldsymbol{a} \cdot \boldsymbol{r}$ 就正比于坐标 x、y 或 z,属表示 Γ_{15}.多数情况下,并不确切知道波函数,但从上述特征标表,人们可以知道它的对称性质,因而可决定有关的选择定则,即决定 M_{cv} 是零或是有限值.从属于同一不可约表示的不同列的波函数的正交性,以及

不同的不可约表示的波函数的正交性,可以获得从态 i 到态 j 跃迁的下列选择定则:

$$C_i^j = \frac{1}{n} \sum_R X_j(R) X_{x,y,z}(R) X_i(R)$$

$$\begin{cases} = 0 \text{ 禁戒跃迁} \\ \neq 0 \text{ 允许跃迁} \end{cases}$$ (2.107)

式中 $X_i(R)$,$X_j(R)$ 分别为变换 R 的态 i 和态 j 所属不可约表示的特征标,$X_{x,y,z}(R)$ 为坐标 x、y、z 按之变换的不可约表示的特征标,n 为点群中所有可能的变换 R 的数目. 从式(2.107),人们可以决定某一跃迁从对称性考虑是否允许. 对立方对称晶体,x、y、z 按同样的不可约表示变换(Γ_{15}),因而矩阵元与入射光偏振方向无关. 这样,由点群 O_h 的特征标表可以发现,对电偶极矩跃迁来说,从 Γ_{25}' 态到 Γ_2'、Γ_{12}'、Γ_{15}' 和 Γ_{25}' 态的跃迁是允许的,到其余态的跃迁是禁戒的. 对非立方对称晶体,x、y 和 z 按不同的不可约表示变换,因而其群论选择定则还和入射光电矢量的偏振方向有关.

2.4　间接跃迁的量子力学处理

上两节中已经讨论了直接跃迁的量子力学理论,并已指出,只有满足晶体电子动量守恒时跃迁才是允许的. 对间接跃迁,只有在晶格振动、杂质中心等其他过程参与下,光激发电子跃迁过程的动量守恒定则才得以满足. 因而,间接跃迁过程涉及三个准粒子,即电子、光子和声子(或杂质中心等),需要用二级微扰理论来描述. 间接跃迁的两个重要例子是,从点 Γ 附近的价带顶到布里渊区边界附近导带底的带间跃迁和与自由载流子吸收相对应的谷内跃迁,如图 2.4 或图 2.23 所示. 和局域态相联系的间接跃迁过程也是可能的,这时缺陷中心本身不必声子参与即可以提供动量差,但它常常比直接跃迁过程弱得多而被后者掩盖. 这里将不讨论各种间接跃迁的可能性,并将自由载流子吸收过程留待第四章处理,而集中研究只有在声子或杂质中心等参与下才能实现的间接带间跃迁过程的跃迁概率. 为简洁起见,我们仅讨论声子参与的情况. 量子力学二级微扰理论给出的声子参与间接跃迁过程的概率为[21]

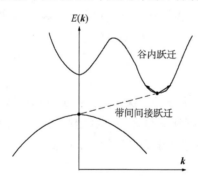

图 2.23　两种最重要的间接跃迁——带间间接跃迁和谷内跃迁示意图

$$W(\boldsymbol{k}) = -\int_f \frac{2\pi}{\hbar^2}\left|\sum_\beta \frac{\langle f \mid H_I \mid \beta\rangle\langle\beta \mid H_I \mid i\rangle}{E_i - E_\beta}\right|^2 \delta(E_f - E_i)\mathrm{d}s_f \quad (2.108)$$

式中

$$H_I = H_{\mathrm{eR}} + H_{\mathrm{eP}} \quad (2.109)$$

即微扰哈密顿 H_{I} 是光微扰哈密顿 H_{eR} 与电子-声子互作用(或称声子微扰)哈密顿 H_{eP} 之和. 这里与直接跃迁过程不同,光微扰诱发从初态 $|i\rangle$ 到中间态 $|\beta\rangle$ 的跃迁,声子微扰则使体系从中间态 $|\beta\rangle$ 过渡到终态 $|f\rangle$ 而最终完成跃迁,并满足动量守恒和整个过程的能量守恒要求. 相互交换次序的步骤也是可以的,即声子微扰首先将体系激发到中间态,而光微扰最终完成跃迁. 在此不考虑双光子过程和双声子过程,并且所有的态均用布洛赫函数来描述,因而中间态必须满足动量守恒定则.

令初态为带 a 的布洛赫态,记为 $|a\boldsymbol{k}\rangle$,终态为带 b 的布洛赫态,记为 $|b\boldsymbol{k}\rangle$,吸收光子的能量为 $\hbar\omega_\nu$,跃迁涉及的声子动量和能量分别为 $\hbar\boldsymbol{q}$ 和 $\hbar\omega_{\boldsymbol{q}}$,则广义的初态和终态能量分别为

$$\begin{aligned} E_{\mathrm{i}} &= E_{a\boldsymbol{k}} + \hbar\omega_\nu \pm \hbar\omega_{\boldsymbol{q}} \\ E_{\mathrm{f}} &= E_{b\boldsymbol{k}+\boldsymbol{q}} \end{aligned} \quad (2.110)$$

式中"+"号对吸收声子间接跃迁过程而言,"−"号对发射声子间接跃迁过程而言,若首先吸收或发射声子,则中间态能量为

$$\begin{aligned} &(\mathrm{a}) \quad E_\beta = E_{a\boldsymbol{k}+\boldsymbol{q}} + \hbar\omega_\nu \\ &(\mathrm{b}) \quad E_\beta = E_{b\boldsymbol{k}+\boldsymbol{q}} + \hbar\omega_\nu \end{aligned} \quad (2.111)$$

若首先吸收光子,则中间态能量为

$$\begin{aligned} &(\mathrm{a}) \quad E_\beta = E_{b\boldsymbol{k}} \pm \hbar\omega_{\boldsymbol{q}} \\ &(\mathrm{b}) \quad E_\beta = E_{a\boldsymbol{k}} \pm \hbar\omega_{\boldsymbol{q}} \end{aligned} \quad (2.112)$$

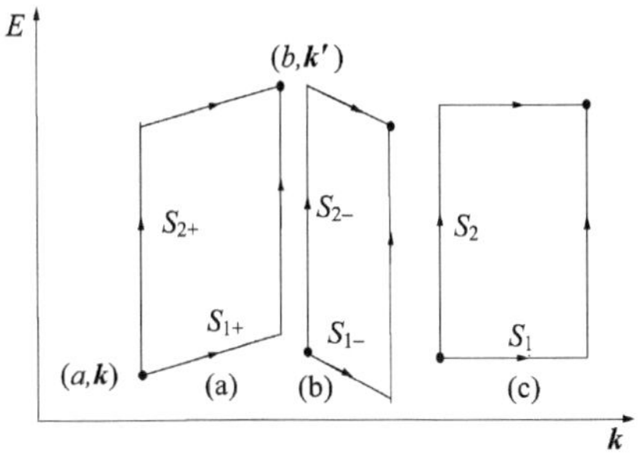

图 2.24 间接带间跃迁光吸收过程的等效过程示意图. (a)吸收声子过程; (b)发射声子过程; (c)杂质中心参与(散射)的过程, $S_{i\pm}$ 为矩阵元

只有当初态和终态在不同带中时,过程(a)和(b)才互不相同,并且在讨论带间跃迁时,过程(b)是禁戒的,因为它们的概率决定于形如 $\langle a\boldsymbol{k} | H_{\mathrm{eR}} | a\boldsymbol{k}\rangle$ 或 $\langle b\boldsymbol{k}+\boldsymbol{q} | H_{\mathrm{eR}} | b\boldsymbol{k}+\boldsymbol{q}\rangle$ 之类的矩阵元,而过程(a)则必定是允许的,所以下面将不考虑过程(b). 声子参与和杂质中心参与(散射)的间接带间跃迁过程的示意图如图 2.24 所示.

这样在吸收声子情况下,式(2.108)中对中间态的求和 S_n 变为

$$S_n = \frac{\langle b\boldsymbol{k}+\boldsymbol{q} \mid H_{\mathrm{eR}} \mid a\boldsymbol{k}+\boldsymbol{q}\rangle\langle a\boldsymbol{k}+\boldsymbol{q} \mid H_{\mathrm{eP}} \mid a\boldsymbol{k}\rangle}{E_{a\boldsymbol{k}} + \hbar\omega_\nu - E_{a\boldsymbol{k}+\boldsymbol{q}}}$$

$$+ \frac{\langle bk + q \mid H_{eP} \mid bk \rangle \langle bk \mid H_{eR} \mid ak \rangle}{E_{ak} + \hbar\omega_\nu - E_{bk}} \tag{2.113}$$

令 E_{gk} 为波矢 k 处的带 a 和 b 之间的直接带宽,并引入式(2.110),改写上式的分母,可以将求和 S_n 写为

$$S_n = \frac{\langle bk + q \mid H_{eR} \mid ak + q \rangle \langle ak + q \mid H_{eP} \mid ak \rangle}{E_{gk+q} - \hbar\omega_\nu}$$

$$- \frac{\langle bk + q \mid H_{eP} \mid bk \rangle \langle bk \mid H_{eR} \mid ak \rangle}{E_{gk} - \hbar\omega_\nu} \tag{2.114}$$

为获得吸收光子的总的跃迁概率,还必须再加上形式上相似的描述发射声子过程的两项. 若将式(2.114)中的两项记为 S_{1+} 和 S_{2+},并把发射声子项记为 S_{1-} 和 S_{2-},则带间间接跃迁概率表达式(2.108)可写为

$$W(k) = \int_f \frac{2\pi}{\hbar} \mid S_{1+} + S_{2+} + S_{1-} + S_{2-} \mid^2 \delta(E_f - E_i) \, ds_f \tag{2.115}$$

式中

$$E_f - E_i = E_{bk+q} - E_{ak} - \hbar\omega_\nu \mp \hbar\omega_q$$

式(2.115)也适用于杂质散射参与带间间接跃迁情况,只是 H_{ep} 应理解为与此相应的互作用哈密顿,并令 $\hbar q$ 为弹性碰撞过程中的动量改变.

对 Ge、Si 等半导体,Γ 处的直接带宽小于 X 或 L 临界点处的直接带宽,因而在求和 S_n 中,和先吸收光子过程相应的 S_{2+} 及 S_{2-},因分母较小,对跃迁概率有更重要的贡献,进一步考虑到它们的叉乘项对跃迁概率没有贡献,可将跃迁概率 $W(k)$ 简写为

$$W(k) \approx W_2(k) = \int_f \frac{2\pi}{\hbar} (\mid S_{2+} \mid^2 + \mid S_{2-} \mid^2) \delta(E_f - E_i) \, ds_f \tag{2.116}$$

式中

$$\mid S_{2\pm} \mid^2 = \frac{\mid \langle ck \pm q, n(\omega_q) \pm 1 \mid H_{ep, em}^{ab} \mid ck, n(\omega_q) \rangle \mid^2 \mid \langle ck \mid H_{eR}^{ab} \mid vk \rangle \mid^2}{(E_{gk} - \hbar\omega_\nu)^2}$$

$$\tag{2.117}$$

这里 c, v 分别代表导带和价带,$H_{ep, em}^{ab}$ 代表声子散射哈密顿,其中 ab 和 em 分别代表吸收与发射声子过程.

光微扰跃迁矩阵元仍和直接跃迁情况一样,由式(2.42)给出. 或者略去辐射模式脚标 λ,并考虑长波近似,简写为

$$H_{eR}^{ab} = -\frac{e}{m}A_0 \boldsymbol{a} \cdot \boldsymbol{P} \tag{2.118}$$

引用光电磁场的量子化表达式(2.52),将式(2.118)改写为

$$H_{eR}^{ab} = -\frac{e}{m}\left(\frac{2\hbar N_\nu}{\varepsilon\omega_\nu}\right)^{1/2}\boldsymbol{a} \cdot \boldsymbol{P} \tag{2.119}$$

式中我们用 N_ν 表示辐射场的光子密度,如果再忽略矩阵元与 $\boldsymbol{k}$ 的依赖关系以及电子-空穴散射修正,则可得光微扰跃迁矩阵元为

$$|\langle c\boldsymbol{k} | H_{eR}^{ab} | v\boldsymbol{k} \rangle|^2 = \frac{e^2}{m^2}A_0 |\langle c\boldsymbol{k} | \boldsymbol{a} \cdot \boldsymbol{P} | v\boldsymbol{k} \rangle|^2$$

$$= \frac{e^2}{m^2}\frac{2\hbar N_\nu}{\varepsilon\omega_\nu}M_{cv}^2 \tag{2.120}$$

式中 M_{cv} 仍如第 2.3 节中式(2.71a)所描述的动量矩阵元. 比较式(2.116)、(2.117)和第 2.3 节中讨论的直接跃迁概率表达式可知,与布里渊区中心的直接带间跃迁比较,两者跃迁概率的不同仅在于间接跃迁概率降低了一个因子,这个因子等于声子散射矩阵元除以 $(E_{gr}-\hbar\omega_\nu)^2$. 声子散射矩阵元是对应于导带谷间散射事件的矩阵元,而各个不同导带谷可以是不等价的,因而参与散射的声子必须遵从群论选择定则,例如对 Ge 来说,只有布里渊区边界处的 LO 声子、TA 声子及 LA 声子才能参与这种散射事件. 第 2.1 节中讨论过的实验事实也证明这一分析. 对给定波矢 $\boldsymbol{q}$,声子散射矩阵元可表为

$$|\langle c\boldsymbol{k} \pm \boldsymbol{q} | H_{ep,\,em}^{ab} | c\boldsymbol{k} \rangle|^2$$

$$= M_q^2 = \frac{\hbar}{2Nm^*}\frac{C_q^2 I(\boldsymbol{k},\,\boldsymbol{k}+\boldsymbol{q})}{\omega_q} \times \begin{cases} n(\omega_q) \\ n(\omega_q)+1 \end{cases} \tag{2.121}$$

式中 N 为单位体积中原胞数目, m^* 为恰当选择的振子有效质量, $n(\omega_q)$ 为统计平均的声子数,即激发的振动量子的数目,热平衡情况下, $n(\omega_q)=n_0(\omega_q)$,并由玻色-爱因斯坦统计给出

$$n_0(\omega_q) = \frac{1}{\exp[\hbar\omega_q/k_B T]-1}$$

$C_q I(\boldsymbol{k},\,\boldsymbol{k}+\boldsymbol{q})$ 反映了电子-声子耦合的强弱,并给出群论选择定则,这种选择定则和初态、终态布洛赫函数及互作用势的对称性有关. $C_q I(\boldsymbol{k},\,\boldsymbol{k}+\boldsymbol{q})$ 可写为

$$C_q I(\boldsymbol{k},\,\boldsymbol{k}+\boldsymbol{q}) = \int_{\text{原胞}} \psi_{c\boldsymbol{k}+\boldsymbol{q}}^*(\boldsymbol{r})H_{ep,\,q}\psi_{c\boldsymbol{k}}(\boldsymbol{r})\mathrm{d}\boldsymbol{r} \tag{2.122}$$

式(2.121)中, $n(\omega_q)$ 代表吸收声子过程, $n(\omega_q)+1$ 代表发射声子过程. 谷间(谷 i 和

j 之间)散射情况下,

$$\frac{C_q^2 I(\boldsymbol{k}, \boldsymbol{k}+\boldsymbol{q})}{m^*} = \frac{D_{ij}^2}{m_1 + m_2} \tag{2.123}$$

$m_1 + m_2$ 为原胞总质量,D_{ij} 为谷间形变势常数,定义为

$$H_{eP} = D_{ij} U_{ij} \tag{2.124}$$

于是谷间声子散射矩阵元为

$$M_q^2 = \frac{\hbar D_{ij}^2}{2\rho V \omega_{ij}} \begin{cases} n(\omega_{ij}) \\ n(\omega_{ij}) + 1 \end{cases} \tag{2.125}$$

式中 ρ 为质量密度,ω_{ij} 是谷 i 和 j 间谷间散射过程的声子频率.若有几类声子参与散射,则 M_q^2 必须由几项累加而成.通常假定谷间散射是各向同性的,与声子波矢 $\boldsymbol{q}$ 无关.

在直接带间跃迁情况下,仅有一个终态通过波矢守恒定律和一给定初态耦合,但间接带间跃迁情况下,对应于一个给定初态 $|v\boldsymbol{k}\rangle$,存在一组终态通过声子散射和初态相联系,因而跃迁概率变为

$$W_2(\boldsymbol{k}) = 4\pi \frac{e^2}{m^2} \frac{N_\nu}{\varepsilon\omega_\nu} \frac{M_{cv}^2}{(E_{g\Gamma} - \hbar\omega_\nu)^2} \frac{\hbar D_{ij}^2 N_{val}}{2\rho\omega_{ij}}$$

$$\times \{n(\omega_{ij}) N_c(E_1 + \hbar\omega_{ij}) + [n(\omega_{ij}) + 1] N_c(E_1 - \hbar\omega_{ij})\} \tag{2.126}$$

式中 N_{val} 为终态的等效导带谷数目,$N_c(E)$ 为某一导带谷不考虑自旋时的态密度,

$$E_1 = \hbar\omega_\nu - E_g - E_k \tag{2.127}$$

这里 E_g 为间接带宽,E_k 为从价带顶量起的初态空穴能量.式(2.126)给出单位时间内处于 $|v\boldsymbol{k}\rangle$ 态的电子间接跃迁到 $|c, \boldsymbol{k}+\boldsymbol{q}\rangle$ 态的概率.为求得吸收系数 $\alpha(\hbar\omega_\nu)$,必须对所有能给出能量差为 $\hbar\omega_\nu$ 的允许间接跃迁过程求和,这意味着必须对能量 $E_k = 0$ 到 $E_{k, max}$ 的所有可能的初态求和,这里对吸收声子过程,有

$$E_{k, max} = \hbar\omega_\nu - E_g + \hbar\omega_{ij}$$

对发射声子过程,有 $\tag{2.128}$

$$E_{k, max} = \hbar\omega_\nu - E_g - \hbar\omega_{ij}$$

为用积分代替求和,我们以 $2V N_v(E_k) dE_k$ 乘 $W_2(\boldsymbol{k})$ [式(2.126)],并在相应的范围内求积分,这里 $N_v(E_k)$ 为价带态密度,V 为晶体体积,因子 2 是考虑到自旋简并.注意到在抛物能带的简单情况下,有

$$\int_0^{E_{k,\,\max}} E_k^{1/2} (E_{k,\,\max} - E_k)^{1/2} \, \mathrm{d}E_k = \frac{\pi E_{k,\,\max}^2}{8} \tag{2.129}$$

于是得总跃迁概率

$$W_2(\hbar\omega_\nu) = \int 2V N_\mathrm{v}(E_k) W_2(\boldsymbol{k}) \, \mathrm{d}E_k$$

$$= \frac{V(m_\mathrm{e}^* m_\mathrm{h}^*)^{3/2}}{(2\pi\hbar^2)^2} \left(\frac{e}{m}\right)^2 \frac{N_\mathrm{v} M_\mathrm{cv}^2}{\varepsilon\hbar\omega_\nu} \frac{D_{ij}^2 N_\mathrm{val}}{(E_{\mathrm{g}\Gamma} - \hbar\omega_\nu)^2 \rho\omega_{ij}}$$

$$\times \{ n(\omega_{ij})(\hbar\omega_\nu - E_\mathrm{g} + \hbar\omega_{ij})^2$$

$$+ [n(\omega_{ij}) + 1][\hbar\omega_\nu - E_\mathrm{g} - \hbar\omega_{ij}]^2 \} \tag{2.130}$$

吸收系数 $\alpha(\hbar\omega_\nu)$ 可由总跃迁概率按下式求出:

$$\alpha(\hbar\omega_\nu) = -\frac{1}{N_\nu v_\nu} W_2(\hbar\omega_\nu) \tag{2.131}$$

式中 v_ν 是频率为 ω_ν 的光电磁波的传播速度. 应该指出,式(2.130)和(2.131)还只是一种声子对跃迁概率和光吸收系数的贡献,在多种声子参与的情况下,每一种允许的声子参与都贡献形如上式的一个份额,并用 D_{ij} 和 ω_{ij} 来表征这一声子模式. 此外,一般情况下,还要考虑 S_{1+} 和 S_{1-} 过程对跃迁概率和吸收系数的贡献.

式(2.130)和(2.131)表明,声子参与间接跃迁情况下,吸收系数与光子能量的关系一般可写为

$$\alpha(\hbar\omega_\nu) \propto (\hbar\omega_\nu - E_\mathrm{th})^2 \tag{2.132}$$

式中 E_th 为相应的阈值能量,决定于过程是吸收声子或发射声子过程,E_th 可以是 E_g 与声子能量之差或和,这正是第 2.1 节中简要讨论过的结果. 按式(2.130)和(2.131)计算的间接跃迁光吸收系数也和实验结果同数量级.

2.5　半导体带间直接跃迁辐射复合发光过程

现在利用第 2.2 节中讨论的量子力学跃迁概率研究半导体带间跃迁辐射复合光发射现象. 首先是计算带间直接跃迁自发光发射辐射复合速率 $R_\mathrm{sp}(\hbar\omega)$,并与第 2.3 节讨论过的带间直接跃迁光吸收表达式(吸收系数)相比较,然后研究包括受激发光发射在内的总辐射复合速率,以及样品外实际观测到的发光光谱与样品内辐射复合速率的关系.

2.5.1　带间直接跃迁情况下的自发光发射辐射复合速率 $R_\mathrm{sp}(\hbar\omega)$

本节以简单的抛物能带结构和带间偶极矩近似的允许直接跃迁为例,用第

2.2 节中描述的方法具体计算自发光发射辐射复合速率 $R_{sp}(\hbar\omega)$,并与第 2.1 节和第 2.3 节中给出的吸收跃迁过程(及吸收系数 α 表达式)相比较. 已经指出,$R_{sp}(\hbar\omega)$ 表达式也可用冯·鲁斯勃吕克-肖克莱关系直接从对应吸收过程的吸收系数表达式求得,但现在我们直接从第 2.2 节给出的一般情况的自发光发射辐射复合速率 $R_{sp}(\hbar\omega)$ 表达式(2.63)出发,用于本节讨论的简单抛物能带的带间跃迁情况. 将会看到,具体计算结果和用冯·鲁斯勃吕克-肖克莱关系从吸收系数表达式获得的结果是一致的.

　　还应该指出,对半导体发光光谱研究来说,通常总有一个激发源来激发非平衡的过剩载流子,因而激发载流子之间,也就是电子-空穴间的库仑互作用(即激子效应)是十分重要的. 这里暂且忽略这一重要的互作用效应,这相当于说,我们研究的是较高温度下较差纯度的样品. 这种情况下,激发电子-空穴间的互作用常常可以忽略不计.

　　假定所研究的是通常的闪锌矿结构半导体,其导带底在布里渊区原点 Γ,为类 s 态;价带顶也在 Γ 处,为类 p 态,并分裂成重空穴、轻空穴和自旋-轨道分裂价带三支,则从导带到价带偶极允许直接跃迁的辐射复合情况下,式(2.62b)或计及导带和价带占据状况的自发光发射辐射复合速率表达式(2.63)变为

$$R_{sp}^{cv}(\hbar\omega) = -\frac{2\pi}{\hbar} \sum_{v=h,\,l,\,s} \sum_{k_c,\,k_v} \langle |\mathcal{H}_{vc}^{em}|^2 \rangle_{av} G(\hbar\omega)$$

$$\times n_c(\boldsymbol{k}_c) n_v(\boldsymbol{k}_v) \delta\{E_c(\boldsymbol{k}_c) - E_v(\boldsymbol{k}_v) - \hbar\omega\} \tag{2.133}$$

类似于第 2.3 节关于光吸收跃迁过程的讨论,式中对上、下态所有简并度求和,并写成对满足跃迁能量守恒的布里渊区中所有状态 $\boldsymbol{k}$ 的求和以及对不同价带支的求和. 也和带间跃迁光吸收过程一样,光发射跃迁的动量守恒选择定则包括在跃迁矩阵元 $\langle |\mathcal{H}_{vc}^{em}|^2 \rangle_{av}$ 中. 不同价带支对辐射复合光发射跃迁的贡献如图 2.25 中的上图和下图所示;作为比较,图中的中图给出了考虑价带复杂结构情况下的吸收曲线. 从图 2.25 不难看到,偶极近似情况下,动量守恒选择定则 $\boldsymbol{k}_c = \boldsymbol{k}_v$ 和能量守恒选择定则 $E_c(\boldsymbol{k}_v) - E_v(\boldsymbol{k}_v) = \hbar\omega$,对 $v = h$、l、s 的不同价带支来说,要求跃迁发生在不同的 $\boldsymbol{k}$ 值处(因而不同的价带能量处),即对某一特定光子能量 $\hbar\omega$ 的光发射跃迁来说,$k_h \neq k_l \neq k_s$,$E_h(k_h) \neq E_l(k_l) \neq E_s(k_s)$. 这样,对不同价带支的跃迁过程来说,$|\mathcal{H}_{vc}^{em}|^2$ 可以是不同的,于是式(2.133)中关于矩阵元求平均只是对自旋进行. 然而,如已经指出那样,对直接跃迁来说,$|\mathcal{H}_{vc}^{em}|^2$ 是 $\boldsymbol{k}$ 的缓变函数,为简化起见,我们仍忽略与不同价带支有关的辐射复合跃迁矩阵元的不同,并且进一步假定带间直接跃迁情况下辐射复合光发射过程与光吸收过程有相同的光学矩阵元,即

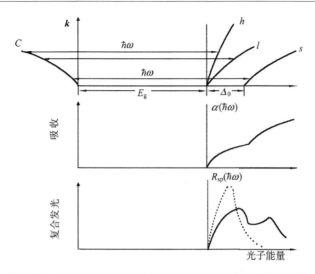

图 2.25 闪锌矿结构半导体能带结构与吸收光谱、发射光谱的关系. 对某一特定光子能量, 跃迁涉及的三支价带的能量和动量不同, 因而与之对应的跃迁能量关系事实上是不简并的, 图中虚线为 $k_B T \ll \Delta_0$ 的情况; 实线为 $k_B T \approx \Delta_0$ 的情况

$$| \mathscr{H}_{\mathrm{vc}}^{\mathrm{em}} |^2 = | \mathscr{H}_{\mathrm{vc}}^{\mathrm{ab}} |^2 = | \mathscr{H}_{\mathrm{vc}} |^2$$

$$= \frac{2\hbar e^2}{\varepsilon m^2 \omega} | \boldsymbol{a} \cdot M_{\mathrm{cv}}(\boldsymbol{k}) |^2 \tag{2.134}$$

这样就可将导带-价带间带间跃迁的自发光发射辐射复合速率 $R_{\mathrm{sp}}^{\mathrm{cv}}(\hbar\omega)$ 表达式 (2.133) 写为

$$R_{\mathrm{sp}}^{\mathrm{cv}}(\hbar\omega) = -\frac{2\pi}{\hbar} G(\hbar\omega) \sum_{\mathrm{v}=h, l, s} | \mathscr{H}_{\mathrm{vc}} |^2 J_{\mathrm{vc}}(\hbar\omega) f_{\mathrm{c}}(\boldsymbol{k}_{\mathrm{v}}) f'_{\mathrm{v}}(\boldsymbol{k}_{\mathrm{v}}) \tag{2.135a}$$

或写为

$$R_{\mathrm{sp}}^{\mathrm{cv}}(\hbar\omega) = -\frac{4}{3} \frac{\pi e^2 \hbar G(\hbar\omega)}{\varepsilon m}$$

$$\times \sum_{\mathrm{v}=h, l, s} f_{\mathrm{vc}}(\hbar\omega) J_{\mathrm{vc}}(\hbar\omega) f_{\mathrm{c}}(\boldsymbol{k}_{\mathrm{v}}) f'_{\mathrm{v}}(\boldsymbol{k}_{\mathrm{v}}) \tag{2.135b}$$

写出式 (2.135b) 时, 已经引用关系式 $n(\boldsymbol{k}) = \rho(\boldsymbol{k}) f(\boldsymbol{k})$, 而 $\rho(\boldsymbol{k}) = 1/(2\pi)^3$ 已自动地包含在联合态密度 $J_{\mathrm{vc}}(\hbar\omega)$ 的积分中, 并且也如讨论吸收过程那样, 用第一布里渊区范围内对 $\boldsymbol{k}$ 的积分代替求和 $\sum_{\boldsymbol{k}_{\mathrm{c}}, \boldsymbol{k}_{\mathrm{v}}}$, 同时忽略 $|\mathscr{H}_{\mathrm{vc}}|^2$ 随 $\boldsymbol{k}$ 的缓慢变化而从积分号中提出来. 此外, 式 (2.135b) 中振子强度 $f_{\mathrm{vc}}(\hbar\omega)$ 和联合态密度 $J_{\mathrm{vc}}(\hbar\omega)$ 的表达式也与第 2.3 节中的式 (2.81) 及 (2.82) 一致. 我们将联合态密度的表达式重写如下:

$$J_{\mathrm{vc}}(\hbar\omega) = \frac{1}{4\pi^3} \int_{\mathrm{BZ}} \delta\{E_{\mathrm{c}}(\boldsymbol{k}_{\mathrm{v}}) - E_{\mathrm{v}}(\boldsymbol{k}_{\mathrm{v}}) - \hbar\omega\} \mathrm{d}\boldsymbol{k}$$

$$= \frac{1}{4\pi^3} \int_s \frac{\mathrm{d}s}{\nabla_{\boldsymbol{k}}\{E_{\mathrm{c}}(\boldsymbol{k}) - E_{\mathrm{v}}(\boldsymbol{k})\}_{E_{\mathrm{c}} - E_{\mathrm{v}} = \hbar\omega}} \tag{2.136}$$

以便结合简单能带结构具体计算其值. 简单抛物能带情况下能带边附近导带, 轻、重空穴价带和分裂价带的色散可分别写为

$$E_{\mathrm{c}}(\boldsymbol{k}_{\mathrm{c}}) = E_{\mathrm{c}}(\boldsymbol{k}_{\mathrm{v}}) = E_{\mathrm{g}} + \frac{\hbar^2 k_{\mathrm{v}}^2}{2m_{\mathrm{e}}^*}$$

$$E_{\mathrm{v}}(\boldsymbol{k}_{\mathrm{v}}) = -\frac{\hbar^2 k_{\mathrm{v}}^2}{2m_{\mathrm{v}}^*}, \qquad \mathrm{v} = h,\, l \tag{2.137}$$

$$E_{\mathrm{s}}(\boldsymbol{k}_{\mathrm{v}}) = -\Delta_0 - \frac{\hbar^2 k_{\mathrm{s}}^2}{2m_{\mathrm{s}}^*}, \qquad \mathrm{v} = s$$

将上式代入式(2.136)分别运算, 可得导带与轻、重空穴价带及分裂价带间直接跃迁辐射复合情况下的联合态密度表达式为

$$J_{\mathrm{vc}}(\hbar\omega) = \frac{1}{2\pi^2} \left(\frac{2m_{\mathrm{r}}^*}{\hbar^2}\right)^{3/2} (\hbar\omega - E_{\mathrm{g}})^{1/2}, \quad \mathrm{v} = h,\, l \tag{2.138a}$$

$$J_{\mathrm{vc}}(\hbar\omega) = \frac{1}{2\pi^2} \left(\frac{2m_{\mathrm{r}}^*}{\hbar^2}\right)^{3/2} (\hbar\omega - E_{\mathrm{g}} - \Delta_0)^{1/2}, \quad \mathrm{v} = s \tag{2.138b}$$

式中

$$\frac{1}{m_{\mathrm{r}}^*} = \frac{1}{m_{\mathrm{e}}^*} + \frac{1}{m_{\mathrm{v}}^*}, \quad \mathrm{v} = h,\, l,\, s$$

为约化质量. 比较式(2.138)和第 2.3 节中的式(2.87)可知, 带间直接跃迁辐射复合情况下, 其联合态密度表达式和吸收过程完全一致.

　　将联合态密度表达式(2.138)代入式(2.135)可得带-带直接跃迁的自发发射辐射复合速率. 当 $\hbar\omega \geqslant E_{\mathrm{g}}$ 或 $\hbar\omega \geqslant E_{\mathrm{g}} + \Delta_0$ 时, 这个速率

$$R_{\mathrm{sp}}^{\mathrm{cv}}(\hbar\omega) = -\frac{2\pi}{\hbar} \mid \mathscr{H}_{\mathrm{vc}} \mid^2 G(\hbar\omega)$$

$$\times \{[A(m_{\mathrm{r},\, h}^*) f_{\mathrm{c}}(\boldsymbol{k}_h) f'_{\, h}(\boldsymbol{k}_h)$$

$$+ A(m_{\mathrm{r},\, l}^*) f_{\mathrm{c}}(\boldsymbol{k}_l) f'_{\, l}(\boldsymbol{k}_l)](\hbar\omega - E_{\mathrm{g}})^{1/2}$$

$$+ A(m_{\mathrm{r},\, s}^*) f_{\mathrm{c}}(\boldsymbol{k}_s) f'_{\, s}(\boldsymbol{k}_s)(\hbar\omega - E_{\mathrm{g}} - \Delta_0)^{1/2}\} \tag{2.139a}$$

当 $\hbar\omega \leqslant E_{\mathrm{g}}$ 时, 其速率

$$R_{\mathrm{sp}}^{\mathrm{cv}}(\hbar\omega) = 0 \tag{2.139b}$$

式中

$$A(m^*_{r,v}) = \frac{1}{2\pi^2}\left(\frac{2m^*_{r,v}}{\hbar}\right)^{3/2}, \quad v = h,\ l,\ s \tag{2.140}$$

现在进一步假定所研究的半导体处于不很强的激发状态,以致准费米能级 ξ_n, ξ_p 尚未进入相应的能带并且离开相应的带边缘的距离大于 $k_B T$, 因而可用玻尔兹曼(Boltzmann)统计来近似式(2.139)中的分布函数 $f_c(k_v)$ 和 $f'_v(k_v)$, 即令

$$f_c(k_v) \approx \exp\{-[E_c(k_v) - \xi_n]/k_B T\}$$
$$f'_v(k_v) \approx \exp\{-[E_v(k_v) - \xi_p]/k_B T\} \tag{2.141}$$

与式(2.66)不同,这里规定 $E_c(k_v)$、$E_v(k_v)$、ξ_n 和 ξ_p 均从相应的带边缘量起,而不是从同一能量原点量起. 并且当 ξ_n、ξ_p 未进入相应能带时有负值,这样在指数项的辐角中,原来为 $\hbar\omega$ 的项现在变成了 $\hbar\omega - E_g$, 于是

$$f_c(k_v) f'_v(k_v) \approx \exp\left\{-\frac{E_c(k_v) + E_v(k_v) - (\xi_p + \xi_n)}{k_B T}\right\}$$

$$= \exp\left\{-\frac{(\hbar\omega - E_g) - (\xi_n + \xi_p)}{k_B T}\right\} \tag{2.142}$$

对从导带到轻、重空穴价带和分裂价带的跃迁分别写出,有

$$f_c(k_v) f'_v(k_v) \approx \exp\left[-\frac{\hbar\omega - E_g}{k_B T}\right]\exp\left[\frac{\xi_n + \xi_p}{k_B T}\right], \quad v = h,\ l \tag{2.143a}$$

$$f_c(k_s) f'_s(k_s) \approx \exp\left[-\frac{\hbar\omega - E_g - \Delta_0}{k_B T}\right]\exp\left[\frac{\xi_n + \xi_p}{k_B T}\right], \quad v = s \tag{2.143b}$$

式(2.143)表明, $f_c(k_v) f'(k_v)$ 对所有不同价带支有相同的形式,只是对每一支价带,跃迁对应的终态能量有所区别. 这样在式(2.142)适用,并且可忽略与不同价带支有关的 $f_c(k_v) f'_v(k_v)$ 间的区别的情况下,带间允许直接跃迁的自发光发射辐射复合速率可写为如下颇为简单的形式:

$$R^{cv}_{sp}(\hbar\omega) = -\frac{2\pi}{\hbar}|\mathscr{H}_{vc}|^2 G(\hbar\omega) f_c f'_v J^{总}_{cv}(\hbar\omega) \tag{2.144}$$

式中 $J^{总}_{cv}(\hbar\omega)$ 是包括所有价带支的总的联合态密度,即

$$J^{总}_{cv}(\hbar\omega) = \sum_{v=h,\,l,\,s} J_{cv}(\hbar\omega) \tag{2.145}$$

计及自旋,上式还应乘以因子 2,即得

$$J^{总}_{cv}(\hbar\omega) = 2\sum_{v=h,\,l,\,s} J_{cv}(\hbar\omega)$$

$$= 2[A(m^*_{r,h}) + A(m^*_{r,l})](\hbar\omega - E_g)^{1/2}$$

$$+ 2A(m^*_{r,s})(\hbar\omega - E_g - \Delta_0)^{1/2} \tag{2.146}$$

通常情况下,基态(价带)不会激发电离到足以改变吸收系数的程度,这时利用细致平衡原理,将式(2.144)代入式(2.67),得

$$\alpha(\hbar\omega) = \frac{R_{sp}(\hbar\omega)}{G(\hbar\omega)v_{en}} \exp\left[\frac{(\hbar\omega - E_g) + (\xi_n + \xi_p)}{k_B T}\right]$$

$$= \frac{2\pi}{\hbar} | \mathscr{H}_{vc} |^2 \frac{J_{cv}(\hbar\omega)}{v_{en}} \tag{2.147}$$

这是直接计算的结果,它再次证明 $\alpha(\hbar\omega)$ 与 $R_{sp}(\hbar\omega)$ 间的关系即使在复杂的简并价带情况下也是适用的. 使人惊奇的或许是,如果定义 $J_{cv}^{\text{总}}(\hbar\omega)$ 为总的联合态密度,即如式(2.145)所述,我们竟能以两带模型为基础,颇为正确地计算涉及若干个简并带的辐射复合或吸收.

现在回到 $R_{sp}^{cv}(\hbar\omega)$ 的计算,将式(2.143)和(2.146)代入式(2.144),即得包括了各支价带贡献的 $R_{sp}^{cv}(\hbar\omega)$ 表达式如下:

$$R_{sp}^{cv}(\hbar\omega) = -\frac{2\pi}{\hbar} | \mathscr{H}_{vc} |^2 G(\hbar\omega) \exp\left[\frac{\xi_n + \xi_p}{k_B T}\right]$$

$$\times \left\{ 2[A(m_{r,h}^*) + A(m_{r,l}^*)](\hbar\omega - E_g)^{1/2} \exp\left[-\frac{\hbar\omega - E_g}{k_B T}\right] \right.$$

$$\left. + 2A(m_{r,s}^*)(\hbar\omega - E_g - \Delta_0)^{1/2} \exp\left[-\frac{\hbar\omega - E_g - \Delta_0}{k_B T}\right] \right\} \tag{2.148}$$

若 $\Delta_0 \gg k_B T$,这符合许多半导体的实际情况,那么式(2.148)大括号中关于分裂价带的项可以忽略不计,$R_{sp}^{cv}(\hbar\omega)$ 简化为

$$R_{sp}^{cv}(\hbar\omega) \approx -\frac{4\pi}{\hbar} | \mathscr{H}_{vc} |^2 G(\hbar\omega) \exp\left[\frac{\xi_n + \xi_p}{k_B T}\right]$$

$$\times [A(m_{r,h}^*) + A(m_{r,l}^*)](\hbar\omega - E_g)^{1/2} \exp\left[-\left(\frac{\hbar\omega - E_g}{k_B T}\right)\right] \tag{2.149}$$

或者

$$R_{sp}^{cv}(\hbar\omega) \propto (\hbar\omega - E_g)^{1/2} \exp\left[-\left(\frac{\hbar\omega - E_g}{k_B T}\right)\right] \tag{2.150}$$

还可以将 $R_{sp}^{cv}(\hbar\omega)$ 写成其他形式,例如用激发电子和空穴数目 n、p 来表示准费米能级 ξ_n、ξ_p,并引用 $| \mathscr{H}_{vc} |^2$ 的表达式(2.134)和 $G(\hbar\omega)$ 的表达式(2.59),可将 $R_{sp}^{cv}(\hbar\omega)$ 写为

$$R_{sp}^{cv}(\hbar\omega) = -np C(\hbar\omega, T) \frac{2\pi}{(\pi k_B T)^{3/2}}$$

$$\times \left\{ \frac{(m_{r,h}^*)^{3/2} + (m_{r,l}^*)^{3/2}}{m_e^{*3/2}(m_h^{*3/2} + m_l^{*3/2})}(\hbar\omega - E_g)^{1/2} \exp\left[-\frac{\hbar\omega - E_g}{k_B T}\right] \right.$$

$$\left. + \frac{(m_{r,s}^*)^{3/2}}{m_e^{*3/2} m_s^{*3/2}}(\hbar\omega - E_g - \Delta_0)^{1/2} \exp\left[-\frac{\hbar\omega - E_g - \Delta_0}{k_B T}\right] \right\} \tag{2.151}$$

式中

$$C(\hbar\omega, T) = \frac{2e^2}{m_0^2 c}\left(\frac{2\pi\hbar^2}{k_B T}\right)^{3/2} | M_{cv} |^2 \eta\hbar\omega \tag{2.152}$$

式(2.148)～(2.151)表明,和吸收系数表达式 (见第 2.3 节)相比较,带间跃迁自发光发射辐射 复合速率表达式的一个重要特点是多了一个权 重因子 $\exp[-(\hbar\omega - E_g)/k_B T]$. 这一因子起因于 对辐射复合有贡献的载流子的热分布,能带 中绝大多数载流子分布在能带极值附近,例 如直接带半导体中布里渊区原点 Γ 附近. 这 样,式(2.149)和(2.150)表明,在忽略分裂价 带贡献的情况下,当光子能量增大到大于禁 带宽度 E_g 值约 $k_B T$ 时,自发光发射辐射复合 速率很快下降,这一情况及其与允许带间跃 迁本征吸收光谱的比较如图 2.26 所示. 图 2.26 表明,在忽略分裂价带贡献的情况 下,由于载流子热分布效应,带间允许直接跃 迁辐射复合发射光谱是一个位于 $\hbar\omega = E_g$ 附 近的仅几个 $k_B T$ 宽的谱带. 在计及分裂价带 贡献的情况下,带间跃迁发射光谱的线形及

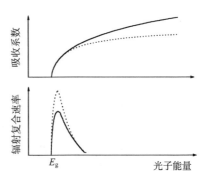

图 2.26 吸收边附近吸收光谱和发射 光谱的比较. 载流子热分布使光发射仅 限于 E_g 附近几个 $k_B T$ 范围内,因而能 带非抛物性对带间跃迁辐射复合光谱线 形无明显影响. 吸收系数曲线中虚线为 抛物能带情况,实线为偏离抛物能带的 效应;辐射复合速率中虚线为
$$A\exp\left[-\frac{(\hbar\omega - E_g)}{k_B T}\right], \text{实线为}$$
$$A_1(\hbar\omega - E_g)^{1/2} \times \exp\left[-\frac{(\hbar\omega - E_g)}{k_B T}\right]$$

其与吸收光谱的比较已如图 2.25 所示. 在下一章仔细研究光吸收现象时将会看 到,绝大多数半导体能带具有强烈的非抛物性,这种非抛物性(或者说扭曲的)能带 对联合态密度和跃迁矩阵元有重要影响,因而对光吸收跃迁概率有重要影响. 然 而,对于带间跃迁辐射复合过程,正如式(2.148)～(2.151)以及图 2.25 和图 2.26 所表明的那样,其发光光谱是一个位于 $\hbar\omega = E_g$ 附近的仅几个 $k_B T$ 宽的谱带. 在这 么窄的能量范围内,通常影响吸收光谱线形的能带非抛物效应尚未发生或不明显. 因而,用最简单的抛物能带近似来描述带间辐射复合过程及其发光光谱,比用于吸 收过程的研究要好得多,不失为一种良好的近似. 同时这也表明,一般说来,测量发 光光谱不是研究能带非抛物性的合适手段. 然而,应该指出的是,对禁带很窄的或 高简并的材料,如 $E_g < 0.1$ eV 的 $Cd_x Hg_{1-x} Te$,能带非抛物性的效应变得如此重

要,以致辐射复合过程的计算(包括跃迁矩阵元的计算),也必须计及这种非抛物性效应,因而通常采用 $\boldsymbol{k} \cdot \boldsymbol{P}$ 微扰理论. 此外,一般说来,辐射复合寿命随材料禁带宽度的下降而增大,以致对于窄禁带半导体,无辐射跃迁复合过程常常起了更重要的作用. 因而,对这些能隙很窄以致能带明显扭曲的半导体材料,发光光谱测量也是较难进行的实验.

2.5.2　受激发光发射速率和总光发射速率

上面已具体研究了带间直接跃迁情况下的自发光发射辐射复合速率 $R_{sp}(\hbar\omega)$. 为完整地给出总辐射复合速率 $R_T(\hbar\omega)$,正如第 2.2 节中讨论的那样,还必须包括受激发光发射跃迁过程的贡献. 事实上,自发光发射辐射复合速率 $R_{sp}(\hbar\omega)$,与通常半导体发光光谱实验研究中在样品外观测到的辐射复合光谱仅有微弱的关系. 绝大多数半导体发光光谱中,如光致发光光谱中,人们观察到的(或者说感兴趣的)主要是或者仅仅是样品热平衡的黑体辐射之外的那部分辐射复合发光光谱. 要定量地描述半导体的这一发光光谱,必须研究总辐射复合速率 $R_T(\hbar\omega)$,即受激发的光发射和自发光发射辐射复合速率之和. 由式(2.62)可写出单位体积内净受激发光发射辐射复合速率为

$$
\begin{aligned}
R_{st}(\hbar\omega) &= W_{em}^{st}(\hbar\omega)\big[n_u n_l' - n_l n_u'\big] \\
&= -\frac{2\pi}{\hbar} \sum_{u,l} \langle \,|\,\mathscr{H}_{ul}^{em}\,|^2 \rangle_{av} G(\hbar\omega) \overline{N}_\lambda (n_u n_l' - n_l n_u') \\
&\quad \times \delta(E_l - E_u + \hbar\omega)
\end{aligned}
\tag{2.153}
$$

式中 n_u 和 n_u' 是跃迁上态的占据概率和空出概率,n_l 和 n_l' 是跃迁下态的占据概率和空出概率. 式(2.153)和(2.63)相加,即得总辐射复合速率

$$
\begin{aligned}
R_T(\hbar\omega) &= R_{sp}(\hbar\omega) + R_{st}(\hbar\omega) \\
&= -\frac{2\pi}{\hbar} \sum_{u,l} \langle \,|\,\mathscr{H}_{ul}^{em}\,|^2 \rangle_{av} G(\hbar\omega) \delta(E_l - E_u + \hbar\omega) \\
&\quad \times \{n_u n_l' + \overline{N}_\lambda (n_u n_l' - n_l n_u')\}
\end{aligned}
\tag{2.154}
$$

即

$$
R_T(\hbar\omega) = R_{sp}(\hbar\omega) \left\{ 1 + \overline{N}_\lambda \frac{n_u n_l' - n_l n_u'}{n_u n_l'} \right\}
\tag{2.155}
$$

由式(2.66)可得

$$
\frac{n_u n_l' - n_l n_u'}{n_u n_l'} = -\left\{ \exp\left[\frac{\hbar\omega - \Delta\xi}{k_B T}\right] - 1 \right\}
\tag{2.156}
$$

于是得

$$R_{\mathrm{T}}(\hbar\omega) = R_{\mathrm{sp}}(\hbar\omega)\left\{1 - \overline{N}_\lambda\left[\exp\left(\frac{\hbar\omega - \Delta\xi}{k_{\mathrm{B}}T}\right) - 1\right]\right\} \qquad (2.157)$$

如同式(2.66)一样,式中带间跃迁情况下 $\hbar\omega = E_{\mathrm{c}} - E_{\mathrm{v}}$,$E_{\mathrm{c}}$ 与 E_{v} 为从同一能量原点量起的值.热平衡情况下,每一辐射模式的平均光子数 $\overline{N}_\lambda$ 由玻色-爱因斯坦分布给出,即 $\overline{N}_\lambda = \{\exp[\hbar\omega/k_{\mathrm{B}}T] - 1\}^{-1}$,而导带电子和价带空穴准费米能级之差 $\Delta\xi = 0$. 将这些结果代入式(2.157)可得 $R_{\mathrm{T}}(\hbar\omega) = 0$,这正是细致平衡原理所要求的. 这里用更直接的方式再次得到同一结论:热平衡情况下向上跃迁数目和向下跃迁数目相等,这通常也被假定为导出自发光发射辐射复合速率表达式的出发点.

在通常半导体发光光谱实验中,如光致发光实验,外激发产生附加的电子-空穴对,从而使样品中的激发载流子数超过其热平衡值.这些附加的(或者说过剩的)载流子从两方面改变了总辐射复合速率表达式(2.157):首先使 $\Delta\xi \neq 0$,其次使 $R_{\mathrm{sp}}(\hbar\omega)$ 中的占据因子 $n_u n'_l$ 增大.此外,辐射场每一模式的平衡占据数(平均光子数),包括其绝对值和频谱分布也改变了.于是,外激发使 $R_{\mathrm{T}}(\hbar\omega)$ 从自发光发射的值增大到实验观测到的超出热平衡黑体辐射的那个辐射发射.光致发光实验中,正是这一过量的辐射发射被称为光荧光,或者统称光致发光.

2.5.3　样品内的辐射复合速率和样品外观测到的发光光谱的关系

迄今只讨论了样品中发生的辐射复合过程,并且认为样品是全体均匀地被激发的,辐射复合发光过程也是在整个样品中均匀地发生的.然而,任何发光光谱总是在样品外采集的,并且在具体的实验条件下,例如光致发光和阴极射线发光实验中,样品所受的激发及其导致的辐射复合发光也远非是均匀的.下面讨论样品外观测到的发光光谱和样品内辐射复合速率 $R_{\mathrm{T}}(\hbar\omega)$ 的关系,并研究具体实验条件对发光光谱的影响.

可以在样品光照面一侧收集发光信号,也可在样品背面收集发光信号,前者称前表面发光,后者称后表面发光.这里以前表面光致发光为例进行讨论.前表面发光情况下,样品表面条件显然对发光光谱有重要的影响,这和研究反射光谱的情况相似.表面氧化层和表面应力等都是十分有害的,因而在样品制备时必须消除和防止.在排除了这种表面沾污干扰的前提下,为了将样品中发生的辐射复合跃迁过程和样品外实际接收到的发光光谱信号联系起来,还必须考虑如下几个事实:首先,光激发过剩电子-空穴对主要产生在样品表面附近,当激发光子能量 $\hbar\omega$ 大于 E_{g} 时尤其是这样;第二,表面附近的这种光生过剩载流子除参与复合过程外,还有向体内扩散的过程;第三,鉴于扩散长度限制和入射光有限的穿透深度,在样品外探测到的发光光谱仅仅是从距表面一定厚度的层内逸出样品的辐射复合发光光子;

第四,这些光子在逸出样品之前还要穿过一定厚度的样品层,因而可能被再吸收和重新产生另外的过剩电子-空穴对,这一过程甚至可以反复发生,导致所谓光子循环;第五,它们到达表面时,还必须经受反射损失. 由于这些原因,简单地认为样品外观察到的发光光谱直接对应于体内辐射复合过程是不正确的. 即使定性地分析,人们也不难推断. 以直接带半导体为例,在能带边缘附近很小的能量范围吸收系数有数量级变化,因而再吸收和再发射过程容易导致带边发光光谱发生明显畸变,以致虚假信号. 在较高激发下 GaAs、InP 的束缚激子发光光谱中,人们就观察到了谱线畸变、谱峰凹陷和虚假信号的发生[34~36],有人甚至观察到再吸收-再辐射信号经样品背面反射后导致的发光峰畸变和虚假信号[37]. 此外可以认为,较低能量的跃迁光谱可以和样品较深部位辐射复合行为相联系,而较高能量谱线则更多反映样品更表层部位的物理过程.

　　下面具体讨论简单理论预期的样品内辐射复合过程与样品外实验观测的发光光谱的关系. 首先讨论表面附近过剩载流子的产生和扩散,并研究它们在表面附近的分布. 计及表面反射,入射光通量在半导体样品内的衰减规律可写为

$$J(x) = (1-R)J(0)e^{-\alpha x} \tag{2.158}$$

式中不带任何脚标的 R 是样品表面的光反射比,注意这一符号和辐射复合速率的区别,α 代表入射光吸收系数,注意与辐射复合导致的出射光的再吸收系数 $\beta(\hbar\omega)$ 相区别. 假定量子效率为 1,即入射光子流中每湮没一个光子就产生一个电子-空穴对,则激发引起的过剩载流子(或过剩电子-空穴对)的产生率 G 可写为

$$\begin{aligned} G(x) &= (1-R)\alpha J(0)e^{-\alpha x} \\ &= G_E(0)e^{-\alpha x} \end{aligned} \tag{2.159}$$

式中

$$G_E(0) = (1-R)\alpha J(0) \tag{2.160}$$

是 $x=0$ 处的过剩载流子产生率. 式(2.159)表明,光生过剩电子-空穴对仅存在于样品表面附近,并有不均匀的分布,因而它们总要向样品体内扩散,试图建立比较均匀的分布. 以电子为例,这种扩散过程导致的扩散电流密度可写为

$$\boldsymbol{j} = -D_e \nabla[en(x)] \tag{2.161}$$

式中 D_e 为电子扩散系数,$\nabla[en(x)]$ 为样品中光激发导致的电子电荷密度分布梯度. 这一扩散电流必须满足连续性方程

$$\nabla \cdot \boldsymbol{j} + \frac{\partial}{\partial t}[en(x)] = 0 \tag{2.162}$$

由此可得 $\frac{\partial n(x)}{\partial t} = \frac{-1}{e} \nabla \cdot \boldsymbol{j}$. 但实际半导体光致发光实验中,影响载流子密度 $n(x)$ 随时间改变的,除扩散过程外,还有光激发过程和复合过程. 令 G 和 $R_{总}$ 分别代表光激发载流子产生速率和复合导致的载流子湮没速率,则电子密度随时间的改变可写为

$$\frac{\partial n(x)}{\partial t} = -\frac{1}{e} \nabla \cdot \boldsymbol{j} + G - R_{总} \qquad (2.163)$$

式(2.163)中,G 不仅代表激发光引起的载流子产生率 G_{B},还包括了辐射复合发光的自吸收导致的附加载流子;$R_{总}$ 则包括了所有辐射[如式(2.155)给出]和无辐射的复合跃迁过程,并对能量积分,即

$$R_{总} = \int_0^{\infty} R_{总}(\hbar\omega) \mathrm{d}\hbar\omega$$

对光生过剩空穴可作类似的讨论. 将电子和空穴的改变速率及扩散过程综合起来,即可得到光生过剩载流子扩散和改变情况的全貌. 这一问题的完整处理是繁复的,在第五章讨论半导体发光光谱时,我们将较详细地研究这一问题,在此仅考虑简化情况下的数学处理和对结果的讨论. 假定被研究材料为强 p 型,并且是弱激发的情况,于是光生过剩载流子 $\Delta n = \Delta p \ll p_0$,这时可以认为多数载流子(空穴)分布不因外激发而明显变化,因而仅用简单的连续性方程(2.163)即可处理少数载流子[在此即 $n(x) = n_0 + \Delta n(x)$]的分布问题. 此外,再假定为半无限固体样品,即垂直光照方向,样品为无限大,并且因辐射和无辐射复合跃迁而引起的过剩载流子浓度的损耗可以用寿命这一物理量来描述,即

$$\frac{\mathrm{d}(\Delta n)}{\mathrm{d}t}\bigg|_{损耗} = -(R_{总} - G_{\mathrm{R}}) = -\frac{\Delta n}{\tau} \qquad (2.164)$$

式中 G_{R} 为辐射复合发光的自吸收导致的过剩载流子产生率. 在有多个过程参与过剩载流子复合的情况下,

$$\frac{1}{\tau} = \sum_i \frac{1}{\tau_i} \qquad (2.165)$$

式中与辐射复合过程有关的过剩载流子的寿命称辐射复合寿命,记为 τ_{R},它和辐射复合速率的关系可写为

$$\frac{1}{\tau_{\mathrm{R}}} = \frac{R_{总} - G_{\mathrm{R}}}{\Delta n} \approx \frac{R_{\mathrm{sp}}(n_0 + p_0 + \Delta n)}{n_0 p_0} \qquad (2.166\mathrm{a})$$

对强 p 型材料和弱激发情况,上式进一步简化为

$$\frac{1}{\tau_R} \approx \frac{R_{sp}}{n_0} \tag{2.166b}$$

这里

$$R_{总} = \int_0^\infty R_{总}(\hbar\omega) \mathrm{d}\hbar\omega$$

$$R_{sp} = \int_0^\infty R_{sp}(\hbar\omega) \mathrm{d}\hbar\omega \tag{2.167}$$

将式(2.161)和(2.164)代入连续性方程(2.163),并考虑到$\dfrac{\mathrm{d}n}{\mathrm{d}t} = \dfrac{\mathrm{d}}{\mathrm{d}t}(n_0 + \Delta n) = \dfrac{\mathrm{d}\Delta n}{\mathrm{d}t}$,得

$$\frac{\partial(\Delta n)}{\partial t} = D_e \frac{\mathrm{d}^2(\Delta n)}{\mathrm{d}x^2} + G_E(0)\mathrm{e}^{-\alpha x} - \frac{\Delta n}{\tau} \tag{2.168}$$

在$\partial(\Delta n)/\partial t = 0$的稳态情况下,上式简化为

$$D_e \frac{\mathrm{d}^2(\Delta n)}{\mathrm{d}x^2} + G_E(0)\mathrm{e}^{-\alpha x} - \frac{\Delta n}{\tau} = 0 \tag{2.169}$$

上述讨论中没有考虑表面复合的影响,但从有关光生过剩载流子运动过程的最早研究以来,人们就注意到表面复合的重要性. 肖克莱用表面复合引起的指向表面的电流密度j_s和表面复合速度s来描述表面复合的大小和作用. 以 p 型材料的过剩电子为例,可以写出

$$j_{es} = e\Delta n s \tag{2.170}$$

上式实际上给出了扩散电流j的边界条件,即$x=0$处$j = -j_{es}$,于是得

$$D_e \nabla(\Delta n)\big|_{x=0} = s\Delta n\big|_{x=0} \tag{2.171}$$

　　综合上述讨论,可以将决定过剩载流子稳态分布的微分方程和边界条件重写如下:

$$D_e \frac{\mathrm{d}^2(\Delta n)}{\mathrm{d}x^2} + G_E(0)\mathrm{e}^{-\alpha x} - \frac{\Delta n}{\tau} = 0 \tag{2.172a}$$

$$D_e \frac{\mathrm{d}(\Delta n)}{\mathrm{d}x}\big|_{x=0} = s\Delta n\big|_{x=0} \tag{2.172b}$$

$$\Delta n = 0, \quad 当\ x \to \infty \tag{2.172c}$$

结合边界条件(2.172b)和(2.172c),微分方程(2.172a)的解不难写为

$$\Delta n = \frac{G_E(0)L^2/D_e}{(1-\alpha^2L^2)}\left\{e^{-\alpha x} - \left(\frac{\alpha L + \zeta}{1+\zeta}\right)e^{-x/L}\right\} \tag{2.173}$$

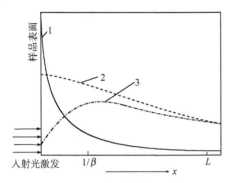

图 2.27　光激发过剩载流子产生率和稳态过剩少子分布的剖面图. 表面复合速度增大时, $x=0$ 处的过剩少子浓度 Δn 降低, 图中曲线 1 为 $G_E(0)\exp(-\beta x)$; 曲线 2 为 $\zeta \to 0$ 时的 $\Delta n(x)$; 曲线 3 为 $\zeta \gg \beta L$ 时的 $\Delta n(x)$

式中 L 为扩散长度, $\zeta = sL/D_e$ 称为简约表面复合速度. 图 2.27 给出了本节讨论的弱激发、强 p 型材料沿样品深度方向光生过剩载流子的产生率和过剩电子浓度的分布, 并给出了表面简约复合速度对过剩电子浓度分布的影响. 从图中可以看到, 表面复合速度增大使靠近表面的过剩载流子浓度下降, 并使整个浓度分布的极大值位置移向体内, 移动距离最大可近乎等于扩散长度 L; 当 $\zeta \to 0$(因而 $s \to 0$)时, 过剩载流子浓度分布极大值的位置移向表面. 在电子束激发引起的阴极射线发光情况下, 过剩载流子的分布和上述讨论相似.

样品外接收到的辐射复合发光通量, 决定于式(2.173)和图(2.27)给出的样品内距表面一定厚度的层内的辐射复合速率 $R_{\text{总}}(\hbar\omega)$, 并且还决定于这一光辐射不被自吸收和反射而从样品中逸出的概率. 和样品表面法线成 θ 角的方向上(k_θ 方向)立体角 $d\Omega$ 内采集到的、从样品表面单位面积上出射的、频率在 $\hbar\omega$ 到 $\hbar\omega + d\hbar\omega$ 之间的发光通量为

$$F(\hbar\omega, k_\theta)\, d\hbar\omega d\Omega = \frac{(1-R)d\Omega d\hbar\omega}{4\pi}\int_0^\infty \frac{\Delta n}{\tau_R(\hbar\omega)}\exp[-\beta(\hbar\omega)x]dx \tag{2.174}$$

为考虑自吸收效应[式(2.166)]的影响, 式(2.174)的被积函数中已经用 $\Delta n/\tau_R(\hbar\omega)$ 代替 $R_{\text{总}}(\hbar\omega)$. 定义归一化的谱线线形函数 $A(\hbar\omega)$, 使

$$\frac{1}{\tau_R(\hbar\omega)} = \frac{A(\hbar\omega)}{\tau_R} \tag{2.175}$$

$A(\hbar\omega)$ 满足

$$\int_0^\infty A(\hbar\omega)d\hbar\omega = 1 \tag{2.176}$$

式中 $\tau_R(\hbar\omega)$ 为与 $R_{\text{总}}(\hbar\omega)$ 对应的辐射复合寿命, 由式(2.166)给出. 将式(2.173)给出的 Δn 代入式(2.174), 对 x 积分, 得

$$F(\hbar\omega, k_\theta) = \frac{(1-R)G_E(0)L^3 A(\hbar\omega)}{4\pi\tau_R D_e}\left\{\frac{\alpha L + \beta L + \zeta}{(\zeta+1)(\alpha L + \beta L)(\alpha L + 1)(\beta L + 1)}\right\}$$

$$\tag{2.177}$$

对整个谱带求积分，并考虑到带间跃迁辐射复合发光光谱通常有较窄的谱带，得

$$F(k_\theta) = \frac{(1-R)G_E(0)L^3}{4\pi\tau_R D_e} \left\{ \frac{\alpha L + \beta L + \zeta}{(\zeta+1)(\alpha L + \beta L)(\alpha L + 1)(\beta L + 1)} \right\} \quad (2.178)$$

带间直接跃迁辐射复合情况下，可以假定 $\alpha \approx \beta$，并且 $(\alpha L + \beta L) \gg \zeta$，这时 $F(\hbar\omega, k_\theta)$ 和 $F(k_\theta)$ 表达式大括号中的项可近似为

$$\frac{1}{(\zeta+1)(\alpha L + 1)^2}$$

最后讨论发光谱带线形函数 $A(\hbar\omega)$，有时候它是一个比发光通量 $F(\hbar\omega, k_\theta)$ 和辐射复合寿命 τ_R 更重要的物理量. 实验上，$A(\hbar\omega)$ 可以直接精确测量，其测量精度比 $F(\hbar\omega, k_\theta)$ 和 τ_R 的测量精度要高得多. 正是线形函数 $A(\hbar\omega)$ 的实验结果和理论预期的比较，使人们能从发光光谱来判断和研究所涉及的辐射复合跃迁过程. 在带间直接跃迁情况下，$R_{sp}(\hbar\omega)$ 和 $R_{sp} = \int_0^\infty R_{sp}(\hbar\omega)\mathrm{d}\hbar\omega$ 的关系，除常数参数项外，主要是相差一个因子

$$\int_0^\infty (\hbar\omega - E_g)^{1/2} \exp\left[-\frac{\hbar\omega - E_g}{k_B T}\right]\mathrm{d}\hbar\omega = \frac{\pi^{1/2}}{2}(k_B T)^{3/2} \quad (2.179)$$

由于 R_{sp} 和 τ_R 之间有如式(2.166)给出的关系，不难推导，对于允许带间直接跃迁辐射复合过程，归一化的线形函数可写为

$$A(\hbar\omega)\mathrm{d}\hbar\omega = \frac{2}{\pi^{1/2}}x^{1/2}\mathrm{e}^{-x}\mathrm{d}x \quad (2.180)$$

式中

$$x = \frac{(\hbar\omega - E_g)}{k_B T} \quad (2.181)$$

光通量 $F(\hbar\omega, k_\theta)$ 和线形函数 $A(\hbar\omega)$ 的表达式(2.177)及(2.180)，与 p 型 GaAs 前表面光致发光实验结果[33] 符合得很好. 上述关于强 p 型材料的计算和讨论，也可用于强 n 型材料.

参 考 文 献

[1] Pankove J I. Optical Processes in Semiconductors, Princeton Publ, 1973

[2] Greenaway D L and Harbeke G. Optical Properties and Band Structure of Semiconductors. Pergamon Press, 1968

[3] Seraphin B O. Optical Properties of Solids—New Developments. North Holland, 1976

[4] Seeger K 著. 徐乐，钱建业译. 半导体物理. 北京：人民教育出版社，1980

[5] Moss T S and Hawkins T D F. Infrared Physics, 1961, **1**: 111

[6] Bardeen J, Blatt F J and Hall L H. Proc. of Atlantic City Photo-conductivity Conference, 1954, 146

[7] Phillips J C. Bonds and Bands in Semiconductors. Academic Press, 1973

[8] Smith R A. Wave Mechanics of Crystalline Solids. 2nd Ed. Chapman and Hall, 1969

[9] Macfarlane G G, McLean T P, Quarington J E and Roberts V. Phys Rev, 1957, **108**:1137

[10] Macfarlane G G , McLean T P, Quarrington J E and Roberts V. Phys Rev, 1958, **111**: 1245

[11] Weber W. Phys Rev, 1977, **B15**:4789

[12] Nelin Gand Nielsson G. Phys Rev, 1972, **B5**:3151

[13] 沈学础,Gardona M. Solid State Commun, 1980, **36**:327

[14] 沈学础,方容川,Cardona M and Genzel L. Phys Rev, 1980, **B22**:2913

[15] Dumke W. Phys Rev, 1957, **108**:1419

[16] Casey H C, Jr and Stern F. J Appl Phys, 1976, **43**:631

[17] Pankove J I. Phys Rev, 1965, **140**:A2059; Paves L and Guzzi M. J Appl Phys, 1999, **75**:4779, and reference therein

[18] Mahan G D and Conley J W. Appl Phys Lett, 1967, **11**:29;沈学础,陈宁锵. 物理学报, 1964, **20**:1019

[19] Redfield D. Phys Rev, 1963, **130**:916

[20] Bassani F. Band Structure and Interband Transitions. Academic Press, 1966

[21] Ridlay B K. Quantum Processes in Semiconductors. Claredon Press, Oxford, 1982,209

[22] Van Boosbruck W and Shockley W. Phys Rev, 1954, **94**:1558

[23] Van Hove L. Phys Rev, 1953, **89**:1189

[24] Phillips J C. Phys Rev, 1956, **104**:1263

[25] Hamakawa Y and Nishino T. In: Optical Properties of Solid—New Developments, ed by Seraphin B O. North Holland Publ, 1976,256

[26] Nakao K. J Phys Soc Japan, 1968, **25**:1343

[27] Okuyama M, Nishino T and Hamakawa Y. J Phys Soc Japan, 1974, **37**:431

[28] Bouckaert L P, Smoluchowski R and Wigner E P. Phys Rev, 1936, **50**:58

[29] Koster G F, Dimmock J O, Wheeler R G and Statz H. Properties of the Thirty-two Point Group Theory. MIT Press, 1963

[30] Seitz F. The Modern Theory of Solids. McGraw Hill, 1940

[31] Bebb H B and Williams E W. In: Semiconductors and Semimetals 8, 181. ed. by Willardson and Beer. Academy Press, New York, 1972

[32] Voos M, Leheny R F and Shah J. In: Handbook on Semiconductors, 2, 329, ed by Balkanski M. North Holland Publ, Amsterdam, 1980

[33] Vilms J and Spicer W E. J Appl Phys, 1965, **36**:2815

[34] Lester S D, Kim T S and Streetman B G. J Appl Phys, 1988, **63**:853

[35] Hopfield I J. J Phys Soc Japan, Suppl, 1966, **21**:77

[36] Weisbuch C and Ulbrich R G. J Lumin, 1979, **18/19**:27

[37] Warwick C A. J Appl Phys, 1986, **59**:4182

第三章 半导体的吸收光谱和反射光谱
——带间跃迁过程

吸收光谱和反射光谱是研究半导体能带结构及其他有关性质的最基本最普遍的光学方法之一.这些实验所涉及的波段可以从厘米、毫米波段直到远紫外光谱甚至软 X 射线波段,对应的光子的能量从小于 1 meV 到 10^3 eV,它们可以和半导体中几乎所有的基本激发过程相互作用.在与带间跃迁对应的基本吸收区域,与光学声子有关的剩余射线吸收区域,以及自由载流子集体激发等离子体吸收区域,吸收系数大到许多情况下实验上难以测量的地步,因而反射光谱和调制反射光谱是这些区域中常用的光谱方法.在其他波段,则广泛采用吸收光谱方法.在紫外和红外波段的实验中,真空型光谱装置是必需的,以避免空气分子的紫外吸收和水蒸气的红外吸收.本章讨论半导体吸收边附近的光吸收现象和带间电子跃迁区域的反射及调制反射光谱,包括激子效应.第四章讨论杂质吸收、自由载流子吸收,以及和振动能态间跃迁有关的晶格吸收或反射.

结合能带的理论计算,通过这一章有关光谱现象的讨论,可以使我们看到人们对半导体能带的认识是如何逐步深化的.

3.1 外界条件对半导体光吸收边的影响

光吸收边的存在是半导体吸收光谱和反射光谱的最突出的一个特征,也是半导体以及绝缘体光谱与金属光谱的主要不同之处.人们对半导体的光吸收边已做了很好的研究.在这种研究中,常常通过改变外界条件(实验条件)来改变光吸收边的行为.这种外界条件的变化也称作外微扰或外扰条件,本节主要讨论外微扰条件对半导体带间跃迁及其光吸收边的影响.

外加微扰可以影响半导体的能带结构,从而影响半导体的基本吸收和吸收边.反之,外微扰作用下半导体带间跃迁和光吸收边的变化,又被人们广泛用来研究半导体的能带结构,从而深化了对半导体能带结构的认识.关于外微扰对半导体能带的影响,以及由此诱发的种种现象的研究,还导致了半导体的许多新应用,如各种半导体传感器.温度、压力(包括单轴应力)、外电场和磁场是半导体光吸收研究中典型的外微扰条件,尤其是超低温、超高压、强磁场和强辐照等,常被称为极端条件,它们在半导体和其他学科研究中有重要意义.本节着重研究温度、压力和外电场对半导体光吸收边的影响,而将磁场效应留在第六章讨论.

3.1.1 压力效应

本节讨论的压力指的是流体静压力和单轴应力. 流体静压力是只引起晶体体积压缩而不改变其对称性的各向同性压应力. 它对半导体能带结构及光吸收边行为的影响,是通过晶格常数的变化来实现的. 随着压力的增加和晶格常数的压缩,半导体导带和价带的电子波函数间的交叠混和情况随之改变,能带边缘在 k 空间的相对位置及不同能谷间的能量差也可发生变化. 不同压力下吸收边附近 GaAs 的吸收光谱如图 3.1 所示[1],更高压力下的结果如图 3.2 所示,这是压力下半导体光吸收边行为的一个典型实验结果. 图中给出的是不同压力下 10 μm 厚的 GaAs 薄片的光密度 I_0/I 与光子能量的关系,当 $I_0/I \approx 1000$ 时,对应的吸收系数约为 $\alpha = 7 \times 10^3 \mathrm{cm}^{-1}$. 图 3.1 和 3.2 的两个最显著的结果是:光谱曲线陡峭上升(即吸收系数陡峭上升)对应的允许直接跃迁吸收边随压力的升高而向高能方向移动;和吸

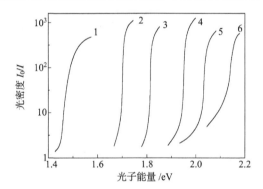

图 3.1 室温时不同压力下 GaAs 吸收边附近的吸收曲线. 曲线 1~6 对应的压力分别为 $p=0$, 19.9, 30.4, 41.6, 56.2, 68.2kbar

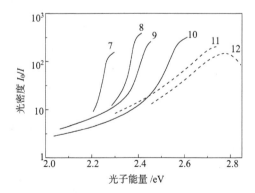

图 3.2 室温和更高压力下吸收边附近 GaAs 的吸收曲线(I_0/I 与 $\hbar\omega$ 的关系),曲线 7~12 分别为 $p=$ 83.4, 104, 116, 130, 150, 179 kbar 时的吸收曲线

收曲线低能端吸收带尾随压力升高而增强. 由前一结果可以求得室温时 k 空间原点 Γ 处 GaAs 直接导带底相对于价带顶的能隙 E_0 随着压力的变化为

$$E_0 = 1.42 + 1.26 \times 10^{-2} p - 3.77 \times 10^{-5} p^2 \tag{3.1}$$

式中能量以电子伏特(eV)为单位, 压力 p 以千巴(kbar)为单位.

　　流体静压力对能带结构的影响是通过晶格常数的变化来实现的, 可以将 E_0 随压力的变化换算为随晶格常数畸变 $\Delta a/a$ 的变化. 对 GaAs 来说, 利用已知的压缩率数据可获得如图 3.3 所示的结果. 由图及式(3.1)可见, 尽管晶格常数的变化尚不超过 5%, 但 E_0 却增大了一倍以上, 并且变化的非线性已十分明显.

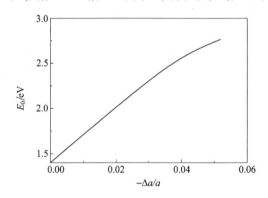

图 3.3　GaAs 直接禁带宽度 E_0 和晶格常数畸变的关系

　　已经指出, 图 3.1 和图 3.2 的另一个显著结果是吸收曲线低能端吸收带尾随压力升高而增强和增宽, 这表示从价带顶到导带 X 能谷间的带间间接跃迁的开始及其影响的增强. 0 K 时能带边缘附近 GaAs 的能带结构如图 3.4 所示意. 此图是根据压力实验结合其他实验和理论计算画出来的. 相对于布里渊区原点的价带顶来说, 常压下导带最低能量状态是布里渊区同一位置的 Γ 导带能谷, 位于价带顶以上 1.52 eV(0K)处; 在⟨100⟩方向和⟨111⟩方向, 也分别存在导带极值, 并称为 X 能谷和 L 能谷, 它们分别位于 Γ 附近的最低导带状态以上约 0.50 eV 和 0.31 eV 处, 不同的作者给出的值略有不同. 实验测量表明, GaAs 从价带顶点 Γ 到导带 X 能谷的 Γ-X 能隙, 以大约 $\dfrac{\mathrm{d}\Gamma X}{\mathrm{d}p} = -1 \times 10^{-3}$ eV/kbar 的速率随压力升高而下降, 因而在大约 40kbar 压力以上, Γ-X 能隙将变成这一半导体材料价带与导带间的最小能隙 E_g, $\Gamma \to X$ 的带间间接跃迁对吸收边的贡献开始显示出来, 并随压力升高逐步增强, 形成吸收曲线强的低能带尾, 以致在图 3.2 给出的最高实验压力情况下已不易分辨出直接跃迁吸收边. 这一定性分析和实验结果是一致的. 图 3.1 表明, 在 30~40kbar 压力时, 这种吸收带尾开始变得明显起来. 这种最低导带能谷类型的改变, 导致了半导体相应物理性质和光学性质(如载流子有效质量、寿命等)的显著

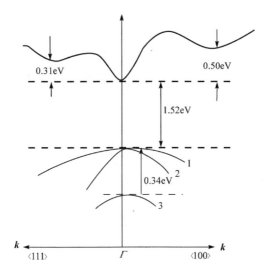

图 3.4　压力实验等结果及理论计算给出的带边附近
GaAs 能带结构示意图

改变. 这是高压下半导体研究的一个很有意义的结果. 例如利用压力诱导不同类型导带谷能量交叠附近电学性质随压力很快变化的结果,可以很方便地做成高灵敏的半导体压力传感器. 除 GaAs 外, Ge 和 GaSb 等其他半导体也有类似的结果. 这些发现证明了压力在半导体能带结构研究中的作用. 正是压力实验,直接而形象地发现和证实了半导体在能带边附近可以存在位于布里渊区不同方向不同位置上的不同的导带能谷,并且证明了对同一半导体材料,不同类型的导带能谷可以有很不相同的压力行为,例如相对于布里渊原点 Γ 处的价带顶, GaAs 的 Γ 导带谷的压力系数约为 12×10^{-3} eV/kbar, L 谷的压力系数约为 3×10^{-3} eV/kbar, X 谷的压力系数则为 -1×10^{-3} eV/kbar. 对不同的半导体材料,同一类型导带能谷可有相近的压力行为,例如对所有半导体材料, X 型导带谷相对于价带顶的压力系数都是 -1×10^{-3} eV/kbar 左右,这就是威廉·保罗(Paul)总结的能带压力系数的经验规则.

　　流体静压力对半导体光吸收边位置和带间跃迁能量的影响,可以从晶格形变(压缩)导致形变势变化来解释,因而既可用量子力学和能带论的方法来进行理论讨论. 也可以方便地用菲利普斯等[3~5]提出和发展的化学键的介电理论简要地分析和讨论. 这一理论主要适用于四面体配位的 $A^N B^{8-N}$ 型化合物. 按这一理论,对其组成元素不存在能量接近价带顶的 d 态的化合物来说,直接带间能隙可写为

$$E_i = E_{hi}\left\{1 + \left(\frac{c}{E_{hi}}\right)^2\right\}^{1/2}, \qquad i = 0, 1, 2, \cdots \tag{3.2}$$

式中 E_{hi} 为非极性带隙,即原子 A 和 B 为同种原子情况下对应的直接带隙,它仅和

化学键长度 l 有关,其关系为

$$E_{hi} \propto l^{-2.5} \tag{3.3}$$

式(3.2)中 c 代表化学键离子性对带宽的贡献,其值决定于二元化合物 $A^N B^{8-N}$ 的反对称势(或称离子势),并且假定和带隙无关. 可以按下式从电子介电常数(即高频介电常数)ε_∞ 来推算参数 c:

$$\varepsilon_\infty = 1 + DA \frac{(\hbar\omega_{pv})^2}{E_h^2 c^2} \tag{3.4}$$

式中 ω_{pv} 为价电子等离子频率,E_h 为各向同性非极性带隙,因子 $A = 1 - \frac{E_g}{4E_F} + \frac{1}{3}(E_g/4E_F)^2$,其中 $E_g^2 = E_h^2 + c^2$,E_F 是每个原子容积包含 4 个价电子情况下的自由电子费米能级,D 是一个考虑到 d 态内层电子效应的参数. 当这些 d 态离价带顶较近时,式(3.2)应修正为[4]

$$E_i = \{E_{hi} - (D_{av} - 1)\Delta E_i\} \left\{ 1 + \left(\frac{c}{E_{hi}}\right)^2 \right\}^{1/2} \tag{3.5}$$

将式(3.5)对压力 p 求微商得

$$\frac{dE_i}{dp} = \left\{ 1 + \left(\frac{c}{E_{hi}}\right)^2 \right\}^{1/2} \left\{ \frac{dE_{hi}}{dp} - \frac{d(D_{av} - 1)\Delta E_i}{dp} \right\}$$

$$+ \frac{E_i}{1 + (E_{hi}/c)^2} \left\{ \frac{1}{c}\frac{dc}{dp} - \frac{1}{E_{hi}}\frac{dE_{hi}}{dp} \right\} \tag{3.6}$$

这样,假若已知 $(D_{av} - 1)\Delta E_i$ 和 c 随晶格常数的变化,就可求得能隙 E_i 的压力系数和畸变势,进而求得 ε_∞ 和复数折射率 $\tilde{\eta}(\omega)$ 随晶格常数的变化. 范·维克顿(Van Vechten)等[4,6]将 $(D_{av} - 1)$ 表为化学键长度 l 和离子性参数 c 的函数,即 $(D_{av} - 1)\Delta E_i \propto \Delta E_i l^y (1-f)^z$,这里 $f = \frac{c^2}{E_{hi}^2 + c^2}$ 为菲利普斯电离率,而 y、z 可经拟合由实验数据求得,并假定 c 不随压力变化,便可以从式(3.6)计算不同半导体材料禁带隙度的压力系数. 假定 c 不随压力变化的背景在于,对于纯离子晶体,决定平衡晶格常数的总能量为极小的条件等价于平均离子势 c 为极大的条件. 对本节讨论的化学键仅具有部分离子性的化合物半导体来说,上述等价并不成立. 但是,既然 c 和反对称势相联系,它随晶格常数的变化应该可以忽略不计.

上述理论估计结果和实验测量值的比较见表 3.1. 考虑到理论本身的近似性,两者的符合是令人满意的. 应该指出,这种符合所涉及的物理因素是能带的畸变势,而不是带隙本身. 表中 E_0、E_1 和 E_2 是指最低的和较高能态的直接带隙,$E_{\Gamma L}$ 和 $E_{\Gamma X}$(或简写为 ΓL 和 ΓX)是布里渊区原点 Γ 处的价带顶与 L 及 X 处的导带谷之间的间接禁带宽度,η 是折射率.

表 3.1 若干金刚石结构、闪锌矿结构和纤锌矿结构半导体的能带压力系数

半导体	$K\left(=\dfrac{1}{V}\dfrac{dV}{dp}\right)$ 体压缩率 /(10⁻³/kbar)	dE_0/dp /(10⁻³eV/kbar)		dE_1/dp /(10⁻³eV/kbar)		dE_2/dp /(10⁻³eV/kbar)		$d\Gamma L/dp$ /(10⁻³eV/kbar)		$d\Gamma X/dp$ /(10⁻³eV/kbar)		$\dfrac{1}{\eta}\dfrac{d\eta}{dp}$ /(10⁻³/kbar)	
		理论	实验	理论	实验	理论	实验	理论	实验	理论	实验	理论	实验
Si	1.02	3.7	5.2	2.7		3.6	2.9	1.2		-0.1	-1.5	-0.3±0.05	-0.3±0.2 −0.14
Ge	1.33	14.3	{13.0 15.3}	7.1	7.5	4.4	5.5	5.4	5.0	-0.1	-1.5	-1.0±0.2	-0.7±0.2
GaSb	1.77	14.7	14.7	6.6	7.5	4.0	6.0	4.8	5.0	-0.6		-0.8±0.2	
GaAs	1.34	11.0	{10.7 11.7}	4.5	5.0	3.6		2.8		-0.8	-2.7	-0.5±0.2	-0.7
InSb	2.10	15.8	15.5	7.6	8.5	4.3	6.0	5.5	5.0	-0.9		-1.1±0.2	
GaP	1.13	9.2	10.7	4.6	5.8	3.2	3.0	2.8		-0.8	-1.1	-0.3±0.2	
InAs	1.70	12.2	10.0	7.5	7.0	3.3		6.0		-0.1		-0.7±0.2	
InP	1.38	9.5	{8.5 9.1}	4.8	7.0	3.0		3.4		-1.0		-0.4±0.2	
AlSb	1.69	13.5	10.0± 2.0	7.0		3.4		2.5		-1.0	-1.6	-0.5±0.2	
GaN	0.5	6.3	4.2	2.3		2.1		1.2		-0.7		-0.05±0.1	

续表

半导体	$K\left(=\dfrac{1}{V}\dfrac{dV}{dp}\right)$ 体压缩率 /(10⁻³/kbar)	dE_0/dp /(10⁻³eV/kbar)		dE_1/dp /(10⁻³eV/kbar)		dE_2/dp /(10⁻³eV/kbar)		$d\Gamma L/dp$ /(10⁻³eV/kbar)		$d\Gamma X/dp$ /(10⁻³eV/kbar)		$\dfrac{1}{\eta}\dfrac{d\eta}{dp}$ /(10⁻³/kbar)	
		理论	实验	理论	实验	理论	实验	理论	实验	理论	实验	理论	实验
ZnTe	2.00	8.1	{6.0, 7.0}	3.7	6.2	3.3		1.7		−1.7		0.01±0.1	
ZnS	1.39	7.6	{6.3, 5.7}	3.5		3.0		1.7		−1.7	−2.0	0.05±0.1	−0.1
ZnSe	1.65	7.1	6.0	4.0		3.3		2.0		−1.8		0.07±0.1	
CdTe	2.36	8.1	8.0	3.9	6.4	3.1		1.9		−1.9		0.1±0.1	−0.6
CdS	1.53	6.1	4.9	3.0		1.8		1.8		−2.3		0.05±0.1	
CdSe	1.86	6.9	6.0	3.2		2.7		1.7		−1.7		0.05±0.1	
HgTe	2.40	12.0	{12.0±2.0, 10.4±0.6}	5.4		3.4							
ZnO			2.7										−0.18

注:表中理论值按文献[6]的介电函数理论计算,直接带宽的估算误差为±1,间接带宽的估算误差为±1.5,带宽记号如正文中所解释.

上面主要讨论了不同对称类型的导带极值的不同压力行为. 压力下吸收边附近半导体吸收行为研究的另一个有趣课题, 是含未填满 d 壳层或 f 壳层元素的掺杂晶体或混晶[7~9]. 例如, 单伟等人[7]研究了吸收边附近 $Cd_{1-x}Mn_xTe$ 的吸收光谱. 当 $x \leqslant 0.3$ 时, $Cd_{1-x}Mn_xTe$ 吸收光谱具有带间直接跃迁决定的陡峭的吸收边, 且随压力增加而向高能方向漂移(蓝移). 但对 $x \geqslant 0.3$ 的混晶, 高压下吸收边附近出现吸收带尾, 这种带尾也随压力和 x 的增加而增大, 以致吸收边演变成类似间接跃迁吸收边那样的变化较平缓的线形, 并且随压力增加而红移, 红移压力系数高达 $-5 \times 10^{-3} eV/kbar$. 他们的主要实验结果如图 3.5 所示, 其中图(a)给出了不同压力下 $x = 0.5$ 的 $Cd_{1-x}Mn_xTe$ 混晶的吸收边, 由图可见吸收边线形的显著变化和随压力增大漂移方向的变号. 图(b)给出了不同组分的混晶表观的吸收边随压力增大漂移的综合结果. 可见, 不同组分混晶吸收边的压力行为是不同的. 由图还可求得表观吸收边的压力系数 dE_g/dp. 尽管图 3.5 给出的表观吸收边随压力漂移的行为和前面讨论的直接跃迁-间接跃迁转变有相似之处, 但所涉及的物理过程是完全不同的. 一般说来, 含锰 II-VI 族半导体混晶中 Mn^{2+} 的 d 电子从基态($^6A_1$)到激发态(如$^4T_1$)的跃迁是宇称禁戒的, 许多实验证实仅能观察到较弱的吸收峰或带[9]. 但是, 如果 Mn^{2+} 的 d 电子态(如$^6A_1$)和半导体的能带态(如类 p 型价带)能量相近或简并, 它们之间可以杂化混和, 从而显著影响 d 电子的离子内局域能级间的跃迁和带间跃迁行为. 以 CdTe 中的 Mn^{2+} 为例, 其$^6A_1 \rightarrow {}^4T_1$ 跃迁能量约为 2.1eV, 并且基态$^6A_1$的能量位置接近 CdTe 的价带顶, 因而可以发生波函数混和并使这一跃迁概率显著增大. 高压下 $x > 0.3$ 的 $Cd_{1-x}Mn_xTe$ 的吸收光谱正反映了这种 d 电子基态($^6A_1$)和类 p 价带顶波函数杂化混和的显著影响. 这一结果表明, 压力实验有助于估计混晶中 d 电子能级相对于能带态的位置及它们间可能的杂化混和[9].

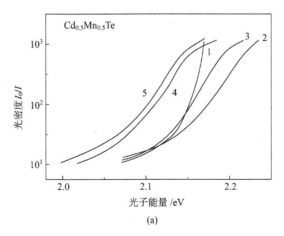

(a)

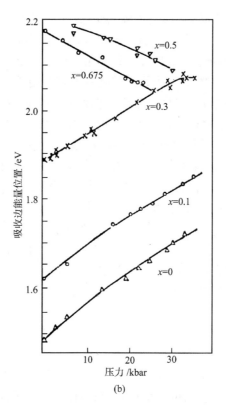

(b)

图 3.5   Cd$_{1-x}$Mn$_x$Te 混晶的表观吸收边和压力的关
系. (a)不同压力下吸收边附近 Cd$_{0.5}$Mn$_{0.5}$Te 的吸收光
谱. 曲线 1～5 分别对应于 $p=0, 8.2, 15.1, 21.9, 26.0$
kbar;(b)不同组分混晶表观吸收边随压力的漂移

除流体静压力外,单轴应力在半导体能带结构和光吸收边行为研究中也有重
要意义. 和流体静压力不同,单轴应力还引起晶体对称性的改变,从而引起能带结
构及相应性质的改变,尤其是应力可以消除某些能带态的简并,因此显著影响半导
体光吸收行为. 应力实验还被用来判定能带结构的对称性和测定畸变势.

以金刚石结构和闪锌矿结构的半导体为例,不存在应力时布里渊区原点 Γ 附
近的价带结构如图 3.4 所示. $k=0$ 处,自旋-轨道耦合使 6 度简并的 p 态分裂为 4
度简并的 $p_{3/2}$ 态(金刚石结构中为 Γ_8^+,闪锌矿结构中为 Γ_8),和 2 度简并的 $p_{1/2}$ 态
(Γ_7^+ 或 Γ_7),$k=0$ 处价带顶的 4 度简并又导致了其等能面的扭曲. 单轴应力作用
下,4 度简并的 $p_{3/2}$ 态又分裂成两个克拉默斯 2 度简并态. 这种简并的消除还改变
了等能面的扭曲状况,使得在小于两带分裂的能量和波矢范围内,$E(k)$在 k 空间
有抛物特性,等能面为旋转椭球面,同时光跃迁选择定则变得与入射光电矢量相对
于应力方向的取向有关. 这一情况如图 3.6 所示,图中给出了分裂后的价带支 V_1、

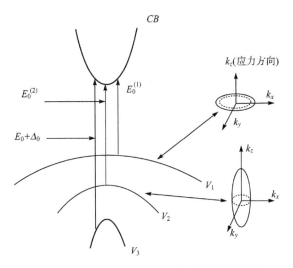

图 3.6 z 方向压应力对金刚石和闪锌矿结构
半导体价带及有关光跃迁的影响

V_2、V_3 以及它们与导带间的光跃迁 $E_0^{(1)}$、$E_0^{(2)}$、$E_0+\Delta_0$. 图中还给出了 $\boldsymbol{k}=0$ 附近分裂的价带的椭球等能面及其相对于应力的不同取向. 沿 $\langle 001\rangle$ 方向应力 X 作用下, 计及轨道应变和与应力有关的自旋-轨道互作用, 并在 (J, m_j) 表象中描述价带波函数, 则包含应力效应的哈密顿矩阵可写为[5,10]

$$
\begin{vmatrix}
-\delta E_H - \dfrac{1}{2}\delta E_s & 0 & 0 \\[2mm]
0 & -\delta E_H + \dfrac{1}{2}\delta E_s & \dfrac{1}{\sqrt{2}}\delta E_s' \\[2mm]
0 & \dfrac{1}{\sqrt{2}}\delta E_s' & -\Delta_0 - \delta E_H' \\[2mm]
|\,3/2,3/2\rangle & |\,3/2,1/2\rangle & |\,1/2,1/2\rangle
\end{vmatrix} \tag{3.7}
$$

上式中 Δ_0 是零应力时的自旋-轨道分裂.

$$
\delta E_H = (a_1 + a_2)(S_{11} + 2S_{12})X = a(S_{11} + 2S_{12})X
$$

$$
\delta E_H' = (a_1 - 2a_2)(S_{11} + 2S_{12})X = a'(S_{11} + 2S_{12})X
$$

$$
\delta E_s = 2(b_1 + 2b_2)(S_{11} - S_{12})X = 2b(S_{11} - S_{12})X
$$

$$
\delta E_s' = 2(b_1 - b_2)(S_{11} - S_{12})X = 2b'(S_{11} - S_{12})X
$$

$$
\tag{3.8}
$$

式(3.8)中 S_{ij} 为弹性顺度常数, a_1 和 a_2 描述应力的流体静压力分量引起的 V_1、V_2 价带支的漂移和自旋-轨道分裂价带支的漂移, b_1 和 b_2 分别为单轴的轨道和自旋-

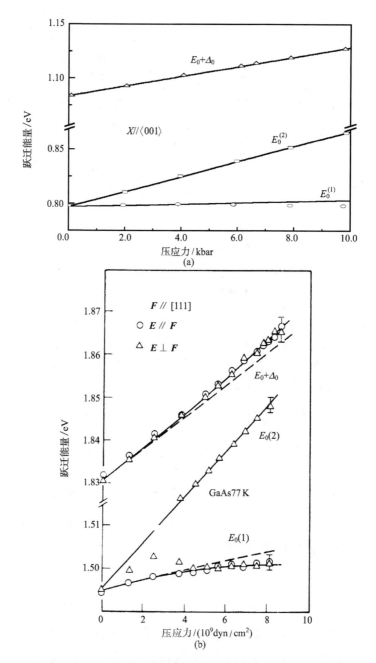

图 3.7 (a)Ge 的直接带间跃迁能量 $E_0^{(1)}$、$E_0^{(2)}$ 及 $E_0+\Delta_0$ 与沿⟨001⟩方向单轴压应力的关系；(b)GaAs 的带间跃迁能量与⟨111⟩方向单轴压应力的关系

轨道耦合相对于四面体对称应变的畸变势.压应力作用下,V_2 价带支为 $|3/2,\pm3/2\rangle$ 态(原重空穴支);V_1 价带支为 $|3/2,\pm1/2\rangle$ 态(原轻空穴支),并包含了应力诱导的和自旋-轨道分裂的 $|1/2,\pm1/2\rangle$ 态的某种混和.跃迁选择定则为 $E_0^{(2)}$ 跃迁只有在入射光垂直于应力方向偏振时才是允许的,而 $E_0^{(1)}$ 跃迁和 $E_0+\Delta_0$ 跃迁则在垂直偏振和平行偏振下都是允许的.在 $E_0^{(1)}$ 跃迁中,平行偏振分量跃迁强度较大,而 $E_0+\Delta_0$ 跃迁中两种偏振跃迁强度近乎相等.图 3.7 给出了用吸收光谱和调制光谱方法测量的 Ge 和 GaAs 的这些跃迁能量与应力关系的实验结果.可见在 10 kbar 压应力作用下,价带顶处轻重空穴支的分裂可以高达 $60\sim70$ meV,并且 $E_0^{(1)}$ 和 $E_0+\Delta_0$ 跃迁能量随应力变化的非线性已十分明显.

除 Γ 处的价带分裂外,$k\neq0$ 处的能带极值或带间跃迁临界点的应力效应也是十分有趣的,对弄清能带结构的对称性有重要意义.

迄今为止,我们仅讨论了压力导致晶格常数变化对半导体基本光吸收边的影响和单轴应力导致对称性改变的效应,没有涉及压力诱发的半导体结构相变或电子相变.图 3.8 给出了一个有趣的例子[11],大约 30 kbar 压力时,CdS 发生结构相变,并引起光吸收边的突变.本书限于篇幅,对此不做讨论.

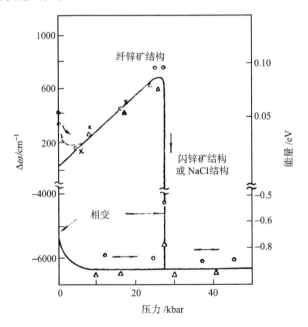

图 3.8 CdS 光吸收边($\omega_0=20110$ cm^{-1})随压力的变化.压力接近 30 kbar 时发生结构相变,光吸收边突然红移

3.1.2 温度效应

温度对半导体禁带宽度(因而对带间光跃迁吸收边能量位置)的影响,可以通过两种不同的物理过程来实现.首先是热膨胀,即温度导致晶格常数变化引起的能带结构的变化或能带边缘的移动,这一点与上一小节讨论的压力效应有相似之处.其次是温度引起的晶格振动状态的变化,即声子激发状态的变化,从而导致电子-声子耦合及其对能带微扰程度的变化.这两种效应都引起能带边缘的相对移动,因而导致吸收边能量位置的漂移.实验上发现,多数半导体的禁带宽度(即光吸收边的能量位置)随温度升高而减小.例如,图 2.1(b)给出的 Ge 在 300 K 和 77 K 时吸收边附近的吸收曲线就清楚表明,Ge 的禁带宽度随温度升高而减小,0~300 K 范围内,Ge 间接跃迁吸收边(或禁带宽度 E_g)随温度的变化如图 3.9 所示.由图可见,在 150 K 以上,这种关系大致是线性的,并且 $dE_g/dT = -0.43 \times 10^{-3}$ eV/K.一般情况下,可以将半导体的 E_g 与 T 的关系写为[12]

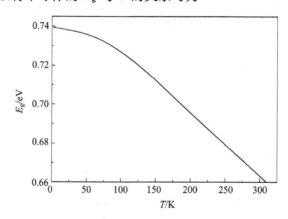

图 3.9　Ge 禁带宽度和温度关系的实验结果

$$E_g(T) = E_g(T=0) + \frac{\alpha T^2}{T + \beta} \tag{3.9}$$

式中 α、β 为恒定参数,β 与德拜(Debye)温度有关.因而在高于一定温度(与德拜温度有关)时,上式分母中的 β 可以忽略,E_g 与 T 有线性关系.而在低于一定温度时,式(3.9)分母中的 T 可以忽略,这时 E_g 近乎随 T^2 而改变.除 Ge 之外,Si、GaAs 和 InSb 等许多半导体的禁带宽度都有负的温度系数.但也有不少半导体,如 PbS,PbSe,PbTe,HgTe 和 $x < 0.48$ 的 $Cd_x Hg_{1-x} Te$ 混晶的禁带宽度有正的温度系数 $(dE_g/dT > 0)$.图 3.10 给出了不同温度下 $x = 0.19$ 的 $Cd_x Hg_{1-x} Te$ 混晶吸收边附近的吸收曲线[13].由图可见,这种组分的 $Cd_x Hg_{1-x} Te$ 混晶的禁带宽度随温度升高而变宽,具有正的温度系数.令人感兴趣的是,尽管 HgTe 禁带宽度有正的温度系数,但 CdTe 禁带宽度有负的温度系数,而混晶 $Cd_x Hg_{1-x} Te$ 禁带宽度的温度系数 dE_g/dT 则决定组分 x,并随着 x 从零增加到 1,连续地从 HgTe 禁带宽度的正的温度系数值过渡到 CdTe 禁带宽度的负的温度系数值,如图 3.11 所示. 人们常称负的禁带宽度温度系数为正常温度系数,而称正的禁带宽度温度系数为反常温度系数.

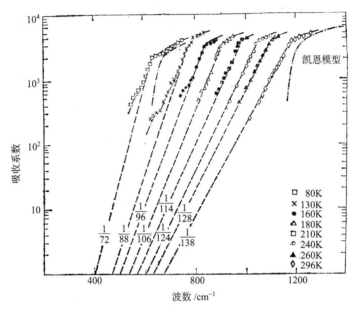

图 3.10 不同温度下吸收边附近 $Cd_{0.19} Hg_{0.81} Te$ 混晶的吸收曲线,样品厚度 8 μm

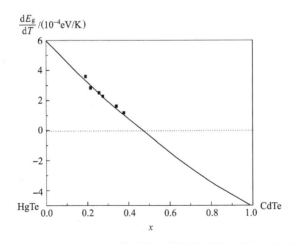

图 3.11 $Cd_x Hg_{1-x} Te$ 混晶禁带宽度温度系数和组分 x 的关系

既然温度对禁带宽度影响的物理起源可归结为热膨胀效应和电子-晶格互作

用(或所谓电子-声子散射)效应,并且假定可以分开处理这两部分的贡献,那么 E_g 的温度系数可写为

$$\frac{\mathrm{d}E_g}{\mathrm{d}T} = \left(\frac{\partial E_g}{\partial T}\right)_{\mathrm{epn}} + \left(\frac{\partial E_g}{\partial T}\right)_{\mathrm{ph}} \tag{3.10}$$

上式等号右边第一项代表热膨胀导致晶格常数变化的贡献,第二项代表电子-声子互作用的贡献. 对许多半导体来说,这两部分的贡献同样重要,其中第一部分可以通过上一节讨论的压力效应来估计

$$\left(\frac{\partial E_g}{\partial T}\right)_{\mathrm{epn}} = \left(\frac{\partial E_g}{\partial p}\right)\left(\frac{\partial \Delta}{\partial T}\bigg/\frac{\partial \Delta}{\partial p}\right) \tag{3.11}$$

式中 $\frac{\partial \Delta}{\partial T}$ 和 $\frac{\partial \Delta}{\partial p}$ 分别为热膨胀系数和压缩率. 通过压力实验或简单理论不难估计式(3.10)中等号右边第一项的贡献. 但对电子-声子互作用贡献的估计要困难多了,需要通过研究电子-声子散射来分析和估计.

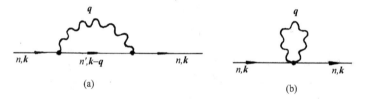

图 3.12　(a)描述能带温度系数中范绪筠项的电子-声子散射过程示意图;
(b)描述能带温度系数中 ABY 项的电子-声子散射过程示意图

　　范绪筠首先用量子力学微扰理论研究了电子-声子散射对 E_g 温度系数的贡献[14]. 其基本出发点是电子-声子散射,不论是发射声子过程或是吸收声子过程,都要引起能带的扰动或漂移,因而可采用微扰理论计算这种电子跃迁发射声子和吸收声子过程导致的能带漂移. 这种散射过程的物理图像如图3.12(a)所示,它涉及第 n 个能带中波矢为 $\boldsymbol{k}$ 的电子吸收和再发射(或发射和再吸收)一个频率为 ω_q、波矢为 $\boldsymbol{q}$ 的声子. 若仅考虑到二次方项为止的电子-声子散射贡献,按微扰理论,对应的能带漂移为

$$\Delta E_n(\boldsymbol{k}) = \sum_{n',q} \frac{|M_q|^2}{E_n(\boldsymbol{k}) - E_n(\boldsymbol{k}+\boldsymbol{q}) \pm \hbar\omega_q} \tag{3.12}$$

式中 M_q 为电子-声子互作用矩阵元,即 $\langle n, \boldsymbol{k}+\boldsymbol{q}|H_{\mathrm{ep}}|n',\boldsymbol{k}\rangle$,上一章已简要地讨论过,范绪筠仅考虑同一带内($n=n'$)和同一能谷内散射的贡献. 对带间散射来说,式(3.12)中的分母比带内散射情况要大得多,范绪筠忽略带间散射贡献似乎是合理的;式(3.12)所表达的 $\Delta E_n(\boldsymbol{k})$ 常称为能带温度系数的范绪筠项. 范绪筠项的直接

计算是困难的,尤其是 M_q 的计算.科恩(Cohen)等[15,16]用赝势法对此作了一些计算,他们同时也计算了 $E_n(\mathbf{k})$ 和 M_q.

安东切克、布鲁克斯和于(Antonchik, Brooks 和 Yu[17,18],简称 ABY 理论)从不同的观点研究了能带态与温度的依赖关系.他们考虑势函数结构因子与温度的关系.已经知道,在用赝势法求解 0 K 时的电子能带结构时,常将势函数 $V(\mathbf{r})$ 在倒格子空间中展开,即

$$V(\mathbf{r}) = \sum_{\mathbf{K}} V(\mathbf{K}) e^{\mathbf{K} \cdot \mathbf{r}} \tag{3.13}$$

$$V(\mathbf{K}) = \sum_a S_a(\mathbf{K}) V_a(\mathbf{K})$$

$$= \sum_a e^{\mathbf{K} \cdot \mathbf{r}_a} V_a(\mathbf{K}) \tag{3.14}$$

式中 $\mathbf{K}$ 是倒格矢,$V(\mathbf{K})$ 是倒格子空间中 $\mathbf{K}$ 方向的赝势分量,$\mathbf{r}_a$ 是原胞中第 a 个离子相对于原胞原点的位矢,$V_a(\mathbf{K})$ 是第 a 个原子的原子赝势,$S_a(\mathbf{K})$ 是结构因子(有时称 $\sum_a S_a(\mathbf{K})$ 为结构因子).

为说明能带态与温度的关系,ABY 主要考虑结构因子 $S_a(\mathbf{K})$ 与温度的关系,对于有限温度,他们用一个与温度有依赖关系的结构因子 $S_a(\mathbf{K}, T)$ 来代替上述 0 K 时的结构因子 $S_a(\mathbf{K})$,并且

$$S_a(\mathbf{K}, T) = \exp(i\mathbf{K} \cdot \mathbf{r}_a) \exp[-\overline{W}_a(|K|, T)] \tag{3.15}$$

$$\overline{W}_a(|K|, T) = -\frac{1}{6} |K|^2 \langle u_a^2 \rangle \tag{3.16}$$

这里 $\exp[-\overline{W}_a(|K|, T)]$ 即为通常 X 衍射结构分析中的德拜-瓦勒(Debye-Waller)结构因子的平方根[19],它和第 a 个原子运动的总均方位移 $\langle u_a^2 \rangle$ 有关.具体计算时,ABY 的方法较简便,将与温度 T 有关的势函数代替式(3.12)所示的势函数后,可以看出,随着温度的升高,结构因子减小,从而导致等效赝势的减弱.利用这种等效赝势,计算电子能带结构,就可同时获得禁带宽度随温度的变化.

艾伦和海因(Allen 和 Heine)[20]将范绪筠项和 ABY 项综合起来考虑,认为描述电子-声子互作用的单电子-声子系统的哈密顿可写为

$$H = \left(\frac{P^2}{2m}\right) + \sum_l V(\mathbf{r} - \mathbf{l} - \mathbf{u}_l) \tag{3.17}$$

式中 $\mathbf{l}$ 表示晶格位矢,$\mathbf{u}_l$ 为晶格振动位移矢量,可以认为 $\mathbf{u}_l$ 远小于 $\mathbf{l}$,因而上述哈密顿中势函数 V 可仅取其泰勒展开式的前二项,即电子-声子互作用哈密顿的第一和第二项(或者说仅取一阶和二阶微扰)

$$H_1 = \sum \boldsymbol{u}_l \cdot \nabla_l V(\boldsymbol{r} - \boldsymbol{l})$$

$$H_2 = \frac{1}{2} \sum \boldsymbol{u}_l \boldsymbol{u}_l : \nabla_l \nabla_l V(\boldsymbol{r} - \boldsymbol{l}) \quad\quad\quad (3.18)$$

式中 $V(\boldsymbol{r} - \boldsymbol{l})$ 为 $T = 0$ K 时不考虑热运动的零级势函数. 假定绝热近似仍然适用, 因而能量状态与温度的依赖关系 $E_{n,k}(T)$ 等于 $E_{n,k}(\{\boldsymbol{u}_l\})$ 相对于各种振动位移状态的平均值. 这里 $\{\boldsymbol{u}_l\}$ 代表一种振动位移状态; n, k 是状态 $\langle n, \boldsymbol{k}|$ 的能带标号和波矢, 于是有

$$E_{n,k}(\{\boldsymbol{u}_l\}) = E_{n,k}^0 + \langle n, \boldsymbol{k} \mid H_1 + H_2 \mid n, \boldsymbol{k} \rangle$$

$$+ \sum_{n',k'} \frac{\mid \langle n', \boldsymbol{k}' \mid H_1 \mid n, \boldsymbol{k} \rangle \mid^2}{E_{n,k}^0 - E_{n',k'}^0} \quad\quad (3.19)$$

而

$$E_{n,k}(T) = \overline{E_{n,k}(\{\boldsymbol{u}_l\})}$$

$$= E_{n,k}^0 + \frac{1}{2} \sum_l \langle n, \boldsymbol{k} \mid \nabla_l \nabla_l V \mid n, \boldsymbol{k} \rangle : \overline{\boldsymbol{u}_l \boldsymbol{u}_l}$$

$$+ \sum_{ll'} \sum_{kk'} \frac{\langle n, \boldsymbol{k} \mid \nabla_l V \mid n', \boldsymbol{k}' \rangle \langle n', \boldsymbol{k}' \mid \nabla_{l'} V \mid n, \boldsymbol{k} \rangle}{E_{n,k}^0 - E_{n',k'}^0} : \overline{\boldsymbol{u}_l \boldsymbol{u}_{l'}}$$

$$(3.20)$$

这样, 式(3.20)给出 $E_{n,k}(T)$ 的与 $\boldsymbol{u}_l^2$ 有关的两项修正项, 其中第一项与一级微扰理论势函数泰勒展开式的二次方项有关, 第二项和二级微扰理论势函数泰勒展开式的一次方项有关. 它们分别代表了能带温度系数的范绪筠项和 ABY 项, 只是在范绪筠项的分母中, 已忽略了声子能量 $\hbar\omega_q$. 从这一分析还可更清楚地看到 ABY 项贡献的物理图像, 如图 3.12(b) 所示. 和范绪筠项比较, ABY 项的特点在于电子-声子散射过程涉及和二个声子的同时互作用, 但不涉及声子的吸收、发射和再吸收、再发射, 是一步过程, 而不像范绪筠项那样是两步过程.

迄今为止的研究表明, 上述理论对解释Ⅳ族、Ⅲ-Ⅴ族、Ⅳ-Ⅵ族和许多Ⅱ-Ⅵ族化合物半导体能带(包括较高能量位置的能带)与温度的依赖关系, 包括若干反常温度系数关系, 是颇为成功的. 作为一个例子, 图 3.13 给出了 PbTe 禁带宽度 E_g 随温度变化的实验结果及其与理论计算结果的比较, PbTe 有反常温度系数, 即禁带宽度 E_g 随温度升高而增大. 图 3.13 中, $E_g(T)$ 的实验值是由光吸收边测量确定的, 不同的研究者和不同的样品给出的结果略有不同[21]. 理论值是用刚刚讨论的方法求得的, 因无 400 K 以上的德拜-瓦勒结构因子数据, 因而理论结果仅计算到 400 K 为止. 图 3.13 表明理论计算与实验结果符合得很好.

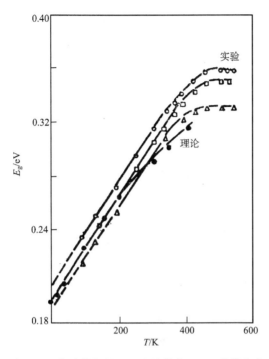

图 3.13　实验获得的和理论计算的 PbTe 禁带宽度
与温度的关系,图中圆点代表理论计算结果

　　然而,对含汞的 II-VI 族化合物半导体或半金属,如 HgSe、HgTe 和 Cd_xHg_{1-x}
Te 等,上述理论遇到了严重的麻烦.已经知道,类似于压力效应,不同半导体中同
一对称性的能隙有相似的温度系数,这已经成了一个经验定则,适用于许多半导
体.但对 HgTe 和低 x 值的 Cd_xHg_{1-x}Te,这一定则不成立了,而对于这一现象,迄
今尚无恰当的理论解释.HgTe 和低 x 值的 Cd_xHg_{1-x}Te 有所谓“反转”能带,参看
图 3.14 可以更好地理解这种能带反转.点 Γ 处 CdTe 的直接带隙 E_g 约为 1.6 eV,
类 s 的 Γ_6 导带态处在类 p 的简并的 Γ_8 价带态之上.随着 Cd_xHg_{1-x}Te 混晶含 Hg
量的增加,Γ_6 态向 Γ_8 态靠拢,当 $x=0.17$ 左右时,E_g 接近于零,但为正值.当 Γ_6
状态经过 Γ_8 能带时,发生反转,Γ_6 能带与 Γ_8 能带互换位置和曲率方向,材料特性
也从半导体转变为半金属.当 $x \leqslant 0.16$ 时,Γ 处的真实禁带宽度为零.但是,如果我
们仍将 E_g 定义为 $E_g = E(\Gamma_6) - E(\Gamma_8)$,则 E_g 为负值.半导体-半金属转变点对应
的 x 与温度有关,在图 3.11 中已经给出 Cd_xHg_{1-x}Te 混晶禁带宽度温度系数与组
分 x 的关系.

　　实验上人们观察到 CdTe 有正的 dE_g/dT,HgTe 有正的 dE_g/dT,这意味着,
相对于固定的 Γ_8 能带而言,CdTe 中的 Γ_6 能带有负的温度系数(T 增加,Γ_6 向 Γ_8
靠近);$0.17 < x < 0.46$ 的 Cd_xHg_{1-x}Te 的 Γ_6 能带有正的温度系数(即随 T 增加,

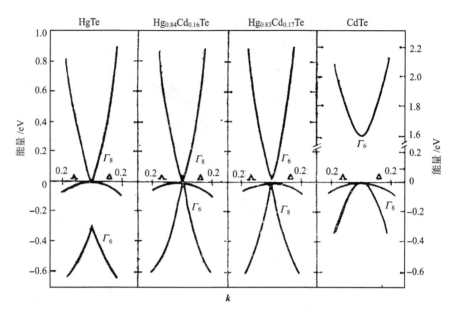

图 3.14　赝势法计算的 HgTe,CdTe 和 Cd$_x$Hg$_{1-x}$Te 的能带结构,假定能量原点在价
带顶处(参见[22])

Γ_6 远离 Γ_8);HgTe 和 $x<0.16$ 的 Cd$_x$Hg$_{1-x}$Te 的 Γ_6 能带也可认为有负的温度系
数(这意味着随 T 增加,Γ_6 又向 Γ_8 靠近),因而就 $E_g=E(\Gamma_6)-E(\Gamma_8)$ 的绝对值而
论,CdTe 与 HgTe 都具有负温度系数,即随着温度升高 Γ_6 总向 Γ_8 靠近. ABY 理
论预言,CdTe 和 HgTe 中 Γ_6 能带的行为应相似,即绝对值 $|E_g|=|E(\Gamma_6)-E(\Gamma_8)|$,
对 CdTe 来说应随温度升高而下降,而对 HgTe 来说应随温度升高而增加[23],就像
$0.17<x<0.46$ 的 Cd$_x$Hg$_{1-x}$Te 那样. 有人推测,Γ_6 能带的温度系数和它相对于
Γ_8 能带的相对位置有关,然而这种推测并不令人信服,也不符合绝大多数半导体
能带温度系数的实验事实.实验上人们已经发现,尽管各种不同半导体的禁带宽度
可以差 1~2 个数量级,但它们的温度系数差别不超过两倍.此外,如上指出的,
$0.17\leqslant x\leqslant 0.46$ 的 Cd$_x$Hg$_{1-x}$Te 混晶有与 CdTe 相似的能带结构,即 Γ_6 在 Γ_8 上
方,但其 E_g 温度系数的符号和 CdTe 相反,因而碲镉汞混晶禁带宽度温度系数的这
种反常变化不能和 Γ_6 相对于 Γ_8 能带的相对位置联系起来. 含汞Ⅱ-Ⅵ族化合物半
导体能带结构的这种异乎寻常的温度依赖关系,曾经吸引了不少学者的注意,并进
行了一定的研究,但迄今并未找到满意的解释[22~25].

3.1.3　强电场对半导体光吸收边的影响,弗朗兹-凯尔迪什效应

通常认为,理想半导体的导带和价带之间存在一个禁带,禁带中不允许有电子
状态存在.然而,从量子力学观点看来,由于隧道效应,在禁带中任一点仍有可能找

到电子或空穴,只不过这种找到电子或空穴的概率小到可以忽略不计.弗朗兹-凯尔迪什效应认为,存在电场的情况下,这种隧道概率可以增加,因而禁带中找到电子或空穴的概率也将增大,尤其是在带边缘附近.从光吸收效应看来,这意味着能量 $\hbar\omega$ 小于 E_g 的光子也可以引起吸收跃迁,导致吸收边向低能方向漂移,或者引起显著的吸收带尾.

20 世纪 60 年代初,瓦维洛夫(Vavilov)等人[26]首先从实验上在 Si 吸收光谱研究中观察到弗朗兹-凯尔迪什效应对吸收边的影响,随后在 Ge、GaAs 等材料中也观察到类似的效应. 图 3.15 给出了不同电场下吸收边附近 GaAs 的吸收曲线[27,28].由图可见,在吸收系数不太大时,吸收曲线的显著特征是吸收边随电场增强而均匀地向低能方向漂移.

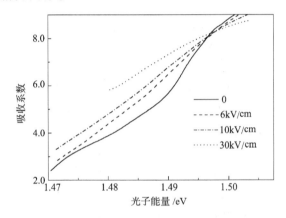

图 3.15 不同电场作用下 GaAs 光吸收边附近的吸收曲线

图 3.16 可说明电场作用下隧道概率的增加及其对半导体光吸收边的影响.存在电场 $\vec{\mathscr{E}}$ 情况下,能带边缘变得倾斜了,如果价电子要出现在导带中,它必须穿越如图3.16(a)所示的三角形势垒,这一势垒的高度仍为 E_g,但它的宽度 d 改变了,不再是无电场情况下的无穷大. d 与外电场强度有关,其关系为

$$d = E_g/e\vec{\mathscr{E}} \tag{3.21}$$

可见隧道距离随电场 $\vec{\mathscr{E}}$ 的增大而减小,随着 d 的减小,禁带中价带波函数和导带波函数的穿透增加,它们间的交叠也增加,因而找到电子的概率增加,电子穿越禁带的概率也增加了.

图 3.16(b)表示存在电场情况下光吸收时电子穿越势垒的过程.发生光吸收时,光子的参与等效于势垒厚度的进一步下降,势垒厚度下降为

$$d' = \frac{(E_g - \hbar\omega)}{e\mathscr{E}} \tag{3.22}$$

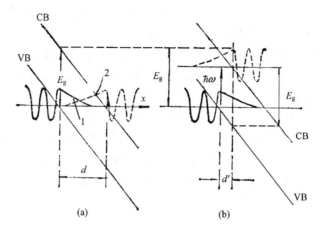

图 3.16   存在电场情况下穿越禁带的电子隧道过程示意图.
(a)总能量不变的情况,图中实曲线 1 为波函数 $u_1 \exp(-k_1 x)$,虚
曲线 2 为波函数 $u_2 \exp[-k_2(d-x)]$;(b)吸收光子的情况

这样更增加了波函数的交叠和隧道跃迁概率.这一定性分析说明,存在电场的情况下,隧道参与光吸收过程变得更为可能了.这使得 $\hbar\omega < E_g$ 时,吸收系数并不急剧地下降到零,而呈现一吸收带尾.

可以定量估计这一吸收带尾的宽度和 $\hbar\omega < E_g$ 能量范围内吸收系数的大小.如果电子在带内沿 x 方向运动,电场 $\vec{\mathscr{E}}$ 也沿 x 方向,那么它将在总能量不变的情况下获得动能 $e\vec{\mathscr{E}}x$.如果假定电子从带边缘出发向禁带内运动,那么它仍能维持总能量不变,但其动能将变成"负值",它对应的波矢将变为虚数,记为 ik_j,这里 k_j 为实数.这样禁带内的电子波函数就变成如图 3.16 所示的衰减波,分别为 $u_1 e^{-k_1 x}$ 和 $u_2 e^{-k_2(d-x)}$.在禁带中某一点 x 找到电子或空穴的概率就正比于这些波函数的平方,而吸收系数则与这一概率对整个禁带的积分成正比.下面用量子力学隧道跃迁理论来估计这一概率与吸收系数,并和实验结果比较.

我们从真空中电子穿越隧道的简化处理出发,通过电子运动方程(薛定谔方程)来求解禁带中电子的衰减波函数.在沿 x 方向强度为 $\vec{\mathscr{E}}$ 的电场中,电子势能为 $-|e|\vec{\mathscr{E}}x$,隧穿过程电子波函数满足的薛定谔方程(x 方向的分量)为

$$-\frac{\hbar^2}{2m_0}\frac{\mathrm{d}^2\varphi}{\mathrm{d}x^2} - |e|\vec{\mathscr{E}}x\varphi = E\varphi \tag{3.23}$$

式中 E 为 x 方向的动能,总动能自然还要包括 y 和 z 方向的分量 $\hbar^2(k_y^2 + k_z^2)/2m_0$.将上式写为

$$-\frac{\hbar^2}{2m_0|e|\mathscr{E}}\frac{\mathrm{d}^2\varphi}{\mathrm{d}x^2} = \left[x + \frac{E}{|e|\mathscr{E}}\right]\varphi \tag{3.24}$$

进行坐标变换,引入无量纲坐标

$$\zeta = -\left[x + \frac{E}{|e|\mathscr{E}}\right]\bigg/l \tag{3.25}$$

式中

$$l = \left(\frac{\hbar^2}{2m_0|e|\mathscr{E}}\right)^{1/2} \tag{3.26}$$

称等效长度,于是式(3.24)变为

$$\frac{\mathrm{d}^2\varphi}{\mathrm{d}\zeta^2} = \zeta\varphi \tag{3.27}$$

方程(3.27)的解为艾里(Airy)函数,它定义为

$$A_i(\zeta) = \frac{1}{2\pi}\int_{-\infty}^{\infty}\exp\left(\frac{\mathrm{i}s^3}{3} + \mathrm{i}\zeta s\right)\mathrm{d}s \tag{3.28}$$

这是物理上很有用的一个函数,当描述的物理现象从指数函数式变化规律连续地改变到正弦函数式变化规律时,人们常必须使用艾里函数,或者说常有艾里函数形式的解. 例如,衍射环就可用艾里函数来描述.

当 ζ 为很大的正值时,容易证明艾里函数渐近为

$$\varphi = \zeta^{-1/4}\exp\left(\pm\frac{2}{3}\zeta^{3/2}\right) \tag{3.29a}$$

当 $\zeta\to\infty$ 时,φ 必须趋于零,因而当 $\zeta > 0$ 时,式(3.29a)中只有负号才有物理意义,这样方程(3.27)的解可写为

$$\varphi = \zeta^{-1/4}\exp\left(-\frac{2}{3}\zeta^{3/2}\right) \tag{3.29b}$$

它代表了穿越隧道的衰减波函数. 可以假定上述简化处理对半导体中电子穿越禁带的隧道过程也是适用的,只是必须用有效质量 m^* 来代替自由电子质量 m_0. 此外,在光子参与隧道跃迁的情况下,用 $(\hbar\omega - E_g)$ 来代替式(3.23)中的动能 E,即令

$$\zeta = -\left[x + \frac{\hbar\omega - E_g}{|e|\mathscr{E}}\right]\bigg/l \tag{3.25a}$$

$$l = \left(\frac{\hbar^2}{2m^*|e|\mathscr{E}}\right)^{1/2} \tag{3.26a}$$

于是得到形式上相似于式(3.29)的解. 如上所述,吸收系数可写为

$$\alpha(\hbar\omega) \propto \int_{\text{禁带}} |\varphi(\zeta)|^2 d\zeta \tag{3.30}$$

现在来研究吸收系数 α 与电场的关系. 忽略 ζ 二次方项的影响,仅考虑指数中的 ζ,则

$$\alpha(\hbar\omega) \propto \exp\left(-\frac{4}{3}\zeta^{-3/2}\right) = \exp\left\{-\frac{4}{3}\left[\frac{E_g - \hbar\omega}{|e|\vec{\mathcal{E}}l}\right]^{3/2}\right\}$$

将 l 的表达式(3.26a)代入上式,得

$$\alpha(\hbar\omega) \propto \exp\left[-\frac{4\sqrt{2m^*}(E_g - \hbar\omega)^{3/2}}{3|e|\vec{\mathcal{E}}\hbar}\right] \tag{3.31}$$

不同的人推导的 $\alpha(\hbar\omega)$ 与电场关系的表达式略有不同,但就与电场及 $(E_g - \hbar\omega)$ 的关系而论,都是互相一致的. 式(3.29)、(3.31)与声子参与的隧道概率的表达式也是相似的. 式(3.31)表明,当固定光子能量为 $\hbar\omega$($\hbar\omega < E_g$)时,吸收随电场强度的增强而增加;当固定吸收系数为 $\alpha(\hbar\omega)$ 时,则可解释为吸收边随电场增大而向低光子能量方向移动,这和图 3.15 的实验结果一致. 也可以估计吸收边向低能方向漂移一定能量(如 10meV)所需的电场强度. 令

$$\frac{3|e|\vec{\mathcal{E}}\hbar}{4\sqrt{2m^*}} = (10^{-2}\text{eV})^{3/2}$$

假定以 m_0 代替 m^*,得

$$\mathcal{E} = \frac{4 \times 10^{-3}}{3\hbar}\sqrt{2m_0|e|} \approx 5 \times 10^4 \text{V/cm}$$

和图 3.15 的实验结果在数量级上一致.

　　除外电场外,局部内电场也可以对半导体吸收边有重要影响,这是某些半导体出现乌尔巴赫吸收带尾的一个主要原因. 如果半导体中存在杂质或缺陷,那么根据它们的荷电状态,在杂质或缺陷中心附近可以有很强的局域化的内电场. 这种内电场分布是逐点改变且很不均匀的,但人们可以估计平均电场、电场随位置变化的统计分布规律及对吸收边的影响. 杂质中心间的平均距离 r_0 可由下式估计:

$$N_I \frac{4}{3}\pi r_0^3 = 1$$

如果每个杂质中心的荷电为 e,则平均场强 $\vec{\mathcal{E}}_0$ 可定义为[29]

$$\vec{\mathscr{E}}_0 = \frac{e}{4\pi\varepsilon r_0^2} \approx \frac{1}{5}\frac{e}{\varepsilon}N_I^{2/3} \tag{3.32}$$

式中 $\varepsilon = \varepsilon_0\varepsilon_r$ 为介电常数. 强度为 $\vec{\mathscr{E}}$ 的电场的分布概率为

$$W(\vec{\mathscr{E}})\mathrm{d}\vec{\mathscr{E}} = \frac{3}{2\vec{\mathscr{E}}}\left(\frac{\vec{\mathscr{E}}_0}{\vec{\mathscr{E}}}\right)^{3/2}\exp\left\{-\left(\frac{\vec{\mathscr{E}}_0}{\vec{\mathscr{E}}}\right)^{3/2}\right\}\mathrm{d}\vec{\mathscr{E}} \tag{3.33}$$

这一分布函数如图 3.17 所示. 为求得光子能量为 $\hbar\omega$ 时半导体的吸收系数, 必须在

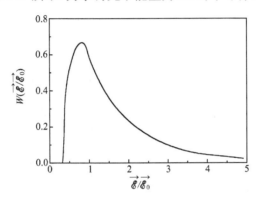

图 3.17　半导体中荷电杂质引起的内电场的概率分布(参见[29])

计及分布权重函数 $W(\vec{\mathscr{E}})$ 的条件下, 积分各局域的不同大小电场情况下的吸收系数 $A(\hbar\omega, \vec{\mathscr{E}})$, 即

$$\alpha(\hbar\omega) = \int_0^\infty A(\hbar\omega, \vec{\mathscr{E}})W(\vec{\mathscr{E}})\mathrm{d}\vec{\mathscr{E}} \tag{3.34}$$

式(3.34)的具体计算是颇为困难的, 迄今仅在表面势产生的电场的情况下进行了计算[30]. 结果表明, 它导致的吸收边确实是指数型的. 实验上, 这种荷电杂质引起的局域化内场导致指数型吸收边的最令人信服的实验证据, 是关于 GaAs 光吸收边的研究[31].

图 3.18 给出了不同温度下吸收边附近 GaAs 的吸收曲线, 在半对数图上, 它们是一系列的直线, 说明了吸收边附近

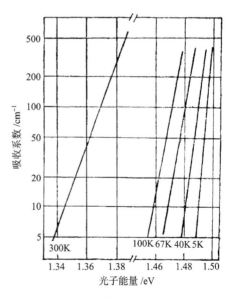

图 3.18　指数吸收带尾范围内 p-GaAs 吸收边的实验结果, 注意图中已对自由载流子吸收效应进行了修正, 样品空穴浓度为 $1.6\times10^{18}\ \mathrm{cm}^{-3}$

$\alpha(\hbar\omega)$ 和 $\hbar\omega$ 间的指数关系. 注意这些直线的斜率随温度变化,这是受主电离状态(因而局域化内场)随温度变化的结果. 例如,当温度升高时,更多的受主电离(荷负电),内场增大,因而能带边缘微扰增大,吸收带尾增宽,吸收曲线下部向低能方向漂移,直线斜率减小. 为验证这种解释,可以将同样受主浓度的 p 型 GaAs 充分地补偿掺杂,这时所有受主都从施主得到电子,低温下就变成全电离了. 对这一样品再进行光吸收边测量,鉴于升高温度不再能改变全电离受主的电离状态,因而不再影响能带边缘的微扰,从而吸收边的斜率将不再随温度而改变. 图 3.19 给出的实验结果,与理论分析预期的结论相符得令人惊异地好.

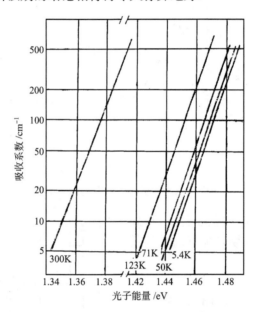

图 3.19　近乎理想地补偿的 GaAs 在不同温度下的吸收边,该样品中 $N_D = 4.8 \times 10^{17}\ \mathrm{cm}^{-3}$;$N_A = 4.6 \times 10^{17}\ \mathrm{cm}^{-3}$(参见[31])

顺便指出,最近以来,动态弗朗兹-凯尔迪什效应引起很大兴趣[32]. 由于红外波段高强度超短脉冲激光的发明,用它照射半导体样品,不必太大的功率密度,光脉冲电场就可引起大小及空间尺寸都和晶体中原先存在的以晶格为周期的空间调制势相仿的随时间很快变化(飞秒量级)的周期性调制势. 在这一调制势作用下,半导体禁带宽度的调制可与 E_g 本身相比拟,有效质量近似可以失效. 又由于脉冲时间、隧道时间等可小于激子轨道运动时间常数,电场看到的激子可以是自由的电子-空穴对,而非束缚状态,从而导致异常大的光学非线性等许多有趣的有意义的新现象.

3.1.4 合金化效应

近代半导体技术和工艺中广泛使用半导体合金(混晶),如 Ge_xSi_{1-x}、Al_xGa_{1-x} As 等.合金化引起半导体禁带宽度,因而引起光吸收边的漂移和畸变,这种影响有时与压力效应相似,如前面讨论过的 $Cd_{1-x}Mn_xTe$ 那样.研究表明,大多数半导体合金光吸收边随组分变化而单调变化;但也有些半导体合金,如 GaN_xAs_{1-x} 和 InN_xAs_{1-x} 等,它们的光吸收边,因而禁带宽度先随氮含量增加而红移,而后当氮含量超过一定值后又随氮含量的进一步增加而蓝移;并且所涉及的物理机制颇为有趣,涉及氮有关能级与 GaAs,InAs 等原导带底电子能态的杂化混[33].这里不准备详细讨论合金化对半导体光吸收边的影响,仅给出光谱实验获得的若干半导体合金禁带宽度随组分改变的经验结果,如表 3.2 所列,其中多数是室温下的实验结果.

表 3.2 若干Ⅲ-Ⅴ族和Ⅱ-Ⅵ族半导体多元合金禁带宽度与组分的关系

合 金	禁带宽度/eV
$Al_xIn_{1-x}P$	$1.351+2.23x$
$Al_xGa_{1-x}As$	$1.424+1.247x$
$Al_xIn_{1-x}As$	$0.360+2.012x+0.698x^2$
$Al_xGa_{1-x}Sb$	$0.726+1.129x+0.368x^2$
$Al_xIn_{1-x}Sb$	$0.172+1.621x+0.43x^2$
$Ga_xIn_{1-x}P$	$1.351+0.643x+0.786x^2$
$Ga_xIn_{1-x}As$	$0.36+1.064x$
$Ga_xIn_{1-x}Sb$	$0.172+0.139x+0.415x^2$
GaP_xAs_{1-x}	$1.424+1.150x+0.176x^2$
$GaAs_xSb_{1-x}$	$0.726-0.502x+1.2x^2$
InP_xAs_{1-x}	$0.360+0.891x+0.101x^2$
$InAs_xSb_{1-x}$	$0.18-0.41x+0.58x^2$
$In_{1-x}Ga_xAs_yP_{1-y}$	$1.35-0.72y+0.12y^2$
	$[x=0.4526y/(1-0.031y)]$
$Cd_xHg_{1-x}Te$	$-0.3+1.9x$
$Cd_xZn_{1-x}Se$	$2.730-1.388x+0.35x^2$
$Cd_xZn_{1-x}Te$	$2.250-0.869x+0.128x^2$
$Pb_{1-x}Sn_xTe$	$0.19-0.543x(12;x<0.35)$

3.2 掺杂对半导体光吸收边的影响,伯斯坦-莫斯效应

重掺杂(及由此引起的高自由载流子密度)可以对半导体能带边状态有重要影响,从而对半导体光吸收边附近的吸收特性有若干重要的影响.这些影响主要是带尾的形成,伯斯坦-莫斯(Burstein-Moss,简称 B-M)漂移和能带重整化.能带带尾的形成是杂质分布随机性的必然结果,其可能导致的指数式上升吸收边如上章所讨论的那样.本节主要讨论 B-M 漂移和能带重整化效应.B-M 漂移起因于能带中载流子的充填效应.能带重整化起因于电荷载流子的各种互作用,由此导致的能带收缩则代表了这种互作用的自能量.

实验表明,重掺杂情况下,实际测得许多半导体的光吸收边都向高能方向移动.以 n 型半导体为例,这一现象可作如下定性解释:重掺杂情况下电子气成为简并,费米能级深入导带,费米能级以下所有导带态已被电子占据,光吸收跃迁过程只能在价带态和费米能级 ξ_n 附近及以上的导带空态之间发生.这种掺杂引起的光吸收边的漂移常被称为 B-M 效应,或 B-M 漂移.直接禁带、且禁带宽度小的半导体(如 InSb、$Cd_xHg_{1-x}Te$ 混晶等),导带底的态密度较小,电子有效质量也小,容易发生费米能级 ξ_n 深入导带的现象,它们常常被用作研究 B-M 效应的典型材料.图 3.20 给出了对 n-InSb 的观察结果.图 3.20 表明,当电子浓度从 $10^{17}\,cm^{-3}$ 增加到 $10^{19}\,cm^{-3}$ 时,实验测得的表观光吸收边可以从 0.19 eV 变化到 0.60 eV.让我们具体估计一下表观光吸收边与真实禁带宽度 E_g 及费米能级位置 ξ_n 的关系.假定导带和价带都是抛物形的,能量原点在导带底,那么高掺杂情况下 n-InSb 的能带结构和电子充填情况可如图3.20(b)所示.可以认为,导带中直至能量

$$\frac{\hbar^2 k^2}{2m_e^*} = \xi_n - 4k_B T_e \tag{3.35}$$

为止的所有能态已被占据(因为 $1-e^{-4} \approx 99\%$),式中 T_e 为电子温度,k_B 为玻尔兹曼常数,电子只能跃迁到导带中能量 $\xi_n - 4k_B T_e$ 以上的地方.为求得允许电子跃迁的最低能量,还必须考虑动量守恒定律,它要求电子从价带中波矢为 k 的状态竖直地跃迁到同一波矢的导带态,这样允许跃迁的最小光子能量为

$$\hbar\omega_{min} = E_g + \frac{\hbar^2 k^2}{2m_e^*} + \frac{\hbar^2 k^2}{2m_h^*}$$

$$= E_g + \left(1 + \frac{m_e^*}{m_h^*}\right)\frac{\hbar^2 k^2}{2m_e^*} \tag{3.36}$$

结合式(3.35)和(3.36)可得表观光吸收边能量位置为

$$(E_g)_{obs} = E_g + \left(1 + \frac{m_e^*}{m_h^*}\right)(\xi_n - 4k_B T_e) \tag{3.37a}$$

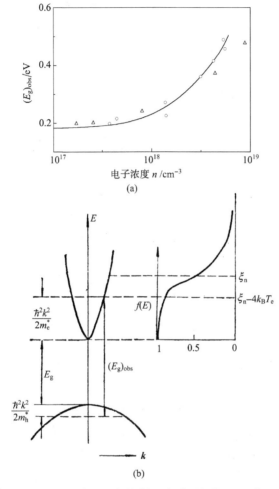

图 3.20　(a)随着电子浓度增加,实验测得的 InSb 表观光
吸收边 $(E_g)_{obs}$ 的 B-M 漂移;(b)说明 B-M 漂移的 InSb
能带结构和电子充填情况示意图

或

$$(E_g)_{obs} - E_g = \left(1 + \frac{m_e^*}{m_h^*}\right)(\xi_n - 4k_B T_e) \tag{3.37b}$$

ξ_n 是载流子浓度的函数,从式(3.37)可估计表观光吸收边 $(E_g)_{obs}$ 和载流子浓度的关系,它很好地解释了 n-InSb 的实验结果. 但间接禁带半导体的实验结果更为复杂,也并非式(3.37)所能直接解释的. 例如,利用上述讨论计算重掺杂 n-Ge 光吸收边附近的吸收曲线时即遇到困难[33]. 假定 $T=0$ K,只有发射声子的间接跃迁光吸收过程才是可能的. 如果作 $\sqrt{\alpha_e}$ 与入射光子能量的关系图,则如第二章所讨论,吸收边附近的吸收曲线应是一系列直线. 纯 Ge 情况下 $\sqrt{\alpha_e}$ 与横坐标的交点给出 E_g

$+E_p$;重掺杂和 ξ_n 深入导带情况下,吸收曲线与能量轴的交点应该给出 $E_g+E_p+\xi_n$,这样计算的吸收曲线如图 3.21 所示,图中低吸收系数附近吸收曲线的弯曲,是

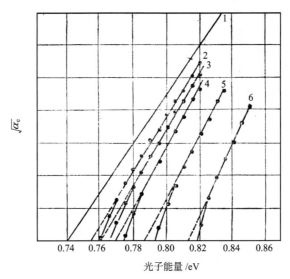

图 3.21　按简单理论计算的 4.2 K 时重掺杂 n-Ge 的 B-M 漂移,图中曲线 1 为纯 Ge;2 为 $n=5\times10^{18}$ cm^{-3};3 为 $n=8\times10^{18}$ cm^{-3};4 为 $n=1.2\times10^{19}$ cm^{-3};5 为 $n=2.3\times10^{19}$ cm^{-3};6 为 $n=4\times10^{19}$ cm^{-3}

由于计算中考虑了跃迁终态数目减小的缘故. 然而,实验测得的吸收边附近重掺 As 的 n-Ge 的吸收曲线(图 3.22)与上述简单理论预期大相径庭. 图 3.22 表明,n 型重掺杂 Ge 表观吸收边随掺杂增加而向低能方向移动. 如果从这些曲线求取 d $\sqrt{\alpha_e}/\mathrm{d}\hbar\omega$,并相对于掺杂浓度 N_I 作对数图,则得如图 3.23 所示的直线. 为解释重掺杂n-Ge的这一实验事实,必须考虑到重掺杂情况下间接跃迁的动量守恒定则未必一定需要声子参与. 电子-电子散射、杂质散射都可使跃迁的动量守恒要求得以满足,这里散射概率显然和散射中心数目 N_I 成正比. 此外,跃迁动量守恒要求还可因重掺杂导致的无序效应而变得松弛,因而吸收系数的计算必须同时考虑 B-M 漂移和散射概率的增强. 这里我们将不讨论这一情况下吸收系数的详细计算,而是唯象地将它表示为

$$\alpha(\hbar\omega) = AN_I(\hbar\omega - E'_g - \xi_n)^2 \tag{3.38}$$

式中 A 为常数,E'_g 为等效带宽. 式(3.38)可以解释图 3.22 和图 3.23 的实验结果,并预期 $\mathrm{d}\sqrt{\alpha}/\mathrm{d}\hbar\omega$ 与 N_I 对数作图的斜率应为 1/2. 图 3.23 表明这一唯象理论模型估计和实验结果间有良好的符合.

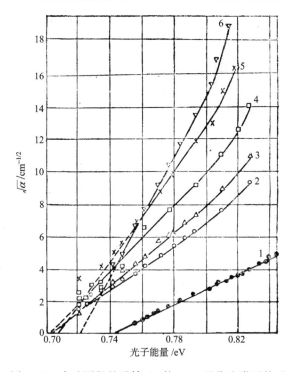

图 3.22 实验测得的重掺 As 的 n-Ge 吸收边附近的吸收曲线随掺杂浓度的变化. $T=4.2$ K,曲线 1~6 分别为纯 Ge 和掺杂 $n=5\times10^{18}$,8×10^{18},1.2×10^{19},2.3×10^{19},4×10^{19} cm^{-3} 的 n 型 Ge

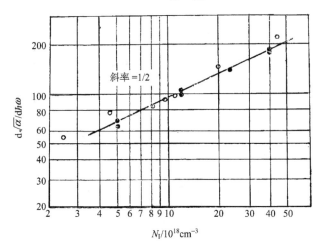

图 3.23 图 3.22 给出的吸收曲线斜率和掺杂浓度 N_I 的关系. 图中"・"和"○"为不同的实验结果

上述有关 Ge 的实验结果还表明,除 B-M 效应外,重掺杂似乎还导致禁带宽度(包括间接带隙和直接带隙)的等效收缩,这和前面讨论的带尾模型及其他许多实验结果[12]在原理上有相关之处. 可以用图 3.22 来估计带隙等效收缩量 Δ 及其和掺杂浓度 N_I 的关系. 由给定掺杂浓度 Ge 的吸收曲线延长线和横坐标的交点,求得 $E'_g + \xi_n$,由纯 Ge 吸收曲线延长线和横坐标的交点,求得 $E_g + E_p$,两者相减并加上计算的 E_p 值和减去计算的 ξ_n 值,即获得估计的带隙等效收缩量 $\Delta = E'_g - E_g$.

下面简要讨论能带重整化效应对半导体禁带宽度 E_g 及光吸收边的影响. 从赝势法和近自由电子模型看来,半导体的禁带起因于赝势. 一级近似情况下,禁带宽度 E_g 正比于赝势. 当载流子浓度很高时,它们的屏蔽效应不可忽略. 采用托马斯-费米(Thomas-Fermi)模型,若无自由载流子时赝势为

$$V_p \propto \frac{e}{r}$$

则考虑到自由载流子屏蔽效应后的赝势变为

$$V_p \propto \frac{e}{r} \exp(-\boldsymbol{k}_s \cdot \boldsymbol{r}) \tag{3.39}$$

式中 $1/k_s$ 为托马斯-费米屏蔽长度,并且

$$k_s^2 = 4\left(\frac{3}{\pi}\right)^{1/3} n^{1/3}/a^*$$

a^* 为玻尔半径,n 为自由载流子浓度. 由于这种屏蔽效应,赝势减小,从而半导体禁带宽度趋于收缩,和 B-M 效应符号相反.

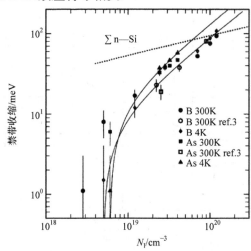

图 3.24　掺硼和掺砷硅的禁带收缩与掺杂浓度关系的实验结果,虚线为理论计算结果,
实验结果中"·"、"○"、"◆"是对掺硼硅而言,"■"、"□"、"▲"是对掺砷硅所言;实验
温度为 300K 和 4K

能带重整化效应是一个多体问题,其理论计算十分困难,至今没有获得和实验结果符合良好的理论计算结果[34].重整化导致的禁带收缩的实验测定也颇不容易,需要同时进行多种光学实验,并仔细地抽取 B-M 漂移和 ξ_n 的信息,然后才能推算重整化后的禁带宽度.图 3.24 给出近来关于重掺杂硅的重整化效应的实验结果[34].图中虚线表示理论计算结果,可见与实验符合并不佳.

3.3 吸收边以上基本吸收区域电子跃迁过程的光谱研究

上一章已经提到,第一布里渊区中可以存在若干支导带和价带.从化学键-轨道模型[35]看来,它们是由晶体组成原子的不同轨道量子数和不同角动量量子数的电子轨道组合演变而成的.作为一个例子,图 3.25、图 3.26 给出了结合回旋共振和光学研究的实验数据用 $\boldsymbol{k} \cdot \boldsymbol{P}$ 微扰法计算的整个第一布里渊区 Ge 和 GaAs 的能带图[36].可以看到,价带顶以下和导带底以上,还存在多支价带和导带,并且原则上除选择定则规定禁戒的跃迁外,$\boldsymbol{k}$ 空间中几乎所有的点都可发生从价带到导带的竖直跃迁.这些跃迁发生在大于 E_g 的光子能量处,形成一个复杂的强吸收光谱.从第二章的讨论已经看到,满足范霍夫奇点要求的联合态密度临界点附近的态对跃迁有最大的贡献.在能带图上,这意味着,这样的点附近导带色散曲线和价带色散曲线互相平行.由图 3.25 和图 3.26 还可看到,Ⅳ族和Ⅲ-Ⅴ族半导体价带因

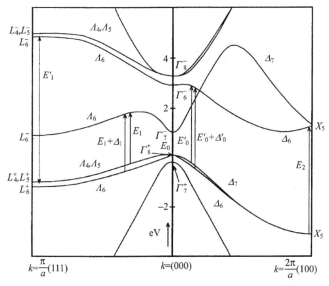

图 3.25　用 $\boldsymbol{k} \cdot \boldsymbol{P}$ 微扰法计算的 Ge 的能带图[36]

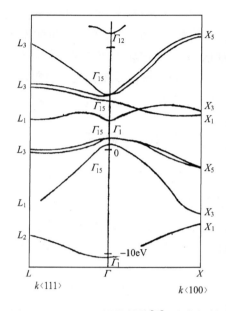

图 3.26　GaAs 的能带结构[36]，注意闪锌矿结构和金刚石结构（图 3.25）半导体能带记号间的区别

自旋-轨道耦合互作用而分裂. 对 Ge 和 Si，Γ_{25} 处 3 度简并（若计及自旋态则为 6 度简并）的价带顶中的一支因此分别压低了 0.28eV 和 0.04eV，在图 3.25 中记为 Γ_7^+. 对 Ⅲ-Ⅴ 族等闪锌矿结构的半导体来说，类 p 对称性的 Γ_{15} 态，包括价带顶，分裂成一个 4 度简并（包括自旋态）的 Γ_8 态[或记作 $\Gamma_{15}(3/2)$]和一个 2 度简并的 Γ_7 态[或记作 $\Gamma_{15}(1/2)$]. 闪锌矿结构半导体的这种价带顶的分裂通常比 Ge、Si 的还大. 这样在吸收光谱图上，有可能在吸收边以上相应能量处观察到从这一支分裂价带到导带的跃迁引起的吸收次峰或台阶. 这种台阶确实被实验观察到了. 图3.27给出了很薄的 GaAs 样品吸收边附近的吸收曲线[37]. 它清楚地显示了吸收边 E_g 和与自旋-轨道分裂价带有关的跃迁 $(E_g+\Delta_0)$. 和图 3.26 给出的

GaAs 能带结构图对照，不难证明图 3.27 实验观察到的 Δ_0 对应于上面指出的 Γ_{15} 价带顶的自旋-轨道分裂. 更宽能量范围内半导体薄层的吸收曲线，可以显示其他带间跃迁过程和布里渊区其他位置上的价带分裂. 例如，图 3.28 给出 1～5eV 光子能量范围内 InSb，GaAs，InAs 和 GaSb 的吸收曲线（光密度谱）. 它们的含有结构的峰（如图中箭头所示），长期以来被解释为 k 空间 Λ 方向上或 $k=\dfrac{2\pi}{a}\left(\dfrac{1}{2},\dfrac{1}{2},\dfrac{1}{2}\right)$ 附近穿越禁带的竖直 L 跃迁 (E_1) 以及 L

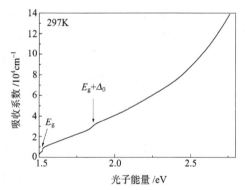

图 3.27　吸收边附近很薄的 GaAs 样品的吸收曲线，图中可分辨出与自旋-轨道分裂价带有关的跃迁台阶 $(E_g+\Delta_0)$ 和能量为 E_g 的带间跃迁吸收边

附近的价带分裂 Δ_1. 它们给出，对 InSb，$E_1=1.89$eV，$E_1+\Delta_1=2.44$eV；对 GaAs，$E_1=2.97$eV，$E_1+\Delta_1=3.17$eV；对 InAs，$E_1=2.50$eV，$E_1+\Delta_1=2.75$eV；对 GaSb，$E_1=2.07$eV，$E_1+\Delta_1=2.56$eV. 从历史观点来看，这种自旋-轨道分裂的实验证实是有重要意义的，它首先给人们提供了线索，表明带边缘之外存在能带的复杂结构. 即使是在今天，这些实验方法仍是估计新材料能带结构的重要的一步. 顺

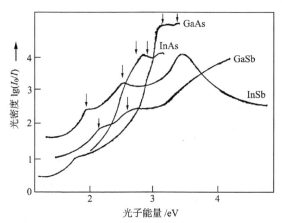

图 3.28 80K 时几种 Ⅲ-Ⅴ 族半导体薄片样品的吸收光
谱. 样品厚度分别为 0.25μm (InSb);0.08μm(GaSb);
0.18μm(InAs);0.24μm(GaAs)

便指出,这种分裂还可从位于红外波段的带内跃迁吸收光谱实验中观察到[38].

虽然吸收光谱具有直观、易于辨认和解释的优点,但由于基本吸收区域的吸收系数极高,它的精确测量需要厚度为微米甚至亚微米量级的极薄的样品.这样的单晶薄片,对大多数半导体来说,除非采用新近发展起来的分子束外延(MBE)和金属有机化学气相沉积(MOCVD)等方法[39],否则实在是太难制备了,同时实验上超薄样品还很难避免多次反射与多次透射干涉效应的干扰.因而在基本吸收边以上的光谱研究中,广泛采用反射光谱方法.

图 3.29 给出基本吸收区域 Ge、Si 的室温反射光谱,图 3.30 给出同一波段几种 Ⅲ-Ⅴ 族化合物半导体的室温反射光谱,图 3.31 给出 300K 和 12K 时基本吸收区域 HgTe 的反射光谱.可见,光子能量 10eV 之内,图中显示出一系列的反射峰

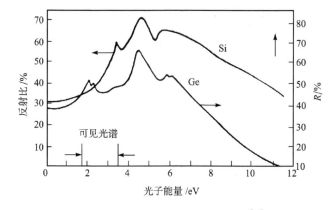

图 3.29 Ge 和 Si 的室温反射光谱[40]

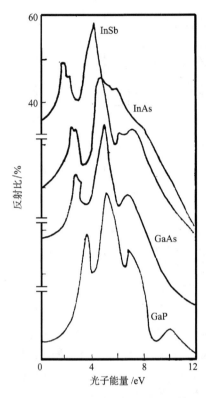

图 3.30　若干Ⅲ-Ⅴ族化合物半导体的
室温反射光谱[41]

或结构. 对 Ge、Si 和许多闪锌矿结构半导体来说,其中最主要的、最强的是 E_1 和 E_2 峰,它们自然对应于较高能量的带间直接跃迁,并且按上一章的讨论其强度和尖锐性并不单单决定于某一临界点处的联合态密度,还决定于具有相同能量的临界点数目,亦即是否在很多波矢位置上导带支和价带支有相同的能量差,或者说在 $E(\boldsymbol{k})$-$\boldsymbol{k}$ 图上导带和价带有否平行支. 光子能量更高的情况下(如 $\hbar\omega >$ 10 eV 时),反射比下降,这是由于强阻尼和损耗性的价电子集合运动模式——等离子激元的激发所致. 当光子能量在 16 eV 以上时,反射谱再次显示一个宽阔的极大值(图中未画出),这是由于价带以下其他满带电子到导带空态的跃迁引起的.

如上已定性解释了反射光谱的特性,然而这样的说明毕竟太简单了,利用反射光谱方法研究半导体能带结构,要害在于反射峰或特征的判别和指认,并通过这种判别和指认的讨论,将反射特征与跃迁过程及能带结构联系起来,这才是重要和本质的事情,也是一个十分困难的问题. 下一节讨论的调制反射光谱导致临界点附近的光跃迁呈现为尖锐的谱线,并使得反射峰或反射结构的指认变得稍为容易一些. 在第一章中已经提到半导体吸收边附近理论预期的反射光谱可以有什么样的特征;第二章关于联合态密度的讨论给人们判别和指认反射光谱特征提供了一定的依据. 现在我们研究不同类型临界点导致的带间跃迁边缘附近的光学常数,从而得到反射光谱的定性行为及对应电子跃迁过程的认知.

3.3.1　E_0 跃迁

从第一章有关色散关系应用的讨论和第二章有关联合态密度的讨论已经知道,在和直接禁带宽度有关的 E_0 跃迁(M_0 型临界点)情况下,临界点附近联合态密度和能量平方根成正比.

$$J_{vc}(\omega)\begin{cases} \propto (E-E_0)^{1/2}, & E > E_0 \\ = 0, & E \leqslant E_0 \end{cases} \tag{3.40}$$

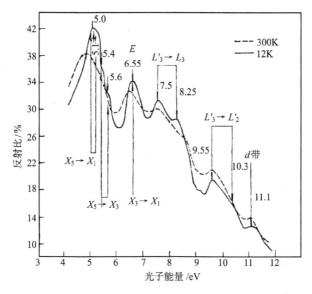

图 3.31 300K 和 12K 时 HgTe 的带间跃迁反射光谱[42]

因而按式(2.84)和(2.85),介电函数虚部和吸收系数与光子能量的关系为

$$\varepsilon_r''(\omega) \propto \omega^{-1} f_{vc}(E-E_0)^{\frac{1}{2}} \tag{3.41}$$

$$\alpha(\hbar\omega) \propto f_{vc}(E-E_0)^{\frac{1}{2}} \tag{3.42}$$

在 E_0 以上一个不大的能量范围内,可以假定 f_{vc} 及 $\omega^{-1}f_{vc}$ 与联合态密度 $J_{vc}(\omega)$ 相比是能量的缓变函数,因而 $\varepsilon_r''(\omega)$ 和 $\alpha(\hbar\omega)$ 与能量的关系可近似为

$$\varepsilon_r''(\omega), \alpha(\omega) \propto (E-E_0)^{\frac{1}{2}} \tag{3.43}$$

$E<E_0$ 时, $J_{vc}(\omega)=0$, E_0 处为一吸收阈值. $E>E_0$ 时, $\varepsilon_r''(\omega)$ 迅速上升,从 K-K 色散关系,例如

$$\varepsilon_r'(\omega) = 1 + \frac{1}{\pi}\int_0^\infty \frac{d\varepsilon_r''(\omega')}{d\omega'} \ln\left|\frac{1}{\omega'^2-\omega^2}\right| d\omega' \tag{3.44}$$

人们可以预期,在 $\varepsilon_r''(\omega)$ 迅速上升的频率位置,有一个 $\varepsilon_r'(\omega)$ 的峰值. 从 $\varepsilon_r''(\omega)$ 和能量的平方根关系可知, $\omega>\omega_0$ 时, $\dfrac{d\varepsilon_r''(\omega)}{d\omega} \propto (\omega-\omega_0)^{-1/2}$. 权重函数 $\ln\left(\dfrac{1}{|\omega'^2-\omega^2|}\right)$ 在 $\omega=\omega_0$ 处有极大值, $\varepsilon_r'(\omega)$ 的极大值也应在 ω_0 附近,即 E_0 附近. 极大值的真实位置将因 $\omega^{-1}f_{vc}$ 的频率依赖关系而略有修正,但总是很接近于 ω_0 或 E_0. 从上一章讨论还可知道,在 M_0 型临界点附近的联合态密度和高能量处的态密度相比仍甚小,因而该处消光系数 K 和折射率 η 相比仍很小. 这样人们似可推测,在 ω_0 附近折射率 η 和反射比 R 仅可出现弱的峰或不很明显的结构.

实验上,除 PbS、PbSe 和 PbTe 外,对其他半导体在 E_0 处并未观察到反射比的这种弱峰,这显然是因为在 E_0 处的联合态密度终究太小了.利用调制光谱,抑制了临界点以外广延波矢区域跃迁的贡献后,实验观察到了与 E_0 跃迁对应的尖锐的 $\Delta R/R$ 谱线.与此相似,对其他类型的吸收阈值,预期也不会产生静态反射比极大值或峰结构.因而有关 $E_0(E_g)$ 及 Γ 点处自旋-轨道分裂 Δ_0 的信息主要来自前面已讨论过的吸收实验和下节讨论的调制光谱.

迄今为止,我们一直假定 f_{vc}(因而 M_{cv})是能量的缓变函数,这只有对允许的直接跃迁才是如此.对禁戒的直接跃迁,已经指出 $M_{cv} \propto |\boldsymbol{k} - \boldsymbol{k}_0|$,因而 $|M_{cv}|^2 \propto (E - E_0)$,即 $\varepsilon_r''(\omega)$、$\alpha(\omega) \propto (E - E_0)^{3/2}$.这样如式(3.44)所示,$E_0$ 处并不给出 $\varepsilon_r''(\omega)$、$\eta(\omega)$ 和 $R(\omega)$ 的极大值.如果实验上观察到它们的极大值出现在能量 E_0 附近,其性质就更难判断了.间接跃迁的情况也是如此,对允许的间接跃迁,$\varepsilon_r''(\omega) \propto (E - E_0)^2$,对禁戒的间接跃迁,$\varepsilon_r''(\omega) \propto (E - E_0)^3$.但这时 $\varepsilon_r''(\omega)$ 的绝对值较直接跃迁要小得多,只有在不存在直接跃迁的能量处才能观察到它们引起的吸收特征,估计在反射光谱图上观察不到它们的存在.

3.3.2 E_1 跃迁

鞍点(M_1 和 M_2 型临界点)附近光学常数的行为有重要意义,这也是运用范霍夫奇点研究半导体能带结构的重要一步,它导致人们对半导体能带结构的深入理解.关于联合态密度和色散关系的研究表明,鞍点附近联合态密度有很高的值,它可以对应于反射谱 $R(\omega)$ 的一个极大值(或者说峰),但其位置略低于临界点能量.实验上,如图 3.29 所示,无论是 Ge 或 Si,它们在基本吸收区频段的反射谱都显示两个主要的峰,依其能量位置分别记为 E_1 和 E_2.为解释和判定它们的归属,人们自然尝试把它们和 M_1 或 M_2 型临界点联系起来,首先是把 E_1 峰和 M_1 型临界点联系起来.倘若反射谱线形仅仅由带间跃迁决定,则从实验反射谱经 K-K 变换求得介电函数谱,就可以精确求取临界点位置.然而,事实上纯粹的带间跃迁谱线线形总是被散射和多体效应(如激子效应)模糊掉,K-K 变换结果也因此不能直接给出临界点位置,从而使简单分析变得困难.但另一方面,和临界点跃迁相伴的电子-空穴互作用和激子效应又常常使跃迁谱线(包括反射峰)变得尖锐,低温下尤其是这样,图 3.31 给出的 HgTe 反射谱的结果就是一个例子.这使得 $R(\hbar\omega)$、$\varepsilon_r'(\hbar\omega)$ 和 $\varepsilon_r''(\hbar\omega)$ 谱图上的结构特征发生在能量与临界点十分相近的位置上.这样,人们又甚至可直接从原始数据(例如从反射曲线)估计临界点能量,而且这样估计的误差通常不会超过 0.2eV.图 3.32 中实线给出 Ge 介电函数虚部 $\varepsilon_r''(\hbar\omega)$ 谱,这是从图 3.29 所示反射光谱实验数据经 K-K 变换求得的,可见 $\varepsilon_r''(\hbar\omega)$ 的极大值及其尖锐上升的能量位置都略高于反射谱上 E_1 峰的位置.这一结果既证实了前面的分析和推测——锗反射谱的 E_1 峰与 M_1 型临界点附近的跃迁有关,也表明临界点能量位置的精确测定是不容易的,真实跃迁过程的指认也是不容易的. 也正是由于这一原因,Ge、Si 和许多Ⅲ-Ⅴ族半导体基本吸收区反射谱上的许多结构,包括 E_1 和 E_2 峰,在它们实验上被观察到后若干年,才得到较为正确的解释和指认.

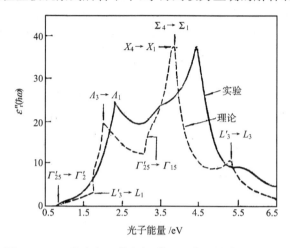

图 3.32 Ge 的介电函数虚部 $\varepsilon_r''(\hbar\omega)$ 谱. 图中实线为按实验反射曲线用 K-K 关系计算的结果,虚线为 BBP[44] 的赝势计算结果

图 3.29 给出的 Ge 的反射光谱表明,E_1 峰有分裂,或者说有双峰结构. 这一事实对指认 Ge 的 E_1 反射峰有重要意义[43]. 人们容易想到,这一双峰结构可以和价带的自旋-轨道分裂效应联系起来,但其值不是 Γ 点的分裂值,而是布里渊区原点以外 Λ 方向上某一临界点,如 L 处的分裂值. 和图 3.25 给出的 Ge 能带结构图相对照,陶斯(Tauc)等人曾把 Ge 能量较低的 E_1 反射峰指认为起因于〈111〉方向临界点 L 附近的直接跃迁[43]. 布鲁斯特、巴桑尼和菲利普斯(Brust, Bassani 和 Phillips)[44~46]等人(简称 BBP)用赝势法精密计算了 Ge、Si 的能带结构,他们发现仅用三个参数即可给出与光谱实验结果符合良好的所有重要的价带和导带能级. 图 3.32 中虚线给出了他们从赝势计算获得的 Ge 的相对介电函数虚部 $\varepsilon_r''(\hbar\omega)$ 谱. 这些计算结果及其与从反射光谱数据经 K-K 变换求得的实验 $\varepsilon_r''(\hbar\omega)$ 谱(实线)的比较表明,陶斯关于 Ge 反射谱的指认已大致正确,但尚需进一步完善. BBP 计算的主要结论是,为解释主要反射峰的线形和复合结构,需要另外的范霍夫奇异性. Ge 反射光谱中 2.1eV 和 2.3eV 处的 E_1 双峰起因于〈111〉方向 $\Lambda_3 \to \Lambda_1$ 跃迁对应的 M_1 型鞍点,由于沿布里渊区 Λ 方向上很大范围内导带和价带色散近乎平行,因而鞍点附近跃迁过程有很大的联合密态度,导致这一双峰有颇高的强度. 陶斯等原先将之归属的 $L_3' \to L_1$ 阈值(为 M_0 型极点)预期发生在 1.9eV 和 2.1eV 处,并且强度也要弱得多. 这些弱的跃迁在 Ge 中难以观察到,但在某些闪锌矿结构半导体中

却可清楚地观察出来.77 K 时 ZnTe 的实验反射光谱(见图3.33)[47]即证实了这一点,图中在分裂的 E_1 和 $E_1+\Delta_1$ 反射峰低能侧,清楚地观察到起因于 $L'_3 \rightarrow L_1$ 跃迁的反射台阶(肩胛),这也是关于 Ge 的 E_1 峰指认的一个佐证.注意,在图 3.33 中,室温反射谱上观察不到 $L'_3 \rightarrow L_1$ 跃迁,看来是被散射弛豫效应模糊掉了,以后讨论激子跃迁时将会看到,E_1 和 E_2 极值都显示激子效应,它们导致谱带变窄.

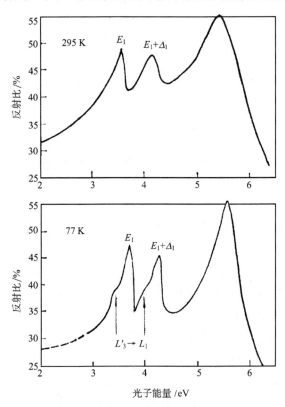

图 3.33   室温和 77 K 时带间跃迁区域 ZnTe 的
反射光谱实验结果[47]

对 Si 来说,BBP 计算预期,3.4 eV 处 E_1 峰的起源和 Ge 不一样.实验上,Ge-Si 合金的反射光谱研究表明,当合金中 Si 含量达到 75％的原子比时,E_1 峰有一转折,这预示着在不同的元素半导体中,它们有不同的起源.同时,有关能带温度系数的实验发现,2.1～2.3 eV 处锗双线的温度系数为 -4×10^{-4} eV/K,但对 Si 来说,3.4 eV 处 E_1 峰的温度系数为 -2×10^{-4} eV/K.参考这些实验结果,BBP 曾将 Si 的 E_1 反射峰指认为 $\Gamma'_{25} \rightarrow \Gamma_{15}$ 跃迁.但后来的研究,包括下一节将要讨论的调制反射光谱研究表明,3.4eV 处 Si 能带存在复杂的能量简并现象.$L'_{25} \rightarrow L_{15}$ 附近〈100〉方向的鞍点跃迁,$L'_3 \rightarrow L_1$ 跃迁和 $\Gamma'_{25} \rightarrow \Gamma_{15}$ 跃迁都对 Si 的 E_1 峰有贡献,以致迄今尚不能明确判断哪一种跃迁对 Si 的 E_1 峰起主要的贡献. 此外,除明确定义的临界点外,布里渊区中其他广延的波矢区域也可以对 E_1 峰有一定的贡献.

从 $k \cdot P$ 微扰理论可以证明[48],布里渊区中 $\langle 111 \rangle$ 方向价带的自旋-轨道分裂 Δ_1 为布里渊区原点处分裂值 Δ_0 的三分之二,即

$$\Delta_1 = \frac{2}{3} \Delta_0 \tag{3.45}$$

表 3.3 给出了反射光谱实验观察到的几种半导体的价带分裂值 Δ_1 和 $\frac{2}{3} \Delta_0$ 的比较,可见理论估计和实验结果比较是颇为符合的,同时也进一步佐证了对 E_1 峰对应跃迁性质的指认.

表 3.3　几种半导体 E_1 峰的分裂值 Δ_1 (实验值)和 $\frac{2}{3} \Delta_0$ 的比较

	Ge	InAs	InSb	CdTe	ZnTe
Δ_1 (实验值,eV)	0.193	0.286	0.534	0.615	0.62
$\frac{2}{3} \Delta_0$ (理论值,eV)	0.18	0.28	0.58	0.59	0.575

3.3.3　E_2 跃迁

图 3.29、3.30 和 3.33 表明,对 Ge、Si 和大多数闪锌矿结构半导体来说,E_2 峰是反射光谱图上最强的反射峰. 联合态密度的分析表明,若 M_1 和 M_2 型临界点正好在能量上简并,就可以导致反射谱上十分强烈的峰. 在如图 3.32 所示的 BBP 的计算中,E_2 峰主要被指认为布里渊区 $\langle 100 \rangle$ 方向和 $\langle 110 \rangle$ 方向的价带一导带竖直跃迁. 对 Ge、Si 来说,$X_4 \to X_1$ 跃迁(M_1 型鞍点)和 $\Sigma_4 \to \Sigma_1$ 跃迁(M_2 型鞍点)能量正好简并,因而引起很高的联合态密度和 4.5eV 的 E_2 峰的反射强度. 和闪锌矿结构半导体反射数据比较,有助于佐证对 Ge、Si 的 E_2 峰的指认. 正如上一章指出的,由于反映对称的消除,闪锌矿结构半导体 X 导带的简并消除了,于是以 X 导带为终态的跃迁也分裂了. 图 3.30、3.31 的实验结果表明,闪锌矿结构半导体的 E_2 峰有双峰结构,证实了这种分裂的存在. 这一事实表明,对 Ge、Si 及闪锌矿结构半导体反射谱的 E_2 峰的上述指认是正确的.

由于 E_2 峰具有最大的强度,从键-轨道模型和介电理论观点看来,这表明大多数价电子正是在这一能量下发生带间光跃迁的,因而它对应的能量 E_2 可以看作是半导体的"平均能隙". 佩恩(Penn)证明[49],对具有球形等能面的半导体,可以从下式来估计"平均能隙"(或称佩恩能隙):

$$\varepsilon_r(0) \approx 1 + \left(\frac{\omega_p}{\omega_{Penn}} \right)^2 \tag{3.46}$$

式中 $\omega_p^2 = \dfrac{Ne^2}{m^*\varepsilon}$ 为价电子等离子频率(见第一章). 用式(3.46)从 $\varepsilon_r(0)$ 实验值估计的佩恩能隙 $\hbar\omega_{Penn}$ 与反射实验决定的 E_2 跃迁能量的比较如表 3.4 所示,可见平均能隙的定义是符合实际的. 在 E_2 峰以上,对 Si 来说,在 5.5eV 处存在另一反射峰;对 Ge 来说,在 5.9eV 和 6.1eV 处各存在一个弱反射峰. 鉴于 Ge 的反射谱峰清楚地显示出 0.2eV 的价带自旋-轨道分裂特征,因而这两个弱峰似乎可明确无误地指认为 $L_3' \to L_3$ 跃迁,BBP 的计算也证明了这一点.

表 3.4　若干半导体的佩恩能隙和 E_2 跃迁能量实验值的比较

	Si	Ge	GaAs	GaSb	InAs	InSb	InP
$\hbar\omega_{penn}/eV$	4.8	4.3	5.2	4.1	4.58	3.74	5.2
E_2/eV	4.4	4.49	5.11	4.35	4.74	4.23	5.0

作为这一小节的结束,表 3.5 列出了从反射实验数据获得的 Ge、Si 等Ⅳ族元素半导体的各种带间跃迁能量及其与理论结果的比较. 和 Ge、Si 相比,人们对 C 和 α-Sn 还了解得较少,金刚石的基本带宽为 5.5eV,α-Sn 则为半金属,具有零禁带宽度,并且由于原子序数较大,自旋-轨道分裂也更大,达0.47eV,这在 E_1 反射峰上可清楚显示出来. 有趣的是,尽管它们的基本带宽相差如此之大,但总体看来,它们的能带结构有显著的相似性.

表 3.5　反射实验给出的Ⅳ族元素半导体的主要能带特征,
所有能隙以 eV 为单位,并采用室温实验结果

	C 理论	C 实验	Si 理论	Si 实验	Ge 理论	Ge 实验	α-Sn 理论	α-Sn 实验
$\Gamma_{25}' - \Gamma_2'$					0.8	0.8;1.09		−0.16
$L_3' \to L_1$	13.6	16.3	3.15	E_1 极大值在3.4eV处	1.8	1.74;1.94		1.4
$\Lambda_3 \to \Lambda_1$					2.0	2.10;2.29	1.28	1.75
$\Gamma_{25}' - \Gamma_{15}$	7.4	7.2	2.8;3.5		2.7;3.6	3.2;3.4	2.2;3.0	2.8
$X_4 \to X_1$	13.7	12.6	4.0;4.4	4.5	3.6;3.8	4.45	3.4	3.5
$\Sigma_4 \to \Sigma_1$								
$L_3' \to L_3$			5.2	5.5	5.4	5.9;6.1	4.4	4.4
光学带隙(间接)	$\Gamma_{25}' - \Delta_1$ =6.7;5.5		$\Gamma_{25}' - X_1$=1.1		$\Gamma_{25}' - L_1$ =0.65			

3.3.4　闪锌矿结构半导体

在前面的讨论中,已顺便提到闪锌矿结构半导体(如 GaAs、GaSb、InSb、GaP

和 ZnTe 等)基本吸收区的静态反射光谱及其峰结构的指认. 它们和金刚石结构半导体 Ge、Si 颇为相似,但又不尽相同,其中 GaAs、InSb 等的反射谱及其指认更相似于 Ge,而 GaP 则更相似于 Si. 关于 E_1 的结构,如图 3.30 所示,GaAs 等的 E_1 峰也呈现精细结构. 下节将会看到,这一有精细结构的 E_1 峰在调制反射光谱中十分清楚地分辨为 E_1 和 $E_1 + \Delta_1$ 峰. 对 ZnTe,如图 3.33 所示,即使静态反射谱上,E_1 和 $E_1 + \Delta_1$ 也已清楚地分辨为双峰结构. 结合图3.26给出的 GaAs 的能带结构,它们已被指认为和 Ge 相似的〈111〉方向上价带支 Λ_3 到与之平行的导带支 Λ_1 的跃迁,在此 Λ_3 价带支也因自旋-轨道耦合而分裂了 Δ_1. GaP 的 E_1 峰在 3.7eV 处,并且实验表明其温度和压力系数远小于其他闪锌矿结构半导体的 $\Lambda_3 \to \Lambda_1$ 跃迁的系数值. 看来它的指认更接近于 Si 的 E_1 峰,即有复杂的起源,以致至今尚不能完全判明起主要贡献的跃迁过程.

闪锌矿结构半导体带间跃迁反射谱的 E_2 峰被指认为主要起源于〈100〉方向的 $X_5 \to X_1$ 和 X_3 的跃迁. 如前指出,由于反映对称的消除,X 处简并的导带支分裂为 X_1 和 X_3,因而 E_2 峰显示出由此引起的精细结构. 至于在 Si 情况下被认为可能对 E_2 峰起源起重要贡献的 $\Gamma'_{25} \to \Gamma_{15}$ 跃迁(闪锌矿结构情况下为 $\Gamma_{15} \to \Gamma_{15}$ 跃迁),在闪锌矿结构半导体中大都呈现为 E_1 和 E_2 峰之间的弱结构,例如 GaAs 在 4.2eV 左右,GaP 在 4.8eV 左右,InSb 在 3.4eV 左右和 ZnTe 在 4.8eV 左右的弱结构或反射肩胛.

3.4 半导体的调制光谱

3.4.1 半导体的调制光谱

从上一节的讨论可见,反射光谱在吸收边以上的光谱测量中有重要作用,亦即在最低能带极值以上的半导体能带结构研究中有重要的作用. 分析表明,半导体能带结构的临界点特性很大程度上决定了其介电函数谱的虚部,从而决定了反射光谱的特征. 人们可以将反射光谱上的结构和联合态密度的解析奇异性——临界点联系起来,如上节讨论那样,达到研究能带结构的目的.

然而,这种单纯的(或者说静态的)反射实验有很大的局限性. 从 3.3 节已经看到,反射光谱上的特征,如峰值,反映了布里渊区中能量简并的不同临界点附近跃迁的贡献的总和,甚至也包括了布里渊区中价带-导带能量差等于入射光子能量 $\hbar\omega$ 的任何波矢位置跃迁的贡献. 人们要研究的某一临界点附近的跃迁,可能只反映为这种反射峰附近的一个精细结构,甚至可能是远离反射谱主要特征的一个精细结构. 这一情况强烈地影响着对光谱实验结果的解释,使人们无法将实验光谱曲线直接和由临界点特性预言的 $\varepsilon''_r(\hbar\omega)$ 谱线形联系起来,也不能将光谱图上的主要光谱结构的数目和临界点数目直接联系起来. 人们看到,反射光谱图上的许多结构是微弱的、含糊不清的和低灵敏度的. 总之,为充分地确定一临界点,静态反射实验提供的信息是不充分的,迄今不存在一种直截了当的步骤,可以将静态反射谱结构对应的光子能量和能带计算时作为参数调节依据的基本跃迁直接联系起来.

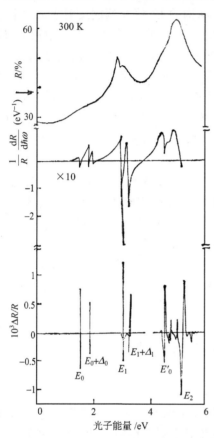

图 3.34　0～6 eV 光子能量范围内 GaAs 的三种反射光谱的比较. 上图:静态反射谱[54];中图:能量微商反射谱[55],$T=2$ K;下图:弱场电调制反射谱[56],$T=10$ K

为了克服静态反射谱及其他静态光谱研究的这种局限性,科学家们已经发展了各种调制光谱方法[50~53]. 所谓调制光谱,就是在测量光谱的同时,周期性地改变被测半导体样品的实验条件,或者说施加一个周期性改变的外界微扰参数. 这种外界微扰参数可以是电场、磁场、压力、应力、热脉冲、入射光电磁波波长和入射光强等等. 这样被测光谱量将有某些周期性改变. 这种周期性改变的绝对量是小的,但实验表明,如果设法探测这种微扰引起的和调制频率对应的光谱特性的周期变化,亦即测量光谱量的导数,那么调制光谱图上各种结构的光谱对比度(即光谱灵敏度和分辨率),比非调制的静态光谱要高得多. 调制方法不仅可用于反射光谱,也可用于吸收光谱或其他光谱研究. 不仅可用于半导体体材料,也可用于半导体异质结、量子阱等低维结构. 如果说静态反射谱和吸收谱测量的实质是介电函数谱,那么各种调制光谱测量的实质是介电函数的微商谱. 图 3.34 给出了 GaAs 静态反射谱、能量微商(波长调制)反射谱和弱场电调制反射谱的比较;图 3.35 给出了场效应结构情况下锗的电场调制反射谱;图 3.36 给出了吸收边附近 Si 的波长调制吸收光谱[57]. 由图可见,无论是反射光谱或吸收光谱(可以和第 3.1、第 3.3 节中 Ge、Si 及 GaAs 的吸收光谱、反射光谱比较),调制后的光谱信息要丰富得多,各种结构的能量位置的确定也要精确得多. 一般说来,调制响应的光谱宽度要比非调制静态光谱窄 20～50 倍,即从 10^{-1} eV 的量级下降到 10^{-3} eV 的量级. 由图 3.34、3.35 和 3.36 还可看到,调制光谱的灵敏度也比静态光谱高得多,一般说来,高大约 2～3 个数量级. 这种高分辨率和高灵敏度使其有可能不必经过能带计算即可判定某些临界点的性质,确定其能量位置. 例如,图 3.34 和图 3.35

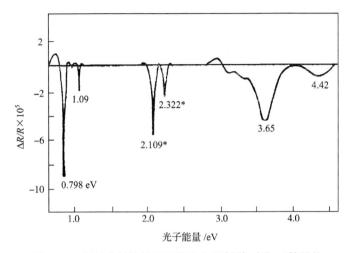

图 3.35 场效应结构情况下锗的电反射谱. 有"*"符号的
信号为图示比例的 10 倍

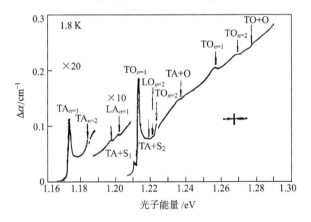

图 3.36 吸收边附近硅的波长调制吸收光谱, 实验
温度 $T=1.8$ K. 图中各记号标出了间接跃迁中单声子参
与和双声子组合参与吸收过程的能量位置

中 GaAs 和 Ge 的 E_0 及 $E_0+\Delta_0$ 跃迁, 尤其是 Ge 的 $E_0+\Delta_0$ 跃迁, 在传统的反射和透射光谱图上是不可能观察到或分辨出来的. 调制光谱方法具有这种高分辨率与高灵敏度的物理原因, 在于调制参数导致的能带结构的周期性改变只在联合态密度的奇异点才最有效地显示出来, 从而抑制了布里渊区中其他广延区域的贡献, 突出了临界点对调制光谱的贡献. 以波长调制为例可清楚说明这一点, 例如在 M_0 型临界点附近, 如第 3.2 节讨论的, 介电函数虚部可写为

$$\varepsilon_r''(\omega) = 常数 + B(\omega-\omega_0)^{1/2}$$

因而

$$\frac{\mathrm{d}\epsilon_r''(\omega)}{\mathrm{d}\omega} = \frac{B}{2}(\omega-\omega_0)^{-1/2}\frac{\mathrm{d}(\omega-\omega_0)}{\mathrm{d}\omega} + \frac{\mathrm{d}B}{\mathrm{d}\omega}(\omega-\omega_0)^{1/2}$$

$$= \frac{B}{2}(\omega-\omega_0)^{-1/2} + (\omega-\omega_0)^{1/2}\frac{\mathrm{d}B}{\mathrm{d}\omega} \tag{3.47}$$

可见波长调制后信号中常数项消失了,或者说被抑制了,如果系数 B 与 ω 无关或是 ω 的缓变函数,式(3.47)右边第二项可忽略不计,这样 ω_0 点处的奇异性就更突出了.同时,近年来电子学方法的发展使人们可以采用相敏探测、数字化数据处理等技术,从而可以探测被测光谱的小达 10^{-6} 量级的相对变化,并进一步突出临界点贡献和抑制未调制的平滑的背景谱,改善结构的光谱对比度.

此外还应该指出,如电场这类具有矢量性质的调制参数,同时还对光学各向同性立方晶体的对称性带来微扰,使立方晶体的对称性下降,介电函数的张量特性显示出来,因而可以观察到样品取向和入射光偏振方向对调制光谱的影响.这些有助于判别临界点在 k 空间中的对称性质,尤其是对布里渊区中心以外的那些临界点.

本节仅讨论电调制反射光谱.它是最重要的一种调制光谱技术,它的许多基本原理和理论也可应用于或有助于其他方法的调制光谱研究,例如第八章将要讨论的在超晶格和量子阱子带间光跃迁研究中有重要意义的光调制反射谱.实验上,电反射谱研究中常用的几种施加电场调制的方法如图 3.37 所示,其中左上图是利用施加在 MOS 结构上的电压,调制半导体样品空间电荷区的电场,因而这种电反射谱也常称表面势垒电反射谱.图中的介质层有时可以省去,从而形成 MS 结构或肖特基(Schottky)势垒结构的样品,并在反向偏压模式下工作,这一情况下的电反射谱也称肖特基势垒电反射谱.右上图给出了电解液电反射谱的实验装置,其调制电场施加在插入电解液中的铂电极和半导体样品之间.这种方法虽然在实验上颇简便,但仅能在室温附近工作,而不能像 MOS 或 MS 结构那样可在低温及变温条件下测量调制光谱.以上描述的电场调制技术有一个共同的特点,即调制电场施加在半导体样品的表面势垒区域,因而也统称表面势垒电调制技术.并且有共同的局限性,即调制电场都垂直于样品表面(纵向结构),因而总近乎和入射辐射的偏振矢量垂直,这就限制了有关对称性信息的获取.为克服这一局限性,图 3.37 下部给出了所谓"横向"电反射谱研究的样品结构,采用这种结构时,入射光电矢量可平行或垂直于调制电场方向.但这种结构也有其局限性,它要求样品为高阻材料,因而仅能用于绝缘体、半绝缘体和高补偿半导体.

电反射谱实验测量的基本量是 $\Delta R/R$,即反射比的相对调制,关于 GaAs 和 Ge 的测量结果如图 3.34 和图 3.35 所示.反射比调制的定量分析有待于下面将要讨论的三级微商理论的建立,为简单起见,并有益于理解现象的物理过程,这里先从

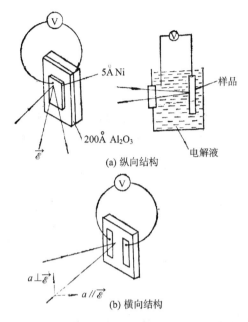

5Å Ni

200Å Al_2O_3

$\vec{\mathscr{E}}$

(a) 纵向结构

样品

电解液

$a \perp \vec{\mathscr{E}}$

$a \parallel \vec{\mathscr{E}}$

(b) 横向结构

图 3.37 电调制反射谱研究中常用的外加电场的几种方法

电场调制诱发介电函数 $\varepsilon(\omega)$ 改变的角度出发,唯象地描述和分析电反射谱的实验结果. 这种唯象理论可以定性地将调制反射谱的结构和跃迁过程联系起来,但从光谱结构确定的跃迁能量可能与真实情况有较大的差别.

假定在所研究的波段内光透入半导体样品的深度小于调制电场的透入深度,因而光作为探针感觉到的电场调制引起的光学常数 $\varepsilon'_r(\omega)$ 和 $\varepsilon''_r(\omega)$ 的改变可以认为是均匀的. 我们在这一条件下来讨论反射调制 $\Delta R/R$ 和材料基本光学常数的关系. 第一章中已经在正入射情况下将反射比 R 表为 η 和 K 的函数[式(1.59)],将式(1.36)代入式(1.59),得用 $\varepsilon'_r(\hbar\omega)$ 和 $\varepsilon''_r(\hbar\omega)$ 表达的反射比表达式:

$$R(\omega) = \frac{(\varepsilon'^2_r + \varepsilon''^2_r)^{1/2} - [2\varepsilon'_r + 2(\varepsilon'^2_r + \varepsilon''^2_r)^{1/2}]^{1/2} + 1}{(\varepsilon'^2_r + \varepsilon''^2_r)^{1/2} + [2\varepsilon'_r + 2(\varepsilon'^2_r + \varepsilon''^2_r)^{1/2}]^{1/2} + 1} \tag{3.48}$$

求 $R(\hbar\omega)$ 对 $\varepsilon'_r(\hbar\omega)$ 和 $\varepsilon''_r(\hbar\omega)$ 的全微分,即得反射比调制的唯象描述表达式

$$\Delta R/R = \alpha(\varepsilon'_r, \varepsilon''_r)\Delta\varepsilon'_r + \beta(\varepsilon'_r, \varepsilon''_r)\Delta\varepsilon''_r \tag{3.49}$$

式(3.49)表明,系数 α, β 是决定介电函数调制行为的决定性参数,它们被叫做塞拉芬(Seraphin)系数. $\alpha(\varepsilon'_r, \varepsilon''_r)$ 和 $\beta(\varepsilon'_r, \varepsilon''_r)$ 与介电函数有关,因而也是折射率和消光系数的函数,不难推算

$$\begin{aligned} \alpha &= 2\nu(\nu^2 + \delta^2) \\ \beta &= 2\delta/(\nu^2 + \delta^2) \end{aligned} \tag{3.50}$$

这里

$$\nu = \left(\frac{\eta}{\eta_0}\right)(\eta^2 - 3K^2 - \eta_0^2)$$

$$\delta = \frac{K}{\eta_0}(3\eta^2 - K^2 - \eta_0^2) \tag{3.51}$$

式中 η_0 是电场调制反射实验中非吸收的入射介质(空气、电解液等)的折射率. 式 (3.49)表明, α 和 β 的符号及相对大小决定了不同光谱区域中调制反射谱的分析结果. 首先可以看到它们的相对大小和符号决定了电场调制与反射谱响应之间的相位关系, 即决定了随电场增加反射谱响应是增大还是减小. 其次可以看到, 在式 (3.49)中, 只有确定了 $\Delta\varepsilon_r'$ 项和 $\Delta\varepsilon_r''$ 项的相对贡献后, 才能讨论反射响应的线形. 如果 $\beta > \alpha$, 则 $\Delta\varepsilon_r''$ 项起主要作用, 那么反射响应中有吸收谱线的特征. 如果 $\alpha > \beta$, 即 $\Delta\varepsilon_r'$ 项起主要作用并且必须引用 K-K 关系的话, 那么反射调制响应就由相反符号的两个峰组成. 第三, 正如前面已指出的, 唯象分析中反射响应结构的光谱位置可以和临界点跃迁能量有较大差别, 影响这种差别的, 主要是这两个系数的大小和相对值.

知道了材料的光学常数, 可以计算塞拉芬系数, 由电反射实验, 也可求得这一对系数. 作为一个例子, 图 3.38 给出了 Ge 的塞拉芬系数 α、β 与光子能量的关系, 图中实线是电解液实验的裸露样品的结果; 虚线是肖脱基势垒样品情况下的结果. 可以看到, 能量低于基本吸收边时, $\alpha \gg \beta$, 这时可以认为 $\Delta R/R \propto \Delta\varepsilon_r'$. 在 2.1eV 左右的 E_1 峰附近, 室温下 $\alpha \approx \beta$. 在 5eV 处的 E_2 峰附近, $|\alpha| \gg |\beta|$, 但 α 为负号, 这时 $\Delta R/R \propto (-\Delta\varepsilon_r')$. 但一般说来, 在基本吸收区, $\Delta R/R$ 是 $\Delta\varepsilon_r'$ 和 $\Delta\varepsilon_r''$ 的复杂组合, 如果 α, β 随能量变化很快, 那么 $\Delta R/R$ 的结构可以既不表明 $\Delta\varepsilon_r'$ 的真实结构, 也不表明 $\Delta\varepsilon_r''$ 的真实结构, 甚至很难和它们的线性组合联系起来.

上面讨论的是正入射情况, 实验和分析表明, 式(3.49)中的系数还和入射角及偏振方向有关. 图 3.39 中, 以 Ge 为例给出 E_1 基本跃迁双线附近平行偏振的电场调制反射光谱, 由图可知, 以布儒斯特角附近的角度入射时, 平行偏振的电反射响应比正入射情况下要大得多, 好像是这种斜入射放大了调制信号. 因而在弱调制信号测量中, 这种近布儒斯特角附近的斜入射观测是一种有用的实验技巧.

下面讨论电场调制反射谱的量子力学处理[58~60]. 这种处理常称为三级微商理论, 因为它证明, 弱场近似情况下, 电场对介电函数虚部的调制可以看作是介电函数相对于能量的三级微商谱. 电场调制固体光学性质的物理机制是十分复杂的, 电场作为微扰参数, 不仅导致带间效应(电反射情况下的弗朗兹-凯尔迪什效应), 而且也影响电子-晶格互作用和电子-空穴互作用, 对调制反射光谱线形的解释要考虑到各种不同的机制.

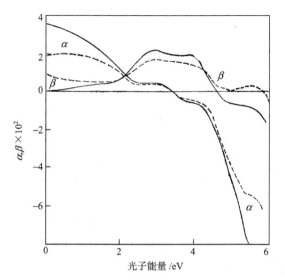

图 3.38　Ge 的塞拉芬系数的实验结果.图中实线为
电解液电反射谱的结果,虚线为肖脱基势垒电
反射谱的结果

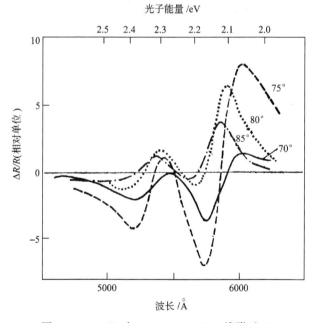

图 3.39　300K 时 2.1eV～2.3eV 双线附近 Ge
的电反射响应和入射角的关系,注意近布儒斯特角入射情况下
电反射响应的增强

　　一般说来,介电函数调制的微商特性可以这样来理解,在波长调制、热调制和应力调制情况下,晶格周期性仍然保持,动量守恒仍是必须遵循的跃迁选择定则,在倒格子空间,动量仍是一个很好的量子数. 在单电子能带图上光跃迁仍是竖直的,如图 3.40 上半部所示,只是阈值能量因微扰而略有改变. 由于阈值能量的改变一般说来比阈值本身(亦即能隙)要小得多,微扰导致的介电函数改变是一个一级小量,因而可用介电函数的一级微商来近似. 电场调制情况下,微扰 $e\vec{\mathscr{E}} \cdot \boldsymbol{r}$ 破坏了电场方向电子哈密顿的平移对称性. 由于电子在电场方向被加速,它沿电场方向的动量不再守恒了,于是动量不再是一个好的量子数,同时原来的未受微扰的单电子布洛赫波函数混和了,也就是说,要由原来布洛赫波函数的线性组合才能代表微扰了的电子的波函数. 这使得原来尖锐的竖直跃迁展开在如图 3.40 下图所示的有限的初态和终态动量范围上. 如果电场不太大,那么这种波函数的混和也将局限在原来允许的竖直跃迁附近颇窄的波矢范围内. 这些讨论说明电场调制情况下,介电函数受到更为复杂的调制,或者说其变化更为复杂,我们必须从波函数在动量空间中混和的平均效应来研究这一情况. 考虑从时刻 $t=0$ 开始微扰作用下能带中电子的平均能量与时间的关系. 在周期势场仍然保持不变的热调制、波长调制等情况下,

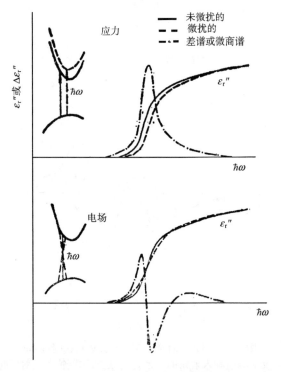

图 3.40　M_0 型临界点附近一级微商调制情况(上图)和电场
调制情况(下图)下能带微扰及介电函数虚部变化示意图

微扰作用简单地导致能隙 E_g 或弛豫能量 Γ 的不连续改变,亦即是平均能量(这里,它是时间的函数)的泰勒展开式中零级项的改变,因而具有一级微商的特性. 在电场调制情况下,调制导致的不连续发生在能带电子的加速度上,因而在作为时间函数的平均能量的展开式中,它们表现为与时间平方成正比的二次方项. 用傅里叶变换把平均能量和时间的依赖关系变换到频域上,研究 $\varepsilon_r''(\hbar\omega)$ 的频谱关系,则零级项的微小改变对应于 $\varepsilon_r(\hbar\omega)$ 的一级微商,而电子加速导致的二次方项就对应于 $\varepsilon_r(\hbar\omega)$ 的三级微商. 图 3.34,图 3.35,图 3.39 及图 3.40 下图中,介电函数的调制曲线和 $\hbar\omega$ 轴有两个零交点,这正是这种三级微商的特征. 只要相邻两次散射事件之间电场加速导致的平均能量改变远小于寿命增宽决定的能量不确定性,亦即只要满足弱场条件,上述论断总是合适的.

现在讨论电场调制介电函数的数学描述. 在第 2.2 节已给出带间跃迁情况下介电函数虚部的表达式,通过 K-K 关系,可以求得函数 $\varepsilon(\hbar\omega)$ 的完整表达式. 但是,在研究电调制反射时,正如已经指出的那样,还要考虑电子-晶格和电子-空穴散射. 在能量较高的光子作用下,电子被激发到较高的能带支,这导致散射概率迅速增加,因而电子在高激发态的寿命缩短. 这种寿命缩短对应于能量的某一不确定性,可以用弛豫能量 Γ 来描述. 这样,光跃迁就在因寿命缩短而在能量上增宽的状态之间发生,这时相对介电函数虚部可用下列卷积来描述:

$$\varepsilon_r''(E,\Gamma) = \int_0^\infty \frac{\Gamma \varepsilon_r''(E)}{(E_0 - E)^2 + \Gamma^2} dE_0 \tag{3.52}$$

代入第 2.3 节给出的 $\varepsilon_r''(\hbar\omega)$ 表达式(2.84),计算积分,可得

$$\varepsilon_r(E,\Gamma) = 1 + \frac{8\pi\hbar^2 e^2}{\varepsilon_0 m^2 \omega^2} \sum_{k,v,c} |M_{cv}(k)|^2$$

$$\times \left\{ \frac{1}{E_{cv}(k) - E - i\Gamma} + \frac{1}{E_{cv}(k) + E + i\Gamma} \right\} \tag{3.53}$$

用积分来代替对 k 的求和,并用能量和 k_1、k_2 来代替 k 矢量的三个分量,这里 k_1、k_2 是公式 $E_{cv}(k) = E_c(k) - E_v(k) = E$ 定义的等能面上点的坐标,于是得

$$\varepsilon_r(E,\Gamma) = 1 + \frac{e^2 \hbar^4}{\pi^2 m^2 \varepsilon_0 E^2} \int dE \int_s dk_1 dk_2 \frac{|M_{cv}(k)|^2}{|\nabla E_{cv}(k)|}$$

$$\times \left\{ \frac{1}{E_{cv}(k) - E - i\Gamma} + \frac{1}{E_{cv}(k) + E + i\Gamma} \right\} \tag{3.54}$$

式(3.54)的大括号中第一项称为共振项,因为当 $E_{cv}(k) = E$ 时,它对积分有最大贡献. 在研究电场调制反射谱时,可以忽略第二项,仅考虑第一项的贡献.

为了考虑电场调制对介电函数的影响,恩特伦(Enderlein)等人在时域中重新

推导了介电函数的表达式[61,62]. 他们将不存在外场时的 $\varepsilon_r(E)$ 表达为与时间有关的电流算符的傅里叶变换. 如果仅考虑共振项和一支价带到一支导带间的跃迁,则 $\varepsilon_r(E)$ 可写为

$$\varepsilon_r(E) = \frac{ie^2\hbar^4}{\pi^2 m^2 \varepsilon_0 E^2} \int_{BZ} d\boldsymbol{k} \mid M_{cv} \mid^2 \int_0^\infty e^{-i[\omega_{cv}(\boldsymbol{k})-\omega]t} e^{-\Gamma t} dt \tag{3.55}$$

式中 $\hbar\omega=E$, $\hbar\omega_{cv}(\boldsymbol{k})=E_{cv}(\boldsymbol{k})=E_c(\boldsymbol{k})-E_v(\boldsymbol{k})$. 可以证明,式(3.55)和(3.53)完全等价.

电场作用下电子被加速,其波矢 $\boldsymbol{k}$ 随时间的改变为

$$\hbar \frac{d\boldsymbol{k}}{dt} = -e\vec{\mathcal{E}} \tag{3.56}$$

可以令方程(3.56)的试解为

$$\boldsymbol{k}(t) = \boldsymbol{k} - e\vec{\mathcal{E}}t/\hbar \tag{3.57}$$

为计及电场对介电函数的影响,这里我们简单地用 $\omega_{cv}[\boldsymbol{k}(t)]$ 代替式(3.55)中的 $\omega_{cv}(\boldsymbol{k})$,而忽略 $\boldsymbol{k}$ 和动量 $\boldsymbol{P}$(因而和矩阵元 M_{cv})的较弱的依赖关系. 这一直观步骤大致是正确的,只是为满足时间反映对称性,需将式(3.55)中的指数因子理解为

$$-i\{\omega_{cv}[\boldsymbol{k}(t)]-\omega-i\Gamma\}t \longrightarrow i\int_{-t/2}^{t/2}\left[\omega_{cv}\left(\boldsymbol{k}-\frac{e\vec{\mathcal{E}}t'}{\hbar}\right)-\omega-i\Gamma\right]dt' \tag{3.58}$$

将 $\omega_{cv}[\boldsymbol{k}(t)]$ 展开,并仅保留到二次方项(这意味着弱场近似),可以求得表示电场调制下的介电函数的下列卷积表达式:

$$\varepsilon_r(E,\vec{\mathcal{E}}) = \frac{ie^2\hbar^4}{\pi^2 m^2 E^2 \varepsilon_0} \int_{BZ} \mid M_{cv} \mid^2 d\boldsymbol{k}$$

$$\times \int_0^\infty \exp\left\{-i[\omega_{cv}(\boldsymbol{k})-\omega-i\Gamma]t - i\frac{1}{3}\Omega^3 t^3\right\}dt \tag{3.59}$$

$$(\hbar\Omega)^3 = \frac{1}{8}e^2(\vec{\mathcal{E}}\cdot\nabla_k)^2 E_{cv}(\boldsymbol{k}) = \frac{e^2\hbar^2}{8\mu_{//}}\vec{\mathcal{E}}^2 \tag{3.60}$$

$\hbar\Omega$ 称为电光能量,它的物理意义是电子在相邻两次散射(碰撞)之间从电场获得的平均能量,$\mu_{//}$ 为电场方向的电子有效质量. 按经典物理图像,电场 $\vec{\mathcal{E}}$ 作用下能带电子的加速度为 $a=\dfrac{e\vec{\mathcal{E}}}{\mu_{//}}$,电子经受两次散射间的平均时间为 $\tau=\hbar/\Gamma$,若电子初速度为零,则时间 τ 内电子的平均速度可写为 $\bar{v}=\dfrac{e\hbar\vec{\mathcal{E}}}{2\mu_{//}\Gamma}$,因而电子从电场获得的平均动

能即为 $\frac{1}{2}m\bar{v}^2 \approx \frac{e^2\bar{\mathscr{E}}^2}{8\mu_{/\!/}}\frac{\hbar^2}{\Gamma^2} = (\hbar\Omega)^3/\Gamma^2$. 这一能量也就是弗朗兹-凯尔迪什效应中电子从电场获得的有助于隧道光跃迁的能量(见第3.1节),并使跃迁能量位置红移这一能量值(导致乌尔巴赫吸收带尾). 式(3.59)表明,电场效应只是表现在指数因子中的一个三级小量. 式(3.59)可用来计算任何弱场情况下的介电函数 $\varepsilon_r(E,\vec{\mathscr{E}})$,尤其是当 $\Gamma=0$ 和能带具有简单抛物线形时,这一公式简化为艾里函数解.

应该再次强调,上述推导和讨论是在弱场情况下引入的,这意味着,在这样的电场下,带内和带间过程都可以用一级微扰理论来处理. 微扰理论意味着对每一过程都存在两个特征能量,即微扰的特征能量和物理系统的特征能量. 电反射情况下带间过程的微扰能量和系统特征能量分别为原胞上的势能下降 $e\vec{\mathscr{E}}a$ 和被研究带间跃迁的能隙 E_g,因而只有在 $e\vec{\mathscr{E}}a \ll E_g$ 情况下才适用微扰理论. 带内过程的微扰特征能量,即如上定义的电光能量 $\hbar\Omega$,而系统特征能量则为弛豫能量或者说线宽因子 Γ. 带内过程微扰理论适用的条件是 $|\hbar\Omega| \ll \Gamma$. 这时指数项的辐角 $(-\Gamma t)$ 是 t 的线性函数,它在三次方项 $\left(-\mathrm{i}\frac{1}{3}\Omega^3 t^3\right)$ 的值变得不可忽略之前就截止被积函数,因而可以将三次方指数项展开为

$$\exp\left[-\mathrm{i}\frac{1}{3}\Omega^3 t^3\right] \approx 1 - \mathrm{i}\frac{1}{3}\Omega^3 t^3 \tag{3.61}$$

式中右边第一项直接给出未微扰的介电函数,第二项为 $\Delta\varepsilon_r = \varepsilon_r(E,\vec{\mathscr{E}}) - \varepsilon_r(E,0)$,即弱场近似下电场诱发介电函数的改变,于是

$$\Delta\varepsilon_r = \frac{e^2\hbar^4}{3\pi^2 m^2\varepsilon_0 E^2}\int_{BZ} |M_{cv}|^2\Omega^3(\boldsymbol{k})\mathrm{d}\boldsymbol{k}$$

$$\times \int_0^\infty t^3 \mathrm{d}t\exp\{-\mathrm{i}[\omega_{cv}(\boldsymbol{k}) - \omega - \mathrm{i}\Gamma]t\} \tag{3.62}$$

这里 $\Omega(\boldsymbol{k})$ 经由带间约化质量而依赖于 $\boldsymbol{k}$,注意到时间算符 t 和 $\left(-\mathrm{i}\frac{\partial}{\partial\omega}\right)$ 之间的对应关系,并考虑到临界点附近可以将能带按最简单的抛物线形展开,并认为约化质量 μ 及矩阵元 $|M_{cv}|$ 与 $\boldsymbol{k}$ 无关,于是最终得

$$\Delta\varepsilon_r = \frac{(\hbar\Omega)^3}{3E^2}\frac{\partial^3}{\partial E^3}[E^2\varepsilon_r(E)]$$

$$= \frac{e^2\hbar^2}{24}(\vec{\mathscr{E}}\cdot\mu^{-1}\cdot\vec{\mathscr{E}})\frac{1}{E^2}\frac{\partial^3}{\partial E^3}[E^2\varepsilon_r(E)] \tag{3.63}$$

式(3.63)表明,临界点附近电场调制诱发的相对介电函数改变和它的三级微商成正比. 这也说明了为什么电调制反射谱的线形比其他调制谱更为尖锐;此外,更有

意义的是,式(3.63)表明,只要满足弱场条件(即$|\hbar\Omega|\ll\Gamma$),$\Delta\varepsilon_r$因而电调制反射谱的线形就和电场无关,而完全决定于半导体晶体本身的物理特性. 调制信号的振幅,则正比于外加电场的平方和电场方向带间约化质量的倒数. 与解释电光能量物理意义的经典图像相联系,上述三级微商理论的结论也可颇为直观地推得. 若令$\varepsilon_r$$(E)=\varepsilon_r(E_0-\hbar\omega-i\Gamma)$,则电场作用下的相对介电函数可写为$\varepsilon_r(E,\vec{\mathscr{E}})=\varepsilon_r(E_0-$$v^2t^2-\hbar\omega-i\Gamma)$. 这样,展开$\varepsilon_r(E,\vec{\mathscr{E}})$并仅取一次方项,即可求得微扰$\overline{v^2}t^2$引起的介电函数调制为$\Delta\varepsilon_r=\dfrac{e^2\vec{\mathscr{E}}^2\hbar^2}{8\mu_\parallel\Gamma^e}t^2\times\partial\varepsilon_r/\partial E$,引用算符$t$与$i\hbar\partial/\partial E$间的对应关系,即得

$\Delta\varepsilon_r=\dfrac{e^2\vec{\mathscr{E}}^2\hbar^4}{8\mu_\parallel\Gamma^e}\partial^3\varepsilon_r/\partial E^3$,此式除数字因子外与式(3.63)完全一致.

图 3.41 给出了一维、二维和三维情况下范霍夫奇点附近介电函数实部$\varepsilon'_r(\hbar\omega)$和频率的关系. 图 3.42 给出了二维和三维情况下临界点附近不同各向异性晶体的复介电函数实部和虚部的一级微商谱及三级微商谱. 图 3.43 比较了实验测得的 Ge 的弱场 $\Delta\varepsilon_r(\hbar\omega)$ 谱和数值计算的介电函数的微商谱. 图中微商谱是按椭偏法测得的数据计算得到的,实验数据则是从弱场电解液电反射谱按 K-K 关系计算得到的. 这些结果表明,临界点附近介电函数三级微商谱确有尖锐的结构,从而方便了临界点位置的确定,而实验的弱场电反射谱和这种三级微商谱十分一致.

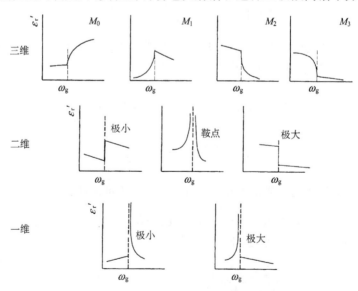

图 3.41　一维、二维、三维情况下范霍夫奇点附近介电函数实部 $\varepsilon'_r(\hbar\omega)$ 与频率的关系

由于调制光谱比静态光谱有高得多的灵敏度和分辨率,近半世纪来,它已经在半导体能带结构研究中发挥了十分重要的作用,并且通过能带结构,进而研究了材料的对称性、组分、损伤、有效质量及表面态密度等.

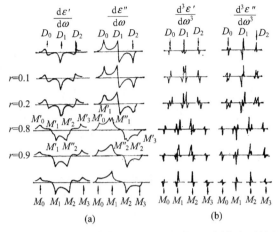

图 3.42 二维和三维情况下临界点附近不同各向异性晶
体的复介电函数实部和虚部的一级和三级微商谱

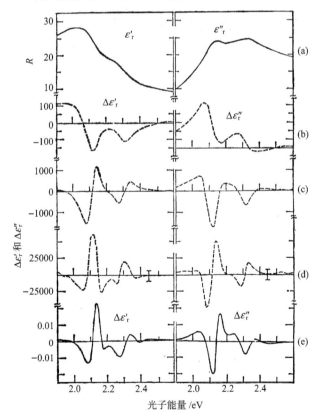

图 3.43 从椭偏测量数据计算的微商谱和同一锗样品的弱场电解液电反射谱按 K-K 变换
计算得到的 $\Delta\varepsilon'_r$ 和 $\Delta\varepsilon''_r$ 谱的比较.(a)用椭圆偏振谱测得的 ε'_r 和 ε''_r;(b)计算的一级微商谱;
(c)计算的二级微商谱;(d)计算的三级微商谱;(e)弱场电反射实验结果

3.4.2 内层电子与导带间的跃迁

前一节关于基本吸收区反射光谱的研究中,已经指出价带以下其他满带(内层电子)到导带的跃迁也是可能的,现在我们稍详细地讨论这一现象. 考虑如图 3.44 所示的内层电子轨道和导带空态之间的跃迁. 由于组成固体的原子的内层轨道,在固体状况下大致保持它们的类原子轨道特征,即它们实际上没有半导体中导带和价带那种延展性的能量状态,因而对这种跃迁过程的研究可以增添有关导带态性质的新的信息. 考虑到跃迁的角动量选择定则和跃迁初、终态各自的角动量量子数,只有部分跃迁才是允许的. 假如内层电子轨道是类 d 态的(如 GaAs、GaP 那样),而导带态也不具有类 f 分量,那么对应于内层轨道到导带的跃迁的反射光谱,实际上就给出了经跃迁矩阵元权重过的导带类 p 态态密度. 此外,内层电子轨道还可用来作为测量能带随温度、压力等外微扰因素漂移的绝对参考能量. 实验上研究内层电子轨道到导带跃迁的主要手段有反射光谱、调制反射光谱、紫外光电子能谱(UPS)和 X 射线光电子能谱(XPS)等,在反射光谱和调制反射光谱研究中则常常采用同步辐射光源.

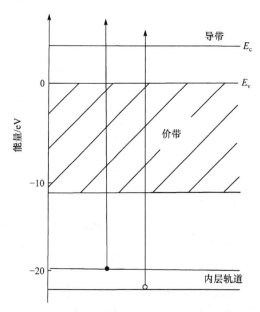

图 3.44 内层轨道到导带间跃迁过程示意图

图 3.45(a)和(b)给出了 GaP 和 GaAs 在光子能量大于 10eV 时的肖脱基势垒电反射谱. 较低能量处的标有 E_5 到 E_8 的几个弱结构仍应指认为 sp³ 价带-导带联合态密度的临界点的贡献,能量 19 eV 以上的出乎意料的多个尖锐结构显然起源

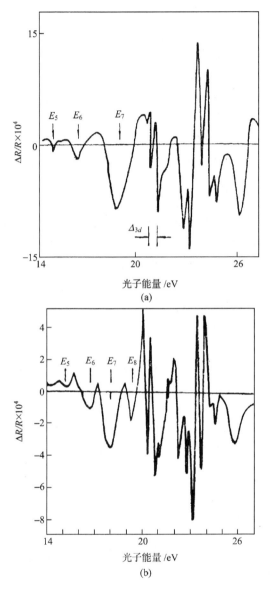

图 3.45　(a) 14～27 eV 能量范围内 GaP 的肖脱基势垒电反射谱[64]（T = 80 K）；(b) 14～27 eV 能量范围内 GaAs 的肖脱基势垒电反射谱[64]（T = 110 K）

于内层电子轨道（主要是平坦的类原子 Ga 3d 能级，$j = \frac{5}{2}$ 和 $\frac{3}{2}$）到导带的跃迁. 图中第一对这样的尖锐的电反射峰，对 GaP 来说是位于 20.55 eV 和 21.00 eV 的清晰地分辨开来的双线，对 GaAs 来说，则是位于 20.35 eV 和 20.80 eV 的双线，它们精确地给出了 d 能级的自旋-轨道分裂 $\Delta_{3d}=(0.45\pm0.03)$ eV. 为指认这一双线的具体的跃迁过程或跃迁终态,我们假定电子-空穴互作用可以忽略,并且不计及 3d 能级的微小的曲率,这样电反射谱给出的临界点能量就精确地决定了 sp^3 导带有关极值的相对能量. 原则上第一对双线可对应于到 X_1^c、L_1^c 和 Γ_1^c 导带极值中任何一个的跃迁. 阿斯帕纳斯(Aspnes)等证明,对 GaP 来说,到 X_1^c 极值的跃迁矩阵元要比到任何其他极值的跃迁矩阵元大一个数量级以上,因而把这一对双线指认为自旋-轨道分裂的 Ga 的 3d 轨道到 X_1^c 导带绝对极小值的跃迁. GaP 导带最低极小 X_1^c 在价带顶以上 2.33 eV,如果规定价带顶为能量零点,那么 GaP 中分裂的 3d 能级的能量分别为 -18.22 eV($j=\frac{5}{2}$)和 -18.67 eV($j=\frac{3}{2}$). 如果考虑到 d 电子在这两个轨道的分布比为 6:4,那么可以认为它们的平均能量为 -18.40 eV,这和利(Ley)等人[65]用 XPS 方法测定的值 -18.55 eV 十分符合. 如果考虑到反射光谱的激子效应,这种符合更为理想. 同理可得 GaAs 中分裂的 3d 能级能量分别为 -18.40 eV($j=\frac{5}{2}$)和 -18.85 eV($j=\frac{3}{2}$). 使人迷惑的是上述电反射谱没有观察到分裂 d 能级到其他导带极值跃迁的证据.

3.5　激子吸收

3.5.1　激子吸收

迄今为止,我们只是把吸收光子的带间跃迁过程,看作是光子将单电子近似能带图上的电子从价带激发到导带,从而形成一对彼此独立的可以传导电流的电子和空穴,同时在吸收光谱图上形成陡峭上升的吸收边,或者如第 3.1 节等讨论的指数上升的吸收边. 其实情况并非如此简单,光激发的电子-空穴对可因库仑(Coulomb)互作用而仍然互相束缚着. 在原子光谱中已经知道,除电子脱离原子而完全电离对应的连续谱区外,还存在与原子激发对应的分立谱线. 半导体和绝缘体带间跃迁光谱有与此相似的现象,除吸收光子成对地产生自由的电子和空穴所对应的连续谱区外,也还可以存在和某种激发态相联系的分立谱线,这种激发态对应于电子已被从价带激发,但仍因库仑互作用而和价带中留下的空穴互相联系在一起,这是一种中性的非传导电的束缚状的电子激发态,并称为激子. 这种互相作用着的电子和空穴可以形成束缚态,它导致半导体或绝缘体禁带中导带底附近出现与之对应的束缚能级,而在吸收光谱图上则表现为本征吸收边附近的吸收尖峰或分立谱线. 电子-空穴对也可以形成非束缚的但库仑相关的状态. 这种状态对应的能量在吸收边以上,导致吸收边以上连续谱带的吸收系数显著增强. 这种增强对所有能量的跃迁都适用,这一事实十分重要,尽管人们往往忽略这一点. 图 3.46 给出了这两

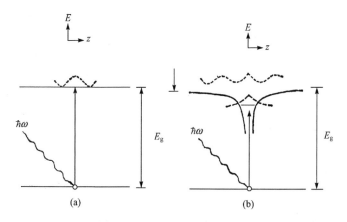

图 3.46　束缚的激子态和非束缚的激子态,以及它们和自由载流子激发的比较. (a)实空间中半导体能带示意图,图中虚线为类自由电子的导带包络函数;(b)存在激子态的能带示意图,虚线给出因电子-空穴互作用而形成的束缚和非束缚的激子态的包络波函数

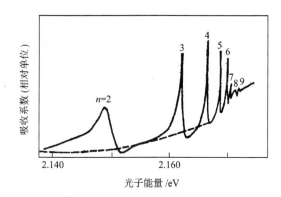

图 3.47　1.8K 时 Cu_2O 的高分辨率吸收光谱,注意,$n=1$ 的激子跃迁是禁戒的

种激子态的能量和包络波函数的示意图,以及它们与自由电子激发情况的比较. 激子效应对吸收光谱的影响大致可以从图 3.47 和图 3.48 看出来,图3.47给出了 1.8K 时 Cu_2O 的高分辨率吸收光谱,图中可以观察到 $n=9$ 为止的各个激子吸收峰. 注意,图中没有观察到 $n=1$ 的激子峰,这是因为就 Cu_2O 这一特例而言,与下面将讨论的 GaAs 等不同,导带底和价带顶波函数都是偶宇称的,只有到类 p 态的跃迁才是微弱允许的,到类 1s 电子态的跃迁是禁戒的. Cu_2O 是半导体激子光谱研究的典型样品之一,其激子束缚能高达 140 meV,玻尔半径为 7 Å 左右. 图 3.48[67]给出了不同温度下 GaAs 的吸收光谱,由图可以看到吸收边附近的激子峰,同时也可看到连续带吸收系数因激子效应而显著增强.

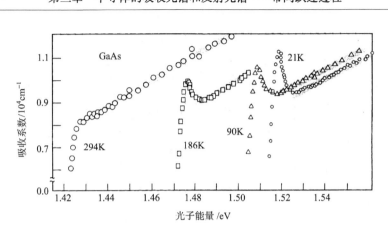

图 3.48　GaAs 的低分辨率吸收光谱,低温下吸收边附近因激子效应
导致吸收峰的出现和吸收增强

　　理论极限上,可以区分两种不同类型的激子,即弗仑克尔(Frenkel)激子(或称紧束缚激子)和万尼尔(Wannier)激子(或称松束缚激子). 弗仑克尔激子情况下,电子和空穴形成一个点偶极矩,电子-空穴间距离和晶格常数相仿,如图 3.49(a)所示. 这种激子的运动过程是作为一个单元整体地从一个原胞位置运动到另一个原胞位置,因而是十分困难的. 弗仑克尔激子常出现在绝缘体和分子晶体中,它需要用紧束缚模型来描述,并伴随着强烈的电子-声子互作用. 万尼尔激子情况下,如图 3.49(b)所示,电子和空穴间互作用弱,电子和空穴相距远大于晶格常数,电子沿束缚或非束缚的类氢轨道绕空穴转动. 通常在半导体和半绝缘体中碰到的激子正是这种激子,它可以在晶体内迁移和传递能量,并可用下面将要讨论的有效质量近似模型来描述.

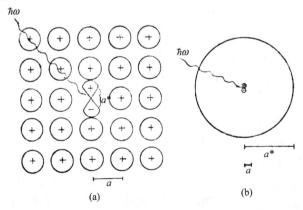

图 3.49　(a)弗仑克尔激子示意图,激子半径和晶格常数相仿,激子不容易在原胞间迁移;
(b)万尼尔激子示意图,激子半径 a^* 远大于晶格常数 a,它可以在晶体内迁移

　　激子效应对半导体发光二级管、固态激光器、光导纤维以及各种光化学、光生物反应行为都有决定性的或十分重要的影响,因而研究激子对半导体器件工艺学也有十分重要的意义.激子是固体物理、半导体物理研究的一个重要课题.除本节讨论的激子吸收外,第五章讨论半导体发光光谱时将更多地涉及激子物理问题[66~68],第八、九章的讨论将表明,激子也是半导体低维结构中的一个重要物理问题.

　　激子是一个双粒子体系,可以用双粒子能量图更好地描述它.激子的能量为 $E(K)$ 或 $E(X) = E_e + E_h$,准动量或波矢为 $K = k_e - k_h$,质量为 $M = m_e^* + m_h^*$. 图 3.50 给出了单电子能量图和激子能量图的比较,由图可见,单电子图上的竖直跃迁光子吸收在激子图上对应于一个 $K = 0$ 的激子的产生,或者说从激子真空态 $|0\rangle$ 到波矢 $K = 0$、能量 $E(X) = \hbar\omega$ 的激子态的跃迁,单电子图上的多粒子激发态则对应于激子图上的激子色散曲线.

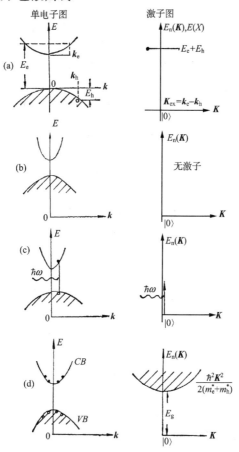

图 3.50　单电子能量图和激子能量图的比较.(a)单电子图和激子图上的电子态;
(b)单电子图和激子图上的晶体基态;(c)单电子图和激子图上吸收光子过程示意图;
(d)单电子图和激子图上激发态描述方法的比较

现在讨论描述半导体中通常碰到的万尼尔激子运动的有效质量方程,并导出激子的能量状态及其对半导体光吸收的效应. 因为激子涉及一个电子-空穴对,一般情况下,总可将激子波函数表为电子波函数和空穴波函数乘积的线性组合,即令

$$\Psi^{n,\boldsymbol{K}}(\boldsymbol{r}_e,\boldsymbol{r}_h) = \sum_{c,\boldsymbol{k}_e}\sum_{v,\boldsymbol{k}_h} A^{n,\boldsymbol{K}}_{c,v}(\boldsymbol{k}_e\boldsymbol{k}_h)\Psi_{c\boldsymbol{k}_e}(\boldsymbol{r}_e)\Psi_{v\boldsymbol{k}_h}(\boldsymbol{r}_h) \tag{3.64}$$

式中 $\boldsymbol{k}_e,\boldsymbol{k}_h$ 分别为电子和空穴波矢, $\boldsymbol{K}$ 为激子波矢, $\boldsymbol{r}_e$ 与 $\boldsymbol{r}_h$ 分别为电子与空穴的位矢. $\Psi_{c\boldsymbol{k}_e}(\boldsymbol{r}_e)$ 和 $\Psi_{v\boldsymbol{k}_h}(\boldsymbol{r}_h)$ 分别为导带和价带电子布洛赫波函数,它们满足薛定谔方程

$$H_{0e}\Psi_{c\boldsymbol{k}_e}(\boldsymbol{r}_e) = E_c(\boldsymbol{k}_e)\Psi_{c\boldsymbol{k}_e}(\boldsymbol{r}_e)$$
$$H_{0h}^*\Psi_{v\boldsymbol{k}_h}(\boldsymbol{r}_h) = E_v(\boldsymbol{k}_h)\Psi_{v\boldsymbol{k}_h}(\boldsymbol{r}_h) \tag{3.65}$$

然而,由于电子-空穴间的库仑互作用破坏了周期性晶体势的平移对称性,一般说来波矢 $\boldsymbol{k}$ 不再是一个好的量子数,因而在式(3.64)中它不再是一个好的求和脚标. 为此对式(3.64)中的展开系数进行傅里叶变换,即令

$$\frac{1}{V}A^{n,\boldsymbol{K}}_{c,v}(\boldsymbol{r}_e,\boldsymbol{r}_h) = \sum_{\boldsymbol{R}_e\boldsymbol{R}_h}\Phi^{n,\boldsymbol{K}}_{c,v}(\boldsymbol{R}_e,\boldsymbol{R}_h)\exp[i(\boldsymbol{k}_e\cdot\boldsymbol{R}_e+\boldsymbol{k}_h\cdot\boldsymbol{R}_h)] \tag{3.66}$$

式中 $\boldsymbol{R}_e$ 和 $\boldsymbol{R}_h$ 分别为电子和空穴所在处的格矢,于是式(3.64)变为

$$\begin{aligned}
\Psi^{n,\boldsymbol{K}}_{c,v}(\boldsymbol{r}_e,\boldsymbol{r}_h) &= V\sum_{c\boldsymbol{k}_e}\sum_{v\boldsymbol{k}_h}\sum_{\boldsymbol{R}_e\boldsymbol{R}_h}\Phi^{n,\boldsymbol{K}}_{c,v}(\boldsymbol{R}_e,\boldsymbol{R}_h)\exp[i(\boldsymbol{k}_e\cdot\boldsymbol{R}_e\\
&\quad +\boldsymbol{k}_h\cdot\boldsymbol{R}_h)]\Psi_{c\boldsymbol{k}_e}(\boldsymbol{r}_e)\Psi_{v\boldsymbol{k}_h}(\boldsymbol{r}_h)\\
&= \sum_{\boldsymbol{R}_e\boldsymbol{R}_h}V\Phi^{n,\boldsymbol{K}}_{c,v}(\boldsymbol{R}_e,\boldsymbol{R}_h)\sum_{c\boldsymbol{k}_e}\Psi_{c\boldsymbol{k}_e}(\boldsymbol{r}_e)\exp[i\boldsymbol{k}_e\cdot\boldsymbol{R}_e]\\
&\quad \times\sum_{v\boldsymbol{k}_h}\Psi_{v\boldsymbol{k}_h}(\boldsymbol{r}_h)\exp[i\boldsymbol{k}_h\cdot\boldsymbol{R}_h]\\
&= \sum_{\boldsymbol{R}_e\boldsymbol{R}_h}V\Phi^{n,\boldsymbol{K}}_{c,v}(\boldsymbol{R}_e,\boldsymbol{R}_h)a_{\boldsymbol{R}_e}(\boldsymbol{r}_e)a_{\boldsymbol{R}_h}(\boldsymbol{r}_h)
\end{aligned} \tag{3.67}$$

式(3.67)是以格矢 $\boldsymbol{R}_e,\boldsymbol{R}_h$ 为脚标求和的激子波函数表达式,其中电子和空穴波函数 $a_{\boldsymbol{R}_e}(\boldsymbol{r}_e)$ 及 $a_{\boldsymbol{R}_h}(\boldsymbol{r}_h)$ 也以 $\boldsymbol{R}_e$、$\boldsymbol{R}_h$ 为脚标,并称为万尼尔波函数.

可以证明,某些条件下,如在弱电子-空穴互作用势 $V(\boldsymbol{r}_e-\boldsymbol{r}_h)$ 和 $\Phi^{n,\boldsymbol{K}}_{c,v}(\boldsymbol{R}_e,\boldsymbol{R}_h)$ 为 $\boldsymbol{R}_e$、$\boldsymbol{R}_h$ 缓变函数的情况下, $\Phi^{n,\boldsymbol{K}}_{c,v}(\boldsymbol{R}_e,\boldsymbol{R}_h)$ 满足有效质量方程. 仍从式(3.64)出发,前已指出,激子是半导体中的一种电子激发态,因而式(3.64)所代表的激子态和晶体基态间的能量差 $E(X)$(或简写为 E),可以从量子力学的哈特里(Hartree)-福克(Fok)近似由下列方程的解求得:

$$\{E_c(\boldsymbol{k}_e) - E_v(\boldsymbol{k}_h) - E\} A_{c,v}^{n,\boldsymbol{K}}(\boldsymbol{k}_e, \boldsymbol{k}_h)$$

$$+ \sum_{c'k'_e} \sum_{v'k'_h} \langle c, \boldsymbol{k}_e; v, \boldsymbol{k}_h \mid V(\boldsymbol{r}_e - \boldsymbol{r}_h) \mid c', \boldsymbol{k}'_e; v', \boldsymbol{k}'_h \rangle$$

$$\times A_{c',v'}^{n,\boldsymbol{K}}(\boldsymbol{k}'_e, \boldsymbol{k}'_h) = 0 \qquad (3.68)$$

式中 $E_c(\boldsymbol{k}_e)$、$E_v(\boldsymbol{k}_h)$ 为导带和价带能量,$V(\boldsymbol{r}_e - \boldsymbol{r}_h)$ 为等效电子-空穴互作用势,并已忽略交换互作用. 电子和空穴的状态用布洛赫函数来描述,可写为

$$\Psi_k(\boldsymbol{r}) = \frac{1}{\sqrt{N}} e^{i\boldsymbol{k} \cdot \boldsymbol{r}} u_k(\boldsymbol{r}) \qquad (3.69)$$

前面已经假定,导出有效质量方程的基本假定之一是微扰势很弱,因而仍可认为 $u_k(\boldsymbol{r})$ 在我们感兴趣的波矢范围内是 k 的缓变函数,亦即式 (3.64) 中 $A_{c,v}^{n,\boldsymbol{K}}(\boldsymbol{k}_e, \boldsymbol{k}_h)$ 有可观值的波矢范围内是 k 的缓变函数,于是在 $\boldsymbol{k}_e$、$\boldsymbol{k}_h$ 附近

$$u_{c'k'_e}(\boldsymbol{r}_e) = u_{c'k_e}(\boldsymbol{r}_e) + (\boldsymbol{k}'_e - \boldsymbol{k}_e) \nabla_{k_e} u_{c'k_e}(\boldsymbol{r}_e)$$

$$u_{v'k'_h}(\boldsymbol{r}_h) = u_{v'k_h}(\boldsymbol{r}_h) + (\boldsymbol{k}'_h - \boldsymbol{k}_h) \nabla_{k_h} u_{v'k_h}(\boldsymbol{r}_h) \qquad (3.70)$$

考虑到 $u_k(\boldsymbol{r})$ 在实空间具有晶格周期性,于是有

$$u_{ck_e}^*(\boldsymbol{r}_e) u_{c'k'_e}(\boldsymbol{r}_e) = \frac{1}{\Omega} \sum_\nu c^\nu(c, \boldsymbol{k}_e; c', \boldsymbol{k}'_e) e^{i\boldsymbol{K}_\nu \cdot \boldsymbol{r}_e}$$

$$u_{vk_h}^*(\boldsymbol{r}_h) u_{v'k'_h}(\boldsymbol{r}_h) = \frac{1}{\Omega} \sum_\mu c^\mu(v, \boldsymbol{k}_h; v', \boldsymbol{k}'_h) e^{i\boldsymbol{K}_\mu \cdot \boldsymbol{r}_h} \qquad (3.71)$$

式中 $\boldsymbol{K}_\nu$ 和 $\boldsymbol{K}_\mu$ 为倒格矢,这样可得

$$\langle c, \boldsymbol{k}_e; v, \boldsymbol{k}_h \mid V(\boldsymbol{r}_e - \boldsymbol{r}_h) \mid c', \boldsymbol{k}'_e; v', \boldsymbol{k}'_h \rangle$$

$$= \frac{1}{V} \sum_{\mu,\nu} c^\nu(c, \boldsymbol{k}_e; c', \boldsymbol{k}'_e) c^\mu(v, \boldsymbol{k}_h; v', \boldsymbol{k}'_h)$$

$$\times U\left\{ \frac{1}{2} \big[(\boldsymbol{K}_\nu - \boldsymbol{K}_\mu) - (\Delta \boldsymbol{k}_e - \Delta \boldsymbol{k}_h) \big] \right\} \qquad (3.72)$$

式中

$$U(\boldsymbol{q}) = \int e^{i\boldsymbol{q} \cdot \boldsymbol{r}} V(\boldsymbol{r}) d\boldsymbol{r} \qquad (3.73)$$

是电子-空穴互作用势的傅里叶变换. 另外,写出式 (3.72) 时已令

$$\Delta \boldsymbol{k}_e = \boldsymbol{k}_e - \boldsymbol{k}'_e$$

$$\Delta \boldsymbol{k}_h = \boldsymbol{k}_h - \boldsymbol{k}'_h \qquad (3.74)$$

并有

$$\Delta k_e + \Delta k_h = K_\mu + K_\nu \tag{3.75}$$

激子波矢 $K = k_e - k_h$ 和 $K' = k'_e - k'_h$ 也应限制在第一布里渊区内,因而式(3.75)仅有的解为

$$K_\mu + K_\nu = 0 \tag{3.76}$$

从而导出激子波矢守恒这一结论,即

$$K = k_e - k_h = k'_e - k'_h \tag{3.77}$$

这样式(3.72)可改写为

$$\langle c, k_e; v, k_h \mid V(r_e - r_h) \mid c', k'_e; v', k'_h \rangle$$

$$= \frac{1}{V} \sum_\nu c^\nu(c, k_e; c', k'_e) c^{-\mu}(v, k_h; v', k'_h) U(K_\nu + \Delta k) \tag{3.78}$$

式中 $\Delta k = \Delta k_e - \Delta k_h$. 若微扰势 $V(r_e - r_h)$ 是弱的,并且 Δk 也是小的,则对式(3.78)的主要贡献来自 $K_\nu = 0$ 附近. 这样可以将 $U(K_\nu + \Delta k)$ 展开并且仅取第一项,从而获得式(3.78)的近似表达式. 将式(3.70)代入式(3.71)并对整个原胞积分,得

$$c^\nu(c, k_e; c', k'_e) = \delta_{c,c'} - \Delta k X_{c,c'}(k_e)$$
$$c^{-\nu}(v, k_h; v', k'_h) = \delta_{v,v'} + \Delta k X_{v,v'}(k_h) \tag{3.79}$$

式中

$$X_{n,n'}(k) = \langle U_{n,k} \mid \nabla_k \mid U_{n',k'} \rangle \Omega$$

$$= \left(\frac{m}{\hbar} \right) \frac{\langle \Psi_{n,k} \mid P \mid \Psi_{n',k'} \rangle}{E_n(k) - E'_{n'}(k')} \tag{3.80}$$

式中 P 为准动量算符,这样得

$$\langle c, k_e; v, k_h \mid V(r_e - r_h) \mid c', k'_e; v', k'_h \rangle$$

$$= \frac{1}{V} U(\Delta k) \{ \delta_{cc'} \delta_{vv'} - \Delta k(\delta_{vv'} X_{cc'} - \delta_{cc'} X_{vv'}) + \cdots \} \tag{3.81}$$

若再简化一点,仅取式(3.81)右边的第一项,并将式(3.81)代入式(3.68),则得

$$\{ E_c(k_e) - E_v(k_h) - E \} A^{n,K}_{c,v}(k_e, k_h)$$

$$+ \frac{1}{V} \sum_{\Delta k} U(\Delta k) A^{n,K}_{c,v}(k_e - \Delta k; k_h + \Delta k) = 0 \tag{3.82}$$

将 $A_{c;v}^{n;K}(k_e, k_h)$ 和 $U(\Delta k)$ 的傅里叶变换式(3.66)和(3.73)代入上式,并考虑到对万尼尔激子,玻尔半径 $a^* \gg a$,因而近似可用 R_e、R_h 来代替坐标 r_e、r_h,经过运算得

$$\{E_c(k_e) - E_v(k_h) + V(R_e - R_h) - E\}\Phi_{c;v}^{n;K}(R_e, R_h) = 0 \tag{3.83a}$$

或

$$\{E_c(k_e) - E_v(k_h) + V(R_e - R_h)\}\Phi_{c;v}^{n;K}(R_e, R_h)$$

$$= E\Phi_{c;v}^{n;K}(R_e, R_h) \tag{3.83b}$$

这就是激子包络波函数满足的有效质量方程,其本征值和本征矢给出激子态的能量和波函数. 推导方程(3.83)时,已经假定 $U_k(r)$ 是 k 的缓变函数,未受到微扰势的强烈干扰,因而组成激子的电子-空穴对仍处于相应的导带和价带中,形成分离状的激子态. 人们可以更进一步假定 $U_k(r)$ 与 k 无关,这使得从不同的价带到不同的导带间跃迁形成的不同激子态互不相关. 这时激子波函数[式(3.67)]更简化为

$$\Psi^{n,K}(r_e, r_h) = \Omega\Phi^{n,K}(R_e, R_h)a_{R_e}(r_e)a_{R_h}(r_h) \tag{3.84}$$

式(3.84)表明,这种简化假定条件下激子波函数等于对应能带电子和空穴波函数的乘积再乘上一个调制函数.

下面进一步讨论激子有效质量方程(3.83),并在某些简单能带情况下,导出激子能态及其光吸收效应的具体表达式. 首先假定有简单的抛物能带模型,并且在 M_0 型临界点附近,因而方程(3.83)中导带和价带能量,从各自的带边量起,可分别写为

$$E_c(k_e) = \frac{P_e^2}{2m_e^*}, \qquad E_v(k_h) = \frac{P_h^2}{2m_h^*} \tag{3.85}$$

其次假定,电子-空穴间的等效互作用势 $V(R_e - R_h)$ 为库仑互作用势,即

$$V(R_e - R_h) = -\frac{e^2/4\pi\varepsilon_0}{\varepsilon_r(0)(R_e - R_h)} = -\frac{e^2}{4\pi\varepsilon(0)(R_e - R_h)} \tag{3.86}$$

式中 $\varepsilon(0) = \varepsilon_0\varepsilon_r(0)$ 为半导体介质的静态介电函数,代表电子和晶格极化的联合的屏蔽效应. 当电子和空穴互相靠近时,它们的相对运动速度增大,以致晶格极化赶不上这种相对运动. 当电子-空穴相对运动等效频率超过晶体剩余射线吸收频率时就发生这种情况,所以在这一频域,上述互作用势[式(3.86)]中的 $\varepsilon(0)$ 应该用高频介电常数 ε_∞ 来代替. 激子中电子-空穴间相对运动的频率 ω 可从公式 $\omega = \hbar/$

$2\mu a^{*2}$ 来估计,式中 a^* 为激子玻尔半径. 当 $\omega > \omega_0$(晶体剩余射线吸收频率)时,亦即 $a^* = |\boldsymbol{R}_e - \boldsymbol{R}_h| < (\hbar/2\mu\omega_0)^{1/2}$ 时,电子—空穴间等效互作用势开始偏离式 (3.86). 对大多数半导体来说,剩余射线吸收频率 ω_0 为 $200 \sim 600\text{cm}^{-1}$,这表明当 $a^* = |\boldsymbol{R}_e - \boldsymbol{R}_h| \leqslant 50\text{Å}$ 时,式(3.86)中应该用 ε_∞ 来代替 $\varepsilon(0)$.

当电子-空穴更加靠近时,情况变得更为复杂,晶格极化无法赶上电子运动,相对介电常数继续下降,并且交换互作用变得重要起来,这时整个有效质量方程就不再适用了. 幸好对于绝大多数半导体,下面将会看到 a^* 总大于 50Å 左右,因而有效质量方程不失为研究半导体中激子态的有用的理论方法.

在上述假定下,激子有效质量方程(3.83)变为

$$\left\{ \frac{\boldsymbol{P}_e^2}{2m_e^*} + \frac{\boldsymbol{P}_h^2}{2m_h^*} - \frac{e^2}{4\pi\varepsilon(0)|\boldsymbol{R}_e - \boldsymbol{R}_h|} \right\} \Phi(\boldsymbol{R}_e, \boldsymbol{R}_h) = E\Phi(\boldsymbol{R}_e, \boldsymbol{R}_h)$$

或

$$-\left\{ \frac{\hbar^2}{2m_e^*} \nabla_{\boldsymbol{R}_e}^2 + \frac{\hbar^2}{2m_h^*} \nabla_{\boldsymbol{R}_h}^2 + \frac{e^2}{4\pi\varepsilon(0)|\boldsymbol{R}_e - \boldsymbol{R}_h|} \right\} \Phi(\boldsymbol{R}_e, \boldsymbol{R}_h)$$

$$= E\Phi(\boldsymbol{R}_e, \boldsymbol{R}_h) \tag{3.87}$$

考虑到激子玻尔半径 $a^* \gg a$,式(3.87)中已将 $\boldsymbol{R}_e$、$\boldsymbol{R}_h$ 看作是准连续的,因而可以写出 $\nabla_{\boldsymbol{R}_e}^2$ 和 $\nabla_{\boldsymbol{R}_h}^2$. 方程(3.87)的形式我们是熟悉的,和氢原子方程相似,它的解可以在量子力学教程[70]中找到. 也如氢原子一样,可以将激子运动分成两部分,即激子质心的运动和激子中电子-空穴的相对运动,质心运动的质量和坐标分别为

$$\left. \begin{array}{l} M = m_e^* + m_h^* \\[2mm] \boldsymbol{R} = \dfrac{m_e^* \boldsymbol{R}_e + m_h^* \boldsymbol{R}_h}{m_e^* + m_h^*} \end{array} \right\} \tag{3.88}$$

相对运动的有效质量和坐标则为

$$\left. \begin{array}{l} \dfrac{1}{\mu} = \dfrac{1}{m_e^*} + \dfrac{1}{m_h^*} \\[2mm] \boldsymbol{r} = \boldsymbol{R}_e - \boldsymbol{R}_h \end{array} \right\} \tag{3.89}$$

这里应该再次指出,鉴于库仑互作用势式(3.86)不具有平移对称性,激子中电子—空穴的相对运动不再有明确定义的准动量. 然而,库仑互作用不涉及质心坐标 $\boldsymbol{R}$,因而质心运动仍具有明确的准动量 $\boldsymbol{K} = \boldsymbol{k}_e - \boldsymbol{k}_h$. 这样可以将激子包络波函数 $\Phi(\boldsymbol{R}_e, \boldsymbol{R}_h)$ 写为上述两部分运动波函数的积,即

$$\Phi(\mathbf{R}_e, \mathbf{R}_h) = \varphi(\mathbf{R})\Psi(\mathbf{r}) \tag{3.90}$$

其中质心运动部分

$$\varphi(\mathbf{R}) = \frac{1}{\sqrt{N}}e^{i\mathbf{K}\cdot\mathbf{R}} \tag{3.91}$$

$$E_{质心} = \frac{\hbar^2 K^2}{2M} + E_g \tag{3.92}$$

相对运动部分

$$\Psi(\mathbf{r}) = R_{nl}(\mathbf{r})Y_{lm}(\theta, \varphi) \tag{3.93}$$

$$E_n = -\frac{R^*}{n^2} \tag{3.94}$$

式中 R^* 为激子的等效里德伯(Rydberg)能量

$$R^* = \frac{\mu e^4}{2[4\pi\varepsilon(0)]^2\hbar^2} = \frac{\mu}{\varepsilon_r^2(0)} \times 13.6\text{eV} \tag{3.95}$$

$R_{nl}(\mathbf{r})$为拉盖尔多项式，$Y_{lm}(\theta, \varphi)$为球谐函数. 激子的总能量为

$$E_n(\mathbf{K}) = E_g + \frac{\hbar^2 K^2}{2M} - \frac{R^*}{n^2} \tag{3.96}$$

式(3.96)给出的激子能量和波矢的关系如图 3.51 和 3.52 所示. 图 3.51 给出布里渊区中心附近单电子能量图和激子能量图上激子能谱的比较，图 3.52 给出第一布里渊区中的激子能谱图. 在图 3.51 (a)给出的单电子能量图上，横坐标为电子或空穴的波矢，因而只能给出波矢 $\mathbf{K}=0$ 的激子能级相对于导带的位置，而不能画出激子能带和能级色散，图中画斜线的部分代表对 $\mathbf{K}=0$ 的激子基态有贡献的能带态范围. 容易证明，在抛物能

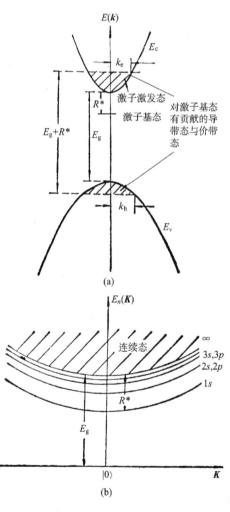

图 3.51　单电子能量图和激子能量图上激子能谱的比较.(a)单电子能量图上 $\mathbf{K}=0$ 处的激子态的描述；(b)激子能量图上布里渊区中心附近的激子能谱图

带和 M_0 型临界点情况下,这一范围正巧等于激子的等效里德伯能量 R^*. 图 3.51

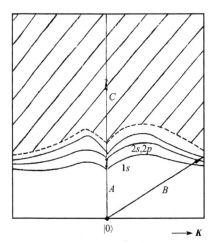

图 3.52　第一布里渊区中的激子能谱图. 图中斜线区域为激子连续态区,箭头 A,B 表示从点 Γ 出发的直接跃迁和间接跃迁, C 表示单电子能量图上布里渊区边界处的竖直跃迁

(b)和图 3.52 给出的激子能谱图上,横坐标为激子波矢 $\boldsymbol{K}=\boldsymbol{k}_e-\boldsymbol{k}_h$,即其质心运动波矢,因而坐标原点为晶体基态,即 $E_n(\boldsymbol{K})=0$ 和 $\boldsymbol{K}=0$. 激发态则为整个晶体的激发态,即由式(3.67)或者在简化条件下由式(3.84)给出的状态,图中给出了激子的分立能级和连续态,并用箭头 A、B、C 标出了不同的跃迁过程.

比较一下有效质量近似模型估计的和实验测得的激子等效里德伯能量 R^* 是有意义的. 对大多数半导体来说,$\mu=(0.1\sim 0.01)m_0$,$\varepsilon_r(0)\approx 10\sim 20$,从式(3.89)可以估计 R^* 约为几个毫电子伏,与实验测定的激子基态能量十分相符,表 3.6 给出了几种半导体激子基态能量的理论和实验结果的详细比较.

类似于氢原子的情况,从式(3.93)给出的波函数 $\Psi(\boldsymbol{r})$,可以估计半导体中万尼尔激子态的空间扩展范围. 如前所述,它可以用激子态的等效玻尔半径

$$a^* = \frac{4\pi\varepsilon(0)\hbar^2}{\mu e^2} = \frac{m_0}{\mu}\varepsilon_r(0)a^H \tag{3.97}$$

来描述,式中 a^H 为氢原子的玻尔半径. 以 GaAs 为例,表 3.6 给出 GaAs 激子的约化有效质量 $\mu=0.06m_0$,$\varepsilon_r(0)=13$,于是式(3.97)给出 $a^*\approx 130$Å,这一值也列于表 3.6 最后一行. 同时,这也表明上面导出有效质量方程时,用电子-空穴库仑势来代替一般的互作用势函数是合理的.

表 3.6　几种半导体的理论和实验测定的 R^* 值的比较

	Ge	Si	GaAs	GaP	GaSb	ZnSe	CdTe	CdSe	Cu₂O
$\varepsilon_r(0)$	16	11.6	13		15.7	8.66	9.65		
μ(以 m_0 为单位)	0.08	0.17	0.06		0.043	0.105	0.071		
R^*(计算值,meV)	4.15	14.66	4.8	19	2.4	19	10.4	18.1	
R^*(实验值,meV)	4.17	14.7	{4.2 / 5.1	20.5	{2.8 / 1.8	19	10	15	140
a^*/Å	115	43	130					54	7

一般说来,只有在较纯的半导体晶体中才能观察到激子态.这首先是由于高自由载流子浓度对电子-空穴互作用的强的屏蔽作用,可以证明,当自由载流子浓度 $n > 5 \times 10^{-2} a^{*-3}$ 时,激子波函数互相交叠,分立的束缚的激子态将不再能存在,对GaAs来说,这表明观测其激子效应的自由载流子浓度的上限约为 $2 \times 10^{16} \mathrm{cm}^{-3}$.因而对重掺杂半导体,以及对半金属和金属,激子效应不存在或者不重要.还可以指出,如果只是自由载流子的屏蔽效应是重要的,那么可以通过补偿来研究掺杂半导体的激子效应.然而,高掺杂浓度还导致激子谱线增宽,以致超过某一杂质浓度时,分立的激子谱线系被"抹"掉了.

从式(3.64)和(3.90)给出的激子波函数,结合上一章讨论的方法,可以求得从晶体基态到包括激子态在内的各激发态的跃迁概率,并从这一跃迁概率计算 $\varepsilon''_r(\hbar\omega)$ 和 $\alpha(\hbar\omega)$,研究激子态对带间跃迁光吸收的影响.这是十分复杂的运算,埃利奥特(Elliot)等人[71~73]首先导出了有关表达式.在简单能带模型和 M_0 型临界点附近直接跃迁情况下,可以求得考虑激子态效应的吸收系数为[71,74]

$$\alpha(\hbar\omega) = \frac{4\pi^2 e^2}{\varepsilon_0 \eta m^* c\omega} |\Psi_{cv}^n(0)|^2 |M_{cv}^2| D(\hbar\omega) \qquad (3.98)$$

式中各种符号的意义如前面定义, $\Psi_{cv}^n(0)$ 为 $\boldsymbol{K}=0$ 处的激子波函数, $D(\hbar\omega)$ 是计及激子效应情况下的联合态密度.

和分立的激子能态相联系的跃迁,只有类 s 态情况下 $\Psi_{cv}^n(0)$ 才不为零,并且从式(3.93)的具体表达式

$$R_{nl}(\boldsymbol{r}) = N\rho^l e^{-\rho/2} F(l+1-\zeta \,|\, 2l+2 \,|\, \rho)$$

$$\zeta^2 = -R^*/\varepsilon$$

$$\rho = 2r/na^* \qquad (3.99)$$

$$N = \left\{ \frac{2}{na^*}(2l+1)! \right\} \left\{ \frac{(n+l)!}{(n-l-1)!2n} \right\}$$

可得

$$|\Psi_{cv}^n(0)|^2 = \frac{1}{\pi a^{*3}} \frac{1}{n^3} \qquad (3.100)$$

于是

$$\alpha_{\text{分立}}(\hbar\omega) = \frac{4\pi^2 e^2}{\varepsilon_0 \eta m^* c\omega} \frac{1}{\pi a^{*3}} |M_{cv}|^2 \sum_{n=1}^{\infty} \frac{1}{n^3} \delta\left[\hbar\omega - E_g + \frac{R^*}{n^2} \right] \qquad (3.101)$$

这里 $n = 1, 2, 3, \cdots$ 为激子态量子数.式(3.101)表明,在上述最简单的假定条件下,分立激子谱线强度随 $1/n^3$ 递减,例如 $n=2$ 的 $2s$ 激子谱线的强度为 $1s$ 激子谱线的 $1/8$.不同量子数激子谱线间的能量距离也随 $1/n^3 \left\{ \dfrac{1}{(n+1)^2} - \dfrac{1}{n^2} \approx 1/n^3 \right\}$ 递减.

当量子数 n 变得较大时,分立的激子谱线变得弱而紧密分布,不再能分辨出来,形成所谓准连续的吸收带. 准连续带情况下,可以证明,跃迁联合态密度

$$D_{qc}(\hbar\omega) \propto 2\left(\frac{dE}{dn}\right)^{-1} = n^3/R^* \tag{3.102}$$

吸收系数则为

$$\alpha_{qc}(\hbar\omega) = \frac{4\pi e^2}{\varepsilon_0 \eta m^{*2} c\omega}\left(\frac{2\mu}{\hbar^2}\right)^{3/2} R^{*1/2}|M_{cv}|^2 \tag{3.103}$$

可见准连续带情况下,量子数 n 不再出现在吸收系数表达式中,吸收系数近乎恒定.

对 $E > E_g$ 处的真正的连续带,则有

$$\alpha(\omega) = \alpha_a(\omega)\frac{\pi\nu e^{\pi\nu}}{\sinh(\pi\nu)} \tag{3.104}$$

式中 $\dfrac{\pi\nu e^{\pi\nu}}{\sinh(\pi\nu)}$ 称索末菲(Sommerfield)因子,

$$\nu = \left(\frac{R^*}{\hbar\omega - E_g}\right)^{\frac{1}{2}} \tag{3.105}$$

$\alpha_a(\omega)$ 为不存在激子效应情况下的直接带间跃迁吸收系数,由第 2.3 节的式(2.88)给出,或重写为

$$\alpha_a(\omega) = \frac{4\pi\hbar e^2}{3m_e^* \varepsilon_0 \eta c}\frac{1}{2\pi}\left(\frac{2\mu}{\hbar^2}\right)^{3/2} f_{vc}(\hbar\omega - E_g)^{1/2} \tag{2.88}$$

当 $(\hbar\omega - E_g) \gg R^*$ 时,$\pi\nu \to 0$,$\alpha(\omega) \to \alpha_a(\omega) + \dfrac{1}{2}\alpha_{qc}(\omega)$. 当光子能量刚好等于 E_g 时,$\pi\nu \to \infty$,$\alpha(\omega)$ 连续地从式(3.104)给出的值过渡到准连续带的吸收系数 $\alpha_{qc}(\omega)$,因而 $\hbar\omega = E_g$ 处不再有吸收系数的陡峭下降,吸收系数表观的陡峭下降发生在准连续带开始处. 理论预期的这一情况以及分立的激子谱线如图 3.53(a)所示. 作为比较,图中还给出了不考虑激子效应[即式(2.88)预言的]的 $\alpha_a(\omega)$ 与 $\hbar\omega$ 的关系. 这样,光激发电子-空穴互作用导致的激子效应,不仅引起一系列分立谱线,而且强烈地影响着吸收,以致吸收边本身不再能在吸收光谱中呈现出来,而和分立激子态的准连续吸收带混在一起,并且吸收强度被显著地增强了. 这些结论都已为实验证实,图 3.48 给出的 GaAs 吸收光谱就是一个例子,近来超纯 GaAs 的高分辨率吸收光谱[图 3.53(b)]更清楚地说明了这一点. 图中分辨出 $n=1,2,3$ 的自由激子峰,随着分立谱线强度的减弱和谱线分布的增密,GaAs 的 $n \geqslant 4$ 的分立激子谱线不再能分辨出来,而形成准连续吸收带.

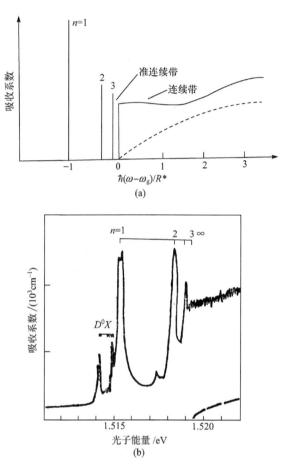

图 3.53 (a)有效质量模型预言的简单能带 M_0 型临界点附近激子吸收示意图. 虚线给出不计及激子效应时的 $\alpha_a(\hbar\omega)$ 与 $\hbar\omega$ 的关系. (b)1.2K 时超纯 GaAs 的高分辨率吸收光谱. 图中观察到了 $n=1$、2、3 的自由激子峰,并外推到 $n\to\infty$ 以决定 E_g. 图中还可观察到束缚激子 D^0X 吸收谱线,这里中性施主浓度为 $10^{15}\,cm^{-3}$. 虚线为不考虑激子效应的吸收系数 $\alpha_a(\hbar\omega)$

激子效应增大了吸收边附近吸收系数的现象初看起来似乎难以理解,其实联合态密度的计算表明,激子效应使 M_0 型临界点附近的联合态密度升高(图 2.17 的左图),而使 M_3 型临界点附近的联合态密度降低,好像从 M_3 型临界点附近借用了振子强度. 这种借用振子强度的现象是颇为有趣的,在半导体光电现象中并不鲜见,在以后要讨论的杂质振动吸收中将再次看到这一情况.

顺便指出,第九章讨论半导体量子线、量子点光谱时,我们将会看到,一维体系激子吸收特性和这里讨论的体材料的情况可以是很不一样的.

3.5.2   和鞍点相联系的激子

迄今为止讨论的激子都是和 M_0 型临界点相联系的激子. 在讨论半导体反射光谱时,已经指出了低温下诸反射特征,例如与 M_1 型临界点对应的 E_1 和 $E_1+\Delta_1$ 峰都因激子效应变得尖锐了. 另外,比较图 2.14 给出的联合态密度和图 3.29~3.31 所示的实验反射光谱可以发现,尽管 M_1 型临界点附近联合态密度的特征是低频端的陡峭上升和高频方向的近乎恒定的态密度值,但与之对应的 E_1 峰和 $E_1+\Delta_1$ 峰却在高频方向有更为陡峭的结构,这一事实也需要用激子效应来解释. 鉴于鞍点附近能带色散关系具有双曲函数的特征,和这种类型临界点相联系的激子也称为双曲临界点激子或双曲激子(hyperbolic 激子).

对 M_1 型临界点,激子有效质量 μ 一般为一张量,但总可恰当选取坐标主轴,使有效质量张量简化为

$$\overleftrightarrow{\mu} = \begin{vmatrix} \mu_1 & 0 & 0 \\ 0 & \mu_2 & 0 \\ 0 & 0 & \mu_3 \end{vmatrix} \tag{3.106}$$

这里 $\overleftrightarrow{\mu}$ 的三个分量中,必有一个为负值,假定 $\mu_3<0$,并令 $\mu_1=\mu_2$,则有效质量近似下双曲激子中电子-空穴间相对运动的薛定谔方程为

$$\left(\frac{\boldsymbol{P}_1^2+\boldsymbol{P}_2^2}{2\mu_1} - \frac{\boldsymbol{P}_3^2}{2\mu_3} - \frac{e^2}{4\pi\varepsilon(0)r} \right) \Phi(\boldsymbol{r}) = E\Phi(\boldsymbol{r}) \tag{3.107}$$

迄今为止,方程(3.107)还不能解析求解,只能在某些近似条件下求解,并估计它对带间跃迁反射光谱的影响. 假定 $\mu_3\rightarrow\infty$,则方程(3.107)简化为二维激子问题,这时可以求得 $\boldsymbol{K}=0$ 处二维激子能级为

$$E_n = -\frac{R^*}{\left(n+\dfrac{1}{2}\right)^2} \qquad n = 0,1,2,\cdots \tag{3.108}$$

可见二维激子情况下,激子基态束缚能为 $4R^*$. 关于这一情况我们将在第八章较详细地讨论. $n=1$ 和 $n=0$ 的激子跃迁振子强度之比为 $\left(\dfrac{1}{2}\right)^3 \bigg/ \left(\dfrac{3}{2}\right)^3 = 1/27$,因而对于和鞍点相联系的激子,如果 $\mu_3\rightarrow\infty$ 的假定适用,振子强度可以随 n 增大更迅速地下降,以致只有 $n=0$ 的激子谱线才能被观察到.

对 $\mu_3\neq\infty$ 但 $\mu_3\gg\mu_1$ 的情况,凯恩[75] 曾用绝热近似研究过双曲激子的能级和对光跃迁的影响. 用凯恩方法求得的激子效应对 CdTe 及 ZnTe 介电函数谱的影响如图 3.54 所示[76],图中还给出了这些理论结果与实验的比较. 可见对 CdTe 来说符合尚可,但对 ZnTe 来说符合显然不佳,看来看关这方面的进一步的理论工作

是必要的.

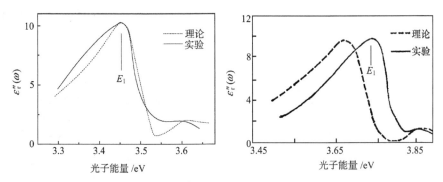

图 3.54 用凯恩方法考虑和鞍点相联系的激子效应后,CdTe(左图)、ZnTe(右图)
在带间跃迁区域的介电函数虚部 $\varepsilon''_r(\omega)$ 和反射实验光谱测量结果的比较

3.5.3 激子极化激元

关于半导体激子光学效应的另一个重要课题是激子极化激元(exciton polari-ton).激子由电子-空穴对组成,它可以具有极化强度,并在固体中引起一个激子极化波 $\boldsymbol{P}\exp[\mathrm{i}\boldsymbol{K}\cdot\boldsymbol{R}]$.同时,和光学声子相似,激子波可以有纵、横之别,即有 $\boldsymbol{P}//\boldsymbol{K}$ 和 $\boldsymbol{P}\perp\boldsymbol{K}$ 的两支,分别如图 3.55 上、下图所示意.

极化矢量和 $\boldsymbol{K}$ 垂直的横激子波可以和辐射电磁场互相耦合,这种偶极的耦合互作用首先是使横激子波从纵激子波中分离出来,同时横激子波

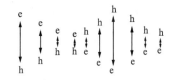

图 3.55 横激子波和纵激子波示意图.
上:横激子波;下:纵激子波

本身也分裂成上下两支.这样,考虑到这种耦合互作用,光电磁场作用下的激子色散关系变成如图3.56所示的曲线.从量子力学观点看来,图3.56所示的横激子波的色散曲线及其分裂是这样来解释的,描述这整个系统的哈密顿为

$$H = H_{\mathrm{ex}} + H_{\mathrm{R}} + H_{\mathrm{R,ex}} \tag{3.109}$$

式中 $H_{\mathrm{R,ex}}$ 为光电磁场和激子的耦合互作用哈密顿.在横激子色散和光子色散交点附近,光子和激子在能量上简并,发生强烈的耦合互作用.简并微扰理论指出,这种情况下,互作用哈密顿 $H_{\mathrm{R,ex}}$ 将导致这种简并的分裂,但这种分裂不是简单的光子-激子的相互排斥,而首先是两者的混和,形成一种新的混态耦合量子,称为激子极化激元.这种极化激元又分裂成两支,即图3.56中的上极化激元支和下极化激元

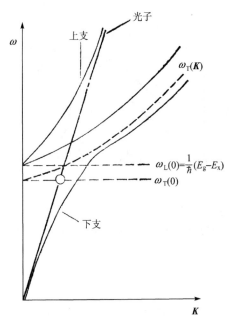

图 3.56　激子极化激元色散关系. 图中 $\omega_T(\mathbf{K})=\omega_T(0)+\dfrac{\hbar K^2}{2M}$；光子色散 $\omega=\dfrac{c}{\sqrt{\varepsilon_r(0)}}k$

支,它们兼有激子、光子两者的特性,也正因为如此,图 3.56 的色散曲线被称为极化激元色散曲线. 这样,在这一强耦合区域,某种意义上人们可以说,半导体中发生的光学过程是光子驱动激子振荡,而后又辐射出光子. 在交叠区域以外,当 $\omega\gg\omega_L$ 时,上支极化激元近乎全同于光子,而下支极化激元近乎全同于横激子;当 $\omega\ll\omega_T$ 时,极化激元色散曲线仅有一支,它几乎全同于光子.

为了数学地描述图 3.56 所示的色散关系,需要从激子波函数和光子波函数构成耦合模的波函数,并在某些近似条件下解薛定谔方程,求得本征值,这是十分复杂的运算. 在此仅简单地从介电函数出发唯象地获得极化激元的色散关系. 计及极化激元效应,晶体相对介电函数 $\varepsilon_r(\omega,\mathbf{K})$ 可写为

$$\varepsilon_r(\omega,\mathbf{K}) = \frac{c^2\mathbf{K}^2}{\omega^2} = \varepsilon_r(0) + \varepsilon_{r,ex} \tag{3.110}$$

式中 $\varepsilon_r(0)$ 为静态相对介电常数,它代表其他跃迁过程对介电函数的贡献. $\varepsilon_{r,ex}$ 为激子对介电函数的贡献,采用简单的谐振子模型并忽略阻尼因子,可以将 $\varepsilon_{r,ex}$ 写为

$$\varepsilon_{r,ex} = \frac{4\pi\beta\omega_T^2(0)}{\omega_T^2(\mathbf{K}) - \omega^2} \tag{3.111}$$

式中

$$\hbar\omega_T(\mathbf{K}) = E_x(0) + \frac{\hbar^2 K^2}{2M} \tag{3.112}$$

$4\pi\beta$ 为激子的振子强度, $\hbar\omega_T(0)$ 是 $\mathbf{K}=0$ 处的横激子能量. 将式(3.111)、(3.112)代入式(3.110),即可得

$$\varepsilon_r(\omega,\mathbf{K}) = \varepsilon_r(0) + \frac{4\pi\beta\omega_T^2(0)}{\left[\omega_T(0) + \dfrac{\hbar K^2}{2M}\right]^2 - \omega^2} \tag{3.113}$$

在波矢 $\mathbf{K}$ 较小情况下,简化为

$$\frac{c^2 K^2}{\omega^2} \approx \varepsilon_r(0) + \frac{4\pi\beta\omega_T^2(0)}{\omega_T^2(0) + \omega_T(0)\dfrac{\hbar K^2}{M} - \omega^2} \tag{3.114}$$

由式(3.114)即可获得图 3.56 所示的 ω 与 K 的色散关系.

图 3.56 所示的色散关系还指出,纵模激子波的频率略高于横模激子. 讨论声子吸收时我们将证明,式(3.113)中当 $\omega \to \omega_L$ 时,$\varepsilon_r(\omega, K) = 0$,因而可以由 $\varepsilon_r(\omega = \omega_L) = 0$ 求得激子波矢 $K = 0$ 处的纵模频率. 这样,从

$$\varepsilon_r(0) + \frac{4\pi\beta\omega_T^2(0)}{\omega_T^2(0) - \omega_L^2(0)} = 0$$

得纵模频率

$$\omega_L^2(0) = \omega_T^2(0)\left(1 + \frac{4\pi\beta}{\varepsilon_r(0)}\right) \tag{3.115}$$

由此还可将式(3.113)改写为

$$\varepsilon_r(\omega, K) = \varepsilon_r(0)\left\{1 + \frac{\omega_L^2(0) - \omega_T^2(0)}{\omega_T^2(0) + \omega_T(0)\dfrac{\hbar K^2}{M} - \omega^2}\right\} \tag{3.116}$$

实际上,激子的横模频率和纵模频率相差很小,对大多数半导体来说,约为 0.1meV 到 1meV 的量级,表 3.7 给出了某些半导体激子纵模-横模分裂能量的实验结果. 从式(3.115),有

$$\omega_L^2(0) - \omega_T^2(0) \approx 2\omega_T(0)[\omega_L(0) - \omega_T(0)]$$

于是

$$\omega_L(0) - \omega_T(0) \propto \frac{4\pi\beta}{\varepsilon_r(0)} \tag{3.117}$$

即激子纵模-横模能量分裂与激子振子强度成正比,与 $\varepsilon_r(0)$ 成反比.

表 3.7 某些半导体激子纵模-横模分裂能量的实验结果

半导体材料	Ge	Si	GaAs	CdTe	ZnSe	ZnTe	CdS	CdSe	CuBr
$(\hbar\omega_L - \hbar\omega_T)$/meV	0.30	1.01	0.08	0.4	1.45	0.8	1.9	0.5	11.6

由图 3.56 所示的色散曲线可知,极化激元效应对半导体光学性质的一个重要影响是,当 $\omega > \omega_L$ 时,对同一个 ω,半导体介质中传播着两个波模,即上、下两支激子极化激元,如图 3.57(a)所示. 在图 3.57(b)中还画出了考虑这两支极化激元后,

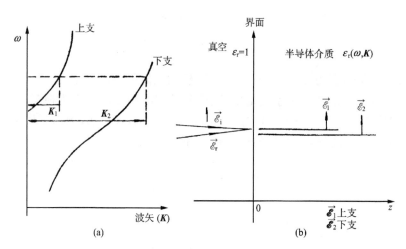

图 3.57　(a)激子极化激元色散曲线,说明当 $\omega > \omega_L$ 时,晶体中存在两个传播
模;(b)$\omega > \omega_L$ 时正入射电矢量 $\vec{\mathscr{E}}_i$ 与反射电矢量 $\vec{\mathscr{E}}_r$ 及介质中激子极化激元电矢量关系

简单的正入射反射实验中的电矢量图,入射辐射 $\vec{\mathscr{E}}$ 在半导体样品中激发两个传播
波模,其电矢量振幅分别为 $\mathscr{E}_1$ 和 $\mathscr{E}_2$.这样,为获得菲涅耳定律,求得反射和透射电
矢量振幅,现在有三个未知量,因而需要三个等式,但在 $z = 0$ 的界面处应用麦克斯
韦方程仅给出两个等式,即

$$\vec{\mathscr{E}}_i + \vec{\mathscr{E}}_r = \vec{\mathscr{E}}_1 + \vec{\mathscr{E}}_2$$
$$\boldsymbol{k}_i \cdot \vec{\mathscr{E}}_i - \boldsymbol{k}_r \cdot \vec{\mathscr{E}}_r = \boldsymbol{k}_1 \cdot \vec{\mathscr{E}}_1 + \boldsymbol{k}_2 \cdot \vec{\mathscr{E}}_2 \tag{3.118}$$

显然为求得 $\vec{\mathscr{E}}_r$、$\vec{\mathscr{E}}_1$、$\vec{\mathscr{E}}_2$ 需要附加的边界条件,最常用的附加边界条件是佩卡
尔(Pekar)附加边界条件[77]

$$\boldsymbol{P}_{ex} \big|_{z=0} = 0 \tag{3.119}$$

即激子不能从样品中逸出,因而样品表面处的激子极化强度为零,这一边界条件有
时也修正为一定厚度的表面层中不能存在激子.

　　图 3.58 给出了用理论和佩卡尔边界条件计算获得的激子极化激元效应对半
导体反射光谱的影响及其与实验结果的比较[78].其中图 3.58(a)和(b)为入射波矢
垂直和平行晶体 c 轴时 CdS 的实验反射谱,其特点是高频侧的陡峭下降和 $\omega = \omega_L$
处存在一反射尖峰.图(c)是激子的经典振子模型给出的计算反射谱,它说明了主
反射带高频侧的陡峭下降,但不能预言 ω_L 处反射尖峰的存在.图 3.58(d)~(g)为
佩卡尔附加边界条件并考虑到一定厚度(l)的表面层内不能存在激子的条件下,计
算的极化激元反射曲线,它们不仅说明了主反射带高频侧的陡峭下降,并且预言了
反射谱中 ω_L 处出现尖峰,由此还可推测激子不能存在的表面层厚度 l 约为 100 Å.
然而,第八章和第九章中我们将会看到,这一推测并不符合低维系统的实验结果,
比 100 Å 小得多的二维、一维甚至零维半导体结构中,都可以存在激子和激子极化

激元. 本书第一版、第二版出版时,关于低维体系的激子包括准二维情况下的双曲激子的研究报道尚很少. 但如今这方面已有许多研究结果,包括后面会提到的我们自己的实验和理论结果,这表明,有关激子极化激元及其对固体光学性质的影响,尚有不少深入探讨的空间.

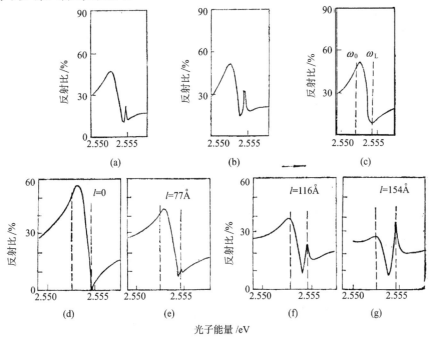

图 3.58 CdS 的实验反射光谱及与不同理论模型给出的计算反射光谱的比较. 有关模型的说明见正文. (a)4.2K 时实验测得的反射光谱,$\vec{\mathscr{E}} \perp \boldsymbol{c}, \boldsymbol{k} \perp \boldsymbol{c}$;(b)4.2K 时实验测得的反射光谱,$\vec{\mathscr{E}} \perp \boldsymbol{c}, \boldsymbol{k} /\!/ \boldsymbol{c}$;(c)按经典激子模型(振子模型)计算的反射光谱,计算时 $\Gamma = 1.0 \times 10^{-3}, 4\pi\beta = 0.0094, \varepsilon_r(0) = 8.1$;(d)~(g)考虑佩卡尔附加边界条件并用激子极化激元模型计算的 CdS 反射光谱,(d)~(g)分别假定不允许存在激子的表面层厚度为 0,77,116 与 154Å

3.6 纳米结构中的激子极化激元

3.6.1 量子耦合激子

这里我们从普适的激子包络函数满足的有效质量方程式(3.83)出发,研究纳米结构中的激子极化激元,包括纳米结构中电子 $\boldsymbol{r}_e$ 和空穴 $\boldsymbol{r}_h$ 的约束势 $V_c(\boldsymbol{r}_e)$ 和 $V_v(\boldsymbol{r}_h)$ 激子包络函数的有效质量方程可写为

$$\left[E_c(-\mathrm{i}\nabla_e) + V_c(\boldsymbol{r}_e) - E_v(-\mathrm{i}\nabla_h) - V_v(\boldsymbol{r}_h) - \frac{e^2}{4\pi\varepsilon_\infty |\boldsymbol{r}_e - \boldsymbol{r}_h|} \right] \psi_{nK}(\boldsymbol{r}_e, \boldsymbol{r}_h)$$

$$= E_n K \psi_{nK}(\boldsymbol{r}_e, \boldsymbol{r}_h) \tag{3.120}$$

这使得在包含电子和空穴之间的库仑相互作用之后,激子本征态由乘以包络函数的单粒子电子和空穴状态组成

$$\Psi_{nK}(\boldsymbol{r}_e,\boldsymbol{r}_h)=\psi_{nK}(\boldsymbol{r}_e,\boldsymbol{r}_h)u_c\boldsymbol{k}_e(\boldsymbol{r}_e)u_v\boldsymbol{k}_h(\boldsymbol{r}_h) \tag{3.121}$$

其中 $K=\boldsymbol{k}_e+\boldsymbol{k}_h$ 是激子态 n 的总波矢量,$u_{cke}(\boldsymbol{r}_e)$ 和 $v_{vkh}(\boldsymbol{r}_h)$ 是导带电子和价带空穴的布洛赫函数. 已忽略其他较远能带的贡献. 式 (3.120)中,ε_∞ 是介电常数. 这里我们忽略了形成纳米结构的异质材料中介电常数 ε_∞ 的空间变化.

如前所述,为表示在半导体体材料中激子的有效质量方程($V_c(\boldsymbol{r}_e)=V_v(\boldsymbol{r}_h)=0$),将导带和价带写为

$$E_e(\boldsymbol{k}_e)=E_c-\frac{\hbar^2\,\nabla_e^2}{2m_c^*},\quad E_v(\boldsymbol{k}_h)=E_v+\frac{\hbar^2\,\nabla_h^2}{2m_v^*} \tag{3.122}$$

其中 E_c 和 E_v 是导带边和价带边,$E_c-E_v=E_g$ 为带隙. 式(3.122)代入式(3.120)可得

$$\left(-\frac{\hbar^2\,\nabla_e^2}{2m_c^*}-\frac{\hbar^2\,\nabla_h^2}{2m_v^*}-\frac{e^2}{4\pi\varepsilon_\infty\,|\boldsymbol{r}_e-\boldsymbol{r}_h|}\right)\psi(\boldsymbol{r}_e,\boldsymbol{r}_h)=(E-E_g)\psi(\boldsymbol{r}_e,\boldsymbol{r}_h) \tag{3.123}$$

仍将激子运动分成激子质心运动和激子中电子-空穴相对运动两部分,激子质心坐标写为

$$\boldsymbol{r}=\frac{m_c^*\,\boldsymbol{r}_e+m_v^*\,\boldsymbol{r}_h}{m_c^*+m_v^*}$$

激子质心运动质量为

$$m^*=m_c^*+m_v^*$$

激子中电子-空穴相对运动质量则为

$$\frac{1}{\mu}=\frac{1}{m_c^*}+\frac{1}{m_v^*}$$

此外,其波函数为

$$\psi(\boldsymbol{r}_e,\boldsymbol{r}_h)=\psi_k(\boldsymbol{r})\psi_n(\boldsymbol{r}_e-\boldsymbol{r}_h),\quad E=E_k+E_n+E_g$$

由式 (3.123)可得以下两个方程

$$-\frac{\hbar^2\,\nabla_r^2}{2m^*}\psi_k(\boldsymbol{r})=E_k\psi_k(\boldsymbol{r}) \tag{3.124}$$

$$\left[-\frac{\hbar^2\,\nabla_{r_e-r_h}^2}{2\mu}-\frac{e^2}{4\pi\varepsilon_\infty\,|\boldsymbol{r}_e-\boldsymbol{r}_h|}\right]\psi_n(\boldsymbol{r}_e-\boldsymbol{r}_h)=E_n\psi_n(\boldsymbol{r}_e-\boldsymbol{r}_h) \tag{3.125}$$

显然,$[E_k,\psi_k(\boldsymbol{r})]$ 表示激子质心的运动. 类似于半导体体材料,我们可以写为

$$\psi_k(\boldsymbol{r})=\mathrm{e}^{\mathrm{i}\boldsymbol{k}\cdot\boldsymbol{r}},\quad E_k=\frac{\hbar^2k^2}{2m^*} \tag{3.126}$$

$[E_n,\psi_n(\boldsymbol{r}_e-\boldsymbol{r}_h)]$ 表示电子和空穴彼此的相对运动,类似于氢原子:

$$\psi_n(\boldsymbol{r}_e-\boldsymbol{r}_h)=\Psi_{nlm}(|\boldsymbol{r}_e-\boldsymbol{r}_h|),\quad E_n=-\frac{\mu}{m_0}\left(\frac{\varepsilon_0}{\varepsilon_\infty}\right)^2\frac{R^*}{n^2} \tag{3.127}$$

这里 R^* 为激子的等效里德堡能量. 忽略激子质心（$k=0$）的运动，激子状态由 E_g 以下的能量 E_n 表示. 激子基态（$n=1$）为

$$\psi_{ex}(r_e - r_h) = e^{-|r_e - r_h|/a^*}, \quad E_{ex} = -\frac{\mu}{m_0}\left(\frac{\varepsilon_0}{\varepsilon_\infty}\right)^2 R^*, a^* = \frac{m_0}{\mu}\frac{\varepsilon_\infty}{\varepsilon_0}a_0 \quad (3.128)$$

式中，E_{ex} 是激子结合能；a^* 是激子玻尔半径；a_0 是氢原子玻尔半径.

进一步的理论研究表明激子的光学跃迁矩阵元为

$$|\langle \Psi(r_e, r_h)|e_s \cdot p|\Psi_0\rangle|^2 \propto |\psi(r_e, r_h)|_{r_e=r_h}|^2 \propto \frac{1}{n^3} \quad (3.129)$$

式中 n 是式（3.127）中的主量子数.

表 3.8 列出了常见半导体材料的 a^* 和 E_{ex}. 考虑到室温下热激发能 $k_B T = 25$ meV，容易理解，室温下除了 ZnO，在半导体体材料中将不存在激子，即电子-空穴对，因为热激发能克服了电子和空穴之间的库仑吸引 E_{ex}. 换句话说，$n=\infty$ 时，电子和空穴在室温下彼此完全解离，导致零光学跃迁矩阵元，参见式（3.129）. 这在现实中是真实存在的. 几乎所有半导体体材料的激子光致发光（PL）信号在高于 100 K 的温度下基本上不存在，例如 1987 年的报告[84]，而仅仅一年后，1988 年，GaAs/AlGaAs 量子阱的室温 PL 谱[85]见诸于报道，实验观察到室温下量子阱结构中的激子. 基本的物理学原理是在纳米结构中，电子和空穴被迫保持彼此接近或重叠，这通常称为量子限制. 纳米结构的特征量子限制尺寸正好是 a^*，激子玻尔半径，其在纳米范围内，因此被称为"纳米结构". 和纳米结构关联的激子，或经过修饰的这种激子称为量子耦合激子或量子限制激子.

表 3.8 常见半导体中的激子[79~83]（低温下的 IV 和 III-V 材料）

	Si	GaAs	AlAs	InAs	CdSe	ZnO
m_h^*（重空穴有效质量）	0.537	0.51	0.409	0.35	0.45	0.59
m_e^*（导带电子有效质量）	1.026	0.067	0.71	0.0239	0.13	0.28
E_g/eV	1.170	1.519	2.229	0.418	1.842	3.435
a^*/nm	4.5	11.6	8.6	38.1	5.4	1.8
E_{ex}/meV	14.3	4.2	20.0	1.25	13.2	60.0

根据表 3.8，对于 InAs，a^* 为 38nm，因此 InAs 量子点（QD）是最成功和成熟的纳米结构，而 Si QD 是最难的. 注意到 ZnO 的 E_{ex} 约为 60 meV，因此 ZnO 在室温下发光. 尽管 CdSe QD 比较小（$a^* = 5.4$ nm），但是由于运用化学合成方法可以产生均匀的 QD 尺寸，所以其被广泛研究和成功应用. 一些经化学合成的 QD 列于表 3.9 中.

对于生物成像应用，QD 通常由单层壳或多层壳保护，使得 QD 核中的电子和空穴能级不受外部环境的影响. 由于 CdSe 的带隙小于 CdS 的带隙，CdS 通常用作 CdSe 基的量子点的壳材料. CdSe-CdS 异质结构进一步被认为是 I 型异质结，这意

味着 CdSe 是量子阱材料,而 CdS 是导带中的电子和价带中的空穴的量子势垒. 因此 CdSe 主要用作 QD 芯材料,而 CdS 是壳材料.

表 3.9 代表性荧光量子点

材料	发射波长/nm	半高宽/nm	量子产率
ZnSe/ZnS	400~440	<20	高达 90%
InP/ZnS	470~800	50~70	>50%
CdS/ZnS	440~470	<25	>80%
CdSe/ZnS	520~650	<30	60%~90%
PbS	800~2000		

经 Ca^{2+} 和 EGTA(一种强烈结合 Ca^{2+} 的螯合剂)注射后的一系列 QD 荧光光谱见图 3.59,其中步骤(1~10)中的文本表示每次注射后 Ca^{2+} 或 EGTA 的最终浓

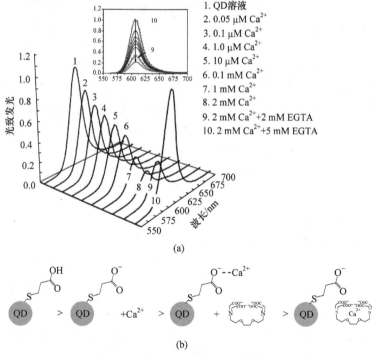

(a)

(b)

图 3.59 (a)Ca^{2+} 和 EGTA 对 QD 光致发光光谱的影响. 文本表示经注射后 Ca^{2+} 或 EGTA 的最终浓度. 所有实验均在室温下进行;(b)物理化学过程示意图. QD 涂覆有表面配体,这里仅显示了一个 3-巯基丙酸(3MPA)分子. —COOH 基团在水溶液中去质子化,因此 QD 带负电荷,它们可以通过库仑相互作用与阳离子,如 Ca^{2+},结合. 在 QD 表面的 Ca^{2+} 将改变 QD 核中光激发的电子和空穴的分布,从而减小激子的光学跃迁矩阵元,随后降低 QD 光致发光强度

度.具体地说,从 QD 溶液(即步骤 1)开始,将 Ca^{2+} 离子注入 QD 溶液中以获得步骤 2 中 $0.05\mu M$ 的最终 Ca^{2+} 浓度.在步骤 3 中进一步加入 Ca^{2+} 离子使其浓度再增加 $0.05\mu M$,最终步骤 3 的 Ca^{2+} 浓度为 $0.1\mu M$……换句话说,步骤 2～10 中注射后的 Ca^{2+} 和 EGTA 的终浓度分别为 $0.05,0.1,1,10\mu M,0.1,1,2mM~Ca^{2+},2mM$ $Ca^{2+}+2mM~EGTA$ 和 $2mM~Ca^{2+}+5mM~EGTA$.图 3.59 清楚地表明 Ca^{2+} 离子抑制 QD 荧光强度,但并不影响 QD 荧光峰的波长(图 3.59 的插图).最重要的是,这种修饰是可逆的,即在加入 EGTA 以螯合 QD 溶液中的 Ca^{2+} 离子后,QD 荧光强度可完全恢复.

QD 的另一个显著的光学性质是由于量子限制,它可以被任何波长的激光激发.表 3.10 列出了以它们的激发波长命名的三个 CdSe 量子点的详细资料,QD556 是在 556nm 处荧光,QD600 是在 600nm 处荧光,QD622 是在 622nm 处荧光,图 3.60 显示了在室温下通过三个不同的激光器获得的它们的 PL 光谱,400nm 的 CW 激光器,800nm 的飞秒激光器和 1064nm 的皮秒激光器.

表 3.10　核-多壳 CdSe 量子点的结构和光学性质

	QD556	QD600	QD622
CdSe 直径/nm	3.6	4.5	5.4
CdS/mL	1	2	3
$Cd_{0.5}Zn_{0.5}S$/mL	1	1	1
ZnS/mL	1	1	1
PL 峰波长/nm	556	600	622

3.6.2　纳米结构中的激子极化激元

我们考虑光吸收过程,其中允许的电偶极子从填充的价带跃迁产生激子 Ψ_{nK},并且在该过程中,初始状态的波函数在二次量子化的公式中表示为 Ψ_0.假设我们的电子-空穴系统在时间 $t<0$ 时的初始状态为其基态 $\Psi_0(t)$.当 $t\geqslant 0$ 时,引入 $\vec{\mathscr{E}}(r,t)$ 的外部辐射,一阶微扰哈密顿量为

$$V = \int \boldsymbol{d}(\boldsymbol{r}) \cdot \vec{\mathscr{E}}(\boldsymbol{r},t)\mathrm{d}\boldsymbol{r} \tag{3.130}$$

其中 $\boldsymbol{d}(\boldsymbol{r})$ 是偶极矩算子

$$\boldsymbol{d}(\boldsymbol{r}) = -e\boldsymbol{r}_{\mathrm{e}}\delta(\boldsymbol{r}-\boldsymbol{r}_{\mathrm{e}}) + e\boldsymbol{r}_{\mathrm{h}}\delta(\boldsymbol{r}-\boldsymbol{r}_{\mathrm{h}}) \tag{3.131}$$

将电子-空穴系统的波函数表示为 $|\boldsymbol{r}_{\mathrm{e}},\boldsymbol{r}_{\mathrm{h}},t\rangle$;其与时间相关的薛定谔方程为

$$\mathrm{i}\hbar\frac{\partial}{\partial t}|\boldsymbol{r}_{\mathrm{e}},\boldsymbol{r}_{\mathrm{h}},t\rangle = (H_0+V)|\boldsymbol{r}_{\mathrm{e}},\boldsymbol{r}_{\mathrm{h}},t\rangle \tag{3.132}$$

其中 H_0 由等式 (3.120) 给出.

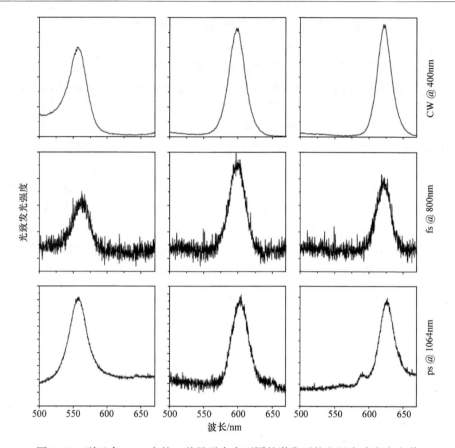

图 3.60　列于表 3.10 中的三种量子点在不同的激发下的室温光致发光光谱

　　一阶微扰近似情况下,我们仅考虑激子基态 $\Psi_0(t)$ 到第一激发态 $\Psi_{nK}(r_e, r_h, t)$ 的跃迁,与时间相关的波函数为

$$|r_e, r_h, t\rangle = |\Psi_0(t)\rangle + c_{nK}(t)|\Psi_{nK}(r_e, r_h, t)\rangle \tag{3.133}$$

简单地假设 $|c_{nK}(t)| \ll 1$.

　　将 $\Psi_0(t)$ 和 $\Psi_{nK}(r_e, r_h, t)$ 表示为 H_0 的本征函数,使得

$$H_0 \Psi_0(t) = E_0 \Psi_0(t) = \hbar\omega_0 \Psi_0(t)$$

$$H_0 \Psi_{nK}(r_e, r_h, t) = E_{nK} \Psi_{nK}(r_e, r_h, t) = \hbar\omega_{nK} \Psi_{nK}(r_e, r_h, t)$$

$$\Psi_0(t) = \Psi_0 e^{-i\omega_0 t}$$

$$\Psi_{nK}(r_e, r_h, t) = \Psi_{nK}(r_e, r_h) e^{-i\omega_{nK} t} \tag{3.134}$$

式(3.133)代入式 (3.132)得到

$$i\hbar \frac{\partial \Psi_0(t)}{\partial t} + i\hbar \frac{\partial c_{nK}(t)}{\partial t}\Psi_{nK}(r_e, r_h, t) + i\hbar c_{nK}(t)\frac{\partial \Psi_{nK}(r_e, r_h, t)}{\partial t}$$

$$= H_0 \Psi_0(t) + c_{nK}(t) H_0 \Psi_{nK}(r_e, r_h, t) + V\Psi_0(t) + c_{nK}(t) V\Psi_{nK}(r_e, r_h, t)$$

由式 (3.134)可得

$$\hbar\omega_0\Psi_0(t)+\mathrm{i}\hbar\frac{\partial c_{n\boldsymbol{K}}(t)}{\partial t}\Psi_{n\boldsymbol{K}}(\boldsymbol{r}_\mathrm{e},\boldsymbol{r}_\mathrm{h},t)+\hbar\omega_{n\boldsymbol{K}}c_{n\boldsymbol{K}}(t)\Psi_{n\boldsymbol{K}}(\boldsymbol{r}_\mathrm{e},\boldsymbol{r}_\mathrm{h},t)$$

$$=E_0\Psi_0(t)+c_{n\boldsymbol{K}}(t)E_{n\boldsymbol{K}}\Psi_{n\boldsymbol{K}}(\boldsymbol{r}_\mathrm{e},\boldsymbol{r}_\mathrm{h},t)+V\Psi_0(t)+c_{n\boldsymbol{K}}(t)V\Psi_{n\boldsymbol{K}}(\boldsymbol{r}_\mathrm{e},\boldsymbol{r}_\mathrm{h},t)$$

也即

$$\mathrm{i}\hbar\frac{\partial c_{n\boldsymbol{K}}(t)}{\partial t}\Psi_{n\boldsymbol{K}}(\boldsymbol{r}_\mathrm{e},\boldsymbol{r}_\mathrm{h},t)=V\Psi_0(t)+c_{n\boldsymbol{K}}(t)V\Psi_{n\boldsymbol{K}}(\boldsymbol{r}_\mathrm{e},\boldsymbol{r}_\mathrm{h},t) \tag{3.135}$$

将上述方程乘以$\langle\Psi_{n\boldsymbol{K}}(\boldsymbol{r}_\mathrm{e},\boldsymbol{r}_\mathrm{h},t)|$得到

$$\frac{\partial c_{n\boldsymbol{K}}(t)}{\partial t}=\frac{1}{\mathrm{i}\hbar}\langle\Psi_{n\boldsymbol{K}}(\boldsymbol{r}_\mathrm{e},\boldsymbol{r}_\mathrm{h},t)\mid\int\boldsymbol{d}(\boldsymbol{r})\cdot\vec{\mathscr{E}}(\boldsymbol{r},t)\mathrm{d}\boldsymbol{r}\mid\Psi_0(t)\rangle \tag{3.136}$$

考虑对称性,

$$\langle\Psi_{n\boldsymbol{K}}(\boldsymbol{r}_\mathrm{e},\boldsymbol{r}_\mathrm{h},t)\mid\int\boldsymbol{d}(\boldsymbol{r})\cdot\vec{\mathscr{E}}(\boldsymbol{r},t)\mathrm{d}\boldsymbol{r}\mid\Psi_{n\boldsymbol{K}}(\boldsymbol{r}_\mathrm{e},\boldsymbol{r}_\mathrm{h},t)\rangle=0$$

对于$\vec{\mathscr{E}}(\boldsymbol{r},t)=\vec{\mathscr{E}}(\boldsymbol{r})\mathrm{e}^{-\mathrm{i}\omega t}+\mathrm{c.c.}$,可得方程 (3.136)的解为

$$c_{n\boldsymbol{K}}(t)=\frac{\mathrm{e}^{\mathrm{i}(\omega_{n\boldsymbol{K}}-\omega_0-\omega)t}}{\hbar(\omega_{n\boldsymbol{K}}-\omega_0-\omega)}\langle\Psi_{n\boldsymbol{K}}(\boldsymbol{r}_\mathrm{e},\boldsymbol{r}_\mathrm{h})\mid\int\boldsymbol{d}(\boldsymbol{r})\cdot\vec{\mathscr{E}}(\boldsymbol{r})\mathrm{d}\boldsymbol{r}\mid\Psi_0\rangle$$

$$+\frac{\mathrm{e}^{\mathrm{i}(\omega_{n\boldsymbol{K}}-\omega_0-\omega)t}}{\hbar(\omega_{n\boldsymbol{K}}-\omega_0+\omega)}\langle\Psi_{n\boldsymbol{K}}(\boldsymbol{r}_\mathrm{e},\boldsymbol{r}_\mathrm{h})\mid\int\boldsymbol{d}(\boldsymbol{r})\cdot\vec{\mathscr{E}}(\boldsymbol{r})\mathrm{d}\boldsymbol{r}\mid\Psi_0\rangle \tag{3.137}$$

由于 $\Psi_0(t)$是基态激发态,即在导带和价带中没有任何电子和空穴,因此 $\omega_0=0$. 此外,对应于电子从价带态到导带态的跃迁的能量为 $\hbar\omega$ 的光子发射,具有 $\mathrm{e}^{\mathrm{i}(\omega_{n\boldsymbol{K}}+\omega)t}$ 的项振荡得更快. 这个概率很小,所以

$$c_{n\boldsymbol{K}}(t)=\frac{\mathrm{e}^{\mathrm{i}(\omega_{n\boldsymbol{K}}-\omega)t}}{\hbar(\omega_{n\boldsymbol{K}}-\omega)}\langle\Psi_{n\boldsymbol{K}}(\boldsymbol{r}_\mathrm{e},\boldsymbol{r}_\mathrm{h})\mid\int\boldsymbol{d}(\boldsymbol{r})\cdot\vec{\mathscr{E}}(\boldsymbol{r})\mathrm{d}\boldsymbol{r}\mid\Psi_0\rangle \tag{3.138}$$

现在让我们尽量计算式(3.138). 首先计算电子动量 $\boldsymbol{p}_\mathrm{e}$ 的矩阵元

$$\langle\Psi_{n\boldsymbol{K}}(\boldsymbol{r}_\mathrm{e},\boldsymbol{r}_\mathrm{h})|\boldsymbol{p}_\mathrm{e}|\Psi_0\rangle$$

$$=m_0\langle\Psi_{n\boldsymbol{K}}(\boldsymbol{r}_\mathrm{e},\boldsymbol{r}_\mathrm{h})\left|\frac{\partial\boldsymbol{r}_\mathrm{e}}{\partial t}\right|\Psi_0\rangle$$

$$=\frac{\mathrm{i}m_0}{\hbar}\langle\Psi_{n\boldsymbol{K}}(\boldsymbol{r}_\mathrm{e},\boldsymbol{r}_\mathrm{h})|[H_0,\boldsymbol{r}_\mathrm{e}]|\Psi_0\rangle$$

$$=\mathrm{i}m_0(\omega_{n\boldsymbol{K}}-\omega_0)\langle\Psi_{n\boldsymbol{K}}(\boldsymbol{r}_\mathrm{e},\boldsymbol{r}_\mathrm{h})|\boldsymbol{r}_\mathrm{e}|\Psi_0\rangle \tag{3.139}$$

这里

$$[H_0,\boldsymbol{r}_\mathrm{e}]=H_0\boldsymbol{r}_\mathrm{e}-\boldsymbol{r}_\mathrm{e}H_0$$

$$H_0\Psi_{n\boldsymbol{K}}(\boldsymbol{r}_\mathrm{e},\boldsymbol{r}_\mathrm{h})=\hbar\omega_{n\boldsymbol{K}}\Psi_{n\boldsymbol{K}}(\boldsymbol{r}_\mathrm{e},\boldsymbol{r}_\mathrm{h})$$

$$H_0\Psi_0=\hbar\omega_0\Psi_0$$

$$\hbar\omega_0=0$$

据式(3.121),

$$\langle \Psi_{nK}(r_e, r_h) \mid p_e \mid \Psi_0 \rangle = \iint \psi_{nK}^*(r_e, r_h) u_{cke}(r_e) p_e u_{vkh}(r_h) dr_e dr_h$$

$$= \int \psi_{nK}^*(r_e, r_e) u_{cke}(r_e) p_e u_{vkh}(r_e) dr_e \qquad (3.140)$$

由于 $u_{cke}(r_e)$ 和 $u_{vkh}(r_e)$ 在单位晶胞中是周期性的,而 $\psi_{nK}^*(r_e, r_h)$ 在比单位晶胞(Å 尺度)大得多的空间(纳米结构的纳米级)延伸,因此

$$\langle \Psi_{nK}(r_e, r_h) \mid p_e \mid \Psi_0 \rangle = p_{cv} \int \psi_{nK}^*(r_e, r_e) dr_e \qquad (3.141)$$

其中 $p_{cv} = \langle u_{ck}(r) \mid p_{cv} \mid u_{vk}(r) \rangle$.

据式(3.131),易通过以下公式计算光矩阵元

$$\langle \Psi_{nK}(r_e, r_h) \mid \int (-e) r_e \delta(r - r_e) \cdot \vec{\mathcal{E}}(r) dr \mid \Psi_0 \rangle$$

$$= \frac{-e}{i m_0 \omega_{nK} K} \langle \Psi_{nK}(r_e, r_h) \mid \int p_e \delta(r - r_e) \cdot \vec{\mathcal{E}}(r) dr \mid \Psi_0 \rangle$$

$$= \frac{-e}{i m_0 \omega_{nK} K} \int p_{cv} \left[\int \delta(r - r_e) \psi_{nK}^*(r_e, r_e) dr_e \right] \cdot \vec{\mathcal{E}}(r) dr$$

$$= \frac{-e}{i m_0 \omega_{nK} K} \int \psi_{nK}^*(r, r) p_{cv} \cdot E(r) dr \qquad (3.142)$$

将上述关系代入式 (3.138),最终可得受外场激发的激子态的占据为

$$c_{nK}(t) = \frac{-e e^{i(\omega_{nK} - \omega) t}}{i m_0 \hbar \omega_{nK} (\omega_{nK} - \omega)} \int \psi_{nK}^*(r, r) p_{cv} \cdot E(r) dr \qquad (3.143)$$

被激发的激子态,即电子和空穴的出现,导致电偶极矩,因此激子对介电极化的贡献由下式给出:

$$P_{nK}(r, t) = \langle r_e, r_h, t \mid d(r) \mid r_e, r_h, t \rangle = \langle \Psi_0 \mid d(r) \mid \Psi_{nK}(r_e, r_h, t) \rangle c_{nK}(t) + \text{c. c.}$$

$$(3.144)$$

类似地,容易计算 $\langle \Psi_0 \mid d(r) \mid \Psi_{nK}(r_e, r_h) \rangle$,结果为

$$\langle \Psi_0 \mid d(r) \mid \Psi_{nK}(r_e, r_h) \rangle = \frac{-e}{i m_0 \omega_{nK}} \psi_{nK}(r, r) p_{cv} \qquad (3.145)$$

将式(3.143)和式(3.145)代入式(3.144),可得

$$P_{nK}(r, t) = \frac{e^2 p_{cv}}{\hbar (\omega_{nK} - \omega) m_0^2 \omega_{nK}^2} \psi_{nK}(r, r) \int \psi_{nK}^*(r', r') p_{cv} \cdot \vec{\mathcal{E}}(r', t) dr' \quad (3.146)$$

耦合激子态的非辐射阻尼弛豫率 $\Gamma (=\hbar\gamma)$ (参见第 2 章和本章后面的更多讨论),可以表明

$$P_{nK}(r, t) = \frac{e^2 p_{cv}}{\hbar (\omega_{nK} - \omega - i\gamma) m_0^2 \omega_{nK}^2} \psi_{nK}(r, r) \int \psi_{nK}^*(r', r') p_{cv} \cdot \vec{\mathcal{E}}(r', t) dr'$$

定义

$$T_{nK}(\omega) = \frac{\varepsilon_\infty \omega_{LT} \pi a^{*3}}{\omega_{nK} - \omega - i\gamma} \tag{3.147}$$

其中

$$\varepsilon_\infty \omega_{LT} a^{*3} = \frac{4e^2 p_{cv}^2}{\hbar \omega_{nK}^2 m_0^2}$$

$p_{cv} = |\boldsymbol{p}_{cv}|$，$\omega_{LT}$ 和 a^* 是在相应的半导体体材料中激子的纵向-横向分裂和玻尔半径，激子对介电极化的贡献为

$$\boldsymbol{P}_{nK}(\boldsymbol{r}, t) = T_{nK}(\omega) \psi_{nK}(\boldsymbol{r}, \boldsymbol{r}) \int \psi_{nK}^*(\boldsymbol{r}', \boldsymbol{r}') \vec{\mathcal{E}}(\boldsymbol{r}', t) \mathrm{d}\boldsymbol{r}' \tag{3.148}$$

其中我们假定 $\boldsymbol{p}_{cv}(\boldsymbol{p}_{cv} \cdot \vec{\mathcal{E}}) = \boldsymbol{p}_{cv}^2 \vec{\mathcal{E}}$.

简要地讨论这种介电极化在具有半径 R 的球面 QD 中的重要性，该半径 R 处于材料的激子玻尔半径的数量级. 利用式(3.125)，经推导，得到球形 QD 中激子的第一激发态为

$$\psi_{nK}(\boldsymbol{r}_e, \boldsymbol{r}_h) = \frac{1}{|\boldsymbol{r}-\boldsymbol{a}|\sqrt{2\pi R}} \sin\left(\frac{\pi |\boldsymbol{r}-\boldsymbol{a}|}{R}\right) \frac{1}{\sqrt{\pi a^{*3}}} e^{-\frac{|\boldsymbol{r}_e - \boldsymbol{r}_h|}{a^*}} \tag{3.149}$$

这里 a 是 QD 的中心的空间位置. 当 $R \approx a^*$ 时，上述表达式有效，因此可以忽略 QD 中的电子-空穴对的内部相对运动. 同时

$$\boldsymbol{r} = \frac{m_e \boldsymbol{r}_e + m_h \boldsymbol{r}_h}{m_e + m_h} \tag{3.150}$$

是激子的质心.

对于 $\boldsymbol{r}_e = \boldsymbol{r}_h = \boldsymbol{r}$,

$$\psi_{nK}(\boldsymbol{r}, \boldsymbol{r}) = \frac{1}{|\boldsymbol{r}-\boldsymbol{a}|\sqrt{2\pi R}} \sin\left(\frac{\pi |\boldsymbol{r}-\boldsymbol{a}|}{R}\right) \frac{1}{\sqrt{\pi a^{*3}}} \tag{3.151}$$

在 QD 的正常光子学应用中，例如太阳能电池，光的相关波长约为 500nm(绿光)，而 QD 尺寸为纳米尺度(激子玻尔半径，参见表 3.8). 因此，可以忽略 QD 内的激发场的空间变化，即 $\vec{\mathcal{E}}(\boldsymbol{r}) \approx \vec{\mathcal{E}}(\boldsymbol{a})$，有

$$\int \psi_{nK}^*(\boldsymbol{r}', \boldsymbol{r}') \vec{\mathcal{E}}(\boldsymbol{r}') \mathrm{d}\boldsymbol{r}' = \vec{\mathcal{E}}(\boldsymbol{a}) \int \psi_{nK}^*(\boldsymbol{r}', \boldsymbol{r}') \mathrm{d}\boldsymbol{r}' = \frac{4R^2}{\pi\sqrt{2Ra^{*3}}} \vec{\mathcal{E}}(\boldsymbol{a}) \tag{3.152}$$

换句话说，假设 QD 内部的电场是均匀的. 令 $\alpha_{nK} = \pi|\boldsymbol{r}-\boldsymbol{a}|/R$，由式(3.29)和式(3.34)

$$\boldsymbol{P}_{nK}(\boldsymbol{r}) = \frac{2\varepsilon_\infty \omega_{LT}}{\omega_{nK} - \omega - i\gamma} \frac{\sin\alpha_{nK}}{\alpha_{nK}} \vec{\mathcal{E}}(\boldsymbol{a})$$

由于这种激子极化，与电场 $\vec{\mathcal{E}}(\boldsymbol{r})$ 和位移矢量 $\boldsymbol{D}(\boldsymbol{r})$ 相关的非局域材料方程是

$$\boldsymbol{D}(\boldsymbol{r}) = \varepsilon_\infty \vec{\mathcal{E}}(\boldsymbol{r}) + \boldsymbol{P}(\boldsymbol{r}) = \varepsilon_{QD}(\boldsymbol{r}) \vec{\mathcal{E}}(\boldsymbol{r}) \tag{3.153}$$

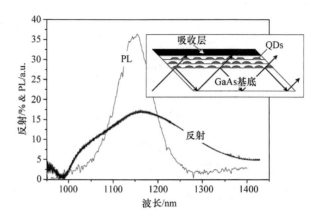

图 3.61　10 层 InAs/InGaAs/GaAs QD 样品的反射谱和 PL 光谱

插图显示了边缘抛光样品的几何形状

这里将 QD 激子极化激元的有效介电常数定义为

$$\varepsilon_{QD}(\boldsymbol{r}) = \varepsilon_{\infty}\left(1 + \frac{2\omega_{LT}}{\omega_{nK} - \omega + i\gamma}\frac{\sin\alpha_{nK}}{\alpha_{nK}}\right) \tag{3.154}$$

通过在 QD 上平均 $\varepsilon_{QD}(\boldsymbol{r},\omega)$，可获得由外部电磁场激发的基态激子的 QD 的有效介电常数的表达式

$$\varepsilon_{QD} = \frac{1}{\Omega}\int \varepsilon_{QD}(\boldsymbol{r})d\boldsymbol{r} = \varepsilon_{\infty}\left[1 + \frac{6\omega_{LT}}{\pi^2(\omega_{nK} - \omega + i\gamma)}\right] \tag{3.155}$$

其中 $\Omega = 4\pi R^3/3$ 是半径为 R 的 QD 的体积.

上述方程表示的纳米结构中的激子极化激元效应已经通过实验证实. 例如图 3.61，在 PL 峰的波长处观察到宽的反射峰[86].

参 考 文 献

[1] Welber B, Cardona M, Kim C K and Rodrigues S. Phys Rev, 1975, **B12**: 5729

[2] Paul W. The Role of Pressure in Semiconductor Research. In: Solids under Pressure, ed by Paul W and Warachauer D M. McGraw Hill Book Company Inc, New York, 1963

[3] Philipps J C. Phys Rev Lett, 1968, **20**: 550; Phys Rev, 1968, **168**: 905

[4] Van Vechten J A. Phys Rev, 1969, **182**: 891; **187**: 1007

[5] Martinez G. Optical Properties of Semiconductors under Pressure. In: Handbook on Semiconductors, 2. ed by Moss T S. North Holland Publ, 1980

[6] Camphausen D L, Connell G A N and Paul N. Phys Rev Lett, 1971, **26**: 184; J Appl Phys, 1971, **42**: 4438

[7] 单伟, 沈学础, 朱浩荣. 物理学报, 1986, **35**: 1290; Solid State Commun, 1985, **55**: 475

[8] 姜山, 沈学础, Giriat W. Solid State Commun, 1989, **70**: 1; 姜山, 沈学础. Phys Rev, 1989, **B40**: 8017

［9］ 田曾举，沈学础. J. Phys,1990,**C2**:6293

［10］ Pollak F H. Proc of 10th International Conf on Phys Semiconductors,ed by Keller S P et al, 1970

［11］ Edwards A L,Sykhouse T E and Drickamer H G. J Phys Chem Solids,1959,**11**:140

［12］ Pankove J I. Optical Processes in Semiconductors. Princeton Press,1973,27

［13］ 诸君浩,徐世秋,汤定元. 科学通报,1982,**27**:403

［14］ Fan H Y. Phys Rev,1951,**82**:900

［15］ Cohen M L and Tsang Y W. J Chem Solids, 1971, **32**(suppl. 1):33; Phys Rev, 1971, **B3**:1254

［16］ Schluter M,Martinez G and Cohen M L. Phys Rev ,1975,**B12**:650

［17］ Antonchik E. Czechoslov J Phys,1955,**5**:449

［18］ Brooks H and Yu S C. Ph D Thesis(Harvard Uni),1967

［19］ Kittel C. Introduction to Solid State Physics,5th ed. Wiley, N Y,1976,**63**:72

［20］ Allen P B and Heine V. J Phys ,1976,**C9**:2305

［21］ Tauber R N,Machonis A A and Cadoff I B. J Appl Phys,1966,**37**:4855

［22］ Chadi D J and Cohen M L. Phys Rev,1973,**B7**:692

［23］ Guenzer C S and Bienenstock A. Phys Lett,1971,**34A**:172;Phys Rev ,1973,**B8**:4655

［24］ Heine V and Van Vechten J A. Phys Rev,1976,**B13**:1622

［25］ Pawlikowski J M and Popko E. Solid State Commun,1977,**22**:231

［26］ Vavilov V S and Britsyn K I. Fizika Tverdogo Tela(in Russian),1960,**2**:1936;1961,**3**:2497

［27］ Paige E G S and Rees H D. Phys Rev Lett,1966,**16**:444

［28］ Penchina C M,Frova A and Handler P. Bull A P S,Series II,1964,**9**:714

［29］ Redfield D. Phys Rev ,1963,**130**:914

［30］ Redfield D. Phys Rev,1965,**140**:A2056

［31］ Redfield D and Afromowity M A. Appl Phys Lett,1967,**11**:138;Abram R A,Rees G J and Wilson B L H. Adv Phys,1978,**27**:799

［32］ Chin A H,Bakker J M,Calderon O G and Kono J. Phys Rev Lett,2000,**85**:3293;2001,**86**:3292;Kono J. 10th Intern'Conf on NGS,JAIST,Kanazawa,Japan May 27－31,2001,66

［33］ Shan W,Yu K M,Walukiewiez W,Ager Ⅲ J W,Haller E E and Ridgway M C. Appl Phys Lett,1999,**75**:1410,and references therein

［34］ Pankove J I and Aigrain P. Phys Rev, 1962, **126**: 956; Schmid P E. Phys Rev, 1981, **B23**:5531

［35］ Harrison W A. Electronic Structures and the Properties of Solids. Freeman,San Francisco,1980

［36］ Cardona M and Pollak F H. Phys Rev,1966,**142**:530

［37］ Sturge M D. Phys Rev,1962,**127**:768

［38］ Kaiser W,Collins R J and Fan H Y. Phys Rev,1953,**91**:1380;Braunstein R and Kane E O. J Phys Chem Solids,1962,**23**:1423

［39］ 张立纲和克劳斯·普洛格编. 复旦大学表面物理研究室译. 分子束外延和异质结构. 上海：

复旦大学出版社,1988

[40] Greennaway D L and Harbeke G. Optical Properties and Band Structure of Semiconductors. Pergman Press,Oxford,1968

[41] Ehrenreich H,Pilipp H R and Phillips J C. Phys Rev Lett,1962,**8**:59

[42] Scouler W J and Wright G B. Phys Rev ,1964,**A133**:736

[43] Tauc J and Antoncik E. Phys Rev Lett,1960,**8**:87

[44] Brust D,Phllips J C and Bassani G F. Phys Rev Lett,1962,**9**:94

[45] Brust D, Cohen M L and Phillips J C. Phys Rev Lett,1962,**9**:389

[46] Brust D. Phys Rev,1964,**134A**:1337

[47] Cardona M and Greenaway D L. Phys Rev ,1963,**131**:98

[48] Kane E O. In:Handbook on Semiconductors,**1**. ed by Moss T S. 1980,193

[49] Penn D R. Phys Rev,1962,**128**:2093

[50] Seraphin B O. In:Optical Properties of Solids. ed by Abeles F. North Holland Publ,Amsterdam. 1972,163;In:Semiconductors and Semimetals,**9**. ed by Willardson R K and Beer A C. Academic Press New York,1972,1

[51] Cardona M. In:Solid State Physics, suppl **11**. ed by Seitz F et al. Academic Press, New York,1969;Aspnes D E. In:Handbook on Semiconductors,**2**. ed by Moss T S. North Holland Publ,1980,109

[52] Hamakawa Y and Nishino T. In:Optical Properties of Solids——New Developments. ed by Seraphin B O. North-Holland Publ,1976

[53] 查访星,黄醒良,沈学础. 半导体学报,1997,**16**:329;刘兴权,陆卫等. 半导体学报,1998,**17**:333;窦红飞,陆卫等. 红外与毫米波学报,1999,**18**:485

[54] Phlipp H R and Ehrenreich H. Phys Rev,1963,**129**:1550

[55] Sell D D and Stokowski S E. Proc 10th Conf on the Phys of Semicond. ed by Keller et al. 1970,417

[56] Aspnes D E and Studna A A. Phys Rev,1973,**B7**:4607

[57] Nishino T,Takeda M and Hamakawa Y. Solid State Commun,1974,**14**:627

[58] Aspnes D E and Rowe J E. Sold State Commun,1970,**8**:1145

[59] Aspnes D E and Rowe J E. Phys Rev Lett,1971,**27**:188;Phys Rev,1972,**B5**:4022

[60] Aspnes D E. Phys Rev Lett,1972,**28**:168;Surface Sci,1973,**37**:418

[61] Enderlein R and Keiper R. Phys Status Solidi,1967,**23**:127

[62] Enderlein R. Phys Status Solidi ,1967,**20**:295

[63] Petroff Y. In:Handbook on Semiconductors,**2,3**,ed by Balkanski M and Moss T S. North Holland Publ,1980

[64] Aspnes D E. Phys Rev,1975,**B12**:2527

[65] Ley L,Pollak R H,McFeely F R,Kowalczyck S P and Shirley D A. Phys Rev,1974,**B9**:600

[66] Dimmock J O. Introduction to the Theory of Exciton States in Semiconductors. In:Semiconductors and Semimetals,1969, **3**:259

[67] Rashba E I and Sturge M D(eds). Excitons. North Holland Publ,1982

[68] Dow J D. Final-State Interactions in the Optical Spectra of Solids. In:Opt Prop of Solids. ed by Seraphin B O. 1976,34

[69] Sturge M D. Phys Rev,1962,**127**:768

[70] 玻姆著,侯德彭译. 量子理论. 1982,424

[71] Elliot R J. Phys Rev,1957,**108**:1384

[72] Dresselhaus G. Phys Rev,1957,**106**:76

[73] Wooten F. Optical Property of Solids. Academic Press,New York,1972

[74] Elliott R J. Theory of Excitons,I. In:Polarons and Excitons. ed by Kuper C G and Whitfield G D. Plenum Press,New York,1963,269

[75] Kane E O. Phys Rev,1969,**180**:852

[76] Pettroff A and Balkanski M. Phys Rev,1971,**B3**:3299

[77] Pekar S I. Soviet Phys, Solid State,1962,**4**:953

[78] Hopfield J J and Thomas D G. Phys Rev ,1963,**132**:563

[79] Landolt-Börnstein. New Series, Group III, vol. 17a-b, Springer-Verlag Berlin,1982.

[80] Poerschke R,Madelung O. Semiconductors:Group IV Elements and III-V Compounds,Data in Science and Technology. Springer-Verlag Berlin,1991

[81] Madelung O. Data in Science and Technology:Semiconductors Other than Group IV Elements and III-V Compounds. Springer,Boston,2012

[82] Fu Y,Willander M and Ivchenko E L. Superlattices and Microstructures,2000,**27**:255

[83] Fu Y,Hellström S and Ågren H. Nonlinear Optical Properties of Quantum Dots-Excitons in Nanostructures. JNOPM,2009,**18**:195

[84] Yu P W,Look D C and Ford W. J Appl Phys,1987,**62**:2960

[85] Fujiwara K,Tsukada N and Nakayama T. Appl Phys Lett. 1988,**53**:675

[86] Fu Y,Ågren H,Höglund L,Andersson J Y,Asplund C,Qiu M,and Thylén L, Appl Phys Lett,2008,**93**:183117

第四章 半导体的吸收光谱和反射光谱
——带内跃迁过程及与杂质、缺陷、晶格振动有关的跃迁过程

上一章讨论了和半导体带间跃迁过程有关的半导体光吸收和光反射现象,包括激子效应,这些光跃迁过程有时也称作本征光跃迁过程.本章讨论带内光跃迁过程,与杂质、缺陷等局域能级有关的跃迁过程,以及与晶格振动相联系的半导体光吸收和光反射现象,其中带内光跃迁以及与杂质、缺陷相联系的光跃迁过程也被称作非本征光跃迁过程.

4.1 带内跃迁和自由载流子吸收

当入射光子能量不足以引起带间跃迁吸收或形成激子时,半导体中可以发生与晶格振动态的激发或带内电子跃迁等过程相联系的光吸收现象.本节讨论带内电子跃迁的光吸收效应,主要是带内亚结构间的跃迁,自由载流子吸收和等离子激元吸收.

4.1.1 带内亚结构间的光跃迁

首先讨论 p 型半导体.我们已经知道,由于自旋-轨道互作用,大多数半导体的价带分裂成三支,图 4.1 给出了 Ge 的价带结构,图中 V_1、V_2 支在布里渊区原点仍然简并,但 V_3 支则因自旋-轨道互作用而压低了.组成半导体的元素的原子量愈大,这种分裂也愈大.对 p 型半导体,当价带顶为空穴占据时(图 4.1),可以发生三个不同的带内亚结构间的吸收跃迁过程[1],即从轻空穴价带 V_2 到重空穴价带 V_1 的跃迁 a,从分裂价带 V_3 到重空穴价带 V_1 的跃迁 b 和从分裂价带 V_3 到轻空穴价带 V_2 的跃迁 c.这种带内亚结构间的跃迁过程已在许多半导体中被观察到,通过改变样品掺杂浓度和实验测量温度,可以改变费米能级的位置和价带中空穴的占据情况,从而可能使上述三个跃迁过程中的某一个或两个更清楚地显露出来,有助于实验结果的判定.图 4.2 给出了室温和 77K 时 p-Ge 的吸收光谱,图中高能侧的陡峭上升是带间跃迁本征吸收边,0.4 eV 处的次峰指认为 $V_3 \rightarrow V_1$ 跃迁,0.3 eV 处的次峰指认为 $V_3 \rightarrow V_2$ 跃迁.低温下,随着费米能级向价带顶靠拢,这两个峰也逐渐趋于重合,并成为一个很尖锐的吸收峰,如图中的实线所示(77 K 的结果),这

些特征和 p-Ge 价带顶的图像都是一致的.0.04~0.12 eV 间的平坦的峰则起源于 $V_2 \rightarrow V_1$ 跃迁.

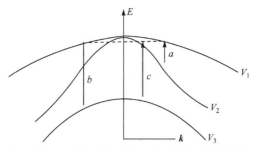

图 4.1 Ge 的价带结构和 p-Ge 的带内跃迁过程

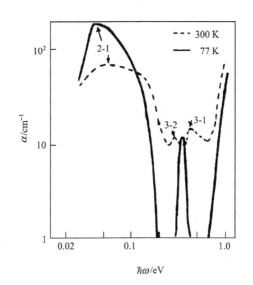

图 4.2 p-Ge 价带带内亚结构间跃迁导致的吸收光谱

实线:77 K;虚线:300 K

关于 Ge 的实验结果表明,通过合适波段吸收光谱的测量,可以研究半导体价带的自旋-轨道分裂,表 4.1 列出了这样研究的结果及其与理论计算的比较.顺便指出,由于选择定则,布里渊区中心 $k=0$ 处价带不同支间跃迁概率为零,波矢偏离 $k=0$ 时,跃迁概率随 k^2 规律增加,因而价带内亚结构间的跃迁过程是第二章讨论过的禁戒直接跃迁的一个有趣的例子.

此处还可指出,Ge 价带亚结构间电子跃迁过程近年来已被用于研制远红外和毫米波段的 p-Ge 半导体激光器.

表 4.1　某些半导体价带的自旋-轨道分裂

半导体	Ge	Si	AlP	AlAs	AlSb	GaP	GaAs
$E_g\left(\dfrac{0\,\text{K}}{\text{eV}}\right)$	0.785	1.21	3.0	2.2	1.6	2.4	1.53
$\Delta_0\left(\dfrac{\text{理论}}{\text{eV}}\right)$	0.28	0.05	0.051	0.29	0.76	0.10	0.34
$\Delta_0\left(\dfrac{\text{实验}}{\text{eV}}\right)$	0.28	0.043			0.75		0.34
半导体	GaSb	InP	InAs	InSb	CdTe	ZnTe	
$E_g\left(\dfrac{0\,\text{K}}{\text{eV}}\right)$	0.80	1.41	0.45	0.25	1.60	2.20	
$\Delta_0\left(\dfrac{\text{理论}}{\text{eV}}\right)$	0.81	0.18	0.41	0.89	0.90	0.88	
$\Delta_0\left(\dfrac{\text{实验}}{\text{eV}}\right)$			0.48	0.98			

注: E_g 是光学带宽, Δ_0 (理论)为理论估计的布里渊区中心 Γ 处的自旋-轨道分裂, Δ_0 (实验)为实验观测到的自旋-轨道分裂值(点 Γ 附近).

　　n 型半导体导带亚结构间的吸收跃迁也是可能的,对此有两种过程应该提到:一种是临界点附近不同导带支间的直接跃迁,以 GaP 为例,它在 k 空间 ⟨100⟩ 方向的导带结构如图 4.3(a)所示,导带底在点 X_1. 因而对 n-GaP,从 $X_1 \rightarrow X_3$ 的不同导带支间的带内直接跃迁是允许的. 实验上在研究 n-GaP 自由载流子吸收时,如图 4.3(b)所示,发现在自由载流子吸收曲线的高能侧,有一个低能阈值为 0.27 eV 的吸收峰,这一吸收峰即起源于上面提到的 $X_1 \rightarrow X_3$ 跃迁. 利用 $GaAs_{1-x}P_x$ 混晶进行的类似的光谱研究证实了这一指认,随着混晶中 As 含量的增加,混晶导带底逐步从 ⟨100⟩ 方向的点 X_1 过渡为布里渊区中心的点 Γ,电子也逐步从占据 X_1 能谷迁移到 Γ 能谷. 同时光吸收实验也表明,随着组分的这种变化,在 GaP 中观察到的位于 0.27 eV 的吸收峰也逐渐减弱以致消失.

　　n 型半导体中另一类重要的带内亚结构间光跃迁,是同一支导带的不同能谷间的间接跃迁. 以 GaAs 为例,其能带结构如图 3.4 和 3.26 所示,导带底为 Γ 能谷;在 ⟨111⟩ 方向,同一支导带存在能量比导带底约高 0.31 eV 的 L 能谷;在 ⟨100⟩ 方向,还存在能量与 L 谷相近的 X 能谷. 因而,对 n-GaAs,可以发生从同一导带支的 Γ 能谷到 L 或 X 能谷的间接跃迁. 图 4.4 给出的室温下不同掺杂浓度的 n-GaAs 吸收曲线中,即显示了这种能谷间间接跃迁的光谱特性. 图中高能侧的陡峭上升归之为带间直接跃迁光吸收边,低能方向的对数直线上升为自由载流子吸

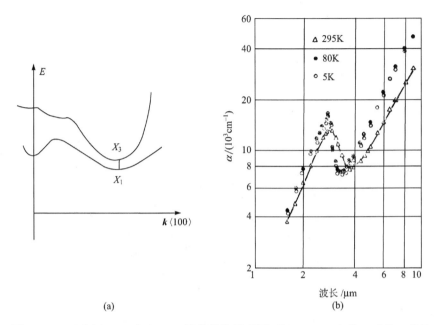

(a)
(b)

图 4.3 (a)**k** 空间〈100〉方向 GaP 导带结构示意图;(b)$n_D = 1 \times 10^{18}$ cm^{-3} 的 n-GaP 的吸收光谱,低频处的单调上升起因于自由载流子吸收,3μm 附近的峰值指认为导带内 $X_1 \rightarrow X_3$ 跃迁

收的特点,将在下一小节详细讨论;中间的隆起则解释为上述谷间间接跃迁吸收的结果. 理论计算和辅助实验,例如压力实验和 n-GaAs$_{1-x}$P$_x$ 混晶的实验,可以证明这些分析是正确的.

4.1.2 自由载流子吸收

自由载流子吸收是重要的和最普通的一种带内电子跃迁光吸收过程,对应于同一能谷内载流子从低能态跃迁到高能态的过程. 显然,这是一种间接跃迁过程,只有在其他准粒子参与以满足动量守恒选择定则时才会发生,这种准粒子可以是声子,也可以是电离杂质.

图 4.4 所示 n-GaAs 吸收光谱低能侧的吸收曲线,即是自由载流子吸收的一个典型例子. 由图可见,自由载流子吸收光谱的特点在于吸收曲线无明显结构和随波长的单调增加,其吸收系数和波长 λ 的关系一般可表示为

$$\alpha(\lambda) \propto \lambda^p \tag{4.1}$$

指数因子 p 的大小决定于散射机制,即决定于间接跃迁过程中为满足动量守恒而参与的准粒子的类型,p 可以取 $1.5 \sim 3.5$ 之间不同的数值.

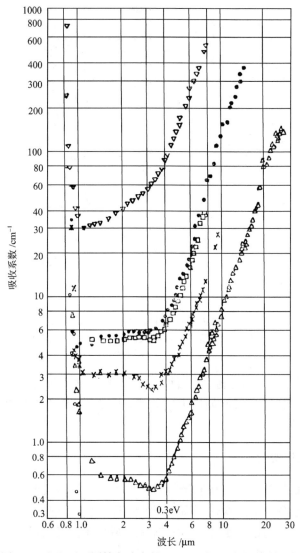

图 4.4 室温下不同掺杂浓度的 n-GaAs 的吸收光谱,最下面谱
线的掺杂浓度为 $n_D = 1.3 \times 10^{17}\,\mathrm{cm}^{-3}$;最上面谱线的 $n_D = 5.4 \times 10^{18}\,\mathrm{cm}^{-3}$. 短波处陡峭上升归之为吸收边,长波处单调上升为自
由载流子吸收,中间隆起起因于谷间间接跃迁[1]

  可以用半经典方法,也可以用量子力学方法对自由载流子吸收作出理论处
理[2]. 既然除简并能带外,半经典的处理给出了实质上和量子力学理论一致的结
果,加之物理图象简单,因此我们首先讨论自由载流子吸收的半经典理论. 它将自
由载流子光吸收过程看作是电子在光频交变电磁波场中作布朗运动,由此求得半
导体的高频电导率,并和第一章给出的色散关系联系起来,以获得自由载流子对半

导体光学性质包括光吸收系数的贡献. 从量子力学观点看来,上述处理意味着电子在电场方向有一速度增量,亦即有一波矢增量,因而 $\mathbf{k}$ 空间中电子系统波矢分布不再是中心对称的球体,而是沿电场方向有一些畸变(图 4.5(a)). E-$\mathbf{k}$ 分布也有一些倾斜,如图 4.5(b)所示,正是这一部分分布的畸变和倾斜对自由载流子的光吸收效应有贡献. 经典理论中电场作用下晶体电子的运动方程一般可写为

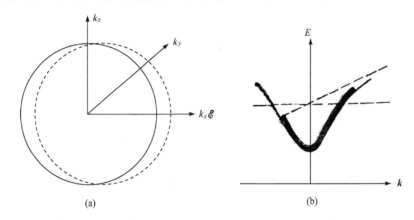

图 4.5 存在电场和不存在电场情况下电子系统波矢和能量分布示意图. (a)
波矢分布图中实线为无电场情况,虚线为存在电场的情况;(b) E-$\mathbf{k}$ 图中实线
为无电场情况,粗实线为存在电场的情况

$$m\ddot{x} + m\gamma\dot{x} + m\omega_0^2 x = e\mathscr{E} \tag{4.2}$$

为考虑光频电场作用下自由载流子的行为,略去上述方程左边最后一项,以有效质量代替自由电子质量,并以弛豫时间 τ 来代替阻尼常数 γ,于是得

$$m^*\ddot{x} + \frac{m^*}{\tau}\dot{x} = e\mathscr{E} \tag{4.3}$$

容易求解这一方程,得半导体的复数电导率为

$$\sigma = ne\mu = \frac{ne^2\tau}{m^*}\frac{1}{1 + \mathrm{i}\omega\tau}$$

$$= \frac{\sigma_0}{1 + \mathrm{i}\omega\tau} \tag{4.4}$$

式中 n 为自由载流子浓度,σ_0 为直流电导率. 弛豫时间 τ 一般是能量的函数,我们关心的是平均弛豫时间,它表为

$$\langle\tau\rangle = -\frac{2}{3}\frac{\int_0^\infty \tau E^{3/2}\left(\frac{\partial f_0}{\partial E}\right)\mathrm{d}E}{\int_0^\infty f_0 E^{1/2}\mathrm{d}E} \tag{4.5}$$

这样,可以将直流电导率 σ_0 写为

$$\sigma_0 = \frac{ne^2\langle\tau\rangle}{m^*} \tag{4.6}$$

而将式(4.4)给出的复数电导率写为

$$\sigma = \sigma'(\omega) + i\sigma''(\omega)$$

$$= \frac{ne^2}{m^*}\left\{\left\langle\frac{\tau}{1+\omega^2\tau^2}\right\rangle - i\omega\left\langle\frac{\tau^2}{1+\omega^2\tau^2}\right\rangle\right\} \tag{4.7a}$$

于是

$$\varepsilon_r = \varepsilon_{r,\infty} + \frac{i}{\omega\varepsilon_0}\sigma$$

$$= \left[\varepsilon_{r,\infty} - \frac{\sigma''}{\omega\varepsilon_0}\right] + i\frac{\sigma'}{\omega\varepsilon_0} \tag{4.7b}$$

利用第一章中的关系式,可得

$$\varepsilon_r'(\omega) = \eta^2 - K^2 = \varepsilon_{r,\infty} - \frac{\sigma''(\omega)}{\omega\varepsilon_0}$$

$$= \varepsilon_{r,\infty} - \frac{ne^2}{m^*\omega\varepsilon_0}\left\langle\frac{\omega\tau^2}{1+\omega^2\tau^2}\right\rangle \tag{4.8}$$

$$\varepsilon_r''(\omega) = 2\eta K = \frac{\sigma'(\omega)}{\omega\varepsilon_0} = \frac{ne^2}{m^*\omega\varepsilon_0}\left\langle\frac{\tau}{1+\omega^2\tau^2}\right\rangle \tag{4.9}$$

式中 $\varepsilon_{r,\infty}$ 为半导体的相对光频介电函数,由此得自由载流子吸收系数

$$\alpha(\omega) = \frac{\omega\varepsilon_r''(\omega)}{\eta c} = \frac{ne^2}{\eta c m^*\varepsilon_0}\left\langle\frac{\tau}{1+\omega^2\tau^2}\right\rangle \tag{4.10}$$

式(4.10)表明,自由载流子吸收系数是弛豫时间和入射光子频率的一个复杂的函数.但是,如果假定 $\langle\tau\rangle$ 与能量无关,即与 ω 无关,并且 $\omega\tau\gg1$,则可得

$$\alpha(\lambda) = \frac{ne^2}{\eta c m^*\varepsilon_0}\frac{1}{\omega^2}\left\langle\frac{1}{\tau}\right\rangle \tag{4.11}$$

式(4.11)表明,最简单的半经典近似情况下,人们应该预期,自由载流子吸收系数和入射光波长平方成正比,而和平均弛豫时间成反比.实验测量表明,对许多半导体来说,这一吸收系数与波长的依赖关系符合实验事实.例如,图 4.4 所示的室温下 GaAs 的自由载流子吸收,在中红外波段,其吸收系数确实近乎和 λ^2 成正比.但是,在较短一点的波长,或者在不同温度下,$\alpha(\lambda)$ 和 λ 的关系就变得较为复杂了,以致很难用单一的幂次关系来描述.这是容易理解的,正如已指出的那样,自由载流子吸收过程是间接跃迁过程,可以有不同的准粒子参与这一过程,或者说有不同的散射机制,实验测量和下一节将要讨论的自由载流子吸收量子理论证明,对声学声子散射: $\alpha(\lambda)\propto\lambda^{1.5\sim2.0}$;对光学声子散射: $\alpha(\lambda)\propto\lambda^{2.5}$;而在电离杂质散射情况下: $\alpha(\lambda)\propto\lambda^{3\sim3.5}$.

4.1.3 等离子激元效应

在足够高的载流子浓度情况下,必须考虑简并载流子气的集合运动,而不再能

简单地用单粒子运动的模式来理解辐射电磁场作用下半导体中自由载流子的光学行为. 高度简并载流子气情况下, 自由载流子电极化率 $\chi_e = -\dfrac{\sigma''(\omega)}{\varepsilon_0 \omega}$ 将对材料的介电函数有重要的贡献, 并且自由载流子引起的电流与光频电场间存在相位滞后, χ_e 可以是复数或负值. 从式(4.8)和(4.9), 若忽略弛豫项, 有

$$\varepsilon_r(\omega) = \varepsilon_r{}'(\omega) = \eta^2 - K^2 \approx \eta^2$$

$$= \varepsilon_{r,\infty} - \frac{ne^2}{m^* \omega^2 \varepsilon_0}$$

$$= \varepsilon_{r,\infty} \left(1 - \frac{\omega_p^2}{\omega^2} \right) \tag{4.12}$$

式中

$$\omega_p = \left(\frac{ne^2}{m^* \varepsilon_\infty} \right)^{1/2} \tag{4.13}$$

称为等离子体频率, 与之对应的电子集合运动激发模式称等离子激元. $\varepsilon_\infty = \varepsilon_0 \varepsilon_{r,\infty}$ 为带间跃迁引起的背景介电常数或称光频介电常数. 若计及弛豫项, 即包括自由载流子的散射弛豫, 则有

$$\varepsilon_r(\omega) = \varepsilon_{r,\infty} \left[1 - \frac{\omega_p^2 \tau}{\omega(i + \omega\tau)} \right] \tag{4.14}$$

或

$$\left. \begin{aligned} \varepsilon_r{}'(\omega) &= \varepsilon_{r,\infty} \left[1 - \frac{\omega_p^2 \tau^2}{1 + \omega^2 \tau^2} \right] \\ \varepsilon_r{}''(\omega) &= \frac{\omega_p^2 \tau \varepsilon_{r,\infty}}{\omega(1 + \omega^2 \tau^2)} \end{aligned} \right\} \tag{4.15}$$

通常通过红外波段和远红外波段的反射光谱来研究等离子激元对半导体光学性质的影响. 已经指出, 在红外波段, 一般说来, $\eta^2 \gg K^2$, 因而正入射情况下近似有

$$R = \frac{(\eta - 1)^2}{(\eta + 1)^2} \tag{4.16}$$

从式(4.12)、(4.15)、(4.16)可见, 当 $\omega = \omega_p$ 时, $\eta \approx 0$, 因而 $R \approx 1$, 给出等离子全反射; 在频率稍高于 ω_p 的位置上, 存在一个反射率极小. 式(4.16)表明, 当

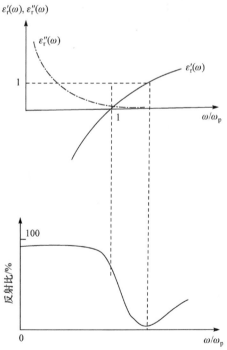

图 4.6 等离子体频率附近介电函数谱的行为(上图)及理论预期的等离子体反射光谱示意图(下图)

$\eta \approx 1$ 时，反射率极小 $R_{\min} \approx 0$，从式(4.12)可以估计，这个反射率极小所在的频率约为

$$\omega_{\min} = \omega_{\mathrm{p}} \left(\frac{\varepsilon_{\mathrm{r},\infty}}{\varepsilon_{\mathrm{r},\infty} - 1} \right)^{1/2} \tag{4.17}$$

等离子体频率 ω_{p} 附近介电函数谱的行为及由此预期的半导体等离子体反射光谱如图 4.6 所示. 由图可见，若弛豫很小的话，在频率 ω_{p} 和 $\omega_{\min}$ 之间很小的频域上，反射系数可以很陡峭地下降，并形成一个颇为尖锐的反射极小，因而这种陡峭下降被称为等离子边缘，以和带间跃迁吸收边相比拟. 当 $\omega < \omega_{\mathrm{p}}$ 时，η 变成虚数，这意味着频率低于 ω_{p} 的电磁波不再能在材料中传播，从而获得一个无波区域. 在这一区域，半导体材料中自由载流子的光学性质取决于它的等离子集合运动模式；当 $\omega > \omega_{\min}$ 时，集合运动模式消失，回到通常的半导体中载流子的单粒子行为.

图 4.7 给出了 n-InSb 的等离子体反射光谱[3]. 可见，对 n-InSb，等离子反射边缘是陡峭的，反射极小颇为尖锐，可较为精确地确定 $\omega_{\min}$. 式(4.13)和(4.17)表明，如果已知载流子浓度，这又提供了一种测量载流子有效质量的方法，从上述公式和图 4.7 所示的 $\omega_{\min}$ 位置，求得当载流子浓度从 $3.5 \times 10^{17}\,\mathrm{cm}^{-3}$ 增至 $4.0 \times 10^{18}\,\mathrm{cm}^{-3}$ 时，InSb 电子有效质量从 $0.023 m_0$ 变化到 $0.041 m_0$，这种增加自然起因于它的导带的非抛物性.

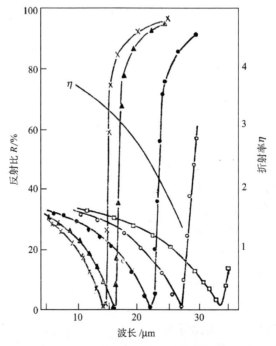

图 4.7　不同掺杂浓度 n-InSb 的等离子体反射光谱. 掺杂浓度依次为：$\times$：4.0×10^{18} cm^{-3}；$\blacktriangle$：$2.8 \times 10^{18}\,\mathrm{cm}^{-3}$；$\bullet$：$1.2 \times 10^{18}\,\mathrm{cm}^{-3}$；$\circ$：$6.2 \times 10^{17}\,\mathrm{cm}^{-3}$；$\square$：$3.5 \times 10^{17}\,\mathrm{cm}^{-3}$. 折射率曲线是对 $n = 6.2 \times 10^{17}\,\mathrm{cm}^{-3}$ 的样品而言

4.2　自由载流子吸收的量子理论

从量子力学观点看来,自由载流子吸收过程是电子吸收光子的同时和其他准粒子发生散射互作用从状态 $|\boldsymbol{k}\rangle$ 跃迁到同一带中的状态 $|\boldsymbol{k}'\rangle$ 的间接跃迁过程[4,5]. 如同带间间接跃迁那样,这种散射互作用可以是吸收或发射能量为 $\hbar\omega_q$,动量为 $\hbar\boldsymbol{q}$ 的声子的过程,也可以是荷电杂质中心的散射作用. 本节讨论用量子力学方法处理自由载流子吸收过程,并求得吸收系数. 为此还必须考虑光的感应发射过程,即已跃迁到高能态的电子发射光子回到低能态的过程,这也是间接跃迁过程. 因而这里涉及四种过程,如图 4.8 所示.

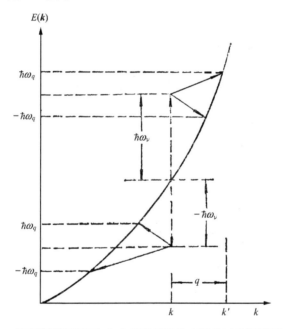

图 4.8　声子散射情况下和自由载流子吸收有关的四种间接跃迁过程

我们暂不讨论感应发射过程,先考虑吸收光子的间接跃迁过程. 跃迁概率仍由黄金法则给出,和第二章讨论的带间间接跃迁情况相似,这里简化地写为

$$W(\boldsymbol{k}) = \int_f \frac{2\pi}{\hbar} \mid S_+ + S_- \mid^2 \delta(E_f - E_i)\mathrm{d}s_f \qquad (4.18)$$

式中 S_+ 和 S_- 分别表示吸收声子项和发射声子项,但现在是带内间接跃迁过程,因而第二章中式(2.108)和(2.117)关于 $S_\pm$ 表达式的分母中的 E_{gk} 在此应取为零,于是有

$$S_\pm = \frac{1}{\hbar\omega_\nu}\{\langle \boldsymbol{k}\pm\boldsymbol{q}\,|\,H_s\,|\,\boldsymbol{k}\rangle\langle \boldsymbol{k}\,|\,H_{eR}^{ab}\,|\,\boldsymbol{k}\rangle$$

$$-\langle \boldsymbol{k}\pm\boldsymbol{q}\,|\,H_{eR}^{ab}\,|\,\boldsymbol{k}\pm\boldsymbol{q}\rangle\langle \boldsymbol{k}\pm\boldsymbol{q}\,|\,H_s\,|\,\boldsymbol{k}\rangle\} \tag{4.19}$$

自由载流子吸收的散射过程不仅涉及声子,还可涉及杂质中心,因而式中我们用 H_s 而非 H_{ep} 代表散射互作用哈密顿,H_{eR}^{ab} 为光微扰哈密顿. 光学矩阵元仍如第二章式(2.119)所表述,即

$$H_{eR}^{ab} = -\frac{e}{m}\left(\frac{2\hbar N_\nu}{\varepsilon_\nu\omega_\nu}\right)^{1/2}\boldsymbol{a}\cdot\boldsymbol{P} \tag{4.20}$$

式中动量 $\boldsymbol{P}$ 为布洛赫态的总的动量,可以写为

$$\langle \boldsymbol{k}\,|\,\boldsymbol{P}\,|\,\boldsymbol{k}\rangle = m\boldsymbol{v}_k \tag{4.21}$$

$\boldsymbol{v}_k$ 为布洛赫波的群速度,这样式(4.19)可写为

$$S_\pm = \frac{\langle \boldsymbol{k}\pm\boldsymbol{q}\,|\,H_s\,|\,\boldsymbol{k}\rangle}{\hbar\omega_\nu}\left(\frac{2e^2\hbar N_\nu}{\varepsilon_\nu\omega_\nu}\right)^{1/2}\boldsymbol{a}\cdot(\boldsymbol{v}_{k\pm q}-\boldsymbol{v}_k) \tag{4.22}$$

对终态 f 求和等效于对 $\boldsymbol{q}$ 求和,因而有

$$W_\pm(\boldsymbol{k}) = \frac{2\pi}{\hbar}\frac{2e^2\hbar^2 N_\nu}{\varepsilon_\nu(\hbar\omega_\nu)^3}\int |\langle \boldsymbol{k}\pm\boldsymbol{q}\,|\,H_s\,|\,\boldsymbol{k}\rangle|^2$$

$$\times \{\boldsymbol{a}\cdot(\boldsymbol{v}_{k\pm q}-\boldsymbol{v}_k)\}^2\delta(E_f-E_i)\frac{1}{8\pi^3}\mathrm{d}\boldsymbol{q} \tag{4.23}$$

式(4.23)的积分需要能带结构和散射过程的知识,为简单起见,假定有最简单的抛物能带,这时

$$\boldsymbol{v}_{k\pm q}-\boldsymbol{v}_k = \frac{\hbar}{m^*}(\boldsymbol{k}\pm\boldsymbol{q}-\boldsymbol{k}) = \pm\frac{\hbar\boldsymbol{q}}{m^*} \tag{4.24}$$

于是式(4.23)变为

$$W_\pm(\boldsymbol{k}) = \frac{e^2\hbar^3 N_\nu}{2\pi^2\varepsilon_\nu m^{*2}(\hbar\omega_\nu)^3}\int |\langle \boldsymbol{k}\pm\boldsymbol{q}\,|\,H_s\,|\,\boldsymbol{k}\rangle|^2$$

$$\times |\boldsymbol{a}\cdot\boldsymbol{q}|^2\delta(E_f-E_i)\mathrm{d}\boldsymbol{q} \tag{4.25}$$

采用如图 4.9 所示的球极坐标系,并令极轴沿 $\boldsymbol{k}$ 方向,$\boldsymbol{a}$ 与 $\boldsymbol{q}$ 间夹角为 α,$\boldsymbol{a}$ 与 $\boldsymbol{k}$ 间夹角为 β,$\boldsymbol{q}$ 与 $\boldsymbol{k}$ 间夹角为 θ,则

$$\boldsymbol{a}\cdot\boldsymbol{q} = q\cos\alpha = q(\cos\theta\cos\beta+\sin\theta\sin\beta\sin\varphi)$$

式中 φ 为方位角,积分(4.25)中除($\boldsymbol{a}\cdot\boldsymbol{q}$)外均与 φ 无关,因而可先对 φ 积分,得

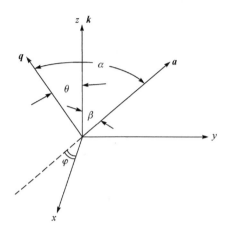

图 4.9 研究自由载流子吸收过程的坐标和矢量图

$$W_{\pm}(\boldsymbol{k}) = \frac{e^2 \hbar^3 N_\nu}{\pi \varepsilon_\nu (\hbar \omega_\nu)^3 m^{*2}} \int_0^{q_{BZ}} \int_{-1}^{1} |\langle \boldsymbol{k} \pm \boldsymbol{q} | H_s | \boldsymbol{k} \rangle|^2$$

$$\times q^4 \left[\cos^2 \theta \cos^2 \beta + \frac{1}{2} \sin^2 \theta \sin^2 \beta \right]$$

$$\times \delta(E_f - E_i) \, \mathrm{d}q \mathrm{d}(\cos\theta) \tag{4.26}$$

关于 $\boldsymbol{q}$ 的积分限由能量守恒及动量守恒关系确定,即

$$|\boldsymbol{k} \pm \boldsymbol{q}|^2 = k'^2 = k^2 + q^2 \pm 2kq\cos\theta$$

$$\frac{\hbar^2 k'^2}{2m^*} = \frac{\hbar^2 k^2}{2m^*} + \hbar\omega_\nu \pm \hbar\omega_q \tag{4.27}$$

式中±号分别表示吸收声子和发射声子过程,于是得

$$\pm \cos\theta \approx -\frac{q}{2k} + \frac{m^*(\omega_\nu \pm \omega_q)}{\hbar q k} \tag{4.28}$$

假定 ω_q 和 ω_ν 相比可以忽略,或者如果不可忽略的话则与 q 无关(前一假定适用于杂质散射、声学声子散射和压电散射;后一假定适用于光学声子散射),可将 $\pm \cos\theta$ 改写为

$$\pm \cos\theta \approx -\frac{q}{2k} + \frac{m^* \omega_\pm}{\hbar k q} \tag{4.29}$$

式中

$$\omega_\pm = \omega_\nu \pm \omega_q \tag{4.30}$$

并与 $\boldsymbol{q}$ 无关,式(4.29)给出 q 的范围为

$$q_{\min} \leqslant q \leqslant q_{\max} \tag{4.31}$$

$$q_{\pm, \min} = k \left\{ \left(1 + \frac{\hbar \omega_{\pm}}{E_k} \right)^{1/2} - 1 \right\}$$
$$\qquad\qquad (\omega_{\pm} \geqslant 0) \tag{4.32}$$
$$q_{\pm, \max} = k \left\{ \left(1 + \frac{\hbar \omega_{\pm}}{E_k} \right)^{1/2} + 1 \right\}$$

而 δ 函数的辐角则变为

$$(E_{\mathrm{f}} - E_{\mathrm{i}}) = \frac{\hbar^2 q^2}{2m^*} \pm \frac{\hbar^2 kq}{m^*} \cos\theta + \hbar \omega_{\pm} \tag{4.33}$$

4.2.1　散射矩阵元

现在讨论散射矩阵元 $|\langle \boldsymbol{k} \pm \boldsymbol{q} | H_s | \boldsymbol{k} \rangle|$. 一般说来，散射矩阵元和 $\boldsymbol{q}$ 的大小及其相对于 $\boldsymbol{k}$ 的方向有关，通常可以采用形变势、弹性常数等参数的角平均值，因而可以假定散射矩阵元与 $\boldsymbol{q}$ 的方向无关. 这样，式(4.26)被积函数中与角度有关的量只有光偏振方向和 δ 函数项了.

利用式(4.29)和(4.32)，并考虑到 δ 函数的积分

$$\int f(x) \delta(ax - b) \mathrm{d}x = \frac{1}{a} f\left(\frac{b}{a} \right) \tag{4.34}$$

可以算出式(4.26)中对 $\cos\theta$ 的积分，从而得

$$W_{\pm}(\boldsymbol{k}) = \frac{e^2 \hbar N_{\nu}}{\pi \varepsilon_{\nu} (\hbar \omega_{\nu})^3 m^* k} \int_{q_{\pm, \min}}^{q_{\pm, \max}} |\langle \boldsymbol{k} \pm \boldsymbol{q} | H_s | \boldsymbol{k} \rangle|^2 q^3$$

$$\times \left\{ \left(-\frac{q}{2k} + \frac{m^* \omega_{\pm}}{\hbar kq} \right)^2 \left(\cos^2\beta - \frac{1}{2} \sin^2\beta \right) + \frac{1}{2} \sin^2\beta \right\} \mathrm{d}q \tag{4.35}$$

为计算积分式(4.35)，需要知道散射矩阵元的具体表达式，尤其是它和 $\boldsymbol{q}$ 的关系. 各种声子散射情况下，并且近似地包括杂质散射的情况下，散射矩阵元均可简单地表达为 q 的幂函数，即

$$|\langle \boldsymbol{k} \pm \boldsymbol{q} | H_s | \boldsymbol{k} \rangle|^2 = A_{s, \pm} q^r \tag{4.36}$$

式中 $A_{s, \pm}$ 为表征散射过程的一个因子，各种散射过程矩阵元的具体表达式如表 4.2 所列，表中 D_A 为声学波形变势常数，D_0 为光学波形变势常数，K_{av} 为平均电弹 (electromechanical) 耦合系数[4]：

$$K_{\mathrm{av}} = \frac{e_{14}^2}{\varepsilon} \left(\frac{12}{35 c_{\mathrm{L}}} + \frac{16}{35 c_{\mathrm{T}}} \right) \tag{4.37}$$

这里 e_{14} 为压电常数，c_{L}、c_{T} 为纵模和横模弹性常数. 表 4.2 给出，对声学声子和光

学声子散射,$r=0$;对极性光学模散射和压电散射,$r=-2$;对荷电杂质散射,$r=-4$. 表中其他符号意义是:n_I 为杂质浓度,Z 为杂质电荷数. $n(\omega_0)$ 对应于吸收声子过程,$n(\omega_0)+1$ 对应于发射声子过程,$n(\omega_0)$ 是声子的玻色-爱因斯坦统计.

表 4.2　散射矩阵元

散射过程	$\lvert\langle \boldsymbol{k}\pm\boldsymbol{q}\lvert H_s\lvert\boldsymbol{k}\rangle\rvert^2=A_{s,\pm}q^r$
声学波形变势散射	$A_{s,\pm}q^r=\dfrac{D_{\mathrm{A}}^2 k_{\mathrm{B}}T}{2Vc_{\mathrm{L}}}$
声学波压电散射	$=\dfrac{e^2 K_{\mathrm{av}}^2 k_{\mathrm{B}}T}{2V\varepsilon q^2}$
光学波形变势散射	$=\dfrac{D_0^2\hbar}{2V\rho\omega_0}\begin{Bmatrix}n(\omega_0)\\ n(\omega_0)+1\end{Bmatrix}$
极性光学波散射(未计及屏蔽效应)	$=\dfrac{e^2\hbar\omega_0}{2V\varepsilon q^2}\begin{Bmatrix}n(\omega_0)\\ n(\omega_0)+1\end{Bmatrix}$
谷间散射	$=\dfrac{D_{\mathrm{i}}^2\hbar}{2V\rho\omega_{\mathrm{i}}}\begin{Bmatrix}n(\omega_0)\\ n(\omega_0)+1\end{Bmatrix}$
荷电杂质散射(未计及屏蔽效应)	$=\dfrac{Z^2 e^4 n_I}{V\varepsilon q^4}$

4.2.2　散射概率

有了散射矩阵元的具体表达式,即可对式(4.35)求积分,得

$$W_{\pm}(\boldsymbol{k})=\frac{e^2\hbar N_\nu A_{s,\pm}}{8\pi\varepsilon_\nu(\hbar\omega_\nu)^3 m^*}\frac{k^{r+3}}{r+6}$$

$$\times\{G_{\pm,\mathrm{max}}(\omega_\pm,E_k,\beta)-G_{\pm,\mathrm{min}}(\omega_\pm,E_k,\beta)\}\qquad(4.38)$$

式中

$$G_{\pm,\mathrm{m}}(\omega_\pm,E_k,\beta)=(3\cos^2\beta-1)\left(\frac{q_{\mathrm{m}}}{k}\right)^{r+6}$$

$$+4(r+6)\left\{1-\cos\beta-\frac{\hbar\omega_\pm}{2E_k}(3\cos^2\beta-1)\right\}$$

$$\times\left\{\frac{1-\delta_{r,-4}}{r+4}\left(\frac{q_{\mathrm{m}}}{k}\right)^{r+4}+\delta_{r,-4}\lg(q_{\mathrm{m}})\right\}$$

$$+(r+6)\left(\frac{\hbar\omega_\pm}{E_k}\right)^2(3\cos^2\beta-1)$$

$$\times \left\{ \frac{1-\delta_{r,-2}}{r+2} \left(\frac{q_{\mathrm{m}}}{k}\right)^{r+2} + \delta_{r,-2}\lg(q_{\mathrm{m}}) \right\} \tag{4.39}$$

脚标 m 代表 max 或 min，$r=x$ 时，$\dfrac{(1-\delta_{r,x})}{(r-x)}=0$；$r\neq x$ 时，$\dfrac{(1-\delta_{r,x})}{(r-x)}=\dfrac{1}{(r-x)}$.

如果入射光是非偏振的，或者对所有可能的电子运动方向求平均，那么可令 $\cos^2\beta=1/3$，这时式(4.39)可简化为

$$G_{\pm,\mathrm{m}}(\omega_{\pm},\,E_k) = \frac{8(r+6)}{3}\left\{ \left(\frac{1-\delta_{r,-4}}{r+4}\right)\left(\frac{q_{\mathrm{m}}}{k}\right)^{r+4} + \delta_{r,-4}\lg(q_{\mathrm{m}}) \right\} \tag{4.40}$$

于是得三种不同情况下的跃迁概率如下：

当 $r=0$ 时，

$$W_{\pm}(\boldsymbol{k}) = \frac{4e^2 N_\nu A_{s,\pm}(2m^*)^{1/2}}{3\pi\varepsilon_\nu(\hbar\omega_\nu)^3\hbar^2}(E_k+\hbar\omega_{\pm})^{1/2}(2E_k+\hbar\omega_{\pm}) \tag{4.41}$$

当 $r=-2$ 时，

$$W_{\pm}(\boldsymbol{k}) = \frac{4e^2 N_\nu A_{s,\pm}}{3\pi\varepsilon_\nu(\hbar\omega_\nu)^3(2m^*)^{1/2}}(E_k+\hbar\omega_{\pm})^{1/2} \tag{4.42}$$

当 $r=-4$ 时，

$$W_{\pm}(\boldsymbol{k}) = \frac{4e^2 N_\nu A_{s,\pm}\hbar^4}{3\pi\varepsilon_\nu(\hbar\omega_\nu)^3(2m^*)^{3/2}}\frac{1}{E_k}\operatorname{arcoth}\left(1+\frac{\hbar\omega_{\pm}}{E_k}\right)^{1/2} \tag{4.43}$$

这是 $|\boldsymbol{k}\rangle$ 态的一个电子吸收频率为 ω_ν 的一个光子，同时吸收（正号）或发射（负号）一个声子或被杂质散射而跃迁到同一带中的 $|\boldsymbol{k}'\rangle = |\boldsymbol{k}+\boldsymbol{q}\rangle$ 态的跃迁概率. 考虑到辐射能密度为 $N_\nu\hbar\omega_\nu$，为使跃迁概率相对于辐射能密度归一化，可将上式除以 $N_\nu\hbar\omega_\nu$. 可见归一化的跃迁概率和频率 ω_ν 的四次方成反比，这和束缚电子对光的瑞利散射情况相似. 既然这两种过程本质上密切相关，这种相似的频率依赖关系也就不令人奇怪了.

4.2.3　吸收系数

为求得吸收系数，必须计算与吸收能量为 $\hbar\omega_\nu$ 的光子对应的所有可能的跃迁概率之和，为此对所有可能的电子初态求和，并将这一求和的跃迁概率记为

$$W_{\nu,\pm} = \sum W_{\pm}(\boldsymbol{k})$$

$$= \int_0^\infty W_{\pm}(\boldsymbol{k})f(E_k)2VN(E_k)\mathrm{d}E_k \tag{4.44}$$

式中 $2N(E_k)$ 为计及自旋的电子态密度，$f(E_k)$ 为状态 E_k 的占据概率. 如果所讨论

的是热平衡情况下的非简并载流子气,则

$$f(E_k) = \frac{n}{N_c}\exp\left(-\frac{E_k}{k_B T}\right) \tag{4.45}$$

式中 N_c 为非简并载流子气的等效态密度. 抛物能带情况下,有

$$N(E_k) = \frac{(2m^*)^{3/2}}{4\pi^2\hbar^3}E_k^{1/2} \tag{4.46}$$

$$N_c = \frac{2(2\pi m^* k_B T)^{3/2}}{(2\pi h)^3} \tag{4.47}$$

于是有

$$W_{\nu,\pm} = \frac{2nV}{\pi^{1/2}(k_B T)^{3/2}}\int_0^\infty W_\pm(\boldsymbol{k})E_k^{1/2}\exp\left(-\frac{E_k}{k_B T}\right)\mathrm{d}E_k \tag{4.48}$$

将式(4.41)到(4.43)代入上式,经过运算即得不同 r 值情况下对能量的积分如下:

当 $r=0$ 时,

$$\int_0^\infty E_k(E_k+\hbar\omega_\pm)^{1/2}(2E_k+\hbar\omega_\pm)\exp\left(-\frac{E_k}{k_B T}\right)\mathrm{d}E_k$$

$$= \frac{1}{2}k_B T(\hbar\omega_\pm)^2\exp\left(\frac{\hbar\omega_\pm}{2k_B T}\right)\mathscr{K}_2\left(\frac{\hbar\omega_\pm}{2k_B T}\right) \tag{4.49}$$

式中 $\mathscr{K}_2\left(\dfrac{\hbar\omega_\pm}{2k_B T}\right)$ 为修正的二阶贝塞尔函数.

当 $r=-2$ 时,

$$\int_0^\infty E_k^{1/2}(E_k+\hbar\omega_\pm)^{1/2}\exp\left(-\frac{E_k}{k_B T}\right)\mathrm{d}E_k$$

$$= \frac{1}{2}k_B T\mid\hbar\omega_\pm\mid\exp\left(\frac{\hbar\omega_\pm}{2k_B T}\right)\mathscr{K}_1\left(\frac{\mid\hbar\omega_\pm\mid}{2k_B T}\right) \tag{4.50}$$

式中 $\mathscr{K}_1\left(\dfrac{\hbar\omega_\pm}{2k_B T}\right)$ 为修正的一阶贝塞尔函数.

当 $r=-4$ 时,

$$\int_0^\infty\left\{\operatorname{arcoth}\left(1+\frac{\hbar\omega_\pm}{E_k}\right)^{1/2}\right\}\exp\left(-\frac{E_k}{2k_B T}\right)\mathrm{d}E_k$$

$$= \frac{1}{2}k_B T\exp\left(\frac{\hbar\omega_\pm}{2k_B T}\right)\mathscr{K}_0\left(\frac{\mid\hbar\omega_\pm\mid}{2k_B T}\right) \tag{4.51}$$

上述表达式对 $\hbar\omega_\pm<0$ 的情况同样适用,只需在贝塞尔函数的幅角中取 $\hbar\omega_\pm$ 的绝

对值即可.

如前所述,为求得吸收系数,还必须考虑感应发射过程,即净吸收跃迁概率为 $W^{ab}_{\nu,\pm}$ 和 $W^{em}_{\nu,\pm}$ 之差,净吸收系数可表达为

$$\alpha_\nu(\omega) = \frac{1}{N_\nu}(W^{ab}_{\nu,\pm} - W^{em}_{\nu,\pm}) \tag{4.52}$$

4.2.4 关于吸收系数的讨论

1. 声学波形变势散射情况

声学波形变势(声学声子)散射情况下,$r=0$,由式(4.49)和(4.52),可以求得

$$\alpha_\nu(\omega) = \frac{8\alpha_0 (2m^* k_B T)^{1/2} D_A^2 n}{3\pi^{1/2}\eta\hbar^2\omega_\nu c_L} \sinh\left(\frac{\hbar\omega_\nu}{2k_B T}\right)\mathscr{K}_2\left(\frac{\hbar\omega_\nu}{2k_B T}\right) \tag{4.53}$$

式中 α_0 为精细结构常数. 考虑两种极限情况,即 $2k_B T$ 远大于和远小于 $\hbar\omega_\nu$ 的情况,首先假定 $2k_B T \gg \hbar\omega_\nu$,即波长较长的红外波段,这时

$$\sinh\left(\frac{\hbar\omega_\nu}{2k_B T}\right) \rightarrow \frac{\hbar\omega_\nu}{2k_B T}$$

$$\mathscr{K}_2\left(\frac{\hbar\omega_\nu}{2k_B T}\right) \rightarrow 2\left(\frac{2k_B T}{\hbar\omega_\nu}\right)^2$$

式(4.53)简化为

$$\alpha_\nu(\omega) \approx \frac{32\alpha_0 (2m^*)^{1/2}(k_B T)^{3/2} D_A^2 n}{3\pi^{1/2}\eta\hbar^3\omega_\nu^2 2c_L}$$

$$= \frac{128\alpha_0 e\hbar n}{9\eta m^{*2}\omega_\nu^2\mu_{ac}} \tag{4.54}$$

可见吸收系数和频率平方成反比,或者说与入射光波长平方成正比,同时和迁移率 μ_{ac} 成反比,这就是上一节讨论过的经典模型,也称德鲁德模型处理的情况.

其次考虑 $\hbar\omega_\nu \gg 2k_B T$ 的情况,亦即所谓量子极限的情况,这时,

$$\sinh\left(\frac{\hbar\omega_\nu}{2k_B T}\right)\mathscr{K}_2\left(\frac{\hbar\omega_\nu}{2k_B T}\right) = \left(\frac{\pi k_B T}{\hbar\omega_\nu}\right)^{1/2}$$

$$\alpha_\nu(\omega) \approx \frac{8\alpha_0 (2m^* k_B T)^{1/2} D_A^2 n}{3\pi^{1/2}\eta\hbar^2\omega_\nu c_L}\left(\frac{\pi k_B T}{\hbar\omega_\nu}\right)^{1/2}$$

经整理得

$$\alpha_\nu(\omega) = \frac{8\alpha_0 (2m^*)^{1/2} k_B T D_A^2 n}{3\eta\hbar^{5/2} c_L\omega_\nu^{3/2}} = \alpha_{\nu,\text{经典}}(\omega)\frac{(\pi\hbar\omega_\nu)^{1/2}}{4(k_B T)^{1/2}} \tag{4.55}$$

可见量子极限情况下吸收比经典极限情况下强,但和波长的依赖关系较弱. 式 (4.55)表明,量子极限情况下 $\alpha_{\nu}(\omega) \propto \lambda^{1.5}$. 图 4.10 给出各种温度下用对数坐标表示的声学声子散射情况下吸收系数与波长的关系,$\lambda^{3/2}$ 和 λ^2 型依赖关系分别由点直线和虚直线表示,它们分别与 77K 时实验曲线的短波端和长波端吻合.

2. 声学波压电散射情况

$$\alpha_{\nu}(\omega) = \frac{2^{5/2}\alpha_0 K_{av}^2 (k_B T)^{1/2} n}{3\pi^{1/2}\eta\hbar\omega_{\nu}^2 m^{*1/2}\varepsilon} \sinh\left(\frac{\hbar\omega_{\nu}}{2k_B T}\right) \mathcal{K}_1\left(\frac{\hbar\omega_{\nu}}{2k_B T}\right) \tag{4.56}$$

经典极限下,因子 $\sinh\left(\dfrac{\hbar\omega_{\nu}}{2k_B T}\right)\mathcal{K}_1\left(\dfrac{\hbar\omega_{\nu}}{2k_B T}\right) \approx 1$;量子极限下,上述因子近乎为 $\left(\dfrac{\pi k_B T}{\hbar\omega_{\nu}}\right)^{1/2}$. 所以在前一情况下 $\alpha_{\nu,\text{压电}}(\omega) \propto \lambda^2$;后一情况下 $\alpha_{\nu,\text{压电}}(\omega) \propto \lambda^{3/2}$.

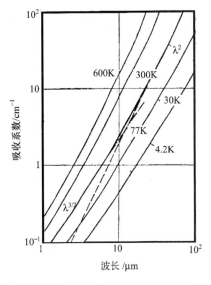

图 4.10 声学波形变势散射情况下自由载流子吸收系数与入射光波长的关系

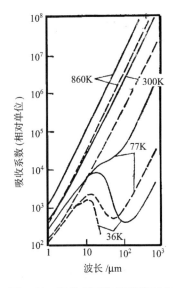

图 4.11 光学声子散射情况下自由载流子吸收系数与波长及温度的关系.
——德拜温度 $\Theta = 430K$ 时的情况;
……… $\Theta = 720K$ 时的情况

3. 光学波形变势散射

$$\alpha_{\nu}(\omega) = \frac{4\alpha_0(2m^*)^{1/2}D_0^2 n\{n(\omega_0)[n(\omega_0)+1]\}^{1/2}}{3\pi^{1/2}\eta\hbar^3\omega_{\nu}^3\omega_0\rho(k_B T)^{1/2}}$$

$$\times \sinh\left(\frac{\hbar\omega_\nu}{2k_B T}\right)\left\{(\hbar\omega_+)^2 \mathscr{K}_2\left(\frac{\hbar\omega_+}{2k_B T}\right)+(\hbar\omega_-)^2 \mathscr{K}_2\left(\frac{|\hbar\omega_-|}{2k_B T}\right)\right\} \tag{4.57}$$

式中已经引用了关系式

$$n(\omega_0)+1=n(\omega_0)\exp\left(\frac{\hbar\omega_0}{k_B T}\right) \tag{4.58}$$

$$\omega_+ = \omega_\nu + \omega_0$$

$$\omega_- = \omega_\nu - \omega_0$$

图 4.11 给出几个晶体温度 T 和德拜温度 Θ 情况下光学声子散射自由载流子吸收系数 $\alpha_\nu(\omega)$ 与波长的关系,可见长波时 $\alpha_\nu(\omega)\propto\lambda^2$,这和声学波散射情况一样. 但低温时,在 $\left\{\dfrac{7200}{(\Theta/2)}\right\}\mu m$ 附近,$\alpha_\nu(\omega)$ 出现极大值. 它主要反映来自发射光学声子的光子吸收过程的贡献,相应于 $\dfrac{\hbar\omega_\nu-\hbar\omega_0}{2k_B T}=0$,即 $\omega_\nu=\omega_0$,入射光子频率等于光学声子频率. 这是一种共振吸收现象,电子吸收一个光子后随即发射一个相同频率的光学声子而回到初态. 量子极限情况下 $(\hbar\omega_\nu\gg\hbar\omega_0)$,$\alpha_\nu(\omega)\propto\lambda^{1.5}$.

4. 极性光学波散射

$$\alpha_\nu(\omega) = \frac{16\pi^{1/2}a_0 a_{ep}\hbar^{1/2}\omega_0^{3/2}\{n(\omega_0)[n(\omega_0)+1]\}^{1/2}}{3\eta m^*(k_B T)^{1/2}\omega_\nu^3}$$

$$\times \sinh\left(\frac{\hbar\omega_\nu}{2k_B T}\right)\left\{(\hbar\omega_+)\mathscr{K}_1\left(\frac{\hbar\omega_+}{2k_B T}\right)+|\hbar\omega_-|\mathscr{K}_1\left(\frac{|\hbar\omega_-|}{2k_B T}\right)\right\} \tag{4.59}$$

式中 a_{ep} 为极性耦合系数. 极性光学波散射情况下吸收系数与波长 λ 的关系如图 4.12 所示,可见与光学形变势散射情况非常相似,也存在一个共振吸收导致的极大值. 但波长依赖关系不同,长波时,$\alpha_\nu(\omega)\propto\lambda^2$,短波时,$\alpha_\nu(\omega)\propto\lambda^{2.5}$.

5. 荷电杂质散射

$$\alpha_\nu(\omega) = \frac{2^{3/2}a_0 Z^2 e^4 N_I n}{3\pi^{1/2}\eta\,\varepsilon^2\omega_\nu^3 m^{*\,3/2}(k_B T)^{1/2}}$$

$$\times \sinh\left(\frac{\hbar\omega_\nu}{2k_B T}\right)\mathscr{K}_0\left(\frac{\hbar\omega_\nu}{2k_B T}\right) \tag{4.60}$$

式中 N_I 为杂质浓度. 对非补偿半导体和非本征情况,$N_I\approx n$,这时 $\alpha_\nu(\omega)\propto n^2$,即和载流子浓度平方成正比,这和声子散射起主导作用情况下吸收系数与载流子浓度的关系不同.

荷电杂质散射情况下, $\alpha_\nu(\omega)$ 与 ω_ν 或 λ 的关系决定于因子 $\omega_\nu^{-3}\sinh\left(\frac{\hbar\omega_\nu}{2k_BT}\right)\mathcal{K}_0\left(\frac{\hbar\omega_\nu}{2k_BT}\right)$, 和光子能量 $\hbar\omega_\nu$、杂质电离能 E_i 及温度 T 三者的关系有关. 在 $\hbar\omega_\nu\ll E_i$ 并且 $k_BT\gg E_i$ 情况下和 $\hbar\omega_\nu\approx E_i$ 并且 $k_BT\ll E_i$ 情况下, $\sinh\left(\frac{\hbar\omega_\nu}{2k_BT}\right)\mathcal{K}_0\left(\frac{\hbar\omega_\nu}{2k_BT}\right)$ 与 ω_ν 无关, 这时有 $\alpha_\nu(\omega)\propto\lambda^3$. 但在 $k_BT\gg E_i$ 和 $|k_BT\pm\hbar\omega_\nu|\gg E_i$ 情况下, 以及 $k_BT\approx E_i$ 并且 $\hbar\omega_\nu\ll E_i$ 情况下, $\sinh\left(\frac{\hbar\omega_\nu}{2k_BT}\right)\mathcal{K}_0\left(\frac{\hbar\omega_\nu}{2k_BT}\right)\propto\omega_\nu^{-\frac{1}{2}}$, 于是 $\alpha_\nu(\omega)\propto\lambda^{3.5}$. 以上讨论中温度 T 都应理解为电子温度 T_e.

电离杂质散射情况下 $\alpha_\nu(\omega)$ 与 λ 关系如图 4.13 所示, 可见不同温度和不同 E_i 情况下, $\alpha_\nu(\omega)$ 与 λ 可以有 3 次方或 3.5 次方关系.

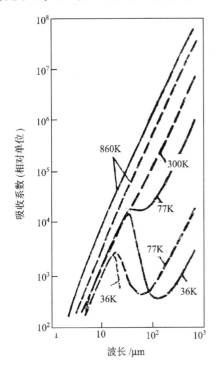

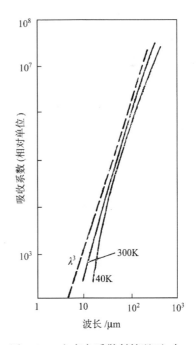

图 4.12 极性光学波散射情况下, 自由载流子吸收系数与波长及温度的关系.
——, $\Theta=430K$; ……, $\Theta=720K$

图 4.13 电离杂质散射情况下, 自由载流子吸收系数与波长的关系

4.3 杂质吸收光谱

杂质对半导体的物理性质有十分重大的影响, 也是半导体获得广泛应用的决定性因素之一. 决定于杂质的品种及其在晶格中的不同位置, 可在理想半导体禁带

中不同位置上引入相应的杂质电子能态,例如 Ge、Si 中的Ⅲ族和Ⅴ族杂质形成接近价带和导带边缘的受主和施主能级,而过渡金属元素则常常形成位于禁带中央附近的深能级. 在杂质浓度较大的情况下,那些浅杂质能级又容易扩展成杂质能带或进而与主能带边缘交叠成为主能带的带尾. 化合物半导体,包括三元化合物半导体合金中,偏离化学配比导致的阴离子或阳离子的过剩、空位、填隙原子或"反位"缺陷等,有时具有和浅杂质相似的作用.

本节主要讨论浅杂质吸收光谱. 利用吸收光谱和光电导谱已经给出半导体中各种浅杂质能量状态及其激发态的十分清楚的图像. 杂质能态的存在使得半导体出现两类新的与杂质能态上的电子有关的光吸收跃迁过程,它们的物理图像分别如图 4.14(a) 和(b)所示. 第一类是中性施主到它的激发态以及导带之间的跃迁,和中性受主到它的激发态及价带之间的跃迁,它们对应的光子能量通常在远红外波段. 另一类是价带与电离施主之间以及电离受主与导带之间的跃迁,它们对应的光子能量则和带间跃迁光吸收边光子能量相近. 前一类跃迁不必遵循动量守恒定则,因为这种情况下,能带边缘实际上是杂质能级的电离态,或者说量子数 n 趋于无穷大时的激发态. 但后一类跃迁与带间跃迁相似,必须满足动量守恒选择定则,即在间接跃迁情况下必须有声子参与或其他散射过程协助才能完成跃迁.

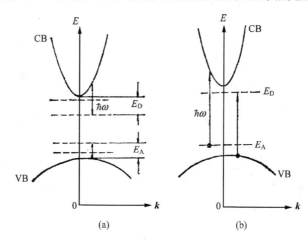

图 4.14　与杂质能态的电子有关的两类跃迁. (a)与杂质
激发有关的跃迁;(b)价带-电离施主和电离受主-导带跃迁

这两类跃迁过程导致的吸收光谱图分别如图 4.15 和图 4.16 所示. 图 4.15 给出早期实验获得的掺硼硅的远红外吸收光谱[6],图中分立谱线对应于从硼受主基态到激发态的跃迁,连续带对应于杂质基态到主能带的跃迁,即对应于杂质的电离过程. 连续吸收带高能方向,吸收系数下降. 这是因为,随着波矢偏离能带极值处的值 k_0,杂质波函数迅速下降,因而随着与能带边缘能量距离的增加,跃迁概率迅速下降.

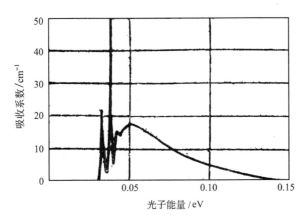

图 4.15 掺硼的单晶硅的远红外吸收光谱[6]

图 4.16 给出掺 Zn 或 Cd 的 InSb 吸收边附近的吸收光谱[7]. 由图可见,第二类和杂质有关的电子跃迁在吸收光谱图上显示为吸收边的一个肩胛,由于杂质态密度一般比主能带态密度低得多,因而与之对应的吸收系数应该比带间跃迁吸收系数小得多. 这一吸收肩胛的阈值能量为 $E_g - E_i$,从这一实验结果,可以求得 InSb 中某些杂质的电离能 E_i. 然而应该指出,实际上吸收边附近的吸收机制是复杂的,只有极少数情况下浅杂质才形成如图 4.16 所示那样可分辨的吸收肩胛.

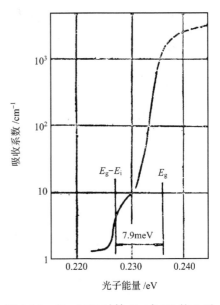

4.3.1 浅杂质的有效质量方程和浅杂质吸收光谱

类似于有关激子问题的讨论,有效质量近似是半导体中浅杂质能态研究的最基本的理论方法[8],将其应用于介电常数大、有效

图 4.16 $T \approx 10K$ 时掺 Zn 或 Cd 的 InSb 的吸收光谱,吸收边附近的台阶显示了 Zn 或 Cd 电离受主与导带间跃迁的贡献[7]

质量小的半导体中的浅杂质曾取得了巨大的成功. 众所周知,这种方法的物理图像在于把晶体看作连续介质,载流子像自由粒子那样在这一介质中运动. 但用和能带曲率有关的有效质量来代替自由粒子质量,并经受杂质势场的作用,而杂质势场则受到主晶格介电常数的屏蔽. 以施主杂质为例,有效质量近似(EMA)模型认为,施主态的波函数 $\Psi(r)$ 可以按导带极值处主晶格的布洛赫函数 $\varphi_j(r)$ 展开,即

$$\Psi(\boldsymbol{r}) = \sum_{j=1}^{N} a_j F_j(\boldsymbol{r}) \varphi_j(\boldsymbol{r}) \tag{4.61}$$

式中 N 为导带谷的数目，a_j 为归一化数字系数，$F_j(\boldsymbol{r})$ 为类氢包络函数，它满足有效质量方程，即

$$\left[E_j\left(\frac{\nabla}{i}\right) - \frac{e^2}{4\pi\varepsilon(0)r} \right] F_j(\boldsymbol{r}) = EF_j(\boldsymbol{r}) \tag{4.62}$$

式中 E_j 为第 j 个导带谷的能量 $E_j(\boldsymbol{k})$，$\varepsilon(0) = \varepsilon_0\varepsilon_r(0)$ 为介质静态介电常数，E 为从导带底算起的施主态的能量. 这样，对导带底在布里渊区中心的抛物能带来说，函数 $F(\boldsymbol{r})$ 满足的有效质量方程为

$$\left\{ -\frac{\hbar^2}{2m^*}\left(\frac{\partial^2}{\partial x^2} + \frac{\partial^2}{\partial y^2} + \frac{\partial^2}{\partial z^2} \right) - \frac{e^2}{4\pi\varepsilon(0)r} \right\} F(\boldsymbol{r}) = EF(\boldsymbol{r}) \tag{4.63}$$

这一方程和氢原子满足的薛定谔方程形式上相同，其本征函数和本征值表达式也与氢原子相似. 基态波函数径向分量为

$$F_{\mathrm{r}}(r) = (\pi a^{*2})^{1/2} \exp\left(-\frac{r}{a^*} \right) \tag{4.64}$$

式中 a^* 为等效玻尔轨道半径，有

$$a^* = \frac{4\pi\varepsilon(0)\hbar^2}{m^* e^2} = a^{\mathrm{H}} \frac{\varepsilon_r(0)}{m^*/m_0} \tag{4.65}$$

它代表了受杂质中心束缚的电子或空穴波函数的扩展范围，对大多数半导体来说，$\varepsilon_r(0)$ 和 m_0/m^* 都是颇大的，因而 a^* 可比氢原子轨道半径 a^{H} 大许多，例如对 Si，$a^* \approx 20\text{Å}$；对 Ge，$a^* \approx 45\text{Å}$，可见这种浅杂质电子或空穴波函数的扩展范围超过几千个原胞的大小.

方程(4.63)的本征值为

$$E_n = -\frac{R^*}{n^2} \tag{4.66}$$

式中

$$R^* = \frac{m^* e^4}{2\hbar^2 [4\pi\varepsilon(0)]^2} = \frac{m^*}{m_0} \frac{1}{\varepsilon_r^2(0)} R^{\mathrm{H}} \tag{4.67}$$

称为等效里德伯能量，R^{H} 为氢原子里德伯能量. 可见，有效质量理论不仅说明了杂质电子的束缚能，而且预言杂质态也像氢原子那样存在许多激发态，从而说明了杂质吸收光谱中分立谱线的存在. 借用原子物理的术语，可以将基态称为 $1s$ 态，而激发态

则分别为 $2s, 2p, 3s, 3p$ 态等, 而且 s 态与 p 态也对应于不同的磁量子数.

表 4.3 有效质量近似给出的简单能带模型情况下若干Ⅲ-Ⅴ族和Ⅱ-Ⅵ族
半导体中类氢施主的等效玻尔半径和等效里德伯能量

	m^*/m_0	$\varepsilon_r(0)$	$a^*/\text{Å}$	R^*/meV
GaAs	0.067	13.18	104	5.25
GaSb	0.049	15.69	169	2.71
InP	0.080	12.35	81.7	7.14
InAs	0.023	14.55	355	1.48
InSb	0.014	17.72	670	0.607
ZnS	0.30	8.32	14.7	59.0
ZnSe	0.16	9.2	30.4	25.7
CdTe	0.096	10.6	53.4	11.6

有效质量近似理论用于 GaAs、GaSb、InP、InSb 等Ⅲ-Ⅴ族或Ⅱ-Ⅵ族直接禁带半导体中的浅施主时取得了巨大的成功, 表 4.3 给出了用有效质量近似理论求得的某些Ⅲ-Ⅴ族和Ⅱ-Ⅵ族半导体中类氢施主杂质的某些数据, 表 4.4 给出了用有效质量近似理论计算的 Si、Ge、GaAs 中浅杂质基态能量和实验结果的比较[4]. 表 4.3 中给出的 GaAs 中浅施主的等效里德伯能量低于表 4.4 中的值, 这是因为它采用的是最简单的能带模型, 没有考虑必要的修正. 表 4.3 和表 4.4 表明, 尤其是对 GaAs 中的浅施主杂质, 有效质量近似给出和实验结果符合颇为良好的施主束缚能. 简单的有效质量近似理论忽略了杂质本身化学性质的影响, 也即忽略了中心原胞势的影响. 表 4.3 和表 4.4 表明, 对 GaAs 中施主来说, 这种忽略确实是可行的, 由于大的介电常数和小的有效质量, GaAs 中浅施主杂质波函数的等效玻尔半径为 100Å 左右, 即其扩展范围分外地大, 因而与杂质原子有关的高度局域化的中心原胞势可以忽略不计. 基于同样理由, 有效质量近似对杂质激发态的估计常常比基态更符合实验事实.

表 4.3 和表 4.4 给出的理论计算和实验结果的比较还表明, 对于 Ge、Si 之类导带底不在 k 空间原点, 并具有多个等价导带能谷的半导体的浅施主杂质, 以及许多半导体的浅受主杂质, 上述最简单假定的有效质量近似模型还是不够的. 其中一个明显的例子是它不能说明所谓化学漂移现象, 即不同品种杂质基态能量之间的差别. 这种化学漂移有时可以是很大的, 例如硅中 Bi 施主电离能的实验测定值为 $70.6 \pm 0.3\text{meV}$, 但简单理论给出的值为 31.27meV. 所以, 这一情况下 $1s(A_1)$ 基态的化学漂移高达 39meV. 鉴于有效质量近似模型的巨大成功, 人们宁愿对之进行修正而不是提出新的理论代替它. 修正之一是考虑各向异性能带结构的影响, 例如对单轴晶体, 沿 c 轴方向和垂直 c 轴方向, 有效质量和介电常数都不同. 这种情况下, 描述浅施主的有效质量方程修正为

表 4.4　有效质量近似理论计算的 Si、Ge、GaAs 中浅杂

质基态(A_1)能量与实验测量值的比较（单位：meV）

		Si		Ge		GaAs	
		实验	理论	实验	理论	实验	理论
施主	P	45.7		12.76			
	As	53.7	31.27	14.04	9.78		
	Sb	42.7		10.19			
	Bi	70.6		12.0			
受主	B	45		10.47			
	Al	68	44.0	10.80	9.73		
	Ga	71		10.97			
	In	151		11.61			
As 位施主	S					6.1	
	Se					5.89	5.72
Ga 位施主	Si					5.85	
	Ge					6.08	
As 位受主	C					26.7	
	Si					35.2	
	Ge					41.2	24
Ga 位受主	Be					30	
	Mg					30	
	Zn					31.4	

$$\left\{ -\frac{\hbar^2}{2m_t^*}\left(\frac{\partial^2}{\partial x^2}+\frac{\partial^2}{\partial y^2}\right) - \frac{\hbar^2}{2m_l^*}\frac{\partial^2}{\partial z^2} \right.$$

$$\left. -\frac{e^2}{4\pi(\varepsilon_t\varepsilon_l)^{1/2}\left(x^2+y^2+\frac{\varepsilon_t}{\varepsilon_l}z^2\right)^{1/2}} \right\} F(\mathbf{r}) = EF(\mathbf{r}) \tag{4.68a}$$

若令

$$R^* = \frac{m_t^* e^4 / (4\pi)^2}{2\hbar^2(\varepsilon_t\varepsilon_l)}$$

$$a^* = \frac{4\pi\hbar^2(\varepsilon_t\varepsilon_l)^{1/2}}{m_t^* e^2}$$

并引入参数

$$\zeta = \frac{m_t^* \varepsilon_t}{m_l^* \varepsilon_l}$$

则方程(4.68a)变为

$$\left\{ -\nabla^2 - \frac{2}{(x^2 + y^2 + \zeta z^2)^{1/2}} \right\} F(\boldsymbol{r}) = E F(\boldsymbol{r}) \qquad (4.68b)$$

方程(4.68b)及其解表明,这一情况下,杂质能量位置仍可用 R^* 表示,但同时它们也是 ζ 的函数.

有效质量近似模型的第二个重要修正是关于多谷导带的情况. 已经知道,半导体 Ge、Si 能带结构的重要特点是导带底不在 $\boldsymbol{k}$ 空间原点,并有多个能谷分布在布里渊区 $\langle 100 \rangle$ 方向或 $\langle 111 \rangle$ 方向的对称位置上. 同时,在 $\boldsymbol{k}$ 空间原点又存在一个能量位置较高的次能谷,这种情况下,施主基态将因能谷－轨道互作用而分裂成几个能级. 这种能谷-轨道互作用,从量子力学观点看来,就意味着杂质势作用下不同极值附近布洛赫函数的混和. 正是这种混和,导致杂质基态能级简并的部分消除,以 Si 为例,杂质基态分裂为 A_1 单态,E 二重简并态和 T_2 三重简并态,而在 Ge 中则分裂为 A_1 单态和 T_2 三重简并态. 杂质基态的这种能谷－轨道分裂可以是相当大的,以致事实上超出了微扰处理的范围. 这里我们不准备讨论具体的理论处理,只给出有关实验和理论计算的结果. 以 Si 中 P 施主和 Ge 中 As 施主为例,表 4.5 给出了考虑能谷-轨道互作用后分裂的诸基态电离能的理论计算结果及其与实验测定值的比较[8]. 图 4.17 给出了考虑到能谷-轨道分裂和中心原胞势修正后获得的 Ge 中浅施主的能级图及其与简单有效质量理论的比较,计算结果和实验观测值符合良好. 这样,计及这些修正因素的有效质量近似对描述 Ge、Si 中浅施主,尤其是周期表中和 Ge、Si 处于同一行的 V 族杂质,即 Si 中的 P 和 Ge 中的 As 也取得了巨大的成功.

表 4.5　硅中磷和锗中砷施主基态能谷-轨道分裂的
理论计算与实验结果的比较[8]

基态电离能	Si：P(meV)			Ge：As(meV)	
	A_1	T_2	E	A	T_2
理　　论	45.7	31.4	30.6	12.5	9.7
实　　验	45.3	33.7	32.3	14.2	10.0

有效质量近似模型的另一个重要修正是关于简并能带的情况. 以闪锌矿和金刚石结构半导体中的受主态为例,如前所述,它们的价带顶是 4 度简并的,有 Γ_8 对称性. 因自旋-轨道分裂而略有压低的另一支价带是 2 度简并的,有 Γ_7 对称性. 这样在计算这些材料的受主态时,至少必须同等地考虑上面四支简并的价带. 对 Si 之类原子量较小、自旋-轨道分裂很小的材料,还应包括分裂的两支价带的效应. 考

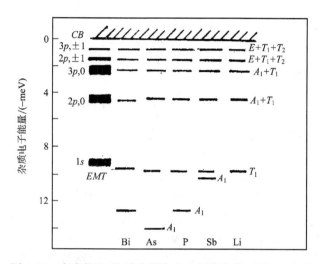

图 4.17　考虑能谷-轨道分裂和中心原胞势修正后 Ge 中 V
族施主杂质能级图及其与简单有效质量理论的比较,后者粗
的线宽表明能级位置的不确定性.两侧分别用磁量子数和 T_d
点群的不可约表示标记能级

虑到立方结构半导体中受主中心和计及自旋-轨道耦合的原子系统间的强烈相似
性(杂质情况下的不同价带支对应于原子系统的不同自旋态),可以借用原子物理
中角动量理论及有关处理方法.如果仍以屏蔽库仑势来近似杂质势场,金刚石和闪
锌矿结构半导体的受主杂质电子哈密顿可写为[9]

$$H = \frac{1}{\hbar^2}\left\{ P^2 - \mu(\boldsymbol{P} \cdot \boldsymbol{J})^2 - \frac{1}{3}P^2 J^2 \right\} - \frac{2}{r} + \delta H_c$$
$$= H_{\text{sph}} + \delta H_c \tag{4.69}$$

写出此式时已将等效里德伯能量 $R^* = \dfrac{m^* e^4}{2\hbar^2 (4\pi)^2 \varepsilon^2(0)}$ 和等效玻尔半径 $a^* = \dfrac{4\pi\hbar^2 \varepsilon(0)}{m^* e^2}$ 作为能量和长度的单位.式(4.69)意味着可将立方对称性的哈密顿量进
一步分为两部分:一是兼有立方对称和球对称的部分 H_{sph};另一是立方对称但不
具有球对称的项 δH_c.式(4.69)中 $\boldsymbol{P}$ 为空穴的线性动量算符;$\boldsymbol{J}$ 为与自旋 3/2 对应
的角动量算符;μ 是与自旋-轨道互作用强度有关的参数,给出球对称情况下自旋-
轨道互作用对受主哈密顿的贡献;δ 是和晶体结构有关的参数,δH_c 给出球对称以
外的立方对称性的贡献;μ 及 δ 可以和描述价带色散的卢定谔(Luttinger)参数 γ_1、
γ_2、γ_3 联系起来,并写为

$$\mu = \frac{6\gamma_3 + 4\gamma_2}{5\gamma_1}$$

$$\delta = \frac{\gamma_3 - \gamma_2}{\gamma_1} \qquad (4.70)$$

除 Si 以外($\mu/\delta \approx 2$),大多数金刚石和闪锌矿结构半导体满足 $\mu \gg \delta$ 的条件,可以仅考虑 H_{sph} 的贡献,因而问题简化为库仑势场作用下自旋为 3/2 的粒子的薛定谔方程. 由此确定的受主杂质束缚能与自旋-轨道互作用强度有密切关系. 理论计算给出的这种关系如图 4.18 所示. 图中 $1s_{3/2}$ 为受主基态能级,它受自旋-轨道互作用强度 μ 的影响最大. $2p_{1/2}$ 为受主激发态,基本上不随 μ 而变化.

如果将 δH_c 的贡献作一级微扰理论处理,也可以估计非球对称的立方对称项哈密顿对受主能态的影响. 图 4.19(a)及(b)分别给出了强自旋-轨道耦合近似和弱自旋-轨道耦合近似情况下不同受主态能量与参数 μ、δ 的关系. 图 4.20 给出了不同受主态的等效玻尔半径与参数 μ 的关系. 可见,除 $p_{1/2}$ 态的 r 预期值 $\langle r \rangle$ 随 μ 增大而增大外,其余各态的 $\langle r \rangle$ 均随 μ 增大而减小,尤其是 $\mu = 1$ 时,$\langle r \rangle \to 0$,这意味着 $p_{1/2}$ 以外所有其他态都变得更局域化了.

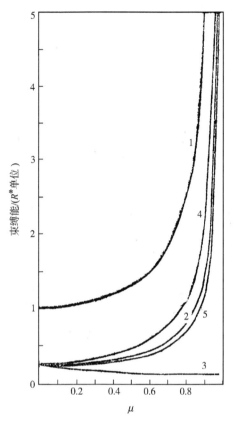

图 4.18 强自旋-轨道耦合情况下,仅考虑球形哈密顿贡献时受主态能量与自旋-轨道互作用强度(μ)的关系. 图中曲线 1~5 分别是对 $1s_{3/2}$、$2s_{3/2}$、$2p_{1/2}$、$2p_{3/2}$、$2p_{5/2}$ 受主态而言

图 4.21 给出了考虑自旋-轨道互作用修正后的有效质量近似理论估计的 Ge 中受主能级谱和实验测量结果的比较. 该图表明,对 Ge 来说,这种修正的有效质量近似给出的结果和实验颇为符合,以 $1\Gamma_8^-$($1s_{3/2}$)基态电离能为例,实验结果是:Ge 中 B 为 10.80meV;Al 为 11.14meV;Ga 为 11.30meV;In 为 11.99meV. 理论计算基态电离能为 11.2meV. 但对 Si 中受主杂质来说,结果并不理想,理论计算的受主基态束缚能为 70.5meV,而实验结果为:B:45.7meV;Al:70.0meV;Ga:73.9meV;In:157.2meV. 这种不成功的原因是十分明显的,Si 中的空穴有效质量颇大,介电屏蔽也远不如 Ge 那么有效,因而受主态较深,中心原胞势变得颇为重要了,甚至不能预期仍可用简单的屏蔽库仑势来描述它们. 同时,所有的受主基

态束缚能都比自旋-轨道分裂值(43meV)大,另两支价带的作用也不可忽略.

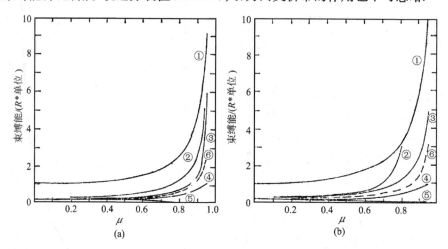

图 4.19　(a)强自旋-轨道耦合近似情况下,式(4.69)中非球对称的立方对称项对受主能谱的影响,$\delta=0.15$ 为典型的立方耦合参数,曲线①～⑤分别对受主态 $1s_{3/2}$、$2p_{3/2}$、$2p_{5/2}(\Gamma_8)$、$2p_{5/2}(\Gamma_7)$、$2p_{1/2}$ 而言,$\delta=0.15$;曲线⑥是对受主态 $2p_{5/2}$ 而言,$\delta=0$;(b)弱自旋-轨道耦合近似情况下,式(4.69)中非球对称的立方对称项对受主能谱的影响,曲线①～⑤分别对受主态 $1s_1$、$2p_2(\Gamma_{12})$、$2p_1$、$2p_2(\Gamma_{25})$、$2p_0$ 而言,$\delta=0.15$;曲线⑥是对
受主态 $2p_2$ 而言,$\delta=0$

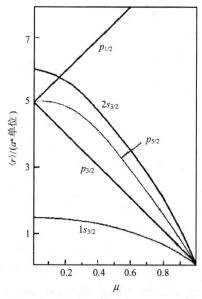

图 4.20　考虑自旋-轨道互作用修正后,不同受主态的等效玻尔半径与自旋-轨道
互作用强度(参数 μ)的关系.图中纵坐标给出各态的预期值$\langle r \rangle$

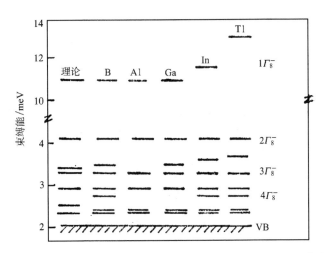

图 4.21 考虑自旋-轨道互作用修正后,有效质量近似理论给出的 Ge 中浅受主能级
(理论)与实验结果(Ge 中的 B、Al、Ga、In、Tl)的比较

上述讨论表明,有效质量理论,尽管对浅施主和部分浅受主能级的描述取得了
巨大成功,但对较深的受主的基态,及各种深能级,亦即对波函数在实空间局域化
较高因而在 k 空间扩展较广的杂质,就显得颇不适用了. 这一事实表明,关于半导
体中杂质态的理论描述,还有许多问题有待解决,有待研究.

从有效质量近似及杂质态波函数表达式(4.61)出发,还可讨论从杂质基态到
主能带边缘的光电离跃迁,并和实验的杂质吸收谱的连续带(图 4.15)相比较. 以
施主杂质到导带底的跃迁为例,不考虑导带的多谷性,可以将动量矩阵元写为

$$M_{if} = V^{-1/2} \int u_{c,k}(\boldsymbol{r}) \exp(-\mathrm{i}\boldsymbol{k} \cdot \boldsymbol{r}) \, \nabla_r [u_{c,0}(\boldsymbol{r}) F(\boldsymbol{r})] \mathrm{d}\boldsymbol{r} \qquad (4.71\mathrm{a})$$

或

$$M_{if}^* = V^{-1/2} \int u_{c,0}^*(\boldsymbol{r}) F^*(\boldsymbol{r}) \, \nabla_r^* \{u_{c,k}(\boldsymbol{r}) \exp(\mathrm{i}\boldsymbol{k} \cdot \boldsymbol{r})\} \mathrm{d}\boldsymbol{r} \qquad (4.71\mathrm{b})$$

考虑到有效质量近似的基本前提,可以忽略原胞范围内包络函数的变化,并且如果
终态波矢远小于倒格矢的话,原胞范围内波矢的变化也可忽略. 再者,由于布洛赫
函数以原胞为周期变化的部分 $u_{c,k}(\boldsymbol{r})$ 也是 k 的缓变函数,作为一级近似也可以忽
略这种变化. 这样,近似地有

$$M_{if}^* \approx M_{c,k}^* V^{-1/2} \int F^*(\boldsymbol{r}) \exp(\mathrm{i}\boldsymbol{k} \cdot \boldsymbol{r})\} \mathrm{d}\boldsymbol{k} \qquad (4.72)$$

式中

$$M_{c,k}^* = V^{-1} \int u_{c,k}^*(\boldsymbol{r}) \mathrm{e}^{-\mathrm{i}\boldsymbol{k} \cdot \boldsymbol{r}} \, \nabla_r^* \{u_{c,k}(\boldsymbol{r}) \mathrm{e}^{\mathrm{i}\boldsymbol{k} \cdot \boldsymbol{r}}\} \mathrm{d}\boldsymbol{k} \qquad (4.73)$$

是导带布洛赫态动量的预期值,它可简单地表为

$$M_{c,k}^* = \frac{i}{\hbar} m^* \boldsymbol{v}_k \tag{4.74}$$

式中 $\boldsymbol{v}_k$ 为群速度. 式(4.73)和(4.74)表明,当 $\boldsymbol{k}=0$ 时,$\boldsymbol{M}_{if}^*=0$,即阈值处的光跃迁是禁戒的. 这是施主光电离过程和自由氢原子光电离过程的重要区别. 氢原子情况下,即使终态为平面波,$\boldsymbol{k}=0$ 的跃迁也是允许的.

计算积分(4.72),得

$$\boldsymbol{M}_{if}^* = m^* v_k \left(\frac{8}{\hbar}\right)\left(\frac{\pi a^{*3}}{V}\right)^{1/2} \frac{1}{(1+k^2 a^{*2})^2} \tag{4.75}$$

以此代入一般化的跃迁概率表达式并经繁复的运算,可得抛物能带和非偏振光情况下[4]

$$\alpha_\nu(\omega) = \frac{32}{3V}\left(\frac{N_\nu e^2}{\pi \varepsilon_0 \eta m^* c \omega_\nu}\right)\left(\frac{2m^*}{\hbar^2}\right)^{3/2} \frac{\pi a^{*3}}{(1+E_k/R^*)^4} E_k^{3/2} \tag{4.76}$$

式(4.76)表明,吸收系数大小和杂质态的扩展范围(即 a^{*3})成正比. 令 $E_k=\hbar\omega_\nu - R^*$,不难证明,当 $\hbar\omega_\nu=\frac{10}{7}R^*$ 时,$\alpha_\nu(\omega)$ 有峰值. 考虑到库仑互作用修正,峰值发生的位置漂移为 $\hbar\omega_\nu=\frac{10}{9}R^*$,即距吸收阈值距离为 $\frac{1}{9}R^*$ 处.

图 4.22 给出了用上述理论计算的施主光电离吸收系数与 $\hbar\omega_\nu$ 的关系,作为比较,图中也给出了氢原子光电离和深杂质光电离的吸收系数. 理论计算的吸收系数线形与图 4.15 的实验结果十分符合,可见上述简单理论对解释杂质谱连续带线形也是成功的.

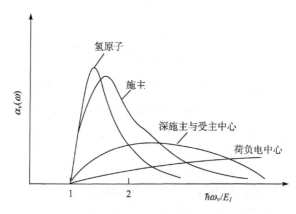

图 4.22　不同量子缺陷中心的光电离吸收系数与频率的关系

近一二十年来,浅杂质能态的实验光谱研究比它们的理论研究更有成效,也更为发展,除吸收光谱外,光电导谱、光热电离谱(PTIS)、发光光谱、磁光光谱、拉曼光谱方法及应力、流体静压力、电场等外微扰条件,均已用来进行杂质能态的实验研究.它们不仅完全证实了上述理论分析提出的杂质能级图像,而且提供了更为丰富的信息,其中许多是简单理论不能圆满解释的.利用高分辨率、高灵敏度傅里叶变换光谱方法[10~12],不仅精确测定了原来已知能级激发态的位置,观察到了许多跃迁较弱的激发谱线,而且精确地测定了杂质吸收谱线的真实线宽.例如,当硅中掺磷浓度为 $10^{13}\,\mathrm{cm}^{-3}$ 时,测得 $6p_\pm$、$5p_\pm$、$4f_\pm$、$3p_\pm$ 和 $2p_0$ 谱线的半高线宽为 0.17(±0.02)cm^{-1},$2p_\pm$ 的半高线宽为 0.18(±0.02)cm^{-1}.线宽的精确测定使得人们有可能以杂质电子为探针来探知半导体晶体中的局域内场、微观应力和杂质中心周围 $0.05\mu\mathrm{m}$ 范围内其他束缚电子的状态,并决定电子-声子互作用等其他因素对线宽的贡献,精确地、不含糊地确定杂质波函数.

图 4.23 给出了 $270\sim370\mathrm{cm}^{-1}$($33\sim46\mathrm{meV}$)波段掺磷浓度为 $5\times10^{13}\,\mathrm{cm}^{-3}$ 的单晶硅的透射光谱[11,12],图 4.24 给出了 $310\sim370\mathrm{cm}^{-1}$ 波段掺磷和掺锑+磷,浓度为 $10^{14}\,\mathrm{cm}^{-3}$ 的单晶硅的透射光谱.测量的光谱分辨率为 $0.065\mathrm{cm}^{-1}$,即远小于谱线的线宽.由图可测定从 $1s$ 基态到不同激发态的吸收谱线的位置和线宽,并观察到线宽随掺杂浓度的增加而增大.

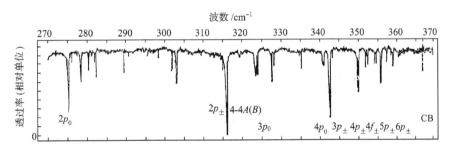

图 4.23 $270\sim370\mathrm{cm}^{-1}$ 波段内掺磷浓度为 $5\times10^{13}\,\mathrm{cm}^{-3}$ 的单晶硅的透射光谱.实验温度为 10K,样品厚 4mm,分辨率 $0.065\mathrm{cm}^{-1}$

表 4.6 列出了实验观测到的硅中 P、As、Sb、Bi 施主杂质 $1s(A_1)$ 基态到诸激发态的跃迁的位置,表 4.7 则列出了 Si 中 V 族杂质诸跃迁谱线间的能量差(以 cm^{-1} 为单位)的观察结果及其与理论计算值的比较.这里理论结果是福克纳(Faulkner)用修正有效质量近似理论计算的[13].这一比较再次表明有效质量近似模型应用于施主激发态能态计算时的巨大成功.

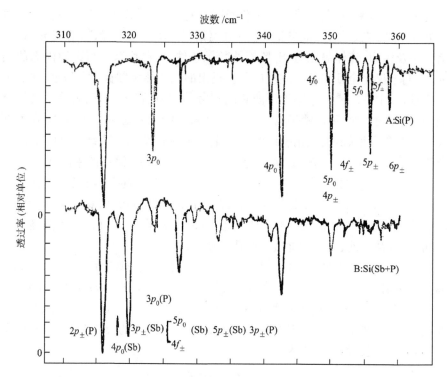

图 4.24 $310\sim360\,\text{cm}^{-1}$ 波段内掺磷浓度为 $1.4\times10^{14}\,\text{cm}^{-3}$ 的单晶硅和掺磷、锑单晶硅
$\{(N_\text{D}-N_\text{A})=2\times10^{14}\,\text{cm}^{-3}\}$ 的透射光谱. 注意磷谱线的增宽和某些弱谱线的出现

**表 4.6 实验观测到的硅中替位式 V 族杂质电子
基态 $1s(A_1)$ 到各激发态的跃迁的能量位置**

跃迁过程	跃迁位置/(cm^{-1})					
	P		As	Sb	Bi	
	实验1	实验2			实验1	实验2
$2p_0$	275.09 ± 0.02	275.08	340.83 ± 0.05	252.0	480.2 ± 0.4	480.0 ± 0.2
$2p_\pm$	315.95 ± 0.02	315.93	381.98 ± 0.05	293.3	521.0 ± 0.2	521.02 ± 0.05
$3p_0$	323.42 ± 0.02	323.40	389.36 ± 0.05	300.6	528.2 ± 0.1	528.12 ± 0.05
$3s$					534.5 ± 0.6	534.7 ± 0.1
$3d_0$	336.8 ± 0.2				541.8 ± 0.8	541.17 ± 0.1
	337.6 ± 0.2					541.74 ± 0.1
$4p_0$	340.84 ± 0.02	340.87	406.98 ± 0.05	318.1	545.8 ± 0.2	
$3p_\pm$	342.42 ± 0.02	342.38	408.42 ± 0.05	319.8	547.3 ± 0.1	547.35 ± 0.05
$4s$					549.1 ± 0.6	
$4f_0$	348.8 ± 0.1	348.77			553.4 ± 0.8	

跃迁过程	跃迁位置/(cm^{-1})					
	P		As	Sb	Bi	
	实验1	实验2			实验1	实验2
$5p_0$	349.50 ± 0.03	349.87	415.90 ± 0.05	327.2	554.8 ± 0.1	554.72 ± 0.05
$4p_\pm$	349.92 ± 0.02					
$4f_\pm$	352.31 ± 0.02	352.27	418.2 ± 0.1	329.3	557.0 ± 0.2	556.92 ± 0.05
$5f_0$	354.33 ± 0.05	354.31		331.2	559.0 ± 0.5	
$5p_\pm$	355.81 ± 0.02	355.77	421.80 ± 0.05	333.0	560.6 ± 0.2	560.61 ± 0.05
$5f_\pm$	357.47 ± 0.05	357.36	423.4 ± 0.1			
$6p_\pm$	358.85 ± 0.02	358.78	424.84 ± 0.05	336.1	563.7 ± 0.8	563.92 ± 0.05
$6h_\pm$	360.44 ± 0.06	360.70				
C.B.	367.6		433.6	344.9	572.6	
	(45.58meV)		(53.77meV)	(42.77meV)	(71.00meV)	

表 4.7 Si 中 V 族杂质的各跃迁谱线间能量差的实验观测结果(cm^{-1})及其和理论计算值的比较

	P	As	Sb	Bi	理论
$2p_\pm-2p_0$	40.9	41.2	41.3	41.0	41.2
$3p_0-2p_\pm$	7.5	7.4	7.3	7.2	7.4
$4p_0-2p_\pm$	24.9	25.0	24.8	24.8	24.8
$3p_\pm-2p_\pm$	26.5	26.4	26.5	26.3	26.5
$4p_\pm-2p_\pm$	34.0	33.9	33.9	33.8	34.0
$4f_\pm-2p_\pm$	36.4	36.2	36.0	36.0	36.4
$5p_\pm-2p_\pm$	39.9	39.8	39.7	39.6	40.0
$5f_\pm-2p_\pm$	41.5	41.4			41.4
$6p_\pm-2p_\pm$	42.9	42.9	42.8	42.7	43.2
$3s-2p_\pm$				13.5	13.3
$3d_0-2p_\pm$	21.3			20.8	21.4
$4s-2p_\pm$				28.1	28.6
$4f_0-2p_\pm$	32.9			32.4	32.8
$5p_0-2p_\pm$	33.6				33.6
$5f_0-2p_\pm$	38.4		37.9	38.0	38.5
$6h_\pm-2p_\pm$	44.5				44.5

4.3.2　浅杂质光热电离谱

近年来,在浅杂质能态研究中,还发展了光热电离谱. 这种方法是由利夫希兹(Lifshitz)和赖特(Nad)首先提出的[17]. 他们在测量 Ge 的光电导谱时发现,在浅能级电离阈值能量以下还有一些尖峰信号,并将之指认为施主束缚电子或受主束缚

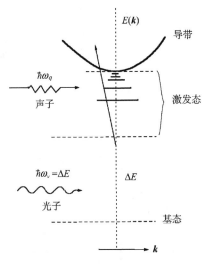

图 4.25　以施主为例的光热电
离谱的两步过程

空穴从基态到其激发态的光跃迁和随后通过吸收声子热激发到导带或价带的二步过程. 对施主来说,这种二步过程可形象地如图 4.25 所示,这种方法将电学测量和光谱方法相结合,尤其是和傅里叶变换光谱学方法相结合,兼有电学方法的高灵敏度优点和光谱方法的高分辨优点. 作为检测半导体浅杂质含量的一种方法,它使我们能检测到含量小达 $10^7 \mathrm{cm}^{-3}$ 甚至更低的浅杂质原子含量(即 10^{16} 个主晶格原子中含有一个某品种的浅杂质原子),并明白无误地判定其杂质种类和属性. 在这种超纯材料中,实空间中不仅杂质基态而且其激发态波函数间的交叠也可忽略不计,从而充分地显示为未扰动的孤立激发态,并且有十分窄的能级宽度($<$

$10\mu eV$). 结合傅里叶变换光谱学方法的光热电离谱,可以探测如此窄的浅激发能级和谱线.

PTIS 的灵敏度随杂质基态能量的增加而很快下降. 这主要是由于吸收截面的很快下降,同时还由于随着能级深度的增加,热激发过程所需的声子能量增大,可资利用的声子数按指数规律减少,因而第二步过程概率也显著减小. 这些因素限制了 PTIS 谱在较深杂质态研究中的应用. 例如,对 Ge 来说,观察到的最深的杂质中心是替位式 Cu 的位于 $E_v + 43$ meV 的受主能级. 对 Si 来说,PTIS 曾和红外光谱方法结合用于研究电离能为 200 meV 左右的硫属深施主杂质. 图 4.26 给出了室温电阻率为 $10^3 \Omega \cdot$ cm 量级的高纯 n-Si 光热电离谱的实验结果[16]. 该样品剩余磷杂质浓度约为 $10^{11} \mathrm{cm}^{-3}$ 量级. 图中关于 P 施主的光热电离谱显示为 $270 \sim 370 \mathrm{cm}^{-1}$ 波数范围的一系列强而尖锐的谱线,它们被指认为从 $1s$ 到 $2p_0$、$2p_\pm$ 直至 $7f$ 的诸激发态的跃迁. 此外,在波数 $370 \mathrm{cm}^{-1}$ 以上和 $200 \mathrm{cm}^{-1}$ 附近,还有四个系列的较弱的谱线系,它们中的二个系列已分别指认为 Si 中 As 施主和 Li-O 施主基态到相应激发态跃迁的谱线系列,从谱线强度,可以估计该样品中剩余 As 和 Li-O 杂质对的浓度约为 $10^9 \sim 10^{10} \mathrm{cm}^{-3}$ 量级. 除这些已指认的线系外,图中 $250 \mathrm{cm}^{-1}$ 附近还有

两列其起源尚未弄清的新的杂质或杂质复合物的谱线系列.

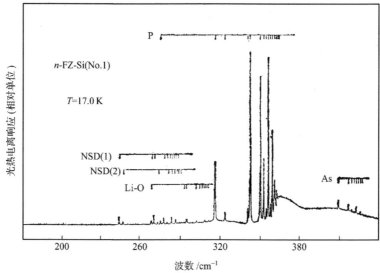

图 4.26 高纯硅的光热电离谱,图中表明,可以观察到含量仅为
$10^9 \sim 10^{10}\,\mathrm{cm}^{-3}$ 甚至更低的残余的 As 和 Li 杂质

4.3.3 双电子杂质态(A^+态和D^-态)

浅杂质吸收光谱中另一个很有趣的现象是 A^+ 态和 D^- 态的研究[17,18],即受主能级上第二个束缚空穴或施主能级上第二个束缚电子到能带边缘或杂质基态的跃迁过程. 和 H^- 的情况类比,可认为 A^+ 态和 D^- 态具有类 $(1s)^2$ 结构的波函数. 同时也可预期,对这种双电子系统,D^- 基态更易受杂质原子芯势(core potential)的影响. 这样,前面提到的方程(4.62)给出的有效质量近似模型中杂质电子的有效质量哈密顿应修正为

$$H_{D^-} = -\frac{\hbar^2}{2m^*}\nabla^2 - \frac{e^2}{4\pi\varepsilon(0)r} + \Delta V \tag{4.77}$$

因而 D^- 态的哈密顿为

$$H_{D^-} = -\frac{\hbar^2}{2m^*}\nabla_1^2 - \frac{\hbar^2}{2m^*}\nabla_2^2 - \frac{e^2}{4\pi\varepsilon(0)r_1} - \frac{e^2}{4\pi\varepsilon(0)r_2}$$
$$+ \frac{e^2}{4\pi\varepsilon(0)r_{12}} + \Delta V_1 + \Delta V_2 \tag{4.78}$$

式中 ΔV_1 和 ΔV_2 为芯势. 这样 D^- 态的基态能量 E_{D^-} 就和施主基态能量 E_D 不一致,定义两者能量之差为 D^- 态电子的亲和势 J,

$$J = E_D - E_{D^-} \tag{4.79}$$

在 $\Delta V = 0$ 和 $\Delta V \neq 0$ 两种情况下解有效质量方程,可得如图 4.27 所示的 D^- 态的

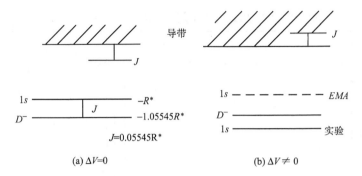

图 4.27 实验及求解有效质量方程(4.78)获得的 Ge、Si 中 D^-
态能级图.(a)芯势很小,可以忽略;(b)芯势不可忽略

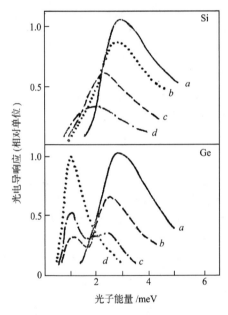

图 4.28 1.5K 时掺 P 硅和掺 Sb 锗的远红
外光电导响应谱,图中给出了不同应力作用
下的谱图.对 Si,应力沿⟨100⟩方向;对 Ge,应
力沿⟨111⟩方向;对 Si,掺 P 浓度为 $1×10^{15}$
cm^{-3},曲线 a、b、c、d 对应的应力分别为 0、
0.04、0.11、0.21kbar;对 Ge,掺 Sb 浓度为
$9×10^{14}cm^{-3}$,曲线 a、b、c、d 对应的应力分别
为 0、0.13、0.25、0.60 kbar

能级图.对 A^+ 态可有类似结果.在 $\Delta V=0$ 情况下,得

$$J = 0.05545R^*$$

可见对 Ge、Si 中的浅杂质来说,J 约为毫电子伏特量级,如图 4.27 左图所示.

用远红外光电导谱,在 1K 左右的低温下,人们确实观察到了与 D^- 态和 A^+ 态有关的跃迁,并由此求得:对 Si 中 P 的 D^- 态,$J=1.7$meV;Si 中 Bi 的 A^+ 态,$J=2.5$meV.Ge 中 Sb、P、As 杂质的 D^- 态,J 分别为 0.95、1.2 和 1.55meV.图 4.28 给出掺 P 硅及掺 Sb 锗的远红外光电导响应谱,它除了给出 D^- 态跃迁的能量位置和谱线线形外,还表明了应力引起的 Ge 中低能 D^- 响应峰的出现.这可归因于应力作用下沿应力方向和垂直应力方向的不同导带谷有不同的畸变,从而导致杂质跃迁,也包括 D^- 态的跃迁的分裂和漂移.但令人不解的是,硅中并未观察到同样的现象.

4.3.4 共振杂质态

上述有效质量近似理论讨论的杂质能态,都是禁带中能带边附近的浅杂质电子能量状态,即式(4.62)中的 E 总满足 $E \neq E_j(\boldsymbol{k})$. 如果 $E = E_j(\boldsymbol{k})$,那么上述简单的和各种修正的有效质量近似模型就难以适用了. 这种现象可以在许多情况下发生,例如对受主杂质,除上面用修正的有效质量近似模型讨论的和价带顶($p_{3/2}$ 价带支)相联系的杂质电子态外,和分裂价带支($p_{1/2}$ 支)相联系的杂质电子能态也是可以存在的. 对于 GaSb 和 GaAs 等半导体中的施主杂质,除与最低的 Γ 导带谷相联系的施主电子态外,和 L、X 能谷相联系的杂质态也是可以存在的. 不仅如此,对如 GaP 这样的间接带半导体,其 Γ 导带谷远高于 X_1 导带谷. 但如本章第一节所讨论,X_1 导带谷以上不远处还存在 X_3 导带谷,和 X_3 导带谷相联系的杂质能级也已被实验观察到了. 此外,对 HgTe 和 x 值小于 0.17 的 $Cd_xHg_{1-x}Te$ 等具有反转能带的零禁带半导体,和反转后的 Γ_8 导带(反转前为轻空穴)相联系的受主态也是可以存在的. 这些情况分别如图 4.29(a)、(b)、(c)、(d)所示. 可以设想,这些情况下

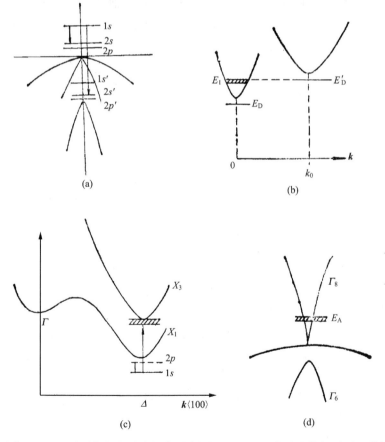

图 4.29　几种可能的杂质共振态示意图. (a)和 $p_{1/2}$ 分裂价带相联系的共振受主态;(b)和较高能量位置导带谷相联系的共振施主态;(c)另一种类型的共振施主态;(d)零禁带或很窄禁带半导体中的共振受主态

杂质波函数由布洛赫行波和类似于通常散射理论中出射球面波的出射波项组成，后者可以包含强局域化的部分. 鉴于这些情况对应于电子连续能谱中的一种共振现象，这类杂质能量状态也常称为共振杂质态. 类似于散射理论中的共振现象，一个由能量 E_0 附近的波组成的波包，一旦击中杂质中心，一定时间 τ 内将陷在其周围，形成一种准束缚态. 此外不难设想，由于其波函数和能带连续态波函数的混和，这种共振杂质态是显著地增宽了的. 尽管如此，利用光热电离谱及其他光学实验方法，仍可以准确地观察到这种共振杂质态的存在，并测定其能量位置. 图 4.30 给出了最近关于高纯 p-Si 中残余硼杂质浓度为 $10^{12}\sim10^{13}\,\mathrm{cm}^{-3}$ 时光电导谱的部分实验结果[19]，图中波数在 $668\sim702\,\mathrm{cm}^{-1}$ 间的谱线 $2p'$、$3p'$、$4p'$，即起因于 Si 中硼受主基态（和 $p_{3/2}$ 价带支相联系）到和 $p_{1/2}$ 价带相联系的硼杂质共振态的激发态 $2p'$、$3p'$、$4p'$ 的跃迁（随后热电离到 $p_{1/2}$ 价带或弛豫到 $p_{3/2}$ 价带给出光电导信号）. 由此还可精确地测定 Si 中 B 受主基态到 $p_{1/2}$ 价带的电离能为 $E_A^* = (88.45\pm0.01)$ meV，并由 B 受主到 $p_{1/2}$ 和 $p_{3/2}$ 价带支电离能之差 $E_A^* - E_A$ 精确测定 Si 价带顶的自旋-轨道分裂值 Δ_0 为 42.62 meV.

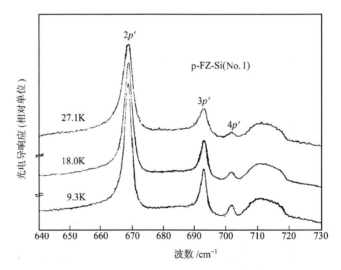

图 4.30　高纯 p-Si 中从 B 受主基态到和 $p_{1/2}$ 分裂价带相联系的 B
受主激发态 $2p'$、$3p'$、$4p'$ 的跃迁导致的光电导谱

4.4　极性半导体光学声子晶格振动反射谱

4.4.1　极性半导体光学声子晶格振动反射谱

迄今研究的光吸收和光反射过程主要是涉及到电子态的跃迁过程，吸收光子的同时光激发电子从低能态跃迁到高能态. 入射光电磁波也可以和半导体中的晶

格振动状态互相作用或耦合,从而导致涉及声子态的跃迁和光吸收过程. 本节仅考虑完整晶体中涉及单个声子激发的光电磁波－晶格振动互作用(单声子过程),而将多声子跃迁过程和有缺陷晶体及非晶固体中晶格(或原子网络)振动光吸收过程留在下面几节讨论. 这样,和电子态间的跃迁不同,对完整晶体,从简谐近似角度来看,光电磁波和声子场的互作用对应于单个声子的产生或湮灭,或者说是光激发声子从其真空态到某一能量状态的跃迁及其相反的过程. 由于只有极性半导体的晶格振动才伴随着电偶极矩的变化,因而偶极近似下只有这种振动状态才能和入射光电磁波相互作用或耦合. 由于波矢守恒选择定则,对理想晶体,声子波矢有 $2\pi/a$ 的量级,远大于光子波矢,因此只有布里渊区原点附近的声子态具有近乎为零的波矢,即和红外光子波矢大小相近的波矢. 再考虑能量因素,布里渊区中心声学声子能量太小了,这样预期只有布里渊区原点附近的光学声子,或者说光学支晶格振动,才有可能和入射光电磁波场发生耦合,即红外光子只能激发布里渊区原点附近的光学声子. 此外,辐射电磁波场具有横场特性,它不能和纵模晶格振动发生耦合,这样辐射电磁场和晶格振动之间的耦合只能在它和横光学模晶格振动之间发生. 然而,对极性晶体来说,这种相互耦合是很强的,以致在和光学模晶格振动特征频率相对应的狭窄频率范围内,反射率可以接近 100%. 这样,利用极性晶体,通过多次反射,可以从白光光谱中滤出这一狭窄频段的光谱带,人们称之为剩余射线,并把这一强吸收或强相互作用频段叫做晶体的剩余射线区域. 其实更科学的叙述还应当看到,由于辐射电磁波和横光学声子的强烈耦合,致使在这一频段内晶体光学常数有很大的值或很快的变化,并使电磁波不能在晶体中传播. 因而,这一光学声子频段是晶体的无波区域.

图 4.31 给出了 AlSb 的晶格反射谱,其剩余射线带在 $29\sim31\mu m$ 之间. 图 4.32 给出了几种 Ⅱ-Ⅵ 族化合物半导体的晶格反射谱[20],它们的剩余射线带分别在 $30\sim70\mu m$ 波段内某一狭窄频域上. 对同一族材料,振动约化质量愈大,晶格振动频率愈低,剩余射线带所在波长也愈长. 由图可以看到,CdS、CdSe、CdTe 的剩余射线带依次向低频方向漂移. Ge 和 Si 等金刚石结构半导体,由于其晶格振动不伴随着电偶极矩的产生,从晶格振动特性看来,它们是非极性半导体,其晶格振动不能和光电磁波相互作用或耦合,因而不存在剩余射线带. 这也是这些材料适用于红外、远红外透射光学材料的物理原因.

从反射光谱,引用第一章中讨论过的 K-K 变换可以求得半导体材料在有关波段内的全部光学常数及晶格振动特征频率. 例如,图 $4.33\sim4.36$ 给出用 K-K 关系从入射光电矢量 $\vec{\mathscr{E}}\perp c$ 轴情况下的反射光谱求得的 CdS 的折射率、消光系数、介电函数的实部和虚部[21],并且还可推断:

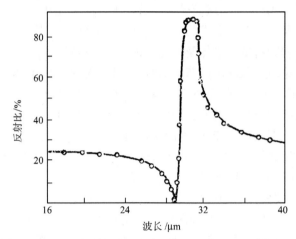

图 4.31　AlSb 的晶格振动反射谱，圆点代表实验数据，
曲线为经典振子模型的拟合曲线

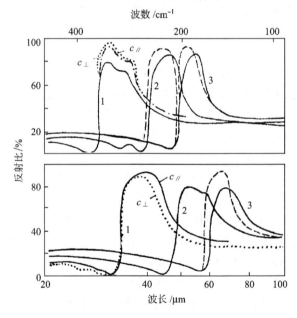

图 4.32　几种 Ⅱ-Ⅵ族化合物半导体晶体的晶格振动反射谱. 实线：300K
测量结果；虚线：100K 测量结果，上图中曲线 1、2、3 分别为 ZnS、ZnSe、
ZnTe；下图中曲线 1、2、3 分别为 CdS、CdSe、CdTe. 图中关于 CdS 和 ZnS 还
给出不同晶格取向的结果

（a）$\vec{\mathscr{E}} \perp c$ 轴情况下：

$$\varepsilon_{r,\infty,\perp} = 5.3 \qquad \varepsilon_{r,\perp}(0) = 8.4$$

$$\omega_{TO,\perp} = 240\text{cm}^{-1} \qquad \omega_{LO,\perp} = 301.0\text{cm}^{-1}$$

$$\Gamma(\mathrm{TO}_\perp) = 4.70\mathrm{cm}^{-1} \qquad \Gamma(\mathrm{LO}_\perp) = 8.7\mathrm{cm}^{-1}$$

（b）$\vec{\mathcal{E}}$ // c 轴情况下：

$$\varepsilon_{\mathrm{r},\infty,/\!/} = 5.4 \qquad \varepsilon_{\mathrm{r},/\!/}(0) = 8.9$$

$$\omega_{\mathrm{TO},/\!/} = 232\mathrm{cm}^{-1} \qquad \omega_{\mathrm{LO},/\!/} = 289\mathrm{cm}^{-1}$$

$$\Gamma(\mathrm{TO}_{/\!/}) = 6.3\mathrm{cm}^{-1} \qquad \Gamma(\mathrm{LO}_{/\!/}) = 7.5\mathrm{cm}^{-1}$$

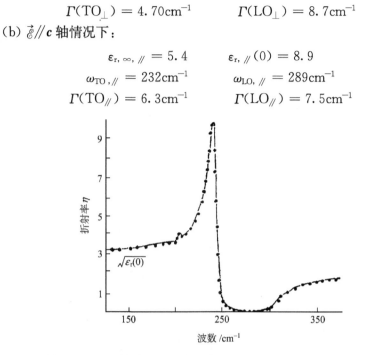

图 4.33　从反射谱和 K-K 关系求得的 CdS 折射率与频率的关系．CdS 为纤维锌矿结构，c 轴与样品表面垂直，入射电矢量 $\vec{\mathcal{E}} \perp c$ 轴

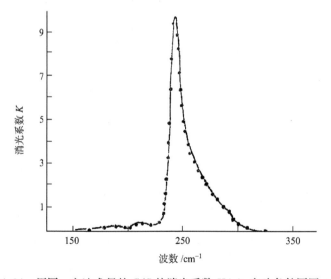

图 4.34　用同一方法求得的 CdS 的消光系数 $K(\omega)$．实验条件同图 4.33

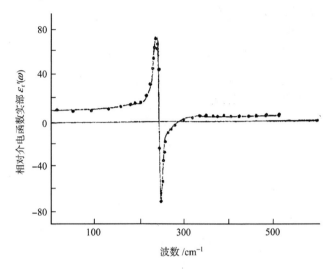

图 4.35　用同一方法求得的 CdS 相对介电函数的实部 $\varepsilon_r{}'(\omega)$

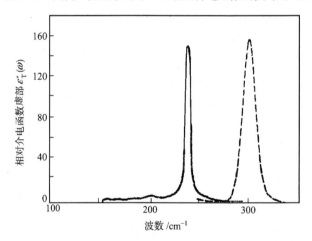

图 4.36　用同一方法求得的 CdS 相对介电函数的虚部

$\varepsilon_r{}''(\omega)$ 和 $\mathrm{Im}\left[-\dfrac{1}{\varepsilon_r(\omega)}\right]=\dfrac{2\eta K}{(\eta^2+K^2)^2}$. 实线为 $\varepsilon_r{}''(\omega)$，虚线为 $\mathrm{Im}\left(-\dfrac{1}{\varepsilon_r}\right)$，$\vec{\mathscr{E}}\perp c$

　　利用 K-K 关系虽然可以求得材料光学常数，但完全没有涉及到过程的物理本质. 为正确地说明极性半导体晶体的横光学声子反射带，类似于激子极化激元，必须考虑晶格振动和入射光电磁波场之间的强耦合，即声子-光子间强耦合形成的极化激元. 研究光频电磁场中的晶格振动位移，首先忽略阻尼常数，且由于所研究的是布里渊区原点附近横光学声子和光电磁波场的耦合作用，所以可以将晶格振动看作是频率为 ω_{TO} 的经典谐振子的集合，即采用所谓谐振子模型和长波近似. 于是，它们在电场中的运动方程可写为

$$\ddot{u} + \omega_{TO}^2 u = e_T \frac{\vec{\mathscr{E}}}{m^*} \tag{4.80}$$

式中 u 为晶格振动位移，$\vec{\mathscr{E}}$ 为光电磁波电场，m^* 为振子有效质量，e_T 为振子等效电荷，从键-轨道模型来看，它等于横向电荷[22]，所以这里记为 e_T，方程的解为

$$u = u_0 \exp\{i(q \cdot r - \omega t)\} \tag{4.81}$$

代入式(4.80)

$$u(\omega_{TO}^2 - \omega^2) = \frac{e_T \vec{\mathscr{E}}}{m^*}$$

于是

$$u = \frac{e_T}{m^*(\omega_{TO}^2 - \omega^2)} \vec{\mathscr{E}} \tag{4.82}$$

晶格振动引起的介质极化强度可写为

$$p = N e_T u = \frac{N e_T^2/m^*}{(\omega_{TO}^2 - \omega^2)} \vec{\mathscr{E}} = \chi \varepsilon_0 \ \vec{\mathscr{E}}$$

这样，利用第一章中的关系式(1.9)到(1.11)，可得半导体晶体的相对介电函数与频率的关系，也就是半导体在红外波段的色散关系

$$\varepsilon_r(\omega) = 1 + \frac{N e_T^2/m^* \varepsilon_0}{(\omega_{TO}^2 - \omega^2)} \tag{4.83a}$$

式(4.83a)在考虑声子场但不计及其弛豫效应情况下，将相对介电函数与有关晶格振动的微观量 e_T、N、m^* 联系起来. 或者计及带间跃迁电子对介电函数的贡献，将式(4.83a)中因子 1 改为 $\varepsilon_{r,\infty}$，得

$$\varepsilon_r(\omega) = \varepsilon_{r,\infty} + \frac{N e_T^2/m^* \varepsilon_0}{\omega_{TO}^2 - \omega^2} \tag{4.83b}$$

当 $\omega = 0$ 时，式(4.83b)给出相对静态介电常数

$$\varepsilon_r(0) = \varepsilon_{r,\infty} + \frac{N e_T^2}{m^* \varepsilon_0 \omega_{TO}^2} \tag{4.84}$$

于是式(4.83b)可改写为

$$\varepsilon_r(\omega) = \varepsilon_{r,\infty} + \frac{[\varepsilon_r(0) - \varepsilon_{r,\infty}]\omega_{TO}^2}{\omega_{TO}^2 - \omega^2} = \varepsilon_r{}'(\omega) \tag{4.85}$$

现在讨论这种色散关系如何影响从纯力学观点推得的色散曲线. 考虑麦克斯韦方程 $\nabla \cdot D = 0$，在平面波情况下，即为 $q \cdot D = 0$ 或

$$\varepsilon \boldsymbol{q} \cdot \vec{\mathscr{E}}_{内场} = 0 \tag{4.86}$$

式中 $\boldsymbol{q}$ 为晶格振动波矢. 因为 $\vec{\mathscr{E}}_{内场} \neq 0$, 所以只有在下面两种情况下, 式(4.86)才得以满足.

(a) $\varepsilon = 0$

这时, 从麦克斯韦方程有

$$\boldsymbol{q} \times \vec{\mathscr{E}} = 0 \tag{4.87}$$

即 $\vec{\mathscr{E}}$ 平行于晶格振动波矢, 这时晶格振动位移、极化矢量、外场三者平行. 众所周知, 电磁波是横波, 所以这实际上意味着, 电磁波和纵光学模格波无耦合作用, 所以 $\varepsilon_r' = 0$, ε_r'' 也近乎为零. 这一判断对任何纵激发都成立. 这种情况下的波是纵波, 其特性由晶体本身性质决定, 其频率可以由式(4.85)给出. 令

$$\varepsilon_r(\omega) = 0 = \varepsilon_{r,\infty} + \frac{[\varepsilon_r(0) - \varepsilon_{r,\infty}]\omega_{TO}^2}{\omega_{TO}^2 - \omega^2} \tag{4.88}$$

即得

$$\omega^2 = \omega_L^2 = \frac{\varepsilon_r(0)}{\varepsilon_{r,\infty}} \omega_{TO}^2 = \omega_{TO}^2 + \frac{Ne_T^2}{m^* \varepsilon_\infty} \tag{4.89}$$

这就是利坦-萨克斯-特勒(Lyddane-Sachs-Teller)关系, 简称 LST 关系, 式中 ω_L 为恒值, 与波矢无关, 即等于 ω_{LO}——纵光学声子频率,

$$\omega_L^2 = \omega_{LO}^2 = \omega_{TO}^2 + \frac{Ne_T^2}{m^* \varepsilon_\infty} \tag{4.90}$$

研究一下 $\varepsilon_r(\omega)$ 与 ω 的关系是有意义的. 图 4.37 是根据式(4.85)所作的曲线, 由图可见, 在 $\omega = \omega_{TO}$ 色散曲线有奇异性, 并且当 ω 沿高频方向和低频方向趋近于 ω_{TO} 时 $\varepsilon_r(\omega)$ 分别趋近于 $-\infty$ 和 $+\infty$, 并使 $\varepsilon_r(\omega)$ 变成不连续的两段. 此外, 由于这里采用的是谐振子模型, 因而 $\varepsilon_r'' = 0$. 在图上 ε_r'' 表示为 ω_{TO} 处的 δ 函数, 这意味着 $\varepsilon_r = \varepsilon_r'$. $\varepsilon_r'(\omega)$ 与 ω 轴的交点即给出式(4.88)的条件, 亦即给出 ω_{LO} 的位置. 事实上, 也可以求式(4.85)的倒数, 即

$$\frac{1}{\varepsilon_r'(\omega)} = \frac{\omega_{TO}^2 - \omega^2}{\varepsilon_{r,\infty}(\omega_{LO}^2 - \omega^2)} \tag{4.91}$$

当 $\omega = \omega_{LO} = \omega_{TO}[\varepsilon_r(0)/\varepsilon_{r,\infty}]^{1/2}$ 时, $1/\varepsilon_r'(\omega) \to \infty$, 即 $\varepsilon_r'(\omega) \to 0$.

(b) $\varepsilon_r(\omega) \neq 0$

这时有 $\boldsymbol{q} \cdot \vec{\mathscr{E}} = 0$, 即 $\vec{\mathscr{E}} \perp \boldsymbol{q}$. 这是横波的情况, 从麦克斯韦方程有

$$H = \frac{c}{\omega} \boldsymbol{q} \cdot \vec{\mathscr{E}} \quad 及 \quad \frac{c^2 q^2}{\omega^2} \vec{\mathscr{E}} = \boldsymbol{D} \tag{4.92}$$

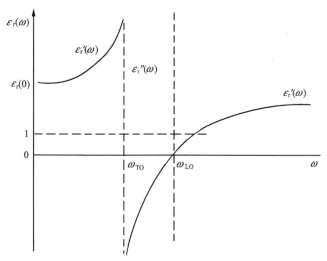

图 4.37 无阻尼谐振子模型情况下光学模晶格振动介电函数的色散关系

比较式(4.92)和第一章的式(1.9)～(1.13),得色散关系为

$$\frac{c^2 q^2}{\omega^2} = \varepsilon_{r,\infty} + \frac{[\varepsilon_r(0) - \varepsilon_{r,\infty}]\omega_{TO}^2}{\omega_{TO}^2 - \omega^2} \tag{4.93}$$

或利用 LST 关系,得

$$q^2 = \frac{\omega^2}{c^2}\varepsilon_{r,\infty}\left(\frac{\omega^2 - \omega_{LO}^2}{\omega^2 - \omega_{TO}^2}\right) \tag{4.94}$$

式(4.94)给出的 ω-q 关系如图 4.38 所示,图中也给出了晶体中光子的色散关系和晶格振动格波频率 ω_{TO}、ω_{LO} 的色散关系. 由于所讨论的是布里渊区原点附近很小波矢 q 范围内的情况,因而可以认为 ω_{TO}、ω_{LO} 不随波矢变化,在色散图上表现为平行横坐标轴的直线. 由图可见,ω-q 关系分成两支,$\omega < \omega_{TO}$ 时的 ω_- 支和 $\omega > \omega_{LO}$ 时的 ω_+ 支. 当波矢颇大时,即 $|q| \gg (\omega_{TO}/c)\sqrt{\varepsilon_{r,\infty}}$ 时,ω_+ 支趋近于 $\omega_+ \approx c|q|/\sqrt{\varepsilon_{r,\infty}}$,即趋近于光子在晶体中的色散曲线;$\omega_-$ 支趋近于 $\omega_- = \omega_{TO}$,即趋近于横光学声子频率. 当 $|q|$ 在 $\frac{\omega}{c}\sqrt{\varepsilon_{r,\infty}}$ 附近时,图示色散行为和 ω_{TO} 及光子色散行为均有较大区别. 这种色散关系的另一个重要特点是,在频率 ω_{TO} 和 ω_{LO} 之间式(4.94)

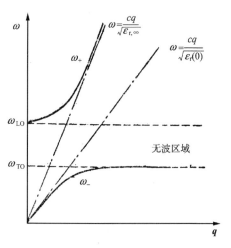

图 4.38 声子极化激元色散关系

无解,即其间不存在常模晶格振动模式,不存在电磁波动现象.如本节开头指出,这一频率区域可称之为无波区域,德语 reststrahlen(剩余射线)指的也是这个频区.这种既有别于声子,又有别于光子的色散行为起源于入射光子和横光学声子的强相互作用与耦合,这种耦合系统的常模,是兼有光子和 TO 声子特性的混态准粒子,称之为声子极化激元.

注意声子极化激元和激子极化激元的区别:首先鉴于声子振动有效质量(原子质量的量级)远大于激子有效质量(电子-空穴对有效质量),因而布里渊区原点附近区域声子色散频率 ω_{TO}、ω_{LO} 可以看作与波矢 q 无关,这就是为什么在图 4.38 中它们画为平行于 q 轴的二条直线.此外,从图 4.38 可知,对任一频率,仅存在一个波矢 q 与之对应,即至多只存在一个传播模,这和激子极化激元情况不一样,这里附加边界条件是不必要的.

利用极化激元色散关系,可以计算极性半导体晶体的晶格反射带,

$$R = \left| \frac{\varepsilon_{\text{r}}(\omega) - 1}{\varepsilon_{\text{r}}(\omega) + 1} \right|^2 \tag{4.95}$$

结果如图 4.39 所示,图中 $R_0 = \left| \dfrac{\varepsilon_{\text{r}}(0) - 1}{\varepsilon_{\text{r}}(0) + 1} \right|^2$,$R_\infty = \left| \dfrac{\varepsilon_{\text{r},\,\infty} - 1}{\varepsilon_{\text{r},\,\infty} + 1} \right|^2$,在略高于 ω_{LO} 的频率上,当 $\varepsilon'_{\text{r}}(\omega) = 1$ 时,$R = R_{\min} = 0$. 低温下 NaCl 的晶格反射谱很接近于图 4.39 所示的理想反射带.但对绝大多数离子晶体和半导体晶体来说,例如图 4.31 和图 4.32 所示的那些实际反射曲线,与图 4.39 给出的曲线有较大差别.首先 $R_{\max} < 1$,同时 $R_{\min}$ 也不为零,这是因为上述简化考虑中忽略了振动模式间或者说耦合系统常模间的非简谐互作用.这种非简谐互作用使入射光子传递给 TO 模的部分能量又传递给其他晶格振动模式.可以用赝谐振子模型来考虑这种非简谐耦合的影响,为此在运动方程(4.80)中引入阻尼项,即将方程式修正为

$$\ddot{\boldsymbol{u}} + \Gamma_{\text{a}} \dot{\boldsymbol{u}} + \omega_{\text{TO}}^2 \boldsymbol{u} = \frac{e_{\text{T}}}{m^*} \vec{\mathscr{E}} \tag{4.96}$$

式中 Γ_{a} 称为阻尼常数.这样,介电函数变成复数,其表达式(4.85)修正为

$$\tilde{\varepsilon}_{\text{r}}(\omega) = \varepsilon_{\text{r},\,\infty} + \frac{[\varepsilon_{\text{r}}(0) - \varepsilon_{\text{r},\,\infty}] \omega_{\text{TO}}^2}{\omega_{\text{TO}}^2 - \omega^2 - \mathrm{i}\Gamma_{\text{a}}\omega} \tag{4.97}$$

或写为

$$\left. \begin{aligned} \varepsilon'_{\text{r}}(\omega) = \eta^2 - K^2 &= \varepsilon_{\text{r},\,\infty} + \frac{[\varepsilon_{\text{r}}(0) - \varepsilon_{\text{r},\,\infty}](\omega_{\text{TO}}^2 - \omega^2)\omega_{\text{TO}}^2}{(\omega_{\text{TO}}^2 - \omega^2)^2 + \Gamma_{\text{a}}^2\omega^2} \\ \varepsilon''_{\text{r}}(\omega) = 2\eta K &= \frac{[\varepsilon_{\text{r}}(0) - \varepsilon_{\text{r},\,\infty}](\omega_{\text{TO}}^2 \Gamma_{\text{a}} \omega)}{(\omega_{\text{TO}}^2 - \omega^2)^2 + \omega^2 \Gamma_{\text{a}}^2} \end{aligned} \right\} \tag{4.98}$$

这样,介电函数的奇异点将不发生在 $\omega = \omega_{\text{TO}}$ 处,而略有偏离,记为 ω_{T},

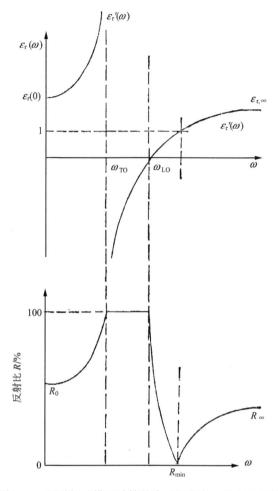

图 4.39 用谐振子模型计算的声子极化激元的介电函数
和极性晶体的晶格反射谱

$$\omega_T = \omega'_T + i\omega''_T \tag{4.99}$$

$$\omega'_T = \left(\omega_{TO}^2 - \frac{1}{4}\Gamma_a^2\right)^{1/2} = \omega_{TO}\sqrt{1 - (\Gamma_a/2\omega_{TO})^2} \tag{4.100}$$

$$\omega''_T = -\frac{1}{2}\Gamma_a \tag{4.101}$$

这样，ω_T 的实部代表共振频率，和 ω_{TO} 差别很小；ω_T 的虚部则度量阻尼大小.

频率 ω_L 仍为 $\tilde{\varepsilon}_r(\omega) = 0$ 的解，它和 ω_{LO} 也略有区别，

$$\omega_L = \sqrt{\omega_{LO}^2 - \frac{1}{4}\Gamma_a^2} - \frac{i}{2}\Gamma_a \tag{4.102}$$

这样,在考虑阻尼因子 Γ_a 的情况下,声子极化激元的色散关系如图 4.40 所示[23]. 和未考虑阻尼因子 Γ_a 的情况相比,图 4.40 表明 ω_{TO} 和 ω_{LO} 之间不再是理想的无波区域,而存在一些衰减波.

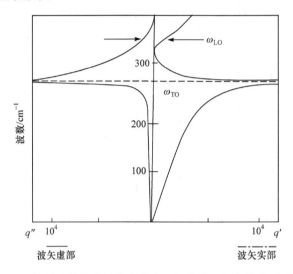

图 4.40　闪锌矿结构半导体光学声子极化激元的色散关系,纵坐
标:波数;横坐标:波矢,向右为实部($2\pi\eta\omega$),向左为虚部($2\pi K\omega$)

在考虑阻尼项情况下,介电函数 $\epsilon_r'(\omega)$、$\epsilon_r''(\omega)$ 与 ω 的关系以及计算的晶格反射谱如图 4.41 所示. 由图可见,共振频率 ω_T 处,是一个尖锐的 $\epsilon_r''(\omega)$($=2\eta K$)峰,其线宽为 Γ_a. 与此同时,ω_T 处 $\epsilon_r'(\omega)$($=n^2-K^2$)也不再像忽略 Γ_a 那样趋于 $\pm\infty$, 成为不连续的奇点,而是陡峭变化,ω_T 变成 $\epsilon_r'(\omega)$ 曲线最陡峭变化(或者说变化斜率最大)的频率位置,在 ω_T 附近,是一个较平宽的反射比极大峰 R_{max},Γ_a 愈小,这一反射峰愈平宽. R 的极小值 R_{min} 的位置仍和图 4.41(a)中 $\epsilon_r'(\omega)=1$ 的频率位置一致,略高于 ω_L,与谐振子模型相比已略有漂移. 这些结果及其与图 4.31 及 4.32 的比较表明,赝谐振子模型可以大致说明极性半导体晶体的剩余射线反射带.

4.4.2　等离子激元-纵光学声子耦合模

迄今为止,我们已讨论了带间跃迁、TO 声子以及自由载流子对介电函数 $\tilde{\epsilon}_r(\omega)$ 的贡献. 人们可以分别地研究它们,因为它们通常具有不同的共振频率,对半导体,典型地有

$$\hbar\omega_p < \hbar\omega_{TO} < \hbar\omega_g(=E_g) \tag{4.103}$$

式中 ω_p 为等离子激元频率,已由式(4.13)给出. 但对半金属和某些窄禁带半导体,如组分 $x=0.10\sim0.20$ 左右的 $Cd_xHg_{1-x}Te$,人们可以面临

$$\hbar\omega_p \approx \hbar\omega_{TO} \approx \hbar\omega_g \tag{4.104}$$

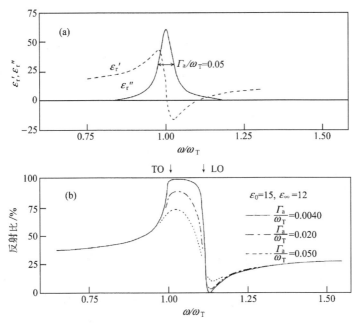

图 4.41 用腰谐振子模型计算的极性半导体的介电函数和晶格反射
谱. (a) $\varepsilon'_r(\omega)$ 和 $\varepsilon''_r(\omega)$ 的色散关系;(b)计算的晶格反射谱

的情况,这是一个复杂而有意义的问题,其理论处理尚未完全解决.本节仅简要讨
论 $\hbar\omega_p \approx \hbar\omega_{TO}$ 的情况.既然等离子激元和极性半导体晶格的 LO 声子模都具有纵
极化模的性质,它们都引起纵极化电场,那么当两种运动模式频率相近时,由它们
产生的极化或消极化电场,可以强烈地互相耦合.类似于声子极化激元的情况,可
以从介电函数出发来研究这种耦合模的频率特征和色散关系,导出它们对半导体
光学性质的影响,而不涉及到这种耦合的微观机制.计及极性光学模声子和等离子
激元两者对介电函数的贡献,在谐振子模型情况下,有

$$\varepsilon(\boldsymbol{q},\ \omega) = \varepsilon_\infty + \varepsilon_{晶格}(\boldsymbol{q},\ \omega) + \varepsilon_{等离子激元}(\boldsymbol{q},\ \omega)$$

引用公式(4.12)和(4.93)得

$$\varepsilon_r(\boldsymbol{q},\ \omega) = \varepsilon_{r,\ \infty} + \frac{[\varepsilon_r(0) - \varepsilon_{r,\ \infty}]\omega_{TO}^2}{\omega_{TO}^2 - \omega^2} - \frac{\omega_p^2}{\omega^2}\varepsilon_{r,\ \infty} = \frac{c^2\boldsymbol{q}^2}{\omega^2} \tag{4.105}$$

讨论两种情况:首先是 $q=0$ 的情况,即布里渊区原点附近,这时式(4.105)右
边为零,由此可以解得

$$\omega_\pm^2(q=0) = \frac{1}{2}(\omega_p^2 + \omega_{LO}^2) \pm \frac{1}{2}\left[\omega_{LO}^4 + \omega_p^4 + 2\omega_p^2\omega_{LO}^2\left(1 - 2\frac{\varepsilon_{r,\ \infty}}{\varepsilon_r(0)}\right)\right]^{1/2}$$

$$\tag{4.106}$$

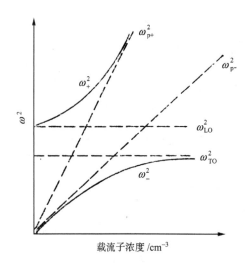

图 4.42　等离子激元-LO 声子耦合模频率
和载流子浓度 n 的关系

图中 $\omega_{p+}^2 = \dfrac{ne^2}{m^*\varepsilon_0}$，$\omega_{p-}^2 = \dfrac{ne^2}{m^*\varepsilon_\infty}$

式(4.106)表示，等离子激元-LO 声子耦合模的频率和载流子浓度(通过 ω_p)有关，如图 4.42 所示. 和已经多次遇到的情况一样，强耦合区域，耦合模兼有等离子激元和 LO 声子两者的特性，同时两支耦合模之间的简并消除了. 但可以看到，就 $\omega_\pm(\boldsymbol{q})$ 关系而论，即就色散关系而论，LO 声子和等离子激元两者色散都很弱(尤其是布里渊区原点附近)，因而它们的耦合模的 ω_+、ω_- 的色散也较弱. 此外可以看到，当自由载流子浓度 $n\to\infty$ 时，即 $\omega_p\to\infty$ 时，耦合模下支的频率趋近于 ω_{TO}. 这初看起来似乎难以理解，然而我们知道 LO 模频率高于 TO 模的物理起因在于库仑互作用，当 n 很大时，由于自由载流子气屏蔽了离子间的库仑互作用，导致 $\omega_{LO}\to\omega_{TO}$，因而上述耦合模下支的频率也趋近于 ω_{TO}.

若 $q\neq0$，关于 $\omega_\pm$ 的公式无解析解. 随着 q 的增大，声子场的屏蔽变得不那么有效了，因而 ω_- 增大，从 $q=0$ 时的 ω_-(低于 ω_{TO})向 ω_{LO} 渐近. ω_+ 的波矢依赖关系则可在式(4.106)中用 $\omega_p^2(\boldsymbol{q})=\omega_p^2+\dfrac{3}{5}(qv_F)^2$ 代替 $\omega_p(q=0)$ 来得到，式中 $v_F=\hbar k_F/m^*$ 为费米速度.

由于等离子激元-LO 声子耦合模的出现，声子-光子互作用也会受到它的影响，即声子极化激元也会受到等离子激元的影响. 或者说它们被等离子激元(或等离子激元-LO 声子耦合模)调制了. 图 4.43 给出了 $\omega_p<\omega_L$ 和 $\omega_p>\omega_L$ 情况下声子极化激元的色散曲线[24]. 极化激元仍分裂为上下两支(Ω_+ 和 Ω_-). 但现在由于自由载流子的屏蔽作用，Ω_- 支极化激元不能在低于 ω_- 的频率范围内传播，因而和图 4.38 比较，Ω_- 支更严重地受到等离子激元-LO 声子耦合的影响. 在 $\omega_p<\omega_L$ 情况下，ω_- 和 ω_T 之间尚有较大的频率间距，因而 Ω_- 随 q 的增大有一定色散. 但当 $\omega_p>\omega_L$ 时，ω_- 支已趋近于 ω_T，ω_L 本身也趋近于 ω_T，又因为 q 很大时，Ω_- 支趋近于 ω_T，所以只在 ω_- 和 ω_T 间色散的 Ω_- 支极化激元频率几乎不随 q 变化，即几乎不存在色散.

实验上不难观察到等离子激元-LO 声子耦合模对半导体和半金属晶格反射光谱的影响，并求得耦合模频率与载流子浓度 n 的关系. 图 4.44 给出了 $x=0.18$ 的 $Cd_x Hg_{1-x} Te$ 的反射光谱[25]. 图中可以看出，较高温度(300K)下，$x=0.18$ 的

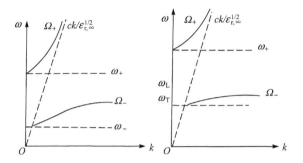

图 4.43 考虑到等离子激元- LO 声子耦合情况下的声
子极化激元的色散特性. 左图:$\omega_p < \omega_L$;右图:$\omega_p > \omega_L$

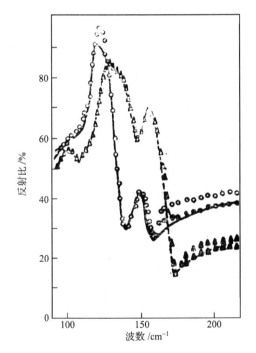

图 4.44 $x = 0.18$ 的 $Cd_x Hg_{1-x} Te$ 的反射光
谱. $\triangle$:300K;$\bigcirc$: 4.5K,从 300K 的反射曲线可
见等离子激元- LO 声子耦合效应的影响

$Cd_x Hg_{1-x} Te$ 混晶的耦合模高频支向高能方向移动并反射增强. 图 4.45 给出了
HgTe 的反射谱[26]. 图中高温下类 HgTe 和 HgTe 反射带向高频方向的位移和变
形即起因于耦合模中 ω_+ 支及 Ω_+ 支的效应. 分析实验数据可以求得 $\omega_\pm$ 与 $\sqrt{n}$ 的关系,
并可与式(4.106)给出的结果相比较. 顺便指出,利用拉曼散射也可清楚地观察到
如图 4.42 所示的 $\omega_\pm$ 与 $\sqrt{n}$ 的关系,关于这一点将在后面第七章中讨论.

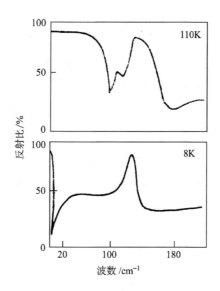

图 4.45　HgTe 的远红外反射光谱. 上图: $T=110K$; 下图: $T=8K$. 较高温度下
反射峰的位移和变形归因于等离子激元-LO 声子耦合效应

4.4.3　混晶晶格振动反射谱

上面已经讨论了二元极性半导体的晶格反射谱. 如前所述, 现代半导体技术和应用中, 还广泛采用三元半导体混晶, 如 $GaAs_xP_{1-x}$, $Ga_{1-x}Al_xAs$ 和 $Cd_xHg_{1-x}Te$ 等. 研究表明, 决定于混晶的组元化合物原来的声子特性和它们间的质量关系, 混晶晶格振动反射谱可以呈现单模、双模和混合模行为, 即可以有一个或二个剩余射线反射带, 并伴有多模精细结构. 图 4.46 给出了室温下 $GaAs_{0.44}P_{0.56}$ 的晶格反射光谱[27], 图 4.44 和图 4.47 则分别给出了不同温度下 $x=0.18$ 和 0.45 的 $Cd_xHg_{1-x}Te$ 的晶格反射光谱[25].

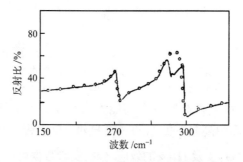

图 4.46　室温下 $GaAs_{0.44}P_{0.56}$ 的晶格反射
光谱(参看文献[27]), 图中圆点为计算结果

对实验结果的经典腰谐振子模型拟合计算和用 K-K 关系从反射谱计算光学常数的结果表明, 不论是对 $GaAs_xP_{1-x}$ 或是 $Cd_xHg_{1-x}Te$, 都必须假定存在多个(其中二个是主要的)频率不同的互相独立的阻尼谐振子, 才能正确地说明这些混晶晶格反射谱的所有特征. 混晶光学声子多模近似情况下, 式(4.97)给出的介电函数表达式可修正为

$$\widetilde{\varepsilon}_r(\omega) = \varepsilon_{r,\infty} + \sum_{j=1}^{N} \frac{S_j \omega_j^2}{\omega_j^2 - \omega^2 - i\Gamma_{a,j}\omega} \tag{4.107}$$

式中 S_j 是第 j 个振子的振子强度, ω_j 为其频率. 如前所述, 若忽略 $\Gamma_{a,j}$ 引起的微小修正, 则 $\omega_j \approx \omega_{TO,j}, \Gamma_{a,j}$ 为第 j 个振子的阻尼常数. 对 $Cd_xHg_{1-x}Te$ 和 $GaAs_xP_{1-x}$ 混晶来说, 所

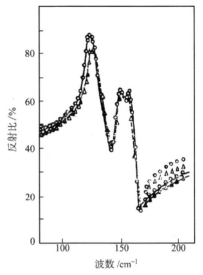

图 4.47　不同温度下 $x=0.45$ 的 $Cd_xHg_{1-x}Te$ 的晶格反射光谱

有这些振子中常常有两个是主要的, 因而通常仍认为它们具有双模行为.

有不少理论模型可以定性或半定量地说明混晶光学声子的模式行为, 主要是双模行为[27~29], 其中比较简单的是等位移模型[29]. 既然红外光子和晶格振动间的强耦合主要发生在它们和布里渊区中心附近的横光学模(或者说长波横光学模)之间, 人们可以主要考虑长波 TO 模晶格振动, 因而假定所有同种原子振动位移相同. 这样, 以 $GaAs_xP_{1-x}$ 混晶为例, 原子运动方程变为

$$\left. \begin{aligned} m_{Ga}\ddot{u}_{Ga} &= -xf_{As}(u_{Ga} - u_{As}) - (1-x)f_P(u_{Ga} - u_P) + Z_{Ga}e\vec{\mathcal{E}} \\ m_{As}\ddot{u}_{As} &= -f_{As}(u_{As} - u_{Ga}) - (1-x)f_2(u_{As} - u_P) + Z_{As}e\vec{\mathcal{E}} \\ m_P\ddot{u}_P &= -f_P(u_P - u_{Ga}) - xf_2(u_P - u_{As}) + Z_Pe\vec{\mathcal{E}} \end{aligned} \right\} \tag{4.108}$$

式中 u_j 为不同品种原子的位移矢量, Z_j 为不同品种原子(离子)的与振动有关的电荷数, x 为组份参数, $\vec{\mathcal{E}}$ 为宏观电场, 力常数 f 按 As 与 P 的相对含量加以权重, 并且为和实验测得的 $GaAs_xP_{1-x}$ 反射光谱相符, 还考虑到了第二近邻间, 即阴离子-阴离子间的力常数 f_2. 这样晶格振动对极化矢量 P 的贡献写为

$$P = \frac{Z_{Ga}eu_{Ga} + xZ_{As}eu_{As} + (1-x)Z_Peu_P}{V} \tag{4.109}$$

式中 V 为原胞体积. 由上式并引用第一章描述的方法可以计算混晶的相对介电函数谱 $\varepsilon_r(\omega)$ 以及反射光谱 $R(\omega)$, 图 4.46 中的圆点即是这样计算的结果. 鉴于模型的简单性, 计算结果和实验曲线间的符合还是令人满意的.

近来, 关于半导体混晶晶格振动模式行为及其反射光谱, 尚有许多有趣的新结果[30~33].

4.4.4　三元化合物晶格振动反射谱

本节继续研究三元化合物半导体的晶格振动. 三元半导体化合物的晶格振动比二元材料复杂得多, 系统地了解三元化合物中声子频率随组分变化的关系对进一步掌握三元化合物的元素替代规律、内部结构信息等有着重要的作用. 本节以三元化合物 $Pb_{1-x}Sr_xSe$ 和 $Mg_xZn_{1-x}O$ 作为主要研究对象, 用远红外反射谱的方法来研究三元半导体中的声子情况, 重点研究 $Pb_{1-x}Sr_xSe$ 和 $Mg_xZn_{1-x}O$ 这两种三元化合物的声子模行为. 由于它们都含有三种元素, 与一般的二元材料相比声子的行为更加复杂, 分析时需要更加仔细地辨别和指认.

1. $Pb_{1-x}Sr_xSe$ 薄膜远红外反射晶格振动光谱

三元 $Pb_{1-x}Sr_xSe$ 和二元 $PbSe$、$SrSe$ 薄膜是用分子束外延(MBE), 以 $PbSe$、Se 和 Sr 作为生长材料源, 生长在新鲜解理的 BaF_2(111)衬底上的[34]. 图 4.48(a)是五块含有不同 Sr 组分的 $Pb_{1-x}Sr_xSe$ 样品远红外反射的实验(实心方块)和理论(实线)拟合结果. 这里也包括了 $x=1$ 时的 $SrSe$ 二元化合物及 $x=0$ 时的 $PbSe$ 二

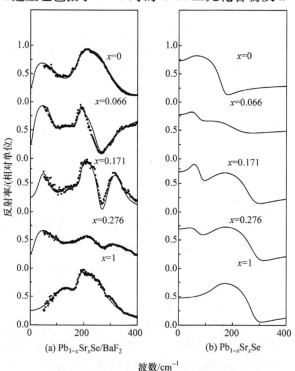

图 4.48　(a)不同 Sr 组分的 $Pb_{1-x}Sr_xSe$ 薄膜的远红外反射谱(黑点)及理论计算结果(实线);
(b)计算得到的纯 $Pb_{1-x}Sr_xSe$ 薄膜的远红外反射谱

元化合物的反射曲线. 由于所用的材料是薄膜/衬底, 衬底对反射谱也起到一定的贡献, 在拟合过程中, 首先假设衬底晶格振动的有关参数为已知, 而仅把薄膜的信息作为待拟合的参数. 有两种方法可以得到 BaF_2 衬底的晶格振动相关参数, 一是可以通过查文献得出, 这一方法比较简便, 且得到的参数对一般纯 BaF_2 材料都能适用, 如果想得到更加精确的关于所用材料的 BaF_2 衬底相关参数的话, 可以先单独拟合纯 BaF_2 材料的远红外反射谱. 因此, 先使用拟合的方法来得到 BaF_2 材料的晶格振动相关参数: 声子频率为 $\omega_{TO}=195cm^{-1}$, 振子强度 $S=4.0$, 阻尼系数 $\Gamma=40.0cm^{-1}$. 这些参数在拟合 $Pb_{1-x}Sr_xSe$ 样品时就可以作为衬底固定的参数代入, 从而减小了拟合的不确定度.

首先来看 PbSe 薄膜, 因为文献报道的关于 PbSe 材料的声子频率信息相对较多, 所以可以有比较好的参照. PbSe 是一种极性半导体, 它的声子频率可以用基于点离子模型的 Kellemann 方法来计算得出[35]. 文献报道的理论计算获得的 TO 声子和 LO 声子频率分别为 44 和 $133cm^{-1}$, 而通过拉曼散射实验得到的频率分别为 48 和 $135cm^{-1}$[36]. 由于实验仪器测量范围的限制, 实际测量的拉曼散射实验结果是从 $50cm^{-1}$ 开始, 但是从线型来看, 明显地在低于 $50cm^{-1}$ 的地方应该存在一个结构, 因此在理论拟合时把 TO 声子的频率也加以考虑. 通过拟合得到关于 PbSe 材料的反射谱结构的位置分别在 $47cm^{-1}$ 和 $188cm^{-1}$. 其中 $47cm^{-1}$ 与文献报道的 TO 声子频率相吻合. 从频率的角度看, $188cm^{-1}$ 的反射可以认为是来自于双声子 TO+LO. 由于远红外反射对纵光学声子是不激活的, 所以在实验上没有看到相应的 LO 声子结构.

接下来看一下 SrSe 样品, 与 PbSe 材料相比, 文献对 SrSe 声子频率的报道比较少, 特别是 LO 声子, 基本没有相关的实验报道. 由于远红外反射谱方法只对 TO 声子激活, 因而先得到 SrSe 半导体的 TO 声子的相关信息, 而关于 LO 声子的信息, 可以用拉曼散射方法来研究. 从图 4.48 看到 SrSe 样品的反射光谱也有两个结构, 通过拟合得到 SrSe 的 TO 声子频率在 $142cm^{-1}$ 左右, 这个值与其他文献报道的实验结果相一致[37,38], 但是要注意这个峰位和前面得到的衬底的反射峰非常接近, 对于 SrSe 薄膜来说, BaF_2 衬底对反射谱上的主要反射结构还是有一定贡献的, 这是因为 SrSe 的带隙较宽, 入射光源大部分都能透过薄膜到达衬底, 从而与 BaF_2 衬底发生作用. 同样, 我们也对另外三块三元化合物 $Pb_{0.934}Sr_{0.066}Se$、$Pb_{0.829}Sr_{0.171}Se$、$Pb_{0.724}Sr_{0.276}Se$ 材料的反射谱进行了拟合, 得到了相应的晶格振动参数, 把包括 PbSe 和 SrSe 材料在内的所有拟合结果都列在表 4.8 中。

表 4.8　通过远红外反射谱拟合得到的五块 $Pb_{1-x}Sr_xSe$ 薄膜的振动频率、振子强度和阻尼系数

合金	多振动分析											
	ω_{TO_1} (cm^{-1})	S_1	Γ_1 (cm^{-1})	ω_{TO_2} (cm^{-1})	S_2	Γ_2 (cm^{-1})	ω_{TO+LO_1} (cm^{-1})	S_3	Γ_3 (cm^{-1})	ω_{2TO_2} (cm^{-1})	S_4	Γ_4 (cm^{-1})
PbSe	47.0	426	15				188	22	10			
$Pb_{0.934}Sr_{0.066}Se$	48.0	370	10	148.5	25	45	185	10	5			
$Pb_{0.829}Sr_{0.171}Se$	50.5	100	21	148.0	5	50	198	10	5	306	3	20
$Pb_{0.724}Sr_{0.276}Se$	51.0	180	40	147.5	1	30	198	10	60	301	4	100
SrSe				142.5	22	60	188	15	5	283	1	40

对于三元 $Pb_{1-x}Sr_xSe$ 材料,反射谱中结构较多,扣除衬底的贡献后,发现在 $47cm^{-1}$ 和 $142cm^{-1}$ 附近都有晶格振动模存在,这两种声子分别接近于 PbSe 和 SrSe 的 TO 声子频率,因此可以认为是类 PbSe 和类 SrSe 模. 此外,同样还观察到了类 PbSe 的 TO+LO 模,在含 Sr 较多的 $Pb_{0.829}Sr_{0.171}Se$ 和 $Pb_{0.724}Sr_{0.276}Se$ 中还看到类 SrSe 的 2TO 模,但强度较弱. 为了更清楚地描绘 $Pb_{1-x}Sr_xSe$ 材料的单声子反射,在图 4.48(b)中画出了理论计算得到的 $Pb_{1-x}Sr_xSe$ 材料单声子反射谱(这里扣除了多声子和衬底对反射谱的影响). 从图中可见,随着 Sr 组分的增加,类 PbSe 模声子的强度逐渐减小,同时对应的反射结构向高频方向移动;相反,类 SrSe 模声子的强度则逐渐增大,而频率位置发生了红移. 这些是典型双模行为的体现. 具体三元 $Pb_{1-x}Sr_xSe$ 半导体声子模行为的分析将在后面小节中详细介绍. 同时,拟合过程中还发现,反射带结构的强度是由振子强度和阻尼系数共同决定的. 通过这种理论和实验相结合的方法可以对极性半导体材料的晶格振动有一定深入的了解. 接下来再把这种方法应用于另一种新型三元化合物材料 $Mg_xZn_{1-x}O$,看看这种材料中的晶格振动情况.

2. $Mg_xZn_{1-x}O$ 薄膜远红外反射晶格振动光谱

立方型三元 $Mg_xZn_{1-x}O$ 材料是用反应电子束蒸发的方法生长在抛光的蓝宝石衬底(0001)上的,在远红外波段,蓝宝石具有多种振子频率,它的声子结构与 BaF_2 相比要复杂一些,为了更好地拟合 $Mg_xZn_{1-x}O$ 薄膜的反射谱,需要先拟合蓝宝石衬底的远红外反射谱,图 4.49 所示即为蓝宝石的反射谱. 一共有四个明显的结构,通过拟合得到的蓝宝石材料振子频率位置为 384,444,564 和 $634cm^{-1}$,这四个振子对应的强度 S 分别为 0.1,3.5,3.2,0.3,阻尼系数 Γ 分别为 1.5,4.0,7.0,$10.0cm^{-1}$. 这样就可以把这些参数作为已知参数来代入其后的薄膜红外反射光谱拟合过程中.

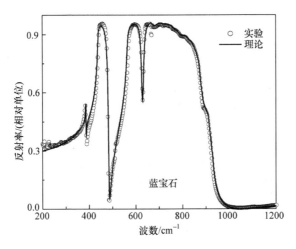

图 4.49 蓝宝石的反射谱

图 4.50(a)所示为实验得到的 $Mg_xZn_{1-x}O$/蓝宝石反射光谱和理论拟合结果,其中也包括了 MgO 和 ZnO 二元化合物的结果. 尽管蓝宝石衬底对整个线型的影响较大,但在已知衬底的相关参数条件下,还是可以得到很好的拟合结果,并抽取 $Mg_xZn_{1-x}O$ 的晶格振动信息. 图 4.50(b)画出了扣除衬底后仅 $Mg_xZn_{1-x}O$ 一阶声子对远红外反射谱的贡献. 表 4.9 则列出了拟合得到的 $Mg_xZn_{1-x}O$ 材料 TO 声子对应的振动频率、振子强度和阻尼系数等参数.

表 4.9 通过远红外反射谱拟合得到的 $Mg_xZn_{1-x}O$ 薄膜的振动频率、振子强度和阻尼系数

合金	ω_{TO_1} (cm^{-1})	S_1	Γ_1 (cm^{-1})	ω_{TO_2} (cm^{-1})	S_2	Γ_2 (cm^{-1})	ω_{TO_3} (cm^{-1})	S_3	Γ_3 (cm^{-1})
ZnO	380	1.0	5.0	405	6.0	20.0	760	0.5	40.0
$Mg_{0.47}Zn_{0.53}O$	385	1.5	5.0	436	15.0	20.0	730	0.2	40.0
$Mg_{0.51}Zn_{0.49}O$	388	0.6	5.1	440	2.0	5.0	687	0.1	25.0
$Mg_{0.56}Zn_{0.44}O$	385	0.5	4.4	439	6.5	20.5	712	0.2	40.0
$Mg_{0.60}Zn_{0.40}O$	389	0.8	9.0	447	7.0	10.0	728	0.1	20.0
MgO	400	7.2	95.0	/	/	/	652	0.1	100.0

当 $x=0$,三元化合物 $Mg_xZn_{1-x}O$ 变为其一端的二元化合物 ZnO,ZnO 具有六角型结构,从属于 C_{6v} 点群,拟合所得到的振子频率为 380 和 405cm^{-1} 的声子模分别对应于 $A_1(TO)$ 和 $E_1(TO)$ 对称模[39]. 另外一个反射结构在 760cm^{-1} 附近,从频率的角度看可以指认为 $2A_1(TO)$ 声子反射带. 当 $x=1$ 时,二元化合物 MgO 是立方型结构,它是属于 T_d 点群,实验看到的两个反射带的频率分别在 400 和 652cm^{-1} 附近. 一般来说,大部分半导体材料的较低频率反射带对应的往往为声子

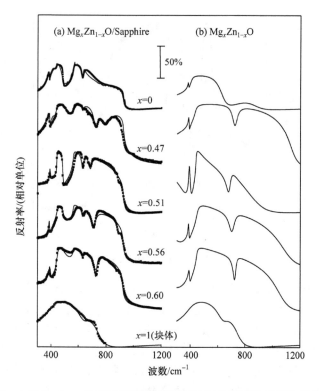

图 4.50　(a)$Mg_xZn_{1-x}O$/蓝宝石薄膜衬底的远红外反射谱及理论拟合结果；

(b)计算得到的不带衬底的 $Mg_xZn_{1-x}O$ 材料的远红外反射谱

共振,而较高频率的辅助反射带对应的则为杂质模或多声子反射等.因此,具有 T_2 对称性的 TO 声子频率主要为 $400cm^{-1}$,这与文献报道的 $401cm^{-1}$ 非常相近[40].从图 4.50(b)计算得到的不带衬底的 $Mg_xZn_{1-x}O$ 反射谱上可以看出所有的三元材料都具有两个反射带,其中主要的共振反射带在 $400cm^{-1}$ 附近,另一个反射带在 $700cm^{-1}$ 附近.在 $400cm^{-1}$ 的反射带区域中,主要存在两个声子模,一个在 $385cm^{-1}$,另一个在 $440cm^{-1}$,它们分别属于立方型 $Mg_xZn_{1-x}O$ 的 T_2(TO)声子模,并随着 x 的增大有微小的蓝移.$700cm^{-1}$ 附近的反射结构主要是由杂质所引起的.从表中可以看到杂质模的振子强度远小于 T_2(TO)声子模.在三元化合物材料中,由晶格不匹配所引起的应力及合金无序都会引起杂质模的产生,这在六角型 $Mg_xZn_{1-x}O$ 薄膜中也有体现[41].此外,在样品 $Mg_{0.47}Zn_{0.53}O$ 中,还观察到了 $2T_2$(TO)声子反射峰.另外,在拟合中也考虑了等离子激元的作用,从而可以推导出立方型 $Mg_xZn_{1-x}O$ 中载流子浓度的量级约在 $10^{18}cm^{-3}$ 左右.

4.4.5　三元混合晶体声子模行为的研究

在三元化合物材料中,由于替代原子的出现,往往会引起晶格常数的改变或有效原子质量改变,从而会破坏原来晶体的平移对称性,同时会进一步影响简谐振动模的行为和频率.了解声子模的行为,是研究三元化合物晶格振动属性非常有意义的工作.如前所述,在 $AB_{1-x}C_x$ 这样一种混晶材料中,根据光学声子频率与组分 x 的关系可以将声子模的行为大致分为三类:即单模、双模和混合模[42](如图 4.51 (a)~(d)所示).单模化合物中,在整个组分变化范围内只能观察到一个 TO 声子和一个 LO 声子,且它们的频率在对应的两端二元化合物 AB 和 AC 的 TO 和 LO 声子频率之间平缓地改变.具有单模行为的典型三元化合物有 $In_xGa_{1-x}P$, $GaAs_{1-x}Sb_x$[43]及一些碱卤化物混合晶体,如 $Na_{1-x}K_xCl$,$KCl_{1-x}Br_x$[42]等.双模化合物的声子模表现出来的是在整个组分变化过程中,始终存在着两个 TO 声子和两个 LO 声子,其中一个是类 AB 模,另一个是类 AC 模,并同时存在如图所示的局域模(local mode)和间隙模(gap mode).大部分 III-V 族三元化合物的声子模都体现了双模行为,如 $Al_{1-x}Ga_xAs$,$In_xAl_{1-x}As$ 和 $In_xAl_{1-x}P$[42,43]等.混合模又可以分为两种,即它存在着一个临界组分点,其中一种是在高于这个临界组分点时,体现了单模行为,低于这个组分点时则为双模,因而它只有局域模,不存在间隙模;另外一种情况是高于临界组分点为双模行为,低于则体现单模行为,且只存在间隙模,这两种不同的情况分别如图中(c)和(d)所示.具有混合模的材料主要有 $In_xGa_{1-x}Sb$,$In_xGa_{1-x}As$,$GaAs_{1-x}Sb_x$[42,43]等.

1. 修正的随机元素同向位移模型

随机元素同向位移模型(random element isodisplacement model,REI)最初是由 Chen 等人提出的[44].这个模型建立在两个假设基础上,第一,各向同性位移假设,即认为同一种类的阳离子或阴离子都以相同的频率和幅度振动着;第二,无序性假设,即每个原子受到周围原子的作用力是建立在统计平均基础上的,与具体的位置和顺序无关.周围原子的统计平均值与组分 x 有关.根据各向同性的定义,相对运动只发生在不同种类的原子之间,因此对 $AB_{1-x}C_x$ 三元化合物来说,每个原子的运动方程为

$$m_A\ddot{u}_A = -(1-x)F_{AB}(u_A - u_B) - xF_{AC}(u_A - u_C)$$
$$m_B\ddot{u}_B = -F_{AB}(u_A - u_B) - xF_{BC}(u_B - u_C) \qquad (4.110)$$
$$m_C\ddot{u}_C = -F_{AC}(u_C - u_A) - (1-x)F_{BC}(u_C - u_B)$$

其中,u_A、u_B 和 u_C 分别是原子 A、B 和 C 的同向位移量;m_A、m_B 和 m_C 分别是各个原子的质量(假设 $m_C < m_B$);F_{AB} 指 A 原子受到周围的 B 原子(可以等效成一个原子)的作用力;F_{AC} 指 A 原子受到周围的 C 原子的作用力;F_{BC} 则指 B 和 C 阴离子间的作用力.这三个作用力常数实际上都是晶格常数的函数,因此可以认为他们与组分 x 间存在着线性的关系:

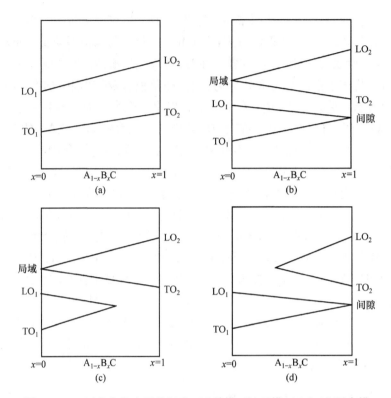

图 4.51　三元化合物声子模行为. (a)单模; (b)双模; (c)和(d)混合模

$$\frac{F_{AB}}{F_{AB0}} = \frac{F_{AC}}{F_{AC0}} = \frac{F_{BC}}{F_{BC0}} = 1 - \theta x \tag{4.111}$$

其中 F_{AB0}, F_{AC0}, F_{BC0} 是当 $x=0$ 时的三个作用力常数. θ 为分段参数. $x=0$ 时的 F_{AB} 与 $x=1$ 时的 F_{AC} 与观察到的二元化合物 AB 和 AC 的频率有直接的联系. 第三个作用力可以作为一个可调参数.

　　REI 模型成功地拟合了 $GaP_{1-x}As_x$ 的实验结果, 并很好地预言了频率随 x 的变化关系. 但是它还是属于一个理想的模型, 在解释其他三元化合物时存在着较大的偏差, 为了更好地与实验结果相结合, Chang 等人在此基础上对这个模型进行了改进, 并慢慢发展出了 MREI(modified random element isodisplacement model)模型[45,46]. I. F. Chang 等人认为, 既然这个模型是对于整个组分范围来说的, 包括 $x=0$ 与 $x=1$ 时的情况, 因此它也自然且必然能预言两端二元化合物在布里渊区中心的晶格振动频率. 反之, 可以通过实验得到的二元化合物的晶格振动频率来决定大部分的参数, 如质量, 介电常数, 光学模频率等. REI 模型把作用力常数作为可调的参数, 而在 MREI 模型中认为作用力常数要满足一定的边界条件, 即模型必须在 $x=0$ 与 $x=1$ 时也有效. 我们可以通过运动方程来得到边界条件. 首先定义:

$$W_1 = u_A - u_B, \quad W_2 = u_A - u_C \tag{4.112}$$

把它代入式(4.110)可以得到

$$\ddot{W}_1 = \left[-(1-x)\frac{F_{AB}}{m_A} - \frac{F_{AB}}{m_B} - x\frac{F_{BC}}{m_B} \right]W_1 - \left[x\frac{F_{AC}}{m_A} - x\frac{F_{BC}}{m_B} \right]W_2$$

$$\ddot{W}_2 = \left[-x\frac{F_{AC}}{m_A} - \frac{F_{AC}}{m_A} - (1-x)\frac{F_{BC}}{m_C} \right]W_2 - \left[(1-x)\frac{F_{AB}}{m_A} - (1-x)\frac{F_{BC}}{m_C} \right]W_1$$

$$\tag{4.113}$$

从而 TO 声子的特征频率值由下式得出

$$\begin{vmatrix} -\omega_{TO}^2 + K_1 & K_{12} \\ K_{21} & -\omega_{TO}^2 + K_2 \end{vmatrix} = 0 \tag{4.114a}$$

或

$$\omega_{TO}^4 - (K_1 + K_2)\omega_{TO}^2 + (K_1 K_2 - K_{12} K_{21}) = 0 \tag{4.114b}$$

其中

$$K_1 = (1-x)\frac{F_{AB}}{m_A} + \frac{F_{AB}}{m_B} + x\frac{F_{BC}}{m_B}$$

$$K_2 = x\frac{F_{AC}}{m_A} + \frac{F_{AC}}{m_C} + (1-x)\frac{F_{BC}}{m_C}$$

$$K_{12} = x\frac{F_{AC}}{m_A} - x\frac{F_{BC}}{m_C}$$

$$K_{21} = (1-x)\frac{F_{AB}}{m_A} - (1-x)\frac{F_{BC}}{m_C} \tag{4.115}$$

为了得到模型中的参数,利用测量得到的 AB 和 AC 的 TO 声子频率及局域模和间隙模的频率来定出边界条件如下:

$$\omega_{TO}^2 = \frac{F_{AB0}}{\mu_{AB}} = \omega_{TO,AB}^2$$

$$\omega_{TO}^2 = \frac{F_{AC0} + F_{BC0}}{m_C} = \omega_{gap}^2$$

$$\omega_{TO}^2 = \frac{F_{AC0}(1-\theta)}{\mu_{AC}} = \omega_{TO,AC}^2 \tag{4.116}$$

$$\omega_{TO}^2 = \frac{F_{AB0} + F_{BC0}}{m_B}(1-\theta) = \omega_{local}^2$$

其中折合质量 $\mu_{AB} = \dfrac{m_A m_B}{m_A + m_B}, \mu_{AC} = \dfrac{m_A m_C}{m_A + m_C}$.

以上公式可以得到三元化合物材料中不同组分下的 TO 声子的频率,如果在里面加入了极化场的考虑,就可以进一步推导出 LO 声子的频率. 这时运动方程和极化强度可以表示为：

$$\ddot{\boldsymbol{R}}_1 = -K_1\boldsymbol{R}_1 - K_{12}\left(\frac{\mu_{AB}}{\mu_{AC}}\right)^{1/2}\boldsymbol{R}_2 + Z_1\vec{\mathscr{E}}$$

$$\ddot{\boldsymbol{R}}_2 = -K_2\boldsymbol{R}_2 - K_{21}\left(\frac{\mu_{AC}}{\mu_{AB}}\right)^{1/2}\boldsymbol{R}_1 + Z_2\vec{\mathscr{E}} \qquad (4.117)$$

$$\boldsymbol{P} = Z_1\boldsymbol{R}_1 + Z_2\boldsymbol{R}_2 + \left(\frac{\varepsilon_\infty - 1}{4\pi}\right)\vec{\mathscr{E}}$$

再利用高斯定理：

$$\nabla \cdot \boldsymbol{D} - \nabla \cdot (\vec{\mathscr{E}} + 4\pi\boldsymbol{P}) = 0 \qquad (4.118)$$

将式(4.115)和(4.118)代入(4.116)和(4.117)就可以消去$\vec{\mathscr{E}}$，运动方程可进一步写为

$$\ddot{\boldsymbol{R}}_1 + \left(K_1 + \frac{4\pi Z_1^2}{\varepsilon_\infty}\right)\boldsymbol{R}_1 + \left[K_{12}\left(\frac{\mu_{AB}}{\mu_{AC}}\right)^{1/2} + \frac{4\pi Z_1 Z_2}{\varepsilon_\infty}\right]\boldsymbol{R}_2 = 0 \qquad (4.119a)$$

$$\ddot{\boldsymbol{R}}_2 + \left(K_2 + \frac{4\pi Z_2^2}{\varepsilon_\infty}\right)\boldsymbol{R}_2 + \left[K_{21}\left(\frac{\mu_{AC}}{\mu_{AB}}\right)^{1/2} + \frac{4\pi Z_1 Z_2}{\varepsilon_\infty}\right]\boldsymbol{R}_1 = 0 \qquad (4.119b)$$

其中ε_∞为高频介电常数，它也是组分x的函数，可以从一个线性外推关系中得出

$$\varepsilon_\infty(x) = x\varepsilon_\infty(AC) + (1-x)\varepsilon_\infty(AB) \qquad (4.120)$$

根据运动方程，LO声子的频率则可以从下面的表达式中求出：

$$\begin{vmatrix} -\omega^2 + K_1 + 4\pi Z_1^2/\varepsilon_\infty & K_{12}(\mu_{AB}/\mu_{AC})^{1/2} + 4\pi Z_1 Z_2/\varepsilon_\infty \\ K_{21}(\mu_{AC}/\mu_{AB})^{1/2} + 4\pi Z_1 Z_2/\varepsilon_\infty & -\omega^2 + K_2 + 4\pi Z_2^2/\varepsilon_\infty \end{vmatrix} = 0$$

$$(4.121)$$

即

$$\varpi_{LO}^4 - \left(K_1 + \frac{4\pi Z_1^2}{\varepsilon_\infty} + K_2 + \frac{4\pi Z_2^2}{\varepsilon_\infty}\right)\varpi_{LO}^2 + K_1 K_2 - K_{12}K_{21} + K_1\frac{4\pi Z_2^2}{\varepsilon_\infty} + K_2\frac{4\pi Z_1^2}{\varepsilon_\infty}$$

$$- \left[K_{21}\sqrt{\frac{\mu_{SrSe}}{\mu_{PbSe}}} + K_{12}\sqrt{\frac{\mu_{PbSe}}{\mu_{SrSe}}} + \frac{4\pi Z_1 Z_2}{\varepsilon_\infty}\right] \times \frac{4\pi Z_1 Z_2}{\varepsilon_\infty} = 0$$

$$(4.122)$$

$$4\pi Z_1^2 = \varepsilon_\infty(\varpi_{LO,AB}^2 - \varpi_{TO,AB}^2) \qquad (4.123a)$$

$$4\pi Z_2^2 = \varepsilon_\infty(\varpi_{LO,AC}^2 - \varpi_{TO,AC}^2) \qquad (4.123b)$$

至此，通过公式(4.114)到(4.122)，$AB_{1-x}C_x$ 三元化合物任意 x 值时的 TO 和 LO 声子频率都可以从理论上算出来了，并可以进一步判断声子模的行为.

2. $Pb_{1-x}Sr_xSe$ 三元化合物声子模行为的研究[47]

首先，通过外推的方法来计算 $Pb_{1-x}Sr_xSe$ 的局域模和间隙模，假设这两个模都是存在的，当 $x=0$ 时，Sr 在 PbSe 中的局域模频率为 148.77cm^{-1}，当 $x=1$ 时，

Pb 在 SrSe 中的间隙模频率为 33.05cm^{-1},所取的高频介电常数为:ω_∞(PbSe)= 26.0,ω_∞(SrSe)=7.5. 图 4.52 是理论计算的声子模频率随 Sr 组分的关系,将实验点放在上面,发现两者吻合得较好. 通过拟合得到的在 $x=0$ 处的原子点的力常数为:$F_{Pb,Se0}=1.263\times10^5$g/cm^2、$F_{Sr,Se0}=1.629\times10^6$g/cm^2 和 $F_{Pb,Sr0}=3.107\times10^4$g/cm^2,分段参数 θ 的值为 0.482. Sr 和 Se 之间的作用力常数大于 Pb 和 Se 之间的作用力,这主要是由于 Sr 周围的电子数少于 Pb 周围的电子数,导致 Pb-Se 之间的键长大于 Sr-Se 键长,从而使作用力变小.

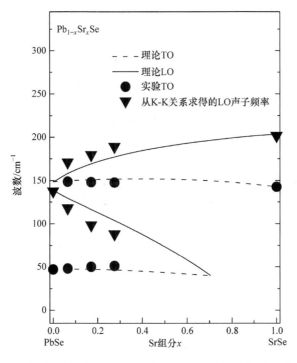

图 4.52 Pb$_{1-x}$Sr$_x$Se 三元化合物 TO 和 LO 声子模频率随 Sr 组分的变化关系,
实线和虚线为用 MREI 模型计算得到的声子频率

从图 4.52 可以看出,Pb$_{1-x}$Sr$_x$Se 三元化合物中只存在着局域模,而假设的间隙模实际上不存在. 这意味着它具有混合模的行为. 计算表明,从双模变化到单模的临界组分值为 $x=0.71$. 当 Sr 的组分含量小于 0.71 时,Pb$_{1-x}$Sr$_x$Se 材料体现的是双模行为,反之则为单模行为. 这个结论也可以从一个简单的质量判断准则来进行验证[45]:即对于 AB$_{1-x}$C$_x$($m_C<m_B$)来说,如果它满足 $m_B<\mu_{AC}$,那么它具有双模行为,否则就不是双模行为. 而在我们的 Pb$_{1-x}$Sr$_x$Se 三元化合物材料中,$m_{Pb}=$ 207.2、$m_{Sr}=87.6$、$m_{Se}=78.96$;计算得到的 $\mu_{PbSe}=57.2$,不符合 $m_{Sr}<\mu_{PbSe}$ 的条件,因此它不具有双模行为. 另外,在远红外反射实验中,同时观察到了类 PbSe 和类

SrSe 模,说明它也不可能是单模,从而可以推断出,$Pb_{1-x}Sr_xSe$ 具有混合模行为.
因此上述这种简单的判定方法可以从另一方面来验证由 MREI 模型得到的结论
的准确性.

3. $Mg_xZn_{1-x}O$ 三元化合物声子模行为的研究[48]

这一小节继续用 MREI 模型来研究 $Mg_xZn_{1-x}O$ 材料的声子模行为,它比
$Pb_{1-x}Sr_xSe$ 材料要更加复杂一些,因为 $Mg_xZn_{1-x}O$ 的两端二元化合物 MgO 和
ZnO 具有不同的结构,因而声子模在里面的形式也不一样,这给分析声子模的行
为增加了一定的难度. 由于选用的测试样品都是立方型结构,为了更加精确地进行
分析,把文献报道过的六角型 $Mg_xZn_{1-x}O$ 材料的声子频率也作为实验参考,通过
拟合,得到的结果如图 4.53 所示. 在六角型 $Mg_xZn_{1-x}O$ 中它的声子模主要为 E_1
模和 A_1 模,我们从图上看到 E_1 具有双模行为,而 A_1 则为单模. 立方型 $Mg_xZn_{1-x}O$
的声子模则主要为 T_2 模,很明显,它体现的是双模行为. 另外还发现在六角型
$Mg_xZn_{1-x}O$ 中,A_1 模的频率和一支 E_1 模的频率与立方型中 T_2 双模的频率的值
非常接近.

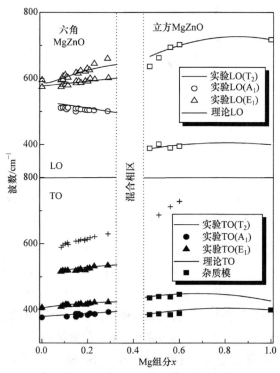

图 4.53 实验和计算得到的三元 $Mg_xZn_{1-x}O$ 中 TO 和
LO 声子频率在不同相中随 Mg 组分的变化

图 4.54 所示是计算得出的晶格作用力常数随 Mg 组分的变化,可以发现线性关系在立方相和六角相中是各不相同的,在立方相区域,力参数为:$F_{Mg:Zn0}=1.64\times10^6 \mathrm{g/cm^2}$、$F_{Mg:O0}=4.03\times10^5 \mathrm{g/cm^2}$、$F_{Zn:O0}=1.48\times10^6 \mathrm{g/cm^2}$、$\theta=-2.81$;在六角相区域:$F_{Mg:Zn0}=5.59\times10^6 \mathrm{g/cm^2}$、$F_{Mg:O0}=6.06\times10^5 \mathrm{g/cm^2}$、$F_{Zn:O0}=2.12\times10^6 \mathrm{g/cm^2}$、$\theta=-1.10$.尽管 Mg-O 和 Zn-O 之间的作用力在不同的相区具有不同的斜率,如果都将它们延伸到混合区中时,它们可以互相连接在一起.但对于 Mg-Zn 之间的作用力,我们发现在六角相区中远大于立方相区,且无法在混合相区中得到连接.

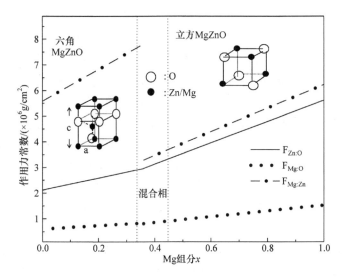

图 4.54 计算得到的晶格作用力常数随 Mg 组分的变化关系,
插图是六方和立方相的元胞结构

前面所观察到的声子频率,声子模的行为及作用力常数随元素组分的变化可以通过 $Mg_xZn_{1-x}O$ 材料在立方型和六角型这两种不同结构之间的变化来得到定性地解释.可以认为纤锌矿结构(六角型)的 $Mg_xZn_{1-x}O$ 可以从立方型 $Mg_xZn_{1-x}O$ 结构变化过来,它先是沿立方型的[111]轴进行压缩,从而变成纤锌矿结构的 c 轴,接着再改变沿这个方向上的堆积结构.因此,压缩使立方型中的 T_2 模分裂成为六角型的 A_1 模和一支 E_1 模,这也反映了原来的 T_2 模应该是具有双模行为,才能进行分裂.同时由于这种分裂是非常小的,因此分裂前后的频率还是非常地接近.这明确体现了 $Mg_xZn_{1-x}O$ 的结构变迁对声子模行为的影响.关于作用力常数,从结构图中也可以看出,在六角型结构中 Mg-O 和 Zn-O 的键长与在立方型中基本一致,因而延伸到混合区可以相连,而对于 Mg-Zn 的键长,在六角型结构中的键长远小于立方型中的键长度,从而导致六角型中具有更小的作用力.

4.5 半导体的晶格振动吸收光谱

在谐振子和赝谐振子近似模型中,声子被认为是互相独立的,晶格离子像硬球那样位移而不引起周围电子云的畸变,偶极矩是离子位移的线性函数.这样辐射场和声子场的互作用对应于和单个光子相互作用的单声子的产生和湮没.在吸收光谱图上则出现一个以该单声子频率为中心的吸收带,这一吸收带就对应于上一节中讨论过的剩余射线反射带,其吸收系数可以是很大的,以致极性半导体晶体在这一狭窄频段内完全不透明.然而,对金刚石结构半导体 C、Si、Ge 来说,它们是由两个完全一样的面心立方格子沿主对角线方向位移对角线的 1/4 距离套构而成的.由于这种高晶体对称性(O_h^7)的缘故,理想情况下,一个亚晶格相对于另一个亚晶格的位移并不导致电偶极矩,因而它们的晶格振动的基本模式是红外不活动的,所以不存在离子性晶体那种单声子吸收带或反射带.然而,事实上声子模并非是完全相互独立的,它们间的互作用导致运动方程中出现非简谐的势能项,从而导致电偶极矩的非简谐项,这导致多声子跃迁过程的产生.原则上,这种跃迁可以在任何波矢位置上发生,只要满足 $\boldsymbol{q}_1+\boldsymbol{q}_2=\boldsymbol{k}\approx 0$ 和 $\hbar\omega_v=\hbar\omega_1(\boldsymbol{q})\pm\hbar\omega_2(-\boldsymbol{q})$ 的条件.因而,对离子性晶体来说,在剩余射线带两侧,对金刚石结构半导体来说,在本征晶格振动频段内外,引起较弱的、对应于各种不同声子组合的多声子吸收带.这种组合可以是常模频率之和,也可以是常模频率之差.在声子色散图(图 4.55)上,当两支声子色散曲线在同一波矢位置上存在临界点时,或者当两支色散曲线的斜率绝对值相等时,就可以发生这样的双声子吸收.其中斜率相等对应于差过程,即发射一个较高能量声子的同时吸收一个较小能量但波矢相等的声子的过程.斜率绝对值相等但符号相反对应于和过程,即同时发射两个声子的过程.这两种双声子吸收过程的微观物理图像如图 4.56(a)、(b)所示.图中画双线部分表明 $\hbar\omega_{TO}$ 在双声子跃迁过程中的作用,即双声子跃迁起因于 $\hbar\omega_{TO}$-光子耦合的非简谐互作用.

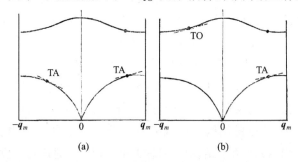

图 4.55 说明双声子跃迁过程的声子色散曲线示意图. (a)和过程, $\hbar\omega_v=\hbar\omega_{TA1}+\hbar\omega_{TA2}$;
(b)差过程, $\hbar\omega_v=\hbar\omega_O-\hbar\omega_A$,这里脚标 O、A 代表光学声子和声学声子

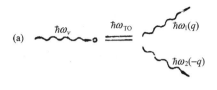

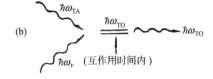

图 4.56 双声子吸收的微观物理图像

(a)和过程；(b)差过程

实验上，吸收系数和温度的依赖关系是判断跃迁过程级次的一个重要依据. 吸收红外光子、发射单声子的一级跃迁过程与声子态密度以及声子态的占据情况 $n(\omega_q)$ 无关，因而也和温度无关，它对应的吸收带也不应随温度变化. 吸收光子发射两个声子的二级跃迁过程的概率正比于

$$[1+n(\omega_1)][1+n(\omega_2)]-n(\omega_1)n(\omega_2)=1+n(\omega_1)+n(\omega_2) \quad (4.124)$$

式中 $n(\omega_q)$ 为声子的玻色-爱因斯坦统计，$n(\omega_q)=\dfrac{1}{\exp(\hbar\omega_q/k_BT)-1}$，因而 $n(\omega_1)$ $n(\omega_2)$ 代表已被占据的声子态. 吸收光子伴随着吸收一个较低能量声子和发射一个较高能量声子的二级过程，其概率正比于

$$[1+n(\omega_1)]n(\omega_2)-[1+n(\omega_2)]n(\omega_1)=n(\omega_2)-n(\omega_1) \quad (4.125)$$

可见多声子过程跃迁概率都与声子态密度及分布函数有关，因而它们对应的吸收带的强度都要随温度而改变，并且对和过程与差过程，这种温度关系是不一样的.

图 4.57 给出高纯 n-GaAs 的多声子吸收光谱，图中横坐标小于 45meV 时的吸收系数陡峭上升起因于剩余射线吸收带，45meV 以上的诸弱吸收峰或吸收结构则归因于多声子过程. 图 4.58 给出了 30～150meV 之间 Si 的多声子吸收光谱. 如上所述，吸收谱线强度随温度的改变有助于对它们物理起源的判定. 事实上，这些吸收光谱图上的诸峰值和特征点都已指认为一定的多声子组合跃迁的结果，这些指认分别列于表 4.10 和表 4.11. 从多声子吸收光谱及其指认，还可推测布里渊区各临界点，尤其是电子能带极值对应的临界点附近单声子的能量，它们对研究带间电子跃迁有重要参考意义. 表 4.12 列出了这样获得的 Ge、Si 等间接带半导体电子能带极值临界点处的诸声子能量.

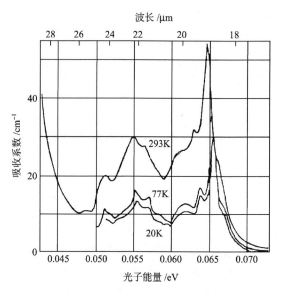

图 4.57　高纯 n-GaAs 的多声子吸收光谱

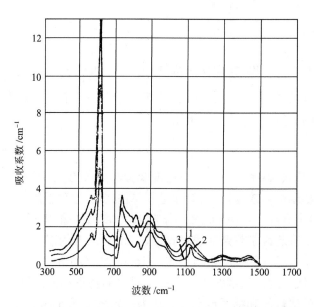

图 4.58　高纯硅的多声子吸收光谱，曲线 1、2、3 分别对应于
测量温度为 365K、290K、77K 时的实验结果

表 4.10 高纯 n-GaAs 多声子吸收峰的位置及指认

能量位置/eV	跃迁过程指认	能量位置/eV	跃迁过程指认
0.0955	$\begin{cases} TO_1+TO_2+TO_2 \\ 0.0324+0.0316+0.0316 \end{cases}$	0.058	$\begin{cases} LO+LO \\ 0.029+0.029 \end{cases}$
0.0885	$\begin{cases} TO_1+TO_1+LA \\ 0.0324+0.0324+0.0237 \end{cases}$	0.0565	$\begin{cases} TO_1+LA \\ 0.0324+0.0241 \end{cases}$
0.0860	$\begin{cases} TO_2+TO_2+LA \\ 0.0316+0.0316+0.0228 \end{cases}$	0.0548	$\begin{cases} TO_2+LA \\ 0.0316+0.0232 \end{cases}$
0.0735	$\begin{cases} TO_1+TO_1+TA \\ 0.0324+0.0324+0.0087 \end{cases}$	0.0510	$\begin{cases} LO+LA \\ 0.0288+0.0222 \end{cases}$
0.0716(?)	$\begin{cases} TO_2+TO_2+TA \\ 0.0316+0.0316+0.0084 \end{cases}$	0.048(?)	$\begin{cases} LA+LA \\ 0.024+0.024 \end{cases}$
0.0648	$\begin{cases} TO_1+TO_1 \\ 0.0324+0.0324 \end{cases}$	0.0413	$\begin{cases} TO_1+TA \\ 0.0324+0.0089 \end{cases}$
0.0631	$\begin{cases} TO_2+TO_2 \\ 0.0316+0.0316 \end{cases}$	0.0398	$\begin{cases} TO_2+TA \\ 0.0316+0.0082 \end{cases}$
0.0612	$\begin{cases} TO_1+LO \\ 0.0324+0.0288 \end{cases}$ 或 $\begin{cases} TO_2+LO \\ 0.0316+0.0296 \end{cases}$	0.038	$\begin{cases} LO+TA \\ 0.029+0.009 \end{cases}$

表 4.11 硅的多声子吸收峰的位置和指认

波数/cm^{-1}	能量位置/eV	跃迁过程指认
1448	0.1795	3TO
1378	0.1708	2TO+LO
1302	0.1614	2TO+LO 或 2TO+LA
964	0.1195	2TO
896	0.1111	TO+LO
819	0.1015	TO+LA
740	0.0917	LO+LA
689	0.0756	TO+TA
610	0.0702	LO+TA

注:TO=0.0598eV, LO=0.0513eV, LA=0.0414eV, TA=0.0158eV.

表 4.12　从多声子吸收光谱获得的间接带半导体

电子能带极值临界点处的声子能量

材　料	临界点	声子能量/meV	选择定则
Ge	TA(L_3)	7.9 ± 0.1	F
	TA(L_2^-)	27.5 ± 0.1	A
	LO(L_1)	30.3 ± 0.1	F
	TO(L_3^-)	35.9 ± 0.1	$A+F$
Si	TA(Δ_5)	18.4 ± 0.3	A
	LA(Δ_1)	43.8 ± 0.8	A
	LO(Δ_2)	56.2 ± 1.1	F
	TO(Δ_5)	57.7 ± 1.4	A
SiC	TA	45	
	LA	78	
	TO	95	
	LO	105	

　　已经指出,在理想晶格情况下,Ge、Si 等金刚石结构半导体的一级声子模是红外非活性的;基于同样理由,极性半导体晶体的一级声学声子模也是红外非活性的.然而,在非理想晶格情况下,例如掺杂和缺陷晶格情况下,以及无序和混晶情况下,晶格的平移对称性被破坏了或消除了,晶格振动态之间的跃迁不必再严格遵守波矢守恒守则.这样,无论是金刚石结构的一级声子模,或是极性半导体晶体的声学声子模,跃迁的禁戒都部分地解除了.此外,由于掺杂、无序和混晶化导致的晶格振动本征矢的畸变,几乎所有的振动状态都可以有非零的电偶极矩.这样,在非理想晶格情况下,Ge、Si 所有的一级声子模和极性半导体的声学声子模都在一定程度上变成红外活性的了,因而在相应的红外光子频率上可以观察到和这种声子模对应的吸收带及吸收结构[28,49~53].图 4.59 给出了一级声子模对应频段内中子辐照后的 Si 的透射光谱[54].图中 $400\sim550\,cm^{-1}$ 的吸收带正是由于中子辐照缺陷诱发光学模部分光学(红外)活性引起的.不仅如此,图

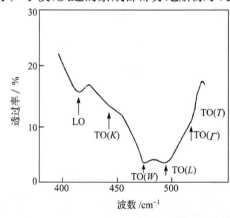

图 4.59　77K 时经中子辐照后的 Si 的透射光谱

中还清楚地显示出与各临界点对应的光学模吸收,例如布里渊区中 $\varGamma$、K、L、W 处 TO 声子吸收的位置[54],这就提供了确定临界点声子频率的一种实验方法. 图 4.60 给出了非晶态 Ge 和非晶态 Si 的远红外吸收光谱及其和晶态 Ge、Si 声子态密度函数的比较. 非晶 Ge、Si 红外吸收光谱的外形和晶态 Ge、Si 声子态密度函数是如此相似,以致不仅可以将吸收光谱图上的主要峰值和不同支晶格振动的态密度峰值联系起来,而且可以从吸收光谱图上观察到对应于某些临界点的态密度特征,例如 TA 声子带的 L 和 W 临界点对应的吸收特征. 这一方面说明了固体晶格振动主要决定于近程互作用,无序并未严重破坏 c-Si 和 c-Ge 态密度函数的大致结构;另一方面也说明了无序效应在研究晶态材料声子模方面的作用. 近年来,晶格振动吸收光谱也广泛应用于纳米结构材料的研究. 在非晶态 Si 材料的基础上,通过改变生长工艺条件,可以得到氢化纳米硅. 氢化纳米硅的显著特点在于其混相体系结构[55],即纳米尺度的晶粒镶嵌在周围的非晶硅网格中. 与非晶态 Si 相比,氢化纳米硅兼具晶态硅和非晶硅的双重优点,例如较高的载流子迁移率,较高的光学吸收系数,禁带宽度可调,无光致衰减效应等,因而近年来引起了研究者的广泛关注,尤其是它们用于太阳能光电转换材料时[56~58]. 图 4.61(a) 给出了不同成键氢含量的氢化纳米硅的红外吸收光谱,在 $500\sim2300\,\mathrm{cm}^{-1}$ 波数范围内有四个吸收峰,分别是[59~63]:位于 $640\,\mathrm{cm}^{-1}$ 处的 Si-H 摇摆模(rocking-wagging mode),位于 $880\,\mathrm{cm}^{-1}$ 处

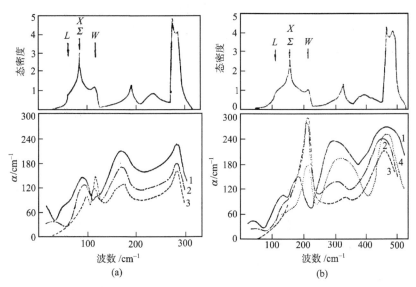

图 4.60 非晶 Ge、Si 的远红外吸收光谱及其与晶态 Ge、Si 声子态密度函数的比较. 图 (a) 中曲线 1、2、3 分别为纯非晶锗(α-Ge)、含氢 6.1(at)% 和 7.4(at)% 的 α-Ge:H;图(b) 中　曲线 1、2、3、4 分别为纯非晶硅(α-Si)和含氢 19.6,24.2 及 15(at)% 的 α-Si:H

的 Si-H 弯曲模（bending mode），位于 1070cm^{-1} 处的 Si-O 伸展模（stretching
mode），位于 2100cm^{-1} 处的 Si-H 伸展模（stretching mode）. 其中，Si-H 摇摆模常
用来分析成键氢的含量，Si-O 伸展模常用来分析成键氧的含量. 而 Si-H 伸展模则
常用来分析材料的结构特性，图 4.61(b)所示是氢含量为 10.6(at)％的氢化纳米
硅薄膜的 Si-H 伸展模分解情况，可以分解为中心分别位于 2000cm^{-1} 和 2100cm^{-1}
处的两个高斯分量. 2000cm^{-1} 的高斯分量对应着 SiH 结构，含 SiH 较多的纳米硅
结构致密，氢钝化纳米硅颗粒表面和非晶态 Si 中的空位也较致密；而 2100cm^{-1} 的
高斯分量对应着 SiH$_2$ 结构，含 SiH$_2$ 较多的纳米硅结构疏松，氢钝化材料中微孔洞
内表面积也较大. 因此可用微结构因子 $R^* = \dfrac{I_{2100}}{I_{2000} + I_{2100}}$ 来评估材料的质量，式中
I_{2000}、I_{2100} 分别是两个高斯分量的积分强度.

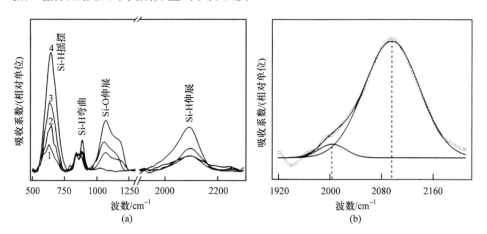

图 4.61 氢化纳米硅的红外吸收光谱[64]. (a)中曲线 1、2、3、4 分别为成键氢含量
为 5.9，7.7，10.6 及 15.3(at)％的氢化纳米硅；
(b)是氢含量为 10.6(at)％的氢化纳米硅的 Si-H 伸展模分解

图 4.62 给出了剩余射线吸收带两侧 Cd$_x$Hg$_{1-x}$Te 的吸收光谱[52]，由图不仅
可见对应于不同种类声子组合的多声子吸收带，而且更为有趣的是在波数 20～
50cm^{-1} 之间，存在一个和 HgTe 及 CdTe 的 TA 声子态密度函数外形颇为相象的
低频吸收带. 可以认为这是混晶化诱发极性晶体声学模晶格振动红外活性的典型
例子. 与混晶化有关的电荷分布的无序导致声学模晶格振动也具有非零电偶极矩，
从而导致一定程度的红外活性. 努塞尔(Röser)和金米特(Kimmit)等发现[67]，用于
远红外和亚毫米波段的 Cd$_{0.44}$Hg$_{0.56}$Te 探测器有比 InSb 远红外探测器快两个量
级的响应速度，但仅有低得多的灵敏度，即可归因于这一诱发 TA 声子红外活性及
其吸收带的作用.

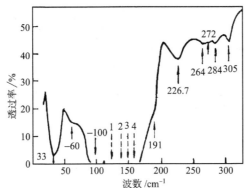

图 4.62　$x=0.33$ 的 $Cd_xHg_{1-x}Te$ 的远红外吸收光谱. 图中虚线箭头
1、2、3 和 4 分别指 TO_1、LO_1、TO_2 和 LO_2 的频率

　　孤立杂质诱发晶格振动带模的理论描述将在下节讨论,而混晶化诱发带模活性的完善理论尚有待发展. 这里仅简述无序诱发金刚石结构半导体一级类声子模红外活性的理论方法,鉴于结构的无序性,无论是量子力学中处理多体问题的方法或是经典的正则坐标的方法,都不能描述无序固体的振动特性. 为此,艾尔本(Alben)等人[65,66]提出在适当的非晶态结构模型的基础上累加诸化学键对振动态密度、红外和拉曼跃迁矩阵元的贡献的半经典的方法,并据此对有一定数量的原子或原胞结构基元组成的团簇进行计算机数值计算. 由于非晶态结构模型存在化学键的畸变,因而运动方程中描述力常数的势能项中,除包括键长改变的中心力效应,即正比于键长相对改变的平方项外,还包括键弯曲对势能的贡献,即包括下列两项:

$$\frac{3}{4}\alpha\sum_{l,\Delta}\{(\boldsymbol{u}_1-\boldsymbol{u}_{l\Delta})\cdot\boldsymbol{a}_\Delta(l)\}^2 \tag{4.126}$$

$$\frac{3}{16}\beta\sum_{l,(\Delta,\Delta')}\{(\boldsymbol{u}_l-\boldsymbol{u}_{l\Delta})\cdot\boldsymbol{a}_{\Delta'}(l)+(u_l-\boldsymbol{u}_{l\Delta'})\cdot\boldsymbol{a}_\Delta(l)\}^2 \tag{4.127}$$

式中 α 和 β 分别为键伸缩和键弯曲振动力常数,求和对原子 l 及其近邻 Δ 进行,$\boldsymbol{a}_\Delta$ (l) 为原子 l 和其近邻 Δ 连线方向的单位矢量,$\boldsymbol{u}_l$ 和 $\boldsymbol{u}_{l\Delta}$ 为这些原子的振动位移,所以式(4.126)大括号中的项实际上是原子 l 的第 Δ 个键的线压缩率. 式(4.127)大括号中第一项为原子 l 的第 Δ 个键的变形在 Δ' 方向上的投影,第二项为第 Δ' 个键的变形在 Δ 方向上的投影. 决定红外吸收的跃迁矩阵元正比于振动模的偶极矩,即

$$M=\sum_{l,(\Delta,\Delta')}\{\boldsymbol{a}_\Delta(l)-\boldsymbol{a}_{\Delta'}(l)\}\{(\boldsymbol{u}_l-\boldsymbol{u}_{l\Delta})\cdot\boldsymbol{a}_\Delta(l)-(u_l-\boldsymbol{u}_{l\Delta})\cdot\boldsymbol{a}_{\Delta'}(l)\}$$

$$\tag{4.128}$$

这一局域化的偶极矩是由原子振动位移过程中电荷迁移引起的,对完整的理想金

刚石结构的振动模,这种局域化的偶极矩的诸项贡献互相抵消了;但对非晶半导体
来说,则不存在这种抵消.选择合适的结构模型和边界条件,可以算得非晶态 Si 的
类声子态密度和红外吸收光谱如图 4.63 所示,图中还给出了早期红外吸收和拉曼
散射的实验结果.可见,在某种程度上,这样的计算还是成功的,并给出了这些非晶
半导体红外吸收谱和拉曼散射谱的主要特征.图中左上角框框的空白表明迄今尚
无非晶无序网络态密度的实验数据

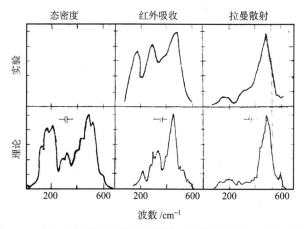

图 4.63　用 61 个原子组成的团簇模型计算的非晶 Si 的态密度、
红外吸收、拉曼散射及其与实验结果的比较

4.6　杂质诱发定域模和准定域模振动吸收

半导体中杂质或缺陷的引入,不仅可以引起晶体电子能态的变化,例如第 4.3
节讨论的杂质电子态,即导致禁带中出现与杂质或缺陷相联系的局域化电子能态,
或某些情况下位于电子能带内的共振杂质电子态,而且可以导致晶体振动状态的
变化,首先是如上一节所讨论的部分地松弛或解除了原来禁戒的带模的跃迁禁戒,
使之变成一定程度的红外活性;其次可以诱发和杂质性质紧密关连的(或者说专属
于杂质或缺陷的)新的振动模式,以及与这类模式相联系的振动跃迁吸收过程.这
种吸收的吸收峰可以是颇为尖锐的,从而表明这种新的振动模式可以是局域化的,
甚至是高度局域化的.其位置可以在带模频率范围之外,也可以在带模频率范围之
内,而且这是更为重要和有趣的效应.以杂质为例,对离子性晶体和半导体晶体来
说,如果杂质原子量小于主晶格原子量,那么这种振动模式可以位于主晶格声子带
频率最高的 TO 模或 LO 模之上,并被称为定域模;如果杂质原子量大于主晶格原
子量,那么这种振动模式可以位于主晶格声子带内态密度比较低的频域,如 TA 带
的低频部分,并称之为共振模.如果在主晶格声子带内存在态密度为零的声子禁带
频域,那么类比于电子态禁带中的杂质态,也可以诱发频率位于这种声子禁带内的

定域化的振动模式,并称为禁带模. 近来作者等人[28,50,53,67~70]的研究发现,半导体晶体中的轻杂质还可在横声学声子带上方态密度陡峭下降到近乎为零的频域上诱发新一类局域化的杂质振动模,称之为声学局域模. 这样总的说来,半导体中或者一般来说结晶固体中的杂质,可以诱发四种类型的专属于杂质的局域化的振动模式. 杂质原子量和主晶格原子量的差别越大,杂质原子和其最邻近原子间互作用力常数与主晶格原子相互间互作用力常数的差别愈大,各类局域化振动模,尤其是主晶格声子带上方的局域模的定域化程度也愈高,以致在某些情况下,它的振动本征矢强烈地限定在杂质原子上,并在一二个原子间距的距离内很快指数地下降到近乎为零,定域模或局域模这一名称也正是由此而来.

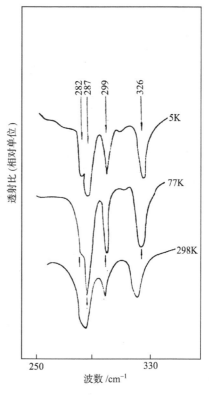

图 4.64　CdTe 中杂质 Al 的定域模振动红外吸收谱. 图中 299cm^{-1} 处的峰为占据 Cd 位的 Al 孤立杂质振动模,其余为 Al-空位复合缺陷振动模吸收峰

图 4.64 给出了声子带频率以上掺 Al 的 CdTe 单晶的吸收光谱. 由图可见,在 282cm^{-1}、287cm^{-1}、299cm^{-1}、326cm^{-1} 处有四个较尖锐的吸收峰,它们的强度和线形几乎不随温度变化,因而不能将之归因于杂质电子态跃迁过程或二级声子过程. 事实上它们对应于占据 Cd 位的 Al 杂质和杂质-空位复合缺陷的定域模振动吸收[71]. 孤立杂质情况下,通常有一个定域模振动模式,在 CdTe 中占据 Cd 位的 Al 杂质情况下,这一模式振动频率如图 4.64 所示为 299cm^{-1}. 复合缺陷情况下,根据对称性,可以分裂为 2 至 6 个不同简并度的模式,CdTe 中 Al-空位复合缺陷情况下,图中观察到三个频率不同的模式. 图 4.65 给出了 Li 补偿掺 B 单晶 Si 的红外和远红外吸收光谱,图中除各个对应于带模的吸收峰值(杂质诱发带模红外活性)外,在 500~700cm^{-1} 之间共有 8 个主要的吸收峰或吸收特征. 它们分别属于孤立的 B、Li 同位素 ^{11}B、^{10}B、^{7}Li、^{6}Li 和 B-Li 离子对的定域模振动吸收,详细指认情况如表 4.13 所列[51]. 表和图中[^{n}B$-^m$Li]$_{S,D}$ 的下脚标 S 和 D 分别表示复合缺陷振动的单态或二重简并态. 这些结果表明了定域模振动光谱在研究和确定杂质品种、杂质同位素、杂质与缺陷的复合物及其局域对称性等方面的重要作用. GaP 是一种存在声子禁带的半导体,其声子禁带的频率范围为 249~355cm^{-1}. 图 4.66 给出了掺硼 GaP 的远红

外吸收光谱. 由图可见, 在其剩余射线吸收带内侧波数约 284cm^{-1} 和 292cm^{-1} 处各有一个吸收带. 已经指认, 这是替代 Ga 位的硼杂质的两种同位素 ^{11}B 和 ^{10}B 诱发的禁带模振动吸收. 图 4.67 给出了掺 Fe 和 Zn 的 CdTe 的远红外吸收光谱, 图中频率 72cm^{-1} 处的吸收峰是上一节讨论的双声子(2TA)吸收带, 而频率 50cm^{-1} 至 55cm^{-1} 处的尖锐的吸收峰则起因于局域化的振动模式. 与 CdTe 声子态密度谱的比较表明, 这一峰值落在 CdTe TA 声子带上方态密度陡峭下降到近乎为零的频率位置上, 如前所述这种杂质振动模称为声学局域模. 迄今为止, 对半导体晶体来说, 尚未发现离子晶体那种位于 TA 声子带内侧态密度很低频域上的典型的共振模吸收. 作为参考, 在图 4.68 给出了很低频处 NaCl 的 TA 声子态密度函数及 NaCl 中 Ag、Cu 杂质诱发的共振模吸收, 其中 Ag 杂质诱发的共振模吸收发生在 48 和 52.5cm^{-1} 处, Cu 杂质诱发的共振模吸收发生在 23.7cm^{-1} 处. 由图可见, 共振模所在位置处主晶格声子态密度愈低, 其吸收峰也愈尖锐, 即共振愈强烈.

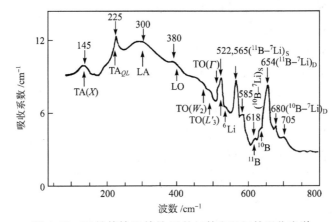

图 4.65　Li 补偿掺 B 单晶 Si 的红外和远红外吸收光谱

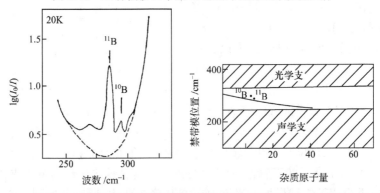

图 4.66　掺硼 GaP 中杂质诱发的禁带模. 左图:吸收光谱, 284cm^{-1} 及 292cm^{-1} 处的吸收峰被指认为 GaP 中硼同位素的禁带模;右图:禁带模频率与杂质原子量的关系

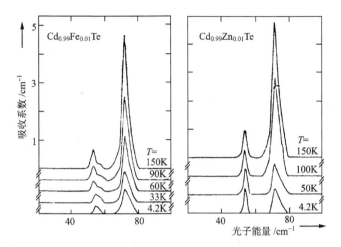

图 4.67 掺 Fe 和掺 Zn 的 CdTe 的远红外吸收光谱

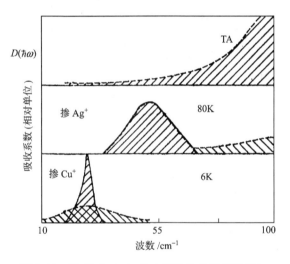

图 4.68 NaCl 中 Ag^+, Cu^+ 诱发的共振模及其与
NaCl 的 TA 声子态密度 $D(\hbar\omega)$ 的比较

表 4.13 图 4.65 中诸吸收峰和吸收结构的指认

临界点或局域模	红外光谱(150K)	拉曼光谱(300K)	临界点(300K)
$TA(X_3)$	145		151
$\omega_{QC}(TA)$	225	230	
LA	300	$\begin{cases} 285 \\ 315 \end{cases}$	320
LO	380	410	410

续表

临界点或局域模	红外光谱(150K)	拉曼光谱(300K)	临界点(300K)
$TO(W_2)$	475	480	470
$TO(L'_3)$	490		490
$TO(\Gamma)$	516	516	519
^{11}B	618	620	
^{10}B	635	635	
^7Li	522		
^6Li	539		
$[^{11}B-^7Li]_S$	565	570	
$[^{11}B-^7Li]_D$	654	650	
$[^{10}B-^7Li]_S$	585		
$[^{10}B-^7Li]_D$	680		

可以在一维双原子线链模型的基础上说明上述实验观察到的大部分定域化振动模出现的物理原因,甚至半定量地计算这种振动模式的位置. 对一维双原子线链,用矩阵方程的形式,其原子振动的运动方程可写为[72]

$$(\boldsymbol{F} - \lambda^0)\eta^0 = 0 \tag{4.129}$$

式中 η^0 为本征矢与时间无关的部分,即 $\eta^0 = A_j \exp[i\boldsymbol{q} \cdot \boldsymbol{r}_j]$, $\boldsymbol{F}$ 为力常数矩阵,有

$$\boldsymbol{F} = \boldsymbol{M}^{-\frac{1}{2}} f \boldsymbol{M}^{-\frac{1}{2}} \tag{4.130}$$

方程(4.129)表明,振动本征值 λ^0 为久期方程

$$\text{Det} \mid \boldsymbol{F} - \lambda^0 \boldsymbol{E} \mid = 0 \tag{4.131}$$

的解, $\boldsymbol{E}$ 为单位矩阵.

现在假定,在双原子线链中引入质量为 m_I 的孤立杂质原子,杂质原子和近邻原子间的互作用力常数为 f_I,这时线链中原子的运动方程可写为

$$(\boldsymbol{F} - \lambda)\eta = \boldsymbol{S}\eta \tag{4.132}$$

式中 $\boldsymbol{F}$ 仍为理想晶格的力常数矩阵, $\boldsymbol{S}$ 是决定于杂质原子质量和力常数改变效应扩展范围的低阶微扰矩阵. 如果仅考虑最邻近互作用,上述矩阵方程可写为

$$
\begin{bmatrix}
\ddots & & & & & & 0 \\
& \ddots & & & & & \\
& & 2f - m\omega_q^2 & -f & & & \\
& & -f & 2f - M\omega_q^2 & -f & & \\
& & & & 2f - m\omega_q^2 & -f & \\
0 & & & & & \ddots & \\
& & & & & & \ddots
\end{bmatrix}
\begin{bmatrix}
\vdots \\
\eta_{-2} \\
\eta_{-1} \\
\eta_0 \\
\eta_1 \\
\vdots
\end{bmatrix}
$$

$$
=
\begin{bmatrix}
\ddots & & & & & 0 \\
& \ddots & & & & \\
& \Delta f & -\Delta f & 0 & & \\
& -\Delta f & 2\Delta f - \Delta m\omega_q^2 & -\Delta f & & \\
& 0 & -\Delta f & \Delta f & & \\
& & & & \ddots & \\
0 & & & & & \ddots
\end{bmatrix}
\begin{bmatrix}
\vdots \\
\eta_{-2} \\
\eta_{-1} \\
\eta_0 \\
\eta_1 \\
\vdots
\end{bmatrix}
\tag{4.133}
$$

式中

$$
\Delta m = m - m_I \tag{4.134}
$$
$$
\Delta f = f - f_I
$$

将 η_I(与 η_0 相关)记为杂质原子位移,η_{-1}、η_1、η_{-2}、η_2、$\cdots$记为最近邻、次近邻……主晶格原子位移. 一般说来,方程(4.133)可用计算机数值计算求解,这里由于矩阵 S 仅有有限个元素,方程(4.133)也不难用格林(Green)函数方法解析求解. 定义格林函数矩阵 G,它与矩阵 $L = (F - \lambda E)$ 的关系为 $LG = E$,则方程(4.133)的解形式

上可表达为

$$\eta = GS\eta = (F - \lambda E)^{-1} S\eta \tag{4.135}$$

而本征频率则由久期方程

$$\text{Det} \mid GS - E \mid = 0 \tag{4.136}$$

求得. 为真正能利用格林函数方法求解, 可以令 η 相对于理想晶格的本征矢 η^0 展开, 即将 η 写为

$$\eta = \sum_{q, j} \alpha(q, j)\eta^0(q, j) \tag{4.137}$$

从而求得格林函数矩阵元为

$$g_{kk'} = \sum_{q, j} \frac{\eta_k^{0*}(q, j)\eta_k^0(q, j)}{\lambda^0(q, j) - \lambda} \tag{4.138}$$

用这种方法求解微扰晶格振动问题的关键在于杂质微扰矩阵 S 仅有有限扩展范围, 因而人们只需解微扰区域的有限几个运动方程, 而晶格其余部分仍是简单代数运算. 在上面讨论的含孤立杂质双原子线链情况下, S 的非零元素为

$$S_{0,0} = 2\Delta f - \Delta m\omega_q^2$$

$$S_{1,1} = S_{-1,-1} = \Delta f \tag{4.139}$$

$$S_{-1,0} = S_{1,0} = S_{0,1} = S_{0,-1} = -\Delta f$$

于是微扰本征矢有如下关系:

$$\eta_k = \eta_{-1}\Delta f(g_{k,-1} - g_{k,0}) + \eta_1\Delta f(g_{k,1} - g_{k,0})$$

$$+ \eta_0\{(2\Delta f - \Delta m\omega^2)g_{k,0} - \Delta f(g_{k,1} + g_{k,-1})\} \tag{4.140}$$

令 $k=1、0、-1$, 则得三个有关 $\eta_{-1}、\eta_0、\eta_1$ 的方程, 并且这里因为杂质处于镜对称中心, η_{-1} 只能等于 $\pm\eta_1$, 这相当于把解分为两组, 取"$+$"号的奇函数解和取"$-$"号的偶函数解. 既然只有奇函数解才给出偶极矩并导致光吸收, 我们仅考虑这种类型的解. 经过冗长的计算, 最后可获得本征值方程为

$$\tan N\Phi = \pm \frac{\rho(\omega_q)F_1(\omega_q)}{\sigma(\omega_q)F_0(\omega_q)} \tag{4.141}$$

$$\begin{cases} \text{对 } \Phi > 0 \text{ 的声学支和 } \Phi < 0 \text{ 的光学支取正号} \\ \text{对 } \Phi > 0 \text{ 的光学支和 } \Phi < 0 \text{ 的声学支取负号} \end{cases}$$

本征矢为

$$\eta_k = \left.\begin{array}{c} A_0 \\ \\ A_1 \end{array}\right\} \cos(\mid k \mid \Phi + \Psi) \qquad \begin{array}{l} (A_0:\text{对非零偶数 } k) \\ \\ (A_1:\text{对奇数 } k) \end{array} \tag{4.142}$$

$$\eta_I = \eta_0 = A_I \cos\Psi \tag{4.143}$$

式(4.141)~(4.143)中，N 为周期区间内的原胞数目

$$F_0 = \left[\frac{M}{\mu}(1-\Omega)^2 \left| 1 - \frac{m}{\mu}\Omega^2 \right| \right]^{1/2}$$

$$F_1 = \left[\frac{m}{\mu}\Omega^2 \left| 1 - \frac{M}{\mu}\Omega^2 \right| \right]^{1/2}$$

$$\Omega^2 = \omega_q^2/\omega_{qR}^2, \quad \omega_{qR}^2 = (2f/\mu), \quad \mu = \frac{mM}{m+M}$$

ω_{qR} 是布里渊区原点光学支的频率，$\left(\frac{\mu}{m}\right)^{\frac{1}{2}}\omega_{qR}$ 和 $\left(\frac{\mu}{M}\right)^{\frac{1}{2}}\omega_{qR}$ 为布里渊区边界上光学支和声学支的频率. 此外，在本征值方程中，有

$$\sigma = 1 - \frac{\gamma}{K}\Omega^2, \qquad \rho = \varepsilon - \frac{\gamma}{K}\Omega^2$$

$$\varepsilon = \Delta m/m, \quad \gamma = \Delta f/f, \quad K = \frac{\mu}{m}\left(\frac{1-\gamma}{1-\varepsilon}\right)$$

振动本征矢间的关系为

$$\left.\begin{array}{l} \dfrac{A_I}{A_0} = \dfrac{1}{\sigma} \\ \\ \dfrac{A_0}{A_1} = \dfrac{\left[\left(1-\dfrac{m}{\mu}\Omega^2\right)\left(1-\dfrac{M}{\mu}\Omega^2\right)\right]^{1/2}}{\left(1-\dfrac{m}{\mu}\Omega^2\right)} \end{array}\right\} \tag{4.144}$$

图 4.69 给出了定域模、禁带模和带模情况下这种类型的解的本征矢在杂质原子附近分布的示意图. 从杂质诱发振动光吸收的角度看来，人们最感兴趣的自然是杂质原子的振动位移 η_I 和理想晶格情况下同一位置的原子振动位移 η_0 之比，既然奇函数解情况下 $\eta_0 = A_0$，于是有

$$\mid \eta_I/A_0 \mid = \left[\sigma^2 + \rho\left(\frac{F_1}{F_0}\right)^2\right]^{1/2} \tag{4.145}$$

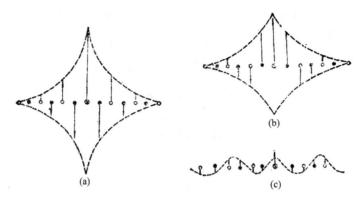

图 4.69　定域模、禁带模和杂质诱发带模情况下杂质及其附近原子振动本
征矢的分布.(a)轻杂质替代诱发的定域模情况的振动本征矢分布,链中心
的原子为杂质原子;(b)禁带模情况下杂质及其附近原子振动本征矢分布,
链中心原子为杂质原子;(c)杂质诱发带模振动本征矢分布

图 4.70 给出了类 NaCl 链情况下杂质诱发振动模频率在带模频率范围内时上述
比值和简约频率 $\Omega = \omega_q/\omega_{qR}$ 的关系. 曲线着重指出杂质参数,即质量缺陷参数 ε 和
力常数缺陷参数 γ 对杂质原子振动位移的影响. 由图可见,当杂质原子最近邻力常
数 f_1 变弱时,某些带模显示出"共振"行为,这时杂质及其周围原子振动本征矢的
分布如图 4.70(b)所示. 当力常数 f_1 很弱而杂质原子量又很轻或很重时,这种共
振行为是很强烈的. 当杂质原子比主晶格原子更重时,共振频率向低频方向漂移,
这正是在离子晶体中观察到的典型共振模行为.

　　图 4.71 给出了双原子线链杂质替代情况下半导体中定域化振动模的产生条件
及频率漂移,可见线链模型大致正确地说明了大部分定域化振动模产生的物理机制.
　　一维线链模型也给三维缺陷晶格振动的格林函数理论提供了启示. 三维情况
下,与杂质原子运动有关的本征值也可由类似于方程(4.136)的久期方程给出,即
由方程[73]

$$\text{Det}\left|\sum_{\beta l''} g_{\alpha,\beta}^{\omega}(l,\ l'')c_{\beta r}(l'',l') - \delta_{\alpha r}\delta_{ll''}\right| = 0 \qquad (4.146)$$

给出,式中 $c_{\beta r}(l'',l')$ 也是仅有有限个非零元素的杂质微扰矩阵,

$$c_{\alpha\beta}(l,l') = -\Delta M_\alpha \omega_q^2 \delta_{\alpha\beta}(l,l') + \Delta f_{\alpha,\beta}(l,l') \qquad (4.147)$$

在仅考虑质量缺陷情况下,定域模和禁带模的频率可由下列积分方程求得

$$\varepsilon \omega_q^2 \int_0^{\omega_{qM}^2} \frac{D(\omega_q'^2)}{\omega_q^2 - \omega_q'^2} d\omega_q'^2 = 1 \qquad (4.148)$$

式中 $D(\omega_q'^2)$ 为完整晶格归一化的常模态密度函数. 而杂质诱发吸收带的积分强
度为

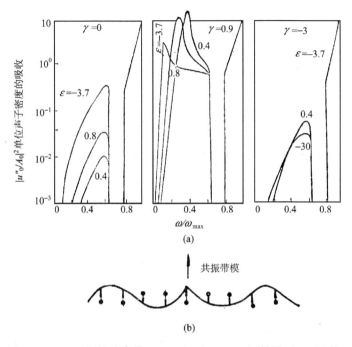

(a)

(b)

图 4.70 (a)不同缺陷参数 $\varepsilon = \Delta m/m$ 和 $\gamma = \Delta f/f$ 情况下,NaCl 线链的杂质原子振动简约振幅 $|u_0''/A_0|$ 和振动频率的关系,它表明了杂质原子最近邻力常数 f_1 软化情况下共振模存在的可能性;(b)共振情况下杂质及其周围原子振动本征矢的分布示意图

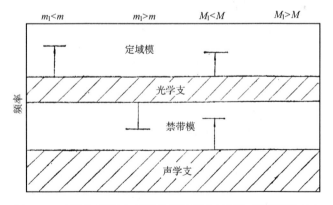

图 4.71 双原子线链杂质替代情况下定域模和禁带模的产生条件和频率范围(质量缺陷模型,假定力常数 $f_1 = f$)

$$\int \alpha(\omega_q)\mathrm{d}\omega_q = \frac{2\pi^2 N_I e^{*2}}{M_1 \eta c \varepsilon_0} M_I \mid \chi(0) \mid^2 \tag{4.149}$$

式中 N_I 是原子质量为 M_I 的杂质的浓度，e^* 为振动等效电荷，修正因子 $M_I|\chi(0)|^2$ 为

$$M_I \mid \chi(0) \mid^2 = \left[\varepsilon^2 \omega_q^4 \int \frac{D(\omega_q'^2)\,\mathrm{d}\omega_q'^2}{(\omega_q^2 - \omega_q'^2)^2} - \varepsilon\right]^{-1} \tag{4.150}$$

带模区域红外吸收系数为

$$\alpha(\omega_q) = \frac{2\pi^2 N e^{*2}}{3\eta c \varepsilon_0} \mid \chi(j,\,0) \mid^2 6s N \omega_q D(\omega_q^2) \tag{4.151}$$

式中 N 为原胞密度，s 为每个原胞的原子数，因而 $6sN\omega_q D(\omega_q^2)$ 为带模态密度，修正因子 $|\chi(j,0)|^2$ 为

$$\mid \chi(j,\,0) \mid^2 = \frac{1}{MsN}\left\{\pi^2 \varepsilon \omega_q^4 D^2(\omega_q^2) + \left[1 - \varepsilon\omega_q^2 \int \frac{D^2(\omega_q'^2)\,\mathrm{d}\omega_q'^2}{\omega_q^2 - \omega_q'^2}\right]^2\right\}^{-1}$$

$$\tag{4.152}$$

式(4.151)和(4.152)表明，若在某一频域的 $D(\omega_q^2)$ 很小，则式(4.152)右边大括号中的项可忽略不计，$|\chi(j,0)|^2$ 变得很大，因而这种频段上可出现增强的吸收，这对应于前面已讨论过的共振模的情况.

杂质诱发晶格振动行为是一个颇为复杂的问题，也是固体物理中始终较为活跃的领域. 就半导体来说，值得提出的是在 TA 声子带上方态密度陡落频段上轻杂质诱发的声学定域模振动吸收[29,50~53,67~70]. 前面讨论中已经提到这一发现，其实在图 4.60 中，我们也已看到 H 在非晶 Ge、Si 中诱发的这种定域化振动模式的吸收. 当含氢量较高时，这一吸收带是声学声子频段内最强烈的吸收特征，它可以掩盖掉附近区域的其他吸收特征. 在掺重氢(氘)和掺氟的非晶 Si 中也观察到了类似的情况[74]. 在图 4.65 中，可以观察到 B 在晶态 Si 的 TA 声子带上方 $\omega = 225\,\mathrm{cm}^{-1}$ 处也诱发这种声学局域模吸收；在 Ge-Si 合金中我们观察到 Ge 的 TA 声子带上方 $\omega = 122\,\mathrm{cm}^{-1}$ 附近 Si 诱发的声学局域模吸收[50]. 加之本书提到的和没有提到的其他结果，实验似乎已经证明，声学局域模也是半导体中局域化振动模式的一类普遍现象. 此外，从这些实验中人们还可看到另一个有趣的现象，尽管掺杂元素所占总原子数比例不算太大，并且未必带有"表观"电荷，但它们诱发的定域化振动模的吸收带可以颇强，并且有时这种吸收带的增强是以主晶格振动吸收带的减弱为代价的，这是一种"借用"振子强度的现象，在讨论激子吸收时，我们已经看到过类似的现象.

参 考 文 献

[1] Pankove J I. Optical Processes in Semiconductors. Princeton Press，1973
[2] Pidgeon C R. Free Carrer Optical Properties of Semiconductors. In：Handbook on Semicon-

ductors,2. 1980,223

[3] Spitzer W G and Fan H Y. Phys Rev, 1957, **106**: 882

[4] Ridley B K. Quantum Processes in Semiconductors. Claredon Press, Oxford, 1982, 217

[5] Seeger K. 徐乐,钱建业译. 半导体物理. 北京:人民教育出版社,1980, 433

[6] Burstein E, Picus G S and Selar N. Proc Photocond Conf Altlantic City, Wiley, 1956, 353

[7] Jonhson E J and Fan H Y. Phys Rev, 1965, **139**: A1991

[8] Altarelli M and Bassani G F. Impurity States, In: Handbook on Semiconductors, **1**. ed by W Paul, North Holland Publ, 1980

[9] Baldereschi A and Lipari N O. Phys Rev, 1973, **B8**: 2697; Phys. Rev, 1974, **B9**: 1525; Proc of 13th Internat Conf of Semicond, 1976, 595

[10] 沈学础. 物理学进展,1982,**2**: 275

[11] Pajot B, Kauppinea J and Anttila R. Sol Sta Commun, 1979, **31**: 759

[12] Butler N R, Fisher P, Ramdas A K. Phys Rev, 1975, **B12**: 3220

[13] Faulkner R A. Phys Rev, 1968, **175**: 991; 1969, **184**: 713

[14] Lifshits T M and Ya Nad F. Dokl Akad Nauk SSSR, 1965, **162**: 801; Kogan Sh M and Lifshits T M. Phys Stat Soli, 1977, **a39**: 11

[15] Haller E E, Hansen W L and Goalding F S. Adv in Phys, 1981, **30**: 93

[16] 俞志毅,黄叶肖,沈学础. Appl Phys Letter, 1989, **55**: 2084

[17] Taniguchi M and Narita S. Solid State Commun, 1976, **20**:131

[18] Sugimoto N, Narita S, Taniguchi M and Kobayashi M. Solid State Commun, 1979, **30**: 395

[19] 俞志毅,黄叶肖,沈学础. Phys Rev, 1989, **B39**: 6287

[20] Strauss A J. Revue de Physique Applique, Sec, I, 1976, **2**:168

[21] Balkanski M. In: Optical Properties of Solids. ed by Abeles F, North Holland Publ, 1972

[22] Harrison W A. Electronic Structure and the Properties of Solids. Freeman Publ, San Francisco, 1980, 218

[23] Balkanski M. Optical Properties due to Phonons. In: Handbook on Semiconductors, 2. North Holland Publ, 1980, 497

[24] Burstein E and Mills D L. Comments on Solid State Phys, 1969, **1**: 202

[25] 沈学础、褚君浩. 物理学报, 1985, **34**: 56

[26] Balkanski M. In: Narrow Gap Semiconductors. Phys and Appl. ed by Zawadzki W. 1979

[27] Barker A S Tr and Sievers A J. Rev of Morden Phys, 47: Suppl No 2, S1, 1975

[28] 沈学础. 物理学进展, 1984, **4**: 452

[29] Verleur H W and Barker A S Jr. Phys Rev, 1966, **149**: 715; 1967, **155**: 750

[30] Pearsall T P, et al. Appl Phys Lett, 1983, **42**: 436

[31] Gupta H C, et al. Phys Rev, 1983, **B28**: 7191

[32] 陆卫,刘普林,史国良,沈学础. Phys Rev, 1989, **B39**: 1208

[33] 沈学础. 红外物理开放实验室年报, 1987~1988, 35

[34] Shen W Z, Wang K, Jiang L F, et al. Appl Phys Lett, 2001, **79**: 2579

[35] Kellermann E W. Philos Trans Roy Soc (London), 1940, **238**: 513

[36] Yang A L, Wu H Z, Li Z F, et al. Chin Phys Lett, 2000, **17**: 606

[37] Kaneko Y, Morimoto K, Koda T. J Phys Soc Jpn, 1982, **51**: 2247

[38] Jiang L F, Shen W Z, Wu H Z. J Appl Phys, 2002, **91**: 9015

[39] Damen D C, Porto S P S, Tell B. Phys Rev, 1966, **142**: 570

[40] Jasperse J R, Kahan A, Plendl J N. Phys Rev, 1966, **146**: 526

[41] Bundesmann C, Schubert M, Spemann D, et al. Appl Phys Lett, 2002, **81**: 2376

[42] Brodsky M H, Lucovsky G, Chen M F, et al. Phys Rev B., 1970, **2**:, 3303, and references therein

[43] Srivastava G P. The Physics of Phonons. IOP Publishing Ltd., British, 1990. Chap. 9, and references therein

[44] Chen Y S, Shockley W, Pearson G L. Phys Rev, 1966, **151**: 648

[45] Chang I F, Mitra S S. Phys Rev, 1968, **172**: 924

[46] Chang I F, Mitra S S. Adv Phys, 1971, **20**: 359

[47] Chen J, Shen W Z. J Appl Phys, 2003, **93**: 9053

[48] Chen J, Shen W Z. Appl Phys Lett, 2003, **83**: 2154

[49] 陆卫, 叶红娟, 俞志毅, 张素英, 傅英, 徐文兰, 沈学础, Giriat W. Phys Stat Soli, 1988, **b147**: 767

[50] 沈学础, Gardona M. Solid State Commun, 1980, **36**: 327

[51] Cardona M, 沈学础. Phys Rev, 1981, **B23**: 5329

[52] 沈学础, 褚君浩. Solid State Commun, 1983, **48**: 1017; 物理学报, 1984, **33**: 729

[53] 沈学础, 方容川, Cardona M and Genzel L. Phys Rev, 1980, **B22**: 2913

[54] Balkanski M, Nararewicz W and Da Silva E. Conf on Lattice Dynamics, Copenhagen, ed by Wallis R F. 1964

[55] Kalache B, Kosarev A I, Vanderhaghen R, et al. J Appl Phys, 2003, **93**: 1262

[56] Chen X Y, Shen W Z, He Y L. J Appl Phys, 2005, **97**: 024305

[57] Lu N, Liao L, Zhang W, et al. J Cryst Growth, 2013, **375**: 67

[58] Wen C, Xu H, Liu H, et al. Nanotechnology, 2013, **24**: 455602

[59] Brodsky M H, Cardona M, Cuomo J J. Phys Rev B, 1977, **16**: 3556

[60] Langford A A, Fleet M L, Nelson B P, et al. Phys Rev B, 1992, **45**: 13367

[61] Kroll U, Meier J, Shah A, et al. J Appl Phys, 1996, **80**: 4971

[62] Lucovsky G, Nemanich R J, Knights J C. Phys Rev B, 1979, **19**: 2064

[63] Freeman E C, Paul W. Phys Rev B, 1978, **18**: 4288

[64] He W, Li Z P, Wen C, et al. Nanotechnology, 2016, **27**: 425710

[65] Alben R, Weaire D, Smith J E Jr and Brodsky M H. Phys Rev, 1975, **B11**: 2271

[66] Sen P N and Yudurain F. Phys Rev. 1977, **B15**: 5076

[67] Røser H P, Kimmitt M F. 私人通讯

[68] 沈学础,叶红娟,陶凤翔,康荔学. 物理学报, 1985,**34**: 1573

[69] 陆卫,叶红娟,愈志毅,张素英,傅英,徐文兰,沈学础. 物理学报,1988, **37**: 197; Solid State Commun, 1987, **64**: 1167; Phys Status Solidi, 1988, **b147**: 767

[70] 沈学础,褚君浩,叶红娟. 17th Internat Conf On Phys of Semicond, San Francisco. 1984, 1189

[71] Dutt B V, Al-Delaimi M and Spitzer W G. J Appl Phys, 1976, **47**: 565

[72] Genzel L, Impurity-Induced Lattice Absorption. In: Optical Properties of Solids. 1972, 453

[73] Dawber P G and Elliott R J. Proc Rev Soc Lond, 1963, **273**: 222; Proc Phys Soc, 1963, **81**: 453

[74] 沈学础,方容川, Cardona M. Phys Status Solidi. 1980, **b101**: 451

第五章 半导体的发光光谱和辐射复合

5.1 引 言

本章讨论的半导体发光主要是指辐射复合光发射.它是除热平衡黑体辐射以外的那部分光发射,是第二到第四章讨论过的光吸收过程的逆效应,因而通常和半导体中的电子激发有关.这种激发导致晶体或原子系统的非平衡态(或者说激发态).这种激发态是不稳定的,总要通过某些弛豫或(和)复合过程回到晶体基态,辐射复合是这些可能的过程之一,许多情况下无辐射跃迁也可以在回到基态的过程中起重要作用.

可以从带间跃迁辐射复合出发,来理解和讨论半导体辐射复合发光光谱的物理本质[1,2].第二章中已经较详细地讨论了这种带间跃迁辐射复合的概率,其物理过程可重画于图 5.1.每一复合事件中,总动量必须守恒,于是对直接跃迁来说 $k_i = k_f$,即发光跃迁竖直地发生.对间接带材料,辐射复合过程同时要求把和激发载流子位于布里渊区边界相联系的那部分动量转移给晶格或其他受体,因而间接带半导体的带间辐射复合过程要求其他准粒子的参与才能完成,这与光吸收跃迁是相似的,同时发光强度也比直接带情况下弱许多.

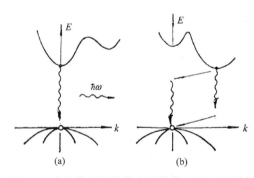

图 5.1 直接带和间接带半导体带间跃迁辐射复合过程示意图.(a)直接带材料,带间跃迁辐射复合可直接发生;(b)间接带材料,带间辐射复合需要其他准粒子参与.图中标出了电子-声子互作用的两种可能的虚态,每一过程对复合概率的贡献决定于选择定则及矩阵元

各种类型的激子态对半导体的辐射复合发光过程尤为重要,这不仅是因为激子复合的能量小于带间跃迁能量,更重要的是因为激子作为一种电子激发态可以在晶体中运动,因而它是半导体发光过程中传递和输运能量的一种重要形式.激子可以有短的寿命($\sim 10^{-8}$ s),即经大约 10^{-8} s 后变为(复合成)一个光子,这一光子在晶体中传输一段距离后又产生新的激子.这种共振互作用是激子传递和输运能量的一种重要形式,可在颇大距离上传递能量.激子态对半导体发光机制、发光效率都有很大影响,因而无论从弄清物理本质出发或实际应用出发,弄清激子复合发光效应都是重要的.

已经指出,光发射的先决条件是半导体电子状态的激发,这种激发可以通过光吸收来实现,也可以通过电流注入和电子束激发等来实现.光吸收(或称光激发)导致的光发射常称光致发光;电流注入或雪崩导致的光发射常称电致发光;而电子束激发导致的光发射则称为阴极射线发光.弱激发情况下发光强度和激发成比例.强激发情况下可以导致发光强度的超线性增加,这时发光过程就可能转变为超辐射和激光效应.历史上还常称仅在激发过程中才发光的光发射为荧光,而在激发停止后发光还继续一定时间的为磷光,这些名称至今在文献中还常被引用.所有上述激发导致的电子激发态是一种非平衡状态,它们可以位于布里渊区的任何位置上.这时可以通过辐射和无辐射复合直接回到基态,但更可几的是通过声子发射等过程首先弛豫到导带或价带中能量最低的状态附近,通常是布里渊区原点或其他临界点附近,然后再经由复合过程回到基态.假定这种激发态的复合寿命远大于发射声子等弛豫时间(或称热化时间),那么它们总先通过和晶格、其他载流子或激发载流子的相互作用,弛豫(或热化)到布里渊区中能量最低的导带或价带态附近的位置上.以致大多数情况下可以建立某种准平衡状态,因而可以用准费米能级和某种等效温度来描述这种载流子的统计分布以确定复合动力学,这是研究半导体辐射复合过程通常采用的基本假定之一,它大大简化了问题的处理.

在实际应用中,电流注入导致的电致发光已获得广泛应用,如各种室温使用的发光二极管和半导体激光器.但这种激发方法一般需要特定制备的样品,因而在半导体辐射复合性质的基本研究中,更广泛的是采用电子束注入或光激发来产生辐射复合光谱研究所需的电子激发态,其中尤以光激发最为普遍.

本章主要讨论光激发产生的半导体辐射复合发光光谱,即光致发光光谱.这种情况下的光发射有三个互相联系而又区别的过程:首先是光吸收和因光激发而产生电子-空穴对等非平衡载流子;其次是非平衡载流子的扩散及电子-空穴对的辐射复合;第三是辐射复合发光光子在样品体内的传播和从样品中出射出来.在光致发光实验中,最强的激发(带间激发)一般发生在样品表面附近,因而它导致的激发载流子的分布也是不均匀的和非平衡的.为趋于平衡的均匀分布,过剩的非平衡载流子将自表面向体内扩散,并同时因辐射或无辐射跃迁过程而复合,因而晶体中绝大多数激发仅限于光照表面以下光透入深度(或扩散长度)的范围内.由于辐射复合发光光子可能被重新吸收,甚至发生多次重新吸收和再发射的所谓光子循环(photon recycling)过程,但它不会传播到离这一表面层很远的样品体内.这表明,辐射复合发光最容易从光照面(激发面)出射,这样绝大多数光致发光实验安排在受照面方向探测光发射信号,并称之为前表面发光.对薄样品,且激发光吸收较弱的情况下,背面发光或称透射发光也是可能的.表面复合对光激发非平衡载流子的扩散和辐射复合可以有重要的影响,因而对样品外所观测到的发光光谱也可以有重要影响.

半导体光致发光光谱的研究通常还可以区分为激发光谱和发射光谱(发光光谱)两类. 前者是指发射光谱某一谱线或谱带强度(或积分发光强度)随激发光频率的改变,后者乃是一固定频率(或频域)入射光激发下半导体发光能量(或强度)按频率的分布. 由此可见,激发光谱表示对某一频率(或频域)发光起作用的激发光的频率特征,因而对分析发光的激发过程、激发机制和提高发光效率有重要意义;而发射光谱则显示一定频率(或频域)光激发下半导体发光的光谱特征,对研究与激发及辐射复合过程有关的半导体电子态,揭示辐射复合发光的物理过程有更重要的意义. 如果是半导体中杂质中心的发光,则由此可能确定发光中心在晶格中的状态和位置.

作为研究半导体电子态的一种手段,光致发光的优点在于其灵敏度,尤其是它在光吸收实验灵敏度较差的频段内有较高的灵敏度,因而使得发光和光吸收实验互为补充而在半导体电子态研究中起着重要作用. 另一优点在于实验数据采集和样品制备的简单性. 加之发光器件和半导体激光器的重大应用,从而使发光成为半导体光学性质研究的一个十分重要的方面.

除各种稳态发光光谱外,近年来发光光谱,尤其是光致发光光谱技术的一个引人注目的进展是各种时间分辨光谱、瞬态光谱的出现和发展. 利用各种锁模激光器、模式压缩技术和快速检测方法,现在已有可能研究时间分辨率为 $10^{-12} \sim 10^{-14}$ s(甚至更短)的发光过程[2]. 利用这种高时间分辨率的发光光谱方法,已可直接观测和分辨半导体激发态的各种弛豫过程,测量相应的弛豫时间,例如高激发态电子-光学声子散射时间、热电子弛豫时间、超晶格中激发载流子的俘获时间等,从而在半导体光学过程的微观物理机制研究中起着重要作用.

此外,还应该提到,同步辐射光源在半导体光致发光光谱研究中正起着愈益重要的作用. 由于这种光源的高亮度、高强度及光子频率连续可调,并允许脉冲和准连续的工作模式,它们在弱发光现象研究、激发光谱研究、时间分辨光谱研究,以及超线性、激光光谱研究等方面都有重要意义.

下面我们首先概述半导体中基本的辐射复合跃迁过程[2,3],然后逐节展开讨论. 已经指出,半导体的辐射复合过程可以看作是光吸收的逆过程. 既然如此,第二至四章中提到的各种基本的光吸收跃迁过程都可以沿相反的方向进行. 图 5.2 给出了半导体中几种常见的辐射复合跃迁过程,其中图(a)表明带间跃迁过程;图(b)给出经由禁带中的局域化能态的辐射复合过程;图(c)为施主-受主对辐射复合过程;作为参考,(d)和(e)还给出了多声子发射和俄歇(Auger)复合的无辐射跃迁复合过程示意图.

正如第 2.5 节讨论带间直接跃迁辐射复合发光过程时已经指出的,辐射复合速率决定于较高能态上的载流子密度 n_u、较低能态上的空态密度 n'_l 和电子从上态到下态的跃迁概率 W^{em}_{ul},即

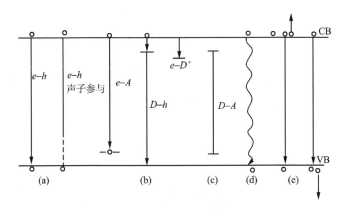

图 5.2 半导体中各种复合跃迁过程示意图.(a)带间跃迁;(b)带
⇌杂质中心辐射复合跃迁;(c)施主–受主对辐射复合跃迁;(d)多
声子发射过程;(e)俄歇复合过程

$$R(\hbar\omega) \propto n_u n_l' W_{ul}^{em} \qquad (5.1)$$

然而,半导体发光实验和光吸收实验获得的信息有重要的区别;吸收过程可以涉及半导体中所有的能量状态,即费米能级上下两方的所有状态,因而对带间跃迁来说,获得一个宽阔的吸收带;在发光光谱研究中,如光致发光实验中,激发电子和空穴在辐射复合之前常常首先弛豫到布里渊区中能量最低的能带极值附近,因而辐射复合光发射过程仅仅耦合这两个狭窄能量范围内热化了的电子和空穴.相对于吸收光谱,如第 2.5 节中式(2.149)~(2.151)指出,发光强度表达式多了一个因子 $\exp\left(-\dfrac{\hbar\omega - E_g}{k_B T}\right)$,它使得当光子能量超过 E_g 时,辐射复合发光强度很快下降.这样即使对带间跃迁,它导致的发光谱带也是颇狭窄的,因而同吸收光谱相比较,测量发光光谱对研究能带的非抛物性结构等问题是不灵敏的.

此外,由于夫兰克–康登(Franck-Conton)效应,对局域化能级间的光发射跃迁来说,发光光子能量总小于对应的逆过程——吸收光子的能量,并且把这一能量差称之为夫兰克–康登漂移或斯托克斯(Stokes)漂移.

5.2 导带–价带辐射复合跃迁

5.2.1 带间的直接辐射复合跃迁

已经指出,激子效应对半导体发光光谱有更重要的影响.但在较高实验温度下和对于纯度较差的样品,可以观察到激发导致的自由载流子(自由电子和自由空穴)直接辐射复合的带间跃迁.

对于能带极值位于布里渊区原点的直接带半导体,如图 5.1 所示,跃迁动量守

恒定律要求

$$\boldsymbol{k}_e = \boldsymbol{k}_h \approx 0 \tag{5.2}$$

如果假定矩阵元和能量无关,并且跃迁涉及的能带为具有恒定有效质量的简单抛物能带,那么自由电子-空穴直接辐射复合跃迁对应的发光光谱已由第 2.5 节中式 (2.150)给出,在此重写为

$$F(\hbar\omega) \propto (\hbar\omega)^2 (\hbar\omega - E_g)^{1/2} \exp\left(-\frac{\hbar\omega - E_g}{k_B T}\right) \tag{5.3}$$

式(5.3)表明,自由载流子辐射复合发光光谱在 $\hbar\omega = E_g$ 处有一低能阈值. 在高能方向,由于式(5.3)中指数因子的缘故,仅扩展到带边缘以上几个 $k_B T$ 的地方,事实上,式(5.3)表明,很低激发情况下带间直接辐射复合跃迁发光光谱带的峰值位置在 $E_g + \frac{1}{2} k_B T$ 附近,半宽仅为 $0.8 \sim 0.9 k_B T$,而不象吸收光谱那样自带边缘开始扩展到很高能量为止的整个基本吸收区.

图 5.3 给出了 77K 时不同掺杂浓度的 n-InAs 的光致发光光谱,是自由电子-自由空穴带间直接辐射复合发光光谱的一个典型例子,图中虚线、点线系不同掺杂浓度样品的实验结果,实线为理论计算结果. 由图 5.3 可见,高能方向发光光谱带线形和上述简单理论预言颇为一致,并且正如预料那样,随着掺杂增加和费米能级深入导带,发光光谱峰值位置和高能边缘都向高能方向漂移. 增强激发和升高实验温度也可导致带间跃迁发光光谱带向高能方向漂移,这是由于这些情况下允许较高能量光子发射跃迁的缘故.

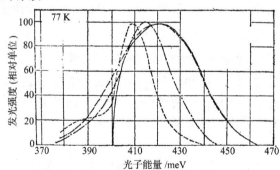

图 5.3　77K 时 n-InAs 的光致发光光谱

——实验结果,$n = 2.3 \times 10^{16} \text{cm}^{-3}$;·—·—·实验结果,
$n = 9 \times 10^{16} \text{cm}^{-3}$;— — —实验结果,$n = 1.8 \times 10^{17} \text{cm}^{-3}$;
——理论计算,$n = 1.8 \times 10^{17} \text{cm}^{-3}$

可以再深入一点和半定量地讨论这一问题. 暂时忽略带尾态和杂质态的效应,并仍然假定有抛物能带模型,这样以 p 型材料为例,如图 5.4 所示,0K 时跃迁峰值

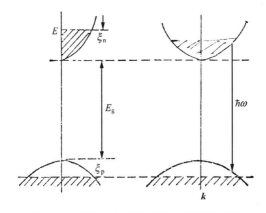

图 5.4 重掺杂和简并情况下的带间直接
跃迁发光过程

应发生在

$$\hbar\omega_{peak} = E_g + \left(1 + \frac{m_h^*}{m_e^*}\right)\xi_n \tag{5.4}$$

式中

$$\xi_n = (3\pi^2 n)^{2/3} \frac{\hbar^2}{2m_e^*} \tag{5.5}$$

为导带电子的准费米能级, n 为单位体积中激发电子数目.

如果由于电子-电子散射或电子-杂质散射等过程使得跃迁不必再严格遵从动量守恒定则, 那么导带中所有被电子占据的状态和价带中所有的空态间都可以发生辐射复合跃迁. 这时发光光谱应由能发射光子 $\hbar\omega$ 的所有上态和下态间的卷积给出. 0K 时跃迁峰值应为

$$\hbar\omega_{peak} = E_g + \xi_n + \xi_p \tag{5.6}$$

这里 ξ_p 为空穴准费米能级

$$\xi_p = \left[3\pi^2 (p_0 + \Delta p)\right]^{2/3} \frac{\hbar^2}{2m_h^*} \tag{5.7}$$

式中 p_0 为平衡空穴浓度, Δp 为单位体积中光激发空穴数目.

图 5.3 还表明, 低能方向实验结果比简单理论预期的更富于结构, 这是由于其他光发射机制 (如带尾态、杂质带等) 引起的, 将在稍后讨论这一问题.

如第二章已经讨论的, 半导体材料的自吸收效应对实验观察到的发光光谱线形有重要的影响. 仍以光致发光为例, 入射激发光在样品表面附近一定深度范围内激发非平衡过剩载流子, 并向体内扩散, 假定扩散长度为 L, 这样辐射复合发光

光谱是在样品表面附近厚度为 L 的一层内发射的,这些辐射通过样品出射时,要经受样品本身的吸收和反射.这样,在样品外用探测器接收到的发光光谱实际上应是

$$F(\hbar\omega) = (1-R)\frac{F_0(\hbar\omega)}{L}\int_0^L \exp(-\alpha x)\,\mathrm{d}x$$

$$= (1-R)F_0(\hbar\omega)\frac{1-\exp(-\alpha L)}{\alpha L} \tag{5.8}$$

当 $\alpha L \gg 1$ 时,式(5.8)可简化为

$$F(\hbar\omega) = (1-R)F_0(\hbar\omega)(\alpha L + 1)^{-1} \tag{5.9}$$

图 5.5 给出了 77K 时 $p=5\times 10^{15}\,\mathrm{cm}^{-3}$ 的 p-InSb 的带间跃迁发光光谱的实验结果,图中同时还给出了按式(5.9)对自吸收效应进行修正后的实验发光光谱及其与简单理论计算结果的比较[4]. 图 5.5 表明,自吸收导致实验直接观测到的发光光谱向低能方向漂移,考虑自吸收效应后,理论估计与实验结果符合良好.

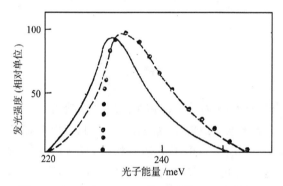

图 5.5　77K 时 $p=5\times 10^{15}\,\mathrm{cm}^{-3}$ 的 p-InSb 的归一化的发光光谱.图中实线为实验直接观测结果;虚线为 $F(\hbar\omega)_{\mathrm{exp}}(\alpha L+1)$,即计及自吸收修正后的实验结果;圆点为理论计算结果

5.2.2　带间的间接辐射复合跃迁

对间接带半导体来说,导带中的激发电子可以通过中间过程辐射复合跃迁到价带顶的空态,并满足动量守恒要求.这里最可几的中间过程看来是发射声子,其他过程,如在吸收光谱中起重要作用的吸收声子过程,由于发光实验常常在低温下进行和吸收声子过程辐射跃迁发射的光子($\hbar\omega = E_g + E_p$)易被样品再吸收而变得不很重要了.正如第二章所讨论的,在间接跃迁情况下,辐射复合速率的计算需要运用二级微扰理论,而其发光光谱可由下列积分给出:

$$I(\hbar\omega) = \int_{E_g-E_p}^{\infty} W_{em} n(E) p(E) dE \tag{5.10}$$

式中 $n(E)$, $p(E)$ 分别为导带占据数和价带空态数,类似于间接跃迁吸收系数的推导,也可求得发光光谱的能量依赖关系为

$$F(\hbar\omega) \propto \frac{(\hbar\omega - E_g + E_p)^2}{1 - \exp(-E_p/k_B T)} \exp\left(-\frac{\hbar\omega - E_g + E_p}{k_B T}\right) \tag{5.11}$$

写出公式 (5.11) 时,已经忽略了吸收声子的辐射复合过程,式中分母项 $1 - \exp(-E_p/k_B T)$ 代表发射声子过程的声子态占据数 n_q. 比较直接跃迁和间接跃迁带间辐射复合发光强度表达式 (5.3) 和 (5.11) 可知,间接跃迁情况下阈值能量以上发光强度随能量的增加(平方关系)比直接跃迁(平方根关系)更快,这一情况如图 5.6 所示. 当然,这里必须考虑到间接跃迁概率 W_{em} 比直接跃迁情况要小得多. 发射声子情况下间接跃迁辐射复合发光谱带的谱峰能量位置和半宽分别为

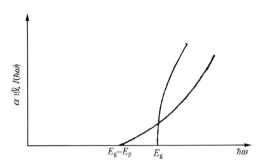

图 5.6 直接跃迁和间接跃迁发光强度与能量
依赖关系的比较

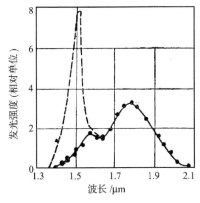

图 5.7 锗的带间跃迁发光光谱. 圆点及实线——实验观测结果;虚线——计及自吸收效应修正后的发光光谱

$$\hbar\omega_{peak} = E_g - E_p + 2k_B T; \Delta E \approx 1.7 k_B T \tag{5.12}$$

这里请注意它们和直接跃迁情况的区别.

锗是典型的间接带半导体材料,但其 $\langle 111 \rangle$ 导带谷以上 $0.15\mathrm{eV}$ 处存在 Γ 导带谷,因而有可能将电子同时激发到最低的 $\langle 111 \rangle$ 导带谷和较高的 Γ 导带谷(尽管 Γ 导带谷电子可能很快因谷间散射弛豫到 $\langle 111 \rangle$ 导带谷),于是辐射复合发光光谱也可能同时显示这两种跃迁过程. 图 5.7 给出了很薄的锗样品带间跃迁辐射复合发光光谱的实验结果,

图中低能峰为带间间接跃迁发光谱带,高能台阶起因于直接跃迁光发射,如计及自吸收修正,则直接跃迁发光谱带 $F_0(\hbar\omega)$ 如图中虚线所示,这里再次看到自吸收效应对探测系统直接观测到的发光光谱的重要影响.

5.3　激子复合发光

5.3.1　自由激子和激子极化激元辐射复合发光光谱

　　自由激子代表了低激发密度下纯半导体中电子和空穴对的能量最低的本征激发态. 第三章中已经讨论了万尼尔激子情况下半导体中自由激子态的基本方程(有效质量方程)、能量状态及对应的吸收光谱. 这种因库仑互作用而相互束缚在一起的电子-空穴对降低了系统总能量,使之小于禁带宽度 E_g,这一能量差就是自由激子的束缚能,在不计及激子动能情况下,即等于自由激子的等效里德伯(Rydberg)能量,类氢近似下式(3.95)给出

$$R^* = \frac{\mu e^4}{2[4\pi\varepsilon(0)]^2\hbar^2}$$

$$\frac{1}{\mu} = \frac{1}{m_e^*} + \frac{1}{m_h^*}$$

这里 μ 为激子简约有效质量,m_e^* 和 m_h^* 为形成激子的电子和空穴的有效质量. 实际计算激子简约有效质量时,对 Γ 能谷的电子,可直接引用其质量;对间接带半导体的 X 和 L 能谷,必须引用 $\dfrac{1}{m_e^*} = \dfrac{1}{3}\left(\dfrac{1}{m_{l_e}^*} + \dfrac{2}{m_{t_e}^*}\right)$;同理对空穴,必须引用 $\dfrac{1}{m_h^*} = \dfrac{1}{2}\left(\dfrac{1}{m_{lh}^*} + \dfrac{1}{m_{hh}^*}\right)$.

　　第 5.1 节中已经指出,自由激子可以在晶体中运动. 此外,正如第三章讨论的,自由激子可与入射光子耦合形成激子极化激元,这样自由激子在晶体内的运动是以极化激元传播的方式实现的. 自由激子的这种运动已通过发光实验直接观察到[5]. 尤其是近来沃尔夫(Wolfe)等[6]用红外摄像方法,记录应力场作用下 Ar+ 离子激光激发的硅中 $1.15\mu m$ 发光的空间分布时,直接观察到 Si 中自由激子向应力中心运动过程的轨迹,证实这种情况下自由激子漂移迁移距离可达毫米量级. 这些事实表明激子具有动能,仿效准自由电子动能表达式,激子动能可写为

$$\frac{\hbar^2 K^2}{2M} \tag{5.13}$$

式中 $M = m_e^* + m_h^*$ 为组成激子的电子与空穴的质量之和,K 为激子波矢. 这样,如果从价带顶量起,激子基态的总能量就可写为

$$E(X) \text{ 或 } E(K) = E_g - R^* + \frac{\hbar^2 K^2}{2M}$$

$$= E_g - E_{ex} \tag{5.14a}$$

式中

$$E_{ex} = R^* - \frac{\hbar^2 K^2}{2M} \tag{5.14b}$$

为激子基态束缚能,即激子基态与导带底的能量差. 激子激发态的能量则仍如第三章式(3.96)所述

$$E_n(K) = E_g - R^*/n^2 + \frac{\hbar^2 K^2}{2M}$$

这样,对足够纯的半导体材料,低温下激发电子和空穴形成激子的时间远小于带-带跃迁辐射复合寿命,因而其本征辐射复合的主要特征可以是激子复合导致的狭窄谱线的发光光谱,其物理过程可形象地示于图 5.8. 光激发载流子首先通过发射声子弛豫到带边缘,然后形成自由激子. 它在晶体中运动并最终通过辐射复合给出特征性发光谱线. 这里参与辐射复合的是因库仑相互作用而束缚在一起的、形成分立能级的电子-空穴对,其发光光谱具有尖锐谱线的特征. 图 5.9 给出了不同温度下 GaAs 带边附近的光致发光光谱及其线形拟合. 由图可见,随着温度的降低,GaAs 带边发光从带-带复合逐步演变为 $n=1$ 的激子复合占主导地位的尖锐谱线

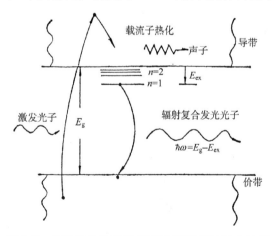

图 5.8 光激发导致的激子形成及其辐射复合过程示意图. 光激发载流子首先通过发射声子弛豫到带边缘,形成自由激子,激子在晶体中运动并最终辐射复合给出特征发光谱线

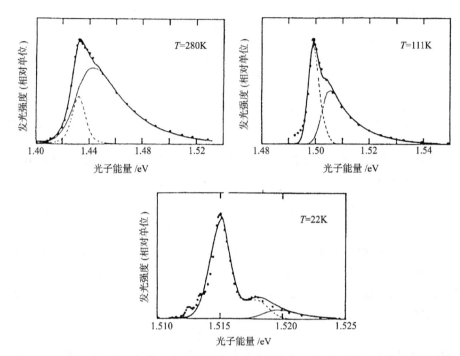

图 5.9　不同温度下 GaAs 带边发光谱线线形及其拟合. 图中细的虚线和实线分别为激子和自由载流子辐射复合对发光谱线的贡献,可见随温度降低,GaAs 带边发光从带-带跃迁逐步演变为激子复合过程

(注意横坐标的比例)[7]. 经验上,如前所述,激子复合发光线形可从冯·鲁斯勃吕克-肖克莱关系从激子吸收线形推得,即

$$R_{\text{sp}}(\hbar\omega) \propto \frac{S(\hbar\omega)}{\exp[(\hbar\omega - \Delta\xi_{\text{F}})/k_{\text{B}}T] - 1} \tag{5.15}$$

对直接能带激子,若忽略以下将讨论的极化激元效应,可区分两种极限情况下的线形函数 $S(\hbar\omega)$,即弱激子-声子耦合情况下的洛伦兹线形

$$S(\hbar\omega) = \frac{\hbar\Gamma/2\pi}{(\hbar\omega - E_{\text{ex}})^2 + (\hbar\Gamma/2)^2} \tag{5.16a}$$

和强激子-声子耦合情况下的高斯线形

$$S(\hbar\omega) = \frac{1}{(2\pi)^{1/2}\sigma} \exp\left[-\frac{(\hbar\omega - E_{\text{ex}})^2}{2\sigma^2}\right] \tag{5.16b}$$

式中 Γ 为谱线半宽,$\sigma = 0.425\Gamma$. 对 GaAs 等 Ⅲ-Ⅴ族半导体,后一情况占主导地位. 间接能带情况下的激子吸收和发光的线形函数要更复杂一些,这里不再赘述.

　　研究表明[8,9],在讨论半导体带间跃迁辐射复合发光时,仅仅考虑激子效应是不够的,还必须考虑激子和光子耦合导致的激子极化激元效应.在讨论光吸收时已经指出,由于色散曲线交点附近光子和激子的强耦合,晶体中激子和光子是以混和的杂化模式传播的.在立方晶体中,激子态分裂为纵激子和横激子,而横激子则与光子耦合形成上下两支激子极化激元,如第三章图3.56所示[10].这样,从激子极化激元观点看来,激子的激发对应于一个光子在晶体表层被吸收并变换成可在体内传播的极化激元模,而激子的辐射复合则对应于一个向表面传播的极化激元模变换成一个出射光子.

激子极化激元辐射复合发光已在许多半导体中被观察到,早期关于 CdS 的实验结果[9]就是一个例子.采用式(5.15)表达的激子复合模型,可以说明辐射复合发光谱线的尖锐性,但不能说明实验观察到的低能侧发光带尾的存在,因为按激子复合发光模型,发光光谱低能端原则上应在激子波矢 $K=0$ 对应的激子能量处突然截止.另一方面,若考虑极化激元效应,则如色散曲线图3.56所示,自由激子限能量 $\hbar\omega_T(K=0)$ 以下仍可有极化激元状态(见图中下支)存在,因而可以解释实验观察到的发光谱带(线)的低能带尾.

图 5.10 给出了最近关于 GaAs 中激子极化激元辐射复合发光光谱的实验结果[11].图中可清楚地看到分别来自上、下两支极化激元的辐射复合发光光谱峰.应该指出,是塞尔(Sell)等人首先观察到上、下支极化激元的发光光谱[12],图 5.10 给出的结果是韦斯布(Weisbuch)等人采用染料激光实现共振激发后获得的结果.因而图 5.10 还表明,共振激发显著增强了发光强度,即增强了极化激元的非热平衡分布.这是除共振布里渊散射外另一种直接显示极化激元色散关系的实验观测.除 GaAs 外,对 CdS 的激子极化激元发光也已进行了进一步的研究[13,14].激子吸收和辐射复合发光谱线线形的估计是一个有待进一步解决的问题,考虑到激子极化激元,问题更为复杂.实验测得的发光谱线受诸如极化激元分布函

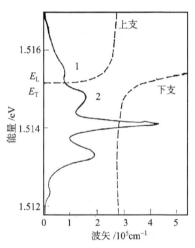

图 5.10　2K 时 GaAs 中激子极化激元辐射复合发光光谱的实验结果.虚线给出极化激元色散曲线的上、下支,发光峰 1、2 分别对应于上、下支极化激元的辐射复合.低能方向的更强的峰对应于和杂质有关的辐射复合过程,E_L、E_T 分别为纵、横激子能量

数、它们在样品表面附近的透射系数、声子和杂质对极化激元的散射等因素的影响,这些因素是难以估计的,以致至今仍未有关于激子线形的简单而精确的理论描述.

声子参与的自由激子辐射复合发光光谱也已被研究过[15~18].和简单的带间辐射复合发光情况不同,由于自由激子有异于零的波矢 K,辐射复合时它可以将这一

波矢传递给晶格,因而复合的同时发射波矢等于 K 或其倍数的声子的自由激子辐射复合过程(声子参与激子复合)成为可能的了,这时在自由激子辐射复合发光谱线的低能方向可以观察到所谓声子伴线. 为清楚地显示自由激子辐射复合发光光谱的声子伴线,常采用共振荧光技术,即激发光光子能量和晶体中某一吸收跃迁共振,而且故意使用并非最佳的样品,即激子辐射复合寿命和其热化时间可相比拟的样品. 图 5.11 给出了激发光和 $A_{n=2}$ 激子能级共振情况下 CdS 的发光光谱,可见共振激发情况下实验不仅清楚地观察到 $n=2$(自由激子激发态)的自由激子辐射复合发光谱线,而且清楚地观察到其单声子和双声子伴线. 在 CdS 情况下,是辐射复合发射光子的同时发射一个或二个 LO 声子的声子伴线. 由于 LO 声子引起的极化场最强,它导致的势能改变也最为明显,因而在发光光谱中通常最容易观察到的是 LO 声子伴线. 在发射声子的激子辐射复合发光过程中,除能量守恒外,自然也必须遵循动量守恒定则. 单声子发射和双声子发射情况下的动量守恒如图 5.12 (a)和(b)所示,由此人们还可预期,激子复合时最可几发射的声子波长接近于激子本身的线度,在声子-杂质中心相互作用中,也有类似情况.

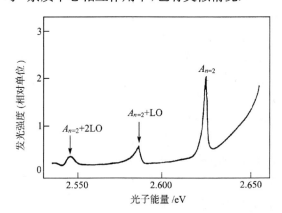

图 5.11　激发光和 $A_{n=2}$ 激子能级共振情况下 CdS 的发光光谱(荧光光谱),实验温度为 1.6K

　　对间接带半导体,只要样品纯度不太差,低温下也可观察到自由激子辐射复合发光光谱. 1959 年,海恩斯(Haynes)等人[19]首先在 Ge 中观察到这种间接带半导体的自由激子辐射复合发光谱线,其后在 Si、GaP、Ge-Si 合金等材料中都观察到了类似的发光过程,迄今对 Ge 自由激子辐射复合发光作了较彻底的研究,包括应力和磁场作用下发光谱线的分裂等等[20~23].

　　锗的能带结构是我们熟悉的,对纯锗,只有通过声子参与才能实现自由激子的辐射复合. 实验上已经观察到所有不同的单声子参与的自由激子辐射复合跃迁对应的发光谱线,只不过从群论分析来说,LA、TO 声子参与的跃迁是允许的,因而谱线颇强,而 TA 和 LO 声子参与的跃迁则为对称性选择定则所禁戒[24],因而谱

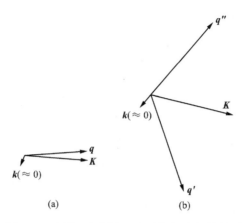

图 5.12　发射一个声子(a)和两个声子(b)情况下
自由激子辐射复合发光过程的动量守恒示意图

线强度很弱. 4.2K 时 Ge 的最强的两条自由激子辐射
复合发光谱线如图 5.13 所示,由图可见,发射 LA 声
子的发光谱线有最大的强度,这是因为相应的跃迁矩
阵元的能量分母最小,因而跃迁概率最大. 这些发光
谱线的能量位置为

$$E_0 = E_g - \hbar\omega_q - R^* \qquad (5.17)$$

式中 E_g 为间接带宽,$\hbar\omega_q$ 为相应的发射声子的能量,
R^* 为自由激子等效里德伯能量. 由锗的禁带宽度、声
子能量及图 5.13 的实验结果,可以求得 Ge 中自由激
子的 $R^* = 4.15\text{meV}$.

　　锗中发射双声子和吸收声子的自由激子辐射复
合发光谱线也已被观察到,后者当然要在较高温度
($\geqslant 50\text{K}$)下才能实现[19].

5.3.2　激子分子

　　随着激发强度的增强和半导体中激子浓度的增
加,自由激子间的相互作用增强. 这种相互作用主要
是一种相互吸引的作用,并可导致两个激子相互束缚
在一起形成一个形式上类似于氢分子的复合物,称为
激子分子(EM)[25]. 然而,应该看到激子分子与氢分
子有重大区别,激子分子只是一种亚稳态,并且正负

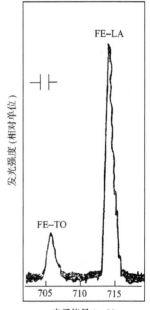

图 5.13　4.2K 时 Ge 的光致
发光光谱. 图中两峰值分别对
应于发射 LA 声子和 TO 声子
的自由激子辐射复合跃迁过
程,这两个峰的相对强度反映
了不同声子参与情况下自由激
子辐射复合跃迁概率的不同

荷电粒子质量差也不象氢分子那样悬殊. 还有, 决定于半导体的能带结构, 激子分子可引出许多氢分子不可能具有的新特性. 例如, 在层状半导体(如 GaSe)和第八章讨论的量子阱中, 强烈的有效质量各向异性可引出二维激子分子的概念, Ge、Si 等有几个导带谷的情况下, 还可存在激子分子复合物.

利用共振效应, 并考虑到激子跃迁比通常带间跃迁有更大的振子强度, 有可能用双光子吸收光谱方法观察形成激子分子的吸收谱线[26,27], 但一般说来, 观察和研究激子分子的最常用的方法是光致发光光谱. 当激子分子中一个电子-空穴对辐射复合并留下另一个电子-空穴对继续保持激子状态时, 它发射的能量为

$$\hbar\omega = \left\{ 2(E_g - R^*) + \frac{\hbar^2 K^2}{4M} - E_{mol}^b \right\} - \left\{ E_g - R^* + \frac{\hbar^2 K^2}{2M} \right\}$$

$$= (E_g - R^*) - E_{mol}^b - \frac{\hbar^2 K^2}{4M} \tag{5.18}$$

式中 E_{mol}^b 为激子分子束缚能, $2M$ 为激子分子质量, 其他符号同前. 式(5.18)是对直接带半导体而言, 对间接带半导体或声子参与激子分子辐射复合跃迁, 则还要包括声子能量 $\hbar\omega_q$. 当激子分子中一个电子-空穴对复合时, 另一个电子-空穴对可继续保持激子状态或形成新的激子, 或者也可注入导带和价带, 并可同时吸收参与辐射复合的激子的动量.

1966 年, 海恩斯[28]曾首先报道过激子分子辐射复合发光光谱的实验观察, 他在 3K 情况下观察到硅中自由激子声子参与的辐射复合发光谱线以下 10meV 处存在新的发光谱线, 并将它指认为激子分子的辐射复合发光谱线, 而且推得硅中激子分子束缚能 $E_{mol}^b \approx 10$meV. 但后来的研究表明, 海恩斯观察到的低温下 Si 的这一新的辐射复合发光谱线, 实际上起因于电子-空穴液滴(EHD). 这样, 有关激子分子存在及其辐射复合发光谱线的首次实验观测应是索马(Souma)等人[29]于 1970 年关于 CuCl 的激子分子辐射复合发光光谱的研究. 他们用红宝石激光激发 CuCl 晶体获得的发光光谱如图 5.14 所示. 图 5.14 表明, 在已知的自由激子和束缚激子辐射复合发光谱线(I_1)的低能侧, 能量约 3.17eV 附近存在两条新的发光谱线 M 和 N_1. 如果假定激子分子动能遵从麦克斯韦-玻尔兹曼分布, 并令这种分布的等效温度为 T_{eff}, 则由简单的微扰理论可以推得辐射复合跃迁概率, 因而发光光谱可写为

$$F(\hbar\omega) = A\{E_g - R^* - E_{mol}^b - \hbar\omega\}^{1/2}$$

$$\times \exp\left\{ -\frac{E_g - R^* - E_{mol}^b - \hbar\omega}{k_B T_{eff}} \right\}$$

对

$$\hbar\omega \leqslant E_g - R^* - E_{mol}^b \tag{5.19}$$

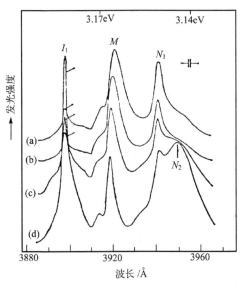

图 5.14 红宝石激光激发情况下 CuCl 单晶的发光光谱(8K).
(a)激发功率=50mW;(b)激发功率=40mW;(c)激发功率=
26mW;(d)激发功率=16.5mW

式中

$$A = \left(\frac{4\pi}{k_B T}\right)^{3/2} \frac{\omega_0}{3}$$

$$\times \left\{ |\langle \psi_c | ex | P_x | \varphi(0)\rangle| \int (\pi a_{mol}^{*3})^{1/2} \exp\left(-\frac{R}{a_{mol}^*}\right) dR \right\}^2 \quad (5.20)$$

这里 $\hbar\omega_0 = E_g - R^* - E_{mol}^b$ 为激子分子辐射复合发光谱线的高频阈值频率,ψ_c 为导带布洛赫函数,$\varphi(0)$ 为激子中电子、空穴相对运动波函数,a_{mol}^* 为组成激子分子的两激子的平均间距. 如果假定分布等效温度 $T_{eff}=26K$,则 CuCl 情况下,可算得激子分子辐射复合发光谱线线形如图 5.15 中实线所示,即高频端有阈值频率 ω_0 和低频端有一带尾的线形. 图 5.15 中虚线是索马等人在 4.2K 时的实验结果,理论计算和实验结果的一致性使得可以将索马等人观测到的这两条新谱线指认为激子分子中电子-空穴对的辐射复合发光,并由此推得,对 CuCl 来说,$E_{mol}^b \approx 30\text{meV}$. 实验还表明,在相当大的激发强度范围内,这些发光谱线的强度和激发强度的平方成正比,并且在更高激发强度情况下变为线性关系. 而同一激发强度范围内自由激子辐射复合发光谱线强度则总和激发强度成线性关系,这一事实也符合关于激子分子复合方式的推测,即其中一个电子-空穴对辐射复合的同时,另一对继续作为激子存在于半导体中.

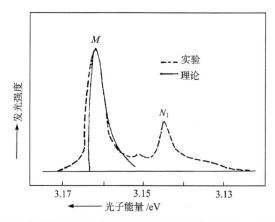

图 5.15　CuCl 的激子分子辐射复合发光谱线(M)线形的实验结果与理论计算的比较,实验测量温度 $T=4.2K$,激发功率 250mW,计算中假定激子分子动能遵从麦克斯韦分布,并且等效温度为 26K

　　极化激元效应对激子分子及其辐射复合发光光谱有重要影响. 首先,如果激子极化激元分裂的能量足够大(大于激子分子束缚能的一半),则激子分子常常不稳定,并分解为两个激子极化激元. 其次,在极化激元分裂不影响激子分子存在的情况下,激子分子辐射复合过程的终态要考虑极化激元效应,这样激子分子辐射复合发光谱线可分裂为两条,它们分别对应于两种不同的跃迁终态,即激子分子辐射复合跃迁后留下一个下支极化激元和一个纵激子;或者也可以留下一个下支极化激元和一个上支极化激元. 在 CuCl 中曾观察到这种因跃迁终态不同而导致的激子分子辐射复合发光谱线的分裂[30],并且分裂的大小也和激子吸收光谱中观察到的结果一致(5.1meV)(图 5.16).

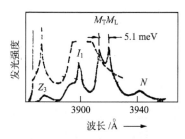

图 5.16　4.2K 时 N_2 分子激光器激发(激发功率 = 50kW/cm²)下 CuCl (实线)和 CuBr$_x$Cl$_{1-x}$(虚线)的发光光谱. 图中 M 谱线分裂为 M_T、M_L 两条,能量间隔为 5.1meV

　　除 CuCl 外,CdS、CdSe、ZnTe 等材料中的激子分子辐射复合发光光谱也已被广泛研究过[31~33],在强激发条件下并利用时间分辨光谱,GaAs 中的激子分子也已被观察到[34],只是由于问题的复杂性,许多结果的指认尚在争论之中. 尤其是间接带半导体材料,如 Ge、Si 等,是否存在激子分子及其辐射复合发光谱线的问题,多年来一直在争议之中.

5.3.3　电子-空穴滴及其辐射复合发光光谱

　　1968 年,凯尔迪什[35]预言,低温下和更高激发强度情况下,自由激子可以凝聚成电子-空穴液滴(EHD)(简称电子-空穴滴). 这种凝聚相的行为类似于液态金属,它是由电子和空穴组成的中性的等离子体,并且高浓度的空穴构成类似于金属中原子实的对应物,而高浓度电子则构成电子气. 这种液态凝聚相的平均能量低于自由激子. 它的形成可以看作是类似于通常气-液相变的一种自由激子气的相变.

如果假定构成液相的电荷补偿的电子-空穴等离子体可以看作是一种金属,那么其能量状态的问题就类似于计算金属(诸如钠之类)的内聚能,但这里有一个很重要的不同和简化,即空穴比 Na^+ 离子简单得多. $T=0K$ 时的这种计算[36~39]表明,对 Ge、Si 来说,这种类金属相相对于自由激子气是一种束缚态,并且是稳定的束缚态,亦即处于这种液相状态的每个电子-空穴对的能量小于它们处于自由激子气时的能量. 这一状态可用它相对于自由激子气的束缚能 ϕ_0 及其电子-空穴对密度 n_0 来描述,这是两个关于电子-空穴滴状态的重要参数. 表 5.1 列出了不同理论估计给出的 Ge、Si 中电子-空穴滴的 n_0 和 ϕ_0,这里 ϕ_0 以等效温度(K)来描述,并且计算时分别假定 Ge、Si 的激子束缚能为 3.0meV 和 14.7meV. 如果 $T\neq0$,则还必须考虑气-液系统的熵,这样可以获得如图 5.17 所示的相图. 低于临界点温度 T_c 时,相图分裂成上下两支,上支对应于液相,下支对应于处于饱和状态的自由激子气,关于锗中自由激子气的这种相图已由托马斯(Thomas)等人[44]实验测得. 如果某一激发导致的给定体积中的平均电子-空穴对(激子)密度 n 小于上述指出的液相电子-空穴对密度 n_0,则系统将分凝为两相,其中一相为具有低激子密度 $n_{ex}(T=0$ 时,$n_{ex}=0)$ 的自由激子气,另一相是激子密度为 n_0 的金属性液相. 实验已经证明,液相形成电子-空穴

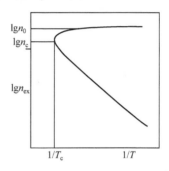

图 5.17 半导体中电子-空穴滴的液-气相图. 低温下液相密度为 n_0,n_0 随 T 升高而下降,并在 T_c 时达到极小值 n_c. 相边界左边为不可实现的区域,所以低温下,图中曲线包围的相区域内的点对应的激发密度导致相分离

滴,并被低密度(n_{ex})的自由激子气包围着. 在电子-空穴滴内,晶体带隙因交换互作用和相关效应而减低,以致由导带 n_0 个电子和价带 n_0 个空穴组成的处于液相的等离子体具有低于自由激子的能量.

图 5.17 所示的相图还表明,高于临界点温度(或者说相边界左边)的区域为物理上不可能达到的区域. 这样,临界点温度 T_c 和 T_c 时的激子密度 n_c 是描述半导体中电子-空穴滴行为的另外两个重要参数,在物理意义上,T_c 还意味着存在电子-空穴滴的最高可能温度,n_c 则为电子-空穴滴在 T_c 下的最低可能密度. 用不同理论方法估计的 Ge、Si 的 T_c、n_c 也如表 5.1 所列.

表 5.1　有关 Ge、Si 中电子-空穴滴的几个重要参数的估计值

	Ge	Si	参考文献
n_0/cm^{-3}	1.8×10^{17}	3.4×10^{18}	[36,38]
（0K 时的电子-空穴对密度）	2×10^{17}	3.1×10^{18}	[37,38]
	2.2×10^{17}	3.2×10^{18}	[39]
ϕ_0/K	19.7	67	[36]
（电子-空穴滴束缚能）	23	72	[37]
	33.4	95	[38]
	26.5	84.5	[39]
	8	28	[40]
T_c/K	5.9	20.8	[39]
（临界温度）	5	27.6	[41]
	15.8	18.5	[42]
	4.5		[43]
n_c/cm^{-3}	7×10^{16}	8×10^{17}	[40,42]
（T_c 时的电子-空穴对密度）	9.3×10^{16}	1.2×10^{18}	[39]
	7.1×10^{15}	5.19×10^{17}	[41]

注：式中 $\phi_0=E(X)-E_g^*$ 为电子-空穴滴束缚能，$E(X)$ 为式（3.96）中令 $n=1$ 给出的自由激子基态能量，E_g^* 为电子-空穴滴处的禁带宽度，亦即它的基态能量.

从图 5.17 所示的相图可以推断，如果一个半导体的某一局部区域中的自由激子密度超过某一阈值密度（决定于温度），就有可能凝聚成电子-空穴滴. 既然在一定激发功率情况下自由激子气的密度正比于激子寿命 τ_{ex}，那么 τ_{ex} 就成了决定电子-空穴滴形成所须最低阈值激发功率的最重要的因素. 不必仔细地从理论上考虑，人们可以推知，为观测电子-空穴滴效应，应该采用间接带半导体，因为在这类材料中，激子复合是间接跃迁的二步过程，激子寿命 τ_{ex} 要比直接带半导体材料高得多，也正因为如此，Ge、Si 成了研究电子-空穴滴的典型材料. 总的说来，高的激发强度，低于 T_c 的温度条件和高纯样品仍是必须的实验条件. 至于产生高激发强度的方法，则除光激发外，尚可采用高能电子轰击或电子注入.

发光光谱是目前能提供电子-空穴滴信息的最有效的实验手段. 电子-空穴滴的辐射复合过程对应于带-带跃迁复合过程，因而不难计算其发光光谱. 既然间接带半导体中最容易观察到电子-空穴滴，考虑间接带半导体中电子-空穴滴的发射声子 $\hbar\omega_q$ 的辐射复合跃迁过程，这时发光光谱可写为

$$F(\hbar\omega)=\frac{|D|^2}{|\Delta E|^2}\int_{V_e}\int_{V_h}|H(\pmb{k}_e,\pmb{k}_h)|^2$$

$$\times\delta(\hbar\omega-E_g^*-T_e-T_h+\hbar\omega_q)\mathrm{d}\pmb{k}_e\mathrm{d}\pmb{k}_h \qquad(5.21)$$

式中 T_e、T_h 为电子和空穴的动能,$|D|$ 为光学矩阵元,ΔE 为通常的能量分母,V_e、V_h 为电子和空穴费米面包围的体积,E_g^* 为半导体中电子-空穴滴处的禁带宽度,它因交换互作用和相关效应而显著地小于滴外的禁带宽度(E_g).$|H(\boldsymbol{k}_e, \boldsymbol{k}_h)|^2$ 为电子-声子互作用矩阵元,对允许的声子参与辐射复合跃迁过程(如 Ge 中 LA 和 TO 声子参与的过程),$|H(\boldsymbol{k}_e, \boldsymbol{k}_h)|^2$ 可视为常数.这样,如果令 $n(E_e)$、$n(E_h)$、$f(E_e)$、$f(E_h)$ 分别为导带、价带态密度以及电子和空穴的费米分布函数,则对 $T \neq 0$ 时 LA 声子参与的辐射复合跃迁过程,有

$$F(\hbar\omega) = A \int_0^\infty \int_0^\infty n(E_e) n(E_h) f(E_e) f(E_h)$$

$$\times \delta(\hbar\omega - E_g^* - T_e - T_h + \hbar\omega_{LA}) \mathrm{d}E_e \mathrm{d}E_h \tag{5.22}$$

式中 A 为常数.

对 Ge 来说,TA 声子参与的禁戒跃迁也可导致电子-空穴滴的辐射复合,对这一过程和小的波矢 $\boldsymbol{k}_e$、$\boldsymbol{k}_h$ 来说,电子-声子互作用矩阵元可简化为

$$H_{TA}(\boldsymbol{k}_e, \boldsymbol{k}_h) = m_e^* \boldsymbol{k}_e + m_h^* \boldsymbol{k}_h + \cdots \tag{5.23}$$

如果考虑到 Ge 的电子有效质量显著的各向异性,并主要考虑 $\langle 111 \rangle$ 方向的矩阵元分量 $m_{ez}^* k_{ez}$(选取 z 为 $\langle 111 \rangle$ 方向,m_{ez}^* 为 z 方向电子有效质量),则 $T = 0\mathrm{K}$ 时有

$$F_{TA}(\hbar\omega) = \frac{|D|^2}{|\Delta E|^2} m_{ez}^{*2} \int_{V_e} \int_{V_h} k_{ez}^2$$

$$\times \delta(\hbar\omega - E_g^* - T_e - T_h + \hbar\omega_q) \mathrm{d}\boldsymbol{k}_e \mathrm{d}\boldsymbol{k}_h \tag{5.24}$$

式(5.22)和(5.24)表明,LA 声子参与和 TA 声子参与导致的电子-空穴滴的辐射复合发光谱线有不同的线形,这有助于实验结果的指认.还可以证明,两种不同声子参与的辐射复合发光谱线强度比可以由下式给出:

$$\left(\frac{F_{TA}}{F_{LA}}\right)_{EHD} \approx (5.5\hbar^2/mk_BT) n_0^{3/2} \left(\frac{F_{TA}}{F_{LA}}\right)_{FE} \tag{5.25}$$

这一关系式提供了一种测量电子-空穴滴中电子-空穴对浓度 n_0 的实验方法.

实验上,在凯尔迪什预言之前,盖劳末(Guillaume)等人(1959 年)[21]和海恩斯[28]实际上已经分别观察到 Ge、Si 中与电子-空穴滴辐射复合对应的发光谱线,但直到凯尔迪什的理论预言之后,他们的实验结果才得到正确的解释和判断[45~47].

前已指出,在 10~70K 温度范围内,纯 Ge 发光光谱中仅观察到声子参与自由激子辐射复合发光谱线.低于 10K 时,在自由激子发光谱线的低能侧,观察到新

的、线宽较宽的发光谱线,并且其强度随温度下降和激发增强很快上升,图 5.18 和图 5.19 分别给出了 4.2K 和 1.7K 时强激发下高纯锗的典型的发光光谱[45]. 图 5.18 中发光谱线 A 对应于发射 LA 声子的自由激子辐射复合跃迁,谱线 B 和 B_1 是新观察到的发光谱线,它们只有在激发强度超过某一阈值和温度低于临界温度 T_c 时才会出现. 在图 5.19 所示 $T=1.7$K 时的测量的结果中,与自由激子辐射复合跃迁对应的谱线 A 已不再能观察出来,除观察到谱线 B 和 B_1 外,还观察到较高能量处的 B_2 谱线. 考察这些新谱线的能量位置表明,它们分别位于 LA、TO、TA 声子参与的自由激子辐射复合发光谱线以下约 5meV 处,因而显然分别对应于有关 LA、TO、TA 声子参与的辐射复合过程. 上面已经提到,这些新观察到的谱线已经指认为电子-空穴滴中电子-空穴对的辐射复合跃迁. 以谱线 B 为例,这种指认的重要依据之一是用式(5.22)计算的谱线线形和实验结果间的符合,这一符合如图 5.20 所示. 由此给出了电子和空穴的费米能量及液滴中电子-空穴对的密度 n_0,例如对 Ge 来说,这种拟合给出 $T=0$K 时 $n_0=2.4\times10^{17}$cm^{-3},与表 5.1 给出的理论结果一致. 图 5.20 还表明,0K 和 1.7K 情况下,发光谱线线形无明显改变,因而 $T=1.7$K 时仍有 $n_0=2.4\times10^{17}$cm^{-3}. 对发光谱线 B_2,可以看出,其线形与 B 谱线不同,拟合计算表明,它属于发射 TA 声子的电子-空穴滴辐射复合跃迁. 由 B_2 谱线的拟合计算也可以得出 $T=0\sim1.7$K 时 $n_0=1.8\times10^{17}$cm^{-3},和关于 B 谱线的拟合计算结果及理论估计一致.

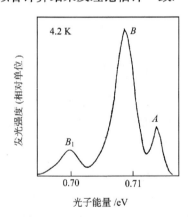

图 5.18 4.2K 时超纯 Ge 中电子-空穴滴的发光光谱. 谱线 A 对应于 LA 声子参与自由激子辐射复合,谱线 B 与 B_1 是新观察到的,并归诸为电子-空穴滴的辐射复合跃迁

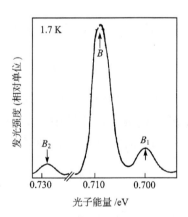

图 5.19 1.7K 时超纯 Ge 的发光光谱. 这一温度下已不再能观察到自由激子辐射复合谱线 A,但除 B 和 B_1 谱线外,还观察到 B_2 谱线——TA 声子参与电子-空穴滴辐射复合

实验结果还表明,发光谱线 B 显示明确的激发强度阈值和临界温度;在高于激发阈值、低于临界温度的颇大激发和温度范围内,可同时观察到谱线 A 和谱线 B;在阈值以上颇宽的激发强度变化范围内,谱线 B 的线形与激发强度无关,并且至少在 4.2K 以下与温度关系也不敏感. 如果将自由激子气凝结为电子-空穴滴的过程描述为通常的气-液相变,上述实验事实是不难理解的. 既然这种情况下谱线线形主要决定于液相电子-空穴对的浓度 n_0,阈值激发强度以上它随激发和温度的改变应该是不明显的. 这样,这些实验事实及其分析也支持了将发光谱线 B 及 B_1、B_2 归诸为电子-空穴滴中电子-空穴对的辐射复合跃迁的解释.

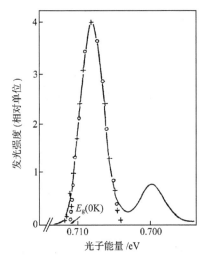

图 5.20　实验(实线,1.7K)和理论计算的 Ge 的 LA 声子参与电子-空穴滴辐射复合发光谱线线形的比较. 理论计算按式 (5.22)进行,"○"为 $T=0$K 时的计算结果,"+"为 $T=1.7$K 情况下的计算结果

在 Si 和 GeSi 合金中也观察到类似的电子-空穴滴的发光谱线.

在结束这一小节时,顺便指出,电子-空穴滴的存在也已被强激发下 pn 结光伏特性的异常和光散射实验所证实[48,49].

5.4　束缚激子辐射复合发光光谱

半导体微量掺杂情况下,杂质中心可以俘获电子或空穴,然后俘获相反符号的载流子;或者也可以直接俘获一个自由激子,也就是说,可以存在束缚于杂质中心或其他缺陷中心的激子,并称之为束缚激子. 第 3.1 节讨论吸收边附近光吸收现象时,我们已经注意到 GaAs 中束缚在中性施主上的激子复合物 D^0X 的吸收谱线. 束缚激子发光是半导体发光光谱研究中内容最为丰富并有重要应用意义的领域之一[1~3,50],限于篇幅,本节仅作简要介绍和讨论.

5.4.1　束缚激子

除如上指出的束缚在中性施主上外,激子还可以束缚在电离施主、中性受主、电离受主上. 对这些激子复合物,文献中常采用下列符号,束缚在中性施主 D^0 上的激子由施主离子⊕、二个电子和一个空穴组成,所以常记为

$$(D^0X); \quad ⊕——+; \quad \text{或 } D^+\,eeh \qquad (5.26a)$$

束缚在电离施主 D^+ 上的激子由施主离子 $\oplus$、一个电子及一个空穴组成,并记为

$$(D^+ X);\qquad \oplus -+;\qquad 或\ D^+\ eh \qquad\qquad (5.26b)$$

束缚在中性受主 A^0 上的激子由受主离子 $\ominus$、二个空穴和一个电子组成,并记为

$$(A^0 X);\qquad \ominus ++-;\qquad 或\ A^-\ hhe \qquad\qquad (5.26c)$$

束缚在电离受主 A^- 上的激子由受主离子 $\ominus$、一个空穴及一个电子组成,并记为

$$(A^- X);\qquad \ominus +-;\qquad 或\ A^-\ he \qquad\qquad (5.26d)$$

　　决定激子能否束缚(或陷落)在杂质中心上的基本判据是能量判据. 如果激子处在杂质中心附近时系统总能量下降,那么从能量观点来看,激子保持在杂质或缺陷附近是有利的,激子可以束缚在杂质或缺陷中心上;反之,如果激子处在杂质中心附近时系统总能量上升,那么激子将选择自由状态而不会束缚在杂质中心附近. 可以稍微深入一点研究这一问题,在第 3.5 节和第 5.3 节中,已经讨论了有效质量近似模型下自由激子的束缚能,事实上式(5.14a)给出的激子基态束缚能应该理解为自由激子的基态束缚能,式中 R^* 为激子等效里德伯能量,$\dfrac{\hbar^2 K^2}{2M}$ 为激子动能. 显然,如果激子动能大于 R^*,激子将离解为一个自由电子和一个自由空穴.

　　除束缚能外,从晶体基态出发产生一个激子所需的能量(称为激发能)也是描述激子能态的一个有用的能量参数. 在式(3.96)中,令 $n=1$,即得自由激子的激发能为

$$E(X) = E_g - R^* + \frac{\hbar^2 K^2}{2M} = E_g - E_{ex} \qquad\qquad (5.27)$$

式(5.27)与(5.14)一致,自由激子的激发能等于其基态能量. 如果把固体的这一激发态理解为一种激元,那么 $E(X)$ 可以看作是这种激元(这里为激子)的本征能量. 如前所述,在直接跃迁这种最简单情况下,自由激子辐射复合发光的光子能量等于激发能,即 $\hbar\omega = E(X)$.

　　虽然原则上可以存在分别束缚在中性、电离施主和中性、电离受主上的束缚激子,但就一具体半导体而言,它们能否形成和是否稳定还决定于激子陷落在杂质中心上导致的系统总能量的改变,即是否导致总能量的下降. 1958 年,兰伯(Lampert)[51] 首先讨论了半导体中形成这种复合激发态的可能性. 后来,霍柏菲尔特(Hopfield)[52]、沙玛(Sharma)等人[53] 和赫伯特(Herbert)[50] 在有效质量近似模型范围内估计了这种复合激发态导致的系统总能量的改变,亦即激子束缚在杂质中心上的附加束缚能 D_0(IX),及其与有效质量比 $\sigma = m_e^*/m_h^*$ 的关系,这里 I 代表 D^0、D^+、A^0、A^-. 霍柏菲尔特采用量子化学的方法,并引用氢分子离子 H_2^+ 的泰勒波函数和等效势. 他证明,对中性施主和中性受主,任何有效质量比 σ 情况下杂质

中心都可能束缚激子;但电离杂质的情况就不一样了.以束缚在电离施主上的激子为例,他的结果是:当 $\sigma < 0.71$ 时,系统总能量下降,或者说 $D_0(D^+X) > 0$;只有满足这一条件时,激子才可能束缚在电离施主上.另一方面,沙玛等人的变分计算证明,只有当 $\sigma < 0.2$ 时,束缚激子 (D^+X) 才是稳定的.图 5.21 给出了他们的计算结果,图中表明,当 $\sigma < 0.15$ 时,霍柏菲尔特的结果与沙玛等人的结果一致,尤其是当 $\sigma \rightarrow 0$ 时,

$$D_0(D^+X) = 0.22E_{ex}$$

图 5.21 除给出 $D_0(D^+X)$ 外,还给出了其他类型束缚激子的附加束缚能 $D_0(IX)$ 和有效质量比 σ 的关系,由图可知 D_0 的大致范围及束缚激子稳定存在的 σ 值范围.这样,以 GaAs 为例,其电子有效质量 $m_e^* = 0.0665m_0$,轻、重空穴有效质量分别为 $0.082m_0$ 和 $0.51m_0$,因而束缚在中性施主、受主和电离施主上的束缚激子是可能的,而束缚在电离受主上的束缚激子则是不存在的.

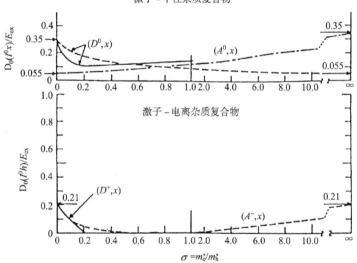

图 5.21　束缚激子离解能(附加束缚能)$D_0(IX)$ 和有效质量比 σ 的关系.虚线是霍柏菲尔特的计算结果;实线是沙玛等的计算结果.对束缚在电离杂质上的激子,D_0 是从中性施主(受主)上移走一个空穴(电子)所需的能量,对束缚在中性杂质上的激子,D_0 是从中性杂质上移走一个激子所需的能量

可以预期,束缚激子 (D^+X) 可以有两种不同的离解途径:一种是离解为一个电离施主和一个自由激子;另一种是离解为一个中性施主和一个自由空穴.既然施主束缚能 E_D 恒大于激子束缚能 E_{ex}[在最简单的二带模型情况下,$E_D = (1+\sigma)E_{ex}$],(D^+X) 状态和 (D^0+h) 状态间的能量差小于 (D^+X) 状态和 (D^++X) 状态间的能量差,因而就中性施主上束缚一个自由空穴具有较小的能量而论,(D^+X) 是热稳定的;但它同时表明,在有关激子产生或湮灭的光学过程中,将激子从电离施

主上离解出来需要较多的能量,这意味着(D^+X)离解为一个中性施主和一个自由空穴比离解为一个电离施主和一个自由激子的复合跃迁过程更容易发生.

束缚在电离施主上的束缚激子的有效质量哈密顿可写为

$$H(D^+X) = T_e + T_h - V(\boldsymbol{r}_e - \boldsymbol{r}_h)$$
$$+ \{V(\boldsymbol{R}_D - \boldsymbol{r}_h) - V(\boldsymbol{R}_D - \boldsymbol{r}_e)\} \tag{5.28}$$

式中 T_e、T_h 仍为电子和空穴的动能$[-\hbar^2\nabla^2/(2m_i^*)]$,$V(\boldsymbol{r}) = \dfrac{e^2}{4\pi\varepsilon_r}$ 为势能项并恒取正值. $\boldsymbol{R}_D$ 为电离施主位矢,$\boldsymbol{r}_e$、$\boldsymbol{r}_h$ 为组成激子的电子和空穴的位矢. 这样,式(5.28)中前三项为激子哈密顿 $H(X)$,后二项则起因于施主离子和激子的相互作用能 $U(D^+X)$. 式(5.28)也可重新排列如下:

$$H(D^+X) = T_e - V(\boldsymbol{R}_D - \boldsymbol{r}_e)$$
$$+ \{V(\boldsymbol{R}_D - \boldsymbol{r}_h) - V(\boldsymbol{r}_e - \boldsymbol{r}_h) + T_h\} \tag{5.29}$$

这样前二项描述中性施主哈密顿 $H(D^0)$,大括号中的三项起因于中性施主上束缚一个空穴而附加的能量 $U(D^0h)$. 以上讨论表明,可以将电离施主束缚激子看作是施主离子上束缚一个激子或中性施主上束缚一个空穴,而把式(5.28)和(5.29)分别简写为

$$H(D^+X) = H(X) + U(D^+X) \tag{5.30a}$$

$$H(D^+X) = H(D^0) + U(D^0h) \tag{5.30b}$$

为使束缚激子稳定,其总束缚能 $E_{D^+X} = -\langle H(D^+X)\rangle$ 必须大于自由激子束缚能 $E_{ex} = -\langle H(X)\rangle$ 或中性施主束缚能 $E_D = -\langle H(D^0)\rangle$. 将这一束缚激子离解成一个自由激子和一个施主离子所需的离解能(即等于前面提到的附加束缚能)为

$$D_0(D^+X) = -\langle H(D^+X)\rangle + \langle H(X)\rangle$$
$$= E_{D^+X} - E_{ex} \tag{5.31a}$$

将这一束缚激子离解为一个中性施主和一个自由空穴的离解能为

$$D_0(D^0h) = -\langle H(D^+X)\rangle + \langle H(D^0)\rangle$$
$$= E_{D^+X} - E_D \tag{5.31b}$$

由于 $E_D > E_{ex}$,我们有 $D_0(D^+X) > D_0(D^0h)$. 这一结果证实了前面的讨论,即从能量观点看来,(D^+X)更容易离解成一个中性施主和一个自由空穴. 这样,如果用 $D_0(D^0h)$来表达离解能,束缚激子复合物(D^+X)的总束缚能可写为

$$E_{D^+X} = E_D + D_0(D^0h) \tag{5.32}$$

图 5.21 表明,极限情况下,即 $m_e^*/m_h^* \to 0$ 时,类比于氢分子离子的离解能,有 D_0 $(\mathrm{D}^0 h) = 0.21 E_\mathrm{D}$,这时 $E_{\mathrm{D}^+\mathrm{X}} = 1.21 E_\mathrm{D}$.$(\mathrm{D}^+\mathrm{X})$ 的激发能为

$$E(\mathrm{D}^+\mathrm{X}) = E_\mathrm{g} - E_{\mathrm{D}^+\mathrm{X}}$$

$$= E_\mathrm{g} - E_\mathrm{D} - D_0(\mathrm{D}^0 h) \tag{5.33}$$

上述讨论是对束缚在电离施主上的束缚激子 $(\mathrm{D}^+\mathrm{X})$ 而言,对束缚在其他杂质中心上的束缚激子 $(\mathrm{D}^0\mathrm{X})$、$(\mathrm{A}^0\mathrm{X})$、$(\mathrm{A}^-\mathrm{X})$ 可作类似讨论.

除束缚于施主和受主(它们是价电子和主晶格原子相异的库仑型杂质中心)外,激子还可束缚于等电子杂质中心、复合杂质中心、缺陷中心、自由电子、自由空穴等,从而形成其他形式的激子复合物.其中等电子杂质是另一个有趣和有实际意义的问题,如 GaP 和三元混晶 $\mathrm{GaAs}_{1-x}\mathrm{P}_x$、$\mathrm{In}_{1-x}\mathrm{Ga}_x\mathrm{P}$ 中的氮 (N) 和氮-氮 (NN_i) 对 (i 代表第 i 近邻),它们可以替代阴离子位 P 或 As.尽管这些等电子杂质中心能否束缚单个的电子或空穴还有许多争论,但它们可束缚激子已成为众所周知和广为研究的实验事实[3,54].等电子杂质中心可以先通过近程势束缚第一个粒子,然后通过库仑势束缚相异电荷的第二个粒子而形成束缚激子.至于这种近程势的起源,可以是杂质中心和被替代主晶格原子负电性的不同,也可以和原子大小不同导致的应力场有关.

5.4.2 束缚激子辐射复合

束缚激子可以辐射复合,直接跃迁情况下,这种辐射复合导致的发射光子能量为

$$\hbar\omega = E_\mathrm{g} - E_{\mathrm{IX}} \tag{5.34}$$

式中 E_{IX} 为束缚激子总束缚能,脚标 IX 标明各种不同的束缚激子,如 $(\mathrm{D}^+\mathrm{X})$、$(\mathrm{A}^0\mathrm{X})$ 等等.这样对许多半导体来说,低温下带边缘发光光谱中自由激子发光谱线低能侧可以显示许多尖锐的束缚激子辐射复合发光谱线.以高纯 GaAs 中束缚在 Se 施主上的束缚激子为例(图 5.22[55]),这种发光谱线线宽仅为 0.1meV 左右[55].当同时存在自由激子和束缚激子时,发光光谱中也同时存在相应的谱线,对 GaAs 来说,1.4K 时自由激子发光谱线线宽约为 1meV,这种线宽的比较及其不同的温度依赖关系也常常有益于发光谱线物理起源的判定.

低温下束缚激子发光具有十分狭窄的谱线的物理原因是:在样品较纯情况下,束缚激子波函数可以看作是互不交叠的,其基态能级是孤立的和局域化的.同时,束缚激子不同于自由激子,其动能项对发光谱线展宽的效应可以忽略不计,即无自由粒子效应的干扰.自由激子情况下,正是这一动能项及传递动能的散射过程决定了它们辐射复合的本征线宽及其与温度的依赖关系.此外,观察束缚激子发光光谱

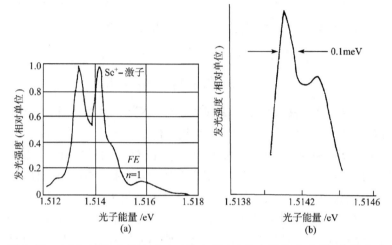

图 5.22　(a) 2.12K 时高纯 GaAs(掺少量 Se)的光致发光光谱,分辨率为 0.09meV,图中可见自由激子与束缚激子辐射复合发光谱线;(b) 4.2K 时掺 Zn 和 Se 的 p-GaAs 的发光光谱(分辨率为 0.05meV),它显示出 Se^+-激子复合物 发光谱线的精细结构

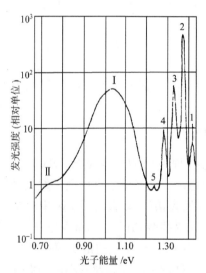

图 5.23　6K 时 InP 的带边缘发光光谱,图中谱线 1 起源于自由激子辐射复合,2、3、4、5 起源于束缚激子辐射复合,宽平峰 I,II 起源于与激子无关的物理过程

的实验温度通常也是很低的 ($k_B T/E_{IX} \ll 0.3$),因而谱线热展宽效应也可以忽略. 实验上,掺杂导致的不均匀应力场和束缚激子能态的消局域化效应,可导致实验观察到的束缚激子发光谱线的展宽. 电离杂质的随机分布的电场也可导致束缚激子发光谱线的不均匀斯塔克展宽. 束缚激子发光谱线的均匀(寿命)展宽,决定于其热离解或弛豫到较低能态等过程决定的束缚激子寿命.

低温下半导体束缚激子辐射复合发光的这种谱线狭窄的特性是十分重要的,它使得即使束缚激子数目相当小,只要光谱仪有足够的分辨率,其辐射复合发光谱线仍可以有相当的强度. 这种大的发光谱线强度的另一个重要的物理原因是,束缚激子有较大的跃迁等效振子强度,这使得其辐射复合概率很大. 按照雷西(Rashba)和格根里希维(Gurgenishvilli)的模型[56],束缚激子的跃迁等效振子强度正比于其波函数的径向扩展范围 a^* 的三次方. 这样,对半导体中经常碰到的万尼尔激子来说,等效振子强度可以很大. 此外,万尼尔激子半径较大,而俘获截面 $\sigma \propto a^{*2}$,因而半导体中杂质中心俘获万尼尔激子的概率也是比较大的,以 GaAs 中杂质为例,可达 $10^{-12}\,cm^2$ 的量级. 这进一步增强了束缚激子态作为一种重要的复合渠道的效率. 正因为如此,束缚激子辐射复合是许多掺杂半导体中电子激发态的重要复合渠道,甚至可以是占主导地位的渠道. 这种辐射复合发光光谱的观测也是研究半导体中各种杂质态(尤其是浅杂质态)的重要途径,有很高的灵敏度. 顺便指出,束缚激子跃迁的大的振子强度使得它们在吸收光谱和共振拉曼散射中也很容易被观察到.

图 5.23 给出了早期研究带边缘附近 InP 光致发光光谱(6K)获得的实验结果[57]. 由图可以看到,在能量 $1.2 \sim 1.4 eV$ 之间,共有 5 条较尖锐的发光谱线,其中谱线 1 已被指认为 InP 中自由激子辐射复合发光跃迁. 谱线 2、3、4、5 则与束缚激子的辐射复合跃迁有关,其中谱线 2 已借助上述论证指认为束缚激子辐射复合直接跃迁发光,这一辐射跃迁过程中没有声子参与,因而也叫做束缚激子的零声子发光谱线. 发光谱线 2、3、4、5 之间的能量间隔相等,并且其值为 43meV,和 InP 中 LO 声子的能量一致,因而谱线 3、4、5 分别被指认为束缚激子辐射复合的同时发射 1、2、3 个 LO 声子的跃迁过程,并称之为零声子发光谱线的声子伴线. 这一事实也有助于佐证关于 InP 束缚激子辐射复合发光谱线的指认.

实验上和理论上研究得最多的束缚激子辐射复合发光现象,是 CdS 的束缚激子辐射复合发光. 1.6K 时 CdS 典型的带边缘光致发光光谱如图 5.24 所示[58]. 图中我们看到能量较高处是无声子参与的、束缚激子辐射复合直接跃迁对应的发光谱线 I_1 和 I_2. 已经判定,它们分别对应于束缚在 Li(或 Na)中性受主和 Cl 中性施主上的束缚激子的辐射复合跃迁. 在较低能量处,则观察到大量声子伴线和发光谱线的声子翼结构. 图中标明 $I_1 - LO, I_2 - LO, I_1 - LO - TO, I_2 - LO - TO$ 等字样的发光谱线,即对应于同时发射单声子(LO)和双声子(LO+TO)等的束缚激子辐射复合跃迁,关于谱线 $I_1 - TA$ 的判定目前还只是推测性的. 能量比 I_1 谱线小 0.001eV 处的弱谱线代表低能声学声子参与的束缚激子辐射复合跃迁,对发光谱线的影响一直持续到注有 $I_1 - TA$ 字样的地方,这就是发光谱线的翼状声子旁带结构;对 $I_1 - LO$ 声子伴线,也可以看到类似的翼状声子旁带结构.

束缚激子辐射复合跃迁的一个有趣而重要的现象是,束缚激子辐射弛豫过程中,有可能使原来束缚它的杂质中心处于某种激发态,或者说其辐射跃迁的终态为杂质激发态[58]. 迪安(Dean)等人[59]首先在 GaP 中观察到这种不完全的辐射跃迁,束缚在中性施主上的激子通过发射一个光子而复合,同时使杂质留在激发态上. 已经通过这一过程观察到 GaP 中 S、Se、Te 施主的几种不同的激发态,并提供了有关这些施主激发态能谱的精确信息. 束缚激子这种形式的辐射复合发光过程,涉及到两个电子的状态的改变(激子的电子-空穴对中的电子和杂质电子状态的改变),并常称为双电子发光光谱. 类似地,双空穴发光光谱也可以发生. 图 5.25 给出了 GaP

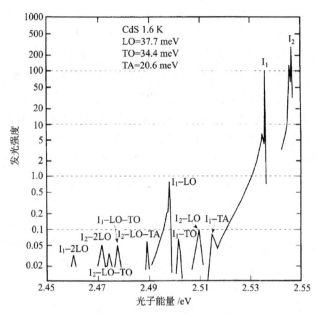

图 5.24　1.6K 时 CdS 的带边缘发光光谱[58]. I_1、I_2 为束缚激子零声子辐射复合跃迁;低能方向的众多谱线为 I_1、I_2 的声子伴线,CdS 声子能量为:$\hbar\omega_{LO}=0.0377eV$,$\hbar\omega_{TO}=0.0344eV$,$\hbar\omega_{TA}=0.0206eV$

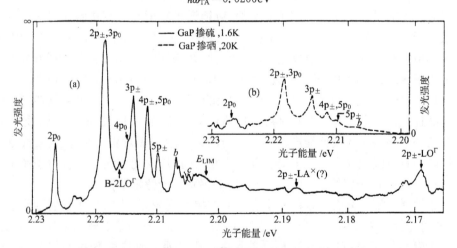

图 5.25　(a)GaP 中束缚在中性 S 施主上的束缚激子的双电子光致发光光谱. 能量 2.205eV 以上的谱线和这一能量以下的连续带分别起因于留下施主激发态和施主电子电离到导带的束缚激子辐射复合跃迁. 弱谱线 B-2LO$^\Gamma$ 起因于痕量杂质元素 N 的存在;(b)GaP 中束缚在中性 Se 施主上的束缚激子的双电子光致发光光谱,图中仅给出分立谱线

中束缚在 S 和 Se 施主上的束缚激子辐射弛豫时的双电子光致发光光谱,其中图(a)为掺 S 的 GaP 发光光谱,图(b)为掺 Se 的 GaP 的发光光谱.束缚在中性 S 施主上的束缚激子的零声子辐射复合,导致 $\hbar\omega = 2.3095\text{eV}$ 的很强的、尖锐的发光谱线(图中未画出).图5.25(a)中能量 2.205eV 以上观察到的发光谱线,分别对应于使 S 施主激发到各种不同激发态的束缚激子辐射复合跃迁,这些谱线的详细指认已在图中标出.能量 2.205eV 以下是一个叠加有若干弱发光峰的连续谱带,这一连续谱带对应于双电子过程中的第二个电子(即施主电子)电离到导带的束缚激子辐射复合跃迁过程.而叠加在连续谱带上的各个弱发光峰,则已指认为束缚激子双电子辐射复合发光的声子伴线.顺便指出,图中分立谱线区域标为 B$-$2LO$^\Gamma$ 的弱发光谱线起因于杂质氮的存在,它是作为痕量杂质故意掺入的;标明 E_{lim} 的能量位置是施主激发态量子数趋于无穷大时的极限位置.

对图 5.25(b)的掺 Se 的 GaP 的双电子光致发光光谱,可作类似分析和讨论.对掺 Se 的样品,连续谱带部分叠加有施主-受主对辐射复合发光谱带等其他因素,因而图中仅给出分立谱线部分,即束缚激子辐射复合的同时留下处在各种不同激发态的 Se 施主的跃迁过程导致的发光谱线.

除 GaP 外,对 CdS、Si 和 Ge 中的束缚激子辐射复合,也观察到了类似的现象[60].雷诺兹(Reynolds)等人[61]还研究了这种双电子发光谱线以及杂质激发态在磁场中的分裂.

应该指出,虽然束缚激子一般说来易于通过辐射光子实现弛豫(达到复合),但无辐射跃迁在某些情况下对束缚激子的复合也是十分重要的.束缚激子可能涉及到三个载流子,因而电子-空穴对可以无辐射地复合而把它的能量释放给第三个载流子.这种无辐射的俄歇过程可以严重地限制辐射复合效率.纳尔逊(Nelson)等人[62]证明,对束缚在 GaP 中的 S 施主和 Si 中的 As 施主上的束缚激子,俄歇复合起主导作用,对 GaAs 中的中性受主,沙(Shah)等人[63]也观察到了俄歇过程的效应.但一般说来,对直接带材料,辐射复合跃迁是更可几的过程,俄歇过程一般并不十分重要.

5.4.3 束缚激子发光谱线的判别、磁场和应力效应

束缚激子发光谱线的物理属性和束缚激子本身性质的判定是十分重要而又不容易的事.有几种方法可以用来或有助于决定束缚激子的性质,即决定激子是束缚在中性的或是电离的杂质态上,是束缚在施主上还是受主上或是其他状态上.首先是比较实验观测到的束缚激子发光谱线的能量和各种不同束缚激子态束缚能的理论估计,例如对 GaAs[64],利用有效质量近似模型给出的 $E_{\text{ex}}(\boldsymbol{K}=0)=4.4\text{meV}$,$E_D=(1+\sigma)E_{\text{ex}}=5.2\text{meV}$,$E_A=E_D/\sigma=34\text{meV}$,并假定 $\sigma=0.15$,则利用图 5.21 或公式(5.31)~(5.34)的讨论可以求得发射光子的能量,对束缚激子(D^{0}X)、(D$^+$X)

和(A^0X)的辐射复合来说,发射光子的能量分别为 1.5145eV、1.5133eV 和 1.5125eV,除(A^0X)外,理论与实验结果颇为一致.

在比较束缚激子发光谱线能量位置的实验和理论结果时,海恩斯总结的经验规则[65]有时是十分有用的. 海恩斯发现,对某些半导体来说,束缚在中性杂质上的束缚激子的 附加束缚能 $D_0(IX)$与束缚它的施主或受主的电离能 $E_I(E_D$ 或 $E_A)$有如下简单关系:

$$D_0(IX) = a + bE_I \tag{5.35}$$

对 Si 中的束缚激子,这一关系如图5.26所示,并且 $a \approx 0, b = 0.1$. 事实上,简单情况下,海恩斯规则可从中心原胞效应加以说明[66,67],引入中心原胞势 V_c,并按束缚能与 V_c 有线性关系的假定来修正有效质量理论获得的杂质电子束缚能和束缚激子束缚能,于是有

$$E_I = (E_I)_{EM} + \rho_c V_c \tag{5.36}$$

$$D_0(IX) = D_0(IX)_{EM} + \delta\rho_c V_c \tag{5.37}$$

式中脚标 EM 表示中心原胞修正为零的有效质量近似理论给出的值,ρ_c 为中性杂质态情况下杂质中心区域的电子电荷量,$\delta\rho_c$ 是形成束缚激子时中心区域的电子电荷增量. 式(5.36)与式(5.37)可以组合起来,得

$$D_0(IX) = \left\{ D_0(IX)_{EM} - (E_I)_{EM} \frac{\delta\rho_c}{\rho_c} \right\} + \frac{\delta\rho_c}{\rho_c} E_I \tag{5.38}$$

如果给定有效质量比 σ 情况下电荷比 $\delta\rho_c/\rho_c$ 为常数,则与式(5.34)相比,可得海恩斯规则中的参数 a、b 为

$$a = (E_I)_{EM} \left\{ \left[\frac{D_0(IX)}{E_I} \right]_{EM} - \frac{\delta\rho_c}{\rho_c} \right\} \tag{5.39a}$$

$$b = \delta\rho_c/\rho_c \tag{5.39b}$$

这里$[D_0(IX)/E_I]_{EM}$ 和 $\delta\rho_c/\rho_c$ 都是有效质量比 σ 的函数,a 可以有异于零的值,图 5.27 给出的 GaP 中束缚激子附加束缚能 $D_0(IX)$与 E_I 的关系正是如此[66]. 图 5.27 表明,对 GaP 中的施主束缚激子和受主束缚激子,b 可以有很不相同的数值,a 可以异于零甚至有不同的符号.

应该指出,并非所有半导体的束缚激子附加束缚能都有海恩斯规则给出的简单的规律,例如对 $\sigma \ll 1$ 的直接带半导体,如 GaAs、InP、ZnTe 和 ZnSe 等,束缚在浅受主上的束缚激子的附加束缚能 $D_0(IX)$与浅受主电离能 E_A 的关系就很不敏感[68]. 在 InP 中,甚至观察到非单调的变化[69]. 可以推测,这是由于这些情况下电子-空穴相关互作用有着更大的重要性,下面将对此作简略讨论.

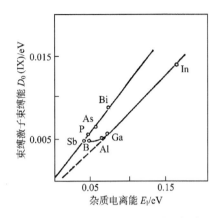

图 5.26 Si 中束缚激子附加束缚能 D_0(IX)与束缚它的杂质的电离能 E_I 的关系

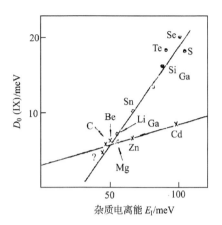

图 5.27 GaP 中束缚激子附加束缚能 D_0(IX)和杂质电离能 E_D、E_A 关系的经验规律. •:施主杂质;×:受主杂质,其中打? 者为未判定的受主

在固体内部各种耦合相互作用和应力、磁场等外扰作用下,束缚激子发光谱线可以发生分裂. 这种分裂及其变化规律的研究,为实验观察到的发光谱线的指认提供了重要的依据,同时给束缚激子发光光谱研究增添了丰富而生动的内容. 众所周知,半导体价带有复杂结构,这种复杂结构对束缚激子能态的精细结构有重要影响. 以闪锌矿结构半导体为例,由于类 p 价带顶因自旋-轨道耦合分裂为 4 度简并的 Γ_8 态和 2 度简并的 Γ_7 态,所以在形成束缚在中性受主上的束缚激子时,两个 $J=3/2$ 的空穴可以相互耦合给出总角动量量子数为 0 的类 s 态和总角动量量子数为 2 的类 d 态. 泡利(Pauli)原理要求这两个空穴的自旋必须是反对称的,因而总角动量量子数为 1 和 3 的耦合态是不允许的,再计及束缚激子的一个电子的自旋和角动量量子数,于是束缚在中性受主上的束缚激子可能具有的总角动量量子数为 1/2、3/2 和 5/2. 对束缚在 GaAs 中中性受主上的束缚激子,与这三种总角动量相对应的束缚激子发光谱线都被观察到了[70]. 图 5.28 给出 4.2K 时 1.5122eV 处 GaAs 中性受主束缚激子(A^0X)发光谱线的精细结构,以及这些精细结构谱线相对强度与温度的关系[71],图中谱线 I_5、I_3、I_1 已分别被指认为角动量量子数 $J=5/2$、3/2、1/2 的中性受主束缚激子发光谱线,其中 I_5 与 I_3 之间的能量距离为 0.18meV、I_5 与 I_1 之间能量距离为 0.42meV. 在 3.6~9.4K 温度范围内,I_3/I_5、I_1/I_5 与温度关系的斜率分别为 -0.18meV/k_B 和 -0.42meV/k_B,这些斜率值与束缚激子按能量的热平衡分布规律一致,并且表明,对 GaAs 来说,$J=5/2$ 的状态是中性受主束缚激子态中能量最低的状态,从而佐证了关于这一精细结构的指认.

单轴应力作用可以导致价带顶的分裂和间接带半导体情况下同类导带能谷简并的消除. 间接带半导体导带情况下,以 GaP 为例,沿〈001〉方向的正应力使沿应

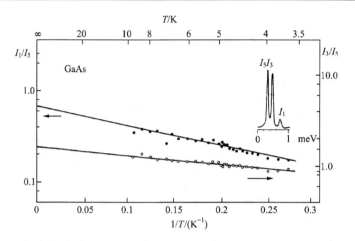

图 5.28　GaAs 中 1.5122eV 处中性束缚激子发光的精细结构
和精细结构谱线强度的温度依赖关系,图中圆点为实验结果,直
线为拟合结果,斜率分别为 -0.18 和 $-0.42\mathrm{meV}/k_{\mathrm{B}}$

力方向的 X 导带谷能量下降,而其余方向的 X 导带谷的能量上升,从而导致与这些导带谷相联系的杂质能级和束缚激子能态的分裂. 价带顶情况下,应力导致价带顶和受主能级分裂,束缚激子态也按其波函数的组合情况发生分裂或移动,从而使束缚激子辐射复合跃迁的初态(束缚激子态)和终态(束缚空穴态)都发生分裂或移动. 这样,以束缚在中性受主上的束缚激子为例,应力使原来已呈现精细结构的发光谱线出现更丰富的内容. 在线性分裂范围内,价带顶或束缚受主态的分裂可以用等效哈密顿

$$\Delta E_{|m_j|=3/2} = \left[a(S_{11}+2S_{12}) + \frac{1}{2}\overline{S} \right]P \tag{5.40}$$

$$\Delta E_{|m_j|=1/2} = \left[a(S_{11}+2S_{12}) - \frac{1}{2}\overline{S} \right]P - qP^2 \tag{5.41}$$

给出[72],这里

$$\overline{S}_{100} = 2b(S_{11}-S_{12}) \tag{5.42}$$

$$\overline{S}_{111} = dS_{12}/\sqrt{3} \tag{5.43}$$

$$\overline{S}_{110} = \left\{ b^2(S_{11}-S_{12})^2 + \frac{1}{4}d^2 S_{22}^2 \right\}^{1/2} \tag{5.44}$$

a,b,d 为比尔(Bir)等人引入的形变势[73],S_{ij} 为弹性顺度常数,P 为单轴应力,q 为描述能量漂移平方项的参数,它和价带顶与自旋-轨道裂开价带间的耦合有关. 这

样,压缩应力作用下,$|m_j|＝3/2$ 的空穴态漂移 $-E_T$,$|m_j|＝1/2$ 的空穴态漂移 $+E_T$,如图 5.29 图所示.从束缚激子态波函数的组合情况和导带电子、价带空穴随应力分裂的规律,可以求得束缚激子发光跃迁初态随应力的分裂.以 GaAs 中束缚在中性受主上的束缚激子($J＝5/2$、$3/2$ 和 $1/2$)为例,这样的分裂和漂移如图 5.29 所示.这样,应力作用下,可以观察到从图 5.29 所示的 5 个初态到 2 个终态的不同组合的束缚激子辐射复合跃迁发光谱线.图 5.30 给出了 4.2K 时不同偏振情况下 GaAs 中中性受主束缚激子(A^0X)发光谱线随〈100〉方向应力增加而分裂和漂移的实验观测结果,借用磁光研究的术语,我们称沿应力方向偏振的发光为 π 偏振发光.垂直应力方向偏振的发光为 σ 偏振发光.图 5.31 给出了上述观测结果和理论预言的束缚激子发光谱线能量位置随应力分裂及变化规律的比较,图中 1L、1U、2L、2U、…代表跃迁初态和终态的组合情况,可见弱应力范围内,束缚激子发光谱线随应力的分裂和漂移可以用上述简单理论描述.

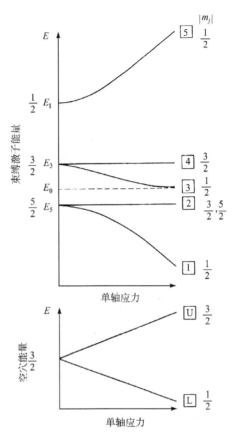

图 5.29 单轴应力作用下(A^0X)束缚激子态辐射复合跃迁初态和终态分裂的示意图

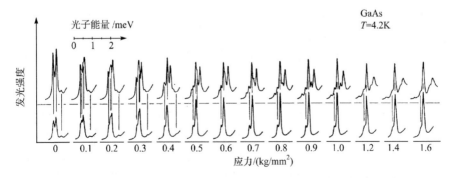

图 5.30 沿〈100〉方向应力作用下,GaAs 束缚激子(A^0X)发光谱线的分裂和漂移.上一行为 σ 偏振发光;下一行为 π 偏振发光

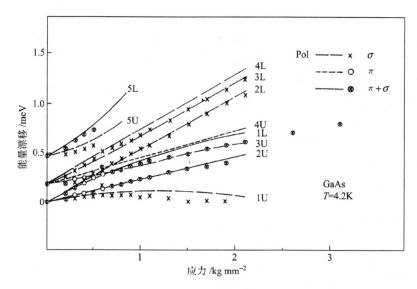

图 5.31　GaAs 中束缚激子(A^0X)发光谱线分裂、漂移的实验观测结果及其与
理论预言的比较. ×:σ 偏振；○:π 偏振；⊗:$\pi+\sigma$ 偏振

　　第六章将较深入讨论磁光效应在固体电子态研究中的重要意义. 第六章的结论对束缚激子及其辐射复合发光光谱同样适用, 研究磁场作用下束缚激子辐射复合发光谱线的塞曼(Zeeman)分裂, 是判明束缚激子性质的最基本、最有效的手段之一[2,58,74]. 这种方法的物理依据在于, 在中性杂质情况下, 其激发态仅有一个非成对的自旋态(例如一个束缚在施主上的激子的空穴), 并且在它处于基态时仅有一个载流子(如中性施主情况下的电子), 因而在磁场中激发态和基态都分裂为双线. 另一方面, 对束缚在电离杂质上的激子, 磁场中激发态有复杂的分裂而基态无分裂, 这样从磁场中束缚激子辐射复合发光谱线的分裂, 人们可以区分所涉及的是中性或是电离杂质.

　　为区分束缚激子的杂质中心是施主还是受主, 还需利用其他磁场效应. 例如, 对下面将较深入讨论的 CdS[50,58], 其空穴 g^* 因子和电子不同, 并且有显著的各向异性, 利用这一事实可以指认图 5.25 中的发光谱线 I_1 是束缚在中性受主上的束缚激子(A^0X)辐射复合导致的发光, 后来更进一步判定这一中性受主是受主杂质 Li 或 Na; 而 I_2 是束缚在中性 Cl 施主上的束缚激子(D^0X)的辐射复合发光谱线.

　　图 5.32 给出了磁场下 CdS 束缚激子发光谱线随磁场分裂和漂移的综合结果[58], 其中图(a)给出磁场强度为 3T 时图 5.25 中发光谱线 I_1 的分裂与磁场方向的关系; 图(b)为同样磁场强度时图 5.25 中谱线 I_2 的分裂与磁场方向的关系; 图(c)给出 1.6K 时磁场垂直晶轴($H \perp c$)情况下某些实验中观察到的发光谱线 I_3 的分裂与磁场强度的关系. 结合理论讨论, 即可导出前面指出过的 CdS 中束缚激子发光谱线 I_1、I_2 的指认, 同时可以判定 I_3 是束缚在电离施主上的束缚激子辐射复

合发光谱线(Cl 施主等).

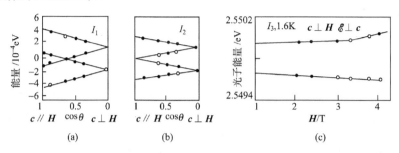

图 5.32　CdS 中束缚激子零声子发光谱线与磁场关系的实验结果. $H // c$ 轴时
发光谱线 I_2 仅有一个塞曼分量,这是由于 CdS 电子和空穴 g^* 因子的巧合

　　除上面已讨论的外,观察发光的再吸收强度[75]、研究发光强度的温度依赖关系[76]或同时测量光致发光光谱和光电导谱[77]等,都有助于束缚激子发光谱线物理属性的判别. 此外对 Ⅱ - Ⅵ 族化合物半导体,一般说来其电子有效质量小于空穴有效质量的 $1/4$($m_e^* / m_h^* = \sigma < 0.25$),因而按图 5.21 所示的规则,理论预期不存在束缚在电离受主上的束缚激子态[78]. 这样,对这些半导体,研究其束缚激子发光谱线时,就不必考虑电离受主束缚激子态.

5.4.4　束缚激子辐射复合发光的声子伴线

　　在结束本节之前,我们简略讨论一下束缚激子辐射复合中的声子参与问题. 已经指出,对间接带半导体的带间跃迁辐射复合发光,必须有声子或其他准粒子参与以实现跃迁过程的动量守恒. 但对束缚激子辐射复合跃迁来说,动量守恒也可以通过和杂质原子的耦合来实现,这样应该有可能观察到无声子参与和有声子参与两种情况的束缚激子辐射复合发光谱线. 实验上确实是如此,前面在有关 InP、CdS、GaP 等束缚激子辐射复合发光光谱实验结果的讨论中我们已经看到这一点. 在 Si 的情况下,迪安等人还发现[79],束缚激子的附加束缚能愈大,无声子参与辐射复合发光谱线和单声子参与复合发光谱线强度之比也愈大. 这是可以理解的,Si 中附加束缚激子的束缚能随杂质束缚能的增加而增加[见式(5.32)]. 既然对束缚较紧的施主来说它的波函数有较大部分分布在 $k = 0$ 附近,那么束缚较紧的激子,其零声子跃迁分量就较强.

　　即使在零声子跃迁较强情况下,也可以观察到声子参与的束缚激子辐射复合. 但这里声子参与并非动量守恒所必须的,这是直接带半导体情况下可以观察到的声子参与发光跃迁过程的仅有的类型. 这样,束缚激子发光光谱可以由一个尖锐的、强的零声子谱线,以及因声学声子参与引起的翼状声子旁带和同时发射单声子或多声子的多条声子伴线组成,前面讨论过的 CdS 束缚激子辐射复合发光光谱就给出了声子参与效应的一个很好的例子. 从零声子谱线和声子伴线的强度比,还可以估计束缚激子和声子的耦合强度.

低温下掺 B、掺 P、掺 Li 硅的发光光谱研究表明,在自由激子和束缚激子辐射复合发光谱线能量以下,可以观察到一系列(多达 10 条)声子伴线.图5.33给出了科赛(Kosai)等人的实验结果[80],其中图 5.33(a)是掺 P($1.4\times10^{14}\,cm^{-3}$)硅的束缚激子辐射复合发光光谱.由图可见,除束缚激子直接辐射复合跃迁对应的谱线外,还有一系列同时发射 TO 声子、LO 声子及 TA 声子的伴线.除束缚在 P 施主上的束缚激子辐射复合的一系列谱线外,还存在束缚在 B 受主上的束缚激子辐射复合的一系列谱线,B 是无意中掺入样品的残留杂质.图 5.33(b)给出了掺 Li 硅的束缚激子辐射复合发光光谱,也可观察到 10 条左右声子伴线;除 Li 外,图中还可见束缚在残留 P 施主上的束缚激子辐射复合发光谱线及其声子伴线,样品含 P 约 $7\times10^{12}\,cm^{-3}$.

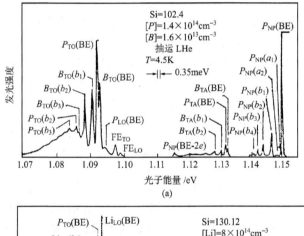

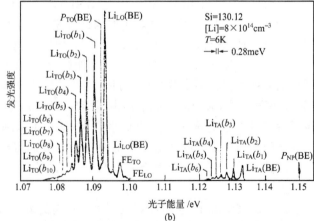

图 5.33 液氦温度下掺杂硅的束缚激子发光光谱
(a)掺 P 硅的束缚激子辐射复合发光谱线及其声子伴线,样品除掺 P 外,还含更少量残留的 B 杂质;(b)掺 Li 硅的束缚激子辐射复合发光谱线及其伴线,图中还可见束缚在残留 P 施主上的束缚激子发光谱线及其声子伴线,样品含 P 约 $7\times10^{12}\,cm^{-3}$

顺便指出,上述众多的谱线的物理起源和完整解释仍是一个有争论的问题,限于篇幅,这里不再赘述.

5.5 非本征辐射复合发光过程

以上主要讨论了和带间电子跃迁有关的辐射复合发光过程,本节讨论和半导体中杂质或缺陷有关的发光过程,它们常被称为非本征辐射复合过程.上节讨论的束缚在杂质、缺陷上的束缚激子发光过程,就是非本征辐射复合过程的一种特例.研究表明,即使当杂质含量很低($< 10^{13} \sim 10^{14}\, \mathrm{cm}^{-3}$)时,它们对半导体辐射复合光谱的影响仍是十分显著的.除束缚激子辐射复合外,参看图 5.2 可见,主要的非本征辐射复合发光过程还有导带-受主间辐射复合、施主-价带间辐射复合和施主-受主对辐射复合等.这些发光过程的研究不仅有益于弄清半导体中杂质的含量和性质,而且有助于提高以辐射复合过程为物理基础的半导体器件的性能,如提高发光二极管、半导体激光器的效率.

5.5.1 连续带-杂质能级间辐射复合发光跃迁

最简单的非本征辐射复合发光是仅存在单一的一种浅杂质(施主或受主)的情况,这些杂质的能量状态可以用有效质量理论来描述,并且杂质浓度不太高,以致不必考虑杂质复合物或其他复合缺陷的影响.

如果 $T \neq 0\mathrm{K}$,杂质总是处于部分电离状态,即某些杂质中心是中性的,而另一些则是电离的.这样,以受主杂质为例,按图 5.2,可能发生的辐射复合跃迁有:(i)价带空穴到电离受主的跃迁($\mathrm{h—A^-}$);(ii)导带电子到中性受主的跃迁($\mathrm{e—A^0}$).由于施主和受主电离能通常为毫电子伏特的量级,辐射复合跃迁(i)对应的发光通常在中红外和远红外波段,并且由于这一能量也和光学声子能量相近,声子发射过程也起着重要作用,并明显影响辐射复合跃迁的效率.具体计算表明,这种情况下声子发射事件的概率可远大于辐射复合跃迁概率,因此发光信号是颇为微弱的.尽管如此,已观察到 Ge 和 GaAs 等半导体中这类辐射复合跃迁[81~83].辐射复合跃迁(ii)对应的发光光子能量接近半导体的基本带隙 E_g,它们已被广泛地研究过.对直接带半导体中的类氢受主,直接计算给出这一辐射复合跃迁过程的速率为

$$R_\mathrm{BA}(\hbar\omega)\mathrm{d}\hbar\omega = n p_\mathrm{A} B_\mathrm{BA} \Gamma(\beta, x)\mathrm{d}x \tag{5.45}$$

这里

$$\Gamma(\beta, x)\mathrm{d}x = 2\pi\left(\frac{\beta}{\pi}\right)^{3/2} \frac{x^{1/2}\exp(-\beta x)}{(1+x)^4}\mathrm{d}x \tag{5.46}$$

式中 n 为导带电子浓度,p_A 为中性受主浓度,B_BA 为一个与跃迁矩阵元、受主波函

数等有关的函数,

$$\beta = (m_A E_A / m_e^* k_B T) \tag{5.47a}$$

$$x = m_e^* E_c / (m_A E_A)$$

$$= \frac{m_e^*}{m_A E_A} [\hbar\omega - (E_g - E_A)] \tag{5.47b}$$

m_A 为受主态有效质量,通常比 m_e^* 要大一个数量级左右. 低温下

$$\Gamma(\beta, x) \propto [\hbar\omega - (E_g - E_A)]^{1/2} \exp\left[-\frac{\hbar\omega - (E_g - E_A)}{k_B T}\right] \tag{5.48}$$

这样可以看到,低温下

$$R_{BA}(\hbar\omega) \propto [\hbar\omega - (E_g - E_A)]^{1/2} \exp\left[-\frac{\hbar\omega - (E_g - E_A)}{k_B T}\right] \tag{5.49}$$

从式(5.49)还可推断,连续带-杂质能级间辐射复合发光谱带的峰值能量位置为

$$\hbar\omega_p = E_g - E_I + \frac{1}{2} k_B T$$

这里 E_I 为杂质电离能,$\frac{1}{2} k_B T$ 项起因于连续能带中自由载流子的热分布. 热分布和自由载流子的动能也是这类发光谱带线宽的本征物理起因. 以 GaAs 为例,具体计算还表明,如果掺杂浓度足够高,例如达 $10^{18}\,\mathrm{cm}^{-3}$ 的量级,那么这一辐射复合跃迁速率就和带-带跃迁辐射复合以及激子辐射复合速率有相同的量级,因而不难在实验中被观察到. 又由于其谱线线形和尖锐的激子复合发光谱线不同,因而在实验上也不难与带-带跃迁或激子复合跃迁发光区分开来.

式(5.49)同时也给出了连续带-杂质能级辐射复合跃迁发光光谱线形的表达式,它与带-带跃迁辐射复合情况的公式(5.3)相似. 随着温度 T 的升高和 β 的下降,式(5.46)中分母项 $(1+x)^4$ 可以在 $\exp(-\beta x)$ 变得很小之前就偏离 1,从而使高温下谱线线形偏离式(5.49). 和带-带跃迁相比,式(5.49)给出的线形表达式仅涉及到一种自由载流子的分布函数.

按式(5.49)计算线形,并调节参数令其与实验结果一致,可以获得有关杂质束缚能的数据. 图 5.34 给出了 20K 和 80K 时掺 Cd 的 GaAs 导带-受主辐射复合发光光谱的实验结果,及其与式(5.49)计算的线形的比较. 这一比较给出 GaAs 中 Cd 受主的束缚能为 34.5meV. 图 5.35 给出了更低温度下外延生长的高纯 GaAs 的导带-受主辐射复合发光光谱的实验结果,及其与按式(5.49)计算的线形的比较. 它表明实验观察到的主要的发光谱线起因于导带和束缚能 $E_A = 26.9\mathrm{meV}$ 的受主间的辐射复合跃迁. 图 5.34 和 5.35 还表明,尽管计算给出的发光谱线峰值附近及高能侧翼的线形与实验结果十分相符,但低能侧翼却明显存在式(5.49)不能说明的发光台阶或次峰,这是由其他发光过程引起的. 图 5.34 中的低能台阶可用一个比导带-受主跃迁低 3meV 的发光过程来拟合,而图 5.35 的低能次峰则归因

于 $E_A=26.9\mathrm{meV}$ 的受主和剩余施主间的施主-受主对(D^0A^0)辐射复合跃迁.

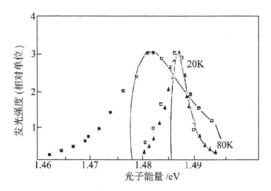

图 5.34　20K 和 80K 时实验观察到的掺 Cd 的 GaAs 导带-杂质能级跃迁光致发光光谱,及其与按式(5.49)计算的谱线线形的比较. 图中不同形式的点是实验结果,实线是按 $f(E,T)=\left(\dfrac{E}{k_BT}\right)^{1/2}\exp\left(-\dfrac{E}{k_BT}\right)/f_{\max}$ 计算的结果

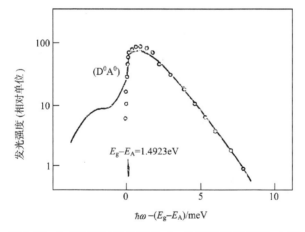

图 5.35　1.9K 时高纯外延 GaAs 的光致发光光谱. 由图分别可见导带-受主和施主-受主对跃迁导致的发光光谱峰,与这两个跃迁过程对应的受主能级是单一的 26.9meV 处的受主能级. 图中实线为实验结果,圆点为仅考虑导带-受主跃迁并假定电子准平衡分布温度(T_e)为 14.4K 时的理论计算线形[式(5.49)]

　　研究一下发光谱线能量位置与掺杂浓度的关系是有意义的,尤其是高掺杂情况下. 在第二章讨论与能带带尾有关的跃迁过程和第三章讨论伯斯坦-莫斯效应时,我们已经指出掺杂对能带边的扰动及其对吸收光谱的影响.

　　高掺杂,因而高自由载流子密度,经由两个不同的物理过程影响着连续带-束缚能级,以及带–带跃迁发光谱线(带)的线形和能量位置.其中之一是上面讨论的杂质带和带尾态的形成,以及与此相关的能隙收缩,它影响发光谱带的低能侧,使之增宽并使峰位红移.可以顺便指出,带尾态影响发光谱带的物理过程及其重要性至今尚不完全清楚[84];对 GaAs 而言,计及自能修正的单电子近似计算表明,发光带低能端的增宽可归因于寿命效应,电子–电子及电子–杂质中心互作用显著降低了单粒子态的寿命,从而导致发光谱线增宽.高掺杂影响发光谱线(带)的第二个物理过程是自由载流子填充能带态,使费米能级上升,从而影响着发光谱线(带)的高能侧,使之增宽与蓝移.这里载流子分布函数的作用是明显的.高掺杂情况下,载流子显然更多地遵从费米–狄拉克分布,因而更显著地增加谱线蓝移和线宽.

对任一实际半导体,发光谱线(带)线型和位置随掺杂的实际变化,还决定于半导体本身及掺杂的品种.首先,就谱峰位置移动而言,对 GaAs 来说,n 型掺杂情况下,发光峰随掺杂浓度增加而蓝移;p 型掺杂且低温测量条件下,发光峰随掺杂浓度增加而红移.这是因为 n-GaAs 情况下导带填充效应对发光峰位影响大于带尾形成和能隙重整化效应;而 p-GaAs 情况则相反,这是由于价带态密度大,能带填充引起的费米能级移动影响很小的缘故.

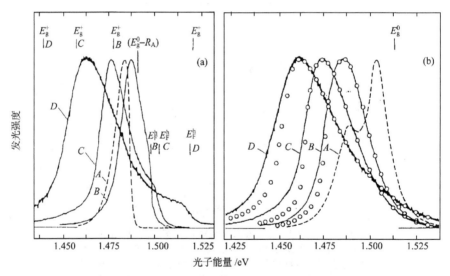

图 5.36　2K(a)和 77K(b)时不同掺 Be 浓度的 p-GaAs 的光致发光光谱.谱带 A、B、C、D 分别对应于掺 Be 浓度 7.4×10^{16}、2.8×10^{18}、1.2×10^{19} 和 4.0×10^{19} cm^{-3}. 图中圆圈为计算的发光光谱;符号 E_F^h、E_g^+、R_A 和 E_g^0 分别记空穴费米能量、收缩了的能隙、受主束缚能和未微扰时的能隙

不同类型掺杂 GaAs 的发光光谱线形随掺杂浓度的变化也是显著不同的[85]. 低温下 p 型高掺杂 GaAs 的发光光谱线形特征,是低能侧的较陡峭上升和高能侧的缓慢下降的发光带尾(图 5.36),并在费米能量处显示为一台阶. n 型高掺杂

GaAs 发光线形还与激发强度有关:低激发时呈现为低能侧的发光带尾和高能侧的陡峭上升,而高激发下则演变为较宽的发光带加之高能侧的台阶(图 5.37).这种显著不同的主要物理原因,在于 p 型掺杂情况下光激发电子热化到导带底;而 n 型掺杂情况下光激发空穴热化到残余受主能级.因而,p 型高掺杂材料的发光主要是带-带跃迁过程,而 n 型材料在低激发强度下的发光为受主能级上的束缚空穴与重整化了的导带自由电子间的辐射复合过程,而高激发时则演变为价带空穴与重整化导带电子间的带间辐射复合发光.此外,已经证明,高掺杂 GaAs 发光谱带高能侧台阶的物理起因是费米能量附近导带电子与价带空穴相互作用所形成的准束缚激子所致.

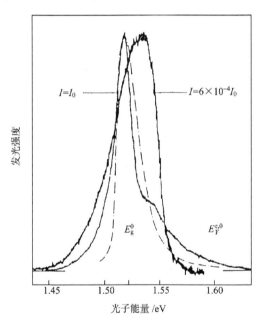

图 5.37　$T=2K$ 时两个不同激发强度下掺 Sn 的 n 型 GaAs 的光致发光光谱.掺 Sn 浓度为 $1.6 \times 10^{18} \, \mathrm{cm}^{-3}$.光激发强度为 I_0 时光生电子-空穴对浓度约为 $10^{17} \, \mathrm{cm}^{-3}$.图中虚线为计算的线形.符号 $E_\mathrm{F}^{\mathrm{c},0}$ 和 E_g^0 为未微扰能带的电子费米能量和禁带宽度

重掺杂半导体带间跃迁和近带间跃迁(束缚能级-连续带间跃迁)发光谱线线形拟合是一个可以深入讨论的问题.首先可以指出,重掺杂情况下,第二章讨论过的吸收和发光过程之间的细致平衡原理的关系不再适用,某些在吸收过程中禁戒的跃迁,在发光过程中变得允许了.由于能带填充效应,发光谱带从简约(重整化的)带隙能量扩展到费米能级能量,而吸收情况下光学带隙决定于 k_F 处的电子与空穴间竖直跃迁(B-S 漂移).拟合重掺杂半导体带间跃迁发光光谱线形最简易的方法,是假定跃迁不再遵守波矢守恒定则.尽管这在理论上并不正确,但仍可有若

干经验推测,例如电子和施主、受主中心的散射破坏了 k 守恒定则,杂质随机分布导致的势起伏破坏了平移对称性等.如果仍希望维持 k 守恒定则,那么也可通过计及单电子态寿命增宽的步骤来拟合增宽了的发光光谱.

从发光谱带(线)的峰位漂移和线形改变,可以获得高掺杂半导体禁带宽度改变(收缩)ΔE_g 和掺杂浓度 n、p 的关系.但从实验光谱获取这种数据时必须十分小心.通常 E_g 并非由线形分析获得,而是从发光峰低能翼线性部分外推到零强度来求得.波格斯(Borghs)等这样给出的关于 GaAs 的 $\Delta E_g(n,p)$ 关系的实验结果如表 5.2 所列[85].相应的理论计算结果则列于表 5.3,以作比较[86~88].

表 5.2　30K 时 GaAs 的 E_g 收缩及准费米能级移动(ΔE_F)与掺杂浓度关系的经验公式. 这里 ΔE_F 是用抛物能带模型计算的 E_F 与实验测定值之差.ΔE_g、ΔE_F 均以 eV 为单位;浓度以原子数/cm³ 为单位

	ΔE_g	ΔE_F
n 型	$\Delta E_g(n) = -7.3 \times 10^{-8} n^{1/3}$	$\Delta E_F(n) = -4.6 \times 10^{-8} n^{1/3}$
p 型	$\Delta E_g(p) = -2.6 \times 10^{-8} p^{1/3}$	$\Delta E_F(p) = -2.6 \times 10^{-8} p^{1/3}$

表 5.3　理论计算的 GaAs $\Delta E_g(n,p)$ 与掺杂浓度的关系.$\Delta E_g(n,p) = An^{1/3} + Bn^{1/4} + Cn^{1/2}$,$A$、$B$、$C$ 为决定于材料特性的系数

	p-GaAs	p-AlAs	n-GaAs	n-AlAs
$A(\times 10^{-9} \text{eV} \cdot \text{cm})$	9.8	10.6	16.5	9.76
$B(\times 10^{-7} \text{eV} \cdot \text{cm}^{3/4})$	3.9	5.47	2.39	4.23
$C(\times 10^{-12} \text{eV} \cdot \text{cm}^{3/2})$	3.9	3.01	91.4	2.93

除直接带半导体外,Ge、Si 等间接带半导体中的连续带-杂质中心间辐射复合跃迁的发光光谱也已被研究过[69,70].这时,除零声子发光谱线外,更明显地观察到伴随着声子发射的连续带-杂质能级辐射复合跃迁(声子伴线),因而发光谱线的能量位置为

$$\hbar\omega = E_g - E_I - E_p \tag{5.50}$$

对 Si 来说,参与跃迁的是 TO 和 TA 声子;对 Ge 来说,则常常是 LA 声子.

5.5.2　施主-受主对辐射复合发光跃迁

当一半导体既含有施主杂质又含有受主杂质时,施主离子及其束缚的电子和受主离子及其束缚的空穴可以构成施主-受主对(D-A)复合物.有一点相似于束缚在中性杂质上的束缚激子,它涉及到四个荷电粒子,但在此施主离子和受主离子不能在半导体中迁移,仅有二个荷电粒子(一个电子与一个空穴)可移动,其记号表为

$$\oplus\ominus+-,\ \text{D}^+\text{A}^- \ eh,\ \text{D}^+\text{A}^-\text{X}$$

这种施主-受主对可以经辐射复合跃迁而发射光子 $\hbar\omega$,并留下电离的$(D^+ - A^-)$对. 这一辐射跃迁的概率决定于施主电子波函数和受主空穴波函数的交叠. 首先考虑相距较远的施主-受主对. 对相距较远的$(D^+ A^- X)$对来说,辐射复合跃迁概率是小的,但假如温度较低,以致 $k_B T < E_I$(杂质电离能),那么载流子一旦被杂质中心俘获就不易再热电离,这时 D-A 对的跃迁可以变成重要的辐射复合跃迁渠道之一. 历史上普伦纳(Prener)和威廉斯(Williams)[88]首先预见到这种辐射复合跃迁的可能性,霍柏菲尔特和托马斯首先在 GaP 中观察到了这一辐射跃迁导致的发光光谱[94].

对相距较远的$(D^+ A^- X)$对,辐射复合跃迁能量可写为

$$\hbar\omega(R) = E_g - (E_A + E_D) + e^2/(4\pi\varepsilon R)$$
$$= \hbar\omega(\infty) + e^2/(4\pi\varepsilon R) \tag{5.51}$$

式中 R 是受主杂质和施主杂质间的距离,$\hbar\omega(R)$ 是 D-A 间距离为 R 时的辐射复合发光光子能量,$\hbar\omega(\infty)$ 是假定 $R \to \infty$ 时的发光光子能量,E_A 与 E_D 分别是从相应的带边缘量起的受主电离能与施主电离能. 这一公式可以简单地从下述能量守恒考虑导出:考虑一个已被受主补偿的施主,即 D^+ 和 A^- 组成的$(D^+ A^-)$对,并取这一状态的能量为能量零点. 为形成一个$(D^+ A^- X)$对,首先需要激发一个电子到导带,并在价带留下一个空穴,所需的能量为 E_g. 然后,这一导带电子被 D^+ 俘获,由于在距离 R 处存在电离受主 A^-,这一施主电子的束缚能降为 $E_D - e^2/(4\pi\varepsilon R)$,而不再简单地取为 E_D,这里 $-e^2/(4\pi\varepsilon R)$ 代表 A^- 存在附加的排斥势. 尔后价带空穴被 A^- 俘获,但这时 R 处的是中性施主 D^0,其排斥势可忽略,因而受主空穴的束缚能仍为 E_A,于是得式(5.51). 式(5.51)所表示的能量也就是从$(D^+ A^-)$状态形成$(D^+ A^- X)$对所需的激发能. 此外,中性施主和受主的极化也可能对辐射复合发光光子能量有微小的影响,这样式(5.51)也可再加一修正项 $f(R)$,于是得

$$\hbar\omega(R) = E_g - (E_D + E_A) + e^2/(4\pi\varepsilon R) + f(R) \tag{5.52}$$

极化的中性施主与受主间的互作用可以认为是一种范德瓦尔斯极化互作用,因而 $f(R)$ 可表示为

$$f(R) = \frac{-6.5e^2}{\varepsilon_0 r}\left(\frac{a_D}{r}\right)^5 \tag{5.52a}$$

这里 a_D 是施主-受主对中束缚较松的杂质态(通常是施主)的玻尔半径.

对替位式施主和受主杂质,它们也像主晶格原子一样,仅能存在于确定的格点位置上,因而可以认为式(5.51)及(5.52)中的 R 仅能取某些分立的值,这样发光光子能量 $\hbar\omega(R)$ 也仅能取某些分立的值. 如果 R 不是很大(如 R 为晶格常数的 $10 \sim 50$ 倍左右),不同 R 值决定的晶格壳层的能量 $e^2/(4\pi\varepsilon R)$ 可以是分立的. 它们间的差别可以分辨出来,因而这种施主-受主对的辐射复合发光光谱显示为一系列分立的发光谱线. 对 GaP 中的$(D^+ A^- X)$对的辐射复合发光,曾观察到多达 300 条

这样的发光谱线. 随着 R 的进一步增大, $e^2/(4\pi\varepsilon R)\rightarrow0$, 相邻晶格壳层的 (D^+A^-X) 对的辐射复合发光谱线能量位置间的差别小得难以分辨, 从而形成一个能量下限为 $\hbar\omega(R\rightarrow\infty)=E_g-(E_D+E_A)$ 的连续的、宽的发光谱带. 正如已提到的那样, 不同部分的谱线或谱带强度和施主波函数与受主波函数间的交叠有关, 从这一角度看, 谱线强度应随 R 增大而减弱; 然而, 随着 R 的增大, 发射同一能量光子的壳层 dR 内的 (D^+A^-X) 对的数目又随 R^2 而增加, 因而发光谱线强度与 R 的关系呈一分布曲线, 并在某一 R 值处有极大值. 在 R 值的另一端, 即 $R\rightarrow0$ 方向, 如果 R 值足够小, 格点的分立特征十分明显, 发射某一能量 $\hbar\omega(R)$ 的 (D^+A^-X) 对的数目可以有激烈的起伏, 从而使小 R 端发光谱线强度分布有很大的起伏, 然后在某一临界值 R_c 处截止. 这是因为当 (D^+A^-X) 对中施主与受主间距离小于孤立束缚载流子的玻尔半径时, 电离的 (D^+A^-) 对不再能束缚住自由载流子, 因而跃迁概率显著下降. 这些特征有助于人们判明实验观测到的发光光谱的物理起源.

作为一个典型例子, 图 5.38 给出 1.6K 时 GaP 中 (D^+A^-X) 对的光致发光光谱的实验结果[96], 其中上图的 (D^+A^-X) 对由杂质 Si(受主) 和 S(施主) 组成(Si＋S), 下图的 (D^+A^-X) 对为(Si＋Te). 图中标明 Rb 的谱线为能量位置定标谱线. 已经知道 GaP 中施主和受主杂质常以替位式结构存在, 我们进一步规定: 如果施主和受主占据相似的格点位置(例如都是替代 GaP 中的 P 位), 那么这样的施主-受主对就叫做 I 型施主-受主对; 如果施主和受主占据相异类型的格点位置, 即一个在 Ga 位, 另一个在 P 位, 就称为 II 型施主-受主对. 可以在这两种不同情况下仔细地计算式 (5.51) 中库仑项 $e^2/(4\pi\varepsilon R)$ 的值及可能参与辐射复合跃迁的 (D^+A^-X) 对数目 N_R, 并和仔细测量获得的实验结果相比较, 如图 5.39 所示那样[97]. 通过这种比较, 可以确定图 5.38 所示的 GaP 中的 Si＋S、Si＋Te 以及 Si＋Se 都是 I 型施主-受主对, 而 Zn－S、Zn－Te、Zn－Se、Cd－S、Cd－Te、Cd－Se 为 II 型施主-受主对. 图 5.39 还表明, 对相距较远的施主-受主对, 理论计算的库仑项及其随 R 的改变与实验结果颇为一致, 但对相距较近的施主-受主对, 如 $R\approx10\sim15\text{Å}$ 左右的施主-受主对, 理论估计与实验结果相差较大. 这是由于对相距较近的 (D^+A^-X) 对来说, 互作用能中高次方项的影响不可忽略的缘故. 对同一类型的替代, 因库仑项 $e^2/(4\pi\varepsilon R)$ 导致的分立谱线的能量间隔(两相邻谱线间的能量差), 应与杂质品种无关. 杂质品种改变时, 只是整个发光光谱结构移动一定能量距离, 以符合每一特定 (D^+A^-X) 对的 (E_A+E_D) 值. 这样, 如果已知一种杂质的束缚能 $(E_A$ 或 $E_D)$, 与之组成 (D^+A^-X) 对的另一种杂质的束缚能也可推断出来. 用其他品种杂质代替 (D^+A^-X) 对中两杂质之一组成新的 (D^+A^-X) 对, 则又可以据此确定新的杂质的束缚能. 这样我们看到, 研究 (D^+A^-X) 对的发光光谱提供了又一种测定杂质电离能的方法.

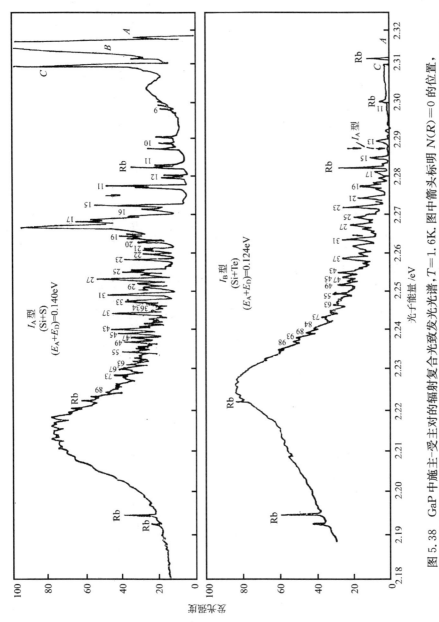

图 5.38 GaP 中施主-受主对的辐射复合光致发光谱，$T=1.6$K. 图中箭头标明 $N(R)=0$ 的位置，字母 Rb 标明铷光谱定标标谱位置，谱线上端的数目为标明施主受主间距离的壳层号号目，低能处为连续带发光光谱

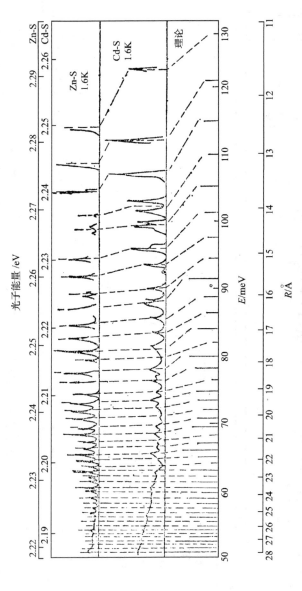

图 5.39　理论预言的施主-受主对辐射复合发光谱线的位置和强度分布,及其与 GaP 中 Zn-S 对、Cd-S 对辐射复合光致发光光谱实验结果的比较. 下面的横坐标给出对主-受主间距离及计算求得的库仑能 $e^2/(4\pi\varepsilon R)$,上方给出谱线光子能量

对 GaAs、Ge、Si 以及其他许多半导体(尤其是 GaAs 和 Ge),浅杂质束缚能远小于 GaP 中的浅杂质. 这样,式(5.51)表明,对相距较近的施主-受主对,库仑互作用能可以使 $\hbar\omega \geqslant E_g$,这使得 GaP 中观察到的那种分立的$(D^+ A^- X)$对辐射复合发光谱线对 Ge、GaAs 来说可以和带-带跃迁重合而被后者所掩盖,因而仅能观察到相距较远的施主-受主对辐射复合导致的不易分辨的较宽阔发光谱带. 和 GaP 中$(D^+ A^- X)$对辐射复合的一系列尖锐谱线相比,这在实验结果的指认和分析方面自然要困难得多. 以 GaAs 为例,曾经采用改变激发强度、实验温度、掺杂浓度、外加应力以及时间分辨发光光谱等方法研究过它的各个带边缘发光特征,以判明其中是否存在施主-受主对辐射复合发光谱带. 这曾经是一个颇困难的实验课题,但随着光谱技术、材料制备以及实验者经验的积累,GaAs 中许多施主-受主对辐射复合谱带(线)的观测和指认已变得明白无误了. 图 5.40 给出了较早时候实验观测到的 4.2K 时不同掺杂浓度的 n-GaAs 带边缘附近的光致发光光谱[64]. 可以看到,高纯样品情况下,从发光谱带中可分辨出束缚激子辐射复合发光$(D^0 X、D^+ X$ 及 $A^- X)$和导带-受主辐射复合等特征谱带. 此外,图中 8350Å(1.49eV)附近的发光

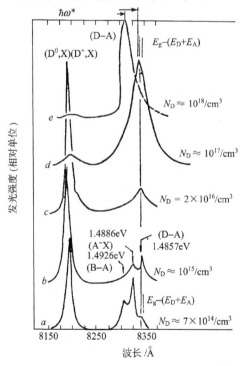

图 5.40　4.2K 时 n-GaAs 带边缘附近的光致发光光谱. 不同曲线对应于不同浓度的测量结果,可见施主-受主对辐射复合跃迁谱线随浓度而演变

$$* \quad \hbar\omega = E_g - (E_D + E_A) + \frac{e^2}{4\pi\varepsilon R}$$

谱带,其能量位置接近于 E_g-E_A(C 受主)或 $E_g-(E_D+E_A)$,可归诸为和碳受主有关的导带-受主辐射复合跃迁与施主-受主对辐射复合跃迁发光谱带的叠加. 如果说图 5.40 所示谱图中关于施主-受主对(D^0-A^0)辐射复合跃迁谱带的指认,尚有令人犹豫之处,那么图 5.41 给出的稍后的金属有机化学气相淀积(MOCVD)的高纯 GaAs 薄层的光致发光光谱中,关于 D^0-A^0 对辐射复合发光谱线的指认就明白无误了[89]. 图 5.41 表明,很低激发强度下(2mW/cm²,甚至 0.2mW/cm²),不仅观察到和碳受主相关的 D^0-A^0 对发光,还观察到与 Mg、Zn 和 Ge 等其他受主相关的 D^0-A^0 对发光谱线,甚至还观察到和分辨出施主 $2p$ 激发态和受主形成的 $D^0_{n=2}-A^0$ 对的发光峰. 这里运用尽可能低的激发功率是至关重要的,强激发使 D^0-A^0 对发光峰漂移、增宽,变得难以和 $e-A^0$ 发光峰相分辨或被后者掩盖. 不幸许多实验者习惯采用较大激发功率,以致未能有效地观测或分辨出 D^0-A^0 发光带. 图 5.41 还表明,发光谱线位置、强度等特性随激发功率的变化等事实都有助于它们物理起源的指认.

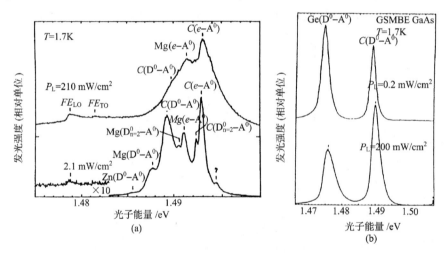

图 5.41　低激发强度下高纯 GaAs 薄层的光致发光光谱. 图(a),MOCVD 生长薄层,激发光子能量为 1.5235eV,1.7K 和 2.1mW/cm² 激发下可观察到多个 D—A 对发光谱线;图(b),气相源 MBE 生长薄层,测量温度与激发光子能量和图(a)相同,可见与 C、Ge 剩余受主有关的 D—A 对发光谱线强度、线宽等与激发强度的不同依赖关系

最后讨论一下施主杂质和受主杂质占据相邻格点形成的所谓紧束缚施主-受主对[1]. 这种紧束缚施主-受主对在某种程度上可看作是类分子,其辐射复合发光也可看作是类分子的激发态到基态的跃迁. 有一种紧束缚施主-受主对特别令人感兴趣. 假定施主束缚能 E_D 和受主束缚能 E_A 相差很大,例如 $E_A \gg E_D$,因而束缚施主轨道远大于受主轨道,如图5.42所示,这样近邻施主荷电状态的改变(陷入或电离一个电子)将不会引起受主杂质屏蔽状况的明显改变. 于是,式(5.51)中,附近存

在施主情况下受主空穴束缚能变为 $E_A - e^2/(4\pi\varepsilon_\infty R)$, 即用光频介电常数来代替原来的(通常采用的)静态介电常数 ε_0. 对于施主, 既然中性受主轨道仅占据施主波函数范围的一小部分, E_D 不因其存在而明显受干扰. 这样, 激发这种施主-受主对所需的能量, 也就是它们辐射复合发光光子能量变为

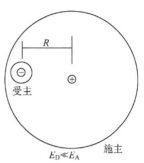

图 5.42 $E_A \gg E_D$ 情况下的紧束缚施主-受主对示意图

$$\hbar\omega = E_g - (E_D + E_A) + e^2/(4\pi\varepsilon_\infty R) \quad (5.53)$$

在研究掺 Cd 的 GaP 光致发光光谱时, 摩根(Morgan)等人将 1.907eV 处的发光谱线指认为紧束缚 Cd-O 对的零声子辐射复合发光谱线[98]. 考虑到 E_D(Cd)$\approx$0.336eV, 紧束缚 Cd-O 对中 Cd 与 O 间距离 $R\approx$2.36Å(晶格常数), 和相对光频介电常数 $\varepsilon_{r,\infty}=$8.46, 可以求得 $e^2/(4\pi\varepsilon_\infty R)\approx$0.7eV 和 E_A(O)$\approx$1eV, 即 GaP 中氧受主基态在禁带中部附近. 实验结果还表明, 紧束缚施主-受主对辐射复合发光光谱包含众多的声子伴线, 从而提供了又一种研究声子态的方法.

5.5.3 和深杂质相联系的发光跃迁

所谓深杂质(缺陷)是指其杂质势仅局域在几个原胞范围内的杂质. 因而能级位于禁带深处. 它们的电子性质主要决定于局域原子排列和最近邻原子相互作用; 长程库仑互作用, 在这里仅有次要的影响.

由于跃迁振子强度很弱和其他吸收特征的掩盖, 用吸收光谱方法研究半导体中的深能级杂质常常是困难的. 但发光光谱不受这些限制, 它提供了一种可行的研究半导体中深杂质能量状态和特性的光谱方法. 与深杂质中心相关的发光跃迁过程相比, 前两小节讨论的情况要更复杂一些. 就基本发光跃迁过程而言, 除上两小节讨论过的连续带-束缚深杂质能级(FB)和束缚在不同深杂质中心上的电子与空穴之间(D-A 对)的辐射复合跃迁外, 还可发生同一深中心杂质电子态内部的激发态-基态间的局域的类原子的辐射复合电子跃迁.

图 5.43 给出和 GaAs 中过渡金属元素杂质 Fe、Ni、Co 有关的电致发光光谱实验结果, GaAs 中 Fe、Ni、Co 都是深受主, 因而发光光谱对应于导带电子-深受主中心跃迁[90]. 发光光子能量 $\hbar\omega = E_g - E_A$, 对 Fe、Co 和 Ni, E_A 分别为 0.36eV、0.35eV 和 0.345eV(见图 5.43), 可以指出, 光致发光实验给出的 E_A 值与上述电致发光实验结果颇不一致[91], 例如对 Fe, 光致发光实验表明它有两个受主能级, E_A 分别为 0.5eV 和 0.2eV; 对 Co, 光致发光实验给出的 $E_A=$0.58 eV.

图 5.44 给出的 50keV 电子束激发的 GaAs 中深杂质 Cr 的阴极射线发光光谱, 代表了深杂质电子态内部激发态-基态间类原子跃迁的一个例子. Cr 和其他过渡金属元素一样是Ⅲ-Ⅴ族半导体中近年来颇受人注意的一种深杂质, 因为它们

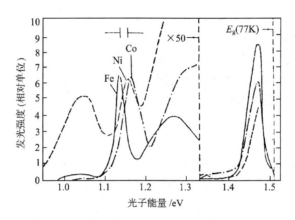

图 5.43　分别掺有过渡金属元素杂质 Fe、Ni、Co 的
GaAs 的电致发光光谱. $\hbar\omega=1.1\sim1.2\text{eV}$ 处的发光谱线
指认为导带-深受主跃迁

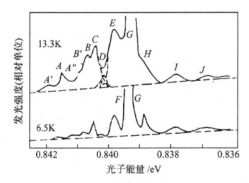

图 5.44　掺 Cr 的 GaAs 的阴极射线发光光谱,除
零声子强线 G 外,还可分辨 10 条左右发光谱线

可以补偿浅杂质电子态,提供一种在近代微电子工业中广泛应用的半绝缘材料. 同时,它可有几种不同的稳定的荷电状态,并存在与 d 电子有关的电子能量状态的高简并度,因而关于 GaAs 中杂质 Cr 的能量状态的研究对杂质行为的基本理解很有意义. Cr 作为替代式杂质占据 Ga 位置时,中性状态为 $\text{Cr}^{3+}(3d^3)$,即有三个电子(2 个 d 电子和 1 个 s 电子)和最近邻的 As 原子组成共价键并构成价带态. Cr 离子既可以作为电子陷阱从而给出 Cr^{2+} $(3d^4)$ 态,也可以作为空穴陷阱给出 $\text{Cr}^{4+}(3d^2)$ 态. Cr^{2+} 和 Cr^{4+} 情况下,杂质电子基态及激发态的分布与孤立离子有更多的相似性,只是必须计及晶体场效应. 图 5.44 给出的最强的发光谱线 $G(839.37\text{meV})$,归诸为 Cr^{2+} 激发态到基态的跃迁($^5E\rightarrow{}^5T_2$),不过也仍有人认为可能和连续带-Cr^{2+} 基态间跃迁有关. 除谱线 G 外,可以看到其两侧还可分辨出 10 条左右弱发光谱线,其中低能侧的谱线 H、I、J 也可归诸为 Cr 离子内部能级间跃迁,而高能侧的众多精细结构则起因于二度简并的 E 态和总电子自旋($s=2$)间的相互作用导致的分裂.

和深杂质中心辐射复合发光光谱有关的一个有趣现象是夫兰克-康登漂移,即用光谱方法测得的深杂质电离能与电导实验测得的热激活能之差及其与杂质电离能的关系.随着杂质电离能的增大,束缚在杂质上的电子或空穴的轨道变得愈来愈局域化,极性晶格情况下,深杂质的这种局域电子态及相关跃迁过程和 LO 声子的耦合互作用随局域性增强而很快增大,尤其是对空穴而言(大的有效质量),以致十分强烈地耦合,形成振动-电子耦合态(vibronic).借助位形坐标(图5.45)可以方便地说明这种振动-电子耦合态的能量状态及其对光跃迁,尤其是发光跃迁的影响.对这种杂化的耦合态,电偶极矩跃迁前后的电荷分布不同,因而深杂质中心电子基态和激发态的位形坐标是不同的,涉及不同振动量子数的电子跃迁(耦合态间跃迁)

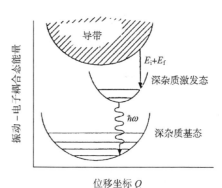

图 5.45 描述与晶格振动强耦合的深杂质电子跃迁的位形坐标图.深杂质基态与激发态的振动位移的平衡位形坐标不同,导致吸收跃迁与发光跃迁能量的不同,以及不同量子数跃迁的波函数交叠的变化

的波函数的交叠也是很不相同的.前一不同可以用来介释夫兰克-康登漂移,而后一不同则可用以说明与深杂质中心有关的发光光谱线形和线强分布.

以上分析表明,夫兰克-康登漂移起因于深杂质中心电荷的局域化,以及由此导致的电子-声子互作用的增强.这样可以推测,这一漂移应和杂质电离能相关,并随电离能的增加而增加.图 5.46 给出了 GaAs 中五种深杂质的这一相关性[92],图中纵坐标为激活能(电离能),横坐标为夫兰克-康登漂移 d,取为光吸收测量获得的光学激活能 ΔE_O 与电导实验测得的热激活能 ΔE_T 之差,即 $d = \Delta E_O - \Delta E_T$.黑圆点和黑小三角为电离能的实验结果;纵坐标和横坐标都为对数坐标,因而图 5.46 表明,ΔE 似与夫兰克-康登漂移的平方成正比,即 $\Delta E \propto d^2$.

由于电子-声子强耦合和振动-电子耦合态的形成,深杂质中心离子内跃迁发光和连续带-深杂质中心间跃迁发光可以存在声子伴线,事实上,图 5.44 中低能方向谱线 J 以下尚有许多弱发光谱线,它们中多数可指认为零声子发光谱线 G 的声子伴线.图 5.47 的结果更清楚地表明了这一点,在掺 Cu、Mn、Cd 或 Zn 的 GaAs 的连续带-深杂质中心跃迁零声子发光谱线的低能侧,等距地排列着若干弱发光谱线,这一等距能量间隔正好是 GaAs 纵光学声子的能量 $\hbar\omega_{LO}$,由此判定它们分别是发射 1,2,3,…个 LO 声子的连续带-深杂质中心发光跃迁的声子伴线.由图也可看到,随着杂质电离能增大,声子伴线强度增加,这表明电子-声子相互作用增强.如上所述,声子伴线的强度分布,可以借助位形坐标图指示的跃迁过程中波函数交叠的变化来解释.

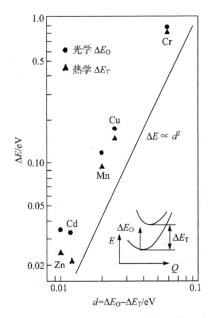

图 5.46　GaAs 深杂质中心发光的夫兰克-康登漂移 d 与杂质激活能 ΔE 的关系，图中 ΔE_O 为光学激活能，ΔE_T 为热学激活能. 图中右下方的小插图是位形图及各个量的说明

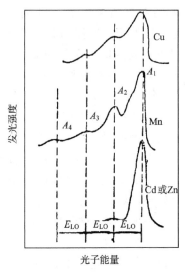

图 5.47　20K 时掺 Cu、Mn、Cd、Zn 的 GaAs 的光致发光光谱. 除强的零声子谱线外，低能方向等距地排列着较弱的发光峰，能量距离为纵光学声子能量 $\hbar\omega_{LO}$

　　强耦合情况下，深中心电子复合的声子参与可以如此强烈，以致最概然的跃迁并非零声子跃迁，而是较零声子跃迁低好几个声子能量的声子伴线，这就是所谓斯托克斯漂移. 深杂质中心电子态内部激发态到基态间发光跃迁的零声子谱线与声子伴线间相对强度可用黄昆因子 S 来表达. 电子-声子耦合愈强，激发态的晶格弛豫愈大，S 也愈大. 如果假定为线性耦合和高斯增宽线型，则整个发光谱带可写为

$$I(\hbar\omega) = \sum_{m=0}^{\infty} \frac{S^m}{m!} e^{-S} \exp\left[-\left(\frac{E_D - \hbar\omega - m\hbar\omega_{LO}}{2\sigma^2}\right)^2\right] \qquad (5.54)$$

这里 E_D 是深能级基态能量，m 为与电子跃迁过程耦合的声子数（通常为 LO 声子），$\sigma = 0.425\Gamma$，与第 5.3.1 节讨论一致. 图 5.48 给出了对不同黄昆因子 S 情况下深能级内部振动-电子耦合态发光光谱线形的理论预期. 可见在足够强的耦合条件下，发光最强的谱线可以是高阶声子伴线，例如 $S=10$ 时最强谱线为 $m=9$ 或 10 的声子伴线，而零声子发光谱线则微弱到几乎难以辨认的程度. $Al_{0.3}Ga_{0.7}As$ 中 Ge 深杂质中心的发光光谱完全证实了这一理论预言[95].

　　低温下深能级发光谱线线宽几乎恒定不变，随后随温度进一步升高而增宽，并可写为

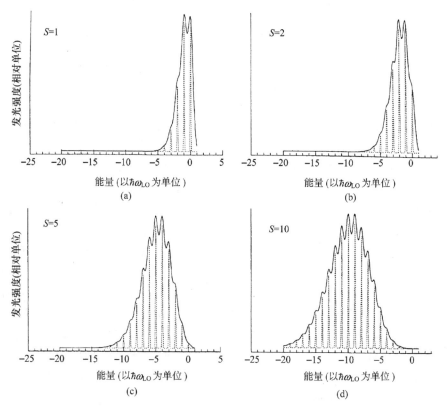

图 5.48　与晶格强耦合的深杂质中心内电子跃迁发光光谱线形(式 5.54),图(a)~(d)对应于不同的黄昆因子. 横坐标以零声子谱线能量值为能量原点,以耦合模声子能量 $\hbar\omega_{LO}$ 为单位. 实线对应于 $0.4\hbar\omega_{LO}$ 的高斯增宽,虚线对应于 $0.05\hbar\omega_{LO}$ 的高斯增宽

$$\Delta(T) = \left\{ 8\ln2(\hbar\omega_{LO})^2 \mathrm{Scoth}\left(\frac{\hbar\omega_{LO}}{2k_B T}\right) \right\}^{1/2} \tag{5.55}$$

高温下常可观察到深杂质电子能态内辐射复合跃迁发光的淬灭. 这是由于高温下处于激发态的载流子可经由克服基态与激发态间的势垒而热激发或热弛豫的缘故. 顺便指出,与带-带及连续带-束缚能级间跃迁过程不同,深杂质电子能态内跃迁发光谱线能量位置几乎不随温度变化.

　　以上讨论是对同一深杂质中心内电子态的跃迁而言,对深中心 DA 对跃迁,尤其是互相靠近的深中心 DA 对,由于上述讨论的晶格弛豫的影响,甚至必须将跃迁初、终态之间位形坐标 Q 的变化显含在跃迁能量表达式中. 但可以指出,如果只考虑零声子跃迁能量,公式(5.52)仍然适用.

5.6　高激发强度下半导体的辐射复合
发光和半导体激光器

5.6.1　高激发强度下半导体的辐射复合发光

随着激发强度的增大,半导体的辐射复合发光会出现许多新的特点和现象.除前面已经讨论过的激子分子、电子-空穴液滴等的出现及其辐射复合光谱特征外,最重要的或许是发光强度的超线性增加和受激辐射的产生.低激发强度时,自发光发射占支配地位;随着激发强度的升高,辐射复合跃迁速率也随之增大.对直接带半导体材料,其辐射复合概率如此之大,以致在一定的高激发强度条件下,将明显地发生载流子的受激辐射复合过程,并变得愈来愈重要以致达到占支配地位,从而导致辐射复合发光强度随激发强度十分陡峭的增加,这就是半导体的受激辐射复合发光.这一现象也是直接带半导体和间接带半导体辐射复合特性间的最重要的区别.如果样品的受激发射区域具有合适的几何形状并具有谐振条件,那么这种超线性增加的受激辐射复合发光就变成相干、定向、谱线很窄的激光发射.历史上,在气体激光器和固体红宝石激光器出现后不久,即利用电流注入 GaAs pn 结的方法实现了半导体激光发射[99].从那时以来,Ⅲ-Ⅴ族、Ⅱ-Ⅵ族和Ⅳ-Ⅵ族化合物半导体及其混晶的激光器相继出现,形成了半导体应用的又一个重要方面[100,101].本节不准备仔细讨论半导体激光器的制作工艺和结构(这超出了本书的范围),主要讨论高激发强度(密度)情况下半导体的辐射复合发光特征,并且从这一角度讨论半导体激光的基本原理和产生条件.

如图 5.49 所示,0K 时直接带半导体的单电子能带结构,在许多方面代表了一种导致受激辐射复合跃迁的理想的量子体系.用电流注入或光激发的方法将大量电子从价带激发到导带,导带电子和价带空穴分别很快达到准平衡状态,即导带电子填充到导带准费米能级 ξ_n,价带空穴填充到价带准费米能级 ξ_p,这里我们再次规定 ξ_n、ξ_p 从相应的带边缘量起.由于导带和价带的态密度是连续分布的,这一系统可以看作是容易产生受激发射所需的粒子数反转的多能级系统.这样,除自发发射外,一个能量满足

$$E_g < \hbar\omega < E_g + \xi_n + \xi_p \tag{5.56}$$

的光子可以激励辐射复合过程,并且如果这一过程的截面大于所有光吸收过程(如相反的带间跃迁过程、价带内跃迁、带内自由载流子吸收)的截面,那么频率 ω 满足条件(5.56)的入射光可以获得净放大(或者说增益).这样即使在不存在反馈光路和激光振荡情况下,发光光谱中也可观察到受激辐射复合的重大影响及有关现象.

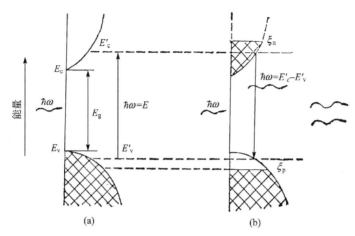

图 5.49 0 K 时直接带半导体吸收和受激发射过程示意图. (a)0 K 无
激发时的能带结构和导带、价带电子填充情况；(b)强激发作用下导
带中电子填充到 ξ_n，价带中空穴填充到 ξ_p，可以发生受激辐射跃迁

图 5.50 给出了不同激发强度下 CdS 的光致发光光谱，作为比较. 图中也给出
较低激发情况下的发光光谱[102]. 可以看到，高激发强度情况下，发光强度增大了
几个数量级，并且出现了新的发光谱线. 以 $36\mathrm{kW/cm^2}$ 激发条件下的发光光谱为
例，出现了一个图中标为 P 的新的发光峰，它是这一激发强度下最强的发光峰，其
位置在未微扰自由激子能量以下约一个激子等效里德伯能量(R^*)处. 如果实验样
品较大而激发光点较小，那么比较光点中心处(泵浦表面)的发光光谱和边缘处的
发光光谱(以自发光发射为主)，可以直接决定受激发射的光学增益谱[103]. 这样的
实验测量表明，图 5.50 中新的最强的发光特征 P 起因于放大了的自发光发射. 低
激发强度下这一位置上无对应发光谱线，并且增益谱的峰值也恰好落在自由激子
能量以下约一个等效里德伯能量处. 人们或许可以认为，这对应于自由激子-自由
激子散射或自由激子-自由电子散射. 这一散射过程中，激子可被散射成一个低能
类光子或类激子极化激元，它可以发射光子，如果这一过程被激励，那么入射光子
流就被放大了.

定义光增益系数 $g(\hbar\omega)$ 为样品中单位面积上通过单位光功率时单位时间、单
位体积样品中净发射的功率，即

$$g(\hbar\omega) = \frac{W_\mathrm{T}}{\Phi}$$

这里 Φ 为通过样品单位面积的光辐射功率，W_T 为单位时间单位体积样品中的净
发射功率. 可以计算图 5.49 所示的简单能带结构情况下受激辐射跃迁的增益因子
$g(\hbar\omega)$，如第 2.5 节所讨论的，这一情况下带间跃迁的总辐射复合跃迁速率为

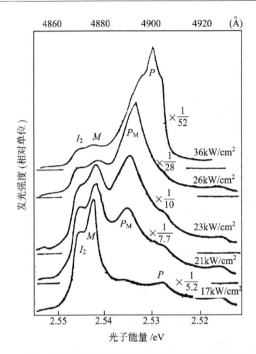

图 5.50　1.8K 和高激发强度情况下 CdS 的光致发光光谱. 图中 P 线为低激发条件下所没有的,其位置约比自由激子辐射复合谱线低约一个激子等效里德伯能量(R^*),也与电子-空穴液相的化学势相近. 注意高激发下位置比 I_2 束缚激子略低一点的峰已被判定为激子分子辐射复合和束缚激子受激辐射复合

$$R_T(\hbar\omega) = R_{sp}(\hbar\omega)\left\{1 - \overline{N}\left[\exp\left(\frac{\hbar\omega - E_g - (\xi_n + \xi_p)}{k_B T}\right) - 1\right]\right\} \quad (5.57)$$

这里 $\overline{N}$ 为每一辐射模式的平均光子数. 式(5.57)中,项

$$-R_{sp}(\hbar\omega)\overline{N}\left[\exp\left(\frac{\hbar\omega - E_g - (\xi_n + \xi_p)}{k_B T}\right) - 1\right] \quad (5.58)$$

为受激辐射跃迁对总辐射复合跃迁速率的贡献,即

$$R_{st}(\hbar\omega) = R_{st}^{em}(\hbar\omega) - R_{st}^{ab}(\hbar\omega)$$

$$= R_{sp}(\hbar\omega)\left\{1 - \exp\left(\frac{\hbar\omega - E_g - (\xi_n + \xi_p)}{k_B T}\right)\right\} \quad (5.59)$$

为了计入导带和价带能态间能量间隔为 $E = \hbar\omega$ 的所有可能的跃迁,必须将它们的贡献累加起来. 如果我们将上述 $R_{st}(\hbar\omega)$、$R_{sp}(\hbar\omega)$ 理解为已经如此累加起来的跃迁速率,那么 $g(\hbar\omega)$ 表达式中分子项表明的发射功率来自净受激辐射跃迁,因而单位体积、单位时间和单位能量间隔内这一功率为

$$R_{st}(\hbar\omega)\overline{N}\hbar\omega$$

或

$$R_{st}(E)\overline{N}E$$

单位能量间隔内通过单位面积的辐射功率为

$$G(\hbar\omega)\overline{N}\hbar\omega\,\frac{c}{\eta}$$

或

$$G(E)\overline{N}E\,\frac{c}{\eta}$$

于是得

$$g(\hbar\omega) = \frac{R_{st}(\hbar\omega)}{(c/\eta)G(\hbar\omega)} \tag{5.60}$$

式中 η 为折射率, $G(\hbar\omega)$ 为辐射模式密度. 若将热平衡情况下的辐射模式密度式 (2.59) 代入上式, 则有

$$g(\hbar\omega) = \frac{\pi^2 c^2 \hbar^3 R_{sp}(\hbar\omega)}{\eta^2(\hbar\omega)^2}\left\{1 - \exp\left[\frac{\hbar\omega - E_g - (\xi_n + \xi_p)}{k_B T}\right]\right\} \tag{5.61}$$

式中 $R_{sp}(\hbar\omega)$ 为自发光发射辐射复合速率, 冯·鲁斯勃吕克-肖克莱关系给出热平衡情况下

$$R_{sp}(\hbar\omega) = \frac{\eta^2(\hbar\omega)^2 \alpha(\hbar\omega)}{\pi^2 c^2 \hbar^3}\left[1 - \exp\left(\frac{\hbar\omega}{k_B T}\right)\right]^{-1} \tag{5.62}$$

而总的自发辐射复合速率为上述 $R_{sp}(\hbar\omega)$ 的积分

$$R_{sp} = \int_0^\infty R_{sp}(\hbar\omega)\mathrm{d}\hbar\omega \tag{5.63}$$

关于光增益系数的表达式 (5.61) 再次表明, 带间跃迁情况下, 为获得受激发射, 光子能量应满足 $E_g < \hbar\omega < E_g + \xi_n + \xi_p$, 因而必须激发足够高密度的过剩载流子, 以使准费米能级进入相应的能带达到足够的宽度. 当入射光子能量满足这一条件时, 式 (5.61) 指出, $g(\hbar\omega)$ 为正值, 入射光被放大. 当入射光子能量 $\hbar\omega > E_g + \xi_n + \xi_p$ 时, $g(\hbar,\omega)$ 为负值, 这对应于光吸收的情况. 当 $\hbar\omega < E_g$ 时, 不能引起带间吸收或受激发射, 当然这一结论仅适用于不考虑带尾和能带重整化效应的情况.

图 5.51 给出了低温下高纯 p-GaAs 受激发射光谱的实验结果, 实验样品为 $p = 1 \times 10^{14}\,\mathrm{cm}^{-3}$ 的外延片, 采用氮分子激光器激发. 其中图 5.51(a) 为 2K 时实验

测得的不同激发强度下的光增益谱,图 5.51(b)是不同温度下激发强度为 1MW/cm² 时同一样品的光致发光光谱. 图中 I_0 为阈值激发强度,这里 $I_0 = 4.5\text{kW/cm}^2$.由图可以看到,对高纯 GaAs 来说,低温下受激发射光致发光光谱和光增益系数谱存在两个峰,对应于两个主要的受激辐射复合跃迁过程. 谱线 B 是低温下这一样品中占主导地位的增益系数峰,它对应于带间受激辐射复合跃迁,其最大增益系数 $g(\hbar\omega)$ 可达 1500cm⁻¹ 左右,并且在较高温度下仍可观察到这一增益系数峰. 谱线 A 的最大增益系数约为 120cm⁻¹（图中被放大了 10 倍）,较快地随激发强度增大而饱和,并且在高温下趋于消失,它对应于与激子-激子散射或激子-电子散射有关的自由激子受激辐射复合过程.

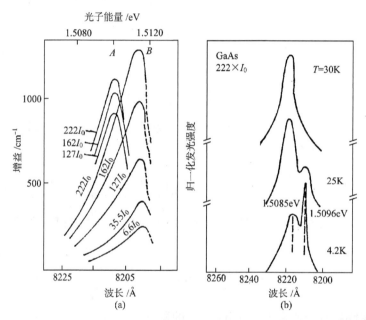

图 5.51　(a)2K 时不同激发强度情况下高纯外延 p-GaAs 的光增益系数谱,样品由氮分子激光器激发,阈值激发强度 $I_0 = 4.5\text{kW/cm}^2$,谱线 A、B 对应于不同受激辐射复合过程;(b)高激发强度和不同温度下同一样品的受激发射光谱

　　这一实验事实表明,半导体中的受激辐射复合,也像自发辐射复合一样可以有不同的颇为复杂的渠道. 一般说来,对较高纯度样品和低温实验条件,束缚激子和自由激子辐射复合过程可以发生,并可能有重要影响,以致支配近带边缘的受激发射光谱. 对中等掺杂或高掺杂样品,施主-受主对辐射复合跃迁和带尾间跃迁可以对受激发射光谱有重要影响. 高温下常常主要是带间受激辐射复合跃迁及带尾间跃迁的贡献.

　　实际半导体激光器都采用 pn 结或异质结二极管的形式,它可以利用正向偏压下少数载流子的注入方便地实现粒子数反转,从而获得受激辐射发射. 这种情况下,一定的注入电流密度确定了一定的注入载流子浓度,从而确定了式(5.59)～(5.61)中的准费米能级 ξ_n、ξ_p,因而光增益系数谱与注入电流密度有关. 图 5.52 给出了不同注入电流密度情况下 GaAs 激光二极管增益系数谱 $g(\hbar\omega)$ 的计算结果. 图中 J_{nom} 称为标称电流密度,它的定义是假定所有注入载流子都在结附近 $1\mu m$ 区域内发生辐射复合的注入电流密度,即

$$J_{nom} = eR_{sp}$$

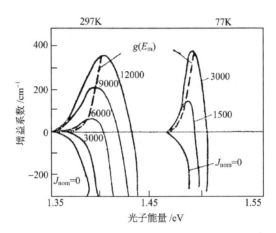

图 5.52　297K 和 77K 时,理论计算的不同标称电流密度情况下 GaAs 二极管的受激发射增益系数谱($g(\hbar\omega)$～$\hbar\omega$ 关系). 图中虚线为增益系数极大值对应的光子能量,样品为 p 型,$N_A - N_D = 4 \times 10^{17}\,cm^{-3}$,并假定受主能级已和价带顶简并在一起. 图中 J_{nom} 的单位为 A/$(cm^2 \cdot \mu m)$

因而其单位为 A/$(cm^2 \mu m)$. 图 5.52 表明,一定注入电流密度情况下,只有在一定光子能量范围内才有 $g(\hbar\omega) > 0$;在这一能量范围以外,$g(\hbar\omega)$ 为负值,这意味着辐射的吸收. 图 5.52 还表明,随着电流密度 J_{nom} 的增大,$g(\hbar\omega)$ 的极大值和极大值的位置都有变化,图中虚线给出了增益系数极大值对应的光子能量随 J_{nom} 的变化. 掺杂浓度对 $g(\hbar\omega)$～J_{nom} 关系有重大影响. 容易看出,抛物能带模型情况下,当 $\xi_n + \xi_p = 0$ 时,即准费米能级和相应的带边缘重合时(低注入条件),$g(\hbar\omega)$ 将趋于零. 但高掺杂情况下,带尾态的存在使 $g(\hbar\omega)$ 曲线在 $\hbar\omega = E_g$ 处不再尖锐截止,以致 $\xi_n + \xi_p = 0$,并且当 $\hbar\omega = E_g$ 时 $g(\hbar\omega)$ 也可以大于零,同时 $g(\hbar\omega)$ 对 J_{nom} 的依赖关系也变得较缓慢.

　　高激发强度导致的高载流子密度也可对半导体能带边缘状态起重要影响. §3.2 中已讨论过重掺杂导致的高载流子密度情况下的能带重整化效应. 图 5.50 关于 CdS 的实验结果和图 5.51、5.52 关于 GaAs 的实验结果表明,不论是光激发情况下,或是二极管激光器采用的电流注入激发情况下,光增益系数谱的峰值能量

位置(因而受激辐射复合跃迁的峰值能量位置)都比材料标称禁带宽度要小一些.
以图 5.51 给出的光激发下外延高纯 GaAs($p \approx 1 \times 10^{14}\,\mathrm{cm}^{-3}$)的光增益系数谱为
例,增益谱线 B 已被指认为带间受激辐射跃迁,其能量位置为 1.512eV,即比标称
禁带宽度小 $1 \sim 2R^*$,R^* 为激子等效里德伯能量. 这一情况似乎对所有不同半导体
的受激发射现象都适用. 为更清楚地说明这一点,图 5.53 给出 77K 时不同掺杂浓
度的片状 GaAs 激光器受激发射峰能量位置与掺杂浓度关系的实验结果. 可见,在
$n < 10^{17}\,\mathrm{cm}^{-3}$ 的浓度范围内,受激发射峰的能量位置恒低于标称禁带宽度 $1 \sim 2R^*$.
这些结果再次揭示了高注入载流子密度情况下的能带重整化效应,它导致带隙收
缩. 高载流子密度对赝势的屏蔽作用,自由载流子分布的无规起伏形成的能带带尾

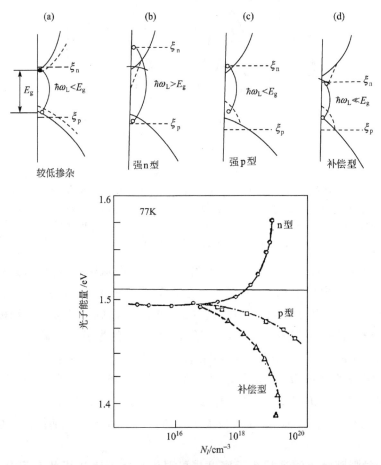

图 5.53　77K 时光激励片状 GaAs 激光器激光光子能量和杂质浓度的关
系.上图:不同掺杂的半导体中辐射跃迁过程示意图.下图:激光发射光子能
量与掺杂浓度的关系

态都可使导带和价带边缘发生一定程度的扰动,从而使禁带宽度等效收缩,图 5.50～图 5.53 给出的都是低温情况下的实验结果.事实上,较高温度下,如室温情况下,由于自由载流子分布的无规起伏更显著,带隙等效收缩也更显著.这样,一般情况下考虑受激发射峰能量位置时,要考虑两个因素的影响:一个是如上讨论的能带重整化效应导致的带隙等效收缩和诱生带尾态的形成,它们导致受激发射光子能量 $\hbar\omega_L$ 的下降;另一个是导带被电子填充、价带被空穴填充,因而 $\xi_n+\xi_p$ 增大并大于零(动态伯斯坦-莫斯效应),它导致 $\hbar\omega_L$ 上升.以图 5.53 所示的 n-GaAs 的实验结果为例,$n<10^{17}\,\mathrm{cm}^{-3}$ 时,前一效应是主要的,$\hbar\omega_L$ 恒小于标称带隙 $1\sim 2R^*$.当 $n>10^{17}\,\mathrm{cm}^{-3}$ 时,第二个效应起主导作用,受激发射峰能量位置 $\hbar\omega_L$ 大于标称带隙 E_g,这一过程如图 5.53 上图的(a)及(b)所示.图 5.53 中,强 p 型或强补偿型 GaAs 受激发射峰比纯样品移向更低能量位置,这是由于动态伯斯坦-莫斯效应不显著,而杂质带尾形成并起重要影响的缘故,其跃迁过程如图 5.53 上图的(c)和(d)所示意,这些结果与前面关于重掺杂半导体吸收和发光光谱的研究结果是一致的.

5.6.2 半导体激光器

上述讨论表明,即使在没有反馈光路时,波长满足式(5.56)的入射光通过处于一定的高激发状态的半导体时也可以被放大.如果半导体样品的两端面为两平行解理面,内反射比分别为 R_1 和 R_2,从而形成一个法布里-珀罗谐振腔型的反馈光路,如图 5.54 所示,则样品中心处一原来强度为 $I_0(\hbar\omega)$ 的光辐射,在两平面反射镜间往返传输一次后,可以被放大为

$$I(\hbar\omega) = I_0(\hbar\omega)R_1R_2\exp(2gl - 2\alpha l)$$
$$(5.64)$$

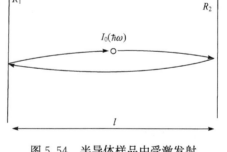

图 5.54 半导体样品中受激发射光束往返传输示意图

式中 l 为样品长度,α 为单位长度上的总吸收损耗,g 为上节讨论过的受激发射引起的单位长度的增益系数.为实现激光振荡,上式中应满足

$$R_1R_2\exp(2gl - 2\alpha l) \geqslant 1 \tag{5.65}$$

其中等于 1 的情况为阈值条件.

这样可以看到,半导体激光器的工作方式在许多方面和其他激光器相似.首先需要一个实现光放大或者光增益的区域,这就是半导体中处于高激发的受激辐射复合区域.这一区域被作为谐振腔的反射镜包围起来,反射镜使强度已放大了的光

束折回来并再次通过增益介质.如上指出,由于半导体-空气界面处折射率变化很大,平整的半导体解理表面就可构成一典型的反射镜,这样两表面平行的晶体本身就形成一个谐振腔.当光每次通过半导体晶体时的净增益超过腔的总损耗时,即可形成激光振荡.低温下,不难做到在增益最大的光频率附近损耗也很低,这样光信号在多次内反射形成的驻波模频率上振荡,而且仅与外界电磁场有微弱的耦合.

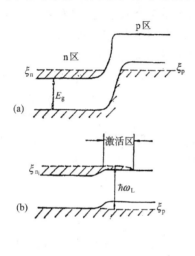

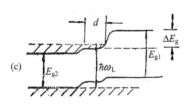

图 5.55　半导体 pn 结和异质结激光器工作原理示意图.(a)零偏压情况下 pn 结两侧载流子分布情况;(b)近阈值正偏压情况下 pn 结两侧载流子分布,表明了结附近扩散长度范围的电子分布;(c)正偏压情况下的 npp 异质结,在小于扩散长度 d 的距离处有一能隙差 ΔE_g

最简单的半导体激光器是如图 5.55(a)和(b)所示的 pn 结二极管激光器.图 5.55(b)表明,大的正向电流导致穿过结面注入少数载流子,然后这些过剩少数载流子在结附近 p 区扩散长度范围内受激辐射复合发光,以提供激光振荡所需的光增益,这就是 pn 结半导体二极管激光器简单的工作原理.这种简单器件的局限性是明显的,注入载流子可自由扩散,因而降低了给定注入电流强度情况下的有效过剩载流子密度.此外,光增益作用仅发生在由扩散长度(约为 $1\sim10\,\mu\mathrm{m}$)决定的结面附近颇为狭窄的区域内,而激光振荡光束则在大得多的晶体范围内往返传输,从而减低了光波与激光增益介质间的有效互作用.由于载流子扩散随温度升高而加快,因而激光阈值电流比增益系数与温度的依赖关系更快地随温度升高而增加,以致典型情况下室温工作的这种 pn 结激光器所需的阈值电流高达 $30\sim100\,\mathrm{kA/cm^2}$.这一电流导致器件显著发热,以致实际上室温情况下这种简单的 pn 结二极管激光器只能采取脉冲工作的模式.

采用多层异质结构可使上述困难减小到最低限度,以最简单的双异质结为例,如图 5.55所示,其有源复合区为微米或亚微米的一薄层,相邻两侧为带隙较大的异质半导体层.如果 $\Delta E_g\geqslant200\mathrm{meV}$(室温下相当于 $8k_BT$左右),那么即使在室温情况下这一势垒也足以保证注入少数载流子限定在微米量级的有源复合层内.此外,带隙较大的材料通常也是折射率较低的材料,因而不同禁带宽度层间的界面的折射率和介电常数可以有相当大的突变,并构成激光振荡的模式限定区(谐振腔).虽然对大多数真实的异质结二极管激光器来说,还需要其他的层结构才能形成一个真正的模式限定区和控制激光振荡的光场分布.随着这种多层异质结构的发展和其他结构、工艺的进步,尤其是分子束外延和金属有机化学气相沉积等技术的采用,室温下稳定持续工作的二极管激光器的阈值电流已经降低到远小于 1kA/cm². 顺便指出,利用半导体量子阱、量子线和量子点结构,半导体激光器工作的阈值电流已更进一步降低,以致在量子线、量子点结构情况下小达 $30\sim$ $50A/cm^2$. 这里就不作进一点讨论了.

虽然在半导体激光器发展的初期就认识到这种异质结结构的优点,但只有在制成了晶格常数匹配的 GaAs-AlAs 合金后才使异质结激光器获得重要发展. 利用 $Ga_{1-x}Al_xAs$ 合金,$x=0.1\sim0.3$ 的组分就足以获得限定注入少数载流子扩散必要的层间带隙改变并满足晶格匹配条件,这种晶格匹配使得生长新的异质层时不会在界面处引入应力或缺陷而使器件性能退化. 此外,合金材料的采用还允许在相当范围内调谐激光器的工作波长. 例如,如果激活层也采用 $Ga_{1-x}Al_xAs$ 合金,则由于其带隙较 GaAs 大,因而这种激光器的工作波长比采用纯 GaAs 作为激活层的异质结激光器的工作波长为短. 这样,通过改变 x,可以实现工作波长介乎 $0.63\mu m$ 到 $0.90\mu m$ 的各种 $GaAs/Ga_{1-x}Al_xAs$ 异质结激光器. 除 GaAlAs 外,Ⅲ-Ⅴ族半导体合金中,GaAsSb,GaAlAsSb,GaInAsP 等也是常用的合金材料. 除Ⅲ-Ⅴ族化合物及其混晶外,铅和六族元素的化合物及其混晶,Ⅱ-Ⅵ族化合物及其混晶等其他具有直接带隙的半导体,也常被用作异质结二极管激光器的材料,尤其值得提到的是,近年来 GaN 被用作发蓝光的半导体发光器件和 pn 结. 异质结激光器而获得重大发展和广泛应用. 表 5.4 给出了目前常用的和已获得激光输出的各种半导体激光器及其覆盖的光谱范围. 表中激发方式 O、E、I、A 分别代表光激发、电子束激发、电流注入激发和雪崩击穿激发.

现在来看一下这种简单的、具有法布里-珀罗谐振腔的二极管激光器的输出辐射模式分布. 存在激光振荡时,辐射沿垂直于腔反射镜面的方向传播,并形成驻波,因而谐振条件为腔长等于光波半波长的整数倍,即

$$L = m\frac{\lambda}{2\eta} \tag{5.66}$$

式中 L 为腔长,m 为整数. 由于带间跃迁能量范围内半导体折射率的强烈色散,并且这种色散对谐振腔中允许的模式分布有重要的影响,因而用式(5.66)研究腔中模式分布时,要考虑 η 的色散效应. 这样,决定法布里-珀罗谐振腔中模式间隔的条件变为

$$\Delta\lambda = \frac{\lambda_0^2}{2L(\eta - \lambda_0\,\mathrm{d}\eta/\mathrm{d}\lambda)} \tag{5.67}$$

图 5.56 给出了一个典型的 $GaAs_{1-z}Sb_z/Al_xGa_{1-x}As_{1-y}Sb_y$ 双异质结半导体激光器的典型的输出光谱和模式分布,其中心工作波长为 $1.008\mu m$. 一般说来,在激光

振荡条件下,受激辐射复合有效地与无辐射跃迁过程相竞争,因而在典型的 GaAs 和以 GaAs 为基础的合金的激光器件中,量子效率可超过 50%.

表 5.4　半导体激光器及其覆盖的光谱范围

材　　料	波长/μm	光子能量/eV	激发方式
ZnS	0.33	3.8	O,E
ZnO	0.37	3.4	E
ZnSe	0.46	2.7	E
CdS	0.49	2.5	O,E
CdSe	0.675	1.8	O,E
ZnTe	0.53	2.3	E
CdTe	0.785	1.6	E
$Zn_{1-x}Cd_xS$	0.49～0.32	2.5～3.82	O
$CdSe_{1-x}S_x$	0.49～0.68	2.5～1.8	O,E
$Zn_{1-x}Cd_xTe$	0.53～0.78		
GaAs	0.83～0.91	1.50～1.38	O,E,I,A
InP	0.91	1.36	I,A
GaSb	1.55	0.8	E,I
InAs	3.1	0.39	O,E,I
InSb	5.2	0.236	O,E,I,A
$Al_xGa_{1-x}As$	0.63～0.90	2.0～1.4	I
$GaAs_{1-x}P_x$	0.61～0.91	2.0～1.3	E,I
$In_{1-x}Ga_xAs$	0.85～3.1	1.45～0.4	I
$In_{1-x}Ga_xP$	0.59～0.91	1.36～2.1	O,E,I
$InAs_{1-x}P_x$	0.9～3.2	1.4～3.9	I
$GaAs_{1-x}Sb_x$	0.9～1.5	1.4～0.83	I
$InAs_{1-x}Sb_x$	3.1～5.4	0.39～0.23	I
$In_{1-x}Ga_xAs_{1-y}P_y$	1.0～1.3		
$Al_{1-x}Ga_xAs_{1-y}P_y$	0.81～0.85		
PbS	4.3	0.29	E
PbTe	6.5	0.19	E,I
PbSe	8.5	0.146	E,I
$PbS_{1-x}Se_x$	3.9～8.5	0.32～0.146	E,I
$Pb_xSn_{1-x}Se$	8～34	0.155～0.040	I
$Pb_xSn_{1-x}Te$	6.5～34		I
$Cd_{1-x}Hg_xTe$	3～15	0.41～0.08	O,E
Te	3.72	0.334	E
GaSe	0.59	2.1	E
Cd_3P_2	2.1	0.58	O
CuCl	0.39		

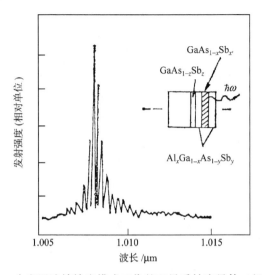

图 5.56 一个室温连续输出模式工作的双异质结半导体二极管激光器的典型的输出发射光谱和模式分布. 异质结结构如插图所示, 其中 $x' = 0.12, y = 0.4$, 插入 $GaAs_{1-z}Sb_z$ 层 (z 连续逐步变化) 以更好地实现晶格匹配, 工作波长 $\lambda \approx 1.008\mu m$

5.7 发光光谱在半导体电子能态研究和材料检测中的应用

发光光谱, 尤其是光致发光光谱, 已成为检测和研究半导体本征和非本征性质的最常用的一种非破坏性的光谱方法[85,89]. 通过测量、分析发光光谱随多种参数 (外微扰), 如温度、压力、合金组分、激发光强度及光子能量、外场等的变化, 可以获得被测半导体基本电子态的丰富信息, 以及材料品质的若干信息. 它已成为材料科学和凝聚态物理的重要光谱技术, 以致可原位监测并经反馈后及时修正材料生长参数; 给出半导体材料、器件工艺流程及后处理过程中缺陷、沾污等来源的信息. 与其他分析手段, 包括其他光谱方法相比, 其优点在于仅需很少量或很小尺寸样品, 且容易制备; 实验方法也比较简单; 同时它是一种与杂质化学品种、含量关系敏感的高灵敏度的光谱检测方法, 给出能量分辨的信息 (能谱); 它主要提供有关少数载流子和激发载流子的信息, 从而与电学方法等互为补充. 它测得的少子寿命、扩散长度、量子效率等数据, 对许多半导体器件的设计与制备都是十分重要的. 发光光谱作为一种检测手段, 其局限性在于, 仅用发光光谱难以获得掺杂或陷阱密度的定量数据、而经由校正关系获得的上述数据常包含着其他不确定性; 它提供的是和辐射复合跃迁过程相关的信息, 对无辐射跃迁复合过程, 主要只是从量子效率窥出端倪; 此外, 它主要提供近表面区域入射光穿透深度或少子扩散长度范围内半导体材料、器件的性质,它不是一种体检测技术.

按其相对于禁带宽度 E_g 能量的位置,实验观测到的发光光谱可以分属于如下三个能区:首先是近带隙发光,其光子能量范围约为 $E_g-15\text{meV}<\hbar\omega<E_g+2k_BT$,这里有带间跃迁辐射复合、自由和部分束缚激子辐射复合,以及束缚电子(施主)-自由空穴(价带空穴)辐射复合等发光谱带或谱线;第二个能区为 $E_g-(50\sim100)\text{meV}<\hbar\omega<E_g-15\text{meV}$,主要是和浅杂质存在相关的辐射复合发光光谱能区,如束缚于受主杂质的束缚激子辐射复合、D-A 对辐射复合等,对这一能区的发光谱线的探测和研究可提供半导体中参与发光跃迁的杂质电子态的化学品种、能量位置、相对浓度,甚至补偿度的信息;第三能区为 $\hbar\omega<E_g-(50\sim100)\text{meV}$,主要是和深杂质缺陷相关的辐射复合发光光谱能区,它们可能提供有关晶体化学配比、无辐射复合渠道和相关的缺陷密度等的信息. 顺便指出,主要是由于杂质束缚能的不同,不同半导体的上述发光能区的划分是有区别的.

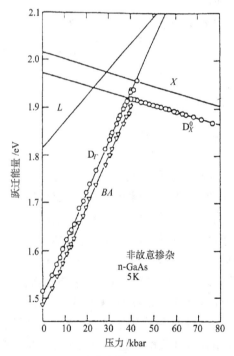

图 5.57　5K 时非故意掺杂 n-GaAs 主要带边发光峰能量位置与压力的关系. 直接-间接能带特性的转变发生在 41.3kbar 压力处

用发光光谱研究半导体禁带行为(第一能区)的一个典型例子是 GaAs、$\text{Al}_x\text{Ga}_{1-x}\text{As}$ 合金禁带宽度 E_g 随流体静压力及合金组分的变化,以及由此诱发的带隙类型从直接禁带到间接禁带的转变,与转变过程中激子态和杂质态的有趣行为. 这里发光光谱和第三章讨论过的吸收光谱互相印证和补充.

图 5.57 给出了 5K 时非故意掺杂 n-GaAs 光致发光光谱的主要带边发光峰的能量位置随压力的变化[104],其中 D_Γ 和 D_X^0 为直接禁带和间接禁带情况下的中性施主束缚激子发光峰,BA 为导带-Si 受主间跃迁发光峰,可见它们的能量随压力的漂移与禁带宽度的漂移行为一致. 图 5.57 表明,当 $P=41.3\text{kbar}$ 时,GaAs 能带从直接禁带转变为间接禁带,转变过程中和转变前后,激子复合发光峰强度和线宽发生显著变化. 和讨论吸收光谱情形相似,可将 $E_g(P)$ 表为

$$E_g(P)=E_g(P=0)+bP+cP^2$$

这样图 5.57 的结果就给出 5K 时直接带情况下 $b=(10.73\pm0.05)\text{meV/kbar}$,与第三章吸收光谱实验给出的数据(室温)$b=(10.8\pm0.3)\text{meV/kbar}$ 及 $c=(-0.14$

±0.02)meV/kbar 一致. 间接带情况下 $b=(-1.34\pm0.04)$meV/kbar, 也与吸收光谱给出的值 $b=(-1.35\pm0.13)$meV/kbar 一致.

压力下光致发光光谱实验给出的 $Al_xGa_{1-x}As$ 禁带宽度随压力变化的特性与 GaAs 相似. 如 $x=0.25$ 时, 光致发光给出 $b=(12.2\pm0.2)$meV/kbar; $x=0.70$ 与 0.92 时, $b=(-1.50\pm0.05)$ 和 (-1.53 ± 0.05)meV/kbar.

第三章讨论吸收光谱时已经指出, 就对半导体能带边的扰动而言, 合金化有与压力相似的效应. $Al_xGa_{1-x}As$ 是一个典型的例子, 随着 Al 组分的增加, 合金禁带随组分 x 的变化与它随压力的变化有相似之处. 较小 x 值时, $Al_xGa_{1-x}As$ 有直接禁带, E_g 随 x 增大; 某一特定 $x=x_c$ 值时, $Al_xGa_{1-x}As$ 转变为间接禁带半导体, X 导带谷成为最低导带谷; 间接带宽 E_g 也随 x 的增大而增大, 但变化速率异于直接禁带情况, 这一点是和 X 导带谷随压力变化的行为不一致的. 图 5.58 给出了室温下 $x=0.32$ 和 0.50 的两块 $Al_xGa_{1-x}As$ 样品的光致发光光谱, 其中 $x=0.32$ 的样品仍为直接禁带材料, $x=0.50$ 的样品则已转变为间接禁带. 因为是室温测量, 他们均为带-带跃迁辐射复合发光, 可见间接带情况下, 相同激发强度条件下发光强度下降了 1～2 个数量级. 并且在 $x=0.50$ 情况下, 由于 Γ 导带谷与 X 导带谷能量差尚不大, 加之室温条件, 它们都有电子布居, 因而对发光光谱都有贡献, 其中较强并且能量位置较高的峰仍来自 Γ 导带谷电子和价带空穴间的直接带间跃迁的贡献.

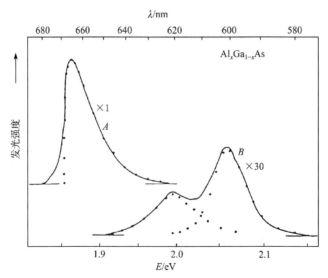

图 5.58　室温下直接($x=0.32$)(谱带 A)和间接($x=0.50$)(谱带 B)禁带 $Al_xGa_{1-x}As$ 的典型的光致发光光谱. 图中实线为实验结果, 谱带 A 图上的点为理论结果, 谱带 B 图上的点线分别给出直接和间接带间辐射复合的贡献

　　图 5.59 给出了 12K 时直接–间接禁带转变附近 $Al_xGa_{1-x}As$ 主要带边发光峰能量位置与 x 关系的综合结果. 由于是低温测量加之样品较纯,实验观察到的是束缚或自由激子辐射复合发光. 由图可见,直接–间接禁带转变前后,激子和施主束缚能有显著变化,这是由于 X 能谷导带电子有效质量较大的缘故,关于这一点下面我们还将更深入地讨论. 光致发光实验给出 2K 时 $Al_xGa_{1-x}As$ 合金能带的直接–间接禁带转变的 Al 组分的临界值为 $x_c = 0.385$, x_c 随温度有少许变化.

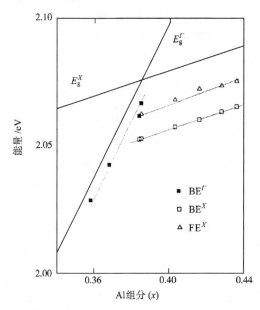

图 5.59　直接–间接禁带转变前后 $Al_xGa_{1-x}As$ 合金束缚和自由激子辐射复合发光谱线能量位置随 Al 组分的变化. 图中 BE^Γ 为和直接禁带相联系的束缚激子;BE^X 和 FE^X 为与间接禁带相联系的束缚和自由激子

　　发光峰能量随组分的移动,反过来又提供了用发光光谱测定半导体合金组分的方法. 对 $Al_xGa_{1-x}As$,已有许多人对此进行了仔细研究,给出了不同的经验公式. 如室温条件下,

$$E_g^\Gamma(300K, x) = (1.425 + 1.444x)eV \quad (x < 0.7)$$

2K 时,由束缚激子发光谱线的漂移给出

$$E^\Gamma(BE, 2K) = (1.513 + 1.475x)eV \quad (x < 0.4)$$

77K 时,

$$E_{PL} = (1.508 + 1.443x)eV \quad (x \leqslant 0.41)$$

　　在第 5.4 节我们已讨论了束缚激子辐射复合的物理过程,以及许多情况下作为半导体中激发载流子复合的重要渠道的事实. GaAs 情况下,如上所述,在其发光光谱的第一能区的低能部分和第二能区,可以观察到丰富的束缚激子及 D°-A°

对辐射复合发光谱线,从而揭示了发光光谱在检测半导体中浅杂质电子态及其化学品种的重要作用. 如前面提到的,为指认这些发光谱线并获得发光谱线对应的物理过程,因而杂质品种的信息,多种微扰条件和实验技巧是必需的. 除第 5.4.3 节中提到的应力、磁场等外扰条件外,有时候简单的变温或变激发强度测量也是十分有用的. 在讨论 GaAs 中 D^{0}-A^{0} 对辐射复合发光的观测时已经指出,低激发强度,甚至低达 10^{-1}mW/cm^2 的很弱激发强度是有重要意义的;但激发强度的选定需视所研究的谱线性质而定. 有些情况下,例如观测束缚较深的那些束缚激子发光峰及其卫星峰时,就需使用颇强的激发,图 5.60 给出的分子束外延生长和非故意掺杂的 GaAs 的光致发光光谱就是一个例子[89]. 图 5.60 采用的是 P_L=40W/cm^2 的偏振光激发;可以指出,当 P_L<1W/cm^2 时,1.505～1.511eV 之间的那些尖锐发光峰都消失掉了. 这一样品的剩余 C 受主浓度较高,与此相关,存在许多束缚在缺陷复合物上的束缚能较大的束缚激子. 图 5.60 所示的众多的尖锐发光峰,对应于不同距离的这类缺陷复合物束缚的束缚激子辐射复合. 这和第 5.5.2 节中讨论的 GaP 中 D^{0}-A^{0} 对的众多的发光峰有相似之处,但它们发光的物理过程不同. 发光谱线随温度变化的行为,也有助于其物理起源的判别. 这时实验必须在尽可能低的激发功率(≤1mW)下进行,以避免样品因光照而发热. 仍以图 5.41 所示的 GaAs 发光光谱为例,它们主要由 D^{0}-A^{0} 对和 e-A^{0} 辐射复合跃迁发光谱线组成. 人们不难推测和实验观察到,随着从很低温(1.6K)开始逐步升高温度,首先是束缚较浅的施主开始电离到导带,因而 D^{0}-A^{0} 对发光谱线有少许蓝移,并比 e-A^{0} 跃迁发光更快淬灭;e-A^{0} 发光谱线则随温度升高而有所增宽. 随着温度进一步升高,较浅的受主比较深的受主更早电离,其谱线强度也更早减弱和淬灭. 这些规律都有助于发光谱线物理归属的判别,如图 5.41 中标出的分属于 GaAs 中 Ge 和 C 的 D^{0}-A^{0} 对和 e-A^{0} 辐射

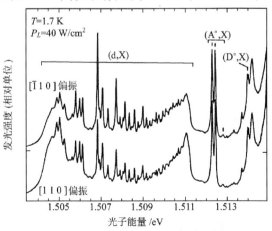

图 5.60 1.7K 和 P_L=40W/cm^2 激发下一个非故意掺杂 MBE 生长 GaAs 样品的束缚激子复合发光,详细说明见正文;发光光谱高能端因入射激光谱线的散射而略有畸变

复合跃迁就是据此判别的. 作为运用束缚激子发光研究 GaAs 中杂质电子态特性的综合, 我们在表 5.5 给出了实验观察到的 GaAs 近带边发光的主要谱线的能量位置及其发光物理过程的指认.

表 5.5　GaAs 近带边发光的主要谱线的能量位置及其跃迁过程指认. 与激子及 D°-A°对发光有关的实验在 2K 下进行; 与 FB 复合谱线有关的测量在 5K 下进行. 数据取自文献[85,106]

能量/eV	跃迁过程指认
1.5192	禁带宽度
1.5186	$n=3$ 的中性施主激发态
1.5181	$n=2$ 的自由激子激发态
1.5175	$n=2$ 的中性施主激发态
1.5153	$n=1$ 的自由激子态(X)
1.515~1.5145	($D°X$)的激发态
1.5141	($D°X$)
1.5133	(D^+X)或中性施主到价带(Dh)跃迁
1.5128~1.5122	($A°X$)
1.511~1.50	束缚在中性点缺陷上的激子($d°X$)尖锐谱线
1.5108	自由激子在中性施主附近复合的双电子跃迁
1.5097	($D°X$)双电子跃迁并留下 $n=2$ 的施主态
1.4938	束缚在中性 C 受主的束缚激子的双空穴跃迁
1.4935	导带到中性 C 受主
1.4926	束缚在中性 Be 受主的束缚激子的双空穴跃迁
1.4922	束缚在中性 Mg 受主的束缚激子的双空穴跃迁
1.4915	导带到中性 Be 受主
1.4911	导带到中性 Mg 受主
1.4904	束缚在中性 Zn 受主的束缚激子的双空穴跃迁
1.489	导带到中性 Zn 受主
1.489	中性施主到中性 C 受主
1.488	中性施主到中性 Mg 及 Be 受主
1.4871	束缚在中性 Si 受主的束缚激子的双空穴跃迁
1.4869	束缚在中性 Cd 受主的束缚激子的双空穴跃迁
1.485	中性施主到中性 Zn 受主
1.4850	导带到中性 Si 受主
1.4848	导带到中性 Cd 受主
1.482	中性施主到中性 Si 受主

能量/eV	跃迁过程指认
1.4790	导带到中性 Ge 受主
1.4783	束缚在中性 Ag 受主的束缚激子
1.474	中性施主到中性 Ge 受主
1.406	导带到中性 Mn 受主
1.405	中性施主到中性 Mn 受主
1.356	与 Cu 相关的受主的发光
1.349	导带到中性 Sn 受主

用光致发光光谱经由束缚激子或 D°-A° 对辐射复合发光谱线,研究半导体中浅杂质的一个有趣的例子是 $Al_xGa_{1-x}As$ 中的浅施主及其束缚能随组分 x 的变化,尤其是最低导带谷特性转变前后.这时有关发光谱线能量位置及线形都经历显著甚至异常变化,由此可探知相关的发光物理过程、与不同导带谷对应的杂质态等丰富的信息.图 5.61 给出 $x=0.43$ 的掺 Si n-$Al_xGa_{1-x}As$ 的光致发光光谱,在束缚激子能量以下可以观察到 4 个与 Si 施主有关的 D°-A° 对发光谱线,改变温度和掺杂浓度还可以观察到它们的众多的声子伴线[105].图 5.62 给出 Γ-X 转变前后掺 Si 的 $Al_xGa_{1-x}As$ 合金的这 4 个 D°-A° 对辐射复合发光峰能量位置与组分 x 的关系,这一关系还可归纳成经验公式并列于表 5.6.图 5.62 和表 5.6 表明,以 D_4 为例,从最低导带底量起,$x<0.2$ 时 E_{D_4} 仅为几个毫电子伏;随后,E_{D_4} 随 x 的增加

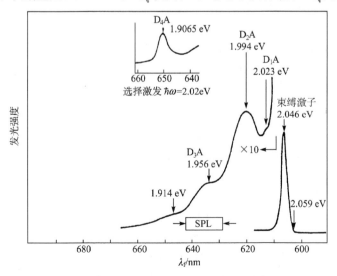

图 5.61　4K 时掺 Si 的 $Al_{0.43}Ga_{0.57}As$ 合金的发光光谱(第二能区).激发光光子能量为 2.165eV;图中插图为选择性激发下的结果[105]

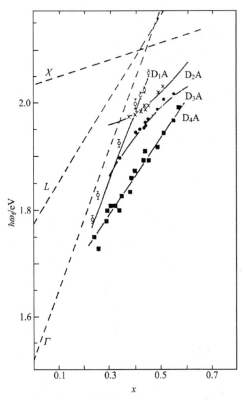

图 5.62　掺 Si 的 $Al_xGa_{1-x}As$ 合金的 4 条 D°-A° 对发光谱线能量位置与组分关系的
实验结果. 虚线给出不同导带谷与价带顶能量距离随 x 的变化[105]

而迅速增大,以致在 Γ-X 转变的 $x=0.40$ 附近,其值接近 200meV;然后在 $x>0.6$
左右时,又降低为 60~70meV. 不仅如此,图 5.62 还表明,D_2A 和 D_3A 谱线,因而
D_2 和 D_3 施主态间存在"反相交"(anti-crossing)现象,表明 Γ-X 转变前后它们之
间的强烈耦合和杂化,在第六章讨论磁场下塞曼能级和第八章讨论超晶格、量子阱
中空穴子带时,将再次遇到这种现象,它是固体中微观状态间相互作用的一种重要
现象. 事实上,D_1 态是和 $Al_xGa_{1-x}As$ Γ 导带谷相联系的施主态;D_4 态是和其 L 能
谷相联系的施主态;而 D_2、D_3 则是原本分别和 Γ、X 导带谷相联系并且可互相耦
合、杂化的二个施主态. 这四个施主电子态的态密度及其填充情况(决定了各相关
谱线的强度和线形)要考虑到 Γ、X、L 导带能谷的相对位置、态密度及其电子布居
才能理解. 图 5.63 给出了有效质量理论导出的 $Al_xGa_{1-x}As$ 合金的这三个导带能
谷电子分布和合金组分及晶格温度的关系,由此可以解释 Γ-X 转变前后不同组分
下 $Al_xGa_{1-x}As$ 中施主态及相关发光谱线的行为,这反过来又揭示了发光光谱在
半导体合金电子能态结构研究中的重要意义.

表 5.6 低温下 $0.18 \leqslant x \leqslant 0.63$ 范围内掺 Si 的 $Al_x Ga_{1-x} As$ 的四个 $D^0\text{-}A^0$ 对发光峰能量位置与组分 x 的关系

发光跃迁	发光峰能量位置/eV
D_1-A	$1.493 + 1.28x$
D_2-A	$2.009 - 0.43x + 0.91x^2$
D_3-A	$1.583 + 1.14x - 0.63x^2$
D_4-A	$1.570 + 0.75x$

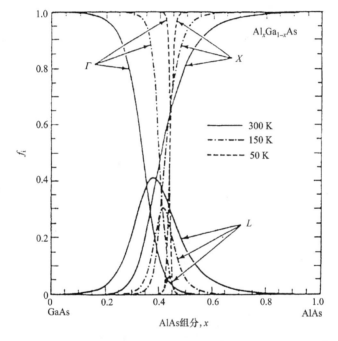

图 5.63 晶格温度为 300K、150K 和 50K 情况下 $Al_x Ga_{1-x} As$ 合金中导带电子在 Γ、L 和 X 能谷中的布居比和组分 x 的关系[107]

深杂质物理对近代微电子和光电子工艺技术是十分重要的. 为实现最佳器件性能, 有时需要利用和控制深杂质(缺陷)的浓度和分布, 例如 EL2 中心决定了 LEC 生长的 GaAs 半绝缘衬底的基本性能; 而 DX 中心对 $Al_x Ga_{1-x} As$ 性能的有害影响则需要抑制. 从基本物理研究角度看, 半导体中深杂质的研究对理论和实验物理学家都是一个挑战. 此外, 深杂质发光也扩充了人们关于发光器件的可选择范围, 例如掺铒的 GaAs 和 Si 的发光光谱中存在和近代光纤通信窗口匹配的 $1.54\mu m$ 的强发光谱线, 图 5.64 即给出这种发光的一个实际例子[108,109]. 图 5.64 还表明, 同时掺铒和氧, 可使 GaAs 深中心铒的 $1.540\mu m$ 的发光峰显著增强而又

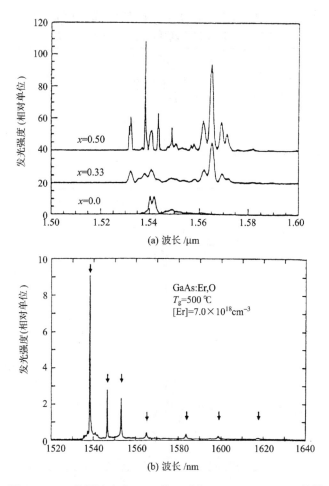

图 5.64　(a)掺铒浓度为 $5 \times 10^{19}\,\mathrm{cm^{-3}}$ 的 GaAs,$\mathrm{Al}_x\mathrm{Ga}_{1-x}\mathrm{As}$ 的低
温光致发光光谱. 图中发光信号都是与铒的深能级有关的发光
峰[108];(b)2K 时同时掺铒和氧的 $\mathrm{GaAs:Er、O}$ 的光致发光光谱

不引起其他众多谱线的明显变化. 现已判明,这一发光峰源于 $\mathrm{Er^{3+}}$ 离子 $4f$ 壳层内
的 $^4I_{15/2} \rightarrow {}^4I_{13/2}$ 跃迁[109,110]. 光致发光光谱是研究半导体中深杂质(缺陷)中心的一
种简便的方法,研究深杂质中心的其他方法还有深能级瞬态谱(DLTS)、电子顺磁
共振(EPR)和红外吸收光谱(如第四章讨论的)等. 表 5.7 列出了迄今用发光光谱
方法观察到的 GaAs 中主要深杂质(缺陷)中心的发光谱带位置及深中心物理起源
的指认. 可以指出,文献中关于这些谱带的能量位置的报道有时是颇不一致的,关
于其物理内涵的指认也可以是很不一致的. 这并不为怪,除少数不正确的指认外,
不同作者涉及的同一品种的深杂质(缺陷)中心的荷电状态、局域结构(与生长参数
及样品后处理有关)等可以是颇不相同的,它们都可引起深杂质中心发光谱带(线)

位置和线型的改变.更何况具体的深杂质(缺陷)中心的发光物理过程至今并不完全清楚,尚有待进一步研究和认识[84].

表 5.7　77K 时 GaAs 中与深中心有关的发光谱线能量位置及物理起源指认

能量/eV	物理起源指认
1.467	V_{Ga}-I_{As}
1.443	$Ga_{\overline{As}}$
1.412	V_{As}-C_{As}
1.37	Zn_{Ga}-V_{As}
1.36	Si_{As}-V_{As}
1.36	As_{Ga}-Si_{Ga}
1.356	Cu_{Ga}
1.35	V_{Ga}-Si_{As}
1.35	$[V_{Ga}$-$Te_{As}]V_{As}$
1.34	V_{Ga}^{0}
1.33~1.30	V_{Ga}^{-}
1.32	Ga_{As}^{2-}
1.284	$Ga_{\overline{As}}$
1.28	Te_{As}-Cu_{Ga}
1.24	Te_{As}-V_{Ga}
1.24	Yb
1.22	V_{Ga}-Si_{Ga}
1.19~1.22	V_{Ga}^{2-}
1.17~1.29	Ag
1.14	V_{Ga}^{3-}
1.13	Si_{Ga}-Si_{As}或 Si 团簇
0.94	Si 与V_{Ga}相关复合物
0.89~1.13~1.38	Nd
0.839	$Cr^{2+}+h$
0.81	Er
0.80	As_{Ga}
0.8	Cr-V_{As}
0.8	$I_{As}-V_{Ga}$

能量/eV	物理起源指认
0.73～0.80	Ni
0.68～0.71	W
0.68	EL2
0.67～0.74	V
0.65(0.635～0.63)	EL2
0.64	氧相关复合物
0.62	$Cr^{3+}+e$
0.60～0.64	Ta
0.57	空穴到 Cr^{2+}
0.54～0.62	Ni
0.48～0.56	Ti
0.44～0.50	Co
0.30～0.38	Fe

顺便指出,如果某一半导体样品的发光光谱中同时存在清晰的 D°-A° 对和 FB 发光谱带,那么人们甚至可从它们的线型分析求得样品中 n 和 p 型杂质的补偿比. 实验已证明这一方法有普遍意义,典型误差为 10% 左右,并可避免近表面耗尽层和界面附近不均匀补偿等干扰,或许可发展成为某些情况下适用的检测方法[84,111].

5.8　发光光谱的调制技术,宽波段光致发光光谱方法

如前所述,发光光谱作为半导体材料无损检测的经典有效手段之一,广泛应用于宽禁带半导体和碳纳米管等纳米材料的光学性质检测和研究. 它不但能揭示材料带隙、带边态等电子能带结构方面的信息,还能用于研究杂质、深能级缺陷等. 当然,发光光谱作用的充分发挥有赖于光谱的高谱分辨、高信噪比获取,这就要诉诸适当的光谱测量方法. 同时,为满足从宽禁带(紫外)到窄禁带半导体(中、长波红外)的宽谱应用需要,这样的光谱方法还应该是可宽波段工作的.

早期的发光光谱研究主要采用棱镜或光栅分光光谱仪作为分光和光谱测量和记录装置. 至今,光栅光谱仪在发光光谱研究中仍然扮演重要角色,借此可实现 $4\mu m$ 以内波段显微发光谱测试[112]. 得益于傅里叶变换红外(Fourier Transform Infrared,FTIR)光谱仪的多通道和高光通量优点,基于傅里叶变换红外光谱仪的光致发光光谱在传统的单色分光测量几乎无法实施的窄谱线、弱信号等场合得到

有效应用[113]. 但是,在波长大于 $4\mu m$ 的中、长波红外波段,由于分光效率和可用检测器性能局限,发光光谱测试变得非常困难;兼之该波段室温背景热辐射通常远远强于材料 PL 信号,即便基于傅里叶变换红外光谱仪的传统发光光谱方法也难于奏效.

为了解决红外波段难题,自 20 世纪 80 年代末以来,多个研究组先后基于快速扫描傅里叶变换红外光谱仪实现了双调制发光光谱方法,并依此对 HgCdTe 等窄禁带半导体进行了光致发光谱分析[114]. 遗憾的是,傅里叶变换红外光谱仪快速扫描方式本身无法将傅里叶变换频率与激发光调制频率截然分开,使得该双调制方法存在根本性局限. 另外,在谱分辨率不高(比如 $8cm^{-1}$)的情况下测量光谱的实验过程就相当漫长(通常要以数十分钟计),温度/激发调控相关系列光谱的测量往往难以实施. 这就严重限制了该方法的可行性与适用范围.

近年来傅里叶变换红外光谱技术又有了新发展,其中干涉仪"步进扫描"工作模式性能的提升为外部调制可靠性奠定了基础. 基于这一模式,我国红外物理国家重点实验室邵军等研究人员发展了一种新型红外调制光致发光光谱方法[115],藉此将傅里叶变换频率与激发光调制频率完全分开,消除传统双调制技术局限,提升探测灵敏度、谱分辨率和信噪比,并保证从可见到远红外的宽波段的有效性. 通过与温度、激发能量/功率、外磁场等可变外微扰条件相结合,还可以研究发光光谱的温度、激发、磁场等的关系和调控机理[116~119].

下面简单介绍该方法的基本原理和性能特点. 图 5.65 所示为基于步进扫描傅里叶变换红外光谱仪的调制光致发光光谱测量系统的基本构成:上虚线框表示的是傅里叶变换红外光谱仪,其动镜可以连续或步进方式运动;下虚线框表示的是调制与解调单元,调制通过机械斩波器实现,解调则借助锁相放大器实现;其他还有用于实现光激发的激光器;待测样品;以及实现光谱信号采集与处理的电路控制板与计算机. 测试过程主要包括:激光器输出的激光经斩波器调制后照射到样品上,斩波器参考信号同时馈送锁相放大器作为解调参考信号;样品的光致发光信号经准直光路进入傅里叶变换红外光谱仪;光谱仪动镜步进扫描,检测器接收干涉信号,经锁相放大解调,馈送电路控制板和计算机记录干涉图 $I(\delta)$;干涉图通过傅里叶变换获得发光光谱 $B(\sigma)$.

$I(\delta)$ 和 $B(\sigma)$ 之间有如下的关系

$$I(\delta)=\int_{-\infty}^{+\infty}B(\sigma)\cos(2\pi\sigma\delta)\,d\sigma,$$

$$B(\sigma)=\int_{-\infty}^{+\infty}I(\delta)\cos(2\pi\sigma\delta)\,d\delta, \qquad (5.68)$$

式中 δ 和 σ 分别是光程差(单位是厘米,cm)和能量(单位是波数,cm^{-1}).

在连续扫描(RS)情况下,光谱仪动镜以恒定的速度连续运动,入射到探测器

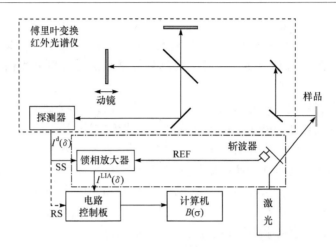

图 5.65　步进扫描(SS)傅里叶变换红外调制光致发光光谱测量和连续扫描(RS)
的光致发光光谱测量装置示意图

的干涉光信号的傅里叶频率 f_{FTIR} 与动镜速度 v 之间的关系为

$$f_{\text{FTIR}} = 2v\sigma \tag{5.69}$$

在连续扫描模式下实施调制(即传统双调制),只有当外调制频率 f_m 与被测光信号调制频率之间满足

$$f_m \geqslant 10 \times f_{\text{FTIR}} \tag{5.70}$$

才可以通过锁相放大器解调外调制光信号而不会导致傅里叶信息的明显损失. 同时,锁相放大器的积分时间常数必须略小于被测光信号的周期,从而获得尽可能大的信噪比. 因此,连续扫描双调制可能受到测试系统和被测材料两方面的制约:商业化机械斩波器的频率上限大约是 3 kHz,这使得被测光信号的傅里叶频率要小于 300 Hz,如果采用 0.1 cm/s 的动镜扫描速度,可测光的波数上限在 1500 cm^{-1},即该方法将只适于约 7 μm 以上红外波段!

步进扫描时,动镜不是连续而是步进移动. 在干涉图采样过程中,动镜处于静止状态,因而 $v=0$,$f_{\text{FTIR}}=0$! 调制频率 f_m 的选取不再受限. 动镜在每个干涉图采样点的停留时间可以依需要设定. 探测器接收到的光信号包括三部分[4],

$$I^{\text{d}}(\delta) = I_{\text{PL}}(\delta) + I_{\text{He-Ne}}(\delta) + I_{\text{thermal}}(\delta) \tag{5.71}$$

其中,$I_{\text{PL}}(\delta)$ 是实验中测得的来自样品的光致发光信号,通常是一个很窄的峰;$I_{\text{He-Ne}}(\delta)$ 是傅里叶变换红外光谱仪内部激光器(通常为 He-Ne 激光器)输出到达探测器的部分;$I_{\text{thermal}}(\delta)$ 是环境背景的热辐射,在室温下表现为 10 μm 附近的一个宽峰.

对于常规连续扫描光致发光光谱测量,因未施加外调制,信号 $I^{\text{d}}(\delta)$ 直接进入电路控制板. 最后的信号和通过傅里叶变换得到的光谱为[115]

$$I^{\text{d}}_{\text{RS}}(\delta) = I_{\text{PL}}(\delta) + I_{\text{He-Ne}}(\delta) + I_{\text{thermal}}(\delta) \tag{5.72}$$

$$B_{RS}(\sigma) = B_{PL}(\sigma) + B_{He\text{-}Ne}(\sigma) + B_{thermal}(\sigma) \tag{5.73}$$

其中包括了样品光致发光,同时也包含了环境背景热辐射和光谱仪内部激光干扰.

对于步进扫描调制光致发光光谱测量,使用了斩波器和锁相放大器. 以 $u_{ref}\sin(\omega t + \vartheta_{ref})$ 为参考、进入锁相放大器信号为[115]

$$I_{SS}^{d}(\delta) = I_{PL}(\delta)\sin(\omega t + \vartheta_{PL}) + I_{He\text{-}Ne}(\delta) + I_{thermal}(\delta) \tag{5.74}$$

经锁相放大解调,最后进入电路控制板的信号为[115]

$$I^{LIA}(\delta) = \frac{u_{ref}K^{LIA}}{2}I_{PL}(\delta)\cos(\vartheta_{PL} - \vartheta_{ref}) \tag{5.75}$$

通过选择适当的时间常数可以滤出信号中 ω 和 2ω 的成分. K^{LIA} 是锁相放大器的传递函数,由锁相放大器的灵敏度决定. 在所考虑的频率范围, K^{LIA} 可以作为一个常数. 通过傅里叶变换得到的光谱为[115]

$$B_{SS}^{x}(\sigma) = \frac{u_{ref}K^{LIA}}{2}B_{PL}(\sigma)\cos(\vartheta_{PL} - \vartheta_{ref}) \tag{5.76}$$

相角差($\theta_{PL} - \theta_{ref}$)可以通过使用锁相放大器第二个相敏探测器消除.

比较式(5.73)和(5.76),可以看出常规连续扫描光致发光和步进扫描调制光致发光光谱测量的差异:连续扫描的 PL 光谱中包含了室温背景辐射和光谱仪内部激光的干扰,而步进扫描调制 PL 光谱则只包含了激发光激发的 PL 信号.

图 5.66 所示为环境背景热辐射和光谱仪内部激光干扰明显波段的实验测量结果比较. 左图是窄禁带半导体 $Hg_{0.7}Cd_{0.3}Te$ 的光致发光光谱,其中连续扫描 PL 光谱测量使用 100mW 的激发光功率,步进扫描调制 PL 光谱测量则采用相对低的 30mW 激发功率. 图左(a)中,0.12eV 附近的强信号对应的是室温背景辐射;左(b) 所示为 0.3eV 附近区域的局部放大结果,可以约略看到一个很弱的发光结构;在左(c)中,0.12eV 附近已经看不到任何特征峰,但是在 0.26eV 处有一个典型的发光峰,并且具有很好的信噪比,甚至连二氧化碳特征信号(黑色箭头所示)都可以清晰地辨认出来;左(d)表明在室温下,HgCdTe 的发光光谱峰位蓝移,但仍有不错的信噪比. 比较左(b)、左(c)和(d)可以发现,步进扫描调制 PL 测量能够消除室温背景辐射的影响. 右图是低维结构半导体 $In_{0.48}Ga_{0.52}P/AlGaInP$ 量子阱的室温光致发光光谱,其中常规连续扫描 PL 光谱测量使用 40mW 激发功率,步进扫描调制 PL 光谱测量采用 30mW 激发功率. 图右(a)中,1.96eV 附近的强而窄信号源于光谱仪内 He-Ne 激光;右(b)所示为 1.4~2.1eV 波段的局部放大结果,可以看到 1.8~2.0eV 之间一个相对宽而低的发光结构;在右(c)中,1.96eV 附近的强而窄信号完全消失,1.8~2.0eV 之间发光结构有更好信噪比,同时在 1.42eV 出现新特征!从右(b)和(c)可以看出,步进扫描调制 PL 测量能够消除光谱仪内部的激光干扰.

步进扫描傅里叶变换红外调制光致发光光谱方法的性能优势,尤其是其从可见到远红外的宽波段适用性,为半导体材料弱发光特性定量分析提供了有效新途径.下面通过三个应用实例做进一步讨论.

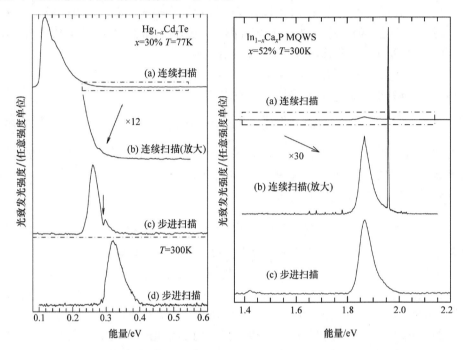

图 5.66　(左)77 K 和室温条件下 $Hg_{0.7}Cd_{0.3}Te$ 薄膜的 PL 光谱:(a)常规连续扫描测试结果;(b)局部放大(a)的效果;(c)步进扫描调制测试结果;(d)步进扫描室温测试结果.(右)室温条件下 InGaP/AlGaInP 量子阱的 PL 光谱:(a)常规连续扫描测试结果;(b)局部放大(a)的效果;(c)步进扫描调制测试结果[115]

　　图 5.67 所示为分子束外延制备窄禁带 HgTe/HgCdTe 超晶格材料的变温 PL 光谱及其典型光谱拟合(左)、光谱特征能量与半高线宽随温度演化关系(右).变温光谱测试覆盖 5~18μm 中、长波红外波段,采用步进扫描傅里叶变换红外调制光谱方法以消除环境背景热辐射强干扰,利用压缩机制冷光学杜瓦实现 HgTe/HgCdTe 超晶格材料温度从 11K 到 250K 的变化[118].从图左(a)可以看出,即使在 10 微米以外远红外波段,仍然能够获得高信噪比、大变温范围系列 PL 光谱的定量拟合 PL 光谱,结果表明,低温下 PL 仅有不到 10meV 半高全宽反映出超晶格样品非常好的结构和成晶质量!但是即便如此,多达 3 个不同跃迁过程仍然可以明确分辨出来,它们能量位置很接近,在图中依能量从低到高依次标注为 LE,ME 和 HE.根据光谱特征峰位能量、峰宽等随温度和激发功率的演化,LE,ME 和 HE 的物理来源分别指认为层厚涨落导致局域效应、平均层厚相应子能带间跃迁、界面化学成分互扩散效应[118].这一结果有助于理解 HgTe/CdTe 超晶格红外探测器的温度失效特征.

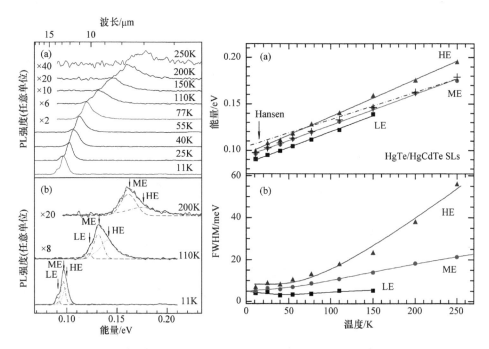

图 5.67 窄禁带 HgTe/HgCdTe 超晶格的变温 PL 光谱与典型 PL 光谱线形拟合(左)、拟合 PL 特征能量与半高线宽随温度演化关系(右),在大部温区,PL 光谱可以拟合出 3 个光谱特征,依能量从低到高分别标注为 LE,ME 和 HE[118]

图 5.68 所示为分子束外延制备窄禁带掺杂 HgCdTe 外延膜的变温-PL 光谱(左)和典型线形拟合(右)[119]. 变温光谱测量覆盖 3~10μm 中红外波段,采用步进扫描傅里叶变换红外调制光谱方法以消除环境背景热辐射干扰,利用压缩机制冷光学杜瓦实现 HgCdTe 材料温度从 11.5K 到 290K 的变化[119]. 从左图可以看出,样品温度为 290K 时 PL 光谱仍然有较高信噪比. 基于光谱的不同能量特征随温度演化过程,结合线形分析,发现对于窄禁带掺杂 HgCdTe,随温度由高到低依次出现/消失 A,B,C,D,E 和 F 共 6 个光跃迁过程,带-带跃迁只有在近室温条件下才占据 PL 主导地位;在可靠指认带-带跃迁前提下,变温-PL 光谱分析可以得到与基于光调制反射光谱实验相一致的结果[120]. 一方面确认了相关杂质能级和禁带能量经验公式的"等效"物理属性,精确测定了带边浅杂质能级,同时也表明在近室温 PL 光谱能够可靠获取前提下,变温-PL 光谱可以作为分析红外半导体材料掺杂特性的有效手段.

图 5.69 所示为金属有机化学气相沉淀制备的 GaInP/AlGaInP 量子阱样品的变温-PL 光谱(左)以及拟合特征峰能量随温度的演化关系(右). 变温光谱测量覆盖 630~730nm 可见波段,采用步进扫描傅里叶变换红外调制光谱方法以消除光

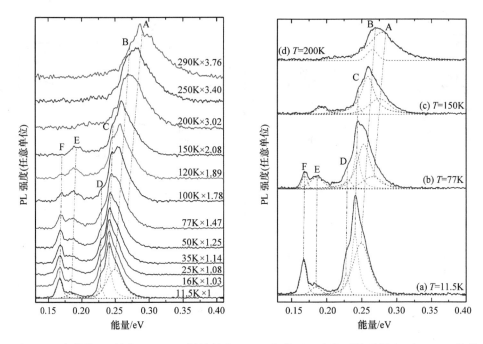

图 5.68　窄禁带 As 掺杂 HgCdTe 样品的变温-PL 光谱(左)及典型线形拟合(右). A-F 依能
量由高到低顺序标注 6 个不同发光过程[119]

谱仪内部激光干扰,利用压缩机制冷光学杜瓦实现样品温度从 11K 到 250K 的变化[121]. 从图中可以看出,随温度由高到低,依次有 3 个发光过程可分辨出来,按能量由高到低顺序分别标注为 A,B 和 C. 基于不同能量光谱特征随温度演化过程,揭示了该材料体系中 GaP/InP 长程有序对 PL 跃迁影响,分析了特定样品条件下不同机制 PL 跃迁的相对贡献与竞争,发现量子阱压应变和衬底取向差影响长程有序度,两者之间的竞争既影响量子阱平面内不同程度长程有序域的分布,同时也引起长程有序沿着量子阱 z 方向的涨落并因此导致光致发光峰的劈裂[121].

　　基于上述讨论并考虑到傅里叶变换红外光谱仪已经成为实验室常规设备,可以推断:在考虑实施发光光谱分析时,步进扫描傅里叶变换红外调制光致发光光谱方法应该作为重要而可靠的选项,通过将傅里叶变换红外光谱仪与调制解调相敏检测技术相结合,实现抗干扰、高灵敏、宽波段发光光谱测量研究.

　　最后我们简略讨论一下荧光(发光)激发谱(PLE). 除引言中讨论的物理意义外,它还有助于发光光谱中观察到的谱线的指认,并使原本观察不到的一些弱谱线或禁戒跃迁谱线显著增强而被观察到. 此外,也不难推知. 既然载流子激发后首先要弛豫到相应能带的最低带边位置,激子激发态的发光谱线只有在荧光激发谱情况下才可能较方便地被观测到. 在激子辐射复合发光谱线存在分裂情况下,PLE 可用来判明这种分裂起源于跃迁初态或是终态,这是因为发光光谱实验中载流子

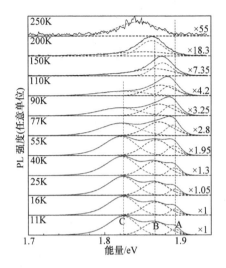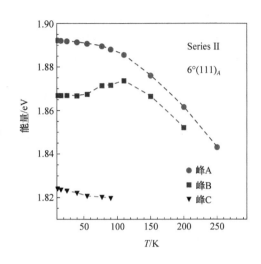

图 5.69 GaInP/AlGaInP 量子阱样品的变温-PL 光谱(左)及拟合特征峰能量随温度的演化(右). A,B 和 C 分别标注能量由高到低的 3 个发光特征

弛豫和热化主要发生在初态, 而 PLE 情况下则发生在终态. PLE 尤其适用于区分发光光谱中与杂质有关的发光峰, 是起因于本征过程(激子复合)还是非本征过程(D°-A°,e-A°,D°-h), 这是因为 PLE 过程中允许产生的自由激子或 e-h 对的数目是没有限制的, 而非本征过程总受可激发中心数目的限制, 这样 PLE 通常总是本征过程占主导地位. 如前所述, 既然低温发光光谱探测的是弛豫和热化了的激发载流子间的辐射复合, 它对电子态态密度变化(增宽)的反应是迟钝的. 反之, PLE 则更直接地反映了电子态密度状况, 这导致发光光谱和 PLE 测得的激子辐射复合发光峰能量位置的差异, 并称之为斯托克斯漂移. 这一漂移是电子态密度函数增宽的度量, 也是被测样品结构品质的一个标记, 通过这一事实以及其他发光实验的探讨, 包括 PLE 在内的发光光谱方法可以用来检测被研究半导体样品的晶体质量.

激发光和被研究半导体的某些真实电子跃迁过程共振的情况是值得一提的, 这就是所谓共振激发. 当激发光和自由激子能量共振时, 所有束缚激子辐射复合发光峰都显著增强. 此外, D°-A° 对发光的选择性激发(SPL)也是应该提到的, 这是判别受主特性并研究其激发机制的一种有用方法. SPL 情况下, 光子能量小于 E_g 的激发光产生空间距离一定的 D-A 对, 而施主与受主之一则处在激发态. 被激发杂质电子很快弛豫到基态, 但在激发传递到其他不同距离的 D°-A° 对前, 常常已经发生复合, 从而导致光子能量由公式(5.52)决定的一个尖锐的发光峰. 这一发光峰与激发激光谱线的能量差, 正是跃迁涉及的施主或受主基态与激发态间的能量差(或计及修正项 $f(R)$), 于是可以估计真正的激发能就是实验观察到的激发能量的低能极限. SPL 可同时检测受主的类 s 和类 p 激发态; 而在双空穴发光跃迁中, 由于受宇称守恒定则制约,通常的发光光谱是观察不到受主的类 p 激发态的.

发光光谱在半导体电子能态及材料品质检测研究中的应用是如此广泛,实在不是一章一节的篇幅可以详情描述的.

参 考 文 献

[1] Barry Bebb H and Williams E W . In:Semiconductors and Semimetal eds by Willardson and Beer. Academic Press,New York,1972,181

[2] Voos M,Leheny R F and Shah J. In:Handbook on Semiconductcrs, ed by Balkanski M. North-Holland Publ,Amsterdam,1980,329

[3] Pankove J I. Optical Processes in Semiconductors,Chapter 6. 1973,107

[4] Mooradian A and Fan H Y. Phys Rev,1966,**148**:873

[5] Thomas D G and Hopfield J J. Phys Rev Lett,1960,**5**:505;Phys Rev ,1961,**124**:657

[6] Wolfe J P. Phys Today, 1982,March 2 Gourley P L, Wolfe J P. Phys Rev, 1979,**B20**:3319; Phys Rev Lett, 1978, **40**:526;Phys Rev, **B24**:5910

[7] Grilli E,Guzzi M,Zamboni R and Pavesi L. Phys Rev,1992,**B45**:1638

[8] Hopfield J J. J Phys Soc of Japan,1966,**21**,Supplement:77

[9] Tait W C, Cambell D A, Packard J R and Weither R L. Luminescence from Inelastic Scattering of Polaritons by LO Phonons in Ⅱ-Ⅵ Semiconducting Compounds,ed by Thomas D G,Benjamin. 1967, 370

[10] Rashba E I and Sturge M D(eds). Excitons . North Hoiland Publ,1982

[11] Weisbuch C and Ulbrich R. Phys Rev Lett,1977,**39**:654;Solid State Elect,1978,**21**:179

[12] Sell D D, Stokowski S E,Dingle R and Dilorenzo J V. Phys Rev,1973,**B7**:4568

[13] Winterling G and Kotoles E S. Solid State Commun,1977,**23**:95

[14] Winterling G and Cardona M. Phys Rev Lett,1977,**39**:1286

[15] Gross E, Pergamorov S and Razbirin B. Fiz Tverd Tel,1966,**8**:1483;Sov Phys,Solid State, **8**:1180

[16] Gross E,Pergamorov S and Rezbirin B. J Phys Chem Solids,1966,**27**:1647

[17] Bonnot A,Planel R and Guillaume C B. Solid State Commun,1973,**13**:733

[18] Sermage B and Voos M. Phys Rev,1977,**B15**:3935

[19] Haynes J R,Lax M and Flood W F. J Phys Chem Solids,1959,**8**:392

[20] Asnin V M,Lomasov Y N and Rogachev A A. Zh ETF Pis,1973,**18**:242;JETP Lett,1973, **18**: 144

[21] Benoit a la Guillaume, and Parodi D. J Electron Control,1959,**6**:356

[22] Asnin V M,Bir G L,Lomasov Y N,Pikus G E and Rogachev A A. Fiz Tverd Tel,1976,**18**: 2011;Sov Phys,Solid State,1976,**18**:1170

[23] Pokrovskii Y E and Svistunova K I. Zh Eksperim Teor Fiz,1975,**68**:2323;Sov Phys,JETP, 1976,**41**:1161

[24] Lax M and Hopfield J J. Phys Rev,1961,**124**:115

[25] Hanamura E. In: Optical Properties of Solids—New Developments, ed by Seraphin B D. North-Holland Publ, 1976, 81

[26] Hanamura E. Solid State Commun, 1973, **12**: 951

[27] Gale G M and Mysyrowicz A. Phys Rev Lett, 1974, **32**: 727; Proc 12th Intern Conf Phys Semicond, 1974, 133

[28] Haynes J R. Phys Rev Lett, 1966, **17**: 960

[29] Souma H, Goto T, Ohta T and Ueta M. J Phys Soc Japan, 1970, **29**: 697

[30] Suga S and Koda T. Phys Stat Soli, 1974, **B61**: 291

[31] Shionoya S, Saito H, Hanamura E and Akimoto O. Solid State Commun, 1973, **12**: 223

[32] Miyamoto S and Shionaya S. J Lumin, 1976, **12/13**: 563; Pelant I, Mysyrowica A and Benoit a la Guilaume C. Phys Rev Lett, 1976, **37**: 1708

[33] Kulakovskii V D and Timofeev V B. Zh Eksperim Teor Fiz Pis Red, 1977, **25**: 487

[34] Steiner T W, Steele A G, et al. Solid State Commun, 1989, **69**: 1139

[35] Keldysh L V. Proc 9th Int Conf on the Phys of Semicond Moscow. 1968, 1303; Sov Phys, 1968, **27**: 521

[36] Brinkman W F and Rice T M. Phys Rev, 1973, **B7**: 1508

[37] Combescot M and Nczieres P. J Phys, 1972, **C5**: 2369

[38] Bhattacharryya P, Massida V, Singwi K S and Vashishta P. Phys Rev, 1974, **B10**: 5127

[39] Vashishta P, Das S G and Singwi K S. Phys Rev Lett, 1974, **33**: 911

[40] Combescot M. Phys Rev Lett, 1974, **32**: 15

[41] Handel P H and Kittel C. Proc Natl Acad Sci USA, 1971, **68**: 3120

[42] Silver R N. Phys Rev, 1973, **B8**: 2403

[43] Reinecke T L, Ying S C and, Crowne F. Solid State Commun, 1974, **14**: 381; Proc 12th Int Conf on Phys Semicond, Stuttgart. 1974, 61

[44] Thomas G A, Rice T M and Hensel J C. Phys Rev Lett, 1974, **31**: 386

[45] Benoit a la Guillanme C and Salvan F and Voos M. J Lumin, 1970, **1/2**: 315

[46] Pokrovskii Y E and Svistunova K I. Zh Eksperim Teor Fiz Pis Red, 1969, **9**: 435; JETP Lett, 1969, **9**: 261

[47] Ashkinadze B M, et al. Zh Eksperim Teor Fiz, 1970, **58**: 507; Soviet Phys, JETP, 1970, **31**: 271

[48] Voos M and Benoitc a la Guillaume C. In: Optical Properties of Solids—New Development, ed by Seraphin B O. North Holland Publ, 1976

[49] Pokrovskii Y E and Svistunova K I. Zh Eksperim Teor Fiz Pis Red, 1971, **13**: 297; JETP Lett, 1971, **13**: 212

[50] Dean P J and Herbert D C. In: Excitons, ed by Cho K. Springer, Berlin, 1979; Rashba E I and Sturge M D. Exciton. North Holland Publ, Amsterdam, 1982

[51] Lampert M A. Phys Rev Lett, 1958, **1**: 450

[52] Hopfield J J. In: Phys of Semicond. Dunod, Paris and Academic Press, 1964, 725

［53］Sharma R R and Rodrignez S. Phys Rev,1967,**153**:823;1967,**159**:649;1968,**170**:770

［54］Zhang X Y,Dou K,Hong Q. and Balkanski M. Phys Rev,1990,**B41**:1376,and reference therein

［55］Gilleo M A,Bailley P T and Hill D E. Phys Rev,1968,**174**:898

［56］Rashba E I and Gurgenishvili G E. Sov Phys Solid States,1962,**4**:759

［57］Turner W J and Pettit G D. Appl Phys Lett,1963,**3**:102

［58］Thomas D G and Hopfield J J. Phys Rev,1962,**128**:2135

［59］Dean P J,Cuthbert J D,Thomas D G and Lynch R T. Phys Rev Lett,1967,**18**:122

［60］Dean P J,Haynes J R and Flood W F. Phys Rev,1967,**161**:711

［61］Reynolds D C,Litton C W and Collins T C. Phys Rev,1968,**174**:845

［62］Nelson D F,Cuthbert J D, Dean P J and Thomas D G. Phys Rev Lett,1966,**17**:1262

［63］Shah J,Leite R C C and Gordon J P. Phys Rev,1968,**179**:983

［64］Bogardus E H and Bebb H B. Phys Rev,1968,**176**:993

［65］Haynes J R. Phys Rev Lett,1960,**4**:361

［66］Dean P J. Luminescence of Crystals, ed by Williams F E. Plenum Press, New York, 1973,538

［67］Baldereschi A,Lipari N O. Proc 13th Intern Conf Phys Semicond,Rome,1976,595

［68］White A M, et al. J Phys,1973,**C6**:L243

［69］White A M,Dean P J, et al. Solid State Commun,1972,**11**:1099

［70］White A M,Dean P J, Day B. J Phys,1974,**C7**:1400

［71］Schmit M,Morgan T N,Schairer W. Phys Rev,1975,**B11**:5002

［72］Dean P J,Lightowlers E C,Wight D R. Phys Rev, 1965,**140**:A352

［73］Bir G L, Butikov E I, Pikus G E. J Phys Chem Solids,1962,**24**:1467

［74］Shah J and Buehler E. Phys Rev,1971,**B4**:2827

［75］Leite R C C,Shah J and Digiovanni A E. J Appl Phys,1969,**44**:3305

［76］Benoit a la Guillaume C and Lavallard P. Phys Rev,1972,**B5**:4900

［77］Shah J,Leite R C C and Hanory R E. Phys Rev,1969,**184**:811

［78］Hopfield J J. Proc 7th Int Conf on Phys Semicond,Paris,1964. 725

［79］Dean P J,Haynes J R,and Flood W F. Phys Rev,1967,**161**:911

［80］Kosai K and Gershenzon M. Phys Rev,1974,**B9**:723

［81］Konig S H and Brown Ⅲ R D. Phys Rev Lett,1960,**4**:170

［82］Melngailis I,Stilman G E,Dimmock I O,and C M Wolfe. Phys Rev Lett,1969,**23**:1111

［83］Pokrovsky Y E. 7th Int Conf Phys of Semicond,Paris, 1964. 129; Guillaume C B and Cernogora J. ibid. 121

［84］Yoshikawa M, Kunzer M, Wagner J, Obloh H, Schlotter P, Schmidt R, Herres N and Kaufman U. J Appl Phys,1999,**86**:4400

［85］Pavesi L,and Guzzi M. J Appl phys,1994,**75**:4779. and reference therein

［86］Borghs G,Bhattacharyya K,Deneff K,Mieghen P V and Mertens R. J Appl Phys,1989,**66**:4381

[87] Sernelius B E. Phys Rev,1986,**B34**:5601;Phys Rev,1986,**B33**:8582

[88] Jain S C,McGregor J M and Roulston D J. J Appl Phys,1990,**68**:3747

[89] Skromme B J. In:Handbook of Compound Semicond. ed by Holloway P H & McGuire G E. Noyes Publ,Park Ridge, NJ,1992

[90] Strack H. Trans Metallurgical Soc AIME,1967,**239**:381

[91] Williams E W and Blacknall D M. Trans Metallurgical Soc AIME,1967,**239**:387

[92] Williams E W. Brit J Appl Phys ,1967,**18**:253

[93] Prener I S and Williams F. Phys Rev,1956,**101**:1427

[94] Hopfield J J and Thomas D G. Phys Rev,1963,**132**:563

[95] Furtado T M and Von Weid J P. Solid State Commun,1985,**54**:233

[96] Thomas D G, Gershenzon M and Hopfield J J. Phys Rev,1963,**131**:2397

[97] Gershenzon M,Logan R A,Nelson D F and Frumbore F A. Int Conf on Luminescence, Budapest,ed by Szigetti. 1968,1737

[98] Morgan I N,Welber B and Bhargava R N . Phys Rev,1968,**166**:751

[99] Hall R N,Fenner G E,Kingsley J D,Sbltys T J and Carlson R O. Phys Rev Lett,1962,**9**: 366;Nathan M I,etc. Appl Phys Lett,1962,**1**:62;Quist T M ,etc. Appl Phys Lett,1962, **1**:91

[100] Kressel H and Butter J K. Semiconductor Lasers and Heterojunction LEDS, Academic Press. New York,1977

[101] Casey H C. Jr and Panish M B. Heterostructure Lasers. 1978

[102] Mahr H. Excitons at High Density, ed by Haken and Nikitine, Springer,New York,1975, 265

[103] Benoit a la Guillaume C, Debever J M and Salvan F. Phys Rev,1969,**177**:567

[104] Wolford D J and Bradley J A. Solid State Commun,1985,**53**:1069

[105] Henning J C M,Anserns J P M and Roksnoer P J. Semicond Sci Technol,1988,**3**:361

[106] Properties of Gallium Arsenide, EMIS Data Rev Series, No. 2,INSPEC,The Inst of Elec Engi,London,1990

[107] Chand N,Henderson T,Klem J,Masselink W T,Fischer R,Chang Y and Morkoc H. Phys Rev,1984,**B30**:4481

[108] Evans K R,Tayler E N,Stutz C E,Elsaesser D W,Celon J E,Yeo Y K,Hengehold R L and Solomon J S. J Vac Sci Technol,1992,**B10**:870

[109] Takahei K and Taguchi A. J Appl Phys,1995,**77**:1735

[110] Takahei K and Taguchi A. J Appl Phys,1995,**78**:5614

[111] Kamiya T and Wagner E. J Appl Phys,1977,**48**:1928

[112] Li Z F, Lu W, Huang G S, Yang J R, He L and Shen S C. J Appl Phys, 2001, **90**:260

[113] Shao J, Dornen A, Baars E, Wang X G and Chu J H. Semicond Sci Technol, 2002, **17**: 1213

[114] Reisinger A R, Roberts R N, Chinn S R and Myersll T H. Rev Sci Instrum, 1989, **82**:

60；Werner L，Tomm J W，Tilgner J and Herrmann K H. J Cryst Growth，1990，**101**：787；Zhang Y G，Gu Y，Wang K，Fang X，Li A Z and Liu K H. Rev Sci Instrum，2012，**83**：053106

[115] Shao J，Lu W，Lu X，Yue F，Li Z F，Guo S L and Chu J H. Rev Sci Instrum，2006，**77**：063104

[116] Shao J，Lu W，Sadeghi M，Lu X，Wang S M，Ma L and Larsson A. Appl Phys Lett，2008，**93**：031904

[117] Shao J，Chen L，Lu W，Lu X，Zhu L，Guo S L，He L and Chu J H. Appl Phys Lett，2010，**96**：121915

[118] Shao J，Lu W，Tsen G K O，Guo S L and Dell J M. J Appl Phys，2012，**112**：063512

[119] Zhang X H，Shao J，Chen L，Lu X，Guo S L，He L and Chu J H. J Appl Phys，2011，**110**：043503

[120] Shao J，Lu X，Guo S L，Lu W，Chen L，Wei Y F，Yang J R，He L and Chu J H. Phys Rev B，2009，**80**：155125

[121] Zhu L Q，Shao J，Lu X，Guo S L and Chu J H. J Appl Phys，2011，**109**：013509

第六章　半导体的磁光效应

磁场是半导体研究中常用的外微扰(或外扰)条件之一. 在光学实验中引入磁场这一参数可以增添许多信息,其原因在于,除磁和半磁半导体外,磁场主要影响半导体中电子的状态,而不影响晶格振动状态,这样半导体磁光性质就很大程度上仅由电子决定. 同时,利用磁场调谐半导体中电子能量状态,使它们之间的相互作用状态或与其他准粒子的相互作用状态改变,从而呈现丰富的物理现象,并揭示微观电子过程的物理本质. 自从大约 60 多年前发现锗的回旋共振现象以来,磁光现象的研究已经给我们增添了颇为丰富的有关半导体中运动电子性质的知识.

磁光实验,顾名思义,就是在存在外磁场的情况下进行光学实验. 从量子力学观点看来,存在外磁场情况下,半导体能带电子的运动在垂直磁场方向是量子化的,亦即原来连续的能量状态分裂为量子化的朗道(Landau)能级,即

$$E_{xy} = \frac{e\hbar H_0}{m^*} \left(n + \frac{1}{2} \right) = \hbar\omega_c \left(n + \frac{1}{2} \right) \tag{6.1}$$

式中 $\omega_c (= eH_0/m^*$ 或 $eB_0/m^*)$ 为回旋运动角频率,对半导体,通常已经假定磁化率 $\mu_r = 1$,因而人们常常忽略符号 H 与 B 之间的实质性区别. 最小回旋轨道半径为

$$\frac{1}{r^2} = \frac{m^*}{\hbar}\omega_c \tag{6.2}$$

自旋状态也分裂为沿磁场方向和逆磁场方向两类.

对局域态电子(或者说能级电子)来说,磁场和轨道电子的互作用也导致原先为电子占据的能级的分裂,这种分裂对应于轨道的拉莫尔(Larmor)进动. 分裂的量,在弱磁场情况下为 $\frac{1}{2}e\hbar B_0/m^* = \frac{1}{2}\hbar\omega_c$,即为朗道分裂的一半. 在强磁场情况下,或者对大的轨道运动来说,则与 B_0^2 成正比,这种能级分裂称塞曼分裂.

能量状态的量子化又导致能带态密度函数的变化,对直接带半导体和允许竖直跃迁,它不再是和能量平方根成正比的光滑函数,而存在一系列与上述能级分裂有关的奇异点. 这样以能带电子为例,这种分裂能级间的带内的和带间的跃迁就导致一系列共振的磁光现象. 对带内过程来说,当入射光频率 $\omega = \omega_c$ 时,人们观察到相邻朗道能级间的回旋共振;当 $\omega = n\omega_c, n \geqslant 2$ 时,可以观察到 $\Delta n \geqslant 2$ 的谐波回旋共振;当 $\omega = \omega_s = |g_c|\mu_B B_0$ 时,有对应于自旋反转跃迁的电子自旋共振;当 $\omega =$

$\omega_c + \omega_s$ 时,有所谓双共振或称自旋反转的回旋共振效应. 此外,伴随声子发射的回旋共振也是可能的,例如当 $\omega = \omega_c + \omega_{LO}$ 时,可以有纵光学声子参与的回旋共振. 当然,这些复杂共振现象的出现需要一定的样品和外界条件.

对带间过程,首先对价带与导带最低朗道能级间的跃迁,可以观察到半导体禁带宽度的磁调制效应. 对高量子数朗道能级间的跃迁,则观察到众多的吸收磁振荡、反射磁振荡和调制带间磁光光谱.

除上述与能量吸收过程有关的磁光现象外,磁场还可引起入射电磁波偏振、相位等状态的改变. 当然,这种改变是和半导体本身的性质有关的,这就是法拉第效应和沃伊特(Voigt)效应等.

和半导体光发射相联系的磁光效应也是十分有趣的,这时人们可观察到发光谱线的磁共振、磁漂移或磁分裂.

通过这些磁场下的光学实验,人们可以判明半导体能带极值的对称性,最精确地测定半导体的禁带宽度、导带及价带载流子的有效质量 m^* 和等效 g^* 因子,有时还可测量或估计载流子弛豫时间和迁移率. 这些物理量是表征一种半导体特性的最重要的参数,也是各种理论模型赖以建立的基本参数. 说明磁光效应在半导体能带结构研究中的重要意义的另一个很成功的例子,是 $Cd_x Hg_{1-x} Te$ 混晶能带结构的测定. 正是对半金属 HgTe 的磁光研究,表明可以用类锗模型来描述 HgTe 和灰锡之类半金属的能带结构[4],但和锗相比较,后者具有负的或者说颠倒的禁带宽度. 这种能带结构模型如今已广为接受,并被用来描述很宽组分范围内 $(x = 0 \sim 0.30) Cd_x Hg_{1-x} Te$ 混晶的电子能带. 在上述组分范围内,混晶带隙从 $-0.30eV$(反转的半金属能带)改变到 $+0.20eV$(正常的半导体能带),但模型参数几乎没有变化.

过去几十年中,各类磁光效应研究的实验技术也得到了不断的发展. 以可资应用的磁场强度为例,目前用于稳态磁光效应研究的最高磁场强度已达 30~40 特斯拉(T),在脉冲工作模式情况下更已达到数百特斯拉.

本章不可能研究所有的磁光效应,而着重讨论磁场中半导体电子的能量状态和回旋共振、法拉第效应、带间磁吸收、杂质及激子能级的塞曼分裂、漂移和相互耦合等几种重要的磁光现象.

6.1　回旋共振

回旋共振是最基本的和最易于理解的一种磁光现象,它涉及到辐射电磁波和静磁场中运动电子的相互作用. 早在 20 世纪 50 年代,德雷斯尔豪斯(Dresselhaus)等人[5]就研究了半导体 Ge、Si 中传导载流子的回旋共振,并在人类认识 Ge、Si 半导体能带结构的历史中起了很重要的作用. 本节仍以 Ge、Si 为例讨论半导体回旋共振的早期研究结果和基本物理过程,而将有关半导体回旋共振最新结果的讨论放在第 6.5 和第 6.6 节. 从电动力学可以知道,在磁场中运动的电子,如果其运动方向和磁场方向不一致,那么它就同时以某一角频率绕磁场方向作回旋运动,这一角频率,就称为回旋频率,它可表为

$$\omega_c = \frac{eH_0}{m_0} \tag{6.3}$$

式中 H_0 为磁场强度,e 和 m_0 分别为运动电子的电荷和质量. 当电子在磁场中作回旋运动时,如果同时外加一个频率为 ω 的高频电场,那么当 $\omega = \omega_c$ 时,电子可以从高频电场吸收能量,这是一种共振吸收,并称为回旋共振.

研究半导体中(以及其他固体中)的回旋共振现象时,必须考虑到固体中电子运动和能量状态的特征. 如前所述,能带论将固体中电子在一能带内的运动简化为一准自由粒子的运动,并用有效质量 m^* 这一概念代替原来的自由粒子质量来计及晶格周期性势场的影响. 一般说来,有效质量是一个张量,定义为

$$m_{ij}^* = \hbar^2 \left(\frac{\partial^2 E}{\partial k_i \partial k_j} \right)^{-1} \tag{6.4}$$

即与 k 空间能量状态的二次微商成反比. 这样,周期性晶格势场中能带电子的能量与波矢的关系也可类似于自由电子的情况表达为

$$E(\mathbf{k}) = \frac{\hbar^2 k^2}{2m^*} \tag{6.5}$$

为简化起见,式中已经假定 m^* 是各向同性的. 这就使人们可以用类似于研究自由空间中电子回旋运动的方法来研究固体中运动载流子的回旋共振,并通过这种研究了解固体中载流子的特性,如有效质量张量 m_{ij}^* 等.

第 6.3 节中,将对固体中电子的回旋共振作量子力学处理,为更明了物理意义,这里先从经典力学的观点来讨论回旋共振. 这种处理的实质在于假定电子在静磁场和辐射电磁波引起的高频交变电磁场中运动,列出运动方程,求解高频电导率,并由此获得回旋电子从辐射电磁场吸收的功率以及吸收系数.

研究辐射电磁波场和静磁场中能带电子的互作用时,位形(即电磁波波矢、静磁场方向和样品晶轴三者间的配置状态)是十分重要的. 现在暂时只考虑电磁波波矢和静磁场方向平行,或者说辐射电磁场的电矢量 $\vec{\mathscr{E}}$ 和静磁场 $\mathbf{B}_0$ 垂直的位形,即所谓法拉第位形. 取 $\mathbf{B}_0$ 方向为 z 轴方向,则半导体中载流子的运动方程可写为

$$m^* \frac{\mathrm{d}v}{\mathrm{d}t} = e(\vec{\mathscr{E}} + \mathbf{v} \times \mathbf{B}_0) - \frac{m^*}{\tau} \mathbf{v} \tag{6.6}$$

式中 $\vec{\mathscr{E}} = \vec{\mathscr{E}}_0 \exp(-\mathrm{i}\omega t)$ 为辐射电磁波的电矢量(这里已经假定有效质量各向同性,所以晶轴方向是不重要的),τ 是与能量无关的弛豫时间. 考虑到上面引入的回旋

频率 ω_c 及 $j=nev=\boldsymbol{\sigma}\cdot\vec{\mathscr{E}}$,可以求得复数电导率张量的非零分量如下:

$$\overset{\leftrightarrow}{\boldsymbol{\sigma}}=\begin{vmatrix} \sigma_{xx} & \sigma_{xy} & 0 \\ \sigma_{yx} & \sigma_{yy} & 0 \\ 0 & 0 & \sigma_{zz} \end{vmatrix} \tag{6.7}$$

式中

$$\sigma_{xx}=\sigma_{yy}=\sigma_0\left(\frac{(1+i\omega\tau)}{(1+i\omega\tau)^2+\omega_c^2\tau^2}\right) \tag{6.8a}$$

$$\sigma_{yx}=-\sigma_{xy}=\sigma_0\left(\frac{\omega_c\tau}{(1+i\omega\tau)^2+\omega_c^2\tau^2}\right) \tag{6.8b}$$

$$\sigma_{zz}=\sigma_0\left(\frac{1}{1+i\omega\tau}\right) \tag{6.8c}$$

这里

$$\sigma_0=\frac{n_e e^2\tau}{m^*} \tag{6.9}$$

为直流电导率. 运动电子从辐射电磁波场吸收的功率为

$$P(\hbar\omega)=\frac{1}{2}\mathrm{Re}(j\cdot\vec{\mathscr{E}}^*)=\frac{1}{2}\mathrm{Re}(\overset{\leftrightarrow}{\boldsymbol{\sigma}}\cdot\vec{\mathscr{E}}\cdot\vec{\mathscr{E}}^*) \tag{6.10}$$

对线偏振辐射,上式简化为

$$P(\hbar\omega)=\frac{1}{2}\mid\mathscr{E}\mid^2\mathrm{Re}(\sigma_{xx})$$

$$=\frac{1}{2}\mid\mathscr{E}\mid^2\mathrm{Re}\left\{\frac{\sigma_0(1+i\omega\tau)}{(1+i\omega\tau)^2+\omega_c^2\tau^2}\right\}$$

令 $P_0=\frac{1}{2}\sigma_0\mid\mathscr{E}\mid^2$ 为 $\omega=\omega_c=0$ 时的吸收功率,则得

$$\frac{P(\hbar\omega)}{P_0}=\frac{1+(\omega^2+\omega_c^2)\tau^2}{[1+(\omega_c^2-\omega^2)\tau^2]^2+4\omega^2\tau^2} \tag{6.11}$$

不同 $\omega\tau$ 情况下式(6.11)给出的 P 与 ω 的关系如图 6.1 所示. 图 6.1 表明,当 $\omega=\omega_c$ 时,有一个吸收峰,这就是回旋共振吸收. 图 6.1 还表明,回旋共振的实验观测和 $\omega\tau$ 有很大关系,只有当 $\omega\tau(\approx\omega_c\tau)>1$ 时,才能观察到回旋共振吸收峰. 物理上这意味着,作回旋运动的载流子在相邻两次碰撞之间,至少作了 1 弧度以上回旋运动时,才有足够的时间(τ)与辐射电磁波场发生较充分的互作用并吸收能量,否则

频繁的散射将掩盖任何回旋共振吸收的特征. 对弱磁场和自由载流子有效质量 m^* 较大的半导体,回旋共振频率 ω_c 约为 10^{10} Hz 量级,即在微波波段,这时弛豫时间 τ 必须在 10^{-10} s 的量级才能观察到回旋共振现象. 这就要求采用高纯度、低缺陷和低内应力的晶体,并且常常在液氦温度下才能使各种散射效应足够弱,以达到这一量级的弛豫时间. 这意味着微波回旋共振实验常常要求足够优质的样品和液氦实验条件. 对于 m^* 较小的半导体材

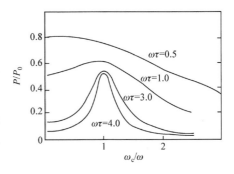

图 6.1 回旋电子从辐射电磁场吸收的功率 $P(\hbar\omega)$ 与 ω_c/ω(正比于静磁场强度 B_0)的关系

料,如窄禁带半导体,并且如果采用超导体强磁场的话,则载流子回旋运动的频率 ω_c 为 10^{13} Hz 的量级,即在红外波段. 这时,为满足 $\omega\tau > 1$ 的条件,τ 可以是 10^{-13} s 的量级. 这样的弛豫时间是容易实现的,因而即使在室温情况下和未必高纯度的半导体样品中也可观察到回旋共振吸收.

实际半导体的回旋共振实验结果比上述简化模型描述的图像要复杂得多,图 6.2 给出 4.2K 时 n-Si 的微波回旋共振实验结果,图 6.3 给出 n-Ge 的低温微波回旋共振实验结果. 它们表明,对 n-Si 来说,只有当静磁场方向和 $\langle 111 \rangle$ 晶向平行时,其回旋共振才显示为一个单一共振峰;对 n-Ge 来说,只有当静磁场方向和 $\langle 001 \rangle$ 晶向平行时,其回旋共振才显示为一个单一共振峰. 磁场沿其他方向时,n-Si 显示出二或三个共振峰. 一般情况下 n-Ge 可以有四个共振频率. 这一现象可以用 Ge、Si 导带的多谷模型来解释,如果选取以有效质量椭球三个主轴方向为坐标轴的笛卡尔坐标系,则在共振条件下,并略去 $\vec{\mathscr{E}}$ 和 τ^{-1} 项,方程(6.6)变为

$$i\omega_c m_x^* v_x + e(v_z B_{0y} - v_y B_{0z}) = 0$$
$$i\omega_c m_y^* v_y + e(v_x B_{0z} - v_z B_{0x}) = 0 \qquad (6.12)$$
$$i\omega_c m_z^* v_z + e(v_y B_{0x} - v_x B_{0y}) = 0$$

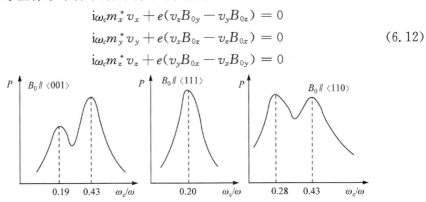

图 6.2 不同磁场方向下 4.2K 时 n-Si 的微波(23GHz)回旋共振吸收与 ω_c/ω 的关系. 计算 ω_c 时用 m_0 代替 m_e^*

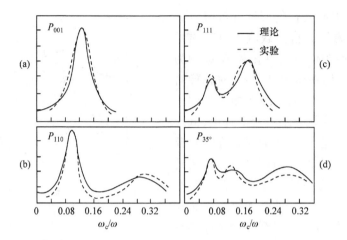

图 6.3　不同磁场方向下 4.2K 时 n-Ge 的低温微波回旋共振吸收与 ω_c/ω 的关系.
(a)$\boldsymbol{B}_0\,/\!/\,\langle 001\rangle$;(b)$\boldsymbol{B}_0\,/\!/\,\langle 110\rangle$;(c)$\boldsymbol{B}_0\,/\!/\,\langle 111\rangle$;(d)$\boldsymbol{B}_0$ 与$\langle 001\rangle$轴成 35°角

令 α、β、γ 分别表示 $\boldsymbol{B}_0$ 相对于三个坐标轴的方向余弦,由久期行列式

$$\begin{vmatrix} \mathrm{i}\omega_c m_x^* & -eB_0\gamma & eB_0\beta \\ eB_0\gamma & \mathrm{i}\omega_c m_y^* & -eB_0\alpha \\ -eB_0\beta & eB_0\alpha & \mathrm{i}\omega_c m_z^* \end{vmatrix} \tag{6.13}$$

可解得

$$\omega_c = eB_0\sqrt{\frac{\alpha^2 m_x^* + \beta^2 m_y^* + \gamma^2 m_z^*}{m_x^* m_y^* m_z^*}} \tag{6.14}$$

既然已选取有效质量椭球的三个主轴方向为坐标轴方向,因而有

$$m_x^* = m_y^* = m_t^* \quad (横向有效质量)$$
$$m_z^* = m_l^* \quad\quad\quad (纵向有效质量)$$

于是

$$\omega_c = eB_0\sqrt{\frac{(\alpha^2+\beta^2)m_t^* + \gamma^2 m_l^*}{m_t^{*2}m_l^*}} \tag{6.15}$$

若仍令

$$\omega_c = \frac{eB_0}{m_c^*}$$

可将 m_c^* 写为

$$m_c^* = \frac{m_l^{*1/2}m_t^*}{\sqrt{(\alpha^2+\beta^2)m_t^* + \gamma^2 m_l^*}} = \frac{m_l^*}{\sqrt{(\alpha^2+\beta^2)K + \gamma^2 K^2}} \tag{6.16}$$

式(6.16)给出的电子有效质量称为回旋共振有效质量,式中

$$K = m_l^* / m_t^*$$

当磁场沿 z 方向,即⟨001⟩方向时,对 n-Si 的⟨001⟩和⟨00$\bar{1}$⟩导带谷来说,

$$\alpha = \beta = 0, \qquad \gamma = \pm 1$$

所以

$$m_{c,\langle 001 \rangle}^* = m_t^*$$

而对 n-Si 的⟨010⟩、⟨100⟩等其他四个导带谷来说,$\gamma = 0$,α 与 β 中一个为零,另一个为 ± 1,因而有

$$m_{c,\langle 100 \rangle}^* \text{ 或 } m_{c,\langle 010 \rangle}^* = \sqrt{m_t^* m_l^*} \tag{6.17}$$

这表明,当磁场沿晶体⟨001⟩方向时,n-Si 的⟨001⟩及⟨00$\bar{1}$⟩导带谷中的电子和其他四个导带谷中的电子有不同的回旋共振有效质量,因而有两个回旋共振吸收峰,这正是图 6.2 中左图的情况. 可以证明,一般情况下,当磁场不是沿高对称方向时,n-Si 有三个回旋共振吸收峰.

当磁场沿⟨111⟩方向时,n-Si 的六个导带谷相对于磁场来说都是等价的,$\alpha = \beta = \gamma = 1/\sqrt{3}$,因而只有一个回旋共振有效质量 $\left[m_c^* = \dfrac{m_l^*}{\left(\frac{2}{3}K + \frac{1}{3}K^2 \right)^{1/2}} \right]$,所以也只有一个回旋共振吸收峰,如图 6.2 中间的图所示. 该图给出这种情况下的 Si 中电子回旋共振有效质量 $m_c^* = 0.29 m_0$. 实验测量并按式(6.16)计算的 n-Si 的电子回旋共振有效质量 m_c^* 与⟨1$\bar{1}$0⟩平面中磁场方向的关系如图 6.4 所示.

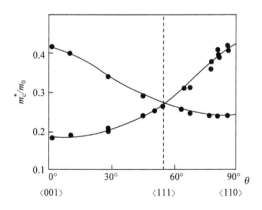

图 6.4　4.2K 时 n-Si 电子回旋共振有效质量和⟨1$\bar{1}$0⟩平面中磁场方向
(与⟨001⟩轴的夹角)的关系

从这些结果可以求得 n-Si 电子有效质量椭球主值如下:

$$m_l^* = (0.90 \pm 0.02)m_0$$

$$m_t^* = (0.192 \pm 0.001)m_0 \tag{6.18}$$

对于 n-Ge,也有类似结果,沿 $\langle 111 \rangle$ 晶向的纵向电子有效质量和与此轴垂直的横向电子有效质量分别为

$$m_l^*(\text{Ge}) = (1.64 \pm 0.03)m_0$$

$$m_t^*(\text{Ge}) = (0.0819 \pm 0.003)m_0 \tag{6.19}$$

对于 p-Ge 和 p-Si 来说,回旋共振实验结果还要更复杂一些. Ge、Si 的价带等能面,对四度简并的 $p_{3/2}$ 态,可用位于布里渊区中心的扭曲球面模型来描述[4,5],能量与波矢的关系为

$$E(\boldsymbol{k}) = -\frac{\hbar^2}{2m_0}\{Ak^2 \pm [B^2k^4 + C^2(k_x^2 k_y^2 + k_y^2 k_z^2 + k_z^2 k_x^2)]^{1/2}\} \tag{6.20}$$

式中正号对轻空穴而言,负号对重空穴而言. 二度简并的自旋-轨道分裂的 $p_{1/2}$ 态能量与波矢的关系为

$$E(\boldsymbol{k}) = -\Delta_0 - \left(\frac{\hbar^2}{2m_0}\right)Ak^2 \tag{6.21}$$

式中 Δ_0 是 Γ 处的自旋-轨道分裂,对 Ge 来说 $\Delta_0 \approx 0.28\text{eV}$;对 Si 来说 $\Delta_0 \approx 0.046\text{eV}$,通常在回旋共振实验中观察不到分裂态 $p_{1/2}$ 的存在.

在扭曲球面能带模型情况下解方程(6.6)是复杂的,德雷斯尔豪斯(Dresselhaus)等人[5]采用肖克莱积分方法解得这一情况下回旋共振有效质量为

$$m^* = \frac{m_0}{A \pm \left(B^2 + \dfrac{C^2}{4}\right)^{1/2}}\left\{1 \pm \frac{C^2(1 - 3\cos^2\theta)^2}{64\left(B^2 + \dfrac{C^2}{4}\right)^{1/2}\left[A \pm \left(B^2 + \dfrac{C^2}{4}\right)^{1/2}\right]} + \cdots\right\}$$

式中 θ 为磁场与 $\langle 100 \rangle$ 方向的夹角.

p-Ge 回旋共振的实验结果如图 6.5 所示. 从图中可观察到轻空穴和重空穴的回旋共振吸收,同时还可观察到重空穴的谐波共振吸收,即 $\omega = n\omega_c = n\dfrac{eB_0}{m^*}$($n=2$ 和 3)的吸收,(关于这一点以后还要讨论.)并且还观察到电子回旋共振吸收.

从图 6.5 所示的结果可以求得,对于 p-Ge,式(6.20)中诸参数为

$$A = 13.1 \pm 0.4$$

$$B = 8.3 \pm 0.6$$

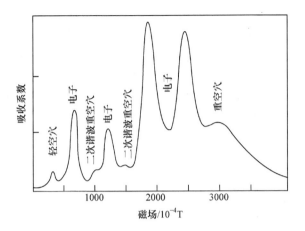

图 6.5　4K 和 23GHz 情况下 p-Ge 的微波回旋共振吸收与磁场 B_0 的关系,磁场与〈110〉面的夹角为 $10°$,与〈100〉轴夹角为 $30°$,选择这种取向可观察到 p-Ge 的八个共振吸收峰

$$C = 12.5 \pm 0.6$$

对于 Si,类似地可求得

$$A = 4.0 \pm 0.1$$

$$B = 1.1 \pm 0.4$$

$$C = 4.1 \pm 0.4$$

Ge 空穴的回旋共振有效质量:对轻空穴来说,$m_L^*(\mathrm{Ge}) \approx 0.044m_0$;对重空穴来说,$m_H^*(\mathrm{Ge}) \approx 0.3m_0$. 对 Si 来说,轻空穴 $m_L^*(\mathrm{Si}) \approx 0.16m_0$;重空穴 $m_H^*(\mathrm{Si}) \approx 0.5m_0$. 从上述参数并结合式(6.21)可以计算 $p_{1/2}$ 自旋-轨道分裂价带的有效质量

$$m_{S\text{-}O}^*(\mathrm{Ge}) \approx 0.074m_0, \quad m_{S\text{-}O}^*(\mathrm{Si}) \approx 0.25m_0 \tag{6.22}$$

　　如上给出的回旋共振实验结果都发生在微波波段,有关实验方法实质上是微波技术问题. 前已指出,如果载流子有效质量 m^* 足够小,例如像窄禁带半导体那样,并且磁场足够强,回旋共振频率将发生在红外或远红外波段. 这时回旋共振及其他相关效应的研究必须采用远红外光学方法,例如傅里叶变换光谱学方法(固定磁场强度,扫描光子能量)、激光(固定波长光源)与扫描磁场相结合的方法等. 这些将在第 6.5 节中讨论.

6.2　法拉第旋转和沃伊特效应

6.2.1　法拉第旋转

　　法拉第旋转是历史上发现最早的一种磁光效应,也是人们最为熟悉的一种磁光效应. 1845 年法拉第发现,当辐射沿磁场方向通过玻璃时,其偏振面发生旋转,这就是法拉第效应. 这里辐射电磁波沿磁场方向传播意味着 $\boldsymbol{k} /\!/ \boldsymbol{B}_0$,因而电磁波的电矢量 $\vec{\mathscr{E}} \perp \boldsymbol{B}_0$,这就是前面提到的法拉第位形. 任何一个线偏振的辐射电磁波都可以看作是一个右旋圆偏振波和一个左旋圆偏振波的合成,法拉第效应的物理起源在于,这两种不同偏振的辐射电磁波在磁场下的介质中有不同的传播相速度和不同的折射率. 令 $\boldsymbol{k} /\!/ \boldsymbol{B}_0$ 的方向为 z 轴,电磁波电矢量在 x-y 平面内,右旋圆偏振波和左旋圆偏振波可写为

$$\vec{\mathscr{E}}_{\pm} = \vec{\mathscr{E}}_x \pm \mathrm{i}\vec{\mathscr{E}}_y \tag{6.23a}$$

式中"$+$"号代表右旋圆偏振波,"$-$"号代表左旋圆偏振波. 如果写成指数形式,则为

$$\vec{\mathscr{E}}_{\pm} = \vec{\mathscr{E}}_0 \exp[\pm(\mathrm{i}\omega t - kz)] \tag{6.23b}$$

通过半导体后,由于磁场下介质中右旋和左旋偏振波具有不同的相速度 v_+ 和 v_-,若忽略吸收,则合成电矢量为

$$\vec{\mathscr{E}} = \vec{\mathscr{E}}_0 \exp[\mathrm{i}\omega(t - z/v_+)] + \vec{\mathscr{E}}_0 \exp[-\mathrm{i}\omega(t - z/v_-)]$$

$$\approx 2\vec{\mathscr{E}}_0 \cos\left[\omega\left(t - \frac{\bar{\eta}}{c}z\right)\right](\cos\theta_{\mathrm{F}} + \mathrm{i}\sin\theta_{\mathrm{F}})] \tag{6.24}$$

$$\theta_{\mathrm{F}} = \left(\frac{\eta_- - \eta_+}{2}\right)\frac{\omega}{c}d = \frac{1}{2}\Delta\eta\omega d/c \tag{6.25}$$

式中 η_+ 和 η_- 分别为被研究材料的右旋和左旋圆偏振波的折射率,它们是频率 ω 的函数,也是半导体材料物理性质的函数. 磁场中,它们可以有不同的值. 式(6.24)表明,若坐标系统绕 z 轴旋转 θ_{F} 角,则电矢量表达式又回到进入半导体前的状态,这表明偏振面旋转了 θ_{F},这一偏振面的旋转就叫做法拉第旋转. 可以用类似于第一章的处理方法,从经典麦克斯韦方程来计算与左旋及右旋电磁波相联系的高频电导和介电常数,并计算 η_+ 和 η_-,从而求得法拉第旋转与半导体基本参量及外磁场强度的关系. 再回到第一章的式(1.38a),并仍假定平面波解为

$$\vec{\mathscr{E}} = \vec{\mathscr{E}}_0 \exp[-\mathrm{i}(\omega t - \boldsymbol{k} \cdot \boldsymbol{r})] \tag{6.26}$$

则式(1.38a)变为

$$-\boldsymbol{k}(\boldsymbol{k} \cdot \vec{\mathscr{E}}_0) + k^2\vec{\mathscr{E}}_0 = \frac{\omega^2}{c^2}\mu_{\mathrm{r}}\varepsilon_{\mathrm{r}}\left[1 + \frac{\mathrm{i}\overleftrightarrow{\sigma}}{\omega\varepsilon_0\varepsilon_{\mathrm{r}}}\right]\vec{\mathscr{E}}_0 \tag{6.27}$$

或等效地写为

$$-\boldsymbol{k}(\boldsymbol{k} \cdot \vec{\mathscr{E}}_0) + k^2\vec{\mathscr{E}}_0 = \frac{\omega^2}{c^2}\mu_{\mathrm{r}}\overleftrightarrow{\varepsilon}_{\mathrm{r}}\vec{\mathscr{E}}_0 \tag{6.28}$$

式中 $\overset{\leftrightarrow}{\boldsymbol{\varepsilon}}_r$ 和 $\overset{\leftrightarrow}{\boldsymbol{\sigma}}$ 分别为半导体的相对介电函数张量和复数电导率张量,并且

$$\overset{\leftrightarrow}{\boldsymbol{\varepsilon}}_r = \varepsilon_r \overset{\leftrightarrow}{\boldsymbol{I}} + \mathrm{i}\frac{1}{\omega\varepsilon_0}\overset{\leftrightarrow}{\boldsymbol{\sigma}} \tag{6.29}$$

$\overset{\leftrightarrow}{\boldsymbol{I}}$ 为单位张量,电导率张量已如式(6.8)所述,但对右旋和左旋圆偏振波来说,电导率张量是不一样的,分别以 σ_+ 和 σ_- 表示它们,按式(6.23),

$$\sigma_{\pm} = \sigma_{xx} \pm \mathrm{i}\sigma_{xy} = \frac{\sigma_0(1+\mathrm{i}\omega\tau)}{(1+\mathrm{i}\omega\tau)^2 + \omega_c^2\tau^2} \mp \frac{\mathrm{i}\omega_c\varpi_0}{(1+\mathrm{i}\omega\tau)^2 + \omega_c^2\tau^2}$$

$$= \frac{\sigma_0}{1+\mathrm{i}\omega\tau \pm \mathrm{i}\omega_c\tau} \tag{6.30}$$

这里 σ_0 如式(6.9)所述. 将式(6.8)代入式(6.28),得 $\mathscr{E}_{0z}=0$,这和本节开始时指出的电磁波电矢量垂直 $\boldsymbol{B}_0$(即垂直 z 方向)的假设是一致的. 这样从式(6.27)、(6.28)和(6.30)可得磁场下介质中右旋和左旋圆偏振波的波矢表达式为

$$k_{\pm}^2 = \frac{\omega^2}{c^2}\mu_r\varepsilon_r\left(1 + \frac{\mathrm{i}\sigma_{\pm}}{\varepsilon_0\varepsilon_r\omega}\right) \tag{6.31}$$

复数折射率 $(\eta_{\pm}+\mathrm{i}K_{\pm})$ 可以结合上式和公式 $k_{\pm}^2 = \frac{\omega^2}{c^2}(\eta_{\pm}+\mathrm{i}K_{\pm})^2$ 获得:

$$(\eta_{\pm}+\mathrm{i}K_{\pm})^2 = (\eta_{\pm}^2 - K_{\pm}^2) + 2\mathrm{i}\eta_{\pm}K_{\pm}$$

$$= \mu_r\varepsilon_r\left(1 + \frac{\mathrm{i}\sigma_{\pm}}{\omega\varepsilon_0\varepsilon_r}\right) \tag{6.32}$$

如果假定半导体材料是非磁性的,即 $\mu_r=1$,则从式(6.32)可以求得

$$\eta_+^2 - \eta_-^2 = -\frac{2}{\omega_0\varepsilon_0}\sigma'_{xy} \tag{6.33}$$

$$K_{\pm}(\hbar\omega) = \frac{1}{2\eta_{\pm}\omega\varepsilon_0}(\sigma'_{xx} \pm \sigma''_{xy}) = \frac{1}{2\eta_{\pm}}(\varepsilon''_{xx} \mp \varepsilon''_{xy})$$

和本书以上各章节一样,式中上角标"′"、"″"分别表示实部和虚部,这是因为一般情况下电导率和相对介电函数张量的分量均为复数,即

$$\sigma_{jk} = \sigma'_{jk} + \mathrm{i}\sigma''_{jk}$$

$$\varepsilon_{jk} = \varepsilon'_{jk} + \mathrm{i}\varepsilon''_{jk} \tag{6.34}$$

从式(6.25)和式(6.33)可以求得法拉第旋转 θ_F. 为简洁起见,并便于了解物理意义,首先假定吸收是弱的,即 $K_{\pm}$ 与 $\eta_{\pm}$ 相比可以忽略,于是得

$$\theta_F = \frac{\omega d}{2c}(\eta_- - \eta_+) \approx -\frac{\omega d}{2c}\frac{(\eta_+^2 - \eta_-^2)}{2\bar{\eta}}$$

$$= \frac{d}{2\bar{\eta}\varepsilon_0 c}\sigma'_{xy} = -\frac{\omega d}{2\bar{\eta}c}\varepsilon''_{xy} \tag{6.35}$$

式中 $\bar{\eta} = \frac{1}{2}(\eta_+ + \eta_-)$ 为平均折射率. 如果再假定 $\omega \gg \omega_c$ 和 $\omega^2\tau^2 \gg 1$, 即在低温和弱磁场条件下, 则可以求得

$$\Delta\eta_{\pm} = \frac{\sigma_0}{\bar{\eta}\omega\varepsilon_0}\frac{\omega_c\tau}{\omega^2\tau^2} \tag{6.36}$$

$$\theta_F = \left(\frac{e^3}{2\varepsilon_0\bar{\eta}c^2}\right)\left(\frac{n}{m^{*2}}\right)\left(\frac{B_0}{\omega^2}\right)d \tag{6.37}$$

如果仍假定弱场、弱吸收条件, 但 $\omega^2\tau^2 \leqslant 1$, 则可得

$$\theta_F = \frac{ne^3\tau^2}{4\bar{\eta}m^{*2}\varepsilon_0}B_0 d = \frac{\sigma_0\mu}{4\bar{\eta}\varepsilon_0}B_0 d \tag{6.38}$$

式中 n 为自由载流子浓度, σ_0 和 μ 分别为直流电导率和迁移率. 迄今为止, 只是通过求解麦克斯韦方程和高频电导率的方法来研究半导体的法拉第旋转. 这意味着仅考虑了半导体中的自由载流子, 因此式(6.37)和(6.38)是仅考虑自由载流子效应情况下的法拉第旋转表达式. 此外, 式(6.36)表明存在磁场情况下介质中右旋、左旋圆偏振波具有不同高频电导率和不同折射率的根源在于固体中电子绕磁场的回旋运动($\hbar\omega_c$), 这也就是自由载流子法拉第效应的物理起源. 下面将看到, 一定条件下, 带间跃迁也会对法拉第效应有贡献. 式(6.37)表明, 法拉第旋转与半导体中载流子的浓度及有效质量有关, 如果已经测定了载流子的浓度并已知半导体的折射率, 则可以通过法拉第旋转来测量和研究半导体中载流子的有效质量 m^*. 这种方法可以与回旋共振有效质量测量互相补充, 尤其是法拉第效应的测量不需要很高的磁场和高纯度样品, 而对回旋共振来说, 测量 m^* 时所需的强磁场和高纯样品并不总是能满足的. 样品纯度要求不高还意味着, 用法拉第旋转可以研究各种不同掺杂、不同载流子浓度的材料, 因而可以测量不同能量位置上的有效质量, 进而研究能带的非抛物性. 然而, 这里应该注意, 只有在 $\omega \gg \omega_c$ 和 $\omega^2\tau^2 \gg 1$ 情况下, 即通常在红外波段情况下, 法拉第旋转方可用式(6.37)来表示, 并与弛豫时间 τ 及散射过程无关, 因而可以用来测量和研究载流子有效质量 m^*. 如果这些条件得不到满足, 则 θ_F 与弛豫时间 τ 有关, 这使得微波法拉第旋转一般不能用来测量有效质量 m^*.

　　实验上, 对半导体来说, 首先是在微波波段观察到 Ge 的自由载流子的法拉第

旋转效应[1],但就由法拉第旋转研究半导体电子能带结构而论,更有意义的还是在红外波段对 InSb、$Cd_x Hg_{1-x} Te$、GaAs、GaSb 等具有非抛物导带或多导带谷结构的半导体的研究结果. 若载流子浓度足够高,InSb 中载流子是简并的,斯蒂芬(Stephen)等已证明[12],对具有球形等能面的简并半导体,法拉第有效质量定义为

$$\frac{1}{m^*_{(E_F)}} = \frac{1}{\hbar^2 k}\left(\frac{dE}{dk}\right)_{E=E_F} \tag{6.39}$$

这里 $m^*_{(E_F)}$ 为费米能级处的载流子有效质量. 在抛物导带情况下,上式退化为熟知的表达式

$$\frac{1}{m^*_{(E_F)}} = \frac{1}{\hbar^2}\frac{d^2 E}{dk^2} = \frac{1}{m^*}$$

这样,通过不同浓度掺杂样品的法拉第旋转的测量,可以测定导带底以上不同能量位置上的有效质量. 已经知道,在导带结构具有非抛物性情况下,载流子有效质量是载流子浓度的函数,或者说是费米能级位置的函数,改变掺杂浓度和实验测量时的温度,可以改变费米能级的位置. 因此,通过法拉第效应,人们可以研究有效质量随能量位置的改变和能带的非抛物性. 求得这些有效质量后,对式(6.39)积分,还可以给出导带的 $E(k)$ 色散关系.

图 6.6 给出了弱场情况下 77K 和 296K 时不同电子浓度的 n-InSb 法拉第旋转与入射电磁波长的关系,可见在 ω 不太高的情况下,例如在 $10\sim20\mu m$ 波长范围内,实验结果符合 $\theta_F \propto \frac{1}{\omega^2}$ 规律,与式(6.37)的预期一致. 图 6.6 还表明,相同磁场强度时,不同载流子浓度的样品的法拉第旋转 θ_F 有很大的不同,θ_F-λ^2 关系的斜率也有很大的不同. 式(6.37)指出,图 6.6 中直线的斜率正比于 n/m^{*2},若已知 n,就可计算有效质量 m^*. 这样的计算表明,不同电子浓度样品的法拉第有效质量 m^* 确有很大的不同,这与 InSb 电子能带的非抛物性有关. 除 InSb 外,弱场下 GaSb 自由载流子的法拉第旋转也是很有趣的. GaSb 的 Γ 导带谷和 L 导带谷能量位置比较接近,通常情况下,载流子可以分布在这两类不同的导带谷中,这样法拉第旋转由类似于式(6.37)的两项组成. 假定每一类导带谷有固定的有效质量 m^*_e,那么测量 GaSb 的法拉第旋转 θ_F 及其随温度的变化,可以研究两类能谷中载流子的分布情况.

图 6.7 给出较短波长时 n-InSb 法拉第旋转的实验结果[13]. 图 6.7 表明,当入射电磁波频率增大时,例如波数大于 1000cm^{-1}(波长短于 $10\mu m$)时,n-InSb 法拉第旋转 θ_F 与 ω 关系偏离 $1/\omega^2$ 规律. 这是由于光电磁波频率接近半导体禁带宽度对应的特征频率 $\omega_g = E_g/\hbar$ 时,必须考虑带间电子跃迁对法拉第旋转的贡献. 人们甚至可以认为,θ_F 与 $1/\omega^2$ 规律的偏离即表征了带间跃迁的开始. 在更高的频率

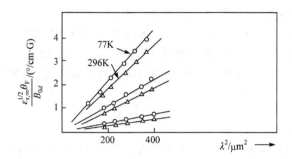

图 6.6　n-InSb 的法拉第旋转 θ_F 与入射光波长的关系. 从直线斜率,可以求得导带中不同能量位置上 InSb 电子的有效质量 m^*. 图中直线从上到下,电子浓度依次为 6.4×10^{17}、6.56×10^{17}、2.1×10^{17}、2.26×10^{17}、4.3×10^{16}、$5.9\times10^{16}\,\mathrm{cm}^{-3}$;$m^*/m_0$ 依次为 0.029、0.033、0.023、0.027、0.0185、0.023

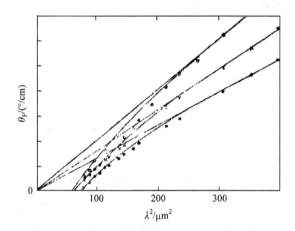

图 6.7　中红外和近红外波段 n-InSb 的法拉第旋转与入射光波长的关系,$B_0=$ 1.5T. 图中表明短波处出现起因于带间电子跃迁的非线性依赖关系,样品电子浓度依次为:·:$1.8\times10^{16}\,\mathrm{cm}^{-3}$;×:$2.3\times10^{16}\,\mathrm{cm}^{-3}$;○:$2.6\times10^{16}\,\mathrm{cm}^{-3}$

下,即在高于禁带宽度能量对应的光电磁波频率情况下,还可以观察到法拉第旋转角的变号. 带间跃迁对法拉第旋转的贡献可以用附加项[12]

$$\frac{AB_0}{(\omega^2-\omega_g^2)^2} \tag{6.40}$$

来描述,式中 A 为常数. 总的法拉第旋转则为式(6.40)给出的附加项和(6.35)描述的自由载流子法拉第旋转项之和,即

$$\theta_F=-\frac{\omega d}{2\eta c}\varepsilon''_{xy}+\frac{AB_0}{(\omega^2-\omega_g^2)^2} \tag{6.41}$$

为定量地理解带间跃迁对法拉第旋转的影响和推导出 θ_F 的完整表达式,需要知道

能带结构的详细知识,还要应用量子力学方法,这曾经是一个十分困难的理论课题,将在下一节讨论.

除 InSb 外,也已研究过 Ge、GaAs、GaP、GaSb 等半导体和某些Ⅱ-Ⅵ族化合物半导体带间跃迁对 θ_F 的影响.

迄今为止,只是考虑弱磁场情况下,即 $\omega_c \ll \omega$ 情况下的法拉第效应. 强磁场情况下,即回旋共振频率接近或大于入射电磁波频率时,θ_F 不能再用式(6.37)和(6.38)来描述. 仍以 n-InSb 为例说明这一点,图 6.8 给出 85K 时电子浓度 n≈$10^{15}\,cm^{-3}$ 的 n-InSb 的法拉第旋转角 θ_F 与磁场的关系[14],入射电磁波波长为 76.3μm. 由图可见,当 $B_0 < 2T$ 时,$\theta_F \propto B_0$,与式(6.37)一致;当 $B_0 > 2T$ 时,可以观察到回旋共振效应对 θ_F 的重要影响;尤其当 $\omega = \omega_c$ 时,θ_F 变号,法拉第旋转不再能用式(6.37)来描述. 很高磁场情况下,即 $\omega_c \gg \omega$ 时,θ_F 为负值,且其绝对值与磁场强度成反比,并可表达为

$$|\theta_F| = \frac{\mu c}{2\varepsilon_{r,\infty}^{1/2}} \frac{ne}{B_0} d \tag{6.42}$$

图 6.8 中还给出了更严格的推导获得的拟合曲线和实验结果的比较[14].

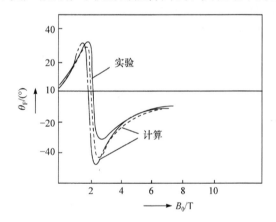

图 6.8　在包括回旋共振的磁场范围内,n-InSb 法拉第旋转 θ_F 与磁场强度的关系. 图中计算曲线用的参数为 $\varepsilon_{r,\infty} = 17.8$,$n_e = 1.0$ 或 $0.9 \times 10^{15}\,cm^{-3}$,$m_e^*/m_0 = 0.016$ 或 0.015,$\tau = 1.8$ 或 2.1×10^{-13} s. 样品厚度 $d = 183\mu$m,实验测量时的激光波长 $\lambda = 76.3\mu$m,温度 $T = 85K$

法拉第旋转还可以用于新型二维材料的研究. 如在 Crassee 等人的论文中[15],他们展示了在单层石墨烯中的法拉第旋光(图 6.9). 在 7T 的磁场中,光的偏振方向旋转超过了 0.1 rad. Crassee 等人认为如此强的旋光是由于在经典区域的回旋效应和量子区域内朗道能级间的跃迁共振导致的. 结合双极掺杂的可能性,这个结果开辟了将石墨烯用于可调超薄红外磁光器件的道路.

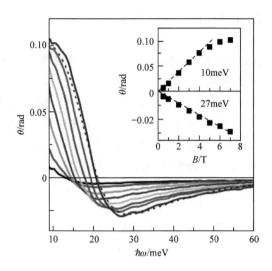

图 6.9　温度在 5K 时,不同磁场下(最高到 7T)石墨烯的法拉第旋转光谱.插图是在 $\hbar\omega = 10\text{meV}$ 和 27meV 时,法拉第旋光角度随磁场的变化,插图中的虚线是对 0 到 5T 数据的线性拟合

　　法拉第旋转还可以用于三维拓扑绝缘体的研究. Okada 等人通过观察铋锑碲 $(\text{Bi}_{0.26}\text{Sb}_{0.74})_2\text{Te}_3$(BST)与 Cr 掺杂的(BST)三维拓扑绝缘体的磁光效应(图 6.10),研究其拓扑磁电效应[16]. 在外加磁场为 1T 的情况下,Okada 等人发现拓扑绝缘体的旋光角度高达 $7 \times 10^5 (°)/\text{cm}$,比 Bi 掺杂的 YIG 高了三个量级. 这个结果说明这种巨大的效应来自于拓扑绝缘体的表面态.

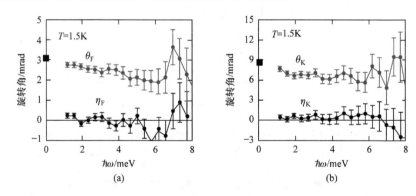

图 6.10　BST 拓扑绝缘体在 1.5K 时的(a)法拉第旋光和(b)克尔旋光.实部(θ_F 和 θ_K)表示光旋转的角度,虚部表示椭圆率,可以忽略不计. 在 $\omega = 0$ 时的数据来自于直流输运的数据

6.2.2　沃伊特效应

　　研究法拉第旋转时,入射电磁波波矢总和静磁场 $\boldsymbol{B}_0$ 平行,并且和样品表面法

线平行(法拉第位形). 沃伊特(Voigt)用另一种位形研究了固体的磁光效应,他令平面偏振的光电磁波垂直于外加静磁场($k \perp B_0$)入射到样品上,而光电磁波电矢量$\vec{\mathscr{E}}$则和外加静磁场B_0成45°角,即垂直磁场方向和平行磁场方向的分量相等. 如上所述,这两个电磁波分量在固体中以不同的速度传播,或者说有不同的折射率,因而当它们到达晶体背面时将有不同的相位,这样原来平面偏振的(即线偏振的)入射光电磁波,现在变为椭圆偏振的了,所以沃伊特效应也被叫做沃伊特双折射. 显然,出射光电磁波两电矢量间的位相差可表达为

$$\Phi_V = \frac{\omega}{c}(\eta_\perp - \eta_{/\!/})d \tag{6.43}$$

式中$\eta_\perp$和$\eta_{/\!/}$分别为介质中存在磁场情况下垂直和平行磁场方向的电矢量的折射率,可以通过求解式(6.28)来求得. 这里由于$k \perp B_0$,因而对垂直和平行磁场方向的电矢量分量,分别有

$$k_\perp^2 = \frac{\omega^2}{c^2}\varepsilon_r\left[1 + \frac{i}{\omega\varepsilon_0\varepsilon_r}\left(\sigma_{xx} + \frac{\sigma_{xy}^2}{\sigma_{xx} + i\omega\varepsilon_0\varepsilon_r}\right)\right]$$

$$k_{/\!/}^2 = \frac{\omega^2}{c^2}\varepsilon_r\left[1 + \frac{i}{\omega\varepsilon_0\varepsilon_r}\sigma_{zz}\right] \tag{6.44}$$

于是得

$$\Phi_V = \frac{\omega}{c}\left(\frac{\eta_\perp^2 - \eta_{/\!/}^2}{2\bar{\eta}}\right)d$$

$$= \frac{d}{2\varepsilon_0\bar{\eta}c}\left[\sigma_{xx}'' - \sigma_{zz}'' + \left(\frac{\sigma_{xy}^2}{(\sigma_{xx} + i\omega\varepsilon_r\varepsilon_0)}\right)''\right] \tag{6.45}$$

若仍假定弱磁场($\omega_c \ll \omega$)和可以忽略散射效应($\omega\tau \gg 1$),则自由载流子效应引起的沃伊特相位差可表为

$$\Phi_V = \frac{1}{2\bar{\eta}c}\frac{ne^2}{m^*c^2}\frac{\omega_c^2}{\omega^3}d = \frac{1}{2\bar{\eta}\varepsilon_0c^2}\frac{ne^4}{m^{*3}}\frac{B_0^2}{\omega^3}d \tag{6.46}$$

式(6.46)表明,和法拉第效应不同,弱场近似情况下,沃伊特效应和B_0^2成正比. 图6.11给出液氮温度下n-InSb的沃伊特相移与磁场强度平方之间的关系,可见与式(6.46)的预期十分一致. 图6.11和式(6.46)表明,和法拉第旋转一样,沃伊特效应也可用来研究半导体的有效质量. 这种从沃伊特效应测定的有效质量称沃伊特有效质量,对n-InSb来说,它也是载流子浓度的函数;对n-Ge来说,沃伊特有效质量也是各向异性的,是纵向和横向电子有效质量按方向余弦的组合. 综合式(6.37)和(6.46)还可见,若同时测量法拉第旋转和沃伊特效应,则从

$$\frac{\Phi_V}{\theta_F} = \frac{eB_0}{m^* \omega} = \frac{\omega_c}{\omega} \tag{6.47}$$

可以求得回旋共振频率 ω_c, 当然用这一方法测定 ω_c 并不容易, 因而仅具有有限意义.

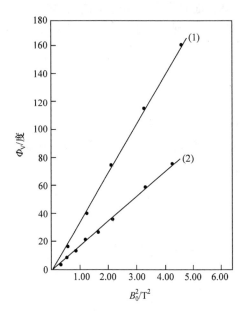

图 6.11　液氮温度下两个 n-InSb 样品的沃伊特相位移与磁场强度平方的关系, 样品 1[直线(1)]: $d=0.75\text{mm}, n=2.0\times10^{17}\,\text{cm}^{-3}, m_e^*/m=0.023, \lambda=18.2\mu\text{m}$; 样品 2[直线(2)]: $d=0.75\text{mm}, n=4.0\times10^{16}\,\text{cm}^{-3}, m_e^*/m=0.019, \lambda=22.6\mu\text{m}$

6.3　磁光效应的量子力学解释

本节讨论最简单能带模型情况下磁场中半导体能带的分裂和半导体磁光效应的量子力学解释. 不存在磁场情况下在晶体周期势场中运动的电子的薛定谔方程及其有效质量近似是人们熟悉的; 存在磁场情况下, 朗道首先给出了磁场对固体中电子运动影响的量子力学处理. 采用卢定谔和科恩(Kohn)[17] 的记号, 忽略自旋, 磁场中第 j 个带的布洛赫电子的薛定谔方程为

$$\left[\frac{1}{2m^*}(\boldsymbol{p}+e\boldsymbol{A})^2 + V(\boldsymbol{r})\right]\Psi_j(\boldsymbol{r}) = E_j\Psi_j(\boldsymbol{r}) \tag{6.48}$$

式中 $\boldsymbol{A}$ 为静磁场矢势. 如把磁场看作外微扰, 则可以将方程(6.48)的解表达为

$$\Psi_j(\boldsymbol{r}) = \varphi_j(\boldsymbol{r}) F_j(\boldsymbol{r}) + \frac{1}{m^*} \sum_{j \neq j', a} \frac{P_{j'j}^a}{E_j - E_{j'}} (P_a + e A_a)$$

$$\cdot F_{j'}(\boldsymbol{r}) \varphi_{j'}(\boldsymbol{r}) \tag{6.49}$$

即表达为按不存在磁场情况下能带底的布洛赫函数 $\varphi_j(\boldsymbol{r})$ 的展开,并计及与磁场有关的带间互作用. 所以式(6.49)中 $\varphi_j(\boldsymbol{r}) = u_{j,k} \exp(\mathrm{i} \boldsymbol{k} \cdot \boldsymbol{r}) = u_{j,0}$,而第二项求和则对所有其他带进行,$P_{j'j}^a$ 为动量矩阵元的第 a 个分量,即

$$P_{j'j}^a = \int u_{j',0}^* P_a u_{j,0} \mathrm{d} \boldsymbol{r} \tag{6.50}$$

将式(6.49)代入式(6.48),得 $F_j(\boldsymbol{r})$ 满足的方程为

$$\frac{1}{2m^*} (\boldsymbol{p} + e\boldsymbol{A})^2 F_j(\boldsymbol{r}) = E_j F_j(\boldsymbol{r}) \tag{6.51a}$$

式(6.51a)代表质量为 m^*、电荷为 e 的自由粒子在磁场中作量子运动满足的方程,它首先由朗道解出. 假定磁场沿 z 轴并采用朗道规范的矢势表达式 $(0, B_0 x, 0)$,则方程(6.51a)变为

$$\frac{1}{2m^*} [P^2 + 2eB_0 x P_y + e^2 B_0^2 x^2] F_j(\boldsymbol{r}) = E_j F_j(\boldsymbol{r}) \tag{6.51b}$$

令方程的试解为

$$F_j(\boldsymbol{r}) = G(x) \exp[\mathrm{i}(k_y y + k_z z)] \tag{6.52}$$

代入式(6.51b),得 $G(x)$ 满足的方程为

$$-\frac{\hbar^2}{2m^*} \frac{\mathrm{d}^2 G(x)}{\mathrm{d} x^2} + \frac{1}{2m^*} [(\hbar k_y + eB_0 x)^2 + \hbar^2 k_z^2] G(x) = EG(x) \tag{6.53}$$

这是一个一维谐振子方程,平衡位置 x_0 为

$$x_0 = \frac{\hbar}{eB_0} k_y \tag{6.54}$$

振子自然频率为

$$\omega_c = \frac{eB_0}{m^*} \tag{6.55}$$

因而方程(6.53)的本征值为

$$E(k) = \left(n + \frac{1}{2} \right) \hbar \omega_c + \frac{\hbar^2 k_z^2}{2m^*} \tag{6.56}$$

本征函数为简单的一维谐振子波函数,即

$$G(x) = \varphi_n(x - \hbar k_y/eB_0) \tag{6.57}$$

这样,若忽略带间互作用,即忽略方程(6.49)中的第二项,可以获得磁场作用下能带电子的零级波函数为

$$\Psi_j(\boldsymbol{r}) = u_{j,0} F_j(\boldsymbol{r})$$

$$= \frac{u_{j,0}}{\sqrt{L_y L_z}} \exp[\mathrm{i}(k_y y + k_z z)] \varphi_n(x - \hbar k_y/eB_0) \tag{6.58}$$

式中,L_x、L_y、L_z 为 x、y、z 方向晶体的尺寸. 式(6.58)表明,存在磁场情况下,能带电子的零级波函数由 u_0 和一个随空间缓变的具有谐振子波函数特性的包络函数组成. 式(6.56)表明,沿磁场方向的电子运动和经典情况下一样,未受磁场的影响;但垂直磁场方向,电子的轨道运动被量子化了,只能沿一系列分立的能级. 能级间的距离决定了回旋运动频率 ω_c. 这样,从各自的能带边量起,磁场中导带电子和价带空穴的能量状态可分别表为

$$E_c(k) = \left(n + \frac{1}{2}\right)\hbar\omega_{c,e} + \hbar^2 k_z^2/2m_e^* \tag{6.59a}$$

$$E_v(k) = \left(n + \frac{1}{2}\right)\hbar\omega_{c,v} + \hbar^2 k_z^2/2m_h^* \tag{6.59b}$$

式中 m_e^*、m_h^* 分别为电子和空穴的有效质量,$\omega_{c,e}$ 和 $\omega_{c,v}$ 分别为导带电子和价带空穴的回旋运动频率. 如果还要计及自旋运动在磁场中的分裂,或者说考虑磁场中自旋简并的消除,则式(6.59)变为

$$E_c(k) = \left(n + \frac{1}{2}\right)\hbar\omega_{c,e} + \frac{\hbar^2 k_z^2}{2m_e^*} \pm \frac{1}{2}g_c^* \mu_B B_0$$

$$E_v(k) = \left(n + \frac{1}{2}\right)\hbar\omega_{c,v} + \frac{\hbar^2 k_z^2}{2m_h^*} \pm \frac{1}{2}g_v^* \mu_B B_0 \tag{6.60}$$

式中 $\mu_B = e\hbar/2m_0$ 为玻尔磁子,g^* 为电子或空穴的等效光谱自旋因子,对自由电子,$g^* = 2$;但对能带电子和空穴来说,由于自旋-轨道耦合的影响,g^* 因子可为正值,也可为负值,可以小于 2,也可远大于 2.

上述讨论是对简单能带而言,即认为导带底和价带顶都在 k 空间原点,没有复杂结构,并且带间相互作用可以忽略. 简单能带的朗道磁分裂如图 6.12 所示.

由于磁分裂,能带的态密度函数也受到影响. 从式(6.58)可知,波矢空间中,沿 k_y 和 k_z 方向,电子态分布仍是均匀的,因此固定量子数 n 情况下,或者说第 n

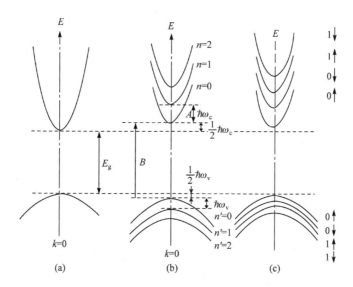

图 6.12　简单的半导体能带示意图. (a)$B_0 = 0$; (b)$B_0 \neq 0$; (c)$B_0 \neq 0$,
并且计及自旋. 图中跃迁 A 记回旋共振, 跃迁 B 记带间磁吸收

个子带内, $\mathrm{d}k_y \mathrm{d}k_z$ 范围内的状态数为

$$\frac{L_y L_z}{(2\pi)^2} \mathrm{d}k_y \mathrm{d}k_z$$

此外, 由于 $\Psi_j(\boldsymbol{r})$ 与 k_x 无关, 态密度也与 k_x 无关. 然而, $\varphi_n(x)$ 是一个以 x_0 为中心的谐振子函数, 而这个中心必须在晶体内, 即 L_x 方向边界上的波函数 $\varphi_n(x)$ 为零, 这就对 k_y 可能的取值范围加上了限制. 如果令

$$-\frac{L_x}{2} \leqslant x_0 < \frac{L_x}{2}$$

则从式(6.54), 有

$$-\frac{1}{2} L_x \left(\frac{eB_0}{\hbar}\right) \leqslant k_y < \frac{1}{2} L_x \left(\frac{eB_0}{\hbar}\right) \tag{6.61}$$

于是态密度函数变为

$$g(E)\mathrm{d}E = 2\frac{L_y L_z}{(2\pi)^2} L_x \frac{eB_0}{\hbar} \mathrm{d}k_z$$

利用式(6.59), 并考虑到总的态密度为各子带态密度之和, 则有

$$g(E)\mathrm{d}E = \frac{m^{*1/2} eB_0}{2\pi^2 \hbar^2} \sum_n \frac{\mathrm{d}E}{\sqrt{2}\left[E - \left(n + \frac{1}{2}\right)\hbar\omega_c\right]^{1/2}} \tag{6.62}$$

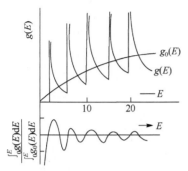

图 6.13　磁场下半导体能带的态密度函数. 上图:存在磁场时的态密度函数及其与 $B_0=0$ 时态密度函数 $g_0(E) \propto (E-E_0)^{1/2}$ 的比较. 下图:磁场下能量小于 E 的状态总数和不存在磁场时的状态总数之比与 E 的关系

存在磁场情况下 $g(E)$ 与 E 的关系以及和不存在磁场情况下态密度函数的比较如图 6.13 所示. 图 6.13 同时也给出磁场下能量小于 E 的状态总数 $\int_0^E g(E)\mathrm{d}E$ 和不存在磁场时的状态总数 $\int_0^E g_0(E)\mathrm{d}E$ 之比和能量 E 的关系. 式(6.62)和图 6.13 表明,存在磁场情况下,态密度不再是正比于 $\sqrt{(E-E_0)}$ 的连续函数,而在 $E=\left(n+\dfrac{1}{2}\right)\hbar\omega_c$ 处存在态密度的奇异点,这正是半导体一系列磁振荡现象的物理起源.

利用上述简单模型,可以解释半导体的若干磁光效应,例如回旋共振、法拉第效应和带间磁吸收. 下面简要讨论用上述简单量子力学模型来解释回旋共振和带间磁吸收的实验结果.

类似于第二章的讨论,只是现在所研究的是磁场中固体电子和辐射电磁波场的互作用. 这里仍可以将辐射电磁波场看作微扰,若辐射的偏振矢量为 $\boldsymbol{a}$,则现在存在静磁场的条件下,微扰哈密顿为

$$H' = \boldsymbol{a} \cdot (\boldsymbol{p} + e\boldsymbol{A}) \tag{6.63}$$

式中 $\boldsymbol{A}$ 为辐射电磁波场的矢势,而不是前面讨论能量状态时的静磁场矢势. 电子从初态 i 跃迁到终态 f 的概率仍决定于矩阵元 P_{if} 的平方,只是这里的电子初态和终态是静磁场中固体电子的能量状态,因而与它们对应的波函数是磁场中能带电子的波函数[式(6.58)],于是

$$P_{if} = \langle \psi_f^* \mid H' \mid \psi_i \rangle$$

$$= \int u_{f0}^*(\boldsymbol{r}) F_f^*(\boldsymbol{r}) \boldsymbol{a} \cdot (\boldsymbol{p} + e\boldsymbol{A}) u_{i0}(\boldsymbol{r}) F_i(\boldsymbol{r}) \mathrm{d}\boldsymbol{r} \tag{6.64}$$

考虑到谐振子波函数 $F(\boldsymbol{r})$ 和电磁波矢势 $\boldsymbol{A}$ 随空间位置的改变比以原胞为周期的函数 $u_{i0}(\boldsymbol{r})$ 和 $u_{f0}(\boldsymbol{r})$ 要慢得多,可以简化 P_{if} 的表达式,所以当对一个原胞范围内积分时,前面两项可近似当作常数从积分号中移出来,即

$$P_{if} = \int_{晶体} F_f^*(\boldsymbol{r}) \boldsymbol{a} \cdot (\boldsymbol{p} + e\boldsymbol{A}) F_i(\boldsymbol{r}) \mathrm{d}\boldsymbol{r} \int_{原胞} u_{f0}^*(\boldsymbol{r}) u_{i0}(\boldsymbol{r}) \mathrm{d}\boldsymbol{r}$$

$$+ \int_{晶体} F_f^*(\boldsymbol{r}) F_i(\boldsymbol{r}) \mathrm{d}\boldsymbol{r} \int_{原胞} u_{f0}^*(\boldsymbol{r}) \boldsymbol{a} \cdot \boldsymbol{p} u_{i0}(\boldsymbol{r}) \mathrm{d}\boldsymbol{r} \tag{6.65}$$

现在分别考虑式(6.65)的第一项和第二项. 由于 u_{i0} 和 u_{f0} 的正交性,式(6.65)中的第一项只有对带内跃迁才异于零. 将式(6.58)代入式(6.65),当 $\vec{\mathscr{E}} \perp \boldsymbol{B}_0$ 时,即法拉第位形时(记为 σ_L 与 σ_R,分别对应于左旋和右旋圆偏振波),可得式(6.65)第一项给出的带内跃迁矩阵元为

$$P_{if} = \left(\frac{eB_0}{\hbar}\right)^{1/2} \left(\frac{n+1}{2}\right)^{1/2} \tag{6.66}$$

选择定则为

$$\Delta k_y = \Delta k_z = 0$$
$$\Delta n = \pm 1 \tag{6.67}$$
$$\Delta s = 0$$

这里 $s = \pm\frac{1}{2}$ 为自旋量子数. 选择定则中,第一项表示跃迁是竖直的,k 守恒;第二、三项表示只有带内相同自旋状态的相邻朗道能级间的跃迁才是允许的,相邻朗道能级间的能量差为

$$E_f - E_i = \hbar\omega = \hbar\omega_c \tag{6.68}$$

这就是回旋共振. 这样,从量子力学观点看来,回旋共振对应于带内相同自旋量子态的相邻朗道能级间的跃迁. 这里由于采用了简单的谐振子模型,忽略了带间互作用和能带非抛性效应等,因而不能预言谐波回旋共振、双共振、回旋共振分裂等复杂共振的实验事实.

带间跃迁情况下,由于波函数 $u_{i0}(\boldsymbol{r})$ 和 $u_{f0}(\boldsymbol{r})$ 的正交性,式(6.65)第一项为零,只需考虑第二项即可. 若研究从价带到导带的跃迁,则跃迁矩阵元可写为

$$P_{cv} = \int_{晶体} F_f^*(\boldsymbol{r}) F_i(\boldsymbol{r}) d\boldsymbol{r} \int_{原胞} u_{f0}^*(\boldsymbol{r}) \boldsymbol{a} \cdot \boldsymbol{p} u_{i0}(\boldsymbol{r}) d\boldsymbol{r}$$
$$= \boldsymbol{a} \cdot \boldsymbol{p}_{cv} \int F_c^*(\boldsymbol{r}) F_v(\boldsymbol{r}) d\boldsymbol{r} \tag{6.69}$$

式中

$$\boldsymbol{a} \cdot \boldsymbol{p}_{cv} = \int u_{c0}^* \boldsymbol{a} \cdot \boldsymbol{p} u_{v0} d\boldsymbol{r} \tag{6.70}$$

为动量矩阵元,式(6.58)表明,式(6.69)中简单谐振子波函数 $F_c(\boldsymbol{r})$、$F_v(\boldsymbol{r})$ 与能带结构性质无关,这样由于包络函数的正交性,跃迁选择定则变为

$$\Delta k_y = \Delta k_z = 0$$
$$\Delta n = 0 \tag{6.71a}$$

即直接跃迁情况下,带间跃迁只能在导带和价带的相同朗道量子数的朗道能级之

间竖直地发生. 如果计及自旋,跃迁能量为

$$\hbar\omega = E_c - E_v = E_g + \left(n + \frac{1}{2}\right)\hbar(\omega_{c,e} + \omega_{c,v})$$

$$+ (s_c g_c^* - s_v g_v^*)\mu_B B_0 + \frac{\hbar^2 k_z^2}{2m_r^*} \tag{6.71b}$$

式中 $m_r^* = \dfrac{m_e^* m_h^*}{m_e^* + m_h^*}$ 为折合有效质量,s_c、s_v 为导带电子和价带空穴的自旋量子数,

可取值 $\pm\dfrac{1}{2}$.

如果包括自旋,则还需考虑与自旋量子数有关的选择定则. 决定于电磁波偏振方向(位形),动量矩阵元$(\boldsymbol{a}\cdot\boldsymbol{p})$给出下列有关自旋的附加的选择定则

$$\Delta s = 0 \text{ 或 } \pm 1 \tag{6.72}$$

$\boldsymbol{k}/\!/\boldsymbol{B}_0$ 以及 $\vec{\mathscr{E}}\perp\boldsymbol{B}_0$ 情况下,选择定则为 $\Delta s = \pm 1$,这对应于两种不同的圆偏振态(σ_L 和 σ_R). $\boldsymbol{k}\perp\boldsymbol{B}_0$ 情况下,对 $\vec{\mathscr{E}}/\!/\boldsymbol{B}_0$($\pi$ 位形)有 $\Delta s = 0$;而对 $\vec{\mathscr{E}}\perp\boldsymbol{B}_0$($\sigma$ 或沃伊特位形),则有 $\Delta s = \pm 1$. 这些选择定则是由包含自旋在内的布洛赫函数的对称性决定的,这种对称性和原子态情况下角动量的对称性一致. 例如,若

$$\psi_c \propto u_{c0}\exp[\mathrm{i}s_c\varphi]$$

$$\psi_v \propto u_{v0}\exp[\mathrm{i}s_v\varphi]$$

φ 是柱形坐标系(ρ,φ,z)中的方位角,并且 $\boldsymbol{B}_0/\!/z$,所以

$$x = \rho\cos\varphi$$

$$y = \rho\sin\varphi$$

$$\mathrm{d}\boldsymbol{r} = \rho\mathrm{d}\varphi\mathrm{d}z\mathrm{d}\rho$$

这样,对 $\vec{\mathscr{E}}/\!/\boldsymbol{B}_0$,即 π 位形,有

$$\boldsymbol{a}\cdot\boldsymbol{p}_{cv} \propto \int\exp[\mathrm{i}(s_c - s_v)\varphi]\mathrm{d}\varphi \tag{6.73}$$

即只有当 $\Delta s = 0$ 时,$\boldsymbol{a}\cdot\boldsymbol{p}_{cv}$ 才不为零. 对 $\vec{\mathscr{E}}\perp\boldsymbol{B}_0$,即 σ 位形,有

$$\boldsymbol{a}\cdot\boldsymbol{p}_{cv} \propto \int\exp[\mathrm{i}(s_v - s_c)\varphi](\cos\varphi \pm \mathrm{i}\sin\varphi)\mathrm{d}\varphi$$

$$\propto \int\exp[\mathrm{i}(s_v - s_c \pm 1)\varphi]\mathrm{d}\varphi \tag{6.74}$$

即只有当 $\Delta s = \pm 1$ 时,$\boldsymbol{a}\cdot\boldsymbol{p}_{cv}$ 才不为零. 这些就是上面指出的关于自旋量子数的选择定则.

这样可以将简单理论预言的不同位形情况下的带间直接跃迁以及带内跃迁的选择定则统列于表 6.1.

表 6.1　简单理论预言的不同位形情况下带间直接跃迁及带内跃迁的选择定则

位形符号		位形	电磁波电矢量与 $\boldsymbol{B}_0$ 的方位	选择定则
带间直接跃迁	σ_L	法拉第位形	左旋圆偏振波	$\Delta k_y = \Delta k_z = 0, \Delta n = 0, \Delta s = \pm 1$
	σ_R	法拉第位形	右旋圆偏振波	$\Delta k_y = \Delta k_z = 0, \Delta n = 0, \Delta s = \pm 1$
	σ	沃伊特位形	$\vec{\mathscr{E}} \perp \boldsymbol{B}_0$	$\Delta k_y = \Delta k_z = 0, \Delta n = 0, \Delta s = \pm 1$
	π	沃伊特位形	$\vec{\mathscr{E}} /\!/ \boldsymbol{B}_0$	$\Delta k_y = \Delta k_z = 0, \Delta n = 0, \Delta s = 0$
带内跃迁	σ_L, σ_R	法拉第位形	左或右旋圆偏振波	$\Delta k_y = \Delta k_z = 0, \Delta n = \pm 1, \Delta s = 0$

由式(6.65)给出的跃迁矩阵元,可以计算存在外磁场情况下直接带间跃迁的吸收系数为

$$\alpha(\hbar\omega) = \frac{8\pi e^2}{3\bar{\eta} cm^{*2}\omega\varepsilon_0} \sum_{if} |P_{if}|^2 \delta(E - E_f + E_i) \tag{6.75}$$

和第二章讨论的情况一样,求和对所有可能给出 $\hbar\omega$ 跃迁的初态和终态进行,只是这里的初态和终态能量表达式中要计及磁场的效应. 从式(6.75)、(6.69)、(6.62),可以推得存在外磁场情况下直接带间跃迁吸收系数的表达式为

$$\alpha(\hbar\omega) = \frac{2e^2 |\boldsymbol{a} \cdot \boldsymbol{p}_{cv}|^2 (2m_r^*)^{1/2}}{\bar{\eta} cm^{*2}\omega\hbar\varepsilon_0}\left(\frac{eB_0}{\hbar}\right)$$

$$\times \sum_n \frac{1}{\left[\hbar\omega - E_g - \left(n + \frac{1}{2}\right)\hbar\omega_{CR}\right]^{1/2}} \tag{6.76}$$

式中 $\omega_{CR} = \omega_{c,e} + \omega_{c,v} = \dfrac{eB_0}{m_r^*}$,即导带电子和价带空穴回旋共振频率之和,这里再次忽略自旋的效应. 式(6.76)表明,存在外磁场情况下,吸收曲线可以存在一系列的"吸收边",或者说呈振荡现象,吸收系数的每一次陡峭上升对应于电子从价带中量子数为 n 的朗道能级到导带中同一量子数 n 的朗道能级间的跃迁. 图 6.14 给出了这种吸收系数随入射光子能量及外磁场变化的计算结果. 图 6.15 给出了图 6.14 中诸吸收极大值位置与 B_0 的关系[19]. 它们表明,如果固定入射光子能量 $\hbar\omega$ 略高于 E_g,改变磁场强度,可以获得一系列作为 $(1/B_0)$ 的周期函数的振荡吸收峰. 或者固定外磁场强度 B_0,改变入射光子能量,则观察到一系列等距配置的振荡吸收峰. 图 6.15 中诸直线在纵坐标上的共同截距给出了所研究半导体的禁带宽度 E_g. 从各直线的斜率,还可以求得折合有效质量 m_r^*,若从其他方法已知 m_e^*,则由此可求得空穴有效质量 m_h^*.

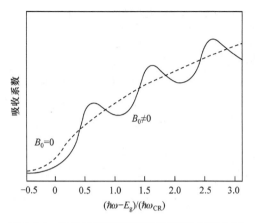

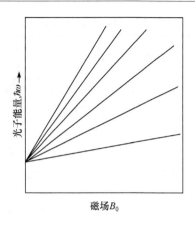

图 6.14　简单能带情况下带间磁吸收系数与光
子能量的关系(计算结果). 实线表明存在外磁
场时吸收边附近的振荡磁吸收

图 6.15　图 6.14 中诸吸收极大值
位置与外磁场强度的关系
［由式(6.76)给出］

上述讨论是对简单能带而言的,并且忽略了自旋效应. 如果考虑这两个因素,实际带间磁吸收效应要复杂得多. 图 6.16 给出了磁场强度为 4.66T 时 Ge 的直接跃迁带间磁吸收的实验结果[20]. 测量时 $\boldsymbol{B}_0$ 平行于 $\langle 100 \rangle$ 晶轴,而入射电磁波矢 $\boldsymbol{k} \perp \boldsymbol{B}_0$,并且 $\vec{\mathscr{E}} /\!/ \boldsymbol{B}_0$(即 π 位形),所以选择定则为 $\Delta n = 0$ 和 $\Delta s = 0$,即跃迁只能在具有同样朗道量子数 n、同样自旋态 s 的价带与导带的朗道能级之间发生. 图 6.16 证明了上述简单理论预言的磁场下带间跃迁光吸收的振荡效应,但同时也表明,振荡吸收峰存在精细结构. 图的下部给出了各允许带间磁跃迁的振荡吸收极大值的位置及其相对大小. 如果考虑到不同量子数 n、s 组合的价带与导带朗道量子态之间的跃迁,如图中符号 1^-、1^+、2^- 和 2^+ 所示意,Ge 的复杂的带间磁吸收结果是可以解释的.

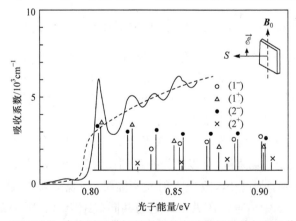

图 6.16　室温下 Ge 直接跃迁带间磁吸收的实验结果及其与理论值的比较.
π 位形,$\boldsymbol{B}_0 /\!/ \langle 100 \rangle$,$\vec{\mathscr{E}} /\!/ \boldsymbol{B}_0$,$B_0 = 4.66$T. 实线为实验结果,竖直线为计算的
峰值位置,$m_e^* = 0038 m_0$;虚线为 $\boldsymbol{B}_0 = 0$ 时的吸收曲线

这些结果再次表明磁光实验在半导体研究中的重要意义,从带内回旋共振和法拉第效应等,可获得费米面附近能带结构的信息,而从带间磁振荡吸收获得费米面之外能带结构的信息.

6.4 磁场中半导体的能级、$k \cdot P$ 微扰法及三带模型

上节讨论的是最简单能带模型的情况,并且忽略了带间互作用. 实际上,半导体的能带结构要复杂得多,以 Ge 价带为例,前面已经指出它具有类 p 态原子能级的特性,因而包括自旋,是 6 度简并的. 又由于自旋-轨道互作用,其中两支和其余的四支分裂开来,其他金刚石结构和闪锌矿结构半导体的价带结构也和 Ge 相似. 对窄禁带半导体,除上述复杂价带结构外,导带和价带间的互作用也是必须考虑的,并且我们面临的是强相互作用着的非抛物能带. 为了正确地给出磁场中半导体的能量状态,必须考虑上述二方面的因素,在凯恩[21]、德雷斯尔豪斯等提出的 $k \cdot P$ 微扰法和有效质量方程的基础上,卢定谔和科恩[17]、皮金(Pidgeon)和布朗(Brown)[22]、鲍尔斯(Bowers)和亚飞特(Yafet)[23]等提出了一系列的理论模型(分别简称为 LK、PB、BY 模型),概括了上述能带结构因素的影响,其中皮金和布朗提出了计及价带复杂性、导带非抛物性和带间互作用的较为完整的理论模型. 他们的模型用于处理带间磁跃迁尤为成功,但需要求解极其繁复的矩阵方程. 然而,如果讨论的是单个的非简并的能带的带内跃迁,则可以忽略更高级次的效应,只需考虑相互作用的导带、价带及自旋—轨道分裂价带,这时理论处理就比较简单,因而这个模型有时也称为三带模型,它给出了 Ge 和窄禁带半导体 InSb、CdHgTe 等能带在磁场下分裂的正确结果. 近来,沿用三带模型,并考虑闪锌矿结构半导体没有反映对称但能带扭曲的效应,韦勒(Weiler)等人[24]和扎瓦斯基(Zawadzki)等人[25]进一步导出了 InSb 等窄禁带半导体磁场下朗道能级的近似表达式和带间、带内跃迁的选择定则,说明了谐波回旋共振、双共振和声子参予回旋共振等实验结果,在处理窄禁带半导体带内磁光效应时取得了成功.

本节不准备详细推导这些理论表达式,而仅讨论这些方法的物理模型和主要结果. 为此我们从 $k \cdot P$ 微扰法开始. $k \cdot P$ 微扰法是计算半导体能带结构的一种有效的方法,如上所述,许多研究磁场中半导体能级的、重要的理论模型和方法也是在 $k \cdot P$ 微扰法的基础上发展起来的. 这种方法的要点在于,将波矢空间中能带极值 k_0 附近的电子能态表达为 $k = k_0$ 处的原胞周期波函数(布洛赫波函数中以原胞为周期的那一部分)和能量本征值的函数,其基本概念可以通过周期势场中电子运动的薛定谔方程来说明

$$\left[\frac{\mathbf{P}^2}{2m^*} + V(\mathbf{r})\right]\psi_{jk}(\mathbf{r}) = E_j\psi_{jk}(\mathbf{r}) \tag{6.77}$$

式中

$$\psi_{jk}(\boldsymbol{r}) = u_{jk}(\boldsymbol{r})\exp(\mathrm{i}\boldsymbol{k}\cdot\boldsymbol{r}) \tag{6.78}$$

为第 j 个带的布洛赫波函数，$u_{jk}(\boldsymbol{r})$ 是以晶格原胞为周期的周期函数，$\boldsymbol{P}=\dfrac{\hbar}{\mathrm{i}}\boldsymbol{\nabla}$. 将式(6.78)代入(6.77)得

$$\left\{\frac{\boldsymbol{P}^2}{2m^*}+\frac{\hbar}{m^*}\boldsymbol{k}\cdot\boldsymbol{P}+\frac{\hbar^2k^2}{2m^*}+V(\boldsymbol{r})\right]u_{jk}(\boldsymbol{r}) = E_ju_{jk}(\boldsymbol{r}) \tag{6.79}$$

这是关于函数 $u_{jk}(\boldsymbol{r})$ 的薛定谔方程，在 $\boldsymbol{k}=\boldsymbol{k}_0$ 附近可以写为

$$(H_0+H_{\boldsymbol{k}\cdot\boldsymbol{P}})u_{jk}(\boldsymbol{r}) = E_ju_{jk}(\boldsymbol{r}) \tag{6.80}$$

式中

$$H_0 = \frac{\boldsymbol{P}^2}{2m^*}+\frac{\hbar^2k_0^2}{2m^*}+\frac{\hbar}{2m^*}\boldsymbol{k}_0\cdot\boldsymbol{P}+V(\boldsymbol{r}) \tag{6.81}$$

$$H_{\boldsymbol{k}\cdot\boldsymbol{P}} = \frac{\hbar^2}{2m^*}(k^2-k_0^2)+\frac{\hbar}{m^*}(\boldsymbol{k}-\boldsymbol{k}_0)\cdot\boldsymbol{P} \tag{6.82}$$

式(6.82)给出的 $H_{\boldsymbol{k}\cdot\boldsymbol{P}}$ 称为 $\boldsymbol{k}\cdot\boldsymbol{P}$ 微扰哈密顿，因而这种研究能带结构的方法就称做 $\boldsymbol{k}\cdot\boldsymbol{P}$ 微扰法.

为在任意 $\boldsymbol{k}$ 值情况下求解式(6.80)，可以利用已知的 $\boldsymbol{k}=\boldsymbol{k}_0$ 处的解，包括本征函数和本征值已知的条件，在 $\boldsymbol{k}=\boldsymbol{k}_0$ 附近将 $u_{jk}(\boldsymbol{r})$ 按 $\boldsymbol{k}_0$ 处的波函数 $u_{jk_0}(\boldsymbol{r})$ 展开，并用微扰理论来处理 $H_{\boldsymbol{k}\cdot\boldsymbol{P}}$，有

$$u_{jk}(\boldsymbol{r}) = \sum_i A_{ij}(\boldsymbol{k})u_{ik_0}(\boldsymbol{r}) \tag{6.83}$$

式中 i 表明对所有的带求和. 这样，对抛物能带，精确到 $\boldsymbol{k}$ 的二次方项为止，可以得

$$E_j(\boldsymbol{k}) = E_j(\boldsymbol{k}_0)+k_\alpha D_{jj}^{\alpha\beta}k_\beta \tag{6.84}$$

式中

$$D_{jj}^{\alpha\beta} = \frac{\hbar}{2m^*}\delta_{\alpha\beta}+\frac{\hbar}{m^{*2}}\sum_{i\neq j}\frac{P_{ji}^\alpha(\boldsymbol{k}_0)P_{ij}^\beta(\boldsymbol{k}_0)}{E_j(\boldsymbol{k})-E_j(\boldsymbol{k}_0)} \tag{6.85}$$

为有效质量倒数张量，α、β 表示它们的 x、y、z 坐标分量，$P_{ij}=\langle u_{ik_0}|\boldsymbol{P}|u_{jk_0}\rangle$，$k_{\alpha,\beta}=(\boldsymbol{k}-\boldsymbol{k}_0)_{\alpha,\beta}$. 在上述能量表达式中，没有包含 $\dfrac{\hbar}{m^*}k_\alpha P_{jj}(\boldsymbol{k}_0)$ 之类的线性项，因为对具有反演对称的半导体来说，极值附近

$$P_{jj}(\boldsymbol{k}_0) = \frac{\partial E_j}{\partial k} = 0 \tag{6.86}$$

在波函数表达式(6.83)中,也已略去了形如 $\dfrac{H_{k \cdot P}}{(E_j - E_i)^2}$ 的项. 在能量表达式(6.84)中,仅保留到 k^2 项,这意味着我们假定 $k - k_0$ 远小于整个布里渊区,或者说远小于倒格子空间的宽度(即 $|k - k_0| \ll 1/a$),也就是说,所处理的是布里渊区中能带极值附近的一小部分.

将式(6.83)代入(6.79),并假定所讨论的是布里渊区中心($k_0 = 0$)附近的情况,再考虑到能带边缘波函数的正交性,可以得到 $A_{ij}(k)$ 满足如下方程:

$$\left[E_j(0) + \frac{\hbar^2 k^2}{2m^*} \right] A_{ij}(k) + \sum_i \frac{\hbar}{m^*} k \cdot P_{ji}(0) A_{ij}(k) = E_j A_{ij}(k) \quad (6.87)$$

迄今尚未考虑外加磁场对薛定谔方程的影响,为便于处理磁场等外微扰的效应,运用实空间中包络函数满足的薛定谔方程是方便的. 为此,卢定谔和科恩首先对矩阵 $A_{ij}(k)$ 进行正则变换($A = TB$),使之对角化,然后运用傅里叶积分变换

$$B_j(k) = \int_{晶体} \exp(-i k \cdot r) f_j(r) \mathrm{d}r$$
$$\tag{6.88}$$
$$f_j(r) = \int_{布里渊区} \exp(i k \cdot r) B_j(k) \mathrm{d}k$$

获得第 j 个带的波函数 $f_j(r)$ 满足的到 k^2 项为止的有效质量方程:

$$\left[E_j(0) + \left(\frac{1}{i} \nabla_\alpha \right) D_{jj}^{\alpha\beta} \left(\frac{1}{i} \nabla_\beta \right) \right] f_j(r) = E_j f_j(r) \quad (6.89)$$

这里 $f_j(r)$ 和 $u_{jk}(r)$ 相比是 r 的缓变函数,这和前面 $k_{\alpha,\beta} \ll \dfrac{1}{a}$ 的假定一致. 从方程 (6.89)出发,对类 Ge 型简并价带,可以获得一组求解 $f_j(r)$ 和本征值 E 的耦合方程

$$\sum_{j'} \left[E_{j'}(0) \delta_{jj'} + \left(\frac{1}{i} \nabla_\alpha \right) D_{jj'}^{\alpha\beta} \left(\frac{1}{i} \nabla_\beta \right) \right] f_{j'}(r) = E f_j(r) \quad (6.90)$$

式中求和 j' 包括所有 6 支简并的价带,因而有 6×6 的有效质量哈密顿矩阵,其倒数有效质量张量为

$$D_{jj'}^{\alpha\beta} = \frac{\hbar^2}{2m} \delta_{\alpha\beta} \delta_{jj'} + \frac{\hbar^2}{m^{*2}} \sum_{i \neq j} \frac{P_{ji}^\alpha(0) P_{ij}^\beta(0)}{E_0 - E_i} \quad (6.91)$$

这里 E_0 是简并能带的平均能量,可以认为它与较高一支价带的能量一致. 现在考虑磁场的影响,对类 Ge 型复杂能带并同时考虑自旋和外磁场微扰,可将 $f_j(r)$ 满足的有效质量方程组(6.90)修正为

$$\sum_{j'}\left\{E_{j'}\delta_{jj'}+D_{jj'}^{\beta}\left(\frac{1}{i}\,\boldsymbol{\nabla}+\frac{e\boldsymbol{A}}{\hbar}\right)_{\alpha}\left(\frac{1}{i}\,\boldsymbol{\nabla}+\frac{e\boldsymbol{A}}{\hbar}\right)_{\beta}+\text{自旋项}\right\}\times f_{j'}(\boldsymbol{r})$$
$$=Ef_j(\boldsymbol{r}) \tag{6.92}$$

式中和自旋有关的项为

$$\left[\frac{\hbar^2}{4m^{*2}c^2}(\boldsymbol{\sigma}\times\boldsymbol{\nabla}\mathrm{V})\cdot\boldsymbol{P}\right]_{jj'}+\mu_b\boldsymbol{B}_0\cdot\boldsymbol{\sigma}_{jj'} \tag{6.93}$$

$\boldsymbol{\sigma}$ 为泡利自旋矢量,V 为晶体周期势场. 为处理窄禁带半导体情况下导带与价带间的强相互作用,以及这种相互作用导致的能带的严重非抛物性,上式求和中还必须包括导带态,并考虑到式(6.86)已不再成立,于是得到下列包括 8 个方程的耦合方程组[2]:

$$\sum_{j'}\left\{E_{j'}\delta_{jj'}+P_{jj'}^{\alpha}\left(\frac{1}{i}\,\boldsymbol{\nabla}+\frac{e\boldsymbol{A}}{\hbar}\right)_{\alpha}+D_{jj'}^{\beta}\left(\frac{1}{i}\,\boldsymbol{\nabla}+\frac{e\boldsymbol{A}}{\hbar}\right)_{\alpha}\left(\frac{1}{i}\,\boldsymbol{\nabla}+\frac{e\boldsymbol{A}}{\hbar}\right)_{\beta}\right.$$
$$\left.+\text{自旋项}\right\}f_{j'}(\boldsymbol{r})=Ef_j(\boldsymbol{r}) \tag{6.94}$$

式中 $P_{jj'}^{\alpha}\left(\frac{1}{i}\,\boldsymbol{\nabla}+\frac{e\boldsymbol{A}}{\hbar}\right)_{\alpha}$ 代表存在外磁场微扰时类 s 带与类 p 带的互作用. 式(6.94)是处理磁场作用下 $\boldsymbol{k}_0$ 附近半导体电子能态行为的较为完整的方程组,它包括 8 个方程,并计及能带非抛物性效应,一般情况下它们的解析求解是困难的.

在某些简化假定情况下,方程组(6.92)到(6.94)的求解可以变得稍为容易一些. 例如,在研究 Ge 价带的磁分裂时,可以忽略导带和已分裂开的两支价带,因而方程组(6.92)简化为 4×4 的有效质量哈密顿矩阵. 如果将总的零级波函数写为

$$\boldsymbol{\Psi}=\sum_{j'=3}^{6}f_{j'}(\boldsymbol{r})u_{j',0}(\boldsymbol{r}) \tag{6.95}$$

则现在仅需要 4 个 $u_{j,0}(\boldsymbol{r})$ 分量函数,它们分别对应于价带顶不同自旋状态的重空穴和轻空穴波函数,并可表为

$$u_{3,0}=\left|\frac{1}{\sqrt{2}}(X+iY)\uparrow\right\rangle \qquad\qquad \left(\frac{3}{2},\frac{3}{2}\right)$$

$$u_{4,0}=\left|\frac{1}{\sqrt{2}}(X-iY)\downarrow\right\rangle \qquad\qquad \left(\frac{3}{2},-\frac{3}{2}\right)$$

$$u_{5,0}=\left|\frac{1}{\sqrt{6}}[(X-iY)\uparrow+2Z\downarrow]\right\rangle \qquad\qquad \left(\frac{3}{2},-\frac{1}{2}\right)$$

$$u_{6,0}=\left|\frac{1}{\sqrt{6}}[-(X+iY)\downarrow+2Z\uparrow]\right\rangle \qquad\qquad \left(\frac{3}{2},\frac{1}{2}\right)$$

$$\tag{6.96}$$

式中箭头表示自旋向上或向下,X、Y、Z 为 Γ 处 T_d 空间群操作下按类 p 态原子波函数变换的周期函数,即 $X \infty u_1$、$Y \infty u_2$、$Z \infty u_3$,后面括号内的分数为角量子数 J 和磁量子数 m.

这样,详细计算表明,磁场中 Ge 价带分裂为 4 组能级[1],分别对应于自旋向上及自旋向下的轻空穴和重空穴. 在磁场沿〈100〉晶轴方向时,这些分裂能级如图 6.17 所示,图中 $E_1^-(n)$ 和 $E_2^-(n)$ 分别为自旋向下(逆磁场方向)和向上(顺磁场方向)的重空穴价带的朗道分裂能级($m_H^* = 0.3 m_0$);$E_1^+(n)$ 和 $E_2^+(n)$ 分别为自旋向上和向下的轻空穴价带的朗道分裂能级($m_L^* = 0.044 m_0$). 图 6.18 给出了包括 $k = 0$ 附近的导带在内的 Ge 的磁能级图. 图 6.17 表明,高量子数极限情况下,价带各组磁能级是近乎等距配置的,并求得 $m_H^* = 0.3 m_0$ 和 $m_L^* = 0.044 m_0$;但在低量子数情况下,磁分裂能级并非等距配置. 实验确实观察到许多半导体的不等距配置的朗道能级间的回旋共振跃迁,例如,对 Ge 和 Si,史迪克勒(Stickler)等人[26]用很纯的样品在很低的温度下(1.2K)观察到这种不等距配置的电子和空穴回旋共振吸收. 对超纯样品和超低温实验条件,只有最低的朗道子能级才有电子布居,并且共振线宽是很窄的,因而有时也称它们为回旋共振的量子效应. 此外,锗模型[22]给出,对 $\vec{\mathscr{E}} \perp \boldsymbol{B}_0$ 偏振位形,只有 $\Delta n = \pm 1,\Delta s = 0$ 的回旋共振跃迁 $\hbar \omega_c$ 才是允许的;而在 $\vec{\mathscr{E}} // \boldsymbol{B}_0$ 偏振位形下,$\Delta n = \pm 1,\Delta s = \pm 1$ 的双共振 $\hbar(\omega_c + \omega_s)$ 也是允许的.

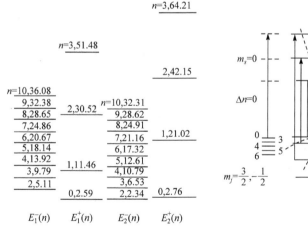

图 6.17 沿〈100〉方向磁场中 Ge 价带的磁分裂能级图. 图中能量以 eB_0/m^* 为单位

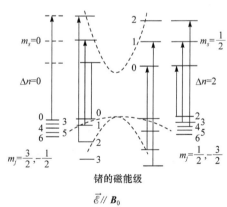

图 6.18 包括 $k = 0$ 附近导带在内的 Ge 的磁分裂能级示意图. 图中也标出 $\vec{\mathscr{E}} // \boldsymbol{B}_0$ 时允许的带间跃迁过程

对闪锌矿结构窄禁带和零禁带半导体,则必须考虑方程组(6.94),即有 8×8 的有效质量哈密顿矩阵. 以三带模型为例,为组成总的零级波函数,除方程(6.96)

给出的 $\pmb{k}_0$ 处的和轻空穴、重空穴相联系的 4 个基元函数外,还需包括 $\pmb{k}_0$ 处未微扰的导带波函数和分裂价带波函数为基元函数,它们分别表为

$$u_{1,0} = |\text{ is}\uparrow\rangle \qquad\qquad \left(\frac{1}{2}, \frac{1}{2}\right)$$

$$u_{2,0} = |\text{ is}\downarrow\rangle \qquad\qquad \left(\frac{1}{2}, -\frac{1}{2}\right)$$

$$u_{7,0} = \left|\frac{1}{\sqrt{3}}[-(X-iY)\uparrow + Z\downarrow]\right\rangle \qquad \left(\frac{1}{2}, -\frac{1}{2}\right)$$

$$u_{8,0} = \left|\frac{1}{\sqrt{3}}[(X+iY)\downarrow + Z\uparrow]\right\rangle \qquad \left(\frac{1}{2}, \frac{1}{2}\right)$$

$$(6.97)$$

磁场中 $\pmb{k}_0$ 附近波矢为 $\pmb{k}$ 的能带电子波函数是这 8 个基元函数按式(6.95)的组合,而 $\pmb{k} \cdot \pmb{P}$ 微扰哈密顿则包含波矢的一次和二次方项以及磁场的一次方项,并将与较高能带的互作用作为二级微扰处理,这样导带、轻空穴、重空穴和分裂价带的能量本征值由下式求得

$$E_n(E_n - E_g)(E_n + \Delta_0) - P^2\left[\frac{eB_0}{\hbar}(2n+1) + k_z^2\right]\left(E_n + \frac{2\Delta_0}{3}\right)$$

$$\pm \frac{1}{3}P^2\left(\frac{eB_0}{\hbar}\right)\Delta_0\hbar^2 = 0 \qquad\qquad (6.98)$$

式中 Δ_0 为价带自旋-轨道分裂,P 为导带-价带互作用矩阵元,即

$$P = -\left(\frac{i\hbar}{m_0}\right)\langle s \mid P_z \mid z\rangle \qquad\qquad (6.99)$$

在 $E_n \ll \left(E_g + \frac{2}{3}\Delta_0\right)$ 并且 $E_n \ll \Delta_0$ 的条件下,可以获得磁场中导带朗道能级的近似表达式为[2,27]

$$E\left\{\begin{array}{l}a^c(n)\\b^c(n)\end{array}\right\} \approx -\frac{1}{2}E_g + \left\{\frac{1}{4}E_g^2 + E_g\left[\left(n+\frac{1}{2}\right)\hbar\omega_c + \frac{\hbar^2 k_z^2}{2m_e^*} \mp \frac{1}{2}g_c^*\mu_B B_0\right]\right\}^{1/2}$$

$$(6.100)$$

这里 E 是从导带底量起的能量,m_e^* 和 g_c^* 为带边电子有效质量和 g 因子,即

$$\frac{1}{m_e^*} = \frac{1}{m_0} + \frac{2(3E_g + 2\Delta_0)}{3E_g(E_g + \Delta_0)}P^2 \qquad\qquad (6.101a)$$

$$g_c^* = 2\left\{1 - \left(\frac{m_0}{m_e^*} - 1\right)\frac{\Delta_0}{3E_g + 2\Delta_0}\right\} \qquad\qquad (6.101b)$$

磁场中导带朗道能级及自旋分裂如图 6.19 所示意. 由图 6.19 可见, 对窄禁带半导体, 无论是朗道能级分裂 (顺磁分裂) 或自旋分裂 (逆磁分裂), 分裂的大小都随能级增高而减小, 这正是能带非抛物性的效应. 从上一章的讨论已经知道, m_e^* 和 g_c^* 也是能量的函数. 此外, 关于跃迁矩阵元的群论分析表明, 由于能带扭曲效应和不存在反映对称, 带内跃迁的选择定则也和类锗模型有很大的不同, 更多的回旋共振谐波、双共振、组合共振, 如 $n\omega_c (n=2,3,4,5)$、$\omega_c \pm \omega_s$、$n\omega_c \pm \omega_s (n=2,3,4)$ 等都成

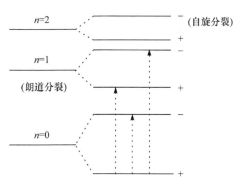

图 6.19　$k_z = 0$ 处窄禁带半导体导带电子的朗道能级和自旋能级. 随能量增加, 能级分裂减小. 箭头表示从最低能级出发的回旋共振、自旋共振和双共振跃迁过程

为允许的了. 表 6.2 给出了几个位形情况下这一理论预言的到 $n=3$ 为止的选择定则, 及其和关于 InSb 电子回旋共振实验观测结果的比较. 这样三带模型很好地解释了闪锌矿结构窄禁带和零禁带半导体的许多磁光现象, 尤其是带内跃迁. 对 InSb、InAs 和 $Cd_x Hg_{1-x} Te$ 等半导体, 它给出的导带有效质量 m_e^* 和有效 g_c^* 因子也与实验结果颇为一致.

表 6.2　理论预言的到 $n=3$ 为止的闪锌矿结构窄禁带半导体带内磁跃迁选择定则及与 InSb 电子回旋共振观测结果的比较

		$\vec{\mathscr{E}} \perp \boldsymbol{B}_0$	$\vec{\mathscr{E}} /\!/ \boldsymbol{B}_0$
$\boldsymbol{B}_0 /\!/ [001]$	理论	$2\omega_c + \omega_s,\ 3\omega_c$	$2\omega_c$
	实验	$2\omega_c,\ 2\omega_c + \omega_s,\ 3\omega_c$	$2\omega_c$
$\boldsymbol{B}_0 /\!/ [110]$	理论	$2\omega_c,\ 3\omega_c$	$2\omega_c + \omega_s$
	实验	$2\omega_c,\ 3\omega_c$	$2\omega_c + \omega_s$
$\boldsymbol{B}_0 /\!/ [111]$	理论	$2\omega_c,\ 2\omega_c + \omega_s$	$3\omega_c$
	实验	$2\omega_c,\ 2\omega_c + \omega_s$	$3\omega_c$

但对禁带较宽的半导体, 如 Si、GaAs, 理论和实验符合很差. 显然, 任何理论模型都有它自身的局限性.

综合导带和价带的结果, 具有类 Ge 价带结构的闪锌矿结构窄禁带半导体在磁场中的能级分裂如图 6.20 所示[3], 图中同时给出了最容易实验观测的几种组合电子回旋共振跃迁; 图 (c) 以 InSb 中电子为例给出了能带非抛物性对磁场下电子态密度函数的影响.

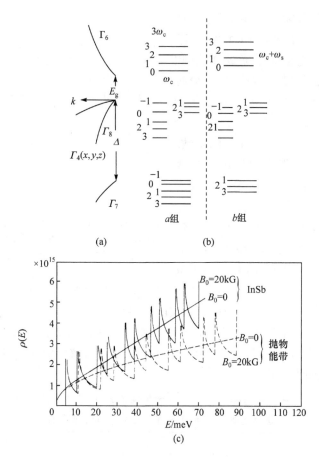

图 6.20　闪锌矿结构窄禁带半导体的能带示意图.
(a)$B_0＝0$;(b)存在外磁场时的分裂能级;(c)态密度函数

6.5　窄禁带半导体的回旋共振和其他磁光效应

　　上一节已经从理论上研究了窄禁带半导体的能带在磁场中的分裂(也称朗道量子化). 和一般半导体相比,闪锌矿结构窄禁带半导体载流子有效质量小、能带有明显的非抛物性,因而有大的磁光效应,在不必太高的磁场下,就必须考虑磁场的二次方项和量子效应,以及与能带非抛物性相关的修正和效应. 此外,对窄禁带半导体,容易实现高简并的自由载流子浓度,费米能级可以深入能带,因而一般说来,带内效应发生在费米能级 E_F 附近,从 E_F 以下某一或某些能态跃迁到其上的空态,并且常常必须考虑与磁等离子激元有关的耦合互作用. 带间过程则发生在某一较高能带准费米能级附近的状态到较低能带的跃迁(发光),或从较低能带准费米能级附近的状态到较高能带的跃迁(吸收).

　　实验上,如前面第 6.1 节中曾提到的,近代观测红外、远红外回旋共振及其他磁光光谱的实验方法,可以分成固定磁场强度下扫描光子能量和固定照射光波长情况下扫描磁场强度两类. 典型实验装置框图如图 6.21 所示意,这是一类适合在固定磁场强度下扫描照射样品的红外光束光子能量进行回旋共振,或其他多种磁光光谱测量的实验装置,因而通常采用傅里叶变换光谱仪实现光子能量扫描. 来自迈克尔孙干涉仪的多色相干光束经聚焦光学系统后聚焦在置于超导线卷中心的样品上;样品温度可调,样品尺寸应远大于红外光波长,通常为几个毫米. 光束透过样品或经样品反射后,再聚焦到置于磁场线卷以外的探测器被接收,并经傅里叶变换后得到频域中的磁光光谱. 选择适当的分束片和偏振元件,分别测量磁场为零和设定磁场时的光谱,即可得到实验者感兴趣的宽频域的作为频率(波长)函数的光谱的磁场比谱 $T(B_0)/T(B_0=0)$ 和 $R(B_0)/R(B_0=0)$ 等.

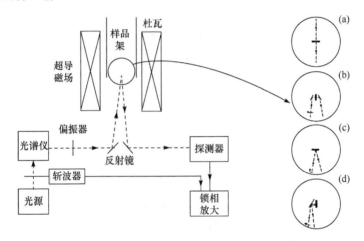

图 6.21　典型的磁光光谱测量系统框图. 右侧表示几种典型的实验位形:
(a)法拉第透射,$\vec{\mathscr{E}} \perp \boldsymbol{B}_0$,$\boldsymbol{k} /\!/ \boldsymbol{B}_0$;(b)沃伊特透射,$\vec{\mathscr{E}} /\!/$ 或 $\perp \boldsymbol{B}_0$;
(c)法拉第反射,σ_L 与 σ_R;(d)沃伊特反射,$\vec{\mathscr{E}} /\!/$ 或 $\perp \boldsymbol{B}_0$.

　　如果需要测量固定照射光波长下扫描磁场强度的磁光光谱,只需用激光或来自其他光源的单色、准单色光束代替傅里叶变换光谱仪的多色干涉光束照射样品,并测量增大磁场或降低磁场强度过程中来自样品的透射、反射等光信号随磁场的变化并求比谱,即可获得作为磁场强度函数的回旋共振或其他磁光光谱. 借用并不复杂的光路设计和光学系统,如图 6.21 右侧系列(a)～(d)所示意,可以分别在法拉第和沃伊特位形、以及各种不同偏振组合条件下,测量所研究样品的各类磁光光谱或磁光效应谱. 如有必要,甚至可以在样品上施加电压、单轴应力或流体静压力等外加测量条件,以实现更多外扰参数作用下的光谱测量和研究.

　　除实验装置的复杂外,半导体电子回旋共振及其他磁光光谱实验的真正困难在于,对许多半导体及其微结构样品来说,或者由于其自由电子数或其他引起磁光效应的准粒子数太少,或者由于其寿命太短,导致回旋共振等磁光信号十分微弱或难予分辨,加之在红外、远红外波段探测器灵敏度较低,这些波段的半导体电子回旋共振或其他磁光光谱测量始终是一项困难的实验课题. 为此,在上面提到的两类基本实验方法基础上,发展了许多新的实验方法. 以回旋共振研究为例,近年来发展了光学检测的回旋共振实验技术和光激发诱发或增强的回旋共振检测技术. 所谓光学检测回旋共振(ODCR),就是监测样品中发生回旋共振时某种光学信号的变化,并由此研究电荷载流子的回旋共振. 目前最常用的监测信号是样品的激子复合或其他辐射复合的光致发光信号. 这样实验时,将样品置于磁场中,用激光激发样品,观察发光信号,同时用一调制的微波或远红外辐射照射样品,当微波或远红外光子能量和两朗道能级间能量差相等时,亦即发生朗道跃迁时,就可以观察到发光信号的共振变化,这就是回旋共振信号. 对体材料,发光信号变化的物理机制主要是回旋共振时,光激发载流子共振地吸收微波或远红外光子,从而升高样品电子体系的等效温度,并导致发光信号变化,它和回旋共振吸收的关系可以通过理论公式联系起来. 1977 年,巴拉诺夫(Baranov)等人首先报道了微波波段 Ge 的光学检测回旋共振[6];1989 年,拉脱(Wright)等人将这种方法推广到远红外波段的回旋共振研究[7]. 由于利用了可见或近可见光探测技术,同时光激发载流子屏蔽了电离杂质散射,这种方法显著改善了传统回旋共振实验的灵敏度与分辨率,从而可以观察到许多原来不可能观察到的回旋共振现象,如 $\omega\tau < 1$ 的某些回旋共振,以及自由载流子浓度颇低的非掺杂样品的回旋共振.

　　光学检测回旋共振方法虽然有高灵敏度和高分辨率的优点,但它是通过其他光学信号变化来推断跃迁能量位于红外、远红外波段的朗道能级间的跃迁过程,其实验结果的翻译解释总有某些不确定性,至少是不够直观. 作者和陆卫等人[8]借用光学检测回旋共振中引入可见或近红外光的思想,选择光子能量与被研究半导体带间跃迁或激子跃迁共振的入射光来激发过剩自由载流子,并仍以传统的方法直接观测朗道跃迁导致的回旋共振信号. 他们的实验表明,用这种方法观测某些半导体及其量子阱结构的回旋共振吸收,其灵敏度较传统的方法有数量级的提高;并在传统方法观察不到回旋共振吸收信号的样品中,测量到激发过剩自由电子引起的朗道能级间的跃迁过程. 他们的实验方法被称作光激发诱发和增强的回旋共振检测技术.

　　现在来讨论闪锌矿结构窄禁带半导体回旋共振及其他相关的带内跃迁磁光光谱的实验结果. InSb 是这类半导体的典型例子,早在 1961 年,关于 Ge、Si 等Ⅳ族元素半导体电子微波回旋共振实验结果发表不久,巴立克(Palik)等人[14,18]就报道了 n-InSb 电子红外回旋共振的最初实验结果(图 6.22),他们以波长为 27.4μm 的恒定波长红外光照射样品并扫描磁场强度,获得了作为磁场函数的透过率比谱

$T(\boldsymbol{B}_0)/T(\boldsymbol{B}_0=0)$. 图 6.22 表明, 巴立克等人观察到的 InSb 电子回旋共振吸收带由四个可分辨的峰组成, 并分别指认为 $0\uparrow\to1\uparrow$、$0\downarrow\to1\downarrow$、$1\uparrow\to2\uparrow$ 和 $1\downarrow\to2\downarrow$ 朗道跃迁. 这是因为他们的实验是在室温下进行的, 因而除自旋向上的 $n=0$ 的最低朗道能级外, 量子数较大并且自旋状态不同的其他朗道能级上也有电子布居, 从而可以发生上面提到的涉及不同朗道量子数和不同自旋状态的跃迁. 可以指出, 在巴立克的早期实验中, 仅观察到满足选择定则 $\Delta n=1$、$\Delta s=0$ 的基本的回旋共振跃迁. 由于能带的非抛物性, 较高量子数和自旋向下的能级有较大的电子有效质量, 因而必须在较高磁场强度下才能发生相应的回旋共振跃迁. 这一事实以及磁分裂和磁场强度的非线性关系, 是公式 (6.60) 给出的简单理论所不能解释的, 但却完全符合三带模型基础上导出的公式 (6.101) 和图 6.19 的预言, 从而也表明了三带模型的成功. 相对于简单理论公式 (6.60) 的预言来说, InSb 电子回旋共振峰分裂了. 人们称起自相同朗道量子数, 但自

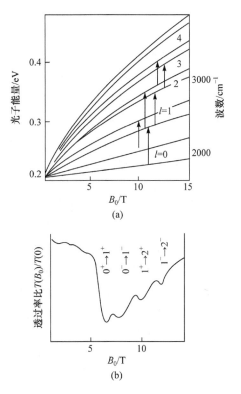

图 6.22　(a) 室温下 $k_z=0$ 处 InSb 导带的朗道能级及其自旋分裂, 图中同时还标出了允许的回旋共振跃迁. 计算时假定 $m_e^*=0.013m_0$, $E_g=0.20\text{eV}$, $\Delta_0=0.9\text{eV}$. (b) n-InSb 回旋共振吸收的实验结果. $\lambda=27.4\mu m$, $T=300\text{K}$[18]

旋分别向上和向下的两个跃迁 (如 $0\uparrow\to1\uparrow$ 与 $0\downarrow\to1\downarrow$) 的分裂为回旋共振的自旋分裂; 而起自朗道量子数不同但自旋状态相同的两个跃迁 (如 $0\uparrow\to1\uparrow$ 与 $1\uparrow\to2\uparrow$) 的能量差别或分裂为回旋共振的朗道分裂. 如上所述, 不论是自旋分裂或是朗道分裂, 其物理根源在于电子能带的非抛物性, 因而这两种分裂的存在也被看作是能带非抛物性对半导体电子回旋共振的主要影响之一.

　　随后的实验研究[28~34]发现, InSb 电子回旋共振现象比早期实验结果更复杂、更丰富, 并且与实验位形, 即红外光电磁波电矢量、磁场方向及晶轴间的相对取向有很大关系. 图 6.23 给出了约翰森 (Johnson) 等人[30]在 20K 和沃伊特位形下 ($\boldsymbol{k}\perp\boldsymbol{B}_0$, $\vec{\mathscr{E}}\perp\boldsymbol{B}_0$) 一个电子浓度为 $1.4\times10^{15}\text{cm}^{-3}$、厚度为 2mm 的 n-InSb 电子回旋共振吸收的实验结果. 和巴立克等相似, 约翰森等人在固定入射光波长和扫描磁场强度 $\boldsymbol{B}_0$ 情况下记录回旋共振吸收谱, 其固定波长的红外入射光光子能量分别为

18.75meV 和 29.5meV;磁场扫描范围为 0～2.5T. 选择这样的实验条件和样品厚度是为了观测弱的回旋共振谐波吸收信号. 图中高磁场端样品透过率的急剧下降起因于基波回旋共振吸收($\hbar\omega_c$),其吸收系数较之图示的谐波回旋共振吸收要大两个数量级. 这样图 6.23 给出的约翰森等人的实验结果表明,当入射光子能量(18.75meV)小于 InSb LO 声子能量(24.4meV)时,基波($\hbar\omega_c$)回旋共振吸收峰的低磁场强度一侧可以观察到四个弱的吸收峰,根据其位置大致按 $1/B_0$ 等距周期排列的事实,和上一节关于 InSb 电子朗道能级及跃迁选择定则的讨论,它们可分别被指认为 $n\hbar\omega_c$ ($n=2,3,4,5$)谐波回旋共振吸收. 顺便指出,这里 $n=2,3,\cdots$ 只是谐波指数,由于能带非抛物性和公式(6.101)描述的 m^* 与能量的关系,n 次谐波回旋共振($0\uparrow\rightarrow n\uparrow$ 跃迁)吸收峰的实际频率小于 $\hbar\omega_c$ 的 n 倍. 当入射光子能量为 29.5meV,即大于 InSb 的 LO 声子能量时,谐波回旋共振吸收结构因声子参与变得更为复杂,呈现新的吸收峰. 按其能量及和磁场的关系,图 6.23 表明,除观察到 $n\hbar\omega_c$ ($n=2,3,4$)谐波回旋共振外,还观察到 $\hbar\omega_c+\hbar\omega_{LO}$ 和 $2\hbar\omega_c+\hbar\omega_{LO}$ 两个 LO 声子参与的回旋共振吸收峰,即在朗道跃迁 $0\rightarrow1$ 和 $0\rightarrow2$ 发生的同时发射一个 LO 声子. 这种声子参与回旋共振(或者说回旋共振吸收的声子伴线)跃迁的发生可以从电子—声子互作用来解释. 由于这种互作用,朗道波函数杂化混和了,从而导致选择定则的变化和新的允许朗道跃迁的出现. 图 6.24 综合了约翰森等人实验观察到的几个主要的回旋共振跃迁及其声子伴线的能量和磁场强度的关系. 图中曲

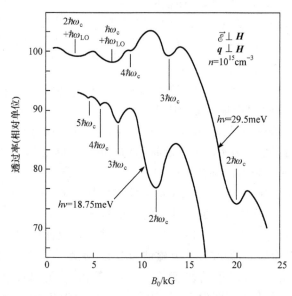

图 6.23　沃伊特位形并且 $\vec{\mathcal{E}}\perp\boldsymbol{B}_0$ 偏振情况下 InSb 的谐波回旋共振和声子参与回旋共振实验结果(样品厚 2mm)[30]

线旁括号中的两个数字分别为跃迁终态的朗道能级的量子数和参与跃迁过程的 LO 声子数目,例如,(2,1)即代表发射一个 LO 声子,并从朗道能级基态 $n=0$ 到其第二激发能级 $n=2$ 的声子参与回旋共振跃迁. 图中圆点和方点为实验结果,实线为公式(6.101)的预言. 这样图 6.24 表明,随着磁场强度的降低和趋于零,所有零声子跃迁,即没有声子参与的基波和谐波回旋共振跃迁能量趋于坐标原点 $\hbar\omega_c=0$,而所有单声子参与的回旋共振跃迁能量则趋于纵坐标轴上截距为 24meV 的一点,这一能量也就是参与回旋共振跃迁过程的 LO 声子能量,并与其他方法获得的 InSb 纵光学声子能量一致. 约翰森等人的实验还给出 InSb 带边电子有效质量 $m_e^*=0.0138m_0$,等效 g 因子 $g_c^*=-51.3$. 顺便指出,在巴立克等人和约翰森等人研究 InSb 回旋共振时,尚无合适的可提供所需光子能量单色辐射的激光光源,因而他们都采用基于晶体剩余射线特性(如第三章所讨论)和其他滤光元件组成的较复杂的装置,从普通白光光源中分离出准单色红外光束来照射处于磁场中的被研究样品.

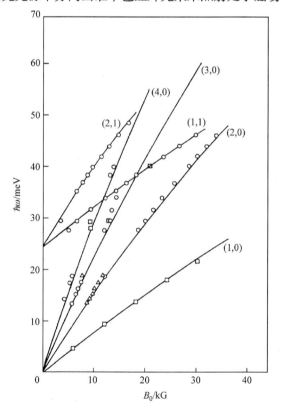

图 6.24 图 6.23 中诸谐波回旋共振和声子参与回旋共振吸收峰的能量位置与磁场的关系. 图中点为实验结果,实线为理论结果. 曲线旁括号中的数字分别为跃迁终态朗道量子数和参与过程的声子数[30]

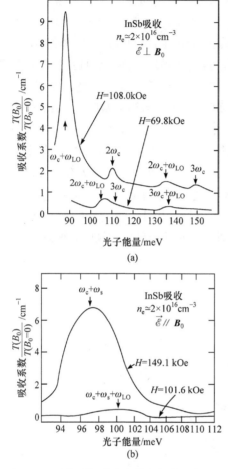

图 6.25　固定磁场强度扫描光子能量情况下 n-InSb 的回旋共振实验结果. 图(a)$\vec{\mathcal{E}} \perp \boldsymbol{B}_0$, 实验观察到 LO 参与的多个谐波回旋共振吸收峰; 图(b)$\vec{\mathcal{E}} // \boldsymbol{B}_0$ 观察到双共振和 LO 声子参与双共振[32]

图 6.25 给出了韦勒等人[32]在固定磁场强度下利用光栅光谱仪扫描光子能量获得的 n-InSb 电子回旋共振实验结果. 图中给出了固定磁场强度下吸收系数和光子能量(波长)的关系, 磁场强度如图中注明, 实验测量温度为 30K, 样品电子浓度 $n_e = 2 \times 10^{16} \, \text{cm}^{-3}$, 仍采用沃伊特位形, 并引入线偏振片分别在 $\vec{\mathcal{E}} \perp \boldsymbol{B}_0$ 和 $\vec{\mathcal{E}} // \boldsymbol{B}_0$ 情况下测量回旋共振吸收谱. 可见在 $\vec{\mathcal{E}} \perp \boldsymbol{B}_0$ 情况下, 他们分别观察到 $n = 2, 3$ 的谐波回旋共振和三个单 LO 声子参与的基波及谐波回旋共振吸收结构 $n\hbar\omega_c + \hbar\omega_{LO}(n=1, 2, 3)$. 在 $\vec{\mathcal{E}} // \boldsymbol{B}_0$ 情况下则观察到较强的双共振 ($\hbar\omega_c + \hbar\omega_s$) 和 LO 声子参与的双共振 ($\hbar\omega_c + \hbar\omega_s + \hbar\omega_{LO}$). InSb 回旋共振实验结果曾触发了 20 世纪 70 年代到 80 年代初关于 InSb 受激自旋反转拉曼散射研究的热潮. 既然在恰当位形下可以有较强的自旋反转的回旋共振吸收, 因而就可能出现自旋粒子数反转现象, 从而诱发以自旋反转拉曼散射为其物理过程的受激光发射现象, 并实现一种新的可在一定波长范围内调谐(经由磁场)的红外激光器. 由于这种激光发射的装置与实验条件控制的复杂性, 更由于性能更好并且操作简便的气体激光器等红外、远红外激光器的发明, 这一研究热潮不久也就消声匿迹了.

金奇(Kinch)和巴斯(Buss)[35]在法拉第位形情况下用傅里叶变换光谱仪研究了 $x=0.204$ 的 $Cd_x Hg_{1-x} Te$ 的带内跃迁磁吸收(回旋共振), 测量温度为 2.1K, 样品载流子浓度为 $7 \times 10^{14} \, \text{cm}^{-3}$, 其结果如图 6.26 和图 6.27 所示. 在他们的实验中, 因为载流子浓度低, 并在很低温度下测量, 实验观察到的是最低量子数的基波回旋共振吸收. 从图 6.27 首先可以看到回旋共振频率随磁场变化的非线性, 图 6.27 中虚线是用莱克斯模型[27]计算的 ω_c 与 B_0 的关系, 即用式(6.100)估计的从 a 组 $n=0$ 朗道能级到 $n=1$ 朗道能级的回旋共振跃迁能量. 最佳拟合的参数为 $E_g =$

$(61.7\pm0.4)\text{meV}; m_e^* = (4.66\pm0.07)\times10^{-3}m_0; \Delta_0 = 0.96\text{eV}.$ 由于小的有效质量和高的 g_c^* 因子,即使在不太高的磁场下导带朗道能级也分得很开,载流子浓度 $n\leqslant10^{15}\text{cm}^{-3}$ 时,只有 a 组(自旋向上)$n=0$ 的朗道能级有电子布居,因而只能观察到 $n=0\rightarrow1$ 的自旋向上的回旋共振跃迁.

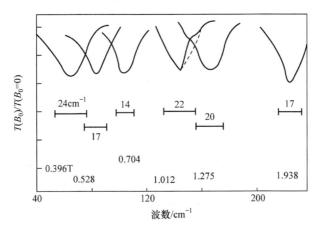

图 6.26 法拉第位形和不同磁场下 $Cd_x Hg_{1-x} Te$ 的归一化的回旋共振磁透射谱. $T=2.1K, x=0.204, n\approx7\times10^{14}\text{cm}^{-3}$,样品厚度 $4.3\mu m$

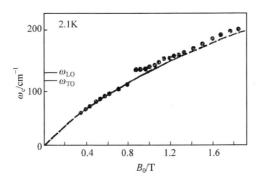

图 6.27 $Cd_x Hg_{1-x} Te$ 回旋共振频率与磁场的关系. 虚线为按莱克斯模型(式 6.100)计算的结果,计算采用的参数为:$m_e^* = 4.66\times10^{-3}m_0, E_g=61.7\text{meV}, \Delta_0=0.96\text{eV}$[27]

由图 6.26 和图 6.27 还可看出,160cm^{-1} 附近,回旋共振吸收谱线有复杂的线形. 从图 6.27 给出的磁透射极小位置(回旋共振吸收峰位置)与磁场强度的关系,可见在接近 160cm^{-1} 处有奇异性,这是由于电子和类 HgTe 的 LO 声子互作用引起的,后者能量为 138cm^{-1}(17meV)左右. LO 声子引起的宏观极化电场可以与回旋运动电子互作用,形成所谓极化子,从而影响 ω_c 与 B_0 的关系. 在 $\hbar\omega_c=\hbar\omega_{LO}$ 附近,LO 声子极化电场与电子运动的相互作用可以是很强烈的,从而形成共振极化子,并使回旋共振跃迁频率明显偏离公式(6.100)的预言,如图 6.27 中能量高于

$\hbar\omega_{LO}$的那些实验数据所示. 图 6.27 还表明,在 $\hbar\omega_{TO}$ 和 $\hbar\omega_{LO}$ 频率之间,观察不到回旋共振吸收现象,如第四章所讨论,这一频段是极性晶体的无波区域. 由这一实验结果,还可以导出弗罗里克(Froehlich)电子-声子耦合常数 α_p,对 $Cd_xHg_{1-x}Te$,求得

$$\alpha_p = \frac{e^2}{4\pi\hbar\varepsilon_0}\left(\frac{m_e^*}{2\hbar\omega_{LO}}\right)^{1/2}\left(\frac{1}{\varepsilon_{r,\infty}} - \frac{1}{\varepsilon_r(0)}\right)$$
$$= 0.037 \pm 0.008$$

在沃伊特位形和较高载流子浓度情况下,也可以观察到电子和类 CdTe 的 LO 声子($157.5\mathrm{cm}^{-1}$)的这类互作用.

韦勒(Weiler)等人[3]利用光栅单色仪分光出来的近单色光照射样品并扫描磁场,在沃伊特位形和 $T = 24\mathrm{K}$ 情况下,分别选取 $\vec{\mathscr{E}}$ 垂直或平行于 $\boldsymbol{B}_0$,观察到 $Cd_xHg_{1-x}Te$ 电子的回旋共振(ω_c)、双共振($\omega_c + \omega_s$)、以及声子参与的回旋共振和双共振($\omega_c + \omega_{LO}$; $\omega_c + \omega_s + \omega_{LO}$). 和 InSb 的情形相似,它们可分别判定为 $a^c(0) \rightarrow a^c(1)(\vec{\mathscr{E}} \perp \boldsymbol{B}_0)$ 和 $a^c(0) \rightarrow b^c(1)(\vec{\mathscr{E}} /\!/ \boldsymbol{B}_0)$ 跃迁,并由此获得 $\hbar\omega_{LO} = 132 \pm 6\mathrm{cm}^{-1}$,和前面法拉第位形情况下的实验结果一致. 他们的实验结果如图 6.28 所示,但实验观测结果因样品而异,对 $x = 0.220$ 的样品,甚至只能观察到较弱的回旋共振吸收.

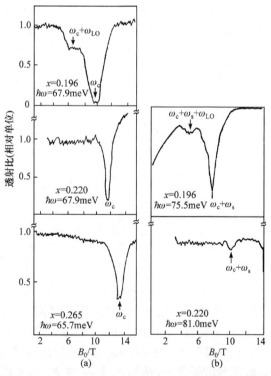

图 6.28　沃伊特位形下三个 $Cd_xHg_{1-x}Te$ 样品的带内跃迁磁透射光谱. (a)$\vec{\mathscr{E}} \perp \boldsymbol{B}_0$,观察到回旋共振和声子参与回旋共振;(b)$\vec{\mathscr{E}} /\!/ \boldsymbol{B}_0$,观察双共振和声子参与双共振. (a)、(b)两组实验结果分别对应于不同样品和不同的入射光子能量

图 6.29 给出 $x=0.196$ 的 $Cd_xHg_{1-x}Te$ 中电子的各共振信号频率和磁场的关系,由此可精确求得回旋共振有效质量等参数,对 $x=0.196$、0.220 和 0.265 三个样品,求得它们的式(6.101)描述的带边电子有效质量分别为 6.2、8.9 和 $13.8 \times 10^{-3} m_0$;对其中的前两个样品,带边等效 g 因子分别为 -143 和 -94.

这里我们顺便提一下 GaAs 电子回旋共振的主要实验结果. GaAs 并非传统意义上的窄禁带半导体,但由于其重要性,是迄今被研究得最多的半导体材料之一. 由于其能带非抛物性(与 InSb 等相比,要弱得多),也可观察到回旋共振的自旋分裂和朗道分裂. 图 6.30 给出最近巴特克(Batke)等人[36]在法拉第位形下的实验结果,样品电子浓度为 $n=1.9 \times 10^{14} \ cm^{-3}$,因而低温下电子仅布居在 $n=0$ 的最低朗道能级上. 图

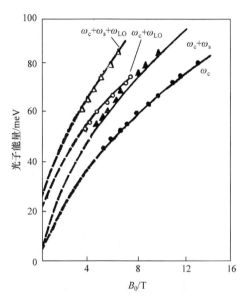

图 6.29　$x=0.196$ 的 $Cd_xHg_{1-x}Te$ 样品带内跃迁能量和磁场的关系. "·"、"○" 为 $\vec{\mathscr{E}} \perp \boldsymbol{B}_0$;"△"、"▲"为 $\vec{\mathscr{E}} // \boldsymbol{B}_0$ 时的实验结果. 曲线是按类 Ge 模型计算的结果

6.30 表明,在 $B_0=6.50T$ 的磁场下和 $T=50K$ 和 120K 情况下,可以观察到 GaAs 中电子回旋共振的朗道分裂,其中 120K 时可同时观察到 0→1、1→2 和 2→3 三个跃迁,其中 0→1、1→2 跃迁间分裂值为 $2.2cm^{-1}$;1→2 和 2→3 跃迁间分裂值为 $5cm^{-1}$. $B=13.63T$ 和 15T 并且温度低于 30K 时,则观察到回旋共振的自旋分裂,分裂值约为 $1cm^{-1}$ 左右. 图中同时还给出了施主跃迁 $1s \to 2p_+$ 的自旋分裂. 这样我们看到,回旋共振吸收峰的自旋分裂和朗道分裂,是许多闪锌矿结构直接带半导体电子回旋共振的共同特征,但对窄禁带半导体来说,因其电子有效质量小,能带非抛物性强烈,自旋分裂和朗道分裂也较大,因而不必太大的磁场下就可以观察到这些分裂.

现在讨论磁等离子激元及有关效应[1, 37],它是窄带半导体和半金属中经常碰到的一种重要的磁光现象,并常常可与回旋共振等带内磁跃迁现象相互耦合而使实验结果的解释复杂化. 第 4.1 节中已经就不存在外磁场情况下用介电函数理论研究了自由载流子的集合运动模式(即等离子激元)及其导致的主要光学现象——等离子全反射;本节继续利用介电函数理论来研究磁场下自由载流子的集合运动. 已经知道,不存在磁场时,计及等离子激元的半导体相对介电函数可写为[式(4.14)]

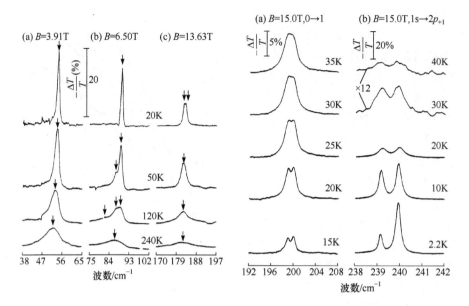

图 6.30　高纯度 n-GaAs 电子回旋共振和温度与磁场的关系. 在固定磁场扫描光子能量
　　模式下测量,实验温度与磁场强度如图中共振曲线旁所注. 左图:箭头表明回旋共振
　　峰的朗道分裂;右图:强磁场下 GaAs 电子回旋共振峰的自旋分裂[右(a)及左(c)]

$$\varepsilon_{\mathrm{r}}(\omega) = \varepsilon_{\mathrm{r},\infty}\left\{1 - \frac{\omega_{\mathrm{p}}^2 \tau}{\omega(\mathrm{i}+\omega\tau)}\right\}$$

$$= \tilde{\eta}^2(\omega)$$

这里 η^2 为复数折射率 $\omega\tau \gg 1$ 和 $\eta^2 \gg K^2$ 时,上式简化为

$$\eta^2 \approx \varepsilon_{\mathrm{r},\infty}\left(1 - \frac{\omega_{\mathrm{p}}^2}{\omega^2}\right)$$

因而在 $\omega < \omega_{\mathrm{p}}$ 时出现全反射. 存在外磁场情况下,如果有法拉第位形(即 $\boldsymbol{k} /\!/ \boldsymbol{B}_0$),
则根据式(6.8)、(6.30)和(6.32),对右旋和左旋圆偏振波分别有

$$\varepsilon_{\mathrm{r},\pm}(\omega) = (\eta_\pm + \mathrm{i}K_\pm)^2 = \mu_{\mathrm{r}}\varepsilon_{\mathrm{r},\infty}\left(1 + \frac{\mathrm{i}\sigma_\pm}{\omega\varepsilon_0}\right)$$

$$= \mu_{\mathrm{r}}\varepsilon_{\mathrm{r},\infty}\left[1 - \frac{\omega_{\mathrm{p}}^2}{\omega(\omega\mp\omega_{\mathrm{c}}+\mathrm{i}/\tau)}\right] \tag{6.102}$$

如仍假定导磁系数 $\mu_{\mathrm{r}}=1$,并且 $\omega\tau \gg 1$ 和 $\eta^2 \gg K^2$,则式(6.102)简化为

$$\eta_\pm^2 \approx \varepsilon_{\mathrm{r},\infty}\left\{1 - \frac{\omega_{\mathrm{p}}^2}{\omega(\omega\mp\omega_{\mathrm{c}})}\right\} \tag{6.103}$$

如果再假定回旋共振频率远低于被研究频率,即

$$\omega_c \ll \omega,\ \omega_p$$

上式进一步简化为

$$\eta_{\pm}^2 \approx \varepsilon_{r,\infty}\left\{1 - \frac{\omega_p^2}{\left(\omega \mp \frac{1}{2}\omega_c\right)^2}\right\} \tag{6.104}$$

按式(6.104)导出的存在外磁场和法拉第位形情况下的等离子反射曲线如图 6.31 所示;作为比较,图中也给出了不存在外磁场情况下理想的等离子反射曲线. 由图可见,决定于辐射电磁波是右旋或左旋圆偏振波,磁场使等离子边缘移动了 $\mp\frac{1}{2}\omega_c$ 的频率,这样两个不同圆偏振波的等离子边缘间的能量距离为 $\omega_c = eB_0/m^*$,这又提供了一种决定载流子有效质量的方法. 既然平面偏振波等价于两个相等的、旋转相反的圆偏振波,这一实验也可用平面偏振电磁波来进行,如图 6.31 所示,这种情况下等离子反射边缘的分裂比简单圆偏振波更加清楚.

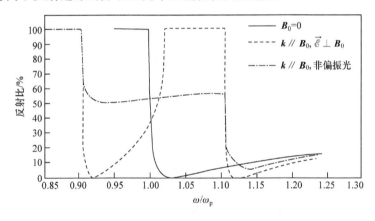

图 6.31 $\omega\tau \gg 1$ 情况下理论[式(6.104)]估计的等离子反射边随磁场的变化,计算时假定 $\omega_p/\omega_c = 5$. 图中实线:$B_0 = 0$;虚线:$k \parallel B_0$,并且 $\vec{\mathscr{E}} \perp B_0$;点划线:$k \parallel B_0$,非偏振光

图 6.32 给出法拉第位形和不同磁场强度情况下 n-InSb 磁等离子反射光谱的实验结果. 由图可见,与上述讨论一致,等离子反射边缘分裂为二,如果计及弛豫效应的话,反射强度也是可以解释的.

也可以在其他位形(如沃伊特位形)情况下研究磁等离子效应,这时对平行于磁场的电矢量(即 $\vec{\mathscr{E}} \parallel B_0$)有

$$\varepsilon_r(\omega)_{\parallel} = \varepsilon_{r,\infty}\left\{1 - \frac{\omega_p^2}{\omega(\omega - i/\tau)}\right\} \tag{6.105}$$

当 $\omega\tau \gg 1$ 时,近似有

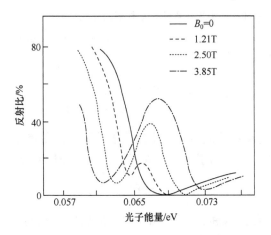

图 6.32　磁场中 n-InSb 等离子反射边分裂的实
验结果[25]．法拉第位形，$n=1.8\times10^{18}\,\mathrm{cm}^{-3}$

$$\eta_{/\!/}^2 = \varepsilon_{\mathrm{r},\infty}\left(1-\frac{\omega_{\mathrm{p}}^2}{\omega_2}\right) \tag{6.106}$$

和式(4.12)比较可见，$\eta_{/\!/}$ 不因存在磁场而改变，这是很显然的，如果电子平行于磁场运动，就不存在洛伦兹力．对垂直于磁场方向的电矢量($\vec{\mathscr{E}}\perp\boldsymbol{B}_0$)，有

$$\varepsilon_{\mathrm{r}}(\omega)_{\perp} = \varepsilon_{\mathrm{r},\infty}\left\{1-\frac{\omega_{\mathrm{p}}^2\left[\omega_{\mathrm{p}}^2-\omega(\omega-\mathrm{i}/\tau)\right]}{\left[\omega_{\mathrm{p}}^2\omega^2-\omega(\omega-\mathrm{i}/\tau)\right]\omega(\omega-\mathrm{i}/\tau)+\omega^2\omega_{\mathrm{c}}^2}\right\} \tag{6.107}$$

当 $\omega\tau\gg1$ 和 $\eta^2\gg K^2$ 时，

$$\eta_{\perp}^2 = \varepsilon_{\mathrm{r},\infty}\left\{1-\frac{\omega_{\mathrm{p}}^2}{\omega^2}\left(\frac{\omega^2-\omega_{\mathrm{p}}^2}{\omega^2-\omega_{\mathrm{p}}^2-\omega_{\mathrm{c}}^2}\right)\right\} \tag{6.108}$$

上述讨论都是在 $\omega_{\mathrm{c}}\ll\omega_{\mathrm{p}}$ 的情况下进行的．如果情况相反，即 $\omega_{\mathrm{p}}\ll\omega_{\mathrm{c}}$，则必须讨论磁等离子效应对回旋共振的修正．我们前面讨论的几个回旋共振实验就都满足这一条件，并且在具体讨论的条件下磁等离子效应引起的修正可以忽略不计．若 $\omega_{\mathrm{p}}\approx\omega_{\mathrm{c}}$，则必须考虑它们之间的强耦合[26]．

　　下面讨论窄禁带半导体的和带间跃迁有关的磁光现象．可以用磁透射谱或磁反射谱的方法来研究窄禁带半导体的带间磁跃迁．图 6.33 给出了沃伊特位形和法拉第位形情况下基本吸收边附近 InSb 的磁透射光谱[3,38]，图中给出的是存在外磁场时的透射强度和不存在外磁场时的透射强度之比．可见，和图 6.14 的简单理论预言以及图 6.16 关于 Ge 的实验结果比较，窄禁带半导体的带间磁反射或透射谱要复杂得多，但仔细分析实验结果并和类似于式(6.100)及图 6.20 的三带理论模型及 $\boldsymbol{k}\cdot\boldsymbol{P}$ 微扰计算比较，几乎所有的磁吸收峰均可指认，并求得其能量位置和磁场的关系．图 6.34 给出了这种关系，并列出对应的跃迁过程，由这些结果不仅可以精确测定半导体禁带宽度，还可确定 Δ_0，P^2 等能带结构参数和跃迁矩阵元．

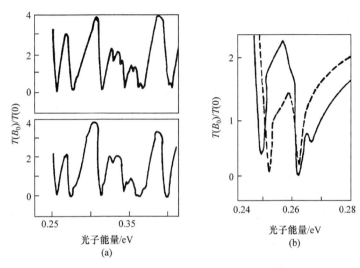

图 6.33 (a)沃伊特位形情况下 InSb 的带间跃迁磁透射谱. $T=20K$,
$B_0=8.8T$. 上图:$\vec{\mathscr{E}} /\!/ \boldsymbol{B}_0 /\!/ \langle 100 \rangle$;下图:$\vec{\mathscr{E}} /\!/ \boldsymbol{B}_0 /\!/ \langle 110 \rangle$. (b)法拉第位形
情况下吸收边附近 InSb 的带间跃迁磁透射谱. $\vec{\mathscr{E}} \perp \boldsymbol{B}_0 /\!/ \langle 100 \rangle$,$B_0=$
5.3T. 实线:σ_L 位形;虚线:σ_R 位形[28]

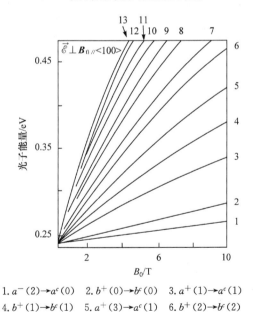

1. $a^-(2) \rightarrow a^c(0)$ 2. $b^+(0) \rightarrow b^c(0)$ 3. $a^+(1) \rightarrow a^c(1)$
4. $b^+(1) \rightarrow b^c(1)$ 5. $a^+(3) \rightarrow a^c(1)$ 6. $b^+(2) \rightarrow b^c(2)$
7. $a^+(4) \rightarrow a^c(2)$ 8. $b^+(3) \rightarrow b^c(3)$ 9. $a^+(5) \rightarrow a^c(3)$
10. $b^+(4) \rightarrow b^c(4)$ 11. $b^+(6) \rightarrow b^c(4)$ 12. $b^+(5) \rightarrow b^c(5)$
13. $a^+(7) \rightarrow a^c(5)$

图 6.34 法拉第位形情况下(σ_L 或 σ_R)InSb 磁透射谱的
主要吸收峰的指认及其能量位置与磁场强度的关系

韦勒等人[3,24,38]在不同位形下比较了 $Cd_xHg_{1-x}Te$ 和 InSb 的带间磁反射光谱,其典型结果如图 6.35 和图 6.36 所示. 图 6.35 给出了固定入射光光子能量为 261.6meV 时 $x=0.213$ 的 $Cd_xHg_{1-x}Te$ 样品磁反射信号与磁场强度的关系;图 6.36 给出 InSb 的对比实验结果. 比较图 6.35 和 6.36 可知,$Cd_xHg_{1-x}Te$ 带间跃迁磁反射峰的线宽要比 InSb 的宽得多,这反映了它的载流子的弛豫时间 τ 比 InSb 的要短得多. 计算表明,对 InSb,$\tau \approx 2 \times 10^{-11}$ s,因而 $\omega\tau \approx 1000$;但对 $Cd_xHg_{1-x}Te$,$\tau \approx 2 \times 10^{-12}$ s,所以 $\omega\tau \approx 100$. 改变测量温度对 $Cd_xHg_{1-x}Te$ 磁反射谱线宽的影响并不敏感的事实表明,其弛豫时间 τ(或线宽)已主要决定于组分不均匀性. 和 InSb 磁透射谱的情况相似,图 6.35 所示的 $Cd_xHg_{1-x}Te$ 磁反射谱的所有峰都可和价带-导带朗道能级间的跃迁联系起来,表 6.3 给出了最初 9 个峰的指认. 它们的位置和磁场强度的关系如图 6.37 所示,由此可以获得 $Cd_xHg_{1-x}Te$ 能带结构的详细而精确的信息.

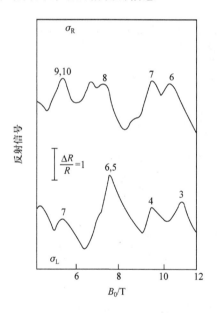

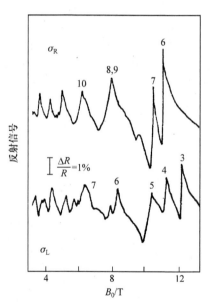

图 6.35　法拉第位形下(σ_L 与 σ_R)$x=0.213$ 的 $Cd_xHg_{1-x}Te$ 的带间跃迁磁反射光谱. 光子能量为 $\hbar\omega=261.6meV$,$T=24K$

图 6.36　法拉第位形下(σ_L 与 σ_R)InSb 的带间跃迁磁反射光谱. 光子能量 $\hbar\omega=387.1meV$,$T=24K$

表 6.3　$Cd_xHg_{1-x}Te$ 的带间磁跃迁的指认

σ_L	σ_R
1. $a^+(-1) \rightarrow a^c(0)$	$a^-(1) \rightarrow a^c(0)$
2. $b^+(-1) \rightarrow b^c(0)$	$b^-(1) \rightarrow b^c(0)$

续表

σ_L	σ_R
3. $a^-(1) \rightarrow a^c(2)$	$a^-(2) \rightarrow a^c(1)$
4. $b^-(1) \rightarrow b^c(2)$	$a^+(1) \rightarrow a^c(0)$
5. $b^+(0) \rightarrow b^c(1)$	$b^-(2) \rightarrow b^c(1)$
6. $a^-(2) \rightarrow a^c(3)$ 及 $b^-(2)-b^c(3)$	$a^-(3) \rightarrow a^c(2)$
7. $a^-(3) \rightarrow a^c(4)$ 及 $b^-(3)-b^c(4)$	$b^-(3) \rightarrow b^c(2)$
8. $a^-(4) \rightarrow a^c(5)$ 及 $b^-(4)-b^c(5)$	$a^-(4) \rightarrow a^c(3)$, 及 $b^-(4) \rightarrow b^c(3)$
9. $b^+(1) \rightarrow b^c(2)$	$a^+(2) \rightarrow a^c(1)$

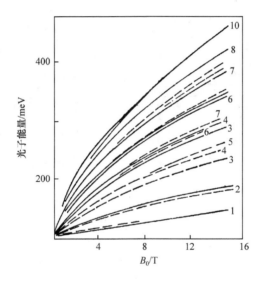

图 6.37 $x=0.213$ 的 $Cd_xHg_{1-x}Te$ 的带间磁跃迁
能量与磁场强度的关系. $T=24K$, 实线:
σ_L 位形; 虚线: σ_R 位形

在结束本节前, 我们顺便提一下半金属 HgTe 的磁光光谱, 尤其是它超大的法拉第效应. Shucaev 等人在 THz 波段于 HgTe 材料中观察到了巨大的法拉第效应 (图 6.38)[39]. 他们的实验布局如图 6.38(a) 所示, 测量交叉偏振和平行偏振的透过率比. 实验观察到, 在外磁场为 1T 时, 70nm 厚的样品达到最大的 T_c/T_p 值 0.07. 由此推算出法拉第旋转角为 0.25rad, 进而得到巨大的 Verdet 常数为 3×10^6 rad/(T·m). 这种效应来源于 HgTe 独特的能带结构和极高的电子迁移率. 他们的实验结果表明 HgTe 在 THz 波段也是一个很有潜力的材料.

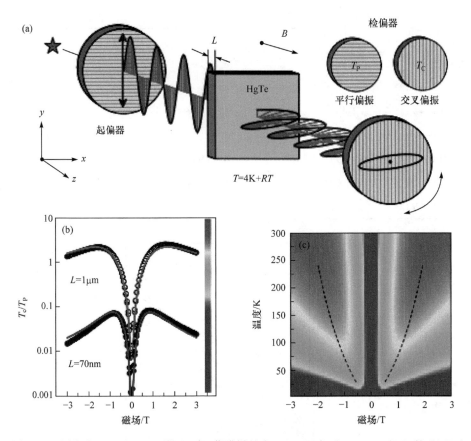

图 6.38   厚度为 1μm 和 70nm 的 HgTe 薄膜样品在 200K 温度下，$\omega=0.35\mathrm{THz}$ 的 (b) T_c/T_p 随磁场的变化. (c) 1μm 厚度样品 T_c/T_p 比值随温度的变化关系. 从 T_c/T_p 的数据中，可以得出在外磁场为 1T 左右时，法拉第旋转角为 0.25 rad，进而得到巨大的 Verdet 常数为 3×10^6 rad/(T·m)

6.6   半导体空间电荷层准二维电子体系的回旋共振及相关效应[40,41]

本节讨论半导体空间电荷层准二维电子体系的回旋共振. 实际半导体中许多情况下存在这种二维的电子或空穴体系，它们是半导体基本物理研究和实际器件应用的最重要的方面之一. 除第八章将要讨论的量子阱结构外，各种形式的半导体异质结构、同质结构界面和半导体表面(半导体-真空界面)是半导体中二维电子(空穴)体系最重要的实例. 这些体系中电子的回旋共振是本节要讨论的内容. 除此而外，各种层状化合物，包括层状石墨也是半导体二维电子体系的一类例子.

有关二维电子体系的半导体异质结构,最重要的并且已被最广泛深入地研究过的莫过于绝缘体-半导体异质结构和半导体-半导体异质结构,前者包括金属-绝缘体-半导体(MIS)结构,尤其是金属-氧化物-半导体(MOS)结构;后者以$Ga_xAl_{1-x}As/GaAs$为典型例子之一. MOS结构中最具工艺技术重要性的则又是金属-二氧化硅-硅异质结构. 有关它们的研究可以追溯到20世纪30年代Lilenfeld等人的设想[40]和1948年肖克莱(Shockley)与皮尔逊(Pearson)的工作[42];正是在这一结构的基础上,20世纪60年代发展了场效应晶体管(MOSFET),并在随后的岁月里用于集成电路的放大和开关器件. 通过调节栅压,改变平板电容器一个板上聚集的电荷,从而调节另一个板的电导. 其原理如此简洁,但如今已发展成为计算机中大量使用的记忆和逻辑电路中最主要的电子元件之一,对当今信息科学和技术的高速发展实在有莫大的贡献,这大约是MOS结构器件应用最成功事例之一. 另一方面,我们自然也可记起,正是在硅MOS结构反型层中,德国科学家冯-克利钦(Von Klitzing)最早观察到量子霍尔效应[43].

以MOS结构为例,半导体异质结界面形成二维特征的空间电荷层的物理过程如图6.39和图6.40所示意. 这里图6.39为p型硅衬底上的n通道MOS器件结构,只有在界面的半导体一侧存在反型层电子情况下,源和漏电极之间才可能有电流通过;图6.40给出图6.39结构界面半导体一侧的能带图和反型层形成的条件及过程. 其中图(a)为零电场情况,也即平带栅压条件下的界面能带图. 图(b)为金属栅极上外加负偏压的情况,它在半导体界面(表面)诱发正电荷. 这时如果不存在界面施主态的话,这种正电荷只能来自近界面半导体层中的剩余空穴. 既然这里的空穴浓度高于体内,它就称为界面(表面)积累层. 如果栅极外加的是正偏压,界面能带弯曲情况就如图(c)所示,它在界面处诱发负电荷. 这种负电荷首先起因于界面附近空穴移向体内,或者界面附近本来已中性化的受主的电离,从而形成所谓界面耗尽层. 随着栅极正偏压的进一步增大,界面附近受主离子束缚的固定(局域)负电荷增加,同时能带更加向下弯曲,直到导带边趋近甚至低于费米能级,从而在界面附近半导体层内诱发自由电子. 当表面电子浓度等于或超过体内

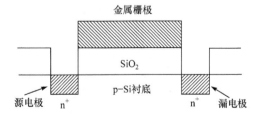

图6.39 n通道硅MOSFET剖面示意图. 源和漏电极间电流可由金属电极上的栅压控制,正栅压时,通道区域充入电子,从而控制源和漏电极间电流

空穴浓度时,人们称界面(表面)反型了. 界面(表面)反型层电子限定在氧化物势垒和弯曲了的导带边之间的狭窄的势阱中,而将这一反型层和 p 型体内电荷状态分隔开来的那个仅存在束缚负电荷的区域,仍称为耗尽层.

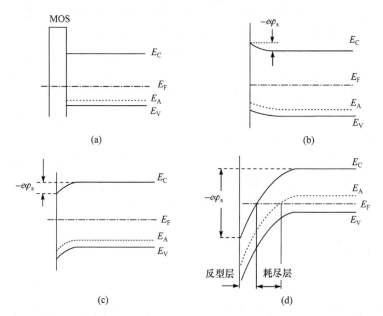

图 6.40　MOS 结构半导体一侧能带图. 这里 φ_s 为界面(表面)势,它反映界面能带弯曲程度. (a)平带情况,无界面或表面电场;(b)负栅压情况,空穴在界面半导体一侧积聚形成积累层;(c)正栅压情况,界面附近半导体一侧空穴耗尽或中性受主电离,从而在近界面(表面)处形成耗尽层;(d)正栅压足够大,半导体一侧能带弯曲足够大,以致界面处半导体导带边低于费米能级,于是界面积累电子,形成电子的反型层

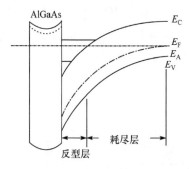

图 6.41　$Al_x Ga_{1-x} As/GaAs$ 异质结构及其界面二维电子反型层. 图中标出了界面 GaAs 一侧形成反型层及分隔界面与体内电荷状态的耗尽层的形成条件及厚度

如前面已提到,半导体异质界面二维电子体系的另一个有重大意义的例子,是以 $Al_x Ga_{1-x} As/GaAs$ 为代表的调制掺杂异质结构. 如图 6.41 所示意,$Al_x Ga_{1-x} As$ 层中 n 型掺杂导致电子转移到有更大电子亲和势的非掺杂的 p 型 GaAs 层中,从而在界面附近 GaAs 层中形成近三角势阱的二维电子特性的空间电荷层. 类似于硅 MOS 结构,这一异质结构界面的电子体系浓度、相互作用特性等都易于经过改变栅压(电场)以及调制掺杂浓度而任意调节,同时有极高的电子迁移率$[2\times10^6 cm^2/(V \cdot s)]$,

因而受到人们广泛而深入的研究. 新近更发展了以高迁移率晶体管(HEMT)为代表的重大器件应用.

不论是 MOS 结构或是调制掺杂异质结构, 界面势阱的宽度通常都是纳米尺度的, 因而和电子的德布罗依波长可相比拟, 尤其是低温情况下和电子平均自由程相比则更小. 这样, 界面电子体系运动特性就由三维变为二维或准二维, 在和界面平行的方向上, 电子运动仍是自由的, 波矢仍是描述这两个维度的电子运动的好的量子数. 但在垂直界面方向, 电子运动量子化了, 它只能处在量子化的能级上, 波矢不再是描述这一方向电子运动特性的合适的量子数. 当然, 对任何实际体系, 由于电子波函数在垂直界面方向有一定的空间分布尺度和向势垒的隧穿, 也由于电磁场并不完全局限在平面内, 而在垂直界面方向也有一定的溢漏或穿透, 异质结构界面的电子体系并非完全严格意义上的二维电子, 而如前面提到那样有时被称为准二维电子体系. 理想的严格的二维电子体系理论只有经过一定的修正或调节, 才能与真实体系的实验结果相比较.

考虑到界面电子运动在垂直界面方向的量子化和平行层面内的自由电子行为, 自洽地求解薛定谔方程和泊松方程, 在单电子近似范围内可将界面电子运动能量写为

$$E(\boldsymbol{k}) = \frac{\hbar^2 k_x^2}{2m_x} + \frac{\hbar^2 k_y^2}{2m_y} + E_i \tag{6.109}$$

上式右边前两项为电子平行于界面运动的动能, 第三项为势阱中量子化的能量, 表明垂直界面方向电子只能存在于一系列量子化的子带中, 这里 $i = 0, 1, 2, \cdots$ 为子带标号. 在三角势阱和反型层中恒定电场($\varphi(z) = -e\mathscr{E}_s z$)条件下, 包络函数满足的薛定谔方程为 $-\frac{\hbar^2}{2m_\perp^*}\frac{\mathrm{d}^2\psi}{\mathrm{d}z^2} + e\mathscr{E}_s z\psi(z) = E\psi(z)$, 边界条件为 $\psi(z=0)=0$, 由此求得 E_i 为[44]

$$E_i = \frac{(\hbar e\mathscr{E})^{2/3}}{(2m_\perp^*)^{1/3}}\gamma_i \tag{6.110}$$

$$\gamma_i \approx \left[\frac{3}{2}\pi\left(i+\frac{3}{4}\right)\right]^{\frac{2}{3}}, \ i = 0, 1, 2, \cdots \tag{6.111}$$

对场效应晶体管, $\mathscr{E}_s$ 通常为 $10^5 \sim 10^6 \, \mathrm{V/cm}$ 的量级. 以 $10^5 \, \mathrm{V/cm}$ 为例, 子带间能量差为 $10 \, \mathrm{meV}$ 的量级, 其具体数值当然还和 $m_\perp^*$ 及子带标号 i 有关. 当

$$\frac{\hbar}{\tau}, \ k_\mathrm{B}T < E_{i+1} - E_i$$

时, 量子化呈主导作用, 并可被实验观察到, 这里 τ 是界面空间电荷层中各种散射机制决定的弛豫时间, 通常为 10^{-12} 秒的量级. 既然界面电场高达 $10^5 \sim 10^6 \, \mathrm{V/cm}$,

这一估计表明,许多情况下,甚至室温条件下,$\Delta E > k_B T$ 的条件也不难满足,可见量子化效应对半导体界面(表面)空间电荷层的电子行为常常起着重要的作用. 这里还必须提到,对于沿⟨100⟩方向的硅 MOS 结构界面或表面,由于其能带结构的特性,人们有两组等效的导带谷:其中一组为二度简并的,垂直界面方向有效质量为 $m_\perp^* = 0.916m_0$;另一组为四度简并的,垂直界面方向有效质量为 $m_\perp^* = 0.1905m_0$. 这样,最低电子子带总是有效质量较重的那一组子带,并且通常实验条件下也仅有这一最低电子子带被填充,并称之为电量子限情况. 这时电子在界面层内运动的有效质量为 $m_x = m_y = 0.1905m_0$,其二维态密度为

$$D(E) = g_s g_v (m_x m_y)^{1/2} / 2\pi\hbar^2$$

这里 g_s、g_v 分别为自旋和能谷简并度.

在垂直界面的磁场中,界面(表面)电子的平行运动也量子化了,这时电子运动的本征能量为

$$E_{ni} = E_i + \left(n + \frac{1}{2}\right)\hbar\omega_c \pm \frac{1}{2}g\mu_B B_0 \tag{6.112}$$

式中 n 为朗道能级指数. 和第 6.3 节讨论的三维电子在磁场中运动的能量表达式(6.60)比较可见,磁场中半导体界面二维电子体系的电子运动在三个方向都量子化了,即所谓全量子化了. 电子运动能量只能取式(6.112)给出的分立的数值;如果不计及弛豫引起的谱线增宽,态密度也只能取分立值,并且与电子运动能量大小无关,每一朗道能级的态密度为

$$D(E)\hbar\omega_c = g_s g_v e B_0 / 2\pi\hbar = g_s g_v / 2\pi r^2 \tag{6.113}$$

这里 r 为公式(6.2)给出的电子最小回旋运动(第一朗道能级)半径. 界面二维电子的子带分裂及其在垂直界面方向磁场中的全量子化如图 6.42 所示意,其中右半表明二维子带情况,左半给出全量子化及其分立的态密度,$E_{00}, E_{01}, \cdots$ 为最低二维电子子带的第 0、1、$\cdots$ 朗道能级;$E_{10}, E_{11}, \cdots$ 为次低电子子带的第 0、1、$\cdots$ 朗道能级;线长代表态密度大小.

图 6.42 表明,对半导体异质结界面和表面空间电荷层的二维电子体系,人们可以预期观察到同一子带不同朗道能级之间的回旋共振、不同子带间的跃迁共振、以及在电子浓度足够大时观察到准二维电子等离子激元的共振吸收过程等. 我们首先讨论二维电子的回旋共振,类似于三维情况,从共振频率 $\hbar\omega_c$ 可以获得二维电子平面内运动有效质量的精确数值及其和电子浓度 n_s、朗道能级间隔 $\hbar\omega_c$ 等的关系;从共振线宽可以求得弛豫时间,从而研究相关散射机制及其和样品质量、电子浓度以及外场等的关系. 如前面已经提到的,半导体界面空间电荷层中电子弛豫时间通常为 10^{-12} s 的量级,为满足 $\omega\tau > 1$ 的条件,回旋共振实验应当在远红外波

段(~ 1000 GHz)进行,决定于实际研究的电子体系,磁场可为几个特斯拉到几十特斯拉的范围,并且实验上,除使用固定波长光源(远红外激光)及扫描磁场的方法记录共振信号外,也常常应用傅里叶变换光谱方法在固定磁场下扫描频率的方法来记录二维电子体系的回旋共振. 和三维电子的回旋共振实验不同,除记录存在外磁场和外磁场为零的透射率比谱 $T(B_0)/T(B_0=0)$ 外,二维电子回旋共振实验更多的是记录固定磁场下的 $T(n_s)/T(n_s=0)$ 比谱. 这里 $T(n_s)$ 是界面电子密度为 n_s 时的透射谱,而 $T(n_s=0)$ 则为界面自由电子密度为零时的透射谱. 记起无论是对 MOS 结构或其他异质结构,总可经由改变栅压等手段调节界面二维电子体系的浓度 n_s. 这样经由透射率比谱 $T(n_s)/T(n_s=0)$ 的测量,可以高灵敏地测量界面二维电子体系的回旋共振及相关光跃迁过程. 另外,从麦克斯韦方程出发,也不难将 $T(n_s)/T(n_s=0)$ 和界面电子体系的动态复数电导率联系起来. 假定在研究波段内半导体衬底是透明的,并且界面电子层距半导体结构-真空界面距离远小于红外光波长,因而衬底影响可忽略不计,则可以有

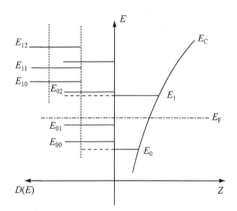

图 6.42 半导体界面导带二维电子子带及其在磁场中的朗道分裂示意图

$$\frac{T(n_s)}{T(n_s=0)} = \frac{(1+\eta)^2}{(1+\eta+\sigma')^2+\sigma''^2} \tag{6.114}$$

这里和前几章的定义一样,$\sigma(\omega)=\sigma'+i\sigma''$ 为界面电子体系的动态复数电导率. 如果半导体 MOS 结构或异质结构表面有一层归一化电导率为 σ_g 的半透明金属电极层,那么上式中只需用 $(\eta+\sigma_g)$ 代替 η 即可. 然而,事实上 $\sigma_g \ll \eta$,因而可以忽略,并且大多数实验条件下 $\sigma'、\sigma'' \ll (1+\eta)$,即满足所谓小信号条件,这时上式简化为

$$-\frac{\Delta T}{T} = 1 - \frac{T(n_s)}{T(n_s=0)} \approx \frac{2}{1+\eta}\sigma' \tag{6.115}$$

式(6.115)表明,小信号近似条件下光谱仪测得的红外透过率的相对变化 $\Delta T/T$,正比于密度为 n_s 的界面电子体系的动态复数电导率实部,于是二维电子层的任何

红外活性的激元都将导致动态复数电导率,因而透过率比谱 $\Delta T/T$ 上共振信号的出现.

阿帕斯德雷特(G. Abstreiter)等人[45,46]和艾伦等人[47]首先实验研究了二维电子气的回旋共振,他们的测量都是使用如图 6.39 所示的硅 MOS 结构,因而研究的是硅表面(界面)n 型反型层的二维电子回旋共振. 图 6.43 给出了阿帕斯德雷特等人关于 p-Si⟨100⟩表面的 n 型反型层的电子回旋共振测量结果,其中图(a)给出 5K 时一个电子浓度 $n_s=1.5\times10^{12}\,cm^{-2}$ 的样品的吸收强度谱 $P(B_0)$ 及其对磁场强度 B_0 的微商谱 dP/dB_0;图(b)给出不同栅偏压时同一样品的吸收强度谱,调节栅偏压可以改变反型层中的电子浓度,例如当栅偏压 $V_g=+10V$ 时,电子浓度约为 $0.9\times10^{12}\,cm^{-2}$;图(c)给出第三个样品的体内三维电子和表面层二维电子回旋共振吸收峰的比较. 在讨论图 6.43 结果时,我们首先指出,倾斜磁场测量,即令磁场 $\boldsymbol{B}_0$ 方向与样品表面法线呈一倾斜角度 θ 情况下测量回旋共振吸收峰位置的漂移,可以帮助人们判定共振峰的地域来源,即源于体内三维电子回旋共振,还是表面二维电子回旋共振吸收. 显然,三维电子回旋共振峰频率位置与磁场倾斜方向无关;而对二维电子,既然电子只能在表面层内 x 与 y 方向作二维回旋运动,只有和表面垂直的磁场分量才能影响这种回旋运动的特性,因而倾斜磁场情况下二维电子回旋共振吸收峰发生在 $\omega_c=eB_{0z}/m^*=\dfrac{e}{m^*}B_0/\cos\theta$ 的磁场强度下,即漂移到 $B_0/\cos\theta$ 这一更高的磁场强度处了. 研究图 6.43 的结果,可见 Si 表面二维电子回旋共振有如下特点或结论:首先是回旋共振频率和三维情况相比几乎没有变化,对 $n_s=1\times10^{12}\,cm^{-2}$ 左右的 p-Si⟨100⟩表面 n 型反型层样品和低于 10K 的测量温度,图 6.43 给出的硅中二维电子回旋共振有效质量 $m_c^*=(0.197\pm0.05)m_0$,和公式(6.18)给出的三维电子微波回旋共振有效质量 m_t^* 在实验误差范围内一致或仅有微小增加;其次是关于共振线宽和弛豫时间,图 6.43 表明,硅表面反型层二维电子回旋共振线宽较三维情况要大得多,并且随着表面电场增大,电子分布更趋近于表面,其线宽还要变得更大. 众所周知,一般说来从回旋共振线宽可以给出弛豫时间或寿命的信息(图 6.1). 对具有恒定弛豫时间 τ 的各向同性电子气,并且 $\omega\tau\gg1$,其回旋共振半高线宽 $\Delta B_{0,1/2}$ 可以通过下式和 τ 联系起来.

$$\Delta B_{0,1/2}/B_{0,res}=1/\omega\tau$$

然而,对强磁场中的二维电子气,这一简单的经典关系并不适用,关于 τ 为恒定值并与外场无关的假定并不成立. 在短程散射起支配作用情况下,自洽玻恩近似建议朗道能级宽度参数 Γ 和不存在外场情况下的弛豫时间 τ_0 有如下比例关系[48]

$$\Gamma\propto(\omega_c/\tau_0)^{1/2}$$

按量子力学预期关系拟合实验结果,人们获得如下经验关系:

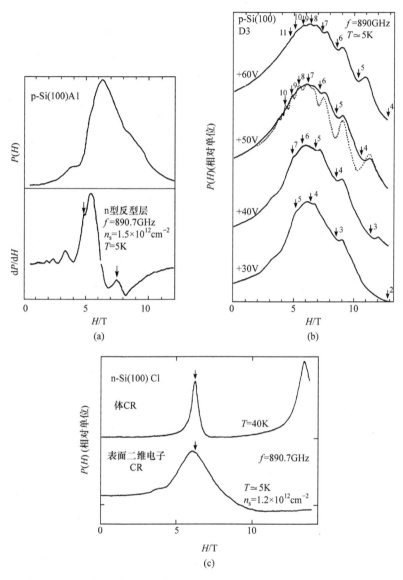

图 6.43　p-Si⟨100⟩表面 n 型反型层的电子回旋共振. (a) $n_s = 1.5 \times 10^{12}\,\mathrm{cm}^{-2}$ 的一个样品的吸收强度及其对磁场微商谱与磁场强度的关系,激光入射波长为 890.7GHz;(b) 同一样品但不同偏栅压情况下的回旋共振谱,改变栅压意味着改变电子浓度,$V_g = +10\mathrm{V}$ 时 $n_s \approx 0.9 \times 10^{12}\,\mathrm{cm}^{-2}$,图中虚线为安道的理论结果,他假定 $n_s = 4.4 \times 10^{12}\,\mathrm{cm}^{-2}$;(c) n-Si⟨100⟩样品体内三维和表面二维电子回旋振结果比较

$$1/\omega\tau_{\mathrm{res}} = 0.65(1/\omega\tau_0)^{1/2} \qquad (6.116)$$

公式(6.116)适用于 $2 < \omega\tau_{\mathrm{res}} < 10$ 范围内回旋共振线宽的描述. 图 6.44 给出一个

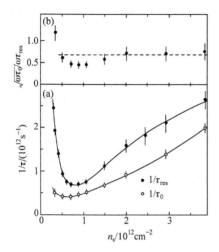

图 6.44　零场散射速率 $1/\tau_0$、共振时散射速率 $1/\tau_{res}$ 以及比值 $\sqrt{\omega\tau_0}/\omega\tau_{res}$ 和二维电子浓度 n_s 的关系. 图(b)中虚线(0.65)为短程散射假定下理论预言的值

典型样品的硅反型层二维电子回旋共振弛豫时间 τ_{res}、τ_0 以及比值 $(\omega\tau_0)^{1/2}/\omega\tau_{res}$ 和电子浓度的关系. 这里 τ_{res} 经由拟合回旋共振峰获得,τ_0 经由拟合外磁场下样品微波吸收数据获得,而 n_s 则如前指出的,通过改变栅偏压来调节. 图 6.44 表明,当 $n_s > 1.5 \times 10^{12}$ cm^{-2} 时,实验结果与经验关系式(6.116)颇为符合;在弛豫时间存在峰值的电子浓度(1×10^{12} cm^{-2})附近,$(\omega\tau_0)^{1/2}/\omega\tau_{res}$ 小于0.65;很低电子浓度($< 0.5 \times 10^{12}$ cm^{-2})时上述比值再次增大,并可大于 1,这是回旋共振线宽中非均匀散射增宽作用变大所致.

图 6.43 给出的硅反型层二维电子回旋共振的另外两个特点是量子振荡和次谐波的出现. 量子振荡在图(b)所示回旋共振吸收曲线上最为明显,其出现的物理根源在于随着磁场的增大朗道能级向高能方向移动,并依次通过费米能级时对共振振幅的调制. 安道(T. Ando)曾在近程散射起主要作用的条件下用量子力学理论计算过这种量子振荡的出现和大小[48],安道的计算结果如图中虚线所示,可见理论预期的振荡周期、相位与实验一致,但振荡振幅大于实验结果. 实验上人们可以观察到,只有在低温下和足够高的电子浓度 n_s 情况下才能观察到这种量子振荡. 例如,当温度大于 21K 时,许多样品就观察不到这种振荡. 这一事实可以和朗道能级宽度 Γ_n 联系起来,如果朗道能级宽度 Γ_n 远大于或远小于它们间的间隔 $\hbar\omega_c$,量子振荡就消失;当 $\hbar\omega_c/\Gamma_n$ 为某一有限值时,振荡最强烈. 量子振荡只在回旋共振吸收发生的磁场范围内存在,当磁场大于这一磁场范围时,量子振荡消失,这是十分自然的,因为量子振荡起源于回旋共振吸收振幅(强度)的调制. 图 6.43(b)给出的硅 n 型反型层电子回旋共振的量子振荡的另一个有趣的事实是,经过回旋共振中心频率 ω_c 时,量子振荡消失;而在 ω_c 两侧,量子振荡相位相反. 当 $\omega_c < \omega$ 时有吸收极大值,而当 $\omega_c > \omega$ 时有吸收极小值,如图中箭头所指. 量子振荡是外磁场强度倒数 $1/B_0$ 的周期函数,其振荡周期又提供了一种估计二维电子浓度 n_s 的方法. 计算表明,这种估计方法的准确度约为百分之几.

前面已经指出了硅二维电子回旋共振谱中次谐波的出现,图 6.45 以微商谱 $dP/dB_0 \sim B_0$ 的形式更清楚地给出次谐波的出现及其规律. 由图可见,它们出现在回旋共振主峰低磁场一侧,并近乎形成位于磁场 $B_{0,res}/\Delta n(\Delta n = 2, 3, 4, \cdots)$ 附近的一个系列. 它们也只有在较高电子浓度 n_s 和较低温度下才会出现,当 $n_s < 0.8 \times$

$10^{12}\,\mathrm{cm}^{-2}$ 或者 $T>20\mathrm{K}$ 时，它们很快消失。倾斜磁场测量证明它们确实来自二维电子体系，并且 $4.2\mathrm{K}$ 时 $n_s=1.5\sim2.0\times10^{12}\,\mathrm{cm}^{-2}$ 样品的 $\Delta n=2$ 的次谐波波峰振幅可达回旋共振主峰的 10% 左右。次谐波的出现可以用朗道能级的微扰来解释，安道[40,48] 曾经在短程散射引起朗道能级混和的基本假设前提下计算和预言了上述回旋共振谱中次谐波结构的出现与位置，较低电子浓度 n_s 情况下次谐波消失这一实验事实也和安道模型一致，因为低 n_s 情况下库仑散射将起主要作用；次谐波发生的磁场高于安道理论预言，例如图 6.43 和图 6.45 中，$\Delta n=2$ 的第一次谐波峰出现的磁场强度就比 $\frac{1}{2}B_{0,\mathrm{res}}$ 要高出 15% 左右，这一事实需要考虑次谐波互作用导致回旋共振有效质量 m_c^* 增大才能理解。

图 6.46 所示的 III-V 族化合物半导体异质结构中二维电子体系的回旋共振特性，和上面讨论的硅反型层或积累层中二维电子情况有很大差别。首先，由于这种异质结构中二维电子的极高

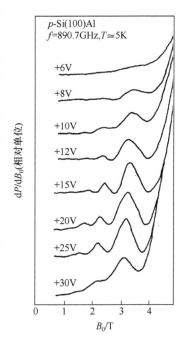

图 6.45 不同栅偏压下微商谱 dP/dB_0 和磁场强度的关系。图表明次谐波出现和偏压，因而与电子浓度 n_s 的关系

迁移率，共振线宽可以很小。事实上，在某些 GaAs/AlGaAs 异质结情况下，线宽窄达 $1\mathrm{cm}^{-1}$ 左右，图 6.46 给出的 $2\mathrm{K}$ 时一个二维电子浓度为 $n_s=2.3\times10^{11}\,\mathrm{cm}^{-2}$ 的 GaAs/AlGaAs 异质结的电子回旋共振实验测量曲线就显示了如此窄的共振线宽。图示结果同时还表明，实验测量到的共振信号符合罗伦茨线型。在线形如此尖锐的回旋共振吸收情况下，量子振荡自然消失掉，次谐波共振也观察不到了。此外，由于如此尖锐的线宽，加之可调节的电子浓度 n_s，共振吸收强度不难达到 50% 的饱和值。正是由于这些特征，这类异质结构界面二维电子回旋共振研究，不仅提供了有关电子体系有效质量的精确测量和散射时间、迁移率、二维电子浓度以及它们间相互关系的信息，而且提供了研究能带非抛物性和电子-电子相互作用、电子-声子相互作用等多体效应，以及它们对回旋共振、因而对电子态特性影响的良好机遇。

图 6.46(a) 表明，在电子迁移率 μ 高达 $5\times10^5\,\mathrm{cm}^2/\mathrm{V\cdot s}$ 以上，二维电子回旋共振线宽对 μ 的依赖关系不再敏感。这也意味着，人们已不能简单地引用小信号近似下导出的关系式 $\mu=2\omega_c/\Delta\omega$ 从线宽 $\Delta\omega$ 估计电子迁移率。为更清楚说明这一事实，图 6.46(b) 和 (c) 给出了信号近饱和及几个典型参数条件下二维电子回旋共

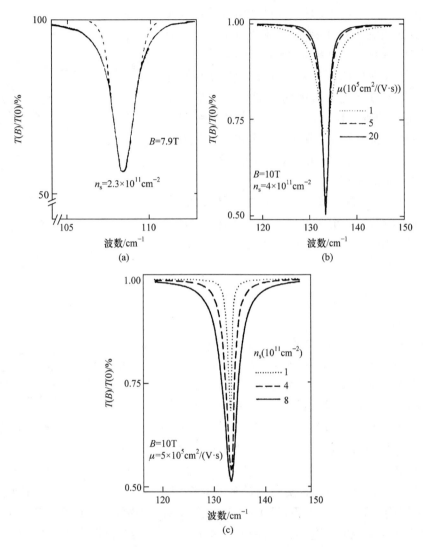

图 6.46　(a)一个电子浓度为 $2.3 \times 10^{11}\,\mathrm{cm}^{-2}$ 的 GaAs/AlGaAs 异质结电子回旋共振信号的测量结果及其与高斯及罗伦茨线型拟合曲线的比较. 测量温度 $T=2\mathrm{K}$，磁场 $B=7.9\mathrm{T}$；(b)与(c)，信号近饱和情况下和几个典型参数条件下二维电子回旋共振的计算线形和吸收强度

振吸收线形的计算结果,可见这些条件下线宽实际上更多地反映了电子浓度增减导致的积分吸收强度的变化. 在中等大小迁移率情况下,二维电子回旋共振吸收线宽随磁场的演变可以提供许多有用的信息. 作为一个例子,图 6.47 给出 1.8K 时磁场 2.1T 到 8.2T 范围内一个 GaSb/InAs/GaSb 单量子阱的电子回旋共振吸收实验结果,可以指出 GaAs/AlGaAs 异质结等其他Ⅲ-Ⅴ族异质结构或量子阱结

构都呈现类似实验结果. 图 6.47 表明, 所研究 InAs 单量子阱中二维电子回旋共振吸收信号振幅和线宽均随磁场变化而振荡. 在 $B_0 = 3.5T$、$4.3T$ 和 $5.7T$ 等处有极小振幅和极大线宽; 而在 $B_0 = 3.2T$、$3.9T$、$4.9T$ 和 $6.9T$ 等处则有极大振幅和极小线宽. 事实上, 这种信号振幅和线宽的振荡反映了散射中心屏蔽效应的重要性. 图中用箭头标出朗道能级的填充情况, 箭头 $n = 3, 4, 5$ 所指, 表明这些磁场强度下到 $n = 3, 4, 5$ 的朗道能级刚巧被全部填满. 这时线宽有极大值, 这是因为在这样的朗道能级填充情况下, 费米能级处态密度最低, 因而对散射中心的屏蔽最弱; 反之, 在朗道能级半填充时, 费米能级处电子态密度最高, 散射中心被最有效地屏蔽, 因而回旋共振吸收线宽最窄、振幅最大. 这样图 6.47 的结果为研究量子阱和异质结中电子散射过程及其屏蔽状况提供了重要实验依据.

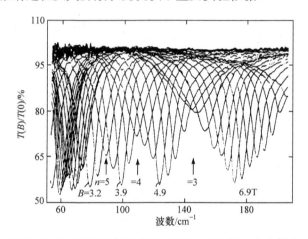

图 6.47 1.8K 时磁场强度 2.1T 到 8.2T 间一个中等大小迁移率的 GaSb/ InAs / GaSb 单量子阱中电子的回旋共振吸收, 图中从左到右磁场每增大 0.2T 记录一次回旋共振吸收谱, 可见吸收峰随磁场增大向高能方向漂移过程中线宽和振幅的振荡

图 6.48 给出从两个高迁移率的 GaAs/AlGaAs 异质结回旋共振频率 ω_c 测量导出的二维电子回旋共振有效质量 m_c^* 与磁场强度的关系. 可见较低磁场下 m_c^* 随场强增大而振荡, 强磁场时这种振荡消失. 这一现象反映了能带非抛物性和朗道能级填充状态的效应. 较弱磁场时, 填充因子 $\nu = n_s h / e B_0$ 高, 因自旋分裂而分开的几个不同量子数的朗道能级上都有电子布居, 从而可以发生从自旋分裂的不同量子数的朗道能级出发的回旋共振跃迁, 而实验观察到的 m_c^* 则是所有这些跃迁的电子回旋共振有效质量的平均. 类似于图 6.47 所示的振幅和线宽的振荡, m_c^* 也随着填充状态的变化而振荡. 强磁场下, 只有最低朗道能级被电子占据, 人们观测到的是从这一最低朗道能级出发的回旋共振跃迁 $0 \rightarrow 1$, 因而 m_c^* 随磁场缓慢而

单调地增大,将此单调变化的曲线外推到零磁场,则可求得 $B_0=0$ 时被研究样品的电子有效质量;外推获得的不同样品的 $m_c^*(B_0=0)$ 略有不同,并和样品电子浓度 n_s 有关,这又反映了能带非抛物性的效应. 这些结果和讨论表明,由于窄的线宽导致的回旋共振频率的精确实验测量,二维体系回旋共振实验提供了研究能带非抛物性的很灵敏的方法.

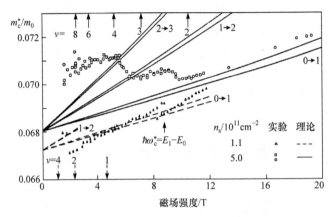

图 6.48　GaAs/AlGaAs 异质结二维电子回旋共振有效质量
m_e^*/m_0 和磁场强度的关系. △:样品 $1(n_s=1.1\times10^{11}\text{ cm}^{-2})$ 的结
果;□、○:样品 $2(n_s=5.0\times10^{11}\text{ cm}^{-2})$ 的结果;直线和虚线为理论
计算结果,计算时假定耗尽层电荷密度为 $n_{depl}=5\times10^{10}\text{ cm}^{-2}$

尽管如此,长期以来人们并没有观察到二维电子体系回旋共振的自旋分裂和朗道分裂,而这种分裂,如三维电子回旋共振结果所示,本是能带非抛物效应的典型后果. 直到不久前,这一情况还曾使人困惑[41,49,50]. 最近,斯克立巴(Scriba)等人[51]在 InAs/AlSb 单量子阱中,胡灿明等在 GaAs/AlGaAs 异质结中终于观察到了这些分裂[52~56]. 胡灿明等采用栅极电压调制异质结构处的电子浓度,从而在 $10^9\sim10^{11}\text{ cm}^{-2}$ 的二维电子浓度范围和 $1.5\sim300\text{K}$ 温度范围内研究了 GaAs/AlGaAs 异质结界面高迁移率二维电子的回旋共振. 图 6.49 是他们的一个实验结果,其中图(a)~(c)是 1.5K 时的测量结果,图(d)~(f)是 5.0K 时的测量结果. 既然在实验设定的强磁场、低温和低电子浓度条件下电子只能布居在自旋分别向上或向下的 $n=0$ 的最低朗道能级上,实验观察到的分裂只能起自如图 6.50 示意的自旋分裂. 由于能带非抛物性,$n=0$ 和 1 这两个朗道能级的自旋分裂不同,因而 $E_1(\uparrow)-E_0(\uparrow)$ 与 $E_1(\downarrow)-E_0(\downarrow)$ 不完全一致,导致回旋共振吸收峰 0→1 的分裂. 如果将 g 因子写为 $g_n^*=g_0+g_1(n+\frac{1}{2})B_0$,则这一回旋共振吸收峰的自旋分裂值 $\hbar\Delta\omega_c=g_1\mu_B B_0^2$. 由实验测得的谱线分裂值,可以求得对 GaAs 二维电子来说 $g_1\approx0.01B_0(T)^{-1}$.

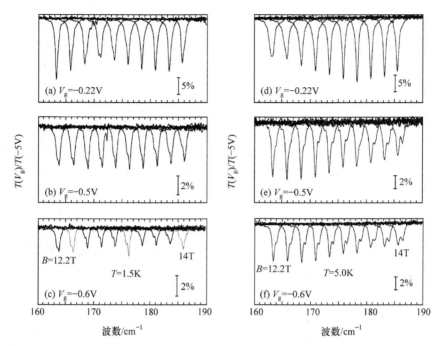

图 6.49 GaAs/AlGaAs 异质结二维电子回旋共振自旋分裂的实验结果. 图(a)～(c),
1.5K 时的实验结果. 从(a)～(c),电子浓度分别为 2.8、0.8 和 0.4×10^10 cm^{-2}. 磁场从
左到右,从 12.2T 上升到 14T;(d)～(f) 5K 时的实验结果. 从(d)→(f),电子浓
度分别为 3.4、1.6 和 1.1×10^10 cm^{-2}

除实验观察到二维电子回旋共振的自旋分裂外,图 6.49 给出的结果的另外两个有趣的现象,是分裂谱线的强度演变和 n_s 增大时自旋分裂的消失. 1.5K 和 $n_s = 4×10^9$ cm^{-2} 时(图(c)),分裂峰中能量较高的那个峰对应于 $n=0(\uparrow)\rightarrow1(\uparrow)$ 跃迁,其峰强大于 $n=0(\downarrow)\rightarrow1(\downarrow)$ 跃迁. 关于峰强的仔细分析甚至表明,两者强度比符合 $n=0(\uparrow)、0(\downarrow)$ 朗道能级上的电子布居比,即可用单粒子模型来解释. 但图(b)给出的 1.5K 时 $n_s = 8×10^9$ cm^{-2} 的结果就不符合电子布居比了;图(e)、(f)给出的 5K 和 $n_s = 1.6$ 及 $1.1×10^{10}$ cm^{-2} 的结果甚至和单粒子模型预期的

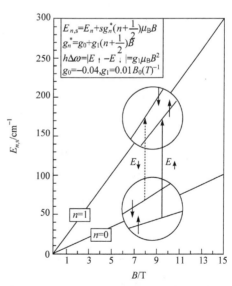

图 6.50 说明二维电子回旋共振自旋分裂的
磁能级及跃迁过程示意图. 朗道能级 $n=0$ 和
1 的自旋分裂因能带非抛物性而有所不同

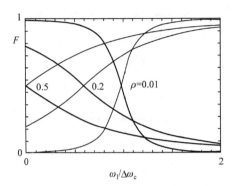

图 6.51　自旋分裂的回旋共振跃迁振子强度和电子-电子互作用耦合能量 $\hbar\omega_I$ 的关系（见正文说明）

峰强比相反，两跃迁之间似有借用振子强度的现象．回旋共振自旋分裂双线的这种强度演变起因于电子-电子互作用．如果定义电子-电子相互作用耦合能量为 $\hbar\omega_I = C(\pi n_s)^{3/2}(er)^2/8\pi\varepsilon_r\varepsilon_0$，这里 n_s 为二维电子浓度，r 如式 (6.2) 所定义，则决定自旋向上和向下两个跃迁线强的振子强度 F 和 $\omega_I/\Delta\omega_c$ 的关系如图 6.51 所示，这和我们下面第 6.8 节将讨论的磁场下浅杂质塞曼能级杂化态的波函数混和颇有相似之处，相互作用的上下两态杂化并交换波函数，从而导致实验观察到的谱线强度反转．如上所述，另一个有趣的现象是当电子浓度 n_s 更大时，不再观察到回旋共振峰的自旋分裂．在胡灿明等的实验中，这一现象发生在 $n_s \geqslant 2\times 10^{10}\,\mathrm{cm}^{-2}$ 的情况下，其物理根源也在于电子-电子互作用．事实上，从图 6.51 可以看到，当 $\hbar\omega_I \gg \hbar\Delta\omega_c$ 时，自旋分裂的回旋共振谱线之一的振子强度趋于零，因而只有其中之一可以被实验观察到．这也正是历史上人们长期未观察到二维电子回旋共振自旋分裂的原因．在胡灿明等人实验以前，人们已习惯采用电子浓度 n_s 远大于 $10^{10}\,\mathrm{cm}^{-2}$ 的样品．以上讨论表明，对某一实际样品，回旋共振自旋分裂的实验观察结果，决定于能带非抛物性效应和电子-电子互作用效应间的竞争．

为观察二维电子回旋共振的朗道分裂，胡灿明等采用升高测量温度的办法来实现较高量子数朗道能级的电子布居，这样不增大样品中总的 n_s．如上指出的，n_s 较大时电子-电子互作用可以导致这种分裂消失或观察不出来．图 6.52 给出了 90K 时 B_0 分别为 8、9 和 10T 时一个样品的实验结果．图中曲线自下而上，栅压从 $-0.29\mathrm{V}$ 变化到 $-0.20\mathrm{V}$，对应于电子浓度 n_s 从大约 $2\times 10^{10}\,\mathrm{cm}^{-2}$ 增加到 $6.5\times 10^{10}\,\mathrm{cm}^{-2}$．由图可见，$B_0 = 10\mathrm{T}$ 时，可以分辨出两个频率相距约 $10\mathrm{cm}^{-1}$ 的共振吸收信号，这就是二维电子回旋共振的朗道分裂，它们分别对应于 $n=0\to 1$ 和 $n=1\to 2$ 的朗道能级间的跃迁．如第 6.5 节所讨论的，对能隙较窄的半导体，包括 GaAs，由于能带非抛物性，朗道能级间能量差随量子数的增大而减小，因而 $1\to 2$ 跃迁能量小于 $0\to 1$ 跃迁．$B_0 = 9\mathrm{T}$ 和 10T 时这两个跃迁强度之比也大致符合单粒子近似，即忽略电子-电子互作用的多体效应时电子布居的预期．图中 $B_0 = 8\mathrm{T}$ 时的结果 (a) 是值得注意的，和 $B_0 = 9$ 或 10T 时的情况不同，这里共振位置、朗道分裂大小和线形都强烈地依赖于电子浓度 n_s．在 V_g 大于 $-0.25\mathrm{V}$ 时，即 n_s 大于大约 $4\times 10^{10}\,\mathrm{cm}^{-2}$ 时，GaAs 中二维电子回旋共振显示为单一线形，多体效应使得能带非抛物性导致的朗道分裂不再显示出来．胡灿明等[53] 证明，基于科恩

(Kohn)[57]定理及其论证过程,可以建立定量描述电子-电子互作用引起不同回旋共振跃迁间库仑耦合的解析模型,并定量地解释上面讨论的二维电子回旋共振的复杂的实验事实.

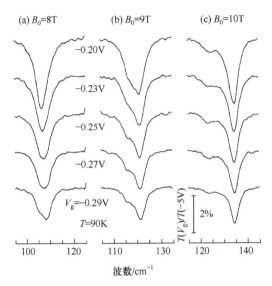

图 6.52 较低电子浓度情况下 GaAs/AlGaAs 界面二维电子回旋共振实验结果. $B_0 = 8T$、9T 和 10T 时观察到二维电子回旋共振的朗道分裂

二维电子回旋共振的另一个有趣现象,是其回旋共振跃迁和子带间跃迁相互耦合并共振的情况. 从前面的讨论我们看到,决定于磁场强度 B_0 和二维电子浓度 n_s,半导体异质结构中电子回旋共振通常发生在数十到数百 cm^{-1} 波数范围内;异质结二维电子子带能量差 $E_1 - E_0$、$E_2 - E_1$、$\cdots$,决定于垂直界面方向的电场,并可以通过耗尽层掺杂浓度等因子来调节,其大小也可在上述能量范围内变化,因而实验上容易实现 $E_{i+1} - E_i = \hbar\omega_c$ 或其整数倍,或 $E_{i+j} - E_i = \hbar\omega_c (j = 2, 3, \cdots)$ 的条件. 然而,对 GaAs 等能带非抛物性小并且各向同性的情况,磁场垂直表面并且入射光电矢量在平行表面层内偏振的位形并不能激发子带间跃迁,在采用傅里叶光谱仪扫描波长,并固定磁场强度在频域中测量回旋共振吸收情况下,只有在磁场方向与样品表面法线有一倾斜角度 θ,因而诱发一垂直界面偏振的红外光激发场情况下,才能诱发二维子带跃迁及其与回旋共振跃迁的耦合和相互作用. 这在实验上并不难实现,这时磁场的垂直分量调节和控制朗道能级位置及其间距,而平行分量除实现子带间跃迁激发外还可引起子带能量的微小的顺磁漂移. 当子带间跃迁能量,如 $E_{10} = E_1 - E_0$、$E_{21} = E_2 - E_1$、$\cdots$ 等于回旋共振能量时,如图 6.53 所示,它们间发生共振耦合. 这时预期可观察到回旋共振谱线的分裂. 这是二维电子回旋共振特有的一种分裂,并称之为回旋共振的子带分裂. 图 6.54 给出了胡灿明等人[52]的一个实验结果,其中图(a)为磁场 B_0 从 3T 上升到 14T 过程中的测量结果;图(b)为

$B_0 = 6.8T$ 附近实验曲线的放大. 在胡灿明等人的实验中,磁场倾斜角度仅为 3°, 以尽量减小子带能量的顺磁漂移,但即令如此小的倾斜角度,在 $B_0 = 6.25 \sim 7.5T$ 之间,还是清楚地观察到了回旋共振跃迁和二维子带跃迁耦合导致的回旋共振吸收谱线分裂及其位置、线形等的演变. 当两分裂谱线强度相等时,其平均位置即为子带跃迁能量 $E_{i+1} - E_i$;可见这一现象提供了经由回旋共振测量二维子带跃迁及子带能量位置的一种实验方法. 顺便指出,胡灿明等人的实验是在 5K 和 $n_s \approx 8 \times 10^{10} \, cm^{-2}$ 条件下进行的. 如前面所讨论的,这种条件下不可能出现回旋共振的自旋

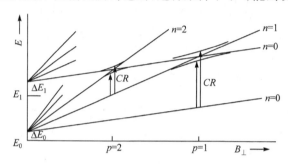

图 6.53　倾斜磁场情况下不同子带的朗道能级及两者能量简并时的共振耦合

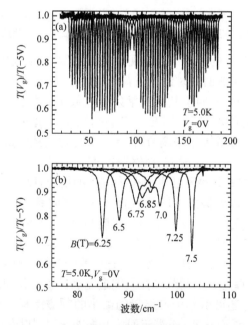

图 6.54　回旋共振和子带跃迁相互作用、相互耦合时 GaAs 中二维电子回旋共振的实验结果.
(a)是 B_0 从 3T 增大到 14T 过程中的综合结果;
(b)是局部结果的放大

分裂和朗道分裂,因而实验观察到的现象只能来自子带跃迁与回旋共振跃迁的耦合互作用. 陈张海等人[58~60]和胡灿明等人的实验还证明,如果磁场倾斜角度更小并且表面电场 $\vec{\mathcal{E}}_s$ 较弱的情况下,可以在不太高的磁场强度下观察到 $E_{i0} = E_i - E_0 (i=1,2,3,4,5)$ 的多个子带跃迁和回旋共振跃迁的相互作用;不过这时可能观察不到它们间耦合互作用导致的谱线分裂,而仅能观察到二维电子回旋共振谱线强度和线宽的周期振荡. 图 6.55 给出了陈张海等人[58]对一个 GaAs/AlGaAs 异质结样品的实验结果,实验时磁场倾角为 1°,并用微弱可见光持续照射样品表面以中和耗尽层电离杂质态,从而减小表面电场 $\vec{\mathcal{E}}_s$ 和子带跃迁能量. 图 6.55 表明,仅在 10T 磁场范围内,就可观察到回旋共振跃迁和量子数高达 5 的子带跃迁 E_{50} 等的相互作用. 图中回旋共振吸收谱线强度极小值位置即对应于子带跃迁 E_{i0},因而原则上可从这些强度极小值位置获得子带能级位置等的丰富信息,只是如此确定的子带能级位置的精度低于可观察到谱线分裂的情况.

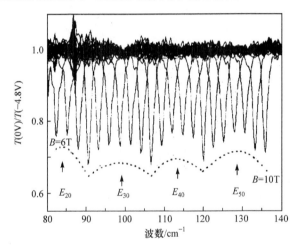

图 6.55 零栅压下一个 GaAs/AlGaAs 样品的电子回旋共振(CR)光谱. 从左到右磁场从 6T 到 10T,每隔 0.2T 测量一次 CR 光谱并用微弱的可见光持续照射样品表面

回旋共振是一个强有力的研究材料能带的工具,近些年来,回旋共振也被用来研究新型材料的能带特性. 在 Jiang 等人的研究中(图 6.56)[61],他们测量了不同磁场下石墨烯中空穴的归一化红外吸收谱. 他们发现了电子和空穴的朗道能级之间的跃迁,跃迁能量与 $\sqrt{B}$ 成正比. 测量到的跃迁能量与朗道能级跃迁能量之间的偏差说明石墨烯中有着很强的多体效应.

在 Henriksen 等人对石墨烯的测量结果中(图 6.57)[62],他们发现回旋共振跃迁能量随着朗道能级填充数有着较大的偏移,其中漂移最大的能量位置对应于半填充时 $n=0$ 时的能级. 这些能量的幅度和它们对磁场的依赖关系都说明了在高磁

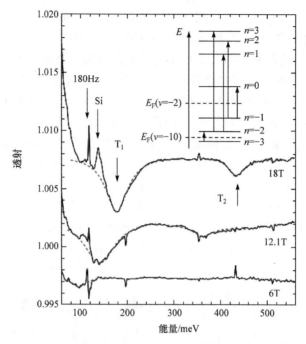

图 6.56　不同磁场下石墨烯中空穴的归一化红外吸收谱. 两个朗道能级共振被标示
为 T_1 和 T_2. 剩余的伪峰来自于 60 Hz 的高次谐波和硅衬底的载流子.
虚线是数据的洛伦兹拟合. 插图是朗道能级跃迁的示意图

场时, 在 $n=0$ 的能级处有一个带隙由于相互作用被打开了. 这种相互作用通常对
回旋共振影响很小, 但由于石墨烯的线性能带结构, 孔氏定理不再适用.

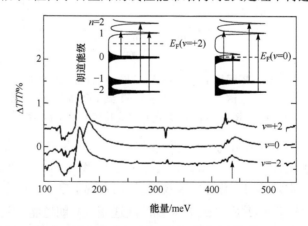

图 6.57　在 $B=18$T 时, 两个回旋共振峰很明显地被探测到, 分别位于 170 meV 附近
和 440 meV 附近. 其中 170 meV 附近的峰对应于 $n=0\rightarrow 1$ 和 $n=1\rightarrow 2$ 的朗道能级间的
跃迁, 440 meV 附近的峰对应于 $n=-1\rightarrow 2$ 和 $n=-1\rightarrow 1$ 的朗道能级间的跃迁. 左上角
的示意图对应于 $\nu=2$ 的情形, 费米能级在第零和第一朗道能级之间. 右上角的示意图
对应于 $\nu=0$ 的情形, 第零朗道能级处会形成一个带隙

6.7 半导体中局域能级的塞曼分裂和有关效应

迄今仅讨论了磁场对能带电子的效应,尚未讨论和局域化能级有关的磁光现象. 已经指出,磁场下半导体中的局域能级发生塞曼分裂,本节讨论激子能级和深杂质能级在磁场中的这种分裂及有关磁光现象,而将有关浅杂质的磁光效应留在下节讨论.

第 3.5 节中已经指出,对绝大多数半导体,可以用有效质量方程描述激子,不存在磁场情况下激子有效质量方程为式(3.87)[1]

$$\left\{ \frac{\boldsymbol{P}_e^2}{2m_e^*} + \frac{\boldsymbol{P}_h^2}{2m_h^*} - \frac{e^2}{4\pi\varepsilon(0)(\boldsymbol{R}_e - \boldsymbol{R}_h)} \right\} \Phi(\boldsymbol{R}_e, \boldsymbol{R}_h)$$
$$= E\Phi(\boldsymbol{R}_e, \boldsymbol{R}_h)$$

存在磁场情况下,这一方程可以改写为

$$\left\{ \frac{1}{2m_e^*}(\boldsymbol{P}_e + e\boldsymbol{A}_e)^2 + \frac{1}{2m_h^*}(\boldsymbol{P}_h + e\boldsymbol{A}_h)^2 - \frac{e^2}{4\pi\varepsilon(0)(\boldsymbol{R}_e - \boldsymbol{R}_h)} \right\}$$
$$\times \Phi(\boldsymbol{R}_e, \boldsymbol{R}_h) = E\Phi(\boldsymbol{R}_e, \boldsymbol{R}_h) \tag{6.117}$$

式中 $\boldsymbol{A}_e$、$\boldsymbol{A}_h$ 为外加磁场矢势

$$\boldsymbol{A}_{e,h} = \frac{1}{2}(\boldsymbol{B}_0 \times \boldsymbol{R}_{e,h}) \tag{6.118}$$

如同第 3.5 节的讨论那样,可以将激子运动分解为质心运动和电子-空穴相对运动两部分,完整的激子波函数可写为

$$\Phi(\boldsymbol{R}_e, \boldsymbol{R}_h) = \Psi(\boldsymbol{R})\Psi(\boldsymbol{r}) \tag{6.119}$$

将式(6.119)代入式(6.117),得相对运动部分激子波函数 $\Psi(\boldsymbol{r})$ 满足的薛定谔方程为

$$\left\{ -\frac{\hbar^2}{2\mu} \nabla^2 + \frac{\mathrm{i}\hbar e}{2} \left(\frac{1}{m_e^*} - \frac{1}{m_h^*} \right) \boldsymbol{B}_0 \cdot \boldsymbol{r} \times \nabla + \frac{e^2}{8\mu}(\boldsymbol{B}_0 \times \boldsymbol{r})^2 \right.$$
$$\left. - \frac{e^2}{4\pi\varepsilon(0)r} \right\} \Psi_n(\boldsymbol{r}) = E_n \Psi_n(\boldsymbol{r}) \tag{6.120}$$

这里 $\boldsymbol{R}$、$\boldsymbol{r}$、μ 仍如式(3.88)和(3.89)所定义. 式(6.120)是一个颇为复杂的方程,迄今还不能精确求解,只能在某些近似条件下求解这一方程,这里决定近似条件的重要参数是磁能量 $(\hbar e B_0/\mu)$ 和激子库仑束缚能 $\left(\frac{\mu e^4}{2\hbar^2 [4\pi\varepsilon(0)]^2} \right)$ 之比 β,即

$$\beta = \frac{[4\pi\varepsilon(0)]^2 \hbar^3 B_0}{\mu^2 e^3} \tag{6.121}$$

下面讨论几种情况.

(1) $\beta \gg 1$, 即强磁场限情况. 方程(6.120)中库仑项相对于磁场作用项可以忽略不计, 这时可以预期, 激子能量简化为磁场中两自由粒子的能量, 即

$$E_n = \hbar\frac{eB_0}{\mu}\left\{\left(n+\frac{1}{2}\right)+\frac{m_e^*}{m_h^*}\right\}+\frac{\hbar^2 k_z^2}{2\mu} \tag{6.122}$$

式中第一项为回旋运动能量, 第二项为角动量能量, 第三项为沿磁场方向的激子动能分量.

(2) $\beta = 0$, 即 $B_0 = 0$, 则回到第 3.5 节中式(3.96)给出的激子能量表达式, 即

$$E_n(\boldsymbol{K}) = E_g + \frac{\hbar^2 K^2}{2M} - \frac{R^*}{n^2}$$

(3) $\beta \ll 1$, 即弱磁场限情况. 这时方程(6.120)哈密顿中的磁场平方项可以忽略, 并可用微扰法处理与磁场有关的线性项, 即令

$$H_0 = -\frac{\hbar^2}{2\mu}\boldsymbol{\nabla}^2 - \frac{e^2}{4\pi\varepsilon(0)r} \tag{6.123}$$

$$H_I = -\frac{\mathrm{i}\hbar e}{2}\left(\frac{1}{m_e^*}-\frac{1}{m_h^*}\right)\boldsymbol{B}_0 \cdot \boldsymbol{r} \times \boldsymbol{\nabla}$$

$$= \frac{\mathrm{i}\hbar e}{2}\left(\frac{1}{m_e^*}-\frac{1}{m_h^*}\right)B_0 \frac{\partial}{\partial\varphi} \tag{6.124}$$

写出微扰哈密顿最后的表达式时, 已令 $\boldsymbol{B}_0$ 沿 z 方向, 并采用柱坐标系 (z,ρ,φ). $p_\pm$ 态的类氢激子波函数可写为

$$\Psi_\pm \propto (x \pm \mathrm{i}y)R_{nl}(r) = R_{nl}(r)\exp(\pm\mathrm{i}\varphi) \tag{6.125}$$

于是微扰哈密顿(6.116)引起的 $p_\pm$ 态类氢激子能级的能量漂移为

$$\Delta E_\pm = \frac{\mathrm{i}\hbar e}{2}\left(\frac{1}{m_e^*}-\frac{1}{m_h^*}\right)B_0\int\Psi^*\frac{\partial\Psi}{\partial\varphi}\mathrm{d}\tau$$

$$= \pm\frac{\hbar e}{2}\left(\frac{1}{m_e^*}-\frac{1}{m_h^*}\right)B_0 \quad (l=1, m_l=\pm1) \tag{6.126}$$

可见激子能级的线性塞曼分裂与原子能级情况类似. 可以指出, 对类 s 态, $m_l=0$, 其能级位置不受磁场影响, p_z 态的波函数 $\Psi \propto zR_{nl}$, 因而它对激子能级的线性塞曼分裂也无贡献.

式(6.126)表明,若 $m_e^* = m_h^*$,则不存在激子线性塞曼分裂效应,这时必须考虑方程(6.120)中的 B_0^2 项,即平方塞曼效应(也称逆磁分裂),即令

$$H_I = \frac{e^2}{8\mu}(\boldsymbol{B}_0 \times \boldsymbol{r})^2 = \frac{e^2 B_0^2}{8\mu}(x^2 + y^2) \tag{6.127}$$

这时,对类 s 态

$$\Delta E_s = \frac{2\pi^2 \varepsilon^2(0) \hbar^4 B_0^2}{\mu^3 e^2} n^2 \quad (m_l = 0) \tag{6.128}$$

对类 p 态

$$\Delta E_p = \frac{4\pi^2 \varepsilon^2(0) \hbar^4 B_0^2}{\mu^3 e^2} n^2 \quad (m_l = \pm 1) \tag{6.129}$$

(4) $\beta \approx 1$ 的情况迄今尚不能精确求解.

图 6.58 给出了考虑激子和磁场效应后吸收边附近吸收谱线形的计算结果,以及和不考虑这些效应时的结果的比较[9]. 可见,在同时考虑激子和磁场效应时,吸收边附近的吸收谱由一个向低能方向略有漂移的峰和一个吸收台阶组成.

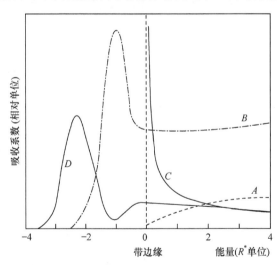

图 6.58　不同情况下理论预言的吸收边的比较. A. 自由电子—空穴对模型; B. 包括激子效应,但 $B_0 = 0$; C. 包括磁场效应($\beta = 2$),但忽略激子效应; D. 同时计及磁场($\beta = 2$)和激子效应. 横坐标能量的单位为 R^*(等效里德伯能量)

图 6.59 给出了直接带宽附近 Ge 的磁吸收光谱,图 6.60 给出了图 6.59 中各

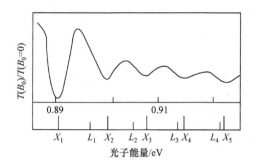

图 6.59　77K 时吸收边附近 Ge 的磁吸收光谱，$B_0=2T$，图中 X_i，L_i 分别标明理论预言的磁激子跃迁和朗道跃迁的位置[32]

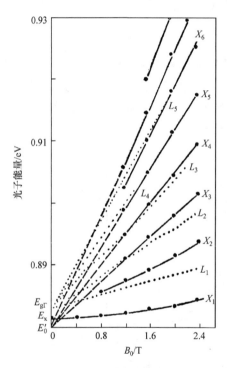

图 6.60　77K 时 Ge 的磁吸收光谱（吸收峰位置与磁场强度的关系），图中 X_i 与 L_i 分别为激子跃迁和朗道跃迁．由此求得 $E(X)=0.88171\pm0.00002eV$；$E_{gr}=0.8834\pm0.0001eV$；$E_0'=0.88047\pm0.00047eV$；$E_0-E(X)=0.0017eV$

吸收峰位置与磁场强度的关系．图 6.59 和图 6.60 表明，仅考虑朗道能级还不能说明 Ge 的磁吸收光谱，只有同时考虑激子效应及其随磁场的漂移[63]，理论计算才与实验结果符合良好，并给出有关材料直接带宽和激子束缚能的精确数据．对 Ge，求得

$$E_{gr}=(0.8834\pm0.0001)eV,$$

$$R^*=0.0017eV$$

ZnS 激子光谱及其磁光效应的研究是很有意义的．ZnS 的激子束缚能较大，因而它们的激子光谱及其随磁场分裂变化的实验观测较为容易．ZnS 有类 s 型导带和类 p 型价带，可以有三个系列的激子能级，图 6.61 给出了不存在外磁场情况下光谱实验观察到的两个系列的激子吸收谱线[65]，图 6.62 给出了 $n_1=3$ 激子谱线附近的激子光谱在磁场作用下的分裂，以及与零磁场情况的比较．由图 6.62 可以求得激子谱线分裂与磁场强度的关系，如图 6.63 所示，这些结果和前面理论预言基本一致．

图 6.64 给出了最近关于 InP 中 Co
(深杂质)杂质吸收塞曼效应的综合结
果[66]. 不存在磁场情况下,786meV 附近
的吸收双线起因于 Co^{2+} 的 d^7 电子基
态 $^4A_2$ 到激发态 $^4T_1$ 的跃迁. 存在磁场情
况下,每一吸收谱线因塞曼效应而分裂为 4
个峰,其能量位置随磁场的变化如图 6.64
(a)所示,谱线分裂不仅决定于磁场强度大
小,而且与磁场方向有关. 图 6.64(b)给出
的就是磁场方向改变时双线中能量较高
的谱线分裂与磁场方向的关系. 为说明

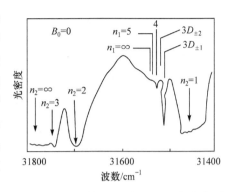

图 6.61 $2\mu m$ 厚的 ZnS 样品的吸收光谱(非
偏振光). 有两个系列的激子谱线,$T=1.8K$

InP 中 Co 杂质能级的这种复杂的分裂,除上述简单理论讨论外,还要考虑晶体场、
自旋-轨道耦合等效应,这里就不作详细讨论了.

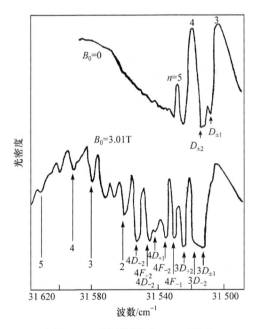

图 6.62 磁场作用下 $n_1=3$ 附近
ZnS 激子谱线的分裂.
$\boldsymbol{B}_0 /\!/ \boldsymbol{c}$ 轴,$B_0=3.01T$,$T=1.8K$

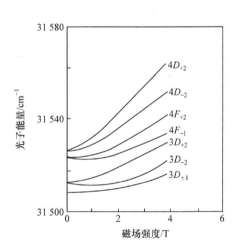

图 6.63 ZnS 激子谱线在磁场中的分裂,
$\boldsymbol{B}_0 /\!/ \boldsymbol{c}$ 轴,图中给出第一系列激子谱线

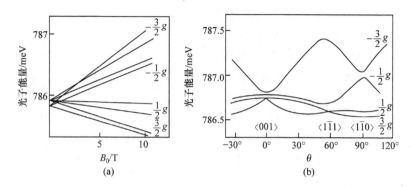

图 6.64　InP 中 Co 杂质的磁吸收.（a）磁分裂与磁场强度的关系（$\theta=97°$）；
（b）磁分裂的各向异性，$B_0=10$T，在（110）平面内

6.8　磁场下的浅杂质能级，杂质电子-电子 互作用和电子-声子互作用

　　磁场下半导体中浅杂质电子态的研究是饶有兴趣的. 它不仅使人们观察到局域化的杂质能级多样化的塞曼分裂和漂移，并经由这种分裂和漂移研究浅杂质及与之相联系的能带边缘的电子态特性；而且如下面将会看到的，它提供了研究半导体中局域电子态间相互作用以及局域电子态和晶格振动相互作用的机会. 此外，它还可用于模拟超强磁场中原子、分子能级的可能演变. 第四章已经提到，类氢模型中，浅杂质电子态可以看作是半导体介质中有效质量远小于真空中电子的氢原子的能级，因而其等效里德伯能量较氢原子的小大约几千倍. 既然如此，10T 的磁场对半导体浅杂质电子态的效应，就可等效或类比于 $10^4\sim10^5$T 的超强磁场对氢原子以及其他原子、分子中轨道电子态的效应. 这样超高的磁场在可以预见的将来还是人类在实验室中无法实现的条件. 这种类比对理解宇宙中某些星体物质的行为是十分有意义的.

　　对最简单的类氢浅杂质，磁场微扰下的有效质量方程也和激子情况相似，可写为

$$\left\{\frac{1}{2m^*}(\boldsymbol{P}+e\boldsymbol{A})^2-\frac{e^2}{4\pi\varepsilon(0)r}\right\}\Phi(\boldsymbol{R}_{\mathrm{e}},\boldsymbol{R}_{\mathrm{h}})=E\Phi(\boldsymbol{R}_{\mathrm{e}},\boldsymbol{R}_{\mathrm{h}}) \qquad (6.130)$$

并且如同激子那样，在磁场作用下浅杂质能级的分裂（或位移）有线性项和平方项两项组成. 线性项为

$$\Delta E\pm=\frac{\hbar e}{2}\frac{B_0}{m^*}=\frac{1}{2}\hbar\frac{eB_0}{m^*} \qquad (6.131)$$

二次方项为

$$\Delta E = \frac{2\pi^2 \varepsilon^2(0) \hbar^4 B_0^2}{m^{*3} e^2}(n^2 - 1) \qquad (6.132)$$

对 Ge、Si 之类具有多导带谷的半导体中的施主杂质,有效质量方程(6.130)可写为

$$\left\{ \frac{1}{2m_t^*}\left[(P_x + eA_x)^2 + (P_y + eA_y)^2 \right] + \frac{1}{2m_l^*}(P_z + eA_z)^2 - \frac{e^2}{4\pi\varepsilon(0)r} \right\}$$

$$\times \Phi(\boldsymbol{R}_e, \boldsymbol{R}_h) = E\Phi(\boldsymbol{R}_e, \boldsymbol{R}_h) \qquad (6.133)$$

上式表明,对多导带谷半导体,杂质能级的塞曼分裂与磁场方向有关. 对 Ge、Si 中的 $2p_\pm$ 施主电子能级,可写为

$$\Delta E_\pm = \pm \frac{1}{2}\hbar \frac{eB_0}{m^*}\cos\beta \qquad (6.134)$$

这里 β 是磁场和等能椭球面主轴的夹角. 图 6.65 给出了这样计算的 Si 中 $2p_\pm$ 施主态塞曼分裂线性项与磁场方向的关系,磁场在(110)平面内,图中横坐标 θ 是磁场 $\boldsymbol{B}_0$ 相对于$\langle 001 \rangle$方向的夹角.

实验上,早在半导体物理学发展的初期,人们就开始研究磁场下浅杂质电子态的行为. 图 6.66 给出了波伊尔(Boyle)[67]测得的较弱磁场下 Ge 中磷施主 $1s \to 2p$ 跃迁塞曼分裂远红外磁吸收谱的实验结果. 这些早期结果可用上述最简单理论说明,并可由塞曼分裂,例如,$2p_\pm$ 的分裂值求得横向有效质量 m_t^*,以与回旋共振实验

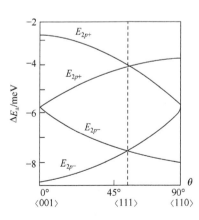

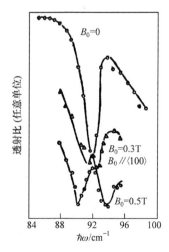

图 6.65 Si 中 $2p_\pm$ 杂质态线性塞曼分裂的各向异性,$B_0 = 10$T,在(110)平面内,横坐标为 $\boldsymbol{B}_0$ 与$\langle 001 \rangle$轴的夹角

图 6.66 锗中磷杂质 $1s \to 2p$ ($m = \pm 1$)跃迁谱线的塞曼分裂,早期实验结果[67]

比较. 20 世纪 70 年代初,柏雅(Pajot)等人[68]在 0～6.4T 磁场范围内研究了硅中浅施主的塞曼分裂,并着重其平方项的效应. 他们发现,在某些磁场取向下,塞曼分裂平方项可导致能量靠近的两不同塞曼能级间的相互作用,这种互作用进而导致这些能级间的相互排斥和"反相交"(anti-crossing). 他们的结果综合如图 6.67 所示,其中图(a)给出了几个不同大小、不同取向磁场下硅中磷杂质跃迁的吸收光谱;图(b)给出了 $B_0 // \langle 111 \rangle$ 方向时磷施主的 $1s-2p_-$、$1s-2p_+$ 和 $1s-3p_0$ 吸收谱线能量位置和磁场强度的关系,从而揭示了半导体中局域杂质电子态间相互作用及由此导致的吸收谱线,亦即能级位置和磁场关系的"反相交"现象.

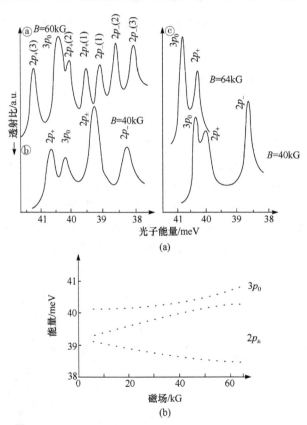

图 6.67　柏雅等人关于硅中磷 $2p_\pm$ 谱线塞曼分裂的实验结果,图 (a):ⓐ$B_0=6T$,B_0 与$\langle 100 \rangle$轴有一夹角;ⓑ$B_0=4T$,$B_0 // \langle 100 \rangle \perp \vec{\mathscr{E}}$;ⓒ$B_0=6.4T$ 和 4.0T,$B_0 // \langle 111 \rangle$. 图(b):$B_0 // \langle 111 \rangle$情况下硅中磷的 $2p_\pm$ 和 $3p_0$ 谱线能量位置随磁场强度的变化

最近朱景兵等人[69~78]利用高分辨率、高灵敏度的光热电离光谱方法,在 0～10T 磁场范围内和不同位形下研究了浅杂质总含量小于 $10^{12}\,cm^{-3}$ 的高纯硅中磷 (P)施主的塞曼分裂及相关效应. 采用如此高纯度样品的目的,在于彻底消除不同

杂质原子的实空间相互作用的影响,从而使实验观察到的光谱现象可以毫不含糊地解释为局域电子态相互间量子力学耦合和杂化的结果. 图 6.68 给出了他们的一个典型测量结果,光谱测量分辨率为 $0.15\mathrm{cm}^{-1}$,测量温度为 20K,图中(a)为磁场 $B_0=0$ 时的磷杂质光热电离吸收光谱;(b)和(c)为 $B_0=3\mathrm{T}$ 但方向分别为 $\boldsymbol{B}_0 // \langle 100 \rangle$ 和 $\boldsymbol{B}_0 // \langle 111 \rangle$ 时的吸收光谱. 图 6.69 和 6.70 给出了这样测量获得的各跃迁谱线能量与磁场关系的综合结果. 其中图 6.69 给出 $\boldsymbol{B}_0 // \boldsymbol{k} // \langle 100 \rangle$ 时硅中 P 施主的到 $4p_\pm$ 为止的塞曼跃迁能量和磁场强度的关系,可见对零磁场下的 $1s \rightarrow 2p_\pm$ 跃迁,弱磁场下分裂为三条谱线,分

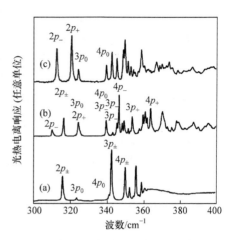

图 6.68　高纯硅中磷施主的几个典型的光热电离光谱. (a) $B_0=0$;(b) $B_0=3\mathrm{T}$, $\boldsymbol{B}_0 // \langle 100 \rangle$;(c) $B_0=3\mathrm{T}$, $\boldsymbol{B}_0 // \langle 111 \rangle$;测量温度 $T=20\mathrm{K}$,光谱分辨率为 $0.15\mathrm{cm}^{-1}$

别记为 $2p_{-\mathrm{a}}$、$2p_{+\mathrm{a}}$ 和 $2p_{\pm\mathrm{b}}$;在较高磁场下 $2p_{\pm\mathrm{b}}$ 又进一步分裂为 $2p_{-\mathrm{b}}$ 和 $2p_{+\mathrm{b}}$. 对 $1s \rightarrow 3p_\pm$ 和 $1s \rightarrow 4p_\pm$ 而言,即使在弱磁场下也已分裂为 4 条谱线(图中未画出 $4p_{-\mathrm{b}}$ 和 $4p_{+\mathrm{b}}$). 在磁场强度增大的过程中,谱线 $2p_{+\mathrm{a}}$ 在能量上依次和 $3p_0$(图中未画出)、$3p_{-\mathrm{a}}$、$3p_{-\mathrm{b}}$、$3p_{+\mathrm{a}}$ 和 $4p_{-\mathrm{a}}$ 等相交,而未观察到它们之间的相互作用或耦合.

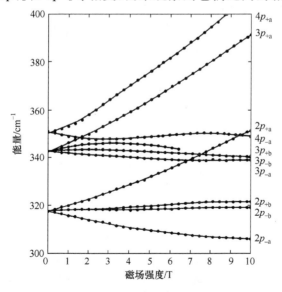

图 6.69　$\boldsymbol{B}_0 // \boldsymbol{k} // \langle 100 \rangle$ 情况下高纯硅中磷施主塞曼分裂的综合结果,图右侧给出了相应谱线的跃迁终态

图 6.69 的结果可以用前面提到的简单理论定性说明,并可用下面将讨论的修正理论和变分计算作定量解释. 事实上,$\boldsymbol{B}_0 /\!/ \langle 100 \rangle$ 位形下,磁场对能量椭球长轴沿 $\langle 100 \rangle$ 方向的二个导带谷和长轴与 $\langle 100 \rangle$ 垂直的四个导带谷的效应是不一样的,$np_{\pm a}$ 对应于和前两个导带谷相联系的浅施主塞曼跃迁,其一级分裂值 $\Delta E_{\pm a}$ 由公式(6.134)给出;$np_{\pm b}$ 对应于和后面四个导带谷相联系的浅施主跃迁,其一级塞曼分裂为零,必须考虑二级分裂项. 因而,只有在较高磁场下 $1s \rightarrow 2p_{\pm b}$ 跃迁的分裂才可分辨出来. 又因为 $\boldsymbol{B}_0 /\!/ \langle 100 \rangle$ 情况下,与能级间相互作用相关的高阶微扰项为零,或者更直观地说,$1s \rightarrow 2p_{+a}$ 跃迁和 $1s \rightarrow 3p_0$ 跃迁等可以源于和方向不同因而受磁场微扰不同的导带谷相联系的施主能级,所以 $2p_{+a}$ 态随磁场漂移过程中不会和 $3p_0$,$3p_{\pm b}$,$3p_{\pm a}$ 等电子态发生相互作用.

图 6.70 给出的 $\boldsymbol{B}_0 /\!/ \boldsymbol{k} /\!/ \langle 111 \rangle$ 位形下硅中磷施主塞曼分裂和漂移的情况就不一样了[73]. 首先 $\boldsymbol{B}_0 /\!/ \langle 111 \rangle$ 情况下,硅的六个导带谷相对于磁场的取向都是等价的,因而 $1s \rightarrow np_{\pm}$ 跃迁只分裂为 $1s \rightarrow np_-$ 和 $1s \rightarrow np_+$ 两条谱线. 更重要的我们看到,$2p_+$ 态随磁场漂移过程中能量上依次接近 $3p_0$、$3p_-$ 和 $4p_0$ 等状态时并不与后者相交,而是在互相靠近并达到一最小能量距离后随磁场增大又排斥开来. 为了更清楚地看清这一过程,我们在图 6.71 中给出了 $\boldsymbol{B}_0 /\!/ \boldsymbol{k} /\!/ \langle 111 \rangle$ 情况下 $300 \sim 350 \mathrm{cm}^{-1}$ 波数范围和 $0 \sim 10\mathrm{T}$ 磁场范围内硅中磷施主光热电离光谱的综合记录,并注意到谱线强度随磁场的演变,尤其是那些在能量位置上似乎互相排斥的谱线. 在图 6.72 中我们给出了弱磁场下指认为 $2p_+$、$3p_0$ 和 $4p_0$ 的三条谱线的强度随磁场的变化. 比较图 6.71 和 6.72 可见,$2p_+$ 谱线在靠近弱场下标为 $3p_0$ 和 $4p_0$ 的谱线然后又分开的过程中与后者交换了跃迁强度. 尽管从跃迁能量来说,弱场下指认为 $2p_+$ 的跃迁在随磁场漂移过程中没有和 $3p_0$ 等相交,但却发生了谱线强度,也即跃迁强度的"相交".

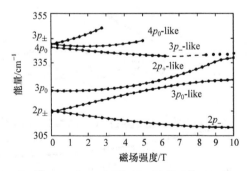

图 6.70　$\boldsymbol{B}_0 /\!/ \langle 111 \rangle$ 晶轴时高纯硅中磷施主塞曼分裂和漂移的综合结果. 由图可见"反相交"现象,曲线旁,$3p_0$-like 等标明跃迁的真实物理过程

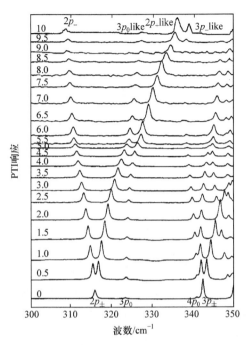

图 6.71 $\boldsymbol{B}_0 /\!/ \boldsymbol{k} /\!/ \langle 111 \rangle$ 和不同磁场强度情况下
高纯硅中磷施主塞曼光谱的实验结果. 图中只
给出 $300 \sim 350 \mathrm{cm}^{-1}$ 波数范围的结果, $\hbar\omega >$
$350 \mathrm{cm}^{-1}$ 时的结果因太复杂而未在图中给出.
谱线从下至上,磁场强度从 0 升至 10T

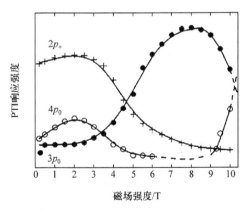

图 6.72 $\boldsymbol{B}_0 /\!/ \boldsymbol{k} /\!/ \langle 111 \rangle$ 情况下,弱磁场时被指认为 $2p_+$ 、$4p_0$ 、$3p_0$
的磷的三条塞曼谱线强度与磁场关系的实验结果

包含磁场效应的有效质量模型以及公式(6.133),可以很好地解释图 6.69 给出
的 $\boldsymbol{B}_0 /\!/ \boldsymbol{k} /\!/ \langle 100 \rangle$ 情况下的实验结果,但对图 6.70 到图 6.72 给出的 $\boldsymbol{B}_0 /\!/ \boldsymbol{k} /\!/ \langle 111 \rangle$

情况下的实验结果就显得不足了$^{[72,73]}$. 公式(6.133)给出的磁场下硅中施主电子的有效质量哈密顿可改写为

$$H = H_0 + H_1 + H_2 \tag{6.135}$$

这里 H_0 为外磁场为零时施主电子的有效质量哈密顿, H_1 和 H_2 分别为磁场微扰的线性项和平方项,可分别写为

$$H_1 = \gamma^* \left[\eta_{pm} L_x B_x + \eta_{pm} L_y B_y + L_z B_z + \mathrm{i}\eta_{pm}(1-\beta)(yB_x - xB_y)\frac{\partial}{\partial z} \right] \tag{6.136}$$

$$H_2 = \left[\frac{\gamma^*}{2}\right]^2 \left[\eta_{pm}^2 z^2 (B_x^2 + B_y^2) - 2\eta_{pm}B_z(xB_x + yB_y) \right.$$
$$\left. + (x^2 + y^2)B_z^2 + \gamma(yB_x - xB_y)^2 \right] \tag{6.137}$$

式中 $\gamma = m_t/m_l$, $\gamma^* = \hbar e B_0/(2R^* m_t c)$, R^* 为等效里德伯能量, $\eta_{pm} = (\gamma/\beta)^{1/2}$, β 为下面将讨论的变分参数之一. 在球坐标(r, θ, φ)系中, H_1 和 H_2 可进一步改写为

$$H_1 = H_{1a} + H_{1b} \tag{6.138}$$

$$H_{1a} = \gamma^* B_0 [\eta_{pm}(L_x \sin\varphi_B + L_y \cos\varphi_B)\sin\theta_B + L_z \cos\theta_B] \tag{6.139}$$

$$H_{1b} = -\mathrm{i}\gamma^* B_0 \eta_{pm}(\beta-1)\sin\theta\sin\theta_B$$
$$\times (\cos\varphi\sin\varphi_B - \sin\varphi\cos\varphi_B)\left[r\cos\theta\frac{\partial}{\partial r} - \sin\theta\frac{\partial}{\partial\theta} \right] \tag{6.140}$$

$$H_2 = H_{2a} + H_{2b} + H_{2c} \tag{6.141}$$

$$H_{2a} = \left[\frac{\gamma^* B_0 r}{2}\right]^2 \left[\cos^2\theta_B \sin^2\theta + \eta_{pm}^2 \cos^2\theta\sin^2\theta_B \right.$$
$$\left. + \gamma\sin^2\theta_B\sin^2\theta(\sin^2\varphi_B\cos^2\varphi + \cos^2\varphi_B\sin^2\varphi) \right] \tag{6.142}$$

$$H_{2b} = -2\eta_{pm}\left[\frac{\gamma^* B_0 r}{2}\right]^2 \cos\theta\sin\theta\cos\theta_B\sin\theta_B$$
$$\times (\sin\varphi\sin\varphi_B + \cos\varphi\cos\varphi_B) \tag{6.143}$$

$$H_{2c} = -2\gamma\left[\frac{\gamma^* B_0 r}{2}\right]^2 \sin^2\theta_B\sin^2\theta\sin\varphi_B\cos\varphi_B\sin\varphi\cos\varphi \tag{6.144}$$

这里(r, θ, φ)为施主电子的坐标位置, $(B_0, \theta_B, \varphi_B)$为磁场 **$B_0$** 的坐标分量. 穆耀明等用变分法求解上述有效质量近似框架下的含磁场微扰的薛定谔方程$^{[72]}$,求解时

变分波函数由归一化的类氢波函数组成,即取

$$\varphi_{nlm} = \left[\frac{\beta}{\gamma}\right]^{1/4} \psi_{nlm}\left[x,\; y,\; \left[\frac{\beta}{\gamma}\right]^{1/2} z\right] \tag{6.145}$$

这里

$$\psi_{nlm}(x,\; y,\; z) = R_{nl}(\alpha_{lm},\; r) Y_{lm}(\theta,\; \varphi) \tag{6.146}$$

为类氢波函数,

$$R_{nl}(\alpha_{lm},\; r) = \frac{2\alpha_{lm}^{3/2}}{n^2}\left[\frac{(n-l-1)!}{[(n+l)!]^3}\right]^{1/2}\left[\frac{2\alpha_{lm}r}{n}\right]^l$$

$$\times \exp\left[-\frac{\alpha_{lm}r}{n}\right] L_{n-l-1}^{2l+1}\left[\frac{2\alpha_{lm}r}{n}\right] \tag{6.147}$$

α_{lm} 与 β 为变分参数. 所取的正交基元波函数 ψ_{nlm} 的数目 N 决定于计算要求的最大主量子数 n_{max},例如,对偶宇称态,我们取 $n_{max}=5$,因而 $N=29$;对奇宇称态,取 $n_{max}=6$,因而 $N=47$,这意味着变分计算中需要求解 29×29 和 47×47 的哈密顿矩阵.

这样的基于包含磁场项的有效质量模型的主要计算结果如图 6.73 到图 6.75 所示. 其中图 6.73 给出 $\boldsymbol{B}_0 /\!/ \langle 100\rangle$ 轴情况下计算的 $1s(A)$ 基态到 $2p_\pm$、$3p_\pm$ 和 $4p_\pm$ 的跃迁能量随磁场的变化,及其和实验结果的比较(未包括到 $np_{\pm B}$ 的跃迁);图 6.74 给出 $\boldsymbol{B}_0 /\!/ \langle 111\rangle$ 轴情况下计算的 $1s(A)$ 基态到 $2p_-$、$2p_+$、$3p_0$ 和 $4p_0$ 的跃

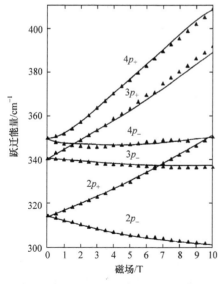

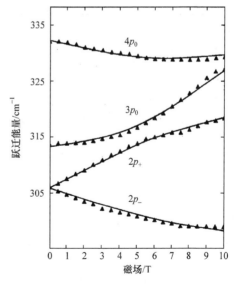

图 6.73 $\boldsymbol{B}_0 /\!/ \langle 100\rangle$ 时硅中磷塞曼跃迁能量的变分计算结果[72] 及其与实验的比较. 图中实线为计算结果

图 6.74 $\boldsymbol{B}_0 /\!/ \langle 111\rangle$ 情况下硅中磷塞曼跃迁 $2p_-$、$2p_+$、$3p_0$ 和 $4p_0$ 的能量的变分计算结果与实验的比较

迁能量及其和实验结果的比较,而图 6.75 给出了这一位形下计算的 $1s(A)$ 基

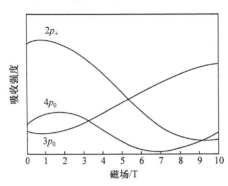

图 6.75　$\boldsymbol{B}_0 /\!/ \langle 111 \rangle$ 情况下硅中磷塞曼
跃迁 $2p_+$、$3p_0$、$4p_0$ 跃迁强度与磁场
关系的变分计算结果

态到 $2p_+$、$3p_0$ 和 $4p_0$ 跃迁的强度(即吸收强度)和磁场的关系. 由图 6.73 和图 6.74 可见,这样的计算很好地解释了 $\boldsymbol{B}_0 /\!/ \langle 100 \rangle$ 情况下硅中 P 施主近乎所有跃迁的塞曼分裂和漂移,并预言了 $\boldsymbol{B}_0 /\!/ \langle 111 \rangle$ 时 $2p_+$ 跃迁和 $3p_0$ 跃迁,以及更高磁场下类 $3p_0$ 和类 $4p_0$ 跃迁的"反相交"现象. 但比较图 6.75 和前述实验结果图 6.72 可见,有效质量框架下的变分计算对"反相交"现象发生时吸收谱线强度的预测,因而对磁场下同宇称施主电子态间电子-电子互作用物理过程的解释

只能是定性的了. 图 6.75 的计算结果虽也预言了 $2p_+$ 和 $3p_0$ "反相交"时跃迁振子强度互换的事实,但与实验结果相比要缓慢和微弱得多,同时对类 $3p_0$ 和类 $4p_0$ 态"反相交"时的振子强度交换和变化则几乎未显示出来. 图 6.72 的实验结果表明,以 $2p_+$ 和 $3p_0$ 跃迁间的"反相交"和相互作用为例,它们发生在 $\Delta B = 7 - 3 = 4\mathrm{T}$ 的磁场范围内,也即发生在 $\Delta E = 7.2\mathrm{cm}^{-1} = 0.9\mathrm{meV}$ 的能量范围内. 这一实验事实表明,当硅中磷的 $2p_+$ 和 $3p_0$ 施主态在磁场调节下能量上相距近于 $0.9\mathrm{meV}$ 时,它们强烈地互相耦合和杂化,其波函数强烈混和. 当 $B = 4.75\mathrm{T}$ 时,在没有相互作用假定下它们本该在能量上简并相交,但在 $\boldsymbol{B}_0 /\!/ \langle 111 \rangle$ 的强相互作用和耦合情况下,它们在能量上互相排斥开了,能量距离最小为 $0.9\mathrm{meV}$. 但它们的波函数却强烈地混和与重组了,从两谱线跃迁强度相等的事实可以推测,这时互相排斥开的上下两个能级各含有 50% 的 $2p_+$ 态波函数和 $3p_0$ 态波函数,其他在能量距离上稍远的态对这种强烈杂化混和的贡献似可忽略. 一般情况下在磁场 B_0 从 $3\mathrm{T}$ 增大到 $7\mathrm{T}$ 范围内,上、下态的波函数可以写为

$$\boldsymbol{\Psi}_u = A_u \boldsymbol{\Psi}_{3p_0} + B_u \boldsymbol{\Psi}_{2p_+}$$

$$\boldsymbol{\Psi}_l = A_l \boldsymbol{\Psi}_{2p_+} + B_l \boldsymbol{\Psi}_{3p_0} \tag{6.148}$$

表征杂化程度的系数 A、B 在 $0 \sim 1$ 范围内变化. 当 $B_0 = 7 \sim 8\mathrm{T}$ 左右时,可以认为 $\boldsymbol{\Psi}_u$ 已完全是 $2p_+$ 特性的,而 $\boldsymbol{\Psi}_l$ 则完全是 $3p_0$ 特性的,即"反相交"前后,尽管上、下两态在能量上未相交,但发生了物理属性的交换. 图 6.72 的结果还表明,$10\mathrm{T}$ 附近的"反相交"和上、下态之间的杂化混和发生在更窄的磁场范围,因而更小的能量范围内,并显得更为强烈. 这样结合图 6.72 的结果,对 $\boldsymbol{B}_0 /\!/ \langle 111 \rangle$ 的不同磁场强度下观察到的硅中磷的塞曼跃迁谱线,我们应该作如下指认(见图 6.70):弱磁场

($B_0 < 3T$)下从低能到高能,跃迁过程依次为 $1s(A)$ 到 $2p_-$、$2p_+$、$3p_0$、$4p_0$ 和 $3p_-$ 等等;在 $B_0=8T$ 左右时依次为 $1s(A)$ 到 $2p_-$、$3p_0$、$2p_+$、$3p_-$ 和 $4p_0$ 等;而在 $B=11\sim12T$ 左右时则为 $1s(A)$ 到 $2p_-$、$3p_0$、$3p_-$、$2p_+$ 等. 而在 $B_0=4.75T$ 和 $10.25T$ 附近,则分别发生 $2p_+$ 和 $3p_0$,类 $2p_+$ 和类 $3p_-$ 间的强烈杂化混和,杂化态的波函数由参于杂化的上、下两态的波函数线性组合而成,杂化最强烈时,上、下态各占有参与杂化的基元波函数的一半左右,并且能量上相距较远的其他态的影响可以忽略. 以上讨论对磁场下硅中其他浅施主和锗中浅施主能级间的相互作用同样适用.

除局域电子-电子相互作用外,磁场诱发的局域电子-声子(晶格振动)互作用也是十分有趣的. 陈张海等人[75,76]和石晓红等人[77,78]研究了 GaAs、InP 中施主态和主晶格 LO 声子的相互作用. 他们之所以选择Ⅲ-Ⅴ族半导体的施主态,是因为它们受磁场影响更为敏感,因而更容易通过磁场调谐它们的能量位置,以与 LO 声子发生能量简并和共振互作用;同时 GaAs、InP 等Ⅲ-Ⅴ族半导体最低导带谷在布里渊区 Γ 点,因而施主能级系列也较 Ge、Si 中情况简单且不会出现前面讨论过的施主塞曼能级的"反相交"现象. 陈张海等人的计算和实验发现,以 GaAs 中 Si 施主为例,当磁场强度依次为 2.5、2.9、3.5、4.2、5.5、10.5 和 20T 时,Si 施主的 (710)、(610)、(510)、(410)、(310)、(210) 和 $1s\to2p_+$ 跃迁分别和 LO 声子能量简并并发生共振互作用. 图 6.76 和图 6.77 分别给出了 (310) 和 (410) 跃迁和 LO 声子共振前后它们的光电导谱峰的演变. 由图可见,在 $260\sim296\,\text{cm}^{-1}$ 波段,观察不到施主跃迁谱线,因为这一波段是 GaAs 的剩余射线带. 在能量高于 $296\,\text{cm}^{-1}$ 区域,在 $B_0=4.2T$ 和 $5.5T$ 附近则分别观察到 (410) 和 (310) 跃迁的起自 LO 声子频率的"反相交"特性;并且随着磁场的进一步增大,随着 $1s\to$(410)、(310) 跃迁朝高

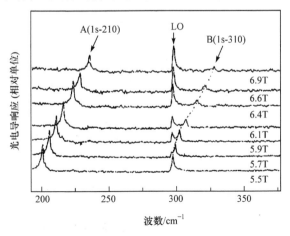

图 6.76　(310)亚稳态与 LO 声子能量共振时不同磁场
下 GaAs 中 Si 施主的光电导谱

能方向漂移并远离 LO 声子能量时,相应的光电导响应峰也逐渐减弱,这一现象和前面讨论的磁场下硅中磷施主塞曼能级间的"反相交"有相似之处. 为更清楚地观察这种磁场下局域电子-声子互作用引起的"反相交"现象和电子态行为,我们在图 6.78 给出了"反相交"发生前后 $1s \rightarrow (310)$、(410)、(510) 等跃迁能量与磁场强度关系的综合实验结果及与若干理论模型估计的比较,图中还画出了 $\hbar\omega_{LO}$ 和 $E_{1s-2p_-} + \hbar\omega_{LO}$ 的能量位置. 实验结果清楚显示,对施主杂质电子从基态到激发态 $(Nm\nu)$ 的跃迁,当终态 $(Nm\nu)$ 能量接近于 $E_{1s} + \hbar\omega_{LO}$ 时,其跃迁过程发生的能量 $E_{Nm\nu}^{Pol} - E_{1s}^{Pol} = E_{Nm\nu}(m^*, B_0) - E_{1s}(m^*, B_0) + T_N$ 将因修正项 T_N 不能忽略而受到严重扰动,导致"反相交"现象发生. 这里我们实际上已将基态能级定为能量原点,因而能量接近 $E_{1s} + \hbar\omega_{LO}$ 即是接近于 $\hbar\omega_{LO}$,如图 6.78 所示. 图 6.78 还表明,当 $1s \rightarrow$ $(Nm\nu)$ 跃迁能量接近 $E_{1s-2p_-} + \hbar\omega_{LO}$ 时,再次发生杂质电子跃迁和 LO 声子的共振

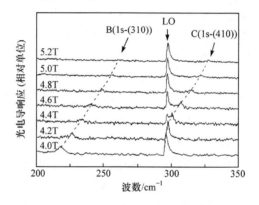

图 6.77　(410)亚稳态与 LO 声子能量共振时不
同磁场下 GaAs 中 Si 施主的光电导谱

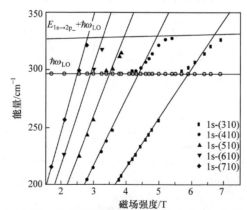

图 6.78　共振极化子效应发生时 GaAs 中 Si 施
主杂质 $1s \rightarrow (310)$、(410)、(510)、(610) 及 (710)
跃迁的能量与磁场强度的关系

互作用和"反相交现象". 类比于前面讨论的磁场下塞曼能级间的杂化, 我们必须认为杂质电子-声子互作用和"反相交"现象发生时同样形成了杂化态和波函数重组. 这种杂化态由零声子态(纯电子态)和单声子虚态(纯电子态加一个 LO 声子)混和而成, 并称之为极化子, 并且在电子-声子强相互作用因而杂化明显的区域, 即忽略相互作用时电子能级与 LO 声子能量相交处及其紧邻, 这种杂化态称为共振极化子. 注意, 这里是束缚电子态情况下的极化子和共振极化子, 和自由电子情况下的极化子及共振极化子相区别又有联系. 既然在 $\hbar\omega_{LO}$ 附近和 $E_{1s-2p_-}+\hbar\omega_{LO}$ 附近的共振极化子过程分别涉及到 2 个能级(零声子态和单声子虚态)的共振和 3 个能级[零声子态+($1s$+LO)单声子虚态+($2p_-$+LO)单声子虚态]的共振, 它们还可以分别称为双能级共振极化子和三能级共振极化子. 极化子波函数由参与杂化的态的组元波函数线性组合而成, 这样在共振中心位置, 杂化波函数由相等份额的零声子态和单声子虚态组成; 随着远离共振区, 零声子的纯电子态波函数贡献越来越大, 而单声子虚态的贡献越来越小, 最终两者的比例趋近于 $1:\alpha$, 这里 α 是弗罗里克常数, 对 GaAs 说来 $\alpha\approx0.06$. 按这一规则组成的杂化波函数预期, 高于 $\hbar\omega_{LO}$ 声子能量时 $1s\to(310)$、(410) 跃迁谱线强度似乎应该增大, 但图 6.76 和图 6.77 给出的实验事实恰相反, 这是由于跃迁能量已接近 $E_{1s-2p_-}+\hbar\omega_{LO}$ 共振, 并且这时入射光子能量已大于 $\hbar\omega_{LO}$, 因而真实声子发射过程明显增强并干扰光电子过程的结果.

顺便指出, 对上面讨论施主电子-声子共振互作用时涉及的杂质跃迁过程, 我们采用了 $Nm\nu=310$、410、510 等记号, 这是因为它们是一些只有在磁场和强磁场下才可能观察到的亚稳态, 因而采用与弱磁场下真正束缚的施主态 $2p_\pm$、$3p_\pm$ 等跃迁不同的记号, 这里 $Nm\nu$ 三个量子数分别是朗道量子数(N)、角量子数(m)和波函数在磁场方向的节点数(ν). 图 6.79 给出了陈张海等人[60]获得的磁场下 GaAs 中 Si 杂质光热电离光电导谱的一个典型结果, 他们观察到了从 GaAs 中 Si $1s$ 束缚基态到高达 (810) 态的众多的亚稳态的跃迁, 由于它们的高的量子数, 在颇低的磁场下就漂移到 $\hbar\omega_{LO}$ 能量附近, 从而使得这类电子-声子互作用的研究变得容易一些和更多样化.

磁场下 InSb 中浅杂质的塞曼分裂及其与磁场、压力关系的研究也是十分有趣的, 并进一步可见磁场等微扰参数在半导体杂质电子态研究中的意义[79]. 如图 6.80 所示, 可以看到磁场下 InSb 浅施主态的 $1s\to2p_+$ 跃迁和 $1s\to2p_-$ 跃迁各分裂为 4 条谱线(但 $1s\to2p_0$ 的分裂在光谱仪上尚不能完全分辨出来). 这是由于强磁场和高压下, 电子波函数被压缩, 因而光跃迁矩阵元增大并且谱线变得尖锐, 同时能级深度也略有增加, 以致 InSb 中浅杂质的微弱的中心原胞效应也变得可分辨了, 这四条谱线其实起因于四种不同品种的施主杂质. 实验未观察到 $2p_-\to3d_-$ 跃迁的塞曼分裂, 这时由于基态混和杂化效应所致. 图 6.80 给出的另一个重要结果是, 在一定的磁场和压力下, $1s\to2p_0$ 和 $1s\to2p_-$ 的 A 谱线分裂成两支, 其

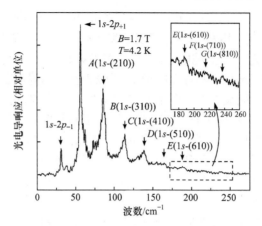

图 6.79　低温和磁场下 GaAs 中 Si 施主的远红外光电导谱.
图中可见一系列到和 $N m \nu$ 量子数相关的亚稳态的跃迁

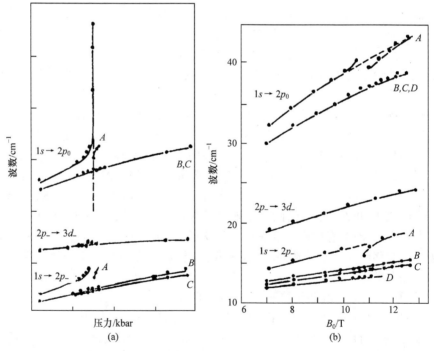

图 6.80　n-InSb 浅施主杂质塞曼分裂磁光效应实验结果.（a）固定磁场强度 $B_0 = 11.5 T$
时塞曼分裂谱线位置与压力的关系；（b）固定压力为 6.1kbar 时塞曼分裂谱线位
置与磁场的关系. 测量温度为 4.2K

分裂可达几个波数以致几十个波数. 这是 Γ 导带谷相关的杂质能级与 L 导带谷相
关的共振态杂质能级相遇并耦合互作用导致的分裂. 这种现象已多次遇到,这里
Γ 态和 L 态波函数的混和杂化使得可能通过 TA 单声子[TA(L),35cm^{-1}]散射实

现谷间耦合,从而使和同一施主相联系的类 Γ 及类 L 跃迁杂化耦合,耦合模分裂为图示的两支.

由于磁场下半导体杂质电子态的塞曼分裂和漂移,$1s\rightarrow2p_-$ 和 $1s\rightarrow2p_+$ 等跃迁能量随磁场而改变. 这样利用发射固定能量光子的远红外激光作为光源,通过扫描磁场调谐和改变杂质跃迁能量到激光光子能量,使它们间发生共振互作用,即可实现激光激发 $1s\rightarrow2p_-$ 和 $1s\rightarrow2p_+$ 等跃迁,然后经由热电离过程或弛豫过程实现磁场下的光电导测量. 按其物理过程,可以把这种方法叫做激光磁光电导谱,或简写为 PLMS. 图 6.81 给出了外延生长的高纯 GaAs 薄膜的激光磁光电导谱[80],实验采用的远红外激光波长为 $294.8\mu m$,光子能量约为 4meV. 由图可见,扫描磁场从 3T 到 5T,可以观察到超纯 GaAs 中 Ge、S、Sn、Se、Si、Pb 等 6 种不同品种残余浅施主杂质的 $1s\rightarrow2p_-$ 跃迁,跃迁谱线线宽约为 $4\mu eV$,以致可以分辨出 4.5T 磁场下束缚能之差仅为 $(3.0\pm0.5)\mu eV$ 的 Sn 和 Se 的 $1s\rightarrow2p_-$ 跃迁.

这种光谱方法的优点是明显的,由于采用激光光源,加之光热电离谱本身的灵敏度(在很宽杂质浓度范围内,它和掺杂浓度无关),PLMS 谱可以有很高的灵敏度和信噪比,以致可以探测浓度低达 $10^5 cm^{-3}$ 的浅杂质. 同时,其分辨率决定于磁场均匀性,因而至少可达 $1\mu eV$ 左右. 实验还表明,光子能量大于带间跃迁能量的光照或外加电场可以很敏感地改变浅杂质的电离状态,因而很敏感地改变激光磁光电导谱线的强度或相对强度. 例如,图 6.82 表明,在 Sn、Si 等 $1s\rightarrow2p_-$ 跃迁区域,

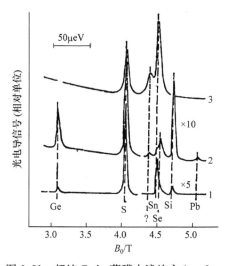

图 6.81 超纯 GaAs 薄膜中浅施主 $1s\rightarrow2p_-$ 跃迁的 PLMS 光谱. 激发光波长 $\lambda=294.8\mu m$,图中谱 1、2、3 是对不同样品而言

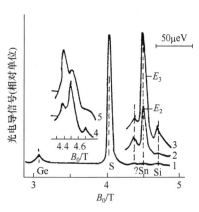

图 6.82 超纯 GaAs 薄膜中浅施主 $1s\rightarrow2p_-$ 跃迁的 PLMS 光谱. 激发光波长 $\lambda=294.8\mu m$,图中谱 1、2、3 是外加电场为 1、2.5、3.6V/cm 时的谱. 谱 4、5 是 $\vec{\mathscr{E}}=3$V/cm 同时用发光二极管照射样品时的谱,其中谱 5 的光照强度为谱 4 的 1/6

微弱的电场(1～3.6V/cm)和发光二极管发出的弱光照引起了相应谱线强度的显著增强或相对强度的显著改变. 近来这些方法已愈来愈普遍地应用于测定超纯半导体中浅杂质的品种、浓度及其空间分布的均匀性[80~84].

6.9　半导体杂质电子的量子混沌行为

"混沌"是很有趣的科学问题和物理现象. 在经典力学中,"混沌"是指一类具有不可预测行为的确定性运动. 混沌系统最大的特点在于:系统的时间演化行为,具有对初始条件的极端敏感性. 因此,从长期的意义上讲,系统的行为是不可预测的. 在现实世界中,混沌现象无处不在. 大至宇宙,小至组成物质的基本粒子,无一不受混沌规律的支配. 总体上看,自然界存在的混沌现象可以分为两大类:经典混沌与量子混沌. 经典混沌主要指的是在宏观体系出现的混沌现象,是 19 世纪末 20 世纪初法国学者庞加莱(Poincare)在研究三体问题时发现的. 然而,在经典混沌学发展的早期,它并未引起人们的足够重视. 混沌现象真正走进普通大众的视野,主要是得益于 1972 年"蝴蝶效应"的提出."蝴蝶效应"的通俗易懂及新颖性,使"混沌"迅速成为家喻户晓的名词. 在现阶段,人们对混沌的研究主要集中在混沌现象在量子力学世界里的对应问题,此即人们常说的量子混沌(或量子混沌学). 量子混沌研究的中心课题并非根据经典混沌的定义来分析量子混沌之有无,而是通过对量子现象的分析,来找出量子不规则运动的基本特征,并阐明它与经典混沌之间的联系. 经过数十年的发展,人们在揭示量子系统的半经典行为与经典混沌间的联系方面已取得一定的成绩,发现了三类与经典混沌有关的现象:非定态波函数的时间演化特征、能级分布的统计特征及能量本征波函数的形态特征. 然而,量子混沌研究中的一些根本性问题至今仍未解决. 例如,直到今天人们仍不清楚由量子力学描述的微观世界是否会像经典宏观世界那样存在规则和混沌两种不同性质的运动,也无法阐明混沌现象的量子力学根源."量子混沌"至今仍是个有争议的名词. 也正是因为此,1989 年,物理学家 Berry 发表了一篇题为《是量子混沌学,不是量子混沌》的短文,建议人们用能够给出明确定义的"量子混沌学",而非意义含糊不清的"量子混沌"来指代量子力学中的这一前沿领域.

虽然量子混沌的研究仍存在种种不足,作为量子力学中的一个全新研究方向,量子混沌给学术界带来了巨大的震撼,深深改变了人们的自然观. 在量子混沌发展的早期,人们主要通过数值方法求解薛定谔方程来获得量子不规则运动的知识. 然而,单纯的数值计算所能提供的信息毕竟是有限的,人们需要了解自然界中实际发生的量子不规则运动现象. 20 世纪 70 年代以来,借助飞速发展的激光技术,人们得以在人工可控的条件下,对处于高激发态的原子和分子进行实验研究,在原子、分子不规则运动方面取得了不少进展. 1974 年,Bayfield 和 Koch 首次在实验上发现了高激发态氢原子微波电离的场强阈效应[85],并由英国的 Leopold 与 Percival 小组于 1978 年用经典混沌扩散模型对该现象做出了很好的解释[86]. 他们的成功使人们意识到混沌在描述高激发态原子量子运动上的重要性. 1969 年,Garton 等人首次在钡原子的共振吸收谱中观察到了原子在磁场中的准朗道共振现象[87]. 随后的 20 多年时间里,人们采用更为精确的测量技术,以氢原子为代表,深入研究了原子在磁场中的各种准朗道共振行为,并把这些共振结构与原子的不稳定经典周期轨道联系起来,再次向人们展示了混沌理论在原子量子运动方面的重要性. 理论研究方面,Berry 和 Gutzwiller 等人的工作大大发展了适用于处理量子不规则运动的半经典近似理论. 20 世纪 90 年代以来,随着材料生长及实验技术的进步,凝聚态体系中量子混沌的实验研究被提上日程. 如英国诺丁汉大学的 Fromhold 小组详细研究了倾斜磁场作用下量子阱中的共振隧穿现象,并把这些共振结构与电子的不稳定闭合轨道联系起来[88~90]. 耶鲁大学的 Narimanov 和 Douglas Stone 等人对磁场作用下量子阱中的混沌现象进行了深入的理论研究[91~93]. 低维纳米结构,如半导体量子点中的量子混沌现象亦被广泛报道[94~97]. 这些工作进一步丰富了量子混沌的研究,让人们无可置疑地相信:混沌是量子力学中不可或缺的重要分支.

纵观过去数十年量子混沌学的发展,外磁场作用下的高激发态里德伯原子可以说是人们研究得最为透彻的体系之一,是量子混沌研究中为数不多的、可以实现理论与实验相结合的范例. 然而,关于凝聚态体系中杂质原子的混沌运动或混沌运动的可能性,却鲜有人论及. 从物理模型上看,半导体中的类氢浅杂质有着与氢原子十分类似的能级结构与物理图象,人们有理由相信,真实氢原子所展现出的种种量子混沌现象,必将在固体环境中的杂质原子体系有所表现. 并且,由于半导体晶格的引入,使得杂质原子的束缚能大大降低,通常只有十几到几十毫电子伏特量级. 在这种情况下,杂质原子实(芯)对外层电子的库仑相互作用十分微弱,外层电子对外场干扰的响应十分灵敏,可以很容易达到混沌运动所需条件. 本章将以高纯硅中的类氢浅杂质磷为代表,简要介绍杂质电子在外加磁场条件下的各种量子混沌效应,以及相应的闭合轨道理论计算.

6.9.1 类氢浅杂质的准朗道共振现象

1. 真实原子体系的准朗道共振现象

将原子放到磁场中时,每一条原子谱线都将分裂成频率相近的几条,且这些谱线都是偏振的,此即著名的塞曼效应. 实验室条件下,所能获得的磁场强度通常并不高,一般涉及的磁场效应都可用弱场近似处理,可用量子力学的微扰理论加以很好地解释. 强磁场对原子的影响,早期只是在天体光谱的研究中被发现过. 如某些白矮星的磁场强度达 10^4 T,而中子星表面的磁场强度更是高达 10^8 T.

　　然而,若从动力学的角度来考虑,我们可以发现,作用于原子上的磁场的"强"和"弱"是相对于原子内部的库仑束缚场而言的. 以最简单的氢原子为例,在均匀外磁场 B 环境下,核外电子一共受到两个力的作用:外场引起的洛伦兹力与原子核引起的库仑力. 这两个力之比为

$$\frac{F_{\text{Lorentz}}}{F_{\text{Coulomb}}} \propto \frac{n^3 B}{B_0} \tag{6.149}$$

其中,n 为原子的主量子数,B_0 是一个常数,其值为

$$B_0 = \frac{m_e^2 e^3 c}{\hbar^3} \approx 2.35 \times 10^5 \tag{6.150}$$

若 $n^3 B/B_0 \ll 1$,即外场洛伦兹力远小于原子核的库仑力,则磁场效应可当成微扰,系统近似为一可积系统;若 $n^3 B/B_0$ 大于(或约等于)1,即外磁场效应与原子内部库仑场可相比拟,则磁场不再是一个微扰,系统成为不可积系统,其"经典"运动将出现显著的混沌,相应的量子力学行为也将随之发生改变.

　　由以上分析可知,要从实验上对原子的量子混沌行为开展研究,既可以采用超强磁场,也可以通过提高原子的主量子数 n 来实现. 而第二种方案显然更为有效且易于实现. 也就是说,可以通过磁场环境下的高激发态里德伯(Rydberg)原子来实现对原子的量子混沌动力学研究. 美国 Argonne 国家实验室的 Garton 和 Tomkins 于 1969 年率先报道了这方面的实验研究[87],首次向人们展示了表征原子在磁场中量子混沌行为的准朗道共振(Quasi-Landau Resonance)现象.

　　图 6.83 为 Garton 和 Tomkins 测得的钡原子在磁场中的共振吸收谱. 虚线为钡原子在零磁场条件下的电离阈值位置. 从图上可以看到,电离阈值以下区域出现了钡原子的一系列里德伯能级的共振吸收峰及其在磁场中的分裂. 然而,在电离阈值以上的连续谱区域,当磁场增大时,却出现了显著的周期性调制,调制的周期约等于朗道能级间距 $\hbar\omega_c$ 的 1.5 倍. 也正是因为这个原因,人们很自然地把这种现象称为准朗道共振.

　　准朗道共振现象的发现极大地激发了人们对强磁场中原子非线性行为研究的兴趣. 然而,这个问题看似简单,却没有一般解. 因为球对称的库仑势和柱对称的磁场导致无法分离变量,同时,微扰理论在这种情况下不再适用. 这导致人们对该现象的理解花费了将近二十年时间.

　　1970 年,Edmonds 首次对该现象作了一个粗略解释. 他认为,这种电离阈值附近的振荡谱来自于某些特殊量子态的共振吸收峰,并应用玻尔(Bohr)-索末菲(Sommerfeld)量子化条件

$$\frac{1}{2\pi} \oint p_\rho \mathrm{d}\rho = \frac{\sqrt{2}}{\pi} \int_{\rho_1}^{\rho_2} \sqrt{E + \frac{1}{\rho} - \frac{1}{2}\left(\frac{m}{\rho} + \frac{\gamma}{2}\rho\right)^2} \, \mathrm{d}\rho = N + \frac{1}{2} \tag{6.151}$$

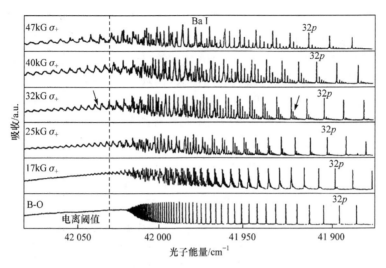

图 6.83 不同磁场强度下,钡原子在电离阈值附近的吸收光谱.
虚线为钡原子的零场电离阈位置[101,103]

算得,电离阈值附近量子态的能级间距为相应朗道能级间距的 1.58 倍,与 Garton 和 Tomkins 的实验结果相符.

随着理论和实验研究的深入,人们很快就发现,Edmonds 的解释过于粗糙,并不符合实际情况:一方面,对于电离阈值附近的高能态,氢原子的运动在磁场作用下已进入整体混沌状态,其能级序列是高度不规则的,不能简单地由玻尔-索末菲量子化条件来确定;另一方面,电离阈值附近观察到的周期性振荡,仅仅表示原子的吸收截面受到某种光滑调制,并不意味着电离阈值附近存在某个等间距的定态系列. 20 世纪 80 年代初,人们发展了另一种新的理论,把经典周期轨道与原子吸收截面的周期性调制联系了起来. 这种理论的物理图象是:原子核附近的电子在光激发过程中吸收能量后,以波包的形式离开原子核,并沿着某条周期轨道绕行一周后返回与初始波包形成加强相干,从而导致原子的吸收截面出现周期性调制[98]. 根据这一思想,Reinhardt 首先利用电偶极矩的自相关函数计算了吸收截面的表达式,对钡原子在磁场中的准朗道共振现象做出了更为确切的解释[105].

20 世纪 80 年代以来,随着激光技术及超导磁体技术的迅速发展,里德伯原子在强磁场中非线性行为的实验研究也得以快速展开. 尤其是 1986 年以来,德国 Bielefeld 大学的 Welge 等人对氢原子在强磁场中的光吸收谱进行了一系列精确的测量,取得了一系列实验突破[106~109]. 他们先用一个激光器将进入磁场的氢原子束从基态激发到 $2p$ 态,然后再用另一个可调激光器在一定波段内进行扫描,以获得高分辨率的光吸收谱. 图 6.84 为他们测得的氢原子在 $B=6\mathrm{T}$ 磁场下电离阈值附近的双光子共振吸收谱,光谱分辨率约为 $0.3\mathrm{cm}^{-1}$. 从图上可以看到,氢原子在电离阈值附近的吸收谱出现了类似钡原子的周期性调制. 经过傅里叶变换分析, Welge 等人发现, 光谱中除了存在间距为 $1.5\hbar\omega_c$ 的调制外, 还存在另一种间距为 $0.64\hbar\omega_c$ 的周期性振荡. 当他们把光谱分辨率进一步提高至 $0.07\ \mathrm{cm}^{-1}$ 后, 如图 6.85 所示电离阈值附近的振荡突然消失, 出现一系列极细的谱线. 这表明, 在低分辨率下看到的光谱调制其实是平均谱强度的一种振荡行为. 然而, 傅里叶分析发现, 这些看起来杂乱无章的光谱结构中隐藏着许多不同频率的振荡. Welge 等人通过相应的周期轨道计算, 得出了与实验数据相一致的结果.

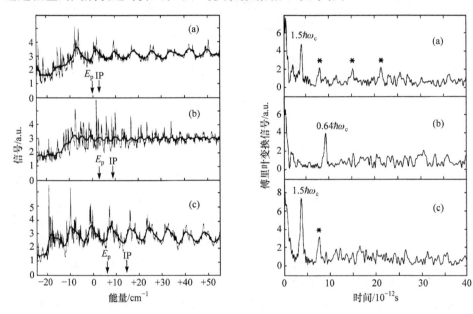

图 6.84　$B=6\mathrm{T}$ 磁场下, 氢原子 Balmer 系在电离阈附近的双光子共振吸收谱[106].

左图: (a) 终态 $|m_l^i=0\rangle$; (b) $|m_l^i=+1\rangle$; (c) $|m_l^i=+2\rangle$.

右图: 与左图相对应的傅里叶变换谱. 光谱分辨率 $\approx 0.3\ \mathrm{cm}^{-1}$

与此同时, 在理论研究方面, 中科院理论所的杜孟利 (M. L. Du) 和美国的 J. B. Delos 两人, 以 Gutzwiller 的周期轨道理论和态密度的迹公式为基础, 于 1987 年提出了著名的闭合轨道理论[110,111]. 他们用半经典近似的方法计算了与原子吸收截面直接相关的振子强度分布 $Df(E)$, 在计算中考虑了具有较短周期的 65 条闭合轨道的贡献, 得到了与实验完全相符的结果[112,113].

闭合轨道理论的物理图像十分清晰, 如图 6.86 所示: 原子吸收光子后, 电子获得能量而跃迁到高激发态, 并以电子波的形式向外传播. 在原子核附近 ($r \leqslant 50a_0$, a_0 为相应的玻尔半径), 电子主要受核库仑势的作用, 外磁场的影响可以忽略. 随着电子离原子核的距离越来越大 ($r \geqslant 50a_0$), 核的库仑力作用变得非常小, 而外磁场的作用越来越大, 电子波包在这两个力的作用下沿着经典轨道运动. 在洛伦兹力

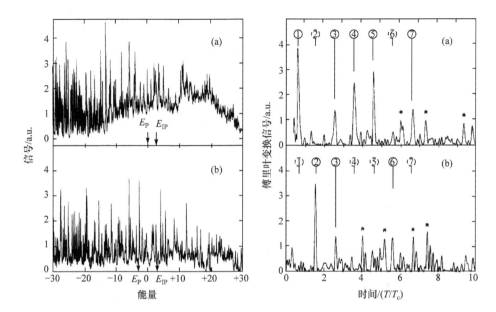

图 6.85　$B=5.96\mathrm{T}$ 磁场下, 氢原子 Balmer 系在电离阈值附近的双光子共振吸收谱[107]. 左图:
(a) 初态 $|2p, m^i=0\rangle\to$ 终态 $|m^f=0\rangle$; (b) 初态 $|2p, m^i=-1\rangle\to$ 终态 $|m^f=-1\rangle$.

右图: 与左图相应的傅里叶变换谱. 光谱分辨率 $\approx 0.07~\mathrm{cm}^{-1}$

的作用下, 沿着某些特定方向离开原子核的电子, 在经历一段时间 T_n 后又重新回
到原子核附近, 并与初始波包发生干涉, 使原子的吸收截面产生周期性调制, 从而
导致原子的吸收光谱出现周期性振荡. 这些开始于原子核, 最终又返回到原子核的
电子轨道, 即是"闭合轨道". 每一条周期为 T_n 的闭合轨道, 将导致吸收谱中出现
波长(对应的能量)为 $\Delta E=2\pi\hbar/T_n$ 的调制.

　　杜孟利和 J. B. Delos 在他们的闭合轨道理论中, 详细计算了与原子吸收截面
直接有关的振子强度分布:

　　假设原子吸收光子后从初态 $|\Psi_i\rangle$ 跃迁到终态 $|\Psi_f\rangle$, 其跃迁几率由相应的振子
强度给出

$$f=2(E_f-E_i)|\langle\Psi_f|\hat{D}|\Psi_i\rangle|^2 \tag{6.152}$$

其中, $\hat{D}$ 为相应的电偶极算符. 对离散谱的情况, 振子强度分布为

$$Df(E) = 2(E-E_i)\sum_k\delta(E-E_k)|\langle\Psi_k|\hat{D}|\Psi_i\rangle|^2 \tag{6.153}$$

将上式的右边用格林函数表示, 并将格林函数 $G^+(q_B, q_A, E)$ 看成波函数空间上的
算符, 写作 $\mathrm{Im}\hat{D}_E^+$, 则有

$$Df(E)=-\frac{2(E-E_i)}{\pi}\mathrm{Im}\langle\hat{D}\Psi_i|\hat{D}_E^+|\hat{D}\Psi_i\rangle \tag{6.154}$$

杜孟利和 J. B. Delos 在计算中分别考虑了短程轨道贡献和长程轨道贡献两

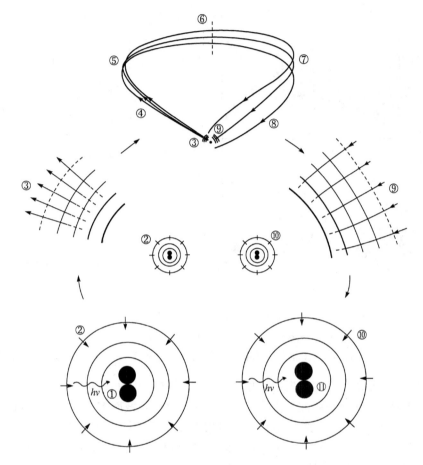

图 6.86 M. L. Du 和 J. B. Delos 发展的闭合轨道理论中,
原子吸收截面出现周期性调制的过程示意图[112,113]

项,最终得出原子的振子强度分布为

$$Df(E) = Df_0(E) + \sum_n C_n \sin(S_n(E) + \Delta_n) \tag{6.155}$$

其中,$Df_0(E)$ 代表短程轨道的贡献,它给出振子强度分布的光滑背景,第二项代表各条闭合轨道的贡献,$S_n(E)$ 为第 n 条闭合轨道的作用量,Δ_n 为与 Maslov 指数有关的相移.

除了氢原子外,人们在其他原子体系中也相继观察到了准朗道共振现象,并应用半经典近似,将这些共振结构与原子的闭合轨道一一对应起来[114~116]. 经过数十年的发展,对原子在磁场中准朗道共振现象的研究已经成为量子混沌研究中理论与实验结合的范例.

2. 类氢浅杂质的准朗道共振现象

半导体体系中的类氢浅杂质可以看成是氢原子在凝聚态体系的模拟,氢原子在磁场环境中出现的准朗道共振现象,在类氢浅杂质中也可以出现.为避免杂质原子波函数在激发态时发生交叠,对类氢浅杂质准朗道共振现象的探测需要使用超高纯度的样品,硅中磷杂质的浓度可低达 10^{11} cm^{-3} 量级.此外,由于硅能带具有各向异性,磁场分别平行于 $\langle 111 \rangle$ 与 $\langle 100 \rangle$ 晶轴方向时,磷杂质的准朗道共振现象略有区别.

1) $B /\!\!/ k /\!\!/ \langle 111 \rangle$ 时的准朗道共振现象

磁场平行于硅 $\langle 111 \rangle$ 晶轴方向时,磷杂质电离阈值附近及更高能区的光热电离光谱如图 6.87 所示.图中给出的是磁场强度为 0~2.0T 时,杂质原子高能区的典型光谱.从图上可以看到,在零磁场条件下,电离阈值以下区域为分立的杂质能级共振吸收峰,当磁场慢慢增强时,这些能级由于塞曼分裂而相互交织在一起,形成一系列密集而复杂的共振峰结构.对于电离阈值以上的连续谱区域,零磁场时表现为光滑的吸收带.然而,当磁场慢慢增加到 1.0T 附近时,原本光滑的连续吸收区域开始出现明显的周期性调制,且这些调制的强度和间距都随着磁场的增强而增大.这些电离阈值之上高能区的周期性光谱调制行为,与文献报道的钡原子、氢原子等原子体系的准朗道共振现象十分相似并更为清晰.此外,从相关理论计算可

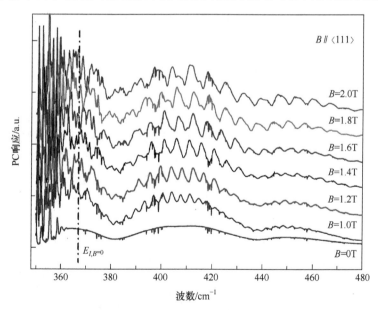

图 6.87 $B /\!\!/ k /\!\!/ \langle 111 \rangle$ 配置下,n 型掺磷高纯 Cz-Si 样品高能区的典型光热电离光谱.图中垂直虚线所示为零磁场下磷杂质的电离阈值位置($\sim$367 cm^{-1}).光谱分辨率为 0.10 cm^{-1};实验温度为 17 K

知,磁场作用下磷施主 $2P_+$、$2P_-$ 能级的分裂值与杂质电子相应的回旋共振频率相等,如图 6.88 所示.从图中可以粗略计算出,电离阈值之上高能区光谱调制的周期为 $\Delta E \sim 1.5\hbar\omega_c$.再考虑到磷杂质在单晶硅中的类氢原子构造,可初步推测这种光谱周期性调制行为就是磷杂质的准朗道共振现象.

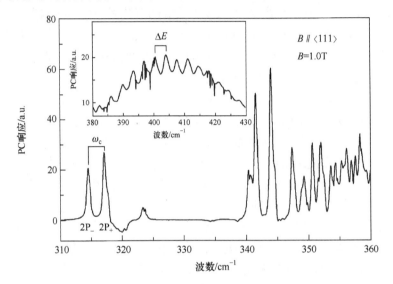

图 6.88　$B/\!/k/\!/\langle111\rangle$配置下,$B=1.0$T 时杂质电子回旋
共振频率及电离阈值以上高能区光谱调制频率示意图

更精确的定量分析可通过对高能区的光热电离光谱进行快速傅里叶变换处理进行: $A(T)=\displaystyle\int_{E_1}^{E_2}A(E)\mathrm{e}^{-\mathrm{i}ET/\hbar}\mathrm{d}E$,变换结果如图 6.89 所示.从图上可以看到,变换后的傅里叶谱上至少存在 6 个清晰的共振峰结构.这表明,光谱上观察到的周期性调制起码包含了 6 种不同频率的振荡,这 6 种振荡的频率随磁场的变化关系如图 6.90 所示.从图上可以看出,这些振荡结构的频率均随着磁场的增加而线性增大.考虑到磁场平行于硅$\langle111\rangle$晶轴时,杂质电子只有一个有效质量,其值为 $m_e^*=m_t\cdot[3m_1/(2m_t+m_1)]^{1/2}\approx0.28\,m_e$.以该有效质量对应的回旋共振频率 $\omega_c=eB/m_e^*$ 为单位,假定 $\omega=\gamma\omega_c=\gamma\cdot eB/m_e^*$,通过图 6.90 的直线拟合,可以得到这 6 种共振结构的振荡频率与相应杂质电子回旋共振频率的比例关系,具体结果如表 6.4 所示.从表上可以看出,共振结构 p2、p3 对应的光谱调制频率分别为 $1.41\omega_c$ 及 $0.68\omega_c$,与文献报道的氢原子准朗道共振频率 $1.5\omega_c$、$0.64\omega_c$ 非常接近.图 6.89 中的 p1 结构,振荡频率与磁场无关,不属于准朗道共振,因而图中标为"p1?".

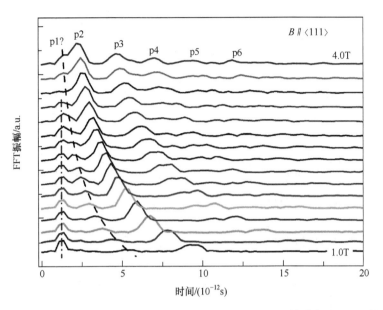

图 6.89　$B/\!/k/\!/\langle 111\rangle$ 配置下,1.0～4.0T 磁场范围内,n 型掺磷高纯 Cz-Si 样品高能区 PTIS 谱的快速傅里叶变换处理. 相邻谱线的磁场间隔为 0.2 T

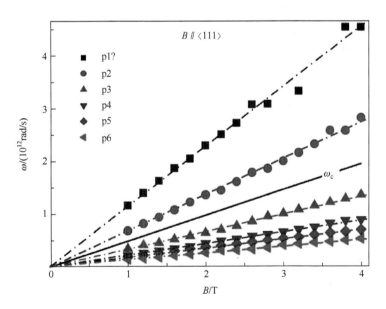

图 6.90　$B/\!/k/\!/\langle 111\rangle$ 配置下,1.0～4.0 T 磁场范围内,傅里叶变换谱中各个共振结构频率随磁场的变化关系. ω_c 标志的斜线为杂质电子回旋共振频率对磁场的依赖关系

表 6.4　$B /\!/ k /\!/ \langle 111 \rangle$ 时，PTIS 谱所包含的 6 种不同振荡结构的振荡
频率与相应杂质电子回旋共振频率 ω_c 的关系

频率 ＼ 编号	p1	p2	p3	p4	p5	p6
$\dfrac{\omega}{\omega_c}$	2.35	1.41	0.68	0.46	0.37	0.28

2) $B /\!/ k /\!/ \langle 100 \rangle$ 时的准朗道共振现象

磁场平行于硅 $\langle 100 \rangle$ 晶轴方向时，n 型掺磷高纯 Cz-Si 样品在磁场作用下高能区的典型光热电离光谱如图 6.91 所示. 与 $B /\!/ k /\!/ \langle 111 \rangle$ 时的情况类似，杂质原子在这一高能区域将很容易进入混沌状态. 从图上可以看到，零磁场情况下，电离阈值以上区域出现的是一条连续的吸收带. 当磁场增加到 1.0 T 附近时，光谱上开始出现明显的调制，这种调制同样随着磁场增强而增强. 但与 $B /\!/ k /\!/ \langle 111 \rangle$ 情况不同的是，这种调制显得较为混乱.

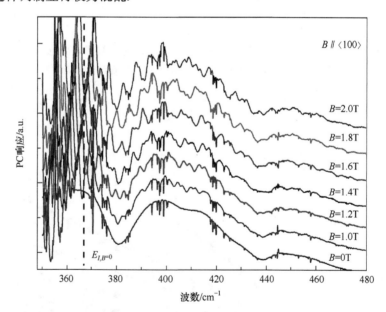

图 6.91　磁场平行于 $\langle 100 \rangle$ 晶轴时，n 型掺磷高纯 Cz-Si 样品高能区的典型光热电离光谱. 图中垂直虚线所示为零磁场下磷杂质的电离阈值位置（~ 367 cm^{-1}）. 光谱分辨率为 0.15 cm^{-1}；实验温度 17 K

同样地，其内在的光谱结构可通过对光谱做快速傅里叶变换进行分析，如图 6.92(a) 所示. 从图上可以看到，与 $B /\!/ k /\!/ \langle 111 \rangle$ 类似，$B /\!/ k /\!/ \langle 100 \rangle$ 配置下至少存在 6 种不同频率的振荡，这些振荡的频率均随着磁场的增强而线性增大，如图 6.92(b) 所示. 由于 $B /\!/ k /\!/ \langle 100 \rangle$ 时杂质电子具有两个不同的有效质量：$m_t^* =$

$m_t \approx 0.19 m_e$、$m_2^* = (m_l \cdot m_t)^{1/2} \approx 0.42 m_e$,分别对应两组不同的回旋共振频率 $w_{c1} = eB/m_1^*$、$w_{c2} = eB/m_2^*$,假设 $\omega = \gamma\omega_c = \gamma \cdot eB/m_e^*$,分别用 ω_{c1}、ω_{c2} 进行直线拟合,如图 6.92(b) 所示,即可得到这 6 种不同共振结构的调制频率与 ω_{c1}、ω_{c2} 的比例关系. 具体结果如表 6.5 所示. 需要指出的是,在图 6.92(a) 的傅里叶变换谱中,最左边区域同样存在一组频率不随磁场变化的共振峰结构,它与准朗道共振现象无关,而是起源于光源的强度分布或光谱仪自身的调制.

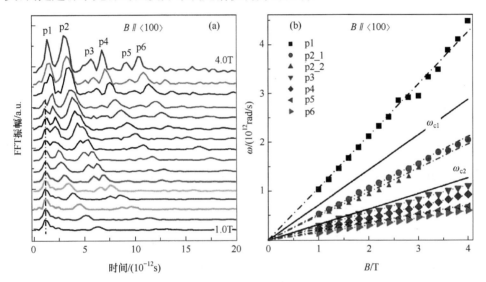

图 6.92 磁场平行于 ⟨100⟩ 晶轴时,n 型掺磷高纯 Cz-Si 样品高能区 PTIS 谱的快速傅里叶变换处理结果. (a) 1.0～4.0 T 磁场下的傅里叶变换光谱,相邻谱线所对应的磁场强度变化为 0.2 T; (b) 傅里叶变换谱中各个共振结构频率随磁场的变化关系;(b) 图中 ω_{c1}、ω_{c2} 标志的斜线为分别与杂质电子有效质量 $m_1^* = m_t \approx 0.19 m_e$、$m_2^* = (m_l \cdot m_t)^{1/2} \approx 0.42 m_e$ 所对应的回旋共振频率随磁场的变化关系

表 6.5 $B // k // \langle 100 \rangle$ 时,实验所观察到的 6 种振荡结构的调制频率与相应杂质电子回旋共振频率 ω_c 的关系

频率 \ 编号	p1	p2	p3	p4	p5	p6
$\dfrac{\omega}{\omega_{c1}}$	1.47	0.70	0.39	0.32	0.24	0.21
$\dfrac{\omega}{\omega_{c2}}$	3.35	1.56	0.89	0.71	0.55	0.48

3. 各向异性半导体中杂质电子的闭合轨道计算

类氢浅杂质有着和真实氢原子十分相似的物理图像,对杂质电子闭合轨道的

计算可参考真实氢原子进行. 这里的计算以 M. L. Du 和 J. B. Delos 的闭合轨道理论为基础,简要计算过程如下:

应用有效质量近似及类氢原子模型,在磁场 $\boldsymbol{B}$ 作用下,束缚于磷施主中心的杂质电子的哈密顿量可以写成如下形式

$$H=\frac{1}{2m_e^*}\left(\boldsymbol{P}+\frac{e\boldsymbol{A}}{c}\right)^2-\frac{e^2}{k\cdot r} \tag{6.156}$$

其中,$\boldsymbol{A}$ 为磁场的矢势,$\boldsymbol{B}=\nabla\times\boldsymbol{A}$,$k=11.4$ 为硅的介电常数. 以磁场方向为坐标轴的 z 方向,$\boldsymbol{B}=(0,0,B)$,选择柱对称势 $\boldsymbol{A}=(-B_y/2,B_x/2,0)$,则哈密顿量(6.156)可写为

$$H=\frac{1}{2m_e^*}\left[P^2+\frac{eB}{c}L_z+\frac{e^2B^2}{4c^2}(x^2+y^2)\right]-\frac{e^2}{k\cdot r} \tag{6.157}$$

采用原子单位制:$e=m_e=\hbar=1$,则杂质电子的质量为 $m=m_e^*/m_e$:

$$H=\frac{1}{2m}\left[P+\frac{B}{c}L_z+\frac{B^2}{4c^2}(x^2+y^2)\right]-\frac{1}{k\cdot r} \tag{6.158}$$

磁场沿 z 轴方向,$L_z=m\hbar$ 为守恒量. 采用柱坐标系,并令 $m=0$ 消去塞曼项,可得

$$H=\frac{1}{2m}\left[(P_\rho^2+P_z^2)+\frac{B^2}{4c^2}\rho^2\right]-\frac{1}{k\cdot\sqrt{\rho^2+z^2}} \tag{6.159}$$

引进无量纲参数 $\Gamma=\dfrac{B}{B_0}=\dfrac{1}{m^2}\dfrac{B}{c}$,其中,$B_0$ 的定义见式(6.150). 可得

$$H=\frac{1}{2m}\left[(P_\rho^2+P_z^2)+\frac{1}{4}\Gamma^2m^4\rho^2\right]-\frac{1}{k\cdot\sqrt{\rho^2+z^2}} \tag{6.160}$$

引入以下关于坐标 q_i、动量 p_i 和时间 t 的标度变换:

$$\begin{cases} (\tilde{\rho},\tilde{z})=\Gamma^{2/3}(\rho,z) \\ (\tilde{P}_\rho,\tilde{P}_z)=\Gamma^{-1/3}(P_\rho,P_z) \\ \tilde{t}=\Gamma t \end{cases} \tag{6.161}$$

则哈密顿量(6.160)可变为

$$H=\Gamma^{2/3}\left\{\frac{1}{2m}\left[(\tilde{P}_\rho^2+\tilde{P}_z^2)+\frac{1}{4}m^4\tilde{\rho}^2\right]-\frac{1}{k\cdot\sqrt{\tilde{\rho}^2+\tilde{z}^2}}\right\} \tag{6.162}$$

令 $\widetilde{H}=\dfrac{1}{2m}\left[(\tilde{P}_\rho^2+\tilde{P}_z^2)+\dfrac{1}{4}m^4\tilde{\rho}^2\right]-\dfrac{1}{k\cdot\sqrt{\tilde{\rho}^2+\tilde{z}^2}}=\dfrac{H}{\Gamma^{2/3}}=\dfrac{E}{\Gamma^{2/3}}=\varepsilon(\varepsilon=E/\Gamma^{2/3},$

称为系统的标度化能量),并引入半抛物坐标:

$$\begin{cases} u=(\tilde{r}-\tilde{z})^{1/2} \\ v=(\tilde{r}+\tilde{z})^{1/2} \\ \mathrm{d}\tilde{t}=2\tilde{r}\mathrm{d}\tau=(u^2+v^2)\mathrm{d}\tau \end{cases} \tag{6.163}$$

在新的半抛物坐标中,有

$$
\begin{cases}
\tilde{\rho}=uv \\
\tilde{z}=\dfrac{1}{2}(v^2-u^2) \\
\widetilde{P}_\rho=\dfrac{1}{u^2+v^2}(uP_v+vP_u) \\
\widetilde{P}_z=\dfrac{1}{u^2+v^2}(vP_v-uP_u)
\end{cases}
\tag{6.164}
$$

可得

$$
\widetilde{H}=\frac{1}{2m}\left[\frac{1}{u^2+v^2}(P_u^2+P_v^2)+\frac{1}{4}m^4u^2v^2\right]-\frac{2}{k}\frac{1}{u^2+v^2}=\varepsilon
\tag{6.165}
$$

再令

$$
H=(u^2+v^2)(\widetilde{H}-\varepsilon)+\frac{2}{k}=\frac{1}{2m}\left[(P_u^2+P_v^2)+\frac{1}{4}m^4u^2v^2(u^2+v^2)\right]-\varepsilon(u^2+v^2)
\tag{6.166}
$$

则由哈密顿量(6.165)描述的系统在能曲面 $\widetilde{H}=\varepsilon$ 上的运动等同于(6.166)描述的系统在能曲面 $H=2/k$ 上的运动. 电子的经典运动遵从哈密顿正则方程:

$$
\begin{cases}
\dot{P}_i=-\dfrac{\partial H}{\partial q_i} \\
\dot{q}_i=\dfrac{\partial H}{\partial P_i}
\end{cases}
\tag{6.167}
$$

把哈密顿量(6.166)代入正则方程(6.167)可得

$$
\begin{cases}
\dot{P}_u=-m^3\left(\dfrac{1}{2}u^3v^2+\dfrac{1}{4}uv^4\right)+2\varepsilon u \\
\dot{P}_v=-m^3\left(\dfrac{1}{2}u^2v^3+\dfrac{1}{4}u^4v\right)+2\varepsilon v \\
\dot{u}=\dfrac{P_u}{m} \\
\dot{v}=\dfrac{P_v}{m}
\end{cases}
\tag{6.168}
$$

在方程组(6.168)中消去变量 P_u、P_v,即可得到杂质电子的运动方程:

$$
\begin{cases}
\ddot{u}=-m^2\left(\dfrac{1}{2}u^3v^2+\dfrac{1}{4}uv^4\right)+\dfrac{2}{m}\varepsilon u \\
\ddot{v}=-m^2\left(\dfrac{1}{2}u^2v^3+\dfrac{1}{4}u^4v\right)+\dfrac{2}{m}\varepsilon v
\end{cases}
\tag{6.169}
$$

得到杂质电子运动方程后,对运动方程进行数值积分即可得到杂质电子的闭合轨道. 参考氢原子的情况,电子的轨道闭合与否,取决于轨道的初始方向,即初始时刻电子向外运动的方向. 因此,在实际的计算过程中,应以初始时刻轨道相对于 z 轴的夹角 θ 为参数:

$$\tan\theta = \lim_{t\to 0} \frac{\rho(t)}{z(t)} \tag{6.170}$$

根据半抛物坐标变量 u、v 的定义,可得关系式

$$\frac{\dot{u}}{v} = \sqrt{\frac{1-\cos\theta}{1+\cos\theta}} \tag{6.171}$$

考虑到系统哈密顿量关于 z 轴对称,在具体计算过程中,只需考虑 $\theta \in [0°, 90°]$(相应的 $\dot{u}/v \in [0,1]$)区间即可,其他区间的轨道可通过对称性导出.

周期较短的 12 条典型轨道如图 6.93 所示. 和 M. L. Du 等人的计算结果对比可发现,单晶硅中磷杂质的闭合轨道和自由空间中真实氢原子的轨道形式上完全相同,半导体晶格的引入并没有改变类氢原子体系闭合轨道的性质.

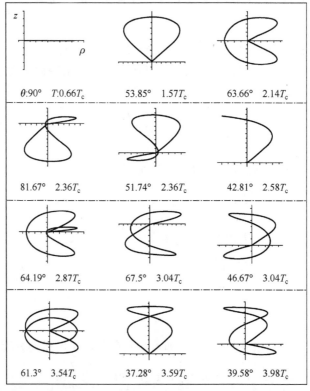

图 6.93　具有较短周期的杂质电子典型闭合轨道. 其中,θ 为初始时刻轨道相对 z 轴的出发角,T 为闭合轨道的周期,T_c 为相应的杂质电子回旋共振周期. 图中所示轨道为闭合轨道在 (ρ, z) 平面的投影

根据闭合轨道理论,周期为 T 的闭合轨道将在光谱中引起波长为 $\Delta E = 2\pi\hbar/T$

的调制.将这些计算结果与实验对比,即可验证实验所观察到的周期性调制是否与杂质的准朗道共振相关联.

对 $B/\!/k/\!/\langle 111\rangle$ 的情况,实验所观察到的振荡频率与相应杂质电子回旋共振频率的对比如表 6.4 所示.计算得到的与杂质电子准朗道共振现象相关的周期最短的前 20 条轨道如表 6.6 所示.将表 6.4 与表 6.6 的结果对比,便得到了与 p2~p6 共振峰对应的闭合轨道,如图 6.94 所示.而对于 p1,相应的调制波长为 $\Delta E=2.35\hbar\omega_c$,计算过程中并没有找到与之对应的闭合轨道,其物理起源有待进一步研究.此外,闭合轨道理论指出,周期较短的轨道通常具有较强的效应,能在光谱中引起更明显的调制.从图 6.94 可以看出,几个共振峰的强度确实随着对应轨道周期的增加而降低,与闭合轨道理论的预期完全一致.

表 6.6 与杂质电子准朗道共振现象相关的前 20 条周期最短的轨道.其中,θ_i 为轨道的初始角度(相对于 z 轴),T_c 为相应的杂质电子回旋共振周期.轨道的具体形状见附录(1)

	1	2	3	4	5	6	7	8	9	10
$\theta_i/(°)$	90.0	53.85	63.66	81.67	51.74	42.81	64.19	60.27	67.50	46.67
$\dfrac{T}{T_c}$	0.666	1.57	2.14	2.36	2.36	2.58	2.87	2.88	3.04	3.04
	11	12	13	14	15	16	17	18	19	20
$\theta_i/(°)$	41.54	79.12	61.30	37.28	39.58	69.49	36.37	77.50	33.84	70.96
$\dfrac{T}{T_c}$	3.46	3.46	3.54	3.59	3.98	3.98	4.54	4.54	4.60	4.92

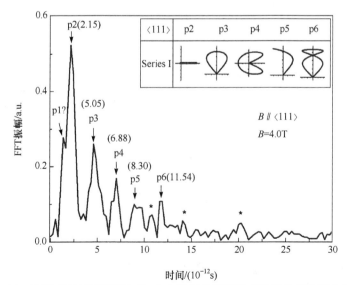

图 6.94 $B/\!/k/\!/\langle 111\rangle$ 配置下,$B=4.0$ T 时的傅里叶变换谱及相关闭合轨道.括号内的数据为各共振峰所对应闭合轨道的理论周期(单位为 10^{-12} s)

对 $B/\!/k/\!/\langle100\rangle$，情况稍显复杂，因杂质电子此时具有两个不同的有效质量：$m_1^*=m_t\approx0.19\,m_e,m_2^*=(m_1\cdot m_t)^{1/2}\approx0.42\,m_e$. 针对这种情况，有效质量近似计算表明，两种有效质量的杂质电子所对应的闭合轨道和 $B/\!/k/\!/\langle111\rangle$ 时完全相同.

傅里叶变换结果分别和回旋共振频率 $\omega_{c1}=eB/m_1^*$、$\omega_{c2}=eB/m_2^*$ 的对比如表 6.5 所示. 从表面上看，这些傅里叶变换共振结构既有可能与 $0.19\,m_e$ 的杂质电子对应，也有可能与 $0.42\,m_e$ 的杂质电子对应. 情况果真如此吗？为了便于分析，图 6.95 单独给出了 $B=4.0$ T 时的傅里叶变换谱. 仔细分析该图可以发现，p1～p6 共振峰从形态上可以分为三个组：(p1,p2)、(p3,p4)、(p5,p6). 考虑到 $B/\!/k/\!/\langle100\rangle$ 时杂质电子具有两个不同有效质量，以及较短周期轨道具有较强效应的理论预期，结合闭合轨道理论计算结果的对比，可以指认 p1、p3、p5 分别对应 $0.19\,m_e$ 杂质电子的 1.5、0.39、0.22 倍朗道能级间距的准朗道共振，p2、p4、p6 分别对应 $0.42\,m_e$ 杂质电子的 1.5、0.64、0.47 倍朗道能级间距的准朗道共振. 此外，p2 同时对应 $0.19\,m_e$ 杂质电子的 0.64 倍朗道能级间距的准朗道共振，即 p2 是个简并峰.

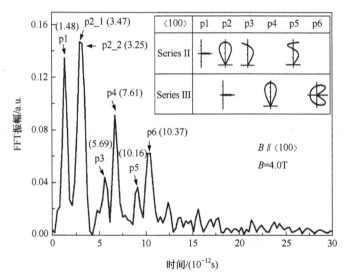

图 6.95　$B/\!/k/\!/\langle100\rangle$ 配置下，$B=4.0$ T 时的傅里叶变换谱及相关闭合轨道.
括号内的数据为各共振峰所对应闭合轨道的理论周期(单位为 10^{-12} s)

从硅的能带结构考虑，有效质量为 $m_1^*\approx0.19\,m_e$ 的电子来自 $\langle100\rangle$、$\langle\bar{1}00\rangle$ 方向两个能谷的贡献；而有效质量为 $m_2^*\approx0.42\,m_e$ 的电子来自 $\langle010\rangle$、$\langle0\bar{1}0\rangle$、$\langle001\rangle$、$\langle00\bar{1}\rangle$ 四个能谷的贡献. 因此，与 $m_2^*\approx0.42\,m_e$ 杂质电子对应的共振峰应比与 $m_1^*\approx0.19\,m_e$ 杂质电子对应的共振峰强，图 6.92 与图 6.95 的数据很好地证明了这一点. 此外，场强较低时，从图 6.92 可明显看出 p2 系列由两个频率相近的峰组成，清晰地表明 p2 是个简并峰，从而再次证明我们对 p1～p6 共振峰指认的正确

性. 根据这种划分方法, 与 p1～p6 共振峰对应的闭合轨道如图 6.95 插图所示.

为方便起见, 可以把 $B /\!/ k /\!/ \langle 111 \rangle$ 配置下的准朗道共振标记为 Series I, $B /\!/ k /\!/ \langle 100 \rangle$ 时与 $m_1^* \approx 0.19 \, m_e$ 相关的准朗道共振标记为 Series II, 与 $m_2^* \approx 0.42$ m_e 相关的标记为 Series III. 两种配置下的实验-理论对比汇总于表 6.7.

表 6.7 闭合轨道理论计算和实验结果的对比. 其中, θ_i 为相对于 z 轴的夹角, 单位为度, T_c 为杂质电子相应的回旋共振周期, ω_c 为对应的回旋共振频率

	共振结构编号	轨道初始角 (θ_i)	轨道周期 (T/T_c)	理论振荡频率 (ω/ω_c)	实验所得振荡频率 (ω/ω_c)	理论与实验误差(%)
Series I $B /\!/ \langle 111 \rangle$	p2	90.0	0.67	1.49	1.41	5.37
	p3	53.83	1.57	0.64	0.68	6.25
	p4	63.65	2.14	0.47	0.46	2.13
	p5	42.81	2.58	0.39	0.37	5.13
	p6	37.31	3.59	0.28	0.28	0.36
Series II $B /\!/ \langle 100 \rangle$ ($0.19 \, m_e$)	p1	90.0	0.67	1.49	1.47	1.34
	p2_1	53.83	1.57	0.64	0.70	9.38
	p3	42.81	2.58	0.39	0.39	1.03
	p5	33.84	4.60	0.22	0.24	9.09
Series III $B /\!/ \langle 100 \rangle$ ($0.42 \, m_e$)	p2_2	90.0	0.67	1.49	1.56	4.70
	p4	53.83	1.57	0.64	0.71	10.94
	p6	63.65	2.14	0.47	0.48	2.13

6.9.2 杂质电子量子混沌行为的能谱统计学行为

能谱分布是系统内在属性的反映, 不同的系统通常具有不同的能谱分布规律. 作为系统动力学性质的两大分类——规则运动和混沌运动, 也应在其能谱分布上有所反映. 然而, 现实世界中, 人们所能接触到的绝大多数不可积系统都是规则运动与混沌运动并存的混合型系统, 它们的能谱是规则谱和不规则谱的叠加, 其能级分布并无明显规律可循, 描述这种能谱的分布必须采用统计方法, 即能级统计.

能谱涨落统计理论的发展可以追溯至 20 世纪初. 然而, 直至 20 世纪 60 年代随机矩阵理论 (random matrix theory, RMT) 的建立及完善, 能谱涨落统计理论才真正地得以迅速发展. 现有研究结果表明, 能谱的统计性质与系统哈密顿量的基本对称性有关, 并依此将所研究量子体系分成三类: ①高斯正交系综 (Gaussian orthogonal ensemble, GOE): 满足时间反演不变性的量子体系组成的集合; ②高斯幺正系综 (Gaussian unitary ensemble, GUE): 不满足时间反演不变性的量子体系的集合; ③高斯辛系综 (Gaussian symplectic ensemble, GSE): 具有时间反演不变

性,但含有自旋的量子体系组成的集合. 为便于刻划系统的能谱统计特征,随机矩阵理论引入了一个重要统计量:最近邻能级间距(nearest-neighbor spacing,NNS)分布函数. 其定义为:从能谱上任意取一对相邻能级 E_i 和 E_{i+1},假设这两能级的间距 $s=|E_i-E_{i+1}|$ 的值落在区间 $(s,s+ds)$ 内的概率是 $P(s)ds$,则 $P(s)$ 就是能级间距分布函数. Dyson 及 Mehta 等人在他们的工作中证明,前述三类系综的随机矩阵的最近邻能级间距分布具有普适性,并服从以下规律[127~131]

$$\begin{cases} P_{\text{GOE}}(s)=\dfrac{\pi}{2}s\exp\left(-\dfrac{\pi}{4}s^2\right) \\[2mm] P_{\text{GUE}}(s)=\dfrac{32}{\pi^2}s^2\exp\left(-\dfrac{4}{\pi}s^2\right) \\[2mm] P_{\text{GSE}}(s)=\dfrac{2^{18}s^4}{3^6\pi^3}\exp\left(-\dfrac{64}{9\pi}s^2\right) \end{cases} \tag{6.172}$$

20 世纪 60 年代,人们在复杂核能谱方面积累的大量数据为人们从实验上验证随机矩阵理论、寻找混沌与能谱特征关联的深层次原因提供了条件. 1982 年,R. U. Haq、A. Pandey 和 O. Bohigas 三人详细分析了 27 种原子核的总共 1407 个共振能级的实验数据,发现统计结果与随机矩阵理论中 GOE 谱的预言惊人地一致[132]. 1984 年,O. Bohigas、M. J. Giannoni 和 C. Schmit 以同样的方法对模型系统的能谱分布进行了研究. 他们以作遍历混沌运动的席奈台球(Sinai's billiard)系统为对象,在对该系统的 740 个能级进行详细统计分析后,得到了与 GOE 预言完全一致的结果[133]. 随机矩阵理论在复杂核能谱及模型系统方面的巨大成功,促使 Bohigas 等人提出了著名的 Bohigas-Giannoni-Schmit 猜想,即经典极限近似下作混沌运动的量子系统,其能谱涨落性质与具有相同对称性的随机矩阵系综一致[124,133]. 此后,人们通过实验或理论计算的方法,对一些原子、分子谱及其他模型系统的能谱进行了统计分析,所得结果均在不同程度上与随机矩阵理论预测的一致. 随机矩阵理论如此广的普适性,令不少科研工作者感到吃惊. 特别是,随机矩阵理论中并不包含任何参量,但它却能很好地描述复杂原子核、原子、分子、模型系统等不同体系的能谱涨落行为. 在大量的理论及实验数据面前,人们开始慢慢地接受:由随机矩阵理论描述的能谱涨落行为是一种普遍特征,它是系统处于混沌状态的一种表现.

另一方面,M. V. Berry 和 M. Tabor 于 1977 年发表了他们在规则(可积)系统能级统计分布规律方面的研究结果[143]. 他们以可积系统态密度的迹公式为基础,通过采用特殊的能量标度变换,证明在半经典极限下,自由度数大于 1 的典型可积系统的能级间距分布满足泊松(Poisson)分布:

$$P_{\text{Poisson}}(s) = e^{-s} \tag{6.173}$$

此后,人们从实验和理论两个方面对其他可积系统进行了广泛研究,所得结果均在不同程度上与泊松统计相符.这表明,泊松统计分布也同样具有普适性,它是系统作规则运动的反映.

1. 最近邻能级间距分布

最近邻能级间距分布函数是能谱统计理论中的一个重要统计量,它反映的是系统能级间的近程关联性.如前所述,对完全处于混沌状态的系统,根据其体系对称性的不同,相应的最近邻能级间距分布函数分别与随机矩阵理论中的高斯正交系综、高斯幺正系综及高斯辛系综一致;而对完全作规则运动的可积系统,其最近邻能级间距分布可以用泊松分布函数描述.然而,现实生活中我们所接触到的系统大多数都是规则运动与混沌运动并存的混合型系统,其能谱分布更为复杂.对这类混合型系统的能谱统计描述,目前人们普遍采用的是 T. A. Brody 等人发展的一套经验公式,常称为 Brody 分布[126].其表达式为

$$P_{\text{Brody}}(s) = (1+q) \cdot \beta \cdot s^q \cdot \exp(-\beta \cdot s^{1+q}) \tag{6.174}$$

其中,β 为一伽玛函数,其值为 $\beta = \{\Gamma[(2+q)/(1+q)]\}^{1+q}$;$q$ 是表征系统混沌程度的参数,当 $q=1$ 时,Brody 分布将过渡到随机矩阵理论的 GOE 分布,而当 $q=0$ 时,则将过渡到泊松分布.

最近邻能级间距统计分布需要解决的另一个问题是,绝大多数系统的平均能级密度 $\overline{\rho(E)}$ 与所关注的能量区域有关.如果我们直接按照最近邻能级间距分布函数的定义来进行相关计算、比较,则所得结果将随着所研究能量区域的变化而变化,这对人们开展能谱统计性质的研究极为不利.为消除平均能级密度 $\overline{\rho(E)}$ 变化的影响,在进行相关统计分析之前,人们通常对所得能谱作"展平"(unfolding)处理,具体做法是:通过变换 $\varepsilon_i = \int_{-\infty}^{E_i} \overline{\rho(E)}\,\mathrm{d}E$,将本征值 E_i 变换成无量纲新本征值 ε_i.经过变换后,任何能谱的平均能级密度及平均最近邻能级间距均等于 1,从而消除了平均能级密度变化带来的不利影响.

图 6.96 所示为对硅中磷杂质进行能级统计分析时所选能量区域示意图.由于在磁场作用下,杂质能级的分裂及移动随着磁场的变化而变化,因此,在对不同磁场下的光热电离光谱进行统计分析时,无法选择一个固定的能量区域进行,而应根据磁场不同对所选能量区域进行微调.在阴影能量区域以下的更低能区,磷杂质的低能态 $2p_+$、$2p_-$ 及 $3p_0$ 可以十分清楚地分辨出来.然而,这些低能态不应列入能谱统计范围,这是因为:(1) 对这些低能态而言,杂质电子的运动范围离杂质中心仍然较近,和杂质中心的库仑势相比,外加磁场的效应相对较小,杂质电子未充分进入混沌状态;(2) 考虑到实验上所能分辨的杂质能级数目有限(~50),无法像传统

能级统计分析那样,先对所研究能谱进行展平处理,然后再做统计分析,而是选择性地略去能级间距较大的 $2p_+$、$2p_-$ 及 $3p_0$ 等低能态. 略去这些低能态后,所选能量区域内平均能级密度的变化相对较小,可直接对这些能级进行统计分析,从而避免了展平处理过程中进一步引入人为误差. 阴影区域右边的高能区为杂质原子的准朗道共振区域,杂质电子闭合轨道引起的光谱调制在图 6.96 中清晰可见,也已在上一小节中论述.

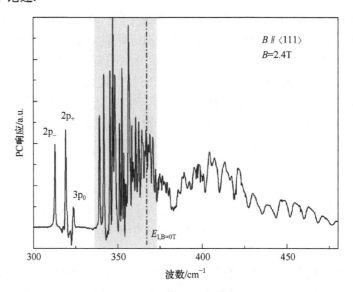

图 6.96　$B/\!/k/\!/\langle 111\rangle$ 配置下,$B=2.4$T 时高纯单晶硅中磷杂质的光热电离光谱.
图中阴影所示区域即为进行能级统计分析时所选能量区域. 虚线所示为
零磁场条件下磷杂质的电离阈值位置

　　按照前述处理方式,不同磁场下最近邻能级间距分布的两个代表性结果如图 6.97 所示. 其中,相邻能级的间距 s 已用所研究能区的平均能级间距作归一化处理,方便和理论的对比. 从图中可以看到,无论是 $B=0.4$T 的弱场还是 $B=3.0$T 的强场,杂质原子的最近邻能级间距分布均偏离代表全局混沌状态的 GOE 分布. 但通过选择合适的参数 q,Brody 分布可以与这些最近邻能级间距分布符合得非常好. 对其他磁场下的光谱作同样处理,均可得到类似的结果. 这说明,在所关注的磁场范围内,杂质电子的运动是规则与混沌共存的混合态.

　　最近邻能级间距分布是能谱统计理论中一个十分重要的统计量,它直观地给出了规则(可积)系统的能级"聚集"(level clustering)和混沌系统的能级"排斥"(level repulsion)效应,为人们开展混沌学的研究提供了很大方便. 然而,最近邻能级间距分布也存在其固有弱点,这主要表现在:最近邻能级间距分布的具体图形与所选直方图的方格大小(bin width)有关. 对于实验上所能分辨的能级数目有限的

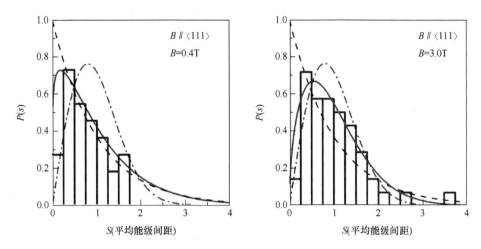

图 6.97 $B/\!/k/\!/\langle111\rangle$ 配置下,$B=0.4$T 及 $B=3.0$T 时的最近邻能级间距分布图. 实线为相应的 Brody 分布;虚线及点划线分别为泊松分布及 GOE 分布曲线. 统计时所包含的杂质原子能级数目分别为(i)$B=0.4$T:33;(ii)$B=3.0$T:51

情况,这种效应尤其明显. 图 6.98 给出了这种效应的一个示例. 从图上可以看到,对 $B=3.0$T 同样一组数据,将直方图方格大小分别选为 0.18(a)、0.25(b)及 0.35(c)时,所得最近邻能级间距分布图形变化很大,对应的 Brody 混沌参数 q 分别为 0.4(a)、0.51(b)及 0.6(c). 为克服这种不稳定性,我们可以对最近邻能级间距分布作一变换:

$$I(s) = \int_0^s P(s)\mathrm{d}s \tag{6.175}$$

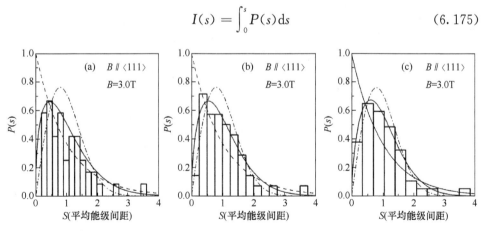

图 6.98 直方图方格改变时,最近邻能级间距分布的变化示意图.(a)方格宽度(bin width):0.18,Brody 混沌参数 q:0.4;(b)方格宽度:0.25,Brody 混沌参数 q:0.51;(c)方格宽度:0.35,Brody 混沌参数 q:0.6

即对最近邻能级间距分布的积分作统计. 在实际的操作中,我们可以先统计数值不

大于 s 的最近邻能级间距数目,再将该数目除以总的最近邻能级间距数目,所得值即为 $I(s)$. 经过这样处理后,所得最近邻能级间距的积分分布将不依赖于任何可调参数,从而大大减少了统计误差. 图 6.99 所示即为 $B /\!/ k /\!/ \langle 111 \rangle$ 配置下的两个典型的最近邻能级间距积分分布图.

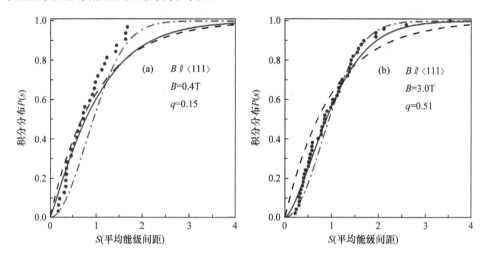

图 6.99 $B /\!/ k /\!/ \langle 111 \rangle$ 配置下,积分的最近邻能级间距分布及其最佳 Brody 分布拟合.
(a) $B = 0.4\mathrm{T}$, Brody 混沌参数 $q = 0.15$;(b) $B = 3.0\mathrm{T}$, Brody 混沌参数 $q = 0.51$. 实线为最佳拟合 Brody 分布,虚线为泊松分布,点划线为 GOE 分布

由于最近邻能级间距积分分布不依赖于任何参数,可以通过计算最小平方差,用 Brody 分布对实验数据作最佳拟合,从而得出不同磁场下系统对应的 Brody 混沌度参数 q. 通过这种方法,可得出 $B = 0.4\mathrm{T}$ 及 $B = 3.0\mathrm{T}$ 时的 Brody 混沌参数,其值分别为 $q = 0.15$、$q = 0.51$.

2. 谱刚度

最近邻能级间距分布反映的是不同能级之间的近程关联性,对于系统能级间可能存在的长程关联性,最近邻能级间距分布并不能给出相关信息. 因此,F. J. Dyson 及 M. L. Mehta 引进了刻划能级间长程关联性的统计量 Δ_3,人们称之为谱刚度(spectral rigidity)[151]. 其定义为

$$\Delta_3(L, \alpha) = \frac{1}{L} \min_{A, B} \int_{\alpha}^{\alpha+L} [N(\varepsilon) - (A\varepsilon + B)]^2 \mathrm{d}\varepsilon \tag{6.176}$$

式中,$N(\varepsilon)$ 为能量不大于 ε 的能级数目,参数 A、B 的选择应使直线 $A\varepsilon + B$ 在区间 $(\alpha, \alpha+L)$ 内给出 $N(\varepsilon)$ 函数的最佳拟合. 根据能谱统计理论,对于作全局混沌运动的系统,根据系统对称性的不同,其谱刚度分别为

$$\begin{cases} \overline{\Delta_3^{\mathrm{GOE}}(L)} \approx \dfrac{1}{\pi^2}\left[\ln(2\pi L)+\gamma-\dfrac{5}{4}-\dfrac{\pi^2}{8}\right] \\[3mm] \overline{\Delta_3^{\mathrm{GUE}}(L)} \approx \dfrac{1}{2\pi^2}\left[\ln(2\pi L)+\gamma-\dfrac{5}{4}\right] \end{cases} \tag{6.177}$$

其中, $\gamma=0.577216$ 为欧拉常数. 对于作规则运动的可积系统, 其谱刚度为

$$\overline{\Delta_3^{\mathrm{Poisson}}(L)}=\frac{L}{15} \tag{6.178}$$

对任一给定能谱, 谱刚度通常与区间选择 α 有关. 对此, 我们可以选择对 α 求平均, 以得到平均谱刚度 $\overline{\Delta_3(L)}$. 从谱刚度的定义式 (6.176) 可以看出, $\overline{\Delta_3(L)}$ 实际反映了阶梯函数 $N(\varepsilon)$ 的涨落, 若 $\overline{\Delta_3(L)}$ 较小, 则系统能谱的刚度较强, 能级之间存在较强的长程关联性. 图 6.100 给出了磁场分别为 $B=0.4\mathrm{T}$ 及 $B=3.0\mathrm{T}$ 时硅中磷杂质原子的典型谱刚度. 从图上可以看到, 随着 Brody 混沌度参数的增大, 系统谱刚度曲线从靠近泊松统计曲线过渡到接近 GOE 统计曲线, 与表征能级间短程关联性的最近邻能级间距分布结果一致. 对不同磁场下的硅中磷杂质光热电离光谱, 通过计算它们的谱刚度并与其最近邻能级间距分布相比较, 可证实两种统计分布给出的是相一致的结果. 图 6.101 所示为 $B=0.4\mathrm{T}$ 及 $B=3.0\mathrm{T}$ 两种典型场强下, 磷杂质最近邻能级间距分布 (及其积分分布) 和谱刚度这两种不同统计量之间的对比. 从图上可以看到, 随着场强的增加, 无论是反映能级间近程关联性的最近邻能级间距分布, 还是反映能级间长程关联性的谱刚度, 均给出了从泊松统计分布过渡到 GOE 分布的一致结果.

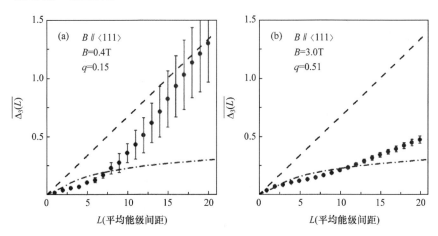

图 6.100　$B /\!/ k /\!/ \langle 111\rangle$ 配置下的典型谱刚度曲线. (a) $B=0.4\mathrm{T}$;
(b) $B=3.0\mathrm{T}$. 虚线所示为与遵循泊松统计的规则谱对应的
谱刚度, 点划线为与 GOE 谱对应的谱刚度

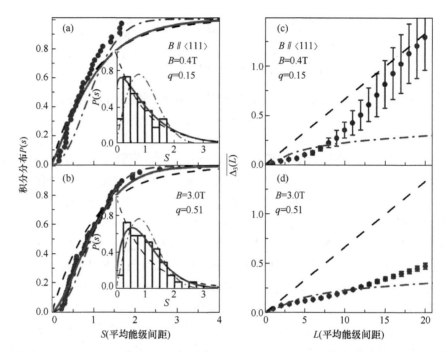

图 6.101　$B/\!/k/\!/\langle 111\rangle$配置下,$B=0.4$T 及 $B=3.0$T 时最近邻能级间距分布与谱刚度的
对比.(a)、(b):最近邻能级间距分布及其积分分布;(c)、(d):谱刚度分布曲线

以上讨论的是 $B/\!/k/\!/\langle 111\rangle$配置下硅中磷杂质电子量子混沌运动的能谱统计学性质.对于 $B/\!/k/\!/\langle 100\rangle$实验配置,最大的不同体现在杂质电子的有效质量上.在 $B/\!/k/\!/\langle 100\rangle$配置下,磷杂质电子具有两个不同的有效质量,其值分别为 $m_1^* = m_t \approx 0.19\ m_e$,$m_2^* = (m_1 \cdot m_t)^{1/2} \approx 0.42\ m_e$.根据同样的处理方式,可分别从最近邻能级间距分布及谱刚度两方面对其能谱统计特征进行分析.其中,$B=1.8$T 及 $B=3.4$T 时的典型结果如图 6.102 所示.从图上可以看到,无论是 $B=1.8$T 较低磁场还是 $B=3.4$T 较高磁场,杂质电子态的最近邻能级间距分布及其积分分布均介于泊松分布与 GOE 分布之间,且能用 Brody 分布很好地拟合,这和 $B/\!/k/\!/\langle 111\rangle$配置的情况类似.通过对积分的最近邻能级间距分布的拟合,可以得到系统的 Brody 混沌度参数,在 $B=1.8$T 及 $B=3.4$T 情况下,其值分别为 $q=0.25$ 及 $q=0.4$.

在分析了$\langle 100\rangle$方向杂质原子电子态的最近邻能级间距分布及其积分分布后,可进一步计算其谱刚度,以研究其能级间的长程关联性.在计算过程中,通过改变积分区间起点,所得为谱刚度的谱平均,即平均谱刚度$\overline{\Delta_3(L)}$.其中 $B=1.8$T 及 $B=3.4$T 的两个典型结果如图 6.103 所示.从图上可以看到,对于混沌度更高的 $B=3.4$T 光谱($q=0.4$),其平均谱刚度曲线明显更为趋近代表全局混沌的 GOE 曲线,即谱刚度计算结果与描述系统能级近程关联性的最近邻能级间距分布结果相一致. 对其他磁场下光谱的计算均给出了同样的结果,这进一步证明了能谱统计结果的正确性.

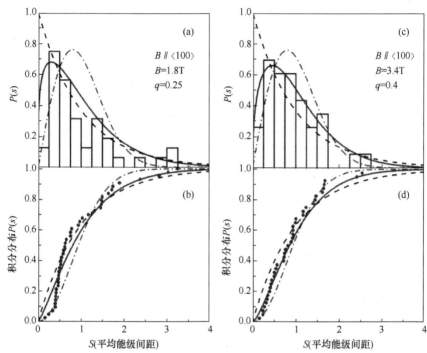

图 6.102　$B/\!/k/\!/\langle100\rangle$ 配置下硅中磷杂质的典型最近邻能级间距分布及其积分分布. (a) $B=$ 1.8T 时的最近能级间距分布;(b) $B=1.8$T 时最近邻能级间距的积分分布;(c) $B=3.4$T 时的最近能级间距分布;(d) $B=3.4$T 时最近邻能级间距的积分分布

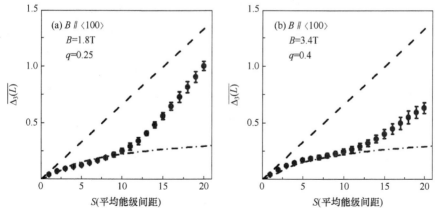

图 6.103　$B/\!/k/\!/\langle100\rangle$ 配置下硅中磷杂质的典型谱刚度曲线. (a) $B=1.8$T,$q=0.25$; (b) $B=3.4$T,$q=0.4$. 虚线:遵循泊松统计分布的系统的谱刚度;点划线:遵循 GOE 统计分布的系统的谱刚度

3. 混沌控制

从前面的讨论可知,通过对最近邻能级间距积分分布的拟合,可以精确地得出表征系统混沌程度的 Brody 参数 q. $B//k//\langle111\rangle$ 与 $B//k//\langle100\rangle$ 两种配置下,系统的混沌度随磁场的变化关系如图 6.104(a)和(b)所示. 从图上可以看到,对 $B//k//\langle111\rangle$ 的情况,在场强较低时,其混沌度参数 q 亦很小($B=0.2$T 时,$q=0.01$). 然而,随着场强的增加,系统的混沌度参数快速增大,并在 $B=1.4$T 附近达到一个饱和值($q\approx0.45$). 这表明,随着磁场的增强,杂质电子的运动从规则状态快速过渡到混沌状态. 杂质电子运动状态的这一转变具有非常清晰的物理图象:场强很低时,杂质电子的运动主要受杂质原子实的影响,外磁场的效应相当于一个微扰,这时,杂质原子为一近似可积系统,杂质电子的运动近似处于规则状态;当磁场增强时,外磁场的效应越来越大,系统快速转变为一不可积系统,杂质电子的运动进入混沌状态,导致其能级统计分布快速向 GOE 统计综过渡. 然而,这里值得注意的是,系统混沌度参数的饱和值约为 0.45,而随机矩阵理论预言的全局性混沌系统其混沌度参数为 $q=1.0$. 这是否表示杂质电子的运动状态在高场强下也没有进入全局混沌状态呢? 答案显然是否定的. 其主要原因在于:该组实验在光谱测量时使用的是非偏振的红外光源,导致最终所得到的能谱中包含着 6 组不同的 m^{π} 子能级序列(m:磁量子数;π:系统宇称). 而随机矩阵理论在进行能谱统计时,只针对一组 m^{π} 子能级序列进行(即只考虑具有相同 m、π 量子数的能级). 当对包含多组不同 m^{π} 子能级的混合序列进行统计分析时,其 Brody 混沌度参数将显著减小,且混合的子能级序列越多,所得混沌度参数越低. 但这并不表示系统没有进入全局性混沌状态,它只是统计对象包含多组不同子能级序列的数学反映.

对 $B//k//\langle100\rangle$ 的配置,其混沌度参数随磁场的变化关系如图 6.104(b)所示. 从图上可以看到,随着磁场的增强,系统的混沌度参数同样慢慢地增大. 这表明,对 $B//k//\langle100\rangle$ 的情况,杂质电子的运动状态同样随着磁场的增强而逐步向混沌状态过渡. 然而,仔细对比图 6.104(a)与图 6.104(b)可以发现,两种不同配置下系统混沌度与外加磁场的依赖关系有着明显区别. 在 $B//k//\langle111\rangle$ 配置下,系统的混沌度随着磁场增强而迅速增大,并很快达到饱和值(在 $B=1.4$T 附近);而在 $B//k//\langle100\rangle$ 配置下,系统混沌度的增加十分缓慢,直至 $B=3.0$T 附近才达到饱和值,且其饱和值($q\approx0.3$)明显比 $B//k//\langle111\rangle$ 配置下的饱和值小. 两种配置下系统混沌度对外磁场响应的显著差异可以从硅能带的各向异性得到很好的解释:$B//k//\langle111\rangle$ 配置下,杂质电子只有一个有效质量 $m_e^* = m_t \cdot [3m_l/(2m_t+m_l)]^{1/2} \approx 0.28m_e$;而在 $B//k//\langle100\rangle$ 配置下,杂质电子具有两个不同的有效质量 $m_1^* = m_t \approx 0.19m_e$,$m_2^* = (m_l \cdot m_t)^{1/2} \approx 0.42m_e$. 因此,$B//k//\langle100\rangle$ 配置下所得能谱实际上来自两类不同有效质量的电子,这两套能谱的混合使得系统混沌度随磁场的变化不

如 $B/\!/k/\!/\langle111\rangle$ 配置时那样迅速,且具有更小的混沌度参数饱和值.

前面的分析表明,杂质电子运动状态的混沌度可以通过外加磁场有效地调控. 也就是说,人们可以通过磁场调控的方式控制杂质电子的量子混沌运动. 自从 20 世纪 90 年代初混沌控制思想首次提出以来,混沌控制已迅速成为非线性科学中一个新的研究热点. 对杂质电子量子混沌状态控制的研究,无疑将为量子混沌在未来光电领域的潜在应用提供新的思路及启示.

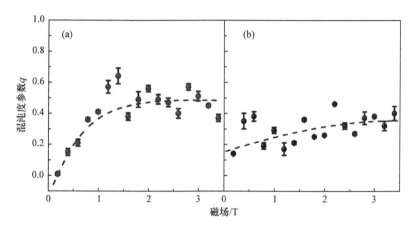

图 6.104　混沌度参数 q 随磁场的变化. (a) $B/\!/k/\!/\langle111\rangle$; (b) $B/\!/k/\!/\langle100\rangle$

参 考 文 献

[1] Mavroides J G. Magneto-optical Properties. In: Optical Properties of Solids. ed by Abeles F. North Holland Publ Co, 1972, 351

[2] Pidgeon C R. Free Carrier Optical Properties of Somiconductors. In: Handbook on Semiconductors, ed by Balkanski M. North-Holland Publ Co, 1980, **2**: 223

[3] Weiler M H. Magneto Optical Properties of $Hg_{1-x}Cd_x Te$ Alloy. In: Semiconduclors and Seminetals, 1981, **16**: 119

[4] Groves S H, Brown R N and Pidgeon C R. Phys Rev, 1967, **161**: 779

[5] Dresselhaus C, Kip A F and Kittel C. Phys Rev, 1955, **98**: 368

[6] Baranov P G, Veshchunov Y P, et al. Sov Phys—JETP Lett, 1977, **26**: 249

[7] Wright M G, et al. Semicond Sci Technol, 1989, **4**: 590, and references therein

[8] 沈学础, 陆卫, Von Ortenberg M. 16th Intern' Conf on Infrared and MM Wave, Laussane, 1991

[9] Stallhoter P, Kotthaus J P and Koch J F. Solid State Commun, 1976, **20**: 519; Wagner R J, Kennedy T A, McCombe B D and Tsui D C. Suface Sci, 1976, **58**: 207; Kublbeck H and Kotthaus J P. Phys Rev Lett, 1975, **35**: 1019; Kennedy T A, Wagner R J, McCombe B D and Tsui D C. Solid State Commun, 1977, **21**: 459

［10］Landwehr G(ed). High Magnetic Field in Semiconductor Phys. Part III. Springer, 1987

［11］Rau R R and Capsari M E. Phys Rev, 1955, **100**: 632

［12］Stephen M J and Lidiard A B. J Phys Chem Solids, 1959, **9**: 43; Donovan B and Webster J. Proc Phys Soc, London, 1962, **79**: 46

［13］Brown R N and Lax B. Bull Am Phys Soc, 1959, **4**: 133; Phys Rev Lett, 1960, **5**: 243

［14］Palik E D. Appl Opt, 1963, **2**: 527

［15］Crassee I,Levallois J,Walter A L,Ostler M,Bostwick A,Rotenberg E,Seyller T,Marel D van der and Kuzmenko A B. Nat Phys,2010,**7**: 48

［16］Okada K N,Takahashi Y,Mogi M,Yoshimi R,Tsukazaki A,Takahashi K S ,Ogawa N,Kawasaki M and Tokura Y. Nat Commun,2016,**7**:12245

［17］Luttinger J M and Kohn W. Phys Rev, 1955, **97**: 869; 1956, **102**: 1030

［18］Palik E D, Picus G S, Teitler S and Wallis R F. Phys Rev, 1961, **122**: 475

［19］Roth L M, Lax B and Zwerdling S. Phys Rev, 1959, **114**: 90; Phys Rev Lett, 1959, **3**: 219

［20］Burstein E,Piass G S, Wallis R F and Blatt E. J Phys Chem Solids, 1959, **8**: 305; Phys Rev, 1959, **113**: 15

［21］Kane E O. J Phys Chem Solids, 1957, **1**: 249

［22］Pidgeon C R and Brown R N. Phys Rev, 1966, **146**: 575

［23］Bowers R and Yafet Y. Phys Rev, 1959, **115**: 1165

［24］Weiler M H, Aggarwal R L and Lax B. Phys Rev, 1977, **B16**: 3603; 1978, **B17**: 3269

［25］Zawadzki W and Wlasak J. J Phys, 1976, Cq, L663

［26］Stickler J J,Zeiger H J and Heller G S. Phys Rev, 1962, **127**: 1077

［27］Lax B and Wright G B. Phys Rev Lett, 1960, **4**: 16

［28］McCombe B D and Kaplan R, Phys Rev Lett, 1968, **21**: 756

［29］Enck R C, Saleh A L and Fan H Y. Phys Rev, 1969, **182**: 790

［30］Johnson E J and Dickey D H. Phys Rev, 1970, **B1**: 2676

［31］Dennis R B, Wood R A, Pidgeon C R, Smith S D, and Smith J W. J Phys, 1972, **C5**: L23

［32］Weiler M H, Aggarwal R L and Lax B. Solid State Commun, 1974, **14**: 299

［33］Favrot G, Aggarwal R L and Lax B. Solid State Commun, 1976, **18**: 577

［34］McCombe B D, Wagner R L and Prinz G A. Solid State Commun, 1970, **8**: 1687

［35］Kinch M A and Buss D D. J Phys Chem Solids, 1971, 32, Suppl. **1**: 461

［36］Batke E, Bollweg K, Merkt U, Hu C M, Køhler K and Ganser P. Phys Rev, 1993, **B48**: 8761

［37］Palik E D and Furdyna J K. Rep Prog Phys, 1970, **33**: 1193～1322

［38］Weiler M H. PhD Thesis, MIT, Cambridge, 1977

［39］Shuvaev A M, Astakhov G V,Pimenov A,Brüne C, Buhmann H and Molenkamp L W, Phys Rev Lett, 2011, **106**: 107404

［40］Ando T, Fowler A B and Stern F. Rev Mod Phys, 1982, **54**: 437

［41］ Kotthaus J P. Interface, Quantum Wells and Superlattice. In: NATO ASI Series. eds by Leavens C R & Taylor R. Plenum Press, 1988,**179**:237

［42］ Shockley W and Pearson G L. Phys Rev, 1948, **74**: 232

［43］ Von Klitzing K, Dorda K G and Pepper M. Phys Rev Lett, 1980, **45**: 494

［44］ Basu P K. Theory of Optical Processes in Semiconductors, Clarendon Press,Oxford, 1992

［45］ Abstreiter G, Kneschaurek P, Kotthaus J P and Koch J F. Phys Rev Lett, 1974, **32**: 104

［46］ Abstreiter G, Kotthaus J P, Koch J F and Dorda G. Phys Rev, 1976, **B14**: 2480

［47］ Allen S T, Tsui D C and Dalton J V. Phys Rev Lett, 1974, **32**: 107

［48］ Ando T. J Phys Soc, Jpn, 1975, **38**: 989

［49］ Richter J, Sigg H, Von Klitzing K and Ploog K. Phys Rev, 1989, **B39**: 6268

［50］ Englert Th, Maan J C, Uiblein Ch, et al. Solid State Commun, 1983, **46**: 545

［51］ Scriba J, Wixforth A, Kotthaus J P, et al. Solid State Commun, 1993, **86**: 633

［52］ 胡灿明. 博士学位论文. 中国科学院上海技术物理研究所,1996

［53］ Hu C M, Friedrich T, Batke E, et al. Phys Rev, 1995, **B52**: 12090

［54］ Hu C M, Batke E, Koehler K and Ganser P. Phys Rev Lett, 1995, **75**: 918

［55］ Hu C M, Batke E, Koehler K and Ganser P. Surf Scien, 1996,**361/362**:456

［56］ Hu C M, Batke E, Køhler K and Ganser P. Phys Rev Lett, 1996,**76**:1904

［57］ Kohn W. Phys Rev, 1961, **123**: 1242

［58］ 陈张海. 博士学位论文. 中国科学院上海技术物理研究所,1997

［59］ 陈张海等. 红外与毫米波学报,1997, **16**: 107

［60］ Chen Z H, Hu C, Liu P L, et al. 3rd Intern' Conference on Thin Film Phys and Applications, Shanghai. 1997

［61］ Jiang Z,Henriksen E A,Tung L C,et al. Phys Rev Lett,2007,**98**:1

［62］ Henriksen E A,Cadden-Zimansky P,Jiang Z,et al. Phys Rev Lett,2010,**104**: 1

［63］ Elliott R J and Loudon R. J Phys Chem Solids, 1960, **15**: 196

［64］ Edwards D F,Lazazzera V J and Peters C W. Proc Intern Conf on Semicond. 1961, 335

［65］ Wheeler R G and Miklosz J C. Phys Rev, 1967, **153**:913

［66］ Uihlein C. In:Application of High Magnetic Field on Semiconductor Physics. ed by Landwehr G. Springer-Verlag,1981, 203

［67］ Boyle W S. J Phys Chem Solids, 1959, **8**: 321

［68］ Pajot B, Merlet F, Taravalla G and Arcas Ph. Can J Phys, 1972, **50**: 1106; 1972, **50**: 2108

［69］ 朱景兵. 博士学位论文. 中国科学院上海技术物理研究所,1994

［70］ Shen S C. 8th Intern'Conf on FTS, 1991, SPIE 1992, **1575**: 161

［71］ Zhu J B, Liu P L, Shi G L, Liu W J, et al. SPIE, 1992, **1575**: 584

［72］ Mu Y M, Peng J P, Liu P L, et al. Phys Rev,1993, **B48**: 10864

［73］ Shen S C, Zhu J B, Mu Y M and Liu P L. Phys Rev, 1994, **B49**: 5300

［74］ Shen S C. Solid State Commun, 1995, **93**: 357

[75] Chen Z H，Liu P L，Shen S C，et al. Phys Rev Lett，1997，**79**：1078

[76] Chen Z H，Liu P L，Shen S C，et al. J Appl Phys，1998，**81**：6183

[77] Shi X H，Liu P L，Shen S C，et al. Appl Phys Lett，1998，**72**：1487

[78] Shen S C，Chen Zhanghai，Chen Zhonghui. 1998 Intern Conference on Microelectronic & Opto-electronic Material and Devices. Perth，Australia，Dec 12～16，1998

[79] Wasilewski S，Davidson A M，Stradling R A and Porowski S. In：Application of High Magnetic Field on Semiconductor Physics. ed by Landwehr G. Springer-Verlag，1981，233

[80] Golubev V G，Zhilyaev Y V，Ivanov-Omskii V I，et al. Fiz Tekh Poluprovodn，1987，**21**：1771；Sov Phys Semicond，1983，**17**：908

[81] Armistead C J，Knowles P，Najda S P and Stradling R A. J Phys，1984，**C17**：6415

[82] Gershenzon E M，Gol'tsman G N，et al. Sov Phys Semicond，1983，**17**：908

[83] Stillman G E，Low T S，Lee B. Solid State Commun，1985，**53**：1041

[84] Golubev V G，et al. Izv Akad Nauk SSSR Ser Fiz，1986，**50**：282

[85] Bayfield J E and Koch P M. Phys Rev Lett，1974，**33**：258

[86] Leopold J G and Percival I C. Phys Rev Lett，1978，**41**：944

[87] Garton W R S and Tomkins F S. Astrophys J，1969，**158**：839

[88] Fromhold T M，Eaves L，Sheard F W，et al. Phys Rev Lett，1994，**72**：2608

[89] Fromhold T M，Wilkinson P B，Sheard F W，et al. Phys Rev Lett，1995，**75**：1142

[90] Fromhold T M，Patanè A，Bujkiewicz S，et al. Nature，2004，**428**：726

[91] Narimanov E E，Douglas Stone A and Boebinger G S. Phys Rev Lett，1998，**80**：4024

[92] Narimanov E E and Douglas Stone A. Phys Rev Lett，1998，**80**：49

[93] Narimanov E E and Douglas Stone A. Phys Rev，1998，**B57**：9807

[94] Jalabert R A，Stone A D and Alhassid Y. Phys Rev Lett，1992，**68**：3468

[95] Efetov K B. Phys Rev Lett，1995，**74**：2299

[96] Leyronas X，Silvestrov P G and Beenakker C W J. Phys Rev Lett，2000，**84**：3414

[97] Denis Ullmo，Tatsuro Nagano and Steven Tomsovic. Quantum-Dot Ground-State Energies and Spin Polarizations：Soft versus Hard Chaos. Phys Rev Lett，2003，**90**：176801

[98] 顾雁. 量子混沌. 上海：上海科技教育出版社，1996

[99] (英)J. P. 康纳德(詹明生，王谨 译). 高激发原子. 北京：科学出版社，2003

[100] 张延惠，林圣路，王传奎. 原子物理教程. 济南：山东大学出版社，2003

[101] Garton W R S and Tomkins F S. Astrophys J，1969，**158**：839

[102] Garton W R S and Tomkins F S. Astrophys J，1969，**158**：1219

[103] Lu K T，Tomkins F S and Garton W R S. Proc R Soc London Ser，1978，**A362**：421

[104] Edmonds A R. J de Physique Collq. ，C4，Tome，1970，**31**：71

[105] Reinhardt W P. J Phys B：At Mol Phys，1983，**16**：L635

[106] Holle A，Wiebusch G，Main J，et al. Phys Rev Lett，1986，**56**：2594

[107] Main J，Wiebusch G，Holle A and Welge K H. Phys Rev Lett，1986，**57**：2789

[108] Holle A，Main J，Wiebusch G，et al. Phys Rev Lett，1988，**61**：161

[109] Wiebusch G, Main J, Krüger K, et al. Phys Rev Lett, 1989, **62**: 2821

[110] Du M L and Delos J B. Phys Rev Lett, 1987, **58**: 1731

[111] Gutzwiller M C. New York, 1990

[112] Du M L and Delos J B. Phys Rev, 1988, **A38**: 1896

[113] Du M L and Delos J B. Phys Rev, 1988, **A38**: 1913

[114] Liu W, He X and Li B. Phys Rev, 1993, **A47**: 2725

[115] Raithel G, Fauth M and Walther H. Phys Rev, 1991, **A44**: 1898

[116] Lu K T, Tomkins F S, Crosswhite H M and Crosswhite H. Phys Rev Lett, 1978, **41**: 1034

[117] 余晨辉. 博士学位论文. 中国科学院上海技术物理研究所, 2007

[118] Haering R R. Can J Phys, 1958, **36**: 1161

[119] Pajot B, Merlet F, Taravella G and Arcas Ph. Can J Phys, 1972, **50**: 1106

[120] Pajot B, Merlet F, Taravella G. Can J Phys, 1972, **50**: 2186

[121] Mu Y M, Peng J P, Liu P L and Shen S C. Phys Rev, 1993, **B48**: 10864

[122] Shen S C and Zhu J B. Phys Rev, 1994, **B49**: 5300

[123] Porter C E. Academic, New York: 1965

[124] Weidenmuller H A and Mitchell G E. Rev Mod Phys, 2009, **81**: 539

[125] Guhr T, Groeling A M and Weidenmuller H A. Phys Rep, 1998, **299**: 189

[126] Brody T A, Flores J, French J B, et al. Rev Mod Phys, 1981, **53**: 385

[127] Dyson F J. Comm Math Phys, 1970, **19**: 235

[128] Mehta M L. Academic, New York: 1967

[129] Haake F. Springer-Verlag, New York, 1991

[130] Dyson F J. J Math Phys, 1962, **3**: 140

[131] Dyson F J. J Math Phys, 1962, **3**: 157

[132] Haq R U, Pandey A and Bohigas O. Phys Rev Lett, 1982, **48**: 1086

[133] Bohigas O, Giannoni M J and Schmit C. Phys Rev Lett, 1984, **52**: 1

[134] Gutzwiller M C. Springer-Verlag, New York, 1990

[135] Camarda H S and Georgopulos P D. Phys Rev Lett, 1983, **50**: 492

[136] Haller E, Köppel H and Cederbaum L S. Chem Phys Lett, 1983, **101**: 215

[137] Haller E, Köppel H and Cederbaum L S. Phys Rev Lett, 1984, **52**: 1665

[138] Fabio Pichierri, Jair Botina and Naseem Rahman. Phys Rev, 1995, **A52**: 2624

[139] Cuevas E, Louis E and Vergés J A. Phys Rev Lett, 1996, **77**: 1970

[140] Krzysztof Sacha, Jakub Zakrzewski and Dominique Delande. Phys Rev Lett, 1999, **83**: 2922

[141] Louis E, Cuevas E, Vergés J A and M. Otuño. Phys Rev, 1997, **B56**: 2120

[142] Anh-Thu Le, Toru Morishita, Tong X M and Lin C D. Phys Rev, 2005, **A72**: 032511

[143] Berry M V and Tabor M. Proc R Soc London Ser, 1977, **A356**: 375

[144] Cheng Z and Joel Lebowitz L. Phys Rev, 1991, **A44**: R3399

[145] Di Stasio M and Zotos X. Phys Rev Lett, 1995, **74**: 2050

[146] Guhr T. Phys Rev Lett, 1996, **76**: 2258

[147] Rabson D A,Narozhny B N and Millis A J. Phys Rev,2004,**B69**:054403

[148] Relaño A,Dukelsky J,Gómez J M G and Retamosa J. Phys Rev,2004,**E70**:026208

[149] Casati G,Chirikov B V and Guarneri I. Phys Rev Lett,1985,**54**:1350

[150] Wintgen D and Marxer H. Phys Rev Lett,1988,**60**:971

[151] Dyson F J and Mehta M L. J Math Phys,1963,**4**:701

[152] Bohigas O and Pato M P. Phys Lett,2004,**B595**:171.

[153] Bohigas O and Pato M P. Phys Rev,2006,**E74**:036212.

[154] Boccaletti S,Grebogi C,Lai Y C,et al. Phys Rep,2000,**329**:103

[155] Boccaletti S,Kurths J,Osipov G,et al. Phys Rep,2002,**366**:1

[156] Ott E,Grebogi C and Yorke J A. Phys Rev Lett,1990,**64**:1196

第七章 半导体的拉曼散射

7.1 概 述

光散射是除吸收、反射和发光以外固体的又一类重要的光学现象. 历史上关于光散射的研究可追溯到 19 世纪廷德尔(Tyndall)[1]、瑞利(Rayleigh)[2]等人对空气中悬浮尘埃和空气分子散射太阳光的实验观测与理论探讨, 以及关于天空蓝背景的诠释. 原子和分子对光的散射作用也是固体光散射的物理起因, 然而研究表明, 理想的、完全均匀的固体介质, 由于来自各原子、分子的散射光之间的相干性, 除折射定律规定的方向外, 其他方向的散射光强度为零, 即理想的均匀的固体(包括理想的、均匀的半导体)并不散射光.

固体介质的光散射起因于固体介质的某种不均匀性, 或者说起因于固体某种性质的起伏. 例如, 和声波相联系的密度起伏、固体中各种激元的激发引起的极化起伏、热力学和统计物理现象引起的熵的起伏、分子取向起伏等等. 研究表明, 熵起伏导致的光散射为弹性散射, 或称瑞利散射; 分子取向起伏导致的光散射为瑞利翼散射; 而其他起伏导致的散射则为非弹性散射, 其中密度起伏导致的散射为布里渊散射; 与各种激元激发对应的极化起伏引起的散射为拉曼散射, 它是以印度科学家拉曼(Raman)的名字来命名的, 1928 年拉曼在研究苯的光散射时首先发现了这一类非弹性散射现象[3].

理想的散射实验如图 7.1 所示, 来自激光光源的波矢为 k_L、频率为 ω_L、强度为 I_L 的单色平行光照射到体积为 V 的样品上. 除引起反射和透射外, 它还沿各个方向出射散射光. 显然, 散射光强度不仅与散射方向(散射角)有关, 而且一般说来, 对于晶体, 还和晶轴相对于入射光束的取向有关. 但无论如何, 如果在某一散射方向上以某一立体角 $d\Omega$ 采集散射光(如图 7.1), 一般可以获得如图 7.2 所示的散射光谱. 散射光谱中心的峰为光子频率不变的弹性散射的贡献; 两侧的诸散射峰对应于非弹性散射的贡献, 它们的频率相对于入射光子频率 ω_L 有一定漂移. 按这种频移的大小, 可以将它们分成两类: 一类是频移大小约为 $1\mathrm{cm}^{-1}$ 或者更小一些, 它们起因于和声波相联系的密度起伏, 并被称为布里渊散射; 另一类散射峰的频移通常大于 $10\mathrm{cm}^{-1}$, 并且常常为 $100\sim1000\mathrm{cm}^{-1}$ 的量级, 它们起因于晶体中光学模晶格振动(光学声子)、电荷密度起伏(等离子激元)、自旋密度起伏(磁自旋波激元)、电子跃迁以及它们的相互耦合等等. 这就是本章要讨论的拉曼散射.

按散射频移的方向, 即按散射频率是高于或是低于入射光子频率 ω_L, 又可以

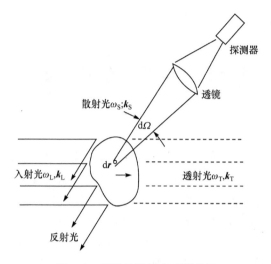

图 7.1　理想的散射实验示意图

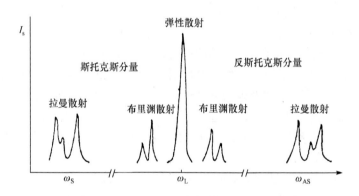

图 7.2　固体光散射的一般结果示意图

将非弹性散射贡献分成两类:散射频率低于 ω_L 的称为斯托克斯分量(或斯托克斯散射),记为 ω_S;散射频率高于 ω_L 的称为反斯托克斯分量(或反斯托克斯散射),记为 ω_{AS}.斯托克斯散射事件中,每散射一个光子对应于样品获得一个能量为

$$\hbar\omega = \hbar\omega_L - \hbar\omega_S \tag{7.1}$$

的能量量子(能量增益);反斯托克斯事件中每散射一个光子对应于样品损失一个能量为

$$\hbar\omega = \hbar\omega_{AS} - \hbar\omega_L \tag{7.2}$$

的能量量子.因而,在某一特定频率 ω_S 或 ω_{AS} 上发生散射光子事件的概率就决定

于散射样品吸收或发射能量由式(7.1)和式(7.2)决定的能量量子($\hbar\omega$)的本领. 这样,散射光谱中的这些非弹性散射峰就对应于样品中的各种不同的激发态;这些散射峰相对于入射光的散射频移 $\omega_L - \omega_S$ 及 $\omega_{AS} - \omega_L$ 决定了诸激发态的激发能量,而散射峰的线宽则提供了有关激发态寿命的信息.

除散射频移和线宽外,散射强度是有关散射过程的另一个重要参数,常常用散射截面来描述散射强度. 定义分谱微分散射截面为

$$\frac{\mathrm{d}^2\sigma}{\mathrm{d}\Omega\mathrm{d}\omega_s} \tag{7.3}$$

这里 ω_s 以 s 为脚标,表明我们讨论的是一般泛指的散射频率,而非特指的斯托克斯事件. 参看图 7.1 的散射实验示意图,可知分谱微分散射截面的物理意义是,散射体积 V 内因散射而在 $\mathrm{d}\Omega$ 立体角内出射的频率在 $\omega_s \to \omega_s + \mathrm{d}\omega_s$ 范围内的能量转移速率(ΔI_s)除以 $\mathrm{d}\Omega\mathrm{d}\omega_s$ 和入射强度 I_L 的乘积,可写为

$$\frac{\mathrm{d}^2\sigma}{\mathrm{d}\Omega\mathrm{d}\omega_s} = \frac{\Delta I_s}{I_L \mathrm{d}\Omega\mathrm{d}\omega_s}$$

以后将会看到,分谱微分散射截面的单位为 $\mathrm{cm}^2/\mathrm{Hz}$.

除分谱微分散射截面外,还可定义微分散射截面和散射截面,微分散射截面定义为

$$\frac{\mathrm{d}\sigma}{\mathrm{d}\Omega} = \int_{散射带} \frac{\mathrm{d}^2\sigma}{\mathrm{d}\Omega\mathrm{d}\omega_s} \mathrm{d}\omega_s = \int_{散射带} \frac{\mathrm{d}^2\sigma}{\mathrm{d}\Omega\mathrm{d}\omega_s} \mathrm{d}\omega \tag{7.4}$$

上式积分是对某一散射带进行,因而微分散射截面对应于某一立体角元 $\mathrm{d}\Omega$ 内和某一特定激发态相联系的总的散射贡献,因而较之分谱微分散射截面要易于计算,因此也失去了描述散射过程细节的信息.

散射截面定义为

$$\sigma = \int \frac{\mathrm{d}\sigma}{\mathrm{d}\Omega} \mathrm{d}\Omega \tag{7.5}$$

式(7.5)表明,散射截面是某一特定激发态在所有方向上的散射贡献的总和,因而实验上测量散射截面时要求把所有方向上某一散射带的强度积分累加起来,σ 和 $\mathrm{d}\sigma/\mathrm{d}\Omega$ 有面积的量纲. 总的散射截面还和散射体的体积有关,但有意思的是考虑到 σ 的量纲,$1\mathrm{m}^3$ 散射体积的散射截面仅比 $1\mathrm{cm}^3$ 散射体积的散射截面高 100 倍,而不是 10^6 倍.

我们可以看到,通过对各有关散射带频移、强度、线宽、偏振的研究,拉曼散射成为研究固体中各种激发态的有力工具. 顺便指出,本章讨论的拉曼散射是其散射强度和入射光强成正比的线性拉曼散射,或称自发拉曼散射. 当入射光强超过某一

定值时,许多固体的拉曼散射强度骤增(10^6 倍),这种拉曼散射称为受激拉曼散射,这已超出本章的讨论范围.

研究原子或分子的弹性散射,将有助于说明光散射理论的若干基本特性.讨论原子弹性散射的出发点是原子芯和电子构成的电偶极矩的感应辐射.从经典观点看来,这一问题可以看作在入射光电场$\vec{\mathcal{E}}_L = a_L \vec{\mathcal{E}}_L$ 作用下,使原子芯-电子系统以入射光频率 ω_L 作受迫振动,这一振动对应的电偶极矩为

$$\boldsymbol{M} = \overset{\leftrightarrow}{\boldsymbol{\alpha}} \cdot a_L \vec{\mathcal{E}}_L \tag{7.6}$$

式中 a_L 为入射光电矢量偏振方向的单位矢量,$\vec{\mathcal{E}}_L$ 为入射电矢量强度,$\overset{\leftrightarrow}{\boldsymbol{\alpha}}$ 为原子系统的极化率张量.从电动力学可以知道,单位时间内振荡着的电偶极矩在立体角元 $d\Omega$ 内辐射的能量为[4]

$$\frac{dW_s}{d\Omega} = \frac{\omega^4}{(4\pi)^2 \varepsilon_0 \varepsilon_r c^3} \mid \boldsymbol{a}_s \cdot \boldsymbol{M} \mid^2 \tag{7.7}$$

式中 ε_r 为介质相对介电函数,定义介质介电函数 $\varepsilon = \varepsilon_0 \varepsilon_r$,$\varepsilon_0$ 为真空介电常数,$\boldsymbol{a}_s$ 为散射光偏振方向的单位矢量.散射光的偏振方向由观测位置上的测量系统来选择,如果探测器是非偏振的,则必须对垂直于传播方向的所有可能的偏振求平均.

将式(7.6)代入式(7.7),得

$$\frac{dW_s}{d\Omega} = \frac{\omega^4}{(4\pi)^2 \varepsilon_0 \varepsilon_r c^3} \mid \boldsymbol{a}_s \cdot \overset{\leftrightarrow}{\boldsymbol{\alpha}} \cdot \boldsymbol{a}_L \mid^2 \vec{\mathcal{E}}_L^2 \tag{7.8}$$

按定义,微分散射截面等于上式除以单位面积、单位时间内的入射光能量 $W_L = \varepsilon c \vec{\mathcal{E}}_L^2$,于是得原子微分散射截面为

$$\frac{d\sigma}{d\Omega} = \frac{\omega^4}{(4\pi\varepsilon)^2 c^4} \mid \boldsymbol{a}_s \cdot \overset{\leftrightarrow}{\boldsymbol{\alpha}} \cdot \boldsymbol{a}_L \mid^2 \tag{7.9}$$

一般说来,原子或分子的极化率张量 $\overset{\leftrightarrow}{\boldsymbol{\alpha}}$ 并非各向同性,这时散射光偏振面可异于入射光,也就是说散射过程改变了偏振面.如果 $\overset{\leftrightarrow}{\boldsymbol{\alpha}}$ 是各向同性的,即

$$\overset{\leftrightarrow}{\boldsymbol{\alpha}} = \begin{pmatrix} \alpha & 0 & 0 \\ 0 & \alpha & 0 \\ 0 & 0 & \alpha \end{pmatrix} \tag{7.10}$$

则式(7.9)简化为

$$\frac{d\sigma}{d\Omega} = \frac{\omega^4 \alpha^2}{(4\pi\varepsilon)^2 c^4} \mid \boldsymbol{a}_s \cdot \boldsymbol{a}_L \mid^2 \tag{7.11}$$

对于前面提到的谐振子式的原子模型,原子极化率可写为

$$\alpha = \frac{e^2/m}{\omega_0^2 - \omega_L^2 - i\omega_L\Gamma} \tag{7.12}$$

式中 ω_0 为原子系统谐振子的特征频率,将式(7.12)代入式(7.11),得

$$\frac{d\sigma}{d\Omega} = \frac{r_e^2 \omega_L^4}{(\omega_0^2 - \omega_L^2)^2 + \omega_L^2 \Gamma^2} \mid \boldsymbol{a}_s \cdot \boldsymbol{a}_L \mid^2 \tag{7.13}$$

这里已令

$$\frac{e^2}{4\pi\varepsilon mc^2} = r_e \approx 2.8 \times 10^{-13} \, \text{cm} \tag{7.14}$$

为电子的经典半径,即库仑能等于电子的相对论的静止质量能时的电子半径. 式(7.13)表明,只要 ω_L 不很接近于 ω_0,微分散射截面的数量级约等于电子经典半径的平方,即 $10^{-25} \, \text{cm}^2$ 的量级. 式(7.13)还表明,当 $\omega_L \to \omega_0$ 时,散射强度大大增加,例如,当谐振子品质因子 $Q = \omega_0/\Gamma = 10^4$ 和 $\omega_L = \omega_0$ 时,散射强度可增大 10^8 倍,这就是共振散射的情况. 对弹性散射,这种现象也叫做共振荧光.

当 $\omega_L \ll \omega_0$ 时,式(7.13)简化为

$$\frac{d\sigma}{d\Omega} = r_e^2 \frac{\omega^4}{\omega_0^4} \mid \boldsymbol{a}_s \cdot \boldsymbol{a}_L \mid^2 \tag{7.15}$$

这就是著名的瑞利散射定律,散射强度反比于波长的四次方. 这一定律对拉曼散射和布里渊散射也是适用的,只要散射频率远小于共振频率.

另一个极端情况是 $\omega_L \gg \omega_0$,这时式(7.13)简化为

$$\frac{d\sigma}{d\Omega} \approx r_e^2 \mid \boldsymbol{a}_s \cdot \boldsymbol{a}_L \mid^2 \tag{7.16}$$

散射截面和频率无关,这就是汤姆孙(Thomson)散射截面的情况,它适用于自由电子光散射过程. 如果入射光频率更高(如 X 射线),以致 $\hbar\omega_L$ 和电子静止质量能 mc^2 可以相比拟,则部分入射光子能量可以传递给电子,这时散射过程转变为非弹性康普顿(Compton)散射.

如上所述,所有散射截面表达式均和入射光及散射光偏振方向有关. 如果入射光是非偏振的,探测器也不能鉴别散射光的偏振方向,则

$$\mid \boldsymbol{a}_s \cdot \boldsymbol{a}_L \mid^2 = \frac{1}{2}(1 + \cos^2\varphi) \tag{7.17}$$

式中 φ 为散射方向与入射方向的夹角,于是得非偏振入射和散射情况下的原子微分散射截面表达式为

$$\frac{\mathrm{d}\sigma}{\mathrm{d}\Omega} = \frac{1}{2} \frac{r_e^2 \omega_L^4}{(\omega_0^2 - \omega_L^2)^2 + \omega_L^2 \Gamma^2} (1 + \cos^2\varphi) \tag{7.18}$$

7.2　晶体拉曼散射的基本理论

7.2.1　晶体拉曼散射的宏观理论

可以用量子力学方法,也可以用经典电动力学方法,将上节描述的谐振子模型的原子弹性散射理论推广到固体非弹性散射[4~8].

如上节所述,经典电动力学的处理方法是基于感应极化的概念. 它认为,固体连续介质在入射光电磁场作用下,组成固体的各个原子的感应偶极矩构成整个固体的宏观的极化矢量. 正是这种振荡着的宏观极化辐射出散射光束,从而可以用麦克斯韦方程来描述这一过程. 这样,宏观方法可用于描述固体中各种激元的散射,并把散射截面表达为介质其他宏观参数(如电光系数、弹性常数、弹光系数等)的函数.

研究散射时,为方便起见,用电场表达式$\vec{\mathscr{E}}_0 \exp[-\mathrm{i}(\omega t - \boldsymbol{k} \cdot \boldsymbol{r})]$和它的复数共轭来表达辐射电场,这样对入射电场,有

$$\begin{aligned} \vec{\mathscr{E}}_L(r, t) = &\vec{\mathscr{E}}_{L,0} \exp[-\mathrm{i}(\omega_L t - \boldsymbol{k}_L \cdot \boldsymbol{r})] \\ &+ \vec{\mathscr{E}}_{L,0}^* \exp[+\mathrm{i}(\omega_L t - \boldsymbol{k}_L \cdot \boldsymbol{r})] \end{aligned} \tag{7.19}$$

这一外电场引起介质极化,极化矢量为

$$\boldsymbol{P} = \vec{\boldsymbol{\chi}} \epsilon_0 \vec{\mathscr{E}}_L \tag{7.20}$$

或

$$P_i = \chi_{ij} \epsilon_0 \vec{\mathscr{E}}_{L,j}$$

式中$\vec{\boldsymbol{\chi}}$为二级极化率张量

$$\vec{\boldsymbol{\chi}} = \begin{bmatrix} \chi_{11} & \chi_{12} & \chi_{13} \\ \chi_{21} & \chi_{22} & \chi_{23} \\ \chi_{31} & \chi_{32} & \chi_{33} \end{bmatrix} \tag{7.21}$$

在线性光学情况下,或者说不考虑固体介质激发情况下,$\vec{\boldsymbol{\chi}}$是和时间无关的量. 一般说来,由于$\vec{\boldsymbol{\chi}}$是描述固体介质物理性质的一种物理量,所以是温度、密度和原子位置等介质参数的函数,因而也随时间而改变.

假定Q是影响介质极化率$\vec{\boldsymbol{\chi}}(Q)$的某一个参数,并且只要$T \neq 0\mathrm{K}$,$Q$总围绕

Q_0 有一起伏 $\Delta Q(r, t)$，即

$$Q = Q_0 + \Delta Q(r, t) \tag{7.22}$$

当 ΔQ 很小时，可以用一级微扰理论，将 $\vec{\chi}(Q)$ 展开为

$$\vec{\chi}(Q) = \vec{\chi}(Q_0) + \frac{\partial \vec{\chi}}{\partial Q}\Big|_{Q_0} \Delta Q(r, t) \tag{7.23}$$

这样式(7.20)变为

$$P(r, t) = \vec{\chi}(Q)\varepsilon_0 \vec{\mathcal{E}}_L(r, t)$$

$$= \vec{\chi}(Q_0)\varepsilon_0 \vec{\mathcal{E}}_L(r, t) + \frac{\partial \vec{\chi}}{\partial Q}\Big|_{Q_0} \Delta Q \varepsilon_0 \vec{\mathcal{E}}_L(r, t) \tag{7.24}$$

式中第一项是以入射光频率振动的线性极化项，它仅对弹性散射有贡献，并和吸收、反射等物理过程有关．在讨论散射问题时，人们更关心的是第二项．假定 ΔQ 与固体中某种基本激发过程（如声子或等离子激元等）相联系，那么 ΔQ 具有传播波的形式，即

$$\Delta Q(r, t) = \Delta Q_0\{\exp[-i(\omega_0 t - q \cdot r)] + \exp[i(\omega_0 t - q \cdot r)]\} \tag{7.25}$$

式中 q 为对应激元的波矢，ω_0 是其特征频率．将式(7.25)代入式(7.23)的第二项，可得 Q 的起伏引起的附加极化 ΔP 为

$$\Delta P = \frac{\partial \vec{\chi}}{\partial Q}\Big|_{Q_0} \Delta Q \varepsilon_0 \vec{\mathcal{E}}_L$$

$$= \frac{\partial \vec{\chi}}{\partial Q}\Big|_{Q_0} \Delta Q_0 \varepsilon_0 \vec{\mathcal{E}}_{L,0}\{\exp[-i(\omega_0 t - q \cdot r)]$$

$$+ \exp[i(\omega_0 t - q \cdot r)]\}\{\exp[-i(\omega_L t - k_L \cdot r)]$$

$$+ \exp[i(\omega_L t - k_L \cdot r)]\}$$

$$= \frac{\partial \vec{\chi}}{\partial Q}\Big|_{Q_0} \Delta Q_0 \varepsilon_0 \vec{\mathcal{E}}_{L,0}$$

$$\times \Big\{\exp\{-i[(\omega_L + \omega_0)t - (k_L + q) \cdot r]\} + 共轭项$$

$$+ \exp\{-i[(\omega_L - \omega_0)t$$

$$- (k_L - q) \cdot r]\} + 共轭项\Big\} \tag{7.26}$$

如果定义

$$R_{ij}^{\mu} = \frac{\partial \overset{\leftrightarrow}{\boldsymbol{\chi}}_{ij}}{\partial \boldsymbol{Q}^{\mu}} \Big|_{Q_0^{\mu}} \Delta \boldsymbol{Q}_0^{\mu} \tag{7.27}$$

为拉曼张量,则式(7.26)变为

$$\Delta \boldsymbol{P} = R_{ij}^{\mu} \varepsilon_0 \vec{\mathscr{E}}_{\mathrm{L},0} \big\{ \exp\{-\mathrm{i}[(\omega_{\mathrm{L}} + \omega_0)t - (\boldsymbol{k}_{\mathrm{L}} + \boldsymbol{q}) \cdot \boldsymbol{r}]\} + 共轭项$$

$$+ \exp\{-\mathrm{i}[(\omega_{\mathrm{L}} - \omega_0)t - (\boldsymbol{k}_{\mathrm{L}} - \boldsymbol{q}) \cdot \boldsymbol{r}]\} + 共轭项 \big\} \tag{7.28}$$

可见 $\Delta \boldsymbol{P}$ 包含两个波动分量,其中一个频率为 $\omega_{\mathrm{L}} + \omega_0$,波矢为 $\boldsymbol{k}_{\mathrm{L}} + \boldsymbol{q}$;另一个频率为 $\omega_{\mathrm{L}} - \omega_0$,波矢为 $\boldsymbol{k}_{\mathrm{L}} - \boldsymbol{q}$. 如前所述,这两个振荡着的宏观极化分量(或称模式)要辐射散射电磁波,这种散射电磁波的频率和极化分量的振荡频率相同. 于是,人们得到频率和波矢不同的两支散射辐射,其中一支是由 $\Delta \boldsymbol{P}$ 的第一个分量辐射的,可表达为

$$\vec{\mathscr{E}}_{\mathrm{s}}^{(1)} = \vec{\mathscr{E}}_{\mathrm{s},0}^{(1)} \big\{ \exp[-\mathrm{i}(\omega_{\mathrm{s}}t - \boldsymbol{k}_{\mathrm{s}} \cdot \boldsymbol{r})] + 共轭项 \big\} \tag{7.29}$$

式中

$$\begin{aligned} \omega_{\mathrm{s}} &= \omega_{\mathrm{L}} + \omega_0 \\ \boldsymbol{k}_{\mathrm{s}} &= \boldsymbol{k}_{\mathrm{L}} + \boldsymbol{q} \end{aligned} \tag{7.30}$$

另一支是由 $\Delta \boldsymbol{P}$ 的第二个分量辐射的,其表达式[形式上与式(7.29)相似]为

$$\vec{\mathscr{E}}_{\mathrm{s}}^{(2)} = \vec{\mathscr{E}}_{\mathrm{s},0}^{(2)} \big\{ \exp[-\mathrm{i}(\omega_{\mathrm{s}}t - \boldsymbol{k}_{\mathrm{s}} \cdot \boldsymbol{r})] + 共轭项 \big\} \tag{7.31}$$

这里

$$\begin{aligned} \omega_{\mathrm{s}} &= \omega_{\mathrm{L}} - \omega_0 \\ \boldsymbol{k}_{\mathrm{s}} &= \boldsymbol{k}_{\mathrm{L}} - \boldsymbol{q} \end{aligned} \tag{7.32}$$

可以看到,式(7.31)和式(7.32)所表达的散射过程是,入射光被散射的同时发射一个频率为 ω_0、波矢为 $\boldsymbol{q}$ 的激元,被称为斯托克斯散射. 式(7.29)和式(7.30)表达的散射过程是,入射光被散射的同时吸收一个频率为 ω_0、波矢为 $\boldsymbol{q}$ 的激元,被称为反斯托克斯散射. 式(7.30)和式(7.32)给出的 $\boldsymbol{k}_{\mathrm{L}}$ 与 $\boldsymbol{k}_{\mathrm{s}}$ 的关系和 ω_{L} 与 ω_{s} 的关系,则代表了散射过程的动量守恒和能量守恒定律,在此重写如下:

对斯托克斯散射,有

$$\begin{aligned} \omega_{\mathrm{S}} &= \omega_{\mathrm{L}} - \omega_0 \\ \boldsymbol{k}_{\mathrm{S}} &= \boldsymbol{k}_{\mathrm{L}} - \boldsymbol{q} \end{aligned} \tag{7.33}$$

对反斯托克斯散射,有

$$\begin{aligned} \omega_{\mathrm{AS}} &= \omega_{\mathrm{L}} + \omega_0 \\ \boldsymbol{k}_{\mathrm{AS}} &= \boldsymbol{k}_{\mathrm{L}} + \boldsymbol{q} \end{aligned} \tag{7.34}$$

这里 $\boldsymbol{k}_{\mathrm{L}}$、$\boldsymbol{k}_{\mathrm{s}}$、$\boldsymbol{k}_{\mathrm{AS}}$ 都是介质中电磁波的波矢,它们间的关系实际上由实验布局所确

定,即决定于在什么位置上安置接收散射信号的探测器.散射实验布局及其对散射波矢的制约关系如图7.3所示,图中θ为散射角.当$\theta\sim 0°$时,称前向散射;当$\theta\sim 90°$时,称直角散射,当$\theta\sim 180°$时,称背向散射或背散射.研究不同性质的样品和不同模式的激元,常常需要不同的散射几何配置.应该指出,固体光散射情况下,散射角θ是指在固体散射介质中行进的入射激发光和出射散射光之间的夹角.由于半导体通常有高的折射率,因而即使样品外入射激发光束和探测器采集的散射光束间的夹角近乎$90°$,半导体介质中的实际散射角θ仍可能只有$10°$左右,即仍近乎为前向散射或背散射.除非采用特殊制备的样品和配置,或采用能透过样品的激发光束,不透明半导体材料的拉曼散射常常是背散射或近背散射配置,这也是实际实验中常用的几何配置.

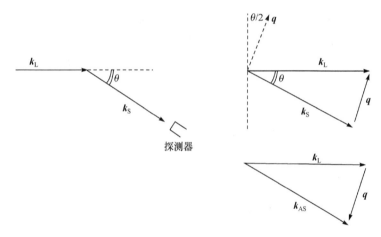

图 7.3　散射实验布局及其对散射过程中波矢关系的影响

拉曼散射实验中,入射光通常为可见光或近紫外辐射,波矢$k_L\approx 2\pi\eta/\lambda_0\approx 10^6\,\mathrm{cm}^{-1}$.图7.3所示的散射配置表明,散射过程所涉及的光子波矢变化的最大值为$2k_L(\theta=180°)$.这表明,参与散射过程的激元的波矢必定小于或等于$2k_L$,即

$$q\lesssim 2k_L\sim 10^6\,\mathrm{cm}^{-1} \tag{7.35}$$

因而远小于布里渊区的大小.这里和中子散射或 X 射线散射的情况不一样,在光散射实验中,只有布里渊区中心附近的激元模式才能参与散射过程,或者说被拉曼散射激活.这就是说,利用拉曼散射,人们只能研究布里渊区中心附近的激元.这一点十分重要,在以后的讨论中必须经常注意和记住这一事实.

7.2.2　拉曼散射的量子理论

从量子力学观点看来,拉曼散射效应是二级辐射过程,散射截面的量子力学计算要利用含时间的微扰理论[4~6].在入射辐射微扰电磁场作用下,散射介质发生从初态(基态)到终态以及返回基态的跃迁,并发生入射光束中光子湮灭和散射光束中散射光子产生的事件. 在每一单元散射事件中,首先需要湮灭一个入射光子的互作用过程,随后需要产生一个散射光子的第二个互作用过程,这样就需要应用高阶的含时间的微扰理论,并需要比第二章描述的更一般化的费米黄金法则.

耦合辐射电磁场和散射介质的量子力学哈密顿可写为

$$H = H_0 + H_\mathrm{I} \tag{7.36}$$

式中 H_0 为未微扰哈密顿,H_I 为微扰哈密顿,它们的具体内容和形式决定于散射过程中涉及到的激元. 以声子散射为例,有

$$H_0 = H_\mathrm{R} + H_\mathrm{e} + H_\mathrm{p} \tag{7.37}$$

这里 H_R 是包括入射电磁波场和散射电磁波场的辐射场哈密顿,H_e 是晶体电子系统的哈密顿,采用单电子近似时,即为电子哈密顿,H_p 是散射中涉及的激元声子的哈密顿. H_I 为这些激元间相互作用、相互耦合导致的微扰哈密顿,一般说来可写为

$$H_\mathrm{I} = H_\mathrm{eR} + H_\mathrm{ep} + H_\mathrm{pR} \tag{7.38}$$

这里已忽略了光子和光子之间的直接互作用,对可见波段光子,这种忽略是合理的. 式(7.38)中 H_eR 为电子-光子(辐射场)互作用哈密顿,它们的内容已如第二章所述,这里重写如下:

$$
\begin{aligned}
H_\mathrm{eR} &= \frac{e}{m}\sum_j \boldsymbol{A}(\boldsymbol{r}_j) \cdot \boldsymbol{P}_j + \frac{e^2}{2m}\sum_j \boldsymbol{A}(\boldsymbol{r}_j) \cdot \boldsymbol{A}(\boldsymbol{r}_j) \\
&= H_\mathrm{eR}^{(1)} + H_\mathrm{eR}^{(2)}
\end{aligned}
\tag{7.39}
$$

在讨论光吸收时,常常忽略上式等号右边的第二项,即 A^2 的贡献. 在拉曼散射情况下,尤其是自由电子、晶体中传导电子、等离子激元散射情况下,必须包括 A^2 项对跃迁矩阵元的贡献. H_ep 为电子-声子(晶格)互作用矩阵元,在讨论自由载流子吸收和间接跃迁带间吸收时,曾经简略地讨论过. 式(7.38)中,H_pR 为声子-光子(辐射场)互作用矩阵元,这在讨论红外吸收时是十分重要的,但在讨论拉曼散射时常可忽略.

从量子理论看来,每一散射事件都对应于散射介质从初态 $|i\rangle$ 到终态 $|f\rangle$ 的一个跃迁,这里 $|i\rangle$、$|f\rangle$ 均为 H_0 的本征态,即

$$
\begin{aligned}
(H_\mathrm{e} + H_\mathrm{p})\,|\,i\rangle &= \hbar\omega_i\,|\,i\rangle \\
(H_\mathrm{e} + H_\mathrm{p})\,|\,f\rangle &= \hbar\omega_f\,|\,f\rangle
\end{aligned}
\tag{7.40}
$$

与此同时,辐射场也经历一个跃迁过程,从入射光子密度为 N_L、散射光子密度为

N_s 的初态跃迁到入射光子密度为 (N_L-1)、散射光子密度为 (N_s+1) 的终态,并且

$$H_R \mid N_L, N_s\rangle = (N_L\hbar\omega_L + N_s\hbar\omega_s) \mid N_L, N_s\rangle$$

$$H_R \mid N_L-1, N_s+1\rangle = \{(N_L-1)\hbar\omega_L + (N_s+1)\hbar\omega_s\} \mid N_L, N_s+1\rangle$$

$$(7.41)$$

光散射的量子力学理论的基本目标之一就是要寻找这种跃迁的概率 $1/\tau$,从而计算散射截面或微分散射截面. 散射概率 $1/\tau$ 意味着入射光束中能量因散射过程而流出的速率 $(\hbar\omega_L/\tau)$,均匀介质情况下入射光束的平均强度为

$$\bar{I}_L = \frac{N_L\hbar\omega_L \cdot c/\eta_L}{V} = \frac{c^2\hbar k_L}{\eta_L^2 V}N_L \tag{7.42}$$

所以散射截面 σ 可表示为

$$\sigma = \frac{\hbar\omega_L}{\bar{I}_L\tau} = \frac{\eta_L V}{\tau N_L c} \tag{7.43}$$

散射概率的计算涉及到式 (7.36)、(7.38) 中不同互作用项的相对贡献,亦即 H_{eR} 和 H_{ep} 的相对大小. 按它们的相对重要性的不同,可以有不同的近似方法.

如果电子-辐射场互作用很强,即 H_{eR} 很大,则如第 3.5 节讨论激子问题那样,电子(激子)-光子强耦合而形成极化激元,这就要采用所谓极化激元近似[9],令

$$H=H_0+H_I$$

$$=\underbrace{H_R+H_e+H_{eR}}_{\text{极化激元哈密顿}}+\underbrace{H_p+H_{ep}}_{\text{微扰}} \tag{7.44}$$

即令 $H_R+H_e+H_{eR}$ 为统一的极化激元哈密顿,而令电子-声子互作用哈密顿 H_{ep} 为微扰. 这种情况下的光散射乃是固体中极化激元的光散射过程,当入射光频率和半导体中激子能量共振时,就必须采用这种近似方法来处理体系的光散射问题.

如果固体中电子-声子互作用很强,即 H_{ep} 很大,则必须首先考虑电子-声子强耦合而形成的振动电子(vibronic)耦合模能级,如图 7.4 所示,这种情况下的系统哈密顿可写为

$$H=H_0+H_I$$

$$=H_R+\underbrace{H_e+H_p+H_{ep}}+H_{eR} \tag{7.45}$$

即令 $H_e+H_p+H_{ep}$ 为电子-声子强耦合模式,即振动电子的哈密顿,而令电子-辐射互作用 H_{eR} 为微扰. 在讨论分子、束缚激子、深杂质电子散射时(这些情况下电子

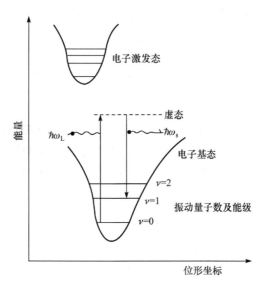

图 7.4 电子-声子强耦合形成的振动电子能级及
散射跃迁过程示意图

运动和原子核运动间的相互作用通常是十分强烈的),就必须采用这种近似方法[10,4]. 这种情况下的拉曼散射过程如图 7.4 所示,可以看作是振动电子能级间的散射.

如果电子-辐射互作用和电子-声子互作用都较弱,即 H_{eR} 和 H_{ep} 都很小,那么可以将 H_{eR} 和 H_{ep} 都看作微扰,即令

$$H = \boxed{H_e + H_R + H_p} + H_{eR} + H_{ep}$$

$$= H_0 + H_I \tag{7.46}$$

这种情况下,可能发生的各种微观散射机制如图 7.5 所示. 其中图 7.5(a)中的左图表示辐射引起一个电子从晶体价带到导带的虚的跃迁,同时发生一个入射光子 $\hbar\omega_L$ 的湮没和一个散射光子 $\hbar\omega_S$ 的产生. 图中激发电子用虚线和向左的箭头表示,激发的价带空穴用虚线和向右的箭头表示. 随后,通过电子-声子互作用 H_{ep},虚的电子-空穴对复合,电子回到价带,并发射一个声子 $\hbar\omega_0$ 和完成一次散射事件. 把相互作用的次序颠倒一下也是可以的,即先通过电子-声子互作用发射声子,然后通过电子-辐射互作用引起晶体电子跃迁、入射光子湮没和散射光子产生的事件,这一情况如图 7.5(a)中的右图所示. 在图 7.5(a)所示的过程中,入射光子湮没和散射光子产生是同时发生的,在这一过程中起作用的哈密顿项是式(7.39)中的 A^2 项. 因此,除非电子跃迁发生在同一带内(即前面提到的自由电子、等离子激元、导带电子等情况),它们对散射概率和散射截面的贡献是可以忽略的.

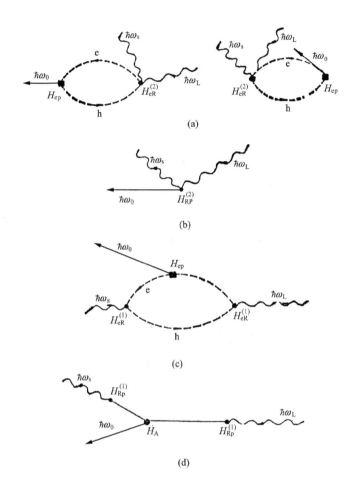

图 7.5　晶格振动(声子)一级拉曼散射的几种可能的微观过程(详细说明见正文)

原则上,辐射-声子互作用也可导致光散射的发生.类似于电子-辐射互作用的 A^2 项,辐射和极性晶体中荷电离子互作用的平方项 $H_{Rp}^{(2)}$ 可以给出如图 7.5(b)所示的直接散射机制,但由于离子质量比电子质量大得多,而质量参数以平方形式出现在散射截面表达式分母中,因而它们对散射概率和散射截面的贡献总是可以忽略的.

图 7.5(c)表示另一种电子参与的,或者说辐射-电子互作用哈密顿诱发的光散射机制.它由三次虚电子跃迁过程来完成,即入射光子吸收过程、光学声子产生过程和散射光子发射过程.有能级图上,这种三步过程可重画于图 7.6(a)中,或者如果认为电子-空穴对一般情况下可表达为激子,则如图 7.6(b)所示.其中第一个互作用激发一个电子-空穴对或激子,第二个互作用引起电子或空穴跃迁到不同的

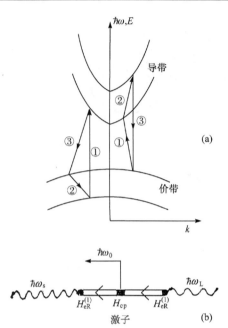

图 7.6 (a) 表明三步光散射过程中电子跃迁的能带示意图. 第一次跃迁产生电子-空穴对态, 它使得第二次跃迁发生在价带或导带内, 随后电子-空穴对复合, 回到终态; (b) 激子条件下的三步过程示意图

态上, 同时发射或吸收声子, 而第三个互作用则伴随着电子和空穴的复合, 即回到基态. 对声子散射过程来说, 包括极性声子和非极性声子, 这种三步过程对散射概率和散射截面都有最主要的贡献.

图 7.5(d) 给出了辐射-极性声子互作用导致拉曼散射的另一种机制, 这里参与散射的是类似于电子-辐射哈密顿中 $\boldsymbol{A \cdot P}$ 项的辐射-晶格互作用哈密顿 $H_{\mathrm{Rp}}^{(1)}$, 麦拉杜丁 (Maradudin) 等人的计算表明[11,12], 这一机制对散射截面的贡献也是可以忽略不计的.

这样, 在声子拉曼散射情况下, 可以认为, 入射光子仅与电子相互作用, 而声子则与电子发生散射互作用, 因而对散射截面有贡献的主要是示于图 7.5(c) 的三步过程.

现在来估计声子拉曼散射的跃迁概率和散射截面, 为此需要用高阶微扰理论和一般化的费米黄金法则. 从量子力学知道, 一般情况下, 包括到 n 阶微扰为止的跃迁概率表达式为[13]

$$\frac{1}{\tau} = \frac{2\pi}{\hbar^2} \sum_f \left| \langle f \mid H_{\mathrm{I}} \mid i \rangle + \frac{1}{\hbar} \sum_l \frac{\langle f \mid H_{\mathrm{I}} \mid l \rangle \langle l \mid H_{\mathrm{I}} \mid i \rangle}{\omega_i - \omega_l} + \cdots \right.$$
$$\left. + \frac{1}{\hbar^{n-1}} \times \sum_{l_1} \sum_{l_2} \cdots \sum_{l_{n-1}} \frac{\langle f \mid H_{\mathrm{I}} \mid l_1 \rangle \langle l_1 \mid H_{\mathrm{I}} \mid l_2 \rangle \cdots \langle l_{n-1} \mid H_{\mathrm{I}} \mid i \rangle}{(\omega_i - \omega_{l_1})(\omega_i - \omega_{l_2}) \cdots (\omega_i - \omega_{l_{n-1}})} \right|^2$$
$$\times \delta(\omega_i - \omega_f) \tag{7.47}$$

式中 $\hbar\omega_i$、$\hbar\omega_f$ 为广义的初态与终态的能量, l_i 为中间态. 如果只有三级过程对跃迁概率起主要贡献, 则式 (7.47) 变为

$$\frac{1}{\tau} = \frac{2\pi}{\hbar^6} \sum_f \left| \sum_{\alpha, \beta} \frac{\langle 0 \mid H_{\mathrm{eR}}(\omega_s) \mid \beta \rangle \langle \beta \mid H_{\mathrm{ep}} \mid \alpha \rangle \langle \alpha \mid H_{\mathrm{eR}}(\omega_{\mathrm{L}}) \mid 0 \rangle}{(\omega_\beta - \omega_0 - \omega_{\mathrm{L}})(\omega_\alpha - \omega_{\mathrm{L}})} \right|^2$$
$$\times \delta(\omega_{\mathrm{L}} - \omega_s - \omega_0) \tag{7.48}$$

式中 $\langle 0 \mid$ 和 $\mid 0 \rangle$ 为拉曼跃迁前后的基态. 还应指出, 示于图 7.5(c) 的三步过程可以以任意次序发生, 因而给出了如图 7.7 所示的六个类似过程. 跃迁概率 $\frac{1}{\tau}$ 也必须包

括这六个过程的贡献,于是得[4]

$$
\frac{1}{\tau} = \frac{2\pi}{\hbar^6} \sum_f \left| \sum_{\alpha,\beta} \left\{ \frac{\langle 0 \mid H_{eR}(\omega_s) \mid \beta \rangle \langle \beta \mid H_{ep} \mid \alpha \rangle \langle \alpha \mid H_{eR}(\omega_L) \mid 0 \rangle}{(\omega_\beta - \omega_0 - \omega_L)(\omega_\alpha - \omega_L)} \right. \right.
$$

$$
+ \frac{\langle 0 \mid H_{eR}(\omega_L) \mid \beta \rangle \langle \beta \mid H_{ep} \mid \alpha \rangle \langle \alpha \mid H_{eR}(\omega_s) \mid 0 \rangle}{(\omega_\beta + \omega_0 + \omega_s)(\omega_\alpha + \omega_s)}
$$

$$
+ \frac{\langle 0 \mid H_{eR}(\omega_L) \mid \beta \rangle \langle \beta \mid H_{eR}(\omega_s) \mid \alpha \rangle \langle \alpha \mid H_{ep} \mid 0 \rangle}{(\omega_\beta + \omega_0 - \omega_L)(\omega_\alpha + \omega_0)}
$$

$$
+ \frac{\langle 0 \mid H_{eR}(\omega_L) \mid \beta \rangle \langle \beta \mid H_{eR}(\omega_s) \mid \alpha \rangle \langle \alpha \mid H_{ep} \mid 0 \rangle}{(\omega_\beta + \omega_0 + \omega_s)(\omega_\alpha + \omega_0)}
$$

$$
+ \frac{\langle 0 \mid H_{ep} \mid \beta \rangle \langle \beta \mid H_{eR}(\omega_s) \mid \alpha \rangle \langle \alpha \mid H_{eR}(\omega_L) \mid 0 \rangle}{(\omega_\beta + \omega_s - \omega_L)(\omega_\alpha - \omega_L)}
$$

$$
\left. \left. + \frac{\langle 0 \mid H_{ep} \mid \beta \rangle \langle \beta \mid H_{eR}(\omega_L) \mid \alpha \rangle \langle \alpha \mid H_{eR}(\omega_s) \mid 0 \rangle}{(\omega_\beta + \omega_s - \omega_L)(\omega_\alpha + \omega_L)} \right\} \right|^2
$$

$$
\times \delta(\omega_L - \omega_s - \omega_0) \tag{7.49}
$$

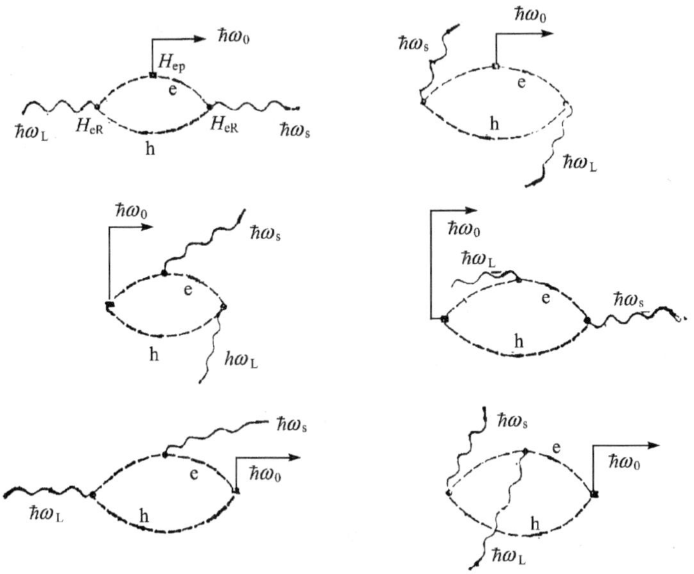

图 7.7 极性和非极性声子散射过程中可能发生的六种不同次序的三步散射过程

式中光学矩阵元 $\langle \alpha \mid H_{eR}(\omega_L) \mid 0 \rangle$ 等仍可利用第二章、第三章的结果,写为

$$
\langle \alpha \mid H_{eR}(\omega_L) \mid 0 \rangle = \left\langle \alpha, N_L - 1 \left| \frac{e}{m} \sum_j \boldsymbol{A}(\boldsymbol{r}_j) \cdot \boldsymbol{P}_j \right| 0, N_L \right\rangle
$$

$$= \frac{e}{m}\left(\frac{2\hbar N_\mathrm{L}}{\varepsilon\omega_\mathrm{L}}\right)^{1/2} \boldsymbol{a}_\mathrm{L} \cdot \boldsymbol{P}_{\alpha 0}(\boldsymbol{k}_\mathrm{L}) \tag{7.50}$$

式中 $\boldsymbol{a}_\mathrm{L}$ 是入射光偏振方向的单位矢量,并且已经引用了单电子近似的结果,因而忽略了哈密顿表达式中的求和运算. 动量矩阵元 $\boldsymbol{P}_{\alpha 0}(\boldsymbol{k}_\mathrm{L})$ 为

$$\boldsymbol{P}_{\alpha 0}(\boldsymbol{k}_\mathrm{L}) = \int \psi_{\mathrm{ck}_\mathrm{e}}^*(\boldsymbol{r})\exp(\mathrm{i}\boldsymbol{k}_\mathrm{L} \cdot \boldsymbol{r})\boldsymbol{P}\psi_{\mathrm{vk}_\mathrm{h}}(\boldsymbol{r})\mathrm{d}\boldsymbol{r}$$

$$= (2\pi)^3 \frac{N}{V}\delta(\boldsymbol{k}_\mathrm{e}-\boldsymbol{k}_\mathrm{L}-\boldsymbol{k}_\mathrm{h})\int_{原胞} u_{\mathrm{ck}_\mathrm{e}}^*(\boldsymbol{r})(\boldsymbol{P}+\hbar\boldsymbol{k}_\mathrm{L})u_{\mathrm{vk}_\mathrm{h}}(\boldsymbol{r})\mathrm{d}\boldsymbol{r} \tag{7.51}$$

式中 δ 函数表明电子-辐射互作用遵循动量守恒定律,考虑到入射光子波矢 $\boldsymbol{k}_\mathrm{L}$ 远小于电子波矢 $\boldsymbol{k}_\mathrm{e},\boldsymbol{k}_\mathrm{h}$,可以认为动量守恒定则实际上是 $\boldsymbol{k}_\mathrm{e}=\boldsymbol{k}_\mathrm{h}$.

对横光学模和非极性半导体的纵光学模,电子-声子互作用矩阵元可写为

$$\langle \beta, n_0(\omega_0)+1 \mid H_{\mathrm{ep}} \mid \alpha, n_0(\omega_0)\rangle$$

$$=-\mathrm{i}\left(\frac{\hbar}{2m_\mathrm{r}^* N\omega_0}\right)^{1/2}\left[n_0(\omega_0)+1\right]^{1/2}\sum_a \boldsymbol{\xi} \cdot \boldsymbol{\xi}_{\sigma q}\frac{D_{\sigma,\beta\alpha}}{a} \tag{7.52}$$

式中 m_r^* 为原胞中两个离子的约化质量,$\boldsymbol{\xi},\boldsymbol{\xi}_{\sigma q}$ 为被研究横光学模或纵光学模贡献的极化方向的单位矢量,a 为晶格常数,$D_{\sigma,\beta\alpha}$ 为形变势,所以 $D_{\sigma,\beta\alpha}/a$ 有能量量纲,将式(7.50)和式(7.52)代入式(7.43),在立体角 $\mathrm{d}\Omega$ 内对散射波矢方向 $\boldsymbol{k}_\mathrm{s}$ 求和,并令

$$\sum_{k_\mathrm{s}} \rightarrow \frac{V}{(2\pi)^3}\int_{k_\mathrm{s}} k_\mathrm{s}^2 \mathrm{d}\boldsymbol{k}_\mathrm{s}\mathrm{d}\Omega$$

得

$$\frac{\mathrm{d}\sigma}{\mathrm{d}\Omega} = \frac{\omega_\mathrm{s}V^2\eta_\mathrm{s}e^4\left[n_0(\omega_0)+1\right]}{2(4\pi\varepsilon_0)^2c^4\omega_\mathrm{L}\eta_\mathrm{L}\hbar^3 m^4\omega_0}$$

$$\times \left|\frac{\boldsymbol{a}_\mathrm{s}^i \cdot \boldsymbol{a}_\mathrm{L}^j q^h}{q}\frac{\mathrm{i}}{am_\mathrm{r}^{*1/2}}\sum_\sigma R_\sigma^{ij}(\omega_\mathrm{s},-\omega_\mathrm{L},\omega_0)\xi_\sigma^h\right|^2 \tag{7.53}$$

式中 R_σ^{ij} 为散射张量,括号中的负频率(如 $-\omega_\mathrm{L}$)记为散射过程中声子或光子的湮灭,正频率记为散射过程中声子或光子的产生.

散射张量

$$R_\sigma^{ij}(\omega_\mathrm{s},-\omega_\mathrm{L},\omega_0)$$

$$=\frac{1}{V}\sum_{\alpha,\beta}\left\{\frac{P_{0\beta}^i P_{\beta\alpha}^j D_{\sigma,\alpha 0}}{(\omega_\mathrm{L}-\omega_0-\omega_\beta)(-\omega_0-\omega_\alpha)}+\frac{P_{0\beta}^j P_{\beta\alpha}^i D_{\sigma,\alpha 0}}{(-\omega_0-\omega_\mathrm{s}-\omega_\beta)(-\omega_0-\omega_\alpha)}\right.$$

$$+ \frac{P_{0\beta}^i D_{\sigma,\beta\alpha} P_{\alpha 0}^j}{(\omega_L - \omega_0 - \omega_\beta)(\omega_L - \omega_\alpha)} + \frac{P_{0\beta}^j D_{\sigma,\beta\alpha} P_{\alpha 0}^i}{(-\omega_0 - \omega_s - \omega_\beta)(-\omega_s - \omega_\alpha)}$$

$$+ \frac{D_{\sigma,0\beta} P_{\beta\alpha}^i P_{\alpha 0}^j}{(\omega_L - \omega_s - \omega_\beta)(\omega_L - \omega_\alpha)} + \frac{D_{\sigma,0\beta} P_{\beta\alpha}^j P_{\alpha 0}^i}{(\omega_L - \omega_s - \omega_\beta)(-\omega_s - \omega_\alpha)} \Big\} \tag{7.54}$$

对极性晶体中的纵光学模振动,还要考虑它引起的宏观极化(见第四章),以及与此有关的电子-晶格长程互作用,即弗罗里克互作用.它对电子-声子互作用和矩阵元的贡献可写为

$$\langle \beta, n_0(\omega_0) + 1 \mid H_{ep}^{Frö} \mid \alpha, n_0(\omega_0) \rangle$$

$$= -\frac{ze}{\varepsilon_0 \varepsilon_\infty Vmq} \left(\frac{\hbar N}{2\omega_0^3} \right)^{1/2} [n_0(\omega_0) + 1]^{1/2} \boldsymbol{q} \cdot \boldsymbol{P}_{\beta\alpha} \tag{7.55}$$

式中 $\boldsymbol{q}$ 为纵光学波波矢,$\boldsymbol{P}_{\beta\alpha}$ 形式与式(7.51)相似,这样对极性纵光学声子散射,$\dfrac{d\sigma}{d\Omega}$ 可写为

$$\frac{d\sigma}{d\Omega} = \frac{\omega_s V \eta_s e^4 [n_0(\omega_0) + 1]}{2(4\pi\varepsilon_0)^2 c^4 \omega_L \eta_L N\hbar^3 m^4 \omega_0}$$

$$\times \left| \frac{\boldsymbol{a}_s^i \cdot \boldsymbol{a}_L^j q^h}{q} \Big\{ \frac{i}{dm_r^{*1/2}} \sum_\sigma R_\sigma^{ij}(\omega_s, -\omega_L, \omega_0) \xi_\sigma^h \right.$$

$$\left. + \frac{ZeN}{\varepsilon_0 \varepsilon_\infty Vm\omega_0} P^{ijh}(\omega_s, -\omega_L, \omega_0) \Big\} \right|^2 \tag{7.56}$$

式中 P^{ijh} 也称散射张量,其表达式形式上与式(7.54)完全一样,只是用 P^h 来代替 D_σ,括号中正、负号的物理意义也与 R_σ^{ij} 情况一致.散射张量 P^{ijh} 与电子对晶体线性电光系数的贡献有关,可以将晶体线性电光系数 Z_{ijh} 写为

$$Z_{ijh} = -i \frac{4\pi e^3}{m^* \omega_L^2 \hbar^2 \eta^2} P^{ijh}(-\omega_L, \omega_L, 0) \tag{7.57}$$

式中 Z_{ijh}、P^{ijh} 中的符号 i 是坐标系的标志,等式右边的 i 为虚数符号,而 ω_L 的下脚标 L 如前述,代表入射光的符号.

7.2.3 选择定则

前面已经指出,从经典电动力学观点看来,拉曼散射的物理起源在于散射介质的感应极化.对于声子激发来说,这意味着,只有那些能够引起介质极化率 $\vec{\chi}(Q)$ 改

变的声子模式,亦即只有能够导致二阶极化率张量$\partial \chi_{ij}/\partial Q_q$有异于零的分量的声子模式,才能参与拉曼散射,或者说可拉曼激活而出现在一级自发拉曼散射谱中.这表明参与拉曼散射的声子模式必须遵从一定的选择定则,这些选择定则包括前面已经指出的能量守恒和动量守恒选择定则,其中前者决定了拉曼频移,后者则规定只有布里渊区中心附近的声子才能参与拉曼散射,以及本节要讨论的由晶体空间对称性决定的选择定则.

空间对称性对晶体样品散射尤有重要意义.由于对称性的要求,将散射介质的斯托克斯极化、声子激发振幅、入射场等联系起来的关系式[如本章讨论的式(7.6)、式(7.24)、式(7.26)等]应在散射介质对称群的所有变换下保持不变.这一不变条件对所有将系统性质与给定空间群联系起来的公式都是适用的.对晶体拉曼散射,它导致了两个重要结果.

首先是光散射要遵从一定的群论选择定则.任何常模晶格振动,只有当它在晶体点群操作下按极化率张量分量$\partial \chi_{ij}/\partial Q_q$(或其线性组合)相同的方式变换时,它才是可拉曼激活的.极化率张量$\partial \chi_{ij}/\partial Q_q$为对称张量,其分量按$x^2$、$y^2$、$z^2$、$xy$、$yz$、$zx$相同的方式变换,即可由所研究点群的三维极性矢量的表象Γ_{pv}来描述,其变换性质已对32种点群计算出来.给定晶体中不同支的长波光学声子,对应于原胞中不同对称类型的原子振动,它们可用晶格空间群的不可约表示Γ_x来描述.于是,只有属于$\Gamma_{pv}^*\otimes\Gamma_{pv}$的分解因子的那些不可约表示$\Gamma_x$描述的声子激发才是可拉曼激活的.

不变条件的第二个结果是,即使是光散射中跃迁允许的激发对称性,它诱发的二级极化率张量的各个分量$\partial \chi_{ij}/\partial Q_q$也可以是互相联系的,即对每一个允许的$\Gamma_x$,某些$\partial \chi_{ij}/\partial Q_q$元素可以消失(等于零),而那些非零分量可能相互有关.

利用群论方法计算的32种点群的非弹性光散射的二级极化率张量$\partial \chi_{ij}/\partial Q_q$的对称性和选择定则列于表7.1[4,5,14~16].表中首先将晶体分成三大类,它们分别具有双轴各向异性、单轴各向异性和各向同性介电常数.然后,进一步将所有晶体分成七个晶系和32种对称类型.和每一种对称类型同一排,列出属于$\Gamma_{pv}^*\otimes\Gamma_{pv}$分解因子的不可约表示,这些选择定则允许的激发对称性用两种不同的记号来表示,即Γ记号[17]和马利肯(Mulliken)记号A、B、E、T(有时记为F)[18].后者用于分子散射和晶体散射,而Γ记号则也常用于晶体拉曼散射.

表7.1中每一不可约表示上方的3×3矩阵给出这种激发对称性的二级极化率张量$\partial \chi_{ij}/\partial Q_q$(由对称性确定)的形式.矩阵中某一位置$ij$的空白意味着张量的该元素为零,而字母则表示非零元素;而同一点群矩阵的不同位置上用同一字母表示,意味着这两个元素相等,这种相等性当然仅适用于一给定分子或晶体的某一给定的激发.如果已知散射实验中入射电磁波场和散射电磁波场的偏振方向a_L和

a_s,那么从表7.1给出的矩阵 T 可以求得这一配置下的散射截面

表 7.1　32 种点群的允许拉曼散射对称性和二级极化率

双轴晶体

三　斜

$$\begin{bmatrix} a & d & f \\ e & b & h \\ g & i & c \end{bmatrix}$$

1	C_1	A	Γ_1
$\bar{1}$	C_i	A_g	Γ_1^+

单　斜

$$\begin{bmatrix} a & d & \\ e & b & \\ & & c \end{bmatrix} \quad \begin{bmatrix} & & f \\ & & h \\ g & i & \end{bmatrix}$$

2	C_2	A	Γ_1	B	Γ_2
m	C_s	A'	Γ_1	A''	Γ_2
$2/m$	C_{2h}	A_g	Γ_1^+	B_g	Γ_2^+

正　交

$$\begin{bmatrix} a & & \\ & b & \\ & & c \end{bmatrix} \quad \begin{bmatrix} & d & \\ e & & \\ & & g \end{bmatrix} \quad \begin{bmatrix} & & f \\ & & \\ & & i \end{bmatrix}\;\begin{bmatrix} & & \\ & & h \\ & & \end{bmatrix}$$

222	D_2	A	Γ_1	B_1	Γ_3	B_2	Γ_2	B_3 Γ_4
$mm2$	C_{2v}	A_1	Γ_1	A_2	Γ_3	B_1	Γ_2	B_2 Γ_4
mmm	D_{2h}	A_g	Γ_1^+	B_{1g}	Γ_3^+	B_{2g}	Γ_2^+	B_{3g} Γ_4^+

单轴晶体

四　角

$$\begin{bmatrix} a & c & \\ -c & a & \\ & & b \end{bmatrix} \quad \begin{bmatrix} d & e & \\ e & -d & \\ & & \end{bmatrix} \quad \begin{bmatrix} & & f \\ & & h \\ g & i & \end{bmatrix}\;\begin{bmatrix} & & -h \\ & & f \\ -i & g & \end{bmatrix}$$

4	C_4	A	Γ_1	B	Γ_2	E	$\Gamma_3+\Gamma_4$
$\bar{4}$	S_4						
$4/m$	C_{4h}	A_g	Γ_1^+	B_g	Γ_2^+	E_g	$\Gamma_3^+ + \Gamma_4^+$

$$\begin{bmatrix} a & & \\ & a & \\ & & b \end{bmatrix}\begin{bmatrix} & c & \\ -c & & \\ & & \end{bmatrix}\begin{bmatrix} d & & \\ & -d & \\ & & \end{bmatrix}\begin{bmatrix} & & e \\ e & & \\ & & \end{bmatrix}\begin{bmatrix} & & f \\ & & \\ g & & \end{bmatrix}\;\begin{bmatrix} & & \\ & & f \\ & g & \end{bmatrix}$$

422	D_4	A_1	Γ_1	A_2	Γ_2	B_1	Γ_3	B_2 Γ_4	E	Γ_5
$4mm$	C_{4v}									
$\bar{4}2m$	D_{2d}									
$4/mmm$	D_{4h}	A_{1g}	Γ_1^+	A_{2g}	Γ_2^+	B_{1g}	Γ_3^+	B_{2g} Γ_4^+	E_g	Γ_5^+

续表

三　角
$$\begin{bmatrix} a & c & \\ -c & a & \\ & & b \end{bmatrix} \quad \begin{bmatrix} d & e & f \\ e & -d & h \\ g & i & \end{bmatrix} \quad \begin{bmatrix} e & -d & -h \\ -d & -e & f \\ -i & & g \end{bmatrix}$$

3	C_3	A	Γ_1	E	$\Gamma_2+\Gamma_3$
$\bar{3}$	C_{3i}	A_g	Γ_1^+	E_g	$\Gamma_2^++\Gamma_3^+$

$$\begin{bmatrix} a & & \\ & a & \\ & & b \end{bmatrix} \quad \begin{bmatrix} & c & \\ -c & & \\ & & \end{bmatrix} \quad \begin{bmatrix} & & d \\ d & e & \\ & f & \end{bmatrix} \quad \begin{bmatrix} & & -e \\ & -d & \\ -f & & \end{bmatrix}$$

32	D_3	$\big\}A_1$	Γ_1	A_2	Γ_2		E	Γ_3
3m	D_{3v}							
$\bar{3}m$	D_{3d}	A_{1g}	Γ_1^+	A_{2g}	Γ_2^+		E_g	Γ_3^+

六　角
$$\begin{bmatrix} a & c & \\ -c & a & \\ & & b \end{bmatrix} \quad \begin{bmatrix} & & d \\ & & f \\ e & g & \end{bmatrix} \quad \begin{bmatrix} & & -f \\ & & d \\ -g & e & \end{bmatrix} \quad \begin{bmatrix} i & h & \\ h & -i & \\ & & \end{bmatrix} \quad \begin{bmatrix} h & -i & \\ -i & -h & \\ & & \end{bmatrix}$$

6	C_6	A	Γ_1	E_1	$\Gamma_5+\Gamma_6$	E_2	$\Gamma_2+\Gamma_3$
$\bar{6}$	C_{3h}	A'	Γ_1	E''	$\Gamma_5+\Gamma_6$	E'	$\Gamma_2+\Gamma_3$
6/m	C_{6h}	A_g	Γ_1^+	E_{1g}	$\Gamma_5^++\Gamma_6^+$	E_{2g}	$\Gamma_2^++\Gamma_3^+$

$$\begin{bmatrix} a & & \\ & a & \\ & & b \end{bmatrix} \quad \begin{bmatrix} & c & \\ -c & & \\ & & \end{bmatrix} \quad \begin{bmatrix} & & -d \\ & & d \\ e & & \end{bmatrix} \quad \begin{bmatrix} & & \\ & & \\ -e & & \end{bmatrix} \quad \begin{bmatrix} & f & \\ f & & \\ & & \end{bmatrix} \quad \begin{bmatrix} f & & \\ & -f & \\ & & \end{bmatrix}$$

622	D_6	$\big\}$	A_1	Γ_1	A_2	Γ_2	E_1	Γ_5	E_2	Γ_6
6mm	C_{6v}									
$\bar{6}m2$	D_{3h}		A_1'	Γ_1	A_2'	Γ_2	E''	Γ_5	E'	Γ_6
6/mmm	D_{6h}		A_{1g}	Γ_1^+	A_{2g}	Γ_2^+	E_{1g}	Γ_5^+	E_{2g}	Γ_6^+

各向同性

立　方
$$\begin{bmatrix} a & & \\ & a & \\ & & a \end{bmatrix} \quad \begin{bmatrix} b & & \\ & b & \\ & & -2b \end{bmatrix} \quad \begin{bmatrix} -3^{1/2}b & & \\ & 3^{1/2}b & \\ & & \end{bmatrix} \quad \begin{bmatrix} & & \\ & & c \\ & d & \end{bmatrix} \quad \begin{bmatrix} & & c \\ & & \\ d & & \end{bmatrix} \quad \begin{bmatrix} & c & \\ c & & \\ & & \end{bmatrix}$$

23	T	A	Γ_1	E	$\Gamma_2+\Gamma_3$	T	Γ_4
m3	T_h	A_g	Γ_1^+	E_g	$\Gamma_2^++\Gamma_3^+$	T_g	Γ_4^+

续表

$$\begin{bmatrix} a & & \\ & a & \\ & & a \end{bmatrix}\quad \underbrace{\begin{bmatrix} b & & \\ & b & \\ & & -2b \end{bmatrix}\begin{bmatrix} -\sqrt{3}b & & \\ & \sqrt{3}b & \\ & & \end{bmatrix}}\quad \underbrace{\begin{bmatrix} & & \\ & & c \\ & -c & \end{bmatrix}\begin{bmatrix} & & c \\ & & \\ -c & & \end{bmatrix}\begin{bmatrix} & c & \\ -c & & \\ & & \end{bmatrix}}\quad \underbrace{\begin{bmatrix} & & \\ & & d \\ & d & \end{bmatrix}\begin{bmatrix} & & d \\ & & \\ d & & \end{bmatrix}\begin{bmatrix} & d & \\ d & & \\ & & \end{bmatrix}}$$

432 O $\bar{4}3m$ T_d	A_1 Γ_1		E Γ_3		T_1 Γ_4			T_2 Γ_5	
$m3m\ O_h$	A_{1g} Γ_1^+		E_g Γ_3^+		T_{1g} Γ_4^+			T_{2g} Γ_5^+	

$$\frac{\mathrm{d}\sigma}{\mathrm{d}\Omega} = A(\boldsymbol{a}_L \cdot \boldsymbol{T} \cdot \boldsymbol{a}_s)^2 \tag{7.58}$$

例如, 考虑属于点群 D_3 的三角晶系晶体的拉曼散射[19], 用平行 x 方向的光束照射样品 ($\boldsymbol{k}_L$ 沿 x 轴), 并沿 y 方向收集散射光, 因而入射光可以沿 y 偏振或沿 z 偏振, 而散射光可能沿 x 方向偏振或沿 z 方向偏振. 因此, 散射几何配置 $\boldsymbol{k}_L(\boldsymbol{a}_L, \boldsymbol{a}_s)\boldsymbol{k}_s$ 可取下列四种形式中的任何一种:

1. $x(z, z)y$
2. $x(z, x)y$
3. $x(y, z)y$
4. $x(y, x)y$

由表 7.1 可知, 对 A_1 模和 E 模, 上述四种组态下的散射截面分别为 (略去常数项)

$$1.\ \frac{\mathrm{d}\sigma}{\mathrm{d}\Omega}(A_1) = b^2; \qquad \frac{\mathrm{d}\sigma}{\mathrm{d}\Omega}(E) = 0$$

$$2.\ \frac{\mathrm{d}\sigma}{\mathrm{d}\Omega}(A_1) = 0; \qquad \frac{\mathrm{d}\sigma}{\mathrm{d}\Omega}(E) = d^2$$

$$3.\ \frac{\mathrm{d}\sigma}{\mathrm{d}\Omega}(A_1) = 0; \qquad \frac{\mathrm{d}\sigma}{\mathrm{d}\Omega}(E) = d^2 \tag{7.59}$$

$$4.\ \frac{\mathrm{d}\sigma}{\mathrm{d}\Omega}(A_1) = 0; \qquad \frac{\mathrm{d}\sigma}{\mathrm{d}\Omega}(E) = c^2$$

这样可以看到, 非简并的 A_1 模仅在第 1 种配置下才对散射谱有贡献, 而二重简并的 E 模则在第 2、3、4 种配置下对散射谱有贡献. 因而在不同配置下研究晶体的拉曼散射谱, 可以将不同对称性的振动模式分开, 达到研究晶体对称性的目的.

下面再从简单的对称性考虑和群论运算来说明对简立方群是 (金刚石结构和闪锌矿结构) 如何导出和应用拉曼对称性选择定则. 考虑图 7.8 的散射过程, 初态 $|a\rangle$ 是完全对称的, 即其对称性为 Γ_1. 光子的对称性是 Γ_{15}, 即光子具有矢量的对称

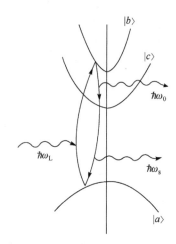

图 7.8　金刚石和闪锌矿结构中典型的三步拉曼跃迁过程,由此可说明对称性选择定则的导出和应用

性.立方晶体(如 ZnS)中,在偶极矩跃迁条件下,只有 $|b\rangle$ 态具有 Γ_{15} 对称性,跃迁 $|a\rangle \to |b\rangle$ 才是允许的.同样可以推论,$|c\rangle$ 态也必须具有类似对称性,即 Γ_{15} 对称性.

这样,为使声子有可能将电子从 $|b\rangle$ 态散射到 $|c\rangle$ 态,它的对称性必须是属于 $\Gamma_{15} \otimes \Gamma_{15} = \Gamma_1 + \Gamma_{12} + \Gamma_{15} + \Gamma_{25}$ 的,这里 Γ_1 对应于全对称的类 s 态,Γ_{15} 对应于类 p 态,Γ_{12} 对应于类 d 态.此外,如果晶体具有反演对称性(如金刚石结构的 Ge、Si),则可以有 $\Gamma_{15}^- \otimes \Gamma_{15}^- = \Gamma_1^+ + \Gamma_{12}^+ + \Gamma_{15}^+ + \Gamma_{25}^+$,即对金刚石结构,只有偶宇称(对称)声子才是拉曼可激活的.这样人们看到,对于金刚石结构晶体晶格振动的研究,红外光谱和拉曼散射实验互为补充.从宇称情况看,红外只能激活和测量奇宇称声子,而拉曼散射则只能激活和测量偶宇称声子.从对称性分类看,红外只能激活和测量 Γ_{15} 对称性的声子频率,而拉曼散射则仅能决定 Γ_1 和 Γ_{12} 对称性的声子频率.

下面再看一下闪锌矿结构半导体,进一步讨论上述对称性确定的拉曼张量的形式及其应用.已经指出,闪锌矿结构半导体中光学声子的对称性为 $\Gamma_{15}(x, y, z)$,因而与这种晶格振动对应的、引起介质极化率张量 $\overset{\leftrightarrow}{\boldsymbol{\chi}}$ 调制的参数 $\Delta \boldsymbol{Q}(\boldsymbol{r}, t)$ 为一矢量,即相对振动位移矢量为 $\delta\boldsymbol{u}$.于是拉曼张量为

$$R_{ij} = \frac{\partial \overset{\leftrightarrow}{\boldsymbol{\chi}}}{\partial(\delta\boldsymbol{u})}\bigg|_{u_0} \cdot \delta\boldsymbol{u} \tag{7.60}$$

或写成分量形式

$$R_{ij}^{\sigma} = \frac{\partial \chi_{ij}}{\partial(\delta u_{\sigma})}\bigg|_{u_0} \delta u_{\sigma} \tag{7.61}$$

$\partial\overset{\leftrightarrow}{\boldsymbol{\chi}}/\partial(\delta u)$ 是一个三级张量,记为 $T_{ij\sigma}$.在闪锌矿结构晶体中,只有当 $i \neq j \neq \sigma$ 时,$T_{ij\sigma}$ 才不为零,并且 $T_{xyz} = T_{yzx} = T_{yxz} = \cdots$.

令

$$\frac{\partial \chi_{ij}}{\partial(\delta u_{\sigma})}\bigg|_{u_0} \delta u_{\sigma} = \alpha \tag{7.62}$$

则

$$R_{ij} = \begin{cases} \begin{pmatrix} 0 & 0 & 0 \\ 0 & 0 & \alpha \\ 0 & \alpha & 0 \end{pmatrix} & (\text{对 } \varGamma_{15}(x)) \\[6pt] \begin{pmatrix} 0 & 0 & \alpha \\ 0 & 0 & 0 \\ \alpha & 0 & 0 \end{pmatrix} & (\text{对 } \varGamma_{15}(y)) \\[6pt] \begin{pmatrix} 0 & \alpha & 0 \\ \alpha & 0 & 0 \\ 0 & 0 & 0 \end{pmatrix} & (\text{对 } \varGamma_{15}(z)) \end{cases} \tag{7.63}$$

背散射情况下,令

$$\boldsymbol{k}_{\mathrm{L}} \mathbin{/\mkern-5mu/} \boldsymbol{k}_{\mathrm{s}} \mathbin{/\mkern-5mu/} \langle 001 \rangle$$

因而声子波矢 $\boldsymbol{q}$ 也平行于 $\langle 001 \rangle$. 对 TO 声子, $\delta\boldsymbol{u}$ 必须垂直于 $\boldsymbol{q}$,即 $\delta\boldsymbol{u} \perp \boldsymbol{q}$,所以必定有

$$\delta\boldsymbol{u} \mathbin{/\mkern-5mu/} \langle 100 \rangle \text{ 或} \langle 010 \rangle$$

若 $\delta\boldsymbol{u} \mathbin{/\mkern-5mu/} \langle 100 \rangle$,则如式(7.63)所述,

$$R_{ij} = \begin{pmatrix} 0 & 0 & 0 \\ 0 & 0 & \alpha \\ 0 & \alpha & 0 \end{pmatrix}$$

这样,只有在入射偏振矢量 $\boldsymbol{a}_{\mathrm{L}} \mathbin{/\mkern-5mu/} \langle 010 \rangle$,并且散射偏振矢量 $\boldsymbol{a}_{\mathrm{s}} \mathbin{/\mkern-5mu/} \langle 001 \rangle$ 的情况下,或者 $\boldsymbol{a}_{\mathrm{L}} \mathbin{/\mkern-5mu/} \langle 001 \rangle$ 并且 $\boldsymbol{a}_{\mathrm{s}} \mathbin{/\mkern-5mu/} \langle 010 \rangle$ 的情况下,才可能有

$$\boldsymbol{a}_{\mathrm{L}} \cdot R_{ij} \cdot \boldsymbol{a}_{\mathrm{s}} \neq 0$$

即只有在这两种配置下,散射截面才不为零. 既然背散射情况下 $\boldsymbol{a}_{\mathrm{s}}$ 或 $\boldsymbol{a}_{\mathrm{L}}$ 都不可能平行于 $\langle 001 \rangle$(因为光子波矢沿 $\langle 001 \rangle$,光是横波),上述散射截面异于零的条件是不可能实现的. 这表明背散射情况下闪锌矿结构中 TO 声子的拉曼散射跃迁是禁戒的.

对 LO 声子, $\delta\boldsymbol{u} \mathbin{/\mkern-5mu/} \boldsymbol{q} \mathbin{/\mkern-5mu/} \langle 001 \rangle$,所以

$$R_{ij} = \begin{pmatrix} 0 & \alpha & 0 \\ \alpha & 0 & 0 \\ 0 & 0 & 0 \end{pmatrix} \quad (\text{对 } \varGamma_{15}(z))$$

这样可以看到,只有在 $\boldsymbol{a}_{\mathrm{L}} \perp \boldsymbol{a}_{\mathrm{s}} \mathbin{/\mkern-5mu/} \langle 010 \rangle$ 情况下,才有

$$a_{\mathrm{L}} \cdot R_{ij} \cdot a_{\mathrm{s}} \neq 0$$

亦即只有在这种散射几何配置情况下,才能通过拉曼散射观察到 LO 声子.

回忆前述散射几何配置记号 $k_{\mathrm{L}}(a_{\mathrm{L}}, a_{\mathrm{s}})k_{\mathrm{s}}$ 可知:为从拉曼散射观察 LO 声子,必须采用 $z(x, y)z$ 几何配置;为观察 TO 声子,则必须采用直角散射几何配置,即 $x(y, x)y$ 等配置.

7.3　半导体的一级拉曼散射谱

7.3.1　非极性金刚石结构半导体的声子散射

金刚石结构半导体包括 C、Si、Ge、α-Sn. 其空间群为 $Fd3m$ 或 O_h^7,晶体点群为 $m3m$ 或 O_h,每一个原胞中有两个同种原子,因而是非极性的. 在 Γ 处有一个三度简并的光学晶格振动模 Γ_5^+ 或 T_{2g},从表 7.1 可知,这一振动模是拉曼活性的,其散射截面和入射光、散射光偏振方向的关系为

$$\frac{\mathrm{d}\sigma}{\mathrm{d}\Omega} \propto \mid d^2 \mid \{(a_s^y a_L^z + a_s^z a_L^y)^2 + (a_s^z a_L^x + a_s^x a_L^z)^2 + (a_s^x a_L^y + a_s^y a_L^x)^2\} \quad (7.64)$$

实验表明,低温下金刚石 Γ_5^+ 声子的拉曼频移为 $1333.3 \pm 0.5\mathrm{cm}^{-1}$,谱线具有洛伦兹线型[20],线宽为 $1.48 \pm 0.02\mathrm{cm}^{-1}$,散射截面的理论表达式已如 §7.2 讨论,实验值约为

$$\frac{\mathrm{d}\sigma}{\mathrm{d}\Omega} \approx 4 \times 10^{-7}\mathrm{cm}^2$$

它表明,在 1cm 的光程上,$10^6 \sim 10^7$ 个光子中大约有一个光子被金刚石的光学模晶格振动散射,这也是大多数半导体通常的光学声子散射概率的量级. 由散射截面的实验值,可以求得式(7.27)表达的极化率微商为

$$\frac{\partial \chi^{yz}}{\partial u_\sigma} = \frac{\partial \chi^{zy}}{\partial u_\sigma} = \frac{\partial \chi^{xy}}{\partial u_\sigma} \approx 4.6 \times 10^{12}\mathrm{F}/(\mathrm{m}^2 \cdot \mathrm{kg}^{1/2})$$

Ge 和 Si 的 Γ_5^+ 声子的拉曼散射已被广泛研究过[23]. 在 $10 \sim 770\mathrm{K}$ 温度范围内,Si 的 Γ_5^+ 声子拉曼频移从 $525\mathrm{cm}^{-1}$ 变化到 $510\mathrm{cm}^{-1}$;散射半高线宽从 $1.45 \pm 0.05\mathrm{cm}^{-1}$ 变化到约 $9\mathrm{cm}^{-1}$;散射截面

$$\frac{\mathrm{d}\sigma}{\mathrm{d}\Omega} = 3 \sim 5 \times 10^{-6}\mathrm{cm}^2$$

在 $2 \sim 770\mathrm{K}$ 温度范围内,Ge 的 Γ_5^+ 声子拉曼频移从 $306 \pm 0.5\mathrm{cm}^{-1}$ 变化到 $290\mathrm{cm}^{-1}$,散射半高线宽从 $3\mathrm{cm}^{-1}$ 变化到约 $9.5\mathrm{cm}^{-1}$. Ge、Si 对可见光不透明,因而研究它们的拉曼散射谱通常采用背散射或近背散射几何配置[24].

除单晶材料外,还研究了混晶和非晶无序材料的拉曼散射谱.图 7.9 给出了室温下 Ge、Si 单晶及其合金混晶的声子拉曼散射光谱的实验结果[23,25],室温时 Si 和 Ge 单晶的 Γ_5^+ 声子拉曼频移分别为 $(519\pm1)\,\mathrm{cm}^{-1}$ 和 $(300.7\pm0.5)\,\mathrm{cm}^{-1}$,半高线宽都为 $4\,\mathrm{cm}^{-1}$ 左右.图 7.9 表明 $Ge_{1-x}Si_x$ 混晶的拉曼散射强度主要是来自 $k=0$ 附近晶格振动模的贡献,因而分别在 $300\,\mathrm{cm}^{-1}$ 附近和 $519\,\mathrm{cm}^{-1}$ 附近显示强的类 Ge 和类 Si 的 Γ_5^+ 声子散射带.此外,混晶化导致的无序效应(主要是振动有效质量无序,而不是非晶态情况下那种力常数无序,反映在力常数矩阵 F 中,主要是对角项的

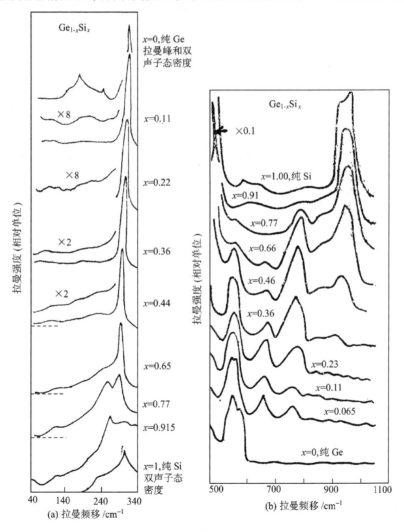

图 7.9　$Ge_{1-x}Si_x$ 混晶的拉曼散射光谱,$T=330\mathrm{K}$. (a) 小于 $340\,\mathrm{cm}^{-1}$ 波段;(b) $500\,\mathrm{cm}^{-1}$ 以上波段.就一级拉曼散射特征而论,除 $300\,\mathrm{cm}^{-1}$ 与 $519\,\mathrm{cm}^{-1}$ 处散射带外,低频处可观察到与态密度有关的散射特征和共振模散射特征

无序,而不是非对角项的无序)也可诱发和态密度有关的散射项. 当 x 较大时,这一贡献看来就不可忽略,例如,$x=0.65\sim0.915$ 的 $Ge_{1-x}Si_x$ 混晶的散射谱显示明显的类 Si TA 声子模的散射特征,或许还有共振模散射特征,并且这种散射贡献除与态密度有关外,与散射频移也有关,即这种无序诱发散射的耦合系数有明显的频率依赖关系.

图 7.10 给出了早期非晶硅拉曼散射的实验结果及其与推测的非晶硅类声子态密度的比较[26]. 图 7.11 给出了近共振条件下非晶硅的拉曼散射光谱[27]. 和第四章中讨论的红外吸收光谱相似,长程有序性的破坏和力常数的畸变使得近乎所有的振动模都成为拉曼可激活的了,因而实验测得的拉曼散射谱,在考虑到散射效率与频率的依赖关系后,和声子态密度有良好的对应关系,这正是图 7.10 和图 7.11 的实验所揭示的结果,从而使得有可能利用拉曼散射谱估计非晶乃至对应晶态材料的声子谱. 比较 α-Si 和 c-Si 的拉曼散射谱可知,相对于 c-Si 的 Γ_5^+ 散射峰而言,α-Si 的类横光学声子散射带向低频方向移动了约 40cm^{-1},并且由尖锐的峰变成宽阔的散射带. 在激光退火或热退火诱发的 α-Si 晶化过程中,这种宽阔的散射带连续地下降,并在 519cm^{-1} 处逐渐涌现出表征 c-Si 结构的散射谱线. 这一事实又使拉

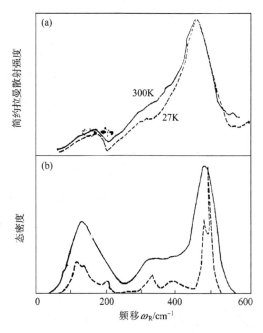

图 7.10　(a) 300K 和 27K 时非晶 Si 的简约拉曼散射谱,即 $I_s\left\{\dfrac{\omega_0}{n(\omega_0)+1}\right\}$. 按理论估计,它正比于非晶硅的态密度;(b) 单晶 Si 的声子态密度(虚线)和由此推测的非晶硅的类声子态密度(实线)

曼散射谱方法成为研究和估计非晶、微晶、纳米结构硅微观结构及其演变的一种手段. 类似地, 拉曼散射谱也可用来研究离子轰击或离子注入引起的半导体表面损伤及其随退火而恢复的过程[28].

7.3.2 极性闪锌矿结构半导体的一级声子拉曼散射谱

绝大多数化合物半导体(如 GaAs、InSb、$Cd_x Hg_{1-x} Te$)有闪锌矿结构, 晶体点群为 $\overline{4}3m$ 或 T_d. 和纵模晶格振动相联系的宏观极化电场(长程静电力)

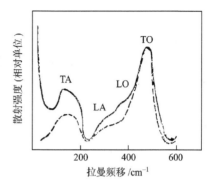

图 7.11 入射光频率($\hbar\omega_L = 2.41$eV) 接近共振条件情况下纯的和氢化的非晶硅的偏振拉曼谱. 实线是纯 α-Si; 虚线是氢化非晶硅 α-Si:H

$$\vec{\mathscr{E}}_L = -\frac{NZ\boldsymbol{u}_q}{\varepsilon_0 \varepsilon_\infty qV} \tag{7.65}$$

消除了 Γ_{25}^+ 对称性的极性光学声子模的群论简并度, 使之分裂为一个非简并的纵光学模和一个二度简并的横光学模声子, 并且 LO 声子的振动频率恒高于 TO 声子.

极性闪锌矿结构化合物半导体的声子拉曼散射截面如 7.2 节给出和讨论: TO 声子情况下, 由形变势耦合给出; LO 声子情况下, 由形变势与电光效应的电子贡献两者之和给出. 图 7.12 给出了莫莱丁(Mooradian)等人[29,30]关于 GaAs、InP 等

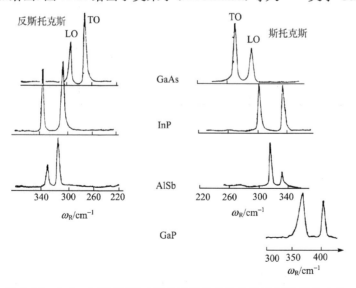

图 7.12 GaAs、InP 等闪锌矿结构半导体的拉曼散射光谱, 激发光为 1.06μm 的 YAG 激光, 直角散射几何配置, $T = 300$K

Ⅲ-Ⅴ族化合物半导体拉曼散射的综合实验结果,实验条件如图例中的说明.图中清楚地记录了斯托克斯和反斯托克斯散射情况下,布里渊区原点附近纵光学模和横光学模声子的散射谱线.表7.2给出了用拉曼散射谱测定的若干半导体(主要是金刚石结构和闪锌矿结构半导体)的纵光学模和横光学模声子频率,以及有关散射截面和散射线宽等数据[7,19].它们在一定程度上代表了散射光谱方法在声子谱研究中的意义.

讨论一下散射截面的角分布是有意义的,这也有助于理解表7.2中为什么采用那样的散射几何配置.假定散射实验布局仍如图7.3所示,并且入射光沿垂直图面方向偏振(取为 y 轴),即

$$\boldsymbol{a}_L = \langle 0, 1, 0 \rangle$$

表 7.2　若干半导体光学声子的拉曼散射数据

| 半导体 | 拉曼频移 | | 散射几何配置 | 散射截面 | | | 线宽/cm^{-1} | | 备注 |
	模式	ω_R/cm^{-1}	$\boldsymbol{a}_L$, $\boldsymbol{a}_s$	$d\sigma/d\Omega$ /10^{-7} str^{-1} cm^{-1}	ω_L /eV		300K	10K	
C（金刚石）		1333	$\langle 100 \rangle$, $\langle 010 \rangle$	6.5±0.8	2.41			1.48	
Si		519	$\langle 100 \rangle$, $\langle 010 \rangle$	1.68±50	1.90		4.5	1.5	
Ge		300	$\langle 100 \rangle$, $\langle 010 \rangle$	2.8×10^4	2.18		5.3	3.0	
GaAs	TO	269	$\langle 110 \rangle$, $\langle 110 \rangle$	13±3	1.06		4.5	<0.3	
	LO	292	$\langle 100 \rangle$, $\langle 010 \rangle$	23	1.06		4.5	<0.2	
GaP	TO	367	$\langle 110 \rangle$, $\langle 110 \rangle$	4	1.06				
	LO	403	$\langle 100 \rangle$, $\langle 010 \rangle$	39±4	1.92				
InP	TO	304	$\langle 110 \rangle$, $\langle 110 \rangle$	6.4	1.06		4	<1.0	
	LO	345	$\langle 100 \rangle$, $\langle 010 \rangle$				1.5	<1.0	
AlSb	TO	319	$\langle 110 \rangle$, $\langle 110 \rangle$	20	1.06		2.0	<1.0	
	LO	340					2.0	<1.0	
ZnS	TO	271							
	LO	352	$\langle 100 \rangle$, $\langle 010 \rangle$	0.38±0.10	1.92				
ZnSe	TO								
	LO	254	$\langle 100 \rangle$, $\langle 010 \rangle$	2.2±0.2	1.83				
ZnTe	TO	177	$\langle 110 \rangle$, $\langle 110 \rangle$						
	LO	206	$\langle 100 \rangle$, $\langle 010 \rangle$	22±4	1.83		5.0		
CdTe	TO	140							
	LO	171	$\langle 001 \rangle$, $\langle 010 \rangle$	0.3	1.06		5.0	<1.0	
CdS	TO	234	$\langle 001 \rangle$, $\langle 001 \rangle$	0.18	2.54				
Se		237	$\langle 001 \rangle$, $\langle 001 \rangle$	200	1.17				三角晶系
ZnO	TO	380	$\langle 001 \rangle$, $\langle 001 \rangle$	0.32	2.54				
BeO	TO	678	$\langle 001 \rangle$, $\langle 001 \rangle$	0.51	2.54				

取 z 轴平行于 $\boldsymbol{k}_L$ 方向,并且实验仅记录在 zx 平面内偏振的散射光分量,即

$$\boldsymbol{a}_s = \langle \cos\theta,\ 0,\ \sin\theta \rangle$$

晶格振动波矢为

$$\boldsymbol{q} = \langle q\cos\frac{\theta}{2},\ 0,\ q\sin\frac{\theta}{2} \rangle$$

这样对具有 $\overline{4}3m(T_d)$ 对称性的晶体,参照表 7.1 给出的散射张量的表达式,并考虑到散射截面正比于 $\boldsymbol{a}_L \cdot R_{ij} \cdot \boldsymbol{a}_s$,有

$$\frac{\mathrm{d}\sigma}{\mathrm{d}\Omega} \propto |\,d\,|^2 \cos^2\left(\frac{3\theta}{2}\right) \quad (\text{对横 } \Gamma_{25} \text{ 或 } T_2 \text{ 模})$$

$$(7.66\mathrm{a})$$

$$\frac{\mathrm{d}\sigma}{\mathrm{d}\Omega} \propto |\,d'\,|^2 \sin^2\left(\frac{3\theta}{2}\right) \quad (\text{对纵 } \Gamma_{25} \text{ 或 } T_2 \text{ 模})$$

$$(7.66\mathrm{b})$$

由于纵光学模散射截面中包括了电光系数的电子贡献,因而一般说来,d' 和 d 不同. 式(7.66)表示的散射截面的角分布如图 7.13 所示,图中用"×"给出关于 ZnS 拉曼散射截面角分布的实验结果[31],可见上述的简单理论估计与实验结果的符合是良好的. 闪锌矿结构拉曼散射截面的这种强烈的各向异性,和金刚石结构的非极性三度简并模的各向同性散射截面形成鲜明对照,对金刚石结构的 Γ_{25}^+ 或 T_{2g} 模,有

$$\frac{\mathrm{d}\sigma}{\mathrm{d}\Omega} \propto |\,d\,|^2$$

这一结果如图 7.13(c)所示.

此外,人们也已研究了半导体中缺陷诱发的定域模和准定域模晶格振动的拉曼散射[32,34].

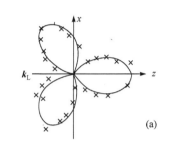
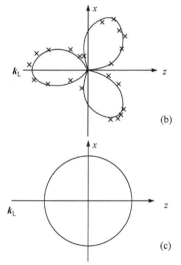

图 7.13 图 7.3 所示散射几何配置情况下立方晶体三度简并光学声子模及其分裂模式拉曼散射截面的角分布.(a) 闪锌矿结构的 TO 模;(b) 闪锌矿结构的 LO 模;(c)金刚石结构的光学声子模

7.3.3 声子极化激元的散射

只有一个极性光学声子模的立方晶体(如闪锌矿结构晶体)中声子极化激元的色散特性,已如式(4.94)和图 4.38 所描述. 可以指出,对具有一个以上极性光学声子模的立方晶体,可以将式(4.94)推广为[35]

$$q^2 = \frac{1}{c^2 \varepsilon_{r,\infty}} \omega^2 \prod_{j=1}^{m} \frac{\omega^2 - \omega_{LO,j}^2}{\omega^2 - \omega_{TO,j}^2} \tag{7.67}$$

图 7.14 给出了有两个极性光学声子模的立方晶体的声子极化激元的色散曲线.

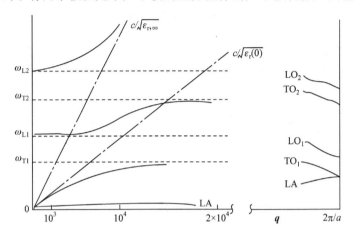

图 7.14　具有两个极性光学声子模的立方晶体的声子极化激元色散
曲线. 作为比较, 图中还给出了 LA 声子色散曲线以及第一布里渊区
边界附近的声子色散曲线

　　从第 4.4 节的讨论已经看到, 声子极化激元很好地解释了极性半导体光学声子的红外反射光谱, 但无论是反射光谱或是红外吸收光谱, 都不能直接测定这种声子极化激元的色散关系. 前向拉曼散射提供了直接测量这一色散关系的可能性, 因而提供了直接观测这种准粒子散射行为的可能性, 现在来讨论这一问题.

　　图 7.14 表明, 光子-声子强耦合引起的声子极化激元效应, 仅发生在布里渊区中心附近 $q \lesssim 2 \times 10^4 \sim 10^5 \, \text{cm}^{-1}$ 范围内. 在这一波矢范围以外, 极化激元效应可以忽略, 回到完全由晶体性质决定的晶格振动模色散关系. 为直接观察极化激元效应, 散射几何配置必须使得不同的小波矢的声子和声子极化激元可以参与散射. 从图 7.3 所示的散射配置可以看到, 散射过程的波矢守恒定则

$$\hbar \boldsymbol{k}_L = \hbar \boldsymbol{k}_s \pm \hbar \boldsymbol{q} \tag{7.68}$$

实际上已由散射实验的几何配置所确定, 式(7.68)中, 正号是对斯托克斯过程而言, 负号是对反斯托克斯过程而言. 在如图 7.3 所示的一般散射几何配置情况下,

$$q = (k_L^2 + k_s^2 - 2k_L k_s \cos\theta)^{1/2} \tag{7.69}$$

可见, 如果采用直角散射配置($\theta = 90°$), 并采用可见波段入射激光, 式(7.69)表明, 可以观察到的激元的最小波矢为 $q \approx 10^5 \, \text{cm}^{-1}$ 左右, 即对应于极化激元理论的极限声子波矢. 如果一定要采用直角散射几何布局的话, 就必须采用红外激光(如 CO_2)作为入射激发光束才有可能观察到极化激元散射, 然而这又受到散射效率的限制.

在以可见或近紫外激光作为激发光源的情况下,式(7.69)表明,只有在近前向散射配置情况下才有可能观察到声子极化激元散射,其具体散射几何配置如图 7.15 所示.为便于讨论,将式(7.69)改写为

$$q = \{(k_L - k_s)^2 + 2k_L k_s (1 - \cos\theta)\}^{1/2} \tag{7.70}$$

由 $k_L = \eta(\omega_L)\omega_L/c$, $k_s = \eta(\omega_s)\omega_s/c$ 和 $\eta = c\dfrac{\partial k}{\partial \omega}\Big|_{\omega_L} \approx c(k_L - k_s)/(\omega_L - \omega_s)$,可得

$$q = \left\{ \left(\frac{\eta^2}{c^2}\right)\omega_0^2 + 2k_L k_s (1 - \cos\theta) \right\}^{1/2} \tag{7.71}$$

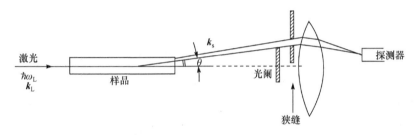

图 7.15　观察声子极化激元散射时采用的近前向散射几何配置

式中 ω_0 是由散射过程能量守恒定律 $\hbar\omega_L = \hbar\omega_s \pm \hbar\omega_0$ 给出的参与散射的激元的频率.应该指出,式(7.71)只有在 $\eta(\omega_L) \approx \eta(\omega_s)$ 情况下才成立.由式(7.71)和色散关系(4.94),可以求得实验观察到的极化激元下支频率 ω_- 和散射角 θ 的关系 $\omega_- = \omega_-(\theta)$.也可以采用图解法求得这种 $\omega_-(\theta)$ 关系.如图 7.16 所示,图中用实线给出图 4.38 所示的极化激元色散关系,虚线给出式(7.71)决定的不同散射角 θ 情况下的 ω-q 关系(双曲线),其交点给出散射角 θ 情况下实验应观察到的极化激元下支频率 $\omega_-(\theta)$.图 7.16 表明,最小波矢($q=0$)由 $\theta=0$ 的完全的前向散射给出,这时双曲线渐近为直线 $\omega = \dfrac{c}{\eta}q$,这种情况下观察到的激元频率与 ω_{TO} 偏离最大.

　　用拉曼散射光谱观察半导体中声子极化激元效应的基本条件是,所研究的振动模应该同时是拉曼和红外活性的(或称可激活的),因为只有红外活性时才能存在极化激元效应.Ⅲ-Ⅴ族和Ⅱ-Ⅵ族等闪锌矿结构半导体中分裂的三度简并模(T模)是红外和拉曼同时活性的.亨利(Henry)和霍柏菲尔特(Hopfield)[36]首先观察到 GaP 声子极化激元的拉曼散射,并由此给出 GaP 的声子极化激元色散的实验结果,他们的激发光源为 35mW 的 He-Ne 激光,并用照相方法记录散射信号.为观察 θ 接近零的小角度时的前向拉曼散射信号,散射光束中激光频率信号的衰减和消除是十分重要的,亨利等采用的激光频率信号衰减滤光片是置于交叉偏振片之间

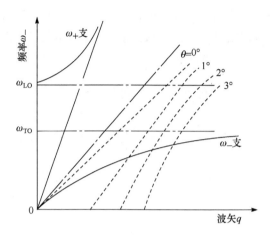

图 7.16　用图解法求取不同散射角 θ 情况下应观察到的极化激元下支
频率 $\omega_-(\theta)$ 的示意图

的石英衰减片. 他们的实验结果如图 7.17 所示. 图 7.17 表明, 随着散射角从 $6°$ 左右下降到近乎 $0°$, 参与散射的耦合激元频率 ω_- 从 ω_{TO} 频率下降到比 ω_{TO} 低约 $60\sim 70\mathrm{cm}^{-1}$ 的频率处, 从而直接证实了声子极化激元的散射及其色散关系, 直接证实了声子极化激元的存在. 作为比较, 图 7.17 中还给出了实验记录下的 LO 声子拉曼散射的频移 $\hbar\omega_{LO}$, 它们不随散射角 θ 而变, 亦即不随波矢 q 变化, 分布在频率为 $\hbar\omega_{LO}$ 的平行于横坐标的直线上.

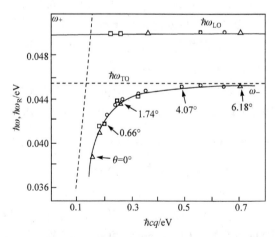

图 7.17　计算的 GaP 声子极化激元色散曲线及与前向拉曼散射观察到的数据的比较, 图中给出不同散射角度 θ 下观测到的拉曼频移. □, △是 $k_L \parallel \langle 111 \rangle$ 和 $\langle 100 \rangle$ 时单晶样品的实验数据, ○是多晶样品的实验结果

顺便指出, 波矢 $q \gg \varepsilon_{r,\infty}^{1/2}\omega_{TO}/c$ 时, 极化激元下支色散趋近于 TO 声子, 这时散

射的微观过程为 §7.2 描述的涉及二个光子、一个声子的三步散射事件. 当 $q \ll \epsilon_{r,\infty}^{1/2} \omega_{TO}/c$ 时, 极化激元色散趋近于光子色散行为, 这时散射的微观过程也变为涉及到三个光子的散射事件.

自从亨利等人的实验观察发表以来, 有关晶体中极化激元色散的拉曼散射光谱研究, 已有很多报道, 例如, 图 7.18 给出了 ZnS 的声子极化激元拉曼散射频移及其与理论计算的比较[37].

对具有反演对称的极性光学声子红外非活性的某些立方晶体, 人们也采用在样品两端加脉冲电场的方法, 以消除反演对称和诱发振动模的红外活性, 从而研究其声子极化激元色散关系. 例如对 KTaO₃ 晶体, 人们用这种方法观察到, 散射角 $\theta = 2°$ 时, 在脉冲电场作用下耦合激元的散射频移从 TO 声子的 556cm⁻¹ 漂移到声子极化激元对应的 540cm⁻¹[38, 39].

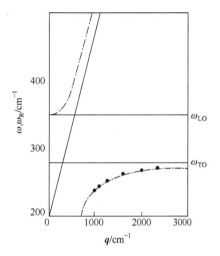

图 7.18 闪锌矿结构的 ZnS 的声子极化激元拉曼散射频移(圆点)及其与理论色散曲线的比较

7.3.4 半导体中传导电子的拉曼散射

与自由电子气对应的激发态也可散射光, 正因为如此, 光散射已经成为等离子诊断的重要手段之一. 本节讨论的自由电子散射, 指的是半导体中传导电子, 尤其是导带电子的拉曼散射. 我们已经知道, 传导电子间的库仑互作用(主要是长程库仑互作用)使得与之对应的激发态分成两类, 即称之为等离子激元的集合激发模式和单粒子激发模式(SPE).

由于集合激发效应, 等离子体中可以出现一个纵的电荷密度振荡. 这种振荡的能量子, 就是 §4.3 中提到过的等离子激元, 其色散关系为[40,41].

$$\omega_p^2(\boldsymbol{q}) = \omega_p^2 + \frac{3}{5} q^2 v_F^2$$

$$= \omega_p^2 + \frac{3}{5} \frac{\hbar^2 k_F^2}{m^{*2}} q^2 \tag{7.72}$$

这里我们用 $\boldsymbol{q}$ 表示电子激发态, 尤其是集合激发模式——等离子激元的波矢, 以区别于前面提到过的电子波矢 $\boldsymbol{k}_e$, 但请勿与声子波矢混淆. 式(7.72)中, ω_p 为 $q = 0$ 时的等离子激元频率, 即 $\omega_p^2 = n_e e^2/(\varepsilon m^*)$.

$$\boldsymbol{v}_F = \frac{\hbar \boldsymbol{k}_F}{m^*} \tag{7.73}$$

是对应于费米能量 $E_F = \hbar\omega_F = \dfrac{\hbar^2 k_F^2}{2m^*}$ 的电子速度,称为费米速度,k_F 称为费米波矢.
$T=0\mathrm{K}$ 时,k_F 可由下式决定:

$$k_F = (3\pi^2 n_e)^{1/3} \tag{7.74}$$

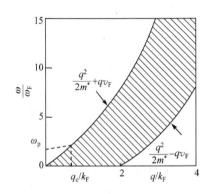

图 7.19　半导体中传导电子的集合激发模式(虚线)与单粒子激发模式(实线)色散曲线的比较

等离子激元色散关系如图 7.19 中虚线所示,图中横坐标以 k_F 为单位的等离子激元波矢 q/k_F,纵坐标以 ω_F 为单位的激元频率 ω/ω_F,因而给出的是限定在小波矢范围内的色散关系.

等离子体中和电子相互作用及其集合运动有关的另一个重要现象,是等离子体本身对库仑互作用势的屏蔽作用,使电荷 e 的库仑势降为

$$\frac{e}{4\pi\varepsilon r}\exp(-q_s r) \tag{7.75}$$

式中 q_s 称为屏蔽波矢.对低温下的简并等离子体,有

$$q_s^{FT} = \frac{\sqrt{3}\,m^*\omega_p}{\hbar k_F} \tag{7.76}$$

即有费米-托马斯型的屏蔽波矢.对高温下速度分布遵从麦克斯韦-玻尔兹曼分布的传导电子气,有

$$q_s^{D} = \frac{\sqrt{2}\,m^*\omega_p}{\hbar k_T} \tag{7.77}$$

即具有德拜形式的屏蔽波矢,上式中

$$k_T = \frac{(2m^* k_B T)^{1/2}}{\hbar} \tag{7.78}$$

屏蔽波矢的倒数 $1/q_s$ 称为屏蔽长度,它是外加静电场穿透等离子体的能力(距离)的度量.屏蔽效应等效于一个和波矢有依赖关系的静态相对介电常数,即

$$\varepsilon_r(0,\ q) = \varepsilon_{r,\infty}\left\{1 + \left(\frac{q_s}{q}\right)^2\right\} \tag{7.79}$$

当 $q < q_s$ 时,$\varepsilon_r(0,\ q)$ 主要决定于和 q 有关的项.

屏蔽波矢使半导体中传导电子气的行为大致分成两个区域:当 $q < q_s$ 时,电子气行为由其集合运动模式来描述;当 $q > q_s$ 时,电子气行为主要是单粒子激发形式

的运动,和通常讨论的自由载流子的行为一致.如图 7.20 所示,这种单粒子激发过程可描述为单个电子从费米能级 E_F 以下的状态被激发到 E_F 之上,图中 q 也是外激发(如光子)传递给电子的动量. ΔE 为激发能量.

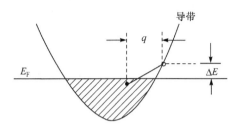

图 7.20 半导体中传导电子单电子激发过程示意图

可以估计一下泡利不相容原理允许的激发能量 ΔE 的范围.图 7.21 给出了 0K 时单电子激发过程中电子动量和能量传递的示意图.当 $q<2k_F$(k_F 为等离子体的费米波矢)时,只有激发前后费米球不相交部分的新月形里的电子才参与散射.对电子①,$\Delta E=\Delta E_{\min}=0$;对电子②,

$$\Delta E= \Delta E_{\max} = \frac{\hbar^2}{2m^*}\{(k_F + q)^2 - k_F^2\}$$

$$= \frac{\hbar^2}{m^*}\left(k_F q+\frac{1}{2}q^2\right) \tag{7.80}$$

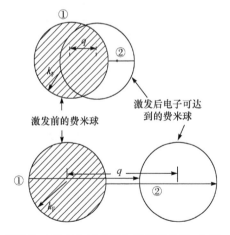

图 7.21 0K 时单电子激发过程中电子动量和能量的传递.上图:$q<2k_F$;下图:$q>2k_F$

于是得允许的激发能量 ΔE 的范围为

$$0 \leqslant \Delta E \leqslant \Delta E_{\max} = \frac{\hbar^2}{m^*}\left(k_F q+\frac{q^2}{2}\right) \tag{7.81}$$

当 $q > 2k_F$ 时,激发前后的费米球不相交,但电子①的激发能量 ΔE 仍代表 ΔE_{min};电子②的激发能量仍代表 ΔE_{max},于是有

$$\Delta E_{min} = \frac{\hbar^2}{2m^*}\{(q-k_F)^2 - k_F^2\}$$

$$= \frac{\hbar^2 q^2}{2m^*} - \hbar q v_F \tag{7.82}$$

$$\Delta E_{max} = \frac{\hbar^2}{2m^*}\{(q+k_F)^2 - k_F^2\}$$

$$= \frac{\hbar^2 q^2}{2m^*} + \hbar q v_F \tag{7.83}$$

一般情况下,单粒子激发频率和波矢的关系可写为

$$\hbar\omega = \Delta E = \hbar\omega_L - \hbar\omega_s$$

$$= \frac{\hbar^2}{2m^*}\{(\boldsymbol{k}+\boldsymbol{q})^2 - k^2\}$$

$$= \frac{\hbar^2}{m^*}\left(\frac{1}{2}q^2 + \boldsymbol{k}\cdot\boldsymbol{q}\right) \tag{7.84}$$

式中 $\boldsymbol{k}$ 为激发前的波矢,$(\boldsymbol{k}+\boldsymbol{q})$ 为激发后的波矢. 显然,决定于 $\boldsymbol{k}$ 与 $\boldsymbol{q}$ 的夹角,单粒子激发频率可以有一个由式(7.80)~(7.83)确定的有明确边界的范围. 在 $\omega \sim q$ 图上,单粒子激发的色散关系如图 7.19 中画斜线的阴影部分所示. 有趣的是,它和等离子激元的色散曲线有一交点,交点处的波矢约为

$$q_c \approx \frac{m^* \omega_p}{\hbar k_F} \tag{7.85}$$

当 $q > q_c$ 时,电子气行为进入单粒子激发区,等离子激元不再是明确定义的激发模式. 首先是从 $q \approx q_c$ 开始,等离子激元要经受朗道阻尼,这是由于这种情况下存在相速度和等离子波一致的电子,它们可以从等离子体吸收能量. 比较式(7.85)和式(7.76),可见 q_c 和 q_s 有相同的量级,这是合理的. 如上所述,正是 q_s 确定了集合效应的波矢上限.

高温下,随着电子分布从费米-狄拉克分布转变为麦克斯韦-玻耳兹曼分布,图 7.19 所示的单粒子激发的边界趋于模糊.

现在来估计单电子激发模式的拉曼散射谱的频移和强度. 这里,为与 ΔE 对应,并考虑到有一分布范围,用 $\Delta\omega$ 表示拉曼频移. 不必经过计算即可预期,散射强度正比于可以参与散射过程的电子数,这样利用式(7.81)~(7.83)和图 7.21 的结

果,可以推论 0K 情况下 $q<2k_F$ 时散射强度应和 $\Delta E=\hbar\Delta\omega=\hbar\omega_L-\hbar\omega_s$ 成正比,并在 $\hbar\Delta\omega=\hbar qv_F=\Delta E_{max}$ 处截止,如图 7.22(a)所示.

$T=0K$ 但 $q>2k_F$ 时,可以参与散射的电子限制在 $\Delta E_{min}\leqslant\hbar\Delta\omega\leqslant\Delta E_{max}$ 之间,并且也和 $\hbar\Delta\omega$ 成正比,这里 $\Delta E_{min, max}$ 分别由式(7.82)与式(7.83)给出,散射强度如图 7.22(b)所示.

$T>0K$ 但电子气仍为简并情况下,上述散射强度曲线因速度分布而略有变形,分别变成如图 7.22(c)和(d)所示的情况.

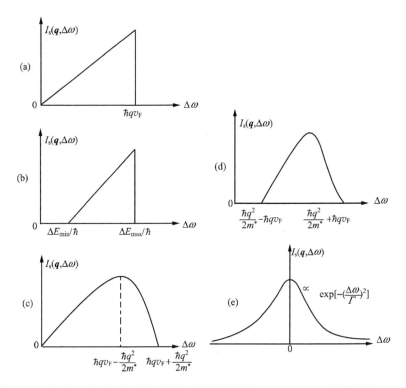

图 7.22 简单理论预期的单粒子激发拉曼散射强度 $I_s(q,\Delta\omega)$ 与散射频移 $\Delta\omega$ 的关系.(a) $T=0K$,$q<2k_F$;(b) $T=0K$,$q>2k_F$;(c) $T>0K$,但电子气仍为简并,并且 $q<2k_F$;(d) $T>0K$,但电子气仍为简并,并且 $q>2k_F$;(e) $k_BT>E_F$ 时的非简并电子气,拉曼散射强度分布有高斯函数线型

更高温度下,当 $k_BT>E_F$ 时,电子气成为非简并的,它们遵从的速度分布规律也完全转变为麦克斯韦-玻耳兹曼分布,这时单电子激发的非弹性散射强度分布变成如图 7.22(e)所示的高斯分布,即

$$I_s(q, \Delta\omega) \propto \exp\left\{-\left(\frac{\Delta\omega}{\varGamma}\right)^2\right\} \tag{7.86}$$

式中 Γ 为分布参数，$\Gamma \propto (k_B T)^{1/2}$. 事实上，详细计算表明，这种情况下单粒子激发电子散射截面可表达为[4]

$$\frac{d^2\sigma}{d\Omega d\omega} = \frac{e^4 \omega_s \eta_s (\boldsymbol{a}_L \cdot \boldsymbol{a}_s)^2}{(4\pi\varepsilon_0)^2 c^4 m^{*2} \omega_L \eta_L} \left(\frac{\omega_g^2}{\omega_g^2 - \omega_L^2}\right)^2 V n_e$$

$$\times \left(\frac{m^*}{2\pi k_B T q^2}\right)^{1/2} \exp\left(-\frac{m^* \Delta\omega^2}{2 k_B T q}\right) \tag{7.87}$$

式(7.87)给出的散射截面与频移 $\Delta\omega$、电子浓度 n_e 等的关系和上述简单模型的讨论一致，并且表明，利用光散射实验可直接研究半导体中传导电子的速度分布. 这并不令人奇怪，因为可以设想，以速度 v 运动的电子散射光时引起的光子频率改变等于多普勒频移 $\Delta\omega = qv$，这样累加所有电子散射贡献的散射谱应该直接反映电子的速度分布.

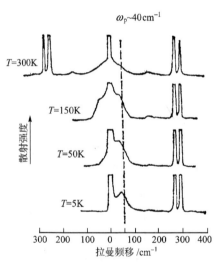

$\omega_p \sim 40\,\mathrm{cm}^{-1}$

$T=300\mathrm{K}$

$T=150\mathrm{K}$

$T=50\mathrm{K}$

$T=5\mathrm{K}$

散射强度

300　200　100　0　100　200　300　400
拉曼频移 /cm^{-1}

图 7.23　$n_e = 1\times 10^{16}\,\mathrm{cm}^{-3}$ 的 n-GaAs 的拉曼散射谱. 图中给出室温时的单粒子散射谱及其在低温下向等离子激元散射特征的过渡. $250 \sim 300\,\mathrm{cm}^{-1}$ 之间的是 TO 和 LO 声子散射峰

单粒子电子激发拉曼散射首先由莫莱丁[42]在 n-GaAs 中观察到，以后这一材料的电子拉曼散射谱被广泛地进行了研究，包括偏振效应等[43]，图 7.23 给出 $n_e = 1 \times 10^{16}\,\mathrm{cm}^{-3}$ 的 n-GaAs 在不同温度下的拉曼散射光谱，图中波数 $100\,\mathrm{cm}^{-1}$ 以内的散射特征是由自由载流子引起的. 室温下反斯托克斯分量和斯托克斯分量强度相似，是由于实验中采用的光电倍增管灵敏度随 $\hbar\omega$ 减小而降低所致.

实验采用的是直角散射几何配置和 YAG:Nd 激光激发. 这表明，入射和散射光之间的波矢改变，亦即参与散射的激元（电子气的单粒子模式或等离子激元）的波矢约为

$$q = \sqrt{2} k_L \approx 2.8 \times 10^5\,\mathrm{cm}^{-1}$$

按式(7.77)，室温下的屏蔽波矢为

$$q_s^D = 2.2 \times 10^5\,\mathrm{cm}^{-1}$$

这样，如图 7.19 所示，300K 时散射实验正好是在电子气遵从单粒子行为的波矢范围内进行的，因而给出的是单粒子激发的散射谱. 随着温度的降低，屏蔽波矢逐步增大，并由德拜屏蔽波矢变为式(7.76)给出的费米-托马斯屏蔽波矢

$$q_s^{FT} = 9.2 \times 10^5\,\mathrm{cm}^{-1}$$

这表明,随着温度的下降,电子气行为逐步转变为集合激发模式,实验观察到的电子散射光谱也逐步由呈高斯线型的单粒子散射谱演变为反映电子集合运动行为的等离子激元散射谱,并在 5K 时明确地显示为一个位于等离子激元频率($\sim 40 \mathrm{cm}^{-1}$)处的散射峰.

除 GaAs 外,人们还研究了许多其他半导体材料中的电子拉曼散射. 例如,图 7.24 给出了 $n_e = 1.4 \times 10^{17} \mathrm{cm}^{-3}$ 的 n-InP 的拉曼散射谱,由于它有更高的电子浓度,室温下的屏蔽波矢即与散射配置规定的散射激元波矢相近,因而它主要反映为阻尼的等离子激元散射特性,低温下这一特性变得十分确定.

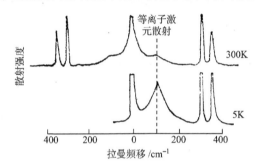

图 7.24 $n_e = 1.4 \times 10^{17} \mathrm{cm}^{-3}$ 的 n-InP 在 300K 和 5K 时的拉曼散射谱

图 7.25 给出了另一个 $n_e = 3 \times 10^{15} \mathrm{cm}^{-3}$ 的 n-GaAs 的室温拉曼散射强度的实验结果与按式(7.87)计算的理论散射截面的比较. 在上述浓度和室温实验条件下,n-GaAs 中电子速度遵从麦克斯韦-玻尔兹曼分布,利用式(7.77),可以求得这时屏蔽波矢 $q_s^D = 1.2 \times 10^5 \mathrm{cm}^{-1}$,因而实验完全满足单粒子激发散射条件. 图 7.25 表明,实验观察到的散射和按式(7.85)计算的结果完全一致,十分直观地反映了电子的麦克斯韦-玻尔兹曼速度分布[44].

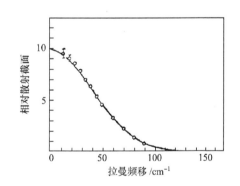

图 7.25 实验观察到的与理论计算的 n-GaAs 的电子单粒子散射截面的比较. 实验温度为 300K,$n_e = 3 \times 10^{15} \mathrm{cm}^{-3}$. 图中圆点为实验结果,曲线为按式(7.85)计算的结果

图 7.23 和图 7.24 表明,对 $n_e = 1 \times 10^{16} \mathrm{cm}^{-3}$ 的 n-GaAs 或 $n_e = 1.4 \times 10^{17} \mathrm{cm}^{-3}$ 的 n-InP,低温下传导电子散射特征已由单粒子行为转变为明确定义的等离子激元散射. 为更清楚地观察等离子激元的散射,并研究它和固体中其他激元(主要是 LO 声子)的耦合效应,可以利用电子浓度更高的样品. 图 7.26 给出了不同温度下 $n_e = 1.4 \times 10^{18} \mathrm{cm}^{-3}$ 的 n-GaAs 的电子拉曼散射光谱. 图中 300K 时的散射特征仍

主要归结为单粒子激发行为,散射光谱具有以 $\Delta\omega=0$ 为中心的高斯线形;低温下的散射特征则必须用传导电子的集合运动模式——等离子激元来解释.不仅如此,图 7.26 还揭示了等离子激元-LO 声子耦合模的散射特征.耦合模分裂为上下两支,在它们都是拉曼活性的散射配置下,图 7.26 给出的两个散射峰分别对应于耦合模的上支 L_+ 和下支 L_-. 这种耦合模散射现象还可以更清楚地从图 7.27 看到,图中给出了不同浓度的 n-GaAs 的电子拉曼散射谱[45]. 可以看到,当 $n_e<7.4\times10^{16}\,\mathrm{cm}^{-3}$ 时,位于波数 272 和 296cm^{-1} 处的 TO 和 LO 声子散射峰还大致保持原来的特征.随后,随着 n_e 的增加和等离子激元频率的增大,等离子激元-LO 声子耦合互作用增强,耦合模的上支从 LO 声子频率移向更高频率,下支则趋于 TO 声子频率.图 7.28 给出了 L_- 频率和 L_+ 频率与电子浓度(或 ω_p)的关系,图中圆点为散射实验的结果,曲线是按式(4.106)计算的等离子激元-LO 声子耦合模的 $\omega_\pm\sim n_e$ 关系[43]. 图 7.28 说明了计算采用的理论模型的合理性,更肯定了散射实验在研究等离子激元- LO 声子耦合效应中的作用.

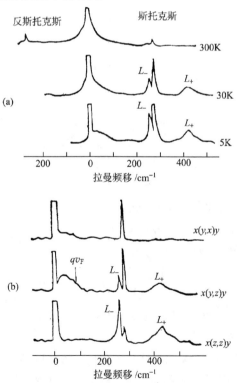

图 7.26　$n_e=1.4\times10^{18}\,\mathrm{cm}^{-3}$ 的 n-GaAs 的电子拉曼散射光谱.(a) 非偏振光入射和接收情况下 300K、30K 及 5K 时的散射谱;(b) 2K 时的偏振拉曼散射谱,在 $x(y,z)y$ 配置情况下也观察到了单粒子散射特征及其在 qv_F 附近的截止

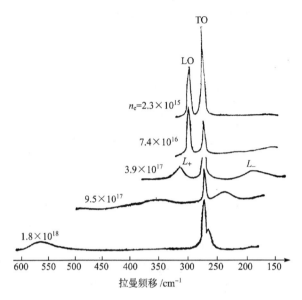

图 7.27 不同电子浓度的 n-GaAs 的电子拉曼散射,电子浓度以 cm⁻³ 为单位.散射峰位置的漂移表明耦合模上下支频率随 n_e 的变化

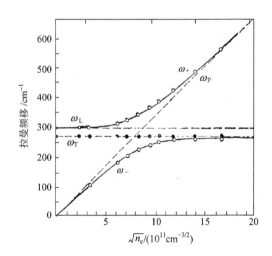

图 7.28 用拉曼散射方法测得的 n-GaAs 的等离子激元-LO 声子耦合模的频率与 $n_e^{1/2}$ 的关系,及其与理论计算结果[式(4.106)]的比较

顺便指出,由于半导体表面附近耗尽层的存在,以及激发光束有限的穿透深度,尤其是当两者厚度相似或可相比拟时,拉曼散射常常主要是观察到耗尽层中的声子散射,包括 TO 声子和 LO 声子,而观察不到真正体内的耦合模散射信号,在 n 型和 p 型 GaAs 中均观察到过这一现象.在研究半导体体内的 LO 声子-等离子激

元耦合模散射时,常需采用波长较长因而穿透深度也较大的激发光,图 7.27 所示结果就是采用可透过 GaAs 的 $1.06\mu m$ 激光激发获得的. 此外,高电子浓度时,等离子体除和 LO 声子形成耦合模外,还对 LO 声子产生屏蔽作用,因而影响其散射效率.

7.3.5　束缚电子和束缚空穴的拉曼散射

束缚电子和束缚空穴也可散射光,同时散射介质经历束缚电子或束缚空穴状态间的跃迁,这种跃迁过程如图 7.29 所示意. 研究表明[43,46],束缚电子和空穴的拉曼散射截面与波矢 q 无关,并具有 $(r_e m_0/m^*)^2$ 与共振增强因子乘积的量级,因而就每个电子或每个空穴来说,束缚电子的散射截面比等离子激元中电子的散射截面要大,束缚电子和束缚空穴的拉曼散射提供了又一种方便的研究施主、受主及其激发态的方法,从它们的散射峰的位置、选择定则、强度可获得有关杂质波函数和主晶格能带结构的信息. 不仅如此,如果施主和受主波函数的扩展范围足够大,则群论分析表明,红外吸收实验仅能观察到 $1s \to np_{0,\pm}$ 等奇宇称的跃迁,而用拉曼散射则观察到形如 $1s \to ns$ 的偶宇称的跃迁. 这样,如同声子谱研究那样,红外吸收和拉曼散射方法互为补充. 图 7.30 给出的 CdS 中 Cl、F 杂质 $1s \to 2s$ 跃迁对应的拉曼散射谱的实验结果证明了这一点.

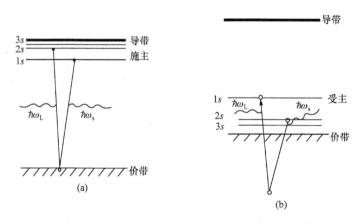

图 7.29　束缚电子(施主)和束缚空穴(受主)拉曼散射过程示意图

第 4.4 节已经指出,对导带底不在布里渊区原点的半导体,如 Ge、Si、GaP 等,导带谷-轨道耦合效应使简并的施主基态分裂,例如,Si 的六度简并的施主基态分裂为 $1s(A_1)$ 单态、$1s(E)$ 二重简并态和 $1s(T_2)$ 三重简并态. 对 Ge,施主基态分裂为 $1s(A_1)$ 单态和 $1s(T_2)$ 三重态. 对 GaP,施主基态分裂为 $1s(A_1)$ 单态和 $1s(E)$ 二重简并态,这里只有 $1s(A_1)$ 才是能量最低的基态. 拉曼散射截面的计算和关于宇称的讨论表明,$1s(A_1) \to 1s(E)$ 跃迁也可对拉曼散射有显著的贡献,因而在 Si 和 GaP 中可以看到和束缚施主的 $1s(A_1) \to 1s(E)$ 跃迁对应的拉曼散射峰. 对红外吸收来说,这样的跃迁是禁戒的.实验发现,对 Si 中的 P 杂质,这一散射峰的拉曼频移为 13.1meV (图 7.31);对 GaP 中替代 P 位的施主杂质 S、Se、Te,这种散射峰的拉曼频移分别为 54.4、54.0 和 40.5meV. 这些结果佐证了第 4.4 节讨论的修正的浅杂质有效质量近似理论,或者为之提供了有益的信息.

　　Si 中 B, Ge 中 Ga,GaP 中的 C、Mg、Zn、GaAs 中的 Zn、Cd、Mg、Mn 等受主杂质的拉曼散射都已被研究过[4,47~49]. 图 7.32 给出了 GaP 中杂质 Zn 的束缚空穴拉曼散射光谱的实验结果,其中上图为零应力时的测量结果,下图为沿 ⟨111⟩ 晶向施加 2.5kbar 单轴应力时的测量结果,图中散射峰 A、B 是与受主跃迁有关的拉曼散射峰,而其旁带 A'、B' 是声学声子参与的更高级次跃迁引起的散射结构. 图 7.33 所示的受主能级图有助于判明与 A、B 峰对应的跃迁过程.GaP 有类 Ge 价带结构,因而其受主态也具有类似的对称性和点群表示. 零应力下,基态 Γ_8 是四度简并的,因而可以发生如图 7.32、图 7.33 所示的零能量附近的跃迁 A

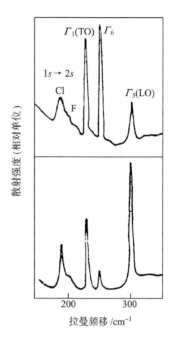

图 7.30　CdS 的拉曼散射谱,散射几何配置为 $a_{\mathrm{L}} /\!/ a_{\mathrm{s}} \perp c$ 轴. 上图:入射激光频率为 19436.4cm⁻¹,功率 105mW;下图:入射激光频率为 20376cm⁻¹,功率 8.6mW. 200cm⁻¹ 附近的散射特征为 $1s \to 2s$ 施主跃迁

和 $\Gamma_8 \to \Gamma_7$ 跃迁 B,但这里和 Γ_7 价带相联系的受主能级是局域化的,而不是第 4.4 节讨论过的共振态能级. 应力作用下,Γ_8 基态分裂为两个二重简并态,因而跃迁 A 开始从瑞利散射峰中分离出来,而 B 谱线也略有位移. 有趣的是,对 GaP 中的 Zn 受主,B 跃迁能量约为受主束缚能(64.0meV)的一半. 蔡斯(Chase)等认为[49],B 谱线可能只是和 $p_{3/2}$ 价带相联系的杂质能级间的 $\Gamma_8 \to \Gamma_7$ 跃迁,而其拉曼强度则来自受主杂质势引起的不同支价带和 Γ_7 受主束缚态波函数间的混和,但这些看法都

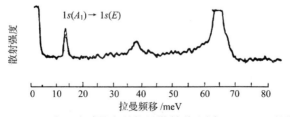

图 7.31　4.2K 时 Si 中磷施主的拉曼散射谱,图中 13.1meV 的散射峰指认为 $1s(A_1) \to 1s(E)$ 跃迁

有待进一步证明.

　　如同红外吸收实验一样,束缚电子和束缚空穴的拉曼散射与温度的关系是十分敏感的. 图 7.34 给出了不同温度下 GaAs 中 Zn 受主束缚空穴的拉曼散射谱. 它

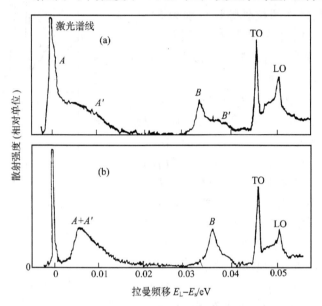

图 7.32　GaP 中 Zn 受主的拉曼散射谱.(a)应力为零;
(b)沿〈111〉方向施加 2.5kbar 的单轴应力,测量温度 $T=20$K

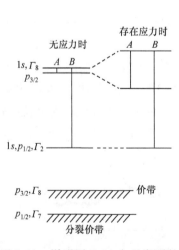

图 7.33　说明图 7.32 中观察到的
两种散射跃迁过程的 GaP 中受主能
级示意图(部分)

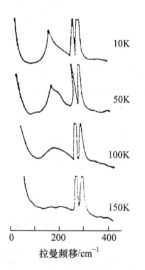

图 7.34　不同温度下 GaAs
中 Zn 受主的拉曼散射谱($p=$
10^{16} cm^{-3})

表明,在高于150K的温度下观察不到束缚空穴拉曼散射;而10K下的实验结果、图7.31的实验结果、最近关于5K时半绝缘GaAs中剩余Zn与替代As位的碳受主C_{As}的拉曼散射实验结果(图7.35)表明[50],低温与低掺杂浓度下,束缚电子和束缚空穴的拉曼散射谱线也可以是颇为尖锐的(线宽2~4cm⁻¹). 图7.35的结果是颇有意义的,为了比较,上图中还给出了用$1.06\mu m$激光激发测得的拉曼散射谱及其与同一样品的远红外吸收光谱的比较;下图给出了指认上图中各谱线物理起源的浅受主能级示意图. 它们表明,拉曼谱观察到$1s_{3/2} \to 2s_{3/2}$跃迁(E谱线),红外谱则观察到奇宇称的$1s_{3/2} \to 2p_{3/2,\,5/2}$等跃迁($G$、$D$、$C$等谱线). 进一步的实验还表明,束缚电子和束缚空穴的散射截面与激发光波长有敏感的关系,当激发光光子能量从0.9eV变化到1.4eV时,GaAs中剩余C_{As}受主的拉曼散射

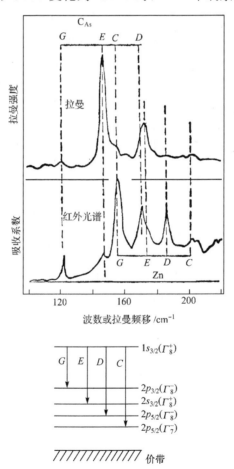

图 7.35 5K 时半绝缘 GaAs 中剩余 Zn 和替代 As 位的碳受主的拉曼散射谱. 上图:拉曼散射谱及其与红外吸收谱的比较;下图:受主能级图及拉曼跃迁指认

截面增大了 40 倍.实验证明,如果选择合适的激发光波长,并采用 Si 光电二极管列阵和三单色仪等分光与探测系统,以 GaAs 中剩余 C_{As} 和 Zn 受主为例,用拉曼散射方法检测浅杂质的极限灵敏度也可达 $10^{14}\,cm^{-3}$ 左右,并有颇高的空间分辨率,从而使它成为一种可以考虑的杂质检测技术.

7.4　半导体的二级拉曼散射

　　半导体的二级拉曼散射过程可以发生在声子、自旋波量子等激元参与的散射过程中,本节讨论仅限于声子的二级拉曼散射,即两个声子参与的过程.这种双声子过程可以是产生两个声子的过程,并在散射光谱中给出一个斯托克斯分量;或者是吸收或湮没两个声子的过程,并在散射光谱中给出一个反斯托克斯分量;也可以是产生一个声子并湮灭另一个声子的过程,这时,决定于这两个声子的能量大小,在散射光谱中给出斯托克斯分量或者反斯托克斯分量.低温下起主要贡献的二级声子拉曼散射过程是产生两个声子的过程,这里将主要讨论这种情况.图 7.36 给出了二级声子散射过程的最可能的几种微观机制的示意图,可以将这些过程看作是图 7.5(c)所示的三步过程(它对单声子散射截面贡献最大)的扩展.只是在这里,H_{ep} 互作用过程中涉及到二个声子的产生,散射过程也转变为二级拉曼散射过程.图 7.36 中,微观过程(a)、(b)的不同只在于在图(a)所示的二级散射过程中,二个声子是先后两次经由一阶电子-晶格互作用哈密顿微扰产生的,而图(b)所示的过程中两个声子是经由一次二阶电子-晶格互作用哈密顿微扰同时产生的,两种情况下晶格振动与辐射场都不发生直接互作用.图(c)发生的过程实际上是图 7.5(c)过程的级联,它应该对应于谱线形式的散射光谱.理论计算和实验已经证明,它的贡献可以忽略不计.

　　宏观上,不涉及散射过程的物理本质,二级拉曼散射的起源和基本规律可以通过扩展式(7.20)~(7.28)给出的一级拉曼散射宏观理论来描述.为此,可以把介质极化率张量写为

$$\overleftrightarrow{\chi}(\omega_L,\,\omega_0,\,Q)=\overleftrightarrow{\chi}^{(0)}(\omega_L)+\overleftrightarrow{\chi}^{(1)}(\omega_0,\,Q)+\overleftrightarrow{\chi}^{(2)}(\omega_0,\,Q_1,\,Q_2)+\cdots$$

$$=\overleftrightarrow{\chi}^{(0)}+\frac{\partial\overleftrightarrow{\chi}}{\partial Q}\bigg|_{Q_0}\Delta Q+\frac{1}{2}\frac{\partial^2\overleftrightarrow{\chi}}{\partial Q_1\partial Q_2}\Delta Q_1\Delta Q_2+\cdots \qquad (7.88)$$

于是式(7.24)也变为

$$\boldsymbol{P}(\boldsymbol{r},\,t)=\varepsilon_0\overleftrightarrow{\chi}(\omega_L,\,\omega_0,\,Q)\,\vec{\mathscr{E}}_L(\boldsymbol{r},\,t)=\varepsilon_0\overleftrightarrow{\chi}^{(0)}(\omega_L)\,\vec{\mathscr{E}}_L(\boldsymbol{r},\,t)$$

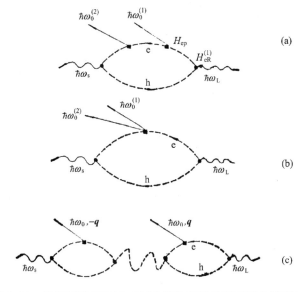

图7.36 晶格振动(声子)二级拉曼散射的几种可能的微观过程

$$+ \varepsilon_0 \frac{\partial \overset{\leftrightarrow}{\boldsymbol{\chi}}}{\partial \boldsymbol{Q}}\bigg|_{Q_0} \Delta Q \vec{\mathscr{E}}_{\mathrm{L}}(\boldsymbol{r},\ t)$$

$$+ \frac{1}{2} \varepsilon_0 \frac{\partial^2 \overset{\leftrightarrow}{\boldsymbol{\chi}}}{\partial Q_1 \partial Q_2} \Delta Q_1 \Delta Q_2\ \vec{\mathscr{E}}_{\mathrm{L}}(\boldsymbol{r},\ t) + \cdots$$

$$= \boldsymbol{P}^{(0)} + \Delta \boldsymbol{P}^{(1)} + \Delta \boldsymbol{P}^{(2)} + \cdots \tag{7.89}$$

式(7.89)中,$\Delta \boldsymbol{P}^{(1)}$即为式(7.26),它给出和一级拉曼散射对应的极化起伏.$\Delta \boldsymbol{P}^{(2)}$给出本节讨论的二级拉曼散射.

$$\Delta \boldsymbol{P}^{(2)} = \frac{\varepsilon_0}{2} \frac{\partial^2 \overset{\leftrightarrow}{\boldsymbol{\chi}}}{\partial Q_1 \partial Q_2} \Delta Q_1 \Delta Q_2\ \vec{\mathscr{E}}_{\mathrm{L}}(\boldsymbol{r},\ t) \tag{7.90}$$

在讨论晶格振动拉曼散射时,已如前述

$$\boldsymbol{Q} \to \boldsymbol{u}(\boldsymbol{r},\ t) = \boldsymbol{u}_0 \exp[-\mathrm{i}(\omega_0 t - \boldsymbol{q} \cdot \boldsymbol{r})] + 共轭项 \tag{7.91}$$

于是

$$\Delta \boldsymbol{P}^{(2)} = \frac{\varepsilon_0}{2} \frac{\partial^2 \overset{\leftrightarrow}{\boldsymbol{\chi}}}{\partial \boldsymbol{u}_{\sigma,\,q} \partial \boldsymbol{u}_{\sigma',\,q'}} (\boldsymbol{u}_{\sigma,\,q} \cdot \boldsymbol{u}_{\sigma',\,q'})\ \vec{\mathscr{E}}_{\mathrm{L}}(\boldsymbol{r},\ t) \tag{7.92}$$

这里已采用声子支标号 σ 及波矢 $\boldsymbol{q}$ 来标记不同的晶格振动位移矢量 $\boldsymbol{u}$. 作类似于式(7.28)的运算,不难看到,$\Delta \boldsymbol{P}^{(2)}$ 由如下形式的若干项组成:

$$\varepsilon_0 \frac{\partial^2 \vec{\vec{\chi}}}{\partial \boldsymbol{u}_{\sigma,\,q} \partial \boldsymbol{u}_{\sigma',\,q'}} (\boldsymbol{u}_{0,\,\sigma,\,q} \cdot \boldsymbol{u}_{0,\,\sigma',\,q'}) \vec{\mathscr{E}}_{L,\,0}$$

$$\times \left\{ \exp[-\mathrm{i}\{(\omega_L \pm \omega_{\sigma,\,q} \mp \omega_{\sigma',\,q'})t - (\boldsymbol{k}_L \pm \boldsymbol{q} \mp \boldsymbol{q}') \cdot \boldsymbol{r}\}] + 共轭项 \right\} \quad (7.93)$$

式(7.93)表明,散射辐射中所包含的散射波的频率和波矢分别满足下列守恒定则:

$$\pm(\omega_{\sigma,\,q} \mp \omega_{\sigma',\,q'}) = \omega_L - \omega_s$$
$$\pm(\boldsymbol{q} \mp \boldsymbol{q}') = \boldsymbol{k}_L - \boldsymbol{k}_s \tag{7.94}$$

我们主要讨论产生两个声子的二级斯托克斯拉曼散射. 假定产生的两个声子分别是属于 σ 支和 σ' 支的,它们的波矢分别为 $\boldsymbol{q}$ 和 $\boldsymbol{q}'$,那么能量和动量守恒定律为

$$\omega_{\sigma,\,q} + \omega_{\sigma',\,q'} = \omega_L - \omega_s$$
$$\boldsymbol{q} + \boldsymbol{q}' = \boldsymbol{k}_L - \boldsymbol{k}_s \tag{7.95}$$

可以看到,参与散射过程的声子波矢不必像一级过程那样仅限于布里渊区原点附近很小的范围内,只要满足式(7.95)的条件,可以取整个布里渊区中的值. 在通常采用可见激发光的光散射实验中,在布里渊区的绝大多数位置上,声子波矢要比光子波矢大一个量级以上,这样式(7.95)第二式给出的二级拉曼散射的波矢守恒定则可近似写为

$$\boldsymbol{q} + \boldsymbol{q}' = 0 \quad 或 \quad \boldsymbol{q}' = -\boldsymbol{q} \tag{7.96}$$

从声子色散关系可知,同一支声子在波矢 $\boldsymbol{q}$ 处和 $-\boldsymbol{q}$ 处的振动频率是相同的;并且式(7.95)中第一式表示的能量守恒定律可写为

$$\omega_{\sigma,\,q} + \omega_{\sigma',\,-q} = \omega_L - \omega_s = \omega_R \tag{7.97}$$

现在讨论二级声子拉曼散射截面和选择定则. 首先,粗略的理论计算就可以预期,散射强度应该与布里渊区中频率之和为 ω_R 的声子态对的数目成正比,或者说得更严格一些,如同讨论带间电子跃迁过程那样,散射强度应该与满足跃迁能量守恒定律的所有声子态对组成的联合态密度

$$J_2(\omega) = \sum_{\sigma,\,\sigma'} \sum_{q} \delta(\omega_R - \omega_{\sigma,\,q} - \omega_{\sigma',\,-q}) \tag{7.98}$$

成正比,式中 σ, σ' 是对振动谱的所有声子支求和,$\boldsymbol{q}$ 对整个布里渊区的声子波矢求和.

显然,对于具有宏观尺度的晶体,联合态密度是频率的连续函数,因而二级拉曼散射谱也应该是一个连续谱,而不像一级散射谱或级联散射谱那样由若干

条尖锐谱线组成. 二级拉曼散射谱的这一基本特性曾经是 20 世纪 40 年代玻恩 (Born) 和拉曼之间著名的论战课题之一. 拉曼坚持认为, 晶体的这些振动频率不处在玻恩晶格动力学理论确定的连续支内, 因而预期有分立谱线形式的二级声子散射谱. 后来的历史表明, 拉曼的这一预言和大量的实验观测结果是背道而驰的[51].

在第二章与第三章讨论带间电子跃迁时已经指出, 晶体中激元态密度的范霍夫奇异性对跃迁过程和相应的光谱有重要的影响. 这种奇异性一般用态密度对频率的微商趋近于 ∞ 来描述. 对声子谱来说, 布里渊区中每一支声子色散曲线对声子态密度给出大致相似的贡献, 这导致态密度作为频率的函数可以存在许多斜率不连续性. 单声子态密度的范霍夫奇异性发生在满足

$$\mathbf{\nabla}_q \omega_{\sigma,\, q} = 0 \tag{7.99}$$

的频率位置上. 这些位置在频率-波矢图 (色散关系) 上为不同支声子色散曲线上的极值点, 并称之为临界点. 不难看到, 大多数声子态的临界点发生在布里渊区边界高对称位置上, 这是因为晶格结构的周期性常常要求在布里渊区边界上振动频率对波矢的微商为零. 同时, 由色散曲线的外形也容易推测, 和布里渊区边界色散曲线位置对应的频率处, 态密度函数可以有很高的值, 而和布里渊区中心色散曲线位置对应的频段上, 态密度函数常常只有很小的值. 这一推论对所有激元均适用, 因为即使仅从几何考虑出发, $q_{max}/2$ 范围内的状态数仅为整个布里渊区中状态数的 1/8.

单声子态密度的这些性质对式 (7.98) 表示的声子联合态密度也有影响. 联合态密度的范霍夫奇异性发生在满足条件

$$\mathbf{\nabla}_q (\omega_{\sigma,\, q} + \omega_{\sigma',\, -q}) = 0 \tag{7.100}$$

的频率位置上. 从单声子色散曲线不难看到, 当两支声子色散曲线 σ 和 σ' 在同一波矢 q 处都有临界点时, 或者当两支声子色散曲线 σ 和 σ' 在同一波矢 q 处有相等的或相反的斜率时, 在这种波矢对应的频率位置上就发生双声子联合态密度的范霍夫奇异性. 因而, 即使对每一原胞仅有少数几个原子的晶体, 其双声子联合态密度也存在颇大数目的范霍夫奇点.

这样, 在一级近似情况下可以认为, 二级声子拉曼散射谱反映了式 (7.98) 给出的联合态密度, 并且在接近布里渊区边界临界点的声子频率组合的频移位置上, 或者在和范霍夫奇异性相联系的尖锐结构位置对应的频移位置上有散射峰. 更好的近似自然应该考虑到光子和不同支声子、不同波矢声子的耦合的不同, 即考虑跃迁矩阵元与波矢、频率的关系. 这些关系部分地包含在二级散射过程的对称性选择定则中, 可以通过推广第 7.2 节讨论的一级散射过程的选择定则来获得. 拉曼允许的激发对称性 Γ_x 由参与散射的声子的不可约表示的直接积导出, 即

$$\Gamma_x = \Gamma_{\sigma,\, q} \otimes \Gamma_{\sigma',\, -q} \tag{7.101}$$

这一激发对称性对应于晶体空间群的零波矢表示,即等价于晶体点群的表示.这样可以看到,这种情况下激发对称性 Γ_x 包含了所有 $q=0$ 的拉曼可激活的对称性,因而在布里渊区的一般波矢位置上,参与二级散射的声子不必遵从任何群论选择定则[52,53].然而,对某些特定晶体结构的选择定则的研究表明,布里渊区高对称波矢位置上的跃迁确实存在一些限制,由于有许多临界点位于布里渊区高对称位置上,因而确有些联合态密度的范霍夫奇点的贡献在二级拉曼谱中因这种限制而被压抑了.伯曼(Birman)、劳登(Loudon)[53~55]等分别推导了金刚石结构、闪锌矿结构、岩盐结构的二级拉曼散射的选择定则.借助于这种选择定则和声子色散曲线的知识,可以指认实验获得的二级拉曼散射谱.

　　类似于一级拉曼散射,二级拉曼散射截面的计算也可以采用宏观的方法或是微观的方法.如采用宏观的计算方法,则利用式(7.92)给出的二阶极化矢量 $\Delta \boldsymbol{P}^{(2)}$,借助于前面讨论过的振荡着的感应偶极矩辐射散射光的概念和方法,经过冗长的计算,可以获得

$$
\frac{\mathrm{d}^2\sigma}{\mathrm{d}\Omega\mathrm{d}\omega_s} = \frac{\omega_L\omega_s^3 V_s V \eta_s}{(4\pi\varepsilon_0)^2 c^4 \eta_L} \frac{\hbar^2}{4N^2}
$$

$$
\times \sum_\sigma \sum_{\sigma'} \sum_q \left| \varepsilon_0 \boldsymbol{a}_s^i \cdot \boldsymbol{a}_L^i \chi_{\sigma,\,\sigma',\,q}^{ij}(\omega_L,\,0) \right|^2 \frac{1}{\omega_{\sigma,\,q}\omega_{\sigma',\,q}} \{n(\omega_{\sigma,\,q})+1\}
$$

$$
\times \{n(\omega_{\sigma',\,-q})+1\}\delta(\omega_R - \omega_{\sigma,\,q} - \omega_{\sigma',\,-q}) \tag{7.102}
$$

式中 V 为样品体积, V_s 为入射光束通过的(即产生散射效应的)那部分样品体积.

　　正如前面直观估计的那样,式(7.102)表明,散射截面(因而散射强度)和联合态密度成正比,只是在这里这种正比关系被一个与声子支及波矢有关的因子权重了.此外,式(7.102)中的声子统计因子 $\{n(\omega_{\sigma,\,q})+1\}\{n(\omega_{\sigma',\,-q})+1\}$ 是对发射双声子的二级斯托克斯拉曼散射而言.对其他类型的一级或二级拉曼散射过程,这一因子应取的值列在表7.3中.这一因子实际上也表征了拉曼散射截面与温度的关系.

表 7.3　声子激发的统计因子(温度依赖关系)

激　　发		温 度 依 赖 关 系
单声子	S	$n(\omega_{\sigma,\,-q})+1$
	AS	$n(\omega_{\sigma,\,q})$
双声子 (和过程)	S	$\{n(\omega_{\sigma,\,q})+1\}\{n(\omega'_{\sigma,\,-q})+1\}$
	AS	$n(\omega_{\sigma,\,q})n(\omega_{\sigma',\,q})$
双声子 (差过程)	S	$\{n(\omega_{\sigma,\,q})+1\}n(\omega'_{\sigma,\,-q})$
	AS	$n(\omega_{\sigma,\,q})\{n(\omega'_{\sigma,\,-q})+1\}$

式(7.102)还表明,类似于一级散射,二级拉曼散射截面与入射光及散射光的

偏振有关,也与它们相对于晶体对称轴的
方位有关,这和前面关于范霍夫奇异性的
讨论及实验结果是一致的. 图 7.37 给出了
几种不同偏振组态下 NaCl 单晶的二级拉
曼散射谱[56]. NaCl 的所有的零波矢(布里
渊区中心附近)光学模都是拉曼不激活的,
因而图 7.37 中所示的散射谱没有一级过
程的贡献和干扰. 图 7.37 表明,NaCl 二级
拉曼散射谱的散射强度及频率分布都与入
射光及散射光的偏振组态有很大关系. 图
中散射曲线 1、2、3 对应的偏振组态和散射
对称性见下面附表.结合式(7.102)和附表
可见,不同偏振配置下观察到的是不同支

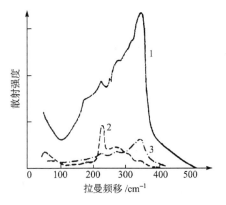

图 7.37　NaCl 单晶的二级偏振拉曼散射
谱.入射光、散射光的偏振状态及其相对于
晶轴的方向见下面附表

声子的二级拉曼散射谱. 它们的散射截面与频率的关系也列于附表的最后一栏,用
适当的方法令曲线 1 和 2 相减,可以求得 Γ_1^+ 支声子二级拉曼散射截面与频率的
关系.

附表　图 7.37 散射谱的偏振组态和散射对称性

散射曲线	a_s	a_L	对称性	散射截面
1	$\langle 1,0,0 \rangle$	$\langle 1,0,0 \rangle$	$\Gamma_1^+ + \Gamma_3^+$	$a^2 + 4b^2$
2	$\langle -1/\sqrt{2}, 1/\sqrt{2}, 0 \rangle$	$\langle 1/\sqrt{2}, 1/\sqrt{2}, 0 \rangle$	Γ_3^+	$3b^2$
3	$\langle 1,0,0 \rangle$	$\langle 0,1,0 \rangle$	Γ_5^+	d^2

表 7.3 表明,在一级和二级拉曼散射谱相互交叠或频率位置相互交叉的情况
下,改变实验温度,测量不同温度下的拉曼散射谱,是区分散射带散射级次的有效
方法. 图 7.38 给出了按表 7.3 估计的硫化钆(GdS,有 NaCl 结构)晶体的某些一级
和二级拉曼散射截面与温度的关系[57]. 这里一级拉曼散射系杂质和缺陷诱发的带
模拉曼激活所致. 图中一级斯托克斯散射截面与温度的关系由 $(n+1)$ 给出:

$$n = n(\omega_0) \frac{1}{\exp\left(\dfrac{\hbar\omega_0}{k_B T}\right) + 1}$$

式中对 GdS 的光学模,取 $\omega_0 = 280 \mathrm{cm}^{-1}$;对声学模,取 $\omega_0 = 80 \mathrm{cm}^{-1}$. 二级声学声子
和过程的斯托克斯散射截面与温度的关系由 $(n_1+1)(n_2+1)$ 给出.

图 7.39 是 $0 \sim 400 \mathrm{cm}^{-1}$ 范围内不同温度下 GdS 晶体的拉曼散射谱. 实验表
明,当温度从 300K 降到 10K,几个特征散射带的积分强度有如下变化规律:

$I_A(300K) \approx 3I_A(10K)$；$I_{2A}(300K) \approx 9I_{2A}(10K)$；$I_O(300K) \approx I_O(10K)$. 或者将不同温度下这些散射带的相对积分强度标在图 7.38 上与理论曲线比较,这种比较使人们相信 $170 cm^{-1}$ 处的散射带应指认为二级声学声子和过程的斯托克斯拉曼散射.

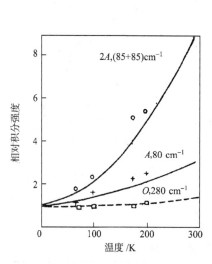

图 7.38 曲线是计算的 GdS 拉曼散射截面与温度的关系,其中一级斯托克斯散射按表 7.3 第一行计算,二级斯托克斯散射按表 7.3 第三行计算. ○、+、□分别为不同散射带的实验积分拉曼强度

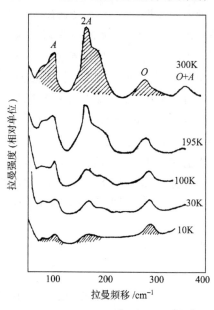

图 7.39 不同温度下 GdS 拉曼散射谱的实验结果,图中几个主要的峰或带已分别指认为 A、$2A$、O、$O+A$ 声子散射

已广泛地研究过金刚石和硅的二级拉曼谱[50,58,59],也有不少人对此进行了理论计算,例如,郭(Go)等[60]成功地利用描述共价晶体晶格动力学的键电荷模型计算了金刚石和 Si 的二级拉曼散射谱,并获得了和实验结果符合良好的计算曲线. 图 7.40 给出了近来关于 Si 二级拉曼散射谱的实验结果[59]. 实验采用背散射配置,入射光和散射光偏振方向的配置可以选择和调节. 在给出 Si 二级拉曼谱一般特性

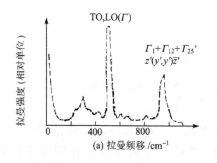

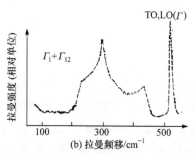

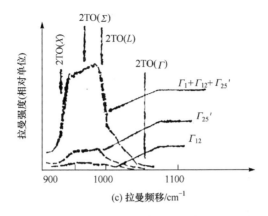

图 7.40 Si 的二级拉曼散射谱，$T=305\mathrm{K}$，Ar^+ 488nm 激光激发，背向散射，$z'(y',\ y')\bar{z}'$ 配置. (a) Si 二级拉曼谱的一般特性，散射偏振配置为 $z'(y',\ y')\bar{z}'$，因而对散射谱有贡献的不可约表示为 $\Gamma_1+\Gamma_{12}+\Gamma_{25}'$；(b) 双声学声子波段 Si 的二级拉曼谱的细节，$z'(x',\ x')\bar{z}'$ 配置，对散射有贡献的表示为 $\Gamma_1+\Gamma_{12}$；(c) 不同偏振配置（因而不同贡献的不可约表示）下 2TO 声子散射谱的细节

的图 7.40(a) 中，实验采用的散射配置为 $z'(y'y')\bar{z}'$，这里坐标系 x'、y'、z' 如图 7.41 所示，是相对于原来沿立方原胞主轴的直角坐标系的 $\langle 100\rangle$ 轴（x 轴）旋转 45° 后获得的坐标系，即 z' 沿 $\langle 0\,\bar{1}1\rangle$ 方向，y' 沿 $\langle 011\rangle$ 方向. 采用这样的坐标系和偏振配置是为了使各支声子都能对拉曼散射有贡献. 图 7.40(c) 更清楚地说明了这一点，它给出了不同偏振配置（因而对二级拉曼散射有贡献的声子支也不同）时二级光学声子和过程的斯托克斯拉曼散射谱的细节. 它表明，不同偏振配置下二级散射谱的强度可以有很大的不同. 这一事实在示于图 7.37 的 NaCl 散射谱中也已看到. 图 7.40(c) 中还标出了布里渊区中不同临界点处双声子频率

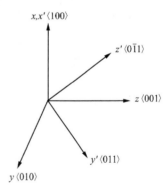

图 7.41 坐标系变换

的位置，可见硅的二级拉曼散射谱在二倍于最高声子频率处 $[2\mathrm{TO}(\Gamma)=2\mathrm{LO}(\Gamma)]$ 截止. 图 7.40(b) 给出的是双 TA 声子频段硅二级拉曼散射谱的细节，记录图(b) 结果时采用的是 $z'(x'x')\bar{z}'$ 散射配置，因而对双 TA 声子二级斯托克斯谱有贡献的主要是 $\Gamma_1+\Gamma_{12}$ 声子. 上述实验都是在室温下进行的，低温下实验表明，上述室温下测得的线形并无明显畸变，这说明实验记录的二级拉曼散射谱主要是双声子和过程的贡献.

这些结果充分表明，二级拉曼散射谱是研究半导体声子态的有效方法之一. 表 7.4 列出了用二级拉曼散射谱获得的硅不同声子支的几个临界点的频率及其与中子散射实验、红外光谱实验获得的结果的比较[59]，表中关于红外光谱实验的二行数值是不同作者的结果. 图 7.42 还给出了韦伯(Weber)综合各种实验结果并采用键电荷模型计算的单晶硅的声子态密度和色散曲线[7,61].

表 7.4　几个不同临界点处硅的声子频率

临界点		声 子 频 率/cm^{-1}			
		拉曼散射	中子散射	红外光谱	
Γ		519±1	518±3	522	517±2
X	TO	460±2	464±10	463	449±3
	TA	151±2	150±2	149	155±5
L	TO	490±2	490±10	491	493±2
	TA	113±2	114±2	114	113±2
W	TO	470±2	481±13		487±13

除金刚石和 Si 以外,其他许多半导体的二级拉曼散射谱也已被研究过,如闪锌矿结构的 III-V 族化合物和 II-VI 族化合物半导体. 图 7.43 给出了早期关于 GaAs、InP、AlSb 二级 TA 声子拉曼散射谱的实验结果. 图 7.44 给出了最近关于 GaAs 二级拉曼散射光谱的实验结果及其与计算的双声子态密度的比较[62],图中仔细地标出了各个双声子和单声子散射峰的指认. 图 7.44 再次表明,双声子拉曼散射谱不仅提供了声子态密度的信息,而且显示出临界点的散射特征. 图 7.45 给出了 GaAs 声子色散曲线的理论结果及其与各种实验结果的比较[63,64].

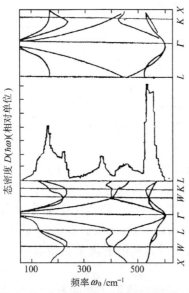

图 7.42　韦伯用键电荷模型计算的晶体硅的声子态密度和色散曲线

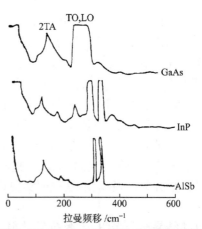

图 7.43　GaAs、InP、AlSb 在 300K 时的二级拉曼散射谱. YAG:Nd 激光激发,1.064μm

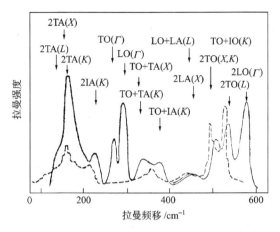

图 7.44　370K 时 0～600cm^{-1} 范围内 GaAs 的二级拉曼散射光谱. 实线是实验结果；虚线是计算的双声子态密度

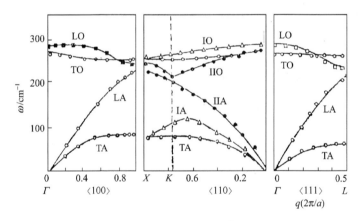

图 7.45　300K 时 GaAs 的声子色散曲线及其与各种实验结果的比较

　　顺便指出，为增强二级拉曼散射效应或更清楚地显示散射谱的临界点特性，可以采用下节讨论的共振拉曼散射方法[65,66].

7.5　半导体的共振拉曼散射[4,6,67]

　　§7.2 中已经指出，对单声子散射过程，一般说来有六种可能的微观过程对散射截面有不可忽略的贡献，这些微观过程已如图 7.7 所示. 对横光学声子和非极性纵光学声子，决定散射截面的跃迁概率已由式(7.49)给出. 式(7.49)中求和 $\sum\limits_{\alpha,\beta}$ 表示对所有中间态求和，从式(7.49)不难看到，当入射光频率 ω_L 或散射光频率 ω_s 和某一中间态跃迁频率(即某一电子跃迁频率)相同时，或者说发生共振时，式(7.49)

中的某些项对散射概率的贡献急剧增大,这样散射概率和散射截面就会显著增大.第 7.2 节中讨论图 7.7 给出的拉曼跃迁的三步过程时曾经指出,这些电子跃迁过程一般说来是"虚"的. 现在面临的情况是 ω_L 或 ω_s 确实接近或等于半导体价带到某一支导带(例如最低导带支)的跃迁频率 ω_g,这时散射过程中同时发生了真实的电子跃迁和强的吸收过程. 式(7.49)中的某些项将趋于发散,如果 α、β 同属于一个空穴在价带顶、电子在导带底的对态的话,那么大括号中第一项分母中包含两个可趋于发散的频率项,因而发散最强烈,第五项也有一定程度的发散,它们导致散射信号共振增强. 对最简单的抛物能带,对这二项共振增强有贡献的中间态的跃迁频率可写为

$$\omega_\alpha = \omega_\beta = \omega_g + \frac{\hbar k^2}{2m^*} \tag{7.103}$$

作为进一步的简化,若仅考虑共振效应最强的第一项,跃迁概率可近似写为

$$\frac{1}{\tau(\omega_L, \omega_s)} \propto \sum_f \left| \frac{\langle 0 \mid H_{eR}(\omega_s)\alpha \rangle\langle \alpha \mid H_{ep} \mid \alpha \rangle\langle \alpha \mid H_{eR}(\omega_L) \mid 0 \rangle}{(\omega_\alpha + \omega_0 - \omega_L)(\omega_\alpha - \omega_L)} \right|^2$$
$$\times \delta(\omega_L - \omega_s - \omega_0) \tag{7.104}$$

或者用一个常数 C 来概括弱共振项和非共振项的贡献,散射跃迁概率写为

$$\frac{1}{\tau} \propto \sum_f \left| \frac{\langle 0 \mid H_{eR}(\omega_s) \mid \alpha \rangle\langle \alpha \mid H_{ep} \mid \alpha \rangle\langle \alpha \mid H_{eR}(\omega_L) \mid 0 \rangle}{(\omega_\alpha + \omega_0 - \omega_L)(\omega_\alpha - \omega_L)} + C \right|^2$$
$$\times \delta(\omega_L - \omega_s - \omega_0) \tag{7.105}$$

这种当入射激发光频率在电子跃迁频率$\left(如 \omega_L = \omega_\alpha = \omega_g + \frac{\hbar k^2}{2m^*} \right)$附近时,拉曼散射跃迁概率$\left(\frac{1}{\tau} \right)$显著增强的现象就叫做共振拉曼散射效应(RRS).

顺便指出,式(7.49)给出的跃迁概率的表达式是在微扰理论的基础上给出的. 共振频率附近,微扰理论一般并不适用. 但作为一种近似方法,可在式(7.104)或(7.105)中导致跃迁概率发散的分母中加一个阻尼因子 $i\Gamma$,即令$(\omega_\alpha - \omega_L) \rightarrow (\omega_\alpha - \omega_L - i\Gamma)$,来讨论共振频率附近的跃迁概率和散射截面. 这样的替代是有物理依据的:由于辐射和无辐射弛豫过程,中间态 $|\alpha\rangle$ 总是仅有有限寿命 τ_α,于是用附加阻尼项 $-i\Gamma = -i/\tau_\alpha$ 来体现它的作用;此外拉曼散射所涉及的声子也有不可忽略的阻尼常数 Γ_0,散射公式中涉及到声子频率 ω_0 时,原则上也应该用 $\omega_0 - i\Gamma_0$ 来代替. 式(7.104)和(7.105)表明,共振拉曼散射实验中,如果作出散射截面与入射激发光频率关系图,共振峰可以是颇为尖锐的. 拉曼散射截面的共振增强,最高可达几个数量级.

图 7.46 给出了上述简单理论预期的散射截面与入射激发光频率的关系及其和 CdS 共振拉曼散射实验结果的比较[68]. 可见, 当入射激发光频率接近 ω_g 时, 理论预期的和实验测得的散射截面都显著地共振增强. 但在趋于共振增强的过程中经过一个极小值. 如式(7.105)所述, 既然常数背景项 C 包含有弱共振项, 又处在绝对值括号内, 根据它们的符号, 可以在某些能量处使共振相干相消(或相干增强). 这样, 上述极小值可被解释为散射截面的共振项和非共振项间的干涉相消. 这种现象在其他场合也曾遇到过, 有时称之为反共振. 反共振附近, 散射截面可用表达式

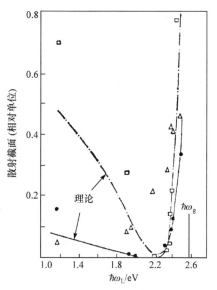

图 7.46　CdS 三种声子拉曼散射截面的共振增强行为. 图中曲线是按式(7.105)理论计算的, 点为实验结果, 其中 □ 是 TO 声子(228cm^{-1}), A_1 模; ● 是 TO 声子 (243cm^{-1}), E_1 模; △ 是 LO 声子, E_1 模

$$\frac{\mathrm{d}\sigma}{\mathrm{d}\Omega} \propto \omega^4 \left\{ A - \frac{B}{(\omega_g^2 - \omega^2)^2} \right\}^2$$
(7.106)

来近似, 式中 A、B 为可调节参数, ω_g 为电子跃迁频率.

在对共振拉曼散射截面起主要作用的两项中, 区分二带项和三带项是有意义的. 式(7.104)是只有一个中间态(α)在散射跃迁中起最主要作用的共振拉曼散射截面, 并称之为二带项; 某些情况下, 当二带项贡献被压抑时, 弱共振项可以是重要的, 它的微观物理过程涉及初态和两个中间态, 所以常称三带项. 二带项和三带项的微观物理过程如图 7.47 所示.

参考第 4.5 节中式(4.84)和(4.97)给出的关于晶格振动对介电函数贡献的讨论, 也类似于赝谐振子模型的原子极化率的讨论, 可以将电子跃迁频率 ω_g 附近半导体的极化率写为[7]

$$\vec{\chi} = \vec{\chi}_0 + \frac{(e^2/m)\vec{F}}{\omega_g^2 - \omega_L^2 - \mathrm{i}\omega_L \Gamma}$$
(7.107)

这里 $\vec{F}$ 为振子强度张量. 这样, 对拉曼散射起作用的二阶极化率(极化率微商)可写为

$$\frac{\partial \vec{\chi}}{\partial u} = -\frac{2\omega_g(e^2/m)\vec{F}}{(\omega_g^2 - \omega_L^2 - \mathrm{i}\omega_L \Gamma)^2} \frac{\mathrm{d}\omega_g}{\mathrm{d}u}$$

$$+ \frac{e^2/m}{(\omega_g^2 - \omega_L^2 - \mathrm{i}\omega_L \Gamma)} \frac{\mathrm{d}\vec{F}}{\mathrm{d}u}$$
(7.108)

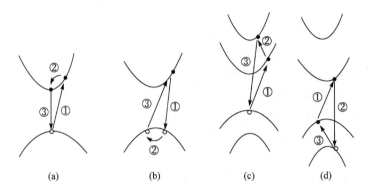

图 7.47　决定共振拉曼散射截面二带项和三带项的微观物理过程示意图,图中数字代表跃迁过程次序.(a)、(b)是决定二带项的物理过程,并假定价带为满带,导带为空带;(c)、(d)是决定三带项的物理过程,它们分别涉及到带间和带内电子跃迁

由此可以看到,极化率微商包括两项:第一项与 ω_g 随晶格振动位移的变化 $d\omega_g/du$ 有关,它代表了电子-声子互作用矩阵的对角矩阵元;第二项与振子强度 $\mathbb{F}$ 随振动位移 u 的变化有关. 第一项中的分母为 $(\omega_g^2-\omega_L^2-i\omega_L\Gamma)^2$,即频率的四次方项,它比后一项更强烈地共振. 这样,除非 $d\omega_g/du=0$(例如由于选择定则限制等),否则当 $\omega_L\to\omega_g$ 时,这一项的贡献总是主要的. 关于第二项的贡献,首先可以指出 $\mathbb{F}$ 和所考虑的带间电子跃迁概率有关,即决定于带间偶极跃迁矩阵元,有

$$\mathbb{F}=\frac{2\omega_g m}{\hbar}\langle i\mid \boldsymbol{r}\mid f\rangle:\langle f\mid \boldsymbol{r}\mid i\rangle \tag{7.109}$$

式中":"代表两矢量的并矢积. 这样 $d\mathbb{F}/du$ 包括两方面的贡献,即较次要的 $d\omega_g/du$ 的贡献,以及矩阵元随 u 变化的贡献. 从量子力学观点看来,这种变化来自微扰 $\partial H/\partial u$ 作用下态 $|i\rangle$ 及 $|f\rangle$ 与其他带波函数的混和,用微扰理论可以写出

$$\frac{d}{du}(\langle i\mid \boldsymbol{r}\mid f\rangle)=\sum_{j\neq i}\frac{\langle i\mid \partial H/\partial u\mid j\rangle\langle j\mid \boldsymbol{r}\mid f\rangle}{\hbar(\omega_i-\omega_j)} \tag{7.110}$$

可见这一项与中间态 j 有关,即涉及到三个带,故称三带项,它们决定于电子-声子互作用矩阵的非对角矩阵元. 从式(7.110)显然可见,当 $\omega_i-\omega_j$ 很小时,三带项的贡献可以很大,例如涉及自旋-轨道分裂带的三带项就常常有不可忽略的(甚至主要的)贡献.

　　从上述讨论可以看到共振拉曼散射的重要意义. 首先,它使得人们不仅可以通过拉曼散射研究固体中的低频激元,如声子、等离子激元、自旋波量子等,而且经由共振现象、共振特性,即散射截面、散射矩阵元和入射激发光频率的关系,可以研究

入射光子能量区域的激元. 拉曼散射中常用的入射激发光子能量为 $1\sim 3\mathrm{eV}$ 左右, 和绝大多数半导体的禁带宽度相近, 因而利用共振拉曼散射可以研究和半导体带间跃迁性质有关的重要现象, 包括激子、激子极化激元等. 由于在共振拉曼散射实验中入射光子和散射光子能量都是重要的参数, 而它们之差又取决于材料的特性, 并且散射强度也决定于 $|\partial\tilde{\chi}/\partial Q|^2$, 因此有人认为共振拉曼散射也是某种形式的调制光谱, 只是这里低频调制参数不是实验者外加的, 而是由样品本身激发特性提供的.

其次可以看到, 共振条件下, 散射截面表达式比较简单, 除各种有关材料性质的参数外, 主要决定于电子-辐射互作用矩阵元 $|\langle\alpha|H_{eR}|0\rangle|^2$ 和电子-声子互作用矩阵元 $|\langle\alpha|H_{ep}|\alpha\rangle|^2$. 电子-辐射互作用矩阵元即光学矩阵元, 可以通过反射、吸收、发光光谱等实验求得. 这样通过对共振拉曼散射跃迁概率的研究, 有可能求得电子-声子互作用矩阵元, 至少可以推断 H_{ep} 的某些性质, 例如它与波矢的关系等.

第三可以看到, 共振效应显著地增大了散射截面, 并且散射过程中仅涉及到一、二个电子能级, 因而降低了过程的对称性, 于是可以利用共振拉曼散射研究一些原来很弱的或者拉曼选择定则禁戒的散射跃迁过程, 包括禁戒的声子跃迁和激子跃迁. 又例如, 通过和束缚激子共振来增强与杂质有关的拉曼模式, 从而达到研究杂质能级和杂质散射的目的等.

观察共振拉曼散射过程需要调节入射激发光频率, 使之在带间电子跃迁频率附近改变, 因此可调谐激光光源对共振拉曼散射来说是至关重要的. 因此, 只有在 20 世纪 70 年代以来发明了可调谐染料激光器和其他可调谐激光器后, 才逐步发展和活跃起来. 它一旦发展和活跃起来一便很快成为拉曼散射领域中最重要、最活跃的方面之一, 以致可以认为共振拉曼散射在拉曼散射光谱学中的影响, 就好比光谱学在经典光学中的地位.

图 7.48 给出了入射激发光子能量和带间跃迁共振情况下 E_0 附近 ZnTe 的 TO 声子拉曼散射截面和入射光子能量的关系, 即共振拉曼谱[72]. 图 7.49 给出了 E_0 和 $E_0+\Delta_0$ 附近 GaP 允许的 TO 与 LO 声子的共振拉曼谱, 可见共振条件散射效率提高了大约两个数量级, 从而大大方便了这些声子模式拉曼散射行为的观测.

图 7.48 和图 7.49 还代表了除声子模式研究外共振拉曼散射的另一个重要应用, 即研究带间电子跃迁及有关参数. 为更清楚地说明这一点, 我们着重讨论图 7.49 给出的 GaP 声子共振拉曼散射的实验结果[72]. 选择 GaP 研究入射激发光子能量在 E_0 附近的共振散射的优点在于, E_0 不是 GaP 的最小带隙, 这就消除了辐射复合荧光对拉曼散射信号的干扰和影响, 并易于考虑带间跃迁吸收对散射截面的修正. 图 7.49 中, △、○、□、●、■等符号为实验观察到的散射效率的相对值或绝对值, 曲线是按理论公式

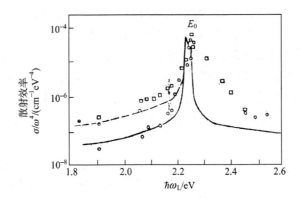

图 7.48　基本吸收边附近 ZnTe 的 TO 声子拉曼散射共振效应的观测结果(●、○、□)，
图中实线和虚线为计及激子效应的类似于稍后给出的式(7.116)的理论结果

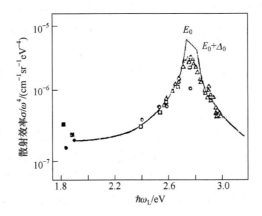

图 7.49　E_0 和 $E_0 + \Delta_0$ 附近 GaP 单声子拉曼散射的共振行为，图
中实线是按式(7.111)计算的结果，不同形式的点是不同声子模
(TO 或 LO)的实验结果

$$\frac{\mathrm{d}\ddot{\chi}_{12}(E_0, E_0 + \Delta_0)}{\mathrm{d}u_3} = \frac{\sqrt{3}D_0}{4a\omega_g P}\left\{-G(x) + \frac{4\omega_g}{\Delta_0}\left[F(x) - \left(\frac{\omega_g}{\omega_g + \Delta_0}\right)^{3/2} F(x')\right]\right\}$$

$$(7.111)$$

计算的绝对散射效率. 式(7.111)是从式(7.104)结合闪锌矿结构半导体的能带结
构、波函数和声子谱的具体表达式推导出来的[7]，式中 $\omega_g = E_0/\hbar$，a 为晶格常数，
D_0 为形变势常数，有

$$\frac{\mathrm{d}\omega}{\mathrm{d}\xi} = \frac{D_0}{2a}\sqrt{\frac{3}{\mu}}$$

$$(7.112)$$

$$x = \frac{\omega}{\omega_g}, \quad x' = \frac{\omega}{\omega_g + \Delta_0}$$

$$(7.113)$$

P 为动量矩阵元,有

$$P = \langle xy \mid P_z \mid c \rangle = \langle yz \mid P_x \mid c \rangle = \langle zx \mid P_y \mid c \rangle \approx \frac{2\pi\hbar}{a} \quad (7.114)$$

$F(x)$ 和 $G(x)$ 是与极化率张量有关的复函数,例如

$$(4\pi)^{-1} \overset{\leftrightarrow}{\boldsymbol{\chi}}(\omega) = \frac{\sqrt{2}}{\pi} \frac{m^{*3/2}}{\omega^{3/2}} P \times PF(x)$$

$$F(x) = \frac{1}{x^2} \{2 - (1-x)^{1/2} - (1+x)^{1/2}\} \quad (7.115)$$

$$G(x) = \frac{1}{x^2} \left\{ 2 - \frac{1}{\sqrt{1-x}} - \frac{1}{\sqrt{1+x}} \right\}$$

从图 7.49 可见,实验上共振峰是颇为尖锐的,由此可以较精确地确定 E_0 和 $E_0 + \Delta_0$,虽然在 GaP 这一具体例子中,由于自旋-轨道分裂 Δ_0 太小以及 $E_0 + \Delta_0$ 共振本身的性质,E_0 和 $E_0 + \Delta_0$ 的分辨尚不够明确. 其次由绝对散射效率的理论曲线与实验结果的比较可以求得形变势常数 $D_0 = 27\mathrm{eV}$[式(7.112)],与赝势法给出的值 $D_0 = 26\mathrm{eV}$ 及原子轨道线性组合理论给出的值 $D_0 = 29\mathrm{eV}$[73]符合良好. 图 7.49 还清楚表明,E_0 共振和 $E_0 + \Delta_0$ 共振有不同的特性,E_0 共振有尖锐的峰,符合二带项的共振散射截面表达式. $E_0 + \Delta_0$ 共振则要弱得多,它涉及到耦合 Γ_7 态和 Γ_8 态的哈密顿量,自然对应于三带项的贡献.

激子作为共振散射的中间态有重要意义. 我们已经看到,如上讨论的入射激发光和带间电子跃迁共振情况下,拉曼散射截面相对于非共振背景的增强,至多约为两个数量级左右. 第三和第五章中已经指出,许多晶体中最重要的电子激发态是激子态,而不是前面讨论中假定的那种自由的电子-空穴对,尤其是低温下. 激子可以给出分立的吸收谱线和辐射复合发光谱线,以致某些情况下对过程起主要作用的是某单一激子谱线,因而自然可以合理地假定激子态作为光散射跃迁过程的中间态,正如同前面图 7.6(b)中已提到那样. 激子共振情况下,拉曼散射截面最高可以有高达 4~5 个量级的增强. 这种强烈的共振增强的物理起源在于,不论是自由激子或是束缚激子,与带间跃迁相比,都有很窄的线宽,因而有很小的阻尼常数 Γ. 正是这种强烈而尖锐的激子共振效应,导致了共振拉曼散射的一系列新现象的出现和观测,如寻常散射选择定则的失效和某些散射跃迁禁戒的松弛或消除;和波矢相关的 LO 声子散射及电子-声子互作用;以及涉及三个声子以上的高阶拉曼散射等.

激子共振拉曼散射情况下,共振发生在入射激发光频率 ω_L 或散射光频率 ω_s 和激子跃迁频率 ω_X[这里 $\hbar\omega_\mathrm{X} = E(\boldsymbol{K}) = E_g - E_{ex} + \frac{\hbar^2 K^2}{2M}$]相等的条件下. 若仍采用式(7.104),即只计及共振最强烈的项对拉曼散射截面的贡献,则拉曼跃迁概率可写为

$$\frac{1}{\tau} \propto \left| \frac{\langle 0 \mid H_{eR}(\omega_s) \mid \alpha \rangle \langle \alpha \mid H_{ep} \mid \alpha \rangle \langle \alpha \mid H_{eR}(\omega_L) \mid 0 \rangle}{(\omega_L - \omega_0 - \omega_X + i\Gamma)(\omega_L - \omega_X + i\Gamma)} \right|^2$$

$$= \left| \frac{\langle 0 \mid H_{eR}(\omega_s) \mid \alpha \rangle \langle \alpha \mid H_{ep} \mid \alpha \rangle \langle \alpha \mid H_{eR}(\omega_L) \mid 0 \rangle}{(\omega_s - \omega_X + i\Gamma)(\omega_L - \omega_X + i\Gamma)} \right|^2 \tag{7.116}$$

式(7.116)表明,共振散射分别发生在入射光或散射光与激子跃迁共振的两个频率上,并分别称之为入射共振和出射共振. 在前面讨论的图 7.48 与图 7.49 所示的与带间电子跃迁共振情况下,并不能区分开入射和出射共振,这些情况下共振散射峰常常发生在

$$\omega_L = \omega_g + \frac{\omega_0}{2} \tag{7.117}$$

的频率附近,即入射和出射共振频率的平均值附近.

在分立激子能级附近共振的共振拉曼散射的一个具体例子,是 GaSe 的拉曼散射. GaSe 是层状半导体,其晶体性质的准二维特性增大了其激子束缚能和激子跃迁振子强度(见第九章讨论). 图 7.50 给出了 80K 时在 2.102eV 的 $n=1$ 激子态共振情况下,GaSe 的 31.4meV 的 LO 声子拉曼散射截面与入射激发光子能量的

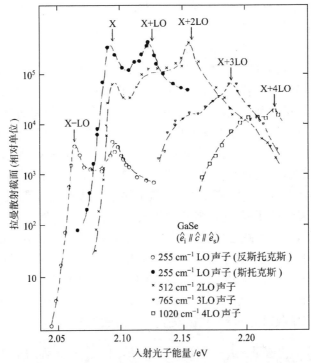

图 7.50　实验观察的 80K 时 GaSe 的 31.4meV 的 LO 声子拉曼散射截面和入射激光能量的关系. 由图可见单声子模的斯托克斯和反斯托克斯散射,以及高阶模的共振散射. 高阶模情况下出射共振比入射共振更强烈

关系,可见散射截面增强,较非共振背景截面增大 5 个数量级以上,这是因为 80K 时 GaSe 激子阻尼线宽仅为 3meV 左右.注意,如图所示,无论是斯托克斯或反斯托克斯单声子拉曼散射模,都如式(7.116)预期的那样出现强度相等的两个共振峰,其中一个用箭头标为 X,对应于入射光子能量和 ω_X 共振,并称为入射共振;另一个标为 X+LO 或 X−LO,对应于散射光子能量和 ω_X 共振,并称为出射共振.反斯托克斯模出射共振发生在比 ω_X 小一个声子能量的地方.图 7.50 还表明,这种强的共振不仅发生在单声子模散射情况,还发生在高阶拉曼散射模附近.我们还应注意到,多声子共振拉曼散射谱中的出射共振峰比入射共振峰更强,稍后我们将进一步讨论这一事实.

束缚激子有更大的振子强度和更长的无辐射复合寿命,是研究共振拉曼散射的好的候选能级.除导致散射截面更强烈地共振增强外,人们还可推测,强烈地定域在某一杂质原子附近的激子会和这一杂质的振动模式有强的相互作用.如果这一振动模也是主要定域在该杂质原子上的所谓局域模(见第四章),则可以预期,这

一杂质局域模振动将因束缚其上的激子共振而分外地增强,以致可以用共振拉曼散射谱来研究主晶格中微量的这种类型的杂质.图 7.51 给出了 2K 时 CdS 中浅施主 Cl 的位于 116cm^{-1} 的局域模的共振拉曼散射谱.共振发生在 2.5453eV,对应于 CdS 中束缚在浅施主 Cl 上的 1s 束缚激子态.可见,这种条件下 Cl 的局域模的拉曼散射强度有异常大的共振增强,实验样品掺 Cl 浓度为 2×10^{17} cm^{-3},在通常拉曼散射实验中是不可能观察到这样微量的杂质振动模式的.顺便指出,这里 Cl 局域模声子的阻尼常数 $\Gamma_0 = 2.8$meV,而束缚激子的 $\Gamma_b = 0.25$meV,即 Γ_0 近乎 10 倍于 Γ_b,因而其出射共振比入射共振要弱 100 倍,这就是图 7.51 中未观察到出射共振并且入射共振分外尖锐的物理原因之一.

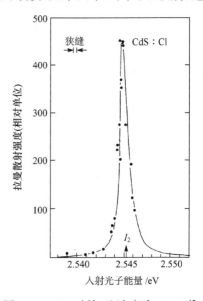

图 7.51 2K 时掺 Cl 浓度为 2×10^{17} cm^{-3} 的 CdS 中 Cl 位于 116cm^{-1} 的局域模的共振拉曼谱.图中箭头 I_2 表明发光实验测得的束缚在 Cl 施主上的束缚激子的能量.实线为按式(7.116)计算的结果,并假定短阵元为常数值

已经指出,和激子能级的强烈共振可导致某些拉曼跃迁禁戒的松弛或失效,因而可以用来研究这种原先禁戒的拉曼散射跃迁.这种研究的一个代表性的例子是对 Cu$_2$O 的奇宇称声子和 1s 激子及其他 s 与 d 对称的激子态的共振拉曼散射的观测.在 3.5.1 节中讨论激子吸收时我们已经指出,中心对称的 Cu$_2$O 晶体的能量最低的 1s 激子因宇称选择定则而电偶极跃迁禁戒,因而

图 3.47 中观察不到 $1s$ 激子吸收峰,也观察不到其他量子数较大的 s 对称和 d 对称的激子吸收. 这些能级可以经由电四极矩或磁偶极矩跃迁而被光激发,但在吸收实验中它们总是被弱允许的 p 对称电偶极矩跃迁所掩盖而观察不出来. 类似地,Cu_2O 的布里渊区中心附近的声子模多数是奇宇称的,因而是拉曼不可激活的. 但华盛顿等人[74]利用激子共振拉曼散射截面强烈增大和跃迁禁戒松弛的优点,在 Cu_2O 禁戒跃迁激子能量附近观察 Γ_{12}^- 奇宇称声子模的拉曼散射截面增强,成功地用共振拉曼散射观察到位于 $109cm^{-1}$ 的 Γ_{12}^- 声子模,并精确测定了通常偶极跃迁禁戒的 s 和 d 系列激子的能量. 他们关于 Cu_2O $109cm^{-1}$ Γ_{12}^- 奇宇称声子模的激子共振拉曼散射谱的实验结果如图 7.52 所示.

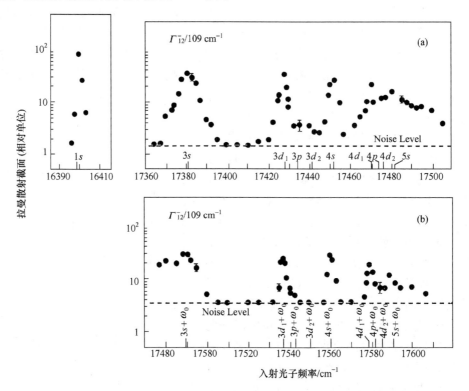

图 7.52　激子能量区域 Cu_2O 的 Γ_{12}^- 奇宇称声子模($109cm^{-1}$)拉曼散射截面和入射激发光子能量的关系. 图(a) 和 s、d 对称的禁戒跃迁系列激子能量入射共振情况;图(b)出射共振情况. $T=4K$

图 7.52 所示 Cu_2O 共振拉曼散射的结果,可在拉曼和共振拉曼散射截面基本表达式(7.104,7.116)的基础上来理解. 首先可以认为激子-光子互作用哈密顿包含两项:其中一个是偶极跃迁允许的(对奇宇称激子态);另一项是电四极矩或磁偶极跃迁允许的(对偶宇称激子态). Cu_2O 激子系列中正包含了奇宇称的 p 态和偶

宇称的 s 与 d 态,而拉曼散射截面表达式中可以包含两个中间态. 此外,还考虑到这里所说的激子态的对称性只是其包络波函数的对称性,总激子波函数为包络函数和万尼尔或布洛赫波函数(它们常为偶函数)的乘积. 这样,只要连接宇称相反的两个态的电子-声子互作用哈密顿 H_{ep} 中包含一个奇宇称声子,拉曼散射截面表达式(7.116)分子项的所有矩阵元均可为非零,只是包含电四极矩与磁偶极矩跃迁的矩阵元,比电偶极矩跃迁矩阵元要小几个量级. 然而,小的光学矩阵元也意味着小的辐射衰减概率,因而小的辐射阻尼常数. 如果无辐射弛豫可以忽略,则共振拉曼散射情况下,散射截面表达式分母项中阻尼常数 Γ 小的效应足以补偿分子项中矩阵元小的效应,这是因为 Γ 正比于光学矩阵元的平方. 于是,人们可以预期:只有奇宇称声子模在入射激光频率与 s、d 激子态共振时被增强;与 p 态激子共振时奇与偶对称的声子模的散射截面都被增强;可同时观测到入射与出射共振. 这正是图 7.52 的结果. 图 7.52(a)还表明,与 $3p$、$4p$ 激子态的共振确实被观察到了,但比与 s、d 态的共振要弱;出射共振也如图 7.52(b)所示. 除 Γ_{12} 模外,其他奇宇称声子模的共振也已被实验观测到,并与上述论证一致.

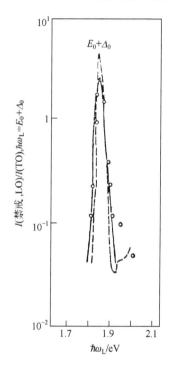

图 7.53 $E_0 + \Delta_0$ 附近 GaAs 中禁戒的 LO 声子共振拉曼散射的实验结果,$T = 80\mathrm{K}$. 实线是按 $A\{(\omega_g - \omega_L - \mathrm{i}\Gamma)^{1/2} - (\omega_g - \omega_s - \mathrm{i}\Gamma)^{1/2}\}^6$ 拟合的曲线; 虚线是按 $A'\{\chi(\omega_L) - \chi(\omega_s)\}^6$ 拟合的曲线

除 Cu_2O 外,还应提到其他极性半导体,如 GaAs 中拉曼跃迁禁戒的 LO 声子的共振拉曼散射观测;它们是偏振的和红外可激活的. 在 E_0 和 $E_0 + \Delta_0$ 附近,它们的散射可以十分强烈地被共振增强,尤其在很接近共振能量时,可以比允许的形变势散射和电-光散射更强烈地共振. 图 7.53 给出了 $E_0 + \Delta_0$ 附近 GaAs 的禁戒的 LO 声子共振拉曼散射的实验结果[7],它表明共振中心频率附近,$I(\text{禁戒},\mathrm{LO}) > I(\text{允许},\mathrm{TO})$,共振线宽小于 $0.1\mathrm{eV}$. 图中还给出了简单理论预期的共振散射曲线,理论也预期[74]

$$I(\text{禁戒},\mathrm{LO})/I(\text{允许},\mathrm{TO}) = 1.7 \pm 1$$

现在讨论极性半导体中激子-LO 声子弗罗里克互作用的波矢依赖关系及其在共振拉曼散射中的重要作用. 在公式(7.55)~(7.57)中我们已研究了电子-LO 声子的这种互作用对极性晶体拉曼散射的贡献. $q = 0$ 时 LO 声子引起的宏观极化电场在空间是均匀的,激子是中

性的电子–空穴对，其能量在空间均匀的电场中不受影响. 这意味着激子和布里渊中心 $q=0$ 的纵光学声子间没有相互作用，对拉曼散射也没有贡献. 激子和波矢为 $q(\neq 0)$ 的 LO 声子的弗罗里克互作用哈密顿可写为

$$H_{\mathrm{F},X} = \left(\frac{\mathrm{i}c_{\mathrm{F}}}{q}\right)\left[\exp(\mathrm{i}p_{\mathrm{h}}\boldsymbol{q}\cdot\boldsymbol{r}) - \exp(\mathrm{i}p_{\mathrm{e}}\boldsymbol{q}\cdot\boldsymbol{r})\right](a^{+}_{(k+q)}a_{k})(c^{-}_{q}+c_{q})$$

$$(7.118)$$

式中 c^{+}_{q} 与 c_{q} 分别为声子的产生和湮没算符，a^{+}_{k} 与 a_{k} 为波矢为 k 的激子的产生和湮没算符.

$$c_{\mathrm{F}} = e\left[\frac{2\pi\hbar\omega_{\mathrm{LO}}}{NV}\left(\frac{1}{\varepsilon_{\infty}} - \frac{1}{\varepsilon_{0}}\right)\right]^{1/2}$$

$$p_{\mathrm{e}} = \frac{m^{*}_{\mathrm{e}}}{m^{*}_{\mathrm{e}}+m^{*}_{\mathrm{h}}}, \quad p_{\mathrm{h}} = \frac{m^{*}_{\mathrm{h}}}{m^{*}_{\mathrm{e}}+m^{*}_{\mathrm{h}}}$$

这样式(7.118)中的项 $a^{+}_{k+q}a_{k}c^{-}_{q}$ 描述激子经由发射波矢为 q 的 LO 声子并从波矢为 k 的状态散射到波矢为 $k+q$ 的状态；另一项则描述吸收 LO 声子的激子散射过程. 玻尔半径为 a^{*}_{B} 的 $1s$ 态激子的弗罗里克互作用哈密顿 $H^{1s}_{\mathrm{F},X}$ 可写为

$$H^{1s}_{\mathrm{F},X} = \frac{c_{\mathrm{F}}}{q}\left[\frac{1}{[1+(p_{\mathrm{h}}a^{*}_{\mathrm{B}}q/2)^{2}]^{2}}\right.$$

$$\left. - \frac{1}{[1+(p_{\mathrm{e}}a^{*}_{\mathrm{B}}q/2)^{2}]^{2}}\right]$$

$$(7.119)$$

在 $p_{\mathrm{e}}=0.4$ 且 $p_{\mathrm{h}}=0.6$ 情况下，这一矩阵元和 q 的关系如图 7.54 中的插图所示. 如前面论述的那样，$q=0$ 时，其值为零；$qa^{*}_{\mathrm{B}}\ll 1$ 情况下随 q^{2} 增大，并在 $qa^{*}_{\mathrm{B}}\approx 2$ 时达到极大值；以后随 q 的进一步增大而减小，并在更大 q 时趋于零. 注意，只有当 $m^{*}_{\mathrm{e}}\neq m^{*}_{\mathrm{h}}$ 时，矩阵元 $H^{1s}_{\mathrm{F},X}$ 才不为零，并且当 LO 声子引起的极化电场波长与激子半径同量级时，这种互作用才最强或有可观强度.

不难看到，激子作为共振散射中间态的情况下，矩阵元的这种波矢依赖关系对极性晶体 LO 声子拉曼散射选择定则有重大影响. 已经多次指出，单声子拉曼散射选择定则通常是在声子波矢 $q=0$ 的假定条件下导出的，这一假定使人们仅借助晶体对称性即可导出拉曼张量的线性独立的非零元素，如本章第 2 节表 7.1 所列. 如果 $q\neq 0$，允许的对称操作只是那些保持 q 不变的操作，由此导致的拉曼选择定则就有赖于 q 的方向了. 和波矢相关的激子–LO 声子弗罗里克互作用哈密顿诱发的禁戒 LO 声子的拉曼散射已被实验观察到，图 7.53 和图 7.54 给出的禁戒的 LO 声子散射的观测结果及其散射截面的共振增强就是一个例子. 不仅如此，图 7.54 还表明，这样诱发的禁戒 LO 声子散射截面的共振增强，比通常选择定则允许几何

配置下 TO 声子散射截面的共振增强还要强烈,并且当入射和散射光偏振平行时,散射增强最强烈.通过比较前向散射($q \approx 0$)和背散射(q 有最大值)情况下的散射截面,有可能直接验证 CdS 激子共振情况下禁戒 LO 声子拉曼散射截面增强的波矢依赖关系,而且两种配置下共振散射截面的差别确实被观察到了[76,77]. 也有人测量了 CdS 的禁戒的 LO 声子单声子散射和与波矢无关的双 LO 声子散射的强度比,发现这一比值随激发光子能量的变化规律符合激子-LO 声子互作用矩阵元平方的 q^{-2} 依赖关系.人们甚至进一步发现,通过选择散射几何配置,可以人为地控制形变势互作用引起的允许 LO 声子拉曼张量和上述波矢相关的禁戒散射张量干涉相消或增强.

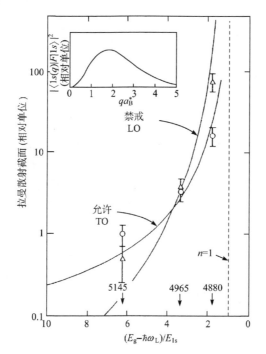

图 7.54　6K 时 CdS 允许的 TO 声子和禁戒的 LO 声子在激子共振能
量附近拉曼散射截面增强与入射光子能量的关系. 图中实线为理论计
算结果. 插图为 $1s$ 激子-LO 声子互作用矩阵元平方与声子波矢的关系

第三章讨论激子光吸收效应时,我们已经指出了光子和激子强耦合形成的混态量子-激子极化激元的重要性.如果激子阻尼小于或可比于激子-辐射互作用强度,在光子-激子强耦合区域,激子极化激元的作用是主导的,半导体中发生的光学过程是光子驱动激子振荡,而后又辐射光子的过程,是激子极化激元产生、传播和湮没的过程.这一事实自然对共振光散射,包括共振拉曼和共振布里渊散射产生重要影响.在激子极化激元作为主要中间态的情况下,散射事件发生在晶体中两激子极化激元状态间跃迁的过程中. 激子极化激元有第三章所描述的那许多特性,而散射概率及其共振增强的计算要计及激子极化激元的特性,从而对前面提到的按式(7.116)计算的激子共振散射截面进行修正. 在此我们将不重复这些冗长繁复的计算[74,76],只指出考虑激子极化激元情况下,理论预言的共振增强更强烈、更尖锐,并对出射共振有更大的修正. 此外,还应指出,共振布里渊散射和超拉曼散射提供了直接测量激子极化激元色散的方法,从而为证实这类耦合准粒子的存在提供了直接的证据[74,77].

以上我们已讨论了 E_0 和 $E_0+\Delta_0$ 附近的共振散射,尤其着重讨论了激子和激子极化激元作为共振散射中间态的重大意义和由此导致的散射新现象. 现在简略研究入射激发光子能量在 E_1 和 $E_1+\Delta_1$ 附近时的共振拉曼散射,图 7.55 给出 $E_1(2.1\mathrm{eV})$ 和 $E_1+\Delta_1(2.3\mathrm{eV})$ 附近 Ge 的允许的单声子拉曼散射的共振行为[78]. 如果像 E_0 跃迁那样二带项的贡献是主要的,人们应该预期在 $\omega_L \approx \dfrac{E_1}{\hbar} + \dfrac{\omega_{TO}}{2}$ 处和

$\omega_L \approx \dfrac{E_1+\Delta_1}{\hbar} + \dfrac{\omega_{TO}}{2}$ 处有尖锐的峰. 但从图 7.55 看到的是介于 E_1 和 $E_1+\Delta_1$ 之间的平宽的峰,或者说隆起,远不如图 7.48 和图 7.49 那么尖锐,更不能和激子共振情况下的强烈共振增强相比,这是三带项贡献散射截面共振的典型行为. 一级近似下可以完全忽略二带项贡献. 这种二带项贡献的减弱和消失是由于前面指出的干涉相消效应. 沿⟨111⟩方向传播的声子升高了沿该方向的 E_1 带隙(单态)的能量,降低了沿⟨1, $\bar{1}$, $\bar{1}$⟩、⟨$\bar{1}$, 1, $\bar{1}$⟩、⟨$\bar{1}$, $\bar{1}$, 1⟩方向的 E_1 带隙(三重简并态)的能量,但并不改变布里渊区中心的带隙位置. 详细计算表明,单态和三重简并态对二阶极化率的贡献近乎抵消[79]. 如果沿⟨111⟩方向施加应力,也可以消除单态和三重简并态 E_1 的简并,但阻碍了沿⟨111⟩方向传播的声子使共振二带项贡献相消的作用,这时共

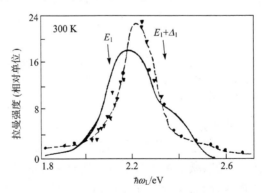

图 7.55　E_1 和 $E_1+\Delta_1$ 跃迁附近 Ge 允许的一级声子拉曼散射的共振行为. 虚线:$I(\mathrm{Ge})/I(\mathrm{CaCO_3})$;实线:$|\varepsilon^+ - \varepsilon^-|^2$;点:实验结果

振强度应该有所增强. 图 7.56 给出的 InSb 的 E_1 附近 TO 声子共振拉曼散射的实验结果证实了这一点. 仔细的理论计算[79]获得和实验一致的结果.

在许多 III-V 族半导体中, 也观察到了 E_1 和 $E_1+\Delta_1$ 附近禁戒的 LO 声子的共振散射. 有趣的是对 InSb, 沿 ⟨111⟩ 方向施加应力导致共振散射截面的下降(见图 7.57), 和允许的 TO 声子共振情况正好相反. 禁戒 LO 声子共振散射时, 似乎只能认为单态和三重简并态带隙对拉曼张量的贡献是相加的, 而散射效率正比于它们的和的平方. 计算表明, 沿 ⟨111⟩ 方向施加应力可使单态和三重简并态分裂, 并使二阶极化率平方下降约 4 倍[76], 与实验观测结果一致.

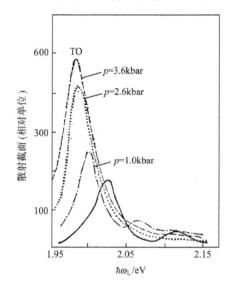

图 7.56　背散射配置下 InSb 的 TO 声子共振拉曼散射效率与 ⟨111⟩ 方向应力的关系. $a_L \,/\!/\, a_s \,/\!/\, ⟨11\bar{2}⟩$, $T=77K$

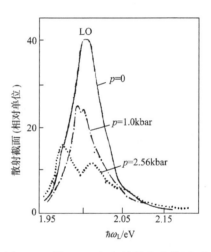

图 7.57　沿 ⟨111⟩ 方向单轴应力作用下 InSb 的禁戒的 LO 声子共振拉曼散射效率的变化, $a_L \,/\!/\, a_s \,/\!/\, ⟨1\bar{1}0⟩$, $T=77K$

顺便指出, 在入射光子能量和 E_1 或 $E_1+\Delta_1$ 共振情况下也观察到禁戒声子散射的事实表明, 和这些临界点相联系的激子态在共振散射过程中起了重要作用.

CdS 纵光学声子的共振拉曼散射效应是十分有趣而有意义的[67,80~83]. CdS 的禁带宽度及激子激发能量与 Ar^+ 激光器的 4880Å 等谱线的能量相近, 因而利用 Ar^+ 激光器的几条谱线, 并改变实验温度以调节 CdS 的禁带宽度和激子能量, 不难研究 CdS 声子的共振拉曼散射效应. 图 7.58 给出了莱特(Leite)等人的实验结果[80]. 图中表明, 当入射激光频率与带间跃迁或相应的激子态共振时, 可以观察到高达九级的很高级次的 LO 声子的共振拉曼散射带. 不仅如此, 在图7.58下半部给出的不同入射光频率和不同温度(因而不同的禁带宽度)下的各级声子散射峰的强度分布中, 可以看到, 当激子跃迁频率和某级次散射光子频率相等时(共振), 该级次的散射光有最大的强度,因而这是出射共振的一个典型例子.莱特等人的实验结果还表明,当入射激光频率 $\omega_L \leqslant \omega_g - \omega_{TO}$ 时,TO 散射峰的强度和 LO 相近;但当入射光子能量 $\hbar\omega_L$ 大于禁带宽度 E_g 时,如图 7.58 所示,观察不到任何 TO 声子散射的迹象.这一事实表明,在入射光子能量大于和小于 E_g 时,散射机制可以是很不相同的.

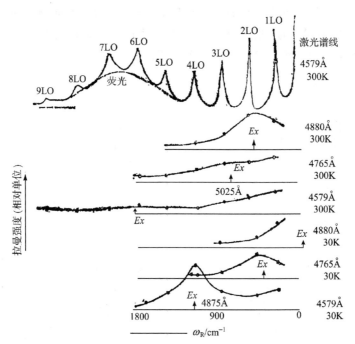

图 7.58　上图:300K 时用 Ar⁺ 激光 4579Å 谱线激发时记录下的未经修正的 CdS 的共振拉曼散射谱.下图:CdS 各级多声子散射谱线强度(已修正)和实验温度及激发光频率的关系

　　原则上,图 7.58 的实验结果可以用两种不同的观点来解释:第一种观点是第 7.4 节中讨论过的图 7.36(a)过程的扩充,虚的吸收光子跃迁后伴随着一次电子-声子互作用同时发射 n 个声子的过程;另一种观点是图 7.36(b)过程的扩充,即 n 个声子是通过 n 次电子-声子互作用过程相继发射的.高阶模的出现似乎表明,电子-声子互作用可以是很强的,可能出现图 7.36(a)的过程;但 CdS 的具体例子的分析表明,既然它的弗罗里克电子-声子耦合常数 α_p 约为 0.7 左右,因而还不足以导致图 7.36(a)的过程起主导作用.此外,在图 7.36(a)的过程中,第 n 级散射强度应该与 α_p^n 成正比,这同样不符合图 7.58 所揭示的实验事实.简单地扩充图 7.36(b)的过程也不足以解释图 7.58 的实验结果,因为逐次应用激子-声子互作用矩阵元将导致散射截面数量级的下降,这同样不符合图 7.58 的实验事实.现在已经清楚,CdS 共振拉曼散射谱的这种高级次声子散射带的出现,主要起因于所谓级联过

程[81]，即共振时吸收光子的同时发生了真实的电子跃迁，并产生一种动能很大的
激子$[\Delta E=\hbar\omega_L-E(K)\gg k_B T]$，它被称为热激子. 离子性半导体中弗罗里克互作
用是主要的，这种热激子的弛豫过程主要是通过发射 LO 声子来实现的，如
图 7.59 所示. 在这种级联过程中，H_{ep} 仍然可以足够弱，人们仍可用微扰理论来处
理这一问题. 从图 7.59 给出的级联过程的示意图可以看到，为确保绝大多数激子
通过弛豫过程最终落在 $k=0$ 附近的状态（导带底），唯一必须的条件是：LO 声子
发射过程是这些热激子弛豫的主要过程. 一般说来，除发射 LO 声子外，热激子还
可经其他过程实现弛豫，如通过辐射复合（发射散射光子），和杂质、声学声子、TO
声子间的弹性、非弹性散射等实现弛豫，因而上述条件意味着

$$\frac{\gamma_{LO}}{\gamma_{总}}=\frac{\text{发射 LO 声子的概率}}{\text{总的弛豫概率}}$$

$$=\frac{\gamma_{LO}}{\gamma_{LO}+\gamma_{辐射}+\gamma_{非辐射}+\cdots}\approx 1 \qquad (7.120)$$

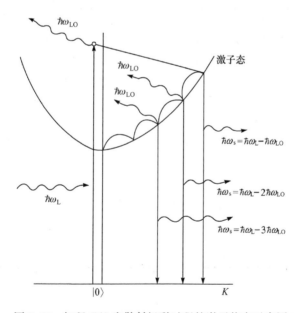

图 7.59　解释 CdS 光散射级联过程的激子能态示意图

这就要求使用很纯的样品，以减低杂质散射等弛豫概率. 在满足式(7.120)的条件
下，热激子主要通过发射 LO 声子实现弛豫；并且相继发射的 LO 声子散射带强
度为

$$I(2LO)\propto a_i\frac{\gamma_{辐射}}{\gamma_{总}}$$

$$I(3\mathrm{LO}) \propto a_i \left(\frac{\gamma_{\mathrm{LO}}}{\gamma_{\text{总}}}\right)\left(\frac{\gamma_{\text{辐射}}}{\gamma_{\text{总}}}\right) \tag{7.121}$$

$$I(4\mathrm{LO}) \propto a_i \left(\frac{\gamma_{\mathrm{LO}}}{\gamma_{\text{总}}}\right)^2 \left(\frac{\gamma_{\text{辐射}}}{\gamma_{\text{总}}}\right)$$

……

式中 $\gamma_{\text{辐射}}$ 为激子发射散射光子 $\hbar\omega_s$ 的概率，a_i 为吸收光子产生热激子的概率，既然 $(\gamma_{\mathrm{LO}}/\gamma_{\text{总}})\approx1$，散射强度随级次的下降可以是很慢的，这和实验观测结果一致.

顺便指出，在 CdS 共振拉曼散射实验这一具体例子中，涉及的是吸收光子和随之而来的发射光子的两步过程，因而图 7.58 所示结果也常常被称为热荧光.

7.6　表面增强拉曼光谱

如前所述，拉曼散射是光被物质散射之后频率发生变化的一种光学现象，其频率变化与物质分子特定的振动或转动等物理过程相关，因此拉曼散射被称为物质的指纹. 分子的拉曼散射截面非常小，通常只有大量分子才可以产生可探测的信号. 表面增强拉曼散射（surface-enhanced Raman scattering, SERS）现象最早是 1974 年由 Fleischmann 等报道的，他们发现吸附在粗糙银电极上的吡啶分子的拉曼散射强度被增强，并将该增强归因于粗糙电极表面积增大导致吸附的分子数量增多[85]. 1977 年，Jeanmaire 和 Van Duyne 以及 Albrecht 和 Creighton 分别报道了类似的实验现象，并确定粗糙导致的表面积增大不能完全解释实验中得到的增强因子[86,87]. 随后一些关于表面增强拉曼散射（SERS）的研究逐渐明确了 SERS 中的增强主要来自于金属纳米结构表面等离激元共振引起的电磁增强. 此外，分子与金属之间的电荷相互作用也可以引起分子拉曼散射的增强，被称为化学增强. 一般来讲，电磁增强因子比化学增强因子高几个数量级. SERS 的电磁增强可以分为激发增强和发射增强两个过程：入射光照射到金属纳米结构激发表面等离激元，使纳米结构附近的局域电场被增强，从而增强了分子的激发过程；分子偶极辐射诱导金属纳米结构的偶极矩，使拉曼散射的发射过程增强. 金属纳米结构起到纳米光学天线的作用，一方面将入射光会聚，另一方面将散射光发射出去. SERS 强度的电磁增强因子可以表示为 $M\approx[|\mathscr{E}_{\mathrm{L}}(\omega_0)|^2/|\mathscr{E}_0(\omega_0)|^2]\cdot[|\mathscr{E}_{\mathrm{L}}(\omega_0\pm\omega_{\mathrm{V}})|^2/|\mathscr{E}_0(\omega_0\pm\omega_{\mathrm{V}})|^2]$，其中 $\mathscr{E}_{\mathrm{L}}$ 和 $\mathscr{E}_0$ 分别为局域电场和入射电场，ω_0 和 ω_{V} 分别为入射光的频率和对应拉曼散射的分子振动或转动频率. 如果忽略拉曼频移（$\omega_{\mathrm{V}}\ll\omega_0$），拉曼增强因子可以近似写为 $M\approx|\mathscr{E}_{\mathrm{L}}(\omega_0)/\mathscr{E}_0(\omega_0)|^4$，即拉曼增强正比于电场增强的四次方.

1997 年，Nie 等和 Kneipp 等分别报道了具有单分子灵敏度的 SERS[88,89]. 1999 年，徐红星等通过实验和理论研究揭示了单分子 SERS 的机理，发现表面等离激元共振使成对的金属纳米颗粒之间的纳米间隙中产生巨大增强的电磁场(图7.60),从而使处于纳米间隙中的分子的拉曼散射信号被极大地增强,这是单分子灵敏度的 SERS 的根本原因,也是其它基于纳米间隙效应研究的物理基础[90].当两个银纳米颗粒之间距离约为 1nm 时,拉曼增强因子可以达到 10^{11}[91].纳米间隙中的局域电场强度强烈依赖于入射光的偏振方向,当激发光偏振平行于两个颗粒中心连线时,局域电场增强最大(图 7.60(c)),而当激发光偏振垂直于两个颗粒中心连线时,电场增强消失[92].局域电场强度随入射光偏振角度 θ 呈 $\cos^2\theta$ 的变化关系($\theta=0$ 为平行于两个颗粒中心连线的方向),而拉曼发射增强与入射光偏振无关,因此,总的拉曼增强因子与入射光偏振是 $\cos^2\theta$ 的关系[9].

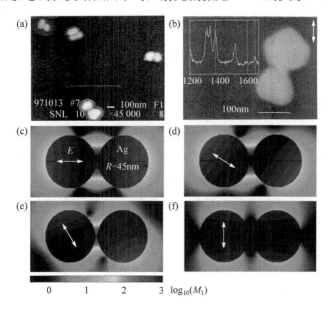

图 7.60　(a,b)银纳米颗粒二聚体的扫描电镜图片和单个血红蛋白分子的拉曼光谱[6];
(c~f)模拟的不同偏振下银纳米颗粒二聚体中的电场增强[92].$M_1=|\mathscr{E}_L/\mathscr{E}_0|^2$,纳米颗粒
半径为 45 nm,两个颗粒之间的距离为 5.5 nm,激发光波长为 514.5 nm,
箭头表示激发光的偏振方向

金属纳米结构也影响了分子拉曼散射光的偏振.对于两个球形金属纳米颗粒构成的二聚体,处于其纳米间隙中的分子的拉曼散射光是沿两个颗粒中心连线方向的线偏振光.通过在二聚体结构中加入第三个金属纳米颗粒,使其破坏二聚体的对称性,分子拉曼散射光的偏振方向发生旋转,且具有一定的椭偏度,偏振旋转角度和椭偏度均随波长变化[94,95].

除了两个金属纳米颗粒的耦合,纳米间隙还可以在多种耦合体系中实现,例如纳米颗粒与纳米线、纳米颗粒与薄膜、纳米颗粒与纳米孔等.利用基于扫描探针显微镜的针尖增强拉曼光谱技术可以得到可控的由金属探针和金属基底耦合形成的纳米间隙,由于纳米间隙中电场的强束缚,拉曼光谱的空间分辨率被极大地提高,Zhang 等利用针尖增强拉曼光谱实现了约 1 nm 的空间分辨率[96].

表面增强拉曼光谱极大地提高了拉曼光谱的灵敏度,是痕量物质检测的一种有力工具,不仅应用于物理、化学、生物、材料等基础学科的研究中,而且在医学和生化检测方面具有广阔的应用前景,例如疾病诊断、食品安全、环境监测等. 将 SERS 基底与便携式拉曼光谱设备结合,将极大地促进 SERS 的推广应用.

7.7　二维半导体的拉曼散射

拉曼光谱在研究二维材料晶体结构、声子散射及电子能带结构等方面同样具有重要意义,本节将以石墨烯、过渡金属硫化物以及黑磷三种二维材料为例论述二维原子晶体的拉曼散射.

7.7.1　石墨烯的拉曼散射

石墨烯是由单层碳原子以 sp^2 杂化轨道方式紧密堆积形成的六方形蜂窝状结构的二维原子晶体,其所属空间群为 P6/mmm,点群为 D_{6h}. 石墨烯的布拉维原胞中有两个不等价的碳原子 A 和 B,碳-碳键长约 0.142 nm. 石墨烯的厚度仅为 0.335 nm. 石墨烯第一布里渊区的六个顶点为费米点(也称为狄拉克点或 K 点),如图 7.61 所示[97].

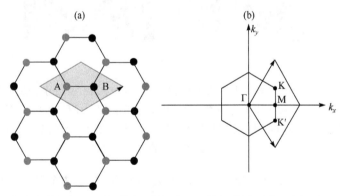

图 7.61　(a)石墨烯晶体结构;(b)第一布里渊区示意图

单层石墨烯在 K 点和 K′点处导带和价带相交,表现为半金属特性. 然而,双层石墨烯在外加电场的情况下呈现半导体行为,可以在几百 meV 的范围调节带隙. 研究还表明,ABA 堆垛的三层石墨烯是半金属性质的,而 ABC 堆垛的三层石墨烯则表现为半导体特性,且可通过施加栅压实现其带隙的调节[98,99].此外,人们还通过对石墨烯进行化学修饰、用硼或氮掺杂、施加应力、纳米微结构制备(如石墨烯纳米带、石墨烯纳米筛等)等手段来打开石墨烯的禁带,使其变为半导体特性[100~107]. 拉曼光谱是一种可以快速准确地表征石墨烯层数、堆垛方式、化学修饰与掺杂以及应力效应等的手段.

由于石墨烯原胞中包含两个不等价碳原子 A 和 B,因此对于石墨烯来说,共有 6 支声子色散曲线,如图 7.62 所示[108],分别为三个光学支(iLO(面内纵向光学支)、iTO(面内横向光学支)和 oTO(面外横向光学支))和三个声学支(iLA(面内纵向声学支)、iTA(面内横向声学支)和 oTA(面外横向声学支)).

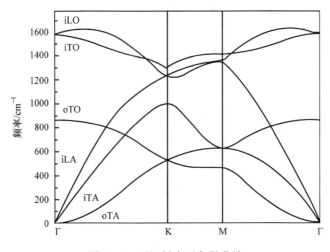

图 7.62　石墨烯声子色散曲线

图 7.63 为单层石墨烯的拉曼散射特征峰及其对应的散射过程,入射激光波长为 514.5 nm. 电子在激光作用下从价带跃迁到导带,与声子相互作用发生散射,从而产生不同的拉曼特征峰. 石墨烯有两个典型的特征拉曼峰——G 峰(1582 cm^{-1}

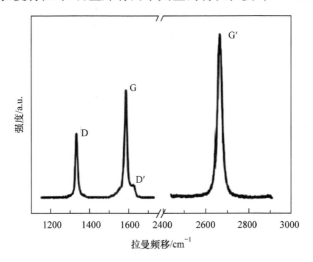

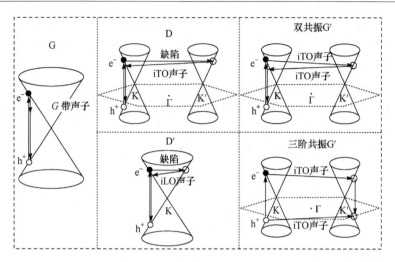

图 7.63　514.5 nm 激光激发下单层石墨烯拉曼光谱及拉曼散射过程[97]

附近)和 G′峰(2700 cm⁻¹ 附近,也称作 2D 峰).如果样品中含有缺陷则还会观察到两个缺陷峰——D 峰(1350 cm⁻¹ 附近)和 D′峰(1620 cm⁻¹ 附近).其中 G 峰是一阶拉曼散射,其余三个峰均为二阶双共振拉曼散射.G 峰源自 sp² 面内碳原子振动,具有 E₂g 对称性,对应布里渊区中心双重简并的光学声子(iTO 和 iLO).G′峰和 D 峰来源于谷间散射,G′峰是与 K 点附近的光学声子(iTO)发生两次谷间非弹性散

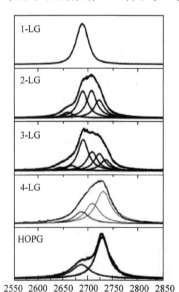

图 7.64　不同层数石墨烯 G′峰
拉曼光谱

射产生的,D 峰则是分别与缺陷和一个 K 点附近的光学声子(iTO)发生弹性和非弹性谷间散射.D′峰源自谷内散射,是与缺陷和 K 点附近的光学声子(iLO)分别发生弹性与非弹性谷内散射.G′峰拉曼位移约为 D 峰的两倍,但并不表明 G′峰是 D 峰的倍频信号,G′峰的出现与石墨烯样品是否有缺陷无关.除了上述一阶及二阶散射过程,在 K 点附近,由于导带和价带关于费米能级镜像对称,声子还可以与空穴发生散射作用,还会出现三阶共振拉曼散射[109].

　　单层石墨烯 G′峰是高度对称的单洛伦兹峰,半高线宽为 25 cm⁻¹ 左右,随层数增加,G′峰的半高线宽增加且不再是单洛伦兹峰型,而是多个洛伦兹峰的叠加,这是由于多层石墨烯的电子能带结构发生分裂引起的.如图 7.64 所示,对比不同层数石墨烯 G′峰,由于电子能带结构分裂,导致导带和价带均由两支抛物线组成,所以双层石墨烯双共振散射过程存在四种可能性,G′峰可以拟合为四个洛伦兹峰.同样,三层石墨烯的导带和价带均劈裂成三支,G′峰可以拟合为六个洛伦兹峰.当层数在 10 层以内时,G 峰强度也随层数增加近似线性增强.因此 I_G、$I_G/I_{G'}$ 以及 G′峰的峰型常被用来作为石墨烯层数的判断依据[110,111].

此外,位于 20～300 cm^{-1} 之间的层间振动剪切模(C 峰)和层间振动呼吸模(ZO′或者 LBM 模)以及 1600～2300 cm^{-1} 之间的和频与倍频二阶振动拉曼峰的峰形、峰位和峰宽也对层数有依赖性[112~115],如图 7.65 所示.

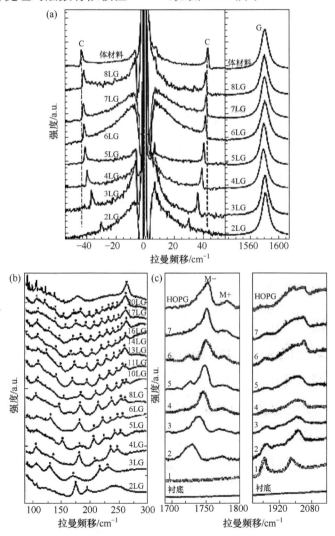

图 7.65　不同层数石墨烯拉曼光谱.(a) C 峰及 G 峰拉曼光谱对层数的依赖性;
(b) 2 层至 20 层石墨烯层间呼吸模拉曼光谱;(c) 不同层数石墨烯样品在
1690 cm^{-1}～2150 cm^{-1} 频率范围内的和频与倍频二阶振动拉曼光谱

除了用拉曼光谱来确定石墨烯的层数,不同堆垛结构石墨烯层的拉曼光谱研究表明,堆垛方式不同,其拉曼 G 峰和 G'峰的半峰宽、峰强及峰位等也呈现不同[116~124],如图 7.66 所示.

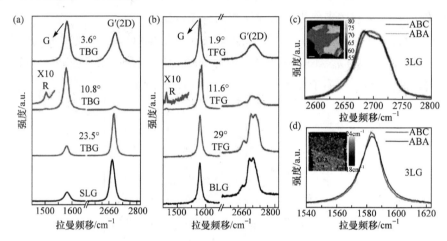

图 7.66　不同堆垛结构的石墨烯层的拉曼光谱与拉曼图像.(a)不同扭转角度的非 AB 堆垛的扭转双层石墨烯(TBG;twisted bilayer graphene)的拉曼光谱;(b)不同扭转角度的扭转四层石墨烯(TFG;twisted four-layer graphene)的拉曼光谱;ABA 和 ABC 堆垛结构的三层石墨烯的;(c)G'峰和(d)G 峰拉曼光谱和图像,插图分别为其对应的 G'峰和 G 峰的半峰宽拉曼图像

掺杂也会影响石墨烯的电子—声子耦合,从而引起拉曼特征峰的移动,研究表明,G 峰在电子和空穴掺杂时均发生蓝移,而 G'峰在电子和空穴掺杂时分别发生红移和蓝移.因此,拉曼光谱也常用来测定石墨烯掺杂类型及掺杂浓度[125,126],如图 7.67 所示.

另外,石墨烯的化学修饰[127]、边缘手性[128,129]、外界温度[130]、应力作用[131~134]以及基底效应[135]等也会反应在其拉曼光谱特征峰的变化上.

7.7.2　二维过渡金属硫族化合物(TMDs)的拉曼散射

过渡金属硫族化合物(TMDs)同石墨类似,是由原子按照共价键结合形成的原子级平面结构以范德华力堆积而成的层状材料,其物理特性依赖于过渡族金属原子的 d 轨道电子的填充情况,可表现为绝缘体(如 HfS_2)、半导体(如 WS_2,MoS_2,WSe_2,$MoSe_2$)、半金属(如 WTe_2,$TiSe_2$)、金属(如 NbS_2),甚至超导体(如 $NbSe_2$)[136].单层或者少层原子级平面结构可以独立存在形成二维过渡金属硫族化合物.

单层 TMDs 包含 3 个原子层,上下两层为硫族原子,中间一层是过渡金属原子,原子之间以共价键结合在一起,恰好构成 X-M-X"三明治"结构,其三维结构如

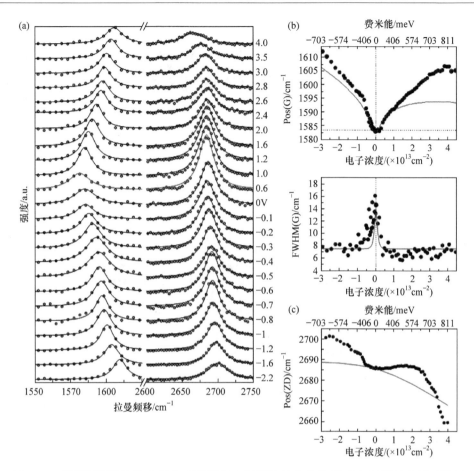

图 7.67 单层石墨烯拉曼 G 峰和 G′峰随门电压调控的变化关系.(a)不同门电压下单层
石墨烯 G 峰和 G 峰的拉曼光谱;(b)单层石墨烯 G 峰峰位和半高线宽与载流子浓度的变化
关系;(c)单层石墨烯 G′峰峰位与载流子浓度的变化关系

图 7.68 所示[137].

二维 TMDs 属于六方晶系,晶体结构有三种:1T 型、2H 型、3R 型,三种晶体
结构如图 7.69 所示[138].2H 相晶格 M 原子层被两层 X 原子层所夹,上下两层 X
原子的结构相同,晶胞由 2 个 X-M-X 单分子层组成,M 原子与上层 3 个和下层 3
个 X 原子构成三棱柱配位.1T 相晶格的 M 原子层同样也被两层 X 原子层所夹,
但是上层 X 原子的位置整体发生了平移,晶胞由 1 个 X-M-X 单分子层组成,M 原
子与上层 3 个和下层 3 个 X 原子构成八面体配位.3R 相晶格的晶胞由 3 个 X-M-
X 单分子层组成,M 原子为三棱柱配位.对于不同材料的 MX₂,晶格常数 a 从
0.31nm 到 0.37nm.1T 型的 MoS₂ 为亚稳性,晶体结构具有金属性,2H 型为稳定
相,晶体结构具有半导体性.

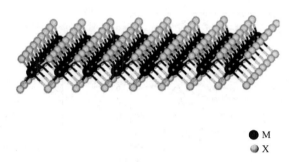

● M
○ X

图 7.68　单层 TMDs 三维结构示意图

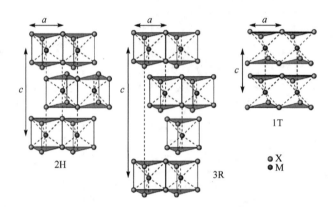

1T

2H　　　　3R

○ X
● M

图 7.69　六方晶系 MX$_2$ 的三种晶体结构

这里我们只讨论半导体性的过渡金属硫族化合物 2H-MX$_2$(M＝Mo,W;X＝S,Se). 对于单层 MX$_2$ 来说,共有 9 支声子色散曲线,以 MoS$_2$ 为例,如图 7.70(a) 所示,其中三个声学支(LA(面内纵向声学支),TA(面内横向声学支)和 ZA(面外声学支))和六个光学支(LO$_1$ 和 LO$_2$(面内纵向光学支),TO$_1$ 和 TO$_2$(面内横向光学支),ZO$_1$ 和 ZO$_2$(面外光学支)). 单层 MX$_2$ 点群为 D$_{3h}$,单胞中包含三个原子,在布里渊区中心点 Γ 处振动模有 9 个,包含 3 个声学模和 6 个光学模,

$$\Gamma = 2A_2'' + A_1' + 2E' + E'' \tag{7.122}$$

其中一个 A$_2''$ 和一个 E$'$ 为声学模,另外一个 A$_2''$ 是红外活性,A$_1'$ 和 E$''$ 是拉曼活性,最后一个 E$'$ 既是拉曼活性,也是红外活性,如图 7.70(c)所示. 体材料二硫化钼属于 D_{6h}^4($P6_3$/mmc)空间群,每个晶胞有 6 个原子,在布里渊区中心点 Γ 处具有 3N$-$6＝12 个振动模式:

$$\Gamma = E_{1g} + 2E_{2g} + 2E_{1u} + E_{2u} + A_{1g} + 2A_{2u} + 2B_{2g} + B_{1u} \tag{7.123}$$

在这 12 个振动模式中,具有拉曼活性的模式是:E_{1g}、E_{2g}、A_{1g}. 图 7.70(b)给出体材料 MoS$_2$ 的声子色散曲线. 表 7.5 给出奇数层、偶数层和体材料 MX$_2$ 的声子振动模

式对称性和拉曼活性振动模式数目[138].

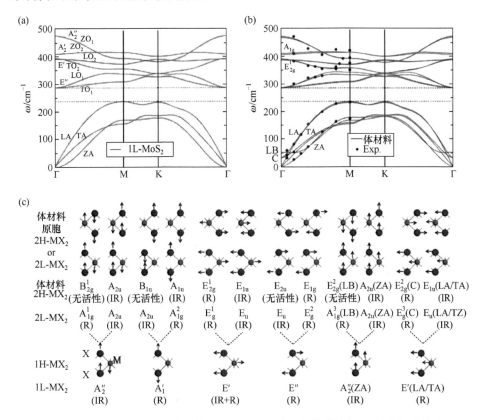

图 7.70 (a)单层 MoS$_2$ 和(b)体材料 MoS$_2$ 的声子色散曲线与(c)晶格振动模式

表 7.5 奇数层、偶数层和体材料 MX$_2$ 的声子振动模式对称性和拉曼活性振动模式数目

NL-MX$_2$	声学模	极低频		高频模	模式数目(R)
		C 模式	LB 模式		
体材料	$A_{2u}+E_{1u}$	B_{2g}^2(S)	E_{2g}^2(S)	E_{1g}(R)$+E_{1u}$(IR)$+E_{2g}$(R) $+E_{2u}$(S)$+A_{1g}$(R)$+A_{2u}$(IR) $+B_{2g}$(S)$+B_{1u}$(S)	7
ENL	$A_{2u}+E_u$	$\dfrac{N}{2}E_g$(R) $+\dfrac{N-2}{2}E_u$(IR)	$\dfrac{N}{2}A_{1g}$(R) $+\dfrac{N-2}{2}A_{2u}$(IR)	$N(E_g$(R)$+E_u$(IR)$+A_{1g}$(R) $+A_{2u}$(IR))	9N/2
ONL	$A_{2u}''+E'$	$\dfrac{N-1}{2}$(E′(IR+R) $+E''$(R))	$\dfrac{N-1}{2}$(A$_1'$(R)$+$ A$_2''$(IR))	$N(E'$(IR+R)$+E''$(R)$+$ A$_1'$(R)$+$A$_2''$(IR))	5(3N−1)2

　　MoS₂ 的电子能带结构和层数[139~142]、堆垛结构[143]、应力[144~146]等密切相关. 如单层 MoS₂ 是直接带隙半导体，而当层数 ≥2 时是间接带隙半导体. 通常人们用 A_{1g} 和 E_{2g}^1 这两个振动模式频率大约在 380 cm⁻¹～410 cm⁻¹ 之间的拉曼峰的峰位差值来判断 MoS₂ 的层数. 如图 7.71 所示，在二硫化钼材料厚度逐渐减薄的过程中，由于层间范德瓦尔斯力的变化以及层间耦合相互作用的消失，A_{1g} 和 E_{2g}^1 振动模式会发生偏移. A_{1g} 振动模式逐渐软化(红移)而 E_{2g}^1 振动模式恰巧向相反方向变化，这导致 A_{1g} 和 E_{2g}^1 模式间的能量差($\triangle$)逐渐减小，在单层时 $\triangle$ 达到最小. Changgu Lee 等首次对此现象进行了经验性的观测总结，当 MoS₂ 为单层时，$\triangle$ 大约为 19 个波数，随着厚度增加，$\triangle$ 逐渐变大，大概到 7 层时与体材料接近[147].

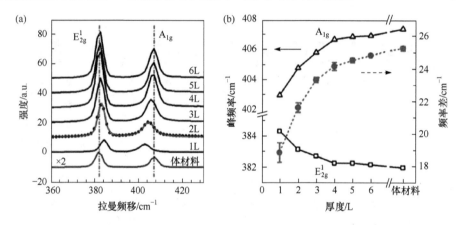

图 7.71　不同层数的 MoS₂ 高频区的拉曼光谱. (a)不同层数的 MoS₂ 在高频区的拉曼光谱；(b)不同层数的 MoS₂ 高频区 A_{1g} 和 E_{2g}^1 模的峰位和峰位差随层数的变化关系

　　当拉曼实验系统能够探测低频区拉曼信号时，也可用 MoS₂ 低频区的层间振动剪切模(C 模)和层间呼吸模(LB 模)的峰位和半峰宽随层数的变化关系来判断其层数，如图 7.72 所示[138].

　　由强的自旋-轨道、自旋-谷间耦合导致的能谷选择的圆偏振二色性是二维过渡金属硫族化合物的独特性能[148~150]. 与自旋电子学类似，也可对谷自由度即激子能谷赝自旋进行调控并利用其作为信息载体，拓展二维光电器件的新性能. 简言之，在二维(单层)过渡金属硫族化合物光致发光谱中表现为不同能谷的带间跃迁可以被不同偏振的光子所激发，即左旋偏振的光子只能激发＋K 能谷，而右旋偏振的只能激发－K 能谷. 然而，与光致发光谱截然不同的是，过渡金属硫族化合物的拉曼散射光谱中，布里渊区中心的声子振动模式，包括低能量的呼吸模、剪切模，以及高能量的光学声子模，都可以有效地反映这种能谷选择的圆偏振二色性. 而且，对激发光源的能量和样品的层数具有普适性，如图 7.73 所示[151].

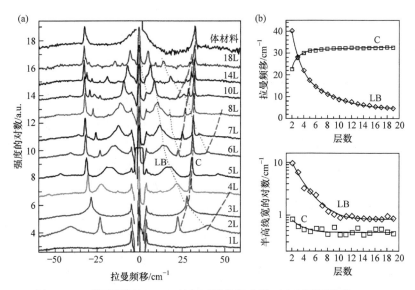

图 7.72 不同层数的 MoS₂ 低频区的拉曼光谱.(a)不同层数的 MoS₂
在低频区的拉曼光谱;(b)不同层数的 MoS₂ 低频区层间振动剪切模
(C 模)和层间呼吸模(LB 模)的峰位和半峰宽随层数的变化关系

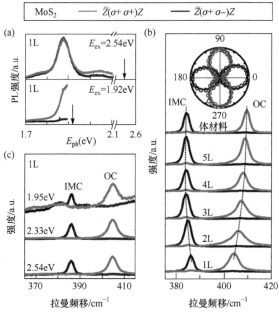

图 7.73 (a) 单层 MoS₂ 在 1.92eV 和 2.54eV 激发能量下圆偏振选择光致发光谱;(b)488 nm
σ+偏振激光下 1~5 层及体材料 MoS₂ 拉曼光谱,插图为 IMC(in-plane relative motion of tran-
sition metal and chalcogen atoms:面内过渡金属原子和硫族原子的相对振动)、OC(out-of-plane
phonon involving only chalcogen atoms:面外硫族原子的振动)、瑞利三种声子振动模式归一化
强度与偏振角的关系;(c)变激发能量下单层 MoS₂ 圆偏振拉曼光谱

7.7.3　黑磷烯的拉曼散射

黑磷烯是一种从黑磷剥离出来的有序磷原子构成的、单原子层的、有直接带隙的二维半导体材料. 黑磷已知的晶体结构有 4 种:正交、菱形、简单立方和无定形结构. 黑磷晶胞包含两层 8 个原子,与石墨类似,黑磷也是片层结构,但不同的是,黑磷同一层内的原子不在同一平面上,呈现一种折叠结构,如图 7.74(a)、(b)所示. 每层内部的 P 原子与周围三个 P 原子通过 3p 杂化轨道连接,s-p 杂化轨道使得折叠结构十分稳定,层内具有较强的共价键,并且还留有单个电子对使得每个原子都是饱和态. 二维黑磷层与层之间堆叠方式有三种:AA,AB,AC,如图 7.74(c)、(d)、(e)所示[152]. 这三种堆叠方式最大的差异是层间距,其中 AB 堆叠方式所需能量最低.

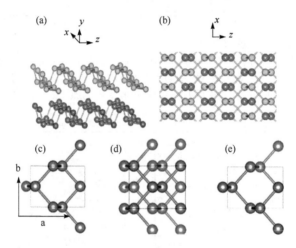

图 7.74　(a) 黑磷晶体结构示意图;
(b) 折叠结构俯视图;(c)、(d)、(e) 分别为 AA、AB、AC 堆叠方式

单层黑磷的声子色散及晶格振动模式如图 7.75[153] 所示. 由于单层黑磷单胞只有体材料黑磷晶胞的一半,包含 4 个原子,因此在布里渊区中心 Γ 点有 12 种振动模:

$$\Gamma_{bulk}=2A_g+B_{1g}+B_{2g}+2B_{3g}+A_u+2B_{1u}+2B_{2u}+B_{3u} \qquad (7.124)$$

其中 A_g,B_{1g},B_{2g},B_{3g} 是拉曼活性,B_{1u},B_{2u},B_{3u} 是红外活性. 在典型的拉曼实验中,只有两个 A_g 和一个 B_{2g} 峰在高频范围可以被观测到.

黑磷的三个拉曼特征峰,位置分别约为 $470cm^{-1}$、$440cm^{-1}$ 和 $365cm^{-1}$,这三个峰分别对应 A_g^2,B_{2g} 和 A_g^1,如图 7.76(a)所示. 黑磷拉曼特征峰随着层数改变的规律为:随着层数减小,B_{2g} 峰位置基本不变,A_g^2 峰位置向高波数偏移,从而 B_{2g} 峰和 A_g^2 峰之间的间距变大,如图 7.76(b)所示.

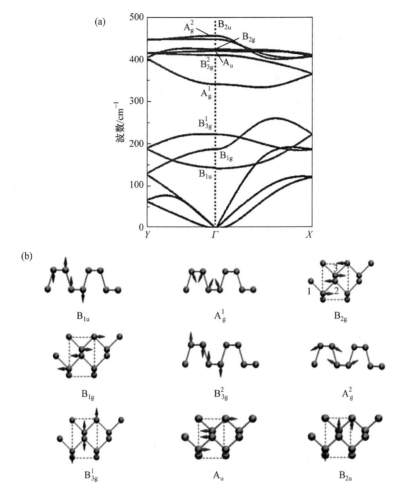

图 7.75 （a）二维黑磷声子色散曲线；（b）晶格振动模式原子运动方向

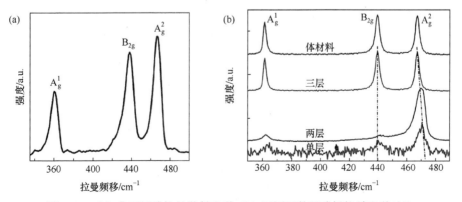

图 7.76 （a）典型黑磷拉曼散射光谱；（b）不同层数黑磷烯拉曼光谱对比

　　除了表征二维黑磷层数之外,拉曼偏振光谱还可用于确定单层黑磷晶体取向,由于单层黑磷的各向异性,A_g^2 峰的峰强和黑磷晶体取向强烈相关,如图 7.77(a)所示,A_g^2 振动方向与激发激光偏振对齐时拉曼散射强度最强. 黑磷分别在 Armchair 和 Zigzag 方向应力作用下的拉曼峰强和峰位的变化如图 7.77(b)、(c)所示. 其中 A_g^1 在 Armchair 方向应力作用下变化较大,而 A_g^2 和 B_{2g} 则对 Zigzag 方向压力较为敏感[154].

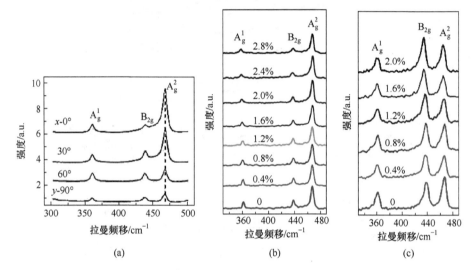

图 7.77　(a) 线性偏振光激发的单层黑磷的偏振拉曼散射光谱;黑磷分别在 Armchair (b)和 Zigzag(c)方向应力作用下的拉曼峰强和峰位的变化

参　考　文　献

[1] Tyndall J. Proc Roy Soc, 1868~1869, **19**: 233

[2] Lord Rayleigh. Phil Mag, 1899,**47**:375

[3] Raman C V and Krishnan K S, Nature, 1928,**121**:501

[4] Landau L D, Lifschitz E M. Classical Field Theory. Addison Wesley, Reading, 1962,199

[5] Hayes W and Loudon R. Scattering of Light by Crystals. John Wiley & Sons, 1978; R Loudon. Adv in Phys, 1964, **13**:423

[6] Pinczuk A and Burstein E. In: Light Scattering in Solid. ed by Cardona M. Springer-Verlag, Berlin, 1975,24

[7] Cardona M. In: Light Scattering in Solids Ⅱ. eds by Cardona M and Güntherodt G. Springer-Verlag, Berlin, 1982,19

[8] Guntherodt G. Summer Course, Solid State Phys, Part 2. 1980,165

[9] Bendow B. In:Springer Tracts in Modern Phys, 1978,**82**:69

[10] Martin T P and Genzel L. Phys Stat Soli, 1974,**b36**:493

［11］ Maradudin A A and Wallis R F. Phys Rev, 1970, **B2**:4294;1971,**B3**:2063

［12］ Humphreys L B. Phys Rev, 1972, **B6**: 3886

［13］ Loudon R. The Quantum Theory of Light. Oxford: Clarendon Press, 1973

［14］ Heine V. Group Theory in Quantum Mechanics. Oxford:Pergamon, 1960

［15］ Tinkham M. Group Theory and Quantum Mechanics, New York: McGraw-Hill, 1964

［16］ Cracknell A P. Applied Group Theory. Oxford: Pergamon, 1968

［17］ Koster G F, Dimmock J O, Wheeler R G and Statz H. Properties of the Thirty-two Point Groups. Mass: Cambridge, 1963

［18］ Herzberg G. Infrared and Raman Spectra of Polyatomic Moleculers. New York: Van Nostrand, 1945

［19］阿雷克ＦＴ,舒尔茨-杜波依斯ＥＯ.激光的物理应用.北京:科学出版社,1979,9

［20］ McQuillian A K, Clements W R L and Stoicheff B P. Phys Rev, 1970,**A1**: 628

［21］ Russell J P. Appl Phys Lett, 1965, **6**:223

［22］ Ralston J M and Chang R K. Phys Rev, 1970, **B2**:1858

［23］ Hart T R, Aggarwal R L and Lax B. Phys Rev, 1970, **B1**:638;Ray R K, Aggarwal R L and Lax B. Proc 2nd Int Conf on Light Scattering in Solids. ed by Balkanski M, 1971,288

［24］ Grimsditch M H and Cardona M. Phys Stat Soli, 1980, **b102**:155; Parker J H, Feldman D W and Ashkin M. Phys Rev, 1967, **155**:712

［25］ Lannin J S. Phys Rev, 1977,**B16**:1517

［26］ Smith J E, Brodsky M H, Growder B L, et al. Phys Rev Lett, 1971, **26**:642

［27］ Bermejo D, Cardona M. J Non-Cryst Solids, 1979, **32**:405

［28］ Morhange J F, Beserman R and Balkanski M, Phys Stat Soli, 1974, **a23**: 383

［29］ Mooradian A and Wright G B. Solid State Commun, 1966, **4**: 431

［30］ Mooradian A and McWhorter A L. Phys Rev Lett, 1967, **19**: 849

［31］ Dawson P. J Opt Soc Am, 1972, **62**:1049

［32］ Barker A S and Sievers A J. Rev Mod Phys, 1975,**47**,Suppl, 2

［33］ Cardona M, Shen S C. Phys Rev, 1981, **B23**:5329

［34］ Buisson J P, Lefrant S, Sadoc A, et al. Phys Stat Sol, 1976, **b78**: 779

［35］ Claus R, Merten L and Brandmuler J. Light Scattering by Phonon-Polariton. Berlin: Springer-Verlag, 1975

［36］ Henry C H and Hopfield J J. Phys Rev Lett, 1965, **15**: 964

［37］ Livescu G and Brafman O. Solid State Commun, 1980, **35**:73

［38］ Scott J F, Fleury P A and Worlock J M. Phys Rev, 1963, **117**:1288

［39］ Fleury P A, Worlock J M. Phys Rev Lett, 1967, **18**:665

［40］ Pines D. Elementary Excitation in Solids. New York: Benjamin. 1964, 148

［41］方俊鑫,陆栋主编.固体物理学,下册.上海:上海科学技术出版社,1981

［42］ Mooradian A. In: Light Scattering Spectra of Solids, ed by Wright G B. New York: Springer-Verlag, 1969, 297; Phys Rev Lett, 1968, **20**:1102

[43] Klein M V. In：Light Scattering in Solids, ed by Cardona M. Heidelberg：Springer-Verlag, 1975, 147

[44] Mooradian A. In：Light Scattering Spectra of Solids, ed by Wright G B . New York：Springer-Verlag. 1969,285

[45] Mooradian A and Wright G B. Phys Rev Lett, 1966, **16**：999

[46] Colwell P J and Klein M V. Phys Rev, 1972, **B6**：498

[47] Henry C H, Hopfield J J and Lather L C. Phys Rev Lett, 1966, **17**：1178

[48] Wright G B and Mooradian A. Phys Rev Lett, 1967, **18**：608

[49] Chase L L, Hayes W and Ryan J F. J Phys C：Solid State Phys, 1970, **10**：2957

[50] Wagner J, Seelewind H and Kaufman U. Appl Phys Lett, 1986, **48**：1054；Wagner J, Ramsteiner M and Seelewind H. J Appl Phys, 1988, **64**：803；Wagner J etc. Appl Phys Lett, 1987, **49**：1080；J Appl Phys, 1988, **64**：2761

[51] Krishnan R S. In：The Raman Effect, 1, ed by Anderson A. New York：Marcel Dekker, 1971

[52] Birman J L. Handbuch der Physik, 25/26. Berlin：Springer,1974

[53] Loudon R. Phys Rev, 1965, **137**：A1784；Birman J L. Phys Rev, 1963, **131**：1489

[54] Johnson F A and Loudon R. Proc Roy Soc, 1964, **A281**：274

[55] Chen L C, Berenson R and Birman J L. Phys Rev, 1968, **170**：639

[56] Krauzman M. Comptes Rendus, 1968, **266B**：186

[57] Güntherodt G, Grünberg P, Anastassakis E, et al. Phys Rev, 1977, **B16**：3504

[58] Parker J H, Feldman D W and Ashkin M. Phys Rev, 1967, **155**：712

[59] Temple P A and Hathaway C E. Phys Rev, 1973, **B7**：3685

[60] Go S, Bilz H and Cardona M. Phys Rev Lett, 1975, **34**：580

[61] Weber W. Phys Rev, 1977, **B15**：4789

[62] Trommer R. Ph D Thesis, Uni Stattgart, FRG 1977, Trommer R, Cardona M. Solid State Commun, 1977,**21**：153

[63] Wangh J L T and Dolling G. Phys Rev, 1963, **132**：2410

[64] Weinstein B A and Cardona M. Solid State Commun, 1972, **10**：961

[65] Renucci J B, Tyte R N, Cardona M. Phys Rev, 1975, **B11**：3885

[66] Klein P B, Song J J, Chang R K and Callender R H. In：Light Scattering in Solids, eds by Balkanski M et al. 1975, 93

[67] Martin R M, Falicov L M. In：Light Scattering in Solids. ed by Cardona M. Berlin, Springer, 1975,79

[68] Ralston J M, Wadsack R L and Chang R K. Phys Rev Lett, 1970, **25**：814

[69] Birman J L and Ganguly A K. Phys Rev Lett, 1966, **17**：647

[70] Ganguly A K, Birman J L. Phys Rev, 1967, **162**：802

[71] Reydellet J and Besson J M. Solid State Commun, 1975, **17**：23

[72] Calleja J M, Vogt H and Cardona M. Phil Mag, 1982, **A45**：239

[73] Vogl P and Pötz W. Phys Rev, 1981, **B24**：2025

[74] Washington M A, Genack A Z, Cummins H Z, et al. Phys Rev, 1977, **B15**: 2145; Yu P Y and Cardona M. Fundamentals of Semiconductors, Chapter 7 and references therein, Springer-Verlag, 1999

[75] Trommer R and Cardona M. Phys Rev, 1978, **B17**:1865

[76] Martin R M and Damen J C. Phys Rev Lett, 1971,**26**:86; Martin R M. Phys Rev, 1971, **B4**:3676

[77] Permogorov S, Reznitzky A. Solid State Commun, 1976,**18**:781; Gross E F etc, In: Light Scattering in Solids. ed by Balkanski M,238, Flammarion, Paris, 1971

[78] Cerdeira F, Dreybrodt W, Cardona M. Solid State Commun, 1972, **10**: 591

[79] Richter W, Zeyher R and Cardona M. Phys Rev, 1978, **B18**: 4312

[80] Leite R C C, Scott J F and Damen T C. Phys Rev Lett, 1969, **22**:780

[81] Klein M V, Porto S P S. Phys Rev Lett, 1969, **22**: 782

[82] Damen T C, Leite R C C and Shah J. Proc 10th Conf on Semicond. 1970, 735

[83] Martin R M and Damen T C. Phys Rev Lett, 1971, **26**:86

[84] Martin R M and Varma C M. Phys Rev Lett, 1971, **26**:1241

[85] Fleischmann M, Hendra P J, McQuillan A J. Chem Phys Lett,1974,**26**:163-166

[86] Jeanmaire D L, Van Duyne R P. Surface Raman Electrochemistry Part I. Heterocyclic, J Electroanal Chem,1977,**84**:1-20

[87] Albrecht M G,Creighton J A. J Am Chem Soc,1977,**99**:5215-5217

[88] Nie S M,Emory S R. Science, 1997,**275**:1102-1106

[89] Kneipp K,Wang Y,Kneipp H,et al. Phys Rev Lett,1997,**78**:1667-1670

[90] Xu H X,Bjerneld E J, Käll M and Borjesson L. Phys Rev Lett,1999,**83**:4357-4360

[91] Xu H X,Aizpurua J,Käll M and Apell P. Phys Rev E,2000,**62**:4318-4324

[92] Xu H X,Käll M. Chem Phys Chem,2003,**4**:1001-1005

[93] Wei H,Hao F,Huang Y Z,et al. Nano Lett,2008,**8**:2497-2502

[94] Shegai T,Li Z P,Dadosh T,et al. Proc Natl Acad Sci USA,2008,**105**:16448-16453

[95] Li Z P,Shegai T,Haran G and Xu H X. ACS Nano,2009,**3**:637-642

[96] Zhang R,Zhang Y,Dong Z C,et al. Nature,2013,**498**:82-86

[97] Malard L M,Pimenta M A,Dresselhaus G and Dresselhaus M S. Physics Reports,2009, **473**:51

[98] Craciun M F,Russo S,Yamamoto M,et al. Nat Nanotechnol,2009,**4**:383

[99] Lui C H,Li Z Q,Mak K F,et al. Nat Phys,2011,**7**:944

[100] Pumera M,Wong C H. Chem Soc Rev,2013,**42(14)**:5987

[101] Zhou S Y,Gweon G H,Fedorov A V,et al. Nat Mater,2007,**6**:770

[102] Balog R,Jørgensen B,Nilsson L,et al. Nat Mater,2010,**9(4)**:315

[103] Wei D C,Liu Y Q,Wang Y,et al. Nano Lett,2009,**9**: 1752

[104] Li X L,Wang X R,Zhang L,et al. Science,2008,**319**:1229

[105] Bai J,Duan X,Huang Y. Nano Lett,2009,**9**:2083

[106] Han M Y,Ozyilmaz B,Zhang Y B and Kim P. Phys Rev Lett,2007,**98**:206805

[107] Bai J,Xing Z,Shan J,et al. Nat Nanotechnol,2010,**5(3)**:190

[108] Lazzeri M,Attaccalite C,Wirtz L and Francesco Mauri. Phys Rev B,2008,**78**:1406

[109] Malard L M,Pimenta M A,Dresselhaus G and Dresselhaus M S. Physics Reports,2009, **473**:51

[110] Graf D,Molitor F,Ensslin K,et al. Nano Lett,2007,**7(2)**:238

[111] Ferrari A C,Meyer J C,Scardaci V,et al. Phys Rev Lett,2006,**97(18)**:187401

[112] Tan P H,Han W P,Zhao W J,et al. Nat Mater,2012,**11(4)**:294

[113] Lui C H,Heinz T F. Phys Rev B: Condens Matter,2013,**87(12)**:1504

[114] Cong C X,Yu T,Saito R,et al. ACS Nano,2011,**5(3)**:1600-1605

[115] Lui C H,Malard L M,Kim S,et al. Nano Lett,2012,**12**:5539

[116] Cong C X,Yu T,Sato K,et al. ACS Nano,2011,**5**:8760

[117] Lui C H,Li Z,Chen Z,et al. Nano Lett,2011,**11(1)**:164

[118] Cong C X,Yu T. Nat Commun,2014,**5**:4709

[119] Neto E G S,Pimenta M A,Sato K,et al. Solid State Communications,2013,**175-176(6)**:13

[120] Cong C X,Yu T. Phys Rev B,2014,**89**:235430

[121] He R,Chung T F,Delaney C,et al. Nano Lett,2013,**13(8)**:3594

[122] Ni Z H,Liu L,et al. Phys Rev B80,2009,**80(12)**:125404

[123] Jessica,Campos-Delgado,Luiz,et al. Nano Res,2013,**6(4)**:269

[124] He R,Chung T F,Delaney C,et al. Nano Lett,2013,**13(8)**:3594

[125] Das A,Pisana S,Chakraborty B,et al. Nat Nanotechnol,2008,**3(4)**:210

[126] Lee J,Novoselov K S,Shin H S. ACS Nano,2011,**5**:608

[127] Luo Z,Yu T,Kim K J,et al. ACS Nano,2009,**3(7)**:1781

[128] You Y M,Ni Z H,Yu T and Shen Z X. Appl Phys Lett,2008,**93**:163112

[129] Cong C X,Yu T,Wang H M. ACS Nano,2010,**4(6)**:3175

[130] Calizo I,Balandin A A,Bao W,et al. Nano lett,2007,**7**:2645

[131] Yoon D,Son Y W,Cheong H. Phys Rev Lett,2011,**106**:155502

[132] Yu T,Ni Z H,Du C L,et al. J Phys Chem C 2008,**112**:12602

[133] Mohiuddin T,Lombardo A,Nair R,et al. Phys Rev B,2009,**79**:205433

[134] Huang M,Yan H,Chen C,et al. Proc Natl Acad Sci USA,2009,**106**:7304

[135] Wang Y Y,Ni Z H,Yu T,et al. J Phys Chem C,2008,**112**:10637

[136] Chhowalla M,Shin H S,Eda G,et al. Nat Chem,2013,**5(4)**:263

[137] Radisavljevic B,Radenovic A,Brivio J,et al. Nat Nanotechnol,2011,**6**:147

[138] Zhang X,Qiao X F,Shi W,et al. Chem Soc Rev,2015,**44**:2757

[139] Mak K F,Lee C,Hone J,et al. Phys Rev Lett,2010,**105(13)**:136805

[140] Kin F,Chang G L,Tony F H. Phys Rev L,2010,**105**:136805

[141] Novoselov K S,Jiang D,Schedin F,et al. Proc Natl Acad Sci USA ,2005,**102**:10451

[142] Kuc A,Zibouch N E,Heine T. Phys Rev B,2011,**83**:245213

[143] Tao P,Guo H H,Yang T and Zhang Z D. Chin Phys B,2014,**23(10)**:106801

[144] Wu M S,Xu B,Liu G and Ouyang C Y. Acta Physica Sinica,2012,**61(22)**:227102

[145] Dong L,Namburu R R,O'Regan T P,et al. J Mater Sci,2014,**49**:6762

[146] Jiang J W. Sci Rep,2014,**5**:7814

[147] Lee C G,Yan H,Brus L E,et al. ACS Nano,2010,**4**:2695

[148] Mak K F,He K L,Shan J and Heinz T F. Nat Nanotechnol,2012,**7**:494

[149] Sie E J,McIver J,Lee Y H,et al. Nat Mater,2015,**14**:290

[150]Zeng H L,Dai J F,Yao W,et al. Nat Nanotechnol,2012,**7**:490

[151] Chen S Y,Zheng C X,Fuhrer M S and Yan J. Nano Lett,2015,**15**:2526

[152] Yuan Z Z,Liu D M,Tian N,et al. Acta Chim Sinica 2016,**74**:488

[153] Huang S X,Ling X. Small,2017,**13**:1700823

[154] Wang Y L,Cong C X,Fei R X,et al. Nano Res,2015,**8**:3944

第八章　半导体量子阱和超晶格的光学性质

半导体超晶格和量子阱是近几十年来半导体物理学最重要的发展之一,也是最活跃的研究领域之一.当超晶格生长方向周期交替的势阱、势垒层减薄到可以和电子德布罗意波长或平均自由程相比拟时,必须考虑量子尺寸效应.势阱中电子能量状态量子化,电子运动开始呈现二维特性,从而形成了量子阱、超晶格的一系列新的物理性质,并开拓了一系列新的固体应用领域.近来,除周期性超晶格外,准周期超晶格、一维量子线和零维量子点的研究也颇引人注意.

本章研究量子阱和超晶格的光学性质,主要是:势阱中电子的能量状态和带间光跃迁过程;超晶格、多量子阱情况下的折叠声学声子和光学限制模声子行为及其拉曼散射的研究;超晶格和量子阱中浅杂质能态及其光谱研究;单量子阱光谱;同一带内不同子带间跃迁的光谱研究等.并将一维量子线和零维量子点的光谱研究放在下一章讨论.

8.1　半导体超晶格、量子阱的量子态和带间光跃迁过程

半导体超晶格、量子阱的导带和价带分别形成一系列的子带或能级,导带子带与价带子带间的带间光跃迁是半导体超晶格和量子阱物理的最基本的课题之一.从这种带间跃迁光谱,人们可以研究量子阱的许多基本性质,如量子阱中电子的能量状态及其相互间的耦合、杂化;电子波函数的分布;对称性或对称性的破缺;电子与空穴间的库仑作用和激子效应等等.同时,这种带间光跃迁过程的研究又给超晶格和量子阱的光电子应用开辟了前景,因而自从超晶格和量子阱诞生以来,这种子带间光跃迁过程的研究一直是十分活跃的.

本节着重讨论以 $GaAs/Ga_{1-x}Al_xAs$ 多层结构为代表的所谓第一类超晶格、量子阱及多量子阱的光跃迁过程.在下面的讨论中,所谓多量子阱结构是指势垒层厚度 b 远大于波函数穿透深度 L_p 的多层势阱结构,即 $b \gg L_p$.这种情况下,相邻势阱间波函数的交叠(或者说相互作用)可以忽略,因而其大多数物理性质可以用一组孤立势阱的相应性质来描述,甚至和单个孤立势阱的情况相似,只是为了便于观测某些物理效应(如光吸收),人们需要有多个势阱效应的叠加.多量子阱结构的性质与势垒厚度 b 以及诸势垒层厚度均匀与否无关.所谓超晶格,我们指势垒层厚度小于波函数穿透深度的情况,即 $b < L_p$.这时,由于相邻势阱间波函数的交叠,即势阱间量子态的相互作用或耦合,导致势阱能级 E_n 展宽成能量子带,子带宽度决定于

势阱间相互作用的强弱. 这种情况下,系统的物理性质被明显地调制了,明显地异于孤立势阱或上述相互独立的多势阱情况,并且和超晶格周期的大小有关,尤其是和势垒层的厚度及厚度的均匀性有着密切的关系.

研究量子阱、多量子阱和超晶格带间光跃迁的主要实验方法,有吸收光谱、荧光和荧光激发谱、光电流谱、调制光谱、拉曼散射和共振拉曼散射等,它们各有其优缺点而又互相补充,我们将在稍后逐一阐述和讨论这些方法,并给出简要的结果.

8.1.1 半导体势阱中的量子态

首先讨论简单理论模型情况下半导体势阱中的量子态,或者说超薄半导体层中的单粒子态[1~3]. 如图 8.1 所示的有限多势阱系列,势阱宽度和势垒宽度分别为 a 和 b,$L=a+b$,势阱和势垒界面处有一有限的势能不连续性,导带和价带的这种势能不连续性分别为 $Q\Delta E_g$ 和 $(1-Q)\Delta E_g$. 暂且可以认为,每一势阱层内,沿层面方向,能带结构和三维情况相比无重大变化,电子和空穴仍可自由运动,其能量遵从通常的色散规律,即

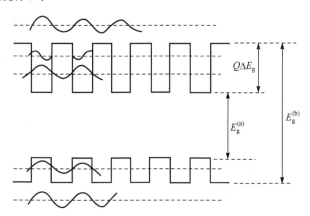

图 8.1 有限多势阱系列和其中的量子态及波函数示意图

$$E_c(k_{/\!/}) = E_g + \frac{\hbar^2}{2m_e^*}(k_x^2 + k_y^2)$$

$$E_v(k_{/\!/}) = -\frac{\hbar^2}{2m_h^*}(k_x^2 + k_y^2)$$

(8.1)

但垂直于势阱层方向(即 z 方向)的运动却受到势垒层的影响. 如果能量不是足够大,电子只能限定在势阱层中运动,这使得布里渊区不同点处出现能带不连续性,电子态被强烈地调制了. 我们暂且再进一步假定电子、空穴在 z 方向的运动与在势阱层内 x、y 方向的运动是相互独立、各不相关的,因而这两个运动可以分开处理. 这样,在 z 方向电子运动的包络波函数在势阱层内有正弦函数形式,在势垒层内则取指数衰减函数形式,如图 8.1 所示,并可写为

$$\zeta_n(z) \propto \begin{cases} \sin(\boldsymbol{q}_n^a z) & \text{(势阱中)} \\ \exp(-\boldsymbol{q}_n^b z) & \text{(势垒中)} \end{cases} \tag{8.2}$$

式中 $\boldsymbol{q}_n^a$ 和 $\boldsymbol{q}_n^b$ 分别为势阱中和势垒中第 n 支子带包络波函数的波矢,也称作 z 方向超晶格的波矢. 给出本征能量的边界条件是界面处包络波函数和概率电流必须连续,类似于克勒尼希-彭尼(Kronig-Penney 或简称 K-P)模型,束缚态本征能量及其色散为下列方程的数值解[2]:

$$\cos q_n^a(a+b) = \cos(k_a a)\cos(k_b b)$$

$$-\frac{1}{2}\left(x+\frac{1}{x}\right)\sin(k_a a)\sin(k_b b) \tag{8.3}$$

式中

$$k_a^2 = \frac{2m_a^*}{\hbar^2}E - k_{/\!/}^2$$

$$k_b^2 = \frac{2m_b^*}{\hbar^2}(E - Q\Delta E_g) - k_{/\!/}^2$$

$$x = \frac{m_a^* k_b}{m_b^* k_a} \tag{8.4}$$

$$q_n^a = \frac{2\pi n}{L}$$

m_a^* 和 m_b^* 分别为势阱中和势垒中电子的有效质量. 这样计算获得的结果如图 8.1 中虚线所示. 这样人们看到有两种类型的量子态,即势阱中的束缚态和势阱以上的连续态. 势阱中束缚态的束缚程度也随其能量位置而变,势阱上部量子数 n 较大的态束缚较松. 连续带态在某些条件下可以发生共振,当 q_z 为 $1/L$ 的整数倍时,这种共振确实被观察到了.

　　势阱底部束缚态的波函数主要限定在阱内,势垒区中的穿透很少;随着能量增加,式(8.2)给出的指数尾巴穿透愈来愈多、愈来愈深. 导带子带和价带子带束缚态的包络波函数可以有相同的对称性,但不再像最简单的无限深单势阱那样相互正交. 既然前面已经假定 z 方向和层面方向的运动互不相关,$k_{/\!/}$ 方向子带的色散仍如三维情况那样有抛物近似行为,如图 8.2(a)所示. 光跃迁选择定则为

$$\Delta n = 2p, \qquad p = 0, 1, 2, \cdots \tag{8.5}$$

其中 $p=0$ 的选择定则和最简单的无限单势阱模型一致,p 异于 0 的跃迁是较弱的,因为这种情况下波函数的交叠毕竟不大,而 $\Delta n = 2p+1$ 的跃迁是对称性禁戒的. 光跃迁强度决定于联合态密度. 联合态密度也和无限单势阱模型相似,近似为一台阶式函数,如图 8.2(b)所示.

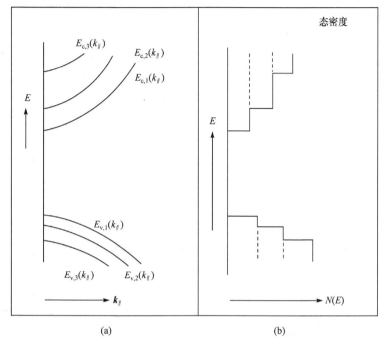

图 8.2　（a）包络函数模型情况下势阱中束缚态在 $k_{/\!/}$ 方向的色散；
（b）导带和价带的态密度函数

8.1.2　势阱中量子态的混和与杂化

上面讨论过的简单的类克勒尼希-彭尼模型或二带包络函数模型，较好地描述了电子子带的行为和解释了早期关于量子阱的光谱研究结果，如丁格尔（Dingle）等人的吸收光谱实验[4]. 但对空穴子带就颇不成功了. 这首先是由于价带本身的复杂性，即其非抛物性和复杂的简并情况，其次是由于简单理论分开处理电子沿 z 方向的运动和平行层面方向的运动，并忽略它们之间的耦合.

对Ⅳ族和Ⅲ-Ⅴ族半导体材料，已经知道，不计自旋，其价带由 $\Gamma=0$ 处简并的 $J=\pm 3/2$ 的两支和 $J=\pm 1/2$ 的一支自旋-轨道分裂带组成. 用卢定谔哈密顿描述，$J=\pm 3/2$ 的两支价带的色散为[5,6]

$$E_v(k) = Ak^2 \pm \{B^2 k^4 + C(k_x^2 k_y^2 + k_y^2 k_z^2 + k_z^2 k_x^2)\}^{\frac{1}{2}} \qquad (8.6)$$

对大多数Ⅲ-Ⅴ族半导体超晶格和多量子阱，超晶格生长方向 z 平行于 $\langle 001 \rangle$ 方向，空穴的有效质量为

$$1/m_{\mathrm{L,H}}^* = A \pm B = (\gamma_1 \pm 2\gamma_2)/m_0 \qquad (8.7)$$

式中 $m_{\mathrm{L,H}}^*$ 的下脚标 L 和 H 分别代表轻空穴和重空穴，γ_1 与 γ_2 为卢定谔参数. 正是这一有效质量，决定了和势能不连续性有关的空穴的量子化效应. 若计及自旋，

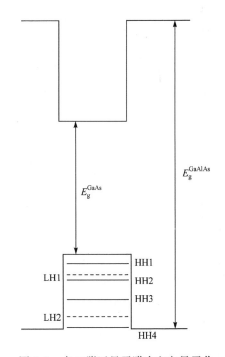

$\Gamma=0$ 处价带是四度简并的,空穴波函数有四个分量,由它们组成的 z 方向的超晶格波函数不再是简单的驻波,并且与 xy 平面内的运动也有关联.

我们首先考虑点 Γ 这一特殊情况.在点 Γ,有效质量方程中 $J_z=\pm 3/2$ 的重空穴分量和 $J_z=\pm 1/2$ 的轻空穴分量之间是不耦合的,因而仍可分开处理,并且它们仍分别保持 $J_z=\pm 3/2$ 和 $J_z=\pm 1/2$ 的特性.然而,$\Gamma=0$ 处简并的轻、重空穴支价带的有效质量不同,量子阱中它们受到限制的效应也不同,能级分裂的大小不相等.这样,对量子阱和超晶格来说,布里渊区中心处轻、重空穴价带支的简并消除了.上面的一支为角动量 $J_z=\pm 3/2$ 的分布较密的重空穴子带,下面的一支为角动量 $J_z=\pm 1/2$ 的分布较疏的轻空穴子带,如图 8.3 所示.这一关于重空穴子带和轻空穴子带的图像解释了下节将提到的许多光谱现象,并为圆偏振光荧光实验所证实,对 GaAs

图 8.3　点 Γ 附近量子阱中空穴量子化能级示意图.——重空穴子带,记为 HHn;---轻空穴子带,记为 LHn

势阱,实验和计算还给出 $m^*_{H,\perp}\approx 0.45m_0$,$m^*_{L,\perp}\approx 0.08m_0$.

点 Γ 以外布里渊区其他位置的空穴子带的情况要复杂很多.首先可以指出,上述重空穴和轻空穴的记号并不适用于描述平行层面内(即 $k_\parallel\neq 0$)的空穴的二维运动.作为一种最粗略的估计,可以用单轴应力效应模拟量子阱限制势的效应,因为它们具有相同的对称性.这样可以发现,对平行层面内(即 x,y 平面内)的空穴运动,$J=\pm 3/2$ 支和 $\pm 1/2$ 支空穴间的耦合完全消除了,但有效质量大小次序则相反,$m^*_{H,\parallel}=m_0/(\gamma_1+\gamma_2)$,$m^*_{L,\parallel}=m_0/(\gamma_1-\gamma_2)$,即重空穴有效质量小于轻空穴,并且在 $k=\sqrt{2}\pi/L$ 处发生能带交叉,这显然是不符合物理常识的.我们还将看到,有效质量方程预言的点 Γ 处轻、重空穴分量相互不耦合也过于简单了.克服这一困难的一种方法是在卢定谔哈密顿中包括超晶格方向势能的不连续性,这导致轻、重空穴价带色散关系的非抛物性和它们的开头几支子带间的强的相互作用[7~9].克服这一困难的另一种理论方法是紧束缚近似[10~13],它用原子轨道的线性组合来描述体材料和超晶格的波函数,具有概念简单的优点.这里我们不打算详细介绍理论方法,而只是引用这种方法研究量子阱和超晶格空穴子带的主要结果.

图 8.4 给出了用紧束缚近似计算的 GaAs(30 层,80Å)/Ga$_{0.7}$Al$_{0.3}$As(10 层,28Å)

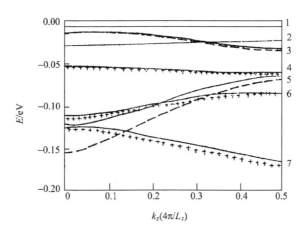

图 8.4 k_z 方向 GaAs(30 层)/Ga$_{0.7}$Al$_{0.3}$As(10 层) 超晶格的价带结构. 实线: 紧束缚近似; ++++: K-P 模型中的重空穴; ——: K-P 模型中的轻空穴. 能量原点取在 GaAs 体材料的价带顶处

超晶格的上面七支价带子带沿 k_z 方向 (即超晶格波矢方向) 的色散及其与克勒尼希-彭尼模型计算结果的比较. 图中实线表示紧束缚近似计算的结果, "++++" 和虚线表示用克勒尼希-彭尼模型计算的重空穴支和轻空穴支的色散. 克勒尼希-彭尼模型计算结果表明, 第二支空穴子带 (简单记号中的 LH1 支) 与第三支空穴子带 (HH2 支) 在 $k_z=0.32$ 处相交, LH2 支则与更多支重空穴子带相交. 正如上面已指出的, 这是不符合物理实际的. 在紧束缚近似计算结果中, 考虑到对称群的行为, 这种相交消除了. 真正 "相交" 的或者说杂化混和的是带的重空穴特性和轻空穴特性, 是它们的波函数. 图 8.5 给出了布里渊区中心第二支和第三支价带子带的超晶格波函数中轻空穴态、重空穴态贡献的振幅平方与 GaAs 势阱层厚度的关系, 这里势垒层厚度为 20 个原子层面 Ga$_{0.7}$Al$_{0.3}$As. 可见, 在狭窄势阱情况下, 布里渊区中心处第二支空穴

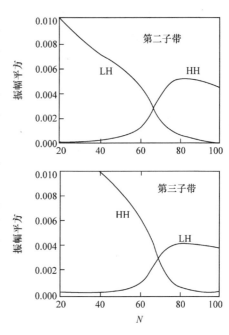

图 8.5 布里渊区中心第二支和第三支价带子带的超晶格波函数中轻空穴态、重空穴态贡献的振幅平方与 GaAs 势阱层厚度的关系. 超晶格由 20 层 Ga$_{0.7}$Al$_{0.3}$As 和 N 层 GaAs 交替排列组成

子带基本上是轻空穴特性的,第三支则基本上是重空穴特性的.宽势阱情况下则正好相反.而当势阱层厚度为 60~80 原子层时,必须同时考虑两支空穴的贡献,尤其是当势阱层厚度为 67 原子层左右时,这两支价带子带的波函数中轻空穴和重空穴贡献的份额近乎相等,以致人们无法指出它们主要属于何种空穴行为.这一情况表明,对某些多量子阱和超晶格结构,即使是布里渊区中心,重空穴波函数和轻空穴波函数也有强烈的混和,并不像前面考虑的那么简单.

图 8.6 给出了 GaAs(68 层)/Ga$_{0.75}$Al$_{0.25}$As(71 层)(〈001〉方向)多量子阱价带子带能量沿〈100〉方向和〈110〉方向随波矢 $k_{//}$ 的色散.可以看到,$k_{//}\neq 0$ 情况下,价带子带更复杂了.图 8.6 表明,若仍借用轻、重空穴记号,则在 $k_{//}\approx 0.012\left(\frac{2\pi}{a}\right)$ 附近,第一轻空穴子带(LH1)和第三重空穴子带(HH3)趋于相交;和通常空穴有效质量相反,第二价带子带(HH2)在布里渊区中心有负的有效质量,或者考虑到其极大值在 $k_{//}\neq 0$ 处,也可以说它变成间接带了,并且在 $k_{//}\approx 0.008\left(\frac{2\pi}{a}\right)$ 附近,它趋于和第一空穴子带(HH1)相交,从而使 HH1 在该波矢附近出现一个拐点.除这些异乎寻常的能量色散关系外,由于波函数的复杂的混和,$\Delta n = 2p, p=0,1,2,\cdots$ 的跃迁选择定则不仅在 $k_{//}\neq 0$ 的情况下,而且在 $k_{//}=0$ 情况下也不必严格遵守了,从而使得实验上除观察到 $\Delta n\neq 0$ 的、允许的、强的带间跃迁外,也可以观察到 $\Delta n\neq 0$ 的任何子带组合的诸多带间禁戒跃迁.

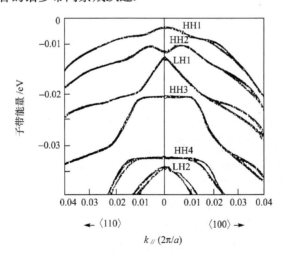

图 8.6　GaAs(68 层)/Ga$_{0.75}$Al$_{0.25}$As(71 层)(〈001〉生长方向)超晶格的价带子带能量沿〈100〉方向和〈110〉方向与波矢 $k_{//}$ 的关系

这里,还应指出光跃迁和入射光偏振的关系,或者说光跃迁的偏振选择定则.已经知道,量子阱中导带电子子带仍是类 s 的,这样在有效质量近似和忽略子带间

波函数混和的情况下,对沿 z 方向(超晶格生长方向)偏振的入射光,只有和 LH 及 S-O 空穴分量相联系的跃迁才是允许的,和 HH 空穴分量相联系的跃迁是禁戒的,即重空穴到导带子带和轻空穴到导带子带跃迁强度之比为 $0:1$. 对沿 (x, y) 面偏振的光,即通常垂直超晶格平行层面入射的光,和 HH, LH 及 S-O 空穴分量相联系的跃迁都是偏振允许的. 这种情况下,就 GaAs 而言,由于和重空穴分量相联系的跃迁的振子强度 $|\langle \Psi_{c,n} | P_x | \Psi_{HH,n} \rangle|^2$ 为轻空穴分量跃迁振子强度的三倍,实验观察到它们的吸收或荧光的相应谱线强度比为 $3:1$. 这一事实有时候可用于判定谱线的物理起源.

8.2 量子阱中的激子及其光跃迁过程

从最初对量子阱光学性质的研究起,人们就认识到,在超晶格量子阱等准二维体系中,激子起着比三维情况更重要的作用. 对大多数典型半导体体材料,只有在很低温度下对很纯的样品才能观察到自由激子荧光,荧光光谱中占主导地位的通常是各种非本征荧光. 例如,分子束外延生长的高质量的非掺杂 GaAs 层的低温荧光光谱,主要由 1.49eV 左右的 D^0-A^0 对复合、e-A^0 复合、1.515eV 左右的束缚在 D^0 或 A^0 上的束缚激子复合及 h-D^0 复合等谱线(或带)组成. 自由激子发光常常只有很小的贡献. 与此形成鲜明的对照,相似纯度的 GaAs 量子阱的光跃迁过程,不论是吸收或荧光,常常是自由激子起主要作用的本征过程. 此外,光荧光和光调制光谱实验证明[14,15],即使在室温下,多量子阱中的激子效应也对光跃迁过程起着重要的作用,而不是简单的带-带跃迁过程. 例如,道森(Dawson)等人的荧光激发谱实验表明[14],一个阱宽为 55Å、势垒宽为 170Å 的 GaAs/$Ga_{0.67}Al_{0.33}$As 多量子阱的室温荧光峰,分别属于第一重空穴子带自由激子和第一轻空穴子带自由激子辐射复合荧光,而不似体材料那样的带-带跃迁过程. 这一情况的物理原因,首先是由于自由载流子处在准二维体系中,同时由于 z 方向的势阱压缩效应增强了电子-空穴间库仑互作用. 初步计算表明[16],当势阱宽度远小于三维激子的玻尔半径($L/a^* \ll 1$)时,量子阱中激子的基态束缚能趋近于三维激子等效里德伯能量的四倍,而等效玻尔半径趋近于三维情况的一半,即其波函数扩展线度缩小为三维激子的一半左右. 束缚能的增加使二维激子分立吸收峰与带-带跃迁或激子连续跃迁带之间的能量间隔增大,因而容易观察到分立激子谱线的存在. 激子的二维特性及由此导致的激子波函数扩展范围的缩小,使激子跃迁强度(因而吸收和荧光强度)迅速增加,据黄昆等计算[18],和三维情况比较,这种增加可达 30～40 倍. 此外,二维特性还使分立激子谱线和激子连续吸收带间的对比度明显增加. 正是这些物理原因,使激子效应在量子阱光跃迁过程中起着比三维情况重要得多的作用.

然而,量子阱等半导体超薄层中激子的完善描述是颇不容易的,其原因在于,薄层总有一定厚度,库仑互作用使层平面内的运动和垂直于层方向的运动互相耦合,因而量子阱中的激子,既非三维激子,又非严格意义上的二维激子. 其次,严格说来,量子阱中的激子涉及到所有的电子和空穴子带间的相互作用与混和(耦合),即使人们作出简化,限于研究一组子带,但由于上节提到的价带子带的复杂性和 $k_{/\!/} \neq 0$ 处轻、重空穴子带的混和,层平面方向的空穴运动也不能用一个恒定的有效质量来描述. 即使 $k=0$ 处,库仑互作用也使价带上部的两类子带混和. 此外,由于波函数渗透到势垒区域,必须考虑势阱内外有效质量的不同,它对垂直和平行层面方向的运动都有影响,只是对前者的影响更大一些.

作为最初的近似,这里首先考虑纯二维情况下的激子及其光跃迁特性[9]. 仍采用有效质量近似,二维情况下万尼尔激子包络函数满足的薛定谔方程(3.87)简化为

$$-\frac{\hbar}{2\mu_{/\!/}}\left(\frac{\partial^2}{\partial x^2}+\frac{\partial^2}{\partial y^2}\right)\varphi(x,\,y) - \frac{e^2}{4\pi\varepsilon(0)(x^2+y^2)^{1/2}} = E\varphi(x,\,y) \qquad (8.8)$$

极坐标系中,满足方程(8.8)的波函数可写为

$$\varphi(x,\,y) = (2\pi)^{-1/2}R(r)\mathrm{e}^{im\theta} \qquad (8.9)$$

式中 m 为整数. 将上式代入式(8.8)并分离变数,可得波函数径向部分 $R(r)$ 满足的方程为

$$\left[-\frac{\hbar^2}{2\mu_{/\!/}}\left\{\frac{1}{r}\frac{\mathrm{d}}{\mathrm{d}r}\left(r\frac{\mathrm{d}}{\mathrm{d}r}\right)-\frac{m^2}{r^2}\right\}-\frac{e^2}{4\pi\varepsilon(0)r}\right]R(r) = ER(r) \qquad (8.10)$$

令

$$R(r) = \mathrm{e}^{-\frac{1}{2}\rho}F(\rho) \qquad (8.11)$$

并且

$$\rho = \frac{r}{a^*\lambda}; \quad \lambda^{-2} = -4w; \quad w = E/R^* \qquad (8.12)$$

则方程(8.10)可进一步改写为

$$\rho\frac{\mathrm{d}^2F}{\mathrm{d}\rho^2} + (1-\rho)\frac{\mathrm{d}F}{\mathrm{d}\rho} + \left(2\lambda - \frac{1}{2} - \frac{m^2}{2}\right)F = 0 \qquad (8.13)$$

这里

$$a^* = \frac{4\pi\varepsilon(0)\hbar^2}{\mu e^2}, \quad R^* = \frac{\mu e^4}{2\hbar^2[4\pi\varepsilon(0)]^2}$$

这些定义和三维情况一致,分别为等效玻尔半径和等效里德伯能量. 我们分别在 $E<0$ 和 $E>0$ 情况下讨论方程(8.13)的解.

1. $E<0$,束缚状态的自由激子

$E<0$ 时,$\lambda=1/(2\sqrt{-w})$ 为实数,方程(8.13)为拉盖尔(Laugier)微分方程,其解为连带的拉盖尔多项式

$$L(\rho)=L_{n+|m|}^{2|m|}(\rho), \qquad |m|\leqslant n \tag{8.14}$$

式中 n 为包括 0 在内的正整数,它和 λ 有关,

$$n=2\lambda-\frac{1}{2} \tag{8.15}$$

这样可以求得方程(8.8)的本征值或本征能量为

$$E_n=-R^*\Big/\left(n+\frac{1}{2}\right)^2, \quad n=0,1,2,\cdots \tag{8.16}$$

归一化的本征函数为

$$\varphi_{n,m}(\boldsymbol{r})=\left[\frac{(n-|m|)!}{\pi a^{*2}\left(n+\dfrac{1}{2}\right)^3\{(n+|m|)!\}^3}\right]^{1/2}$$

$$\times e^{-\rho/2}\rho^{|m|}L_{n+|m|}^{2|m|}(\rho)e^{im\theta} \tag{8.17}$$

式(8.16)表明,我们得到一系列的能量位置在二维禁带宽度以下的分立能级.和三维情况比较,维数下降的效应是使激子能量本征值表达式的分母中以 $\left(n+\dfrac{1}{2}\right)^2$ 代替 n^2,这样激子基态(1s)束缚能为 $4R^*$,即三维情况的 4 倍.考虑到 GaAs 体材料中激子束缚能约为 4.2meV,因而二维情况下 GaAs 激子束缚能可达 17meV 左右.

从式(8.17),令 $n=m=0$,则得二维激子的 1s 波函数径向分量

$$R(r)=\left(\frac{2}{\pi}\right)^{1/2}\frac{2}{a^*}\exp\left(-\frac{2r}{a^*}\right) \tag{8.18}$$

和三维情况比较,显著的不同是包络波函数实空间扩展范围明显缩小,相对电荷密度的极大值位于径向 $a_{2D}^*=a^*/4$ 处,而不像三维那样位于 a^* 处,并满足

$$E_{1s}^{2D}a_{2D}^*=E_{1s}^{3D}a_{3D}^*=\frac{e^2}{8\pi\varepsilon(0)} \tag{8.19}$$

这一情况如图 8.7 所示.

2. $E>0$,非束缚状态的自由激子

$E>0$ 情况下,λ 为纯虚数,方程(8.13)有非束缚态和连续能谱解,引入波矢 $\boldsymbol{k}$

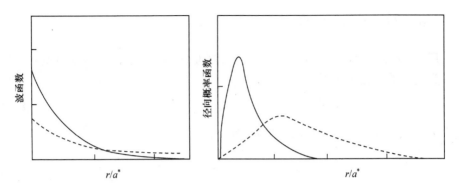

图 8.7　二维(实线)和三维(虚线)情况下实空间激子 $1s$ 波函数的比较
及径向分布概率的比较

并将能量本征值表达为

$$E(k) = \frac{\hbar^2 k^2}{2\mu} \tag{8.20}$$

则

$$w = a^{*2} k^2$$
$$\lambda = -\,\mathrm{i}\alpha/2, \qquad \alpha = (a^* k)^{-1} \tag{8.21}$$

代入式(8.10),微分方程变为

$$\rho \frac{\mathrm{d}^2 L}{\mathrm{d}\rho^2} + (2\mid m\mid + 1 - \rho)\frac{\mathrm{d}L}{\mathrm{d}\rho} - \left(\mid m\mid + \frac{1}{2} + \mathrm{i}\alpha\right)L = 0 \tag{8.22}$$

式中我们已令 $F = \rho^{|m|} L$,其解为合流型超几何函数,或称库麦尔 (Kummer)函数,于是得归一化的包络波函数为

$$\varphi_{km}(\boldsymbol{r}) = \frac{1}{(2\mid m\mid)!}\left\{\prod_{j=1}^{|m|}\left[\left(j - \frac{1}{2}\right)^2 + \alpha^2\right]\Big/(S\cosh\pi\alpha)\right\}^{1/2}$$

$$\times \exp\left[\frac{\pi}{2}\alpha\right]\exp[-\mathrm{i}\boldsymbol{k}\cdot\boldsymbol{r}]\cdot(2\boldsymbol{k}\cdot\boldsymbol{r})^{|m|}$$

$$\times F\left(\mid m\mid + \frac{1}{2} + \mathrm{i}\alpha; 2\mid m\mid + 1; 2\mathrm{i}\boldsymbol{k}\cdot\boldsymbol{r}\right)\mathrm{e}^{\mathrm{i}m\theta} \tag{8.23}$$

式中 $F\left(|m| + \frac{1}{2} + \mathrm{i}\alpha; 2|m| + 1; 2\mathrm{i}\boldsymbol{k}\cdot\boldsymbol{r}\right)$ 即库麦尔函数,S 为二维晶体的面积. 和三维情况比较,其重要变化是归一化因子分母中,用 $\cosh\pi\alpha$ 代替三维情况的 $\sinh\pi\alpha$.

　　比较一下二维激子和三维激子的吸收系数是有意义的. 从式(8.17)得,$E < E_0$ 时,即分立能量状态下

$$| \varphi_{n,0}(0) |^2 = \frac{1}{\pi a^{*2}} \frac{1}{\left(n + \dfrac{1}{2}\right)^3}, \qquad n = 0,1,2,\cdots \tag{8.24}$$

于是得二维激子分立谱线吸收系数表达式为

$$\alpha_{2\mathrm{D,n}}(\hbar\omega) = \frac{2}{m_0 \pi a^{*2} \hbar\omega} \left(n + \frac{1}{2}\right)^{-3} | \langle c | \boldsymbol{a} \cdot \boldsymbol{P} | v \rangle |^2,$$

$$n = 0,1,2,\cdots \tag{8.25}$$

在 n 很大的准连续区域,联合态密度为

$$D_{\mathrm{qc,2D}}(E) = 2 \left(S \frac{\partial E}{\partial n}\right)^{-1} = \frac{\left(n + \dfrac{1}{2}\right)^3}{SR^*} \tag{8.26}$$

于是得

$$\alpha_{2\mathrm{D,qc}}(\hbar\omega) = \frac{4\varepsilon_0}{m_0^2 c\eta\, a^*\, \omega} | \langle c | \boldsymbol{a} \cdot \boldsymbol{P} | v \rangle |^2 \tag{8.27}$$

在非束缚态的连续能谱区域,

$$| \varphi_{\mathrm{k},0}(0) |^2 = \frac{\mathrm{e}^{\pi\nu}}{S \cosh\pi\nu} \tag{8.28}$$

态密度为台阶函数

$$D(E) = \mu/\pi\hbar^2, \quad E > 0 \tag{8.29}$$

于是

$$\alpha(\hbar\omega) = \frac{2\varepsilon_0}{m_0^2 c\eta\, a^*\, \omega} \frac{\mathrm{e}^{\pi\nu}}{\cosh\pi\nu} | \langle c | \boldsymbol{a} \cdot \boldsymbol{P} | v \rangle |^2 \tag{8.30}$$

式中

$$\nu = [R^*/(\hbar\omega - E_g)]^{1/2} \tag{8.31}$$

不考虑激子效应,即忽略库仑作用的单电子能带近似情况下,二维带间跃迁吸收系数

$$\alpha_{0,2\mathrm{D}} = \frac{2\varepsilon_0}{m_0^2 c\eta\, a^*\, \omega} | \langle c | \boldsymbol{a} \cdot \boldsymbol{P} | v \rangle |^2 \tag{8.32}$$

于是得

$$\alpha_{c,\,2D}(\hbar\omega) = \alpha_{0,\,2D}(\hbar\omega)\,\frac{\mathrm{e}^{\pi\nu}}{\cosh\pi\nu} \tag{8.33}$$

可以将二维和三维情况下允许直接跃迁吸收行为做一比较,如表8.1所列,并且不难证明

$$\lim_{\hbar\omega\to E_g+0}\alpha_c = \lim_{\hbar\omega\to E_g-0}\alpha_{qc}$$

表 8.1　二维和三维情况下允许直接跃迁吸收系数比较

二维(2D)	三维(3D)
$\alpha_{2D,n}$ $=\dfrac{2}{\pi m_0 a^{*2}\hbar\omega}\left(n+\dfrac{1}{2}\right)^{-3}\lvert\langle c\rvert\boldsymbol{a}\cdot\boldsymbol{P}\lvert v\rangle\rvert^2$	$\alpha_{3D,n}$ $=\dfrac{2}{\pi m_0 a^{*3}\hbar\omega}\,n^{-3}\lvert\langle c\rvert\boldsymbol{a}\cdot\boldsymbol{P}\lvert v\rangle\rvert^2$
$\alpha_{qc}=\dfrac{4\varepsilon_0}{m_0^2 c\eta a^{*}\omega}\lvert\langle c\rvert\boldsymbol{a}\cdot\boldsymbol{P}\lvert v\rangle\rvert^2$	$\alpha_{qc}=\dfrac{4\varepsilon_0}{m_0^2 c\eta a^{*2}\omega}\lvert\langle c\rvert\boldsymbol{a}\cdot\boldsymbol{P}\lvert v\rangle\rvert^2$
$\alpha_{c,2D}=\alpha_{0,2D}\dfrac{\mathrm{e}^{\pi\nu}}{\cosh\pi\nu}$	$\alpha_{c,3D}=\alpha_{0,3D}\dfrac{\pi\nu\mathrm{e}^{\pi\nu}}{\sinh\pi\nu}$
$\alpha_{0,2D}=\dfrac{2\varepsilon_0}{m_0^2 c\eta a^{*}\omega}\lvert\langle c\rvert\boldsymbol{a}\cdot\boldsymbol{P}\lvert v\rangle\rvert^2$	$\alpha_{0,3D}=\dfrac{Q}{\pi m_0^2 c\eta a^{*2}\omega}\left[\dfrac{\hbar(\omega-\omega_g)}{R^{*}}\right]^{1/2}$ $\times\lvert\langle c\rvert\boldsymbol{a}\cdot\boldsymbol{P}\lvert v\rangle\rvert^2$

　　从表及上述讨论可见,二维情况下,分立激子峰吸收强度正比于$\left(n+\dfrac{1}{2}\right)^{-3}$,即更快地随$n$的增大而下降.例如,1s峰和2s峰强度之比,在三维情况下为8,二维情况下为27.在连续吸收谱区域,电子-空穴的相关性在三维情况下导致一个几乎平坦的谱;二维情况下,$\lim\limits_{\nu\to\infty,\hbar\omega\to E_g}(\mathrm{e}^{\pi\nu}/\cosh\pi\nu)=2$,连续谱起始点处的吸收系数又升高了几乎一倍.此外,二维情况下波函数在实空间的压缩增强了1s激子吸收峰与连续激子吸收带之间的对比度,比较激子峰积分吸收强度不难看到这一点.三维情况下,1s激子吸收峰的面积,即积分吸收强度

$$A_{1s}^{3D}\propto\lvert E_{1s}^{3D}\rvert\,\alpha_c^{3D}(E_g^{3D}) \tag{8.34a}$$

二维情况下,1s激子吸收峰面积

$$A_{1s}^{2D}\propto 2\lvert E_{1s}^{2D}\rvert\,\alpha_c^{2D}(E_g^{2D}) \tag{8.34b}$$

式(8.34b)表明,既然二维情况下激子束缚能增加为$4R^{*}$,又加之维数下降导致的因子2,使得二维情况下,分立的1s激子谱线(有时也称激子共振)与激子连续吸收带间的对比度比三维情况增大了8倍,这是十分显著的增加.二维激子和三维激子吸收谱的比较如图8.8所示,图中只画出1s吸收峰和连续吸收带,并且二维情况下人为地令线宽为三维情况的6倍.实际上,二维激子谱线更为尖锐.

　　现在讨论真实量子阱、超晶格中的激子能态和吸收效应.我们仅考虑由

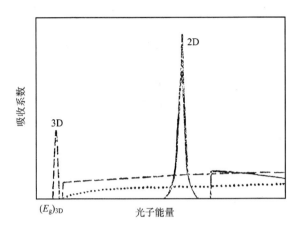

图 8.8 吸收边附近二维激子(实线)和三维激子(虚线)吸收谱的比较.
点线给出不考虑激子效应时的三维带间跃迁吸收谱. 图中理论上 δ 函数
形式的激子峰已用更实际的高斯线形函数代替, 并且只给出 $1s$ 峰, 同时
二维情况下故意令线宽为三维的六倍

$Ga_{1-x}Al_xAs$-$GaAs$-$Ga_{1-x}Al_xAs$ 组成的单量子阱, 如图 8.9 所示. 在实际感兴趣的
样品条件下, 限制效应是如此重要(如三维时玻尔半径为 300Å 的激子限定在小于
100Å 的阱层内), 因而这里微扰法(即将限制效应看作三维波函数微扰的方法)看
来不是一个很适用的方法, 为此常采用变分法[20~22]. 讨论的出发点仍是卢定谔和
科恩的有效质量方程. 一般情况下, 激子哈密顿可表为 6×6 矩阵, 但在 GaAs 和
GaAlAs 情况下, 自旋-轨道分裂 Δ_0 远大于激子束缚能, 人们可以忽略分裂价带的
影响, 因而激子哈密顿降为 4×4 矩阵. 现在, 在量子阱情况下, 由于生长方向对称
性的下降和界面处能带不连续性的存在, 价带简并消除了, 可以假定这种子带分裂

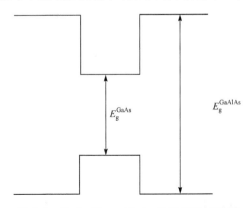

图 8.9 $GaAs/Ga_{1-x}Al_xAs$ 单量子阱示意图

足够大,以致它们之间相互耦合的库仑束缚能可以忽略不计. 这样,在讨论激子形成时,可暂且把这些子带或能级看作是相互独立的,并可用简单的简约质量来描述,因而形成两个系列的激子,即重空穴激子和轻空穴激子,它们分别与原来价带顶处 $J_z = \pm 3/2$ 的子带及 $J_z = \pm 1/2$ 的子带相联系. 还可假定哈密顿中非对角项对激子束缚能的贡献可以忽略,于是有效质量近似情况下 GaAs 单势阱层中重、轻空穴的激子哈密顿,在柱坐标系统中可写为

$$H = -\frac{\hbar^2}{2\mu_\pm} \left[\frac{1}{\rho} \frac{\partial}{\partial\rho} \left(\rho \frac{\partial}{\partial\rho} \right) + \frac{1}{\rho^2} \frac{\partial^2}{\partial\varphi^2} \right] - \frac{\hbar^2}{2m_e^*} \frac{\partial^2}{\partial z_e^2}$$

$$- \frac{\hbar^2}{2m_\pm^*} \frac{\partial^2}{\partial z_h^2} - \frac{e^2}{4\pi\varepsilon(0) \mid r_e - r_h \mid} + V_{ew}(z_e)$$

$$+ V_{hw}(z_h) \tag{8.35}$$

式中 m_e^* 为导带电子有效质量;$m_\pm^*$ 为沿 z 方向的重空穴(+)和轻空穴(−)有效质量;$\mu_\pm$ 是垂直 z 轴的平面内重空穴(+)和轻空穴(−)带的约化质量,$m_\pm^*$ 和 $\mu_\pm$ 可用卢定谔参数 γ_1 和 γ_2 表达如下:

$$\frac{1}{m_\pm^*} = \frac{1}{m_0}(\gamma_1 \mp 2\gamma_2)$$

$$\tag{8.36}$$

$$\frac{1}{\mu_\pm} = \frac{1}{m_e^*} + \frac{1}{m_0}(\gamma_1 \pm \gamma_2)$$

上式中 $m_\pm^*$、$\mu_\pm$ 的下脚标正号和括号中上面的符号(负或正)是对 $J_z = \pm 3/2$ 的重空穴带而言;$m_\pm^*$、$\mu_\pm$ 的下脚标负号和括号中下面的符号(正或负),是对 $J_z = \pm 1/2$ 的轻空穴带而言. r_e 与 r_h 为电子与空穴的位矢,ρ、φ 和 z 为柱坐标系内的相对坐标. 电子的势阱 $V_{ew}(z_e)$ 和空穴的势阱 $V_{hw}(z_h)$ 均假定是宽度为 L 的方阱,请注意,从这里开始,本章以下讨论将用 L 或 L_w 标示量子阱势阱宽度,而不再如第 8.1 节讨论那样用 a 代表阱宽. 于是

$$V_{ew}(z_e) = \begin{cases} 0, & \mid z_e \mid < L/2 \\ V_e, & \mid z_e \mid \geqslant L/2 \end{cases}$$

$$\tag{8.37}$$

$$V_{hw}(z_h) = \begin{cases} 0, & \mid z_h \mid < L/2 \\ V_h, & \mid z_h \mid \geqslant L/2 \end{cases}$$

V_e 与 V_h 决定于能隙不连续性 ΔE_g 及其在导带与价带处的分配,对 GaAs/GaAlAs 量子阱和超晶格,通常认为 $V_e = Q\Delta E_g$, $Q = 0.65 \sim 0.70$, 而 $V_h = (1-Q)\Delta E_g$[20, 21].

与哈密顿式(8.35)相应的薛定谔方程不能解析求解,可采用变分法求解[21~23]. 令试解波函数为

$$\Psi = f_e(z_e)f_h(z_h)g(\rho, z, \varphi) \tag{8.38}$$

式中 $f_e(z_e)$ 和 $f_h(z_h)$ 为有限方势阱及势垒中电子和空穴的包络波函数,例如,它们可取式(8.2)的形式. $g(\rho, z, \varphi)$ 是描述激子中电子-空穴相对运动的波函数,可选取下列试解:

$$g(\rho, z, \varphi) = (1 + \alpha z^2)\exp\{-\delta(\rho^2 + z^2)^{1/2}\} \tag{8.39}$$

这里 α、δ 为变分参数,于是哈密顿 H 的预期值可表为[22]

$$E = \frac{\iiint \Psi^* H\Psi \, dz_e dz_h \rho d\rho}{\iiint \Psi^* \Psi \, dz_e dz_h \rho d\rho} \tag{8.40}$$

调节 α、δ 使 E 最小,而激子束缚能 E_{ex} 或 E_{1s} 由势阱中电子与空穴基态能量(E_e 与 E_h)之和减去上述 E 求得,即

$$E_{ex} = E_e + E_h - E \tag{8.41}$$

能量 E_e、E_h 可以从简单模型估计(见 §8.1),也可以是如下超越方程的数值解:

$$\sqrt{\frac{E_e}{V_e}} = \cos\left\{\left[\frac{m_e^* E_e}{2\hbar^2}\right]^{1/2} L\right\} \tag{8.42a}$$

$$\sqrt{\frac{E_h}{V_h}} = \cos\left\{\left[\frac{m_{\pm}^* E_h}{2\hbar^2}\right]^{1/2} L\right\} \tag{8.42b}$$

用这一方法计算的 GaAs 单量子阱的重空穴激子、轻空穴激子的束缚能 $E_{ex,H}$、$E_{ex,L}$ 以及它们与量子阱宽度、势垒高度(因而势垒层 Al 含量)的关系如图 8.10(a)及(b)所示,图中还给出了无限深势阱情况下的激子束缚能. 计算中采用的参数为 $m_e^* = 0.067\, m_0$,$\varepsilon_0 = 12.5$;$\gamma_1 = 7.36$,$\gamma_2 = 2.57$;由 γ_1、γ_2 决定的重、轻空穴有效质量仍如第 8.1 节所述,即 $m_+^*(m_{H,\perp}^*) \approx 0.45m_0$,$m_-^*(m_{L,\perp}^*) \approx 0.08m_0$. xy 平面内重空穴激子($J_z = \pm 3/2$)和轻空穴激子($J_z = \pm 1/2$)的约化质量 $\mu_{\pm}$ 分别为 $0.04m_0$ 和 $0.051m_0$,与 §8.1 讨论过的关于价带子带的复杂行为一致,$\mu_+ < \mu_-$,即 xy 平面内轻空穴激子的约化质量 μ_- 大于重空穴激子的约化质量 μ_+. 图 8.11 给出了势垒层含 Al 量为 $x = 0.30$ 时 $E_{ex,H}$、$E_{ex,L}$ 与阱宽 L 的关系的比较. 图 8.10 表明,无限深方势阱下,随着 L 的下降,$E_{ex,H}$ 和 $E_{ex,L}$ 都单调增加,直到 $L \to 0$ 时变成前面讨论的真正二维激子的情况,并且 $E_{ex} \to 4R^*$. 但图 8.11 表明,有

限深方势阱下,$E_{ex, H}$、$E_{ex, L}$起初随阱宽 L 下降而增大,在达到一极大值(此时阱宽约数＋埃左右,因势垒高度而异)后很快下降,并且势阱愈浅,$E_{ex, H}$ 与 $E_{ex, L}$ 达到极大值然后开始下降的 L_{max} 值也愈大. 这一行为是可以理解的,起初随着 L 减小,激子波函数被挤压在量子阱中,激子行为更趋于二维特性,从而导致束缚能增加. 然后,当 L 小于某一定值后,穿透在 $Ga_{1-x}Al_xAs$ 势垒层中的波函数变得越来越重要,从而使激子束缚能越来越接近于 $Ga_{1-x}Al_xAs$ 体材料的激子束缚能. 计算表明,对通常感兴趣的量子阱和超晶格尺寸,上述 $E_{ex, H}$ 与 $E_{ex, L}$ 的极大值约在 $2 \sim 3R^*$ 之间,而与之对应的阱宽 L_{max} 约为 $a^*/4 \sim a^*/2$.

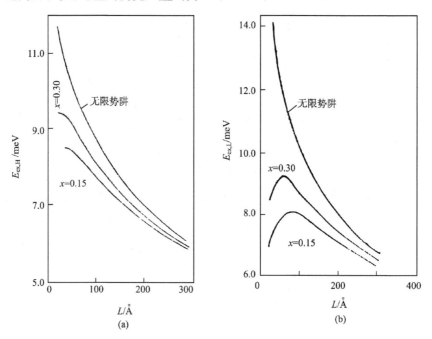

图 8.10　变分计算给出的 GaAs 单势阱重空穴激子(a)和轻空穴激子 (b)的束缚能与量子阱宽度 L 及势垒层 Al 含量的关系,图中还给出了无限深势阱下的激子束缚能

　　图 8.11 还表明,在较大阱宽时,$E_{ex, L} > E_{ex, H}$,即轻空穴激子束缚能较大;但随着 L 的减小,$E_{ex, H}$ 继续更快地增大,而 $E_{ex, L}$ 较早达到极大值并开始随 L 进一步减小而下降,因而当 $L \lesssim 50\text{Å}$ 时,$E_{ex, H} > E_{ex, L}$. 这一事实也不难理解,因为轻空穴有效质量较小,第一轻空穴子带能量更低,其等效里德伯能量 R^* 也较大,因而较大 L 时有比重空穴激子更大的束缚能. 但其波函数比重空穴波函数更多地隧穿到 $Ga_{1-x}Al_xAs$ 势垒区域,因而更严重地影响着小 L 值时的激子束缚能行为.

　　量子阱和超晶格等准二维情况下激子吸收系数的理论估计要更繁复一些. 但可以指出,以 $1s$ 激子跃迁为例,因为跃迁概率正比于 $|\varphi_{n, 0}(0)|^2$,而如上讨论的量

子阱中激子束缚能可比三维情况大 2～3
倍,其波函数压缩导致的 $|\varphi_{n,0}(0)|^2$ 值也
将增大 2～3 倍,加之维度下降的效应,因
而和三维情况比较,折合成吸收强度(单
位长度的吸收),仍有很大增强.前面讨论
的关于二维激子吸收的基本特性,包括
图 8.8 给出的形象化的图像仍基本保持.
由此人们可以理解,为什么超晶格和量子
阱等准二维体系中,激子起着更为重要得
多的作用,以致常常在这些体系的光吸收
或荧光跃迁中起着主导作用.还可指出,
超晶格和多量子阱在超晶格生长方向周
期的存在改变了声子振动模的对称行为,
因而也对激子-声子互作用产生显著的影
响.例如极化矢量(因而极化电场)垂直于
层平面的那些纵光学声子(LO 声子),就
不再能导致层平面内激子运动量子数的
改变,而只能引起量子化子能级或子带间
的跃迁.这样总的说来,量子阱的限制效
应减弱了激子与极性声子的相互耦合及

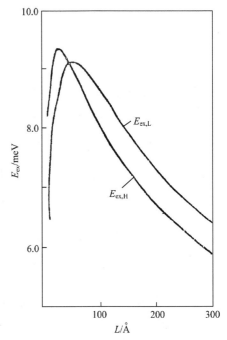

图 8.11　势垒层为 $Ga_{0.7}Al_{0.3}As$ 的 GaAs
单势阱重、轻空穴激子束缚能 $E_{ex,H}$ 和 $E_{ex,L}$
与量子阱宽度 L 的关系

相互作用,而正是这种相互作用对应于激子跃迁谱线的温度增宽.这表明结构良好
的超晶格或多量子阱的激子跃迁谱线线宽 Γ,可比同样温度下体材料的对应激子
谱线更窄,以致在室温下仍然可以被分辨和观察出来.不仅如此,近来的研究还表
明,量子阱中准二维激子还呈现许多其他有趣的物理性质[23].例如,有比三维激子
大得多的非线性光学效应和斯塔克效应,不论在真实激发跃迁情况下或虚的激发
跃迁情况下,都观察到了这种显著增大的非线性光学效应和斯塔克效应.在垂直量
子阱层的电场作用下,激子共振呈现明显的电场诱发红移,并且由于势垒的存在阻
止了激子的电致解离,直到 10^5 V/cm 大的电场下仍保持清楚的激子共振特性.量
子阱中的激子有很快的自发发射速率,其自发发射寿命为皮秒量级.量子阱中的激
子极化激元的行为,也和三维情况有明显的区别.这些事实和研究结果表明,量子
阱的准二维激子特性为光和物质相互作用、光和电子态耦合的研究提供了新的平
台;同时,也为飞秒级时间常数光学开关、10 GHz 以上高速光学调制器、新的光学
双稳器件和新介质的微腔光电子器件等应用提供了物理机制、材料结构以致基本
模型;并预示着进一步降低电子体系维度的诱人前景.

8.3 量子阱中导带子带和价带子带间的带间 跃迁及激子光谱

本节讨论超晶格、量子阱中子带带间跃迁及其激子效应的光谱研究,我们将分别讨论吸收光谱、光电流谱、光荧光光谱及其激发谱、调制光谱和拉曼散射谱.

8.3.1 吸收光谱

研究超晶格、量子阱导带和价带子带间跃迁的最直观的方法是吸收光谱. 然而,这一方法实施起来曾经是很不容易的,以 GaAs/AlGaAs 体系为例,既然这里要观察的跃迁能量都在 GaAs 禁带宽度以上,而 GaAs 衬底的强吸收通常总是掩盖了所有有关量子阱带间跃迁的信息. 尽管如此,20 世纪 70 年代中期,丁格尔等人[4,24]还是采用选择性化学腐蚀剂,腐蚀掉 GaAs 衬底,直接观察到了分子束外延 (MBE)生长的 GaAs/Ga$_{1-x}$Al$_x$As 多量子阱和超晶格的吸收光谱. 为避免干涉效应引起的虚假光谱信号,他们还故意用化学腐蚀剂使样品表面变得适度粗糙. 图 8.12(a)给出了他们关于 GaAs/Ga$_{0.8}$Al$_{0.2}$As 多量子阱的实验结果,图 8.12(b)给出了最近朱克(Zucker)等人的实验结果[24]. 图 8.12 所用样品的势垒层禁带宽度为 $E_g^{GaAlAs} \approx 1.75eV$,因而图示给出的是 GaAs 体材料禁带宽度能量到 Ga$_{0.80}$Al$_{0.2}$As吸收边能量间的吸收特征. 可以看到,$L = 4000$Å 时,吸收曲线是典型的高纯 GaAs 体材料吸收边行为,包括强烈的激子共振吸收贡献. 激子共振峰处吸收系数 $\alpha = 2.5 \times 10^4$ cm^{-1},带-带跃迁吸收带处 $\alpha \approx 1 \times 10^4$ cm^{-1}. 在 $L = 210$Å 和 140Å 时,吸收边移向高能方向,整个吸收光谱变成台阶形曲线,并且每一台阶处伴有一个峰值,根据前两节的讨论或最简单的理论考虑不难判定,第 n 个台阶即对应于最简单理论中第 n 支价带子带到第 n 支导带子带向带间跃迁的开始,而其峰则归因于与这一对价带-导带态相联系的激子效应,吸收曲线台阶式的上升反映了台阶式的跃迁联合态密度. 图 8.12 还表明,$L = 210$Å 时可以观察到量子数 $n = 1$ 到 4 的多量子阱的带间跃迁. $L = 140$Å 时,在 $n = 1$ 的吸收台阶处观察到吸收峰的亚结构. 可以推断,这两个亚结构分别属于和第一重空穴态及第一轻空穴态相联系的激子效应. 在图 8.12(b)所示的结果中,这两个亚结构已完全分开并显示为十分尖锐的峰. 顺便指出,在图 8.12(b)和以后的一些图示说明中,我们略去轻、重空穴符号中第二个大写字母 H,简写为 mnH 和 mnL 等记号,来代表导带第 m 个子带与价带第 n 个重空穴或轻空穴子带间的跃迁.

除简单的多量子阱外,丁格尔等人还研究了必须考虑势阱间耦合(或者说超晶格效应)的量子阱结构的吸收跃迁[25]. 比较图 8.13 所示的两种势阱结构的吸收光谱,其中图(a)所用的样品是 GaAs/Ga$_{0.73}$Al$_{0.27}$As 多量子阱,GaAs 势阱层阱宽

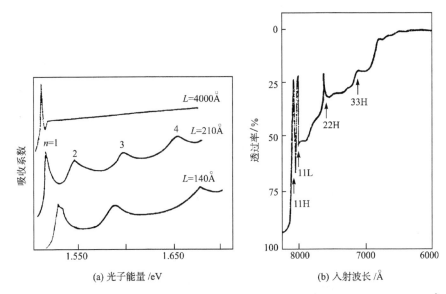

图 8.12 (a)2K 时 GaAs/Ga$_{0.8}$Al$_{0.2}$As 多量子阱的吸收光谱,势阱宽依次为 4000Å、210Å 和 140Å;(b)最近关于 GaAs/Ga$_{0.8}$Al$_{0.2}$As 多量子阱吸收光谱的实验结果,阱宽 106Å,势垒宽 219Å. 测量温度 $T \approx 10K$

50Å,Ga$_{0.73}$Al$_{0.27}$As 势垒层宽 180Å,周期数为 8. 由于势垒层足够宽,相邻势阱间的互作用可以忽略,因而吸收光谱观察的是 8 个单势阱效果的叠加. 从图(a)人们观察到的是 $n=1$ 的重空穴和轻空穴量子态到 $n=1$ 的导带电子态的 $\Delta n=0$ 的允许跃迁及与之相联系的激子效应(表现为相应的峰),图中横坐标上我们还用黑线条 1 和空白线条 2 示出了简单理论计算预期的重、轻空穴跃迁位置,这些情况与前面讨论的一致. 图(b)给出的是如插图所示的势阱宽为 50Å、势垒宽为 15Å 左右的双势阱的吸收光谱,双势阱周期数为 16,相邻双势阱之间为另一宽为 200Å 左右的厚势垒层,因而只需考虑双势阱的两个势阱间的强耦合,而不必考虑相邻双势阱间的相互作用. 两势阱间的强的共振耦合使每一量子数的电子和空穴能级分裂,分裂后的亚子能级数目等于相互强耦合的势阱数目,这里为 2. 这样对双势阱的 $n=1$ 的空穴态到 $n=1$ 的电子态的 $\Delta n=0$ 的允许跃迁,应该可以观察到 4 个跃迁,分别对应于分裂的轻、重空穴态到分裂电子态间的跃迁. 简单理论估计的这四个跃迁的能量位置分别用粗体和空白线条表示在横坐标上. 实验曲线表明,实验确实观察到了这四个跃迁及与之相联系的激子效应. 可以预期,随着相互强耦合的势阱数目的增加,这种分裂的子能级将逐步演变成超晶格的子带色散现象.

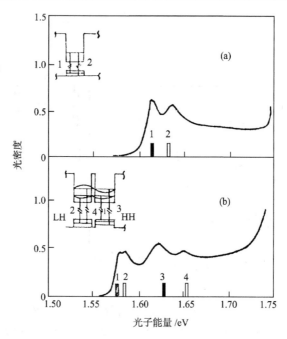

图 8.13　GaAs/Ga$_{0.78}$Al$_{0.27}$As 孤立单势阱和双势阱吸收光谱的比较.
(a)孤立单势阱,$L \approx 50$Å;(b)双势阱情况,$L \approx 50$Å,$L_B \approx 15$Å. 观察到势
阱间强耦合导致的 $n = 1$ 的分裂的量子亚态间的四个带间跃迁,实验温
度为 2K. 详细说明见正文

8.3.2　光电流谱

　　光电流谱是指光照引起的流过半导体样品的电流响应与入射光子能量的关系
(谱). 对超晶格和多量子阱,为研究子带带间光跃迁,可以研究沿超晶格生长方向
(z 方向)的光电流谱[26],也可以研究垂直超晶格生长方向,即量子阱平行层面内
的光电流谱[27]. 如图 8.14 所示的超晶格或多量子阱样品,衬底是高掺杂 n 型
GaAs,因而可在衬底底部实现欧姆接触,衬底上方生长非掺杂的超晶格或多量子
阱结构,上表面用厚度约为 100Å 的薄 Au 层实现电极接触,但同时又允许光通过.
当来自单色仪的入射光从上表面照射样品时,决定于光子能量大小,可以在势阱中
限制能级(子带)上或势阱外非限制能态上激发电子-空穴对. 这些被激发的电子和
空穴,即使是处于势阱中,只要能量足够大而势垒又不太厚,就可通过隧道效应向
邻近势阱运动. 光激发载流子的定向运动或定向隧穿过程需要定向电场的作用,幸
好图 8.14 所示结构的前表面实际上是一个肖特基结,因而即使在没有外加电压的
情况下,样品中也可存在一个和势阱层垂直的电场,从而引起光电流响应. 施加外
电压可以改变样品中的垂直电场,从而影响光电流. 这一电流响应显然和入射光子
能量的关系敏感. 早在超晶格、量子阱研究的初期人们就已认识到,研究上述光电
流的光谱响应及其与外加电压的关系可以观察到势阱中的量子态间的跃迁.

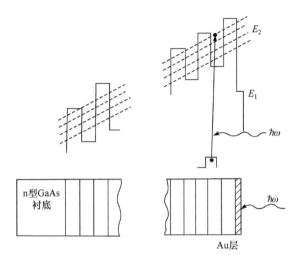

图 8.14 超晶格和多量子阱结构光电流谱测量的样品、能级结构、光照及跃迁过程示意图

图 8.15 给出的是 1975 年朱兆祥等人[26] 关于 GaAs/Ga$_{1-x}$Al$_x$As 超晶格和多量子阱光电流谱的实验结果. 在 $\hbar\omega < E_g^b$ 能量范围内, 标明 E_1、E_2、E_3 字样处, 可以观察到光电流的峰. 光生载流子的输运过程大致和入射光波长无关, 因而光电流谱应和吸收光谱有相似之处. 实际上, 这些峰是入射光子能量正好等于导带子带和价带子带间跃迁能量时发生共振吸收(因而光生电子-空穴对数目也共振地增加)引起的, 这一情况和下面将讨论的荧光激发谱相似. 实验采用的样品如图例说明, 这样图 8.15 表明, 随着超晶格周期减小, 第一个光电流峰 E_1(对应于 1HH→1CB 跃迁)的能量位置增高; 在 GaAs(110Å)/Ga$_{0.55}$Al$_{0.45}$As(110Å) 情况下则可以观察到 $n=1\sim3$ 的三个 $\Delta n=0$ 的跃迁.

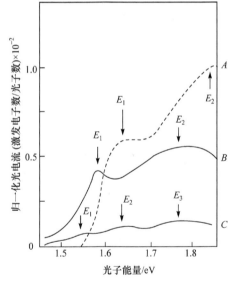

图 8.15 三个不同超晶格样品的归一化光电流谱[26]. 曲线 A: GaAs(35Å)/Ga$_{0.8}$Al$_{0.2}$As(35Å), 100 周期; 曲线 B: GaAs(50Å)/Ga$_{0.78}$Al$_{0.22}$As(50Å), 80 周期; 曲线 C: GaAs(110Å)/Ga$_{0.55}$Al$_{0.45}$As(110Å), 50 周期, 因此样品总厚度都在 $1\mu m$ 左右

自那时以来, 光电流谱方法已有了很大的改进[28], 样品常做成p-i-n光电二极管的形式, 其中本征区域(i层)由被研究的 GaAs/Ga$_{1-x}$Al$_x$As 等超晶格或多量子

阱结构组成,因而灵敏度有很大提高,从而成为观测量子阱带间和子带间跃迁的重要手段之一,并用于研究重空穴、轻空穴激子共振的寿命和斯塔克效应(子带能量位置及相应跃迁随外电场漂移)[28]. 图 8.16(a)给出了最近关于 GaAs(80Å)/Ga$_{0.7}$Al$_{0.3}$As(110Å)多量子阱光电流谱的实验结果[28],表明在 10K 的温度下和合适的外加偏压条件下,可以观察到 8 个光电流峰. 将这些峰的位置和不同量子数标号的带间跃迁能量相比较并考虑到激子效应,可以分别将它们判定为 HH1、LH1、HH13、LH13 等允许跃迁和禁戒跃迁的 1s 激子峰或激发态激子峰. 图 8.16(a)还表明,诸激子峰的位置与外偏压有关. 这种关系更明确地由图 8.16(b)给出,它综合了外加偏压从$-$0.5V 变化到 2.5V 的过程中诸激子峰漂移的实验结果. 该多量子阱组成的光电二极管的内建电压为 1.52V,阱内总宽度为 2100Å 左右,因而测量中实际采用的电场约为 2×10^4V/cm 到 3×10^5V/cm. 这样图 8.16(b)表明,在 10^5V/cm 的电场变化范围内,HH1 和 LH1 激子的斯塔克效应可以高达 10$\sim$20meV,而 $n=$2、3 以及 HH13、LH13 激子峰或激发态激子峰的能量位置,随外偏压的漂移就要小得多. 这一事实可定性解释如下:量子阱中第 n 个子带的斯塔克漂移 ΔE_n 可由二级微扰理论给出,即

$$\Delta E_n = e^2 \mathscr{E}^2 \sum_{i\neq n} \frac{|\langle i \mid x \mid n\rangle|^2}{E_n - E_i} \tag{8.43}$$

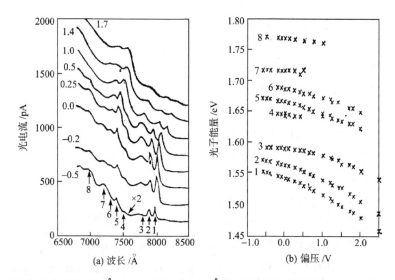

图 8.16　GaAs(80Å)/Ga$_{0.7}$Al$_{0.3}$As(110Å)多量子阱的光电流谱(a)及其诸峰值能量位置随反向偏压的漂移(b). 每一曲线左端的数字为偏压值,负外加偏压实际上意味着较小的正向偏压,$-$0.5V 偏压时观察到标号为 1$\sim$8 的 8 个激子峰,图(a)中每一曲线的纵坐标逐次位移了 150pA 以免互相交叠. 图(b)中每一曲线的标号为相应激子峰的编号. $T=$10K

式中 E_n 是被研究的本征态 $|n\rangle$ 的能量, $\vec{\mathcal{E}}$ 为电场. 对 $n=1$ 的量子态来说, 分母能量为负值, 求和项也是负的, 即随着电场的增加量子态能量向阱底漂移. 但对 $n>1$ 的量子态, 求和项中有正有负, 尽管其净效果仍是能量随电场的增大而下降, 但比 $n=1$ 量子态要小得多.

图 8.16 和其他光电流谱的研究结果还表明[28], 除观察到 HH1、LH1 等 $\Delta n=0$ 的允许跃迁外, 还可观察到 HH13、LH13、LH21 等 $\Delta n \neq 0$ 的简单理论禁戒的跃迁或激发态激子跃迁. 此外, 实验表明, 光电流谱研究所需的光信号强度是极其小的, 仅为 $10\mu\mathrm{W/cm^2}$ 或更小. 这两个事实反映了光电流谱方法在研究量子阱子带带间跃迁时的灵敏度, 这也是这种方法的主要优点之一.

实验还表明, 在温度从 300K 下降到 100K 的过程中, 固定激发波长时的短路光电流下降, 表明在这一温度范围内, 热激发或者说热致跃迁是导致光生载流子越过势垒输运的主要物理过程. 但从 100K 进一步下降到 10K 时, 光电流绝对值反而有所增大, 这是因为这一温度范围内, 对所采用样品的势垒状况而言, 隧道效应已成为最主要的输运机制, 随着温度的降低, 载流子声子散射的减弱导致穿透势垒的概率增加. 尽管如此, 导致激子电离和形成穿越量子阱势垒的光电流的精确机制迄今并未完全了解.

8.3.3　光荧光光谱和光荧光激发谱

光荧光光谱(PL)和光荧光激发谱(PLE)是目前研究超晶格、量子阱导带与价带子带间跃迁及激子效应最常用的光学方法. 由于前面已讨论过的量子阱二维或准二维特性导致的激子吸收和发光的增强效应, 加之荧光探测灵敏度的不断提高, 以致目前已可方便地测量单个量子阱的荧光光谱和荧光激发谱[29,30]. 此外, 对于高质量的多量子阱样品, 在室温条件下即观察到自由激子主导的荧光发射[14].

图 8.17 给出了用分子束外延方法生长的 60 周期的 GaAs(55Å)/$\mathrm{Ga_{0.67}Al_{0.33}As}$(170Å)多量子阱的室温荧光光谱和荧光激发谱. 由图可见, 在 HH1 跃迁附近荧光光谱有双峰结构, 即 1.513eV 的主峰和高能侧 1.532eV 的较小的峰. 图 8.17(b)的三条曲线分别给出在 1.499eV、1.512eV、1.543eV 处(即在很接近两个峰结构的能量位置上)探测荧光发射时的光荧光激发谱. 激发谱峰值在 1.512eV 和 1.534eV 处, 即与荧光光谱的两个峰的位置十分接近. 这一事实表明, 它们起因于自由激子辐射复合发光, 并与体材料的室温荧光光谱形成鲜明对照. 此外, 图 8.17 所示荧光光谱高能侧的发光带尾也与自由激子辐射复合发光预言的行为一致, 因而人们有理由将图 8.17 所示的 1.513eV 和 1.532eV 的荧光峰分别指认为 HH1 重空穴自由激子和 LH1 轻空穴自由激子辐射复合发光. 此外, 图 8.17(b)给出的多量子阱的荧光激发谱还表明, 峰值激发位置与荧光探测所取的能量位置无关. 这一事实说明, 在该实验样品条件下, 激子一旦被激发后, 在比自由激子复合和激子湮没寿命短得多的时间内, 即因弛豫而和自由载流子系统热平衡了.

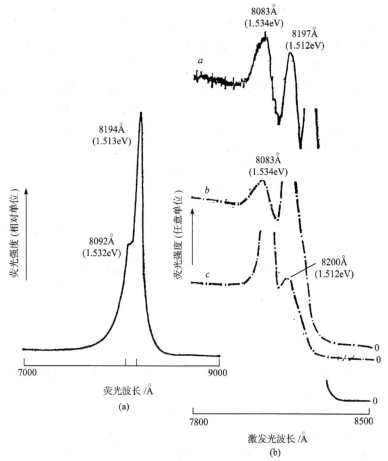

图 8.17　室温时 GaAs(55Å)/Ga₀.₆₇Al₀.₃₃As(170Å)多量子阱的荧光光谱和荧
光激发谱.(a)室温荧光光谱;(b)荧光激发谱.曲线 a,b,c 分别对应于在
1.499eV、1.512eV、1.543eV 处接收荧光信号

　　图 8.18 给出宽为 42Å 的 GaAs 层两侧被 0.65μm 厚的 Ga₀.₆₃Al₀.₃₇As 层包围
的一个单量子阱的光荧光激发谱(测量温度为 6K).实验中荧光探测系统设定在荧
光峰 E_{HH1} 的低能侧接收荧光信号,激发光的功率密度约为 0.3W/cm².这一实验结
果充分显示了光荧光光谱和光荧光激发谱的高灵敏度的优点,即可用于测量单势
阱中的导带子带和价带子带间的带间跃迁,这是前面所述方法目前还不容易做到
的.从图 8.18 所示的光荧光激发谱,除观察到 HH1 和 LH1 等自由激子荧光峰
外,人们还可观察到图中标为激子激发态和 $2s$ 的箭头所示的转折点.下面将要讨
论的偏振测量表明,1.64eV 附近的转折台阶有重空穴特性,而 1.67eV 附近的转
折台阶则有轻空穴特性.事实上它们分别属于重空穴 HH1 激子和轻空穴 LH1 激
子的 $2s$ 或其他类型的激发态.这样,图 8.18 首次观察到超晶格、量子阱结构中的

激子激发态,并提供了一种直接测定量子阱中轻、重空穴激子束缚能的方法. 这样的测量结果如图 8.19 所示,图中▲和●分别代表图 8.18 所示的荧光激发谱测量获

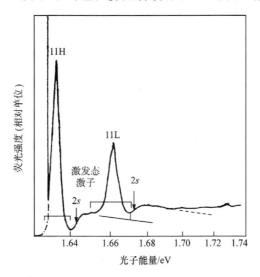

图 8.18 阱宽为 42Å 的 GaAs 单量子阱的光荧光激发谱. 激发功率约 0.3W/cm²,荧光探测设定在 1.6288eV 处,实验温度 6K. 标明激子激发态和 2s 箭头的位置为正文中所解释的重空穴激子和轻空穴激子激发态的荧光信号

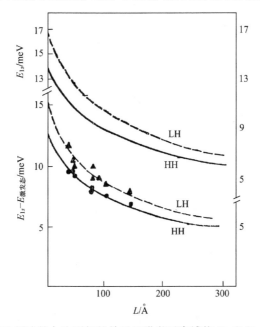

图 8.19 用图 8.18 所述的方法测得的单量子阱激子束缚能 E_{1s} 和 $E_{1s} - E_{激发态}$ 与势阱宽度的关系. "●"为重空穴激子实验结果;"▲"为轻空穴激子实验结果. 图中实线与虚线分别为无限方势阱模型假定下计算的重、轻空穴激子束缚能和能量差 $E_{1s} - E_{激发态}$

得的轻空穴激子和重空穴激子的 2s 或其他类型激发态能量与基态能量之差
($E_{1s}-E_{激发态}$). 由图可见, 对 GaAs/Ga$_{0.67}$Al$_{0.33}$As 单势阱, 当势阱宽介乎 40～
150Å 时, 重空穴激子束缚能约为 $E_{1s}\approx8\sim12$meV, 轻空穴激子束缚能比这些数值
大 1～2meV. 图中曲线为用简单的无限方势阱模型和有效质量近似理论估计的结
果, 估计时假定 $m_{H}^{*}=0.35m_0$, $m_{L}^{*}=0.080m_0$, $m_{e}^{*}=0.067m_0$, $\varepsilon_{r,阱}=13.1$, $\varepsilon_{r,垒}=$
11.4. 可见在这一阱宽和量子阱组分情况下, 简单理论仍是量子阱中激子束缚能的
一个不坏的估计.

　　图 8.20 给出 78 周期的 GaAs(102Å)/Ga$_{0.73}$Al$_{0.27}$As(207Å) 多量子阱的荧光
激发谱的实验结果与理论预言的比较[31]. 由于势垒层厚达 207Å, 可以不考虑势阱
间的耦合, 因而不考虑子能级的色散, 这是一个典型的多量子阱样品. 由图可见, 除
观察到 HH1、LH1、HH2 等允许跃迁激子峰外, 在 LH1 和 HH2 之间, 至少还可
观察到三个跃迁过程. 如第 8.1 节和第 8.2 节所讨论的, 考虑到有效质量近似与价

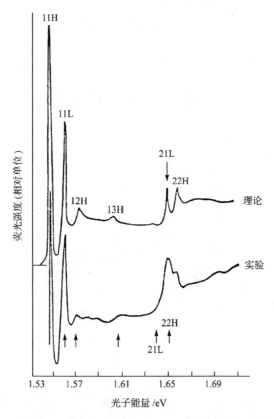

图 8.20　GaAs(102Å)/Ga$_{0.73}$Al$_{0.27}$As(207Å) 多量子阱的低温(5K)
荧光光谱. 图中 F 可见 $\Delta n\neq0$ 的简单理论禁戒的荧光跃迁峰, 它们的
出现必须考虑价带子带的混和才能解释

带子带混合,并结合能量位置判断,可以将它们归诸为 12H、13H、21L 跃迁或有关的激子激发态跃迁,如图中理论曲线所示.这样人们再次看到量子阱带间光跃迁的复杂情况,以及简单理论的局限性.

荧光和荧光激发谱的圆偏振测量有时是很有意义的,可以用来判定涉及的跃迁过程是与重空穴相关或是与轻空穴相关[1].其物理原理是这样的(如图 8.21 所示):GaAs 量子阱情况下,导带电子态是类 s 的,$m_j = \pm 1/2$,价带是类 p 的,对重空穴态 $m_j = \pm 3/2$;对轻空穴态 $m_i = \pm 1/2$.重、轻空穴子带到导带子带的跃迁矩阵元之比为 3/4:1/4,这样对 σ^+ 圆偏振光的吸收过程来说,既然跃迁选择定则 $\Delta m_i = +1$,因而只有从重空穴带 $m_j = -3/2$ 到导带 $m_j = -1/2$ 电子态的跃迁和从轻空穴带 $m_j = -1/2$ 到导带 $m_j = +1/2$ 电子态的跃迁才是允许的,并导致共振吸收(从 $m_j = +3/2$ 和 $+1/2$ 空穴态出发的跃迁是禁戒的),两者吸收强度之比为 3:1,并分别产生类似比例的 $m_j = -1/2$ 和 $+1/2$ 的电子[如图 8.21(a) 左侧框图所示].下面我们研究图 8.21(a) 右侧框图所示的 σ_+ 偏振光激发的荧光发射过程.假定空穴自旋已被完全弛豫到空穴基态而电子自旋则未被完全弛豫,加之 $m_H^* \gg m_L^*$,因而低温下荧光发射将主要经由重空穴基态发生,即最低能量的重空穴激子跃迁,如图 8.21(a) 右侧箭头 σ_+ 和 σ_- 所示.于是低温下 σ_+ 共振激发将导致两种偏振态的激子复合发光跃迁,其一是从 $m_j = -1/2$ 电子态到 $m_j = -3/2$ 重空穴态的 $\Delta m_j = -1$ 的 σ_+ 偏振的激子辐射复合发光跃迁;另一个是从 $m_j = +1/2$ 电子态到 $m_j = +3/2$ 重空穴态的 $\Delta m_j = +1$ 的 σ_- 偏振的激子辐射复合发光跃迁.在较高温度下,

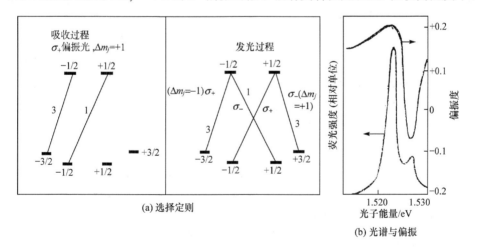

(a) 选择定则

(b) 光谱与偏振

图 8.21 (a) GaAs 量子阱中圆偏振光吸收和发射跃迁的选择定则;(b)50K 时用 1.65eV 光子能量的圆偏振光激发获得的荧光光谱和偏振特性变化.样品为 25 周期的 GaAs(188Å)/Ga$_{0.7}$Al$_{0.3}$As(19Å)超晶格,在实验采用的非共振激发条件下,光激发产生的主要是 $m_j = -1/2$ 的电子态,它导致的重空穴激子复合发光分别有 σ_+ 和 σ_- 的偏振特性

最低的轻空穴态($m_j = \pm 1/2$)也被占据了,这样仍然在上述 σ_+ 共振激发条件下,到达轻空穴基态 $m_j = \pm 1/2$ 的 $\Delta m_j = \mp 1$ 的激子辐射复合发光跃迁也是允许的了,它们分别对应于 σ_+ 和 σ_- 偏振的荧光信号,这一情况及各个跃迁矩阵元的相对强度如图 8.21(a)右侧框图所示. 图 8.21(a)中将重、轻空穴相关的跃迁矩阵元的相对强度分别写为 3 和 1,这是因为对在 xy 平面(超晶格、量子阱层面)内偏振的入射电磁波(TE 波)

$$\langle \mid \boldsymbol{a} \cdot \boldsymbol{M}_{\text{c-hh}} \mid^2 \rangle = \frac{3}{4}(1 + \cos^2\theta)M_{\text{b}}^2$$

$$\langle \mid \boldsymbol{a} \cdot \boldsymbol{M}_{\text{c-lh}} \mid^2 \rangle = \left(\frac{5}{4} - \frac{3}{4}\cos^2\theta\right)M_{\text{b}}^2$$
(8.44a)

式中 M_{b} 为体材料情况下的跃迁矩阵元,θ 为入射角. 正入射情况下,$\cos\theta = 1$,因而

$$\langle \mid \boldsymbol{a} \cdot \boldsymbol{M}_{\text{c-hh}} \mid^2 \rangle = 3/2M_{\text{b}}^2$$

$$\langle \mid \boldsymbol{a} \cdot \boldsymbol{M}_{\text{c-lh}} \mid^2 \rangle = 1/2M_{\text{b}}^2$$

即两者之比为 3:1. 顺便指出,对沿 z 方向偏振的 TM 波,上述光跃迁矩阵元为

$$\langle \mid \boldsymbol{a} \cdot \boldsymbol{M}_{\text{c-hh}} \mid^2 \rangle = \frac{3}{2}\sin^2\theta \cdot M_{\text{b}}^2$$

$$\langle \mid \boldsymbol{a} \cdot \boldsymbol{M}_{\text{c-lh}} \mid^2 \rangle = \frac{1}{2}(1 + 3\cos^2\theta)M_{\text{b}}^2$$
(8.44b)

　　这样可以看到,如果像通常低温下光荧光激发谱实验那样,在轻空穴 $m_j = -1/2$ 到电子 $m_j = +1/2$ 的跃迁位置上用圆偏振光 σ_+ 共振激发样品,而在重空穴复合发光的能量位置上探测发光信号及其偏振特性,那么就观察不到和激发光偏振相同的发光信号,而只能观察到相反偏振的(这里为 σ_- 偏振的)发光信号. 可见和入射光偏振相反的发光信号的出现,即是激发中涉及到轻空穴跃迁的证据. 自然,光激发电子的自旋状态总有某种程度的弛豫(从 $m_j = +1/2$ 弛豫为 $-1/2$),因而荧光不可能是 $100\%\sigma_-$ 偏振或 σ_+ 偏振的,但不论如何,只要在重空穴能量位置上检测到荧光信号,那么偏振度的下降,或者说,与入射光偏振相反的荧光信号的出现,总可看作激发中涉及到轻空穴跃迁的标记. 这一情况如图 8.21(b)所示(见右侧纵坐标). 也正是根据这种发光信号的偏振特性变化,可以将图 8.18 中 1.64eV 附近的台阶指认为重空穴激子激发态,如 $2s$ 等;而 1.675eV 附近的台阶则归诸为轻空穴激子激发态. 上述讨论表明,激发和发光信号间的偏振关系的测定,有助于人们判定所涉及的跃迁过程的归属.

8.3.4 调制光谱

如第三章所述,调制光谱方法曾在半导体能带结构和带间跃迁研究中获得了卓越的效果,但在超晶格、量子阱带间跃迁研究方面的应用却姗姗来迟[15,16,32~37]. 这主要是因为,传统的电反射谱方法用于这一方面研究时碰到许多困难[32,33],而光调制谱方法通常远不如电调制方法灵敏,似乎预期不可能有良好前景. 尽管如此,1985年初,格伦波基(Glembocki)等人[15]仍用光调制反射谱(PR)方法研究了 GaAs/$Ga_{1-x}Al_xAs(x=0.24)$多量子阱的带间跃迁,并出人意料地发现,多量子阱中带间跃迁的光调制谱信号并不像人们原先预料的那么微弱,甚至在室温下也观察到 n 高达9 的价带和导带子带间的跃迁. 他们的结果如图 8.22 所示,看来这是由于超晶格结构的内建势场和高载流子迁移率的缘故,它们使得光调制谱信号比按体材料预料的值要大得多,且更尖锐. 图中上部给出光子能量1.4~1.7eV 范围内非掺杂$Ga_{1-x}Al_xAs$/GaAs 单异质结的光调制反射谱,由于$Ga_{1-x}Al_xAs$ 层较薄,探测光和调制光可以穿透该层,因而可以看到分别对应于$Ga_{1-x}Al_xAs$ 的 E_0 跃迁(高能谱线)和GaAs 的 E_0 跃迁(低能谱线)的光谱结构. 图 8.22 中下部是不同周期 L 因而不同阱宽的 GaAs/$Ga_{1-x}Al_xAs$ 多量子阱样品的光调制反射谱,可见在 GaAs 和 $Ga_{1-x}Al_xAs$的 E_0 跃迁谱线间不到 0.3eV 的能量范围内,有众多的谱线结构. 用 §8.1 所述方法和模型估计所涉及的量子阱的子带结构及

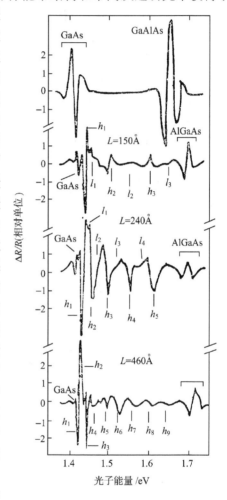

图 8.22 非掺杂 GaAs/$Ga_{0.76}Al_{0.24}As$ 单异质结(上图)和几种不同周期的 GaAs/$Ga_{0.76}Al_{0.24}As$ 多量子阱(中图及下图)的室温光调制反射光谱,量子阱周期如图中所标明,分别为 $L=150Å,240Å,460Å$[15]

其能量位置可以判定,上述能量范围内的谱线结构都可归诸于量子阱中价带子带和导带子带间的带间跃迁,如图中箭头所示. 这样我们看到,即使在室温实验条件下,量子阱周期适中($L=150Å$)时,光调制谱仍可分辨来自轻、重空穴的不同的跃

迁.如前所述,由于跃迁矩阵元的作用,重空穴跃迁较轻空穴跃迁强三倍左右,这一结果也可从谱线强度比较或拟合计算大致看出.在多量子阱周期较厚($L=460$Å)时,可以观察到 n 高达 9 的子带的带间跃迁.这一最初的光调制反射谱实验结果还反映了这种方法的一个主要优点——用简单的实验方法在最普通的实验条件(室温)下获得高灵敏度的谱结构.

　　光调制反射谱的高灵敏度还表现在禁戒跃迁的实验观测方面[36].图 8.23 给出了另一个 GaAs(100Å)/Ga$_{0.83}$Al$_{0.17}$As(150Å)多量子阱样品的室温光调制反射谱,图中虚线为实验结果,点划线为不考虑禁戒跃迁时的拟合曲线,实线为计及禁戒跃迁后的拟合曲线.结合第 8.1 节的理论计算和阿斯帕纳斯的调制光谱线形拟合计算,不难将能量在 1.449、1.463、1.534 和 1.587eV 附近的主要光谱结构归因于第一、第二重空穴和轻空穴子带到第一、第二导带子带的带间跃迁,如图中不考虑禁戒跃迁时的拟合曲线和箭头 11H、11L、22H 等所示.然而,由图可见,为解释实验观察到的众多的弱结构,必须如实线拟合曲线那样包含 13H、21L、24H 等新的跃迁振子,这些就是§8.1 讨论中提到的价带子带混和导致的禁戒跃迁($\Delta n \neq 0$).

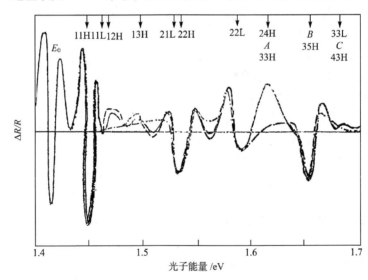

图 8.23　用光调制反射谱观察到的 GaAs/GaAlAs (10/15nm)多量子阱的带间禁戒跃迁 12H、13H、21L、24H、35H、43H[34,36].－－－:实验结果,300K;—·—:不考虑禁戒跃迁时的拟合曲线;——:考虑禁戒跃迁时的拟合曲线

　　和光荧光激发谱相比较,研究光调制反射信号的激发谱也是十分有意思的,这就是在固定的光子能量位置上探测调制反射信号,而扫描调制光束或称泵浦光束的光波波长,并记录和研究调制反射信号强度与激发光波长间的谱关系.沈鸿恩、沈学础和波拉克(Pollak)首先提出这种方法,并用于研究 GaAs/Ga$_{0.67}$Al$_{0.33}$As 多量子阱的激子束缚能.图 8.24 给出了他们的实验结果[37],其中图 8.24(a)给出

HH1 和 LH1 跃迁能量区域一个多量子阱样品 GaAs(50Å)/Ga$_{0.67}$Al$_{0.33}$As (70Å)在不同波长泵浦光调制下的光调制反射谱，图(b)给出同一样品的 HH1 跃迁的光调制反射信号强度和泵浦光光子能量的关系。图(b)表明，当调制光光子能量和 HH1 或 LH1 等跃迁能量相等时，光调制反射信号共振增强，从而给出 HH1 及 LH1 等激子跃迁的基态(1s)能量位置。此外，在箭头 A、B 标明的位置上，光调制激发谱有一台阶，和 6K 时的光荧光激发谱(虚线)的比较表明，这些台阶提供了重空穴和轻空穴激子激发态跃迁的证据，从而给出了量子阱中激子束缚能和 1s 跃迁线宽(77K)的直接测量。

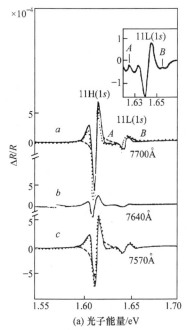

(a) 光子能量/eV

　　多量子阱和超晶格情况下带间跃迁光调制反射光谱的物理过程曾经是一个引起争论的问题。恩特伦、江德生和汤寅生[38]证明，光激发引起的量子阱内建势场调制发生在超晶格生长方向上，而这一方向上载流子有效质量原则上无限大(只要阱深足够深)，因而多量子阱和超晶格情况下周期性光照调制反射谱的主要机制，不可能再是体材料情况下的弗朗兹-凯尔迪什效应，而是量子阱子带和激子的斯塔克效应，即子带和激子能量随光激发电场调制的移动及与此相关的波函数和振子强度的变化。这样，多量子阱情况下光调制反射谱

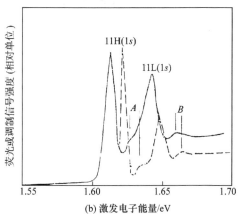

(b) 激发电子能量/eV

图 8.24　GaAs(50Å)/Ga$_{0.67}$Al$_{0.33}$As(70Å)多量子阱的光调制激发谱。(a)不同激发波长下的光调制反射谱信号。$T=77$K；(b)光调制反射谱信号强度与激发光光子能量关系(PRE 谱)，及其与 6K 时光荧光激发谱(虚线)的比较

线形，将不再是介电函数对能量的三阶微商型的，而是一阶微商型的。近来众多的实验结果，包括本章图 8.23 和图 8.24 的拟合计算结果，看来证明了这一见解和论证。

　　流体静压力下多量子阱结构带间跃迁的光荧光光谱和光调制光谱也已被研究过[39~42]，并由此获得量子阱中量子能态及跃迁能量随压力的改变，某些情况下这

些数据可用于研究势阱层和势垒层间的能带排列. 对 GaAs/GaAlAs 多量子阱,既然如第三章所讨论的 GaAs 导带边有复杂结构,除存在 Γ 导带能谷外,它以上 0.50eV 和 0.31eV 处还分别存在 X 导带谷和 L 导带谷,因而观察和不同导带谷相联系的量子阱电子态间光跃迁及其随压力变化的行为是十分有意义的. 流体静压力作用下,和不同导带谷相连系的量子阱带间跃迁能量有不同的漂移速率,因而研究流体静压力下这些不同起源跃迁谱线的行为,应该有助于分辨和指认它们对应的物理过程. 图 8.25(a) 给出了不同压力下一个由 50 周期的 GaAs(7nm)/Ga$_{0.65}$Al$_{0.35}$As(30nm)组成的多量子阱的光调制吸收光谱(PT);图 8.25(b) 给出用转移矩阵方法计算的这一结构多量子阱的能带排列、量子态能量位置和可能的跃迁过程[42]. 实验样品是这样制备的,在分子束外延生长多量子阱结构和缓冲层之前,先在衬底上生长一层 $0.2\mu m$ 厚的 AlAs 间隔层,然后在完成生长过程并将样品从生长室取出后,用 1:4 的 HF:H$_2$O$_2$ 溶液选择性地腐蚀掉 AlAs 间隔层,从而获得一个不附着在衬底上的、自由的、厚度约为 $2\mu m$ 的多量子阱样品,这样的样品便于置入直径数百微米、高度 $10\mu m$ 左右的金刚石对顶砧高压容器中进行多种压力下的光谱测量. 采用调制透射(吸收)光谱,而非常用的 PR 或 PL 光谱的原因,在于它对于涉及到声子参与的微弱的间接跃迁过程有较高的灵敏度. 此外,如第 8.2 节所讨论,超晶格和多量子阱结构能带的折叠效应,使体材料情况下处于布里渊区边界处临界点的间接能带折叠到布里渊小区中心附近,从而使它们和价带子带(位于 Γ 附近)间的跃迁一定程度上具有若干直接跃迁的成分,于是跃迁强度增强并可在 PT 光谱中被观察到,这已为图 8.25 以及其他更多的实验结果所证实[41,42].

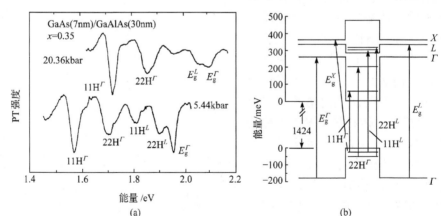

图 8.25　(a)5.4kbar 和 20.4kbar 压力下 GaAs(7nm)/Ga$_{0.65}$Al$_{0.35}$As(30nm)多量子阱样品的调制吸收光谱;(b)用转移矩阵方法计算的同一结构的多量子阱的能带排列、可能的量子态能量位置和光跃迁过程

图 8.25 表明,除观察到和 GaAs Γ 导带相应的量子阱激子跃迁谱线 11H$^\Gamma$ 和 22H$^\Gamma$ 外,即使在高压下,也还可观察到和 GaAs L 导带相应的量子阱激子跃迁的

PT 光谱谱线 11H^L 和 22H^L;同时谱图上还可分辨出和 GaAlAs 势垒区能带边相关的跃迁信号 E_g^{Γ} 和 E_g^L,在更高的压力下甚至还可观察到和 E_g^X 相关的跃迁信号. 可以将图 8.25 所示实验观察到的各个跃迁能量相对于压力作图,其结果如图 8.26 所示,其中图(a)为和 Γ 导带相联系的量子阱带间跃迁过程,包括 11H$^{\Gamma}$、

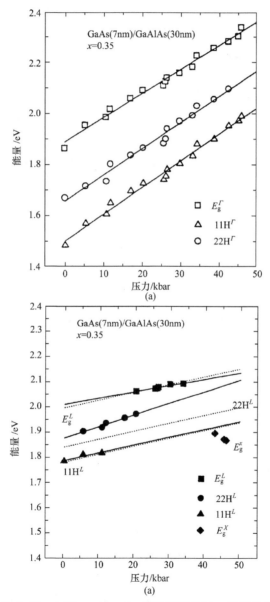

图 8.26 (a)GaAs(7nm)/Ga$_{0.65}$Al$_{0.35}$As 多量子阱的与 Γ 导带谷相应的量子阱带间跃迁能量和压力的关系;(b)同一样品的与 L 导带谷相应的量子阱带间跃迁能量与压力的关系. 图中实验结果用"●"、"■"、"▲"等表示;直线为拟合曲线

22H$^\Gamma$ 激子跃迁能量以及 E_g^Γ 与压力的关系；图(b)为和 L 导带相联系的量子阱带间跃迁过程，包括 11H^L、22H^L 激子跃迁能量以及 E_g^L 与压力的关系；在它们的高压端，甚至还观察到 E_g^X 跃迁的痕迹. 由图 8.26，可以求得这些跃迁能量随压力改变的压力系数. 将曲线外推到常压情况，还可求得常压下的这些跃迁能量. 这些结果综合列于表 8.2. 审视表 8.2、图 8.25 和图 8.26 的结果，我们看到：一方面实验给出了诸多跃迁能量随压力变化的特性；另一方面，它们随压力变化的不同的系数，又佐证了跃迁谱线的物理过程的指认. 正是根据压力系数为 3.17、4.67 和 2.58meV/kbar 的事实，常压下位于 1.786、1.875 和 2.007eV 处的跃迁谱线，可以不含糊地指认为和 GaAs (GaAlAs)L 导带谷相关的跃迁过程. 这些论证再次揭示了压力在研究半导体材料及其量子阱结构电子态中的重要作用.

表 8.2　压力下调制吸收光谱获得的 GaAs(7nm)/Ga$_{0.65}$Al$_{0.35}$As(30nm) 多量子阱的激子跃迁和带间跃迁的指认、能量位置和压力系数

	11H$^\Gamma$	22H$^\Gamma$	11H^L	22H^L	E_g^L(GaAlAs)	E_g^Γ(GaAlAs)	E_g^Γ(GaAs)
$E_i(P=0)$/eV	1.501	1.656	1.786	1.875	2.007	1.887	1.42
$\frac{\partial E_i}{\partial P}$/meV	10.40	10.22	3.17	4.67	2.58	9.45	10.73

8.3.5　拉曼散射和共振拉曼散射

用拉曼散射光谱方法研究量子阱中子带间跃迁主要包括两个方面的内容：一是同一带内不同量子数的子带间的电子拉曼散射跃迁，例如导带子带中 $E_0 \to E_1$ 和 $E_0 \to E_2$ 的电子散射等；另一个是入射光或散射光和价带子带-导带子带间的带间跃迁共振，导致有关声子散射截面增强的共振拉曼散射.

1978 年，伯斯坦等人[43]预言，共振非弹性光散射具有观测半导体界面或表面空间电荷区准二维电子激发过程所需的灵敏度，并且指出，近共振条件下，在不存在自旋反转($a_L // a_s$)的散射谱中，应观察到载流子集合运动模式激发(包括极性半导体情况下和 LO 声子耦合的模式)的散射峰；而在自旋反转($a_L \perp a_s$)散射谱中将观察到子带间跃迁的单粒子激发散射峰，从而有可能用这种方法有效地研究准二维电子系统的子能级和库仑互作用. 玻斯坦等人预言后不久，阿帕斯特雷德(Abstreiter)等人和平楚克(Pinczuk)等人[44]即用共振拉曼散射观察到了 GaAs/Ga$_{1-x}$Al$_x$As 异质结中电子子带间的跃迁.

为直接观察同一带内(例如导带的)子带间的电子拉曼散射，首先需要低能子带上，例如，E_0 状态上存在足够的电子，这可以通过掺杂或光激发来实现. 图 8.27 给出了这样一个拉曼散射观测的例子[45]，这是一个非掺杂的多量子阱样品，计算的导带子带(子能级)如插图所示. 用一个聚焦成直径 10μm 左右斑点的激光束来

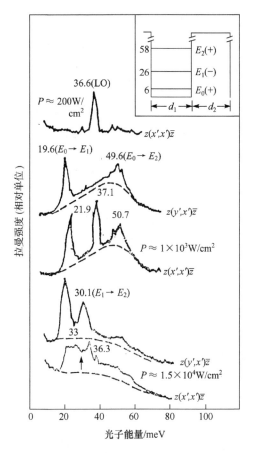

图 8.27 不同入射激光功率密度下非掺杂 GaAs/Ga$_{0.8}$Al$_{0.2}$As 多量子阱的拉曼散射谱,势阱层厚 262Å,势垒层厚 343Å. 虚线为估计的 $E_0 + \Delta_0$ 荧光,插图给出计算的量子阱中的电子子能级图

实现载流子的光激发,这一激光束同时也用来激发光散射谱,入射光子能量接近于和 $E_0 + \Delta_0$ 光学带隙共振. 由图可见,在较低激光功率密度下(200W/cm^2),仅观察到 36.6meV 处的 GaAs LO 声子散射峰. 这表明,这一功率密度下导带最低能级上,如 E_0 能级上的光激发电子数仍是颇低的,不足以引起可观测到的电子拉曼散射效应. 当功率密度增大到 10^{3}W/cm^2 时,拉曼谱上出现了新的散射结构:在 $z(y', x')\bar{z}$ 散射几何配置情况下,在 19.6meV 和 49.6meV 处有散射峰;在 $z(x', x')\bar{z}$ 配置情况下,则在 21.9meV、37.1meV 和 50.7meV 处观察到尖锐的散射峰. 事实上,对照插图给出的导带子能级图和散射效率计算,$z(y', x')\bar{z}$ 配置下的两个散射峰,可分别指认为光激发导带子带电子的、单粒子激发的子带间跃迁过程 $E_0 \rightarrow E_1$ 和 $E_0 \rightarrow E_2$,如图中所示. $z(x', x')\bar{z}$ 配置下的谱的解释和指认,似乎应考虑到准二维电子的集合激发行为(二维等离子激元)及其与 GaAs LO 声子的耦合.

更高功率密度激发下，可以预期，光激发电子将不仅占据 E_0 子带，还可能占据更高的子带，如 E_1 子带，因而 $E_1 \rightarrow E_2$ 等电子拉曼散射跃迁也是可能的，图 8.27 中 $1.5 \times 10^4 \mathrm{W/cm^2}$ 功率密度下 $z(y', x')\bar{z}$ 配置的拉曼散射光谱中能量 30.1meV 处的峰，就是判定为这样的电子拉曼散射跃迁.

对 GaAs 掺杂多量子阱或超晶格结构也观察到了和上述类似的散射峰[46,47]，并且在激发功率密度较高时，导带子带电子的散射特性从准二维行为逐步过渡到三维行为. 这可能是因为高掺杂和升高激发功率时，人们逐步观察到限制态以上连续带态电子的散射过程. 实验没有观察到与光激发空穴有关的散射结构，可能是由于其散射截面小得多的缘故.

图 8.28 给出另一类用拉曼散射方法研究超晶格和多量子阱结构子带带间跃迁的例子[24,48]. 图中给出的是一个 GaAs(106Å)/Ga$_{0.8}$Al$_{0.2}$As(219Å) 多量子阱样

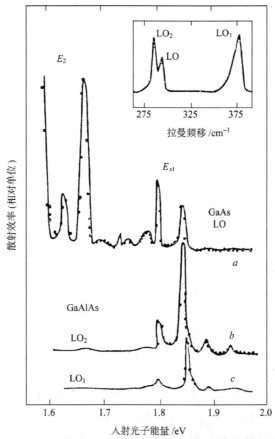

图 8.28　GaAs (106Å)/Ga$_{0.8}$Al$_{0.2}$As(219Å) 多量子 4 阱结构的纵光学声子拉曼散射效率和入射激发光子能量的关系(共振拉曼散射谱). 插图给出入射激发光子能量为 1.85eV 时的拉曼散射谱[44]

品 LO 声子散射效率与入射激发光子能量的关系(共振拉曼散射谱). 被观察的声子如插图所示,包括 GaAs 层的 LO 声子和 $Ga_{0.8}Al_{0.2}As$ 层的 LO_2 声子(类 GaAs LO 声子)、LO_1 声子(类 AlAs LO 声子). 它们的共振拉曼散射谱分别如图中散射谱 a、b、c 所示,例如散射谱 a 是关于 GaAs LO 声子的共振散射谱. 图中能量小于 1.6eV 处的陡峭上升是 LH1 轻空穴激子出射共振峰. 随后的标为 E_2 的一对峰是 HH2 重空穴激子的入射和出射共振峰. 1.675eV 到 1.80eV 之间的弱结构则归因于 HH3 和禁戒的 HH13 激子的入射与出射共振.

除上述低于 1.8eV 的共振散射结构外,在 1.80eV 和 1.85eV 附近,还有一对分别对应于入射共振和出射共振的较强的峰,图中标为 E_{x1},并且在所有声子的共振散射谱中都观察到了这一对共振峰(见谱图 a、b、c),其线宽仅为 6meV. 窄的线宽和同时观察到入射、出射共振的事实表明,E_{x1} 态是激子型的,加之其能量位置正是 $Ga_{1-x}Al_xAs$ LO_1 及 LO_2 声子散射突然被共振增强、并出现在拉曼谱图上(见插图)的入射光子能量,人们不难将这一对共振峰归诸为势阱以上扩展电子态的激子共振散射跃迁. 事实上,这一入射激发光子能量已大于势垒高度,因而不可能再是与势阱中限制态有关的激子共振跃迁. 这是第 8.1 节中曾提到的量子阱结构中存在势阱以上的连续带态(扩展态)的最直接的证据. 上述实验测得的 E_{x1} 跃迁的能量、线宽,也和理论预期的势阱以上第一连续带态的电子与空穴形成的激子能量、线宽一致.

实验结果还表明,当入射激发光子能量小于势垒高度(这里为 1.8eV)时,拉曼散射谱中仅观察到 GaAs LO 声子散射峰;但当入射激发光子能量大于势垒高度时,拉曼散射谱线形有陡然的变化,即同时看到如插图所示的 GaAs 的 LO 声子散射峰和 $Ga_{1-x}Al_xAs$ 的 LO_1、LO_2 声子散射峰,它们都尖锐地被共振增强了. 这就是说,当激子光跃迁共振发生在量子阱内状态时,只有势阱层的声子散射被共振增强;而当激子跃迁共振发生在量子阱以上的能量状态时,多量子阱势阱层与势垒层中的声子散射都被共振增强了. 这些结果说明,共振拉曼散射在研究量子阱结构中激子局域化问题(包括局域化的程度和消局域化效应等)时,有高灵敏度的优点和特殊的意义.

以上讨论的主要是量子阱中导带子带和价带子带间的带间光跃迁. 如果入射光包含沿超晶格生长方向偏振的电矢量,同一能带内不同子带间(如导带的不同子带间)的光跃迁也是允许的,并且已经证明有颇大的跃迁振子强度. 这一光跃迁的光子能量落在电磁波的红外波段,并随量子阱结构的不同可在颇宽的红外波段内改变(调谐). 根据这一原理已经研制成灵敏的红外辐射探测器及其列阵,这是近年来半导体超晶格、量子阱中光跃迁过程研究的又一个热门课题[49],我们将在第 8.7 节讨论这一类光跃迁过程.

8.4　超晶格结构中的声子行为和拉曼散射

由前几节的讨论已经看到,量子阱、超晶格的周期性结构和势能函数,对传导电子的能带结构产生很大的影响和调制.实空间或结构空间超晶格生长方向的远大于晶格常数的周期性,导致倒格子空间中相应方向上布里渊区被分割成一系列的布里渊小区,超晶格情况下势阱中电子的能量状态可以看作是这一系列布里渊小区中能量状态折叠(不是平移!)到第一布里渊小区中的结果.类比于电子态的情况,人们也可想像,具有不同离子质量、力常数、等效离子电荷的交变周期层式结构,也会导致其晶格振动行为的剧烈变化,从而导致光子-声子相互作用、电子-声子相互作用、以及有关光学性质的剧烈而有趣的变化[50~52].

现有的研究结果表明[52],在 GaAs/AlAs 及其他由二元化合物半导体薄层形成的超晶格结构中,声学声子行为可以用对应体材料色散曲线的折叠来描述,而光学声子行为则最好用和电子态相似的量子化效应来描述,即形成分别限制在 GaAs 层内和 AlAs 层内的非传播的限制模.这是因为对应体材料(GaAs 和 AlAs)的声学声子色散大致是重叠的,而光学声子色散则是不重叠的,因而在超晶格中,前者仍是传播模,而后者常常是驻波模.除这些和体材料中的声子振动模相似的所谓类体模外,超晶格情况下还必须考虑与界面存在有关的界面声子模,它可以类比于由离子性化合物组成的薄带条情况下的表面模.

关于超晶格中声子模行为的理论处理,首先是吕托夫(Rytov)[53](1955 年),他研究薄层交替周期排列结构…$A-B-A-B$…的声学行为.已经知道,在低频部分,通常体材料的声学支声子色散是线性的,例如,GaAs、AlAs 等,$\omega_q \leqslant 50\text{cm}^{-1}$ 时 TA 声子的色散和 $\omega_q \leqslant 100\text{cm}^{-1}$ 时 LA 声子的色散就是如此.因而研究这些频段声子行为时,晶体可以看作弹性连续介质.在弹性连续介质近似条件下,如果再假定界面处振动位移和应力连续的边界条件,可以导出,对吕托夫设想的多层周期结构,即超晶格结构,沿周期方向的纵振动声子色散可以写为[50~53]

$$\cos(qd) = \cos\left(\frac{\omega_q d_1}{v_1}\right)\cos\left(\frac{\omega_q d_2}{v_2}\right)$$
$$\times \frac{1+k^2}{2k}\sin\left(\frac{\omega_q d_1}{v_1}\right)\sin\left(\frac{\omega_q d_2}{v_2}\right) \tag{8.45}$$

式中 d_1 和 d_2 分别为介质层 A 和 B 的单层厚度,周期 $d=d_1+d_2$,v_1 和 v_2 分别为介质层 A 和 B 中的声速,

$$k = v_1\rho_1/v_2\rho_2$$

ρ 为介质层的密度.由式(8.45)可以直接导出上面提到的折叠效应,它实际上是界面处相干周期性多次反射的结果,并可形象地示于图 8.29.图中在布里渊小区中

心和边界处也已画出了因折叠和耦合相互作用导致的声子色散的"禁带". 除给出声子色散折叠效应的解析表达式外,吕托夫处理方法的优点是它不要求介质层厚度为单原子层的整数倍,因而可以适用于任意组分分布情况下低频声子色散和声速研究. 这种处理的基本假定是弹性连续介质近似,它也常被称为弹性连续介质模型.

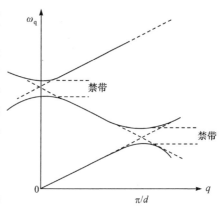

图 8.29 弹性连续介质模型预期的超晶格声学声子色散及其折叠效应. 声子禁带出现在布里渊小区的中心及边界上

线链模型也是超晶格声子行为研究中常用的简单理论模型[49~53]. 以 GaAs/AlAs 为例,如图 8.30(a)所示,既然沿超晶格生长方向存在异种原胞的周期性排列,就相当于沿该方向的原胞扩大了,新原胞包括 GaAs 层和 AlAs 层的原子,这种原胞的放大必然导致布里渊区的分割和缩小,以及与大原胞中原子数目相应的额外声子支的出现. 这些额外的声子支,尽管从超晶格和大原胞的角度看来都属于光学支晶格振动,但其中的一半可以从原来体材料第一布里渊区中的声学声子色散沿一定的 k 方向在第一布里渊小区中折叠的角度来理解. 这样线链模型也可以说明超晶格声子行为的一个重要方面——折叠效应. 同时线链模型充分地体现了超晶格结构的分立本质,指出了光学声子的耗损行为,因而可以说明超晶格光学声子行为的限制模特性. 此外,线链模型尤其适用于对应体材料声子非线性色散的频段.

以 GaAs/AlAs 超晶格为例的线链模型如图 8.30(b)~(d)所示. 超晶格生长方向的原胞由 $2(N+M)$ 个原子组成,即包括了 N 层单原子层的 GaAs 层和 M 层单原子层的 AlAs 层,长度为 $(N+M)a$. 不难看到这一模型也可看作是每一层原子作为一个整体运动时沿〈001〉方向传播的体声子振动情况,并且这里纵模与横模振动间的耦合也消除了. 于是对纵模可以仅用一个最近邻力常数来近似描述其振动行为,对横模则需要两个不同的最近邻剪切力常数来描述其可能的各向异性的振动行为. 对 GaAs 层和 AlAs 层,这些力常数是不同的,但都可通过拟合体材料特征声子频率求得,例如通过拟合 GaAs 或 AlAs 的 TO(Γ)、LO(Γ)、TA(X)频率求得.

这样,利用每一组元材料层内体声子模的解,并使它们在界面处匹配,任意层厚情况下的超晶格声子模都可以通过解一个(4×4)的行列式来求得,以 GaAs 层中纵模振动为例,其原子运动方程可以写为

$$m_{Ga}\ddot{u}_{Ga}^a = -f\{2u_{Ga}^a - u_{As}^a - u_{As}^{a-1}\}$$
$$m_{As}\ddot{u}_{As}^a = -f\{2u_{As}^a - u_{Ga}^{a+1} - u_{Ga}^a\}$$

$$(8.46)$$

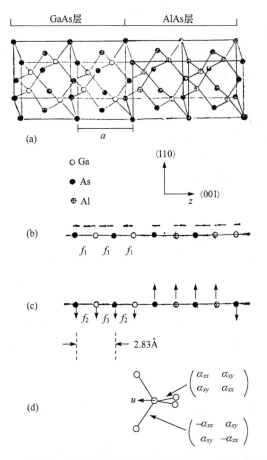

图 8.30　GaAs/AlAs 超晶格结构及其简化模型——线链模型示意图，
(b)与(c)分别描述纵和横振动；(d)描述其极化张量

式中 $u^a_{Ga, As}$ 是 GaAs 层中第 a 个 GaAs 单层的 Ga 原子和 As 原子沿 z 方向的振动位移. 若令方程组的试解为

$$u = u_0 \exp[\pm i(\omega_q t - q_z z)] \qquad (8.47)$$

则可求得色散关系为

$$\cos\left(\frac{q_z a}{2}\right) = \frac{(m_{Ga}\omega^2_q - 2f)(m_{As}\omega^2_q - 2f) - 2f^2}{2f^2} \qquad (8.48)$$

式中 a 为晶格常数，$a/2 = 2.83\text{Å}$ 即为 GaAs 或 AlAs 层中的原子层间距离. 对 AlAs 层，可以求得和式(8.44)相似的色散关系. ω 与 q 的关系如图 8.31 所示，图中分别给出了对 q_z 实部和虚部的色散图，其中虚部实际上给出了某一特定频率的振动的衰减速率[52]. 如果振动振幅穿透一个单原子层厚度，则对应于 $\text{Im}(q_z) =$

$0.32\pi/(a/2)$. 这样图 8.31 表明,在 GaAs 光学模频率处,振动扩展到 AlAs 层内的深度小于一个单原子层,并且在 AlAs 层中,它们表现为 $Re(\boldsymbol{q})=2\pi/a$ 的衰减的光学模;AlAs 光学模频率处的振动甚至更局域地限制在 AlAs 层内. 这样,无论是 GaAs 层中或是 AlAs 层中的光学模都主要是限定在同一层内作驻波振动的限制模.

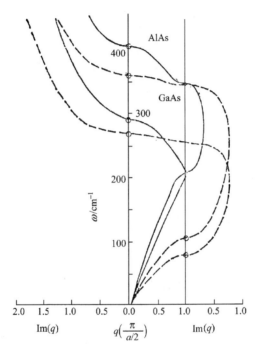

图 8.31 GaAs 和 AlAs 的复色散曲线,ω 仅为实数,但波矢 $\boldsymbol{q}$ 有实部和虚部. 图中虚线为横模,实线为纵模,模型参数由拟合图中圆圈点求得,如对 GaAs,$f_L=0.907\mathrm{N/cm}$,$f_T^{(1)}=0.132\mathrm{N/cm}$,$f_T^{(2)}=1.40\mathrm{N/cm}$

超晶格界面处,力常数必须匹配,以使振动行为好像发生在无限连续介质中一样,于是 $z=0$ 处,有

$$f\left\{u_{\mathrm{As}}(z=0)-u_{\mathrm{Ga}}\left(-\frac{a}{2}\right)\right\}=f\,'\left\{u'_{\mathrm{As}}(z=0)-u'_{\mathrm{Al}}\left(\frac{a}{2}\right)\right\}$$

$$f\left\{u_{\mathrm{Ga}}\left(-\frac{a}{2}\right)-u_{\mathrm{As}}(0)\right\}=f\,'\left\{u'_{\mathrm{Al}}\left(\frac{a}{2}\right)-u'_{\mathrm{As}}(0)\right\} \tag{8.49}$$

在 $z=2(N+M)\dfrac{a}{2}$ 处,有类似边界条件,由此经较冗长的计算可以导出类似于式(8.44)的表达式

$$\cos(qd)=\cos(q_z^a d_1)\cos(q_z^b d_2)$$

$$+A\sin(q_z^a d_1)\sin(q_z^b d_2) \tag{8.50}$$

式中 q_z^a、q_z^b 分别是 GaAs 层中和 AlAs 层中的声子波矢. 对于 $N=5$ 和 $M=4$ 的 GaAs/AlAs 超晶格,式(8.44)或(8.50)的结果示于图 8.32[52]. 图中寻常布里渊区中给出的是 GaAs 和 AlAs 的体声子色散,布里渊小区中给出的是超晶格的声子色散,可见在体声学声子频率范围内,超晶格中的声子行为可以合理地从折叠体声学支的角度来理解. 在原体材料光学声子频段,超晶格光学声子模有几乎平坦的色散曲线,即 ω_q 与 q 近乎无关. 这再次表明了这些光学模振动的限制模特性.

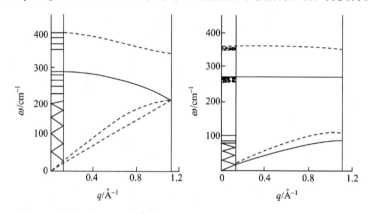

图 8.32　线链模型计算的纵模和横模声子色散. 图中大布里渊区对体
GaAs(实线)和体 AlAs(虚线)而言,小布里渊区对超晶格的声子模而言

　　除上述两种最简单模型外,各种形式的介电连续模型也是超晶格声子行为研究中常用的理论模型[4,6~8]. 可以设想,若层厚足够厚,每一层中的局域介电函数可以是一个完全确定的量,因而可以将超晶格假设为一个分层的多层介电连续体来概括沿超晶格方向偏振的光学声子(尤其是长波光学声子)行为. 这些振动波矢由 $n\pi/d_{1,2}$ 给出,n 为整数,$d_{1,2}$ 为 GaAs 或 AlAs 层厚度. 由此可导出,超晶格的光学声子由限定在不同组元材料层内的不能传播(沿超晶格生长)的类体模和某些界面模组成. 用恰当的微观模型计及长程库仑互作用,介电连续模型还可说明超晶格光学声子的振动模式的许多具体细节.

　　和体材料相似,极化激元效应对超晶格光学声子与光子的相互作用是十分重要的.

　　为研究和超晶格中声子模有关的光学性质,尚需考虑振动模的振子强度和拉曼张量,其中振子强度(或模强)与红外吸收有关. 其定义已由第二章的式(2.81)给出,它还可以通过下式和介电函数谱或吸收谱中吸收带的强弱联系起来:

$$s=\frac{2}{\pi}\int_{\text{吸收带}}\frac{\text{Im}(\varepsilon)}{\omega}\mathrm{d}\omega=\frac{2c}{\pi}\int_{\text{吸收带}}\frac{\eta\,\alpha(\omega)}{\omega^2}\mathrm{d}\omega \tag{8.51}$$

图 8.32 已经指明,由于折叠效应,决定于超晶格周期,第一布里渊小区点 Γ 处可以有多个 $TO_i(\Gamma)$ 和 $LO_i(\Gamma)$ 模. 但是,并非所有这些模式都有足够的振子强度,以致在红外吸收光谱实验中可以被观察到. 这是可以理解的,以 $N=M=2$ 的超晶格为例,那些原来在纯晶体中正好在布里渊区 Γ 到边界的中点处的经四度折叠到布里渊小区中心的模式,在原晶体中正负位移抵消,不存在净偶极矩;在超晶格多层结构中,尽管位移模式已被微扰,偶极矩的理想抵消部分地被破坏了,但其净偶极矩仍是很小的. 例如,原来体材料的声学支振动折叠到布里渊小区中心的那些模式的振子强度,常常比原来纯晶体 $TO(\Gamma)$ 的振子强度弱数百倍.

振子强度的实际计算涉及振动本征矢的计算,这里不作介绍了,只在表 8.3 中列出 GaAs、AlAs 和 $N=M=1,2,4$ 时 GaAs/AlAs 超晶格布里渊小区中心横模频率及振子强度的计算结果[50].

表 8.3 布里渊小区中心横模频率和红外振子强度的计算结果

GaAs		AlAs	
ω_q^i/cm^{-1}	s_j	ω_q^i/cm^{-1}	s_j
0(TA)	0	0(TA)	0
269.0(TO)	1.93	363(TO)	2.0
GaAs/AlAs	$N=M=1$	GaAs/AlAs	$N=M=4$
0	0	0	0.0
85.2	0.0087	30.9	0.00001
262.8	0.82	31.4	0.00091
357.8	1.13	57.5	0.00009
GaAs/AlAs	$N=M=2$	59.0	0
0	0	74.5	0
57.5	0	79.4	0.00099
59.0	0.0039	88.6	0
86.2	0	258.6	0
260.4	0	261.6	0.0047
266.2	0.90	265.2	0
354.6	0.0	267.9	0.88
360.5	1.06	352.7	0
		355.8	0.061
		359.4	0
		362.2	0.97

拉曼张量(因而拉曼散射强度)的估计除涉及本征矢计算外,还涉及如图 8.30 (d)所示的斯托克斯极化的计算,因而要更复杂一些,这里仅给出常用的背散射配置时的若干要点和结果. 背散射布局实际上也适用于红外吸收实验. 先讨论一下对

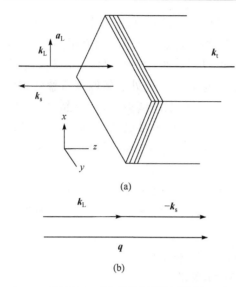

图 8.33　(a)背散射配置、波矢
沿层状样品超晶格生长方向；
(b)背向散射配置下的波矢守恒

称性对拉曼散射结果的影响，如图 8.33 所示，入射波矢 k_L、散射波矢 k_s 和透射波矢 k_t 都沿 D_{2d} ($\overline{4}$2m) 对称群的四度旋转对称轴（取为 z 轴）方向，光电场偏振矢量 $a_{L,s,t}$ 沿 x、y 方向. 拉曼散射的波矢守恒已如第七章中式(7.33)和(7.34)所述，假定入射光沿 x 方向偏振，即

$$a_L = \langle 100 \rangle$$

则散射光偏振为

$$a_s = \langle 100 \rangle \quad 或 \quad \langle 010 \rangle$$

因而这里可能涉及到的两种散射配置必定为 $z(x,x)\bar{z}$ 和 $z(x,y)\bar{z}$. 沿用上一章讨论的劳登的方法，这两种散射配置下点群 D_{2d} 的极化张量的表示按 xx 或 xy 变换，拉曼散射观察到的声子在 xx 散射下具有 A_1 对称性（卡斯特记号中的 Γ_1），在 xy 散射下具有 B_2 对称性（卡斯特记号下的 Γ_4）. 对平行 x 或 y 方向偏振的光电磁波，可以分别观察到上述两种对称性的声子，对居间偏振角度，两种对称性的模可同时被观察到. 这里不涉及到 $E(\Gamma_5)$ 表示，图 8.31 所示散射配置下只能观察到纵声子模，这一情况已为实验结果所证实. 红外吸收情况与此相反，不可约表示必须按 x 或 y 变换，因而二度简并的 E 表示(Γ_5)是红外活性的，并且也只有横声子才可被红外实验直接观察到，因而这里人们再次看到红外和拉曼实验在研究声子模式时的互补作用.

　　表 8.4 列出了线链模型计算的 GaAs/AlAs 超晶格布里渊小区中心纵模拉曼散射频率和相对强度[50]，及其与纯晶体情况的比较. 表中给出了 R_{xx} 和 R_{xy}，与表 8.3 比较，首先可以注意到拉曼强度比红外吸收振子强度要大得多. 这是可以理解的，因为 Ga 和 Al 的振动等效电荷几乎相等($e_{Ga}^* = 2.16e$；$e_{Al}^* = 2.20e$)，而红外吸收强度和这种等效电荷的差别有关，因而那些折叠到布里渊小区中心的模式的红外吸收应该是很弱的. 然而，Ga 键和 Al 键的极化率颇不相同，与此相关的拉曼张量可以相当大. 表 8.4 表明，那些由原体材料纵声学支振动折叠而来的布里渊区原点附近的超晶格纵模声子也具有颇大的拉曼张量，例如 $N = M = 4$ 的 GaAs/AlAs 超晶格的波数为 60.9cm^{-1} 折叠纵模的 R_{xx} 高达 20. 上述讨论说明了为什么超晶格中声学声子折叠模和光学声子限制模等在拉曼散射情况下更容易被观察到，并且为运用拉曼散射方法观察它们，一般应该采用 $z(x,x)\bar{z}$ 或 $z(x,y)\bar{z}$ 背散射配置观察纵模声子的散射行为.

表 8.4　线链模型计算的布里渊小区中心纵模频率和拉曼散射强度

GaAs			AlAs		
ω_q^i/cm^{-1}	R_{xx}	R_{xy}	ω_q^i/cm^{-1}	R_{xx}	R_{xy}
289.0	0.0	6.7	391.4	0.0	0.72
GaAs/AlAs	$N=M=1$		GaAs/AlAs	$N=M=4$	
201.4	32.7	0.0	60.9	20.0	0.0
241.3	0.0	2.41	61.9	0.0	0.022
272.1	0.0	1.18	118.4	0.0	0.002
GaAs/AlAs	$N=M=2$		120.7	0.42	0.0
118.4	24.5	0.0	168.6	3.22	0.0
120.8	0.0	0.1	172.7	0.0	0.029
201.4	0.0	0.0	201.4	0.0	0.0
236.4	3.02	0.0	227.8	1.41	0.0
277.3	0.0	2.86	253.3	0.0	0.19
356.1	1.03	0.0	272.6	0.26	0.0
381.8	0.0	0.68	285.5	0.0	2.90
			344.4	0.19	0.0
			361.6	0.0	0.11
			377.4	0.22	0.0
			387.8	0.0	0.44

　　实验上,由于 As 原子周围 Ga、Al 的随机分布和分子束外延生长超晶格样品质量等因素导致的无序效应,可以诱发整个布里渊区或布里渊小区纵的和横的声学声子模的拉曼活性,理论上预期的折叠声学模还有可能淹没在 DATA 和 DALA (缺陷及无序诱发 TA 与 LA 模)拉曼散射带中或被后者所模糊,从而导致实验观测的困难.尽管如此,近年来随着超晶格生长技术的进步和样品质量的提高,关于声学折叠模的拉曼散射研究已有不少结果[50~52,57~59].例如,图 8.34(a)给出一个 GaAs/AlAs 超晶格样品的拉曼散射谱的实验结果[58,59],样品 GaAs 层和 AlAs 层的厚度都是 56Å,即都为 10 个单分子层,散射几何配置为 $z(x,x)\bar{z}$ 和 $z(x,y)\bar{z}$. 图 8.34(b)还给出按式(8.44)计算的实验样品条件下原体材料 LA 声子色散在超晶格布里渊小区中的折叠[58].图 8.34 表明,在原体材料声学声子频段,波数 30、60、90cm^{-1} 附近,超晶格拉曼散射谱存在散射双峰,双峰间距离为 $5\sim6$cm^{-1}. 和图 8.34(b)给出的色散曲线相比较,可以将它们指认为图(b)中圆点所示波矢的折叠纵声学模散射.其理由如下:入射的 5145Å 激光的光子波矢约为 10^6cm^{-1};实验样品条件下,q_z 方向布里渊小区的范围 q_{max} 为原体材料布里渊区 $2\pi/a$ 的 $\dfrac{1}{20}$,即 10^7cm^{-1} 左右,因而背散射配置下 $k_L - k_s = 2\pi n/d \pm q \approx 2\pi n/d \pm 0.17q_{max}$,即图 8.34(b)中圆点所示波矢位置.背散射配置下,光子波矢改变 $\Delta k \approx 2k_L = 4\pi\eta/\lambda_L =$

q，于是线性色散近似下双峰结构的散射频移应为 $\omega_q = v_{sL}(2\pi n/d \pm q)$，因而双线间的距离 $\Delta\omega_q = 2v_{sL}q = 8\pi\eta v_{sL}/\lambda_L \approx 5\mathrm{cm}^{-1}$，这一估计的分裂值和实验观测结果一致.

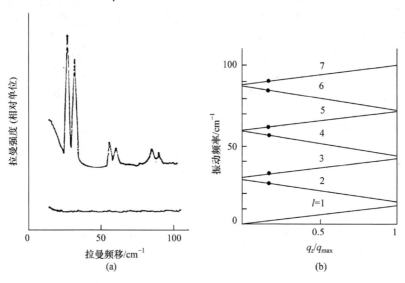

图 8.34　(a) 折叠声学模声子频段 $(GaAs)_{10}/(AlAs)_{10}$ 超晶格的拉曼散射谱，上、下两个散射谱分别是 $z(x, x)\bar{z}$ 和 $z(x, y)\bar{z}$ 配置下的测量结果；(b) 按吕托夫模型和式(8.44)计算的 $(GaAs)_{10}/(AlAs)_{10}$ 超晶格的折叠纵声学模(LA)色散

　　多量子阱、超晶格中折叠 LA 声子模的对称性仍是一个可讨论的问题，简单理论分析(如线链模型)和表 8.4 结果表明，对周期较短并且 $d_{GaAs} > d_{AlAs}$ 的超晶格，图 8.34 中双峰散射结构的频率较低的峰对应的折叠 LA 模有 A_1 对称性，而频率较高的那个模则有 B_2 对称性. 因而前者应该在 $z(x, x)\bar{z}$ 配置下被观察到，而后者应该在 $z(x, y)\bar{z}$ 配置下观察到. 但图 8.34 表明，在 $z(x, y)\bar{z}$ 配置下观察不到任何散射结构，而 $z(x, x)\bar{z}$ 配置下则观察到双峰结构，即两者都在这一配置下被观察到了，并且有相似的强度. 因而有人指出[60]，图 8.34 和下面将提到的结果本身就证实了所有折叠 LA 模都具有 A_1 对称性；也有人仍从简单理论出发，认为[58,59]既然观察到的并非布里渊小区原点 $\Gamma(q_z = 0)$ 处的声子模的散射，而是从 Γ 到边界途中某一 q 处的声子模的散射，在这种波矢位置上折叠 LA 模的对称性可异于 Γ 处的模式，或者是混合的. 同时，在图 8.34 所示结果中，5145Å 的入射激发光子能量(2.41eV)近乎和该样品价带子带与导带子带间的带间跃迁共振，因而跃迁的禁戒可以消除或松弛. 共振条件下拉曼跃迁禁戒的松弛和折叠声子模散射强度的剧烈增强还可从图 8.35 所示结果中看到. 图中给出了两个不同入射激光波长(5145Å 和 6471Å)下一个 $(GaAs)_{(85Å)}/(Ga_{0.6}Al_{0.3}As)_{(88Å)}$ 超晶格样品的折叠 LA 声子模的拉曼散射谱，在非共振激发的 5145Å 激光入射情况下，散射强度显然弱得多，并且

偶数折叠模的散射完全观察不出来. 这是因为按光弹性(photoelastic)散射机制模型,散射强度正比于 $\sin^2\left(\dfrac{\pi m d_1}{d_1+d_2}\right)$,如果 $d_1 \approx d_2$,则 m 为偶数时散射强度趋于零,即折叠 LA 声子散射中观察不到折叠偶次数(或者说偶阶)的声子模的散射,这和图 8.35 中 5145Å 激光激发下的实验结果是一致的. 但图 8.35 也表明,在和超晶格组元之一,如 GaAs 的 $E_0+\Delta_0$ 能隙共振的 6471Å 激光入射下,两不同层中的类体传播模和暂态模相结合,这时简单的光弹性散射机制就不再适用了,所有的折叠 LA 模,包括偶阶模都清楚地被观察到了,并有比 5145Å 激光入射下强得多的散射强度,事实上图 8.34 的结果也已利用了 5145Å 激光和该样品子带带间跃迁近共振的条件,从而也观察到(GaAs)$_{10}$/(AlAs)$_{10}$ 超晶格的 $m=2,4,\cdots$ 的偶阶 LA 折叠模的散射峰.

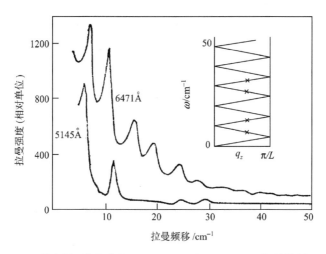

图 8.35 不同波长激光激发下(GaAs)$_{85\text{Å}}$/(GaAlAs)$_{88\text{Å}}$ 超晶格样品的折叠 LA 声子散射,6471Å 光子能量和 GaAs 的 $E_0+\Delta_0$ 能隙近乎共振

由于超晶格声子散射情况下入射光、散射光波矢已与布里渊小区的大小可相比拟,因而改变激光波长,即改变入射光子和散射光子的波矢,可以观测到布里渊小区不同波矢位置上的声子模的散射,从而研究布里渊小区中折叠 LA 模的色散. 图 8.36 给出当入射激光波长从 4579Å 改变到 6764Å 时,短周期超晶格 (GaAs)$_{14\text{Å}}$/(AlAs)$_{12\text{Å}}$ 在第一折叠禁带附近的散射频移和波矢的关系[52]. 图中圆点为实验结果,实线为按线链模型计算的结果,可见在散射涉及的波矢范围内,这些折叠 LA 模已呈线性色散关系,即 $\omega_q \propto q$.

利用近布儒斯特角散射,还可以观察到 E 对称性的横声学声子折叠模的拉曼散射特征,其结果如图 8.37 所示[52].

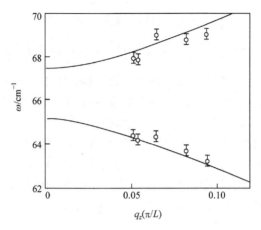

图8.36　线链模型计算的$(GaAs)_{14Å}/(AlAs)_{12Å}$超晶格
第一折叠支的色散、声子禁带及其与实验结果的比较[48]

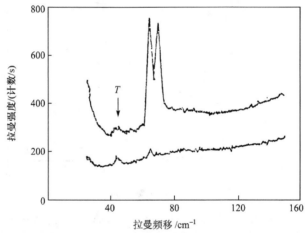

图8.37　第一折叠支附近$(GaAs)_{14Å}/(AlAs)_{12Å}$超晶格的拉曼散射,近共振和近布儒斯特角
散射下观察到横声学声子折叠模散射.上面曲线为$z(x,x)\bar{z}$配置,下面曲线为$z(x,y)\bar{z}$配置

　　如上讨论的超晶格折叠声学模散射实验结果中,一个至今仍难以解释的事实
是,$z(x,y)\bar{z}$散射配置下迄今未观察到这种折叠声学模的任何散射结构.图8.29
和图8.36表明,折叠声学模色散曲线在布里渊小区中心与边界处存在声子禁带,
但迄今未见用拉曼散射直接测量这种声子禁带的成功报道.

　　近年来关于超晶格光学声子模拉曼散射的研究已获得丰富的结果[52,61~66].已
经指出,超晶格的光学声子模主要是限制模,并且在GaAs/AlAs这种原体材料光
学声子带没有交叠的较简单情况下,超晶格光学声子模的这种限制状态可以是颇
为严格的,也最容易被拉曼散射实验观察到,例如,苏特(Sood)等人[62]在共振条件
下观察到6个GaAs层的LO限制模的散射峰,汪兆平等人[65]则在室温和非共振

条件下观察到 $(GaAs)_n/(AlAs)_n$ 短周期超晶格($n=4\sim8$)GaAs 层中与 AlAs 层中全部的纵光学声子限制模,每一层中限制 LO 声子模的数目即等于该层的单分子层数 n,例如 $(GaAs)_4/(AlAs)_4$ 超晶格就有 4 个在 GaAs 层内振动的 LO 限制模,和同样数目的在 AlAs 层内振动的 LO 限制模. 在 $GaAs/Ga_{1-x}Al_xAs$ 超晶格中,由于合金层中类 GaAs 光学模和 GaAs 层中的光学模的频带交叠,其模式限制状况可以较为松弛.

图 8.38 给出汪兆平等人关于短周期超晶格 $(GaAs)_n/(AlAs)_n$ 纵光学声子拉

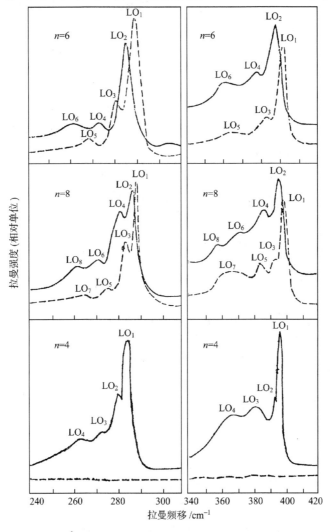

图 8.38 在 300K 和 5145Å 激光谱线激发下,$(GaAs)_n/(AlAs)_n$ 超晶格结构的拉曼散射谱. ……为 $z(x,y)\bar{z}$ 散射配置,——为 $z(x,x)\bar{z}$ 散射配置. 上图和中图:$x=\langle 100\rangle$,$y=\langle 010\rangle$,$z=\langle 001\rangle$;下图:$x=\langle 1\bar{1}0\rangle$,$y=\langle 110\rangle$,$z=\langle 001\rangle$·左列:GaAs 中 LO_m,右列:AlAs 中 LO_m

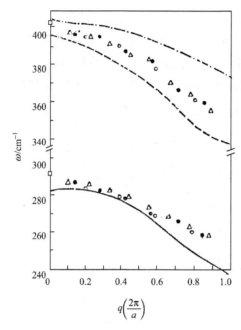

图 8.39　测量的 GaAs 和 AlAs 层中的 LO_m 限制模频率 ω 与 $q=\frac{m}{n+1}\left(\frac{2\pi}{a}\right)$ 的关系. ○、●、△分别为 $n=4,6,8$ 的 $(GaAs)_n/(AlAs)_n$ 超晶格的拉曼散射数据;□为 GaAs 或 AlAs 的体 $LO(\Gamma)$ 频率. 实线是体 GaAs 中子散射数据给出的色散曲线;虚线和点划线是计算的体 AlAs 的光学声子色散曲线

曼散射的实验结果[65]. 图表明,在 $z(x, x)\bar{z}$ 散射配置下,观察到的是 A_1 对称性的偶数限制模 $LO_m(m=2,4,6,\cdots)$;而在 $z(x,y)\bar{z}$ 散射配置下,观察到的是 B_2 对称性的奇数限制模 $LO_m(m=1,3,5,\cdots)$. 这一实验结果和本节开始时讨论的简单理论预期的超晶格拉曼散射对称性选择定则是一致的. 如采用第七章图 7.41 所示的散射配置,即 $z(x', x')z^-$,则如图 8.38[65]下图所示,可以同时观察到奇数和偶数的纵光学声子限制模. 这里还可以指出,上述实验观察到的超晶格限制光学模(LO_m 和下面讨论的 TO_m)的脚标数码 m 实际上就是该模式在 GaAs 层中或 AlAs 层中作驻波振动的半波数,并且模式频率随脚标数码增大而下降(见图 8.39),图中给出了 LO_m 模频率与 $q\left[=\frac{m}{n+1}\left(\frac{2\pi}{a}\right)\right]$ 的关系,作为比较,图中还给出了第一布里渊区中原体材料的纵光学声子色散曲线.

利用近布儒斯特角散射和大孔径的散射光收集透镜,汪兆平等人[66]还观察到了具有 E 对称性的在背散射配置下拉曼跃迁禁戒的横光学限制模 TO_m 的散射,其结果如图 8.40 所示,图中 $250\sim270\mathrm{cm}^{-1}$ 范围给出的是 GaAs 层中的限制 TO_m 模的拉曼散射谱,$340\sim385\mathrm{cm}^{-1}$ 范围给出的是 AlAs 层中的限制 TO_m 模的拉曼散射谱. 如果作出它们的模式频率与波矢 $\frac{m}{n+1}(2\pi/a)$ 的关系图,可以得到和图 8.39 相似的结果.

利用共振拉曼散射,超晶格的界面模也已被观察到了[67].

这些结果表明,超晶格中的类体光学模,尽管其振动特性主要是限制模,但其模式频率仍大致可从体声子折叠来推测. 反之,上述实验又提供了一种从超晶格声子模的拉曼频率研究体材料声子色散的实验方法,这对通常情况下难以获得稳定单晶的材料,如 AlAs,是十分有意义的.

从以上讨论还可看到,从拉曼实验中观测到的光学限制模的数目或声学折叠

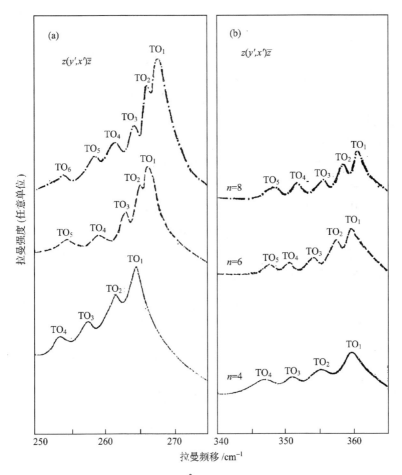

图 8.40 室温和 Ar$^+$ 激光 5145Å 谱线激发下,近布儒斯特散射配置下
(GaAs)$_n$/(AlAs)$_n$ 的类 GaAs(a)和类 AlAs(b)TO$_m$ 声子限制模拉曼散射

模的频率分布,可以很精确地确定或计算超晶格的周期 d_1、d_2 及相应的单分子层数.从散射峰的强度、线宽及其与理论结果的比较可以估计超晶格样品的质量,例如界面尖锐性、层厚均匀性等.这样拉曼散射可以成为除 X 射线衍射、高分辨电子显微镜外另一种研究超晶格结构的方便的手段.

8.5 量子阱中的浅杂质光谱

在近代超晶格和量子阱结构被研究之前,限制的几何结构中的类氢杂质态问题就已受到理论上的注意[68].近年来,超晶格、量子阱中杂质能态及其光学行为的研究也和整个超晶格、量子阱物理一样愈来愈受到人们的关注.巴斯塔(Bastard)[69]首先用单带有效质量模型,从理论上研究了阱间相互作用可以忽略的无限深势阱或无限深多势阱中类氢杂质的行为,揭示了浅杂质能态与势阱宽度、杂质原子在势阱中位置的关系,以及由此导致的杂质带的形成. 格林纳(Greene)等人[70]将巴斯塔的理论推广到有限深势阱的情况. 实验上首先是米勒(Miller)等人以及其他研究组用光荧光光谱观察到多量子阱中和杂质态有关的光跃迁,以及杂质束缚能随势阱宽度的变化[71],随后在拉曼散射[72,73]、远红外光谱[74]、光调制反射光谱[75]中都观察到了和量子阱中杂质相联系的光跃迁,并给出其光学行为的丰富信息. 量子阱中浅杂质能态是其位置的函数,为获得确定能量位置的杂质能级或尽量减小杂质能带的宽度,近年来还广泛发展了单原子层掺杂(或称 δ 掺杂)技术,并开展了势阱中呈 δ 函数分布的杂质的能态及其光学行为的研究[76].

以 $GaAs/Ga_{1-x}Al_xAs$ 型多量子阱或单量子阱中施主杂质为例,忽略相邻阱间隧道效应和镜像力,并且假定每一势阱中的载流子运动可用单带球对称哈密顿来描述,则单量子阱中类氢施主的有效质量方程可写为

$$\left\{\frac{\boldsymbol{P}^2}{2m^*}-\frac{e^2/[4\pi\varepsilon(0)]}{[\rho^2+(z-z_i)^2]^{1/2}}+V_B(z)\right\}F_j(\boldsymbol{r})=EF_j(\boldsymbol{r}) \tag{8.52}$$

写出此式时已将笛卡儿坐标原点取在势阱中杂质位置上,并且 x、y 方向尺寸足够大,z 沿超晶格生长方向,因而上式中 $\rho^2=x^2+y^2$,$V_B(z)$ 为限制载流子在势阱内运动的势垒高度. 暂且假定有最简单的无限深势阱模型,即

$$V_B(z)=\begin{cases}\infty, & \text{当 } z\geqslant L/2 \\ 0, & \text{当 } z<L/2\end{cases} \tag{8.53}$$

若不考虑杂质势,则方程(8.52)的本征态为

$$\Psi_{nq}(\boldsymbol{r})=\begin{cases}A\exp(\mathrm{i}\boldsymbol{q}_{/\!/}\cdot\boldsymbol{\rho})\cos(q_n z), & n \text{ 为奇数} \\ A\exp(\mathrm{i}\boldsymbol{q}_{/\!/}\cdot\boldsymbol{\rho})\sin(q_n z), & n \text{ 为偶数}\end{cases} \tag{8.54}$$

式中 $q_{/\!/}=q_x$、q_y.

$$q_n=n\pi/L, \quad n>1 \tag{8.55}$$

和波函数(8.54)对应的本征能量为

$$E_{n,q_{/\!/}}=\frac{\hbar^2 q_{/\!/}^2}{2m^*}+\frac{\hbar^2}{2m^*}\left(\frac{n\pi}{L}\right)^2 \tag{8.56}$$

和第 4.3 节讨论的情况不同,这里由于平行层面方向和超晶格生长方向的变量不能分离,方程(8.52)不能解析求解. 为此常采用变分法求解,令试解波函数为

$$\Psi(r) = \begin{cases} A\cos(q_z z)\exp\left[-\dfrac{1}{\lambda}(\rho^2 + (z-z_i)^2)^{1/2}\right], & z \leqslant L/2 \\ \\ 0, & z > L/2 \end{cases} \tag{8.57}$$

式中 λ 为变分参数,A 为和 λ、L、z_i 有关的归一化系数. 若将方程(8.52)的本征能量记为 $\varepsilon(L, z_i)$,则杂质基态束缚能为

$$E_I(L, z_i) = \frac{\hbar^2}{2m^*}\frac{\pi^2}{L^2} - \varepsilon(L, z_i) \tag{8.58}$$

不难看到,在 $L=0$ 和 ∞ 的极限情况下,试解波函数[式(8.57)]是有效质量方程(8.52)的精确解. 例如,$L=\infty$ 和 $z_i=0$ 时即回到三维情况,这时试解波函数[式(8.57)]变为三维类氢原子基态,即

$$\Psi(r) = (\pi\lambda^3)^{-1/2}\exp\left[-\frac{1}{\lambda}(\rho^2 + z^2)^{1/2}\right] \tag{8.59}$$

这里

$$\lambda = a^* = \frac{4\pi\varepsilon(0)\hbar^2}{m^* e^2} \tag{8.60}$$

杂质基态束缚能变为

$$E_I(\infty, 0) = \frac{m^* e^4}{2\hbar^2[4\pi\varepsilon(0)]^2} = R^* \tag{8.61}$$

若 $L \to \infty$,$z_i = \pm L/2$,则可获得

$$\lim_{L \to \infty} E_I(L, \pm L/2) = \frac{1}{4}R^* \tag{8.62}$$

即符合文献[1]给出的 $2p_z$ 类氢态. 若 $L \to 0$,则试解波函数[式(8.57)]简化为二维类氢基态

$$\Psi(\rho) = \left(\frac{2}{\pi\lambda^2}\right)^{1/2}\exp(-\rho/\lambda) \tag{8.63}$$

这里

$$\lambda = \frac{4\pi\varepsilon(0)\hbar^2}{2m^* e^2} = \frac{a^*}{2} \tag{8.64}$$

对应的基态束缚能

$$\lim_{L \to 0} E_I(L, z_i) = 4R^* \tag{8.65}$$

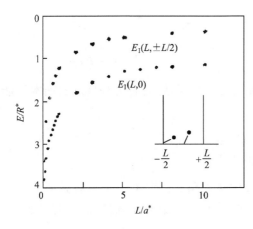

图 8.41　无限深势阱中类氢施主
基态束缚能 $E_I(L,0)$、$E_I(L,\pm L/2)$
与势阱宽度的关系(变分计算结果)

即二维极限近似情况下获得了和第 8.2 节讨论的二维激子相似的结果. 但一般情况下量子阱中类氢杂质基态束缚能 $E_I(L,z_i)$ 是势阱宽度和杂质位置的函数. 图 8.41 给出了变分计算获得的固定 $z_i=0$ 和 $\pm L/2$ 时,无限深势阱中类氢施主基态束缚能 $E_I(L,0)$ 和 $E_I(L,\pm L/2)$ 与势阱宽度的关系[69]. 该图表明,基态束缚能随阱宽 L 增大而减小:当 $L\to\infty$ 时,$E_I(L,0)$ 与 $E_I(L,\pm L/2)$ 分别趋于 R^* 和 $\frac{1}{4}R^*$;当 $L\to 0$ 时,它们都趋于 $4R^*$ (二维行为);当 $L=a^*$ 时,势阱中心类氢施主的基态束缚能 $E_I(L,0)=2.25R^*$.

图 8.42 给出几个不同阱宽下无限深势阱中类氢施主基态束缚能和杂质在势阱中沿超晶格生长方向的位置 z_i 的关系[69]. 该图表明,当杂质处于势阱中心时,$E_I(L,z_i)=E_I(L,0)$ 有极大值;当杂质位置偏离阱中心时,$E_I(L,z_i)$ 下降,并在 $z_i=\pm L/2$ 处达到极小值,这一极小值的大小 $E_I(L,\pm L/2)/E_I(L,0)$ 也是阱宽的函数. 初看起来,似乎 $z_i>L/2$ 情况下 $E_I(L,z_i)$ 是没有意义的,但事实上它们对应于势阱外势垒层中杂质引起的束缚杂质能级. 例如,GaAs/Ga$_{1-x}$Al$_x$As 多量子阱中施主杂质情况下,它可以是位于合金势垒层中的施主,并可俘获相邻势阱层中的

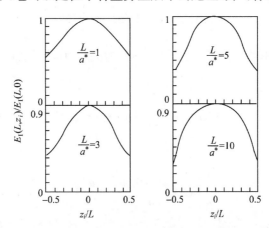

图 8.42　变分计算给出的不同阱宽下无限深势阱中类
氢施主基态束缚能与杂质在势阱中位置 z_i 的关系

电子,只是这里当 $z_i > L/2$ 时,$E_I(L, z_i)$ 很快下降并趋于 0,因而只有对很接近于界面($\ll a^*$)的势垒层中的施主才有可观的束缚作用. 此外,$Ga_{1-x}Al_xAs$ 层中也可存在和其本身能带边相联系的浅施主能级,它们在能量上与 GaAs 量子阱中子带态的二维连续态是简并的,在实际有限阱宽情况下是一种和第 4.3 节中讨论过的共振杂质能级相似的能级,因而不能俘获载流子.

从图 8.41 和图 8.42 可见,由于势阱的限制效应,量子阱中浅杂质能级因其束缚能和杂质位置有关而展宽为杂质带,不再是体材料中那样的一个单一的简并的杂质能级. 若近似地将 z_i 看作连续变量,则可以估计杂质带内的状态密度

$$g_L(E_I) = \frac{2}{L} \left| \frac{dz_i}{dE_I} \right| \qquad (8.66)$$

这里 $E_I = E_I(L, z_i)$ 并且 $z_i \geqslant 0$. 参见图 8.42 不难看到,阱中心处 $dE_I/dz_i \to 0$,这对应于 $g_L(E_I)$ 的一个奇点. 此外,$E_I^{min} = E_I(L, \pm L/2)$ 处,$E_I(L, z_i)$-z_i 曲线斜率较小,因而也可以存在奇点,这一情况如图 8.43 所示[69]. 图 8.43 还表明,当 $L \to \infty$ 时,$g_L(E_I)$ 只有一个奇点,在 $z_i = 0$ 处.

$$\lim_{L \to \infty} g_L(E_I) = \delta(E_I - R^*) \quad (8.67)$$

当 $L \to 0$ 时,

$$\lim_{L \to 0} g_L(E_I) = \delta(E_I - 4R^*) \quad (8.68)$$

$g_L(E_I)$ 有两个奇点,分别在 E_I^{min} 和 E_I^{max} 处,并有相等的强度.

上面的讨论是在最简单无限深势

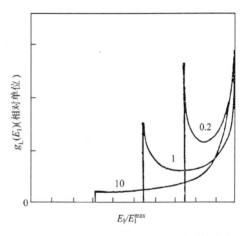

图 8.43 简单有效质量理论和变分计算给出的无限深势阱中类氢浅施主基态杂质带的态密度及其和阱宽的关系. 图中曲线旁的数字表明阱宽分别为 $L = 10, 1, 0.2a^*$

阱近似下进行的. 可以修改这一最简化假定,即假定势垒为有限高度,以符合 GaAs/$Ga_{1-x}Al_xAs$ 多量子阱或单量子阱的实际情况. 这时不难想象,随着 L 的减小和趋近于零,杂质波函数也像能带波函数那样愈来愈多地穿透到周围的 $Ga_{1-x}Al_xAs$ 势垒层中,当 $L = 0$ 时,则完全变成反映 $Ga_{1-x}Al_xAs$ 层中杂质特性的波函数. 这样,随着 L 的减小,以势阱中心附近的杂质为例,其基态束缚能先是增大并达到一极大值,随后随 L 的进一步减小而下降,并趋于 $Ga_{1-x}Al_xAs$ 体材料的杂质束缚能(因为前面已假定 $Ga_{1-x}Al_xAs$ 层足够厚). 有限深势阱与无限深势阱下的预期不同,如上指出,无限深势阱中,当杂质位置趋近于边界时($z_i \to \pm L/2$),$E_I \to \frac{1}{4}R^*$,即趋近于界面态杂质束缚能. 变分计算证明了这一点,图 8.44 给出了

一个两侧被 $Ga_{1-x}Al_xAs$ 包围的 GaAs 单势阱中心的施主束缚能与阱宽关系的变分计算结果[66]. 图中 V_B 是以等效里德伯能量为单位的势垒高度,例如, $V_B=50R^*$,即等于 291.5meV,横坐标阱宽 L 以等效玻尔半径 a^* 为单位. 可见,当势垒高度 $V_B=25R^*=145.7$meV 时,位于阱中心的类氢施主基态束缚能 E_I 在 $L=0.35a^*\approx34$Å 时达到一极大值 $E_I^{max}\approx2.3R^*$. 图 8.44 还表明,若 V_B 增大, E_I 将在更小的 L 值处达到数值更大的极大值 E_I^{max},当然这一极大值总小于 $4R^*$.

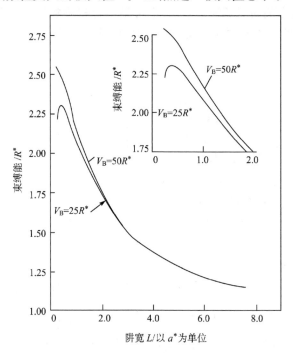

图 8.44　变分计算给出的 GaAs 有限深单势阱中类氢施主
基态束缚能和阱宽及势垒高度的关系

除基态束缚能外,变分计算还可给出杂质激发态的能量位置. 例如,图 8.45 也给出了变分计算获得的势垒高度 $V_B=50R^*$ 时 GaAs 有限深单量子阱中心处类氢施主激发态 $2s$、$2p_{\pm}$ 和 $2p_0$(借用体材料中杂质态的术语)的束缚能[70]. 图中所有能量也都以 R^* 为单位. 这里令人感兴趣的是,尽管 $2s$、$2p_{\pm}$ 态的束缚能也与施主基态相似随 L 减小而增大,但 $2p_0$ 态的行为是颇不相同的,其束缚能随 L 减小而下降,并在 $L\approx6.5a^*$(决定于 V_B)左右时趋于零,这是由于沿 z 方向波函数压缩导致的电子动能明显增加引起的.

所有上述讨论的简单理论都是在抛物单带近似条件下给出的,即如第 4.3 节所述,杂质波函数仅由与之相联系的单个主能带的波函数组成,在量子阱情况下仅由单个最低子能带波函数组成. 这对 GaAs 量子阱中浅施主杂质来说是一个良好

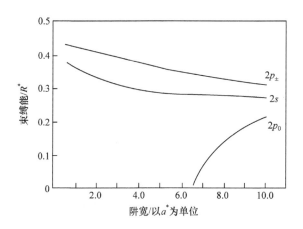

图 8.45　变分计算给出的 GaAs 有限深单势阱中心处类
氢施主激发态的束缚能与阱宽的关系

的近似. 但对受主杂质来说, 和第 4.3 节讨论的一样, 上述简单的有效质量理论必须修正. 但考虑到 $GaAs/Ga_{1-x}Al_xAs$ 量子阱中价带顶轻、重空穴子带简并的消除, 这一修正或许较三维情况简单一些.

前面已经指出, 实验上首先是米勒等人[71]用荧光光谱观察到量子阱中和浅杂质有关的光跃迁过程. 米勒等研究不同阱宽的非掺杂 $GaAs/Ga_{1-x}Al_xAs$ 多量子阱的荧光光谱, 发现在导带子带-空穴子带带间激子跃迁辐射复合发光峰 HH1 以下有一弱的发光峰. 实验上还发现这一发光峰的出现及其强度, 和多量子阱生长时的基体温度有关, 只有生长时基体温度控制在一定范围内时才能观察到这一低能发光峰. 在 GaAs 单量子阱中掺约 $10^{17}\,cm^{-3}$ Be 受主时, 这一低能发光峰可以变成和带间激子复合相似强度的发光带. 米勒等人于是将这一弱发光峰指认为 $GaAs/Ga_{1-x}Al_xAs$ 多量子阱中中性剩余碳受主与导带子带间的辐射复合发光 (e-A°). 从这一发光峰以及激子辐射复合发光谱线的能量位置和已知的 GaAs 势阱中重空穴激子束缚能 E_{1s}(HH1), 从实验数据可以求得量子阱中中性碳受主束缚能为

$$E_I = E_{HH1} - E(\text{e-A}°) + E_{1s}(\text{HH1}) \tag{8.69}$$

米勒等人还研究了这一束缚能与势阱宽度的关系, 获得了如图 8.46 所示的结果[71], 从而证实上述简单理论大致适用于描述量子阱中的浅杂质态. 除碳和 Be 外, $GaAs/Ga_{1-x}Al_xAs$ 多量子阱中与 Mn 受主能级有关的 e-A° 辐射复合发光也已被观察到[77~79].

贾洛息克 (Jarosik) 等人[74,79]研究了不同阱宽并且选择性掺 Si (施主) 的 $GaAs/Ga_{1-x}Al_xAs$ 多量子阱的远红外磁吸收光谱, 给出了量子阱中浅杂质态及光跃迁过程的最直接的证据. 在阱宽为 80~450Å 的 $GaAs/Ga_{1-x}Al_xAs$ 多量子阱中, 分别在阱中心 1/3 的范围内或靠阱边的 1/3 范围内选择性地掺 $5×10^{15}\,cm^{-3}$ 或

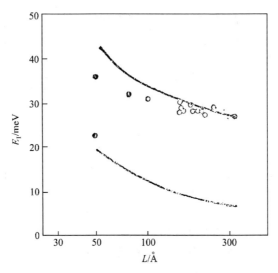

图 8.46　由光荧光(光致发光)实验结果按式(8.69)估计的 GaAs 多量子阱中碳受主基态束缚能与阱宽的关系及其和简单理论的比较

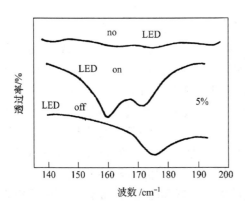

图 8.47　一个阱宽为 210Å、阱中心 1/3 部分掺 Si 的 GaAs/GaAlAs 多量子阱的远红外磁吸收谱,实验温度 4.2K,磁场为 9T

$1\times10^{16}\,\mathrm{cm}^{-3}$ 的 Si 施主. 周期数为 12～15,势垒层厚度为 125～150Å,因而相邻势阱间相互作用可以忽略不计. 在实验方法上则结合傅里叶变换光谱、超导磁场和光波导传输等技术. 图 8.47 给出了他们获得的一个阱宽为 210Å、阱中心 1/3 部分均匀掺 Si 样品的典型实验结果. 图中标有"no LED"的曲线是样品冷却到 4.2K 后直接测量的结果,可见这一情况下未观察到任何和 Si 施主电离过程相应的吸收谱线,这是因为这些条件下势阱中的施主杂质处于电离状态. 图中标有"LED on"的曲线是在低温下同时用发红光的发光二极管照射样品测得的远红外透射谱,可见在 $160\mathrm{cm}^{-1}$ 和 $172\mathrm{cm}^{-1}$ 附近分别有一个吸收峰. 标有"LED off"的曲线是红光照射停止后的远红外透射谱,这时 $160\mathrm{cm}^{-1}$ 的峰消失了,但 $172\mathrm{cm}^{-1}$ 附近的峰仍然存在. 类似于调制掺杂异质结构中的持续光电子效应,这里的持续吸收峰也是 $\mathrm{Ga}_{1-x}\mathrm{Al}_x\mathrm{As}$ 层中的电子陷阱效应引起的. 图 8.47 给出的远红外吸收光谱是在 9T 的强磁场下测得的[74,80],这里运用强磁场的重要性和优点在于,首先可以毫不含糊地区分实验观察到的光谱结构是电子跃迁,或者是声子跃迁.其次,磁场下尤其是强磁场下谱线变窄了,因而可以以高得多的灵敏度和分辨率判定电子跃迁光谱结构的存在并确定其能量位置.同时,可以利用塞曼效应,使谱线漂移到光谱仪具有最高灵敏度的频段进行测量,从而进一步提高实验灵敏度.第三,既然势阱中杂质能级的塞曼分裂和漂移正比于磁场在超晶格生长方向的分量,而体材料中杂质能级的塞曼效应与磁场方向的关系决定于晶向,因而改变磁场方向进行测量,可以判定实验观察到的光谱结构来自体杂质能级跃迁还是势阱中的杂质跃迁吸收.这样,基于磁场效应,可以将图 8.47 中位于 $160\mathrm{cm}^{-1}$ 的吸收峰归诸为体杂质跃迁过程,而位于 $172\mathrm{cm}^{-1}$ 的吸收峰则起因于势阱中 Si 施主的 $1s \rightarrow 2p_+$ 跃迁.这一跃迁以及

$1s \rightarrow 2p_-$ 跃迁能量与磁场关系的实验结果示于图 8.48[74,80],作为比较,图中还给出了塞曼分裂的理论计算结果及体材料情况下的实验结果.图 8.48 中,圆点为实验结果,实线为基于前面讨论的简单理论的计算结果[81],虚线为体 GaAs 中 Si 施主的塞曼分裂的理论和实验结果.这样图 8.47 和图 8.48 就给出了量子阱中浅施主能态及其光吸收跃迁行为的最直接的证据与信息.图 8.48 关于量子阱和体材料中杂质能级磁分裂的比较还表明,随着磁场的增强,势阱限制效应引起的杂质能级漂移减小,实验结果偏离简单理论曲线.这是可以理解的,随着磁场下杂质波函数局域化程度增加,量子阱的限制效应当同时变弱,8.2 节讨论量子阱中激子跃迁时已经指出了类似的现象.

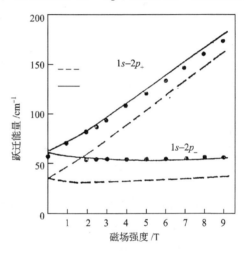

图 8.48　远红外磁吸收光谱测定的 GaAs 量子阱中 Si 施主的 $1s \rightarrow 2p_+$、$1s \rightarrow 2p_-$ 跃迁能量与磁场的关系,作为比较图中,也给出理论(实线)和体材料的结果(虚线,见正文解释)

　　除位于量子阱中心部分的 Si 施主外,位于阱边的 Si 施主也已被研究过,这些研究证实杂质束缚能和 $1s \rightarrow 2p_+$ 等跃迁能量强烈地与杂质在量子阱中超晶格生长方向上的位置 z_i 有关.由于这些跃迁能量与杂质位置有关,而每一跃迁谱线包含了不同位置上的杂质的贡献,因而量子阱中杂质跃迁光吸收谱线线形应该包含沿生长方向杂质分布的信息.为此采用第 4.3 节中讨论过的光热电离谱方法是十分有效的,只是这里必须采用电容耦合方法[76,78]获得光电导信号.图 8.49 给出了一个阱中心部分掺杂的、阱宽为 $138\mathrm{\AA}$ 的 $\mathrm{GaAs}/\mathrm{Ga}_{1-x}\mathrm{Al}_x\mathrm{As}$ 多量子阱的光热电离谱.零磁场下,实验给出的是 $1s \rightarrow 2p_\pm$ 跃迁峰,其高能侧是一个包含高阶跃迁贡献等的宽的带尾.但在强磁场下,例如,7T 磁场下,$1s \rightarrow 2p_+(m=+1)$ 和 $1s \rightarrow 2p_-(m=-1)$ 跃

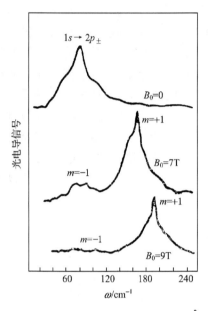

图 8.49　不同磁场下一个阱宽为 138Å、中心部分掺杂的 $GaAs/Ga_{1-x}Al_xAs$ 多量子阱中浅杂质的光热电离谱，$T=10K$

迁峰分裂了，其他高阶跃迁贡献也充分地分离开了，可以用来估计阱中沿 z 方向杂质的分布. 这样的估计表明，决定于样品生长温度，量子阱中选择性掺杂导致的杂质分布比工艺上预期的要宽数十埃，并且是不对称的. 另外，图 8.49 中，$B_0=7T$ 时 $128cm^{-1}$ 附近光热电离谱的肩胛可能反映了图 8.43 讨论的杂质态密度分布的第二个峰.

共振拉曼散射也已用来研究量子阱中的浅杂质态，例如 $GaAs/Ga_{1-x}Al_xAs$ 中的 Si 施主[83]、Be 受主[84] 和残余 C 受主[85] 等. 图 8.50(a) 和 (b) 给出了分别在阱中心和阱边 1/3 阱宽范围内 ($L/3$) 掺 Be $2\sim7\times10^{15} cm^{-3}$ 的 $GaAs/Ga_{0.7}Al_{0.3}As$ 多量子阱的共振拉曼散射谱，入射激光光子能量和 22H 或 22L 激子能量相近. 图中 36.9meV 处的强峰是 LO_{GaAs} 声子散射；IF、FP，X 也都是和晶格振动有关的散射结构. 散射结构 A、B、C，根据它们随温度和量子阱宽度变化的规律，可以判定为和 Be 受主有关的电子跃迁，并且已分别指认为 $1s_{3/2}(\Gamma_6)$ 基态到分裂的克喇末双能级 $2s_{3/2}(\Gamma_6)$、$2s_{3/2}(\Gamma_7)$ 以及 $1s_{3/2}(\Gamma_7)$ 的跃迁. 众所周知，体材料中受主拉曼散射起因于 $1s_{3/2}(\Gamma_8)\to2s_{3/2}(\Gamma_8)$ 跃迁，量子阱中限制势导致 $1s_{3/2}(\Gamma_8)$ 和 $2s_{3/2}(\Gamma_8)$ 分裂，四度简并的 Γ_8 态 (T_{2d}) 分裂为 D_{2d} 对称的克喇末双线 Γ_6 和 Γ_7，体材料中简并的受主态的拉曼散射跃迁也演变成如上所述的量子阱情况下克喇末分裂能级间的 3 个跃迁. 这里我们再次看到红外磁光实验（观察到 $1s\to2p_\pm$ 等杂质跃迁）和拉曼散射（观察到 $1s_{3/2}\to2s_{3/2}$ 等杂质跃迁）在量子阱杂质态研究中起着相互补充的作用.

为避免量子阱中杂质沿超晶格生长方向分布导致的量子阱中杂质能态的扩展，加之其他方面的意义，科赫（Koch）等人[76] 提出了 δ 函数掺杂的概念，即在超晶格或量子阱生长过程中某一单原子层全部或一部由杂质原子组成. 他们成功地用分子束外延技术在 GaAs 外延生长材料中掺入单原子层或半原子层的硅施主，并研究了这种 δ 函数掺杂的 GaAs 的许多光学性质和电学性质. 人们甚至还可设想构成 δ 掺杂的周期性结构，但在量子阱中生长真正单原子层的杂质似有更多困难，尽管如此，近年来 δ 掺杂的工艺技术和相关物理性质已被深入研究，并获得广泛应用.

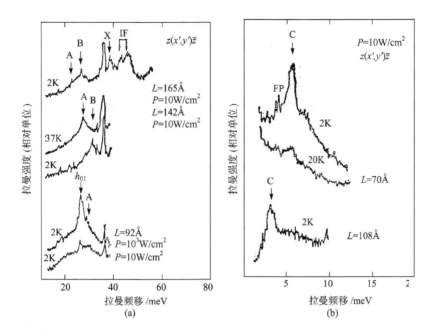

图 8.50 GaAs/Ga$_{0.7}$Al$_{0.3}$As 多量子阱中 Be 受主的共振拉曼散射谱. (a)阱中心 $L/3$ 范围内掺杂. 对阱宽 $L=165$、142、92Å 的样品, 入射激光的 $\hbar\omega_L$ 分别为 1.646、1.670、1.677eV. 图中 34.0、36.9meV 处的散射峰分别起源于 GaAs 的 TO、LO 声子模, h_{01} 为子带间空穴激发, IF 为界面声子模散射, A、B 为 Be 受主散射跃迁. (b)阱边 $L/3$ 范围内掺杂, $\hbar\omega_L$ 分别为 1.744eV(对 $L=70$Å)和 1.635eV (对 $L=108$Å). 图中表为 FP 的位于 3.8 和 4.2meV 的双线为折叠声学模声子散射. C 为 Be 受主的 $1s_{3/2}(\Gamma_6)\rightarrow 1s_{3/2}(\Gamma_7)$ 拉曼散射跃迁

8.6 半导体单量子结构的带间跃迁光谱[86~107]

随着半导体量子阱材料生长工艺和光谱测量技术的发展,现在已不难测量和实验研究半导体单量子阱、单量子台阶等单量子结构的带间跃迁光谱,包括吸收光谱、光荧光及其激发光谱、光调制光谱和光电流谱等,尽管 20 多年前这样的测量似乎还是高不可攀的. 在第 8.3 节我们已经提到 GaAs/GaAlAs 单量子阱的荧光和荧光激发谱,本节再作稍详细一点的讨论. 这里涉及的单量子结构包括两侧为势垒层界定的单个半导体量子阱层、位于半导体表面的一侧为势垒层另一侧为真空的表面量子阱、表面量子势垒,以及淀积在半导体表面的填满或尚未填满一个单原子层的表面"δ"掺杂层. 这些结构及其垂直阱层方向势函数的分布,以及其中的量子态和包络波函数等,如图 8.51(a)~(d)所示意. 这些最简单量子结构中的量子态及其光跃迁行为,可以用典型的量子力学方法精确求解,甚至解析求解,因而提供了实验与理论的比较,或者说验证量子力学理论的最直接的、毫不含糊的途径,

例如,关于量子阱中量子态能量、激子束缚能和二维激子共振增强效应等. 此外,和多量子阱、包括那些阱间耦合可忽略的多量子阱相比较,单量子阱的量子过程和光谱行为也有若干自己的特征. 如电子-声子互作用、能量高于势垒的量子态等方面,单量子阱与多量子阱就很不一样;在稍后讨论的表面量子结构情况下,我们将看到更多有趣的现象. 某些情况下,单量子结构更接近于实际器件结构,如快响应光电二极管、快速量子阱激光器等,因而其研究结果更有应用参考价值.

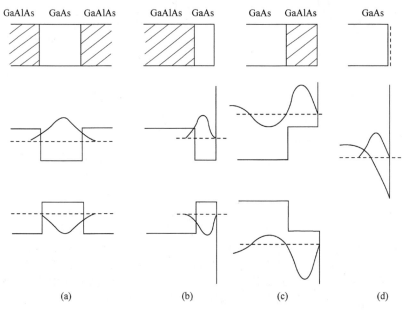

图 8.51　几种单量子结构及其 z 方向势函数分布、量子能级以及包络波函数示意图.
(a)两侧为势垒层界定的单量子阱;(b)表面量子阱;(c)表面量子台阶;(d)表面 δ 掺杂层

图 8.52 给出三个势阱层 $In_{0.2}Ga_{0.8}As$ 厚度同为 25nm 但覆盖其上的 GaAs 覆盖层厚度不同的 $GaAs/In_{0.20}Ga_{0.80}As/GaAs$ 单量子阱样品在 77K 时的吸收光谱,图中还用虚线给出 77K 时相同样品的光荧光光谱[87,89~91]. 这里吸收光谱和荧光光谱都是用傅里叶变换光谱方法测量的,因而比通常光栅光谱仪有高得多的灵敏度. 这一光谱测量采用的三个样品,都是在半绝缘 GaAs(100)衬底上用 MBE 方法生长的,在生长完毕 GaAs 缓冲层和 25nm 厚的 $In_{0.20}Ga_{0.80}As$ 势阱层后,分别生长厚度为 500、50 和 5nm 的 GaAs 覆盖层. 这样设计样品的目的,是为了研究覆盖层厚度对势阱层材料中的应力及其弛豫、因而对其中的量子态的影响,以便为更复杂的样品和器件结构设计提供依据. 势阱层中的应力及其弛豫,可根据它们吸收或发光谱线能量位置及其移动、线宽等来计算和估计,这也是研究这一单量子阱结构的光谱的一个具体目的. 从图 8.52 我们首先看到,由于采用了高灵敏度的傅里叶变换光谱方法,加之 $In_{0.2}Ga_{0.8}As$ 量子阱的带间跃迁能量小于 GaAs 衬底禁带宽

度,GaAs 衬底层的存在并不影响实验观察到来自单个量子阱的价带子带到导带子带的带间跃迁的尖锐吸收谱线. 例如,对 GaAs 覆盖层厚度为 500nm 的 1 号样品,即使测量温度并不很低,仅为 77K,实验仍观察到源于量子阱中导带、价带的第一对子带($n=1$)的带间跃迁的尖锐吸收谱线,跃迁能量位置在 1.314eV,线宽窄达 2.5meV 左右,表明了跃迁过程的激子特性. 此外,2e-2hh(1.337eV)、3e-3hh(1.378eV)和 4e-4hh(1.433eV)跃迁,以及通常选择定则禁戒的 2e-1hh(1.333eV)及3e-5hh(1.389eV)跃迁都清晰可见. 此外,已在不同温度下测量了这些样品的吸收光谱,其中关于 1 号样品的变温测量结果如图 8.53 所示. 图 8.53 表明,即使在室温下,吸收光谱中仍可观察到刚才提到的这些跃迁谱线,虽然它们之中量子数较高的和通常选择定则禁戒的那些谱线因线宽增宽而变得不那么容易分辨开来了. 顺便指出,图 8.52 和图 8.53 所示光谱中,高能侧吸收系数的陡峭上升起自 GaAs 衬底带间跃迁的开始.

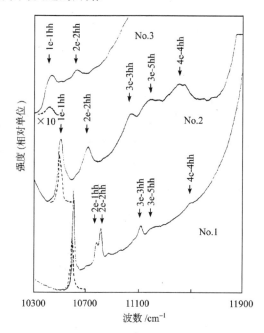

图 8.52 77K 时一组 GaAs 覆盖层厚度不同的 $In_{0.2}Ga_{0.8}As$ 单量子阱
样品的吸收光谱;虚线为 77K 时相同样品的光荧光光谱

由图 8.52 所示带间跃迁吸收峰能量位置,可以推断 GaAs 覆盖层厚度分别为 500、50 和 5nm 的三个样品的厚度为 25nm 的 $In_{0.20}Ga_{0.80}As$ 单势阱层的应变分别为 -1.412%、-1.255% 和 -1.128%. 在 GaAs 覆盖层厚度为 500nm 的情况下,吸收谱线能量和窄的线宽表明,$In_{0.20}Ga_{0.80}As$ 单势阱层的晶体结构是完整的,不存在明显的应力弛豫导致的缺陷,因而工艺上进一步增大覆盖层厚度不再必要. 而

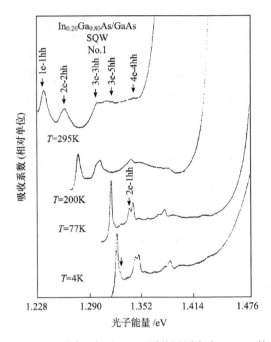

图 8.53　不同温度下 GaAs 覆盖层厚度为 500nm 的
GaAs/In$_{0.2}$Ga$_{0.8}$As(25nm)/GaAs 单量子阱的吸收光谱

覆盖层厚度为 50nm 和 5nm 时,尤其是 5nm 时,应力弛豫导致的 In$_{0.20}$Ga$_{0.80}$As 势阱层中的晶体结构缺陷明显增多,因而吸收和发光谱线能量位置红移,吸收系数和发光强度明显下降,同时谱线增宽.

　　图 8.54 给出 77K 时五个 In$_{0.15}$Ga$_{0.85}$As/GaAs 量子阱样品的吸收光谱;图 8.55 给出同一温度下激发功率为 100mW/cm^2 时同一组样品的傅里叶变换光荧光光谱[93～99]. 这一组样品是这样设计的,样品 a、b、c 分别是 In$_{0.15}$Ga$_{0.85}$As 势阱层厚度为 5、10 和 25nm 的单量子阱;样品 d 为 4 个周期的 In$_{0.15}$Ga$_{0.85}$As 势阱层厚度为 5nm 的多量子阱,阱间 GaAs 势垒层厚度为 20nm,因而阱间电子态间耦合互作用可以忽略;样品 e 是 In$_{0.15}$Ga$_{0.85}$As 势阱层厚度为 10nm 的双量子阱,阱间 GaAs 势垒层厚度也为 20nm. 这样设计样品结构的目的在于观察和研究阱宽、进而限制效应对准二维激子共振特性的影响. 这一组样品的结构参数和光谱实验的主要结果,如 1e-1hh 带间激子跃迁谱线能量位置、线宽因子、谱线最大积分强度等列于表 8.5. 我们首先讨论吸收和发光谱线强度,以样品 a 和 c 的比较为例,样品 c 的量子阱层厚度为 a 的 5 倍,测量光斑范围内势阱层中的原子数也为后者的 5 倍,于是量子阱 c 的带间跃迁联合态密度应该是 a 的 5 倍. 这样,如果不考虑第 8.2 节讨论的量子限制导致的二维、准二维激子共振跃迁强度增大的效应,人们会预期样品 c 的激子跃迁谱线强度,如 1e-1hh 跃迁的谱线强度是样品 a 的 5 倍. 但图 8.54

和图 8.55 以及综合于表 8.5 的实验结果表明,单量子阱样品 a、b、c 的激子跃迁谱线强度近乎相等,与阱宽无关! 这一实验事实证实了第 8.2 节讨论的量子限制导致二维、准二维激子跃迁强度(经由光学矩阵元)迅速增大的理论预期,虽然从现有实验数据我们还不能给出这种增强的定量数值,但可以认为,随着阱宽从 25nm 减小到 5nm,激子跃迁强度增大了 5 倍.

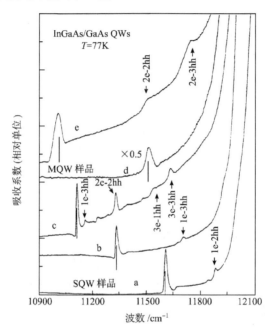

图 8.54　77K 时一组 InGaAs/GaAs 单量子阱和多量子阱样品的吸收光谱,图中竖实线表示这些样品的荧光谱线能量位置,详细说明见正文

表 8.5　从图 8.54 和图 8.55 获得的一组 $In_{0.15}Ga_{0.85}As/GaAs$ 量子阱样品的光谱数据和样品结构参数

样品编号	阱宽 /nm	组分 x	1e-1hh 跃迁能量		Γ_i /meV	Γ_c /meV	A^*_{max} /meV
			PL 实验	吸收实验			
a SQW	5	0.145	1.4380eV	1.4370	2.25	15.0	1.75
b SQW	10	0.145	1.4044	1.4056	1.85	19.3	1.68
c SQW	25	0.145	1.3770	1.3772	1.75	22.1	1.55
d 四量子阱	5	0.148	1.4261	1.4276	5.55	7.0	6.42
e DQW	10	0.147	1.3640	1.3647	6.50	7.7	4.23

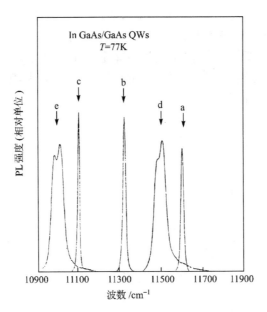

图 8.55　77K 和 100mW/cm² 激发下同一组样
品的傅里叶变换荧光光谱. 激发光源为 Ar⁺ 激光 5145Å 谱线

其次,我们讨论图 8.54 和图 8.55 反映的激子跃迁谱线的线宽特征,以及与此相关的量子阱中激子-声子互作用特性. 为更清楚地说明实验事实,在图 8.56 中给出了图 8.52 所示的 1 号单量子阱样品 1e-1hh 激子吸收谱线线宽和温度的关系,这一关系可用下述公式表达

$$\Gamma = \Gamma_i + \Gamma_c [\exp(E_{ph}/k_B T) - 1]^{-1} \tag{8.70}$$

式中 Γ_i 为温度趋近于 0K 时的线宽,决定于量子阱界面粗糙度、阱内合金无序以及多量子阱情况下阱宽不均匀性等因素,可称为非均匀增宽. 第二项为与温度有关的、起因于激子-声子互作用的线宽增宽,称为均匀增宽,这里 E_{ph} 为声子能量. 这样,图 8.56 表明,对图 8.52 实验采用的 1 号样品 $In_{0.2}Ga_{0.8}As(25nm)/GaAs$ (500nm)单量子阱, $\Gamma_i = 2.2meV$, $\Gamma_c = 24meV$. 可以对图 8.54 和图 8.55 的一组样品的 1e-1hh 跃迁谱线线宽与温度的关系作相似的图和拟合计算,这样求得的这一组样品的 Γ_i 与 Γ_c 列于表 8.5 中第 6 和第 7 列. 表 8.5 表明,单量子阱带间激子跃迁吸收和发光谱线的非均匀增宽,仅为相同阱宽的多量子阱的 1/3～1/4,这显然是由于前者不存在多量子阱情况下阱宽不均匀等引起的谱线附加增宽等因素的缘故. 令人感兴趣的是,单量子阱情况下与温度有关的、起因于电子-声子互作用的均匀增宽项 Γ_c 为多量子阱情况的 2～3 倍,尽管所谓多量子阱在这里不过是两个和四个量子阱而已. 关于其他材料组成的单量子阱体系和多量子阱体系的实验观

测结果与此一致,例如对 GaInAsSb/GaAlAsSb 单量子阱和多量子阱[95~102],实验观测到它们的 Γ_c 分别为 102meV 和 21meV,即单量子阱情况下的 Γ_c 比多量子阱情况大 5 倍. 这些实验事实是可以理解的,并由此揭示了这两类量子阱情况下声子特性及电子-声子互作用特性的显著差别. 多量子阱情况下的声子特性如第 8.4 节所述,其光学声子表现为不能在体内传播的限制模,它和电子的互作用也由于这一原因以及对称性的变化而减弱许多. 就研究晶格振动特性而论,单量子阱的存在似可看作为影响整个晶体晶格振动和格波传播的缺陷,尤其是在垂直阱层方向和长波近似条件下,因而主要仍呈现为三维声子及其中缺陷振动的特性,声子模主要仍是传播模. 因而,单量子阱情况下的激子-声子互作用较接近于三维情况下的这种互作用,加之单量子阱中激子波函数局域化,这种互作用可以是很强烈的,并导致其激子吸收线宽随温度较快增加. 线宽增大意味着激子寿命的缩短,对 GaInAsSb/AlGaAsSb 单量子阱,由 $\Gamma_c=102$meV 求得 200K 时其激子寿命仅为 26fs,这一寿命当然包括了激子热离化等多方面的贡献.

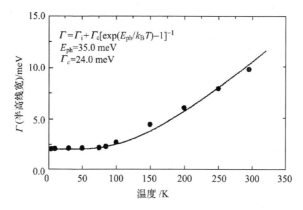

图 8.56 阱宽为 25nm、GaAs 覆盖层厚度为 500nm 的 $In_{0.20}Ga_{0.80}As$(25nm)/GaAs 单量子阱(图 8.52、图 8.53 所示的 1 号样品)1e-1hh 吸收谱线线宽和温度的关系. 图中圆点为实验结果,曲线为按公式(8.70)拟合的结果

表 8.5 最后一列给出的是不同单量子阱和多量子阱 1e-1hh 激子吸收的积分强度

$$A^* = \int \alpha(E)\mathrm{d}E = \frac{\pi E_\mathrm{T}\Delta_\mathrm{LT}\varepsilon_\mathrm{r}^{1/2}}{c\hbar}$$

的极大值. 这里 E_T 为横激子能量 $\hbar\omega_\mathrm{T}(0)$,$\Delta_\mathrm{LT}$ 为纵横激子能量分裂. 实验表明,A^* 是温度的函数,图 8.57 给出了从图 8.54 实验结果计算的阱宽为 25nm 的 $In_{0.15}Ga_{0.85}As$ 单量子阱(样品 c)的 A^* 与温度的关系;作为比较,图中还用虚线给出了一个体材料样品的 $n=1$ 激子吸收谱线积分强度和温度的关系[87,108],被测样

品是载流子浓度很低,并且晶体品质完整的 GaAs 薄层. 图 8.57 表明,对体材料

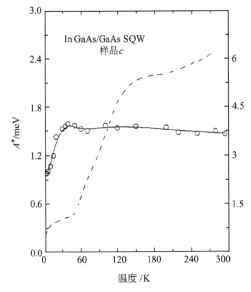

而言,在激子形成和稳定的温度范围 ($\leqslant 100K$),A^* 随温度的下降而减小, 这意味着在 $n=1$ 激子跃迁能量附近, 半导体薄层在低温下变得较为透明 了! 这是由于形成激子极化激元的 缘故,如第 3.5.3 节所述,入射光子 可以以同激子形成杂化的极化激元 的方式在半导体体内传播,并且对同 一波矢,可有上、下两支模式. 量子阱 情况下,包括单量子阱和多量子阱, 当入射光沿垂直阱层方向入射时,既 然量子阱情况下二维和准二维激子 局域在量子阱内,它们沿超晶格方向 的传输几乎是不可能的,这就限制了 激子极化激元的形成和传播. 图 8.57 表明,在实验采用的单量子 阱样品条件下,仅在 $T<30K$ 时观察 到 A^* 的下降. 这或许表明,只有在 这样低的温度下,这一单量子阱样品

图 8.57　单量子阱样品 $In_{0.15}Ga_{0.85}As(25nm)/$ $GaAs$ 1HH 激子吸收积分强度 A^* 与温度的关系. 图中虚线给出的是体材料 $n=1$ 激子吸收积分强 度与温度的关系. 详细说明见正文

中才能观察激子极化激元效应. 改变入射光的入射角,并改变样品结构条件,理应 观察到量子阱体系更明显的或多样化的激子极化激元效应,只是迄今尚未见详细 的研究报道.

　　单量子阱的光调制光谱和 PL、PLE 光谱也已广为研究,这里仅作简略的讨 论. 图 8.58 给出了不同温度下一个 GaAs/GaAlAs 半导体双量子阱的光调制反射 光谱(PR)[88],其具体结构为 $Ga_{0.65}Al_{0.35}As(20nm)/GaAs(10nm)/Ga_{0.65}Al_{0.35}As$ $(8nm)/GaAs(5nm)/Ga_{0.65}Al_{0.35}As(20nm)$,因而实际上是两个阱宽分别为 10nm 和 5nm 的 GaAs 单量子阱,两单量子阱之间为 8nm 的 $Ga_{0.65}Al_{0.35}As$ 势垒层,因而 相互间耦合是微弱的. 为便于比较,在图 8.58 中故意将 14K 和 168K 时的 PR 谱 向低能方向平移一定距离,以使它们属于 GaAs 衬底带间跃迁的 PR 信号和室 温下同一样品同一来源的 PR 信号(1.42eV)对齐. 由图 8.58 可以清晰地观察到 两组 PR 信号,分别属于阱宽为 10nm 和 5nm 的两个单量子阱的带间跃迁;其中属 于 10nm 单量子阱的,图中以小写字母记为 11h、11e 和 22h,属于 5nm 单量子阱 的,则记为 11H 和 11L 等. 用 PR 谱测得的 14K 时这两个单量子阱的带间激子跃 迁能量依次为 1.560、1.574、1.656、1.626 和 1.672eV,在图 8.58 中用直线标示在

谱线上方,其中能量为 1.656eV 的阱宽为 10nm 的单量子阱的 22h 激子跃迁出现在阱宽为 5nm 的单量子阱的 11H 和 11L 跃迁中间,这是在指认它们的物理起源时必须小心考究的. 这些结果和理论计算以及 PL 光谱等其他实验结果一致. 它表明,如今即使是光调制光谱这类最简单的光谱方法,也能以很高的灵敏度给出单量子阱导带子带和价带子带间带间跃迁的高信噪比的光谱信号. 顺便指出,图 8.58 中 1.7eV 附近的信号源于 GaAs $E_0+\Delta_0$ 相关的带间跃迁;14K 时大约 2eV 处的信号起自势垒区域的 E_0 带间跃迁;168K 情况下的振荡信号源于 F-K 振荡效应. 在 14K 和 168K 测量时,采用 Ar$^+$ 激光 514.5nm 谱线为泵浦光;而室温测量时则采用 He-Ne 激光 632.8nm 谱线为泵浦光,因而室温下观察不到能量 1.9eV 以上的调制光谱信号.

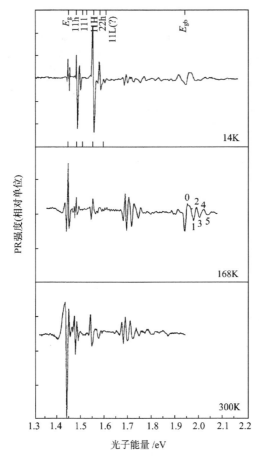

图 8.58　不同温度下 GaAs/GaAlAs 双量子阱的光调制光谱

光荧光光谱(PL)已经成为容易实施的、近乎常规的一种检测单量子阱量子态和样品结构以及晶体光学质量的光谱测量技术. 作为一个例子,我们在图 8.59 给出由四元合金 GaInAsSb/GaAlAsSb 组成的两个单量子阱的 PL 谱[95~98],这里 GaInAsSb 势阱层宽度均为 10nm,但其合金组分相异. 其中第一个样品为 $Ga_{0.75}In_{0.25}As_{0.05}Sb_{0.95}$;第二个样品为 $Ga_{0.67}In_{0.33}As_{0.01}Sb_{0.99}$,两侧都为 $Ga_{0.75}Al_{0.25}As_{0.02}Sb_{0.98}$ 势垒层. 这样设计样品的目的,是使第一个样品势阱中同时存在轻、重空穴态;而理论估计的第二个样品的轻空穴态已逸出势阱处于低于势垒的能量位置,这是由于轻空穴有效质量小和应力效应的结果. 测量图 8.59 所示 PL 谱时,样品温度为 100K,激发光源为 Ar^+ 激光的 514.5nm 谱线. 由图可见,当激发强度为 $0.5W/cm^2$ 时,两个样品都只有一个发光峰,分别位于 0.6336eV 和 0.5955eV,它们对应于导带第一子带和价带第一重空穴子带间的带间辐射复合发光跃迁. 当激发强度增大到 $4.0W/cm^2$ 时,第一个样品的 1e-1hh 发光峰高能侧出现一个强度约为 1hh 发光峰强 1/3 的新的发光峰(图 8.59 下图),两峰之间的能量距离约为 100meV;同样激发强度下,第二个样品的 1e-1hh 发光峰高能侧仅出现强度很弱的发光带尾(图 8.59 上图),其中心位置距 1hh 发光峰约 230meV. 与此同时,1e-1hh

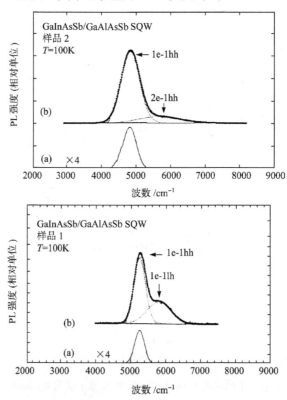

图 8.59　100K 和不同激发强度下两个不同 In 组分的 GaInAsSb/GaAlAsSb 单量子阱的光荧光光谱. 下图:1 号样品,含 In 25%;上图,2 号样品,含 In 33%

发光峰仍保持颇为对称的线形. 这样,正如样品设计时预料的那样,较高激发下第一个样品可同时观察到 11h 和 11l 相关的辐射复合跃迁,而第二个样品则完全观察不到与轻空穴有关的发光跃迁;吸收光谱测量结果与此一致. 这是合理的,因为如前所述,第二个样品设计时,其价带势阱中仅能存在一个重空穴子带,第一轻空穴能级已逸出(低于)价带势垒. 已经知道,多量子阱情况下,即使限制能级已经超出势垒高度,那里仍可存在准束缚的限制态. 在这些态上可以发生波函数的共振增强和集中,因而仍可观察到和这种准束缚限制态相对应的光跃迁,尽管比较微弱,线宽也较宽. 仅仅单个量子阱的存在不足以导致如上指出的准束缚态的形成,因而单量子阱情况下,能量低于价带势垒的第一轻空穴态已几乎完成失去了其二维限制特性,演变成三维扩展电子态了,因而图 8.59 上图中完全观察不到其发光跃迁的痕迹. 图中发光带尾起自 2e-1hh 禁戒的辐射复合跃迁,由于较高激发强度和测量温度,第二电子子带也可以存在电子布居. 此外,组分涨落等不均匀性导致波函数的局域化和对称性畸变,因而这一跃迁的禁戒松弛了. 图 8.59 表明,这样设计的单量子阱的发光跃迁是颇为单一的,与之竞争的过程在能量上相去甚远,发光谱线也显得颇为对称和"干净",这些特性对它们的光电子应用是十分有利的.

下面我们简要讨论半导体表面单个量子结构的电子态和光谱,主要是光调制光谱[103~107]. 这类光谱结果都是采用所谓原位(in situ)的方法测定的,即在样品生长过程中,或刚生长完毕后仍处在外延生长高真空腔体内的情况下测量的,因而排除了样品从真空室取出后必然带来的表面沾污、表面氧化等引起的附加表面态的影响,同时确保刚生长的新鲜的半导体表面层和真空间形成陡峭边界的"异质结构",具有如图 8.51(b)、(c)、(d)所示的半导体表面附近的势函数分布形式. 以生长在 GaAlAs 势垒层上的表面 GaAs 量子阱为例,有如图 8.51(b)所示的势分布,即 GaAs 势阱层的一侧为 GaAlAs 势垒层,势垒高度决定于它的 Al 组分含量;另一侧为 GaAs 电子功函数决定的真空势垒,其高度通常为几个 eV,在理论讨论时可视为无限高势垒. 图 8.60 给出量子阱层厚度分别为 1.5、2.5、3.5 和 4.5nm 的、如上描述的单个表面 GaAs 量子阱的原位室温 PR 谱,可见在 GaAs 的 E_0 和 $E_0+\Delta_0$ 跃迁之间观察到一个颇强的光调制反射信号,它随阱宽减小而蓝移,进而在势阱层厚度 $L_w \leqslant 1.5$nm 时消失. 仔细观察研究,包括变温 PR 谱观测研究表明,它可以分辨为能量差约为 60~70meV 的两个峰. 和基于图 8.51(b)所示势函数分布模型的简单理论计算比较后不难指认,这一 PR 信号来自表面 GaAs 量子阱第一电子子带和第一空穴子带间的带间跃迁,并且正如理论预料的那样,当 $L_w \leqslant 1.5$nm 时,内侧为 $Ga_{0.76}Al_{0.24}As$ 势垒的表面 GaAs 量子阱中不再存在束缚的限制电子态,因而观察不到相应的 PR 信号. 阱宽为 2.5~4.5nm 的表面 GaAs 量子阱的 PR 信号可分辨为相距 60~70meV 的两个峰的实验事实,也与简单理论估计的这些尺寸的表面 GaAs 单量子阱中第一重空穴态和轻空穴态分裂的能量差一致,因而可分别指认为表面量子阱中 1e-1hh 和 1e-1lh 跃迁. 既然这样的计算是以表面量子阱结构模型和相应的势函数分布为基础进行的,其结论与实验完全相符的事实,反过来又证实了生长在势垒层上的带隙较小的半导体薄层确实构成了表面量子阱结构.

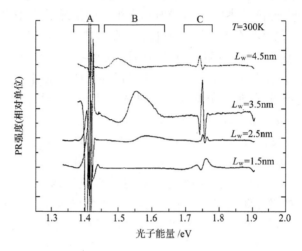

图 8.60　生长在 $Ga_{0.76}Al_{0.24}As$ 势垒上的、不同厚度的表面
GaAs 单量子阱的原位室温 PR 谱. 泵浦光为 He-Ne 激光 632.8nm 谱线

图 8.51(c)所示的表面量子台阶是一种很有趣的结构,类似的势能台阶在半导体微结构研究和器件应用中并不鲜见,例如禁带较窄的半导体结构中夹入一层禁带较宽的材料薄层,以阻挡载流子沿某一方向的定向迁移,从而改变其迁移特性,因为这种结构下载流子只能通过热激发或隧穿过程越过这一势能台阶层才能达到另一侧. 对多量子阱结构,前面已经指出,理论和实验都已证实,在势垒能量以上可以存在准束缚的量子态,并且它们的波函数仍包含一定程度的驻波特性,在势阱位置有共振增强,因而在光谱中可以观察到和这种准束缚态相联系的跃迁过程. 但正如本节前面所述,对两侧都为 $Ga_{1-x}Al_xAs$ 势垒层的 GaAs 单量子阱,实验并未观察到和这种准束缚态相联系的光谱信息. 表面量子台阶结构一侧为真空的事实,可以增强台阶能量以上形成准束缚态的可能性,既然台阶-真空界面处势垒无穷高,真空界面处电子波函数的全反射势必增强量子台阶上波函数的驻波特性,如图 8.51(c)所示意,也即增强了台阶上电子态的准束缚特性. 图 8.61 给出了 GaAs 衬底上生长的厚度分别为 10、15、25 和 35nm 的 $Ga_{0.76}Al_{0.24}As$ 形成的 GaAs/GaAlAs/真空结构的量子台阶的原位 PR 谱[105]. 可见,在 $L_b=10nm$ 时,可以观察到两个 PR 峰或光谱结构;在 $L_b=35nm$ 时,则可以观察到 7 个这样的峰或光谱结构,这些谱峰和结构的能量位置都在量子台阶势垒高度以上,因而只能来自这一能量范围的量子态间的跃迁. 我们将实验观察到的这些表面量子台阶的 PR

谱结构,或峰的能量位置及其与台阶宽度的关系,综合作图示于图 8.62. 按样品结构,表面量子台阶附近 z 方向的势函数分布为

$$V = \begin{cases} -Q_{c,v}\Delta E_g, & z < 0 & \text{GaAs 区域} \\ 0, & 0 \leqslant z \leqslant L & \text{GaAlAs 区域} \\ \infty, & z > L_b & \text{真空区域} \end{cases}$$

根据这一势函数分布,并考虑到电子的相干长度,不难计算台阶上准束缚态的能量位置,以及导带准束缚态和价带准束缚态之间带间跃迁的能量.这样计算的从价带第 n 个准束缚态,到同一量子数的导带准束缚态的 $\Delta n = 0$ 的带间跃迁能量,及其与台阶宽度的关系也示于图 8.62,如图中实线曲线所示. 图 8.62 表明,实验观察到的 GaAs/GaAlAs/真空量子台阶的 PR 光谱信号,大多可指认为 $\Delta n = 0$ 的价带、导带准束缚态间的带间跃迁.

图 8.51(d)所示的半导体表面 δ 掺杂的原位 PR 光谱探测也是可能的.图 8.63 给出 GaAs 表面分子束外延淀积不同量的 Si 原子后的原位 PR 光

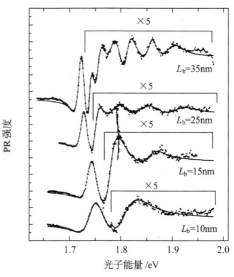

图 8.61 台阶宽度分别为 10、15、25 和 35nm 的 GaAs/Ga$_{0.76}$Al$_{0.24}$As/真空异质结构表面量子台阶的原位 PR 光谱

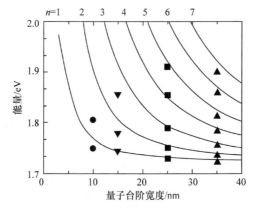

图 8.62 从图 8.61 实验结果获得的表面量子台阶准束缚态间带间跃迁能量及其和台阶宽度的关系.实线为理论计算结果,圆点等为实验结果[105]

谱[106]. 可见,当表面淀积的 Si 原子数目从 $10^{12}\,\mathrm{cm}^{-2}$ 逐步增加到 $3.6\times10^{13}\,\mathrm{cm}^{-2}$ 时,PR 谱上逐步显现出一个额外的、与 Si 原子的存在和数量($<$1ML)有关的跃迁信号,由此可推测表面 δ 掺杂引起的表面能带弯曲及表面三角势阱中的量子能级位置,这对普遍的 δ 掺杂特性的研究无疑是重要的.

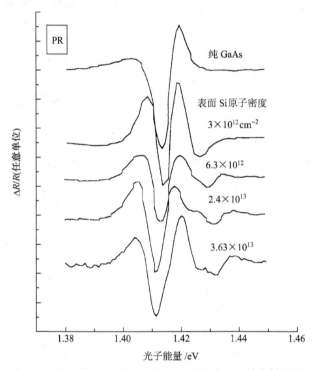

图 8.63　在 GaAs 表面淀积不同数目的 Si 原子的表面 δ 掺杂结构的原位室温
PR 谱,泵浦光为 He-Ne 激光的 632.8nm 谱线

8.7　量子阱同一带内子带间跃迁吸收光谱和发光光谱

8.7.1　量子阱内子带间跃迁的吸收光谱

迄今我们讨论的量子阱的光跃迁过程,不论是吸收过程或发光过程,大都是导带子带和价带子带间的带间跃迁过程. 量子阱的同一能带(导带或价带)内的子带间的光跃迁过程,包括吸收和发光过程,也是可能的,事实上关于半导体表面反型层等的量子化的子能级间电子跃迁的光谱研究早已有不少报道[109~113],并且早在量子阱物理发展的初期,就有人预言,可以利用这种同一能带内子带间的光跃迁过程,实现辐射探测和发光(包括激光)两方面的红外光电子应用[114]. 此外,实验上,我们也已在本章第 8.3.5 节,简要讨论了同一带内不同量子数的子带间的电子拉曼散射跃迁. 尽管如此,关于半导体量子阱同一带内子带跃迁的真正有重要意

的实验结果,直到 20 世纪 80 年代中期才出现并开始兴旺. 1985 年,魏斯特(L. C. West)等人[115]在近布儒斯特角斜入射情况下,观察到 n 型掺杂 $GaAs/Ga_{1-x}Al_xAs$ 多量子阱导带子带间 $E_1 \rightarrow E_2$ 跃迁对应的红外吸收峰,并且其吸收强度表明,这类跃迁可以有很大的振子强度. 这一实验结果以及其他先驱性研究报道,激起了半导体量子阱同一能带内子带间光跃迁及其红外辐射探测和激光发射应用研究的热潮,使之成为半导体量子阱物理和应用研究的又一个热点[116~119].

我们以调制掺杂 $GaAs/Ga_{1-x}Al_xAs$,或类似结构的多量子阱为例,简要讨论它们导带子带的子带间跃迁光吸收过程,它们通常位于电磁波谱的红外波段. 假定量子阱中电子浓度还不太高,因而起源于电子-电子互作用的库仑屏蔽和多体效应仍可忽略;能量为 E_i 和 E_f 的两个导带子带的波函数可写为

$$\Psi_i = u_c(\boldsymbol{r})e^{i\boldsymbol{k}\cdot\boldsymbol{\rho}}\varphi_i(z) \tag{8.71}$$

$$\Psi_f = u_{c'}(\boldsymbol{r})e^{i\boldsymbol{k}'\cdot\boldsymbol{\rho}}\varphi_f(z) \tag{8.72}$$

这里已经假定 z 方向为量子阱生长方向,$\boldsymbol{k}$、$\boldsymbol{k}'$ 为量子阱阱层面 xy 平面内的波矢,$\boldsymbol{\rho}$ 为 xy 平面内的位矢. 和本章开头讨论一致,公式(8.71)和(8.72)表明,量子阱内电子波函数由以原胞为周期的布洛赫部分和包络波函数 $\varphi_{i, f}(z)$ 组成. 光微扰哈密顿仍如第二章公式(2.57a)所示,光跃迁概率则由费米黄金法则

$$W = \frac{2\pi}{\hbar}\sum_f |\langle \Psi_f | \boldsymbol{a}\cdot\boldsymbol{P} | \Psi_i\rangle|^2 \delta(E_f - E_i - \hbar\omega) \tag{8.73}$$

给出. 跃迁矩阵元 $\langle \Psi_f | \boldsymbol{a}\cdot\boldsymbol{p} | \Psi_i\rangle$ 可写为

$$\begin{aligned}
M_{if} &= \langle \Psi_f | \boldsymbol{a}\cdot\boldsymbol{P} | \Psi_i\rangle \\
&= \frac{A_0(E_f - E_i)}{i\hbar}\boldsymbol{a}\cdot\langle \Psi_f | e\boldsymbol{r} | \Psi_i\rangle \\
&= \frac{A_0(E_f - E_i)}{i\hbar}\langle u_c | u_{c'}\rangle \boldsymbol{a}\cdot\langle e^{i\boldsymbol{k}'\cdot\boldsymbol{\rho}}\varphi_f | e\boldsymbol{r} | e^{i\boldsymbol{k}\cdot\boldsymbol{\rho}}\varphi_i\rangle \\
&= A\delta_{\boldsymbol{k},\,\boldsymbol{k}'}\langle \varphi_f | ez | \varphi_i\rangle \boldsymbol{z} \tag{8.74}
\end{aligned}$$

式中 A 为常数因子,$\delta_{\boldsymbol{k},\,\boldsymbol{k}'}$ 表明,xy 平面内,动量守恒定则仍必须遵守,只有 $\boldsymbol{k}'=\boldsymbol{k}$ 时跃迁概率才不为零. 写出公式(8.74)时,已经引用了正交条件

$$\left.\begin{aligned}
\langle u_c | u_{c'}\rangle &= 1 \\
\langle \varphi_f | \varphi_i\rangle &= 0
\end{aligned}\right\} \tag{8.75}$$

既然量子阱中电子的包络波函数只是 z 的函数,矩阵元 $\langle \varphi_f | e\boldsymbol{r} | \varphi_i\rangle$ 的三个分量中,$\langle \varphi_f | ex | \varphi_i\rangle$ 和 $\langle \varphi_f | ey | \varphi_i\rangle$ 为零,只有 $\langle \varphi_f | ez | \varphi_i\rangle$ 不为零,因而公式(8.74)中我

们仅保留这一项,并且用黑体 $\boldsymbol{z}$ 表示 z 方向单位矢量. 这样公式(8.74)表明,只有电矢量沿 z 方向偏振的入射电磁波或电磁波分量(TM 偏振分量),才能和子带电子的包络波函数相互作用,并激发子带间电子跃迁,因而在实验配置中必须选择光入射方式,以使其具有沿 z 方向偏振的电矢量分量,才能诱发子带间跃迁红外吸收. 这样,公式(8.74)及以上讨论表明,量子阱同一能带内子带间跃迁是不同子带包络波函数间的偶极跃迁,而整个电子波函数的布洛赫部分则保持不变. 这和前面几节讨论的导带子带和价带子带间的带间跃迁情况不同,带间跃迁是不同能带的布洛赫态之间的跃迁,电子态的包络波函数保持不变. 因而,量子阱的同一能带内的子带间跃迁有时被称作 QWEST 跃迁,它是英语 Quantum Well Envelope State Transition 取每一词的第一个字母组成的缩写[115].

利用公式(8.74)给出的子带间跃迁矩阵元,可以计算量子阱子带间跃迁振子强度和吸收系数. 仍以导带子带为例,其子带能级位置、包络波函数对称性、以及子带能量在 $\boldsymbol{k} = \boldsymbol{k}_x + \boldsymbol{k}_y$ 平面内的色散可如图 8.64 所示意. 以第一、第二子带间跃迁为例,它们的能量可分别写为

$$E_i = E_1 + \frac{\hbar^2 k^2}{2m_e^*}$$

$$E_f = E_2 + \frac{\hbar^2 k^2}{2m_e^*} \qquad (8.76)$$

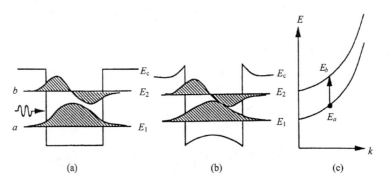

图 8.64　半导体量子阱导带子带、包络波函数以及 $\boldsymbol{k} = \boldsymbol{k}_x + \boldsymbol{k}_y$ 平面内子带色散示意图. (a)轻度掺杂;(b)较重调制掺杂,因而有一定程度屏蔽效应与能带弯曲;(c)$\boldsymbol{k}$ 平面内 E-k 关系及 $\boldsymbol{k}$ 守恒跃迁

$E_1 \rightarrow E_2$ 跃迁的吸收系数可写为

$$\alpha(\hbar\omega) = \frac{\omega}{\eta c \varepsilon_0} \frac{2}{V} \sum_k \frac{|M_{12}|^2 \Gamma/2}{(E_2 - E_1 - \hbar\omega)^2 + (\Gamma/2)^2} (f_i - f_f)$$

$$= \frac{\omega}{\eta c \varepsilon_0} \frac{|M_{12}|^2 \Gamma/2}{(E_2 - E_1 - \hbar\omega)^2 + (\Gamma/2)^2} (N_1 - N_2) \qquad (8.77)$$

这里 $|M_{12}|$ 由公式 (8.74) 给出,只是跃迁初态与终态分别为第一和第二子带. 如上所述,这是子带包络波函数间偶极跃迁矩阵元,并且只有 z 分量不为零. 写出公式 (8.77) 时,我们也已考虑了谱线线型因素,并假定有罗伦兹线型,线宽因子为 Γ; f_i 为费米分布函数,N_i 为单位体积中第 i 个子带上的电子数,

$$N_i = \frac{m_{\mathrm{e}}^* k_{\mathrm{B}} T}{\pi \hbar^2 L_{\mathrm{W}}} \ln\left[1 + \exp\left(\frac{E_{\mathrm{F}} - E_i}{k_{\mathrm{B}} T}\right)\right] \tag{8.78a}$$

或者以面密度的形式写为

$$N_{is} = N_i L_{\mathrm{W}} = \frac{m_{\mathrm{e}}^* k_{\mathrm{B}} T}{\pi \hbar^2} \ln\left[1 + \mathrm{e}^{(E_{\mathrm{F}} - E_i)/k_B T}\right] \tag{8.78b}$$

将 N_i 表达式代入式 (8.77),得

$$\alpha(\hbar\omega) = \frac{\omega}{\eta c \varepsilon_0} \frac{|M_{12}|^2 \Gamma/2}{(E_2 - E_1 - \hbar\omega)^2 + (\Gamma/2)^2} \frac{m_{\mathrm{e}}^* k_{\mathrm{B}} T}{\pi \hbar^2 L_{\mathrm{W}}} \ln\left[\frac{1 + \mathrm{e}^{(E_{\mathrm{F}} - E_1)/k_B T}}{1 + \mathrm{e}^{(E_{\mathrm{F}} - E_2)/k_B T}}\right] \tag{8.79}$$

低温极限下

$$E_{\mathrm{F}} - E_i \gg k_{\mathrm{B}} T, \text{ 因而 } N_i = \frac{m_{\mathrm{e}}^*}{\pi \hbar^2 L_{\mathrm{W}}} (E_{\mathrm{F}} - E_i)$$

这样对 $E_1 \rightarrow E_2$ 子带跃迁,

$$\alpha(\hbar\omega) = \frac{\omega}{\eta c \varepsilon_0} \frac{|M_{12}|^2 \Gamma/2}{(E_2 - E_1 - \hbar\omega)^2 + (\Gamma/2)^2} \left(\frac{m_{\mathrm{e}}^*}{\pi \hbar^2 L_{\mathrm{W}}}\right)(E_2 - E_1) \tag{8.80}$$

子带间跃迁的积分强度也容易估计,

$$A = \int_0^\infty \alpha(\hbar\omega) \mathrm{d}(\hbar\omega) = \left(\frac{\omega\pi}{\eta c \varepsilon_0}\right)|M_{12}|^2 (N_1 - N_2) \tag{8.81}$$

对罗伦兹线形,计算积分时我们已将积分限从 $0 \sim \infty$ 改变为 $-\infty \sim \infty$,并算得积分面积为 π.

现在我们来估计 n 型掺杂 GaAs/$Ga_{1-x}Al_xAs$ 多量子阱同一能带内子带间跃迁吸收系数和跃迁振子强度的具体数值,以便对这一吸收过程的吸收强度有一定量概念. 仍假定无限高势垒,并且 $L_{\mathrm{W}} = 10\mathrm{nm}$,于是能量最低的两个导带子带的能量位置(从体材料导带边算起)和包络波函数分别为

$$E_1 = \frac{\hbar^2}{2 m_{\mathrm{e}}^*}\left(\frac{\pi}{L_{\mathrm{W}}}\right)^2 = 56.5\mathrm{meV}; \ \varphi_1(z) = \sqrt{\frac{2}{L_{\mathrm{W}}}} \sin\left(\frac{\pi}{L_{\mathrm{W}}} z\right)$$

$$E_2 = 4E_1 = 226\text{meV}; \quad \varphi_2(z) = \sqrt{\frac{2}{L_\text{w}}}\sin\left(\frac{2\pi}{L_\text{w}}z\right)$$

于是

$$|M_{12}| = e\int_0^{L_\text{w}}\varphi_2(z)z\varphi_1(z) = -\frac{16}{9\pi^2}eL_\text{w}$$

$$= -18e\text{Å} = -2.88\times10^{-26}\text{C·cm}$$

一般情况下,对 $E_n \rightarrow E_m$ 跃迁

$$|M_{nm}| = e\int_0^{L_\text{w}}\varphi_m(z)z\varphi_n(z) = \frac{8}{\pi^2}\frac{nm}{(m^2-n^2)^2}eL_\text{w}$$

可以如第二章公式(2.81)那样定义子带间跃迁的振子强度

$$f_{nm} = \frac{2m_0\omega}{\hbar}|M_{nm}|^2 = \frac{m_0}{m_\text{e}^*}\frac{64}{\pi^2}\frac{m^2n^2}{(m^2-n^2)^3} \tag{8.82}$$

容易计算

$$f_{12} = 14.5; \quad f_{23} = 28.0$$

可见半导体量子阱同一能带内子带间光跃迁振子强度颇大,并且随着跃迁涉及的量子数的增大而增大.

假定 n 型掺杂浓度为 $N = 1\times10^{18}\text{cm}^{-3}$,并且如实际情况那样忽略导带第二子带电子布居对费米能级位置的影响,则有

$$E_\text{F} - E_1 = k_\text{B}T\left[\exp\left(\frac{NL_z}{N_\text{s}}\right) - 1\right] = 78\text{meV}$$

这里

$$N_\text{s} = \frac{m_\text{e}^* k_\text{B}T}{\pi\hbar^2} = 7.19\times10^{11}\text{cm}^{-2}$$

这样由 E_F 及 E_2 的值,可以求得导带第二子带的电子布居数为

$$N_2 = \frac{N_\text{s}}{L_\text{w}}\ln\left[1 + \exp\left(\frac{E_\text{F}-E_2}{k_\text{B}T}\right)\right]$$

$$= 2.4\times10^{15}\text{cm}^{-3}$$

可见

$$N_2 \ll N, N_1$$

$E_1 \to E_2$ 子带跃迁吸收峰发生在 $\hbar\omega = E_2 - E_1 = 170\,\mathrm{meV}$ 处,对应波长为 $\lambda_{\mathrm{Peak}} = 7.3\,\mu\mathrm{m}$. 假定线宽因子 $\Gamma = 30\,\mathrm{meV}$,折射率 $\eta = 3$,则可算得前述规格 GaAs/$\mathrm{Ga}_{1-x}\mathrm{Al}_x\mathrm{As}$ 量子阱导带子带间跃迁的峰值吸收系数为

$$\alpha_{\mathrm{Peak}} = \frac{\omega}{\eta c \varepsilon_0} \frac{|M_{12}|^2}{\Gamma/2}(N_1 - N_2) \approx 1 \times 10^4\,\mathrm{cm}^{-1} \tag{8.83}$$

这一估计表明,半导体量子阱子带间跃迁峰值吸收系数可以是很大的,因而可以为其辐射探测等应用提供重要依据. 此外,公式(8.83)还表明,峰值吸收系数随掺杂浓度 N 的增大而增大,因而似乎可以通过增大掺杂浓度进一步提高子带跃迁的吸收系数. 然而,随着掺杂浓度的进一步增大,电子-电子互作用导致的屏蔽效应、能带弯曲等机制实际上已不再可以忽略,并影响电子能级位置和费米能级位置,更高子带上的电子布居也不再可以忽略,这些将导致子带跃迁吸收峰位的漂移和吸收系数的下降.

在利用子带间吸收跃迁实现红外辐射探测应用时,常常希望吸收谱、因而响应谱呈现为一个宽谱,而非尖锐的吸收峰,以实现探测器在较宽波长范围内的辐射探测响应. 有多种形式的多量子阱或超晶格结构可以增宽子带间跃迁的吸收带宽. 例如减小势垒层厚度,以使多量子阱中的子能级因阱间耦合而扩展成较宽的子能带;或者也可利用非对称台阶结构的多量子阱,以同时实现第一子带到第二、第三子带的吸收跃迁;此外,还可将多量子阱结构设计得阱内仅有一个电子子带,因而子带间跃迁演变为从阱内的第一子带到位于势垒以上的共振的扩展态(连续态)间的跃迁. 这些结构连同简单的多量子阱分别如图 8.65(a)~(d)所示意. 可以理论计算图 8.65 所示的各种多量子阱和超晶格结构的子带间跃迁吸收光谱. 仍以 $\mathrm{GaAs/Ga}_{0.70}\mathrm{Al}_{0.30}\mathrm{As}$ 体系为例,假定掺杂电子浓度为 $N_s = 2 \times 10^{11}\,\mathrm{cm}^{-2}$,线宽因子

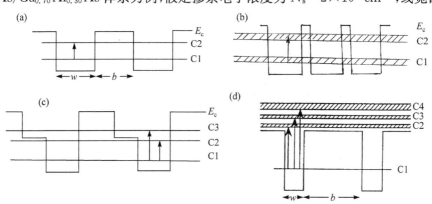

图 8.65 几种增大子带间跃迁吸收带宽的多量子阱结构. (a)通常多量子阱;(b)超晶格结构,阱间耦合使子能级扩展为子带;(c)非对称台阶式多量子阱;(d)阱内仅有一个束缚电子态,子带跃迁演变为束缚态→扩展态间跃迁

$\Gamma=15\text{meV}$,温度为 $T=77\text{K}$,则计算结果如图 8.66 所示. 图 8.66 中,谱图(a)给出 $L_W=L_b=10\text{nm}$ 的多量子阱的子带跃迁吸收谱,呈现为线宽为 15meV 的窄吸收带. 谱图(b)给出 $L_W=10\text{nm}$, $L_b=2\text{nm}$ 的耦合多量子阱结构(超晶格)的子带跃迁吸收谱. 可见由于子带展宽,吸收带宽增大为 80meV 左右,而非谱图(a)情况下的 15meV. 图 8.65(c)所示的非对称台阶结构多量子阱的子带跃迁吸收线形,与图 8.66 的谱图(b)相似,这里不另绘出. 谱图(c)给出阱宽减小为 $L_W=4\text{nm}$,因而

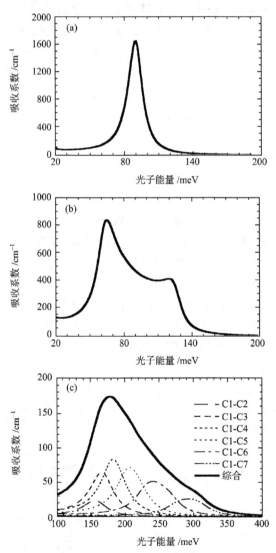

图 8.66　理论计算的几种多量子阱和超晶格结构的子带间跃迁吸收光谱($T=$ 77K). (a)寻常多量子阱;(b)$L_W=10\text{nm}$,并且 $L_b=2\text{nm}$ 的耦合多量子阱(超晶格结构);(c)$L_W=4\text{nm}$,阱内仅有一个束缚电子子带,跃迁过程为束缚—扩展态间跃迁

阱内仅有一个电子子带,并且势垒宽为 30nm 的多量子阱的子带跃迁吸收谱. 这里,由于跃迁过程演变为阱内束缚子带到势垒以上共振扩展态的跃迁,线宽因子 Γ 增大为 40meV. 此外,既然从阱内第一子带到不同量子数的共振扩展态的跃迁都是允许的,图中用粗黑线叠加所有这些跃迁的贡献. 可见这种情况下子带跃迁吸收谱带宽,为谱图(a)所示通常多量子阱内两束缚态间跃迁情况的 10 倍以上,这正是当今绝大多数量子阱红外探测器实际采用的结构设计和跃迁机制.

实验上,如前面提到的,首先是魏斯特等人[115]在 1985 年观察到 GaAs/Ga$_{1-x}$Al$_x$As 多量子阱导带子带间跃迁引起的红外吸收. 他们采用的样品结构是 50 周期的 GaAs(65Å 和 82Å)/Ga$_{0.7}$Al$_{0.3}$As(100Å),并在 GaAlAs 势垒层中掺 Si 4×

10^{17} cm^{-3},这些掺杂施主电子全电离并落入量子阱层,因而估计 GaAs 量子阱层中电子面密度为 $N_s = 4 \times 10^{11}$ cm^{-2},霍尔测量给出 77K 时电子迁移率为 $\mu = 52000$cm^2/(V·s). 这一多量子阱结构两侧为非掺杂 Ga$_{0.7}$Al$_{0.3}$As 覆盖层和表面一侧厚度为 50Å 的 GaAs 覆盖层. 红外吸收光谱测量在傅里叶变换光谱仪上进行,并采用如图 8.67 所示的近布儒斯特角(这里为 73°)斜入射,红外光束直径为 3mm,因而在样品表面形成一个长轴为 11mm 短轴为 3mm 的椭圆光斑. 图 8.68 给出了这样测量获得的这两个 GaAs/Ga$_{0.7}$Al$_{0.3}$As 多量子阱样品的室温子带跃迁红外吸收谱,可见在 152meV(对阱宽为 65Å 的样品)和 121meV(对阱宽为 82Å 的样品)处各有一个显著的红外吸收峰,线宽约为 10~20meV. 它们的能量位置和多量子阱导带子带的 $E_1 \rightarrow E_2$ 跃迁能量一致. 在温度为 34K

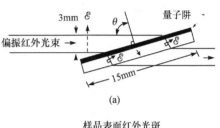

(a)

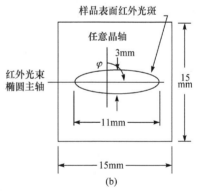

(b)

图 8.67 (a)以近布儒斯特角斜入射到多量子阱样品表面的偏振红外辐射光路示意图,由于 GaAs 大的折射率,因而小的折射角,入射电矢量沿 z 方向偏振的分量仍很小;(b)近布儒斯特角斜入射情况下样品表面光斑示意图,椭圆主轴与晶面中任意轴间夹角为 φ

时的测量表明,当温度从室温下降到 34K 时,上述红外吸收峰位有 3~5meV 的蓝移,而线宽则下降到 7meV 左右. 现有研究结果表明[120],跃迁到 E_2 子带的电子可经由电子波矢方向改变弛豫回到 E_1 子带,这一弛豫时间常数约为 0.1ps. 正是这一寿命决定了 65Å 阱宽样品的吸收线宽;而另一样品的线宽看来还包含了样品不均匀性的贡献. 顺便指出,图 8.68 中位于 87.9meV 和 95.5meV 的两个弱吸收峰,已经指认它们起源于多声子吸收过程.

　　图 8.68 给出的多量子阱同一能带内子带间跃迁吸收系数还是颇小的,这是因为尽管实验中采用了近布儒斯特角斜入射,但由于 GaAs 材料的高的折射率,入射光进入样品后的折射角仍然很小,因而入射电磁波电矢量沿 z 方向偏振分量很小,红外光电磁波和电子包络波函数间的耦合互作用并不是很有效的. 为此实验上已发展了多种增强这种耦合互作用的样品结构设计,以及实验布局的方案和技巧,例如在样品侧面研磨出 45°斜角磨面,并垂直磨面入射、光波导结构、样品表面光栅结构和表面光子晶体结构等;光栅结构中又包括一维、二维以及随机光栅结构. 它们分别如图 8.69(a)~(d)所示. 实验和理论计算表明,采用侧面 45°斜角磨面垂直入射时,子带跃迁光耦合和吸收系数较近布儒斯特角斜入射有数量级的提高;采用波导结构和光栅结构,光耦合强度又比侧面 45°斜角磨面入射增大 4~5 倍;结合光波导和光栅或 45°斜角磨面入射,并仔细选择光栅常数,可使近乎 100% 的入射红外光电磁波为子带间跃迁吸收,其吸收系数较近布儒斯特角斜入射情况增大两个数量级之多,并与理论估计一致. 顺便指出,采用表面光栅耦合时,红外光可垂直样品表面、也即垂直量子阱层面入射,即和研究带间跃迁时的光入射方式一样,这一事实对子带间跃迁的光谱研究,尤其是其红外探测器件研究与实际使用是十分有益和重要的[116,117,121~125].

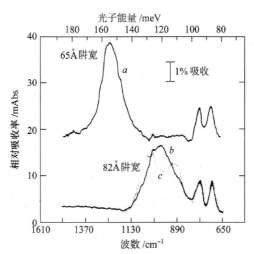

图 8.68　两个 n 型 GaAs/GaAlAs 多量子阱样品的室温子带跃迁红外吸收光谱. 图中纵坐标 mAbs$=-10^{-3}\lg T$,T 为透过率. 谱图 a 对 $L_W=65\mathring{A}$ 样品而言;改变夹角 φ 对吸收谱无明显影响. 谱图 b 对 $L_W=82\mathring{A}$ 样品而言,图中给出 $\varphi=0°$ 和 90°时的测量结果,它们间略有差别,系样品结构不均匀所致

　　图 8.70 给出了样品侧面 45°斜角磨面入射情况下,一个阱宽为 7.5nm、标称掺杂浓度为 $1\times10^{18}\,cm^{-3}$ 的 50 周期 GaAs/Ga$_{0.68}$Al$_{0.32}$As 多量子阱的室温红外吸收光谱[126],光谱测量采用傅里叶变换光谱仪. 可见,由于光耦合效率的显著提高,除

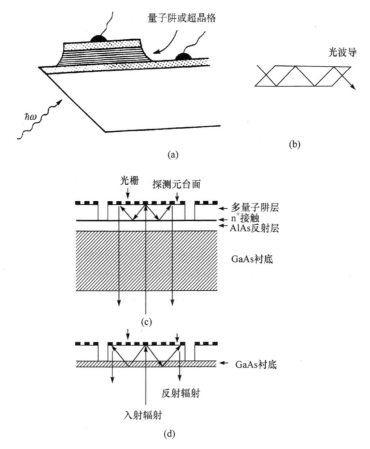

图 8.69　几种增强入射红外光电磁波与子带跃迁耦合强度的样品结构
和实验布局.（a）侧面 45°斜角磨面入射；（b）光波导结构；（c）样品表面
二维光栅以及厚衬底结构；（d）样品表面二维光栅以及薄衬底结构.
（c）、（d）情况下多量子阱两侧还有全反射或高反射层

在 $\hbar\omega = 920\,\text{cm}^{-1}$ 处观察到带宽为 $190\,\text{cm}^{-1}$ 的指认为 $E_1 \rightarrow E_2$ 导带子带间跃迁的强吸收峰外，在 $\hbar\omega = 1610\,\text{cm}^{-1}$ 处，还观察到较弱的 $E_1 \rightarrow E_3$ 跃迁吸收峰，线宽为 $280\,\text{cm}^{-1}$. 图 8.71 给出了用同样方法测量的另一个 GaAs/GaAlAs 多量子阱样品导带子带间跃迁的红外吸收光谱. 这一样品是 50 周期的 GaAs/$\text{Ga}_{0.7}\text{Al}_{0.3}\text{As}$，阱宽为 5.7nm，势垒层宽为 30nm，测量温度为 298K 和 80K，可见低温下吸收带有一定蓝移，并且带宽变窄.

图 8.72 给出了特别设计的五个 GaAs/$\text{Ga}_{1-x}\text{Al}_x\text{As}$ 多量子阱样品导带子带间跃迁的室温红外吸收光谱[117]. 这些样品的结构设计如表 8.6 所列，并如图 8.73 所示意. 这样设计样品的目的，在于使不同多量子阱样品的导带子带间跃迁过程

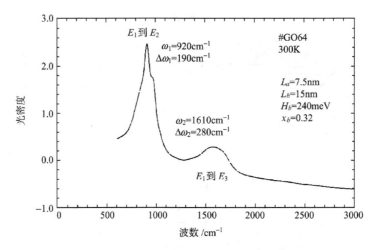

图 8.70 在样品侧面 45°斜角磨面入射情况下多量子阱样品
GaAs (7. 5nm)/Ga$_{0.68}$Al$_{0.32}$As(15nm)的室温红外吸收光谱(详细讨论见正文)

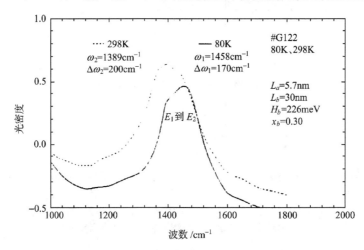

图 8.71 室温和 80K 时多量子阱样品 GaAs(5.7nm)/Ga$_{0.7}$Al$_{0.3}$As
(30nm)的红外吸收光谱(详细讨论见正文)

各有自己的特征,也如图 8.73 所示意,并且即使是量子阱内的限制电子态,也有束
缚程度强弱之分. 例如,理论预期样品 E 的 GaAs 量子阱中有两个束缚的限制能
级,因而其子带跃迁是束缚态 E_1→束缚态 E_2 的跃迁,表 8.6 中用英文字母记为 B-
B 跃迁. 样品 F 的导带第二子带是位于势垒能量附近的准连续态,所以其子带间
跃迁指认为 B-QC 跃迁. 样品 A、B、C 的量子阱阱宽、Al 组分和掺杂浓度均有不
同,因而尽管阱内都只有一个束缚的限制子带 E_1,跃迁过程也都归诸为束缚态到
共振的连续态(B-C)的跃迁,但因样品结构参数相异,其电子-电子互作用及其导

致的屏蔽效应、能带弯曲以及第一子带的束缚程度均有差异. 此外,利用傅里叶变换光谱仪测量其子带跃迁红外吸收光谱时,采用了侧面 45°斜角磨面入射和波导结构相结合的样品结构,因而光耦合效率近乎 100%. 图 8.72 表明,样品 E 情况下,尽管只是 25 个周期的多量子阱,并且室温下测量,其子带跃迁吸收系数仍高达 2000cm^{-1},与公式 (8.83) 给出的理论估计符合颇好;但吸收带宽最窄,$\Delta\lambda/\lambda \approx 9\%$. 对样品 F 的束缚-准连续态跃迁,吸收系数要小得多,而吸收带宽仅略有增大,$\Delta\lambda/\lambda \approx 11\%$. 对样品 A,B 和 C,由于跃迁过程为束缚态到共振的连续扩展态的跃迁,吸收带宽较前两种情况有成倍的增大,$\Delta\lambda/\lambda \approx 33\%$,而吸收系数却有所下降,约为 $400 \sim 700$cm^{-1}. 这些吸收光谱测量结果,形象地揭示了量子阱同一带内子带间跃迁的特性及其与结构设计的关系,也为它们的红外辐射探测器应用提供了最直接的设计指南.

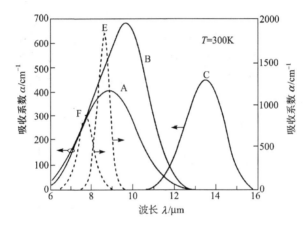

图 8.72　五个特定设计的 GaAs/Ga$_{1-x}$Al$_x$As 多量子阱样品的室温红外吸收光谱. 样品结构及相关参数见图 8.73 和表 8.6

表 8.6　五个特定设计的 GaAs/Ga$_{1-x}$Al$_x$As 多量子阱结构参数

样品	阱宽/Å	垒宽/Å	x	$N_D/(10^{18}/\text{cm}^3)$	子带跃迁指认
A	40	500	0.26	1	B→C
B	40	500	0.25	1.6	B→C
C	60	500	0.15	0.5	B→C
E	50	500	0.26	0.42	B→B
F	50	50	0.30	0.42	B→QC
		500	0.26		

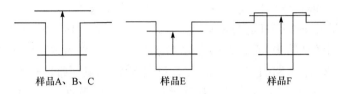

图 8.73　五个特定设计的 $GaAs/Ga_{1-x}Al_xAs$ 多量子阱样品的
导带子带间跃迁特性示意图

除 $GaAs/Ga_{1-x}Al_xAs$ 外，$In_xGa_{1-x}As/GaAs$、$In_xGa_{1-x}As/InP$、$In_xGa_{1-x}As_yP_{1-y}/InP$、$GaAs/Al_xIn_{1-x}P$、$In_xGa_{1-x}As/In_xAl_{1-x}As/InP$ 等多量子阱结构导带子带间跃迁的红外吸收光谱也已被研究过[127~130]，例如，图 8.74 给出用侧面 45°斜角磨面入射，并采用光波导结构进一步增强光耦合情况下，测得的 20 周期的 $In_{0.53}Ga_{0.47}As(6nm)/InP(50nm)$ 多量子阱 $E_1 \rightarrow E_2$ 子带跃迁的室温红外吸收光谱[128]．该多量子阱 n 型掺杂浓度为 $N_D = 5 \times 10^{17}\ cm^{-3}$，可见室温时，峰值吸收系数约为 $\alpha_{Peak} = 950\ cm^{-1}$，峰值波长为 $8.1\mu m$，吸收带宽约 $2\mu m$；77K 时吸收系数增大为 $\alpha_{Peak} \approx 1240\ cm^{-1}$，对应于吸收量子效率 $\eta = 12\%$．如果用它制成量子阱红外探测器，则响应率高达 6A/W．

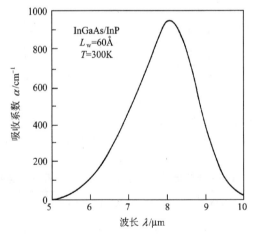

图 8.74　20 周期的 $In_{0.53}Ga_{0.47}As/InP$ 多量子阱
导带子带跃迁的室温红外吸收光谱．采用侧面 45°斜角磨面入射和光波导结构

实验表明，和带间跃迁相似，导带子带间跃迁，尤其是束缚的限制态之间的跃迁也呈现强烈的斯塔克效应，这是由于外电场引起的不同量子数的子带漂移很不相同的缘故（见第 8.3.2 节讨论）．图 8.75 给出了一个非对称台阶式 $GaAs/Ga_{1-x}Al_xAs$ 多量子阱光响应谱和 z 方向外加电场的关系[131]．可见，当外电场从 40kV/cm 变化到 -45kV/cm 时，光响应峰值波长从大约 $8\mu m$ 漂移到 $13\mu m$．这一事实对实

现可调谐红外辐射探测器是十分有益的.

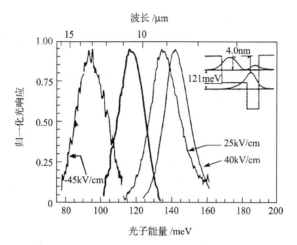

图 8.75 一个非对称台阶式 GaAs/Ga$_{1-x}$Al$_x$As 多量子阱归一化的红外光响应谱与沿 z 方向的外加电场强度的关系. 插入附图给出量子阱结构和零电场时的子带能量位置

除电场效应外,量子阱结构生长完成后,还可采用后处理技术调制它们的子带跃迁红外光响应波长. 其中一种较有效的方法是结合离子注入和快速热退火处理,诱发多量子阱势阱层和势垒层交界处发生明显的离子互扩散过程,从而使整个量子阱的势函数分布从简单的方势阱演变成抛物形势阱,并改变量子阱中子带能级位置和子带间跃迁能量. 图 8.76 给出了一个 GaAs/Ga$_{1-x}$Al$_x$As 多量子阱结构的子带跃迁光电流谱(与红外吸收光谱等价)和经剂量为 2.5×10^{15} cm^{-1} 的 H$^+$ 离子注入、并在 950℃温度下 30 秒钟快速热退火处理后同一样品的光电流谱的比较[132,133],可见这样的处理使多量子阱导带子带间跃迁红外吸收波长红移约 2μm 左右.

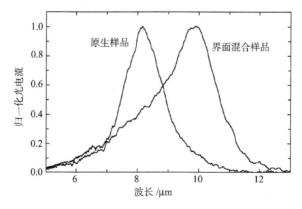

图 8.76 经剂量为 2.5×10^{15} cm^{-1} 的 H$^+$ 离子注入和 950℃快速热退火处理后,一个 GaAs/Ga$_{1-x}$Al$_x$As 多量子阱样品子带跃迁的光电流谱及其与处理前光谱的比较

以上讨论的导带子带间电子跃迁过程及其红外吸收光谱,都是针对导带底和价带顶均在 k 空间原点 Γ 处的直接禁带半导体构成的量子阱结构. 这类子带跃迁红外吸收光谱虽然有振子强度强、吸收系数大的特点,但由于只有平行超晶格生长方向偏振的入射光电矢量才能与子带间电子跃迁耦合,因而需要采用前面讨论的较复杂的光栅、光波导等附加样品结构设计,以实现较强的光-电子跃迁耦合. 为此人们不断寻找在简单的垂直样品表面入射(即所谓正入射)条件下,就有强的光-子带跃迁耦合、因而有强的子带跃迁红外吸收的多量子阱结构和材料[134~137]. 徐文兰等[135,137,138]证明,利用导带电子有效质量非各向同性的间接带隙(L 或 X 带隙),并恰当选择量子阱结构生长的晶体方向,可以实现正入射条件下强的子带跃迁红外吸收. 考虑有效质量各向异性的间接带隙和任意晶向的多量子阱生长方向,量子阱内电子哈密顿可写为

$$H = \frac{1}{2} \boldsymbol{PWP} + V(z) \tag{8.84}$$

这里 $\boldsymbol{W}$ 是 3×3 的逆有效质量矩阵. 辐射场中电子子带间跃迁矩阵元修正为

$$\langle \Psi_i(k) \mid \boldsymbol{AWP} \mid \Psi_f(k') \rangle = \delta_{k,k'} \sum_i A_i W_{iz} \langle \Psi_i \mid P_z \mid \Psi_f \rangle \tag{8.85}$$

式(8.85)表明,电子有效质量各向异性、并且超晶格生长方向偏离有效质量椭球主轴的情况下,W_{iz} 可不为零,正入射红外光电磁波可以与电子子带间跃迁耦合互作用,这里逆有效质量矩阵元起了决定性的作用. 从量子力学观点分析,式(8.85)表明,这些条件下不同能谷电子包络波函数的杂化混和改变了它们的对称性,因而与此相关的子带跃迁禁戒消除或松弛了. 定义生长方向因子 a,它使矩阵 $\boldsymbol{W}$ 的元素表达为逆有效质量 w_t、w_l 和 a 的函数,例如

$$W_{xx} = (1-a)w_l + aw_t \tag{8.86a}$$

$$W_{zz} = (1-a)w_t + aw_l \tag{8.86b}$$

$$W_{xz} = \sqrt{a(1-a)}(w_t - w_l) \tag{8.86c}$$

等. 这样,对 X 和 L 电子,不同方向导带谷的 a 的表达式如表 8.7 所列,它们是超晶格生长方向(l, m, n)的函数;并且对 X 导带谷的电子,a 其实就是生长方向的方向余弦平方. 子带跃迁吸收系数是 a 的函数,若仅考虑一个能谷,子带跃迁吸收系数可表达为

$$\alpha(\hbar\omega) \propto \frac{a(1-a)(w_t - w_l)^2}{[(1-a)w_t + aw_l]^{3/2}} \tag{8.87}$$

表 8.7　X 谷和 L 谷的参数 $a(r^2 = l^2 + m^2 + n^2)$

X 谷		L 谷	
主长轴	ar^2	主长轴	$3ar^2$
[100]	l^2	[111]	$(l+m+n)^2$
[010]	m^2	[$\bar{1}$11]	$(-l+m+n)^2$
[001]	n^2	[1$\bar{1}$1]	$(l-m+n)^2$
		[11$\bar{1}$]	$(l+m-n)^2$

式(8.87)表明,子带跃迁吸收系数正比于纵、横向有效质量倒数之差的平方. 若考虑所有导带能谷的电子跃迁对吸收系数的贡献,上述表达式要复杂一些,但基本理论结果具有解析表达形式,因而只是增加计算量而已. 对 Si、Ge、AlAs 和 GaAlSb 等几种间接禁带半导体,量子阱导带子带跃迁的具体计算结果列于表 8.8. 可见,对纵、横有效质量差别大的间接禁带半导体,若恰当选择多量子阱生长方向,其导带子带跃迁吸收系数可以颇大,以致和前面讨论的复杂样品结构设计情况下 GaAs/GaAlAs 导带子带跃迁吸收系数可相比拟. 这里应该指出,这类选择特定生长方向的间接禁带半导体多量子阱的生长有其本身的难度,因而理论预言的实验实施并非易事.

表 8.8　量子阱的优化生长方向和总的吸收系数

阱材料	生长方向	占有谷	α_t (任意单位)
AlAs	[110]	[100][010]	3.50
	[111]	全部	3.40
GaAlSb	[110]	[111][11$\bar{1}$]	3.23
	[100]	全部	2.90
	[102]	[111][1$\bar{1}$1]	2.86
Si	[110]	[100][010]	3.23
	[111]	全部	3.18
Ge	[110]	[111][11$\bar{1}$]	6.31
	[203]	[111][1$\bar{1}$1]	5.93
	[102]	[111][1$\bar{1}$1]	5.26

实验上,正入射条件下观察到子能带间跃迁红外吸收,首先是在多量子阱价带空穴子带间跃迁情况下实现[139~141]. 前面第 8.1 节的讨论中已经指出,$k \neq 0$ 处,某些情况下甚至 $k = 0$ 处,量子阱中轻、重空穴态间发生强烈的杂化混和,从而改变了价带子带包络波函数的对称性和子带跃迁的波矢选择定则,正入射条件下入射红外电磁波和空穴子带间跃迁的耦合就变得允许了[139]. 图 8.77 给出了正入射条件下和侧面 45°斜角磨面入射情况下,同一 p 型掺杂 GaAs/Ga$_{1-x}$Al$_x$As 多量子阱样

品空穴子带跃迁光响应谱的比较,这里正入射是从衬底的抛光背面入射实现的[140]. 这一样品为 50 周期的 GaAs(4nm)/Ga₀.₇Al₀.₃As(30nm);空穴浓度为 $4×10^{18}\,cm^{-3}$(掺 Be). 这样设计样品的目的,是使空穴势阱中仅有一个束缚的限制空穴子带,因而子带跃迁是束缚态-连续态跃迁,使观察到的光谱谱带颇宽,$\Delta\lambda/\lambda≈30\%$左右. 入射红外光都为非偏振光. 图 8.77 表明,两种不同入射配置下的响应光谱是一致的,峰值波长均为 $7.2\mu m$,长波截止 $7.9\mu m$;但正入射条件下的吸收系数要略高于侧面 45°斜角磨面入射情况. 这一结果证实,正入射条件下入射红外光电磁波,可以与空穴子带间跃迁有较强的耦合.

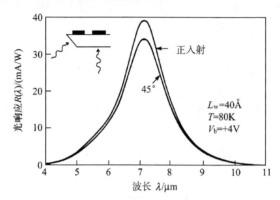

图 8.77 正入射和侧面 45°斜角磨面入射情况下同一 p 型掺杂 GaAs/Ga₁₋ₓAlₓAs 多量子阱样品空穴子带跃迁光响应谱的比较. 测量温度为 80K,偏压为 $V_b=+4V$

已经知道,决定于多量子阱生长时衬底的晶体取向,Si 在 GaAs 中可以是施主,也可以是受主. 例如,在 GaAs(100)和(311)B 晶面上生长时,正如前面讨论的那样,Si 是常用的施主掺杂杂质;但在 GaAs(311)A 晶面上生长多量子阱时,Si 杂质呈现为受主杂质. 图 8.78 给出三种晶向 GaAs 衬底上生长的、相似结构的掺 Si 的 GaAs/Ga₁₋ₓAlₓAs 多量子阱的子带跃迁光响应谱[117],测量中,对 n 型样品采用侧面 45°斜角磨面入射,对 p 型样品采用正入射. 可见在 GaAs(311)A 衬底上生长的 p 型 GaAs/Ga₁₋ₓAlₓAs 多量子阱空穴子带间跃迁红外吸收,与另外两个呈 n 型的多量子阱导带子带间跃迁红外吸收光谱有显著不同.

其他多种结构的多量子阱空穴子带间跃迁的正入射红外吸收光谱也已被研究过. 实验结果表明,空穴子带间跃迁红外吸收系数和光响应灵敏度,比前面讨论的 n 型 GaAs/Ga₁₋ₓAlₓAs 多量子阱导带子带间跃迁要低一个数量级左右,因而其实际应用价值有限.

8.7.2 多体效应对量子阱子带间跃迁的影响

对于量子阱红外探测器来说,公认的设计原则是使得探测器能带的第一激发

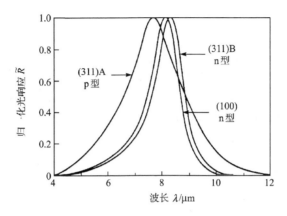

图 8.78 在 GaAs(100)、(311)B 和 (311)A 三种不同
晶向衬底上生长的掺 Si GaAs/Ga$_{1-x}$Al$_x$As 多量子阱
子带跃迁红外光响应谱比较. 对 n 型样品, 侧面 45°斜
角磨面入射; 对 p 型样品, 背面正入射. 测量温度
$T=20$K

态能级与势垒高度持平. 在红外波段范围, 多体效应对于量子阱子带的能级确定和
探测器的峰值响应频率的影响可以忽略不计, 但是在太赫兹波段范围, 由于量子阱
的势阱很浅, 多体效应对于能带和光谱响应的影响显得至关重要, 不能忽略.

对于量子阱体系来说, 如前所述, 由于电子运动在 x-y 二维方向上是自由的,
在 z 方向上是限制的. 所以量子阱中的电子的波函数和能级满足以下两式:

$$\Psi_{k,l}(x,y,z)=\mathrm{e}^{\mathrm{i}(kx\cdot x+ky\cdot y)}\cdot\varphi_{kz,l}(z) \tag{8.88}$$

$$E_{l,k}=\frac{\hbar^2(k_x^2+k_y^2)}{2m^*}+\varepsilon_{l,kz} \tag{8.89}$$

其中 l 是子带标号, (x,y) 和 (k_x,k_y) 分别是 x-y 平面内的实空间的坐标和波矢, k_z
是量子阱的 z 方向的对应的第一布里渊区的准连续波矢, 即 $k_z=\dfrac{\pi}{L_p\cdot N}m$, 其中 m
$=0,\pm1,\pm2,\cdots,\pm N$, 量子阱的重复周期数是 $2N+1$, L_p 是量子阱在 z 方向上的
周期长度, 即 $L_p=L_w+L_b$. 而 $\varphi_{l,kz}$ 和 $\varepsilon_{l,kz}$ 分别是对应于子带标号 l 和波矢 k_z 的 z
方向电子波函数和本征能级.

考虑多体效应的影响后, 在有效质量近似条件下, z 方向的薛定谔方程为

$$\left\{-\frac{\hbar^2}{2}\frac{\partial}{\partial z}\left[\frac{1}{m^*(z)}\frac{\partial}{\partial z}\right]+V_{\mathrm{QW}}(z)+V_{\mathrm{H}}(z)+V_{xc}(z)\right\}\varphi_{l,kz}(z)=\varepsilon_{l,kz}\varphi_{l,kz}(z)$$

$$\tag{8.90}$$

其中 m^* 是电子有效质量, $\hbar$ 是普朗克常数, V_{QW} 是代表导带带阶的周期势能函数,
V_{H} 是 Hartree 势能, V_{xc} 是交换相关势能. V_{H} 可以由泊松方程得到

$$\frac{\partial^2}{\partial z^2} V_{\mathrm H}(z) = -\frac{\rho_d(z) - \rho_e(z)}{\varepsilon_0 \cdot \varepsilon_{\mathrm r}} \tag{8.91}$$

其中 $\rho_d(z)$ 是由掺杂引起的 z 方向的固定离子浓度, $\rho_e(z)$ 是 z 方向的自由电子浓度, ε_0 是真空电容率, $\varepsilon_{\mathrm r}$ 是介质的相对介电常数. 在 GaAs/Al$_x$Ga$_{1-x}$As 体系的量子阱中, Al$_x$Ga$_{1-x}$As 垒区的相对介电常数是 $12.90 - 2.84x$, 其中 x 是 Al 的百分比.

一般来说, 很难得到精确的交换相关势能 V_{xc}. V_{xc} 通常可以由密度泛函理论的 LDA 近似得到[142,143]

$$V_{xc}(z) = \frac{e^2}{4\pi^2 \varepsilon a_{\mathrm B} r_s(z)} \left(\frac{9}{4}\pi\right)^{1/3} \left\{ 1 + 0.0545 r_s(z) \ln\left[1 + \frac{11.4}{r_s(z)}\right] \right\} \tag{8.92}$$

其中, $a_{\mathrm B}$ 是等效玻尔半径, $a_{\mathrm B} = \dfrac{\varepsilon_0 \cdot \varepsilon_{\mathrm r} \cdot \hbar^2}{e^2 m^*(z)}$, $r_s = \left[\dfrac{3}{4\pi} \cdot \dfrac{1}{a_{\mathrm B}^3 \rho_e(z)}\right]^{\frac{1}{3}}$.

上述的薛定谔方程、Hartree 势能 $V_{\mathrm H}$ 和交换相关能 V_{xc} 的表达式三者相互影响, 耦合在一起. 对应于子带指标 l 和波矢 k_z 的 z 方向的本征能级 $\varepsilon_{l,kz}$, 即电子的 z 方向的能量是确定的, 但是 x-y 方向的能量是可以任意取值的, 即所谓的对应于 $\varepsilon_{l,kz}$ 的二维电子气 (2DEG) 子带. 2DEG 电子态密度是 $\dfrac{m}{\pi\hbar^2}$, 电子服从 Fermi-Dirac 分布, 所以处于该子带上的电子数是

$$\begin{aligned} N_{l,kz}(E_f) &= \int_{\varepsilon_{l,kz}}^{\infty} \rho_{2\mathrm D}(\varepsilon) f(\varepsilon)\, \mathrm d\varepsilon \\ &= \frac{m_{\mathrm{average}}}{\pi\hbar^2} k_{\mathrm B} T \cdot \ln\left[1 + \mathrm e^{\frac{E_f - \varepsilon_{l,kz}}{k_{\mathrm B}T}}\right] \end{aligned} \tag{8.93}$$

其中 m_{average} 是平均电子有效质量, $m_{\mathrm{average}} = m_w^* \displaystyle\int_{\mathrm{well}} |\varphi_i(z)|^2 \mathrm dz + m_b^* \displaystyle\int_{\mathrm{barrier}} |\varphi_i(z)|^2 \mathrm dz$, $m_w^*(m_b^*)$ 是在阱区 (垒区) 的电子有效质量. 所有子带上的电子数相加等于掺杂的电子总数

$$\sum_{l,kz} N_{l,kz}(E_{\mathrm F}) = N_{3\mathrm{Ddope}} L_{\mathrm{dope}} N_{\mathrm{QW}} \tag{8.94}$$

其中, $N_{3\mathrm{Ddope}}$ 是在量子阱的中心掺杂浓度, L_{dope} 是中心掺杂的长度 (在这里取 10nm), $N_{2\mathrm{Ddope}} = N_{3\mathrm{Ddope}} L_{\mathrm{dope}}$, N_{QW} 是量子阱的周期数. 理论计算的结果表明处于第一子带上的电子数比处于其他子带上的电子数的总和还要高好几个数量级, 因此可以将处于第 $l(l>1)$ 子带上的电子数总用三维电子的表达式来替代, 即

$$N_{3\mathrm D} L_{\mathrm{period}} N_{\mathrm{QW}} + \sum_{l=1}^{1} \sum_{kz} N_{l,kz}(E_{\mathrm F}) = N_{3\mathrm{Ddope}} L_{\mathrm{dope}} N_{\mathrm{QW}} \tag{8.95}$$

这里, $N_{3\mathrm D}$ 是三维电子浓度, (不同于三维掺杂电子浓度 $N_{3\mathrm{Ddope}}$),

$$N_{3\mathrm D} = 2 \left(\frac{m_b^* k_{\mathrm B} T}{2\pi\hbar^2}\right)^{3/2} \exp\left(-\frac{V_b - E_{\mathrm F}}{k_{\mathrm B} T}\right) \tag{8.96}$$

其中, V_b 是量子阱的势垒高度. N_{3D} 计算公式的推导过程与 $N_{l,k_z}(E_F)$ 稍有不同, 这里电子服从玻尔兹曼分布, 三维自由电子的态密度是 $\frac{1}{2\pi^2}\left(\frac{2m^*}{\hbar^2}\right)^{\frac{3}{2}}\sqrt{E-V_b}$. 所以, 通过计算式 (8.93) 就可以求得费米能级 E_F 及指定子带上的电子数 $N_{l,k_z}(E_F)$, 而该子带上的电子出现在量子阱实空间的 z 坐标处的概率密度是 $|\varphi_{k_z,l}(z)|^2$, 所以该子带的电子对于 z 处的电子数贡献是 $N_{l,k_z}|\varphi_{k_z,l}(z)|^2$, 将所有子带的贡献叠加, 就得到 z 坐标处的电子数密度

$$\rho_e(z)=|e|\sum_{l,k_z}N_{l,k_z}|\varphi_{k_z,l}(z)|^2$$

以上仅考虑了静态的多体相互作用对于能带产生的影响. 事实上, 还有一些库仑作用的动态效应也需要考虑[144]. 实验得到的子带间跃迁 (ISBT) 的共振位置并不是简单的跃迁的初态与终态的能级差. 相关文献指出, 实验上的 ISBT 的响应频率 $\tilde{E}_{21}^2$ 是

$$\tilde{E}_{21}^2=E_{21}(1+\alpha-\beta) \tag{8.97}$$

其中 $E_{21}=E_2-E_1$ 是第一激发态与基态的能级差 (考虑 V_H 和 V_{xc}), α 和 β 分别是退极化修正和类激子修正[145]. 退极化是由于入射光子产生交变电场, 会引起量子阱中的电子和空穴振荡. 振荡电子会对将要跃迁的电子间的库仑作用产生影响和修正, 即所谓的退极化修正. 类似的, 处于基态上的振荡的空穴将对要跃迁的电子间的库仑作用产生的修正, 就是类激子修正.

$$\alpha=\frac{2e^2n_{2D}}{\epsilon E_{ji}}S \tag{8.98}$$

其中, $S=\int_{-\infty}^{\infty}dz\left[\int_{-\infty}^{z}dz'\varphi_j(z')\varphi_i(z')\right]^2$

$$\beta=-\frac{2n_{2D}}{E_{ji}}\int_{-\infty}^{\infty}dz\varphi_j(z)^2\varphi_i(z)^2\frac{\partial V_{xc}[\rho(z)]}{\partial\rho(z)} \tag{8.99}$$

其中, $V_{xc}[\rho(z)]$ 是交换相关能.

当得到 ISBT 的响应频率 $\tilde{E}_{21}^2$ 后, 将其代入公式 (8.80) 即可计算吸收系数.

根据一些曾经报道过的量子阱探测器 (QWP) 的实验数据[146,147], 发现吸收系数 $\alpha^{(1)}$ 与 N_{2Ddope} 和 $h\nu_p$ 满足经验公式

$$\alpha^{(1)}=C\times\frac{N_{2Ddope}}{\Delta E} \tag{8.100}$$

其中 $C=4.05\times10^{-13}$, $\Delta E=0.25h\nu_p$, N_{2Ddope} 和 ΔE 的单位分别是 cm^{-2} 和 meV.

通过比较上式与吸收系数的理论计算式, 得到

$$C=\frac{e^2h}{4\varepsilon_0n_rm_w^*c}\frac{\sin^2\theta}{\cos\theta}f\frac{2}{\pi} \tag{8.101}$$

注意这里的 $\alpha^{(1)}$ 指的是双路径的吸收系数, 所以结果要乘以 2.

　　图 8.79 给出了不考虑多体效应和考虑多体效应两种情况下的太赫兹量子阱探测器(THz QWIP)V266 的能带图. 虚线代表费米能级 E_F 的位置,其他的六条曲线代表 QWIP 的最低的六个子带,同时在图中使用点划线画出了势能的形状. 如左图所示,当不考虑 V_H 和 V_{xc} 时,只有一个束缚态,即基态,第一激发态与量子阱的势垒高度持平. 看上去这正好符合通常的量子阱的设计原则,第一激发态与势垒高度处于共振位置,可以实现束缚态到准连续态的 B-QC 跃迁,跃迁能级差是 17.1meV. 然而当考虑多体效应时,量子阱阱深加深了 6.5meV,同时第一激发态也下降到量子阱内,不再与势垒持平,只能是束缚态到束缚态的 B-B 跃迁了,此时的跃迁能级差是 19.9meV,较之前增加了 2.8meV,计算结果显示,在 THz QWIP 中,多体效应扮演着不可或缺的角色.

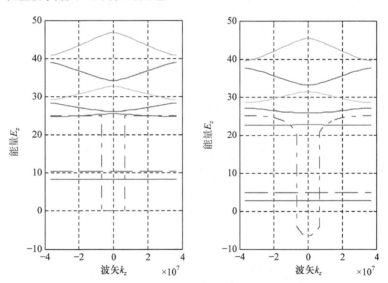

图 8.79　考虑和不考虑多体效应两种情况下,计算 QWIP V266 的能带图

　　多体效应使得本征能级高度 E_0、E_1、E_2 等降低,同时增加不同能级之间的能量差. 但是费米能级位置 E_F 与基态能级 E_0 的相对位置不会变化太大(这一点与 Graf 的实验值符合得很好[147]),这是由于基态电子的数量远远大于其他项电子,所以 $N_{2D基态}(E_F)=N_{3Ddope} \cdot L_{dope}$,而 $N_{2D基态}(E_f)=\dfrac{m_{average}}{\pi\hbar^2}k_BT \cdot \ln[1+e^{\frac{E_f-\epsilon_{l=1,kz}}{k_BT}}]$,由于总的掺杂电子数不会变化,所以 $E_f-\epsilon_{l=1,kz}$ 也不会变化太大.

　　下面简单计算了两个 QWIP 器件的能带结构和光谱的峰值响应频率. 通过逐步考虑 V_H、V_{xc} 和 $E_{depolar}$ 来比较多体效应的大小,结果列于表 8.9 中[148]. 表 8.9 显示,多体效应使得基态能级 E_1 降低了 4～5meV,使得峰值响应频率 w_p 增大了 0.8～1THz.

　　相似的,Guo 也计算了考虑多体效应对于光谱的影响[144],并且通过实验拟合了光谱的半高宽.其结果如图 8.80 所示.当不考虑任何多体效应时,光谱峰值位置的实验值与理论计算值的误差分别是 5.6meV(24.8%) 和 4.8meV(36.0%).当考虑 V_H 和 V_{xc} 后,误差分别降低至 2.4meV(10.6%) 和 2.6meV(19.4%).当再考虑退极化能之后,计算值的结果得到进一步改进,V266 和 V267 的误差分别降低至 0.2meV(0.9%) 和 1.1meV(8.2%).

表 8.9 不考虑和考虑多体效应分别计算的本征能级和峰值响应频率

QWP 序号	L_w /nm	Al_x /%	N_{3Ddope} /(m^{-3})	不考虑多体效应			考虑 V_H 和 V_{xc}			
				E_1 /meV	E_2 /meV	w_p /THz	E_1 /meV	E_2 /meV	w_p /THz	
									不考虑 $E_{depolar}$	考虑 $E_{depolar}$
1	12.9	3.4	$5.74×10^{22}$	10.87	29.98	4.62	5.36	28.05	5.48	5.67
2	16.7	1.9	$3.36×10^{22}$	6.33	16.85	2.54	2.02	15.43	3.24	3.38

注:温度 T 是 10K.其中 E_1 是基态能级,E_2 是第一激发态能级,w_p 是峰值响应频率.

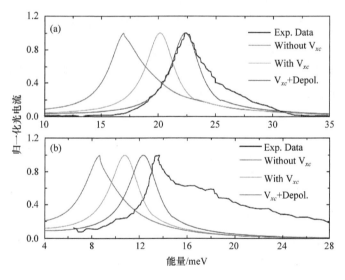

图 8.80 THz QWIP 的光电流谱的计算值和实验值.
(a) V266 THz QWIP;(b) V267 THz QWIP

8.7.3 量子阱中的双光子吸收光谱

量子阱子带间跃迁技术的进步对于推动中红外及太赫兹波段光谱技术的发展意义重大,特别是量子阱探测器及量子级联激光器的发展,使得它们在热成像、化学传感、监测技术及红外数据传输方面的应用前景巨大[149~152].相应的器件包括光学调制器[153]、波长转换器[154]、非线性探测器[155,156]等. 其中非线性探测器的发展大大地受益于基于中间态的双光子吸收过程[155].

　　一般用于线性探测的量子阱红外探测器,其设计要求为第一激发态与阱沿持平,当入射光能量等于子带间跃迁的基态到阱沿的能量时,量子阱红外探测器实现线性探测,而与线性探测不同,双光子量子阱红外探测器,通过不同的设计,让基态位于阱内,第一激发态作为基态与第二激发态的中间态,从而实现非线性探测即二次探测. 图 8.81 为双光子量子阱探测器的能带结构示意图.

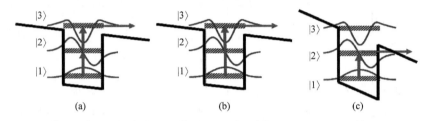

图 8.81　双光子量子阱探测器的能带结构示意图.(a) 从基态到第一激发态,
第一激发态到第二激发态的二次探测过程;(b)从基态到第二激发态的线性探测过程;
(c) 基态到第一激发态然后通过隧穿实现的线性探测

　　二次探测机制下的器件光电流主要由两部分组成,一部分来自于线性吸收过程,另一部分则来自于非线性吸收部分. 它与自相关双光子吸收过程有关,这一部分与其三阶极化系数 χ^3 有关,根据二阶微扰理论,双光子吸收系数可由下式表示[156]

$$\beta_{2\text{step}} = \left(\frac{e^2}{4\varepsilon_0 n_r m^* c}\right)^2 \frac{n_{2D}}{L_w h w} f_{12} f_{23} 4 T_1 T_2 T_e \tag{8.102}$$

其中 L_w 为量子阱阱宽,e 为电子电荷,h 为普朗克常数,ε_0 是介电常数,n_r 是折射率,m 为电子有效质量,c 为光速,n_{2D} 为每个量子阱中载流子密度. f_{12} 和 f_{23} 分别对应 E_1 到 E_2 及 E_2 到 E_3 的载流子跃迁强度,T_2 为中间态的散射时间,对应中间态的半高宽(FWHM)$\Gamma_{12} = h/\pi T_2$,T_e 为时间常数,与终态的展宽相关. 这个二次过程源于两步的光子激发过程,由基态到第一激发态,再由第一激发态到连续态,而位于中间态的载流子数目与入射光强成正比,同时量子效率同样正比于入射光功率,所以光电流正比于入射光功率的平方. 根据推导,光电流可以表示为

$$j_{2p} = \frac{e\beta L f_\theta g}{h\nu} P^2 \tag{8.103}$$

　　实验上,对双光子量子阱探测器的研究主要是在中红外及太赫兹波段. 图 8.82 是周期为 20 的 GaAs/AlGaAs 结构、阱宽为 7.6nm、掺杂浓度为 $N_{2D} = 4 \times 10^{11} \text{cm}^{-2}$ 的 GaAS/AlGaAs 双光子量子阱探测器的吸收光谱. 实线是 77K 条件下,布鲁斯特角入射的能级 1 到能级 2 跃迁产生的吸收光谱;点划线为 130K 下,

热激发产生的从能级 2 到能级 3 的子带跃迁产生的吸收光谱. 在该温度下,由于热激发的作用,能级 2 上有足够的电子可以产生该吸收;三角形加虚线对应能级 1 到能级 3 的双光子吸收过程,是在 77K 下,通过波长连续可调的二氧化碳激光器激发测量得到的. 相比其他的吸收光峰,CO_2 激光器激发得到的双光子吸收峰要窄,这是双光子跃迁产生的二次探测的特点. 实验曲线的吸收峰值都是 $10.3\mu m$,基态到第一激发态与第一激发态到第二激发态的能量差相同,这与根据设计而得的拟合结果吻合.

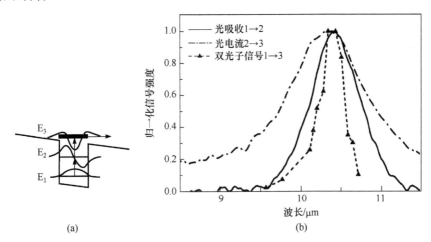

图 8.82　(a) 双光子量子阱探测器能带结构示意图,阱内存在两个束缚态能级 1 和 2,能级 3 为连续态共振能级;(b) 实线是 77K 条件下,布鲁斯特角入射下的能级 1 到能级 2 跃迁产生的吸收光谱;点划线为 130K 下,热激发产生的从能级 2 到能级 3 的子带跃迁产生的吸收光谱(光电流谱);三角形加虚线对应能级 1 到能级 3 的双光子吸收过程,是在 77K 下,通过波长连续可调的二氧化碳激光器激发测量得到的

　　双光子吸收一般需要在较强的激发功率下才能观察到. 图 8.83 为上述器件在不同入射光功率下的光电流密度,其中二氧化碳激光器的峰值波长为 10.3 微米,工作偏压为 1.5V. 在 77K 时,入射光功率低于 $0.1W/cm^2$ 以下,以及 90K 时入射光功率低于 $1W/cm^2$ 以下为线性探测部分. 当入射光功率高于这些数值后光电流密度与入射光功率呈现二次关系,说明发生了双光子吸收. 从图中可以看出,当温度较高时,需要更高的入射光功率才能看到比较明显的光电流密度对入射光功率的二次方关系. 这是由于温度较高时,热激发产生的线性激发部分远大于二次激发过程.

　　图 8.84 是针对太赫兹波段设计的的双光子量子阱探测器的光电流谱. 其中 $250\sim290cm^{-1}$ 波段对应于 GaAs 的剩余射线带,$530cm^{-1}$ 的吸收是由于 GaAs 衬底的 2TO 声子的影响. 由于剩余射线带的影响,图中所示光电流谱并不能完全反

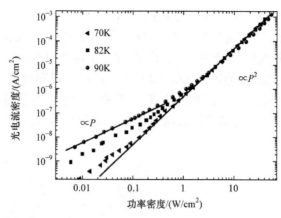

图 8.83　不同入射光功率下的光电流密度. 响应峰值为 $10.4\mu m$, 偏压为 $1.5V$

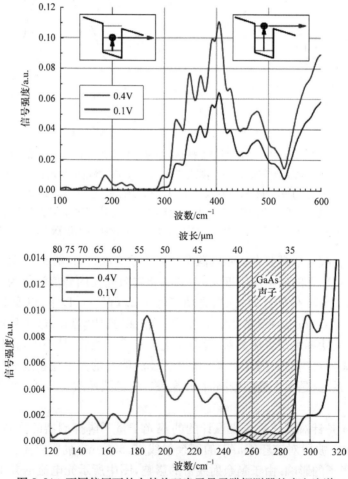

图 8.84　不同偏压下的太赫兹双光子量子阱探测器的光电流谱

映器件的具体能带结构. 波数在剩余射线带以上的信号主要来自于基态到连续态的跃迁过程. 而波数在剩余射线带以下的信号, 主要来自于基态到第一激发态的跃迁, 在高偏压下 (如该样品为 0.4V) 通过阱间隧穿而产生的光电流. 这一过程在小偏压下 (如 0.1V) 非常不明显. 这是由于隧穿产生的光电流强度与偏压的关系成正比的缘故. 从图 8.84 的光电流图谱上并未观察到双光子跃迁的过程, 主要是由于入射光强度较弱的缘故[157].

为了进一步确认该器件是否存在二次激发过程, 研究太赫兹双光子量子阱探测器的光电流与入射光功率的关系, 如图 8.85 所示. 太赫兹光源使用的是自由电子激光器, 它具有高相干性, 高强度及可调谐的优势. 为了确认光电流产生的二次激发过程, 实验中对样品分别使用了水平偏振及垂直偏振方向的辐射源进行了测量. 对于此样品, 垂直偏振方向满足子带间跃迁的选择定则, 而水平方向不满足子带间跃迁的选择定则. 实验中确实反映, 垂直偏振情况下测量到的光电流远大于水平偏振情况下测量得到的光电流. 在入射光功率较小时, 光电流与入射光功率主要表现为线性关系, 而在光电流整体饱和之前, 同时也出现了高于二次, 比如三次的跃迁过程, 这可能是由于响应的双光子二次跃迁过程导致的[157].

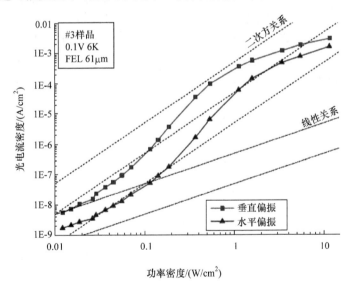

图 8.85 太赫兹双光子量子阱探测器的光电流密度与入射光功率的对应关系

8.7.4 量子阱子带间跃迁发光光谱

以上我们讨论了子带跃迁的红外吸收, 即红外光子激发子带电子, 从能量较低的限制量子态跃迁到较高的限制量子态同时吸收光子的过程. 相反的过程也是可行的, 已经激发到较高量子数限制态的电子, 因辐射弛豫而跃迁到较低量子数的限制态、或返回基态的同时发射红外光子, 这就是子带跃迁的发光过程. 不仅如此,如果恰当地设计多量子阱结构,子带间激光发射和级联的激光发射也是可能的. 图 8.86 给出了这种基于子带跃迁的量子阱级联激光器的一个周期部分[118],它是生长在 InP 衬底上的 $Al_{0.48}In_{0.52}As/Ga_{0.47}In_{0.53}As$ 复合异质结构,整个级联激光器可由多个这样的复合异质结构周期地重复排列而成. 偏压作用下,电子经过 45Å 宽的 $Al_{0.48}In_{0.52}As$ 势垒层,注入阱宽为 8Å 的 $Ga_{0.47}In_{0.53}As$ 激活区的 E_3 能级;E_3 能级上的电子隧穿过 35Å 宽的 AlInAs 势垒层,并跃迁到宽为 35Å 的相邻 GaInAs 势阱的 E_2 能级,同时发射能量为 $\hbar\omega=E_3-E_2$ 的光子,这里 $E_3-E_2=295meV$,所以发光波长为 $4.2\mu m$. E_2 能级上的电子随即弛豫到比它低 30meV 的 E_1 能级,并经另一相邻势阱和梯形势垒区域隧穿到下一个周期激活区的 E_3 能级. 在图 8.86 所示结构设计情况下,电子穿越梯形势垒注入激活区 E_3 能级的时间约为 0.2ps,因而激活区电子注入是高效的. 从激活区势阱到相邻势阱发生 $E_3 \to E_2$ 发光跃迁的两势阱间光学声子相关的弛豫时间为 4.3ps,并且发光跃迁的交叠积分也较小. 同时,由于阱宽为 28Å 的另一相邻势阱的存在和两阱间 E_1 能级的共振,加之能量差 E_2-E_1 也和光学声子能量相近,$E_2 \to E_1$ 的弛豫是很快的(约0.6ps),从阱宽为 28Å 的势阱隧穿到梯形势垒区的时间常数约为0.5ps. 这些时间常数表明,激活区 E_3-E_2 能级间粒子数的反转是可以实现的. 实验表明,由 25 周期图 8.86 所示结构组成的量子阱级联激光器,在工作温度 88K 和脉冲模式情况下,激光发射峰值功率在 8mW 以上,发射波长如设计那样为 $4.2\mu m$. 目前,脉冲模式运行的这类激光器的工作温度已提高到室温甚至室温以上;连续或准连续模式运行情况下的工作温度也已提高到 188K 以上,激光发射波长则从 $3.4\mu m$ 到 $17\mu m$ 不等[158~160]. 如今,量子阱子带跃迁级联激光器已成为远红外和太赫兹波段最重要的一类激光器件并广泛应用.

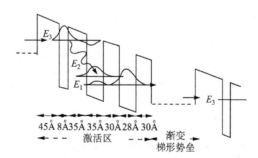

图 8.86　量子阱子带跃迁级联激光器的一个周期部分. 势垒区为 $Al_{0.48}In_{0.52}As$,势阱区为 $Ga_{0.47}In_{0.53}As$. 子带发光跃迁能量 $\hbar\omega=E_3-E_2=295meV$;$E_2-E_1=$ 30meV,与光学声子能量接近

8.7.5　等离激元微腔对量子阱光耦合的操控

由于子带间跃迁的量子选择定则和低的态密度等物理限制,量子阱红外探测

器的光耦合始终是优化探测器性能的重要途径. 近年来, 在图 8.69(c) 和 (d) 结构基础上, 我们发展了等离激元微腔人工结构, 并尝试将这种结构与量子阱薄膜相结合[161], 在提升量子效率和获得高偏振消光比方面取得了较好的进展.

图 8.87 是金属/介质/金属 (MIM) 等离激元微腔量子阱红外探测器的单胞结构示意图. 借助于衬底剥离和薄膜转移技术, 能够将厚度仅为约 887 nm 的量子阱外延薄膜夹持在金膜微腔中. 当入射光照射到该结构时, 由于上层金膜线栅的周期性结构以及上、下金膜之间的近场电磁耦合, 金属中的等离激元将与入射光相互作用, 形成调制混和的新模式, 并在微腔中传播. 新模式主要表现为与周期相关的表面等离极化激元 (surface plasmon polariton, SPP) 模式和与线宽相关的局域表面等离激元 (localized surface plasmon, LSP) 模式[162,163].

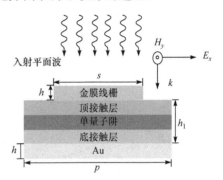

图 8.87　等离激元微腔量子阱红外探测器的单胞结构示意图. 顶层为金膜线栅, 中间为包含上下欧姆接触层的量子阱外延层, 底部为金膜反射层

图 8.88 给出了电磁仿真的场图以及探测器单元和细节的 SEM 照片. 从场图中可以看到, 对于 TM 偏振的入射光, LSP 模式的强度最大, 在金膜线栅下形成了 F-P 振荡的驻波. 而 SPP 模式也具有一定的强度. 相应地, 对于 TE 偏振, LSP 模式和 SPP 模式所对应的场强都很弱. 这就意味着线栅等离激元微腔结构具有优异的偏

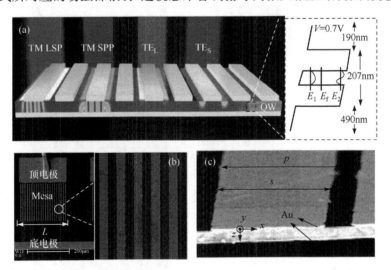

图 8.88　(a) 线栅等离激元微腔中的电磁仿真 Z-方向电场的分布示意图. 同时画出了量子阱子带结构; (b) 探测器台面 Mesa 俯视 SEM 照片; (c) 剖面结构的 SEM 照片

振选择性. 实际测量结果表明在长波红外 14.2~14.9μm 区域达到的偏振消光比为 65:1. 这是目前所知在红外长波波段固态集成偏振探测器所达到的最佳偏振选择性.

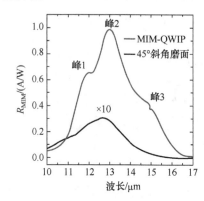

图 8.89　等离激元微腔
对探测率的增强

在展示优异的偏振选择性的同时, 由于 LSP 模式的 F-P 振荡导致光子在微腔中来回传播并形成驻波. 这相当于极大地延长了量子阱的等效吸收长度, 因此能够大幅度提高响应率. 图 8.89 给出了同一外延片的 45° 斜角磨面标准样品和等离激元微腔中的 QWIP 响应率谱的对比. 在峰 2 处峰值响应率分别为 0.98 A/W 和 0.03 A/W, 实现了峰值光响应率 (~13μm 处) 33 倍的增强.

上述结果是在探测像元尺寸为 200 × 230μm 的条件下得到的. 为了将等离激元微腔光耦合推向焦平面应用, 研究了 27 × 27μm 像元尺寸 (像元中心距 30μm) 下的 MIM 耦合腔行为. 图 8.90 示出了该焦平面像元级尺寸下 MIM-QWIP 的纵向结构、能带、单个像元的方块光栅分布和互连结构

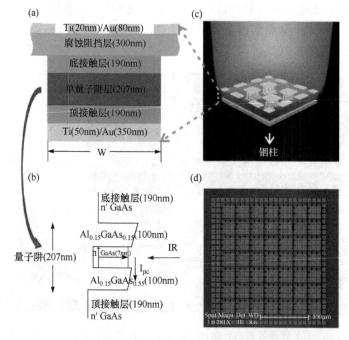

图 8.90　(a) 焦平面像元尺寸 MIM 的纵向结构; (b) 能带示意图;
(c) 单个像元金属方块光栅和倒焊互连示意图; (d) 7×7 像元倒焊互联之后的照片

以及 7×7 像元的模拟焦平面示意图,其整个工艺步骤与通用焦平面工艺完全兼容,采用了焦平面的铟柱倒焊互连工艺. 图 8.91(a)给出了该耦合结构在像元上的测量结果,响应率峰值位置在腔模的调控下略有偏移,而峰值响应率的数值则提升了大约一个数量级. 其响应线形只出现一个模式,这是因为像元台面上金属方块只有 2 个周期,与周期相关的 SPP 模式不再出现. 图 8.91(b)是对 27μm 探测像元台面进行电磁仿真的结果,可以看到,在每个像元中间两个方块下仍然形成了 LSP 模式,能够对入射光进行俘获和限制[164,165].

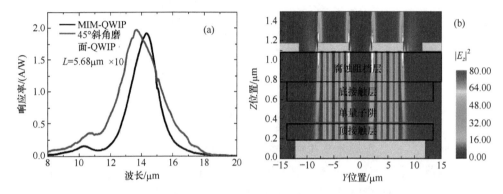

图 8.91 (a)焦平面像元尺寸下的 MIM-QWIP 响应率谱及与
45°斜角磨面样品的比较;(b)电磁仿真的电场 Z 分量分布

电磁仿真模拟结果表明 LSP 模式的共振波长与金属线宽成正比关系:$\lambda_{peak} = 2n_{eff}s/m$,其中 n_{eff} 为等效折射率,s 为上层金属线宽,m 为共振级数. 由此,通过将不同线宽的像元集成在同一块芯片上,能够实现多光谱分辨探测的单片集成. 图 8.92 示出了 7 个不同线宽像元单片集成探测器的归一化探测率谱,同时画出了 45°斜角磨面入射 QWIP 的响应线形. 可以看到,在上层金属线宽的调制下,探测峰值波长能够从 13.0μm 逐渐变化到 15.2μm. 这将使得在形成焦平面之后的量子阱探测芯片既具有空间分辨能力,同时也能够具有高的光谱分辨能力.

综上所述,等离激元微腔与 QWIP 的结合能够利用光学模式对微腔结构尺寸的依赖关系,对光子态的共振波长和强度进行人工设计剪裁,并针对 QWIP 中电子态之间跃迁形成相互作用,实现在不改变电子态情况下对 QWIP 的量子效率提升、优异的偏振选择性、截止波长的拓展以及多光谱探测的集成等多个方面进行自由调控. 其后续在焦平面探测芯片上的实现将为量子阱红外焦平面带来满足各种需求的多样化探测能力.

8.7.6 量子阱焦平面红外探测器

自 20 世纪 80 年代末基于子带跃迁原理制备的 GaAs/AlGaAs 量子阱红外探

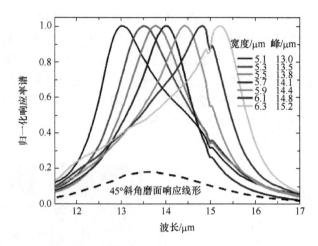

宽度/μm　峰/μm
5.1　13.0
5.3　13.5
5.5　13.8
5.7　14.1
5.9　14.4
6.1　14.8
6.3　15.2

图 8.92　不同线宽的 MIM-QWIP 集成之后的归一化响应率谱及与
45°斜角磨面标准样品的比较

测器发明以来,此类探测器及其焦平面器件一直发展迅速. 尤其 21 世纪以来,量子阱探测器的应用前景也逐渐明晰和不断扩大. 如今在国际上,众多著名的研究机构和公司都把量子阱红外探测器阵列作为红外焦平面阵列的重要发展方向之一开展了大规模的研制工作,并不断涌现新成果.

国际上,包括 320×256 像元、640×512 像元和 1024×1024 像元三种规格的长波红外 GaAs/AlGaAs 量子阱焦平面器件以及用这些产品制造的红外相机都已实现(表 8.10). 另外 128×128 量子阱甚长波(14~15μm)红外焦平面列阵也已实现,有效像元率达到 99.9%. 这些研究和产品开发主要以弹道导弹防御系统为应用目标,并且已经用量子阱红外焦平面相机成功地观察了 Delta-II 型导弹的发射. 也有报道宣称 640×512 像元 8~10 μm QWIP 焦平面器件的红外相机其噪声等效温差低达 10 mK.

表 8.10　国际上几个量子阱焦平面器件供应商 256×256 和
320×256 规模的长波红外器件产品的主要技术参数

公司	规模	$\lambda_p/\mu m$	中心距	$D_\lambda^*/(cmHz^{1/2}/W)$	NEΔT/mK
QWIP Technologies	320×256	8.6	30	6×10^{10}	35
QMagiQ	320×256	8.6	30	1×10^{10}	18-25
Acreo	320×240	8.6	38		20

参 考 文 献

[1] Chemla D S and Miller D A B. J Opt Soc Am, 1985, **B2**: 1155

[2] Bastard G. Phys Rev, 1982, **B25**: 7584

[3] Zawadzki W. In: Two Dimensional System of Semiconductors. Springer, 1985, 2

[4] Dingle R, Wiegmann W and Henry C H. Phys Rev Lett, 1974, **33**: 827

[5] Luttinger J H and Kohn W. Phys Rev, 1955, **97**: 896

[6] Dresselhaus G, Kip A F and Kittel C. Phys Rev, 1955, **98**: 368

[7] Ekenberg U and Altarelli M. Phys Rev, 1984, **B30**: 3569

[8] Fasolino A and Altarelli M. In: Heterostructure and 2D Electron System in Semiconductors. Mauendorf, 1984

[9] 汤蕙, 黄昆. 半导体学报, 1987, **8**: 1

[10] Schulman J N and Chang Y C. Phys Rev, 1985, **B31**: 2056; 1985, **B31**: 2069

[11] Sanders G D and Chang Y C. Phys Rev, 1985, **B31**: 6892

[12] Schuman J N. Private Communication, 1986

[13] 朱邦芬, 黄昆. 第六届全国半导体物理会议, 1987; Phys Rev, 1987, **B36**: 8102

[14] Dawson P, Duggan G, Ralph H I and Woodbridge K. Phys Rev, 1983, **B28**: 7381

[15] Glembocki O J, Shanabrook B V, Bottka N, et al. Appl Phys Lett, 1985, **46**: 970

[16] 沈鸿恩, Parayanthal P, Pollak F H, et al. Appl Phys Lett, 1986, **48**: 653

[17] Bastard G, Mendez E E, Chang L L and Esaki L. Phys Rev, 1983, **B26**: 1974

[18] 黄昆. 物理, 1986, **15**: 329

[19] Shinada M and Sugano S. J Phys Soc Japan, 1966, **21**: 1936

[20] Miller R C, Kleinman D A and Gossard A C. Phys Rev, 1984, **B29**: 7085

[21] Sanders G D and Chang Y C. Phys Rev, 1985, **B32**: 5517; 1987, **B35**: 1300; Briodo D A and Sham L J. Phys Rev, 1986, **B34**: 3917

[22] Priester C, Allan G and Lannoo M. Phys Rev, 1984, **B30**: 7302; Greene R L and Bajaj K K. Solid State Commun, 1983, **45**: 831

[23] Sugawara M. In: Semicond and Semimetals, 1999, **60**: 30; Schmitt-Rink S, Chemla D S and Miller D A B. Adv Phys, 1989, **38**: 89; Sugawara M. Proc Optoelectronic, 1998, Photonic West, San Jose, CA, 1998

[24] Masselink W T, Pearah P J, et al. Phys Rev, 1985, **B32**: 8027; Zucker J E, Pinczuk A, Chemla D S, Gossard A and Wiegmann W. 2nd Intern Conf on Modulated Semiconductor Structures. 1985, 96

[25] Dingle R, Wiegmann W. Phys Rev Lett, 1975, **34**: 1327

[26] Tsu R, Chang L L, Sai-Halasz G A and Esaki L. Phys Rev Lett, 1975, **34**: 1509

[27] Collins R T, Von Klitzing K and Ploog K. Phys Rev, 1986, **B33**: 4378

[28] Yamanaka K, Fukunaga Y, Tsukada N, Kobayashi K L I and Ishii. 2nd International Conf On Modulated Semiconductor Structures. 1985, 144

[29] Miller R C, Kleinman D A, Tsang W T and Gossard A C. Phys Rev, 1981, **B24**: 1134

[30] Dawson P, Duggan G, Ralph H I and Woodbridge K. Phys Rev, 1983, **B28**: 7381

[31] Miller R C, Gossand A C, Sanders G D and Chang Y C. Phys Rev, 1985, **B32**: 8452

[32] Mendez E E, Chang L L, Landgren G, et al. Phys Rev Lett, 1981, **46**: 1230

[33] Mendez E E, et al. J Phys Soc Japan, 1980, **49**: Suppl A. 1009

[34] 沈学础. 红外研究, 1987, **6**: 369

[35] Shen X C(沈学础), Shen H, Paravanthal P, et al. Superlattices and Microstructures, 1986, **2**: 513

[36] Shen H, Parayanthal P, Pollak F H, et al. Proc of 18th Internat Conf on Phys of Semiconductors. 1986, 561

[37] Shen H, Shen S C(沈学础), Pollak F H and Sacks R N. Phys Rev, 1987, **B36**: 1487

[38] Enderlein R, Desheng Jiang(江德生) and Yinsheng Tang(汤寅生). Phys State Solidus, 1988, **b145**: 167; Solid State Commun, 1987, **63**: 793

[39] Venkateswaren U, Chandrasekhar M, Chandrasekhar H R, et al. Phys Rev, 1986, **B33**: 8416

[40] Venkateswaren U, Chandrasekhar M, Chandrasekhar H R, et al. Phys Rev, 1985, **B31**: 4106

[41] Shan W, Fang X M, Li D, et al. Phys Rev, 1991, **B43**: 14615

[42] Dai N, Huang D, Liu X Q, et al. Phys Rev, 1998, **B57**: 6566; J Appl Phys, 1997, **82**: 6359

[43] Burstein E, Pinczuk A and Buchner S. In: Phys of Semicond, ed by Wilgon B L H. Bristol and London, 1978, 1331

[44] Abstreiter G, Ploog K. Phys Rev Lett, 1979, **42**: 1308; Pinczuk A, Størmer H L, Dingle R, Worlock I M, Wiegmann W and Gossard A C. Solid State Commun, 1979, **32**: 1001

[45] Pinczuk A and Worlock J M. Proc of 16th International Conf on Physics of Semiconductors. 1982, 637

[46] Døhler G H, Kunzel H, Olego D, et al. Phys Rev Lett, 1981, **47**: 864

[47] Zeller Ch, Vinter B, Abstreiter G and Ploog K. Phys Rev, 1982, **B26**: 2124

[48] Zucker J E, Pinczuk A, Chemla D S, Gossard A and Wiegmann W. 2nd International Conf on Modulated Semicond Structures. Kyoto, 1985, 96

[49] West I C and Eglash S J. Appl Phys Lett, 1985, **46**: 1156; Levine B F, Bethea C G, Hasnain G, Walker J and Malik R J. Appl Phys Lett, 1988, **53**: 296, and References therein

[50] Tsu R and Tha S S. Appl Phys Lett, 1972, **20**: 16; Barker A S, Merz J L and Gossard A C. Phys Rev, 1978, **B17**: 3181

[51] Colvard C, Merlin R, Klein M V and Gossard A C. Phys Rev Lett, 1980, **45**: 298

[52] Fang X M, Shen S C, Hou H Q, et al. Surface Science, 1990, **228**: 351; Colvard C, Gant T A, Klein M V, et al. Phys Rev, 1985, **B31**: 2080

[53] Rytov S M. Akust Zh, 1956, **2**: 71; Sov Phys Acoust, 1956, **2**: 68

[54] Camley R E and Mills D L. Phys Rev, 1984, **B29**: 1695

[55] Fuchs R and Kliewer K L. Phys Rev, 1965, **140**: A2076

[56] 黄昆, 朱邦芬. Phys Rev, 1988, **B38**: 2183; 1988, **B38**: 13377

［57］Jusserand B, Paquet D, Regreny A and Kervarec J. Solid State Commun, 1983, **48**: 499

［58］Nakayama M, Kubota K, Kanata T, et al. J Appl Phys Japan, 1985, **24**: 1331; Solid State Commun, 1986, **58**: 475; J Appl. Phys, 1986, **60**: 3299

［59］中山正昭. 固体物理,1987, **22**:383

［60］Sapriel J, Chavignon J, Alexandre F and Azoulay R. Phys Rev, 1986, **B34**: 7118

［61］Colvard C, Fischer R, Gant T A, et al. Superlattices and Microstructure, 1985, **1**: 81

［62］Sood A K, Menendez J, Cardona M and Ploog K. Phys Rev Lett, 1984, **54**: 2111

［63］Jusserand B, Paquet D and Regreny A. Phys Rev, 1984, **B30**: 6245

［64］Nakayama M, Kubota K, Kato H, et al. Solid State Commun, 1985, **53**: 493

［65］汪兆平,江德生. 半导体学报,1987,**8**:558

［66］汪兆平,韩和相,李国华,江德生. 半导体学报,1988,**9**:559

［67］Sood A K, Menendez J, Cardona M and Ploog K. Phys Rev Lett, 1985, **54**: 2115

［68］Levine J D. Phys Rev, 1965, **140**: A586

［69］Bastard G. Phys Rev, 1981, **B24**: 4717

［70］Greene R L and Bajaj K K. Solid State Commun, 1983, **45**: 825

［71］Miller R C, Gossard A C, Tsang W T and Munteanu O. Phys Rev, 1982, **B25**: 3571

［72］Shanabrook B V and Comas J. Surf Sci, 1984, **142**: 504

［73］Shanabrook B V, Comas J, Perry T A and Merlin R. Phys Rev, 1984, **B29**: 7096

［74］Jarosik N C, McCombe B D, Shanabrook B V and Comas J. Phys Rev Lett, 1985, **54**: 1283

［75］方晓明. 博士学位论文. 中国科学院上海技术物理所,1992

［76］Koch F, Zrenner A and Ploog K. In: High Magnetic Field in Semicond Phys, ed by Landwehr G and references therein, 1987, 308

［77］Petrou A, Smith M C, Perry C H, et al. Solid State Commun, 1985, **55**: 856

［78］Smith M C, Petrou A, Perry C H and Worlock J M. 2nd Inter Conf on Modulated Semicond Structures. Kyoto, 1985, 56

［79］Perry C H, Worlock J M, Smith M C and Petrou A. In: High Magnetic Field in Semiconductor Physics, ed by Landwehr G. Springer, 1987, 202

［80］McCombe B D, Jarosik N C and Mercy J M. In: High Magnetic Field in Semiconductor Phys, ed by Landwehr G. Springer, 1987, 238

［81］Greene R L and Bajaj K K. Phys Rev, 1985, **B31**: 913; Phys Rev, 1986, **B34**: 951

［82］Mercy J M, Jarosik N C, McCombe B D, et al. J Vac Sci Tech, 1986,**4**:1011

［83］Perry T A, Merlin R, Sbanabrook B Y and Comas J. Phys Rev Lett, 1985, **54**: 2623; Phys Rev, 1984, **B29**: 7096

［84］Grammon D, Merlin R, Masselink W T and Morkoc H. Phys Rev, 1986, **B33**: 2919

［85］Tsen K T, Klem J and Morkoc H. Solid State Commun, 1986, **59**: 537

［86］Shen S C(沈学础). Invited Talk on 1996 Intern'Conference on Optoelec & Microelec Mat and Dev, 283, IEEE Catalog Num 96 TH 8197,Canberra, Australia, Dec, 8~11, 1996

[87] 沈文忠. 博士学位论文. 中国科学院上海技术物理所，1995

[88] 章灵军. 博士学位论文. 中国科学院上海技术物理所，1993

[89] Shen W Z, Tang W G, Shen S C and Andersson T G. Appl Phys Lett, 1994, **65**：2728；J Phys Condens Matter, 1995，**7**：L79

[90] Shen W Z, Tang W G, Li Z Y, et al. Appl Surf Scien, 1994，**78**：315

[91] Shen W Z, Tang W G, Shen S C and Andersson T G. Intern J of IR and MM Waves, 1994，**15**：1643

[92] Shen W Z, Tang W G, Li Z Y, et al. 半导体学报，1994，**15**：814

[93] Shen W Z, Tang W G, Shen S C and Andersson T G. J Appl Phys, 1995，**78**：1178

[94] Shen W Z,Tang W G, Shen S C and Andersson T G. Appl Phys, 1995，**A60**：243

[95] Shen W Z, Chang Y, Shen S C, et al. J Appl Phys, 1996，**79**：2139

[96] Shen W Z and Shen S C. J Appl Phys, 1996，**80**：5941

[97] Shen W Z, Shen S C, Tang W G, et al. Appl Phys Lett, 1996，**69**：952

[98] Shen W Z, Shen S C, Chang Y, et al. Appl Phys Lett, 1996，**68**：78

[99] 沈文忠，沈学础，常勇，唐文国. 半导体学报，1997，**18**：16

[100] Shen W Z, Shen S C, Chang Y, et al. J Appl Phys, 1996，**80**：5348

[101] Shen W Z, Shen S C, Tang W G, et al. Infrared Phys & Tech, 1996，**37**：385

[102] Shen S C, Shen W Z, Tang W G, et al. Solid State Electronics, 1996，**40**：143

[103] Liu X Q, Lu W, Xu W L, et al. Phys Lett, 1997，**A225**：175

[104] Shen S C, Chen X S, Lu W, et al. SPIE, 1998，**3175**：2

[105] Lu W, Mu Y M, Liu X Q, et al. Phys Rev, 1998，**57**：9787；红外和毫米波学报，1998，**17**：333

[106] Wan M F, Liu X Q, Chen X S, et al. SPIE, 1998，**3175**：412；半导体学报，1998，**19**：177

[107] Zhao Q X, Willander M, Holtz P O, et al. Phys Rev, 1999，**B60**：R2193

[108] Kosobukin V A, Seisyan R P and Vaganov S A. Semicond Sci & Technol, 1993，**8**：1253

[109] Kamgar A, Kneschaurek P, Dorda G and Koch J F. Phys Rev Lett, 1974，**32**：1251

[110] Allen S J Jr, Tsui D C and Vinter B. Solid State Commun, 1976，**20**：425

[111] McCombe B D, Holm R T and Schafer D E. Solid State Commun, 1979，**32**：603

[112] Ando T, Fowler A B and Stern F. Rev Mod Phys, 1982，**54**：437

[113] Beinvogl W and Koch J F. Solid State Commun, 1977，**24**：687

[114] Esaki L and Sakaki H. IBM Tech Discl Bull, 1977，**20**：2456；Kazarinov R F and Suris R A. Sov Phys Semicond, 1971，**5**：707

[115] West L C and Eglash S J. Appl Phys Lett, 1985，**46**：1156

[116] Shen S C. Microelectronics J，1994，**25**：713

[117] Levine B F. J Appl Phys, 1993，**74**：R1

[118] Faist J, Capasso F, Sivco D L, et al. Science, 1994，**264**：553；Appl Phys Lett, 1997，**70**：2670

[119] Faist J, Capasso F, Sirtori C, et al. Phys Rev Lett, 1996, **76**: 411; Nature, 1997, **387**: 777

[120] Yariv A. IEEE, J Quantum Electron QE, 1977, 943; Erskine D J, Tayler A J and Tang C L. Appl Phys Lett, 1984, **45**: 54

[121] Heitmann D and Mackens U. Phys Rev, 1986, **B33**: 8269; Li W J and McCombe B D. J Appl Phys, 1992, **71**: 1083

[122] Andersson J Y and Lundqvist L. Appl Phys Lett, 1991, **59**: 857

[123] Liu H C, Levine B F and Andersson J Y (ed). Quantum Well Intersubband Transition Physics and Devices. Plenum, NY, 1994

[124] Wang Y H, Li S S and Ho P. Appl Phys Lett, 1993, **62**: 93

[125] Andersson J Y, Lundqvist L and Paska Z F. Appl Phys Lett, 1991, **58**: 2264

[126] 黄醒良. 博士学位论文. 中国科学院上海技术物理研究所, 1994

[127] Hasnain G, Levine B F, Sivco D L and Cho A Y. Appl Phys Lett, 1990, **56**: 770

[128] Gunapala S D, Levine B F, Ritter D, et al. Appl Phys Lett, 1991, **58**: 2024; Appl Phys Lett, 1992, **60**: 636

[129] Gunapala S D, Levine B F, Logan R A, et al. Appl Phys Lett, 1990, **57**: 1802

[130] Pham L, Jiang X S and Yu P K L. IEEE Electron Device Lett, 1993, **EDL-14**: 74

[131] Martinet E, Luc F, Rosencher E, et al. Appl Phys Lett, 1992, **60**: 895

[132] Johnston M B, Gal M, Li N, et al. Appl Phys Lett, 1999, **75**: 923

[133] Shen S C. Plenary Talk on 3rd Intern Conf on Thin Film Phys & Appl, May 13, 2000, Shanghai

[134] Xie H, Piao J, Katz J and Wang W I. J Appl Phys, 1991, **70**: 3152

[135] Xu W L, Mu Y M, Shen S C, et al. Semicond Sci Technol, 1997, **12**: 1425

[136] Lee C and Wang K L. Appl Phys Lett, 1992, **60**: 2264

[137] Xu W L, Fu Y, Willander M and Shen S C. Phys Rev, 1994, **B49**: 13760

[138] 徐文兰, 傅英, Willander M. 红外和毫米波学报, 1997, **16**: 84

[139] Chang Y C and James R B. Phys Rev, 1989, **B39**: 12672

[140] Levine B F, Gunapala S D, Kuo J M, et al. Appl Phys Lett, 1991, **59**: 1864

[141] Levine B F, Zussman A, Gunapala S D, et al. J Appl Phys, 1992, **72**: 4429

[142] Gunnarsson Q, Lundqvist B I. Phys Rev B, 1976, **13**: 4274

[143] Zhang J, Pötz W. Phys Rev B, 1990, **42**: 11366

[144] Guo X G, Tan Z Y, Cao J C, et al. Appl Phys Lett, 2009, **94**: 201101

[145] Schneider H, Liu H C. Quantum Well Infrared Photodetectors: Physics and Applications. Springer, 2007

[146] Guo X G, Zhang R, Liu H C, et al. Appl Phys Lett, 2010, **97**: 021114

[147] Graf M, Dupont E, Luo H, et al. Infrared Phys Technology, 2009, **52**: 289

[148] Zhang S, Wang T M, Hao M R, et al. J Appl Phys, 2013, **114**: 194507

[149] Weidmann D, Tittel F K, Aellen T, et al. Appl Phys B, 2004, **79**: 907

［150］McCulloch M T,Langford N,Duxbury G. Appl Opt,2005,**44**：14

［151］Dereniak E L,Boreman G D. Infrared Detectors and Systems. New York：Wiley,1996

［152］Capasso F,Paiella R,Martini R,et al. IEEE J Quant Electron,2002,**38**：511

［153］Neogi A. All-optical modulation and switching in the communication wavelength regime using intersubband transitions in InGaAs/AlAsSb heterostructures. In：Intersubband Transitions in Quantum Structures,ed by Paiella R. McGraw-Hill,2006,389

［154］Gmachl C,Malis O,Belyanin A. Optical nonlinearities in intersubband transitions and quantum cascade lasers. In：Intersubband Transitions in Quantum Structures,ed by Paiella R. McGraw-Hill,2006,181

［155］Zavriyev A,Dupont E,Corkum P B,et al. Opt Lett,1995,**20**：1885

［156］Schneider H,Maier T,Liu H C,et al. Opt Lett,2005,**30**：287

［157］Franke C,Walther M,Helm M,et al. Infrared Phys Technology,2015,**70**：30

［158］Faist J, Capasso F, Sivco D L, et al. Appl Phys Lett, 1998, **72**：680

［159］Gmachl C, Tredicucci A, Sivco D L, et al. Science, 1999, **286**：749

［160］杨全魁. 博士学位论文. 中国科学院上海冶金所,2000

［161］Alaee R,Menzel C,Huebner U,et al. Nano Lett,2013,**13**(8)：3482-3486

［162］Li Q,Li Z F,Li N,et al. Sci Rep,2014,**4**：6332

［163］Jing Y L,Li Z F,Li Q,et al. AIP Advances,2016,**6**：045205

［164］Chen Y N,Todorov Y,Askenazi B,et al. Appl Phys Lett,2014,**96**：161107

［165］Jing Y L,Li Z F,Li Q,et al. Sci Rep,2016,**6**：25849

第九章　半导体量子线和量子点的光谱

半导体超晶格、量子阱及其他二维电子体系研究的巨大成功和广泛应用前景，启发并促使人们研究进一步降低电子自由运动维度的所谓多维量子限制结构中电子状态和各种相关物理性质，包括光谱和光学性质. 这种所谓多维量子限制结构就是本章将讨论的半导体量子线和量子点[1~3]. 量子线就是在两个维度上给电子体系施加量子限制，从而使电子仅能在一个维度上自由运动；而所谓量子点，则是在三个维度上施加量子限制，从而使电子体系具有类原子能级的能量状态. 理论上人们不难推测，和量子阱结构相比较，半导体量子线、量子点的电子态密度分布更集中，激子束缚能更大，并且激子共振更强烈，因而它们的吸收、发光等光跃迁谱线更窄化，光与物质的相互作用更有效. 这些特性预示着，半导体量子线、量子点用于激光器、光学调制器、光开关等光电子器件，应具有更优越的性能[3~6].

本章第一节讨论半导体量子线的电子态和光跃迁过程，第二节则讨论它们的光谱研究及由此揭示的量子线的电子态特性. 第三节讨论 ZnO 纳米线或微米线中光与电子态的互作用光谱研究，第四到七节分别讨论半导体量子点的电子态、光跃迁和光谱研究.

9.1　一维半导体量子线的电子态和光跃迁过程

在上一章讨论中我们已经知道，如图 8.1 所示意，如果采用薄层厚度与电子运动平均自由程及德布罗意波长可比拟的三明治夹层结构，在电子运动的一个方向上施加限制其自由运动的限制势，电子就只能在层面内自由运动，而在限制势方向上的运动量子化——取分立的能态，从而构成二维或准二维电子体系. 可以简单地将这一论述扩展到量子线情况. 如果在电子运动的二个方向上，在和电子平均自由程或德布罗意波长可相比拟的尺度上施加限制势，则电子只能在剩下的一个维度上自由运动，而在施加限制势的两个方向（维度）上的运动量子化，这就构成了一维电子体系或一维电子气.

我们讨论最简单的、如图 9.1 所示意的、埋嵌在 $Ga_{1-x}Al_xAs$ 型模中的横截面为 L_yL_z 的 GaAs 矩形长条，L_y、L_z 小于电子德布罗依波长. 在 $y=\pm L_y/2$ 和 $z=\pm L_z/2$ 的 $GaAs/Ga_{1-x}Al_xAs$ 界面有势能台阶 ΔE_c（对导带电子）和 ΔE_v（对价带空穴）. 于是 GaAs 矩形长条中电子运动的薛定谔方程为[1]

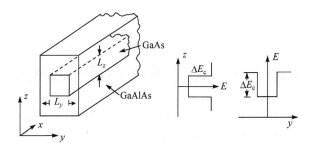

图 9.1　嵌埋在 $Ga_{1-x}Al_xAs$ 中的 GaAs 矩形长条及

GaAs/$Ga_{1-x}Al_xAs$ 界面势能台阶示意图

$$\left[\frac{P_x^2 + P_y^2 + P_z^2}{2m_e^*} + V(y,z)\right]\Psi(x,y,z) = E\Psi(x,y,z) \tag{9.1}$$

如图 9.1 所示,量子限制势是施加在 y、z 方向的,在 x 方向不存在限制势,这样我们仍可认为,沿 x 方向薛定谔方程有平面波解,而完整的电子波函数可写为

$$\Psi(x,y,z) = \frac{1}{\sqrt{L_x}}\varphi(y,z)e^{ik_x x} \tag{9.2}$$

于是和量子限制势存在有关的电子包络波函数 $\varphi(y,z)$ 满足的二维薛定谔方程为

$$\left[\frac{P_y^2 + P_z^2}{2m_e^*} + V(y,z)\right]\varphi_i(y,z) = E_i\varphi_i(y,z) \tag{9.3}$$

式中 $V(y,z)$ 是 y 和 z 的函数,因而一般说来,不能分离变量,即不能将包络波函数简单地写为 y 的函数和 z 的函数乘积的形式. 但若假定GaAs/$Ga_{1-x}Al_xAs$界面势垒无限高,即 $y=\pm L_y/2$ 和 $z=\pm L_z/2$ 处 $V=\infty$,这时方程(9.3)的解可大大简化. 可以证明,这一条件下包络波函数可分离变量,并取为

$$\varphi_i(y,z) = \frac{2}{\sqrt{L_yL_z}}\cos\left(\frac{n_y\pi y}{L_y}\right)\cos\left(\frac{n_z\pi z}{L_z}\right) \tag{9.4}$$

从原来带边量起的子带能量为

$$E_i = E_{n_y,n_z} = \frac{\hbar^2\pi^2}{2m_e^*}\left(\frac{n_y^2}{L_y^2} + \frac{n_z^2}{L_z^2}\right) \tag{9.5}$$

这里 $n_y=0,1,2,\cdots$;$n_z=0,1,2,\cdots$,但 n_y 和 n_z 不能同时为零. 式(9.5)表明,若 $L_y\gg L_z$,则在固定量子数 n_z 情况下,不同量子数 n_y 给出一系列能量差很小的子能级系列;而不同量子数 n_z 则给出能级差大得多的另一系列的子能级. 当 $L_y=L_z$ 时,这两个量子数变化引起的子能级能量差相等,从而导致许多子能级简并.

公式(9.4)给出的包络函数的形式表明,沿 y 和 z 方向,电子波函数形成一系列的驻波模.这一情况和矩形波导中微波传播的电场分量的波模一致.

从公式(9.5)可以定量估计 GaAs 量子阱第二个方向上(如 y 方向上),在宽 $L_y = 50\text{nm}$ 的宽度上引入无穷高限制势时,引起的子能级附加漂移为 $\Delta E_e = \left(\dfrac{\hbar\pi}{L_y}\right)^2 / 2m_e^* = 2.24\text{meV}$.这一漂移随限制势范围(亦即量子线宽度)的减小而迅速增大,当 L_y 减小为 10nm 时,这一附加漂移就高达 56meV 了.

计及电子沿 x 方向自由运动的动能,量子线中电子能量色散关系可写为

$$E = E_i + \frac{\hbar^2 k_x^2}{2m_e^*} = \frac{\hbar^2 \pi^2}{2m_e^*}\left(\frac{n_y^2}{L_y^2} + \frac{n_z^2}{L_z^2}\right) + \frac{\hbar^2 k_x^2}{2m_e^*}$$

$$(9.6)$$

用 m_{lh}^*、m_{hh}^* 代替公式(9.6)中的 m_e^*,则可得轻、重空穴能量的色散关系.由于轻、重空穴有效质量不同,一维体系中它们的色散也是不同的,这和二维量子阱情况相似.

由公式(9.6)和 x 方向的周期性边界条件,可以求得量子线一维电子体系的态密度函数为

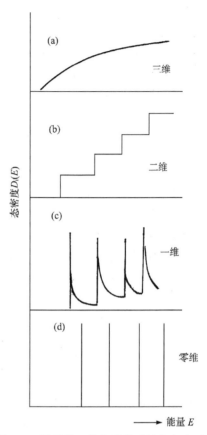

图 9.2　量子线一维电子体系的态密度函数,及其与三维、二维和下面将要讨论的零维电子体系态密度函数的比较.图中 (a)、(b)、(c)和(d)依次为三维、二维、一维和零维电子态密度函数示意

$$D_i(E) = 2D_i(k_x)\left(\frac{dE}{dk_x}\right)^{-1} = \frac{g_s L_x}{\pi\hbar}\left[\frac{m_e^*}{2(E - E_i)}\right]^{1/2} \qquad (9.7)$$

式中 g_s 代表自旋简并度,前一式子中的因子 2 是因为同时计及 $+k_x$ 和 $-k_x$ 的状态.公式(9.7)给出的一维电子体系的态密度函数及其与能量的关系如图 9.2(c)所示,作为比较,图 9.2 还给出了三维、二维(见本书第二、六和八章的讨论),以及下面第四到七节将讨论的半导体量子点的零维电子体系的态密度函数示意图.三维电子态密度与能量平方根成正比(抛物能带近似);二维电子态密度与能量的关系有台阶形函数线形;而一维电子态密度函数的特征,是在每一子带边能量 E_i 处有奇异性,与磁场下三维电子的态密度函数(图 6.11)颇为相似.事实上,这两种情

况下电子体系间确有不少共同之处. 在下面讨论时将会看到, 半导体量子点的零维电子体系的态密度函数, 为一系列位于子能级能量 E_i 处的 δ 函数.

可以估计一定条件下单位长度量子线上的电子数, 以便读者对一维电子体系电子的线密度有一定量概念. 温度为 0K 时量子线单位长度上每一子带布居的电子数 n_i 可写为

$$n_i = g_s \int_{E_i}^{E_F} D_i(E) f(E) \mathrm{d}E = \frac{g_s}{\pi \hbar} \sqrt{2m_e^* (E_F - E_i)} \tag{9.8}$$

假定半导体量子线是由沿 z 方向生长的量子阱, 再沿 y 方向刻蚀或以线栅阵列调制电荷密度形成的, 那么可以假定 y 方向的量子限制势为抛物型的, 它引起的子能级系列有谐振子型的均匀能量差. 如果 $\Delta E_i = 11\mathrm{meV}$, $E_F = 35\mathrm{meV}$, 则三个子带上有电子布居, 量子线电子线密度约为 $1.5 \times 10^6 \mathrm{cm}^{-1}$.

可以计算量子线一维电子体系的带间跃迁吸收系数. 如果假定电子沿 x 方向作一维自由运动的波矢守恒定则仍然满足, 则可求得吸收系数表达式为

$$\alpha(\hbar\omega) = \frac{B}{(c/\eta)} \sum_k (f_e - f_h) \delta \left(E_g^* + \frac{\hbar^2 k^2}{2\mu} - \hbar\omega \right) \tag{9.9}$$

这里已略去 k_x 的脚标并简单地写为 k; 式中 E_g^* 为等效禁带宽度, $E_g^* = E_g + E_{i,e} + E_{i,h}$, 即等于体材料禁带宽度加上公式 (9.5) 描述的电子子带和空穴子带的能量. f_e 和 f_h 为和电子、空穴费米能级或准费米能级位置有关的电子与空穴的分布函数. 对吸收跃迁, 可以近似认为参与跃迁过程的两个态中一个是空出的 (上态), 另一个是填满的 (下态), 因而可假定 $f_e - f_h = 1$. 将式 (9.9) 中的求和写为积分形式, 则有

$$\alpha(\hbar\omega) = B_1 (\hbar\omega - E_g^*)^{-1/2} \tag{9.10}$$

这里系数 B_1 为

$$B_1 = \frac{e^2 A_{1D} C_{1D} \langle |P_{cv}|^2 \rangle (2\mu)^{1/2}}{2m_0^2 \varepsilon_0 \eta \hbar\omega c S} \tag{9.11}$$

式中 $\langle |P_{cv}|^2 \rangle$ 仍为三维电子体系光跃迁矩阵元; A_{1D} 与 C_{1D} 为考虑一维体系电子特性和选择定则而引入的修正参数; S 为量子线截面积, 即 $S = L_y L_z$. 式 (9.9) 和 (9.10) 表明, 与三维及二维情况一致, 一维电子体系带间跃迁光吸收系数正比于跃迁的联合态密度. 这里联合态密度函数在 $\hbar\omega = E_g^*$ 处有奇异性; $\hbar\omega > E_g^*$ 时, 随光子能量进一步增大而下降, 直到下一个奇异点. 实验上这种尖锐的奇异性当然被阻尼因子平滑化了, 因而可将式 (9.10) 改写为

$$\alpha(\hbar\omega) = B_1 \sum \left[\frac{\Delta + (\Delta^2 + \Gamma^2)^{1/2}}{\Delta^2 + \Gamma^2} \right]^{1/2} \tag{9.12}$$

这里

$$\Delta = \hbar\omega - E_g^*$$

假定 GaAs 量子线截面为 $L_y = L_z = 10\text{nm}$，$m_e^* = 0.067m_0$，$m_{hh}^* = 0.112m_0$，因而 $\mu = 0.042m_0$，于是可以推算对能量最低的跃迁 $E_g^* = 1.6\text{eV}$；再假定弛豫因子 $\Gamma = 6.6\text{meV}$（对应 $\tau_{in} = 0.1\text{ps}$），则可以求得 $\hbar\omega = E_g^*$ 时 $\alpha(\hbar\omega = E_g^*) = 6.4 \times 10^3 \text{cm}^{-1}$. 这一吸收系数可以看作半导体量子线真实带间跃迁吸收系数的合理估计.

顺便指出，和吸收系数计算相类似，量子线作为激光介质时的增益系数为

$$g(\hbar\omega) = B_1 \int (f_e - f_h) \frac{\hbar/\tau_{in}\, \mathrm{d}E}{(E - \hbar\omega)^2 + (\hbar/\tau_{in})^2} \tag{9.13}$$

理论计算的 $In_{0.53}Ga_{0.47}As/InP$ 材料构成的量子阱、量子线、量子点以及体材料的激光增益系数谱如图 9.3 所示，可见量子线、量子点情况下，增益谱带线宽显著窄化，而增益系数、包括微分增益系数，则比体材料有数量级的提高.

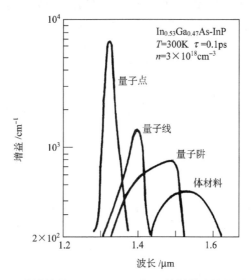

图 9.3　理论计算的 $In_{0.53}Ga_{0.47}As/InP$ 材料构成的量子点、量子线、量子阱及体材料情况下的增益系数谱

下面讨论半导体量子线一维电子体系的电子-电子、电子-空穴相互作用和激子效应. 和体材料以及二维电子体系相比，一维电子体系激子状态的研究和激子束缚能的计算更为困难，这是因为一维情况下实空间坐标原点处电子-空穴间库仑互作用势发散，因而最低激子态束缚能变成无穷大！理论上已采用多种方法避免发

散问题[1,7]. 这里我们只是提供最基本的数学框架、步骤,并导出主要结果. 此外,可以指出,如下一节将要讨论的,关于半导体量子线中激子行为的实验数据正在不断积累,可望不久的将来会对量子线中的电子-电子、电子-空穴互作用特性有更深刻的理解.

有效质量近似和包络波函数框架下,量子线中相互作用着的电子-空穴对态的薛定谔方程可写为[1]

$$\left[-\frac{\hbar^2}{2m_e^*}\nabla_e^2-\frac{\hbar^2}{2m_h^*}\nabla_h^2+V_e(\boldsymbol{r}_e)+V_h(\boldsymbol{r}_h)+U(\boldsymbol{r}_e,\boldsymbol{r}_h)\right]\boldsymbol{\Psi}(\boldsymbol{r}_e,\boldsymbol{r}_h)$$
$$=E'\boldsymbol{\Psi}(\boldsymbol{r}_e,\boldsymbol{r}_h) \tag{9.14}$$

式中 $V_e(\boldsymbol{r}_e)$、$V_h(\boldsymbol{r}_h)$ 分别为电子和空穴的限制势;$U(\boldsymbol{r}_e,\boldsymbol{r}_h)$ 为电子-空穴互作用势,并以库仑势来近似;本征能量从体材料能带边量起. 电子和空穴及其耦合形成的激子只在 x 方向才可以自由运动,于是激子包络波函数可写为

$$\boldsymbol{\Psi}(\boldsymbol{r}_e,\boldsymbol{r}_h)=e^{i\boldsymbol{K}\cdot\boldsymbol{x}}\varphi_e(y_e,z_e)\varphi_h(y_h,z_h)\varphi(\boldsymbol{r}_e,\boldsymbol{r}_h) \tag{9.15}$$

式中 $\boldsymbol{x}$ 和 $\boldsymbol{K}$ 为激子质心运动的 x 坐标和波矢;φ_e、φ_h 为最低电子和空穴子带的包络波函数;φ 是激子中电子-空穴相对运动的包络波函数,它决定于沿 x 方向电子和空穴坐标的差异 $|x_e-x_h|$. φ_e 满足的薛定谔方程为

$$\left[-\frac{\hbar^2}{2m_e^*}\left(\frac{\partial^2}{\partial y_e^2}+\frac{\partial^2}{\partial z_e^2}\right)+V_e(y_e,z_e)\right]\varphi_e(y_e,z_e)=E_e\varphi_e(y_e,z_e) \tag{9.16}$$

φ_h 满足的运动方程与式(9.16)相似. 这样引用式(9.16)可将式(9.14)改写为

$$\left[-\frac{\hbar^2}{2\mu}\frac{\partial^2}{\partial x^2}+U(\boldsymbol{r}_e,\boldsymbol{r}_h)\right]\varphi_e\varphi_h\varphi(x)=\left(E'-E_e-E_h-\frac{\hbar^2K^2}{2M}\right)\varphi_e\varphi_h\varphi(x)$$
$$\tag{9.17}$$

沿用讨论量子阱中激子问题的近似步骤,引入等效库仑势

$$V_{eff}(x)=\int U(\boldsymbol{r}_e,\boldsymbol{r}_h)|\varphi_e|^2|\varphi_h|^2 dy_e dz_e dy_h dz_h \tag{9.18}$$

式中 φ_e、φ_h 是归一化的波函数,于是式(9.17)简化为

$$\left[-\frac{\hbar^2}{2\mu}\frac{d^2}{dx^2}+V_{eff}(x)\right]\varphi(x)=E\varphi(x) \tag{9.19}$$

这里

$$E=E'-E_e-E_h-\frac{\hbar^2K^2}{2M} \tag{9.20}$$

这样等效库仑势就不存在奇异性,但很难把握.有时选用有歧点型截止的势函数来代替 $V_{\text{eff}}(x)$,即将等效势近似取为

$$V(x) = \frac{e^2}{4\pi\epsilon(|x| + x_0)} \tag{9.21}$$

与第八章的式(8.8)比较可见,这一等效势与二维库仑势有形式上相似之处.

已经证明,当量子线侧向(y、z 方向)尺寸有激子玻尔半径量级时,式(9.21)给出的势函数不失为一种良好的近似.下面就用式(9.21)表达的等效势讨论方程(9.19)的解,包括束缚和连续态解.

1. 束缚态解

令 $E = -R^*/n, u = 2(|x| + x_0)/na_B^*$,这里 u 为实数,$n(>0)$ 为待定实参数,代入式(9.19),于是一维薛定谔方程式(9.19)变为

$$\frac{\mathrm{d}^2\varphi(u)}{\mathrm{d}u^2} - \left(\frac{1}{4} - \frac{n}{u}\right)\varphi = 0 \tag{9.22}$$

这就是惠特克(Whittaker)微分方程,其解为合流超几何函数.在小截止范围内($x_0/a_B^* \ll 1$),本征能量解为

$$n = n_\nu = \begin{cases} \nu + 2x_0/a_B^*, & \text{奇函数解} \\ \nu - \dfrac{1}{\ln(2x_0/\nu a_B^*)}, & \text{偶函数解} \end{cases} \tag{9.23}$$

式中 $\nu = 1, 2, 3, \cdots$,对最低能量本征态,可得

$$\ln\left(\frac{2x_0}{n_0 a_B^*}\right) + \frac{1}{2n_0} = 0 \tag{9.24}$$

随着截止减小($x_0 \to 0$),n_0 趋于零,束缚能颇大甚至发散,正如前面讨论时曾指出那样.$x_0 \to 0$ 的极限情况下,除最低能态外,束缚态的奇、偶宇称波函数有如下特征:$n_\nu^{\text{odd}} = n_\nu^{\text{even}} = n = 1, 2, 3, \cdots$. 于是

$$E_n^{\text{odd}} = E_n^{\text{even}} = -\frac{R^*}{n}, \quad n = 1, 2, 3, \cdots \tag{9.25}$$

和第二章讨论半导体体材料中光跃迁过程时引入振子强度表达式(2.81)相似,利用关系式

$$f_n = \frac{2m_0\omega}{\hbar}|<c|\boldsymbol{a}_\lambda \cdot \boldsymbol{r}|v>|^2|\varphi_n(0)|^2 \tag{9.26}$$

可以求得允许的带间跃迁的振子强度 f_n,这里脚标 n 为子能级标号量子数,表明

跃迁发生在导带与价带的相同标号的子能级(子带)n之间.

对不同的 n 和 x_0, f_n 可以是很不相同的. 可以证明, 随着 $x_0 \to 0$, 最低量子能态($n=0$)对应的跃迁振子强度 f_0 趋于无穷大; 而对 $n=1$ 态, $x_0 \to 0$ 时 f_1 趋于零, 并且即使 x_0 为有限值, f_1 也很小. 这些结果表明, 人们似可预期, 量子线带间光跃迁振子强度异乎寻常地集中在最低能量激子束缚态($n=0$)上.

2. 连续态解

令 $u=2\mathrm{i}k(|x|+x_0)$, 这里 u 是纯虚数; 并令 $\alpha=(a_B^* k)^{-1}$, 则一维薛定谔方程式(9.19)简化为

$$\frac{\mathrm{d}^2\varphi}{\mathrm{d}u^2} - \left(\frac{1}{4} + \frac{\mathrm{i}\alpha}{u}\right) = 0 \tag{9.27}$$

即仍为惠特克微分方程. 因而量子线的非束缚激子态的解, 也由相应的合流超几何函数组成. 为计算吸收系数和索末菲因子, 并和三维情况下激子连续态吸收系数表达式(3.104)、(3.105)相比较, 需要知道包络函数 $\varphi_k(0)$, 计算繁复, 这里不作进一步讨论. 但可以指出, 数值计算给出了一维激子的另一个异常特征——激子连续态的吸收系数恒小于简单的、不计及电子-空穴互作用的带间跃迁吸收系数, 即第三章中式(3.104)给出的索末菲因子恒小于1, 这和三维及二维激子吸收特性是很不一样的. 一维电子体系索末菲因子和 x_0 有关, 当 $x_0 \to 0$ 时, 跃迁的光子能量趋于简单的带间跃迁光子能量, 这时索末菲因子为零.

理论上也研究过用 Si 等间接禁带半导体材料组成的量子线的激子吸收[8], 这时声子参与的激子跃迁吸收谱显示一个峰, 其强度较二维量子阱时增强更多.

应该指出, 上述关于量子线中电子体系量子态、包括激子效应的理论讨论, 是在最简单的结构模型和假定条件下作出的, 实际半导体量子线的截面远非矩形, 其中的电子-电子、电子-空穴互作用也比最简单假定复杂得多. 为和实验结果进行比较, 并从中获取微观量子态及其相互作用的信息, 针对具体结构条件的更完善的计算是必要的, 上述简单理论描述, 为我们研究量子线中的量子能态及相互作用, 提供了最初的理论图像.

9.2　半导体量子线光谱

本节讨论半导体量子线光谱的实验结果, 并通过光谱实验结果, 研究量子线中电子的量子态、电子-电子互作用和光跃迁过程的规律等. 将会看到, 迄今为止, 发光光谱, 包括荧光激发谱, 是实现上述目标最简便、也是最有效的光谱方法. 本节也顺便讨论量子线的拉曼散射光谱, 以研究二个维度限制的量子结构的晶格振动和

声子特性.

　　尽管如上节所述,理论上人们早就预言半导体量子线,应该具有比三维和二维材料更适合其微电子及光电子器件应用的卓越特性,如更局域化的电子态密度分布、更高的增益系数和更低的激光阈值电流等.但迄今为止,实验上、工艺技术上实现一个无缺陷的量子线结构及其列阵还是颇为困难的,它们的光谱研究也决非轻而易举.尽管如此,在量子线制备技术方面,已经发展了刻蚀量子阱结构或以线栅阵列调制量子阱电荷密度成线状结构[9]、V 形槽中外延生长[10~13]、倾斜衬底上外延生长[14,15]、在图形结构的衬底上外延生长[16,17]、在剥离的棱角边上二次外延生长[18~20]和离子研磨等方法[21],并获得了无缺陷或缺陷浓度很低的、器件水平的纳米尺度量子线结构.在 V 形槽中外延生长情况下,人们甚至已成功地制成了量子线激光二极管[22,23];在剥离的棱角边上二次外延生长(cleaved edge overgrowth, CEO)情况下,以及其他方法生长的量子线样品,也都获得了低的缺陷浓度或线宽较窄的强的发光讯号,显示已接近器件应用的样品质量.此处还要指出,除上述物理方法外,近年来化学自组装方法在量子线生长方面起着越来越重要的作用.下一节讨论的 ZnO 纳米线就是一个具体的例子.

　　图 9.4 给出了一个在 V 形槽中生长的量子线剖面的透射电子显微镜照片(图(b))和其量子结构示意图(图(a)).它的制备工艺是:首先在 p+ GaAs 衬底上用光刻和湿法化学腐蚀方法刻出 50 周期的宽 $2\mu m$、深约 $1\sim 2\mu m$ 的锯齿形 V 形

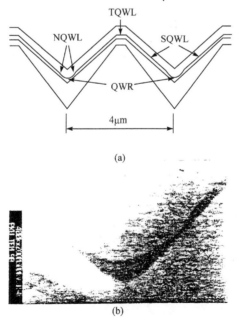

(a)

(b)

图 9.4　V形量子线的剖面透射电子显微照片(b)和各相关量子结构示意图(a)

槽;然后用 MBE 或 MOCVD 方法在 V 形槽中生长量子线结构.对图 9.4 所示样品,先是生长 100nm 左右的 GaAs 缓冲层,随即生长厚 $1\mu m$ 左右的 $Ga_{0.5}Al_{0.5}As$ 覆盖层,并在这一结构良好的覆盖层上生长 5～6 个周期的 $GaAs/Ga_{0.5}Al_{0.5}As$ 量子线.量子线高度为 3nm,宽度受到 V 形槽结构的影响,约为 40～50nm 不等.量子线结构上再生长一层 $Ga_{0.5}Al_{0.5}As$ 覆盖层和 GaAs 保护层;在 MOCVD 生长情况下,还需经过 GaAs 表面层的阳极氧化和 950℃ 的快速退火(RTA),才能获得有良好发光特性的量子线样品.图 9.5(a)和(b)给出了一个这样制备的 V 形量子线样品在不同温度下的光致发光和阴极射线发光光谱的实验结果.图示实验结果表明,如上制备的 V 形量子线的发光,只是呈现为样品中其他量子结构的强发光峰外围的弱发光峰,并且有些情况下,如图 9.5(b)所示阴极射线激发的发光光谱情况下,几乎只是勉强可观察到或分辨出来的一个微弱结构,尽管图 9.5 给出的已经是较大样品面积上多条量子线被激发情况下采集到的发光光谱.这一事实不难理解,如图9.4(a)所示,这样由 V 形槽生长的量子线样品中,除中心部分的量子线结构外,和量子线平行,还存在侧面量子阱(SQW)、阱宽更窄的颈部量子阱(NQW)以及生长在 V 形槽上部的顶部量子阱(TQW).此外,由于 Ga 和 Al 原子迁移特性的差别,V 形槽底部 AlGaAs 层中还可形成 Al 组分较低的垂直结构,并称为垂直量子阱(VQW).通常实验条件下,激发光斑范围内侧面量子阱占有最大的面积,因而在图 9.5 给出的真实样品发光光谱中,来自侧面量子阱的发光呈现为最强的发光峰.

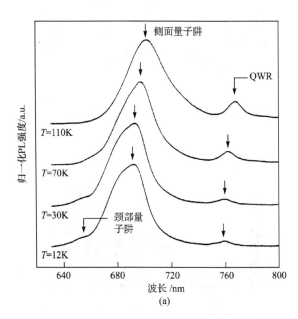

(a)

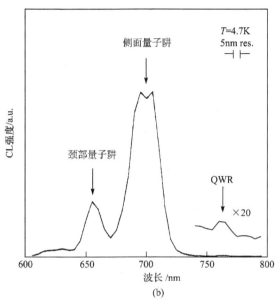

图 9.5 在 V 形槽中用 MOCVD 方法生长的 GaAs/Ga$_{0.5}$Al$_{0.5}$As 量子线
样品的光致发光(a)和阴极射线发光光谱(b). 样品经阳极氧化处理和 950℃ 快速退火

为此,在半导体量子线和第 9.4 节讨论的半导体量子点光谱研究中,广泛采用显微光谱和近场光谱方法. 图 9.6 给出一种显微发光光谱测量装置的示意图[20],来自氦-氖激光或其他激光器的激发光可直接或经光学系统和显微镜物镜聚焦后照射到浸没在杜瓦中的样品上;来自样品的发光信号则由显微镜物镜采集后经光学系统和 CCD 照相成像,或经由光谱仪和高灵敏度光电探测器接收而获得激发或采集光斑范围内的发光光谱. 在用聚焦光束激发并共焦地采集光激发斑点上发光信号的情况下,这种显微发光光谱测量的空间分辨率可达 0.7~0.8μm,并有很高的光谱灵敏度. 图 9.7 给出了沿垂直量子线方向扫描时一个 V 形槽生长的单量子线样品的扫描显微光致发光光谱. 图中 x 坐标为波长,y 坐标为扫描距离,z 方向为光谱强度. 可见,在扫描过程中,在相距量子线中心不同尺寸的位置上,显微光谱方法探测到的光致发光光谱可以是颇不相同的. 为指认这些发光谱线对应的物理过程,图 9.8(a)、(b)和(c)给出了被测量子线左侧 1μm 处(a)、中心处(b)和右侧 1μm 处(c)的显微光致发光光谱. 经由结合样品真实结构的理论计算,以及与其他实验结果的比较,已经指认在左侧 1μm 处观察到的发光谱线分别是来自 GaAs 衬底、Ga$_{0.5}$Al$_{0.5}$As 覆盖层、顶部量子阱、侧面量子阱的带间跃迁辐射复合发光,以及来自量子线的较弱的发光信号. 在右侧 1μm 处共焦测量时,显微发光光谱中仅包含来自 GaAs 衬底、顶部和侧面量子阱的带间辐射复合发光信号. 而在量子线中心位置观测显微发光光谱时,发光谱带或特征可分别指认为来自 GaAs 衬底、Ga$_{0.5}$Al$_{0.5}$As 覆盖层、垂直和颈部量子阱,以及量子线结构的电子-空穴或激子的辐射复合发光;并且来自量子线的发光信号呈现为这一条件下被测光谱中最强的发光谱带. 这些结果生动地说明了显微光谱方法在量子线光谱研究中的有效性和重要意义. 在下面讨论的量子线光谱结果中, 我们将主要讨论显微发光光谱及其他显微光谱的测量结果.

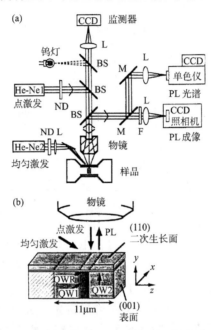

图 9.6　一种显微发光光谱测量装置示意图.(a)装置示意图,来自激光器的激发光可直接照射样品或经光学系统聚焦后照射样品,发光信号可显示为谱或扫描成像;(b)放大的显微光学系统物镜和样品示意图.激发光的两个箭头分别代表点激发和均匀的面激发

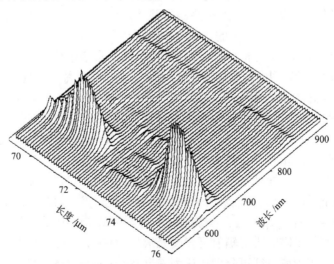

图 9.7　激发光斑沿垂直量子线方向扫描并共焦接收发光信号时
一个 V 形槽单量子线样品的扫描显微光致发光光谱

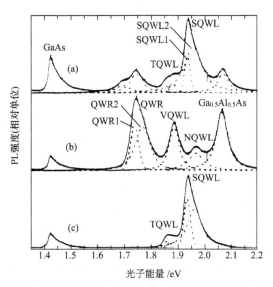

图 9.8 激发光斑聚焦在 V 形槽量子线样品不同位置时的显微发光光谱.
(a)量子线左侧 $1\mu m$ 处;(b)量子线中心处;(c)量子线右侧 $1\mu m$ 处

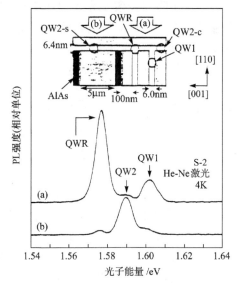

图 9.9 一个 T 形量子线样品的显微光致发光光谱. 曲线(a)、(b)分别为显微光束聚焦在样
品上不同部位(见上插图)时的发光光谱. 光斑直径 $2\mu m$

随着量子线制备技术和光谱研究方法的改进与发展,现在已可能获得以量子
线中激发载流子辐射复合过程为主要发光机制的样品结构和光谱结果. 图 9.9 给
出一个 T 形量子线的显微光致发光光谱. 这种 T 形量子线是在剥离的、完整的棱
角边上用二次外延生长(CEO)方法制备的. 这种制备方法形象地如图 9.10 所示

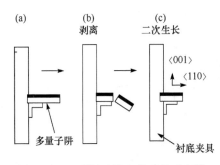

图 9.10　T 形量子线生长过程示意图.
(a)已生长多量子阱 QW1 的衬底；
(b)切割和刻蚀剥离；(c)在新鲜
棱角表面上二次外延生长

意，即首先在 GaAs(001)衬底上外延生长阱宽为 d_1、垒宽为 L_b 的 GaAs/GaAlAs 多量子阱(QW1)，然后将样品从分子束外延生长腔中取出切刻、前表面磨光并底部减薄后再装入外延生长室(生长室中样品安置如图 9.10(b)、(c)示意)，经刻蚀剥离后露出新鲜的、完整的〈110〉或其他取向的棱角表面，并在其上生长阱宽为 d_2 的 GaAs/GaAlAs 量子阱(QW2)，从而在两量子阱系列的交汇处，形成 T 形量子线. 如果剥离表面达到原子量级的平整，那么这样生长的量子线可以是几乎无缺陷或低缺陷浓度的. 图 9.9 所示显微光致发光光谱，以 He-Ne 激光 632.8nm 谱线为激发源，光斑直径 $2\mu m$ 左右，激发功率为几个微瓦到几百微瓦量级. 图 9.9 表明，激发光聚焦在样品不同部位时，如量子线区域或量子阱 QW2 区域，发光光谱是很不一样的，但主要呈现为三个峰. 与图 9.10(a)所示第一步生长过程获得的参考多量子阱的光致发光光谱相比较，不难指认图 9.9 中能量最高的发光峰为来自量子阱 QW1 的激子辐射复合发光. 比较光斑聚焦在样品不同部位(a)和(b)的发光光谱，可以将最低能量的发光峰指认为量子线中量子态间辐射复合发光. 而居间能量位置的发光峰，则起自量子阱 QW2 的激子辐射复合. 这样图 9.9 表明，当在量子线中心附近位置测量显微发光时，来自量子线的发光是被测样品所有量子结构发光信号中最强的. 这一事实还表明，整个量子结构被光激发以及随后的输运和复合过程中，QW2 区域产生的部分光激发载流子有效地扩散到相邻的量子线，并被量子线俘获，随后在其中辐射复合发光.

　　由图 9.9 给出的显微发光光谱，还可确定 T 形量子线发光峰位置和能量上最接近的共生量子阱(这里是 QW2)发光峰位置的能量差 E_{1D-2D} 或 E^*_{1D-2D}，这是 T 形量子线一个很重要的参数，它决定了这种类型一维电子体系的侧向限制能量. 这里 E_{1D-2D} 记简单的电子-空穴对复合情况下一维/二维发光峰之间的能量差；E^*_{1D-2D} 记激子复合情况下的这种能量差，两者可因激子束缚能修正而略有差别. 对图 9.9 所示的样品结构和发光光谱，实验测得 E_{1D-2D} 或 E^*_{1D-2D} 为 11meV. 从量子线材料的实际应用考虑，自然希望这一侧向限制势大到几十甚至几百毫电子伏的量级，而不是图 9.9 给出的 11meV. 近来的实验结果已经实现了约 $35\sim40$meV 的 T 形量子线的侧向限制能量.

　　图 9.11 给出一个在图形结构衬底上分子束外延生长的侧壁量子线(sidewall QWR)列阵的电子束激发的阴极射线发光(CL)光谱[24,25]. 这里的图形结构是 GaAs(311)A 衬底上用光刻和湿法化学腐蚀制备的(01$\bar{1}$)取向排列的亚微米线状

光栅型图案.由于 Ga 原子在图案上下两端的择优凝聚,形成如图 9.12 所示的侧壁量子线.图 9.11 所示光谱是从一个沿(01$\bar{1}$)方向排列并沿与此垂直的生长方向堆积的近乎无缺陷的量子线列阵测得的,受激发面积为 $6\times4\mu m^2$.由图可见,其至室温下也可观察到量子线的阴极射线发光;5K 时这一量子线样品可以呈现很强的占支配地位的发光信号.量子线发光峰位于 1.611eV;而在 1.831eV 处,则观察到样品中共存的量子阱结构的微弱发光信号.作为比较,图 9.11 还给出生长量子线同时在平整的 GaAs(311)A 面上生长的参考量子阱的发光峰(如虚线所示).图示结果再次表明,如果样品结构设计合适的话,量子线结构可有效地从相邻量子阱俘获非平衡激发载流子,并支配着整个量子结构的辐射复合发光过程.还应指出,决定于不同样品,低温下量子线发光谱线线宽约为 4~8meV,可见这些量子线样品大都有较好的结构品质.

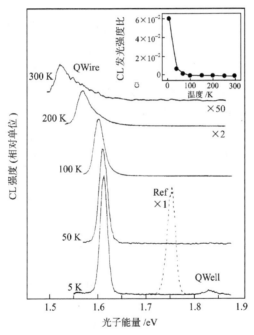

图 9.11　在 GaAs(311)A 图形结构衬底上生长的侧壁量子线列阵的阴极射线发光光谱.虚线为平面衬底上生长的参考量子阱发光峰;插图为参考量子阱和侧壁量子线发光强度之比与温度的关系

半导体量子线的激子特性,包括其束缚能的实验研究有重要意义,尤其是考虑到上一节讨论中简单理论预期的一维激子的许多异常特性,如激子波函数在其最低能量状态的集中、索末菲因子恒小于 1,以及某些特定条件下理论预期的基态束缚能发散等.然而,量子线激子行为的实验研究,即使是激子基态束缚能的实验测定都是颇为困难的.审视本节前半段我们已提到的一些量子线发光的实验结果,虽

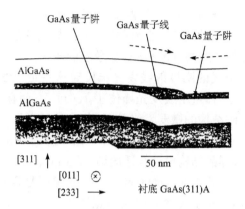

图 9.12　在 GaAs(311)A 图形结构衬底上形成侧壁量子线结构的示意图，
虚线箭头标示生长过程中 Ga 原子的择优凝聚

然人们或可据此推测，正是波函数集中导致强的量子线发光谱线，或者至少是强的量子线发光的物理根源之一. 然而，和三维及二维激子的光谱实验结果相比较，迄今在观察到量子线电子-空穴辐射复合发光谱线的实验中，并未同时观察到例如量子数为 2 的激子激发态的光谱特性，也未同时观察到激子复合和简单的电子-空穴对复合发光特征. 这些事实正是半导体量子线激子行为实验研究的困难所在.

人们可以直观、定性地推测，与二维电子体系相比，由于电子和空穴波函数进一步受到侧向限制势的压缩，量子线一维激子束缚能可能比二维激子理论预言的 $4R^*$ 更大，这里 R^* 是体材料的激子里德伯能量. 但事实上现有实验数据颇为分散[12,26~30]，多数仅为 $2\sim3R^*$. 例如，对 V 形槽中生长的 GaAs 量子线，文献[12]结合光致发光光谱和双光子吸收诱导光荧光激发谱(TPA-PLE)结果导出，量子态 $n_x=1$ 的激子束缚能 $E_b=(10\pm1)$meV，而 $n_x=2$ 的激子束缚能 $E_b=(8\pm1)$meV；利用磁场下激子发光谱线的顺磁漂移，则推得上述激子束缚能分别为 12.5meV 和 9.7meV. 文献[12]的作者还针对 V 形量子线实际结构参数，在包络波函数近似框架下求得，他们实验所用量子线样品的理论预期的激子束缚能分别为 11.7meV (对 $n_x=1$ 子能级)和 8.9meV(对 $n_x=2$ 子能级).

最近索末耶(T. Someya)等人，系列地研究了尺寸 5nm 左右的 T 形 GaAs 量子线的光致发光光谱，及其和势垒组分及量子线尺寸的关系[31,32]，并由此推算出其中一个系列的量子线的一维激子束缚能 E_b 可达 27 ± 3meV，即为体材料激子束缚能[33]的 6~7 倍. 他们采用两个系列的样品，其中第一个系列样品(S1)的 QW1 的阱宽 d_1 在 4.5~6.0nm 之间，生长在剥离的新鲜的〈110〉面上的 QW2 的阱宽 d_2 的范围与此相似. 这里 d_1 可以等于 d_2，也可以不同，势垒材料为 $Ga_{0.7}Al_{0.3}As$. 在 QW1 与 QW2 交界处的 T 形量子线的尺寸也应该与上述 d_1、d_2 数值相差不远. 第二个系列样品(S2)的 QW1 与 QW2 的尺寸是 d_1、d_2 的范围比第一系列样品略窄些,但势垒材料为 AlAs.图 9.13 给出这两个系列 S1 和 S2 的典型样品的空间分辨发光光谱,实验测量温度和采用的激发光源如图例说明.由图可见,每一系列样品均可观察到分别来自量子线(QWR)和量子阱 QW1 与 QW2 的辐射复合发光谱线.图 9.14 给出图 9.13 观察到的发光谱线的能量位置和量子阱 QW2 阱宽 d_2 的关系,图中圆点、方块等为实验测量结果,虚线为有效质量近似计算的 QW2 的能级和发光峰能量位置;点线表明两个量子阱 QW1 和 QW2 跃迁能量相等时的 d_2 值,而点划线则表示 $d_1 = d_2$ 的位置.图 9.13 表明,S1 系列样品中来自量子阱的光致发光谱线宽为 5~8meV$(T=4\text{K})$;S2 系列样品中来自量子阱的发光谱线稍宽$(T=8\text{K})$,这是由于限制较紧(AlAs 势垒)的缘故,而来自量子线的发光谱线线宽均为 14meV 左右,这些数据表明这些样品均有较好质量.

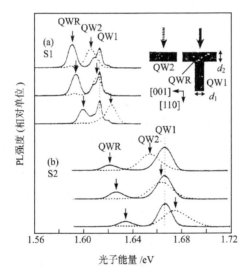

图 9.13 两个系列的 T 形量子线典型样品的空间分辨发光光谱,图中(a)为 S1 系列样品结果,(b)为 S2 系列样品的结果.S1 测量温度为 4K,He-Ne 激光激发;S2 测量温度为 8K,Ar$^+$ 激光激发

图 9.14 表明,T 形量子线的发光峰能量位置随 d_2 减小而趋于 QW1 的发光峰位,随 d_2 的增大而趋于 QW2 的发光峰位.这显然是因为在量子阱 QW2 薄极限$(d_2 \ll d_1)$和厚极限$(d_2 \gg d_1)$情况下,T 形量子线能级分别趋于 QW1 和 QW2 中量子能级的缘故.为简化 T 形量子线中一维激子束缚能 E_b 的估计,索末耶等集中研究两个系列量子阱阱宽相等、即 $d_1 = d_2$ 的情况,并称之为平衡 T 形量子线.可以指出,为最有效地限制电子,即令电子受到的侧向限制势最大化,平衡 T 形量子线是最合适的 T 形量子线结构;但为有效地限制空穴,最好令 d_2 略大于 d_1,以补偿空穴有效质量 m_h^* 的各向异性,它导致 QW2 中空穴有效质量 m_h^* 大于 QW1 阱中

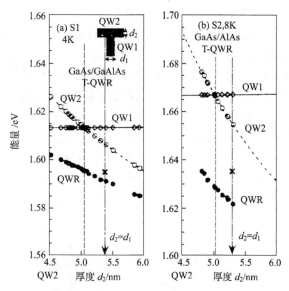

图 9.14　S1 和 S2 系列量子线样品观察到的诸发光峰能量位置与 QW2 宽度 d_2 的关系. 左图为 S1 系列的结果,右图为 S2 系列的结果;◇、○、● 分别表示 QW1、QW2 和量子线发光峰位置的实验结果. 点线表示 QW1 与 QW2 跃迁能量相等的 d_2 位置;点划线给出 $d_2 = d_1$ 的 d_2 位置

的空穴有效质量. 为估计 T 形量子线中的量子能级,索末耶等首先在忽略库仑互作用情况下,用单能带有效质量近似估计电子的侧向限制能 E_{1D-2D},即 T 形量子线和能量上最接近的 QW_s 量子能级间的能量差. 这样的估计表明,对 S1 系列 $E_{1D-2D} = 18\text{meV}$;对 S2 系列, $E_{1D-2D} = 38\text{meV}$. 由于如上指出的空穴有效质量较重及其各向异性,平衡 T 形量子线的空穴限制能较其最大可能值要小 1~2meV. 这样简单地从 QW2 能级的能量减去电子的侧向限制能 E_{1D-2D},即可获得 T 形量子线中量子能级的位置. 这样计算获得的忽略库仑互作用的 T 形量子线的电子跃迁能量如图 9.14 中两个"×"号所记,注意到实验测量给出的 T 形量子线光致发光峰能量位置,在平衡量子线样品 S1 情况下,比上述估计值低 4meV;在样品 S2 情况下低 14meV. 这种差别应该主要源于侧向限制势引起的一维激子库仑效应的进一步增强,因而就是一维电子体系中激子束缚能相对于二维情况的增加量. 如果采用文献[34]报道的阱宽为 5nm 的 GaAs 量子阱的激子束缚能数据 $E_{b,2D} = 14\text{meV}$,并考虑到光致发光测量和理论估计中忽略空穴贡献引入的误差,平衡 T 形量子线样品 S1 的一维激子束缚能为 $E_{b,1D} = E_{b,2D} + 3\text{meV} \approx 17\text{meV}$;平衡 T 形量子线样品 S2 的一维激子束缚能则高达 $E_{b,1D} = E_{b,2D} + 13\text{meV} \approx 27\text{meV}$. 可见在所研究样品结构条件下,GaAs/AlAs 平衡 T 形量子线中一维激子束缚能可比三维情况下大 6~7 倍. 样品系列 S1 与 S2 的比较表明,一维激子束缚能的增大主要来源于侧向限制能

量 E_{1D-2D} 的增大. 许多分析表明, 索末耶等关于半导体量子线一维激子束缚能增强的估计看来是可信的. 另外, 还可以指出, 如果量子线的尺寸 d_1 与 d_2 较大, 或 d_1 与 d_2 中有一个较大, 大于或远大于电子德布罗依波长, 量子线中一维激子的束缚能就很快下降到接近二维激子的 $E_{b,2D}$ 值, 这正是较早时候关于量子线中一维激子束缚能的研究结果[25~30], 包括本节前段讨论的 V 形量子线中一维激子的实验结果.

半导体量子线中电子-空穴辐射复合发光光谱的另一个有趣而普遍的现象是它们的强的费米边奇异性(Fermi edge singularity, 简称 FES). 这种奇异性导致费米能级处光跃迁谱带的锐化和特定的线形特征[11,35]. 图 9.15 给一个由 GaAs/$Ga_{0.68}Al_{0.32}As$ 单量子阱经电子束模板刻蚀和低能离子轰击制备的量子线样品的低温发光光谱(PL)、光致发光激发谱(PLE)及其和参考二维量子阱样品相应光谱的比较. 用于制备量子线的单量子阱阱宽为 25nm, $Ga_{0.68}Al_{0.32}As$ 势垒层中有两个 Si 单原子层, 以产生浓度为 $3.2 \times 10^{11}cm^{-2}$ 和迁移率为 $1.1 \times 10^6 cm^2/V \cdot s$ 的二维电子气. 电子束刻蚀形成线宽为 100nm、周期为 200nm 的量子线列阵, 它们之间的量子阱结构经由氧离子轰击而致耗尽, 从而使电子限制在量子线内, 并使量子线宽度和电子浓度较上述标称数值有所下降. 由图 9.15 可见, 不论是量子线或对照参

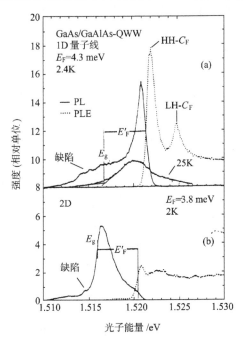

图 9.15 一个经电子束刻蚀和离子轰击从 GaAs/$Ga_{0.68}Al_{0.32}As$ 单量子阱制备的量子线的低温光致发光(实线)和荧光激发谱(虚线)(a), 及其与参考量子阱样品光致发光、荧光激发谱的比较(b)

考的量子阱样品,光致发光激发谱显示的光吸收跃迁起始处的能量位置都在禁带宽度以上 $E_g + E_F'$ 处,这里 $E_F' = E_F(1 + m_e^*/m_h^*)$,式中 m_e^* 和 m_h^* 分别为电子和空穴有效质量. 由此导出,对如上描述的量子线样品,$E_F = 4.3 \pm 0.5 \text{meV}$,如图中插入文字所标明. 仔细观察图 9.15 给出的发光光谱可知,2.4K 时该量子线本征带间辐射复合发光谱线(1.521eV 处)的线形特征,是高能侧费米边处的陡峭上升和低能侧的较平缓的下降,但在高于禁带宽度 E_g 能量处已经截止,发光谱带中未包含任何与能带边 E_g 及其电子态密度有关的特征. 这一线形特征和图(b)所示费米能量 E_F 大小相似的二维参考量子阱带间辐射复合发光谱带线形呈鲜明对比,后者是低能侧的从 E_g 能量附近开始的陡峭上升和高能侧的平缓下降,并且高能侧延伸到 $E_g + E_F'$ 处,而低能侧则和能带边 E_g 相连系;图 9.15 所示量子线发光谱带线形的另一个特征是,线宽远较二维情况为窄. 从图 9.15 还可看到,较高温度下,如25K 时,量子线的发光谱带变得颇为对称了,并且低能端也延伸到 E_g 能量处,2.4K 时观察到的线形奇异性几乎已完全消失. 前面已经指出,量子线本征带间辐射复合发光谱线的这种线形特征,起因于它强的费米边奇异性,它反映了一维电子费米海对价带子带的可迁移空穴的库仑互作用势的集合响应,从价带子带到费米能级附近电子态的跃迁,与到导带中无电子布居的子带的跃迁之间的相干效应,可对费米边奇异性的增强有显著效应. 有人预言,这种奇异性甚至在极高电子浓度情况下仍然可见. 一维电子体系的这一独特行为,也可看作一维体系中空穴反冲效应受到抑制的结果. 可以指出,图 9.15 所示 2.4K 时量子线发光谱带在高于 E_g 能量处已经截止,因而未包含与能带边电子态密度相关的发光特征这一事实,与本章第一节讨论的理论预期的一维激子的奇异特性是一致的. 如前面提到的,一维激子吸收的索末菲因子恒小于1,一维电子体系的库仑相关效应本征地导致带边光跃迁振子强度的减小或消失. 图 9.15 还表明,一维电子体系费米边奇异性的增强与样品温度密切相关,25K 时已观察不到被研究量子线费米边奇异性导致的发光谱线的奇异特征. 现在再稍进一步讨论这一现象. 图 9.16 给出了上面讨论的量子线样品,以及另一个 V 形槽生长的 V 形量子线[11]光致发光光谱随温度变化的更详细的结果;如果简单地用发光谱线强度之比,或者图 9.15 所示荧光激发谱的峰谷比来描述费米边奇异性的强度,那么图 9.16 给出的两个样品的费米边奇异性强度和温度的关系可作图如图 9.17 所示. 作为比较,图中还给出了未掺杂 V 形量子线的实验结果[30]和理论计算的结果[36],可见将发光光谱奇异性归诸为费米边奇异性是合适的,并且这种奇异性和量子线制备方法无关,似乎是一维电子体系的普遍性质. 当温度 T 高于 25~30K 时,光谱奇异性消失. 这是由于费米边被热模糊掉的缘故,这和耗尽量子阱中类氢激子的行为显著不同.

　　已经用共振拉曼散射和显微拉曼散射的方法研究过半导体量子线的拉曼散射谱[37~39],并试图和样品结构研究联系起来. 在用偏振的共振拉曼方法研究一个 V

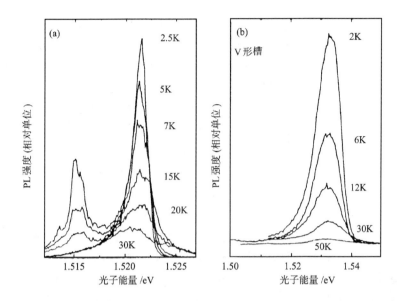

图 9.16 经电子束刻蚀和离子轰击制备的掺杂量子线(a)和掺杂 V 形槽量子线(b)发光谱线强度与线形随温度的变化;这一强度和奇异线形代表了一维电子体系费米边奇异性(FES)的强度

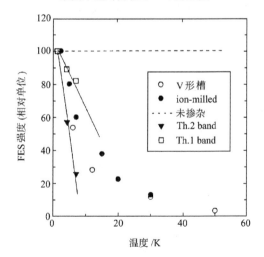

图 9.17 由图 9.16 或由荧光激发谱峰谷比导出的量子线样品电子体系费米边奇异性 FES 强度与温度的关系. 图中理论估计结果和未掺杂量子线的实验结果引自文献[30]和[36]

形槽中用分子束外延生长的 V 形量子线样品时,文献[37]的作者仔细地选择入射激光激发光子的能量. 他们发现,当入射光子能量分别和样品中量子线及共存的量子阱中电子跃迁共振时,可分别观察到来自量子阱结构和量子线结构的限制光学声子模的散射峰或散射结构. 在和量子线最低能量电子跃迁出射共振情况下,他们观察到荧光背景上位于 $\Delta\hbar\omega=294\text{cm}^{-1}$ 的、大约 10nm 厚度的 GaAs 层对应的 LO 声子散射峰,这一散射峰线形很不对称,在低能方向存在明显的肩胛结构和翼结构,尽管尚未分辨开来,但已可指认为界面模和量子线中限制声子模的贡献. 他们还估计,只有在结构尺寸小于 5nm 左右时,量子线的限制模才能清楚地分辨出来.

李乐愚和张树霖等人[39]用显微拉曼散射光谱方法,研究了 V 形槽中用 MOCVD 方法生长的 V 形量子线结构的散射光谱. 他们采用的显微拉曼散射测量装置与图 9.6 所示显微发光光谱测量装置相似,只是他们测量的是拉曼频移,空间分辨率也是 $0.7\sim0.8\mu\text{m}$. 实验采用的样品结构和前面图 9.7 及图 9.8 所示显微发光光谱的样品一致,即相邻量子线间的距离为 $4\mu\text{m}$,因而他们的拉曼散射光谱测量实际上是针对单根量子线进行的. 测量时入射激发聚焦在量子线附近区域,并令激光光斑在垂直量子线方向扫描. 图 9.18 给出了这样测量获得的 V 形量子线结构的拉曼散射光谱. 图中从上到下的谱图是激光光斑从偏离量子线中心 $+2\mu\text{m}$ 扫描到 $-2\mu\text{m}$,并每隔 $0.5\mu\text{m}$ 记录一次散射光谱获得的综合结果. 可见在量子线中心及紧邻位置测得的散射谱,与偏离量子线中心位置较远处的散射谱是不一样的. 当激发激光光斑正好聚焦在量子线上时,图 9.18 表明,与距量子线中心 $\pm2\mu\text{m}$ 处的谱图相比较,这时拉曼散射光谱出现三个新的散射峰,分别位于 267、488 和

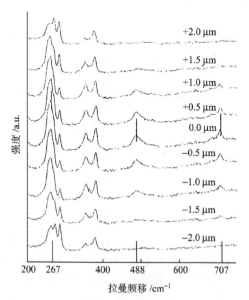

图 9.18　激发光斑沿垂直量子线方向扫描时,样品上距量子线中心不同距离各点的显微拉曼光谱. 图中自上而下距量子线中心距离自 $+2\mu\text{m}$ 到 $-2\mu\text{m}$,每隔 $0.5\mu\text{m}$ 记录一次拉曼散射谱

707cm^{-1},并如图 9.18 中竖线所示. 它们的强度随远离量子线而减弱,并在距量子线大约 $\pm 2 \mu m$ 处完全消失. 这一事实无可辩驳地表明,它们的出现和量子线的存在有关. 事实上,通过和理论估计及其他实验结果[37,38]的比较,已经指认 267cm^{-1} 处的散射峰源于 GaAs 量子线中限制的纵光学声子模;位于 488 和 707cm^{-1} 处的散射峰是二阶和频与三阶组合的高阶拉曼散射峰. 在体材料和量子阱二维体系情况下,它们不易被观察到,但量子线结构的限制效应显著增强了这些高阶拉曼散射跃迁的散射效率,这已为许多实验所证实,李乐愚和张树霖等人的结果再次证实了这种增强效应.

9.3 ZnO 半导体纳米/微米线中的激子极化激元及其光谱

在第 3.5.3 节我们已经讨论过半导体中光子和激子强耦合后会形成一种新的真实存在的准粒子,并表现为半光半物质粒子的杂化态,具有玻色子的特性,通常人们称之为"激子极化激元". J. J. Hopfield 第一次理论上给出了该准粒子的物理图像[40]. 本节讨论的 ZnO 纳米/微米线中激子极化激元及其光谱研究着重于六角形 ZnO 纳米或微米线自然形成的横截面内回音壁光学微腔及其与其中的激子态相互作用形成的杂化量子的物理特性及光谱研究,而不是第二节讨论的纳米尺寸截面导致的量子限制和由此形成的量子能级与相关物理现象的光谱研究,这里量子限制效应微弱,由此导致的量子能级也不明显.

自 20 世纪 90 年代以来,该领域进入了快速发展期,尤其是各种半导体微结构中的激子极化激元,以平板微腔中激子极化激元的研究为例,在物理过程研究以及相应的新器件开发、利用方面都取得了令人瞩目的成就[41~44]. 物理研究方面,最具代表性的是激子极化激元玻色-爱因斯坦凝聚(BEC)的研究,这种准粒子是迄今为止继冷原子之后在实验上实现了 BEC 的玻色子,凝聚的临界温度已达几开尔文,并正在尝试更高温度下的凝聚,这是其他玻色子无法比拟的. 在实际应用方面,腔激子极化激元有广阔的应用前景,比如:阈值功率更低的电泵浦激子极化激元激光器、单光子源、纠缠光子源、光探测器以及光学开关等[45~47]. 这些应用和潜在应用对当下量子通信及量子计算的研究也具有不可忽视的推动作用,而且很可能为现有的光电子工业带来一场新的革命. 2008 年,*Nature* 杂志一篇关于激子极化激元的评论文章曾预言"Polaritronics"时代已经开启[45]. 十年来,作者亲历了激子极化激元领域的蓬勃发展,但是真正开启"Polaritonics"的大门似乎仍然要假以时日.

器件应用导向研究进一步推动了该领域向前迈进,为了应用的需要,如何提高激子极化激元稳定存在的温度及其相关物理特性研究成为人们关注的重点. 传统的 GaAs 基平板微腔尽管品质因子非常高,而且通过掺杂可以实现很优良的电注入荧光和激射特性,但是由于 GaAs 的激子束缚能很小,无法满足在室温下工作的要求,试图在 GaAs 基平板微腔中实现室温下的参量放大或者 BEC 似乎全无可能. 所以, 人们寻求具有大的激子束缚能和激子振子强度的宽禁带半导体材料, 例如: ZnO、GaN 等. GaN 材料是最被人们看好的体系之一, 2007 年, 研究人员在 GaN 平板微腔中实现了室温下激子极化激元的激射[48]. 而激子束缚能更大 (~60 meV, 远大于室温下的热涨落)、激子振子强度更强以及光学性质更好的 ZnO 材料却一直无法在该研究领域取得突破. 其主要原因在于 ZnO 自身极性的材料特征使得高质量的 ZnO 平板微腔的制备变得十分困难. 在利用分子束外延或者金属有机化学气相沉积等自上而下的手段制备 ZnO 平板微腔没有明显进展的时候, 气相传输方法和热氧化法等自下而上的自组织生长方法制备的 ZnO 纳米和微米线微腔却给出了较高的品质因子, 为开展室温激子极化激元研究带来了希望. 2004 年, Thomas Nobis 等在直径小于 1 μm 的 ZnO 纳米线中观测到了回音壁腔对可见发光区域的调制效应[49], 但他们的工作完全未涉及光场和激子的强耦合. 这方面开拓性工作来自于复旦大学的研究组, 他们成功地将这种自下而上所制备的 ZnO 纳米线应用到室温激子极化激元研究中[50]. 在 ZnO 纳米线规则的正六边形所构成的回音壁微腔中, 利用显微荧光扫描光谱方法和角分辨的显微荧光光谱方法, 首先实现了室温下 ZnO 微腔激子极化激元及其色散行为的观测. 并且给出了 ZnO 回音壁微腔中不同极化激子与不同指数偏振腔模相互作用的完整物理图像. 进一步地, 微腔提供了形成高密度激子极化激元体系的可能性, 为我们实验研究激子极化激元非线性效应提供了条件, 包括室温下激子极化激元的激射以及激子极化激元自发相干现象等. 本章节将重点讨论 ZnO 纳米线 (微米线) 中光-激子强耦合作用下激子极化激元的色散、激射、凝聚等多种物理现象和物理特性. 具体内容将分为激子极化激元的 "线性区域" 和 "非线性区域". "线性区域" 是指激子极化激元体系处于密度较低、激元之间相互作用较弱或可以忽略的状态. 随后介绍激子极化激元在 "非线性区域" 的特征. "非线性区域" 是指激子极化激元体系处于密度较大、激元之间相互作用较强并且不可忽略的状态.

在讨论 ZnO 纳米线中光-激子强耦合物理特征及研究结果之前, 我们先来了解一下 ZnO 纳米线的制备及结构特性. 2000 年以来, 在人们主要关注于 ZnO 薄膜生长工艺的同时, ZnO 纳米材料的形貌控制生长也逐渐被人们所重视, 各种各样的实验方法被提出来并应用于纳米材料的制备以及纳米器件的设计和工艺改进. 纳米 ZnO 的制备方法包括固相法、气相传输冷凝法和湿化学方法等[51]. 这些制备方法都是基于人们公认的一些生长机制, 比如: 气—液—固 (VLS)、气—固 (VS)、氧化物辅助生长模型以及各种各样的化学反应机制. VLS 是指反应物首先从气态变成液态最后形成固态的过程, 主要适用于一维纳米结构的制备. 起初人们利用这种方法制备 ZnO 纳米线等准一维结构都利用了 Au 来做催化剂, 后来发展了自催化的 VSL 生长方法. 如图 9.19 所示, 典型的 ZnO 纳米线具有非常规则的正六边形界面, 而垂直纳米线方向入射的光, 其光场会由于内全反射效应被局限在纳米线内.

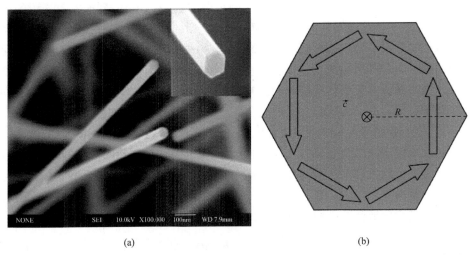

(a)　　　　　　　　　　　　　　(b)

图 9.19　(a) ZnO 纳米线及其截面扫描电子显微镜图;(b) 光场受限于回音壁微腔示意图

　　基于上述 ZnO 纳米线结构,孙聊新等第一次在室温下测定了 ZnO 回音壁微腔中激子极化激元色散关系并研究了耦合强度的调控[50].如图 9.20 所示,该实验选用了直径连续变化的锥形 ZnO 纳米线,通过调控纳米线的截面尺寸,调控了腔模与激子态相对能量位置及耦合强度.

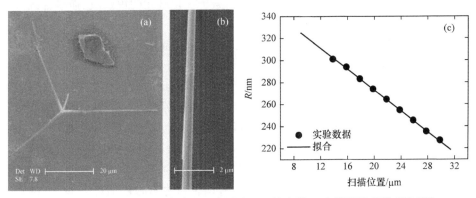

图 9.20　(a) ZnO 锥形纳米线的 SEM 图;(b) 放大的 ZnO 锥形纳米线 SEM 图;
(c) 实验测量获得的 ZnO 纳米线外接圆半径(R)与扫描位置(x)的关系

　　为了进一步研究不同偏振的激子极化激元并验证其形成的物理机制,实验上沿着直径渐变纳米线 c 轴进行了空间激发扫描,从图可以清楚看出,随着激发扫描位置的不同(纳米线截面半径 R 不同),所测得的带边荧光峰位被连续调制,随着 R 的减小而逐渐蓝移.其蓝移行为在能量区域 3.23～3.30 eV 之间表现为一种非线性且看起来像是反交叉的演化趋势.这种荧光峰位演化行为可以归咎于光和激子之间耦合强度的演化和强耦合效应的存在,所观察到的荧光峰位的强烈的非线性移动行为即源自激子极化激元下能支的色散. 从～3.10 eV 到～3.30 eV 的能量范围内,激子极化激元从回音壁腔模光子成分占主导的光谱图的低能侧逐渐演化成激子成分占主要组分的光谱图的高能侧. 另外实验表明:TE 偏振的激子极化激元色散行为和 TM 偏振的激子极化激元色散行为在可观测的区域范围、弯曲度以及共振能量位置上都具有较大的差异,这些差异正是由于不同偏振腔模和不同偏振激子态耦合造成的(图 9.21). 为了描述 ZnO 回音壁微腔中带边激子极化激元的行为,我们利用半经典方法,从介电函数出发,求解光在介质材料中传播时的 Maxwell 方程,考虑到介质材料内部的激子所引起的波矢依赖的复杂偏振极化场,激子极化激元的色散其实就是受到介质中激子能态的影响从而被调制了的光电磁场的色散行为.

考虑到六角形微腔中回音壁腔模的共振能量与外接圆半径 R 的关系:

$$R = \frac{hc}{3\sqrt{3}\,nE}\left(N + \frac{6}{\pi}\arctan(\beta\sqrt{3n^2 - 4})\right) \tag{9.28}$$

其中,n 是折射率,h 为普朗克(Planck)常数,c 是真空中光速,N 是腔模的指数. 对于 TE 模 $\beta = n$,而对于 TM 模 $\beta = 1/n$.

我们把激子极化激元等效看为光场在一个折射率 n 迅速变化的介质中传播的光场,也就是说把光和激子的强耦合效应归结到介质的折射率 n 中. 这样只要我们知道了带边折射率的变化关系,就可以给出激子极化激元的色散. 在强耦合区折射率 n 的色散可以由下式给出:

$$n^2 = \varepsilon_\infty\left(1 + \sum_{j=A,B,C}\Omega_j\,\frac{\omega_{j,L}^2 - \omega_{j,T}^2}{\omega_{j,T}^2 - \omega^2 - i\omega\gamma_j}\right) \tag{9.29}$$

其中,ε_∞ 是背景介电常数,即除去激子跃迁的其他跃迁对介电常数的贡献;$\omega_{j,T}$ 和 $\omega_{j,L}$ 是在波矢为零时横向和纵向共振频率,γ_j 是衰减常数. Ω_j 是 A、B、C 三种激子的比重系数. 利用上述两个公式,理论计算可以很好地描述实验结果,如图 9.21 中实曲线所示. 该研究首次给出了室温下 ZnO 回音壁微腔中激子极化激元的色散行为,为进一步开展室温激子极化激元研究开辟了新的途径.

研究微腔中激子极化激元的色散行为有两种行之有效的研究手段:一种是通过调控微腔尺寸改变微腔共振模式与激子的相对能量差来获得色散特征;另一种是通过角度分辨光谱技术,研究在某维度上自由动量空间上的色散行为. 对于 ZnO 纳米线回音壁微腔来说,沿着线的方向激子极化激元具有自由的动量分量,该动量分量与激子极化激元荧光的出射角度有一一对应关系,为此,孙聊新等进一步采用角分辨光谱技术,给出了 ZnO 中室温激子极化激元较完整的色散关系(图 9.22). 这为室温下与激子极化激元相关的宏观量子现象研究及其器件应用提供了更清晰的物理图像.

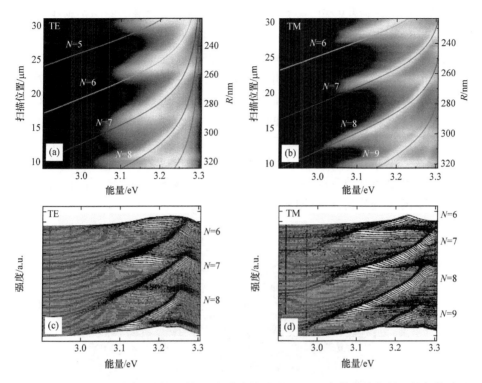

图 9.21 ZnO 纳米棒的空间分辨光谱. 该光谱直接给出了 ZnO 中激子极化激元的色散关系.
(a)TE 和(b)TM 偏振状态下的激子极化激元下能支色散实验(白色)及其理论计算(彩色曲线)
图谱;(c)和(d)为相应的光谱图(后附彩图)

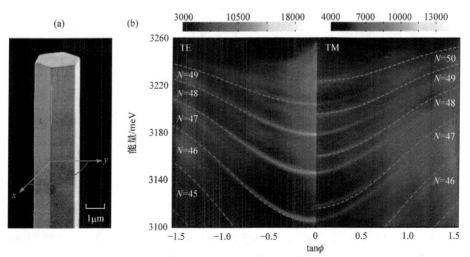

图 9.22 (a) ZnO 纳米棒电子显微镜照片及空间配置;(b) ZnO 纳米棒的动量空间分辨(角分辨)
光谱,它给出了 ZnO 纳米量子线中激子极化激元的色散关系. 白色点线为理论计算结果(后附彩图)

另外,ZnO 激子态及微腔光波模的偏振特性导致回音壁微腔激子极化激元具有明显、新奇的 TE 和 TM 的偏振行为,可是不同于纯光场,相互垂直的偏振光不会发生任何耦合行为,激子极化激元不同偏振态可以通过他们之间的物质成分(激子)相互作用,从而形成偏振耦合的激子极化激元对. 基于该物理图像,王应磊等首次利用 ZnO 微米线回音壁微腔制备了偏振耦合的激子极化激元对,这种偏振耦合的激子极化激元对实现偏振调控的基于激子极化激元的新型光电器件至关重要[52]. 利用角分辨荧光光谱手段对其进行了深入的研究,通过在一根尺寸渐变的 ZnO 微米线上探测不同的位置,发现偏振耦合的激子极化激元对是随着光子和激子的能量差的改变而改变的,并且两种具有共振的波矢和频率的不同模式激子极化激元可以建立稳定的振荡(图 9.23).

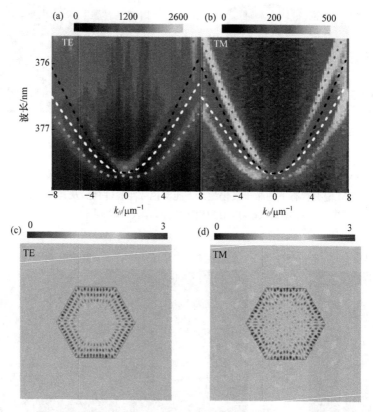

图 9.23 (a)TE 和(b)TM 偏振状态下激子极化激元的实验及理论(点线)色散图谱;(c)TE 和(d)TM 偏振状态下激子极化激元场强分布模拟计算结果(后附彩图)

理论上,这种偏振耦合的激子极化激元对可以用偏振耦合的平面波模型来很好地解释. 由于在 ZnO 棒内部存在着 A,B,C 三种激子,其中 A,B 激子能够和 o 光相互作用形成 TE 模式的激子极化激元. 由于 e 光具有平行和垂直两个方向的分量,因此 e 光可以和 A,B,C 三种激子相互作用形成 TM 模式的激子极化激元. 由于 A,B 激子同时参与了 TE 模式和 TM 模式激子极化激元的形成过程,因此 TE 和 TM 模式的激子极化激元之间的耦合可以通过 A,B 激子交换来实现.

上述研究结果都是在低密度激子极化激元的线性区获得的,其行为都可以用半经典的平面波理论及耦合振子模型描述. 真正体现激子极化激元半光半物质玻色特性及其量子行为需要更深入地研究高密度激子极化激元的光谱特征. 为此我们更进一步开展了室温下 ZnO 回音壁微腔中高密度激子极化激元的激射、凝聚及光学非线性现象,尤其是这些现象在动量空间的物理图像.

高密度激子极化激元的激射(polariton laser)和激子极化激元的玻色-爱因斯坦凝聚(polariton BEC)是该领域最具挑战性的研究方向. 玻色-爱因斯坦凝聚在原子体系里的实现,使激子极化激元领域的物理学家看到了在固体环境中实现激子极化激元玻色-爱因斯坦凝聚的可能性. 由于激子极化激元的有效质量比原子低 8 个数量级,所以理论上可以预测其发生凝聚的临界温度 T_c 也可能相应地有 8 个数量级的提高,也就是说 T_c 可以由 μK 提高到 K 的量级. 以砷化镓基平板微腔为研究载体,低温下激子极化激元凝聚、激射、超流、涡旋、博戈留波夫激发子以及孤子等凝聚体或非线性光学特性相继被报道[53~58]. 正如前面所述,受制于砷化镓本身材料特性限制,实验上仍然不能在室温条件下实现凝聚现象. 为此,ZnO 等具有大的激子束缚能及振子强度的材料体系成为室温实现凝聚及量子相干态的主要选择. 复旦大学陈张海研究组在前期研究的基础上,利用多维分辨的光谱技术,首次在室温下观测到激子极化激元在动量空间的聚集,并证明了其相干性. 另外,利用脉冲强激光激发,实验观测到了激子极化激元的四波混频现象,结合理论清晰地描绘出了一幅在微观层面上粒子发生非线性参量散射的图像,加深了人们对激子极化激元非线性特性的理解.

如图 9.24 所示,实验发现随着泵浦功率的增大,受激辐射在某一级模式上出现,并随着激发功率呈现出非线性增长. 值得强调的是在角分辨色散谱上可以清晰地看到激发功率大于阈值功率后激子极化激元在色散曲线的底部极大占据,表现出明显的激子极化激元凝聚特征[59]. 进一步,回音壁面内角分辨光谱出现的干涉图样很好地证明了模式的相干性,干涉光斑与激子极化激元在垂直于轴的面内光场分布及出射方向特征很好地吻合. 该实验结果为进一步研究室温下激子极化激元的宏观量子行为奠定了基础.

激子极化激元是光与物质强相互作用的耦合体. 在高强度光的激发下,这种半光半物质的玻色子可以达到足够高的浓度,从而体现出光学非线性效应. 由于它组分上独特的性质,使得激子极化激元成为研究非线性光学的理想载体之一. 在激子极化激元的非线性效应中,入射光激发产生的是实态上的粒子(激子极化激元). 与传统非线性效应中的虚态激发相比,由于激发出的激子极化激元有更长的寿命和

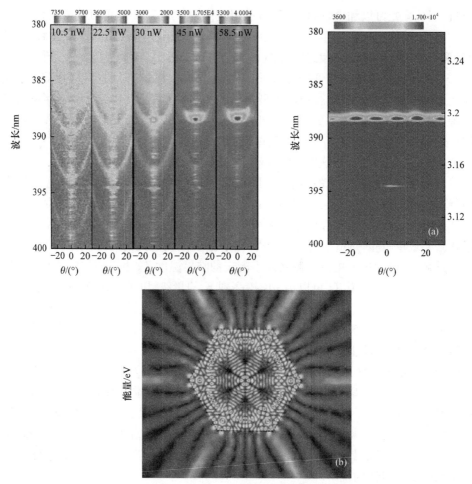

图 9.24　一维 ZnO 回音壁微腔中激子极化激元在动量的空间凝聚.（a）微腔中激射后
在垂直于轴面内的荧光强度分布实验结果；（b）理论模拟的该能量处微腔中所形成的
光场强度分布（后附彩图）

更大的相互作用强度，使得基于激子极化激元的非线性体系有着更大的非线性系数和更低的阈值功率. 正因为这些优势，使得激子极化激元非线性效应的研究成为当今研究的热点之一.

在研究激子极化激元的光学非线性效应时，高浓度的激子极化激元气是不可或缺的. 人们通常用共振激发的方法来激发产生高浓度的激子极化激元气. 但其实即使是非共振激发，也可以制备处于凝聚状态的激子极化激元. 利用激子极化激元的凝聚效应，我们就可以获得具有相干性的高浓度激子极化激元. 这些通过受激终态散射而聚集的粒子一般处于色散曲线的底部，即动量空间的原点附近（占据低能量态），很容易诱导带间的非线性散射过程，产生平衡对称的激子极化激元对. 这种激子极化激元对是研究量子关联、量子纠缠及压缩态的良好载体.

利用 ZnO 一维的回音壁微腔体系,谢微等实现了室温下的激子极化激元光学非线性效应[60].通过非共振激发的方法,制备了高浓度的激子极化激元.在一维的微腔中,这些高浓度的激子极化激元相互散射,产生特定的、对称的激子极化激元对.在高功率激发条件下,激子极化激元体现出了非线性行为.图 9.25(a)是激子极化激元的激射现象.利用激子极化激元的凝聚效应,制备激子极化激元的高浓度体,如图中 $N=48,47$ 阶激子极化激元模式的最低能态处所见.进一步增加激子极化激元的浓度,激子极化激元间的散射也随之增强.当其浓度超过阈值时,便会发生激子极化激元的非线性散射,如图 9.25(b)所示.这种非线性散射的具体过程可用图 9.25(c)来清楚地示意:两个处于色散底部的激子极化激元相互散射,从而在下一阶模式上产生对称的激子极化激元对.

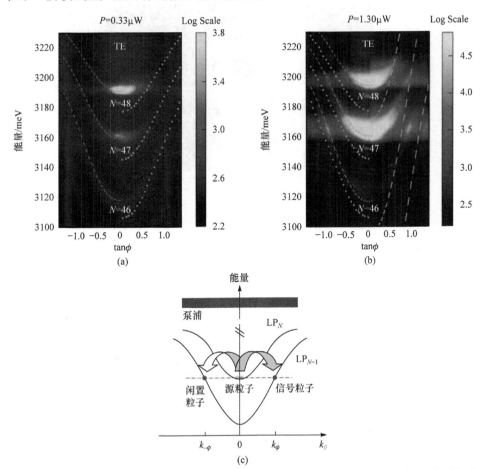

图 9.25 (a) TE 偏振的 ZnO 激子极化激元激射($N=47,48$);(b) 更高激发功率下,激子极化激元散射实验图谱;(c) 激子极化激元室温下的凝聚和参量散射过程示意图(后附彩图)

　　为了进一步研究激子极化激元的非线性效应的物理本质,通过改变不同的激发强度,探索散射信号强度随散射源强度的变化关系.图 9.26(a)是四个不同激发强度下 K 空间的非线性散射图谱.随着激发功率的增加,散射信号强度有明显的增强.图 9.26(b)是萃取得到的散射几率随散射源强度的变化关系.当散射源强度较低时,散射几率几乎不变,表现为线性行为.但当散射源强度超过阈值时,散射几率便迅速增大,体现出明显的非线性特征.图 9.26(c)描述了另外一阶激子极化激元模式的散射行为,从图可知具有类似的非线性特性.理论上可以用相互作用玻色子的速率方程来描述激子极化激元的非线性散射.理论拟合和实验数据也吻合得很好(图 9.27).

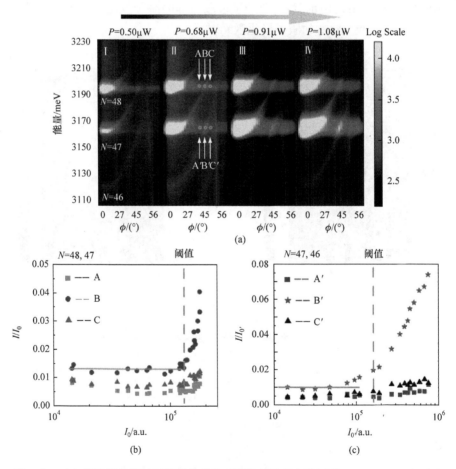

图 9.26　(a)激子极化激元不同激发功率下的散射过程实验图谱;(b)$N=47,48$ 阶和
(c)$N=46,47$ 阶激子极化激元非线性散射的功率依赖关系(后附彩图)

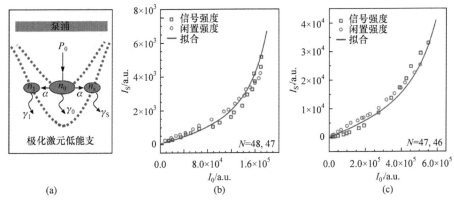

图 9.27 (a) 激子极化激元参量散射过程示意图;(b) $N=47,48$ 阶和 (c) $N=46,47$ 阶激子极化激元参量散射过程的实验及理论拟合结果

近年来,利用人造周期结构对具有半光、半物质特性的准粒子——激子极化激元进行相干调控是光-物质相互作用研究领域的一个有趣的课题. 人造周期势对激子极化激元调制所形成的所谓"激子极化激元晶体"具有独特的光学性能并导致许多有趣的宏观量子现象和集体激发行为. 张龙等采用简单而有效的方法,在一维 ZnO 微米棒上制备了具有明显能带特征的激子极化激元晶体,并且在该体系中首次观测到一类全新的激射相变过程——弱激射(weak lasing)现象.[61]

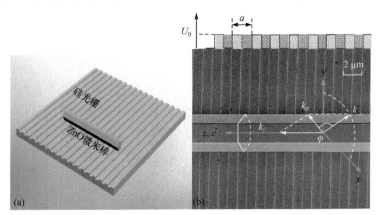

图 9.28 (a) ZnO 微米棒与周期性光栅耦合结构示意图;(b) 基于 ZnO 棒-Si 微结构的高质量耦合结构的电子显微镜照片及激子极化激元周期性势场示意图

基于 ZnO 棒-Si 微结构的高质量激子极化激元晶体的制备方法是利用气相传输方法或热蒸发法制备高质量的二维受限 ZnO 回音壁微腔,形成一维光学系统. 然后利用光栅结构的衬底在自由维度上引入周期调制势,从而得到周期调制的一维光学微腔. 利用角分辨显微荧光光谱探测系统,研究发现周期势导致的激子极化激元能带在布里渊区的折叠行为以及带隙出现等有趣的现象,验证了周期势场的

有效调控作用(图 9.28 和图 9.29).

考虑能带和带隙的计算,激子极化激元在周期性势场中的行为也可以用单粒子近似描述,引入周期势场的微扰进行理论处理. 我们可以列出 Kronig-Penney 模型对应的薛定谔方程:

$$\left[-\frac{\hbar^2}{2m}\frac{\partial^2}{\partial z^2}+\hbar\omega_0+U(z)\right]\Psi(z)=\hbar\omega\ \Psi(z) \tag{9.30}$$

从激子极化激元超晶格示意图可以看出,周期势场可以近似地看做一维周期性的方形势,表示为

$$U(z) = \sum_{n=-\infty}^{\infty} V(z-na),\quad V(z)=\begin{cases}U_0, & |z|<a/4 \\ 0, & |z|\geqslant a/4\end{cases} \tag{9.31}$$

这里,a 为势场的周期,$\hbar\omega_0$ 为激子极化激元在某一阶色散底部($k_{//}=0$)处的能量本征值,$m\sim0.5\times10^{-4}m_0$ 是激子极化激元的有效质量,m_0 是自由电子质量. $U_0=-2\ \mathrm{meV}$,表示样品接触硅衬底的地方发生红移. 根据布洛赫定理,粒子的波函数可以表示为

$$\Psi_{k_{//}}(z) = e^{ik_{//}z}\sum_{h=-\infty}^{\infty}\Psi_h\exp(2\pi ihz/a) \tag{9.32}$$

方程进一步简化:

$$\left[\frac{\hbar^2}{2m}(k_{//}+2\pi h/a)^2+\hbar\omega_0-i\hbar\Gamma_0\right]\Psi_h+\sum_{h'=-\infty}^{\infty}U_{h-h'}\Psi_{h'}=\hbar\omega(k_{//})\Psi_h$$

这里

$$U_h=\begin{cases}U_0/2, & h=0 \\ U_0/(\pi h), & h=\pm1,\pm3,\cdots \\ 0, & h=\pm2,\pm4,\cdots\end{cases} \tag{9.33}$$

为周期势的傅里叶变换形式. 计算结果如图 9.29(a)中红色虚线所示,与实验结果符合得非常好,特别注意的是布里渊区边界的能态,

$$D: \Psi_{k_{//}=0}(z)=e^{ik_{//}z},\quad \hbar\omega_D=\hbar\omega_0-\frac{|U_0|}{2} \tag{9.34}$$

$$A': \Psi_{k_{//}=\pi/a}(z)=\cos(\pi z/a),\quad \hbar\omega_{A}'=\hbar\omega_D+\frac{\hbar^2\pi^2}{2ma^2}-|U_0|/\pi \tag{9.35}$$

$$A: \Psi_{k_{//}=\pi/a}(z)=\sin(\pi z/a),\quad \hbar\omega_A=\hbar\omega_D+\frac{\hbar^2\pi^2}{2ma^2}+|U_0|/\pi \tag{9.36}$$

其中 D 态为能带底部 $k_{//}=0$ 对应的能态,A 和 A' 态分别对应带隙的上下两个能态. 可以算出带隙打开的大小为:$2|U_0|/\pi$. 实验中看到的带隙约为 1.5meV,与理论符合得较好.

在此基础上,研究人员进一步利用高功率脉冲激光光源对激子极化激元晶体中粒子的非线性行为进行了研究(图 9.30).

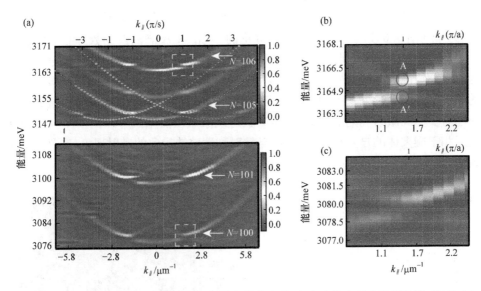

图 9.29 （a）激子极化激元超晶格的角分辨色散荧光谱，红色虚线为理论计算结果；（b）和（c）分别为（a）图中虚线方块中的能带放大图. A 和 A′态分别对应带隙的上下两个能态. 实验所得带隙约为 1.5meV（后附彩图）

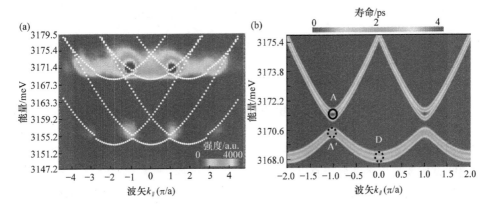

图 9.30 一维激子极化激元晶体中的弱激射现象（后附彩图）

作者理论计算了 k 空间中不同位置的激子极化激元的寿命，解释了激子极化激元在布里渊区边界的凝聚. 考虑到实际微腔的品质因子和周期势场的虚部，寿命在第一布里渊区的 mapping 图，如图 9.30（b）所示. 可以很明显看到，寿命最长的能态是 A 态. 因此激子极化激元粒子在由高能级逐渐向低能级弛豫的时候，粒子首先在 A 态积累，产生受激凝聚和激射，这种受到周期势场扰动后的在亚稳态的凝聚行为称为 π-态凝聚. 从求解出的 A 态波函数分析，A 态对应占据几率的实空间分布为正弦函数，占据几率最大的位置（波腹）对应着纳米线悬空的位置，即周期势场的势垒. 用 355nm 激光器激发, 通过扫描激发荧光的方法探测到粒子在实空间的分布(图 9.31), 这一结果证实了理论的推断. 从 A 态的波函数分布和实验结果分析, 势垒上相邻凝聚体之间的相位差为 π, 凝聚体在空间的周期分布呈现相位的反对称情况, 因此这种激射行为称为 π 态激射. 实验还首次观察到激子极化激元的相干凝聚随着激发功率的增加表现出的双阈值行为, 并且发现第二阈值的出现伴随着实空间激射周期的加倍. 证实该激射现象系由实空间分布的多个激子极化激元相干凝聚体的自发相位锁定, 即自发对称性破缺导致的激射现象. 这是一种全新的激子极化激元激射机制, 即所谓弱激射(weak lasing)机制.

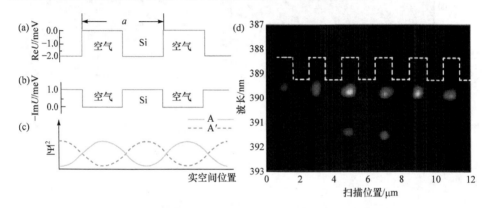

图 9.31　π-态凝聚的实空间分布图. (a)、(b)周期势的实部、虚部分布示意图;
(c)A 态、A′ 态波函数模平方(占据几率)的分布;(d)通过扫描激发荧光的
方法得到的实空间粒子的占据几率分布(后附彩图)

上述激子极化激元"非线性区域"的丰富且有趣的凝聚、激射、参量散射以及弱激射特性等物理现象都是基于高功率注入条件下的激子极化激元自发相干效应. 下面利用相干光共振(或近共振)激发、探测 ZnO 回音壁微腔的实验配置重点研究光谱线型所反映出来的新奇物理特性.

最初人们利用光谱手段研究原子的吸收特性时, 典型的光谱特征都可以用洛伦兹线型公式很好地拟合:

$$I(\omega)\sim 1/[(\omega-\omega_0)^2+(\gamma/2)^2] \tag{9.37}$$

这里, $I(\omega)$ 是频率为 ω 处光谱的强度, ω_0 是原子发生跃迁的两个能级之间的频率差, 而 γ 表示光谱线的展宽. 能级在频谱上的展宽与能级寿命构成了海森伯不确定关系, 也就是一个能级的能量展宽是与其寿命有着反比例的关系. 同样, 在半导体光谱领域, 理论上, 能带之间的跃迁谱峰也可以简单地由上述洛伦兹线型描绘, 可是大量的实验和理论研究证明, 对称型的洛伦兹线型描绘的物理体系并不多, 很多谱峰表现出明显的非对称谱峰结构, 而这种非对称性往往可以反映出光-物质相互作用所蕴含的丰富且复杂的物理过程. 非对称型谱峰多种多样, 起源也千差万别. 这其中 Fano 共振谱峰因其所具有的普适性而被广泛而深入地研究.

Fano 共振最初由 Ugo. Fano 在 1961 年提出[62],用来解释精细原子光谱中出现的非对称线型. Fano 共振主要描述一种量子力学现象,如果粒子有两种路径跃迁,就会引起干涉现象,两种跃迁的几率振幅以某种相位关系联系在一起,就像经典波动力学里的波峰遇到波谷会产生零位移一样. 在 Fano 提出的模型中,干涉现象产生了"暗点",也就是说,光谱的强度在某个频率处为零,而光谱的线型由下面公式描述:

$$I(\varepsilon) \sim (q+\varepsilon)^2/(1+\varepsilon)^2 \tag{9.38}$$

其中,$\varepsilon = 2(\omega-\omega_0)/\gamma$ 是约化角频率,具体是指 γ 为单位的角频率 ω 与共振处角频率 ω_0 之差,γ 是谱线展宽,q 是一个描述干涉的参量,代表几率的比值,也就是单态跃迁几率与连续态跃迁几率的比值. Fano 共振自从 Fano 提出以来,已经在众多领域被科研人员发现并深入研究,包括了原子体系、半导体杂质、等离子体、光子晶体、超材料、微腔体系、拉曼散射、非线性光学等. 尽管如此,Fano 共振在激子-光子强耦合领域的物理图像仍然缺乏认识,这主要是因为高 Q 因子的激子极化激元模式很容易构建,可是同时构建一个宽频的连续态模式并与单一态激子极化激元模式耦合却是个难点. 复旦大学陈张海研究组创造性地利用 ZnO 非常高的非线性系数,由飞秒激光激发材料的二次谐波来作为相干的宽频连续态模式与激子极化激元单态耦合,实验上发现了明显的 Fano 共振特征,并详细研究了角度依赖的峰型变化. [63]

构建 Fano 共振实验配置,需要满足两个条件:第一,二次谐波的半高宽要大于激子极化激元的线宽;第二,两者在空间上重叠,才能形成干涉现象. 分析二次谐波和 ZnO 微米棒载体,人们发现两个条件可以很好得到满足. 从量子力学角度来看,可以把二次谐波看成一个连续的虚能级,能级的能量位置可以连续变化. 激子极化激元可以看成一个分立的能级,每一阶激子极化激元能量固定,通过调谐二次谐波的能量可以方便地调控二次谐波与激子极化激元能级之间的差别,从而详细研究二者耦合时的线型变化. 如图 9.32 所示,调控二次谐波的能量穿过激子极化激元模式,Fano 型光谱线型非常典型而明显. 另外,详细观测谱线(b)可以看出,整体的线型会因为能量的调控而改变,但是波峰和波谷的相对位置一直不变,波峰出现在共振位置的低能侧,而波谷出现在共振位置的高能侧. 那什么决定他们的相对位置呢? Fano 研究发现决定谱线形状的是两个相干态之间的相对相位,通过控制分立态的相位来改变两者干涉的形状是一种有效的方式. 在 ZnO 六边形的回音壁微腔中,人们发现径向不同的角度上,激子极化激元有着不同的相位. 为此,通过调整角度分辨的实验配置,可以获得如图 9.33 的实验图谱,图(a)给出了径向角度分辨的光谱,其中二次谐波与激子极化激元在 3.169 eV 处严格共振. 可以清楚地看到,不同角度上,亮暗条纹的分布是不一样的,比较明显的是在 20°左右,暗条纹在低能侧,亮条纹在高能侧;而在 0°的时候,暗条纹在高能侧,亮条纹在低能侧;到了−20°,线型又翻转

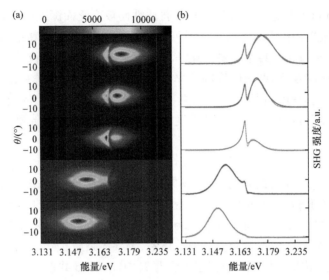

图 9.32　（a）角度分辨的二次谐波与激子极化激元模式共振时的光谱特征，由下往上，调控二次谐波的能量与激子极化激元模式共振；（b）角度为 0 处的光谱线型，红色实线是拟合结果，理论与实验符合得很好（后附彩图）

过来. 进一步分析线型，我们可以给出不同角度处 q 因子的变化趋势，如图 9.33（b）和（c）所示.

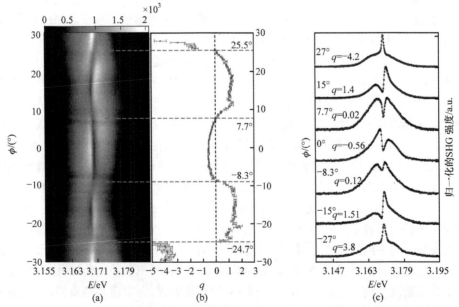

图 9.33　（a）径向角度分辨的 Fano 共振光谱；（b）不同角度处，谱峰线型推导出的 q 因子大小；（c）不同角度处的典型光谱线型. q 因子由 -3.8 变化到 4.2（后附彩图）

总之,我们已经实现了其 Fano 线型由对称到反对称的连续调控(即由 Breit-Wigner 共振线型到典型的反对称 Fano 线型再到电磁诱导透明(EIT)线型的连续调控). 这一结果不仅使人们更深入理解微腔激子极化激元新奇的光学非线性效应,同时也使得基于激子极化激元双光子吸收的玻色型激光器件成为可能.

9.4 半导体量子点中的量子态和光跃迁过程

在前两节讨论的由 y 与 z 方向限制势垒界定的半导体量子线结构基础上,如果在 x 方向上也施加一个限制粒子自由运动的势垒,就构成了一个半导体量子点. 由于在三个维度上都存在尺寸范围和电子平均自由程或德布罗意波长可相比拟的限制粒子(电子和空穴)自由运动的势垒,电子和空穴只能在三维势垒限定的势盒中运动,因而量子点也称为量子盒. 量子点中粒子运动完全量子化了,只能取分立的束缚的能态. 这种能量状态和一个孤立原子的能级有相似之处,或者说它们有"类原子"的能量状态,因而量子点也常常被称为超原子.

历史上人们较早接触到的量子点结构是散布在玻璃、聚合物和溶液等光学透明介质中的、纳米尺度的半导体小晶粒,最常见的例子是埋嵌在玻璃中的 CdS、CdSe 或其混晶颗粒. 早在 20 世纪 30 年代,就有这类"掺杂"玻璃的报道[64],它使玻璃变为黄色或红色. 20 世纪 60 年代以后,这种半导体掺杂着色的玻璃被广泛用作各种光学系统中的锐截止滤色片. 直到 20 世纪 80 年代,才有人开始用三维量子限制的概念来研究这类埋嵌在玻璃中的半导体晶粒,并观察到它们有趣的非线性光学性质[2,65~67]. 这种嵌埋在透明介质中的、纳米尺度大小的半导体小晶粒,曾经有过许多不同的名称,如纳米晶体(nanocrystal)、微晶粒(microcrystallite)、Q 粒子和纳米团簇(nanocluster)等,它们和半导体量子点实际上是同一事物、或几乎是同一事物.

近代半导体量子点,更多是用半导体微电子工艺技术或特定的外延生长模式制备的,它们在量子点尺寸、界面势垒特性等方面都有更高的可控性,因而对量子点中的量子能态和相关物理特性有更高的可控性. 前者典型的例子是在半导体异质结或量子阱结构(如 GaAs/Ga$_{1-x}$Al$_x$As)基础上,经光刻或电子束刻蚀及化学腐蚀形成的、分布在半导体表面的、尺寸为几百纳米的小圆柱体阵列,这种阵列的面密度可达 $10^{11} \sim 10^{12}/cm^2$. 这里应该指出,这种方法制备的半导体量子点的尺寸并不等同于上述小圆柱体的物理边界. 由于掺杂的 GaAlAs 层中部分电子陷落在腐蚀出来的圆周形侧壁的表面态中,形成或调制了限制势的分布,因而限制势的具体形状和范围不等同于小柱体的物理边界. 对直径为 500nm 左右的小柱体,它包含的量子点的等效直径常常约为 100nm,并视工艺过程而不同. 利用特定的外延生长模式制备半导体量子点的典型例子,是所谓自组织生长 InAs 量子点. 已经发展了多种自组织生长半导体量子点的方法[3,68~73]，较常用的如 InP 衬底上高晶格失配(受应力状态)状态下岛式外延生长(Stranski-Krastanov 生长模式，或简称 S-K 生长模式)的 InAs 量子点[71~73]；在 GaAs 衬底上在分子束外延或金属有机汽相淀积过程中交替地提供单原子层数量的 InAs 束源和 GaAs 束源(original alternate supply，简称 ALS)形成的 $In_xGa_{1-x}As$ 量子点[3,68,69].

下面我们首先简要讨论半导体量子点中粒子(电子、空穴、电子-空穴对)的能量状态、波函数及其和光的相互作用的简单理论，并在下一节集中讨论半导体量子点的光谱研究，以及从中可窥的科学意义和潜在应用前景.

9.4.1　半导体量子点的量子态、波函数和光跃迁过程

我们首先讨论理想的四方量子点，例如边长分别为 L_x、L_y 和 L_z 的 GaAs 长方体四周被 $Ga_{1-x}Al_xAs$ 包围，并且假定异质结界面势垒无限高、量子点原来的体材料有抛物能带、简单的价带结构和适用有效质量近似模型. 我们更进一步假定量子点中仅有一种粒子，或者即使电子和空穴同时存在，但它们是互相独立的，可以分开处理，它们的波函数仍可写为布洛赫波函数中以原胞为周期的部分 $u_{i,k}(r)$ 和一特定的包络波函数 $\Psi(r)$ 的乘积. 于是对电子而言，包络波函数的哈密顿算符为

$$H = -\frac{\hbar^2}{2m_e^*}\mathbf{\nabla}_e^2 + V_e(r_e) \tag{9.39}$$

式中作用于电子的限制势 $V_e(r_e)$ 为

$$V_e(r_e) = \begin{cases} 0, & -L_i/2 \leqslant x,y,z \leqslant L_i/2 \\ \infty, & x,y,z > L_i/2 \text{ 或} < -L_i/2 \end{cases} \tag{9.40}$$

满足上述哈密顿的本征函数(包络波函数)为

$$\Psi_{lmn}(r) = \varphi_l(x)\varphi_m(y)\varphi_n(z) \tag{9.41}$$

式中

$$\varphi_l(x) = \left(\frac{2}{L_x}\right)^{1/2}\sin(k_x x) \tag{9.42}$$

另外两个方向 φ 函数的表达式与式(9.42)相似，这里波矢 $k_x = \pi l/L_x$. 可见电子包络波函数在量子势盒内为正弦驻波，势盒外势垒区域则为零.

本征能量为分立的能级，如以原先体材料的价带顶为能量原点，则

$$E_{lmn} = E_g + E_{xl} + E_{ym} + E_{zn} \tag{9.43}$$

式中

$$E_{xl} = \left(\frac{\pi l}{L_x}\right)^2 \frac{\hbar^2}{2m_e^*}, l = 1, 2, 3, \cdots \tag{9.44}$$

E_{ym} 和 E_{zn} 的表达式与式(9.44)相似. 电子态密度函数为

$$D^{0D}(E) \propto 2N_D \sum \delta(E - E_{lmn}) \tag{9.45}$$

可见零维量子点的电子态密度函数,为一系列位于能量 E_{lmn} 处的 δ 函数,如图 9.2 (d)所示. 当量子点为边长为 a 的正立方体时,电子的限制能量表达式(9.43)简化为

$$E_{lmn} = E_g + \frac{\pi^2 \hbar^2 n^2}{2m_e^* a^2} \tag{9.46}$$

这里

$$n^2 = l^2 + m^2 + n^2$$

电子最低限制能级能量为 $l = m = n = 1$ 的情况,这时

$$E_{111} = \frac{3\pi^2 \hbar^2}{2m_e^* a^2} + E_g \tag{9.47}$$

关于空穴的波函数和限制能量的表达式与式(9.41)、(9.43)一致,只是用空穴有效质量 m_h^* 代替这些式子中的电子有效质量而已. 于是,和体材料相比较,正立方体量子点的禁带宽度变为

$$E_g' = E_g + \Delta E_g = E_g + \frac{3\pi^2 \hbar^2}{2\mu a^2} \tag{9.48}$$

式中 μ 为电子与空穴的折合质量. 可以在这些最简化假定下比较量子点的等效禁带宽度增量 ΔE_g 和其他能量,如激子束缚能或电子-空穴库仑互作用能的相对大小. 假定量子点尺寸和对应体材料的激子玻尔半径相仿,如 $a = 5\text{nm}$,取 $m_e^* = 0.067m_0$,$m_h^* = 0.45m_0$,$\varepsilon = 13.1\varepsilon_0$,则由式(9.48)可得 $\Delta E_g = 0.78\text{eV}$;库仑互作用能 $V_{库} = e^2/\varepsilon a = 24\text{meV}$. 这一库仑能也可看作是量子点中激子束缚能的粗糙度量. 可见,在以上最简单假定和尺寸的量子点情况下,库仑互作用能与限制能相比可以忽略,而三维量子限制引起的禁带宽度增量 ΔE_g 则可和体材料禁带宽度 $E_g = 1.42\text{eV}$ 相比拟.

嵌埋在玻璃等透明介质中的半导体量子点常可认为有近乎球形的外形,因而讨论球形量子点中的电子能态是有实际意义的. 假定半导体量子球半径为 R,球面上所有点的限制势垒高度为 ΔE_c,即 $r < R$ 时 $V_e(r) = 0$,而 $r \geqslant R$ 时 $V_e(r) = \Delta E_c$.

沿用上述正立方量子点情况下的简化假定,并仅考虑最简单的角动量为零的情况,则电子波函数径向分量 $R(r)$(注意它和量子球半径符号 R 的区别)满足的薛定谔方程为

$$\frac{1}{r^2}\frac{d}{dr}\left(r^2\frac{dR(r)}{dr}\right)+\frac{2m_e^*}{\hbar^2}\left[E-V_e(r)-\frac{\lambda}{r^2}\right]R(r)=0 \qquad (9.49)$$

令 $R(r)=\varphi(r)/r$,上式变为

$$-\frac{\hbar^2}{2m_e^*}\frac{d^2\varphi(r)}{dr^2}+\left[V_e(r)+\frac{l(l+1)\hbar^2}{2m_e^*r^2}\right]\varphi(r)=E\varphi(r) \qquad (9.50)$$

$l=0$ 时,式(9.40)简化为

$$-\frac{\hbar^2}{2m_e^*}\frac{d^2\varphi(r)}{dr^2}+\Delta E_c\varphi(r)=E\varphi(r), \quad r\geqslant R$$

$$-\frac{\hbar^2}{2m_e^*}\frac{d^2\varphi(r)}{dr^2}=E\varphi(r), \qquad\qquad r<R \qquad (9.51)$$

方程(9.51)与一维薛定谔方程形式上一致,只是用 r 代替 z,它们的解也相似. 于是本征值为方程

$$\alpha\cot(\alpha R)=-\beta \qquad (9.52)$$

的解,式中

$$\alpha=\sqrt{2m_e^*(\Delta E_c-E)/\hbar^2}$$

$$\beta=\sqrt{2m_e^*E/\hbar^2}$$

这样,除非 $\Delta E_c R^2>\pi^2\hbar^2/8m_e^*$,方程(9.52)无解,即存在一个临界的量子点半径 R_c,只有

$$R_c^2>\frac{\pi^2\hbar^2}{8m_e^*\Delta E_c} \qquad (9.53)$$

时,方程(9.52)才有解,量子盒中才可存在电子能量状态. R_c 与有效质量和限制势 ΔE_c 大小有关,因而对电子和空穴是不相同的. 这样,可以区分三种情况:(i)R 小于某一定值时,量子点中不存在量子化的粒子能量状态;(ii)某一 R 值范围内仅存在电子或空穴一种粒子的量子化的束缚能态;(iii)电子和空穴这两种粒子的量子化能态都存在的半径范围. 这一讨论是在球形量子点情况下作出的,但可适用于任何外形的半导体量子点;对 GaAs 量子点,假定 $\Delta E_c=230\text{meV}$,则可估计上述临界半径 R_c 约为 2.5nm.

下面我们进一步讨论量子点中可同时存在电子和空穴的量子化能级的情况,即上面讨论的量子点半径稍大一些的情况,这是实验观察到量子点内带间光跃迁

过程的必要条件. 我们暂且假定,量子点中仅有一对电子-空穴对. 以球形量子点为例,这里又可区分三种不同的量子点尺寸范围来讨论这一电子-空穴对态的特性:
(i) $R<2a^*$,这里 a^* 是对应体材料的激子玻尔半径,这时正如前面讨论的,限制能远大于库仑互作用能,可称为强限制区域. 在强限制区域,暂且可忽略库仑互作用,电子和空穴可分别独立地处理,看作是两个独立的准粒子,形成各自的一系列限制能态和 δ 函数形式的态密度函数,这正是前面已经讨论的情况. 或者也可将库仑互作用作微扰处理,以修正前述简单理论处理的结果. (ii) $R>4a^*$ 的弱限制情况,这时电子-空穴间的互作用能起主要作用,电子和空穴形成激子态;限制势则可作微扰处理,或仅考虑它们对激子质心运动的影响. (iii) $2a^*<R<4a^*$ 的居间限制条件,这时需同时考虑电子、空穴的限制势以及它们之间的库仑互作用势.

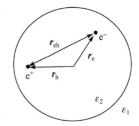

图 9.34　量子势球中的一对电子和空穴. 势球内介电函数为 ε_2 ,球外是介电函数为 ε_1 的介质

考虑如图 9.34 所示的量子势球中的单个电子-空穴对,我们仍采用最简化假定,量子势球外势垒无限高,即

$$V_i(\boldsymbol{r}_i)=\begin{cases}0, & r_i<R\\\infty, & r_i\geqslant R\end{cases}\qquad(i=e,h)\qquad(9.54)$$

并且仍然忽略电子-空穴间的库仑互作用. 这表明我们讨论的是强限制的情况,于是体系的哈密顿算符为

$$H=-\frac{\hbar^2}{2m_e^*}\boldsymbol{\nabla}_e-\frac{\hbar^2}{2m_h^*}\boldsymbol{\nabla}_h+V_e(\boldsymbol{r}_e)+V_h(\boldsymbol{r}_h)\qquad(9.55)$$

仍采用包络函数近似,并找出适合于描述这一量子势球中电子-空穴对态的包络波函数 $\varphi(\boldsymbol{r}_e,\boldsymbol{r}_h)$,而对态的完整的波函数则为

$$\Psi(\boldsymbol{r}_e,\boldsymbol{r}_h)=\varphi(\boldsymbol{r}_e,\boldsymbol{r}_h)u(\boldsymbol{r}_e,\boldsymbol{r}_h)\qquad(9.56)$$

既然我们已忽略电子-空穴间的互作用,上述包络函数 $\varphi(\boldsymbol{r}_e,\boldsymbol{r}_h)$ 可分离为分别来自电子和空穴的独立的贡献,即

$$\varphi(\boldsymbol{r}_e,\boldsymbol{r}_h)=\varphi_e(\boldsymbol{r}_e)\varphi_h(\boldsymbol{r}_h)\qquad(9.57)$$

这样薛定谔方程的解就有量子力学教科书中熟知的形式,并且电子和空穴的归一化的波函数可写为

$$\varphi_{nlm}^i(\boldsymbol{r}_i)=Y_{lm}\left(\frac{2}{R^3}\right)^{1/2}\frac{J_l\left(\chi_{nl}\dfrac{r_i}{R}\right)}{J_{l+1}(\chi_{nl})}$$
$$(i=e,h)\qquad(9.58)$$

式中 $n=1,2,3,\cdots$; $l=0,1,2,\cdots$;$-l<m\leqslant l$. Y_{lm} 为球谐函数,J_l 为 l 阶的贝塞尔函数,边界条件为

$$J_l\left(\chi_{nl}\frac{r_i}{R}\right)_{r_i=R}=0 \tag{9.59}$$

即量子势球边界 $r_i=R$ 处,波函数趋于零,这和那里势垒无限高的假定一致. 由此可决定能量本征值 E_{nl} 为

$$E_{nl}^{e,h}=\frac{\hbar^2}{2m_{e,h}^*}\frac{\chi_{nl}^2}{R^2} \tag{9.60}$$

这里 χ_{nl} 为 l 阶球贝塞尔函数的第 n 阶零位. 借用原子物理的符号 s、p、d 来标示量子数 $l=0,1,2$ 等,可以获得 $\chi_{1s}=\pi$,$\chi_{1p}=4.493$,$\chi_{1d}=5.762$,$\chi_{2s}=2\pi$,$\chi_{2p}=7.725$,$\cdots$. 这样从公式(9.60),容易求得量子点中能量最低的量子化能级为

$$E_{1s}^i=\frac{\hbar^2}{2m_i^*}\frac{\pi^2}{R^2},\qquad i=e,h \tag{9.61}$$

以上讨论表明,球形量子点中单粒子的能态取一系列分立的能级,并且其值与 $1/R^2$ 成正比. 相对于体材料的禁带宽度而言,量子点中最低电子与空穴态间的能量距离增加了 $\Delta E_g=\frac{\hbar^2}{2\mu}\frac{\pi^2}{R^2}$,这就是最简单近似情况下能量最低的限制的单电子-空穴对态. 这一结果和前面电子与空穴分别独立地处理获得的结果,包括正立方形量子点的结果一致,但便于讨论光跃迁过程和引入电子-空穴互作用势.

可以在上述单电子-空穴对态框架下估计量子点的带间及带内偶极允许光跃迁概率,

$$\alpha(\hbar\omega)\propto\langle\Psi_f\mid \boldsymbol{a}\cdot\boldsymbol{P}\mid\Psi_i\rangle$$

$$\propto\langle u_f\mid \boldsymbol{a}\cdot\boldsymbol{P}\mid u_i\rangle\langle\varphi_f\mid\varphi_i\rangle$$

即仍可将积分分离为两部分的乘积,第一部分 $\langle u_f\mid \boldsymbol{a}\cdot\boldsymbol{P}\mid u_i\rangle=P_{cv}$ 仍为布洛赫波函数的、以原胞为周期的部分的动量积分,和体材料情况一致. 另一部分则涉及量子点中限制电子和空穴态的包络波函数,积分在量子点范围内进行,利用包络波函数的对称性,这一积分可精确求解. 带间跃迁的选择定则包含在这一积分中,利用 φ_f 与 φ_i 的正交性,不难导出忽略库仑相互作用情况下量子点中单电子-空穴对态的带间跃迁选择定则为

$$\Delta n=0,\quad \Delta l=0 \tag{9.62}$$

即带间跃迁只能在相同 n 和 l 量子数的电子态和空穴态之间发生,如 $1s_e\rightarrow 1s_h$、

$1p_e \rightarrow 1p_h$、$1d_e \rightarrow 1d_h$ 等等,如图 9.35 所示意,也和第八章讨论的简单假定下无限深单势阱中的带间跃迁选择定则一致. 关于吸收系数的求和是对所有对吸收有贡献的 $-l < m \leqslant l$ 的态进行的,因而跃迁的振子强度正比于 $(2l+1)$. 这样,若忽略谱线增宽效应,量子点中带间跃迁吸收系数可写为

$$\alpha(\hbar\omega) \propto \frac{1}{\frac{4\pi}{3}R^3} \sum (2l+1)\delta(\hbar\omega - E_g - E_{nl}^e - E_{nl}^h) \tag{9.63}$$

式(9.63)表明,在忽略谱线增宽效应的情况下,量子点中带间跃迁吸收系数谱呈现为一系列的 δ 函数,这和前面讨论的最简单假定下量子点中电子和空穴的态密度特征(见公式(9.45)和图 9.2)一致.

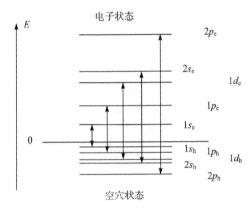

图 9.35　忽略电子-空穴间库仑互作用的最简单电子-空穴对态模型情况下量子点中电子、空穴的能态及带间允许偶极跃迁过程示意图

对带内跃迁过程也可作类似讨论,并导出带内子能级间跃迁的选择定则为

$$\left.\begin{array}{l} \Delta n \neq 0 \\ \Delta l = 0, \pm 1 \\ \Delta m = 0, \pm 1 \end{array}\right\} \tag{9.64}$$

自组织生长的半导体量子点常常有金字塔棱镜形外形,即底面为四边形,上部为四个三角形表面构成的棱形体. 其中的电子、空穴及电子-空穴对态的能级和波函数有更复杂的结构和对称性,并对光跃迁过程有重要影响,其理论处理也十分复杂,这里不再赘述,读者可参看有关文献[72~75].

9.4.2　量子点的电子-空穴互作用和激子态

以上关于量子点中单电子-空穴对态的讨论,是在最简化假定下进行的,我们

甚至忽略了电子-空穴间互作用和价带复杂结构这两个显然重要的事实. 这一小节和下一小节将分别简要讨论这两个因素对上述简单理论的修正.

首先讨论电子-空穴间互作用和激子效应. 假定电子-空穴间互作用为库仑形式的互作用, 式(9.55)给出的量子点中单电子-空穴对态的哈密顿修正为

$$H = -\frac{\hbar^2}{2m_e^*} \nabla_e^2 - \frac{\hbar^2}{2m_h^*} \nabla_h^2 - \frac{e^2}{\varepsilon \mid \boldsymbol{r}_e - \boldsymbol{r}_h \mid} + V_e(\boldsymbol{r}_e) + V_h(\boldsymbol{r}_h) \quad (9.65)$$

在第三章讨论中我们已经看到, 体材料情况下, 库仑势的引入导致电子和空穴互相束缚在一起的激子态的出现, 激子的运动特性可区分为质心运动和相对运动两部分. 量子点情况下, 既然库仑互作用决定于电子和空穴间的距离, 它的引入就导致了对称性的破缺, 束缚的电子-空穴对的运动不再能简单地区分为质心和相对两个坐标系中的运动, 因而薛定谔方程的解析求解是困难的, 必须考虑新的近似方法. 为此, 让我们记起本节开始讨论单电子-空穴对态时提到的和量子点尺寸与激子玻尔半径相对大小有关的不同限制条件的重要影响. 强限制条件($R < 2a^*$)下, 我们已忽略电子-空穴间库仑互作用, 并给出如上一小节论述的最简单假定条件下的讨论. 弱限制条件($R > 4a^*$)下, 我们首先考虑电子-空穴间库仑互作用和激子效应, 将限制势作微扰处理, 并仅考虑它对激子质心运动的影响. 这些近似假定下, 式(9.65)给出的哈密顿及薛定谔方程可用微扰理论、变分计算、蒙特卡罗(Monte-Carlo)计算和矩阵对角化等方法处理. 以微扰理论为例[76], 它给出球形量子点中激子的最低激发态的能量为

$$E_{1s} = E_{b,0D} = \frac{\hbar^2 \pi^2}{2R^2} \left(\frac{1}{m_e^*} + \frac{1}{m_h^*} \right) - \frac{1.8e^2}{\varepsilon R} \quad (9.66)$$

与式(9.61)比较可见, 只是能量表达式中增加了一附加项 $\left(-\frac{1.8e^2}{\varepsilon R} \right)$.

居间限制($2a^* < R < 4a^*$)情况下, 为避免对称性破缺, Ekimov 等人建议[77]让空穴局域在量子点中心, 这相当于说量子点内的激子类似于体材料中的施主态, 因而被称为类施主激子模型. 已有不少人用变分法等方法计算了类施主激子模型情况下量子点中单电子-空穴对的能量状态、波函数和光跃迁行为[78~81], 对最低激子态, 其能量表达式和式(9.66)相似, 可写为

$$E_{1s} = \frac{\hbar^2 \pi^2}{2R^2} \left(\frac{1}{m_e^*} + \frac{1}{m_h^*} \right) - \frac{1.786e^2}{\varepsilon R} - 0.248R^* \quad (9.67)$$

这里 R^* 为对应体材料中激子的等效里德伯能量. 式(9.66)和(9.67)表明, 计及库仑互作用势后, 量子点中单电子-空穴对态与晶体基态间跃迁的能量减小了, 这在物理图像上和三维及二维激子是一致的.

和实验的比较表明,这样计算的单电子-空穴对态的高量子数激发态的能量远大于实验揭示的值. 考虑限制势垒 $V_e(\boldsymbol{r}_e)$、$V_h(\boldsymbol{r}_h)$ 的有限高度、量子点内外电子及空穴有效质量的不同,以及量子点内外介电函数不同引起的极化等,可使计算精度显著提高,并符合实验事实. 此外,计算还表明,电子-空穴库仑互作用的引入微扰了电子和空穴的波函数,并使较重的粒子推向量子点中心,后一事实有助于类施主激子模型的建立. 同时,波函数的微扰和穿透入势垒的事实,也调制了光跃迁选择定则和振子强度,量子点的某些偶极跃迁禁戒变得松弛了.

总括上述讨论,考虑库仑互作用情况下,量子点中单电子-空穴对态的能态和光跃迁过程,自图 9.35 所示的最简单假定下的结果,过渡到如图 9.36 所示的结果. 比较图 9.36 和第三章给出的体材料情况下激子能量图上的能级和跃迁过程示意图 3.50～图 3.52,可见它们之间的共同之处.

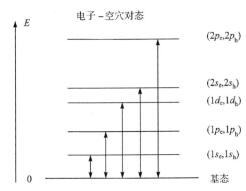

图 9.36 考虑库仑互作用情况下量子点中
单电子-空穴对态的能态和偶极允许光跃迁过程示意图

以上我们讨论了量子点中存在单个电子-空穴对态情况下粒子能态、波函数和光跃迁的简单理论. 量子点中存在两个甚至更多个电子-空穴对的情况也是可能发生的. 有关这些情况下的粒子运动及其能量状态的理论讨论已超出了本书的范围,读者可参看有关文献[2,78,82～84].

9.4.3 价带复杂结构的效应

现在讨论价带复杂结构、尤其是价带混和与杂化对量子点中能量状态和光跃迁过程的影响,并修正前面讨论的简单理论的结果. 在本书第三章讨论半导体体材料带间跃迁吸收光谱时,我们已经知道,几乎所有的半导体都有复杂的价带结构. 以最普遍的也是较简单的闪锌矿结构半导体为例,$\boldsymbol{k}=0$ 处的价带顶是 $J=3/2(m_j=\pm 3/2, \pm 1/2)$ 的四度简并态;稍低一些还存在因自旋-轨道互作用而从价带顶分裂出来的能量距离为 Δ_{so} 的 $J=\dfrac{1}{2}$ 的二度简并态. 布里渊区原点以外,原先在价带顶简并的轻、重空穴支也因有效质量不同而分裂了,并且空穴能量的色散既非抛物线形,也非各向同性. 为描述半导体价带的这些复杂特性,卢定谔(Luttinger)引入了后人以他的名字命名的参数 γ_1、γ_2 和 γ_3,来描述价带的色散和修正空穴的哈密顿量,并取得了良好的、公认的效果. 在上一章讨论的量子阱结构中,我们看到超晶格生长方向(记为 z)上限制势的引入导致 $k=0$ 处价带顶的分裂,以及布里渊区广延范围内轻、重空穴态的杂化混和及色散关系的扭曲. 价带顶的分裂导致两个系列的激子态的出现,它们分别标为重空穴激子(HH,$m_j=\pm 3/2$)和轻空穴激子(LH,$m_j=\pm 1/2$);而 $k=0$ 附近两支分离开的重、轻空穴的有效质量分别为 $m^*_{z,\mathrm{HH}}=m_0/(\gamma_1-2\gamma_2)$ 和 $m^*_{z,\mathrm{LH}}=m_0/(\gamma_1+2\gamma_2)$. 这些理论推断均已为实验证实,并被广泛认同.

半导体量子点情况下,只要量子点结构维持球形对称,$k=0$ 处价带顶的 $J=3/2$ 价带的 m_j 简并似乎是不可能消除的. 但强的限制势导致的价带态的杂化混和可强烈地影响空穴的能量状态和波函数,这种影响和由卢定谔参数定义的耦合参数 $\mu=(6\gamma_3+4\gamma_2)/5\gamma_1$ 有关. 这样考虑到价带态的混和及其波函数的杂化重组,量子点中空穴能级就要用包括总角动量量子数 $F=L+J$ 在内的几个量子数来表征. 如前面所讨论的,这里 L 是限制势导致的包络波函数的轨道角动量,J 是波函数布洛赫部分的角动量. 光跃迁过程耦合具有相同量子数 F 和宇称的两个态(总角动量量子数守恒和宇称守恒),因而除最低 L 量子数外,轨道角动量还包含 $L+2$,这样空穴能级的完整记号可写为

$$n^*(L, L+2)_F \tag{9.68}$$

这里用 n^* 代替 n 记主量子数,是为了说明所涉及的是杂化混和以后的空穴态,并且 $n^*=1,2,3,\cdots$ 分别代表基态和第一、第二、$\cdots$ 激发态. 如果仍如图 9.35 和图 9.36 那样借用字母 S、P、D 来代表 $L=0,1,2$ 的状态,则图 9.36 中的空穴态 $1s_\mathrm{h}$、$1p_\mathrm{h}$ 等现在修正为 $1(S,D)_{3/2}$,$1(P,F)_{3/2}$,$2(S,D)_{3/2}$,$\cdots$,如图 9.37 所示意. 这里我们用大写字母 $S,P,D,\cdots$ 来代替原来的小写字母,以表明是考虑价带杂化混和后的结果,在图 9.37 中我们将空穴态的这种记号写在示意能级的右侧. 图中有偶数轨道角动量量子数($L=0,2,\cdots$)的态画为实线,而奇数 L 量子数($L=1,3,\cdots$)的态画为虚线. 通常认为电子能态及波函数不受价带杂化混和的影响,因而图 9.37 中关于电子态的记号仍采用前面讨论的,即图 9.35 的记号.

考虑到以上给出的空穴态记号使用的复杂性和不便之处,更考虑到通常光跃迁和光谱研究中最经常参与的两个最上面的空穴态 $1(S,D)_{3/2}$ 和 $1(P,F)_{3/2}$,尽管包含了 $S\text{-}D$ 和 $P\text{-}F$ 波函数的混和与重组,但仍主要显现为 $1s$ 和 $1p$ 对称性,因而将它们的记号简化为 $1S_{3/2}$,$1P_{3/2}$,$2S_{3/2}$,$\cdots$,并写在图 9.37 中示意能级的左侧. 这里我们仍用大写字母代表包络波函数的轨道角动量量子数,以表明其中仍包含了

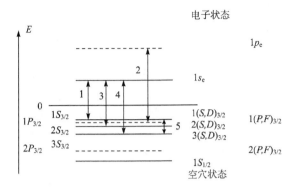

图 9.37 计及价带态杂化混和后量子点的空穴能级及
光跃迁过程示意图. 图中各记号说明见正文

价带杂化混和的效应. 此外, 应该再次强调的是, 由于价带态的杂化混和, 空穴态的
能量状态和波函数可以发生明显变化, 例如许多半导体量子点中, 原先指认为 $1s_h$、
$1p_h$, 现在记为 $1S_{3/2}$ 和 $1P_{3/2}$ 的空穴能级间的能量差显著减小, 以致我们在图 9.37
中将它们画得很拥挤. 波函数的杂化混和以及对称性的改变, 加之库仑互作用的影
响, 使原先禁戒的 $\Delta n \neq 0$ 的跃迁过程, 如 $2S_{3/2} \rightarrow 1s_e$、$3S_{3/2} \rightarrow 1s_e$ 等也获得了足够的
振子强度而显现在线性和非线性光谱中, 在图 9.37 中我们也画出了这类禁戒松弛
了的光跃迁过程示意(如跃迁 3 和 4). 图 9.37 同时也给出了跃迁过程 5 的示意,
这是提醒我们电子或空穴态的带内子能级间的跃迁也是可以发生的. 此外, 完整的
空穴能级图自然还应该包括原先指认为轻空穴的和来自分裂价带支的空穴态系列
$1S_{1/2}, 1P_{1/2}, \cdots$ 和 $1S_{1/2}^{r0}, \cdots$(图 9.37 中未画出).

关于嵌埋在玻璃介质中的 CdSe 球形量子点的详细计算[2,85,86]表明, 如果同时
考虑价带复杂性和电子-空穴库仑互作用, 偶极允许的光跃迁过程可以是众多的.
量子点半径 $R = 2 \sim 4\text{nm}$ 情况下, 光跃迁中可能出现的 10 个能量最低的跃迁过程
如表 9.1 所列. 计算还表明, 如果改变量子点尺寸 R 或耦合参数 μ, 表 9.1 所列跃
迁过程的能量位置将有所变化, 它们在表中的次序也可以变化.

表 9.1 计算的 $R = 2 \sim 4\text{nm}$ 的 CdSe 球形量子点中能量最
低的单电子-空穴对态的跃迁过程

1,	$1S_{3/2} \rightarrow 1s_e$	6,	$1P_{1/2} \rightarrow 1p_e$
2,	$2S_{3/2} \rightarrow 1s_e$	7,	$3S_{1/2} \rightarrow 1s_e$
3,	$1S_{1/2} \rightarrow 1s_e$	8,	$2S_{3/2} \rightarrow 2s_e$
4,	$2S_{1/2} \rightarrow 1s_e$	9,	$1P_{1/2}^{S0} \rightarrow 1p_e$
5,	$1P_{3/2} \rightarrow 1p_e$	10,	$4S_{1/2} \rightarrow 2s_e$

　　以上讨论提供了指认和研究量子点光谱实验结果物理起源的理论背景. 更深入的理论讨论, 读者可参看有关文献[1~3,77~87].

9.5　半导体量子点的带间跃迁光谱

　　和量子阱及量子线的情况不同, 用电学方法研究半导体量子点中的量子能态, 在目前工艺和实验条件下, 几乎是不可能的, 至少是十分困难的, 至今未见这种探索研究成功的报道. 这样就实验研究半导体量子点的量子能态而论, 选择光学和光谱方法是显而易见的, 历史上这也并非轻而易举. 如上所述, 早在 20 世纪 80 年代初期, 人们就认识到可以用量子点或量子势盒的观点研究嵌埋和散布在玻璃或其他透明介质中的纳米尺寸的半导体晶粒, 并开始用吸收光谱、调制光谱和发光光谱等方法, 研究和寻找这些晶粒中电子态带间跃迁的光谱信息. 然而, 实验发现, 即使是低温下这些实验样品的寻常吸收光谱也完全是没有结构的; 由于带边发光的量子产额低, 光致发光光谱也未能提供有关它们存在与特性的有意义的信息, 尤其是与量子点尺寸大小有关的光谱信息. 以致人们曾经一度怀疑, 半导体量子点体系是否存在与其工艺制备经历无关的、系统的物理特性. 为此, 人们在不断探索和改进量子点制备工艺技术的同时, 也不断探索和发展适用的光谱方法. 例如, 在寻常吸收光谱基础上发展了用另一泵浦单色激光束共振地激发某一跃迁、并在宽谱范围内用一弱光束检测与记录吸收系数改变的非线性微分吸收光谱方法, 或用其泵浦 (pump) 和探测 (probe) 这两个词的英语表达的第一个字母, 简称 PP 光谱. 这种光谱方法有时也称为光谱烧孔技术, 因为某些情况下泵浦单色光可在宽的吸收带上引起一个吸收系数巨大改变的窄而深的凹陷 (烧孔). 利用这种光谱方法, 有可能在和量子点尺寸起伏相关的、非均匀增宽导致的宽阔吸收带中检测出某一特定尺寸的量子点中电子态间光跃迁的信息. 除 PP 光谱方法外, 光致发光激发谱 (PLE) 也较有效地揭示了半导体量子点的、与其尺寸紧密相关的电子态和光跃迁过程, 从而使得 20 世纪 90 年代以来, 嵌埋在玻璃、聚合物等介质中的半导体量子点的量子能态的存在, 以及前一节讨论的有关基本规律逐步被光谱实验所证实、揭示并获得公认. 20 世纪 90 年代中以来以 InAs 或其合金为基本组分的自组织生长量子点的实现及其光谱研究, 将半导体量子点的光谱实验研究提高到新的、更严格的科学的水平. 对这类半导体量子点, 采用寻常发光光谱方法, 就已经能够观察到并揭示量子点中基态和激发态等不同量子态之间的光跃迁过程及其基本规律. 其后, Ⅲ-Ⅴ族半导体量子点、宽带半导体量子点等多种类型量子点也不断开发 (制备或生长) 出来, 并经由光谱研究揭示其量子态和跃迁规律. 新世纪以来, 显微光谱和近场光谱方法的实现, 更揭示出来自单个量子点或数目不大的若干个具有相同结构和尺寸的量子点的光跃迁光谱信号, 并且线宽正如理论预期的那么尖锐狭窄. 本节沿着这一历史轨迹,首先简要讨论嵌埋在玻璃介质中的 CdSe 量子点的光谱,然后较仔细地讨论自组织生长 InAs 量子点的光谱,并与第 9.4 节讨论的理论预期相比较,以便更深刻地理解半导体量子点的量子态及其带间光跃迁过程的物理规律,并探讨它们的应用前景.下一节将专门讨论单量子点,包括微腔中单量子点的量子态及光跃迁的光谱研究.

9.5.1 嵌埋在玻璃介质中的半导体量子点的带间跃迁光谱

图 9.38 给出用寻常吸收光谱、光致发光光谱(PL)、非线性微分吸收光谱(PP 光谱)和光致发光激发光谱研究嵌埋在玻璃介质中的 CdSe 量子点的综合结果[2,88,89].在光谱仪视场范围内,有大约 10^7 个以上的量子点,已用电子显微术等方法测得这些量子点的平均尺寸为 $\overline{R}=2.5\text{nm}$,分布方差为 $\Delta R=\pm10\%$.实验测量温度为 10K;采集 PL 和 PP 光谱时,激发激光的光子能量为 2.18eV;采集 PLE

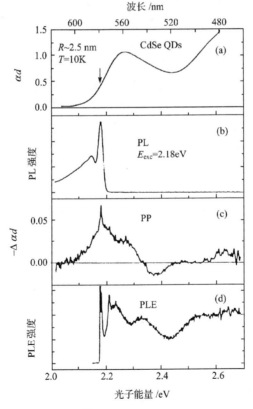

图 9.38 10K 时平均尺寸 $\overline{R}=2.5\text{nm}$ 的嵌埋在玻璃中的 CdSe 量子点的吸收光谱(a)、光致发光光谱(b)、PP 光谱(c)和光致发光激发谱(d). 光致发光谱中最强的峰为虚假信号,来自杂散泵浦光(2.18eV)

光谱时,固定的探测光子能量也选定在 2.18eV. 这一光子能量位置如图 9.38(a) 中箭头所标示,对应于寻常吸收光谱中宽阔吸收带低能尾部的某一光谱位置. 对照上一节的理论计算,这意味着这一光子能量下,主要只有尺寸大于 $\bar{R}$ 的 CdSe 量子点的能量最低的电子-空穴对态的带间跃迁被激发或被测试. 图 9.38 表明,图(a) 所示的寻常吸收光谱,虽然是在低温下针对迄今均匀性最好的、嵌入介质中的 CdSe 量子点的最佳光谱结果之一,但完全不能给出量子点中量子态间带间跃迁的可分辨的光谱信息. 虽然在 2.25eV 附近有一个宽的吸收峰,并且在 2.6eV 以上似乎还可能出现另一个宽峰,但它们并不和上一节讨论的量子点中任一带间跃迁(如最强的 $1S_{3/2} \rightarrow 1s_e$ 跃迁)直接对应,它们的存在只能说明玻璃中掺入 CdSe 后引起附加的吸收. 图 9.38(b)给出的光致发光光谱,呈现为叠加在强的杂散激发光信号背景上的、往低能方向略有漂移的一个宽的发光带,其中既分辨不出可能对应于一定尺寸的量子点集合中某一特定跃迁过程的单个的发光结构,也分辨不出可能的发光的声子伴线,它包含的信息仍是不充分的、无效的.

图 9.38(c)给出的非线性微分吸收光谱,可以分辨出几个光谱结构,如 2.19eV、2.28eV 和 2.61eV 处的吸收系数显著改变(以 $-\Delta\alpha d$ 来度量)对应的光谱信号或峰结构,按 PP 光谱的物理内容,这里"显著改变"是指吸收系数的减小,或者说吸收被"漂洗"(bleaching)掉了,因而文献中有时也以吸收漂洗(absorption bleaching)或漂洗光谱(bleaching spectrum)来描述 PP 光谱测量结果. 这些光谱结构可以理解和指认为 CdSe 量子点中最低的单电子-空穴对态($1S_{3/2}, 1s_e$)被共振激发而诱发的附加带间吸收过程,或其抑制引起的吸收系数下降($-\Delta\alpha d$);既然共振光激发引起 $1s_e$ 电子态的电子布居,所有可与 $1s_e$ 态耦合的类 S 型的空穴激发态都会对这一非线性吸收有贡献. 这样 PP 光谱中位于 2.19eV 和 2.28eV 的两个结构,就可指认为量子点中单电子-空穴对的($1S_{3/2}, 1s_e$)和($2S_{3/2}, 1s_e$)这两个最低的对态的光跃迁;2.61eV 处的 $-\Delta\alpha d$ 信号也已指认为和自旋-轨道分裂价带相联系的 $S_{1/2}^{so}$ 对称性占主导地位的跃迁过程. $\hbar\omega = 2.37$eV 处的吸收系数增大的信号有复杂的起因,可能和吸收过程中同时从泵浦光束和探测光束各吸收一个光子并形成双电子-空穴对态有关,但目前尚难定论,这也是 PP 光谱的缺点之一. 此外,还可指出,与泵浦光子能量一致的尖锐的 PP 光谱信号并非来自杂散泵浦光的虚假信号,但其物理起源仍在讨论之中[90].

就分辨量子点中最低电子-空穴对态内的亚结构而言,图 9.38(d)所示的光致发光激发谱有最高的分辨率和准确性. 如图 9.38 所示,人们不难分辨出检测光子能量附近的尖锐窄峰,及其能量间隔为一个 LO 声子能量的它的发射 LO 声子的伴线. 和 PP 光谱一致,两个主要的光谱结构再次被指认为 CdSe 量子点的能量最低的($1S_{3/2}, 1s_e$)和($2S_{3/2}, 1s_e$)单电子-空穴对态的跃迁. 比较图 9.38(c)和(d)可见,在 $\hbar\omega = 2.5$eV 附近,PP 光谱图上不存在任何光谱信号,但在光致发光激发谱上仍存在较强的光谱信号. 这是因为在这一实验采用的激发条件下, 非线性微分吸收光谱中, 只有类 S 对称的态才对附加吸收跃迁和吸收系数的改变有贡献; 而在光致发光激发谱测量情况下, 所有与类 S、类 P 和类 D 对称性相关的跃迁都是可能的, 因而 PLE 谱中 2.5eV 附近的信号, 显然来自和 P 对称性电子-空穴对态相关的光跃迁过程.

图 9.39 给出 10K 时不同波长激光束激发下嵌埋在玻璃介质中的、平均尺寸为 $\overline{R}=2.3$nm(略小于图 9.38 给出的量子点集合的尺寸)的 CdSe 量子点集合的非线性微分吸收光谱. 图中上图仍为低分辨性能的寻常吸收光谱, 接下来从上至下的三个谱图是泵浦激光光子能量分别为 2.24eV、2.38eV 和 2.51eV(如图中箭头标示)、泵浦强度(功率)固定为 2kW/cm² 情况下的 PP 光谱[88]. 这里改变泵浦激光波长, 是为了实现量子点群落(集合)的不同尺寸量子点中单电子-空穴对基态跃迁的共振激发, 或同样尺寸量子点中能量较高的电子-空穴对态、如第一激发态跃迁的共振激发. 这样图 9.39(b)表明, 当将泵浦光子能量调谐到寻常吸收光谱低能带尾附近, 即可能与较大尺寸(大于 $\overline{R}=2.3$nm)量子点中 $(1S_{3/2}, 1s_e)$ 跃迁共振时, 可以观察到极大值分别位于 2.24eV、2.40eV 和 2.65eV 的三个 PP 光谱信号; 并且与图 9.38(c)相似, 在 2.40eV 和 2.65eV 的两个 PP 光谱信号之间, 还隔着一个以 2.48eV 为中心的($-\Delta ad$)为负值的、亦即吸收系数增大的泵浦诱发吸收信号. 此外, 在低于泵浦光子能量范围, 还有很微弱的 PP 光谱信号, 这表明这一光子能量的泵浦光激发情况下, 我们观察到的, 是一群半径尺寸大于 $\overline{R}$ 的 CdSe 纳米晶粒量子点中的光跃迁过程, 不存在其激发态和泵浦光子能量一致的、那种尺寸较小的另一簇量子点对 PP 光谱的贡献. 将泵浦激光光子能量调谐到寻常吸收光谱极大值能量位置(2.38eV, 图 9.39(c))时, 在高于和低于泵浦光子能量的谱区都观察到 PP 光谱信号, 可见在这一条件下有两种不同尺寸的量子点被激发: 一种是其单电子-空穴对的能量最低的基态 $(1S_{3/2}, 1s_e)$ 被共振激发, 并在其高能侧出现 PP 光谱信号; 另一种是其能量在电子-空穴对基态以上的某一激发态被共振激发(对应于尺寸较大的一簇量子点), 并在其低能侧出现 PP 光谱信号. 另一有趣的事实是, 2.24eV 泵浦光子激发下观察到的、位于 2.48eV 附近的泵浦诱发附加吸收信号, 在图 9.39(c)所示 PP 光谱中消失掉了, 似乎是被 PP 光谱信号掩盖掉了. 比较泵浦激光光子能量分别为 2.24eV 和 2.38eV 两不同激发下的 PP 光谱, 可见从这两幅不同的 PP 光谱图推断的、尺寸较大的一簇量子点的能量最低的两个空穴态 $(1S_{3/2}$ 和 $2S_{3/2})$ 之间的能量距离是一致的, 这就排除了泵浦诱发附加吸收明显影响能量次低空穴跃迁对应的微分光谱信号极大值位置的可能性, 更证实了微分光谱信号物理起源指认的可靠性. 将泵浦光子能量调谐到 2.51eV, 未观察到光谱的高能端有新的 PP 光谱信号出现(图 9.39(d)). 这表明, 甚至在泵浦光子能量为 2.38eV 时, 我们已经在共振地激发样品中尺寸最小的那些量子点, 或者所涉及的共振激发

态的能量(2.51eV)是如此之高,以致它们不再对$-\Delta\alpha d$谱有任何明显的贡献.

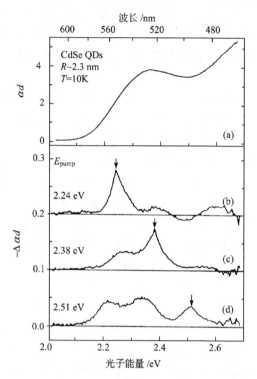

图 9.39   10K 时平均尺寸 $\overline{R}=2.3$nm 的嵌埋在玻璃介
质中的 CdSe 量子点集合的非线性微分吸收光谱.图中
三个 PP 谱的泵浦激光光子能量分别为 2.24eV、
2.38eV 和 2.51eV;激发密度都为 2kW/cm²

不同平均尺寸的 CdSe 量子点集合的 PP 光谱也已被研究过[91]. 所有这些都表明,PP 光谱颇适合于研究和测定嵌埋在玻璃等透明介质中的半导体量子点中的量子化能态,尤其是考虑到它们的光发射跃迁的低的量子效率,这种方法的优点尤为明显. 此外,对于这一类尺寸较小的量子点,其不同量子态,如单电子-空穴对态的基态和第一激发态,在能量上是充分分开的,因而即使量子点尺寸均匀性较差或者光谱分辨率较低,在 PP 光谱图上仍可观察到和分辨出来自某一尺寸量子点的、不同量子数的量子态的光跃迁信号,并以令人满意的精确度测定出最低能量电子-空穴对态的跃迁能量.

图 9.40 给出在寻常吸收光谱宽阔吸收带低能带尾附近不同波长位置上检测发光信号时,平均尺寸为 $\overline{R}=2.5$nm 的、嵌埋在玻璃介质中的 CdSe 量子点集合的光致发光激发谱[92]. 图中(a)、(b)、(c)、(d)(从上至下)分别给出检测波长为 2.24eV、2.20eV、2.175eV 和 2.15eV 时的 PLE 谱. 此外,图(a)中还用虚线画出

这一量子点集合的寻常吸收光谱,以便对照检测光子能量相对于寻常吸收光谱宽阔吸收带低能尾部的位置. 改变发光检测波长的目的,是为了观察尺寸不同的量子点群落的相同性质的量子态、量子跃迁过程,以及它们随量子点尺寸改变的变化. 图 9.40 表明,不论在哪一个检测光子能量下记录光致发光激发谱,获得的 PLE 光谱的基本特性都是一样的,即由两个能量最低的单电子-空穴对的跃迁 $(1S_{3/2}, 1s_e)$ 与 $(2S_{3/2}, 1s_e)$ 组成:其中第一个跃迁与检测光子能量共振,呈现为一个尖锐的峰;第二个跃迁呈现为较高能量处的一个宽的肩胛. 此外,能量最低的电子-空穴对态跃迁 $(1S_{3/2}, 1s_e)$ 还显示附加的精细结构和 LO 声子伴线. 比较不同检测光子能量,尤其是 $E_{DET} = 2.24\,eV$ 和 $2.15\,eV$ 情况下的 PLE 谱,可见 $(1S_{3/2}, 1s_e)$ 与 $(2S_{3/2}, 1s_e)$ 这两个跃迁间的能量差随量子点尺寸改变而显著变化,即随量子点尺寸增大而显著减小. 不仅如此,检测光子能量附近的精细结构随量子点尺寸的变化也明显可见:随着量子点尺寸减小,这一窄峰与检测光子能量位置间的能量差增大.

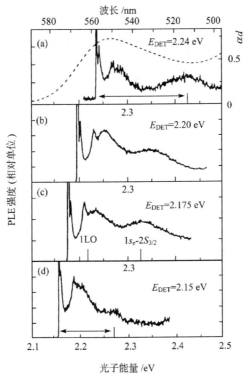

图 9.40 平均半径为 $\bar{R} = 2.5\,nm$ 的嵌埋在玻璃介质中的 CdSe 量子点集合的光致发光激发谱. 图中从上到下 (a、b、c、d) 发光检测光子能量分别为 2.24eV、2.20eV、2.175eV 和 2.15eV[70]

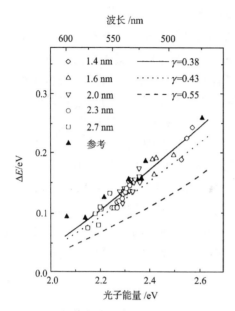

图 9.41　光谱实验测定的嵌埋在玻璃中的 CdSe 量子点($2S_{3/2}$,$1s_e$)跃迁和基态跃迁 ($1S_{3/2}$,$1s_e$)间能量差 ΔE 与($1S_{3/2}$,$1s_e$)跃迁能量的关系. 基态跃迁能量决定于量子点尺寸,因而图给出的实际上是 $\Delta E\sim\overline{R}$ 关系

关于嵌埋在玻璃中的其他半导体材料的量子点[93~95]和嵌埋在有机聚合物中的 CdSe 量子点的光致发光激发谱[96,97]以及在更大尺寸变化范围内这些量子点光致发光激发谱特征和量子点尺寸的关系[88,96]等,也已被研究过. 这些光谱研究都证实,$R<\dfrac{a^*}{2}$时,CdSe 量子点的单电子-空穴对的第一个激发态是和空穴布居 $2S_{3/2}$ 态有关的对态,其振子强度颇强,可达($1S_{3/2}$,$1s_e$)跃迁的一半,能量更高的 S 对称的单电子-空穴对的其他激发态的振子强度就很弱了. 图 9.40 表明,($2S_{3/2}$,$1s_e$)跃迁和基态跃迁($1S_{3/2}$,$1s_e$)间的能量差 ΔE 与量子点尺寸有关,图 9.41 给出用不同光谱方法获得的这种依从关系的综合结果及其与理论估计的比较[2,88]. 图 9.41 中横坐标为基态跃迁能量,它代表了量子点尺寸,并避免了直接用电子显微术测定的量子点尺寸为横坐标而引入的较大的误差. 图中实心三角形"▲"是文献[96]的实验结果,其余为文献[88]的实验结果;实线、点线和虚线为理论估计结果,参数 γ 与上一节讨论的、由卢定锷参数决定的耦合参数 μ 有关,$\gamma\approx1.05\mu$. 图 9.41 表明,当量子点尺寸 $\overline{R}$ 在 1.4~2.7nm 范围内变化时,ΔE 在 0.1~0.3eV 范围内变化.

实验测量表明,($1P_{3/2}$,$1p_e$)电子-空穴对态能量比理论估计值要低得多,并且对($2S_{3/2}$,$1s_e$)对态以上能量处的光学性质起着重要作用. 此外,有趣的是,在 $R=$ 3.3nm 附近,也存在空穴能级不相交或反相交现象,这显然和前面已讨论过的空穴态同时包含 L 和 $L+2$ 对称性、因而发生了态的混和与波函数的杂化有关,这与二维量子阱中的空穴特性也是一致的.

9.5.2　自组织生长半导体量子点的带间跃迁光谱

由于较高的晶体质量和更好的尺寸均匀性,加之很高的面密度(10^{11} 个量子点/cm²),自组织生长的 InAs 量子点或其合金的量子点的光谱研究要容易得多,其结果的可信度和严格的科学内涵更明白无误. 图 9.42 给出在 GaAs 衬底上用相干岛式 S-K 模式分子束外延自组织生长的 InAs 量子点集合的光致发光光谱[73],实验采用的激发光源为 Ar$^+$ 激光 514.5nm 谱线. 如上一节曾提到的,用这种方法制备的自组织生长 InAs 量子点有金字塔棱镜形结构外形,其基面为四边形,基边沿[100]和[010]晶向,典型长度为 6～16nm,平均高度 t_{av} 介于 1～2nm. 图 9.42 中测量的 InAs 量子点的尺寸为基边长 12nm,平均淀积厚度,也即平均高度为 $t=1$nm. 由图 9.42 可见如下几个事实:首先,很低的激发强度(0.5W/cm^2)下就可观察到来自量子点的、位于 1.1eV 附近的发光信号;其次,我们看到,这一发光信号随激发强度(功率)增大而增强,并且在一定激发强度(约 125W/cm^2)下达到饱和,其后进一步增大激发强度不再影响这一发光峰的发光强度;最后,随着激发强度的进一步增加,在这一能量最低的发光峰的高能方向出现第二个和第三个发光峰,在被测量子点情况下,它们分别位于 1.175eV 和 1.248eV. 此外,图 9.42(b)所示的拟合计算表明,在较强激发强度下出现的能量位置较高的发光峰有较宽的线宽. 这些实验结果和第 9.4 节讨论的理论预期定性符合. 结合实际

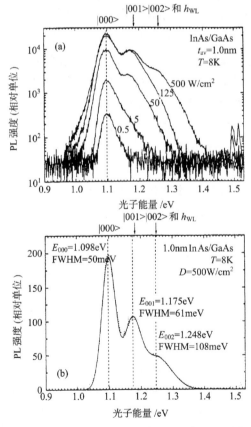

图 9.42　8K 时不同激发强度下 $t_{av}=1$nm 的自组织生长 InAs 量子点集合的光致发光光谱. 其中图(a)给出从 0.5W/cm^2 到 500W/cm^2 的不同激发强度下的 PL 谱;图(b)给出 500W/cm^2 激发下发光光谱的线形拟合. 激发光源为 Ar$^+$ 激光

量子点形状和尺寸的详细理论计算[68,98,99]表明,在图 9.42 实验采用的量子点尺寸情况下,量子点中仅存在一个电子束缚能级,即 $1s_e$;而空穴态则可有几个能级,包括能量最低的 $1S_{3/2}$ 态和能量较高的几个激发态. 图 9.42 观察到的这三个发光峰,正是 $1s_e$ 和这几个空穴能级间辐射复合跃迁的结果. 关于图 9.42 结果的讨论,我们暂且告一段落,下面还将结合其他类似结果,进一步讨论自组织生长量子点发光光谱的多峰行为和峰强饱和的物理根源.

图 9.43 给出用 ALS 模式在 GaAs 衬底上分子束外延生长的 $In_{0.5}Ga_{0.5}As$ 自组织生长量子点的室温光致发光光谱,及其和如上描述的 S-K 模式生长的 InAs 自组织生长量子点发光光谱的比较[3,98]. 所谓 ALS 生长模式,如第三节所述[3,68,69],是在 MBE 或 MOCVD 生长过程中交替地提供形成 InAs 和 GaAs 单原子层所需的束源(original alternate supply). 这样,在一定生长条件下,InAs 淀积到与之有 7％晶格失配的 GaAs 衬底上,并与随后到达的 GaAs 分子或原子自组织地形成 $In_{0.5}Ga_{0.5}As$ 团簇,而不是形成应变弛豫的薄层. 电子显微镜观察和成像研究表明,这种 ALS 模式生长的量子点是球形的,并被一层厚度与量子点尺寸相仿的量子阱层包围. 整个量子点集合的尺寸(直径)起伏呈高斯分布,其标准偏差与 S-K 模式生长的自组织 InAs 量子点集合相仿或更小. 图 9.43 所示发光光谱,是在室温测量条件下采用强度为 $60W/cm^2$ 的 Kr^+ 激光 647.1nm 谱线激发下获得的,其中 ALS 模式生长的 $In_{0.5}Ga_{0.5}As$ 量子点的能量最低的发光谱带中心波长在 $1.35\mu m$ 左右,接近光通信适用波长,并且半高线宽仅为 30meV,即为 S-K 模式生长的 InAs 量子点发光谱带线宽的一半左右,和前一小节讨论的、嵌埋在玻璃等介质中的半导体量子点发光谱带线宽相比,更有天壤之别. 牛智川等人采用调节覆盖层 In 组分的方法,更使 ALS 模式自组织生长的 $In_{0.5}Ga_{0.5}As$ 量子点的发光谱带线宽减小到 19.2meV[99]. 进一步的 4.2～300K 温度范围内的光致发光实验还表明,量子点集合的发光谱带的线宽不随温度变化,某些情况下甚至观察到它们的发光谱带线宽随温度升高而变窄[98,99]. 这一事实表明,图 9.42 和图 9.43 观察到的自组织生长半导体量子点集合发光谱带线宽的物理起源,既非载流子的热分布效应,也非声子散射过程,而完全起因于集合中量子点的结构不均匀性,即实验中对光致发光有贡献的量子点集合中量子点的尺寸起伏. 习惯上人们称单个量子点的载流子热分布或声子散射效应导致的谱线线宽为均匀增宽,它们是单个量子点的本征特性,因而有时也称本征增宽;而量子点尺寸不均匀引起的量子点集合发光或吸收谱线(带)线宽为非均匀增宽. 这意味着由寻常发光光谱或吸收光谱观察到的量子点光谱结构或谱峰的线宽,完全起源于非均匀增宽,远非单个量子点量子能态间带间跃迁对应的本征线宽.

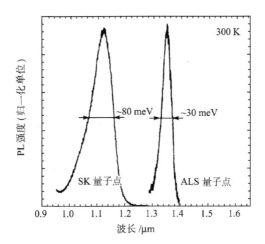

图 9.43 300K 时 ALS 和 S-K 模式自组织生长的 In$_{0.5}$Ga$_{0.5}$As 和 InAs 量子点的光致发光光谱. 这里 InGaAs 量子点是在 In$_{0.05}$Ga$_{0.95}$As 衬底上 18 个周期交替提供 InAs 和 GaAs 束源生长的,并覆盖一层 In$_{0.05}$Ga$_{0.95}$As 保护层

图 9.44 给出 77K 时 ALS 模式自组织生长的 In$_{0.5}$Ga$_{0.5}$As 量子点集合光致发光光谱和激发功率的关系. 这里激发光源仍为 647.1nm 的 Kr$^+$ 激光谱线; In$_{0.5}$Ga$_{0.5}$As 量子点是束源交替供给 9 个周期情况下自组织生长的. 由图可见,类似于前面讨论的 S-K 模式自组织生长的 InAs 量子点,随着激发功率增大,在能量

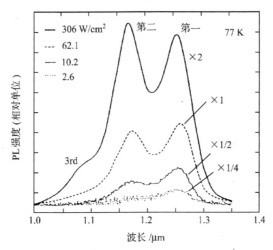

图 9.44 77K 时 ALS 模式自组织生长的 In$_{0.5}$Ga$_{0.5}$As 量子点集合的光致发光谱和激发功率密度的关系. 量子点生长时束源交替供应 9 周期. 激发光源为 Kr$^+$ 离子激光 647.1nm 谱线,激发强度分别为 2.6W/cm^2、10.2W/cm^2、62.1W/cm^2 和 306W/cm^2

最低、即波长最长的发光峰的短波侧（高能侧），出现第二个分立的发光峰，并且其强度可以超过能量最低的第一个发光峰. 在 306W/cm² 激发强度下，在第二个发光峰的高能侧更高能量位置上，又明显呈现新的发光肩胛. 不难预言，随着激发强度的进一步增大，它将演变为新的第三个发光峰. 图 9.45 给出同一量子点集合的光致发光激发谱（PLE），及其与 100W/cm² 激发下的光致发光光谱的比较. 这里 $In_{0.5}Ga_{0.5}As$ 量子点样品是交替供源18 个周期情况下 ALS 模式自组织生长的；记录 PLE 谱时固定在光子能量 $\hbar\omega = 1eV$ 处检测发光信号. 图 9.45 表明，PLE 谱中可清楚地观察到两个共振信号，第三个共振信号也依稀可见，并且共振能量位置和 PL 峰位一致. 这就提供了量子点集合发光光谱的多峰行为，起源于零维量子点中分立的量子态之间带间跃迁的直接证据；我们简称能量最低的第一个发光峰为基态（辐射复合）发光峰，那么第二、第三个峰就可称为第一、第二激发态发光峰.

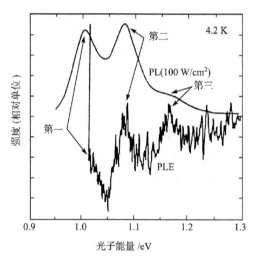

图 9.45　4.2K 时同一 $In_{0.5}Ga_{0.5}As$ 量子点集合样品的 PLE 谱和 100W/cm² 激发下的 PL 谱的比较. 样品为 ALS 模式生长，供源交替周期为 18；记录 PLE 谱时以卤素灯分光的准单色光为激发光，以 Ge 探测器在 $\hbar\omega = 1eV$ 处检测发光信号

　　图 9.46 给出王防震等用显微荧光光谱方法获得的用 ALS 模式自组织生长在 GaAs 衬底和缓冲层上的 InAs 量子点的荧光光谱[100~102]. 制备量子点时，先在 500℃的衬底和缓冲层上外延生长 1.8μm 的 InAs 淀积层，然后停顿 2 分钟，以利于 InAs 自组织量子点形成，随后在 500℃和 600℃的温度下再生长二层 GaAs 覆盖层. 图 9.46 的测试温度为 10K，用 He-Ne 激光器的 632.8nm 的谱线为激发光源. 由图可见，当激发功率密度逐步从 0.1W/cm² 增大到 1000W/cm² 过程中，依次观察到基态激子辐射复合发光峰 S 和 P、D、F、G、H，即第一到第五激发态的激

子辐射复合荧光信号.同时较强激发下,也看到明显的来自浸润层(WL)和 GaAs 衬底的光发射信号.能观察到如此众多的发射峰的物理原因在于:光激发产生的激子首先并主要是在 GaAs 衬底和含 In 浸润层中形成的,较强激发情况下,量子点分裂能级上的空位很快依次被激子占据和填满,高能级上的激子来不及向基态或较低能级弛豫就辐射复合了;这也是实验同时观察到浸润层和 GaAs 势垒层发光信号的物理根源.

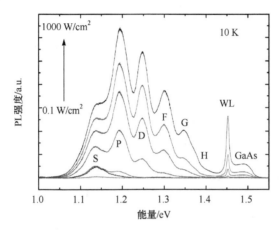

图 9.46 当激发光功率密度从 0.1W/cm² 逐渐增加到 1000W/cm² 时,InAs/GaAs 自组织量子点在 10K 时的态填充光谱

更为有趣的是,如果在改变激发功率的同时变化测量温度,则在某些特定激发功率和实验测量温度下,可以在上述规范的激子分立能级之间观察到能级分裂和能级间强相互作用导致的杂化能态.图 9.47 给出实验测量温度为 140K 时激发功率从 100W/cm² 依次增大到 1000W/cm² 过程中,与图 9.46 同一 InAs 自组织量子点的荧光光谱,可见在基态 S 发光信号低能侧,约 1.090eV(比 S 峰低约 45meV)处有一个发光肩胛 S';在 S 和 P 峰之间能量位置 1.187eV 处出现 P'次峰,P 峰和 D 峰之间能量位置 1.217eV 处出现 D'次峰.在合适的测量温度和激发功率情况下,P'和 D'都可呈现为明显的独立的峰.应该再次强调,它们的出现和强度对实验测量温度的依赖尤为敏感;深入研究表明,由于实验采用的样品中量子点尺寸的高度均匀性,这些附加的发光峰或光谱结构不可能来自所谓的"双模"量子点集合,即尺寸不同的两种量子点集合.事实上 S'态起源于 S 态本身的分裂,Bayer 等人在研究 InGaAs 单量子点发光光谱时也观察到类似的结果[103]. D'态的起源和 S'不同,它起源于 P,D 两个壳层间激子的强相互作用和杂化耦合.随着测量温度的升高,无论是 P,D 态还是 D'态都有红移,并且 D 态的红移大于 D',以致在 145K 以上 D 态和 D'态简并成一个单一的峰.P'峰较 D'峰要弱一些,但对其物理起源可作和 D'态同样的讨论.

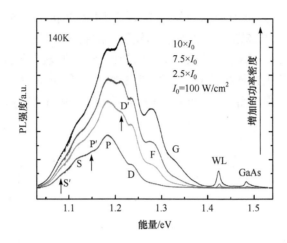

图 9.47　当激发光功率密度从 $100\mathrm{W/cm^2}$ 逐渐增加到 $1000\mathrm{W/cm^2}$ 时，
InAs/GaAs 自组织量子点在 140K 时的显微荧光光谱演化图（其中 $I_0=100\mathrm{W/cm^2}$）

　　磁场下的量子点发光光谱也已被研究过. 在 5T 磁场下来观察它们的强度或位置，未见明显变化，倒是浸润层的发光信号变得更强更尖锐.

9.6　单量子点光谱及其在微腔中的量子态调控

　　本节专门讨论半导体单量子点的带间跃迁光谱，经由单量子点带间跃迁光谱的深入细致的研究，我们可以不含糊地弄清量子点等零维结构中的量子态，量子相互作用以及外微扰作用的量子态，量子相互作用的演化. 这曾经是一个很难的问题，也是光谱物理学家梦寐以求的目标，在本书第二版写成时，这几乎是不可能完成的课题. 本节我们将先讨论过去 10 多年中人们探索单量子点光谱研究的历史进程，然后综述近年来单量子点光谱研究的成果和提供的明确的物理图像，包括我们自己的相关研究结果.

　　近 20 年前，人们就已经实现了微米级空间分辨率的微探针光谱方法，主要是微探针光致发光光谱和拉曼散射光谱. 一种如本章第二节所述，利用高分辨率光学显微镜的显微光谱方法，其光斑尺寸及空间分辨率可达 $0.7\sim0.8\mu\mathrm{m}$. 这种方法目前已趋成熟，并已发展成商用测量仪器. 如果采用一些附加的实验技巧，例如在样品表面覆盖一层仅留更小尺寸窗口的金属膜，还可将其空间分辨率再提高一些（如果发光信号足够强的话）. 另一种微探针光谱方法是近场显微光谱，亦即利用光纤针尖导入入射激发激光光束，并同时用它采集来自样品的近场发光信号的显微光谱方法. 可以指出，除更高空间分辨率外，在贴近样品表面近场地激发样品和采集样品光谱信号，还可能使它探测到的光谱包含更多的物理内容，如贴近样品表面处光电磁波与物质的近场互作用等[105~110]. 此外,还可指出,最近以来基于扫描隧道显微镜(STM)的显微光谱也在逐步发展.

近场扫描光学显微系统(NSOM)如图 9.48 所示意. 这里激发光为发射波长 633nm 的半导体激光二极管. 如上所述,激光束经光纤传输到达样品表面;来自样品的光致发光信号也由光纤针尖采集,然后用光谱分辨率为 1nm 的单色仪分光后由 InGaAs 光电倍增管接收探测. 采用剪切力反馈装置,可在扫描过程中始终将光纤针尖控制在与表面相距 10nm 左右的贴近表面状态,从而采集近场发光信号. 这种光纤针尖的空间分辨率还可进一步提高,但权衡空间分辨率和光谱检测灵敏度两方面的要求,目前仍限于 $1\mu m$ 左右. 对 InAs 和 $In_{0.5}Ga_{0.5}As$ 自组织生长量子点集合,这一尺度光斑范围内包含 100~200 个量子点.

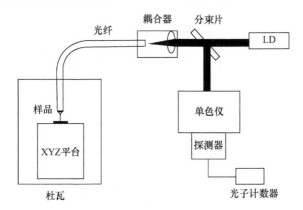

图 9.48 近场光学显微镜和光谱装置方框图. 633nm 激光束经光纤针尖照射样品表面,发光信号也经针尖采集,针尖用剪切力反馈技术控制在贴近样品表面固定距离位置上,发光经单色仪色散分光后由 InGaAs 光电倍增管接收

图 9.49 给出 5K 时激发功率为 $90W/cm^2$ 情况下用 NSOM 光谱方法测得的、ALS 模式自组织生长的 $In_{0.5}Ga_{0.5}As$ 量子点的光致发光光谱. 作为比较,图中同时给出激发光束光斑为 $300\mu m \times 300\mu m$ 时量子点集合的宏观光致发光光谱,在这一光斑范围内,包括了约 2×10^7 个量子点. 图 9.49 表明,在被测光谱范围内和 $90W/cm^2$ 激发强度情况下,ALS 模式生长的 $In_{0.5}Ga_{0.5}As$ 量子点的 NSOM 光谱,呈现为带有大量精细结构的两个发光带,记为 S_1 和 S_2. 和同一样品但来自更大数目量子点的宏观 PL 谱比较可见,这两个发光带的中心位置与宏观 PL 谱上两个带的位置一致,因而不难指认为量子点激子基态和第一激发态的辐射复合跃迁 $(1S_{3/2}, 1s_e)$ 和 $(2S_{3/2}, 1s_e)$. 但 NSOM 谱图上,S_1 和 S_2 的线宽略窄,它们已完全分开,其间几乎观察不到残余的发光信号. 尽管如此,发光带 S_1 和 S_2 远不如理论预期的单个量子点或者结构尺寸与限制势完全等同的一组量子点的发光谱线那么尖

锐. 这显然表明,在当时生长技术条件下,100～200 个左右的量子点集合已存在明显的尺寸、组分等不均匀性,这导致由 200 个左右单个量子点组成的集合的发光峰线宽,仍决定于不同量子点结构差异导致的非均匀增宽,并且与 10^7 个量子点给出的宏观发光峰比较并无重大变化. 量子点结构的不均匀性可能源于生长条件、衬底温度分布和气源束流等的不均匀性或起伏.

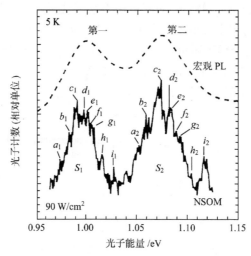

图 9.49　一个用 ALS 模式自组织生长的 $In_{0.5}Ga_{0.5}As$ 量子点样品的近场光学显微光致发光光谱. 寻常 PL 方法获得的宏观发光光谱也如虚线所示. 近场发光光谱由和基态与第一激发态跃迁对应的两组尖峰信号组成. 激发功率密度为 $90W/cm^2$ [3]

图 9.49 给出的量子点的 NSOM 谱的最重要的特征,是发光谱带 S_1 和 S_2 上附加的主要呈现为尖峰的精细结构. 已经反复实验测量证明,这些精细结构在不同测量中可重复出现,显然并非噪声信号. 此外,这两个发光谱带上的诸多精细结构间有良好的对应关系,如果用 a_1、b_1、c_1、$\cdots$ 标示 S_1 发光谱带上的精细结构,用 a_2、b_2、c_2、$\cdots$ 标示 S_2 发光谱带上的精细结构,则 a_1, a_2; b_1, b_2;$\cdots$ 都是一一对应的. 经与理论计算比较后可以指认,这些精细结构起自微探针光斑范围内量子点集合中,某单个量子点或尺寸、组分(因而量子态位置)正巧相同的几个量子点的、与激子基态及第一激发态相联系的带间跃迁辐射复合,其线宽也与理论预期的单量子点发光谱线线宽相近. 事实上,如果进一步减小激发光斑尺寸,测量更小数目的量子点集合的 NSOM 光谱,图 9.49 观察到的 S_1、S_2 发光谱带可完全成为许多尖锐谱线的集合. 图 9.50 给出 10K 时激发光斑直径为 500nm 的自组织生长 InAs 量子点集合的 NSOM 发光光谱,其中图(b)为 $1.28～1.30eV$ 能量范围这种发光光谱的高分辨率谱[111]. 实验采用的光谱分辨率为 $0.1meV$. 图 9.50 表明,实验观察到的线宽最窄的量子点发光谱线,其线宽已小于仪器的分辨率. 顺便指出,来自

单个 GaAs 量子点的带间激子跃迁辐射复合发光也已被观察到,并如图 9.51 所示[112]. 这里 GaAs 量子点是用 MOCVD 选择性生长的方法生长在 SiO_2 图形结构的 GaAs(100)衬底上的. 在生长 GaAs 量子点前先生长 $Ga_{0.6}Al_{0.4}As$ 棱形柱础结构,GaAs 量子点则生长在小柱础顶端,柱础底部为 $190nm \times 160nm$ 的四边形,高度为 12nm. 量子点与量子点之间的距离近乎为 1mm,因而不难探测单个量子点的发光,只要它们有足够的强度. 图 9.51 表明,这里发光强度为几十个光子数,线宽为 0.9meV.

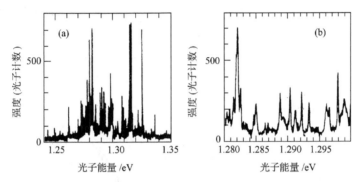

图 9.50 10K 和激发光斑直径为 500nm 时一个自组织生长的 InAs 量子点集合的 NSOM 发光光谱(图 a)和横坐标放大后 1.28～ 1.30eV 能量范围内的高分辨率 NSOM 发光光谱(图 b)

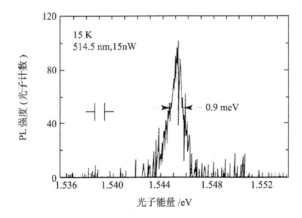

图 9.51 单个 GaAs 量子点的显微光致发光光谱. 测量温度为 15K,Ar^+激光514.5nm谱线激发,15nW

图 9.52(a)给出 ALS 模式自组织生长的 $In_{0.5}Ga_{0.5}As$ 量子点的 NSOM 光致发光光谱与激发功率的关系. 激发光源和图 9.49 一致,测量温度为 5K. 和图 9.44 给出的宏观 PL 谱比较可见,随着激发功率增大,除精细结构更为清晰外,发光谱带变得更尖锐一些,并且可以分辨出 7 个发光带,其中第一、第二个发光带

在激发强度为 $0.9kW/cm^2$ 情况下发光光强均已饱和. 跃迁对应的子带级次越高,发光谱峰带宽越大,并且能量距离减小,以致级次大于 4 的谱带不再是孤立的了. 这一现象可能起源于不同量子点内量子态间能量间隔的不均匀性,以及量子态能量位置和谐振子型限制势模型的偏离,也可能和激发功率增大时每一发光带低能侧出现附加发光过程有关.

图 9.52(b)给出量子点集合基态发光峰附近放大的 NSOM 发光光谱. 由图可清晰看到,随着激发功率从 $90W/cm^2$ 增大到 $9kW/cm^2$,基态发光峰强下降而其低能侧发光带尾增强. 这一发光信号的红移,可能和量子点的多体效应有关,即量子点中存在一对以上的电子-空穴对的情况.

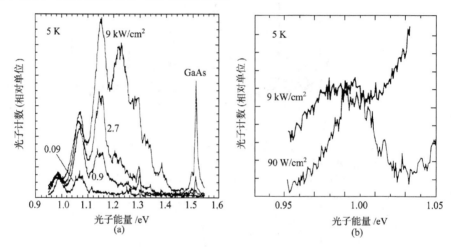

图 9.52　(a)ALS 模式自组织生长 $In_{0.5}Ga_{0.5}As$ 量子点的 NSOM 光致发光光谱和激发功率的关系. 激发光源为激光二极管 633nm 谱线;(b)基态发光峰附近放大的
NSOM 发光光谱

半导体量子点光致发光强度随温度的变化,以及飞秒激光脉冲激发后量子点 PL 信号强度随时间衰减的时间分辨光谱也已被研究过,并由此推测其辐射复合光发射效率和与之竞争的无辐射复合渠道的信息. 这些对量子点激光器和发光器件都有重要意义,量子点激光器的重要性能,如量子效率、阈值电流等都与此有关.

用时间分辨 PL 衰减光谱方法测得的 ALS 模式自组织生长的 $In_{0.5}Ga_{0.5}As$ 量子点的诸分立发光谱带(对应于量子点中不同量子态间带间辐射复合跃迁)的复合寿命如图 9.53 所示[3]. 图 9.53 表明,实验测量获得的复合寿命 τ_r 与谱线级次无关,其值在 $0.8\sim1.5ns$ 范围,这对量子点的激光器件应用是足够了,但小于理论估计的自发光发射辐射复合寿命 $\tau_{sp}=2.8ns$. 目前尚不清楚这种不一致是来自理论计算中参数选择的误差,以及对影响寿命的诸因子的欠合理考虑,或是测量值中包含了无辐射复合跃迁渠道的贡献. 如果计及无辐射复合渠道,实验测得的 τ_r 应表为 $\tau_r^{-1} = \tau_{sp}^{-1} + \tau_{nr}^{-1}$,如果采用如上给出的理论估计的 τ_{sp} 值,则可推得 $\tau_{nr} = 0.6 \sim 0.8ns$. 图 9.53 还表明,实验测得的寿命几乎与温度无关,这是由于量子点中分立的量子化能级在能量上充分分开,从而阻碍了激子的热分布的缘故. 这和前面讨论的量子点辐射复合发光的多峰特性和峰强易于饱和的事实一致,并且是量子点特有的性质之一. 此外,既然 τ_{nr} 与温度有关,图 9.53 的结果似乎意味着在图示实验条件下,无辐射复合过程并未影响辐射复合寿命 τ_r. τ_r 和量子点晶体质量、包括包围量子点的势垒材料的晶

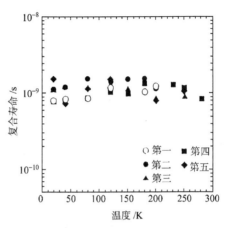

图 9.53 用时间分辨 PL 衰减光谱测得的 ALS 模式生长 $In_{0.5}Ga_{0.5}As$ 量子点的五个级次发光谱带的复合寿命及其与温度的关系. 可见这一寿命约为 1ns 左右并与温度无关

体质量有密切关系. 如前所述,以上实验中采用的激发激光波长为 647.1nm 或 633nm,对应光子能量约为 2eV,因而事实上非平衡载流子主要是在量子点外被激发,并扩散到量子点内,和在其中发生辐射复合跃迁;实验并未观察到和 GaAs 衬底或包围量子点的介质的带边跃迁对应的发光谱带. 量子点内激发态载流子弛豫缓慢的事实,更增加了激发载流子在扩散到量子点内之前,在量子点外即因弛豫而被湮灭的机会,这样为提高量子点内带间跃迁辐射复合效率,量子点外晶体质量的改善同样十分重要.

图 9.54 给出 ALS 模式自组织生长 $In_{0.5}Ga_{0.5}As$ 量子点激子基态辐射复合 PL 发光强度与温度的关系[98],作为比较,图中还给出 S-K 模式分子束外延自组织生长的 InAs 量子点同一过程发光强度随温度的变化. 图 9.54 表明,在 4.2~300K 范围内,ALS 模式自组织生长量子点的带间激子跃迁发光强度随温度升高而单调下降了约一个数量级,和量子阱带间跃迁发光情况[113]相似或更慢,这一事实对半导体量子点的光电子应用是重要的.

9.6.1 单量子点光谱

利用前面介绍的应变自组装方法,通过 MOCVD 系统,我们生长了一系列的不同尺寸的 InAs 量子点样品. 首先对 GaAs B 衬底进行去氧处理,然后在衬底温度为 580℃时外延生长一层 200 nm 的 GaAs 缓冲层. 当衬底温度随后降至 500℃时,开始外延生长 1.6nm 的 $In_{0.35}Ga_{0.65}As$ 模板层,然后外延生长 x ML (monolayer)

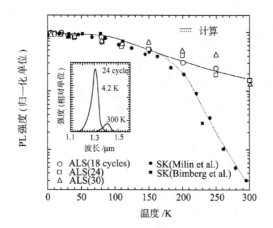

图 9.54　ALS 模式生长 $In_{0.5}Ga_{0.5}As$ 量子点基态
带间辐射复合 PL 发光强度与温度的关系,以及与
S-K 模式生长的 InAs 量子点的比较. 激发光源为
Kr^+ 激光 647.1nm 谱线

($x=1,1.5,2,2.5,4$)的 InAs 淀积层. 最后在 500℃ 和 580℃ 的温度下分别外延生长 10nm 的 GaAs 和 100nm 的 GaAs 覆盖层. 通过生长应力调制的 $In_{0.35}Ga_{0.65}As$ 模板可以来控制 InAs 量子点在生长过程中的成核位置. 不同厚度的 InAs 淀积层决定了量子点的尺寸大小[114].

我们使用共焦显微光谱系统,通过在上述量子点样品表面覆盖带有小孔的不透光金属膜,同时不断改变小孔大小,最终观察到单个量子点的荧光信号如图 9.55 所示。

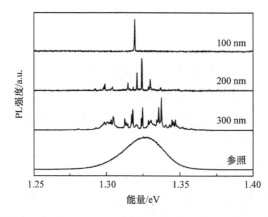

图 9.55　量子点系综的荧光与不同尺寸掩膜小孔下的量子点荧光信号的对比

在对大量光谱进行比较的过程中我们发现,有些单量子点的发光具有双峰结构,两峰之间的能量相差 $63\mu eV$(如图 9.56),这种精细结构来源于量子点形状不

对称引起的各向异性,使得原本是二重简并的激子基态劈裂成了两个态,其偏振极化方向互相垂直[115~117].

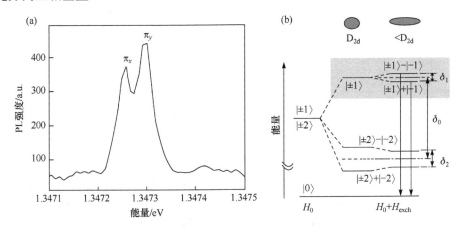

图 9.56　量子点不对称引起基态激子的劈裂

　　另外,Mayer 等人发现,在低激发功率下,光谱中只有一个峰,对应于某一个量子点基态的复合发光,而随着激发功率的增加,荧光光谱上出现了更多的谱线,且它们具有和基态复合发光相似的线宽. 这是由于随着激发功率的不断升高,在较短时间里产生了大量的激子,由于两个激子之间也存在库仑相互作用,使多个激子也可以相互结合形成新的束缚态,即双激子,或三激子态[118,119]. 需要指出的是,虽然这三个复合过程都只有一个激子复合,但是发射光子的能量却有微小的差别. 通常激子态越多,辐射出的光子能量越低,这主要是由于电子-空穴对之间的库仑相互作用造成的.

　　单激子态量子点可以俘获电子或空穴而形成一个带电荷的激子. 还可在外加电压的作用下,形成带多个负电荷的激子. 这些带电激子的发光峰能量同样也与单激子的能量有细微差异,这种差异主要来源于电子-空穴之间的交换相互作用,电子-空穴交换作用决定了发射光子的偏振和纠缠状态.

　　通过研究在同一个量子点中的激子络合物(多激子、带电荷激子等)的精细结构,可以测量出各种电子-空穴相互作用能(表 9-2)[120,121],这对人工操纵量子点中激子的电荷和自旋是非常关键的.

表 9-2　自组装量子点 GaAs 的特征能量

量子点特征能量	能量大小范围
量子化动能	50~100meV
激子束缚能	25~50meV

量子点特征能量	能量大小范围
库仑相互作用能	2~10meV
精细结构效应	1meV
塞曼和 Stark 效应	1meV
尺寸不均匀展宽	20~100meV

接下来我们就来展示光谱上直接观测到的 CdSe/ZnSe 量子点分子中的点间相互耦合效应. 生长过程采用 MBE 技术,由 SK 模式在 GaAs[001]衬底上形成双层 CdSe/ZnSe 量子点结构[122~124],沉积过程为 ZnSe 缓冲层－ZnSe 势垒层－第一层 CdSe 量子点－ZnSe 势垒层－第二层 CdSe 量子点－ZnSe 覆盖层. 注意到第二层量子点由于受到下层量子点应力场的影响,会优先形成在下层量子点的正上方,因此结构上是上下相合的双量子点分子. 实验中我们一共生长了 4 组样品,它们具有不同的中间势垒层的厚度,分别为 3nm,5nm,7nm 和 10nm. 为了实现单个量子点分子的显微荧光光谱测量,我们利用电子束曝光(e-beam lithography)和反应离子刻蚀的方法将样品做成微观尺度的柱状结构,半径在 30nm 左右,这样可以尽量减少激光光斑中的量子点数目. 透射电子显微镜(TEM)照片显示量子点的形状近似为圆盘形,点的高度约为 3nm,半径约为 10nm. 使用的激发光源为 GaN 激光器,波长为 407nm. 实验温度为 4.2K. 上述 4 个 Bell 基的形式要求样品中只有少数激子被激发,因此我们将激发功率限定在 10W/cm² 以下. 值得一提的是,关于高激发功率下量子点中激子的多体问题目前也是一个尚有争论的议题[125]. 图 9.57 给出了 4 个样品的测量结果.

第一,4 个样品均出现两个荧光峰位,与理论上预期的两个光学亮态相对应. 第二,随着 ZnSe 势垒层的厚度从 3nm 增加至 10nm,荧光峰位间的分裂逐渐减小,并且整体上表现出蓝移,与理论计算相符合. 作为一个参考,我们还探测了同批生长的单个 CdSe/ZnSe 量子点的基态荧光峰位在 2.74eV,相比层间距离为 10nm 的样品进一步地蓝移,定性说明了点间激子库仑相互作用对降低激子能量的作用. 4 个样品的荧光峰位分裂能量分别为 22.8meV(3nm),18.1meV(5nm),20.3meV(7nm)和 10.3meV(10nm). 7nm 处的分裂能量没有按预期中单调地下降,可能与样品本身的不均匀性有关,这种不均匀性包括点的尺寸上的涨落和中间势垒层厚度上的涨落. 而这种层间量子点的相互耦合效应在大量量子点系综的光谱测量中也有反映[126]. 一般地,对于双层结构的量子点系统而言,由于应力释放上的差异,上层量子点的平均尺度会略小于下层量子点,因而统计上下层量子点的激子基态能量要低于上层量子. 由于点间相互耦合效应,这种能量上的差异会导致激子从高能态的量子点通过隧穿、散射等机制迁移到低能态的量子点,在光谱上相应地会表现出荧光信号的红移和线宽的减小,因此是可探测的.

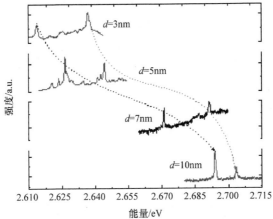

图 9.57 4 个不同层间厚度的 QOM 样品($d=3nm, 5nm, 7nm, 10nm$)的荧光信号

9.6.2 磁场下量子点光谱及自旋调控

众所周知,量子点具有类原子的分立能级,在磁场中,电子与空穴能级的塞曼效应导致与自旋相关的能态简并消除,从而导致量子点激子能级分裂,形成不同自旋取向的激子.通常采用塞曼(Zeeman)分裂和逆磁(diamagnetic)位移来描述原子中的量子点能级在磁场中的行为.弱磁场下,量子点中的激子能级可以写成[127]

$$E(B) = E_0 \pm g_{ex}\mu_B B + \gamma_{dia}B^2$$

其中,E_0 是在零磁场下的激子能级;g_{ex} 为激子的有效朗德 g 因子(Lande g factor),通常为电子与空穴的有效朗德 g 因子之和;μ_B 是玻尔磁子;γ_{dia} 便是逆磁系数.激子的塞曼能级分裂大小正比于磁场 B;激子的逆磁频移大小与磁场的平方成正比.量子点中的激子能级在磁场中的行为主要决定于 g_{ex} 与 γ_{dia} 大小.获取量子点 g_{ex} 与 γ_{dia} 最直接的办法是量子点的各种磁光光谱研究.

相比其他固态体系,半导体量子点对于自旋电子学的研究有以下几个优势:①载流子浓度较低,可以避免多体效应带来的复杂性,是研究单电子行为的良好载体.②得益于材料生长方法的发展,样品的质量通常具有非常灵活的调控空间,从高纯样品到重掺杂样品,可以方便地针对不同物理问题设计不同的样品.③很多半导体材料的带隙都在可见光波段附近,容易通过光学注入的方法产生自旋极化的载流子.④半导体材料和现有的工业界技术能够更好地接轨,从而为应用推广提供了便利.⑤分立化的能级结构为研究各种自旋相关的精细相互作用,如电子-空穴交换相互作用和电子自旋-核自旋间超精细相互作用等提供了方便.

2000 年,荷兰物理学家 Khaetskii 等研究表明[128],对于这类固态环境中的类原子而言,其分立能级能够有效地减弱自旋反转散射,从而延长电子自旋的相干时间. 因为缺少反演对称的缘故,考虑 Rashba 自旋轨道耦合效应,自旋反转散射曾经被认为在量子点体系中有很重要的贡献. 基于该文观点,半导体量子点是很好的实现量子计算的客体环境. 1998 年,Loss 等证明了以电子自旋作为比特,比如在原子、分子或者量子点体系中,则满足所有可标量的量子计算的要求. 另一方面,量子点的小尺度为磁场调控提供了方便. 在实际应用上,1.5T 的磁场对应的特征长度 $(\hbar c/eB)^{1/2}=20$nm 就与量子点的典型尺度相当,因而可以可观地改变量子点的能级结构[129]. 我们知道,纠缠态的制备和测量正是实现量子通信的基础. 目前一个可行的方案是利用相邻的量子点间激子的库仑相互作用和隧穿效应实现电子态的纠缠. 对于最简单的两个量子点系统来说,这种纠缠态就是具有最大纠缠度的 Bell 基(其纠缠度为 1).

另一方面,如果在半导体量子点中掺入 3d 金属杂质,预期可以将巨塞曼效应引入到这种类原子体系,从而极大地增强量子点中的电子和空穴对外加磁场的响应灵敏度. 同时由于量子点中的杂质浓度远高于一般的掺杂体材料(在实际生长过程中,Mn 原子扮演成核杂质的角色,使得量子点趋向于围绕它形成),因此理论上可以得到很高的居里温度,从而方便地实现量子点中电子和空穴的极化与退极化过程. 实验上已在掺 Mn 的 lnAs 量子点中观测到高达 400K 的居里温度. 直观上看,DMS 量子点由于同时具有分立化的能级和 (s)p-d 交换相互作用,会出现一些奇特的性质. 比如:M_0-T 曲线明显地背离布里渊函数的形式,而且 T_C 的高低依赖于量子点中电子填充数的奇偶性,同时在对量子点的形状参数的依赖关系上表现出强烈的磁各向异性,这些都体现了维度的减小对体系铁磁性的影响.

对于掺有 Mn 杂质的量子点,激子与 Mn 自旋间的交换相互作用可以分解成电子和空穴两部分. 如果在工艺上能够实现量子点中恰好只有一个 Mn 原子杂质,则该体系就是极好的研究单个电子或单个激子与单个局域自旋间相互作用的载体. 得益于材料生长技术的发展,目前已经实现单个量子点中的单个 Mn 原子掺杂. Norris 等通过电子顺磁共振的方法证明了这种结构上的完美性,他们测得的激子 g 因子是非掺杂样品的 430 倍,为研究量子体系中的自旋调控提供了极好的载体.

熊晖等系统地研究了掺 Mn 的 CdSe/ZnSe 单量子点的磁光光谱,对引入 Mn 原子带来的量子点电子能态的影响做了初探[126]. 他们首次观察到了带电荷激子在磁场下的光谱分裂(图 9.58). 对于掺 Mn 的量子点体系,一方面 Mn 杂质的引入给体系带来了独特的自旋特性,另一方面由于 Mn 同时是一个复合中心,由此产生的激子振子跃迁幅度的迁移会削弱带间激子辐射复合的强度,转而表现为 Mn^{2+} 离子 $^4T_1$-$^6A_1$ 态的跃迁,从而严重减小了体系的量子效率和激子态的寿命,不利于实际应用. 为了克服这种负面影响,熊晖等在样品生长过程中做了改进,虽然样品的成分仍然为常规的 Mn 掺杂的 CdSe/ZnSe 量子点,但是在外延生长过程中,他们在 ZnSe 势垒层上先生长一层极薄的 Mn 掺杂的 ZnMnSe 势垒层,厚度约为 1nm,即 3 个单分子层,Mn 的掺杂浓度约为 1‰. 在 CdSe 量子点的沉积过程中,Mn 束源被关闭,以此来尽量降低 Mn^{2+} 离子在量子点中心的占据,从而减少对量子点中激子的俘获,同时由于 ZnSe 势垒层中不含 Mn^{2+} 离子,也避免了对光激发载流子的俘获.

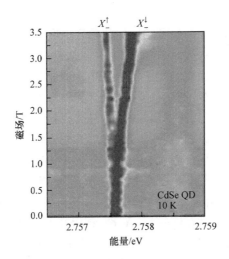

图 9.58 光谱显示的 X-激子态能级在磁场中的分裂

根据图 9.58 中反映的信息,拟合得到的 $g_{ex} = -0.99$,注意这里的材料为 CdSe/ZnSe 量子点,可见其激子 g 因子数值要小于 InAs/GaAs 量子点,反映了带隙的影响. 有关 X^- 态的指认是根据量子点中空穴的玻尔半径要远远小于电子,故在能量上 $E(X^-) < E(X) < E(X^+) < E(XX)$. 作为对比,根据自旋配置的不同,$X$ 态和 X^- 态在磁场中的分裂情况如图 9.59 所示意.

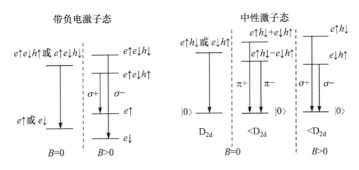

图 9.59 中性激子态 X 和带负电激子态 X^- 能级在磁场及对称性的影响下的分裂情况对比

9.6.3　光学微腔中的单量子点

2000 年以后,研究人员陆续在实验上成功实现了单个量子点等小量子体系与多种光学微腔的耦合.对单个量子点与光学微腔的研究包括两个方面,即弱耦合区和强耦合区.微腔的引入可以深入地影响包括自发辐射在内的量子辐射体的光学过程,从而使人们得以通过改变外部条件研究并调控辐射体与微腔的耦合.在真实的微腔中,由于微腔品质因数的限制,光子只能在微腔中被束缚一定的时间,从而引起了系统的耗散.当微腔与量子辐射体的耦合强度不足以抵消系统的耗散时,系统便处于弱耦合区.在这一区域,人们最为关注的就是如何增强,或者抑制自发辐射效率,如何使辐射方向随机的光子耦合到单个光学模式中,以及最为重要的,如何在单光子的尺度上有效地控制自发辐射过程等.为了实现对耦合体系的调控,人们在理论和实验上做了广泛而深入的研究,包括不同体系(原子、离子、半导体量子阱和量子点等)与不同的微腔结构(圆盘微腔、微柱微腔以及光子晶体微腔等)的耦合,利用不同手段(改变系统温度、外加电场等)调控自发辐射效率等体系特性.2001 年 Y. Yamamoto 小组观察到了单个 InAs 量子点与微柱型微腔的耦合效应,量子点发光被有效地耦合进单个微腔模式中,其自发辐射率增强了约 4.5 倍(即 Purcell 因子为 4.5)[130].就在同一年,A. Kiraz 等在圆盘型微腔中同样实现了单量子点与微腔的耦合,在他们的工作中,Purcell 因子达到了 6,并且通过测量二阶时间相关函数,首次在实验上证明了在弱耦合区的单光子发射性质[131],这些工作为微腔量子电动力学的研究提供了初步探索.

在磁场中,激子的塞曼效应与逆磁效应的共同作用使激子能量与腔模的失谐连续可调[132~134],2012 年,任祺君、鹿建等利用量子点的塞曼效应以及其逆磁效应,首次观察到了单量子点不同自旋态的激子发光强度随失谐的变化,实现了磁场对珀塞尔效应的调控.并且由于塞曼分裂导致有选择性地将激子中的一支自旋态与腔模耦合,并增强了其自发辐射速率,而另一支由于失谐较大而未和腔模发生明显耦合.相对于单量子点中两支自旋态的自发辐射强度相当的情况,通过塞曼效应与珀塞尔效应的共同作用,将其中一支的自发辐射强度相对于另一支提高了 26 倍左右[135].为了更深入地理解磁场调控的珀塞尔效应,提出了四能级的量子点能级模型,通过解四能级速率方程,对实验结果进行了模拟.理论计算与实验符合得比较好,这更加有力地证明了通过磁场调控单量子点-微腔耦合强度以及选择性增强自旋相关的量子点自发辐射速率的科学意义与可行性.

在强耦合区,由于微腔品质因子的提高,使系统的耦合强度超越了光子以及量子辐射体本身的耗散,从而使自发辐射过程成为一个可逆的过程,即自发辐射产生的光子可以被重新吸收.这种相干相互作用使光子与量子辐射体形成一个耦合杂化的系统.在实验上,强耦合的一个典型特征就是量子 Rabi 振荡,或者说耦合系统

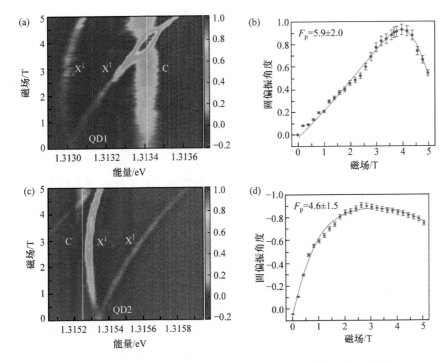

图 9.60 磁场调控下量子点激子的不同自旋态与腔模的选择性耦合

的真空 Rabi 分裂. 真空 Rabi 分裂首先在原子体系被观察到, 而 1992 年 C. Weis-buch 等首次在实验上观察到了 GaAs 量子阱中激子态与平板腔模的强耦合效应[136], 将强耦合腔量子电动力学推广到固态系统. 他们利用微腔表面的空间不平整性来调节激子与微腔腔模的失谐度, 并在激子与光场能量共振时观察到了激子与腔模色散的反交叉行为. 到 2004 年, *Nature* 杂志上同时报道了 J. P. Reithmaiar 等以及 T. Yoshie 等的研究结果, 他们分别在微柱形微腔和光子晶体中实现了单个半导体量子点与微腔的强耦合效应, 得到的真空 Rabi 分裂值已达到上百个微电子伏[137~139]. 2005 年, E. Peter 等在圆盘型微腔中也实现了单量子点与微腔的强耦合, 并且实现了高达 400μeV 的真空 Rabi 分裂[140]. 而到了 2007 年, Yamamoto 小组和 K. Hennessy 等分别在微柱型微腔和光子晶体中实现了强耦合区的单光子发射[141,142].

现在, 人们已经能够准确地将单个小量子体系置于微腔中的特定位置, 以使两者的耦合强度最大化. 在强耦合区, 由于量子态与微腔中光模的相干相互作用, 极大地抑制了量子态的退相干效应, 使基于腔量子电动力学的耦合量子系统很可能成为量子信息处理和量子比特的最佳载体, 并在光电子领域, 如单光子源、纠缠光子发射源以及单光子探测和单量子点激光器等领域拥有大的应用价值[143~145], 这些成果与进展为腔量子电动力学在量子信息处理和新型光电子器件上的应用开辟了更广阔的前景.

9.7 半导体量子点的电致发光

ALS 模式自组织生长 $In_{0.5}Ga_{0.5}As$ 量子点的品质,已允许制作以量子点集合为激活区的 pn 结二极管,图 9.61 给出这样制作的 ALS 自组织生长 $In_{0.5}Ga_{0.5}As$ 量子点 pn 结的电流注入发光光谱(EL 谱)[69]. 这里电极面积为 $20\mu m \times 900\mu m$. 由于电注入有更高的效率,与光激发相比,它导致量子点中注入更多的非平衡载流子,以致当注入电流为 400mA 时,图 9.61 所示电致发光可观察到 5 个发光峰,并且随着注入电流的增大,第一、第二个发光峰峰强几乎饱和(与 PL 谱一致). 既然辐射复合自发发射速率正比于 N/τ_{sp},这里 N 是占据某一激发能级的载流子数目,τ_{sp} 是自发光发射辐射复合寿命,发光强度的饱和就对应于这一能态上载流子布居数目的饱和. 因而如泡利原理要求的那样,随着低能态几乎完全被激发载流子占据,来自较高能态上载流子布居的发光便开始出现和增强. 但泡利原理并不足以圆满地解释图 9.61 及图 9.42~图 9.44 的结果. 以图 9.61 为例,我们注意到,当注入电流为 10mA 时,虽然能量最低的第一个发光峰的峰强还远低于其饱和值,即对应电子态上的布居并未饱和,第二、第三个发光峰就已经出现了,并且其强度似不弱于第一个发光峰. 事实上,激发导致的每一个量子态上布居的载流子数目

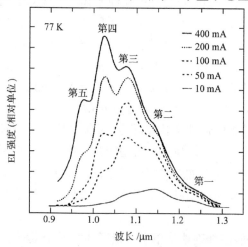

图 9.61 用 ALS 模式经 18 周期交替供源自组织生长的 $In_{0.5}Ga_{0.5}As$ 量子点集合的电致发光光谱. 平行于表面的发光信号经会聚和色散后由 InGaAs 光电倍增管与锁相技术接收. 电极面积为 $20\mu m \times 900\mu m$

N 决定于多种微观过程间的平衡或准平衡,这些微观过程包括自发辐射、弛豫到该态或从该态热发射到更高能态,以及激发载流子从量子点外陷落到量子点内等过程. 如实验所揭示,对自组织生长的 InAs 和 $In_{0.5}Ga_{0.5}As$ 量子点,限制量子态之间的能量间隔约为 $50\sim80meV$,例如,图 9.44 所示情况就是 $75meV$,远大于 $8K$ 或 $77K$,甚至 $300K$ 时的热运动能量 k_BT,因而上述微观过程中热发射过程的影响是不重要的. 图 9.42、图 9.44 和图 9.61 给出的 InAs 和 $In_{0.5}Ga_{0.5}As$ 自组织生长量子点实验发光光谱,即使在低激发条件下也十分明显显示多峰结构的事实表明,量子点中激发载流子的弛豫速率也较慢,和自发辐射速率可相比拟. 因而,激发载流子一旦被激发到基态能量以上的较高激发能态后,就不易像体材料和量子阱中的激发载流子那样,很快弛豫到带边附近的最低能量状态而实现一种准平衡分布,这曾是第五章讨论带间发光过程的基本假定之一. 既然自组织生长 InAs、$In_{0.5}Ga_{0.5}As$ 量子点中量子化能态间的能量差高达 $50\sim80meV$,而布里渊区原点及其他临界点处光学声子能量仅 $20\sim40meV$,因而满足载流子散射弛豫能量守恒要求的声子数是不多的,或者必须经由更复杂的多声子过程才能实现处于较高能态的激发载流子的弛豫,这就是量子点中激发(非平衡)载流子弛豫缓慢的物理原因,并称之为"声子瓶颈"效应. 由于声子瓶颈效应,量子点中不同量子态上的载流子布居不能简单地用费米-狄拉克分布来描述,并导致较高激发能态上容易存在载流子布居和较大的布居密度,据此可完满地理解量子点发光光谱多峰结构和发光峰强饱和的实验结果.

图 9.61 给出的 ALS 模式自组织生长 $In_{0.5}Ga_{0.5}As$ 量子点的电致发光光谱,还有如下三个特征:首先是发光峰级次越高,其峰强极大值、即饱和峰强也越大;其次是随着注入电流的增大,各个发光峰的能量位置保持不变,这一事实进一步支持了实验观察到的诸发光峰起源于量子点中不同分立能级间辐射复合带间跃迁的指认;最后是相邻发光峰之间的能量差几乎恒定不变,这是因为在这里讨论的 InAs、$In_{0.5}Ga_{0.5}As$ 自组织生长量子点情况下,量子限制势是谐振子型的,它导致的量子限制态之间应该是近乎等距的能量间隔.

以量子点激光器为例,文献[146]报道了一种用 S-K 模式自组织生长的 InAs/GaAs 量子点激光器,其激射波长为 $951\sim960nm$,室温下连续输出功率已大于 $1W$,并且连续工作寿命超过 3000 小时. 这种量子点激光器结构是用 MBE 方法生长在掺 Si 的 GaAs(001) 衬底上的,由缓冲层(兼作电极层)、限制层、渐变折射率的波导层和产生激射的有源区层等组成,其中有源区为三层沿生长方向垂直有序排列、并用 $5nm$ 厚的 GaAs 层间隔开来的 InAs 量子点列阵. 生长 InAs 量子点时的覆盖度为 $1.8ML$,以实现最佳晶体品质的量子点列阵. 图 9.62 给出这样制备的 InAs 量子点激光器的室温激射谱(a)、激射功率和注入电流的关系(b),以及阈值电流和温度的关系(c). 由图可见,室温下这一量子点激光器的阈值电流约为

200mA,对应于阈值电流密度 218A/cm²;注入电流为 1.6A 左右时,室温下量子点激光器的输出激光功率即达到 1W 左右. 阈值电流密度还可继续降低,已有文献报道了激射阈值电流密度低达 60A/cm² 的多层耦合 In(Ga)As/GaAs 量子点激光器[147]. 此外,图 9.62(c)表明,量子点激光器阈值电流随温度变化并不十分敏感,但在不同温区可有不同的特征温度 T_0,如低温区域的 $T_0 = 333K$ 和较高温度范围的 $T_0 = 157K$. 可以指出,通过改变量子点尺寸、组分、势垒高度以及缓冲层组分等方法,容易调节量子点激光器的激光发射波长. 加之其他优越性,看来半导体量子点激光器的发展和应用前景是光明的.

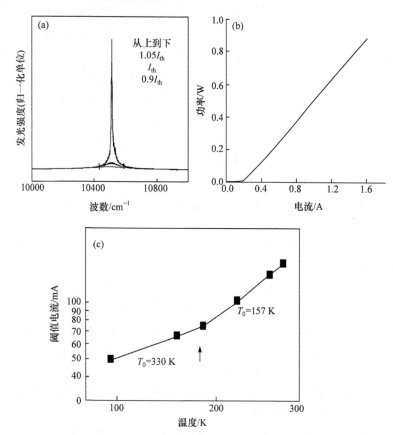

图 9.62　InAs 量子点激光器的室温激射谱(a),激射功率与注入电流的关系(b),以及阈值电流和温度的关系(c)

参考文献

[1] Basu P K. Optical Processes in Quantum Wires and Dots. In: Theory of Optical Processes in Semicond. Clarendon Press, Oxford, 1997

[2] Ulrike Woggon. Optical Properties of Semiconductor Quantum Dots. Springer, 1998

[3] Sugawara M (ed). Self-Assembled InGaAs/GaAs Quantum Dots. Semiconductors & Semimetals Vol. 60, Academic Press, 1999

[4] Arakawa Y and Sakaki H. Appl Phys Lett, 1982, **40**: 939

[5] Asada M, Miyamoto Y and Suematsu Y. IEEE, J of Quantum Electr, 1986, **22**: 1915

[6] Kapon E. In: Quantum well Lasers, ed by Zory P S. Academic Press, NY, 1993, 461~500

[7] Ogawa T and Takagahara T. Phys Rev, 1991, **B44**: 8138

[8] Ray P and Basu P K. Phys Rev, 1993, **B48**: 11420

[9] Demel T, Heitmann D, Grambow P and Ploog K. Phys Rev Lett, 1991, **66**: 2657

[10] Kim Y, Yuan S, Leon R, et al. J Appl Phys, 1996, **80**: 5014

[11] Van der Meulen H P, Rubio J, Azcona I, et al. Phys Rev, 1998, **B58**: 10705

[12] Rinaldi R and Cingolani R, et al. Phys Rev Lett, 1994, **73**: 2899

[13] 李志锋. 博士学位论文. 中国科学院上海技术物理研究所, 2000

[14] Tsuchiya M, Gaines J M, Yan R H, et al. Phys Rev Lett, 1989, **62**: 466

[15] Miller M S, Weman H, et al. Phys Rev Lett, 1992, **68**: 3464

[16] Richter A, Behme G, Süptitz M, et al. Phys Rev Lett, 1997, **79**: 2145

[17] Kapon E, Hwang D M and Bhat R. Phys Rev Lett, 1989, **63**: 430

[18] Goni A R, Pfeiffer L N, West K W, et al. Appl Phys Lett, 1992, **61**: 1956

[19] Someya T, Akiyama H and Sakaki H. J Appl Phys, 1996, **79**: 2522; Yoshita M, Akiyama H, Someya T and Sakaki H. J Appl Phys, 1998, **83**: 3777

[20] Pfeiffer L, West K W, Størmer H L, et al. Appl Phys Lett, 1990, **56**: 1697

[21] Calleja J M, Goñi A R, Dennis B S, et al. Solid State Commun, 1991, **79**: 911; Surf Sci, 1992, **263**: 346

[22] Walther M, Kapon E, Caneau C, et al. Appl Phys Lett, 1993, **62**: 2170

[23] Vermeire G, Vermaerke F, Van Daele P and Demeester P. Proceedings of the 7th Biannial Workshop on MOVPE, Florida, April, 1995

[24] Nøtzel R, Jahn U, Niu Z, et al. Appl Phys Lett, 1998, **72**: 2002

[25] Nøtzel R, Ramsteiner M, Menniger J, et al. Jpn J Appl Phys, 1996, **35**: L297

[26] Kohl M, Heitmann D, Grambow P and Ploog K H. Phys Rev Lett, 1989, **63**: 2124

[27] Plaut A S, Lage H, Grambow P, et al. Phys Rev Lett, 1991, **67**: 1642

[28] Nagamune Y, Arakawa Y, Tsukamoto S, et al. Phys Rev Lett, 1992, **69**: 2963

[29] Nagamune Y, Tanaka T, Kono T, et al. Appl Phys Lett, 1995, **66**: 2502

[30] Rinaldi R, Ferrara M and Cingolani R. Phys Rev, 1994, **B50**: 11795

[31] Someya T, Akiyama H and Sakaki H. Phys Rev Lett, 1996, **76**: 2965

[32] Someya T, Akiyama H and Sakaki H. Phys Rev Lett, 1995, **74**: 3664

[33] 本书第三章3.5节

[34] Tarucha S, Okamoto H, Iwasa Y and Miura N. Solid State Commun, 1984, **52**: 815

[35] Calleja J M, Goñi A R, Dennis B S, et al. Solid State Commun, 1991, **79**: 911

[36] Rodriguez F and Tejedor C. Phys Rev, 1993, **B47**: 1506; 1993, **B47**: 13015

[37] Maciel A C, Freyland J M and Rota L, et al. Appl Phys Lett, 1996, **68**: 1519

[38] Bairamov B H, Aydinli A and Tanatar B, et al. Superlattices & Micros, 1998, **24**: 299

[39] 李乐愚, 张树霖, 李志锋, et al. 科学通报, 2000, **45**: 1379

[40] HOPFIELD J. Phys Rev, 1958, **112**(5): 1555-1567

[41] Weisbuch C, Nishioka M, Ishikawa A and Arakawa Y. Phys Rev Lett, 1992, **33**: 495

[42] Deng H, Weihs G, Santori C, Bloch J and Yamamoto Y. Science, 2002, **298**, 199-202

[43] Wouters M, Carusotto I. Phys Rev Lett, 2007, **99**: 140402

[44] Richard M, Kasprzak J, Romestain R, André R and Dang L S. Phys Rev Lett, 2005, **94**: 187401

[45] Deveaud-Plédran B. Nature, 2008, **453**: 297

[46] Tsintzos S I, Pelekanos N T, Konstantinidis G, Hatzopoulos Z and Savvidis P G. Nature, 2008, **453**: 06979

[47] Bhattacharya P, Frost T, Deshpande S, Baten M Z, Hazari A and Das A. Phys Rev Lett, 2014, **112**: 236802

[48] Christopoulos S, BaldassarriHöger von Högersthal G, Grundy A J D, Lagoudakis P G, Kavokin A V, and Baumberg J J. Phys Rev Lett, 2007, **98**: 126405

[49] Nobis T, Kaidashev E M, Rahm A, Lorenz M and Grundmann M. Phys Rev Letts, 2004, **93**: 103903

[50] Sun L, Chen Z, Ren Q, Yu K, Bai L, Zhou W, Xiong H, Zhu Z Q and Shen X. Phys Rev Lett, 2008, **100**: 156403

[51] 范东华. ZnO 纳米结构的制备、表征及其光学性质研究[D]. 上海: 上海交通大学, 2008.

[52] Wang Y, Hu T, Xie W, Sun L, Zhang L, Wang J, Gu J, Wu L, Wang J, Shen X and Chen Z. Phys Rev B, 2015, **91**, 121301(R)

[53] Deng H, Weihs G, Santori C, Bloch J, Yamamoto Y. Science, 2002, **298**: 199-202

[54] Richard M, Kasprzak J, Romestain R, André R and Dang Le Si. Phys Rev Lett, 2005, **94**: 187401

[55] Lagoudakis K G, Wouters M, Richard M, Bass A, Carusotto I, Ander R, Dang Le Si and Deveaud-Pledran B. Nature, 2008, **4**: 706-710

[56] Amo A, Sanvitto D, Laussy F P, et al. Nature, 2009, **457**: 291

[57] Utsunomiya S, Tian L, Roumpos G, et al. Nature, 2008, **4**: 700-705

[58] Sich M, et al. Nature Photon, 2012, **6**: 50-55

[59] 孙聊新. ZnO 回音壁微腔中激子极化激元色散、激射以及凝聚的实验研究[D]. 上海: 复旦大学, 2009

[60] Xie W, et al. Phys Rev Lett, 2012, **108**: 166401

[61] Zhang L, Xie W, Wang J, et al. PNAS, 2015, **112**(13): 1516-1519

[62] Fano U. Phys Rev, 1961, **124**(6): 1866-1878

[63] Wang Y, Liao L, Hu T, et al. Phys Rev Lett, 2017, **118**(6): 063602

[64] Rocksby H P. J Soc Glass Techn, 1932, **16**: 171

[65] Efros Al L and Efros A L. Sov Phys, —Semicond, 1982, **16**: 772

[66] Ekimov A I and Onushenko A A. JETP Lett, 1984, **40**: 1137

[67] Rosetti R, Hull R, Ellison J L and Brus L E. J Chem Phys, 1984, **80**: 4464

[68] Mukai K, Ohtsuka N, Sugawara M and Yamazaki S. Jpn J Appl Phys, 1994, **33**: L1710

[69] Mukai K, Shoji H, Ohtsuka N and Sugawara M. Appl Phys Lett, 1996, **68**: 3013; Phys Rev, 1996, **B54**: R5243; Appl Surf Sci, 1997, **112**: 102

[70] Tabuchi M, Noda S and Sasaki A. Science and Technology of Mesoscopic Structure. Springer-Verlag, 1992: 379

[71] Nakata Y, Sugiyama Y, Futatsugi T and Yokoyama N. J Crystal Growth, 1997, **175/176**: 713

[72] Heitz R, Grundman M, Ledentsov N N, et al. Appl Phys Lett, 1996, **68**: 361

[73] Grundman M, Ledentsov N N, et al. Appl Phys Lett, 1996, **68**: 979

[74] Bernard J and Zunger A. Appl Phys Lett, 1994, **65**: 165

[75] Lipsanen H, Sopanem M and Ahopelto J. Phys Rev, 1995, **B51**: 13868

[76] Brus L E. J. Chem Phys, 1984, **80**: 4403; 1986, **90**: 2555

[77] Ekimov A I, Efros Al L, Ivanov M G, et al. Solid State Commun, 1989, **69**: 565

[78] Schmidt H M and Weller H. Chem Phys Lett, 1986, **129**: 615

[79] Kayanuma Y and Momiji H. Phys Rev, 1990, **B41**: 10261

[80] Hu Y Z, Lindberg M and Koch S W. Phys Rev, 1990, **B42**: 1713

[81] Pollock E L and Koch S W. J Chem Phys, 1991, **94**: 6766

[82] Hu Y Z, Koch S W, Lindberg M, et al. Phys Rev Lett, 1990, **64**: 1805

[83] Park S H, Morgan R A, Hu Y Z, et al. J Opt Soc Am, 1990, **B7**: 2097

[84] Hu Y Z, Giessen H, Peyghambarian N and Koch S W. Phys Rev, 1996, **B53**: 4814

[85] Ekimov A I, Hache F, Schanne-Klein M C, et al. J Opt Soc Am, 1993, **B10**: 100

[86] Efros Al L. Phys Rev, 1992, **B46**: 7448

[87] Xia J B. Phys Rev, 1989, **B40**: 8500

[88] Woggon U, Wind O, Gindele F, et al. Diploma thesis, University Karlsrahe, 1996

[89] Wind O, Gindele F, Woggon U and Klingshirn C J. Cryst Growth, 1996, **159**: 867

[90] Norris D J and Bawendi M G. J Chem Phys, 1995, **103**: 5260

[91] Woggon U. In: Adv in Solid State Physics (Festkørper-Probleme), ed by Helbig R, 1996. **35**: 145

[92] Woggon U, Gindele F, Wind O and Klingshirn C. Phys Rev, 1996, **B54**: 1506

[93] Uhrig A, Wørner A, Klingshirn C, et al. J Cryst Growth, 1992, **117**: 598

[94] Woggon U, In: Nonlinear Spectroscopy of Solids. ed by Bartolo B Di. NATO ASI Series B, Plenum, 1995, **339**: 425

[95] Woggon U, Saleh M, Uhrig A, et al, J Cryst Growth, 1994, **138**: 988

[96] Norris D J, Sacra A, Murray C B and Bawendi M G. Phys Rev Lett, 1994, **72**: 2612

[97] Norris D J and Bawendi M G. J Chem Phys, 1995, **103**: 5260

［98］Mukai K，Ohtsuka N，Shoji H and Sugawara M. Appl Surf Sci，1997，**112**：102

［99］牛智川，王晓东，封松林. 第十届全国凝聚态光学性质学术会议论文集，海拉尔. 2000，57；
　　　2001，10th Intern'Conference on NGS，Kanazawa，Japan，May 27～31，2001

［100］王防震. 复旦大学博士学位论文，2005.

［101］Wang F Z，Chen Z H，Shen S C，et al. Appl Phys Lett，2005，**87**：93104.

［102］Wang F Z，Chen Z H，Shen S C，et al. Acta Physica Sin，2005，**54**：434

［103］Bayer M，Stern O，Hawrylak P，Fafard S and Forchel A. Nature，2000，**405**：923

［104］Lubyshev D I，Gonzalez-Borrero P P，Marega E Jr，et al. Appl Phys Lett，1996，**68**：205

［105］Dürig U，Pohl W D and Rohner F. J Appl Phys，1986，**59**：3381

［106］Betzig E，Trautman K J，Harris D T，et al. Science，1991，**251**：1468

［107］Betzig E and Chicheser J R. Science，1993，**262**：1422；Betzig E，Finn L P and Weiner S
　　　J. Appl Phys Lett，1992，**60**：2484

［108］Ambrose P W，Goodwin M P，Martin C J and Keller A R. Phys Rev Lett，1994，**72**：160

［109］Grober D R，Harris D T，Trautmann K J，et al. Appl Phys Lett，1994，**64**：1421

［110］Ghaemi F H，Goldberg B B，Gates C，et al. Superlattices and Microstr，1995，**17**：15

［111］Marzin Y J，Gerard M J，Izraıl A，et al. Phys Rev Lett，1994，**73**：716

［112］Arakawa Y. In：Low Dimensional Structures Prepared by Epitaxy Growth or Regrowth
　　　on Patterned Substrates. ed by Eberl K，Petroff P M and Demeester P. Kluwer Dor-
　　　drecht，1995，197

［113］Bayer M，Hawrylak P，Hinzer K，et al. Science，2001，**291**：451；and reference therein

［114］Bruls D M，Vugs J W A M，Koenraad P M，et al. Appl Phys Lett，2002，**81**：1708

［115］Kuther A，Bayer M，Forchel A，Gorbunov A，Timofeev V B，Schafer F and Reithmaier J
　　　P. Phys Rev B，1998，**58**：7508

［116］Wave M E，Stinaff E A，Gammon D，et al. Phys Rev Lett，2005，**95**：177403

［117］Jaynes E T and Cummings F W. Proc. IEEE，1963，**51**：89

［118］Kuther A，Bayer M，Forchel A，et al. Phys Rev B，1998，**58**：7508

［119］Wave M E，Stinaff E A，Gammon D，et al. Phys Rev Lett，2005，**95**：177403

［120］Bayer M. Exciton complexes in self-assembled In(Ga)As/GaAs quantum dots，Topics in
　　　Applied Physics Book Series，2003，**90**：93

［121］王占国，陈涌海等. 纳米半导体技术. 北京：化学工业出版社，2006

［122］Nikitin V，Crowell P A，Gupta J A，et al. Appl Phys Lett，1997，**71**：1213

［123］Leonardi K，Heinke H，Ohkawa K，et al. Appl Phys Lett，1997，**71**：1510

［124］Ko H -C，Park D -C，Kawakami Y and Fujita S. Appl Phys Lett，1997，**70**：3278

［125］Wang F Z，Chen Z H，Bai L H，et al. Appl Phys Lett，2005，**87**：093104

［126］熊晖. 铁磁金属、稀磁半导体和半导体量子点中自旋电子学的光谱研究. 复旦大学博士论
　　　文，2009

［127］Walcke S N and Reinecke T L. Phys Rev B，1998，**57**：9088

［128］Alexander V. Khaetskii and Yuli V. Nazarov. Phys Rev B，2000，**61**：12639

[129] Bayer M, Stern O, Hawrylak P, et al. Nature, 2000, **405**: 923-926

[130] Solomon G S, Pelton M and Yamamoto Y. Phys Rev Lett, **86**: 3903

[131] Kiraz A, Michler P, Becher C and Gayral B. A. Imamoglu, Lidong Zhang and E. Hu. Appl Phys Lett, 2001, **78**: 3932

[132] Wilk T, Webster S C, Specht H P, Rempe G and Kuhn A. Phys Rev Lett, 2007, **98**: 063601

[133] Walcke S N and Reinecke T L. Phys Rev B, 1998, **57**: 9088

[134] Babinski A, Ortner G, Raymond S, et al. Phys Rev B, 2006, **74**: 075310

[135] Ren Q, Lu J, Tan H H, et al. Nano Lett, 2012, 12 (7): 3455-3459

[136] Weisbuch C, Nishioka M, Ishikawa A and Arakawa Y. Phys Rev Lett, 1992, **69**: 3314

[137] Reithmaier J P, Sek G, Loffler A, et al. Nature, 2004, **432**: 197

[138] Yoshie T, Scherer A, Hendrickson J, et al. Nature, 2004, **432**: 200

[139] Badolato A, Hennessy K, Atature M, et al. Science, 2005, **308**: 1158

[140] Peter E, Senellart P, Matrou D, et al. Phys Rev Lett, 2005, **95**: 067401

[141] Press D, Gotzinger S, Reitzenstein S, Hofmann C, Loffler A, Kamp M, Forchel A and Yamamoto Y. Phys Rev Lett, 2007, **98**: 117402

[142] Hennessy K, Badolato A, Winger M, et al. Nature, 2007, **455**: 896

[143] Kistner C, Heindel T, Schneider C, et al. Opt Express, 2008, **16**: 15006

[144] Bockler C, Reitzenstein S, Kistner C, et al. Appl Phys Lett, 2008, **92**: 091107

[145] Aharonovich I, Englund D and Toth M. Nature Photonics, 2016, **10**: 631-641

[146] 王占国, 刘峰奇, 梁基本, 徐波. 中国科学, A辑, 2000, **30**: 644

[147] Ishikawa H and Shoji H. J Vac Sci Technol, A, 1997, **16**: 794

汉英对照主题词索引

四　画

五　画

六　　画

七　　画

八　画

九　　画

十　画

十 一 画

十 二 画

十　三　画

十四　画

彩　　图

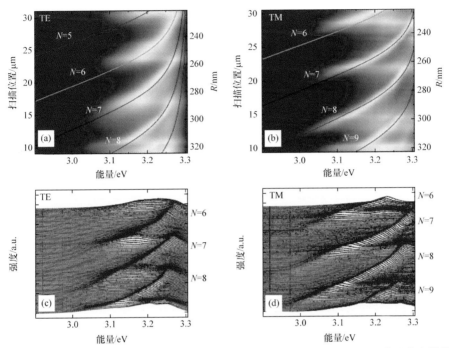

图 9.21　ZnO 纳米棒的空间分辨光谱.该光谱直接给出了 ZnO 中激子极化激元的色散关系.(a)TE 和(b)TM 偏振状态下的激子极化激元下能支色散实验(白色)及其理论计算(彩色曲线)图谱;(c)和(d)为相应的光谱图

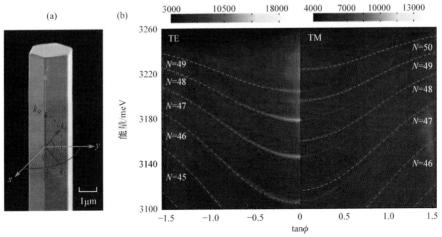

图 9.22　(a) ZnO 纳米棒电子显微镜照片及空间配置;(b) ZnO 纳米棒的动量空间分辨(角分辨)光谱,它给出了 ZnO 纳米量子线中激子极化激元的色散关系.白色点线为理论计算结果

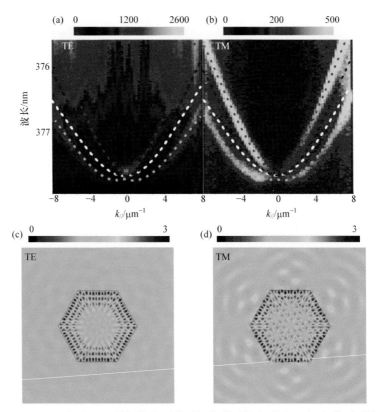

图 9.23 （a）TE 和（b）TM 偏振状态下激子极化激元的实验及理论（点线）色散图谱；
（c）TE 和（d）TM 偏振状态下激子极化激元场强分布模拟计算结果

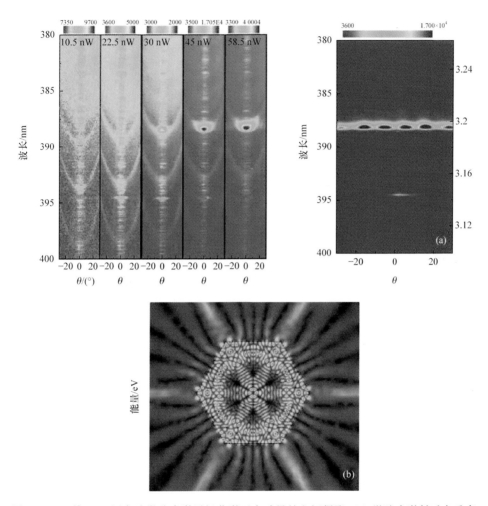

图 9.24 一维 ZnO 回音壁微腔中激子极化激元在动量的空间凝聚.(a) 微腔中激射后在垂直于轴面内的荧光强度分布实验结果;(b) 理论模拟的该能量处微腔中所形成的光场强度分布

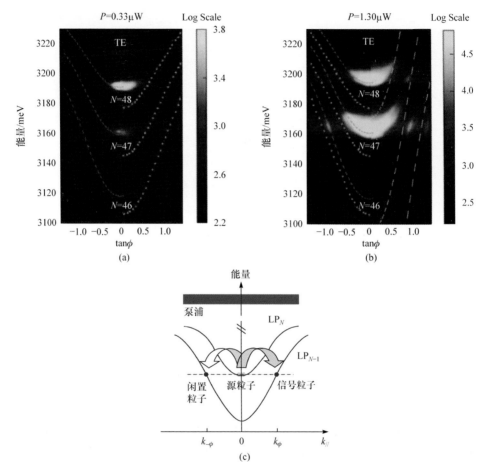

图 9.25　(a) TE 偏振的 ZnO 激子极化激元激射(N＝47,48);(b) 更高激发功率下,激子极化激元散射实验图谱;(c) 激子极化激元室温下的凝聚和参量散射过程示意图

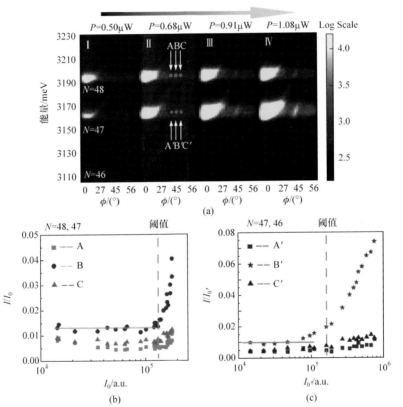

图 9.26　(a) 激子极化激元不同激发功率下的散射过程实验图谱；(b) $N=47,48$ 阶和
(c) $N=46,47$ 阶激子极化激元非线性散射的功率依赖关系

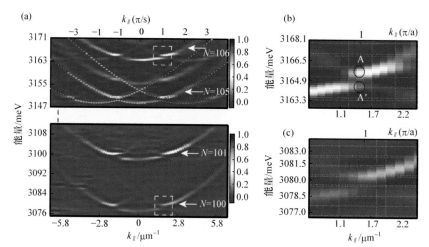

图 9.29 （a）激子极化激元超晶格的角分辨色散荧光谱，红色虚线为理论计算结果；
（b）和（c）分别为（a）图中虚线方块中的能带放大图. A 和 A′ 态分别对应带隙的上
下两个能态. 实验所得带隙约为 1.5meV

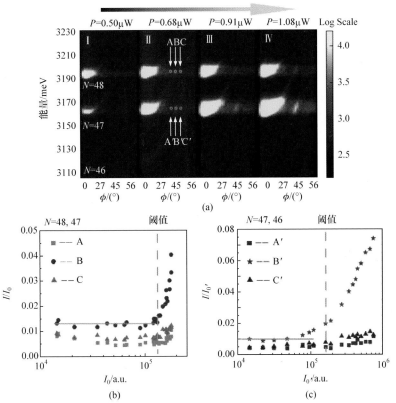

图 9.26 （a）激子极化激元不同激发功率下的散射过程实验图谱；（b）$N=47,48$ 阶和（c）$N=46,47$ 阶激子极化激元非线性散射的功率依赖关系

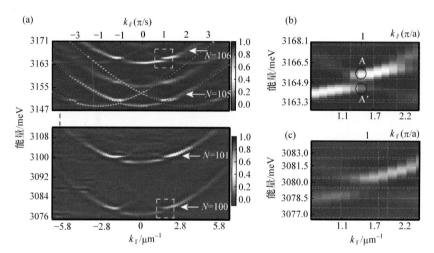

图 9.29 （a）激子极化激元超晶格的角分辨色散荧光光谱，红色虚线为理论计算结果；
（b）和（c）分别为（a）图中虚线方块中的能带放大图. A 和 A′态分别对应带隙的上
下两个能态. 实验所得带隙约为 1.5meV

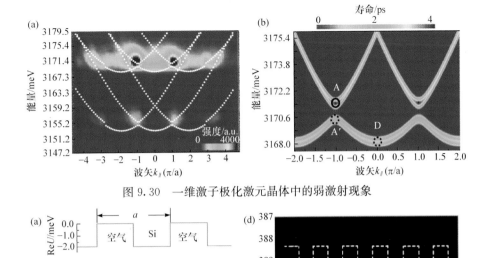

图 9.30　一维激子极化激元晶体中的弱激射现象

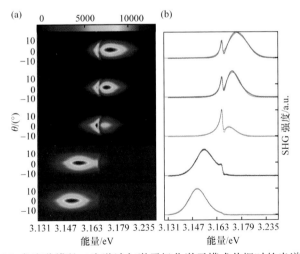

图 9.31　π-态凝聚的实空间分布图.(a)、(b)周期势的实部、虚部分布示意图；
(c)A 态、A' 态波函数模平方(占据几率)的分布；(d)通过扫描激发荧光的
方法得到的实空间粒子的占据几率分布

图 9.32　(a)角度分辨的二次谐波与激子极化激元模式共振时的光谱特征,由下
往上,调控二次谐波的能量与激子极化激元模式共振；(b)角度为 0 处的光谱
线型,红色实线是拟合结果,理论与实验符合得很好

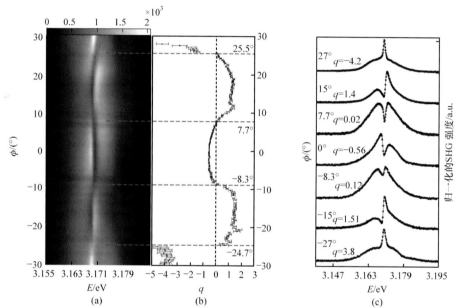

图 9.33　(a) 径向角度分辨的 Fano 共振光谱；(b) 不同角度处，谱峰线型推导出的 q 因子大小；
(c) 不同角度处的典型光谱线型. q 因子由 -3.8 变化到 4.2